塔의
신비를
찾아서

신라와 백제의
신비로운 건축술의 감동과 함께
이제까지 지구상에 지어진 건축물 중에서
가장 과학적이었던
우리 선조들의
건축술을 분석해 본다

또 하나의 비상을 향해

머리글

제가 얘기하는 신라건축물은 일반주택이나 사찰에 있는 대웅전같은 건축물이 아닌 저희들이 아주 생소하게 느껴지기는 하지만 경주 남산의 옥룡암바위에 조각되어있는 9층목탑과 7층목탑 같은 초대형 목조건축물을 말하는 것이며 주로 이 초대형 건축물에 대하여 저 나름대로 풀어본 것을 말씀드릴 겁니다. 저는 이 옥룡암 조각의 9층목탑이 저희들이 친숙하게 알고 있는 황룡사9층목탑이라고 생각을 했더랍니다. 일반사람들도 그렇게 생각하시는 분들이 많이 계시답니다. 시간이 흘러흘러 지나고 보니 희한하게도 이 9층목탑과는 별도의 황룡사 9층목탑이 존재하더랍니다. 참 아이러니하네요.

물론 황룡사9층목탑도 풀어 볼 겁니다. 목탑건축물을 풀다 보니 석탑이 목탑과 상당히 관련성이 많은 것 같아서 석탑류도 살짝 손을 대어 보았답니다. 덤으로? 백제석탑과 백제목탑도 겻들였답니다. 이 목조신라건축물은 옥룡암바위(탑곡 마애조상군)에 새겨진 9층탑과 7층탑에 근거하여 풀었으며, 나중에 알게 된 2마애조상군의 1층탑과 3층조각탑도 참조하였답니다. 목탑을 해독하는 과정에서 수많은 시행착오를 거치면서 저 나름대로 풀어보았는데 맞게 풀었는지 틀리게 풀었는지는 이 글을 읽으시는 분께서 스스로 판단하시면 된답니다. 어떤 일이 되었든 처음 접하거나 어떤 증거가 확실하지 않은 경우에는 여러 사람이 모여서 서로 의견을 주고받으면서 풀어야 정확도가 높아지는 게 상식적이지만 저는 그 어떤 누구의 도움도 받을 수가 없어서 안타깝게도 저 혼자 풀었답니다. 다 아시다시피 홀로 풀때에는 자기착각이나 자기환상에 사로잡힐 확률이 무척이나 높을 수 있답니다. 그런 일이 일어나면 낭패랍니다. 만약에 착각이나 환상에 빠졌다면 제가 이제까지 투입한 엄청난 시간은 공중분해가 되어 어디론가 사라져 버릴 겁니다. 아직도 진화시켜야 할 일 들이 엄청나게 많이 남아 있지마는, 그렇다고 무턱대고 끝까지 풀기는 저 혼자 힘으로는 너무 벅차답니다. 저는 큰 골격만 풀었다고 생각하시고 이 글을 읽으시는 분 중에서 관심이 있으신 분들이 힘을 합쳐서 완성을 시켜 주시리라 믿습니다. 그래야만이 우리 선조님들의 훌륭한 건축물들이 자자손손 이어질 겁니다.

제가 이 글을 쓰는 가장 큰 목적은 첫째로 여러 많은 분들이 옛 건축물을 정확하게 알았으면 하는 바람이며, 둘째는 신라건축물을 지을 사람을 찾기 위함이랍니다. 지금은 비록 없어졌거나 변형된 건축물일지라도 다시 지어야 보존도 되며 실제로 감상도 할 수 있기 때문일 겁니다.

이 글은 소설처럼 부드럽게 읽는다기보다는 조금 집중력이 필요할 겁니다. 저 나름대로는 쉽게 쓸려고 노력을 하긴 했습니다마는 가끔은 읽으시는 분이 직접 계산을 해봐야 할 때도 있을 수 있으며, 필요시에는 간이로라도 도면까지 그려도 보셔야 할지도 모른답니다. 그러면 이해에 많은 도움이 되실 겁니다. 읽으실 때 순서대로 읽기가 지루하실 수가 있으므로 중간에 석가탑을 보고 싶으시면 석가탑을 보시고 또 다시 첨성대가 보고 싶으시다면 첨성대를 읽으시면 됩니다. 어찌보면 와따리가따리 이런 식으로 읽으시는 것이 더 재미가 있으실 수 있답니다. 시간이 걸리더라도 천천히 읽어보시면 우리 선조님들의 훌륭한 건축술을 이해하실 수 있을 것이며, 또한 지구상에서 이제까지 지어진 건축물 중에서 가장 과학적인 건축물이라는 것도 아시게 될 겁니다.

아주 간단히, 일반목탑은 옥룡암바위에 조각된 9·7층탑을 해독(판독)한 것이라고 생각하시면 된답니다. 또한, 제가 쓴 것들은 학설이나 이론이 아니랍니다. 그냥 보고 느낀 것을 쓴 것 뿐이랍니다. 그리고, 인터넷·신문 등에서 아주 귀중한 자료들을 많이 참조했답니다. 이 분들께 깊이 감사드립니다.

너무 딱딱할 수도 있으니 약간은 코믹(comic)하게 얘기할지도 모른답니다. 또한, 사투리나 농담도 넣을 수도 있답니다. 먼저 제가 손을 댄 탑들을 저 나름대로 분류를 해 보았답니다. <뒤에 나오는 탑 분류표 참조>

물론 관점에 따라서 달라질 수도 있으며, 전국에 있는 모든 탑들과 시대별로 분류할 때에는 더 세분화될 겁니다. 특이한 점은 석굴암이 종교용인데도 사찰목탑이 아닌 일반목탑으로 분류되어 있네요? 정확히 일반목탑이랍니다. 주로 탑의 기본 개념인 일반목탑(9층~1층탑)에 대해서 설명드릴 것이며(사찰목탑이나 석탑들은 일반목탑의 파생건축물로 분류될 수도 있음), 특별히 9층탑이라든지 5층탑이라든지 별도로 구분하지 않고 포괄적으로 설명드릴 겁니다(물론 부분적으로는 구분함).

일반목탑 중 첨성대와 석굴암은 별도로 분리해서 설명 드리겠습니다.

첨성대의 주용도를 민간신앙(?)으로 분류는 했으나 약간의 관측기능도 있답니다. 석탑도 대형석탑과 소형석탑으로 분류가 가능하나 대형석탑(목탑형석탑)은 분황사탑과 미륵사탑 2개 뿐이라 특별히 분류는 하지 않았답니다.

제가 아주 간단하게 주로 신라·백제탑을 기준으로 분류를 해 보았답니다. 당연히 고려·조선시대 탑들도 같이 분류가 되어야 할 겁니다. 아쉽게도 제 개인적으로는 고구려탑류가 있었을 것 같은데 들어본 기억이 별로 없네요?(고구려에도 요동성탑 (요동성총벽화에 3층 누각식 목탑으로 보이는 탑이 새겨져 있음)등이 있었다고 하네요. 또한 발해에도 벽돌묘탑등과 전탑도 있다고 한답니다.)다소 지루하기도 하실 것이며 약간은 딱딱하게도 느껴지시겠지만, 비록 소설은 아니지마는 그냥 9류추리소설일 거라고 생각하시고 가볍게 읽으시면 좋을 것 같답니다. 왜냐구요? 오로지 순수 제 개인생각만 들어가 있거들랑요. 언젠가는 이 글을 읽으시는 분들의 의견도 같이 수렴하여 선조분들의 훌륭한 작품을 완벽하게 분석해야 할 겁니다. 시간이 오래 걸릴 수도 있겠지만 어쩌면 상당히 빨리 분석이 가능할 수도 있답니다. 이 일을 하실 분들은 바로 이 글을 읽으시는 여러분들이 되실 겁니다. 저는 다만 바람잡이일 뿐이랍니다.

기나긴 여정을 같이 걸어가 보실까요? 저 혼자만 가면 심심할 겁니다.
그럼, 같이 동행합시다.

2023년 2월

정상현 씀

塔에 美치다

추천의 글

《塔의 신비를 찾아서》의 출간을 축하하며 저자의 그동안의 각고에 경의를 표하며 남다른 감회를 느낀다. 즉흥곡이 결코 즉흥적으로 만들어지지 않았듯이, 이 책이 고고지성(呱呱之聲)*1 을 울리기까지 저자는 "남이 한번하면 나는 백번을 하고, 남이 열번을 하면 나는 천번을 한다"는 중용(中庸)의 경구를 몸소 실천하였다.

저자와 필자는 동도동경(同道同庚)*2 인데 고등학교 동기로 만났다. 저자는 남산·토함산·불국사 등의 명승고적이 자리잡은 지붕없는 신라천년고도 경주출신으로 불국사와 석불사(석굴암)를 창건한 김대성(金大城)의 후예답게 어릴적부터 신라탑파가 이미 체화(體化)되어 있었다. 고1 봄방학때 학교의 일선장병위문 체험학습으로 강화 월곶(현 김포시 하성면)의 애기봉을 찾은 적이 있었다. 특히 인상적인 것은 후일 그 날의 일기를 서로 보았더니 필자는 그냥 기행문 형식으로 적었는데, 저자는 주변을 밀도있게 관찰해 애기봉 근처의 지형도까지 상세하게 스케치하고 설명을 붙이는 정치(精緻)한 기록을 남겼다.

저자의 이러한 철두철미한 분석은 서울로 진학해 대학에서 건축학전공으로 이어졌고 더욱 매진해 논리적 완성도를 더해갔다. 그리고 대학졸업 후 저자는 1980년대 전·후반 두 차례 지중해 연안의 리비아(Libya)로 해외근무를 하는 기회를 가졌다. 거기서 그리스·로마·카르타고 등의 건축양식을 접하고 유럽 여러나라를 여행하면서 경주를 뛰어넘어 글로벌한 감각까지 겸비하게 되었다.

우리나라는 불교문화의 영향으로 '석탑의 나라'로 일컬어지듯 국토 여기저기에 무수한 탑파가 산재되어 있다. 탑파에 대한 기록은 고려후기 보각국사 일연(一然)이 찬술한 《삼국유사(三國遺事)》 <탑상(塔像)>편에 정리되어 있다. 그 후 한국의 미를 '무기교의 기교'라고 규정한 한국최초의 미술사학자 우현(又玄) 고유섭(高裕燮)의 유고를 정리한 《조선탑파의 연구》가 광복 후 나왔고, 고유섭 사후 황수영(黃壽永)·진홍섭(秦弘燮) 등 여러 선학들의 연구로 이어졌다. 이제 한국탑파연구의 맥을 잇는 새로운 탑파 연구서로 《塔의 신비를 찾아서》가 세상에 얼굴을 내밀었다.

에스파냐가 낳은 20세기 불세출의 건축가 가우디(Antoni Gaudi)가 건축가에 대해 천명(闡明)한 어록 중 "건축가는 종합적인 인간이다. 건축가는 여러가지 사항들을 전체적으로 명확하게 바라볼 수 있어야 한다. 또 건축가는 길고 고통스러운 연구와 인내의 반복속에서 희생의 길을 꾸준히 걸어가지 않으면 안된다"라는 명언이 전한다.

저자의《塔의 신비를 찾아서》도 가우디의 표현처럼 예외는 아니었다. 이 책이 탄생하기까지의 과정은 결코 순탄하지가 않았다. 저자가 집필전에 몇몇 관계단체에 문의하는 혼신의 노력을 하였으나 눈에 보이지 않는 관제매너리즘의 벽에 부딪치면서 좌절되었다. 결국은 저자 스스로 절차탁마(切磋琢磨)*3 하기로 결심하고 수십여 년의 연구와 몇 년의 원고정리 작업 끝에 '이것이 제 운명'이라는 대체불가의《塔의 신비를 찾아서》가 나왔다. 이 책은 기존학계의 일반논리와 전혀 다르고, 각종 정보의 짜깁기가 아닌 순수한 저자의 창작물임을 밝힌다. 따라서 건축학 전공의 대학교수가 쓴 딱딱하고 유려한 문체가 아닌 평이하고 구수한 문체로 쓰여졌다. 그렇다고 단순하고 토속적인 된장 맛이 아니라 개량된 청국장 맛으로 독자들에게 다가간다, 엄격한 학자의 모습이 아닌 친절한 건축기사겸 안내자의 자세로 탑의 비밀을 풀어가고 있다. 즉, 현장감이 넘치면서도 논리적 깊이를 갖추어 신선한 충격의 배타적 지혜를 추구하고 있다.

《塔의 신비를 찾아서》 출간 이후 한국탑파연구의 권위자들이 이 책에 대해 부정하고 거부할 수도 있다. 이는 갈릴레이가 망원경을 만들었을 때 그 유용성으로 큰 화제가 되었음에도 불구하고 기존 아리스토텔레스의 이론체계에 익숙한 사람들이 망원경 보기를 거부한 것과 같은 현상일지도 모른다. 이런 문제점은 진지한 논쟁과 토론을 통해 걸러져야 할 것이다.

이제 추천의 글을 마무리하면서 저자의 역작인《塔의 신비를 찾아서》를 통해 저자가 꼭 말하고 싶은 요지는 우리 문화의 자긍심이라 생각한다. 바로 '대리석이 아닌 화강암의 미학'이다. 다시 한번 저자의 코페르니쿠스적인 전회(轉回)*4 를 높이 평가하고 저자가 더욱 군자불기(君子不器)*5 , 대기만성(大器晩成)의 자세를 견지해 나갈 것을 당부한다.

부디《塔의 신비를 찾아서》가 낙양(落陽)의 지가(紙價)*6 를 올리기를 바란다.

- 2022년 12월(是非越) 한 해를 마무리하며 시시비비를 넘어서기를 바라며

솔뫼 이영철(李榮喆)

역사학자/ 사) 선진사회만들기연대 역사포럼 운영처장

1) 고고지성(呱呱之聲) : 어린아이가 세상에 처음 나올 때 우는 소리
2) 동도동경(同道同庚) : 동향의 동연배. 즉, 같은 지역의 같은 또래
3) 절차탁마(切磋琢磨) : 옥돌을 자르고 줄로 쓸고, 끌로 쪼고 갈아 빛을 내다.
4) 전회(轉回) : 방향을 바꾸어 움직임
5) 군자불기(君子不器) : 군자는 형태가 고정된 그릇과 같지 않아서 모든 분야에 원만하게 적응할 수 있음.
6) 낙양(落陽)의 지가(紙價) : 중국고사로 Best Seller를 의미함.
- 是非越 : 시비월 : 12月 - 발음따라, 최신형 용어? 뜻은 위에 ~ㅎ~

- 탑 분류표 -

*신라·백제탑 기준(제가 손댄 것 기준임)

신라탑(新羅塔)

	대분류	소분류	탑별	용도	현상태	비 고
목탑	1. 일반목탑		9층 목탑	관공서	옥룡암바위에 조각상태	
			7층 목탑	관공서		
			5층 목탑	관공서	-	
			3층 목탑	관공서	2 마애조상군에 조각상태	
			1층 목탑	관공서		
			첨성대	민간 신앙	현존	-1층목탑
			석굴암	종교	현존	1층목탑
	2. 사찰목탑		황룡사 9층 목탑	종교	-	기록
석탑	1. 일반석탑	목탑형 소형석탑	다보탑	종교	현존	1층석탑
		일반석탑 (석탑형 석탑)	석가탑	종교	현존	3층석탑
			고선사탑	종교	현존	3층석탑
			감은사탑	종교	현존	3층석탑
			미탄사탑	종교	현존	3층석탑
			나원리 5층석탑	종교	현존	
	2. 석판탑	목탑형 대형석판탑	분황사 7층탑	종교	3층존재	
		일반석판탑	봉감 5층탑	종교	현존	
	3. 전탑	일반전탑	신세동 7층탑	종교	현존	
	4. 석판+전탑 (혼합형)					존재함

백제탑(百濟塔)

목탑	1. 일반목탑					알 수 없음
	2. 사찰목탑		7층목탑	종교	-	미륵사 7층 목탑으로 추정
석탑	일반석탑	목탑형 대형석탑	미륵사 7층석탑	종교	현존	
		일반석탑	정림사 5층석탑	종교	현존	
		융합형 일반석탑	왕궁리 5층석탑	종교	현존	백제 + 신라 융합식

제가 가끔 영어약자 표기를 많이 할 겁니다.
말로 쓰면 너무 길어서 그러니 이해바랍니다. 자주 쓰는 약자를 몇 개 봅시다.
이 약자는 반드시 아셔야 한답니다. 몇 개 안 된답니다.

[약자]

C
① 공통수 : 3C, 1.5C, 9C 이런 식으로 앞에 숫자가 있답니다.
② 기둥 : C1, C2 ,C3 or 3C1, 2C2등으로 표기가 되므로 금방 공통수와 구분이 되실 겁니다.

R
① 계단단높이 : 독립적으로 있는 R은 계단단높이이며, 앞에 숫자가 있을시 2R, 3R은 2단, 3단을 의미함.
② 원형기둥 : 경사기둥은 모두 원형기둥이며, 이 원형기둥을 표시할 때 사용합니다. R0.7은 원형기둥으로 지름이 70cm를 의미한답니다.

∠
8각기둥(일반수직기둥)을 의미하며 ∠0.7이라고 표기해 놓으면 8각기둥으로 기둥폭이 70cm를 의미한답니다.

T
계단단폭을 의미함. 즉, 계단디딤판폭이며, 특이사항이 없으면 T=0.3으로 계단 단폭은 30cm가 된답니다.
사찰목탑의 T는 T=0.27이 주류가 될겁니다.

bal
balcony. 발코니로 너무 길어서 앞에 있는 bal만 쓸겁니다.

□
사각기둥. □0.6은 4각기둥으로 0.6x0.6 = 60cmx60cm임.

core
계단실. 원래의 core개념은 계단, 엘리베이터(elevator), 화장실, hall 등 공용부가 모인곳을 의미하지만 신라탑은 계단실뿐이므로 계단실을 core라고 부르겠습니다.

ea
each. 개. 개수.

@
at. 증감계수

약자가 편리하답니다.
계단단높이라는 긴 단어보다 그냥 R이라고 표기하면 편리하니 그냥 R이라고 쓰 있으면 요거 계단단높이네! 하면 된답니다.

塔의 신비를 찾아서

FIND THE SECRET
SHILLA & BAEKJE' TOWER

Contents

PART 1

신라의목탑(新羅木塔)

[첫 번째 이야기]

신라의 일반목탑

FIND THE SECRET
SHILLA & BAEKJE' TOWER

Contents

[두 번째 이야기]
신라의 사찰목탑

PART 2
신라의 석탑(新羅石塔)

[세 번째 이야기]
신라의 일반석탑

[네 번째 이야기]
신라의 석판탑

[다섯 번째 이야기]
신라의 전탑

PART 3
백제의 석탑(百濟石塔)

[여섯 번째 이야기]
백제의 일반석탑

PART 4
백제의 목탑(百濟木塔)

[일곱 번째 이야기]
백제의 사찰목탑

01 신라의 목탑

新羅木塔

- 신라의 일반목탑
- 신라의 사찰목탑

PART 1

신라의 목탑(新羅木塔)

01

[첫 번째 이야기]

신라의 일반목탑

1. 목탑 풀기를 시작하며

이 이야기는 이렇게 시작이 됩니다.

2001년 추석 때, 경주 남산에 있는 조부모 성묘를 마치고 상서장* 앞에서 형님께서 "옥룡암에 가면 바위에 황룡사 9층탑으로 추정되는 9층탑이 조각되어 있는데 한번 가볼래?" 하길래 저도 한번 가 보자고 해서 옥룡암에 가 보았는데 정말 바위에 9층탑과 몇층(나중에 7층탑이라는 걸 알았음)인지는 잘은 모르지만, 또 다른 탑이 새겨져 있더랍니다. '신기하네!' 바위에 9층탑이 새겨져 있다니 너무나도 신기했습니다. 그 날은 그냥 보기만 했답니다. 한 두 달이 흐른 뒤 9층조각탑이 하도 신기해서 또 다시 옥룡암에 가보았답니다. '하! 요고 풀어봐!' 호기심이 발동하기 시작했답니다.

그래서 종이에 간단히 형상을 대충 그렸답니다. 물론 황룡사지에도 당연히 가 봤겠죠. 집에 와서 젖먹던 힘까지 동원하야(?) 도전장을 내었답니다. 그런데, 그리 호락호락하지 않더랍니다. 전혀 감이 잡히지가 않더랍니다. 어떻게 풀지? 내가 괜히 용만 쓰는 건 아닌지 별의별 생각까지 들더랍니다. '탑높이가 얼마며 폭은 얼마지? 신라시대의 1자는 미터법으로 몇 cm쯤 될까' 등등, 완전 까막눈이었답니다. 그래도, 시작을 했으니 뭐라도 해야겠다는 생각으로, 아무것도 모르는 상태에서 좀 웃기지만, 평면도도 그려 보고 입면도도 그려 봤답니다.

그런데, 평면도를 그리다가 희한한 걸 하나 알아내었답니다. 물론, 실수였는지도 모른답니다. 1층을 분명히 정사각형으로 그렸는데, 2층서부터는 자꾸 8각형이 나오더랍니다. 아무리 생각해봐도 이해가 가지를 않더랍니다.

---

* 최치원을 모신 사당. 중국에도 최치원을 모신 사당이 있으며 규모가 대단하답니다.

그래서 작전을 변경하여 2002년 봄에 2차례에 걸쳐서 옥룡암*에 있는 바위(편의상 어려서부터 알아온 옥룡암으로 부르겠습니다.)에 새겨진 탑을 사진에 담았답니다. 손으로 대충 그린 종이 1장으로는 불가항력적이라는걸 알았기 때문이겠죠. 찍은 사진을 무척이나 유심히 보았을 겁니다. 보면 볼수록 조각탑이 사각형이라기보다는 8각형일 거라는 생각이 들더랍니다. 확실한 근거는 없는 데도 직감적으로 8각형이라는 걸 인지했답니다. 그러다가, 1층평면도 겸 배치도를 그려보니, 건물폭이 108m 정도는 되어야 건물 양쪽에 1층 진입계단이 들어갈 수가 있다는 걸 어렴풋이 인지했답니다. 그렇다면 9층탑 높이도 혹시 108m(그때까지는 약 80여 m정도라고 알고 있었음)가 아닐까? 순간 스쳐지나가는 생각이었답니다. 9층탑이 108 x 108m(?) 이게 맞을 수도 있다는 생각이 들기 시작했답니다.
절에 가시면 108배를 많이 한다는 말을 듣긴 들었는데, 왜 108배를 하는지 저는 도통 몰랐었는데, 인터넷을 뒤져서 왜 108배를 하는지를 살짝 알게 되었답니다.

그렇다면 이 108배가 9층탑 높이로 생각되는 108m와 분명히 어떤 관련성이 있다는 생각을 굳히기 시작했답니다. 너무 웃기죠! 그래서 9층탑이 8각형이며 건물규모가 108 x 108m일 거라는 걸 인지하기 시작을 했는데, 처마각과 외부경사기둥각을 알 수 있는 방법을 찾지 못했답니다. 처마각이 ⊿3($⊿_1^3$)이고 경사기둥각이 ⊿4($⊿_1^4$)일 수도 있다는 생각까지는 해 보았었는데, 도통 정확히 알 수 있는 방법이 없어서 흐지부지 초심(탑풀기)은 허물어져 버렸답니다.

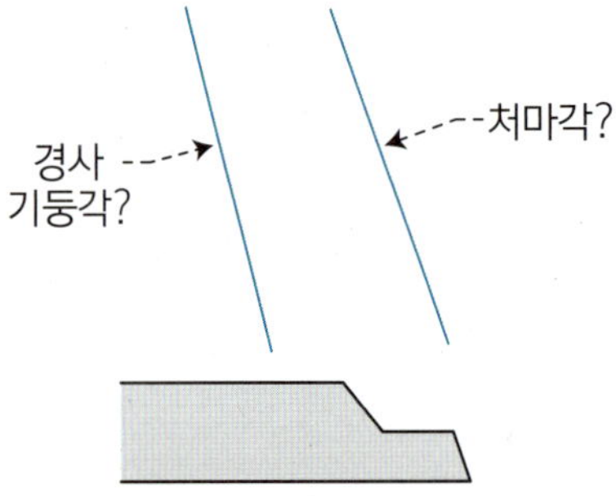

[그림 1] **9층탑 처마각도와 경사기둥 각도** : 풀어야 할 숙제?

그로부터 6~7년이 흘러갔답니다. 아무것도 할 수도 없었으니 아무것도 하지 못했답니다. 매년 연초 화두는 '올해는 풀어야지' 였답니다. 그간 한 것이라고는 2005~6년경에 내부계단을 풀

* 옥룡암(玉龍庵)은 경주 남산의 동북쪽 기슭의 탑곡(탑골 塔谷)이라 불리는 곳에 자리 잡고 있는 대한불교정토종 소속의 사찰이다. 오랫동안 옥룡암이라 부르다가 2000년대 들어서 불무사(佛無寺)로 사명(寺名)을 변경하였는데 여전히 옥룡암이라 부르는 이들이 많다. 대웅전 왼편으로 난 작은 길을 따라 올라가면 보물 제201호로 지정된 '옥룡암 바위'라 부르는 '경주 남산 탑곡 마애조상군(慶州南山塔谷磨崖彫像群)'이 나온다. 마애조상군은 일명 부처바위라고도 하는데 높이 약 9m, 둘레 약 30m의 사각형 거대한 바위에 불상·비천상·보살·승려·탑 등 만다라(蔓茶羅)적인 조각이 회화적으로 묘사되어 있다.

수도 있을 수 있다는 생각을 해 본 것 뿐이랍니다. 내부계단이 중심기둥에서 좀 떨어져(core1 → core2) 있으면 내부계단이 풀릴 수도 있겠구나라는 생각을 하기 시작했답니다.
그냥 생각으로 끝이 났답니다.

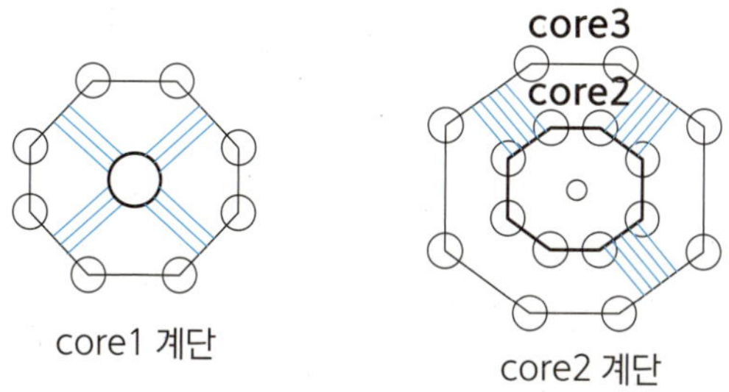

[그림 2] **최초 생각 안(左)과 고민끝에 생각해 낸 안(右)**

그림에서 보듯이 중심기둥을 감싸고 있는 core1을 계단으로 이용하면 계단이 몇 단 밖에 발생이 되지 않아서 내부계단 자체가 성립이 힘든데 비해서 core2나 core3을 이용하면 계단단수를 늘일 수가 있어서 계단층고가 높아져서 내부계단 문제를 해결할 수가 있을 것 같다는 생각만 해 보았답니다. 그래도 조금은 했네요.

엄청 시간이 흐른 뒤, 2009년 3월에 소파 뒤에 처박아둔 제도판을 할 일이 조금 있어서 끄집어내게 되었답니다. 그 일을 끝내고 난 뒤, 영원히 묻힐 뻔한 숙제를 풀어야겠다는 생각이 번쩍 들더랍니다. 이젠 본격적으로 한번 풀어보자라는 굳은 각오로 다시 시작했답니다. '풀고야 말리라!'
그래서 처음 시작할 때 그렇게나 해독이 힘들었든 처마각도를 찾아야겠다는 생각이 제일 먼저 떠올랐답니다. 일단 이 탑은 처마각도를 알아야만 풀 수 있다는 걸 처음부터 인지하고 있었기 때문일 겁니다. 어디서 어떻게 각도를 알아내지? 제가 고작 생각해 낸 것이 감은사지에 있는 태극문양석의 삼각문양이 9층탑의 처마각도일 거라고 생각을 했답니다. 이 삼각문양이 자주 접해보지 못해서인지 신기하기도 했지만 어떤 탑의 처마선각도일 거라고 생각했답니다. 저는 대왕암 갈 때마다 감은사지에 들러서 태극문양석을 항상 보아서 그런지는 모르겠지만 삼각문양석에 친근감을 느꼈나 봅니다. 그래서 열심히 삼각문양의 각도를 나름대로 계산을 해보니 ◿8/3 이 나오더랍니다. (이 각도 자체도 나중에 다시 점검해보니 틀렸더랍니다) 즉, 밑폭이 3이고 수직높이가 8인 삼각형 각도일 겁니다. 이 3·8 광땡이 각도를 갖고 한 달에 걸쳐서 9층탑을 풀어보았는데, 결과는 완전히 엉터리였더랍니다. 왜일까요? 당연히 처마각도가 엉터리였기 때문일 겁니다. 다만, 한 달여간 포기하지 않고 꾸준히 도전해 봤다는 것에 만족해야만 했답니다. 그럼, 작전변경이 필요할 겁니다.

'9층탑을 푸는데 웬 감은사지 태극문양석의 삼각문양을 참조할려고 했지?' 내가 찍은 사진의

9층탑의 처마각도를 직접 구하면 되는데 ~무식하기는~ 그래서 만사 제껴 놓고 9층탑 사진에 있는 처마각을 밑변과 수직변의 비율을 비교검토하면서 약 보름간 씨름하여 드디어 9층탑의 처마각을 알아내는데 성공했답니다. 이 처마각을 알아내면서 탑 해독의 첫 단추가 끼워졌답니다.

제가 알아낸 9층탑의 처마각도는 $\angle^4_1$ 로 밑변과 수직변의 비가 1:4 였답니다. 즉 밑수가 1이고 수직변수가 4인 '정수직각삼각형'이더랍니다. 밑변의 수가 '정수 1' 이라는 걸 알아내는데 이리도 오래 걸렸으니 제가 머리가 나쁘긴 많이 나쁜가 봅니다. 이제 9층탑의 각들을 간단히 봅시다.

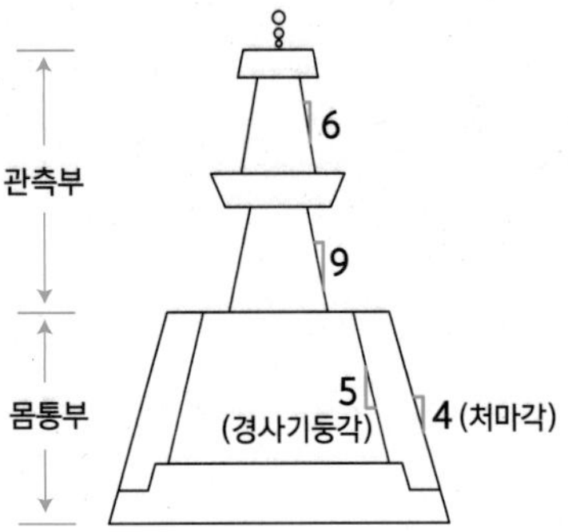

[그림 3] **9층탑 : 처마각과 경사기둥각**

좌측 9층탑 간이도면을 보시면 크게

- **관측부에 2개의 경사각**
  - 상부 경사기둥 : 2 관측소 경사기둥
  - 하부 경사기둥 : 1 관측소 경사기둥
- **몸통부에 2개의 경사각**
  - 몸통부 주 경사기둥
  - 처마각

이렇게 4개의 경사각도가 보이실 겁니다.

처마선각이 4각($\angle^4_1$)인 걸 안 순간 나머지 3개의 각도는 저절로 인지되더랍니다. 그래서 제가 직감적으로 각도를 지정했답니다.(임의지정공법)

- **2관측소 경사기둥각 : 6각($\angle^6_1$)**
- **1관측소 경사기둥각 : 9각($\angle^9_1$)**
- **몸통 주경사기둥각 : 5각($\angle^5_1$)**
- **처 마 각 : 4각($\angle^4_1$)**

이렇게 하여 난해하기도 하지만 반드시 알아야만 했던 경사각도를 인지하게 되었답니다. 처마각을 제외한 나머지 각은 제가 임의로 지정한 각도로 적용과정에서 맞아야만 각도가 성립된답니다. 맞지 않으면 다른 각도를 찾아내어야 한답니다. 제가 직감적으로 인지한 3개의 임의지정각이 맞았을까요 ? 틀렸을까요? 틀리기를 바라신다고요? 설마 ~

이제까지 인지한 것이 무엇이죠?(9층탑 기준)

① 건물형태 : 8각형

② 건물규모 : 108 x 108m

③ 내부계단 : core(계단실) 위치조절로 가능(core1 → core2 나 core3)

④ 경사각도

그래도 제법 알아 내었답니다.
신라목탑의 가장 큰 특징은 경사기둥(최외부기둥, 내부기둥은 수직임)이 존재한다는 점입니다. 이 경사기둥(경사각)이 높이가 되었든, 폭이 되었든 계산을 가능하게 해주는 역할을 수행한답니다. 경사각도를 알았으니 이제부터는 열심히 계산기만 두드리면 된답니다. 열심히 계산기를 두드린 결과 두 달 여만에 9층탑의 기본형태가 윤곽이 잡혔답니다.

[사진 1] **9층탑 층고를 결정한 사진**

각 층 층고는 제가 찍은 사진(좌측 참조) 중에서 층고 재기가 제일 양호한 1 장을 선정해서 일일이 길이를 재어서 알아내었답니다. 각 층 층고를 재어서 층고를 집어넣었는데, 희한하게도 한 번에 맞추었으며, 이제까지 한 번도 고친 적이 없답니다. 영원히 풀리지 않는 미스터리랍니다.?

너무 빨리 9층탑의 형태를 인지하다 보니 저 자신이 놀라기도 무척 놀랐지만 이 중요한 문화재를 빨리 정부(문화재청)에 알려야겠다는 생각이 들었답니다. 저 자신이 비록 아주 조금 인지했더라도 여러 전문가들이 보는 눈은 굉장히 예리할 수도 있기 때문이겠죠. 알리기는 알려야겠는데 내용이 너무 빈약하여 1 년 반 정도 더 풀어본 뒤(7층탑·첨성대도 약간 손을 대었음) 2010년 10월에 문화재청에 처음 알렸답니다.
저 개인은 한계가 있으니 전문가들이 풀어주셨으면 하는 마음에서였겠죠.
그로부터 2018년 4월까지 길고 긴 투쟁(?)을 벌였는데도 아무도 관심을 가져주지 않았답니다.
제가 완전 KO패 당했답니다.

그래서 어쩌면 이 글을 쓰고 있는지도 모른답니다.
9층탑 형태 잡기까지는 무지 순조롭게 진행되었는데, 풀면 풀수록 풀어야 할 사항과 해결해야 할 사항이 더 많아지고, 욕심이 생기다보니(?) 전체 목탑(9층~1층 탑)과 첨성대·석굴암도 풀고 싶더랍니다. 이것도 모자라서(?) 석탑까지도 손을 대어 버렸네요. 하도 손을 많이 대다보니 막상 저 자신은 무엇이 무엇인지 조차도 헷갈린답니다.

'제가 욕심이 많은 놈인가?'

그리고, 일반목탑을 계속 일반목탑이라고 표기하기도 그렇고 해서 그냥 탑이라고만 간단히 표기하겠습니다. 즉, 9층탑이라고 써 놓았으면 9층일반목탑을 의미하게 된답니다.

이제까지 가장 큰 9층탑의 기본개념을 살짝 인지했으니 전체 일반목탑의 개념을 하나하나씩 재미있게 분석해 봅시다. 이 일반목탑 개념은 신라탑의 기본이며, 이 일반목탑의 기본개념들을 아시게 되면 사찰목탑이든 석탑류들의 개념도 금방 이해가 된답니다.
특별히 9층탑이라든지 7층탑에 중점을 두기보다 전체의 이해를 돕기 위해 개념과 부위별로 알아보기로 하겠습니다.

2. 신라 일반목탑 형태

건축물에서 가장 중요한 기본형태(건물모양)는 크게 4각형, 육각형, 8각형, 원형 건축물 등이 있을 겁니다. 5각 건물은 가끔 본 것도 같은데 7각형 건물은 잘 못 본 것 같답니다. 우리가 일반적으로 접하는 건축물은 거의 대부분 4각형 건축물일 겁니다. 물론 4각형의 변형인 ㄱ자형, ㄷ자형 등등 여러 가지가 있을 겁니다. 그럼, 과연 신라탑은 몇각형 건축물일까요? 알 수 있는 방법은 딱 한 가지 밖에 없겠죠. 흔적이 있는 옥룡암 바위의 9·7층 조각탑을 분석해 보는 방법일 겁니다.

옥룡암 바위의 조각탑을 대충 그려봅시다.

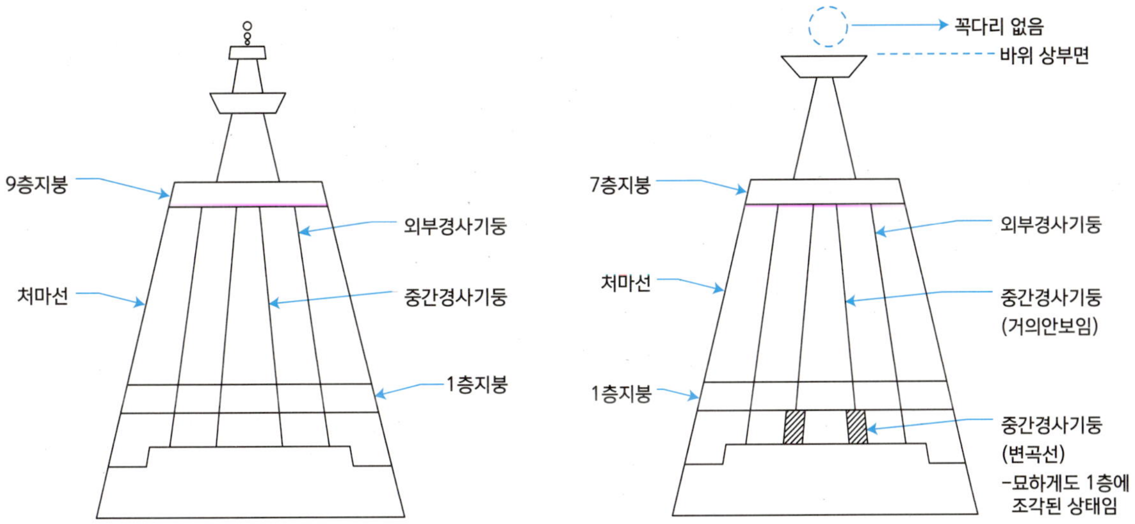

[그림 4, 5] **9층 조각탑 대충도(左)와 7층 조각탑 대충도(右)**

옥룡암 9·7층 조각탑 사진을 보면서 비교해 보는 것도 좋을것 같네요~

Notice 별책사진 No.1 9층 조각탑

Notice 별책사진 No.2 7층 조각탑

조각 상태가 많이 훼손된 상태라 보기가 상당히 힘든 상태랍니다. 제가 사진을 찍은 이후에 어떤 누군가가 약 10여 년 전에 손을 대어서 상태가 더 엉망인 상황이랍니다. 아마 시간이 지날수록 더 마모가 심해질 겁니다. 비록 많이 훼손된 상태일지라도 어느 정도는 분간을 할 수는 있답니다. 위 [그림 4, 5]의 두 대충도(실제는 제가 찍은사진)를 보고 제가 8각형 건물이라고 단정했답니다.
사실 중간 경사기둥은 희미한 상태이며, 오로지 7층조각탑 1층에 묘하게도 중간 경사기둥이 새겨

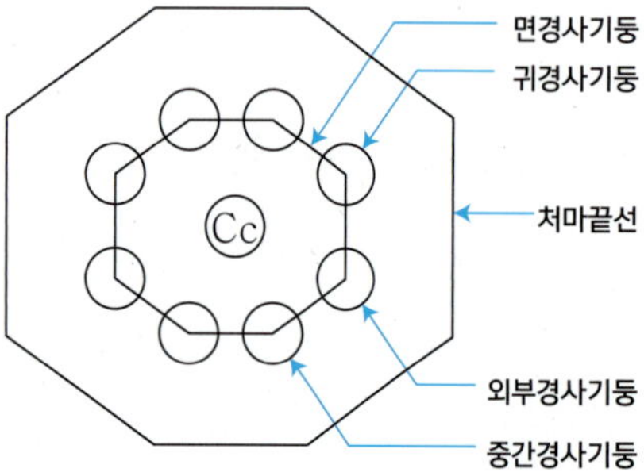

[그림 6] 8각형 외부형상 : 평면형태

져 있답니다. 사진을 유심히 보시면 오로지 8각형만이 조각탑 형상이 나올 수가 있답니다.
8각형을 유심히 다시 봅시다.

경사기둥은 건물의 제일 바깥 기둥이랍니다. 경사기둥은 귀경사기둥, 면경사 기둥으로 구성되어 있는데 편의상 귀경사기둥에서 귀는 빼고 그냥 경사기둥으로 표기했답니다.

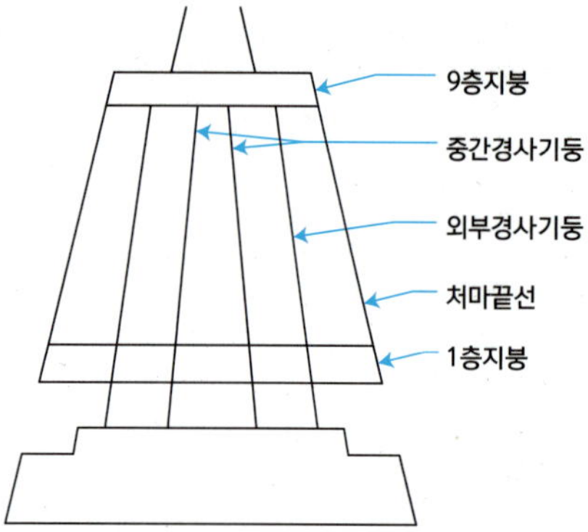

[그림 7] 8각형 건축물의 정상적인 입면

귀경사기둥은 중앙기둥 (Cc)쪽으로 기울어진답니다. 8각형의 입면도는 기본적으로 중간경사기둥이 표현되어야 한답니다. 8각형 입면도가 헷갈리시면 8각형의 집 모형을 간이로라도 만들어서 직접 확인해 보시는 것도 좋을 것 같답니다. 이 입면도만으로도 8각형 건물이 확실한 걸 알 수도 있지만, 그 외 확실한 증거가 몇 개 더 있으니 같이 한번 봅시다.

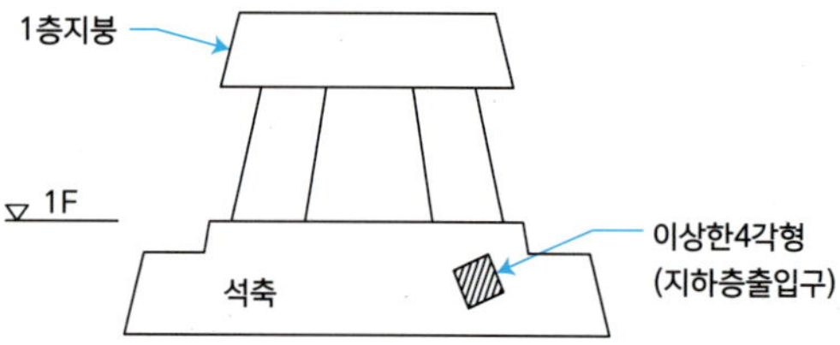

[그림 8] 9·7층탑의 석축에 보이는 이상한 4각형 표시

① 이상하게 조각된 지하층 출입구

좌측 [그림 8]의 1층 밑에 있는 석축을 보시면 지하층으로 들어가는 출입구가 새겨져 있답니다. 근데, 표시가 희한하답니다.
자세히 보십시오. 이 지하층 출입구 표시는 엄청나게 유심히 보셔야만 보이실 겁니다.

아마도 이 지하층 출입구를 보신 분은 아마 없었을 듯! 혹시 보신 분이 계셨더라도 지하층 출입구라고 생각하신 분은 아마도 한 분도 없었을 겁니다. 안타깝답니다.
자세히 보시면 출입구가 삐딱하게 표현되어 있답니다. 이상하지 않으세요? 이해가 가시는 분 계시나요?

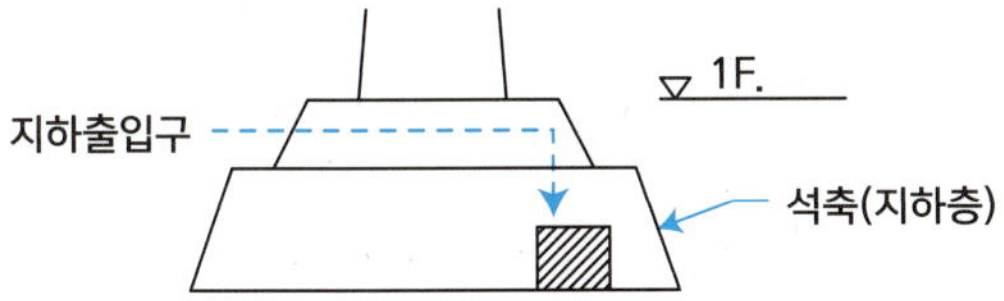

[그림 9] **4각형 건물시 지하개구부 표시**

경사진 이유는 이렇답니다.
좌측 그림을 보십시오.
만약 4각형 건물이었다면 개구부는
수평으로 표현했을 겁니다.

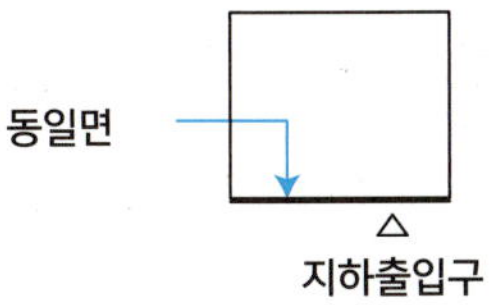

[그림 10] **4각형시 보이는 면 : 1/4면**

다시 4각형 평면을 그려보면,
보이는 1면이 전체적으로 동일면이 된답니다.
지하층 출입구가 삐딱해야 할 하등의 이유가 없답니다.

만약 8각형 건축물이라면 시각적으로 이렇게 보일 겁니다.

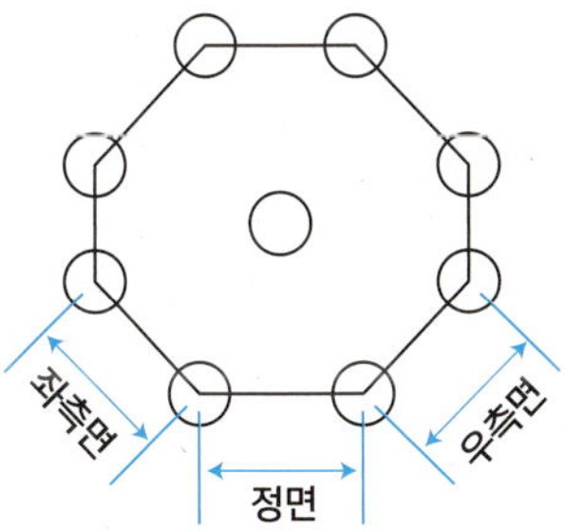

[그림 11] **8각탑시 : 좌·정·우측면이 보임**

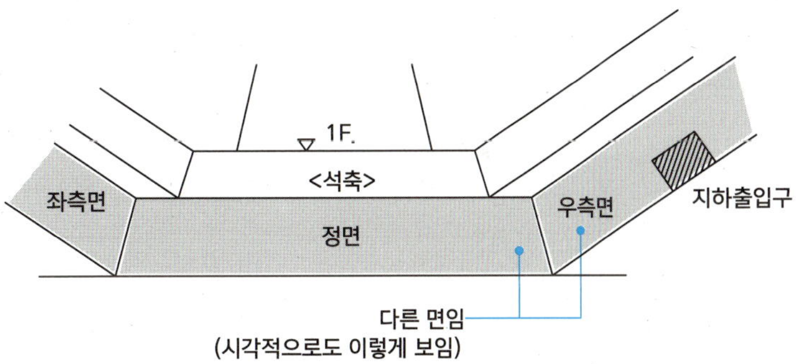

[그림 12] **8각형시 실제로 눈에 보이는 입면도**

8각형탑이므로 입면도 상에는 자동으로 지하층 출입구(개구부)가 삐딱하게 표현될 겁니다.
비록 지반선은 수평으로 표현했지마는, 인지가 되시는지요!

② 이상하게 붙어 있는 지붕판

이상한 게 또 있나 보네요! 9층탑의 1·2·3층 지붕판을 보시면, 이상하게 꼽사리(기생)낀 듯한 지붕판이 보이실 겁니다. 혹시 보이십니까?
이런 것이 보이기 시작한다면 신라탑을 언제든지 푸실 수 있는 능력이 있으신 분이랍니다.

도통 이 놈이 왜 붙어 있으며 무얼 의미할까요?

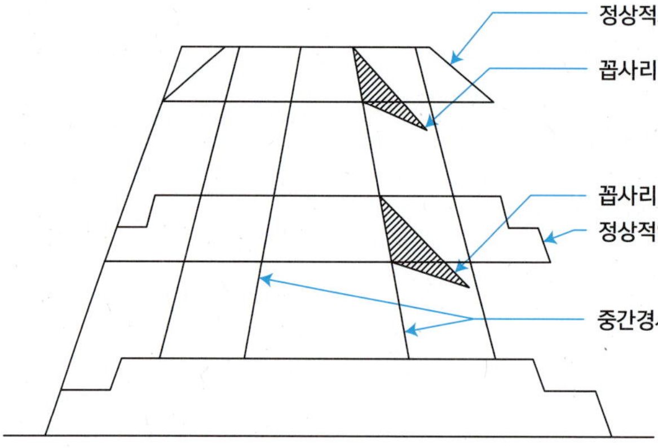

[그림 13] **9층 조각탑 지붕에 기생한 이상한 지붕판때기?**

하! 고고참 희한한 지붕판도 다 있네! 끝에 정식 지붕판이 분명히 있는데 웬 중간에 낑긴 지붕판? 알다가도 모를 일이랍니다. 그것도 지붕판이 축쳐져 있네요.

혹등고래 앞발처럼?

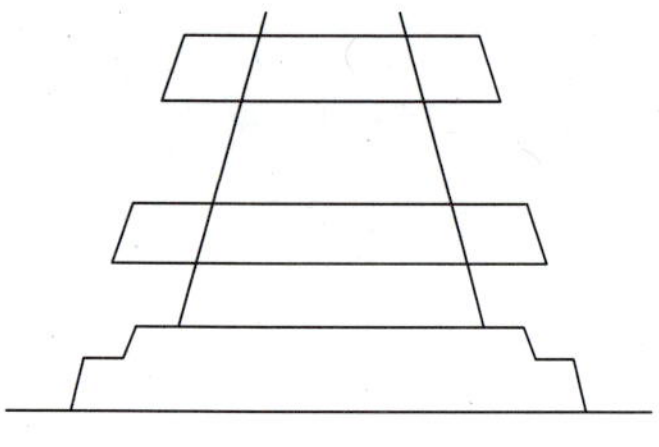

[그림 14] **4각형시 지붕판**

만약 4각형 건축물이라면, 동일면으로 연속적으로 지붕판이 지나가니 중간에 지붕판이 꼽사리낄 곳(위치)이 없답니다.

4각형의 1면은 동일면이므로 변곡점이 존재할 수 없기 때문이겠죠.

그런데, 왜 기생지붕판을 그것도 변곡선 위치에 맞추어서 눈에 띄기 쉽게, 그것도 축 늘어져서 새겨 넣었을까요? 새긴 신라 석공만 알 듯!

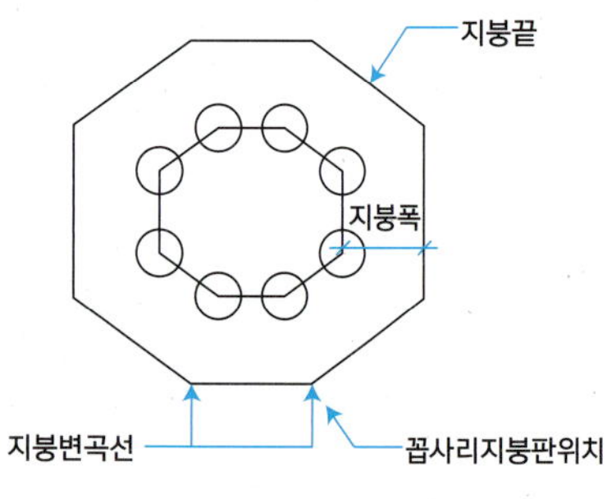

[그림 15] **8각형 지붕판**

다시 8각형을 한번 그려 봅시다.

아마 신라석공의 입장에서는 분명히 변곡점이 빠이 보이는데 양쪽 끝 지붕만 조각하기가 그랬는지는 모르지만, 변곡선에도 지붕판을 은근슬쩍 집어 넣은 걸로 보인답니다.

제 생각이 그럴싸한가요?

③ 1층탑과 3층탑의 조각탑

이 두 탑의 조각탑에는 너무 노골적으로 나는 8각형 건축물이라고 큰 소리 치고 있네요.
보기가 쪼께 민망? 9·7층탑처럼 은근히 표현해야 하는디! 이 1·3층탑 조각은 2마애조상군(옥룡암바위 근처(300~500m?)에 있음)바위에 새겨져 있답니다. 처음 보시는 분은 저게 어찌 목탑 조각탑이냐고 생각하기 쉽답니다.

목탑 조각임을 정확하게 인지하시는 방법을 간단하게 알려 드리겠습니다.
1층 조각탑을 잠깐 예를 들어 보겠습니다.

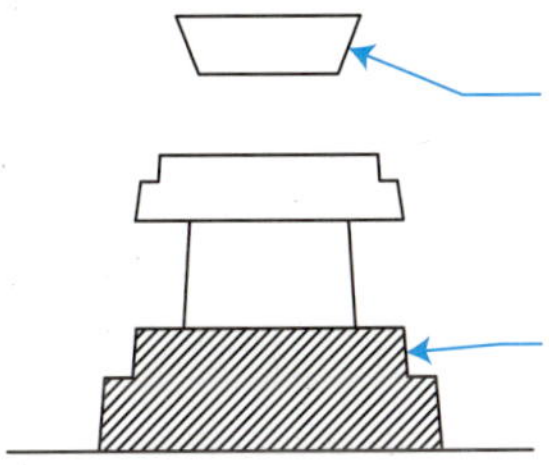

첫째 : 석축이 있으면 볼 필요도 없이 자동으로 목탑이랍니다. (석축의 생김새에 유의하십시오)

둘째 : 관측소와 관측소 바닥판이 있으면 금상첨화랍니다.

[그림 16] 예 : 1층탑의 조각탑

1층 조각탑은 석축과 관측소 바닥판까지 존재한답니다.(관측소 바닥판은 조금 떨어진 곳의 다른 1층탑 조각 상부에 있음. 즉 1층탑은 2개의 조각이 있는 것 같음) 아마, 이 1층 조각탑에서 관측소 바닥판을 보신 분도 없겠지만, 혹시 보셨더라도 관측소 바닥판 일 것이라고 생각하신 분은 단 1명도 없었을 겁니다.
이 1층조각탑 1층 내부에 부처님이 계셔서 보는 분의 대부분은 단순히 1층 일반건축물로 생각하시기 쉽답니다.
이 부처님 조각은 고려석공(?)이 새겨 넣은 거랍니다. 조각탑 형상에 대해서는 나중에 다시 한번 말씀드리겠습니다.

왜 1·3층조각탑이 나는 8각형이라고 노골적으로 큰 소리칠까요? 이유는 이렇답니다.
입면도 표현기법이 근본적으로 다르기 때문이랍니다. 무슨 말인고 하니, 9·7층 조각탑은 3/8 입면도라 변곡선이 입면도 중간에 있는데 반하여, 1·3층 조각탑은 1/8 입면도(8면 중 1면)라 변곡선이 존재하지 않는답니다.

8각형을 다시 그려 봅시다.

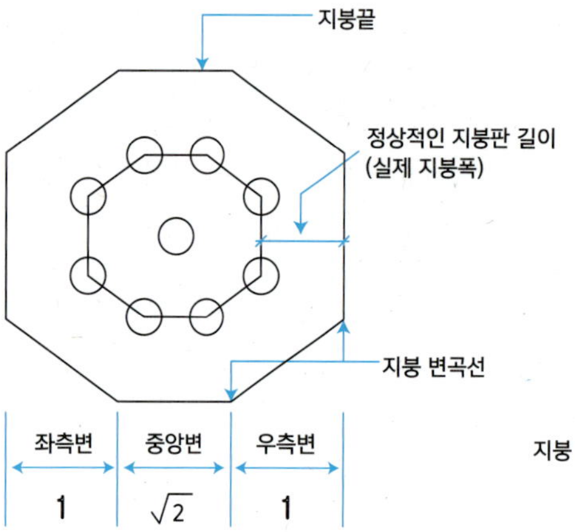

[그림 17] 3/8입면도시 보이는 면 : 9·7층 조각탑
- 8면 중 3면을 표시 -

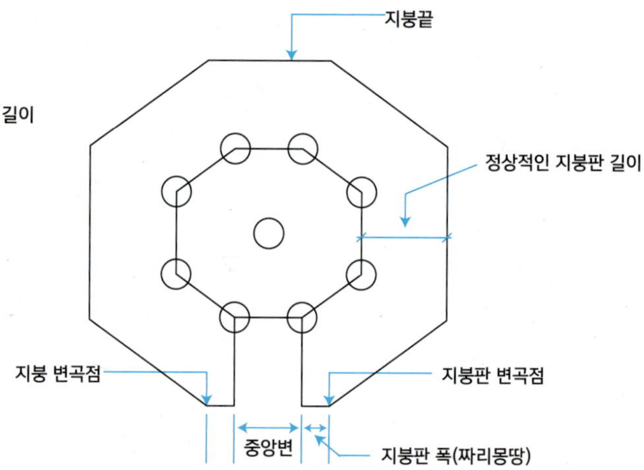

[그림 18] 1/8입면도시 보이는 면 : 1·3층 조각탑
- 8면 중 1면만 표시 -

3/8 입면도와 1/8 입면도의 차이점을 한 눈에 보실 수 있죠. 말 그대로 3/8 입면도는 8각형의 8면중 눈에 보이는 3면을 다 조각한 거랍니다. 즉, 중앙면(√2) 양쪽에 약간 적은(1) 2개면까지 조각한 것이며 큰 변과 작은 변 사이에 변곡선이 발생된답니다. 반면에 1/8 입면도는 말 그대로 8면중 1면만을 조각한 거랍니다. 즉, 정면에서 볼 때 눈에는 보이지만 양쪽 두면은 표현하지 않은거랍니다. 1면 만의 입면만 보이므로 중간에 변곡선이 존재하지 않는답니다. 더 유심히 보시면 3/8 입면도는 정상적인 지붕판폭이 보여서 시원한 감이 있는데 1/8 입면도의 지붕판폭은 짜리몽땅하게 보인답니다. 이해가 가시는지요.

다음에 보시는 1층탑의 3/8 입면도와 1/8 입면도를 비교해 보시면 더 정확히 이해되실 겁니다.

[그림 19] 1층탑이 3/8입면시 : 좌측면+중앙면+우측면

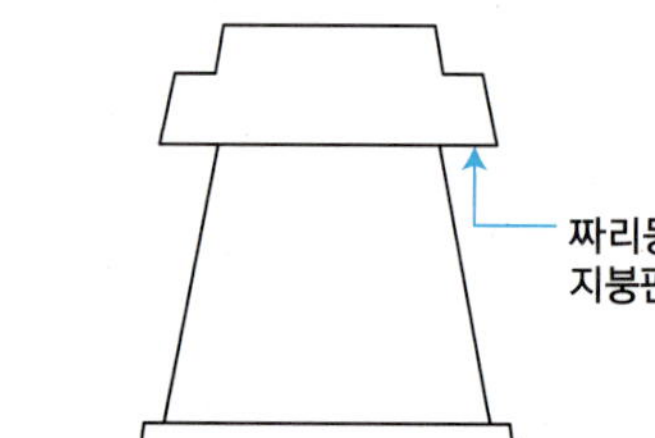

[그림 20] 1층탑의 1/8입면도 : 중앙면만 보임

그림에서 보듯이 3/8 입면도에서 중앙면만 빼내면 1/8 입면도가 됩니다. 훨씬 날씬해졌네요! 대신 지붕판과 석축은 짜리몽땅해 졌답니다. ~ㅋ~ 사실은, 9·7층탑이 1/8 입면도시 너무 날씬하니 중후하게 3/8 입면도로 한 것 같으며, 1·3층탑은 3/8 입면도시 너무 펑퍼짐한 것 같아서 1/8 입면도로 날씬하게 조각한 걸로 보인답니다. 즉, 건물높이와 건물폭의 비례를 조화시킨 것 같네요.

다시, 1·3층탑의 1/8입면도를 자세히 볼 차례랍니다.
묘하게도 1/8 입면도에 희한한 표기법이 등장한답니다. 1/8 입면도 양옆에 강한 지반선이 양옆으로 삐딱하게(경사지게) 표현되어 있답니다.

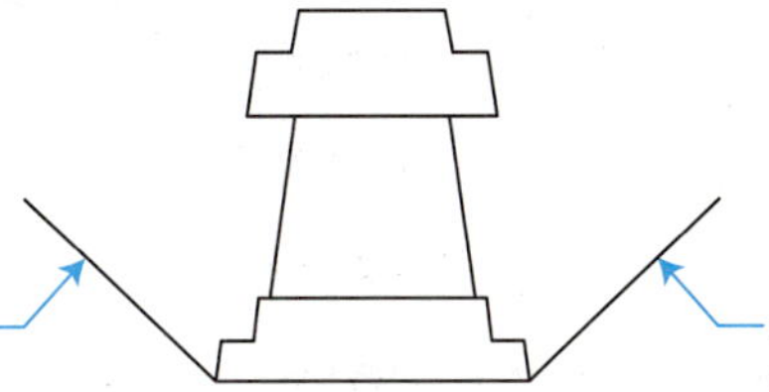

[그림 21] **1·3층 조각탑 1/8입면도의 양옆 지반선**

일반적으로 8각형을 보시면 정면(1/8면) 양옆은 위로 들려 보인답니다. 정면도만 표현하고 싶어도 시각적으로 양옆면은 들려 보이게 된답니다. 바로 이 조각기법이 1·3층 조각탑에 그대로 반영되어 있답니다.

양옆의 본체는 새기지 않으면서도 1/8입면도 양옆에는 지반선을 아주 선명하게 조각하였답니다. 실제 눈에 보이므로 입면도와는 별개로 등장한 양옆지반부의 강한 선! 이제 왜 이 선이 조각되어 있으며 이 선이 무엇을 의미하는지를 아셨을 겁니다. 너무 노골적인(?) 조각기법이네요.
덕분에 어떤 누가 보셔도 아! 신라탑은 8각형이로구나라고 인지할 수 있게 되었답니다.
제가 변곡선개념과 3개의 알기 쉬운 예를 들어서 왜 신라탑이 8각형인가를 말씀드렸는데 이해가 잘 되셨는지요. 이렇게도 알기가 쉬웠었었는데 이제까지 아무도 신라탑이 8각형이라는 사실을 몰랐다니!

웃음만이~ㅎㅎ

신라일반목탑이 8각형이라는 걸 인지만 하셔도 신라탑의 반은 이해하신 것이 된답니다.
왜냐구요! 건물형태가 틀리면 그 건축물은 영원히 풀 수가 없기 때문일 겁니다!

3. 신라 일반목탑 구조

이제 신라목탑이 8각형이라는 걸 인지하셨으니 신라목탑의 구조는 어떻게 생겼을까 궁금하실 겁니다. 한번 파헤쳐 볼까요.

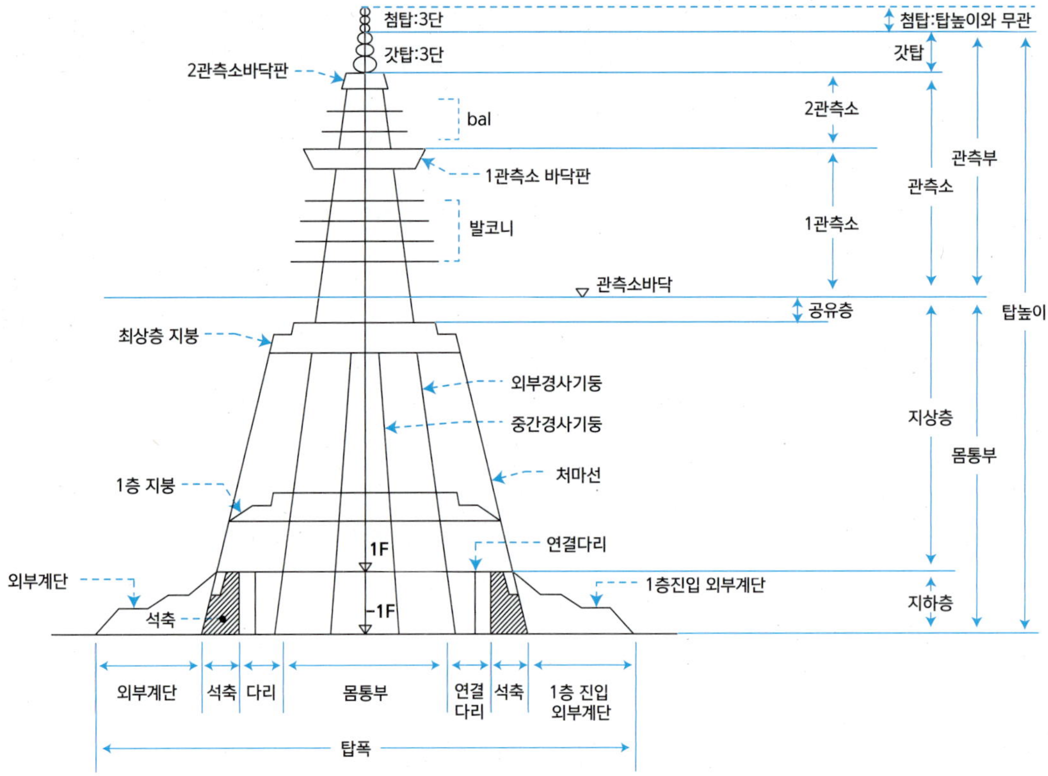

[그림 22] 신라 일반목탑 구조 개념도

신라일반목탑	관측부	첨탑	금속류 – 탑 높이에서 제외
		갓탑	3단
		2관측소	9층탑에만 있음
		1관측소	1~9층탑에 다 있음
	몸통부	지상층	공유층 : 소속은 몸통부 소속이나 사용은 관측소가 함
			지상층 : 사용공간
		지하층	몸통부(지하층내부) : 사용공간
			연결다리 : 1층과 외부계단 연결
			석축(성:城) : 지하 외벽개념과 지붕개념임
			외부계단 : 1층 진입계단

[표 1] 신라 일반목탑의 구조

• Notes { 일반목탑의 재료는 나무, 돌, 금속으로 구성되어 있네요.

신라일반목탑의 가장 큰 특징은 몸통부 상부에 관측소(신라사찰목탑에는 없음)가 있으며 또한 완전한 지하층(신라석탑에도 있음. 신라사찰목탑등은 반지하라기보다는 기단부개념(일반적으로 알고 있는 기단개념임. 신라·백제탑에는 기단부개념 자체가 없음. 저희들이 기단부라고 잘못 알고있는 개념임)의 계단단수로 6단높이의 지하층이 있음)이 있다는 거랍니다. 더 특이한 것은 이 지하층을 석축이 감싸고 있다는 것입니다.(신라석탑은 지하층은 있지만 지하층을 감싸는 석축은 없답니다.)
사실 이 지하층은 지하층이라고 하기도 애매하고 1층이라고 하기도 조금은 애매하답니다.
1층이라고 하기에는 내부가 석축에 둘러싸여 조금은 어둡답니다. 0층이라고 하는 것이 가장 합리적이랍니다. 하지만 표기는 지하층이라고 할 것이며 수학적으로만 1층으로 할 겁니다. 즉, 9층탑이라고 하면 그냥 9층탑이 될 것이며 수학적으로만 10층탑이 된답니다. 무지 헷갈리실 겁니다.
사실은 제가 더 헷갈린답니다. 이 석축에 대해서 잠깐만 얘기 드리겠습니다.

저는 제일 처음 조각탑을 보는 순간 이렇게 생각했답니다.

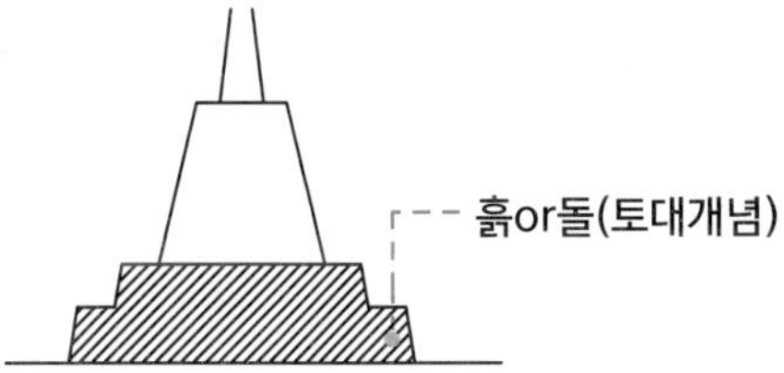

[그림 23] **제일 처음 생각한 흙(돌)쌓기개념**

흙(또는 돌)을 쌓은 후 그 위에다 집을 짓는다? 희한하네? 맨땅 놔두고 웬 토상누각? 사상누각은 들어본 것도 같은디 웬 토상누각? 그래서 속으로 신라 건축기사 그 성깔하나 지랄같네라고 생각했답니다. 그런데, 기우로 끝났답니다. 집을 짓는데 당연히 맨땅위에 지어야 튼튼한 구조가 되겠죠. 제가 처음 생각했든 흙(돌)쌓기가 건물 밑에 있는 것이 아니라, 건물과는 별도로 지하층을 감싸는 지하층의 외부석축이었든 거더랍니다. 참 웃기죠.

일반목탑을 꼭대기에서부터 하나씩 봅시다.
관측부 제일 위쪽에는 첨탑(spire)이라는 것이 3단으로 있답니다. 물론 재료는 금속류일 겁니다.
이왕이면 황금이면 더 좋을낀데? 조각 9층탑의 사진으로는 갓탑 3단은 보이는데 이 첨탑 3개는 보이지는 않지만, 석탑등 여러 경우의 수로 미루어 3단일 것이라고 생각했답니다. 묘하게도 이 첨탑은 일반목탑에서는 높이에서 제외된답니다. 그런데 사찰목탑이나 석탑등에서는 이 첨탑높이가 굉장히 중요한 부위를 차지하므로 탑높이는 아니지만 총 탑높이에는 포함될겁니다.
첨탑 바로 밑에 찐빵같이 생긴 3단 갓탑이 있답니다. 이름을 찐빵탑으로 부르기가 좀 그래서 '갓탑'이라고 이름을 지었답니다.

사실은 갓탑을 풀다보면 꼭 갓을 둘러쓰고 있는 것 같아서 갓탑이란 이름을 붙여 보았답니다. 물론 이 갓도 금속류랍니다. 상기 첨탑과 갓탑이 석탑으로 이동되면서 석탑에서는 상륜부(이 상륜부란 이름이 어떻게 해서 나왔는지는 알 수 없으나, 석탑에 그리 어울리는 이름은 아닌 듯 보여서 저 개인적으로는 사용하지 않는 답니다. 아마도 일본사찰목탑 꼭다리의 찐빵류가 둥근판계통(ring plate type)이라서 이런 상륜부라는 이름이 나오지 않았나 정도는 생각해 본 답니다. 이쁜 이름 지어주이소~ㅎ)라고 불리우고 있답니다. 저는 그냥 꼭다리나 찐빵으로 부를 겁니다? 일반목탑에서는 첨탑이 1개인 1첨탑(3단)만 있는데 반해서 석탑이나 사찰목탑에서는 제2 또는 제3첨탑이 있어서 첨탑이 2~3개 정도랍니다. 아마 석탑등에서는 꼭대기에 있는 첨탑들이 어떤 상징성을 가지면서 중요도가 높아졌나 봅니다. 저희들이 일반적으로 알고 있는 석탑류 꼭다리의 개념이 약간은 이해되셨으리라 믿습니다. 꼭다리(첨탑+갓탑)밑에 관측소가 있답니다. 1~7층탑은 관측소가 1개(1단)뿐인데, 묘하게도 9층탑은 2개(2단)로 되어 있답니다.

관측소는 { 외관측소(1관측소: 1단 관측소): 1~7층탑 / 쌍관측소(1·2관측소: 2단 관측소): 9층탑 } 로 구분된답니다.

9층탑같은 경우는 2단관측소라는 표현이 맞으나 그냥 편의상 상부관측소를 2관측소(2단위치에 있는 관측소)라고 부르겠습니다. 혹시 2관측소라고 하니 1관측소와 멀리 떨어져 있는 별개의 관측소라고 생각하시지는 마이소. 9층탑에 2관측소가 있지마는 다보탑에도 2관측소가 있으며 첨성대도 기본개념은 2관측소랍니다. 첨성대는 지상화되면서 약간 복잡한 구조개념을 동시에 갖게 되었답니다. 관측소는 상부에 관측소바닥판이 존재하며 이 넓적한 바닥판을 받치기 위해서 날개기둥(1관측소바닥판밑에만 있음: 2관측소만 있는 첨성대와 다보탑에도 개념이 약간 다르지만 날개기둥이 있음)도 있으며 날개기둥을 받치기 위한 뜬기둥도 있답니다. 또 관측소내부로 빗물침투방지를 위한 발코니(수평지붕)도 존재한답니다. 이 관측소를 도면상 2개의 선으로 표시해 놓으니 간단하겠구나라고 생각하실 수도 있겠지만 무지 복잡한 구조물이랍니다.

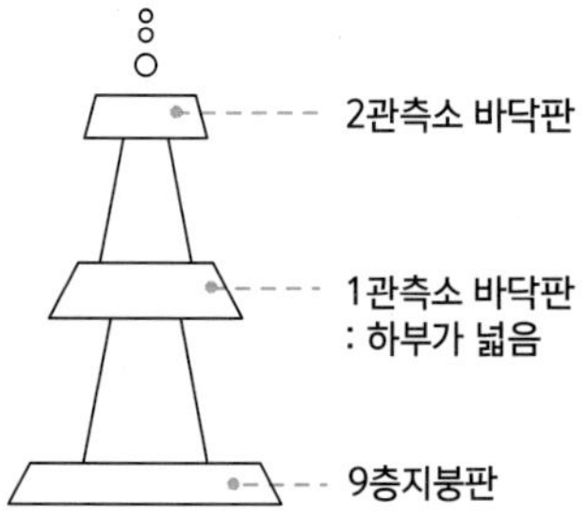

[그림 24] **제일 처음 생각한 1관측소 바닥판**

관측소의 재미난 에피소드(episode) 한마디 해도 될까요? 저는 제일 처음 9층탑 1관측소바닥판이 좌측 그림과 같이 생긴 걸로 생각했답니다. 당연히 좌측 그림과 같이 생겨야 된다고 생각했답니다. 아니! 어떤 누구가 생각해봐도 당연할 겁니다. 당연히 관측소바닥판의 하부가 넓을 거라고 생각을 하고 있었는데 한참이 지난 후에 제가 찍은 사진의 관측소바닥판을 보다가 뒤로 나자빠질뻔 했답니다.

제가 왜 나자빠질뻔 했을까요?

상식을 벗어난 관측소바닥판의 형상을 보았기 때문이었답니다. 자세히 다시 보십시오.

상부 도면과 무엇이 다를까요?

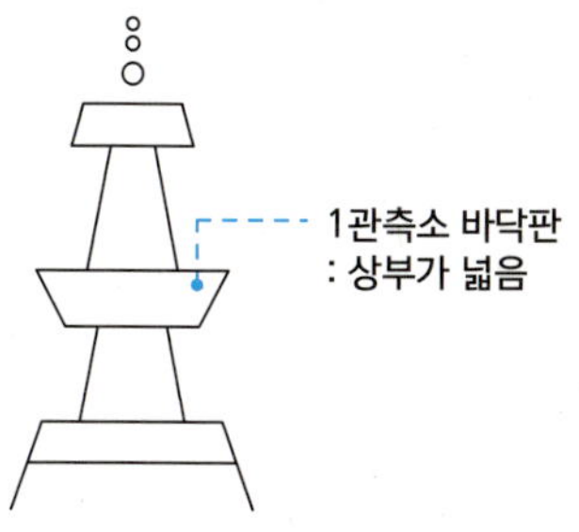

[그림 25] **어느날 보니 관측소 바닥판이 이렇게 생겼더랍니다**

바로 1관측소바닥판이 상부로 벌어져 있더랍니다? 제가 얼마나 놀랐을까요? 뭐 이런게 다 있지? 돋보기로 다시 확대해 봐도 똑같이 상부가 벌어져 있더랍니다.

그럼, 이제까지 전 헛것을 본 꼴 밖에 안되더랍니다?

사실을 사실대로 보는 것이 정상적인데, 어떤 고정관념이 저의 눈을 속인 것이겠죠.

다시 한번 보실까요?

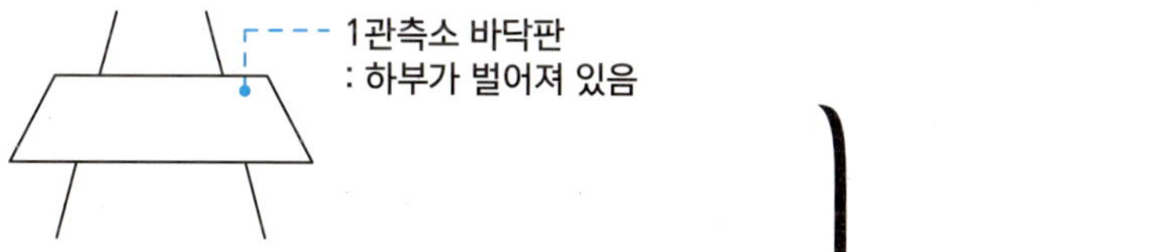

[그림 26] **제가 계속 보고도 처음에 인지한 바닥판 형태**

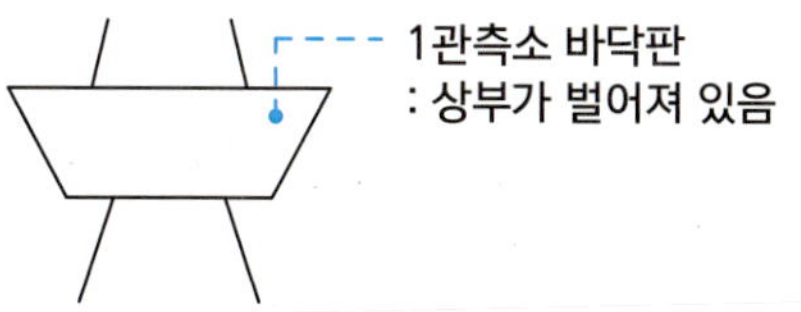

[그림 27] **어느날 본 바닥판 向**

그래서 조각7층탑의 1관측소 바닥판도 당연히 확인해 봤답니다.

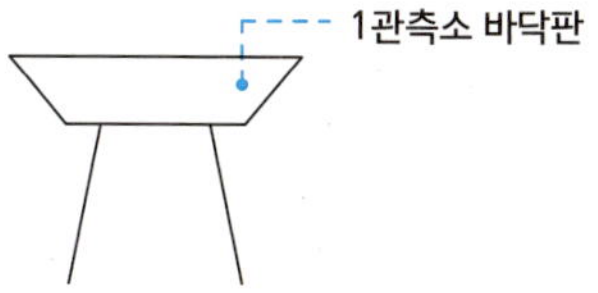

[그림 28] **7층탑의 1관측소 바닥판의 형상**

이 7층탑의 1관측소 바닥판도 상부가 벌어져 있더랍니다. 우찌 이런 일이! 정신이 번쩍 들더랍니다. 상식을 적용할 때 하더라도 사물을 있는 그대로 보자였겠죠.

근데, 왜 이 1관측소바닥판은 상부를 더 넓게 했을까요? 구조적으로도 좋지 않을 뿐더러 시공도 훨씬 더 어려울 것 같은데?

먼저, 2관측소 바닥판을 보실까요?

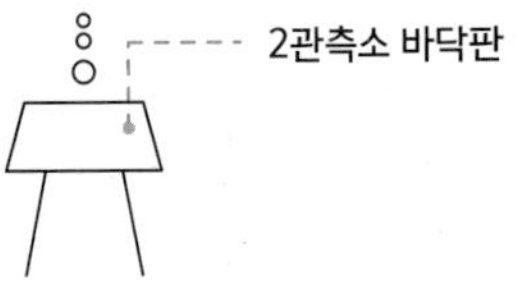

[그림 29] **2관측소 바닥판**

일반적이고 상식적으로 생각되는 하부가 더 벌어져 있답니다. 완벽하게 안정구조랍니다.

이제, 1관측소 바닥판을 보실까요.

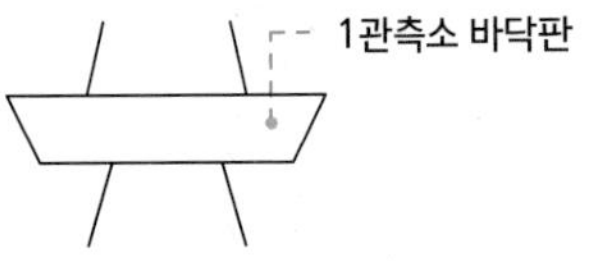

[그림 30] **1관측소 바닥판**

상부로 벌어져서 불안정구조랍니다. 시공도 당연히 힘들 겁니다. 그래서 제가 엄청 많은 생각을 해본 뒤 내린 결론은 상부가 벌어진 것은 발전지향을 추구하는 의미가 아닐까 하고 생각해 봤답니다.

얘기해 놓고도 잘 모르겠네요?

즉, 2관측소 바닥판이 하부가 넓은 것은 안정추구며, 1관측소 바닥판의 상부가 넓은 것은 발전지향 추구가 아닐까 하고 저 혼자 조심스레 생각해 봤답니다. 근데, 9층탑같이 1·2관측소가 다 있는 경우는 안정과 발전지향을 추구할 수 있는데 1~7층탑같이 1관측소만 있는 경우는 안정추구는 없고(?) 발전지향만 있다는 얘기가 되네요? 제가 머리가 짧은 모양입니다. 하여튼 더 많은 생각을 해봐야 될 것 같답니다.

다음으로 몸통부로 내려와 봅시다. 목탑의 실제 사용공간이랍니다. 몸통부는 크게 지상층과 지하층(석축)으로 구성되어 있답니다. 제일 상부에는 공유층이 있는데 말 그대로 소속은 몸통부소속인데 관측부가 사용하는 층이랍니다. 콕 꼬집어서 이거다라고 하기가 애매하답니다.

지상층은 탑의 실제 사용공간이랍니다. 그 다음 지하층이 제일 밑에 자리 잡고 있답니다.

지하층은 조금 복잡하네요. 내부는 지하층 본래의 시용공간이 있으며, 연결다리가 1층과 석축을 이어준답니다. 그 바깥에 석축이 있답니다. 이 석축은 지하층외벽이기도 하지만 연결다리와 함께 지하층의 지붕개념도 함께 갖고 있답니다. 이 석축이 재미있는 건 이 건물의 외부를 지켜주는 성(城 , castle) 역할을 하고 있다는 겁니다. 자체 성을 가진 묘한 건축물이랍니다. 이 석축(城)으로 미루어 신라일반목탑의 용도가 관공서임이 밝혀졌답니다. 물론 여러 정황도 함께 고려했답니다.

아마 신라수도인 경주에는 성곽(내성:內城)이 없는 걸로 봐서 관공서(정부종합청사 개념)인 일반목탑에 방어개념의 자체 성곽을 만들었을 수도 있답니다. 아인가? 하여튼 애럽네요? 또한 석축에는 지하층 출입이 가능한 2개의 개구부도 있답니다. 석축이 지하층 외벽이므로 당연히 창문도 있어야겠죠. 석축 외부에는 1층진입 외부계단이 동·서·남·북 4곳에 있네요.

이해를 돕기 위해 아주 간단한 배치도를 한번 봅시다.

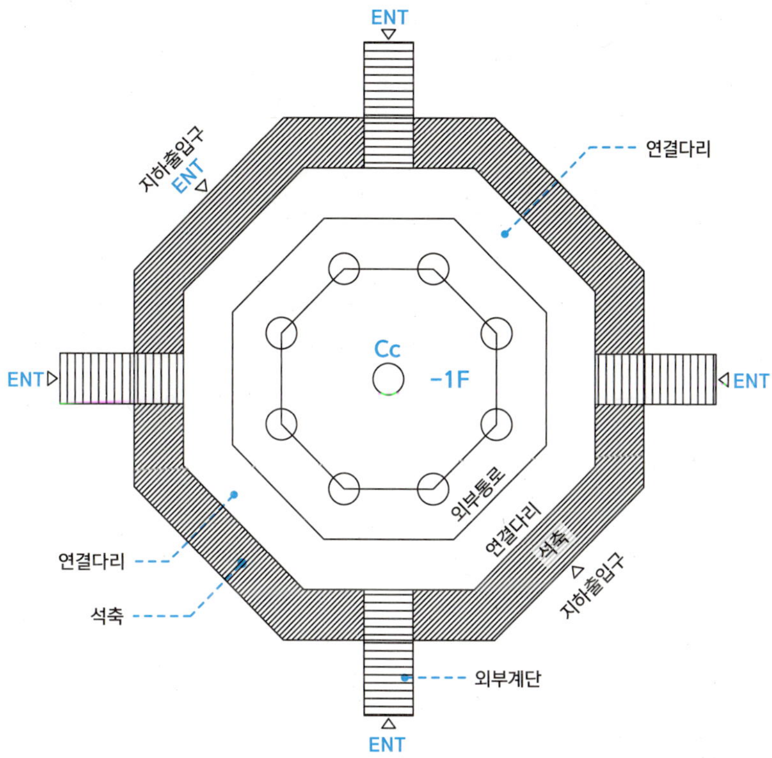

[그림 31] **탑 간이 배치도**

너무 간단한 구조네요? 그렇게 간단한 구조가 아니랍니다? 이제부터 이 무지무지 간단한(?) 구조를 하나하나 재미있게 풀어 볼 겁니다.

4. 숫자의 개념

신라탑에 접근하실려면, 제일 먼저 신라 건축기사가 선호하는 숫자를 찾으시면 아주 편하실 겁니다. 우리들이 일반적으로 사용하는 정수는 이럴 겁니다. 1, 2, 3, 4, 5, 6, 7, 8, 9, 10, 11, 12, 13, 14, … 맞는 것 같나요?

그런데, 신라 건축기사가 좋아하는 숫자는 이렇답니다. 3, 6, 9, 12, 15, 18, 21, 24, 27, …
이렇게 3의 배수로 나가는 숫자랍니다. 어쩌면 진법과 관련이 있을 수도 있답니다.

{ 10진법 : 1'(1尺) = 3cm x 10 = 30cm
  12진법 : 1'(1尺) = 3cm x 12 = 36cm

진법은 여러가지가 있을 수 있겠지만 우리가 사용하는 진법은 크게 10진법과 12진법일 겁니다. 어떤 진법을 쓰던 항상 기본수는 3이라는 숫자랍니다. 제가 수학에는 문외한이라 진법설명이 맞는지 모르겠습니다만, 어떻든 제가 알고 있는 진법 개념이랍니다? 그래서인지는 모르겠으나 신라 건축기사는 모든 치수에 이 3이라는 숫자의 배수공법을 사용한답니다.
3의 배수의 숫자자체를 다시 더해 봅시다. 끝까지 더해 보셔야 한답니다.

3,	6,	9,	12,	15,	18,	21,	24,	27,	30,	33,	36,	39,	42,	45,	48,	……
			1+2	1+5	1+8	2+1	2+4	2+7	3+0	3+3	3+6	3+9	4+2	4+5	4+8	
3	6	9	3	6	9	3	6	9	3	6	9	12			12	
												1+2			1+2	
												3	6	9	3	……

끝이 없네? 위와 같이 3의 배수를 각 숫자 자체를 끝까지 더해 보시면 반드시 숫자합은 3, 6, 9 라는 숫자가 나오게 되어 있답니다. 계속 끝까지 더해 가시면 무한반복으로 3, 6, 9가 나올 겁니다. 숫자가 클 경우라도, 예를 들면, 39라는 숫자는 3+9=12가 나온답니다. 이 12라는 숫자를 다시 더해 보면 1+2=3으로 3의 기본배수인 3이 나온답니다. 3의 배수의 숫자는 아무리 큰 숫자라도 반드시 끝까지 더하면 3, 6, 9 중 1개의 숫자가 나온답니다.

한번 더 볼까요. 648 = 6 + 4 + 8 = 18 → 1 + 8 = 9, 9 라는 3의 배수가 나온답니다.

역으로 분석해 보시면, 최종 숫자의 합이 3, 6, 9.가 되면 이 숫자는 반드시 3의 배수숫자라는 걸 의미한답니다. 즉, 숫자의 합이 1, 2 또는 7 등이 나오면 그 숫자는 3의 배수가 아니므로 치수로는 사용될 수 없다는 걸 의미한답니다.

재미있는 3의 배수법칙이네요. 제가 처음 목탑을 접할 때부터 신라인들은 도통 무슨 진법을 사용했지? 하도 궁금해서 여러가지 진법을 생각해 봤는데, 어떤 진법을 쓰든 진법의 기본숫자는 3이라는 결론을 내렸답니다. 그리고 신라인들이 10진법을 사용했는지 12진법을 사용했는지에 대해 엄청 많은 생각끝에 10진법을 사용했다고 결론을 내렸답니다. 즉, 우리가 알고 있는 1자(1尺)의 길이는 3cmx10=30cm가 된답니다. 이 1자길이 30cm는 그 시대의 1자 길이이므로 현재 저희들이 사용하는 미터법으로 환산하면 당연히 달라질 겁니다.

그런데, 석탑을 풀다보면 꼭 12진법(1'=3cmx12=36cm)을 쓰는 것 같아 무지 헷갈리기도 했고 실제로 1'가 36cm라고도 표기까지도 했답니다. 나중에 원인을 분석해보니 석탑의 기본 모듈(Module: 어떤 표준이 되는 기본치수)이 108cm라서 108÷3=36cm 가 되더랍니다. 딱 헷갈리기 쉽게 되어 있답니다. 사실은 석탑류의 1자는 36cm로 해도 큰 문제(약간의 문제는 있을 수 있음)까지는 없기는 하나 진법을 통일시키기 위해 신라의 진법은 10진법인 '1자 = 30cm' 라고 결론을 내렸답니다.

앞으로 제가 얘기하는 1자는 미터법 개념이랍니다.

물론 그 시대의 미터법(?) 개념이겠죠? 당연히 그 시대의 1자인 30cm가 될 겁니다. 신라자와 관계없이 현재 사용하는 1자 길이는 1' = 0.3030 … 정도랍니다. 어떻게 해서 이 1자의 길이를 환산해 내었는지는 저로서는 알 수가 없답니다. 그리고 이 글에 있는 모든 치수는 미터법으로 표기할 겁니다. 정확하게는 자로 표기하는게 맞답니다. 9층탑 높이를 제가 108m로 표기했으나 108 ÷ 0.3 = 360'가 정확한 표기법입니다만 360자라고 써 놓으면 높이가 어느 정도인지가 감이 잘 잡히지가 않을 것 같아 미터법으로 표기할 겁니다. 또한 신라시대의 1자의 정확한 미터법의 치수를 알 수 있는 방법이 없답니다. 혹시 알고 계신분 계십니까? 알고 계시다면 한 수 알으켜 주이소?

실제로 제가 신라시대 1자(1尺)의 길이를 알아내기 위해 엄청 많은 계산을 해 봤는데 결과는 다 엉터리더랍니다. 어떤 한 치수가 고정치수라야 계산이 가능한데, 제가 입력한 치수자체가 모두 가변치수라는 걸 알고 신라 1' 길이 계산은 그만 두었답니다. 용만 쓴 꼴이 되었답니다.

그런데, 행운이 따랐는지 희한하게도 신라시대의 1자(1尺)길이를 아주 정확하지는 아닐지라도 어렴풋이나마 알게 되었답니다. 바로 석탑실측치수(미터법치수)를 보고 알아 내었답니다.

신라시대의 1자 ≒ 30.15cm(미터법 기준)라는 걸 인지하게 되었답니다.

즉, 제가 1' = 30cm 라고 쓰고 있는 것보다 1~2m/m 또는 1~3m/m정도가 더 크답니다.

현재 우리가 사용하고 있는 1' = 30.3030… 보다는 쪼께 짧네요. 그 어떤 치수가 되었든 크게 차이는 나지 않는답니다.

예를 들어봅시다. 9층탑높이가 108m(미터법 기준)랍니다. 자로 환산해 보면 108m ÷ 0.3 = 360' 가 나올 겁니다. 현재 미터법으로 환산해보면 360' x 30.15(신라시대의 1'길이의 미터법 환산치수) ≒ 108.54m 가 나올 겁니다. 약 54cm가 더 높네요. 즉, 제가 9층탑높이를 108m 라고 했는데 실제 현재의 미터법으로 환산해 봐도 108.54m 네요. 큰 차이는 나지 않는답니다. 제가 미터법으로 표기해도 치수를 인지하시는 데는 크게 오차가 없으실 겁니다. 그리고, 석탑 보실 때 현재의 미터법 실측치수를 병기한 것도 있으니 제가 넣은 치수와 비교해 보시면 그 시대(그 석탑을 지을 당시)의 1자의 미터법치수가 어렴풋이나마 인지되실 겁니다.
사실 자라는 것이 묘한 것이랍니다. 자를 만든 곳에서 정확한 자의 길이를 인지하고 만든 것인지, 아니면 자 만드는 공장마다 다 달랐는지, 아님 건축기사가 자기만의 고유자를 갖고 있었는지, 표준자길이를 어떤 곳에 보관해 놓고 자를 만들려고 하는 자가 길이를 재어서 만들었었는지 아무도 알 수가 없답니다.

또한, 신라시대에도 초기자도 있을 것이며, 당연히 신라중기의 자도 있을 수 있으며 또한 지역마다 다를 수도 있답니다. 그리고 각 탑을 지을 때마다 다 다를 수도 있답니다. 더군다나, 현재 우리가 사용하는 자조차도 제품마다 다 다를 수도 있답니다. 그러므로, 너무 1자 길이가 미터법으로 얼마인지에 대해서 연연해하실 필요까지는 없을 것 같답니다.
그냥 신라시대의 1자는 30cm보다 약간 더 크구나라고 생각하시면 된답니다. 30cm보다 더 적으면 우짜지? 사실은 백제 1자는 어쩌면 30cm보다 적을 수도 있다는 느낌을 가끔 느낄 때도 있답니다. 단순히 그냥 느낌이랍니다.

신라치수는 3의 배수 법칙이 되어야 하므로 실제 치수들을 한번 봅시다.

기둥 중심간 폭이 3.42(342cm)일 때 3 + 4 + 2 = 9. 9는 3의 배수이므로 성립됨
기둥 중심간 폭이 2.41(241cm)일 때 2 + 4 + 1 = 7. 7은 3의 배수가 아니므로 성립안됨

즉, 2.41 이라는 치수는 존재하지 않는다는 걸 의미한답니다. 이 3의 배수인 3, 6, 9는 단위가 없답니다. 단위는 필요에 따라 넣으시면 됩니다. 3m/m일 수도 있으며 3cm일 수도, 3m일 수도 있답니다.
3의 배수공법이 적용되지 않아도 되는 경우도 있답니다. 즉, 독립치수일 경우에는 꼭 3의 배수공법이 적용되지 않아도 된답니다. 예를들면, 기둥폭, 보폭, 난간높이 등의 독립치수는 다른 치수에 영향을 주지 않으므로 3의 배수가 아니어도 된답니다.

신라 건축기사는 3의 배수인 3, 6, 9 중에서 어느 숫자를 가장 좋아했을까요? 다 좋아했을 것 같다구요? 그럴 수도 있답니다. 근데, 신라 건축기사는 9라는 숫자를 가장 선호했답니다.
더 나아가서 자(尺)치수까지도 9를 더 좋아했답니다. 예를 들어봅시다. 9층탑높이가 108m랍니다.

1+0+8=9. 9는 만사 OK.
108m를 다시 자로 환산해 봅시다. 1자는 30cm이겠죠. 108m÷0.3=360'

360'의 숫자를 다시 더해 봅시다. 3+6+0=9. 이것도 숫자합이 9네요. 우연의 일치일까요? 아님 필연일까요? 예, 필연입니다. 탑높이나 탑폭 등 중요한 치수는 그 숫자가 미터법이 되었든 자(尺)치수가 되었든 반드시 숫자합이 9라야만 한답니다.

예를 더 들어볼까요?

- **첨성대 높이 : 13.5m = 1 + 3 + 5 = 9**
  13.5 ÷ 0.3 = 45'→ 4 + 5 = 9 } **맞네?**

- **7층탑 높이 : 86.4m = 8 + 6 + 4 = 18 → 1 + 8 = 9**
  86.4 ÷ 0.3 = 288'→ 2 + 8 + 8 = 18 → 1 + 8 = 9 } **이것도 맞네?**

이렇게 아주 중요한 치수(탑높이·탑폭 등)는 미터법치수이든 자치수이든 반드시 숫자합이 9가 되어야 한답니다. 당연히 석탑도 마찬가지랍니다. 이건 뭘 의미할까요?
숫자의 합이 자로 환산해도 9의 숫자가 되는 최소단위치수가 계산이 된답니다.
9 x 0.3 = 2.7 이겠죠. 목탑에서는 주로 2.7m일 겁니다. 2 + 7 = 9, 2.7 ÷ 0.3 = 9' 가 나오죠. 더 적은 치수인 27cm도 있다고요. 저희들은 통이 큰 분들이잖아요. 즉, 목탑의 높이와 폭은 반드시 2.7(1.08로도)의 배수가 된다는 걸 의미한답니다.

석탑같은 규모가 비교적 적은 경우에는 최소단위치수(기본 Module)를 1.08(0.27x4=108cm)로 잡을 겁니다. 1.08=1+0+8=9, 1.08÷0.3=3.6'→3+6=9로 정확히 9가 나오네요. 석탑의 높이와 폭은 반드시 1.08(2.7 로도)의 배수가 되어야 맞을 겁니다. 즉, 신라 건축기사가 좋아하는 이 9라는 숫자의 공통 최소단위치수인 2.7과 1.08(2.7x4)이라는 숫자만으로도 탑의 높이나 폭이 대충 어느 정도쯤 될 거라고 인지되는 순간 금방 탑높이나 탑폭을 알아낼 수가 있답니다. 신기하죠?

또한, 신라 건축기사는 홀수를 좋아했을까요? 짝수를 좋아했을까요? 헷갈리시죠. 걱정하시지 마십시오. 짝수를 훨씬 선호한답니다. 이유는 저로서도 알 수는 없답니다. 하여튼 짝수를 더 좋아하는 것은 맞답니다. 혹자는 3층석탑, 9층목탑이라는 용어가 있으니 홀수를 더 좋아하지 않았나하고 생각하실 수도 있답니다.

잘못들 알고 계신 거랍니다. 정확하게 수학적으로 4층석탑과 10층목탑이랍니다.

무지 헷갈리실 듯?

신라탑을 푸시다 보면 치수가 3의 배수도 배수이지만 희한한 것도 많이 접하게 된답니다. 예를 들면, 123(123cm)이라는 치수가 있다고 가정해 봅시다. 이 123이라는 치수의 숫자는 수순을 마음대로 바꿀 수도 곱할 수도 있답니다. 즉, 123, 132, 213, 312, 321 이런 치수가 나올 겁니다.
이 123에다 곱하기 2를 하고 숫자의 수순을 바꾸면 246, 264, 426, 462, 642, 624 이런 수도 나오죠.
이 123에서 곱하기 3을 하면 369, 396, 693, 639, 963, 936 이런 치수가 나온답니다.
이렇게 치수는 비록 다를지라도 모두 123군 계열의 치수가 된답니다.

하나 더 볼까요. 216(2.16m)이라는 치수가 있다고 칩시다. 216, 261, 126, 162, 612, 621 이런 치수가 나오겠죠. 이 216을 2로 나누어 볼까요. 108, 180, 081, 018, 801, 810 이런 치수가 나온답니다.
숫자 234를 한번만 더 볼까요. 234, 243, 324, 342, 432, 423 이런 숫자들이 나온답니다. 234에서 곱하기 2를 하면 468, 486, 684, 648, 864, 846 등이 나오죠. 이런 식으로 비록 치수는 다를지라도 숫자 234의 계열치수로 보시면 된답니다. 위에 예시한 치수들은 어쩌면 자주 보게 될지도 모른답니다.
숫자를 인지하실 땐, 10.8m/m든, 10.8cm든, 108m/m든, 108cm든 단위와는 아무런 관련이 없답니다.
또한, 소수점이 있든 없든 숫자는 그 자체로 인지하십시오.

이와 같이 신라 건축물은 숫자의 조합에다 어떤 법칙을 따르는 묘한 건축물이랍니다.
또한, 숫자의 비례도 무척이나 중요하답니다. 예를 들면, 9층탑 1층 층고 11.7m에서 지붕판두께가 3.9m이며 순 층고높이는 7.8m 랍니다. 3.9 : 7.8 = 1 : 2 라는 1 : 2 비율이 나올 겁니다.
이 1 : 2 비율은 중요한 비례이면서 가끔 등장할 겁니다. 이 신라 숫자의 개념을 이해하셔야 탑 이해가 훨씬 쉬워진답니다. 앞으로 나오는 치수는 특별한 단위가 들어가지 않으면 기본적으로 m를 기준으로 표기하겠습니다. 예를 들어 324cm(3m 24cm)의 치수표기는 3.24가 된답니다. 2.16만 있어도 216cm(2m 16cm)가 된답니다. 1.62 식으로 특별히 단위는 쓰지 않겠습니다.

다 알고 있으니까요.

5. 마법의 자와 공통수

(1) 마법의 자

이 마법의 자와 공통수가 신라 일반목탑에서 가장 중요한 것이랍니다. 이것을 모르시면 자자손손 목탑을 풀어보려해도 영원히 푸실 수가 없답니다. 제가 처음 시작할 때 처마선의 각도를 풀지 못해서 6~7년을 접었다고 말씀드렸을 겁니다. 맞습니다. 신라탑은 이 경사각을 풀지 못하시면 말짱 도루묵이 된답니다.

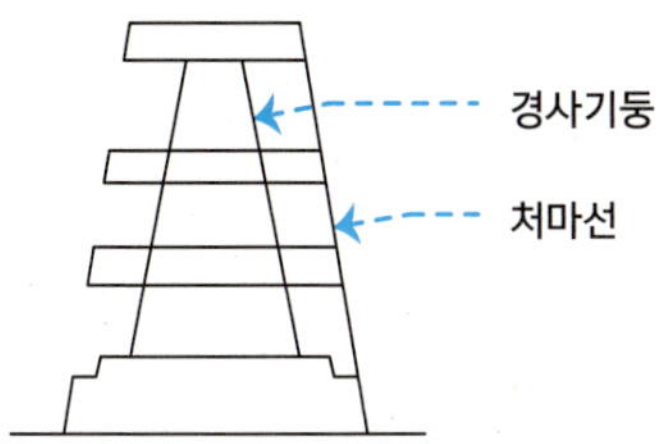

[그림 32] **신라탑 몸통의 경사각**

자! 경사각을 한번 그려 봅시다.

크게, 몸통부에 2개의 경사각이 존재한답니다.

① 외부 경사기둥각인 경사기둥각

② 지붕끝선인 처마각

자세히 보면, 경사기둥과 처마선은 경사진 일직선이랍니다.

그런데, 처마선을 보면서 희한한 것을 하나 인지했답니다.

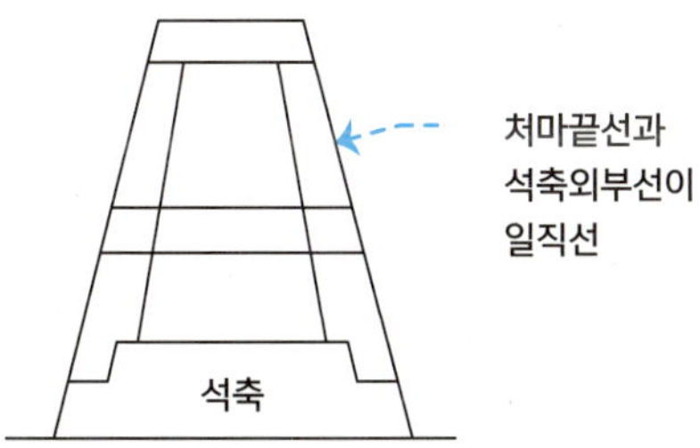

[그림 33] **처마선이 석축외부선과 일직선**

자세히 보면, 처마끝선 연결선과 석축외부끝선이 일직선이더랍니다. 즉, 처마선이 일직선이며, 이 일직선이 석축외부끝선과도 일직선으로 연결이 되더랍니다. 한 마디로 몸통부 최외곽선은 일직선이라는 말이겠죠.

이 처마선 일직선이 무얼 의미할까요?

이 처마각을 알아야만이 이 탑을 풀 수가 있다는 의미일 겁니다.

이제 각도 개념을 한번 생각해봅시다. 먼저 직각삼각형을 만들어야겠죠.

크게, 2가지 개념의 직각삼각형이 나올 겁니다.

: 이런 어떤 각도를 가진 각도 직각삼각형이 있을 겁니다.

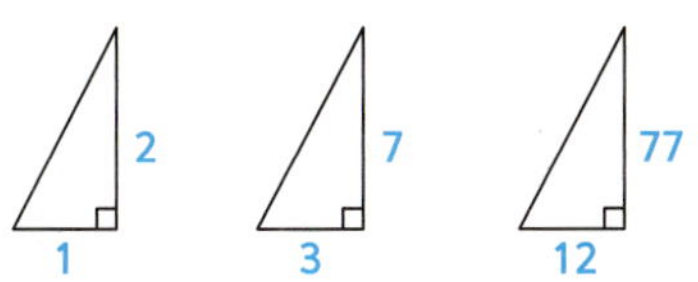

: 이렇게 밑변과 수직변이 숫자로 된 숫자 직각삼각형도 있을 겁니다.
가능하면 정수가 좋겠죠.
아니어도 무방할 듯 ?

2가지 직각삼각형 중 각도직각삼각형은 사실 저희들이 인지하기 힘든 삼각형이랍니다.
30°, 45°, 60° 등 특수한 경우에는 별 문제가 없지마는, 27.35° 또는 45.3° 등의 각도가 나오면 그리는 것은 쪼께 애럽다고 봐야 할 겁니다. 그래서, 저는 신라탑의 경사각이 어떤 숫자가 들어가는 숫자 직각삼각형이라는 것을 빨리 인지는 했지마는, 도무지 이 2개의 숫자를 인지하지 못했답니다.
이 2개의 숫자인 a와 b를 알아내어야만이 신라목탑을 풀 수가 있을 겁니다.

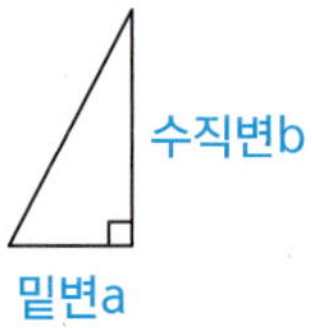

모르고도 풀 수가 있으시다구요? 미리 하산하셔도 아무도 안말립니데이. 저번에도 말씀드렸듯이 약 보름간에 걸쳐서 9층탑 처마각의 a와 b의 비율을 수도 없이 반복해서 a와 b를 알아내었다고 말씀드렸답니다.

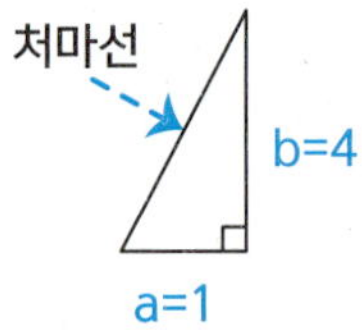

즉, 9층탑의 처마경사각은 1:4 비율인 직각삼각형의 경사각도라는 말이겠죠.

또한, 몸통부에는 외부경사기둥각이 하나 더 있답니다. 처마선각은 4각(⊿4)인데, 이 외부경사기둥각은 잘 모르겠더랍니다. 이것도 수도 없이 반복해서 a와 b를 구해야 할까요? 어떤 누구라도 지쳐서 나자빠질 겁니다? 이 땐 잔머리를 조금 굴리는 지혜(?)도 필요할 겁니다. 삼각형 밑변이 1이라는 걸 알았으니 당연히 수직변 치수도 정수가 될 확률이 높을 겁니다. 그래서 제가 과감히 외부경사기둥각은 $\underset{1}{\varDelta}5$, 너는 5각(⊿5)으로 해라고 명령을 내렸답니다. 예! 그렇게 하겠습니다라고 답변을 하더랍니다? 물론 외부경사기둥각이 5각이라는 어떤 근거도 없답니다. 아무런 근거도 없이 일방적으로 지정하는 것이 바로 임의지정공법이랍니다. 맞았을까요? 틀렸을까요? 우짜죠! 희한하게도 맞더랍니다. 그러고 엄청 시간이 흐른 후에 외부경사기둥이 5각이라는 걸, 증명방법이 정확하게 수학적으로 맞는지까지는 모르겠으나 계산으로도 구해낼 수가 있게 되었답니다. 그러고 관측소에 있는 2개의 경사각도 제가 임의로 지정해 버렸답니다. 맞는지 틀렸는지조차도 모르면서. 이 일방지정공법은 계산을 해봐야 결과를 알 수가 있답니다. 계산해 보고 맞으면 맞는 것이고 틀렸다고 판단이 되면 고치면 되거들랑요.
제 맴이거들랑요.

하여튼 제 성깔하나 지랄같죠. 제가 생각해봐도 그런 것 같네요. 근데, 이 몸통부의 2개의 경사각 4각과 5각을 갖고 목탑을 풀기 시작하니 희한하게도 술도 안쳐먹었는데도(?) 술술 잘 풀리더랍니다.(저는 잘 안 풀릴 때는 한잔 걸치고 무지 헤매거들랑요) 잘 안풀려야 되는게 정상인데 너무나도 쉽게 풀리니 제가 더 불안해지고 더 의심을 하게 되더랍니다. 이제 또 실패하면 자존심 상해서 아마 탑 풀기를 접어야겠죠. 수십번·수백번 반복해서 풀어봐도 계산결과가 똑같이 나오더랍니다. 하! 드디어 이게(경사각) 맞기는 맞는 모양이로구나. 무슨 이런 신기한 경사각이 다 있노라고 생각하면서 이 경사각에 이쁜 이름을 지어주어야겠다고 생각했답니다. 실제로는 경사각이지마는 개념상 숫자직각삼각형이랍니다. 처음엔 신비한 자, 요술자, … 여러 생각이 났지마는, 이 직각삼각자가 마법을 부려서(?) 9층탑을 풀어주는 신기한 자로 보여서 제가 "너는 마법의 자야" 라고 명명했답니다.

실제로는 어떤 숫자를 가진 직각삼각형자랍니다.

그래서 $\underset{1}{⊿}4$ 인 마법의 자는 ⊿4 또는 4각이라고 부르겠습니다.

$\underset{1}{⊿}5$ 인 마법의 자는 ⊿5 또는 5각이라고 부르겠습니다.

앞으로, 보시게 될 도면을 보시면

5 4 이런식으로 ⊿4, ⊿5가 나오면 숫자경사각인 마법의 자라고 보시면 됩니다.(밑변숫자인 1이라는 치수는 넣지 않음) 이 마법의 자를 이용하여 9층탑 몸통부 & 관측부를 열심히 풀었답니다. 희한하게도 모든 것이 만족스러웠답니다. 만족하다 보니 욕심이 생기기 시작하더랍니다. 7층탑·5층탑 등 모든 탑을 다 풀 수 있을 것 같았답니다. 저는 모든 목탑의 몸통부가 9층탑과 동일하게 4각, 5각으로 구성되어 있는 걸로 생각했었답니다. 의욕이 넘쳐서(?) 열심히·쉼없이 엄청난 시간을 투자해서 풀어 봤답니다. 그런데, 아무리 풀어봐도 결과가 만족스럽지도 않고 아무리 쳐다봐도 뭔가가 크게 잘못되어 가고 있다는 걸 인지했답니다. 원인이 뭐지? 뭐가 잘못되었지 등 별의 별 생각이 다 들더랍니다. 그러면 초심으로 돌아가야겠지요! 맞나? 맞습니다. 다시 처음으로 돌아가서 차분하게 처음부터 다시 시작해야겠죠.

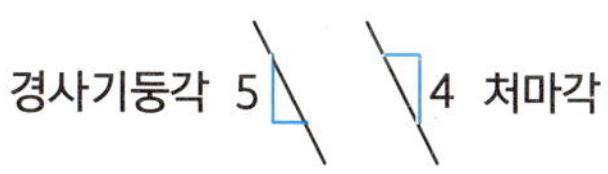

[그림 34] 제일 처음 생각했던 모든 목탑의 경사각

다시, 제가 찍은 7층탑의 사진을 보면서 7층탑의 처마각을 다시 한번 점검해 보았답니다. 쳐다보고 또 쳐다보니 9층탑의 처마각과 완전히 다르다는 걸 인지했답니다. 그래서 꾀(?)를 하나 내었답니다. 눈으로 봐서는 도저히 확실한 식별이 되기 힘들 것 같아서, 막바로 종이 마법의 자(?)를 만들었답니다. 종이로 직각삼각자(마법의 자)를 만들어 봤답니다. 너무 웃기죠. 저도 이런 종이삼각자는 처음 만들어 보았답니다.

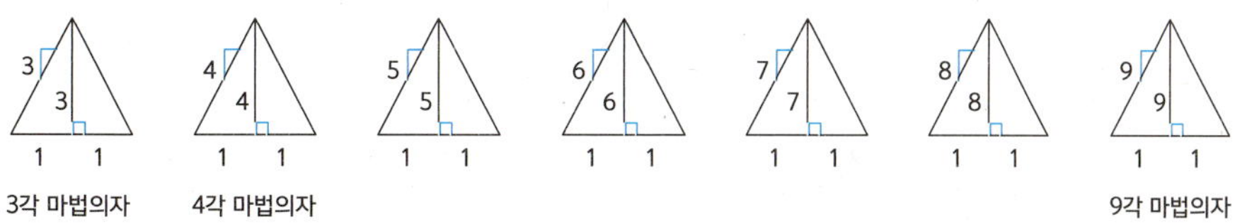

[그림 35] 각기 다른 마법의 자: 종이로 만든 종이 마법의 자?

눈의 부정확도를 이 종이마법의 자가 해결해 줄 걸로 믿고, 조금은 촌스러워 보일지는 모르지만 가장 확실한 방법인 종이를 오려서 직접 사진에 딱 맞추어 보았답니다. 결과가 궁금하시죠.
물론 정확하게는 일치하진 않겠지만 비스무리하게 맞으면 맞을 확률이 매우 높답니다. 4각 마법의 종이자를 9층탑조각탑 사진에 딱 동개보니 희한하게도 거의 비스무리하게 맞더랍니다.

다음 4각 마법의 종이자를 7층조각탑 사진에 갖다 대어보니 완전히 틀리더랍니다. 다시 7층조각탑 사진에 3각 마법의 종이자를 딱 얹어보니 희한하게 비스무리하게 맞추어지더랍니다. 하! 그렇다면 7층목탑의 처마각이 3각이었네. 우찌 이런일이? 그럼, 각 목탑의 처마각이 다르다는 얘기? 왜 이걸 이제사 알았지? 그때 스쳐지나가는 것이 있더랍니다. 어르신들 말씀이겠죠. 대가리 나뿌면 수족이 고생한다라는 말씀이었답니다. 우짜다가 내가 이 꼬라지가 되었지. 그나마 다행인 건 비록 저 자신의 수족이 그동안 고생을 했지마는 늦게나마 그래도 알아내었다는 겁니다. 맞습니다. 제가 아무리 맞을 것 같다는 생각이 들더라도 반드시 점검과 검토를 해봐야만 한답니다. 비록 인간의 눈이 정밀하다지만 어떤 고정관념과 어떤 착각으로 사물을 정확히 인지하지 못할 수도 있기 때문이겠죠. 천신만고 끝에 7층탑의 처마각이 3각이라는 걸 알았으니 다른 탑(5·3·1층탑)의 각도도 점검해 봐야겠죠. 그런데, 9·7층탑 사진밖에 없는데 어떻게 1·3·5층탑의 각도를 알아내죠. 1·3층탑의 조각탑이 2마애조상군에 있긴 있지만 1/8입면도라 처마각 알아내기가 거의 불가능에 가깝답니다. 그래도 알아내어야겠지요. 우선 3층석탑부터 분석해 보는 것이 좋을 것 같네요. 3층석탑의 처마각이 어쩌면 3층목탑의 처마각과 같을 수도 있잖아요? 3층석탑의 처마각을 분석해 보면 6각(Δ6)에 가깝답니다. 그럼, 3층목탑의 처마각은 Δ6일 확률이 무척 높답니다.

이제까지 인지한 것을 대충 정리해 봅시다. 처마각 기준이랍니다.

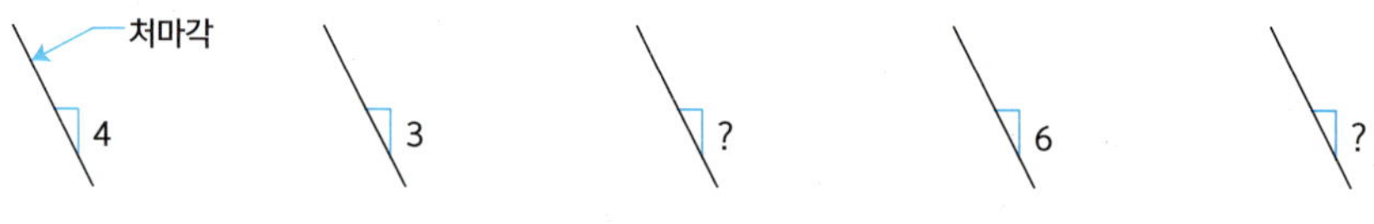

< 9층탑 > < 7층탑 > < 5층탑 > < 3층탑 > < 1층탑 >

5개 탑 중 9·7·3층탑만 알 수 있으며, 5·1층탑은 알 수가 없네요. 처마각과 경사기둥에 사용되는 경사각(마법의 자)을 다시 한번 분석해 봅시다.

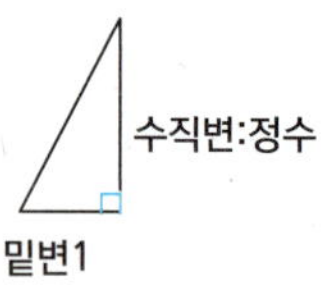

자세히 보시면 밑변이 기본정수인 1 이며 수직변도 정수가 온다는 걸 인지하실 수가 있을 겁니다. 어떤 정수가 있을까요. 1, 2, 3, 4, 5, 6, 7, 8, 9 정도일겁니다. 처마각이 1과 2는 너무 완경사이며, 처마각이 9는 너무 수직에 가까우므로, 처마각은 3, 4, 5, 6, 7, 8 정도로 생각해 볼 수가 있답니다. 5개 탑인데 발생 가능한 처마각은 6개랍

니다. 난리났네요. 어쨌든 한 놈은 빼야 될 것 같답니다. 안 나갈라고 버티면 우짜죠.

먼저 5층탑의 처마각을 알아봅시다. 5층탑 양옆에 좌측에는 ⊿4(9층탑), ⊿3(7층탑), 우측에는 ⊿6(3층탑)이 있답니다. 3, 4, 5, 6 중에 5가 쏙 빠져 있답니다. 그럼 자동으로(?) 5층탑 처마각은 ⊿5일 확률이 높으므로 ⊿5로 하겠습니다. 이제 1층탑의 처마각을 알아내어야겠답니다.

남은 숫자는 3~6을 뺀 7과 8만이 남아 있답니다. 둘 중 한 놈을 선택하기는 해야겠는데 어느 놈을 선택하고 어느 놈을 버릴까요? 둘 중 1개 선택이 제일 어렵답니다? 눈 딱 감고 찍어 버릴까요? 설마 건축기사라는 놈이 그렇게는 하진 않을 겁니다. 여러 경우의 수를 고려하여 1층탑의 처마각을 ⊿8로 선택했답니다. ⊿7은 운이 무지 없나봅니다. 숫자7은 무지 좋은디? 이제까지의 5개 탑의 처마각과 경사기둥각을 정리해 봅시다. 경사기둥각은 처마각+1이 된답니다. 즉, 처마각이 4각이면 경사기둥각은 5각이 된답니다.

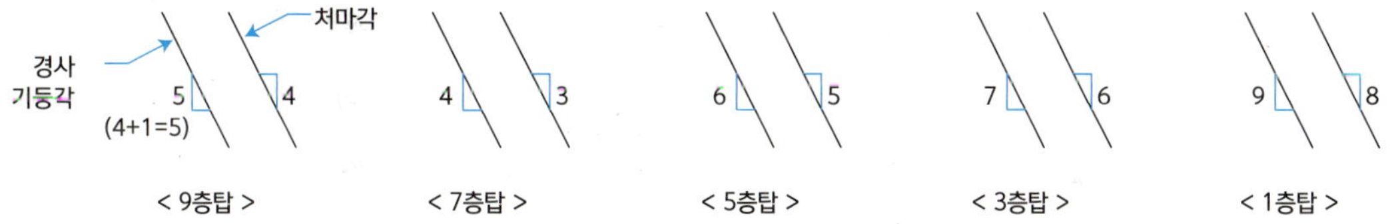

[그림 36] **각 탑 몸통부의 경사각 비교표**

처마각도가 다 다르답니다. 이 처마각의 차이가 최종적으로는 각 탑의 높이에 영향을 미친답니다. 바로 이 처마각이 탑 높이화 된다는 걸 아시게 될 겁니다. 이상한 생각이 안드세요?

왜 경사기둥각과 처마각이 1차이가 날까요? 일일이 그림을 그려보고 제일 적합하다고 생각해서 선택할 수도 있고 또한 종이 마법의 자를 직접 맞추어 보는 방법(9·7층탑)으로 판단할 수도 있답니다.

그림을 그려 봅시다. 9층탑 기준입니다.

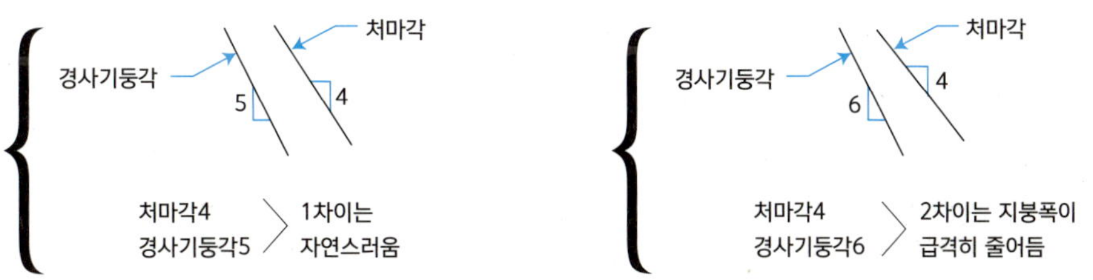

이런 식으로 처마각과 경사기둥각을 그려보면 1 차이가 가장 적합하다는 걸 인지하실 수 있을 겁니다. 그래도 믿을 수가 없다고요? 그러시다면 수학적으로(?) 증명할 수 밖에는 없겠네요?

그렇다면 믿을랑가? 그 어떤 누구도 시비를 붙을 수 없게? 수학적으로 증명을 한번 해뿌까? 해뿌지머? 왜 1차이가 맞는지. 증명합니데이! 이 증명법이 수학적으로 정확한 증명방법인지 아닌지도 모를 뿐더러 어떠한 확실한 근거도 없지마는 희한하게도 증명(?)이 된답니다.

제가 가끔 잘 속일지도(?) 모르니께 절대로 속으시면 안 됩니데이. 인생살이가 속고 속이는 거랍니다. 정신 똑바로 차리시고 보셔야 될 겁니다. 아무리 정신을 차리셔도 속은 느낌이 드실 겁니다.

한 가지 확실한 것은 마법은 아닙니데이. 애들은 어려우니 저리 가거레이.

어떤 처마각은 아는데 경사기둥각은 전혀 모른답니다. 어떤 처마각만으로 풀었는데 희한하게도 경사기둥각이 툭 튀어 나올 겁니다. 9층탑처마각 ⊿4를 가지고 풀어 보겠습니다.

이 증명을 방정식으로 풀 겁니다.

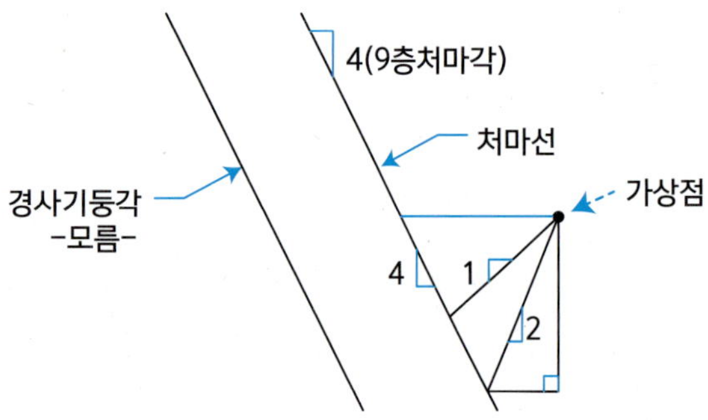

[그림 37] 9층탑 몸통부 경사기둥각 풀기 개념

처마각 ⊿4로는 방정식 자체가 성립이 되지 않으므로 어떤 가상점을 설정하고 그 가상점에서 처마선에 1각과 2각의 삼각형을 만들어 방정식을 유도해 낼겁니다.

즉, 처마선각만으로는 방정식이 성립이 되지 않으므로 가상우수선(미지수)을 이용하는 거랍니다.

다시 크게 그려 봅시다. h, a, H 등은 가상높이랍니다.

가상높이에서 경사각이 있으므로 삼각형의 밑변길이가 나올 겁니다. 이 밑변 길이를 갖고 방정식을 풀겁니다. 풀어 보실까요.

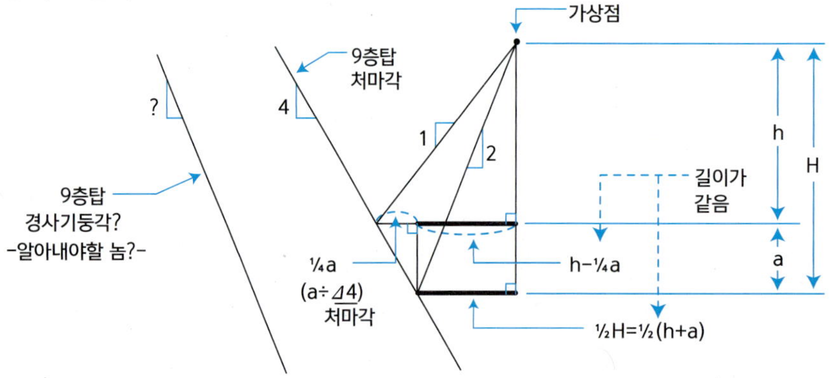

[그림 38] 9층탑 경사기둥각 방정식

sol) 검게 칠한 밑변의 길이가 같으므로

$$h-\frac{1}{4}a=\frac{h+a}{2}$$
$$\frac{4h-a}{4}=\frac{h+a}{2}$$
$$8h-2a=4h+4a$$
$$h=\frac{6}{4}a$$

$$\therefore H=h+a=\frac{6}{4}a+a=\frac{6a+4a}{4}=\frac{10}{4}a\,(=2.5a)=\frac{5}{4}\times 2a$$

풀이가 맞는 것 같나요? 40~50년만에 증명을 할려니 헷갈리네요. 여기서 정신을 차리시고 보셔야 된답니다.

$H=\frac{5}{4}\times 2a$ 라는 결과가 나왔답니다. 앞에 있는 분수를 유심히 보십시오.

$$\frac{5=\varDelta 5 : \text{9층탑의 경사기둥각}}{4=\varDelta 4 : \text{9층탑의 처마각}}$$ 을 의미한답니다.

즉, 분모인 4는 처마각이며, 분자인 5는 경사기둥각이 된답니다.

아직도 정신이 멍하실 겁니다. 저도 멍하거들랑요. 저희들이 처음 9층탑경사기둥각을 모르는 상태에서, 9층탑처마각 4각으로만 풀었는데 희한하게도 5각인 9층탑경사기둥각이 난데없이 툭 튀어나오네요. 이제 왜 경사기둥각이 처마각보다 숫자가 1이 더 큰걸 인지하셨으리라 믿습니다.

아마 귀신에 홀리신 기분이실 겁니다. 저도 똑같답니다. 사실은 이 증명법은 관측소에서 발코니(bal)의 높이를 도대체 알 수 있는 방법이 없어서 방정식을 유도해 본 것인데, 정작 발코니높이 산정에는 써 먹지도 못했는데, 희한하게도 각 경사각의 차이가 얼마인지를 증명하는 데에는 아주 유용하게 써먹고 있답니다.

사실, 제가 설정한 가상점은 우측에 가상의 발코니선이 있다고 가정하고 1각·2각의 가상선을 설정한 거랍니다. 이 1각·2각의 가상각은 실제로는 1우수선(1층지붕우수선)과 2우수선(가상 2우수선. 단순설정)을 나타낸 것이랍니다. 우수선(비의 경사각)에 대해서는 뒤에서 설명드리겠습니다.

9층탑만으로는 증명이 되었다고 볼 수 없다고요? 우연의 일치일 거라고요?

그럼, 7층탑도 증명하면 믿으실랍니까? 7층탑도 똑같은 방법으로 증명을 해 봅시다.

누워서 떡 먹기죠.

7층탑의 처마각은 $\varDelta 3$일 겁니다. 풀어봅시다

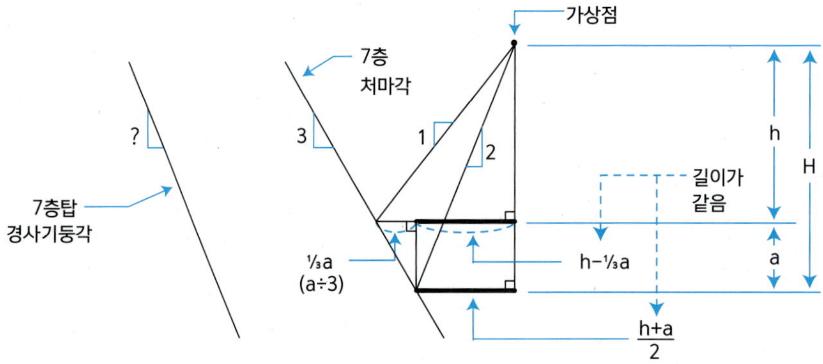

[그림 39] **7층탑 경사기둥각 방정식**

sol) 검게 칠한 밑변의 길이가 같으므로,

$$h-\frac{1}{3}a=\frac{h+a}{2}$$
$$\frac{3h-a}{3}=\frac{h+a}{2}$$
$$6h-2a=3h+3a$$
$$3h=5a$$
$$h=\frac{5}{3}a$$

$$\therefore H=h+a=\frac{5}{3}a+a=\frac{5a+3a}{3}=\frac{8}{3}a=\frac{4}{3}\times 2a$$

$$H=\frac{4}{3}\times 2a \text{에서 분수인 } \frac{4}{3}=\frac{\angle 4:\text{7층탑의 경사기둥각}}{\angle 3:\text{7층탑의 처마각}}$$

보시다시피 7층탑의 경사기둥각인 ∠4는 계산식에 넣지도 않았는데도 지가 알아서 툭 튀어나오네요. 우연의 일치일까요? 참고로 ∠4라고 경사각을 표기했으나 ∠는 단순히 경사각이라는 걸 알리기 위한 것이며, 숫자상으로는 아무런 의미가 없답니다. 이 방정식은 제가 임의의 점을 잡고 1우수선과 2우수선을 설정해서 방정식으로 유도한 것일 뿐 수학적으로 어떠한 근거가 있는 것은 아니랍니다. 1·2우수선이 아니라 2·3우수선으로 방정식을 풀어보아도 결과는 같이 나옵니다만 1·2우수선 설정공법이 제일 이해하기 쉬워서 실예를 들어본 겁니다.

1·3·5층탑도 처마각이 주어져 있으므로 시간나시는 분은 계산해 보십시오. 아마 똑같은 결과가 나올 확률이 무척 높답니다(?). 신라 건축물을 풀다 보면 2개가 정확히 맞으면 나머지도 자동으

로 맞게 되어 있답니다. 어찌되었건 이 가상우수선 공법으로 유도한 방정식이 너무 신기하여 제가 애칭으로 요술방정식(가상방정식)이라고 이름을 붙여 드렸답니다. 이름이 이쁜 것 같나요?
비록 실수(?)로 만들어진 방정식이지만 신라탑을 수학적으로 증명하는데 아주 큰 일익을 담당한 방정식이랍니다.

이 마법의 자인 경사각을 인지하면서 모든 것이 잘 풀렸답니다. 이런 신기한 자가 다 있지?
이 마법의 자만 있으면 모든 신라탑을 술술 풀 수 있을거라 생각했답니다. 과연 그럴까요? 이 만능의 자도 자체로는 완벽하지마는 건물 전체를 푸는 데에는 역부족이라는 걸 7층탑을 푸는 과정에서 인지하기 시작했답니다. 왜냐구요? 처음 9층탑을 풀 때는 계단단높이를 15cm로 가정을 했는데 묘하게도 잘 맞아 떨어지더랍니다. 7층탑도 당연히 계단단높이가 15cm일 거라고 생각하고 있었는데, 아무리 계산해 봐도 계단단높이가 15cm가 아니라 18cm같더랍니다.
그렇다면, 각 탑마다 계단단높이도 다를 수 있다? 아주 순간적으로 스쳐지나 가겠죠. 단높이가 다른 이유가 뭐지? 다르다면 어떻게 계단단높이를 알아내지? 길고 긴 장고에 들어갔답니다.

(2) 공통수

제가 9층탑 계단단높이를 15cm라고 가정한 것은 걸어 올라가기가 편할 것 같아서였답니다. 물론 아무런 근거도 없었겠죠. 계단을 한번 보실까요.

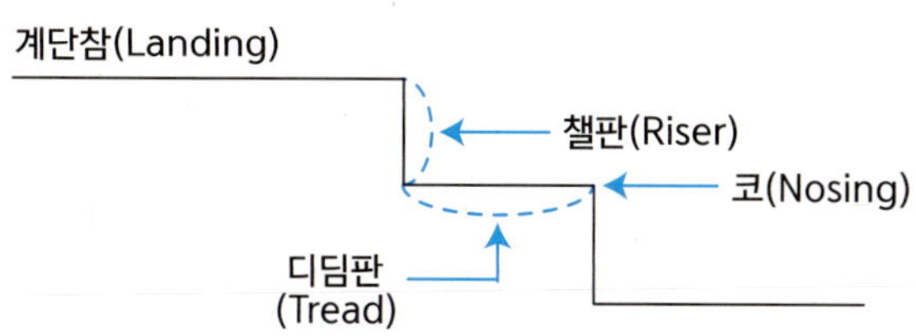

[그림 40] **계단구조**

너무 간단하죠. 챌판(Riser)과 디딤판(Tread)으로 구성되어 있네요. 당연히 난간도 있을 겁니다. 코도 있네. 챌판(단 높이)과 디딤판(폭, 단 너비)의 합은 일반적으로 우리나라 기준으로는 T(디딤판 폭)+R(단 높이)=45cm가 제일 적당하답니다. 특별한 규정은 없지만 T+R=45~48(51)cm가 무난하답니다. 유럽같이 키가 큰 국가는 48~54cm정도까지도 가능할 겁니다. 즉, 신체조건과 남녀노소를 고려해서 정한답니다. 쉬운 게 없네요? 제가 9층탑의 단높이(R)를 15cm라고 가정한 것은 아무런 근거도 없었답니다. 묘하게도 맞았을 뿐이었답니다.
만약 7층탑의 단높이가 18cm로 계산상 계속 반복적으로 나와도 무슨 근거가 있는 것은 아니랍니다. 어느 누가 물어봐도 대답을 할 수가 없답니다. 왜 9층탑의 단높이가 15cm이고 7층탑의 단높이가 18cm인가를 알아내야만이 저 자신이 대답을 할 수 있을 겁니다.

하! 이거 야단 났네요. 어디서 어떻게 알아내면 좋을까요? 제가 알고 있고 믿을 수 있는 것은 오로지 마법의 자(경사각) 밖에는 없답니다. 그렇다면, 혹시 이 마법의 자 속에 뭔지는 모르겠지만 저희들이 모르는 비밀이 숨어 있을 수도 있겠다는 생각을 하기 시작했답니다. 그럼, 마법의 자를 다시 유심히 보는 수 밖에는 아무것도 없네요? 여기서 어떻게 계단단높이를 알아 낼 수가 있을까요? 귀신이 와도 알아낼 수가 없답니다.

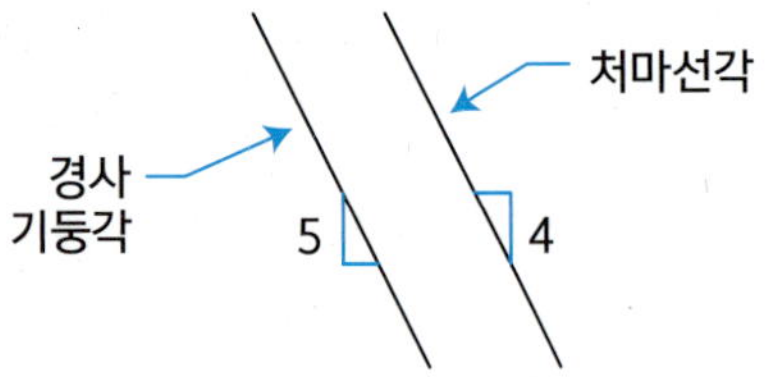

저는 탑을 푸는 과정에서 숫자가 나오면 곱해 보거나 더해 보는 것이 기본이랍니다. 9층탑 경사각을 볼까요.

- ⊿5 + ⊿4 = 9
- ⊿5 x ⊿4 = 20

} 이 9와 20이라는 숫자가 뭐지?

[그림 41] **9층탑 몸통 경사각**

그럼, 7층탑도 한번 봅시다. ⊿4각과 ⊿3각이 있을 겁니다.

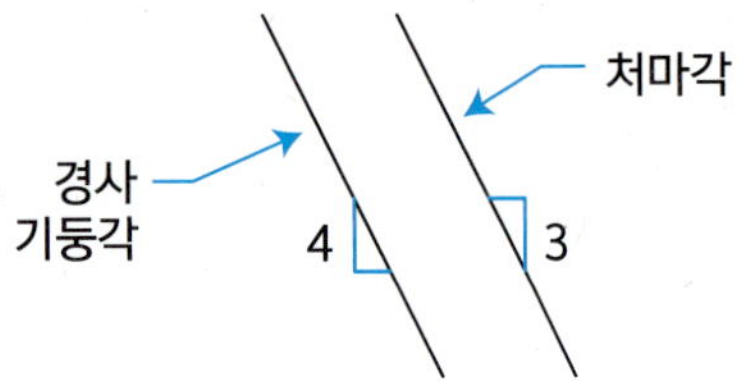

- ⊿4 + ⊿3 = 7
- ⊿4 x ⊿3 = 12

} 이 7과 12는 또 뭐지?
(⊿는 경사각임을 표현하는 것으로 계산시는 무시하십시오)

[그림 42] **7층탑 몸통 경사각**

더해 보고 곱해 보고 나온 이 숫자들이 무얼 의미하는지 아실 수 있으신분 계시나요? 혹시 계시다면 그 분이야말로 귀신이랍니다. 저는 수도 없이 많이 봐왔겠죠. 더 이상 아무런 진전이 없었답니다. 우찌 이런 일이? 보고보고 또 보다보니? 기적이 일어나더랍니다. 어느 날 9층탑의 두 경사각을 보다가 (⊿4 x ⊿5 = 20), 이 20이라는 숫자에 3을 한번 곱해 봐 하는 생각이 스쳐지나가더랍니다. 20x3=60이라는 숫자가 나오겠죠. 이 60이라는 숫자를 4로 나누어 봤답니다.
60÷4=15 혹시 이 놈의 15가 9층탑의 계단단높이? 퍼떡! 7층탑의 경사각도 계산해 봐야겠죠.
사실은 별로 계산해 볼 것도 없지만? ⊿3 x ⊿4 = 12. 이 12에 3을 곱해보면 12x3=36. 이 36을 2로 나누어 봤답니다. 36÷2=18 바로 이 18이라는 놈이 7층탑의 계단단높이라는 걸 인지했답니다.
그럼 15라는 숫자는 자동으로 9층탑의 계단단높이가 될 겁니다. 이 간단한 두 경사각을 곱한 후에 우연히 장난으로 3을 곱해 본 것이 신라목탑의 정체를 밝혀 내는데 결정적인 계기가 되었답니다.
이 우연이 신라 일반목탑을 재생시켰답니다. 드디어 신라 목탑이 다시 빛을 보게 되었답니다. ~ ㅎ

너무 신기하니 이름을 붙여 드려야겠지요. 그 탑에 공통적으로 사용이 가능하니 간단히 공통수라는 이름을 부여했답니다. 이 공통수야말로 마법의 자(경사각)를 능가하는 신비한 숫자랍니다.
물론 마법의 자를 응용한 것이기는 하지만, 제가 이 공통수를 발견하지 못했다면 지금도 신라 목탑을 풀려고 용을 쓰면서 헤매고 있을 겁니다. 아니, 지쳐서라도 포기 했을지도 모른답니다.

이 공통수를 알고 난 뒤 그 때까지 손댄 것들을 뒤돌아 보니, 9층탑 몸통부 이외는 전부 다 엉터리였더랍니다. 이 9층탑 몸통부도 운이 좋아 우연히 맞은 것 뿐이었더랍니다. 우연의 일치로 맞았다? 건축기사로서는 쪼께 쪽팔리는 일이 될 겁니다. 차라리 다 틀렸더라면 쪽이라도 덜 팔렸을 텐데! 어쨌든 이 공통수를 알고 나서는 그렇게도 헤매든 7·5·3·1층탑들이 순식간에(?) 풀리기 시작하더랍니다. 행운이 찾아온 거랍니다. 그러다 보니 수족이 좀 편해지기 시작했답니다.
관측부도 자체 경사각이 있으므로 자체 공통수가 있답니다. 즉, 9층탑같은 경우는 몸통부·관측부(2단 관측소) 등의 공통수가 각기 다르므로 한 탑안에 3개의 계단단높이가 발생된답니다.

다시 공통수를 한번 들여다 봅시다. 경사각 2개를 곱해야 하니 경사각은 2개가 있을 것이며, 곱한 결과 숫자에 3을 곱하면 된답니다. 9층탑 몸통부부터 봅시다.

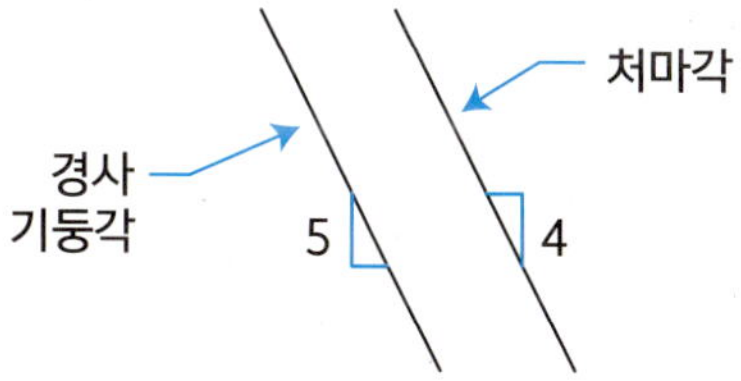

$$\begin{cases} \text{기본수} = \Delta 5 \times \Delta 4 = 20 \\ \text{공통수} = \text{기본수} \times 3\text{배} = 20 \times 3 = 60 \end{cases}$$

[그림 43] 9층탑 몸통부 경사각

이 공통수 60에서 계단단높이를 알아내어 봅시다. 이 공통수는 단순 숫자로 단위가 없으므로 임의로 넣으시면 됩니다. 이 공통수 60을 정수로 나누어 보면 여러 개의 단높이가 나올 겁니다. 단높이가 60cm, 30cm는 너무 높고, 12cm는 너무 낮답니다. 20cm, 15cm가 마음에 드실 겁니다.
그런데, 20cm=2+0=2로 3의 배수에 해당되지 않네요.

공통수	나눔수	계단단높이
60	÷1	60cm
60	÷2	30cm
60	÷3	20cm
60	÷4	**15cm(채택)**
60	÷5	12cm

[표 2] 공통수 60에서의 계단단높이

그러면, 자동으로 몸통부 계단단높이는 15cm가 된답니다. 쉽죠~
나머지 탑들도 봐야죠. 7층탑의 몸통부 계단단높이를 봅시다. 경사각이 $\Delta 4$, $\Delta 3$일 겁니다.

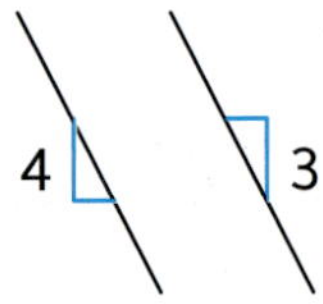

기본수 = ⊿3 x ⊿4 = 12
공통수 = 12 x 3 = 36

[그림 44] 7층탑 몸통부 경사각

공통수	나눔수	계단 단높이
36	÷1	36cm
36	÷2	**18cm(채택)**
36	÷3	12cm

[표 3] 공통수 36에서의 계단단높이

여기서 계단단높이를 계산해 봅시다.

보는 순간 7층탑 몸통부 단높이는 자동으로 18cm네요.

다음은 5층탑 몸통부의 공통수와 단높이를 구해봅시다.

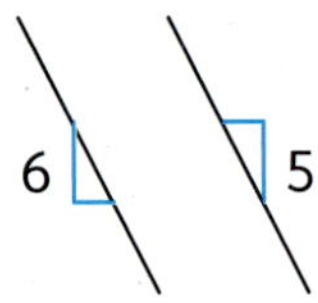

기본수 = ⊿6 x ⊿5 = 30
공통수 = 30 x 3 = 90

[그림 45] 5층탑 몸통부 경사각

* 간단하게 R(계단단높이) = 90÷6=15, R=15cm네요.

다음은 3층탑 몸통부를 보실까요.

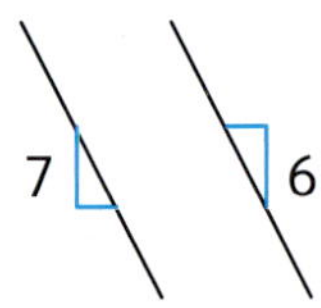

기본수 = ⊿6 x ⊿7 = 42
공통수 = 42 x 3 = 126

[그림 46] 3층탑 몸통부 경사각

* 간단하게 R = 126÷7=18cm, R = 126÷6=21cm

갑자기 18cm와 21cm가 나오네요. 이것 참 야단났답니다. 단높이로는 18cm가 더 적당할 것 같으나? R=0.21로 하겠습니다. 자세히 보시면, 나눔수가 짝수도 있고 홀수도 있답니다. 나눔수 7은 홀수죠. 나눔수 6은 짝수일 겁니다. 몸통부의 모든 나눔수를 유심히 보시면 짝수일 겁니다.

그래서 3층탑도 나눔수가 짝수인 6을 채택하겠습니다. 앞서의 5층탑도 마찬가지로 나눔수가 짝수인 6일 겁니다.

마지막으로 1층탑 몸통부도 보셔야죠.

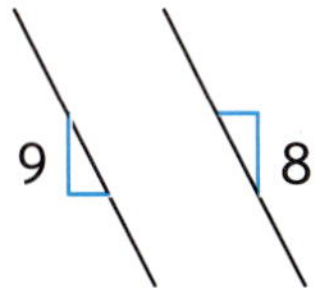

기본수 = ⊿8 x ⊿9 = 72
공통수 = 72 x 3 = 216

[그림 47] **1층탑 몸통부 경사각**

공통수가 무지 크답니다. 간단하게 R=216÷12=18cm가 된답니다.

공통수와 계단단높이(R)가 무지 간단하죠.

그런데, 묘하게 처마각이 ⊿7인 경사각이 빠졌네요? 무소속 탑?

그래도 계산만은 해봐야겠죠. 안 그래도 불쌍한디?

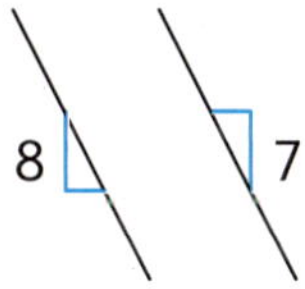

- **기본수** = ⊿8 x ⊿7 = 56
- **공통수** = 56 x 3 = 168

R =168 ÷ 8 = 21cm
R =168 ÷ 7 = 24cm } 가 나올겁니다.

[그림 48] **처마각 ⊿7 경사각**

공통수에 짝수 나눔수인 8로 나누어 R=21cm가 나와서 이론적으로 완전히 성립됩니다.

그런데 처마각 ⊿7경사각은 채택되지 못했답니다. 왜일까요? 저한테 밉보였나 보네요?

사실 처마각 ⊿7공법을 1층탑에 채택할려고 했었는데, ⊿8공법이 더 양호해서 1층탑을 처마각 ⊿8로 채택했답니다. 왜 두 경사각 곱수인 기본수에다 3을 곱했을까요? 모든 치수는 3의 배수법칙을 따라야 하므로 이 기본수가 3의 배수가 아닐 수도 있으므로 3이라는 숫자를 곱해 주어야 모든 공통수가 3의 배수화가 된답니다. 순수 제 개인 생각이긴 하지만, 그래서 기본수에 3을 곱하여 공통수를 만들어내지 않았나라고 조심스레 생각을 해본답니다.

신라탑의 높이는 이 계단단높이가 층고든, 지붕판두께든, 몸통부 높이이든, 완전히 장악하고 있답니다. 바로 이 계단단높이를 나오게 하는 공통수가 왕이랍니다. 그리고, 관측부도 몸통부와 별도로 자체의 공통수가 있답니다. 나중에 관측소 편에서 말씀드리겠습니다만 9층탑의 1관측소의 공통수만 간단히 봅시다. 관측소는 얼핏보면 경사기둥이 1개뿐이라 공통수가 성립될 것 같지 않지만, 유심히 보시면(?) 경사기둥이 1개가 더 있답니다(1관측소 기준, 2관측소에는 없음). 9층조각탑 사진을 몇 백년을 보셔도 보이질 않으시니 보시지는 마이소? 오로지 마음의 눈으로만 보인답니다.

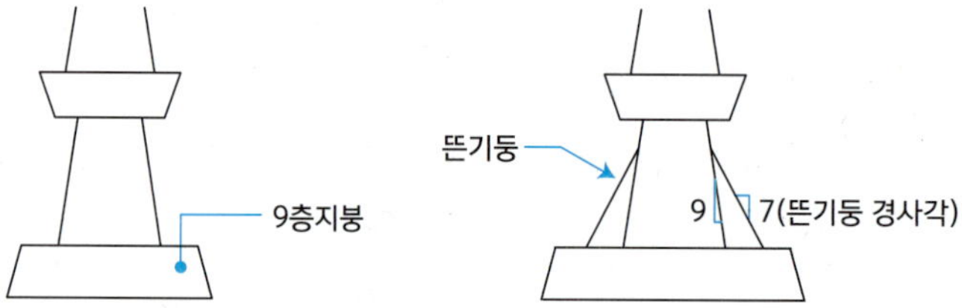

[그림 49] (左)얼핏보면 경사기둥이 1개, (右)자세히 보시면(?) 2개 경사각

묘하게도 1관측소에는 주경사기둥이 있지마는 추가로 관측소바닥판을 보강시켜주고 발코니(bal)도 잡아주는 뜬기둥이라는 희한한 경사기둥이 1개 더 있답니다.

이 뜬기둥경사각은 제가 일방적으로(?) 지정한 1관측소 주경사기둥각 ⊿9보다 2가 적은 ⊿7이랍니다. 공통수 구하는 건 누워서 떡 먹기죠. 그런데, 누워서는 떡을 먹지 마이소. 큰일납니데이.

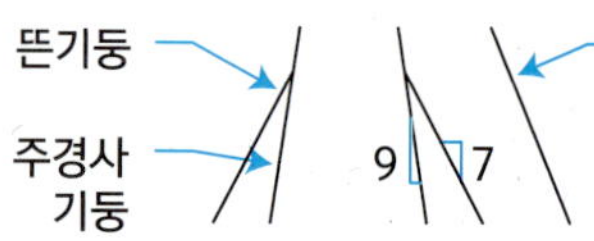

- 기본수 = ⊿9 x ⊿7 = 63
- 공통수 = 63 x 3 = 189

R = 189 ÷ 9 = 21cm
R = 189 ÷ 8 = 23.625cm
R = 189 ÷ 7 = 27cm
} 중에서 단높이 R=21cm가 될 겁니다.

[그림 50] 9층탑 1관측소 경사기둥각

몸통부 계단단높이는 짝수 나눔수를 썼는데, 관측소는 홀수네요? 관측소 경사각이 아주 애매하답니다. 경사각이 3개랍니다. 주경사기둥각, 뜬기둥각, 그리고 발코니선각이네요. 지붕개념이 뜬기둥에서부터 bal선까지 인지, 주경사기둥에서부터 bal선까지 인지가 헷갈린답니다.
사실 둘 다 지붕판으로 볼 수 있답니다. 경사각이 3개이긴 한데 다행인 것은 bal끝선각은 뜬기둥각의 종속각(뜬기둥각을 따름. 뜬기둥각의 반으로 ⊿7÷2=⊿3.5각)으로 큰 의미가 없으므로 공통수는 주경사기둥각과 뜬기둥각으로 기둥각만으로 구성된답니다. 주경사기둥각과 발코니선각으로도 공통수를 구하면 계단단높이 R은 구할 수가 있답니다. 또한 뜬기둥각과 bal선각으로도 공통수를 구하면 계단단높이를 구할 수도 있답니다. 뜬기둥각과 bal선각으로 공통수를 구해볼까요.

⊿7(뜬기둥각)x ⊿3.5(bal각)x3=73.5의 공통수가 나오며, 73.5÷3.5=21로, 공통수를 3.5로 나누면 계단단높이는 R=21cm가 나온답니다. 그런데 이 공통수는 계단단높이는 유도해 낼 수 있지만 다른 용도로 사용이 힘든답니다. 그래서 관측소의 공통수는 기본적으로 주경사기둥각과 뜬기둥경사각을 사용하겠습니다.
조금은 헷갈릴지는 모르겠지만 관측소는 계단단높이 R을 구할 때 나눔수가 홀수도 짝수도 다 성립된답니다. 관측소의 계단단높이는 아주 간단히 뜬기둥각 ⊿7에 3을 곱해주면 된답니다.
즉, 9층탑 1관측소 계단단높이 R=⊿7x3=21cm가 된답니다. 3~7층탑도 뜬기둥각에 3을 곱하면 계단단높이가 나오며 1층탑의 관측소 계단단높이는 4.5(3x1.5)를 곱해주시면 가장 완벽하답니다.

이제까지는 9층탑 몸통부의 처마각이 밑변이 1이고 수직변이 4인 ⊿4로 알고 계셨죠? 아니, 실제로도 맞답니다. 근데, 수학적으로는 많이 줘야 80점 정도 밖에는 안되겠네요? 제가 가끔 잘 속인다고 말씀드렸죠. 제가 과연 속인걸까요? 제가 몸통부에는 2개의 경사각 즉, 경사기둥각과 처마각이 있다고 말씀드렸을 겁니다. 과연 제 말이 맞는 말이었을까요? 분명히 속았을 겁니다. 속이는 놈 맴이거들랑요? 묘하게도 두 경사각은 지붕각의 한 부분이랍니다. 물론 2개의 눈에 잘 띄지 않는 경사각이 더 있답니다. 신라목탑은 개념이 무척이나 중요하답니다. 처마끝선각의 정확한 수학적 각도는 $\underset{15}{⊿}60$ 이랍니다. 반드시 수직변에는 공통수인 60이라는 숫자가 나오며, 그 1/4인 15가 밑변치수가 된답니다. 이제 왜 속으셨는지를 인지하셨겠죠. 제가 그냥 기억하기 쉽도록 간단히 4각($\underset{1}{⊿}4$)이라고 표현한 것 뿐이랍니다. 이제는 속지 마이소. 그래도 아마 또 속으실 겁니다.

자! 9층탑 지붕의 지붕각을 분개해 볼까요. 처음 접하실 겁니다. 지붕에 무려 4개의 지붕선이 있네요.

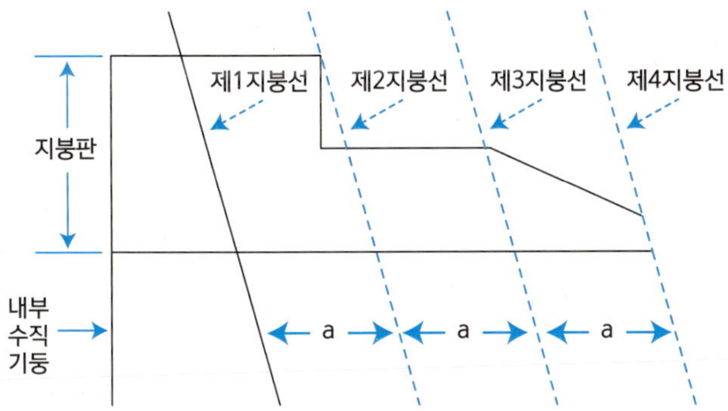

제1지붕선 : 이제까지 말씀드린 경사기둥선, 지붕시작선각
제2지붕선 : 가상지붕선
제3지붕선 : 가상지붕선
제4지붕선 : 이제까지 말씀드린 처마선, 지붕끝선각

[그림 51] 9층탑의 지붕개념 : 동일폭 (a)임

희한하죠. 물경 4개의 지붕선이 존재한답니다. 그 만큼 지붕구조가 복잡하다는 얘기랍니다. 제가 지붕편도 아닌데 말씀드리는 이유는 경사각의 수직변치수가 왜 공통수 숫자인지를 설명드리기 위해서랍니다.

계산을 해 보시면,

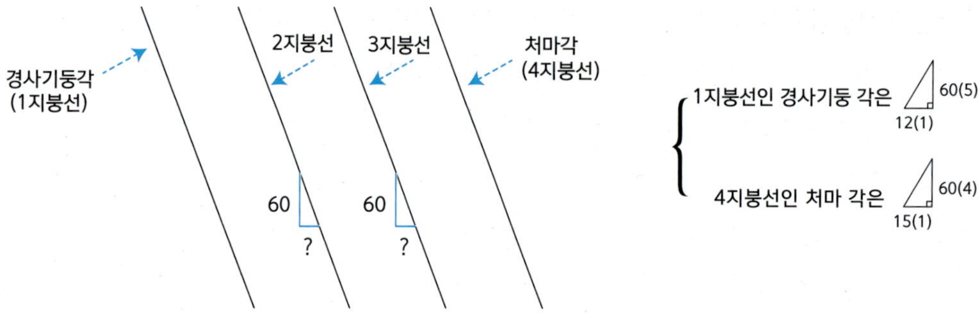

[그림 52] 경사각의 밑변 치수 계산

웃기죠, 경사각의 수직변의 치수는 반드시 공통수인 60이 나온답니다. 2지붕각, 3지붕각도 마찬가지랍니다. 근데, 2지붕각, 3지붕각의 수직변치수는 60인데 밑변치수는 얼마일까요? 시간 내시어 계산해 보시면 알 수가 있답니다. 잘 보십시오. 4지붕선각(처마각)과 1지붕선각(경사기둥각)의 밑변치수가 15 - 12 = 3 차이랍니다. 칸 개수가 3개죠. 그럼 간단하답니다.

2지붕선각의 밑변은 13, 3지붕선각은 14겠죠. 다시 정리해 봅시다.

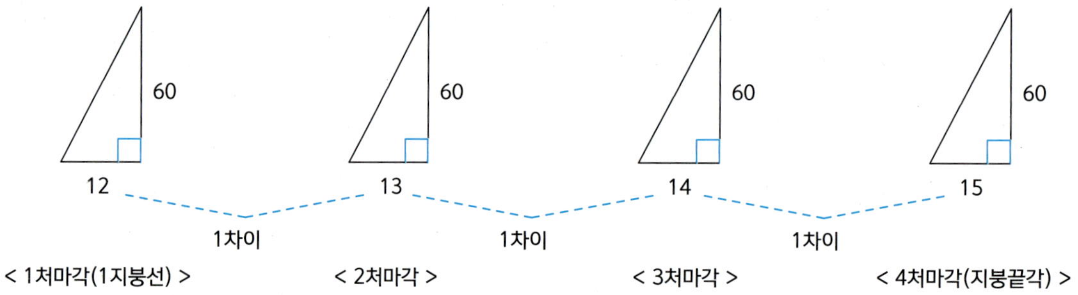

[그림 53] 1~4처마각

뭐 이리 싱겁죠. 이것보다 더 쉬운 문제가 있을까요! 제가 저번에 말씀드린 대로 어떤 숫자가 확실하다면 동일법칙을 적용하면 반드시 맞답니다. 저는 풀다가 지겨우면 쳐다보지도 않고 동일법칙원칙을 적용한답니다. 틀렸나 싶어서 확인해 보면 반드시 맞더랍니다.

지붕의 4개 경사각은 지붕을 푸는데 반드시 필요하며, 실제 적용할 겁니다. 처마각이 ⊿4라고 아셔도 되지만 ⊿60/15 이라는 것도 아셔야 한답니다. 사실은 두 개는 똑같은 개념이랍니다.

공통수가 이렇게 중요한 수랍니다. 제가 신라 탑에 손을 댄지 7년반 만에 마법의 자(경사각)를 알았으며 그로부터 5년 뒤인 무려 12년반 만에 이 공통수를 발견했답니다. 제가 돌팔이라는 걸 확실히 증명하게 되었답니다. 기본수에다 3이라는 숫자를 곱해야 한다는 걸 몰랐기 때문이겠죠.

이 공통수의 발견으로 드디어 신라탑의 구석구석까지도 들어가 볼 수가 있게 되었답니다. 얼핏 보면 이 마법의 자와 공통수는 하나는 각도이고 하나는 숫자라서 전혀 다른 것 같기도 하지만 사실은 아주 친한 친구이면서도 어쩌면 한 몸 일수도 있답니다.

이 마법의 자(경사각)와 더 진화한 공통수를 알아야만이 신라탑을 풀 수가 있으며 이해하기도 쉽답니다. 근데, 이 공통수에서 단높이 구하는 식은 무슨 식일까요? 최신식(?)일까요? 아님, 방정식일까요? 두 경사각(a와 b)에 3을 곱한 후 어떤 수(나눔수)로 나누면 R이 나온다? axbx3=C(공통수), C÷나눔수=R(단높이), 여기서 나눔수는 가변적. 즉, $R(x) = \frac{C}{\text{나눔수}}$ 랍니다.
분명히 방정식이 맞네요. 그런데, 나눔수가 가변적이라 제가 이 R(단높이) 구하는 방정식을 가변방정식(?)이라 명명했답니다. 제 맘입니다?

6. 우수선(雨水線)

조금은 낯선 말일 겁니다. 아니 처음 들어보실 겁니다. 저도 당연히 처음 들어본답니다. 말 그대로 내리는 비와 건물과의 이격거리(離隔距離) 각도라 생각하시면 된답니다. 물론 이것도 경사각일 겁니다. 비와 관련된 것이니 당연히 지붕 끝과 관련이 있을 겁니다. 예를 들어 봅시다.

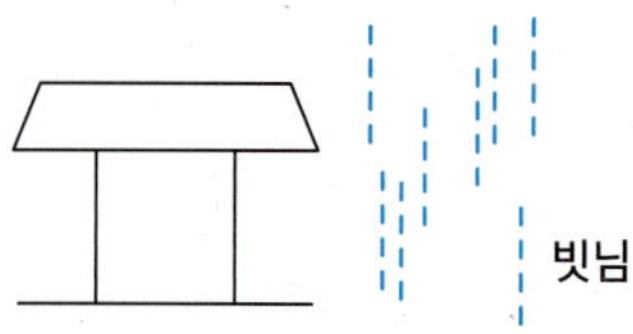

[그림 54] 얌전히 내리는 빗님

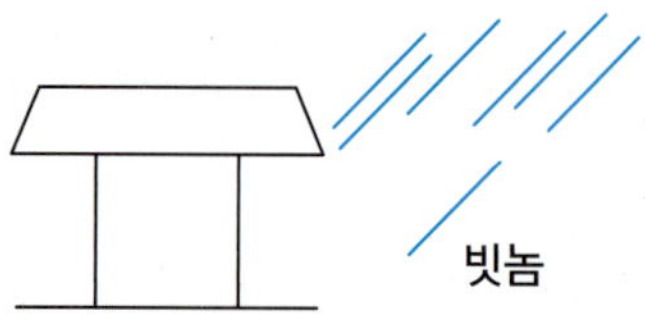

[그림 55] 성질 지랄같은 빗놈(?)

빗님이 성격이 더 좋네요 거의 수직으로 얌전히 내린답니다. 근데, 바람을 동반하면 성깔이 지랄같은 빗놈화 된답니다. 비의 성질을 알 수가 없으니 몸체와 지붕끝까지의 거리가 어느정도가 되어야 비도 피하고 지붕판의 안전도 지킬까요? 비가 겁이 나서 처마를 너무 빼내면 이 집의 장래가 걱정이 될 겁니다.

신라 건축기사들의 생각은 어떠했는지를 알아 보실까요? 제가 9층탑을 풀면서 이상한 걸 하나 인지했답니다.

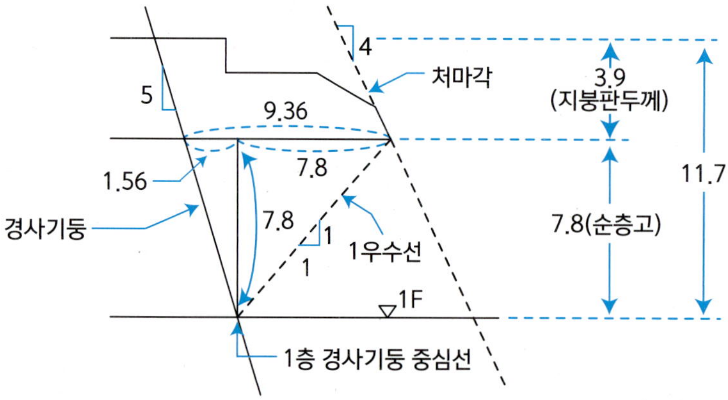

[그림 56] 9층탑의 1층 지붕끝 이격거리와 높이

잘 보시면, 1층 지붕폭은 9.36이랍니다.
1층경사기둥 중심선에서 상부로 수직선을 그은 지점에서 지붕끝까지의 거리가 7.8m가 나오더랍니다.
순층고는 7.8m, 묘하게도 두 치수가 7.8로 똑같더랍니다.

저희들이 알고 있는 마법의 자(경사각)로 1각이 나오더랍니다.

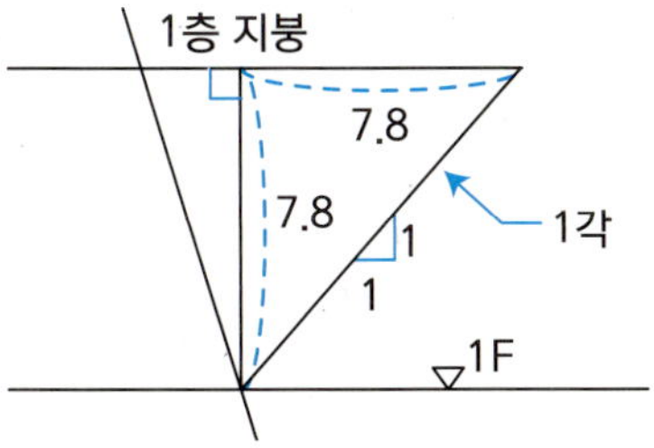

[그림 57] 9층탑의 1층 지붕끝 역경사각

희한하게 생겼죠.

이제까지는 4 1 와 같이 밑변이 하부에 있었는데, 이 놈의 지붕1각은 1 1 밑변이 상부에 있더랍니다. 이런 놈도 있네? 즉, 역경사각이라는 것이죠.

마법의 자가 보기보단 약간 헷갈리실 겁니다.

처음에는 이 역1각이 무엇을 의미하는지도 모르고 그냥 1층지붕은 이렇구나라고 무심코 넘어갔답니다. 한참이 지난 후, 관측소의 발코니(bal)를 풀다보니 bal끝 이격거리가 얼마가 되면 좋을까 하는 고민에 빠지게 되었답니다. 사실은 bal를 처음 풀 때는 폭도 폭이지만 높이까지도 알 수가 없어서 무지 헤매었답니다.

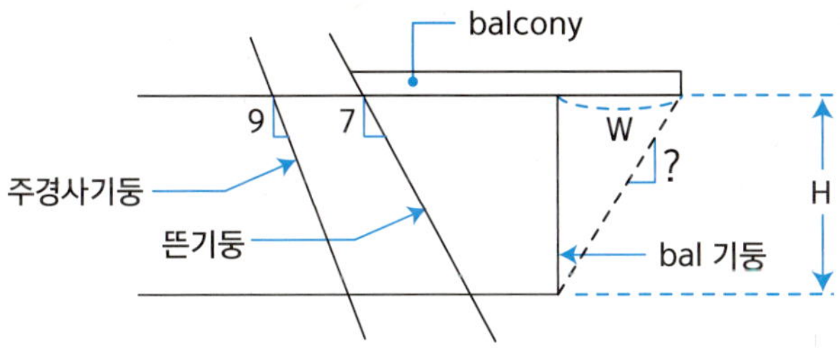

[그림 58] 관측소 balcony 우수선?

이 때 몸통부 1층지붕의 역1각이 생각나더랍니다.

맞다. 몸통부 1층지붕이 역1각이니까 bal 각은 역2각 2 으로 하면 되겠구나라고 생각한 후 일방적으로 역2각일 거라고 정해버렸답니다.(일방지정공법)

그리고, 이 역경사각에다 이름을 지어주기로 하고 여러 생각을 해 봤답니다.

비오는 선? 비 뿌리는 선? 비오는 각도?……

생각하다가 제일 간단한 우수선이라는 이름을 부여했답니다.

이름을 붙이니 아주 편리해지더랍니다. 몸통부 1층지붕 역1각은 그냥 1우수선, bal의 역2각은 그냥 2우수선이라고 부르면 되더랍니다. 목탑에는 기본적으로 1·2우수선이 존재한답니다.

물론 갓탑(3우수선), 첨탑(4우수선)에도 있기는 하지만 그리 중요하지 않답니다.

bal 중 희한하게도 2bal 지붕은 2개의 우수선을 가진답니다.

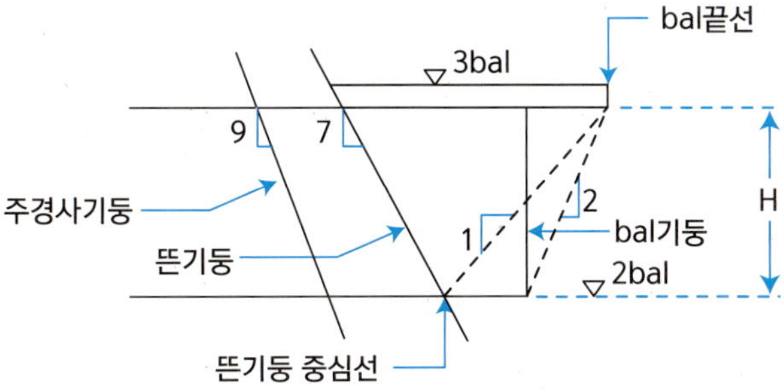

[그림 59] 관측소 2balcony 1·2우수선 개념

즉, 뜬기둥 중심선으로는 1우수선, bal기둥 중심선으로는 2우수선과 같이 동시에 1·2우수선을 갖는답니다.

이 1·2우수선이 동시에 있는 석탑도 있답니다.

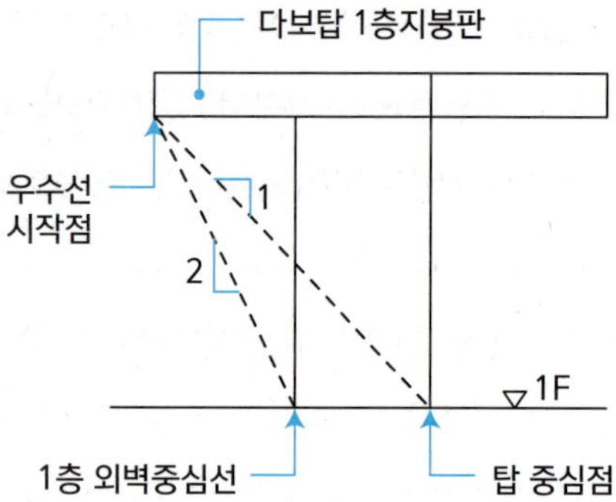

[그림 60] 다보탑 1층지붕의 1·2우수선

다보탑은 석탑 중 유일하게 1·2 우수선이 존재한답니다.
아주 훌륭한 건축물이랍니다. 물론, 석굴암에도 개념이 약간 다르지만 1·2 우수선이 있답니다.
다보탑 1층지붕을 보시면 탑중심선까지는 1우수선이 되며 1층 외벽중심선까지는 2우수선이 된답니다.
즉, 1·2 우수선이 동시에 존재한답니다.

이 1·2 우수선이 동시에 나오면 괜히 기분이 좋아진답니다.

이 역마법의 자(역경사각)인 1·2 우수선 중 2우수선이 진정한 의미의 우수선에 해당되며 1우수선은 엄밀히는 상징성 우수선에 해당될 수도 있다고 보시면 됩니다. 그런데 이 1우수선은 무지 중요한 우수선이랍니다. 1~9층탑 1층지붕우수선은 반드시 1우수선이어야 한답니다.

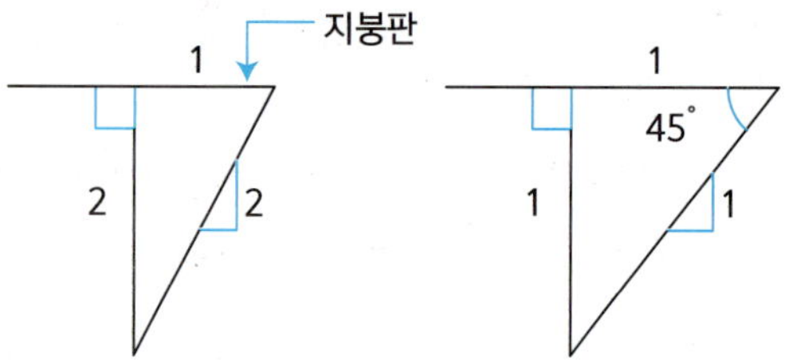

[그림 61] (左) 2우수선, (右) 1우수선,

1우수선은 45°각으로 사실은 여기까지 비가 들어올 확률은 별로 없어 보인답니다.
태풍이 몰아치지 않는 한?
진정한 의미의 2우수선을 더 볼까요.

우리가 많이 접하는 아파트발코니(Apt bal)의 내민길이(bal 폭)를 신라 건축기사의 관점에서 한번 봅시다.

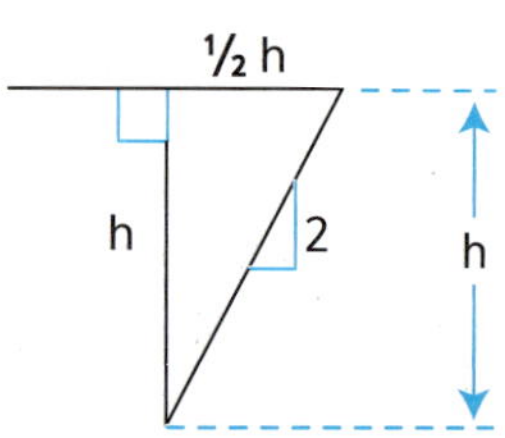

[그림 62] 2우수선 개념

예전(초창기)에 많이 사용했던 Apt 층고가 2.6시 신라건축기사는 bal 내민길이를 2.6÷2=1.3이라고 생각한답니다. 만약 Apt층고가 3.6이라면 3.6÷2=1.8이 될 겁니다.

신라 건축기사의 생각과는 다르게(?) 저희들은 예전에는 Apt층고와 관계없이 bal 폭을 1.2로 하다가 완화되어 1.5로 넓어졌답니다. 여기에다 나무 등을 심으면 더 늘어날 수가 있답니다.

현대의 건축기사가 현명할까요? 아님, 신라건축기사의 사고가 더 합리적일까요?
판단은 스스로 하세요(물론 구조와도 관련이 있답니다.)
그리고, 우수선은 최외부기둥중심선이 기준이지만 건물중심선이 될 수도 있답니다.
9층탑 2관측소를 보시면 재미있답니다.

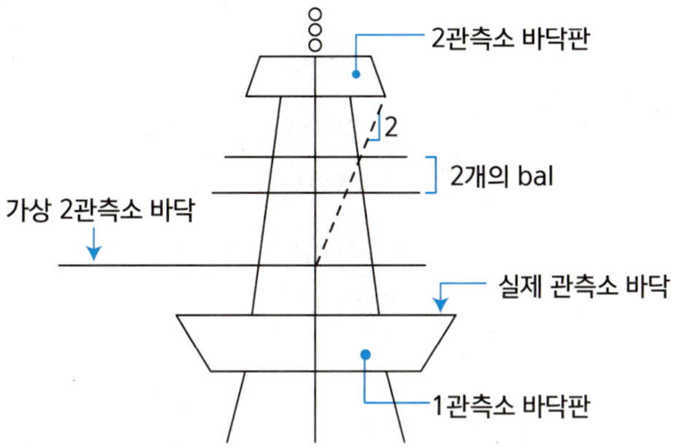

[그림 63] 9층탑 2관측소 2우수선

2관측소의 실제바닥과 가상바닥높이가 다르지만 2관측소바닥판의 2우수선이 묘하게도, 가상관측소바닥판의 중심선에 오네요. 재미있죠.

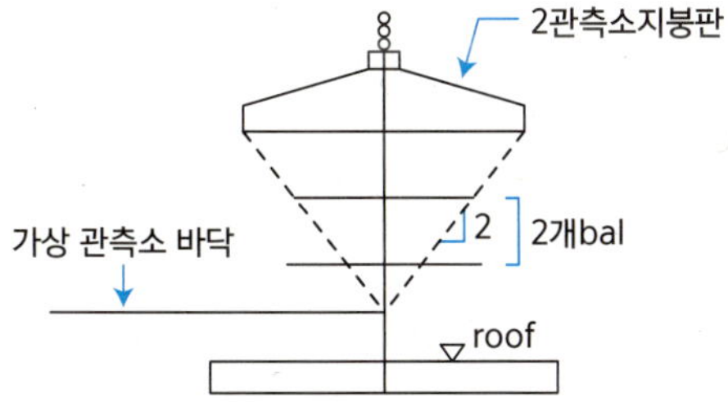

[그림 64] 다보탑의 2관측소 2우수선

또한 2관측소가 있는 다보탑도 마찬가지랍니다.
2관측소지붕판의 2우수선이 건물중심선에 오네요.
물론 가상관측소 바닥판도 있을 겁니다. 다보탑은 1관측소는 없으며 2관측소만 있답니다.

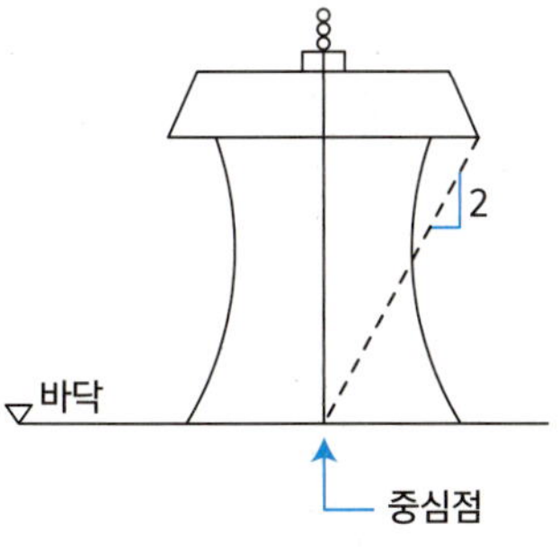

[그림 65] 첨성대 2우수선

하나만 더 볼께요.
2관측소개념의 첨성대의 2우수선도 건물의 중심선 상에 있답니다. 첨성대는 실제바닥판과 가상바닥판이 같답니다.
보시는 바와 같이 다보탑의 관측소와 첨성대는 9층탑 2관측소와 동일 2우수선구조를 갖는 답니다.
즉, 9층탑의 2관측소를 옮긴거랍니다.

2우수선도 중요하지만 목탑에서 가장 중요한 1층지붕의 1우수선이 무척 중요하답니다.
저는 9층탑만 1층지붕이 1우수선이고 다른 탑은 해당되지 않을 거라고 생각해서 처음에는 무척 헤매었답니다. 정신을 차리고 보니 모든 일반목탑의 1층지붕우수선은 1우수선이더랍니다.
이 1우수선으로 모든 지붕길이가 계산이 가능하게 되었답니다.

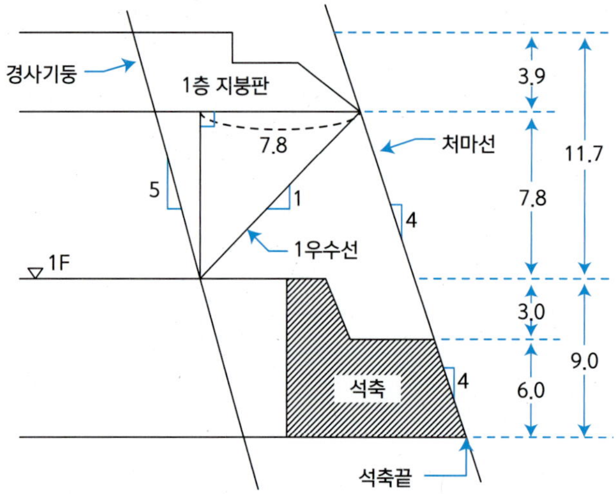

[그림 66] 9층탑 : 석축과 1층지붕 1우수선

보시다시피, 층고가 나오고, 1우수선이고 경사각 등 계산에 필요한 모든 여건이 다 갖추어져 있답니다.
계산기만 열심히 두드리면 지가 알아서 모든 치수가 툭 튀어 나온답니다.
목탑을 푸시는데 이 1·2우수선을 반드시 알고 계셔야겠죠. 엄밀히는 이 1·2우수선도 마법의 자(경사각)랍니다.
저번에 말씀드린 요술방정식도 이 우수선법칙을 적용한 방정식이랍니다.

7. 탑높이와 탑폭

(1) 신라탑의 가상기초판 개념

이제야 신라탑 풀기의 본 게임에 살짝 접근하는 듯한 느낌이 드네요. 이제까지, 숫자개념·우수선·마법의 자 등 희한한 용어만 나오더니만 드디어 탑높이란 용어가 등장하니 호기심이 일기 시작하시는지요? 이제부턴 조금은 어려워질 것도 같답니다. 정신을 조금 차리세요.

먼 산 보시면 안 됩니데이!

신라조각탑을 유심히 보시면 느낌상 무엇인지는 정확히는 모르겠으나 기초판 같은 것이 있을 수 있다는 걸 어렴풋이 느낄 수가 있답니다. 탑을 크게 분류해 보면 두 부분으로 나누어 진답니다. 관측부와 몸통부랍니다.

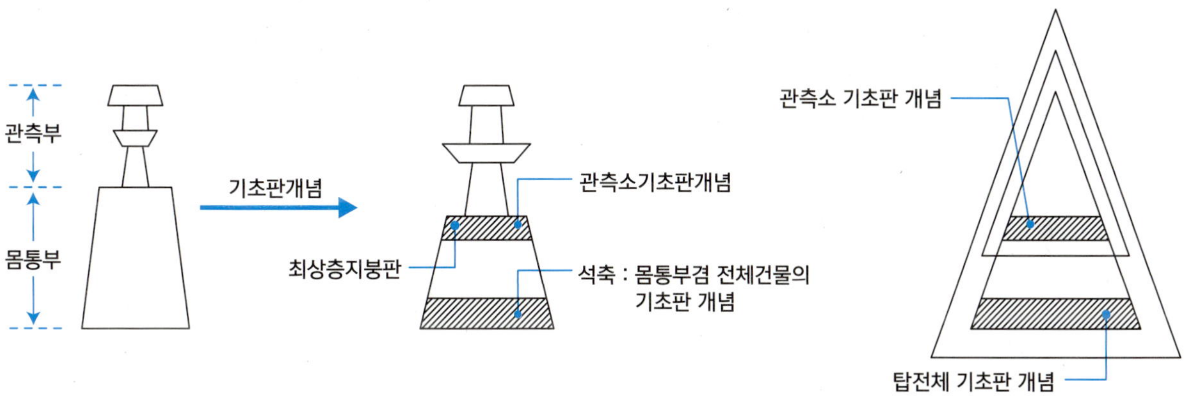

[그림 67] (左) 신라탑의 2부분, (中) 기초판 개념, (右) 개념상 크게 2가지 가상기초판

위를 보시면, 몸통부 하부에 석축이 있는데 이 석축이 묘하게도 기초판같은 느낌을 준답니다. 관측소하부에도 최상층지붕을 포함해서 묘하게도 심리적인지 착각인지는 모르겠으나 관측소기초판이 있을 것 같은 느낌을 준답니다. 희한하게도 착시현상을 일으키게 한답니다. 석축은 본 건물과 아무런 관련이 없는 구조물이며, 관측소도 하부 기둥이 그대로 올라간답니다. (뜬기둥에만 기초판보가 있음). 건축물 자체에는 기초판 개념의 그 어떤 기초판도 전혀 없답니다.

그런데도 불구하고 제 눈에는 뭔지는 모르지만 자꾸 기초판이 있는 것처럼 보인답니다.

혹시 보이시는 분 계시나요? 그럼, 문제가 심각한데? 이거 야단났네요. 제가 헛것을 본건가.

헛것을 보았든 착각을 했든 저는 이 가상의 착시기초판을 기초판으로 인정하겠답니다.

나중에 안과에 가서 눈 검사를 받을 때 받더라도. 제 맴이죠! 이 가상기초판공법은 몸통부기초판과 관측소기초판두께의 비를 구하기 위해 제가 임의로 설정한 말 그대로 가상기초판이랍니다.

웃기죠! 완전 노출형기초판도 다 있네요? 그러니 기초판과는 아무런 관련이 없답니다.
그럼, 가상몸통부 기초판두께와 가상관측소 기초판두께의 비를 구해 볼까요.
3등분공법으로 풀 겁니다. 아주 간단한 산수로 풀 겁니다. 거창하게 수학으로 푸시면 안됩니데이.
저는 수학의 'ㅅ'만 나와도 멀쩡하던 머리가 갑자기 지끈지끈 아파오기 시작한답니다.

그럼 간단한 산수를 보시죠.

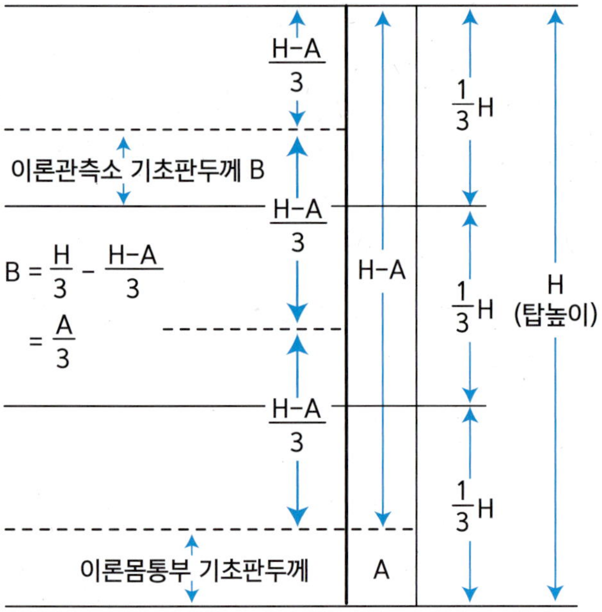

[그림 68] 3등분법 개념

그림에서,

H : 탑 높이
A : 몸통부 기초판 두께,
즉 석축 높이 = 지하층 높이
B : 이론 관측소 기초판 두께

사용공법은 3등분공법이랍니다. 3등분공법이란 말 그대로 치수를 3등분하는 공법이랍니다.
즉, 탑높이 H도 3등분 하고, 탑높이 H에서 몸통부기초판두께 A를 뺀 H-A 높이도 3등분한다는 아주 간단한 공법이랍니다.

사실은 공법이란 이름을 붙이기도 좀 그렇답니다. 하여튼 이것보다 더 쉬운 공법 있으면 나와 보라 그래?
우에서 좌로 계산해 보면 $B = \frac{H}{3} - \frac{H-A}{3} = \frac{H-A+A}{3} = \frac{A}{3}$ 가 나온답니다. 즉, 이론 관측소기초판두께 B는 몸통부 기초판두께(지하층높이)의 1/3이라는 걸 의미한답니다. 이것보다 더 간단한 산수가 있나요? 제가 이 가상기초판두께 이론을 얘기하는건 최상층지붕판두께를 알아내기 위해서 알아낸 이론(?)이기 때문이랍니다. 바로 이 이론 관측소기초판두께의 $\frac{1}{2}$ 인 $\frac{A}{3} \times \frac{1}{2} = \frac{1}{6}A$ 가 최상층지붕판두께가 된답니다.

제가 어떤 수학적 근거가 있어서 이 3등분법을 이용하는 것은 아닙니다.
3등분법을 이용해 보니 우연인지 필연인지는 모르겠으나 희한하게도 정확히 맞아 떨어지더랍니다.

신라탑은 묘하게도 3이라는 숫자의 조합이라고 말씀드렸을 겁니다. 3을 곱하든 3으로 나누든 거의 대부분이 맞아떨어진답니다. 가끔은 2등분법 같이 2로도 나누어야 되는 경우도 있답니다.
제가 제일 처음 왜 3등분법을 사용했는지를 시간이 흐른 후 곰곰이 생각해보니, 1층외부진입계단이 3단으로 되어 있어서 그냥 3으로 나누어 보지 않았나하는 생각이 든답니다. 3으로 나누어 봤는데 희한하게 이제까지 한번도 숫자상 거부반응(잘 안 맞는 경우)이 없어서 지금도 사용하고 있답니다.

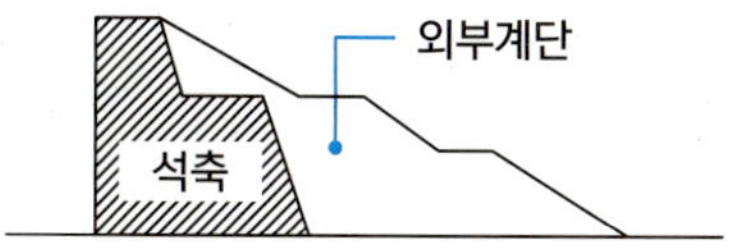

[그림 69] 3단 외부계단

사실은 외부계단이 3단이라는 것과는 별로 관련이 없는 것 같기도 하고 관련이 있는 것 같기도 하여 무지 헷갈리기도 한답니다. 어쨌든 우연히 맞았을 뿐일 겁니다.
사실은, 이 가상기초판이 존재하지도 않는데도, 제가 가상으로 설정한 것 뿐인데, 신라탑의 층고를 푸는데 이것보다 더 좋은 공식은 없더랍니다.
만약 몸통부기초판(지하층 층고)이 9m라면 이론 관측소기초판두께는 1/3인 3m가 되며 최상층지붕판두께는 그 반인 1.5가 된답니다. 지하층높이만 알면 최상층지붕판두께 알기는 누워 떡 먹기보다 더 쉽답니다.

(2) 계단 단수의 끝 숫자가 0

신라탑의 주요부인 몸통부높이이든, 관측소높이이든 계단단수가 반드시 10의 배수인 110단, 120단, …… 이런 식으로 반드시 계단단수의 끝수가 0이 되어야 한답니다. 그러니 계단단높이(R)로 나누어서 계단단수가 96단인 경우는 그 높이는 틀린 것을 의미한답니다. 다시 계산하라는 뜻이겠죠. 예를 들면, 9층탑몸통높이는 75m랍니다. 75÷0.15(R)=500단이 나오네요. 0이 하나가 아니라 두 개라 이건 무지무지 좋은 숫자랍니다. 9층탑 1관측소높이는 23.1이랍니다. 23.1÷0.21(1관측소 단높이) = 110단. 7층탑몸통높이는 57.6m네요. 7층탑 몸통단높이는 R=0.18이므로 57.6÷0.18=320단으로 끝수가 10의 배수인 0이 나온답니다. 즉, 9층탑 몸통단높이가 R=0.15시 0.15x10단=1.5m로 몸통부높이는 1.5m 단위로 커지거나 낮아진답니다.

이와 같이 신라탑은 주요 치수에서는 동일법칙으로 떨어지는게 기본 원칙이랍니다. 바꾸어 말하면 어떤 탑에서 0으로 떨어진다면 다른 탑도 반드시 0으로 떨어져야만 맞을 확률이 높아진답니다. 혹시 탑높이를 계산하시다가 맞게 풀고 있는지가 궁금하실 때는 중간중간 계단단높이로 나누어 보시면 됩니다. 이 높이는 탑 전체높이와는 무관하답니다. 신라탑은 몸통부와 관측소의 단높이(R)가 대부분 다르기 때문이랍니다. 묘하게도 9층탑 2관측소높이에는 적용이 안 된답니다.
계단단수의 끝수가 0이라는 건 층고 산정시 무척 도움이 된답니다.

(3) 탑높이와 탑폭

먼저 탑높이와 탑폭부터 알고나서 구체적인 것은 별도로 풀어봅시다.

제가 가정으로 9층탑의 규모를 높이 108m, 폭 108m라고 정했답니다. 물론 어떤 근거가 있어서 한 것이 아니라 그냥 이 정도일거라고 가정을 하고 접근을 했답니다. 간이 조금은 크죠. 어떤 가정은 증명(?)을 하면 그 가정이 성립될 수도 있답니다. 비록 수학적인 증명까지는 아니더라도 모든 정황상 객관적이고 합리적이라고 판단이 되면 증명으로 갈음할 수도 있답니다. 제 개인 생각인가? 헷갈리네요. 이바구는 이렇게 하고는 있지만, 사실은 약간은 애매하답니다.

9층탑높이가 정말로 108m인지를 같이 한번 확인해 봅시다.

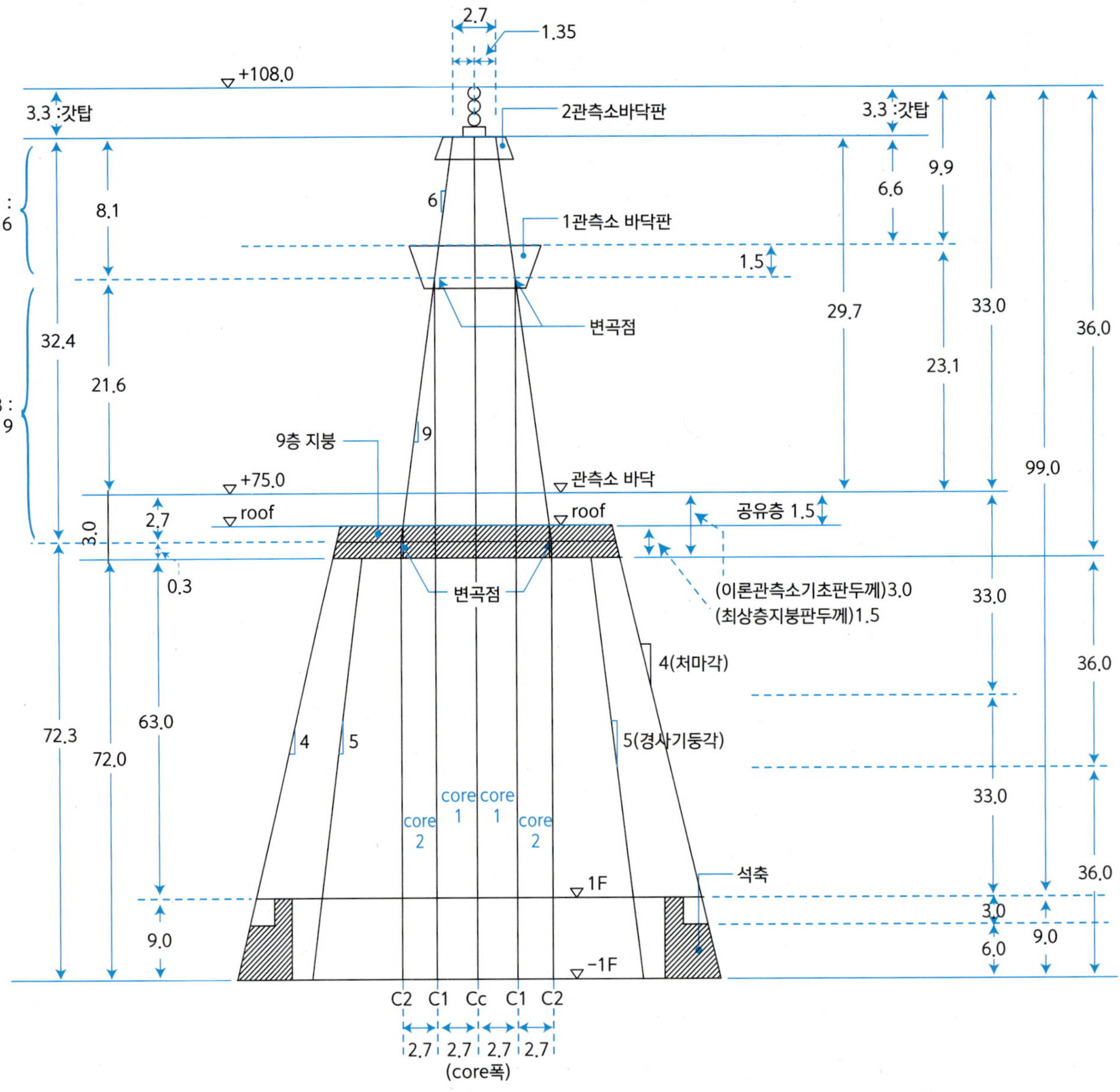

[그림 70] 9층탑높이 개념도

도면이 무척 복잡할 겁니다. 여기에다 폭까지 집어 넣으면 너무 복잡할 것 같아 높이만 간단히 표기했답니다. 몸통부까지 높이가 75m이며 관측부 높이는 33m랍니다. 관측부가 조금 복잡구조니까 이해를 돕기 위해 조금 확대해 보겠습니다.

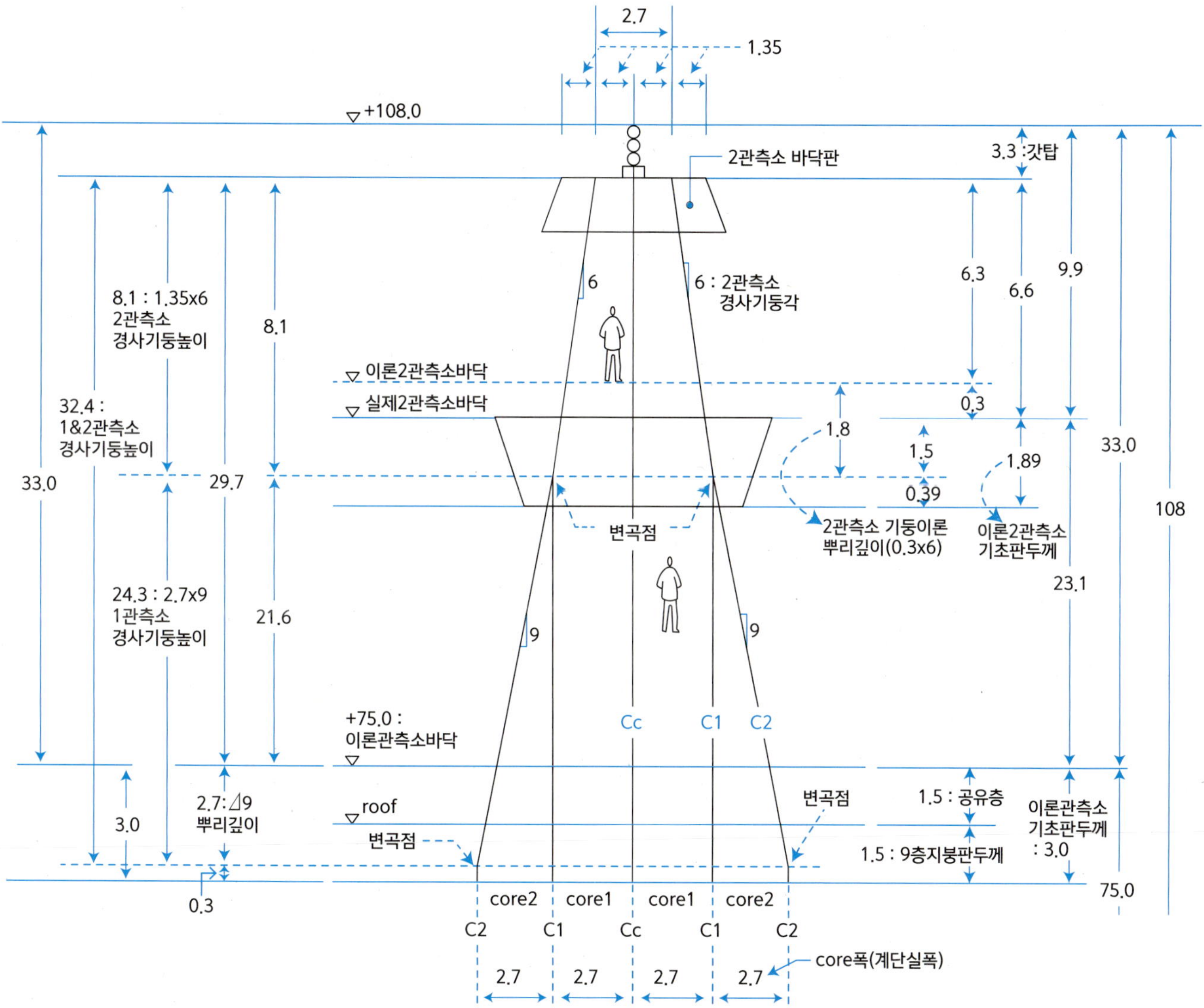

[그림 71] 9층탑 관측소높이 개념(확대)

신라탑이 8각형이라고 말씀드릴 적에 변곡점(변곡선)을 귀가 닳게 들었는데 9층탑 기둥에도 2개소에 변곡점이 있네요. 맞습니다! 수직기둥에서 경사기둥으로 바뀌니 당연히 변곡점이 발생될 겁니다. C2기둥이 경사기둥으로 바뀌면서 1관측소 외부경사기둥이 되며, 1관측소까지 쭉 올라가던 C1

기둥이 경사기둥으로 바뀌면서 2관측소의 외부경사기둥이 된답니다. 각 경사기둥의 이론뿌리깊이(근입장)는 경사각 x 0.3이 된답니다. 즉, 1관측소 경사기둥의 뿌리깊이는 ⊿9x0.3=2.7이 되면서 이론관측소기초판에 뿌리를 내린답니다. 또한 2관측소 경사기둥뿌리깊이는 ⊿6x0.3=1.8m가 되어야 되는데, 실제는 1.5m 밖에 안되네요? 그래서 이론 2관측소바닥은 0.3이 높은 곳에 있답니다. 근입장 깊이가 30cm낮아진 이유는 1관측소 계단높이와 관련이 있답니다. 23.1(1관측소높이)÷0.21(1관측소단높이)=110단이 나오기 때문이죠. 반드시 주요높이의 계단단수끝수는 0이라고 바로 앞에서 말씀드렸는데 기억이 나시나요? 2단의 경사기둥높이가 32.4m이네요.

1. 2관측소 경사기둥높이 : 1.35(1/2core폭) x ⊿6 = 8.1
2. 1관측소 경사기둥높이 : 2.7(core폭) x ⊿9 = 24.3 + } = 32.4m

그런데, 2관측소경사폭을 2.7이 아닌 1.35로 했을까요? 2관측소경사기둥을 중심기둥까지 붙이시면, 아마도 2관측소바닥에는 영원히 올라가지 못할 수도 있답니다. 2관측소바닥판에 올라갈 최소공간 1.35정도는 남겨 주어야겠죠. 집을 짓는 가장 큰 목적은 사용하기 위한 것일 겁니다. 못 올라가는데 왜 지붕판대기를 설치하죠. 그냥 뾰족하게 하면 될 것을? 보시면 core(계단실)폭이 2.7m일 겁니다. 왜 core폭을 제가 2.7m로 했을까요? 어떠한 근거도 없이? 이 2.7m라는 폭도 제가 일방적으로 지정한 숫자랍니다. 그러고 보니 제 성깔하나 지랄같아 보이네요. 사실은, 여러 많은 생각과 실제 폭치수를 적용해 본 뒤 얻어낸 결론이랍니다.

core폭이 얼마 정도면 적당할 것 같나요? 계단을 오르내릴 때 기본적으로 2명이 교차할 확률이 높겠죠. 한 명만 오르내릴 수 있는 폭으로 한다면 내려오는 놈과 올라가는 놈이 한바탕 전투를 벌일 겁니다.

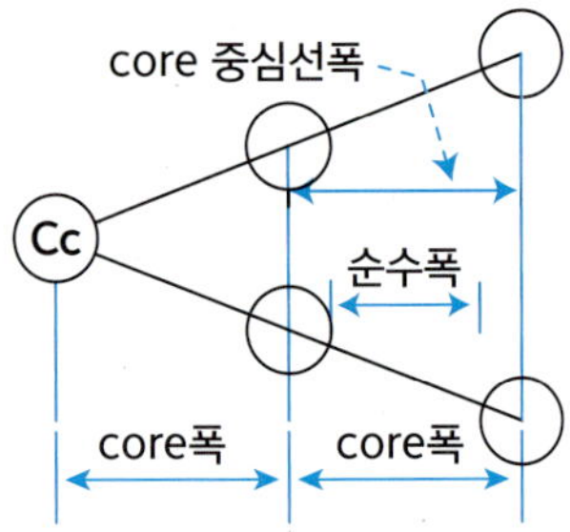

[그림 72] core 폭 개념

core폭을 보시면, 다닐 수 있는 순수폭과 기둥반쪽이 2개가 있을 겁니다. 순수폭은 두 놈이 다녀야 하니 ≒1.2~1.5 정도는 되어야 하겠죠. 기둥반쪽 2개는 온쪽이니 그냥 기둥폭일 겁니다. 탑높이가 108m나 되는데 하부쪽 기둥폭은 아무리 못해도 ≒1.2~1.5 정도는 되어야 될 것 같답니다.

core폭 = 순수폭+기둥폭 = 1.2~1.5+1.2~1.5=2.4~3.0이 될 겁니다. 3의 배수숫자는 크게, 2.4, 2.55, 2.7, 2.85, 3.0m 정도가 된답니다. 이 치수들을 갖고 계산을 해보면 core 폭이 2.7m가 제일 적당하답니다. 아니 이 2.7m만이 성립이 된답니다.

제가 9층탑 규모를 108x108m라고 가정을 했는데 9층탑은 어느 정도는 맞을 것 같은데 나머지 7~1층탑의 탑높이와 탑폭은 도통 알 수 있는 방법이 없었답니다. 누구 말마따나? 맨땅에 헤딩하는 꼴이었답니다. 손댈 때마다 탑높이와 탑폭이 고무줄처럼 늘어났다가 줄어들었다가 하더랍니다. 이 일을 우짜지. 이 글을 읽으시는 분께서는 이럴 경우 어떻게 대처하시겠습니까?
그냥 내키시는 대로 하시겠다고요! 하! 머리가 쪼께 아프네요? 건축기사는 고로케는 못한답니다. 내일 틀릴 때 틀리더라도 밀어 붙인답니다. 바로 일방지정공법이겠죠. 전에 3의 배수공법중에 9라는 숫자가 제일 양호하며 자(1')로 나누어도 주요 치수인 탑높이나 탑폭은 반드시 숫자합이 9여야 한다고 말씀드렸답니다. 그래서 탑높이나 폭 등의 최소기본치수는 0.3(1')x9=2.7m라고 말씀드렸을 겁니다. 그렇다면, 탑 높이나 폭 등은 늘어나든 줄어들든 2.7의 배수가 되어야 될 겁니다.
2.7의 배수를 나열해 봅시다. 2.7, 5.4, 8.1, 10.8, 13.5, 16.2, 18.9, 21.6, 24.3, 27.0, …… 등이 있을 겁니다. 이 중에서 신라인들은 짝수를 더 좋아한다고 말씀드렸을 겁니다. 짝수만 보면 5.4, 10.8, 16.2, 21.6, …… 정도일 겁니다. 즉, 탑높이든 탑폭이든 증감계수는 대충 이 4가지 숫자중에 한 개일 확률이 무척 높답니다.

신라탑은 1, 3, 5, 7, 9층탑이 있답니다. 희한하게도 5개의 탑이네요. 모르죠. 더 있었는지는?
1층탑이 아무리 낮더라도 0m는 설마 아니겠죠? 9층탑높이가 108m이고 탑 종류가 5개이니 단순히 5로 나누어 볼까요? 108÷5=21.6m가 될 겁니다. 감이 오시는지요? 상기 탑높이 증감계수 4개(5.4, 10.8, 16.2, 21.6) 중에 21.6m가 딱 있네요! 무얼 의미할까요? 바로 각 탑(2개층 차이씩)의 탑높이 증감계수는 21.6m라는 걸 의미한답니다. 맞을 것 같나요? 아님, 틀렸을 것 같나요?
아무 것도 모르긴 해도 척보니 직감적으로 맞을 것 같은 느낌이 드네요. 그러면 자동으로 모든 탑높이가 지가 알아서 기어 나올 겁니다? 21.6(1층탑), 43.2, 64.8, 86.4, 108m(9층탑) 진짜 나오네. 뭐가 이리도 싱겁죠. 1~7층탑은 아직도 손도 대 보지 않았는디? 그럼 탑폭은 어떨까요? 탑높이는 어떻든 어느 정도 계산으로 가능한데 이놈의 탑폭은 일일이 그려보고 계산해 봐야만 한답니다.

어찌되었건 상기 4개(5.4, 10.8, 16.2, 21.6)의 증감계수중 한 개일 확률이 높을 겁니다. 탑높이처럼 21.6m씩 줄일까요? 그럼 1층 탑폭이 21.6m가 되어서 외부계단설치는 엄두도 못 낼 겁니다.
그럼 21.6의 반인 10.8m정도면 1층탑 자체폭과 외부계단도 가능할 것도 같네요. 어! 상기 4개의 증감계수 중에도 10.8이 있네? 하! 맞기는 맞는 모양이네. 예! 탑폭은 탑높이의 반인 10.8씩의 증감계수를 갖는 답니다. 즉, 탑폭은 108(9층탑), 97.2, 86.4, 75.6, 64.8(1층탑)이 된답니다. 손가락 하나 까딱하지 않고 말로 탑의 높이와 폭을 다 알아버렸네요. 과연 말로 푼 탑높이와 탑폭이 맞을까요?

탑	높이	폭	
9층탑	108	108	
7층탑	86.4	97.2	
5층탑	64.8	86.4	
3층탑	43.2	75.6	
1층탑	21.6	64.8	
증감계수	@21.6	@10.8	
석굴암	16.2	43.2	1층탑
첨성대	13.5	18.9	-1층탑

[표 4] 탑의 높이와 폭

맞아야 될낀데. 이제 정리를 해 보실까요?

좌측 숫자가 아주 재미있죠. 86.4와 64.8은 숫자 자체가 똑같답니다. 8, 6, 4의 조합으로 숫자만 서로 바뀐 상태랍니다. 물론 2로 나누면 4, 3, 2의 조합인 43.2도 있을 겁니다.
정말 웃기죠? 그런데, 같은 일반목탑인 석굴암과 첨성대는 이 법칙을 잘 따르지 않는답니다.

1층탑인 석굴암은 일반 법칙을 따르면 64.8 x 21.6이 맞답니다. 그런데 실제는 43.2 x 16.2로 줄어 들었네요. 탑폭은 순수이론인 64.8이 맞는데 석굴암은 올라가는 계단이 4면이 아닌 1면이므로 반대쪽 계단이 없어서 줄어든 것이랍니다. 높이는 5.4m가 줄어들었답니다. 왜 팔아 먹었는지는(?) 잘 모르겠답니다.
아마 높이 16.2는 순수이론폭인 64.8의 1/4로 한 것 같기도 하고 산꼭대기라서 바람이 많이 불어서 낮추었을 수도 있겠고, 아님 순수이론폭의 반인 32.4와 높이 16.2의 비율을 2:1로 하기 위해서일 수도 있답니다. 어쩌면 석굴암이 종교건축물로서 관측소가 필요없어서 줄였을지도 모른답니다.
참 애럽네요?

그리고, -1층탑(?)인 첨성대를 봅시다. 순수이론으로 하면 54x0m인 탑이 되겠죠. 높이가 0인 탑으로 이론적으로는 폭만 있고 높이는 없는 탑이랍니다. 즉, 탑이 존재하지 않는다는 말이랍니다. 제가 -1층탑이라고 했지만 수학적으로는 0층탑이랍니다. 그런데도 관측소만 도입해서 묘하게도 탑을 만들었답니다. 기발한 아이디어랍니다. 이 첨성대의 규모는 18.9 x 13.5랍니다.
순수이론폭은 27m랍니다. 첨성대도 석굴암과 같이 외외부계단(4면이 아닌 한쪽 면에 1개만 있는 외부계단)이라 폭은 비록 줄어들었지만 이론폭은 27m랍니다. 이 27m이론폭은 순수이론폭인 54m의 반이랍니다. 즉, 폭을 54m가 아닌 27m로 가정하고 만든 탑이랍니다. 높이가 13.5인 것은 이론폭의 반인 13.5와 높이폭비를 1 : 1 로 하기 위해서인 것 같기는 한데 순수 제 개인생각이랍니다. 높이 13.5는 좀 특이한 홀수치수랍니다. 즉, 13.5=2.7x5로 2.7에 곱하는 수인 5라는 홀수 곱수를 썼네요.
첨성대 탑폭 18.9=2.7x7로 탑폭도 홀수네요. 탑높이와 탑폭이 홀수라서 홀수 + 홀수 = 짝수가 되어서 그런건가? 아님, 순수이론으로는 존재할 수 없는 탑이라서 높이와 폭을 홀수로 했나?

아무도 알 수가 없답니다.

아직 일반목탑은 손도 대지도 않았는데, 벌써 탑의 규모부터 먼저 알아버렸네요. 가끔 풀기가 힘이 드실 경우에는 이와 같이 미리 결론을 내어놓고 나중에 증명하면 되는 아주 특수한(?) 일방지정공법을 이용해 보세요.
이제 이 가정 탑 높이와 탑폭을 증명만 하면, 상기이론은 맞을 확률이 무척이나 높답니다.
사실, 이 가정공법은 신라 일반목탑의 기본이론인 기본적으로 치수는 동일치수를 적용해야 한다는 동일치수공법의 일종이랍니다. 무슨 말인고 하니, 9층탑이 108m인데 7층탑은 21.6 낮은 86.4로 했다가, 7층탑에서 5층탑으로 갈 때 16.2m줄어든 86.4-16.2=70.2와 같이 증감계수를 지멋대로 21.6으로 했다가 다른 것은 16.2로 하는 와따리가따리공법은 신라탑에는 기본적으로 없다는 걸 의미한답니다. 증감계수는 21.6이든 16.2든, 아님 10.8이든 반드시 한 개를 선택해서 동일하게 적용해야 하며 적용숫자에 문제가 있으면 다른 숫자를 또 선택해서 맞아 떨어질 때까지 계산해 봐야만 한답니다. 일일이 계산하시려면 무척 많은 시긴이 투입될 겁니다.

걱정하지 마십시오. 제가 벌써 수족고생 작업을 다 해 놨거들랑요.
수족고생 작업은 제 선에서 끝내야겠지요~

(4) 1·2·3층 층고비례공법

신라탑에는 별 희한한 공법도 다 있답니다. 1·2·3층 층고비례공법(간단히 1·2·3층 비례공법이라고 부르겠습니다.)이라, 하! 도통 이 놈이 뭘까요? 9층탑 1·2·3·4층 층고를 한번 분석해 봅시다.

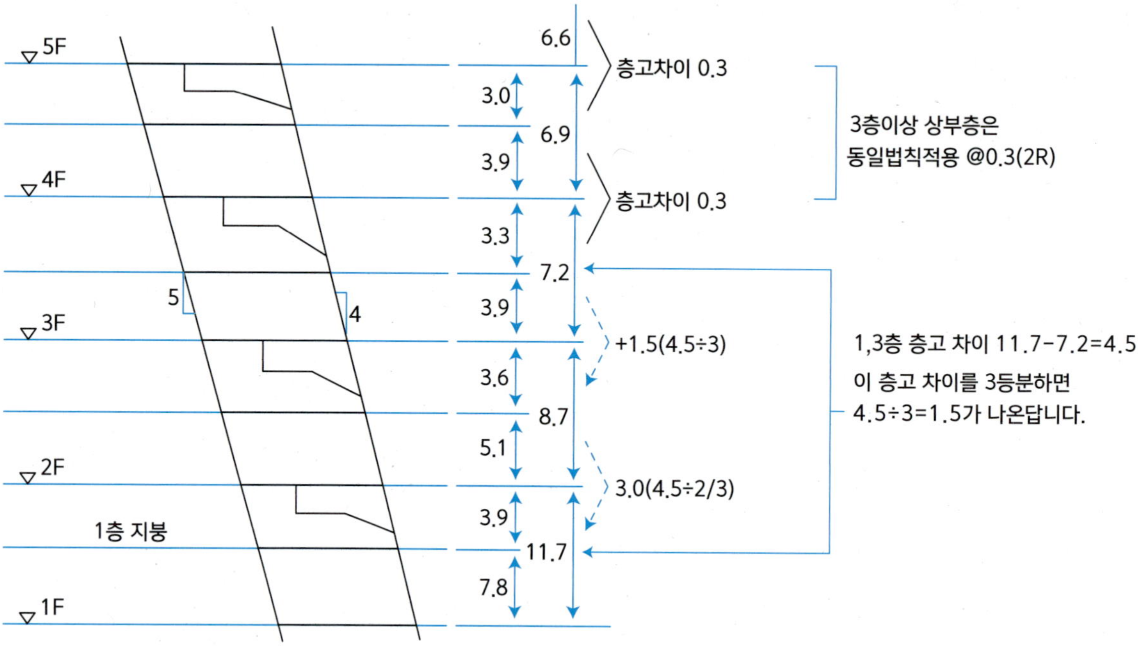

[그림 73] 9층탑 1·2·3층 층고비례공법

이 1,3층층고차이의 1/3인 1.5m를 2층 층고에 준답니다. 즉, 2층층고는 7.2(3층층고)+1.5=8.7이 된답니다. 나머지 2/3인 3m를 1층층고에 준답니다.

1층층고 = 8.7(2층층고)+3.0(4.5x$\frac{2}{3}$)=11.7이 된답니다. 즉, 1·2·3층 비례공법은 1·3층 층고차이의 1/3을 3층층고에 더하면 2층층고가 되며, 2층층고에서 나머지 2/3를 더해주면 자동으로 1층층고가 된답니다. 9층탑에서 2층층고를 제외한 모든 층고는 거의 자동으로 계산이 되는데 유일하게 이 2층층고만은 1·2·3층 비례공법인 1·3층 층고차이의 1/3을 3층층고에다 더해줘야 한답니다. 이유는 정확히는 모르겠으나 1층층고와 3층층고의 차이가 많이 나는 걸 보간법으로 처리하지 않고 차이를 1:2 비율로 맞춘 것 같답니다. 이 1:2 비율도 혹시 보간법에 해당되는지는 제가 수학에 문외한이라 헷갈리네요? 주의하실 점은, 1·3층 층고 차이의 1/3인 숫자가 반드시 그 탑몸통부의 계단단높이(R)로 나누어져야 된다는 겁니다.

만약 그 탑몸통부의 단높이로 나누어지지 않으면, 그 전에 계산한 다른 층의 층고가 잘못되었다는 걸 의미하니 다시 처음으로 돌아가셔서 시작하셔야 될 것 같네요.

이 1·2·3층 비례공법은 무척이나 간단하지만, 이 법칙을 인지하지 못하시면 그 탑의 몸통부높이는커녕 탑높이 자체를 자자손손 푸셔도 영원히 못 풀 수도 있답니다?
신라탑을 풀려니 별 걸 다 알아야 되네요? 앞으로도 더 많이 있을지도 모른답니다? 1·2·3층 비례공법과 관련된 제 개인 느낌하나 말씀드리겠습니다. 저는 신라석탑도 1·2·3층 비례공법을 적용하면 되겠구나 생각하고 석탑을 열심히 풀었답니다. 1·2·3층 비례공법이 완벽할지까지는 모르겠으나 어느 정도 완벽한 비례를 갖고 있기 때문에 신라석탑이 기본적으로 3층석탑이라 딱 맞아 떨어질 줄 알았답니다. 어쩌면 신라석탑은 5층석탑이 비례가 덜 어울릴 수도 있답니다.

그래서 이 1·2·3층 비례공법을 석탑에 반드시 적용했었겠지라고 생각했답니다. 이 세상이 자기 마음대로 안 되더랍니다. 기본적으로는 1·2·3층 비례공법을 사용한 건 맞는 것 같은데, 각 층이 자기들끼리 서로 치수를 주고 받더랍니다. 치수가 넉넉한 쪽에서 치수가 적다고 아우성치는 층에 다 공짜로(?) 막 떼어 주더랍니다.
우찌 이런 일이! 아마도 신라 석탑 설계하신 분은 마음씨가 아주 좋은 아재였나 봅니다.
그래도 기본원칙인 1·2·3층 비례공법 자체를 많이는 벗어나지 않았네요.

신라탑은 1·2·3층 비례공법을 썼는데, 그럼 과연 백제탑은 어떤 공법을 썼을까요?
궁금하시죠. 희한하게도 1·2층 층고비례공법을 사용했네요. 즉, 2층층고는 1층층고의 1/2인 반공법(1·2층 비례공법)을 사용했답니다.
신라탑은 1층 → 2층 → 3층에 걸쳐서 어떤 비율(2:1)로 층고가 줄어드는데 비해, 백제탑은 2층층고가 갑작스레 1층층고의 반으로 줄어드네요. 신라탑만 보다가 깜짝 놀랐답니다. 2층 층고가 갑자기 줄어드니 백제석탑은 3층탑이 비례가 너무 어울리지가 않을 것 같아서 아마도 5층석탑으로 하지 않았을까 하는 생각이 들더랍니다. 갑작스런 층고 감소로 인한 비례문제를 2개층(4·5층)을 더 높여서 자연스런 비례관례로 맞춘 것 같은 생각이 든답니다. 이렇게 층고접근방법에 큰 차이가 있네요. 신라탑은 1·2·3층 비례공법, 백제탑은 1·2층 비례공법을 사용했다는 것만 아셔도 탑에 대해 이제 반 도사가 다 되신 겁니다.

이제까지는 비교적 간단한 기본적으로 아셔야 할 것을 대충 말씀드렸습니다마는 기본이론으로는 신라탑을 다 아셨다고 하기에는 약간은 부족하실 겁니다.
구체적으로 하나하나 뜯어봐야 진짜 9층탑의 높이가 왜 108m이고 폭이 108m인지를 아실 수 있을 겁니다. 힘을 내셔서 같이 풀어봅시다.

☆ 첨성대와 사다리 ☆

50여년 전 달력 얘기 하나 해 봅시다. 혹시 기억하시는 분도 계실 겁니다. 달력 그림이 대충 이렇답니다.(옆면인지 정면인지는 기억이 안남)

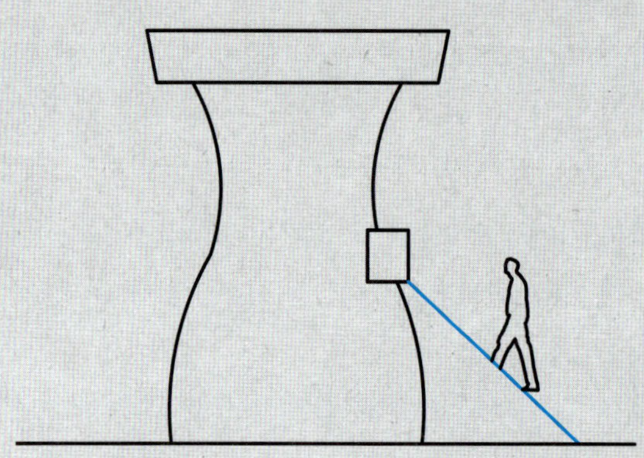

하여튼 첨성대 개구부에 들어가는데 사다리를 타고 가네요? 불쌍한 관측요원 ~ㅋ~
저라면 록 클라이밍(rock climbing)해서 올라갈 건데?
어떤 화백분이셨는지는 모르겠지마는 정말 기발한 아이디어네요. 아니 누구든지 그렇게 생각하기 쉽답니다.

신라시대의 관측요원은 다람쥐처럼 사다리를 잘 타야 될 듯?

물론 내부에서 꼭대기까지 올라가시려면 또 다시 사다리를 타고 올라가야겠네요.
상부에 올라가서도 잘 버텨야 할 낀데? 삐끗하다가는 관측은 커녕 엉디에 불이 날 듯 ~
제가 신라시대의 관측요원이었더라면 차라리 반월성에 올라가서 돗자리 깔고 관측을 하겠답니다.
한잔 걸쳐가면서 룰루랄라 ~ㅎ~

8. 신라탑의 몸통부 층고 산정

어떻게 층고를 구할 수가 있는지가 무척이나 궁금하실 겁니다. 궁금하시면 푸시면 된답니다. 같이 한번 힘을 합쳐볼까요? 무척이나 지루하기도 하고 재미(?) 있기도 하고 꼭 속는 느낌도 들기도 하고 하여튼 헷갈리실 겁니다. 정신 바짝 차리고 보셔야 속는 느낌이 덜 드실 겁니다.
몸통부와 관측부의 경사각이 서로 달라서 공통수도 다르므로 몸통부와 관측부를 분리해서 생각해봅시다. 몸통부는 각 층 층고만 풀면 몸통부높이가 나오지만 관측부는 개념이 조금 다르답니다. 몸통부층고를 먼저 풀고 관측소는 별도로 높이 등을 풀 것입니다.

먼저 9층탑 몸통부 각 층 층고를 한번 풀어봅시다.
사실, 처음 9층탑층고는 아무런 근거도 없이 어떤 가정과 제가 찍은 조각탑사진을 일일이 자질을 해서 아무런 문제없이 풀었답니다. 지금 생각해보니 참 어이도 없지만, 한편으론 맞았다는게 신기하기까지 하네요? 9층탑층고에 문제가 없어서 무심코 넘어갔었는데 희한하게도 층고에도 어떤 법칙이 존재한다는 걸 인지했답니다.
어떤 과정에서 공통수를 발견하여 단높이의 근거를 인지한 후 다시 한번 더 층고를 풀어보았답니다. 층고 산정시 가장 중요한 점은 지하층층고(개념상 몸통부기초판) 추정과 각 지붕판두께의 증감계수를 단높이로 1단씩 증감하냐 아니면 2단 또는 3단이냐를 판단한 후 각 경우의 수를 다 계산해 봐야 되더랍니다.

(1) 9층탑 몸통부 층고

먼저, 9층탑 몸통부 공통수는 경사각 ⊿4와 ⊿5가 있으므로,

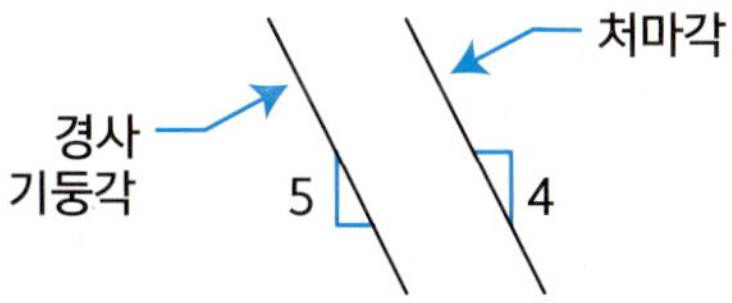

[그림 74] 9층탑 몸통부 경사각

기본수 B = ⊿5 x ⊿4 = 20

공통수 C=20x3=60 공통수를 C로 표기하겠습니다.

계단단높이 R=60÷4=0.15랍니다.

즉 15cm랍니다.

제가 저번에 공통수를 계단단높이(R)를 구하는데 꼭 필요하다고 말씀드렸답니다.
속으로 단높이를 구하는데 쓰는 공통수가 뭐 그리 대단하냐고 생각했었을 수도 있지만 바로 이 공통수가 탑의 모든 숫자를 지배하는 지배숫자가 될 겁니다.

이 지배숫자의 말씀을 잘 들으시면(?) 수족이 아주 편하답니다. 반항하시면(?) 수족 고생을 떠나서 영원히 탑을 풀 수가 없을지도 모른답니다. 우리 모두 이 지배 숫자인 공통수님의 말씀을 잘 들읍시다.

층고는 계단단수와 연관이 있으므로, 지하층층고를 R=0.15 단위로 지하층고를 추정할려면 경우의 수가 너무 많이 나오므로, 간단히 공통수인 C=0.6으로 하거나 계단단수로 2단(0.15x2=0.3)으로 하거나 또는 외부계단이 3단(1층탑은 2단)으로 되어 있으며, 또한 외부계단 계단단수는 짝수이므로 3단외부계단 x0.15(1R)x2(짝수) = 0.9(6R, 1.5C)로도 검토해 보시면 좋답니다.
이 중 제일 간단하면서도 가장 확실한 공통수 C로 지하층층고를 한번 추정해 봅시다.
가장 기본인 0.5단위로 계산해 보면, 0.5C, 1C, 1.5C, 2.0C, 2.5C, 3C …… 등으로 하면 경우의 숫자가 너무 많이 나오므로, 간단히 1.5배수인 1.5C, 3C, 4.5C, 6C …… 이렇게 1.5C단위로 지하층층고를 구해봅시다.

지하층층고가 어느 정도는 되어야 하므로 12C=12x0.6=7.2m부터 계산해 봅시다.

곱수	공통수	지하층층고
12	x C	= 7.2
13.5	x C	= 8.1
15	x C	= 9.0
16.5	x C	= 9.9
@1.5C	C=0.6	@0.9

[표 5] 가능성 있는 지하층 층고들

지하층층고가 될 확률이 있는 높이는 7.2, 8.1, 9, 9.9m 정도가 있네요. 제가 가상기초판 개념에서 이론관측소 기초판두께는 몸통부 기초판두께(지하층고)의 1/3이라고 했으며, 그 반인 1/6이 최상층(9층) 지붕판 두께라고 했을 겁니다. 좌측 4개의 가상지하층고에서 9층 지붕판두께를 구해봅시다.

7.2÷6=1.2, 8.1÷6=1.35, 9÷6=1.5, 9.9÷6=1.65랍니다.
9층 지붕판두께의 경우의 수가 1.2(8R), 1.35(9R), 1.5(10R), 1.65(11R) ……등이 나올 겁니다.
다들 계단단수가 R=0.15로 떨어지네요. 이 중에서 1개를 찾아내어야 한답니다. 다시, 혹시 1층 층고도 공통수 C와 연관이 있을 수 있으니, 1.5C 배수로 한번 계산해 봅시다.

곱수	공통수	1층층고
16.5	x C	= 9.9
18	x C	= 10.8
19.5	x C	= 11.7
21	x C	= 12.6
@1.5C	C=0.6	@0.9

[표 6] 가능성 있는 1층 층고들

아마도 1층층고는 지하층층고와 같거나 높을 확률이 많을 겁니다.

예상 1층층고는 대충 9.9, 10.8, 11.7, 12.6 …… 정도가 나온답니다. 신라탑의 1층층고는 1:2로 나누어 진답니다.
즉, 1이 지붕판 두께이며, 2가 순층고가 된답니다.
바로 1층층고의 1/3이 1층지붕판두께랍니다.

그럼, 예상 1층층고를 3으로 나누어 보면, 9.9÷3=3.3, 10.8÷3=3.6, 11.7÷3=3.9, 12.6÷3=4.2 …… 등으로 4개의 예상 1층지붕판두께인 3.3, 3.6, 3.9, 4.2 …… 가 나온답니다.

지붕판두께는 균등하게 증감한답니다.(동일치수공법) 9층지붕은 1층지붕에서 8개 지붕 위에 있답니다. 즉, 1층지붕 + 8개 = 9층지붕이 된답니다. 지붕판두께는 반드시 계단단높이 R(=0.15)의 배수가 되어야겠죠. 즉, 지붕두께가 1계단씩 증감이 있을시는 0.15(R) x 8지붕차=1.2m의 지붕두께 차이가 날 것이며, 지붕이 2단씩 증감이 있을시는 0.3(2R) x 8 = 2.4m의 지붕두께 차이가 날 것이며, 지붕이 3단씩의 증감이 있을시는 0.45(3R)x8=3.6의 지붕두께차이(1층지붕과 9층지붕의 지붕두께 차이임) 가 날 겁니다.

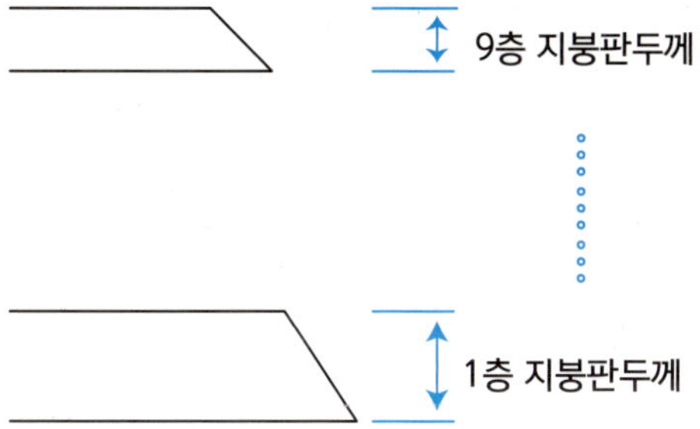

[그림 75] 1층과 9층의 지붕판 두께 개념

이제까지 가정해 본 지붕판두께를 비교해 보시면, 지하층층고에서 구한 9층지붕판 가상두께(1.2, 1.35, 1.5, 1.65)와 1층지붕판 가상두께(3.3, 3.6, 3.9, 4.2)의 차이를 대충 적은 숫자부터 계산해 보면, 3.3(예상 1층지붕두께 중 제일 적은 수) - 1.2(지하층고에서 구한 9층지붕두께 중 제일 적은 수) = 2.1, 3.6 - 1.35 = 2.25, 3.9 - 1.5 = 2.4, 4.2 - 1.65 = 2.55…… 등으로 9층과 1층지붕판 두께차이는 2.1~2.55 정도의 차이가 난답니다. 이 차이는 지붕판두께 증감계수가 2R(2x0.15=0.3)인 0.3(2R) x 8개층 = 2.4인 숫자에 제일 근접한답니다. 그러면 각 지붕판의 지붕판두께 증감계수는 2R(0.3)이라는 걸 추정할 수가 있답니다.

9층지붕판 두께와 1층지붕판 두께 차이를 비교한 것 중에서 2.4m가 차이가 나는 3.9(가상1층지붕판 두께) - 1.5(가상9층지붕판 두께) = 2.4가 정확하게 맞아 떨어진답니다.

그럼, 소속부대를 찾아가 봅시다. 1층지붕판 두께가 3.9이니 1층층고 = 3.9x3 = 11.7m, 지하층층고는 9층지붕판 두께의 6배이니 1.5x6=9m(역으로 하면 9÷6=1.5: 9층지붕판 두께)가 된답니다.

반드시 맞는지를 다시 한번 확인해 봐야만 한답니다.

- 지하층층고 9 ÷ 6 = 1.5로 9층지붕판 두께
- 1층층고 11.7 ÷ 3 = 3.9로 1층지붕판 두께

} 3.9 − 1.5 = 2.4m 차이

2.4 ÷ 8개지붕차 = 0.3(2R). 즉, 지붕판 증감계수 0.3(2R, @0.3)으로 확실히 맞네.

지하층·1층 층고를 알았으니 나머지 층의 층고를 구해볼까요? 어떡하죠! 한 가지를 더 알아야 한답니다. 바로 3층이상 층고의 순층고는 바로 1층지붕판 두께와 동일하다라는 법칙을 하나 더 알아야만이 각 층의 층고 산출이 가능하답니다. 참 애럽죠! 멍하실 겁니다? 아까는 1층지붕판두께가 1층층고의 1/3이라더니만, 방금은 1층지붕판 두께가 3층이상의 각 층의 순층고라 그러네? 외우기 참 애럽다. 층고를 분리해 봅시다.

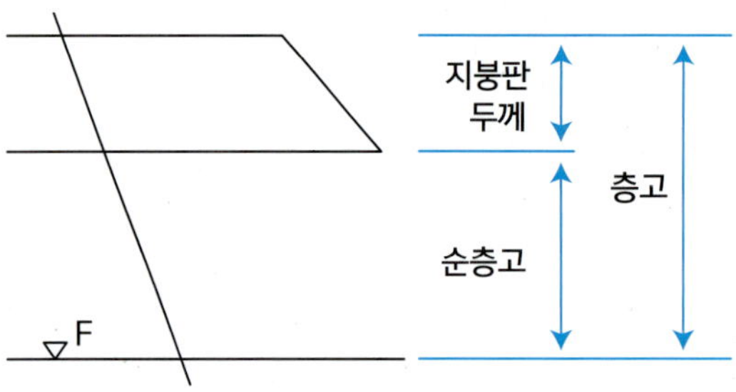

[그림 76] 층고 구성

간단하네요. 지붕판 두께와 순층고로 구성되어 있네요. 싱겁죠. 그런데 말이죠 실제론 층고도 구조가 무지 복잡하답니다.

중2층, 중3층이 존재하기 때문이랍니다.

중2층·중3층 분석법에서 다시 한번 말씀드리겠습니다.

9층 순층고가 1층지붕판 두께니까 9층층고는 1.5(지붕판 두께) + 3.9(순층고, 1층 지붕판 두께) = 5.4m.

뭐 이리 쉽죠!

알건 다 알았으니 이제 9층탑의 몸통부의 각 층 층고를 구해 봅시다.

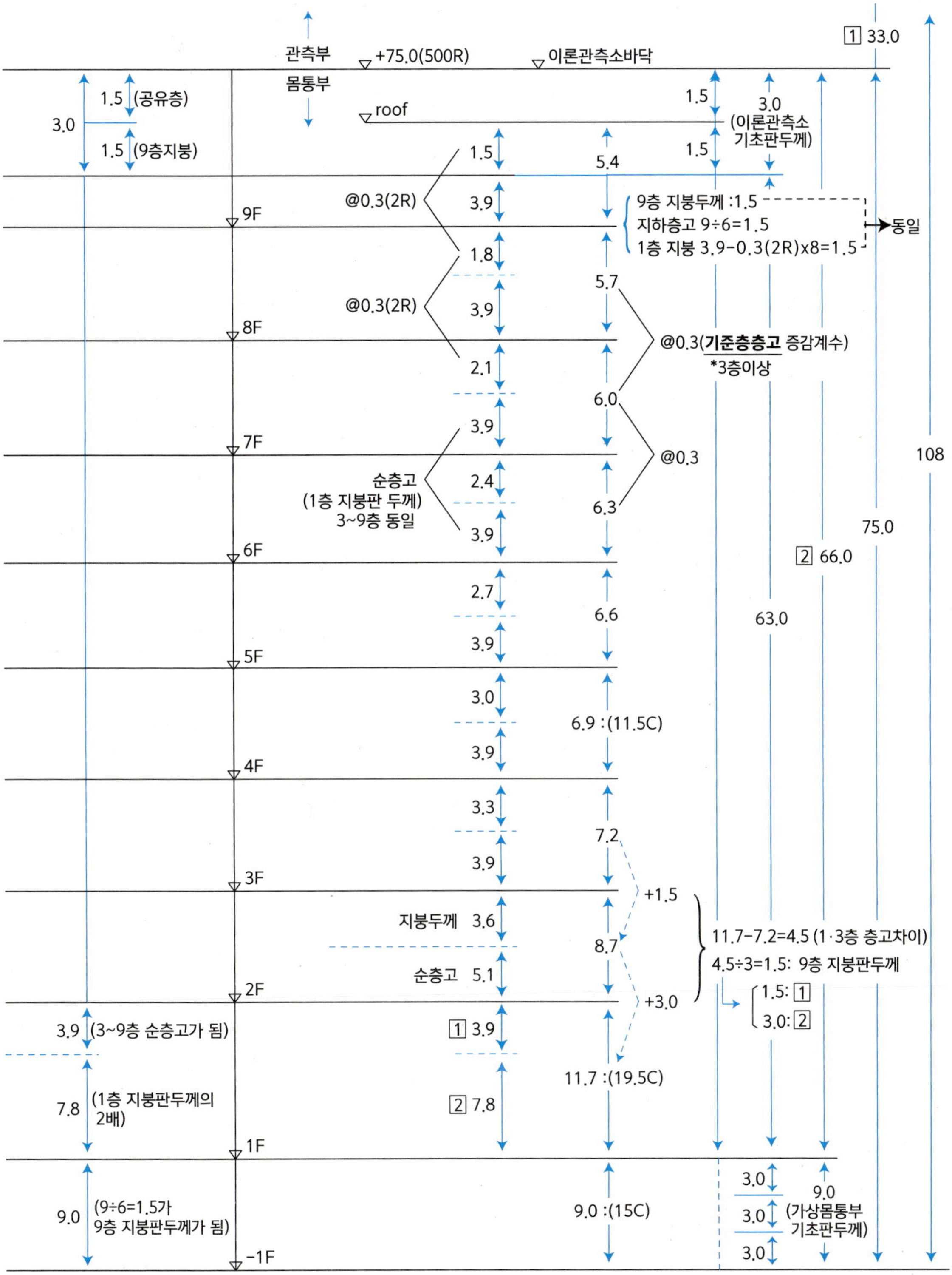

[그림 77] 9층탑 몸통부 층고개념

Notes
1. C=공통수(0.6), @:증감표시
2. 1:2: 비율표시 1:2를 의미
3. 지붕판을 0.3(2R)으로 나누면 5, 6, 7, 8, 9, 10, 11, 12, 13 이 됨
9층 지붕 1층 지붕

참고로, 지붕판 두께를 0.3(2R)으로 나누어 보면,

$$\begin{cases} 1.5 \div 0.3 = 5\ (9\text{층 지붕}) \\ \vdots \qquad\qquad \wr \\ 3.9 \div 0.3 = 13(1\text{층 지붕}) \end{cases}$$

희한하게도 5, 6, 7, 8, 9, 10, 11, 12, 13이라는 묘한 정수가 나올 겁니다. 이 묘한 숫자가 지붕판을 푸는데 일조를 할 겁니다.

몸통부높이가 맞는지 확인해 봐야죠. 몸통부높이 H=75m÷계단단높이(R)0.15=500단,

희한하게도 계단단수 끝수가 0이 2개나 있네요. 아마! 맞을 확률이 높은가 봅니다.

이 몸통부높이 75m만 가지고는 탑높이가 108m가 맞는지 틀렸는지는 알 수가 없답니다.

반드시 관측부높이도 알아서 서로 합쳐서 아무런 문제가 없어야 탑높이가 맞을 확률이 무척이나 높답니다. 몸통부 상부에 공유층이라는게 있는데, 이 놈의 공유층이 무지 헷갈린답니다. 소속은 몸통부소속인데, 건방진(?) 관측부놈이 실제로 사용하고 있답니다. 석탑은 더 헷갈린답니다.

공유층 자체가 있는건지 없는건지 조차도 헷갈리게 되어 있답니다. 말 그대로 이 공유층의 계단단 높이는 몸통부단높이도 충족시켜야 되며 관측부단높이도 충족시켜야만 된답니다.

즉, 필요충족 조건을 다 만족시켜야만 한답니다. 9층탑의 예를 들면 뜬기둥기초판에서 관측소바닥 높이까지가 1.05m가 된답니다. 즉, 공유층 1.5m 높이 중에서 실제로는 1.05m를 사용한답니다.

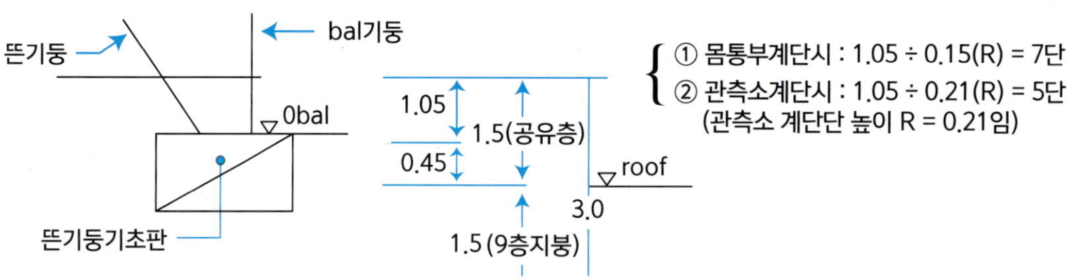

[그림 78] 실제 공유층높이 1.05

양쪽 단높이(R=0.15, 0.21)를 충족시키는 숫자는 1.05가 될 겁니다.

사실은, 9층탑 몸통부층고는 미리 다 알고 풀다 보니 별로 재미가 없네요.

모든 건 모르는 상태에서 풀어야 재미가 있는데!

(2) 7층탑 몸통부 층고

그럼, 전혀 모르는 7층탑의 몸통부높이와 각 층 층고를 알아봅시다.

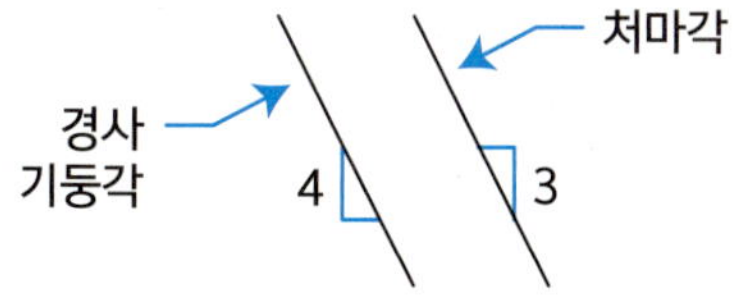

기본수 B = ⊿3 x⊿4 = 12
공통수 C = 12 x 3 = 36
계단단높이 R = 36 ÷ 2 = 18. 18cm네!

[그림 79] 7층탑 몸통부 경사각

9층탑의 지하층높이(9m)와 1층층고(11.7)를 알았으니, 상식적으로 7층탑층고는 9층탑과 같거나 약간이라도 낮을 확률이 높을 겁니다.

곱수	공통수	예상지하층고	계단단수
25.5	x C	= 9.18	51R
24	x C	= 8.64	48R
22.5	x C	= 8.1	45R
@1.5C	C=0.36	@0.54	@3R

[표 7] 7층탑 예상 지하층고

9층탑보다도 높을 수도 있다고요? 글쎄요! 이론적으로는 0.5C, 1C, 1.5C, 2C, 2.5C, 3C …… 로 하는 것이 맞으나 9층탑과 마찬가지로 간단하게 증감치수로 1.5C를 적용해서 9층탑지하층높이(9m)에 제일 근접한 지하층높이를 찾아봅시다.

예상 지하층고가 9.18은 너무 높고, 8.1m는 너무 낮으니 예상지하층층고는 일단 8.64로 합시다. 그럼 가상관측소기초판 두께는 8.64÷3=2.88, 자동으로 그 반인 2.88÷2= 1.44가 7층지붕 두께가 된답니다. 너무 자동이라 싱겁답니다. 예상지하층고 계산시 나온 계단단수는 반드시 짝수라야 되며 이 단수를 3으로 나누어도(1층 탑은 2) 반드시 짝수가 나와야 된답니다.

보시면 지하층고 8.64는 48단으로 짝수이며 48단÷3=16단으로 이것 또한 짝수로 정확하게 맞네요.

위 표의 예상지하층고에서 계단단수가 51단, 45단은 홀수라서 자격미달이랍니다?

이젠, 1층층고도 대충 파악해야죠. 9층탑 1층층고(11.7) 보다 쪼께 적은 놈을 찾으면 맞을 확률이 높아질 겁니다.

크게 H = 11.34, 10.8, 10.26 이렇게 3가지 정도가 나오네요.

곱수	공통수	예상1층층고	계단단수
31.5	x C	= 11.34	63R
30	x C	= 10.8	60R
28.5	x C	= 10.26	57R
@1.5C	C=0.36	@0.54	@3R

[표 8] 7층탑 예상 1층층고

이것을 가지고 1층지붕판 두께를 계산해 봅시다.

1층층고를 3으로 나누면, 1층지붕 두께가 되겠죠.

- H = 11.34 ÷3 = 3.78
- H = 10.8 ÷ 3 = 3.6
- H = 10.26 ÷ 3 = 3.42

} 이렇게 나온답니다.

지하층층고(8.64m) 자체는 모든 조건(짝수조건)을 충족시켰으니 7층 지붕두께는 8.64÷6=1.44가 나오며 맞을 확률이 높답니다. 이제 1층지붕판 두께와의 차이를 보실까요.

예상1층 층고	1층 지붕두께	7층 지붕두께	7층과 1층 지붕두께차이	나눔수 (지붕개수차이)	지붕두께 증감계수	비 고
11.34÷3	3.78	1.44	2.34	6	0.39	
10.8	3.6	1.44	2.16	6	0.36	2R : 당첨
10.26	3.42	1.44	1.98	6	0.33	
@0.54	@0.18	동일	@0.18	동일	@0.03	

[표 9] 7층탑의 지붕두께 증감계수

1층지붕과 7층지붕의 지붕개수 차이는 6개랍니다.

이 6이라는 숫자로 1층과 7층지붕 두께 차이를 나누어 봅시다

- **1층 층고 11.34시 : 2.34 ÷ 6 = 0.39**
- **1층 층고 10.80시 : 2.16 ÷ 6 = 0.36**
- **1층 층고 10.26시 : 1.98 ÷ 6 = 0.33**

} 이 나온답니다.

지붕판 두께 증감계수는 반드시 단높이로 나누어져야 된답니다.

단높이가 R = 0.18이니 해당되는 놈은 2R = 0.36으로 단 한놈 밖에 없네요. 바로 1층 층고 10.8만이 조건을 충족시켜 주네요.

이제 다 풀어 버렸네요. 7층지붕판 두께 1.44, 1층층고 10.8, 1층지붕판 두께 = 10.8÷3=3.6이니

7층층고 = 1.44(7층지붕 두께) + 3.6(순층고=1층지붕 두께) = 5.04네

이제 그림만 그리면 7층탑 층고는 자동종결!

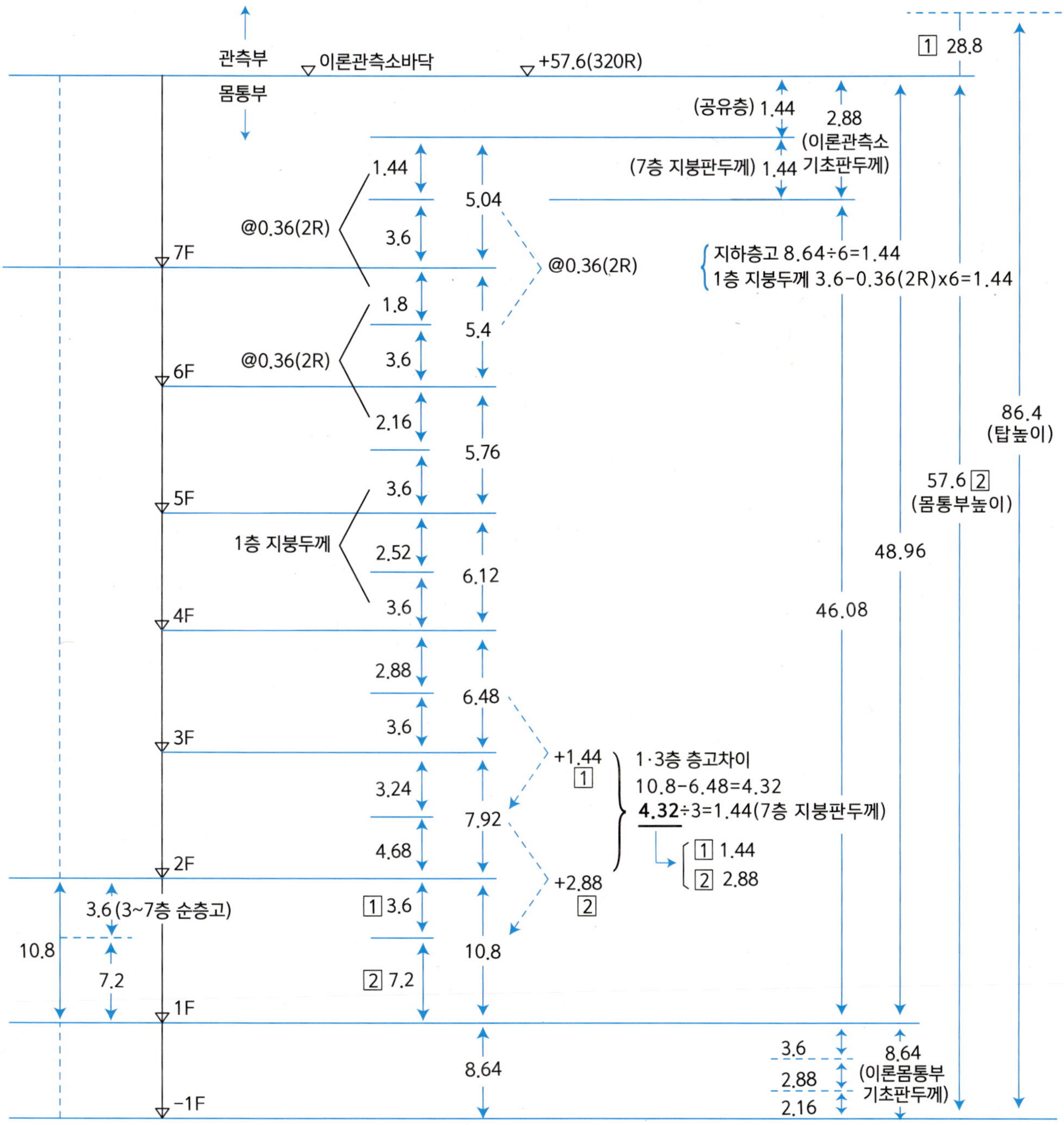

[그림 80] 7층탑 층고개념

이 1·3층층고 차이의 1/3인 1.44를 자세히 보시면 최상층(7층) 지붕판 두께와 동일하답니다. 희한하죠. 몸통부높이는 이론관측소 기초판높이까지랍니다. 즉, 공유층까지 높이가 몸통부높이랍니다. 착각하지 마이소. 층고가 무지 어려운 줄 알았는디 너무 쉽네요.

(3) 5층탑 몸통부 층고

5층탑 몸통부높이와 각 층 층고도 풀어봅시다. 이제는 스스로 풀 수 있는 경지까지 오셨을 겁니다. 뭐부터 해야죠? 공통수부터 구해야 할 겁니다.

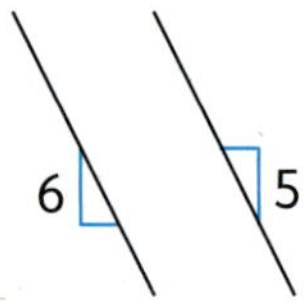

기본수 B = ⊿6 x⊿5 = 30
공통수 C = 30 x 3 = 90
계단단 높이 R = 90 ÷ 6 = 15

[그림 81] 5층탑 몸통부 경사각

먼저 지하층고부터 구해보면, 9층탑 지하층고(9.0), 7층탑 지하층고(8.64)이니 요고보다 쪼께 낮을 확률이 높답니다. 계단단수가 홀수단인 63단, 45단은 해당사항이 원초적으로 없답니다. 짝수단인 54단을 3단으로 나누면 54÷3=18단. 이것도 짝수네. 맞긴 맞는 모양이로구나. 왜 3단으로 나누는지는 아실 겁니다. 외부계단이 3단이기 때문이며, 외부계단의 모든 단의 단수는 반드시 짝수라야 하기 때문이랍니다. 그러면, 지하층고가 8.1이므로 자동으로 관측소기초판 두께는 8.1÷3=2.7이며, 5층지붕판 두께는 2.7의 반인 2.7÷2=1.35가 됩니다. 계산기 두드릴 일도 없네요?

곱수	공통수	예상지하층고	계단단수
10.5	x C	= 9.45	63단
9	x C	= 8.1	54단
7.5	x C	= 6.75	45단
@1.5C	C=0.9	@1.35	@9단

[표 10] 5층탑 지하층고

1층 층고도 같은 방법으로 구해 봅시다. 대충 3가지가 나오네요.

곱수	공통수	예상1층층고	계단단수
12	x C	= 10.8	72단
10.5	x C	= 9.45	63단
9	x C	= 8.1	54단
@1.5C	C=0.9	@1.35	@9단

[표 11] 5층탑 1층층고

예상1층층고는 3가지로 1층지붕판 두께를 먼저 구해 보면,

- 1층층고 10.8시 : 10.8 ÷ 3 = 3.6
- 1층층고 9.45시 : 9.45 ÷ 3 = 3.15
- 1층층고 8.1시 : 8.1 ÷ 3 = 2.7

} 예상1층 지붕두께들

1층지붕과 5층지붕의 두께차이를 보면,

1층 지붕판두께 3.6시 : 3.6 − 1.35(5층 지붕두께) = 2.25
1층 지붕판두께 3.15시 : 3.15 − 1.35(5층 지붕두께) = 1.8
1층 지붕판두께 2.7시 : 2.7 − 1.35(5층 지붕두께) = 1.35

1층지붕과 5층지붕의 지붕개수 차이는 4 지붕이 되므로 각 지붕판두께 차이를 4로 나누어 봅시다.
(지붕판증감계수를 구하기 위해)

- 2.25 ÷ 4지붕 = 0.5625 = 3.75R
- 1.8 ÷ 4지붕 = 0.45 = 3R
- 1.35 ÷ 4지붕 = 0.3375 = 2.25R

} 이 나온답니다.

지붕판증감계수가 3R(0.45)인 1층층고9.45가 볼 것도 없이 정확히 맞네요.

그러면, 5층층고는 1.35(5층지붕판두께) + 3.15(순층고 = 1층지붕판두께) = 4.5

더 푸실 것이 있습니까?

지붕판증감계수를 보면 9층탑은 2R(0.3), 7층탑도 2R(0.36), 5층탑은 3R(0.45), 3층탑도 3R(0.63)이 될 겁니다. 즉, 지붕판두께증감계수는 2R이나 3R 중 하나네요. 이 5층탑 1층층고가 특이한 것은 다른 탑들은 다 짝수단이 나오는데, 이 놈의 5층탑만은 9.45÷0.15=63단으로 홀수단이 나온답니다. 5개 탑을 푸시다 보면 꼭 반항(?)하는 한두놈이 가끔 있답니다. 이제 그림만 그리면 자동으로 5층탑 몸통부층고가 나올겁니다.

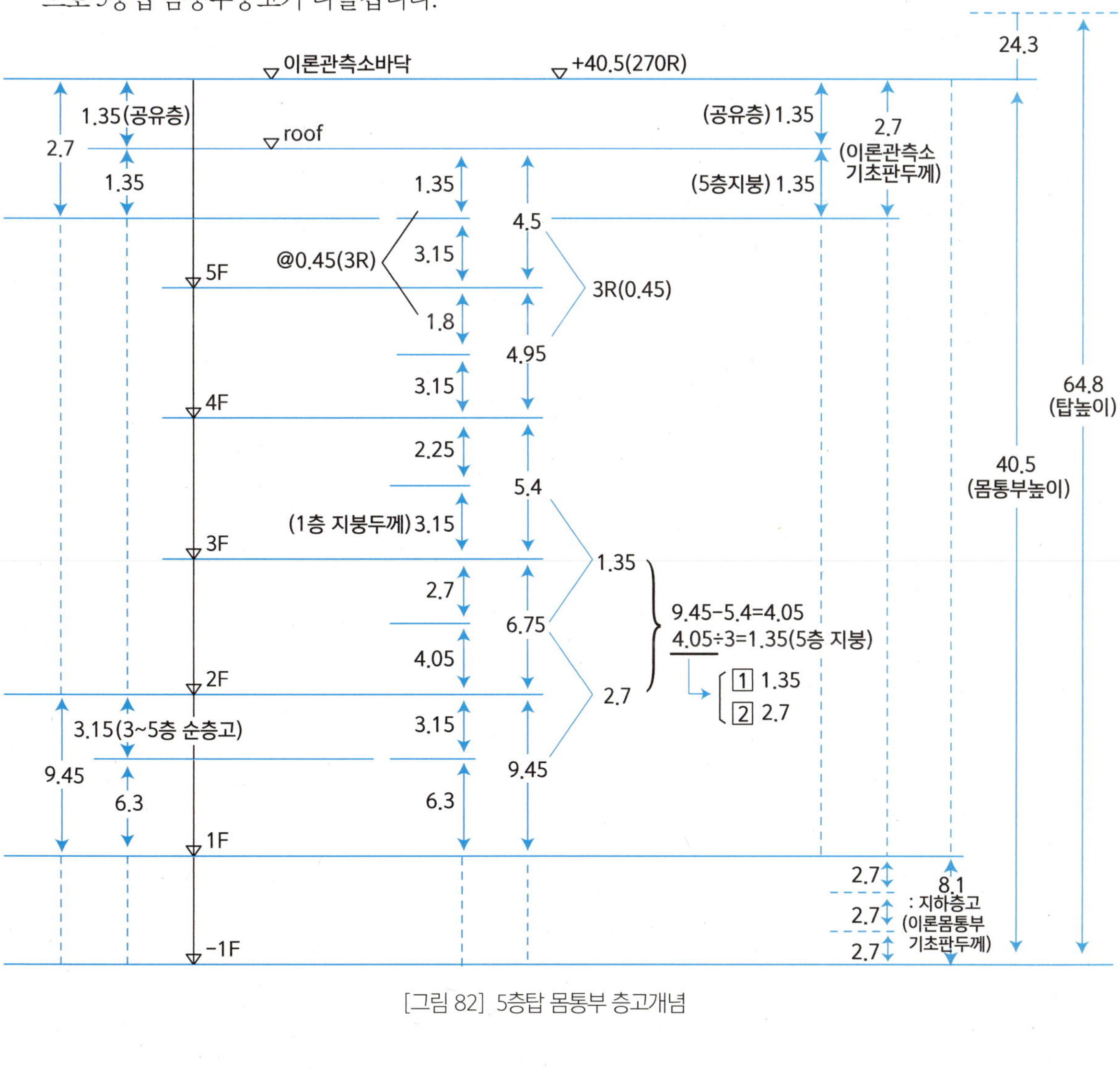

[그림 82] 5층탑 몸통부 층고개념

(4) 3층탑 몸통부 층고

이제 3층탑 몸통부층고를 알아봅시다. 이젠 눈감고도 푸실 수 있으실 겁니다. 아무리 그러셔도 눈은 뜨고 푸세요!

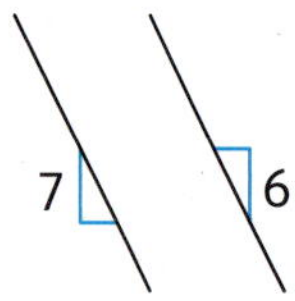

기본수 B = ⊿6 x⊿7 = 42
공통수 C = 42 x 3 = 126
계단단 높이 R = 126 ÷ 6 = 21

[그림 83] 3층탑 몸통부 경사각

곱수	공통수	예상지하층고	계단단수
7.5	x C	= 9.45	45단
6	x C	= 7.56	36단
4.5	x C	= 5.67	27단
@1.5C	C=1.26	@1.89	@9단

[표 12] 3층탑 지하층고

예상지하층고를 구해봅시다. 지하층층고는 짝수단이며, 3으로 나누어도 짝수단이 나와야 하므로 볼 필요도 없이 지하층고는 7.56이네요. 36단÷3=12단 짝수단이랍니다. 왜 지하층고는 3으로 나누어도 짝수단이 되어야 할까요? 1층 외부진입계단을 보시면 3단으로 되어 있답니다. 어떻게 아냐구요? 어떡하죠! 사실 저도 한번도 본 적이 없답니다. 그렇다면? 제가 속이고 있는 걸까요? 제가 그리도 속지 마시라고 그랬는데도 계속 속고 계시네요? 흔적이 어딘가에 분명히 있을 겁니다. 보신 적이 계신가요? 아마 수도 없이 많이 보셨을 겁니다. 다만 인지하지 못했을 뿐이겠죠? 바로 불국사 대웅전으로 가실려면 반드시(?) 통과하셔야 할 진입계단이 있을 겁니다. 청운교라 하는지 백운교라고 하는지는 잘은 모르겠지만(?) 바로 이 불국사 대웅전진입계단이 신라탑의 외부진입계단을 그대로 옮겨 놓은 거랍니다. 자세히 보시면? 앗! 실수? 대충 보셔도 3단으로 되어 있을 겁니다. 처음 아셨죠. 다음부터는 다시는 속지 마이소? 그래도 아마 또 속으실 확률이 무척 높을 겁니다.

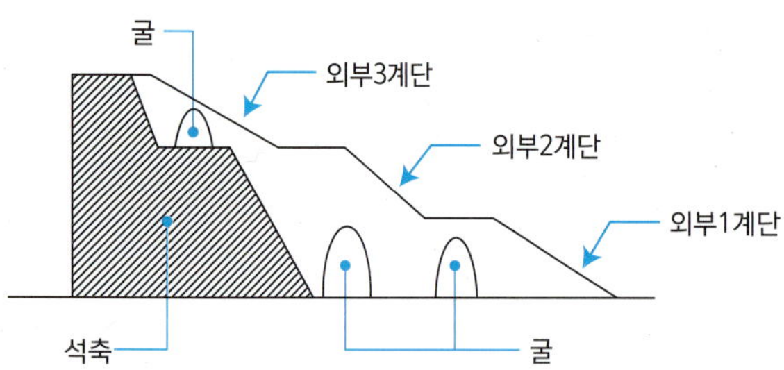

[그림 84] 1층진입 외부계단 개념도

이 외부계단은 외부1계단, 외부2계단, 외부3계단으로 되어 있으며, 각 계단의 단수는 반드시 짝수단수가 되어야 한답니다. 이유는 아주 간단하답니다. 계단난간기둥이 2단마다 있으므로 짝수단만이 외부계단 난간기둥폭이 동일하게 맞아 떨어진답니다. 궁금하시면 한번 그려 보이소. 3층탑 지하층고가 7.56이므로 이론관측소기초판 두께는 7.56 ÷ 3 = 2.52이며, 그 반인 2.52 ÷ 2 = 1.26이 3층지붕두께가 될 겁니다. 1층층고도 구해봅시다.

곱수	공통수	예상1층층고	계단단수
7.5	x C	= 9.45	45단
6	x C	= 7.56	36단
4.5	x C	= 5.67	27단
@1.5C	C=1.26	@1.89	@9단

[표 13] 3층탑 1층층고

직감적으로 1층층고에 가장 적합한 높이는 7.56m일 겁니다. 1층층고 7.56÷3=2.52m로 1층지붕 두께는 2.52m일 겁니다.
1층과 3층의 지붕두께차이는
2.52-1.26=1.26이네요.

1층과 3층의 지붕개수 차이는 3-1=2개네요.
지붕판 두께 차이 1.26÷2지붕 = 0.63 = 3R 즉, 3단(0.63) 증감계수네요.
그럼, 직감적으로 생각해 본 1층층고가 7.56이 맞는 모양입니다.
3층층고 = 1.26+2.52= 3.78. 그림만 그려보면 되겠죠.

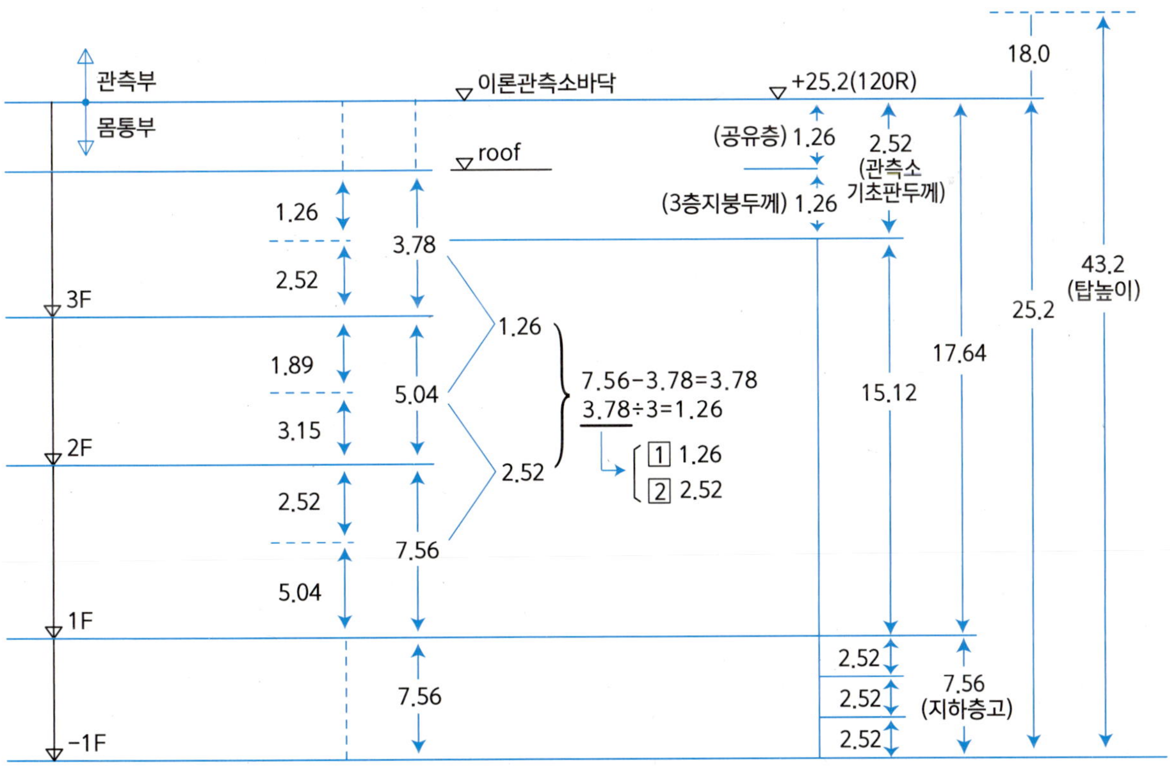

[그림 85] 3층탑 몸통부 층고개념

(5) 1층탑 몸통부 층고

마지막으로 1층탑 몸통부 층고를 봅시다.

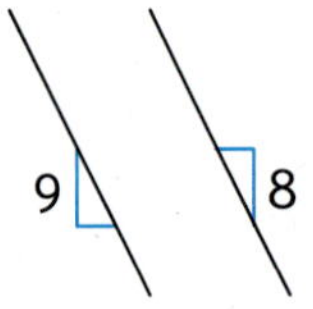

기본수 B = ⊿9 x ⊿8 = 72
공통수 C = 72 x 3 = 216
단높이 R = 216 ÷ 12 = 18

[그림 86] 1층탑 몸통부 경사각

이 1층탑의 공통수는 숫자가 너무 크답니다. 0.5C단위로 2C, 2.5C, 3C로 할 겁니다. 먼저 지하층층고부터 봅시다. 2개층밖에 안되니 이왕이면 1층층고도 같이 봅시다.

곱수	공통수	예상층고	계단단수
3	x C	= 6.48	36단
2.5	x C	= 5.4	30단
2	x C	= 4.32	24단
@0.5C	C=2.16	@1.08	@6단

[표 14] 1층탑 층고

먼저 지하층층고부터 보면, 5.4, 4.32 두 개 정도가 해당되고 둘다 짝수계단이네요. 그럼, 2로 나누어 봐야 한답니다.(1층탑 외부진입계단은 2단구조임)

30R ÷ 2 = 15단 : 홀수 → 자격미달?
24R ÷ 2 = 12단 : 짝수. 하! 이 놈이 맞는가 보다.

그럼 지하층층고는 4.32가 된답니다. 최상층층고도 없이(?) 그냥 1층층고만 있답니다. 1층층고는 도표에서 보듯이 6.48이 될 확률이 높답니다. 저는 1층탑만 나오면 헷갈리기 시작한답니다. 1층지붕이 최상층지붕일까요? 아님 그냥 1층지붕일까요? 아니면 최상층지붕이면서 1층지붕일까요? 엄밀히 말씀드리자면 1층지붕이 맞을 확률이 제일 높답니다. 즉, 최상층지붕은 아니랍니다.
이 1층탑은 그냥 1층탑이긴 하지만, 순수이론으로는 3층탑 개념을 은근히 갖고 있다고 보시면 이해하기가 쉽답니다. 그냥 3층탑인데 2·3층은 스스로 없어졌다고 생각하시면 헷갈림이 덜 할 겁니다.
이해하시기가 더 헷갈리실 겁니다.

다음을 유심히 보십시오. 3등분법기준이랍니다. 제가 이론관측소 바닥판 두께는 가상몸통부기초판(지하층고)의 1/3이라고 했을 겁니다. 기억하시고 계시지요? 지하층층고가 4.32니까 가상관측소바닥두께는 4.32÷3=1.44이며, 그 반인 0.72가 최상층(1층탑의 가상최상층인 3층지붕)지붕판 두께가 될 겁니다.

가상3층 지붕두께 : 0.72 〉 0.72(4R)
가상2층 지붕두께 : 1.44 〉 0.72(4R)
실제1층 지붕두께 : 2.16

좌측을 보시면 가상2층지붕 두께는 1.44가 되며 가상지붕판 두께증감계수는 0.72(4R)가 된답니다.

비록 가상이지만 1층탑의 지붕두께증감계수는 0.72(4R)가 된답니다.

잘 보셨듯이 비록 1층탑이지만, 1층상부에 가상의 2·3층이라는 2개의 가상층이 더 있다고 인지하시면, 이 1층탑 개념을 쉽게 이해하실 수 있답니다. 만약 1층지붕이 최상층지붕이라면, 1층층고는 0.72x3=2.16이 될 겁니다. 너무 낮죠.

∴ 1층탑의 1층은 최상층이 아니라 그냥 단순히 1층일 뿐이랍니다.

혹시 이해하셨는지요? 제가 말씀을 드리기는 했지만, 저도 헷갈리기는 마찬가지랍니다.
방금 전은 3등분법기준으로 말씀드린 거랍니다. 1층탑의 외부진입계단이 2단이므로 2등분법으로도 한번 분석해 보셔야죠.

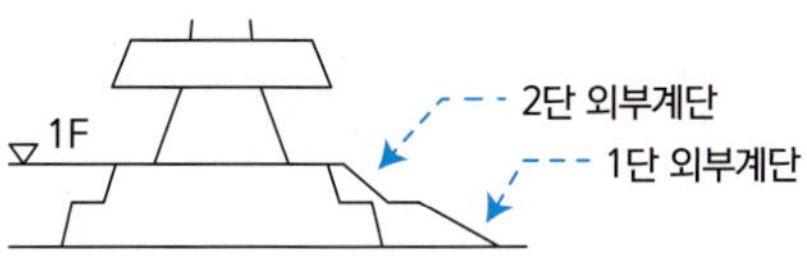

[그림 87] 1층탑 외부계단

1층탑은 보시다시피 1층진입외부계단이 2단이랍니다.
그래서 2등분법으로도 검토를 해보셔야 한답니다.
유일하게 1층탑만이 2단외부계단이네요.
이유는 1층탑 지하층고가 낮아서일 겁니다.

2등분법의 개념도를 그려 보실까요.

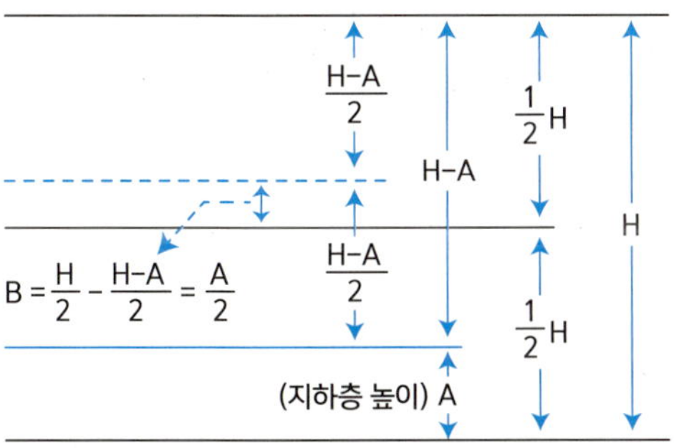

[그림 88] 2등분법의 개념도

H : 건물 높이
A : 지하층 높이(몸통부 기초판)
B : 가상관측소 기초판 두께

$$B = \frac{1}{2}H - \frac{H-A}{2} = \frac{H-H+A}{2} = \frac{A}{2}$$

가상관측소 기초판두께가 $\frac{A}{2}$ 랍니다. $\frac{A}{2} = \frac{4.32}{2} = 2.16$ 이네요.

이론에 근거하면 이 가상관측소 기초판두께의 반인 2.16÷2=1.08이 최상층지붕판두께(가상3층 지붕두께)가 되며 반인 1.08이 공유층이 되어야 된답니다. 그런데, 1층탑은 묘하게도 그 위에 상부층이 없답니다.

그래도 3층탑이라고 가상을 하면,

- 가상3층 지붕판두께 : 1.08 (2.16 ÷ 2 = 1.08) → 0.54(3R)
- 가상2층 지붕판두께 : 1.62 → 0.54(3R)
- 실제1층 지붕판두께 : 2.16

보시듯이 가상3층 지붕두께가 1.08이 되며, 지붕판두께증감계수 @0.54로 3R이 된답니다.

실제로 가상2·3층은 없으므로 가상관측소기초판 두께인 2.16이 그냥 1층지붕 두께가 되며, 1층지붕이 최상층지붕이 아니므로 1층지붕에는 1층지붕만 있고, 이론적으로 있어야 할 공유층은 발생이 되지를 않는답니다.
맞나? 제가 얘기해 놓고도 제가 더 헷갈리는 1층탑지붕이랍니다. 하여튼 1층탑에는 묘하게도 1층몸통부와 관측소가 공유해야 할 공유층이 없네요. 어쩌면 1층탑은 2등분법이 더 합리적일 것 같답니다.
이유는 외부계단이 2단계단이기 때문일 겁니다. 등분법이 외부계단 따라가나... 하! 헷갈리네?

이젠 1층탑 층고개념을 보셔야죠.

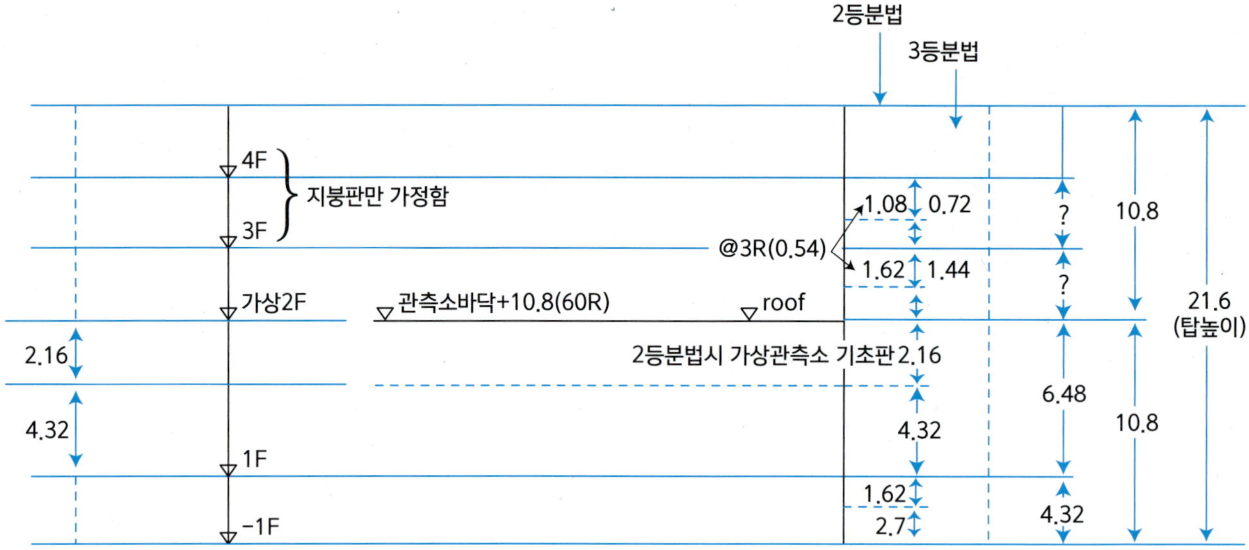

[그림 89] 1층탑 층고

• Notes
1. 2·3층은 가상이므로 가상지붕판두께만 표시함.
2. 2등분법으로 계산하면, 1층지붕두께 2.16은 가상관측소기초판두께가 됨. (외부계단이 2단임)

각 탑 몸통부층고를 알았으니, 각 탑 최상층과 1층의 지붕판두께와 순층고를 비교해 봅시다.
항상 계산을 하고 나시면 간이점검이라도 반드시 해 보셔야 한답니다.
비교표를 만들어 보시고 마음에 드시면 맞을 확률이 높은데, 뭔가가 마음에 차지 않으시면 반드시 한번 더 점검해 보시는 것이 올바른 길이 될 겁니다.

구분		9층탑	7층탑	5층탑	3층탑	1층탑	비고
최상층	지붕판두께	1.5	1.44	1.35	1.26	-	
	순층고	3.9	3.6	3.15	2.52	-	*동일 (1층탑 제외)
1층	지붕판두께	3.9	3.6	3.15	2.52	2.16	
	순층고	7.8	7.2	6.3	5.04	4.32	
지하층	높이	9.0	8.64	8.1	7.56	4.32	*3층탑과 1층탑의 층고차이가 많이 남
계단단높이(R)		R=0.15	R=0.18	R=0.15	R=0.21	R=0.18	*3층탑의 R이 0.21인데 R=0.18도 가능은 하나 R=0.21로 함

[표 15] 각 탑 1층과 최상층층고 비교표

어떤 것을 풀다가 비교대상이 있을 시 반드시 그 치수들을 비교해 보시면 잘못이 있을 경우 한 눈에 어느 정도는 알 수가 있답니다. 상기 비교표를 보시면 똑같은 치수변화는 아닐지라도 높이가 낮은 탑이 치수에 반기(?)를 드는 놈이 없을 겁니다. 제일 많은 치수변화가 보이는 1층탑 지하층고가 유별나게 눈에 띄지마는, 이 현상은 1층탑의 1층외부계단이 2단계단을 의미한다는 걸 인지하시면 되겠습니다.

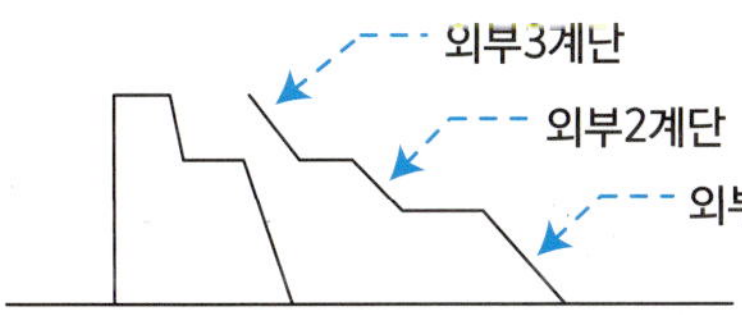

[그림 90] 3~9층탑 외부계단:3단

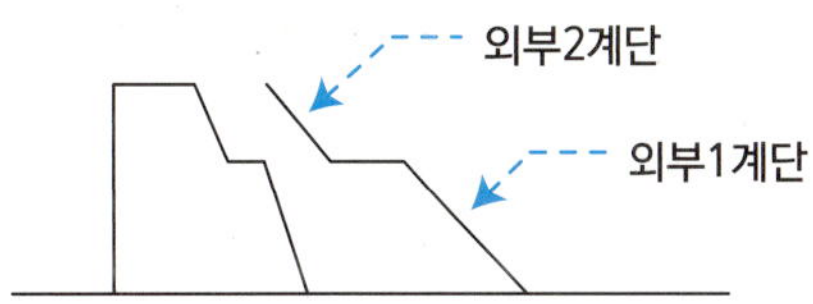

[그림 91] 1층탑 외부계단:2단

신라탑이 재미있는 건, 지 홀로 탑일시는 비교대상이 없어서 맞는지 틀렸는지를 비교할 수가 없는데 반해서 여러 탑이 존재하므로 서로 비교가 가능하여 탑풀이가 훨씬 쉬우며 맞을 확률을 높여 준답니다.

이제까지 풀어 본 층고알아보기는 쉬웠나요? 어려웠나요? 그냥 그러시다고요? 맞습니다.
신라탑은 풀어야 할 것들이 너무나도 많은데 이 층고 알아내기는 가장 쉬운 축에 든답니다. 비록 풀기가 쉬울 뿐이지만, 이 층고를 풀어내었으므로 거의 반 정도는 푼 것이랍니다. 탑부피의 거의 70~80% 정도를 푼 것이거들랑요! 그런데, 방심은 금물이랍니데이, 이 층고 안에는 수 많은 비밀이 숨겨져 있답니다. 간단히, 1층이 1개층 일까요? 현재까지는 1개층일 겁니다. 분개해 보시면 1층이 무려 3개층으로 분개가 된답니다. 거기다 기둥도 무지무지 많은데다가 계단은 너무너무 복잡하답니다. 동선도 당연히 복잡다단하답니다. 창문은 몇 개 인지조차도 잘 모르기도 하지만 하도 많아 세기도 힘든답니다.
걱정하지 마십시오. 하나하나씩 풀다 보면 반드시 다 정복이 가능하답니다.

9. 관측소

이 관측소가 왜 신라탑 꼭대기에 존재했었는지는 정확히는 알 수 없지만 너무너무 신기하답니다. 이 관측소가 있음으로 단순히 사용공간이 몸통부에만 있는 것보다는 건물 모양새가 훨씬 더 짜임새가 있답니다. 아직도 이 관측소를 왜 설치했는지를 아무리 생각을 해봐도 정확히는 알 수가 없답니다. 또한, 관측소의 정확한 용도도 현재까지 잘 모르겠답니다. 단순히 관측용도? 뭘 관측했을까요? 별관측, 혜성관측 아님, 초신성관측? 혹시, 다른 용도는 없었을까요? 현재와 같은 소방서개념 아님, 군사적 용도인 봉수대의 불이나 연기관측……? 혹시 아실 수 있으신 분 한 수 알으켜 주이소? 순수 제 개인생각으로는 어느 한 가지가 아닌 천체관측, 소방서, 군사용도, 날씨관측 등 다목적용도가 아니었을까 하는 생각이 제일 많이 든답니다. 자기착각?

이 관측소는 일반목탑(관공서)인 1~9층탑에 있답니다.

물론 일반목탑인 첨성대도 용도는 쪼께 애매하기는 하지만 건물 자체는 2관측소를 기본으로 지어졌답니다. 유일하게 일반목탑인 석굴암은 종교용도라서 그런지 관측소는 없답니다. 석굴암이 관측소가 없어서 그랬는지 순수이론높이(21.6)보다 5.4m가 낮아졌네요?

물론, 종교용도인 사찰목탑과 석탑에는 당연히 관측소가 없을 것입니다. 근데, 희한하게도 종교용도인 석탑 중에서 유일하게 관측소가 있는 목탑형석탑인 다보탑 1층석탑에는 2관측소가 있답니다.

다보탑 1층 위에 왜 관측소를 설치했는지는 아직도 미지수랍니다. 아니 영원히 미지수로 남을지도 모른답니다. 혹시 다보탑에 올라가서 관측을 했을까요? 관측소의 용도는 잘은 모르겠지만, 이 관측소를 구석구석까지 풀 수는 있답니다. 몸통부층고 풀기보다는 쪼께 더 헷갈리시니 정신을 조금 더 바짝 차리셔야 할 겁니다.

어쩌면 진짜 속는 느낌이 들지도 모르거들랑요! 관측소 개념을 정확히 아셔야만이 관측소의 높이도 계산해 내실 수가 있을 겁니다.

(1) 관측소 경사기둥

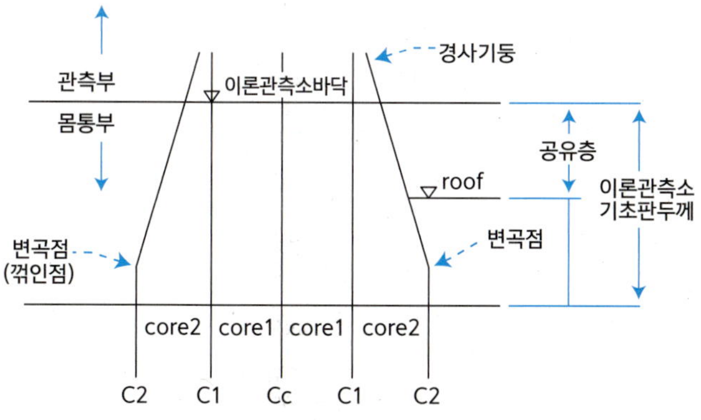

[그림 92] 1관측소 경사기둥 개념

좌측 그림을 보시면, 중심기둥(Cc)과 C1기둥은 수직으로 올라가는데 비해서 관측소 외부기둥인 경사기둥은 C2기둥의 어느 지점인지는 모르겠으나 꺾여(변곡점:꺽임점) 올라가면서 관측부를 형성하게 된답니다.

도대체 C2기둥의 어느 지점에서 꺾일까요. 그냥 대충 잡아서 꺽자고요? 고로케는 안될 겁니다. 신라 건축기사분들은 보통 영리한 기사분이 아닙니데이, 아마 대낮에 눈 빠이 뜨고 있어도 코베어 갈지도 모르는 아지아들이랍니다. 혹시 꺾이는 점을 알아내실 수 있으신 분 손 한번 들어 보이소? 간단하답니다. 풀면 된답니다. 아니! 풀고야 말리라. 자! 변곡점 부위를 좀 더 확대해 봅시다. 어디서 꺾으면 좋은지 또한 경시각은 도통 몇 각으로 하면 가장 합리적인지 같이 알아봅니다. 9층탑의 1관측소변곡점부터 알아봅시데이! 특별한 표기가 없으면 관측소는 1관측소를 의미할 겁니다.

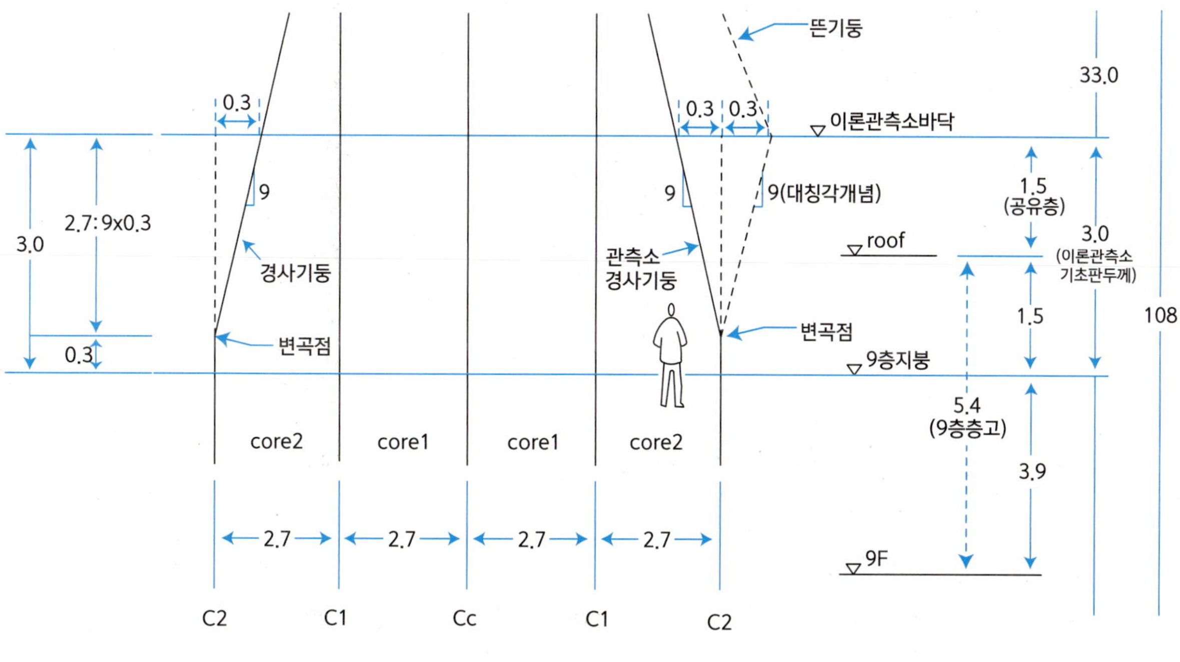

[그림 93] 9층탑 관측소 경사기둥 꺾임점

전에 말씀드렸듯이 관측소 순수이론기초판 두께(개념임. 실제는 기초판이 아님)는 가상몸통부기초판 두께(지하층고)의 1/3이라고 했을 겁니다. 기억이 나실 겁니다. 9÷3=3. 이 3m가 바로 관측소기초판 두께랍니다. 반인 1.5는 공유층이 되며, 나머지 반인 1.5는 9층지붕 두께가 된답니다.

관측소경사기둥만 분리해 봅시다.
자세히 보시면, 이론관측소기초판 두께에 2개의 근입장이 발생된답니다.

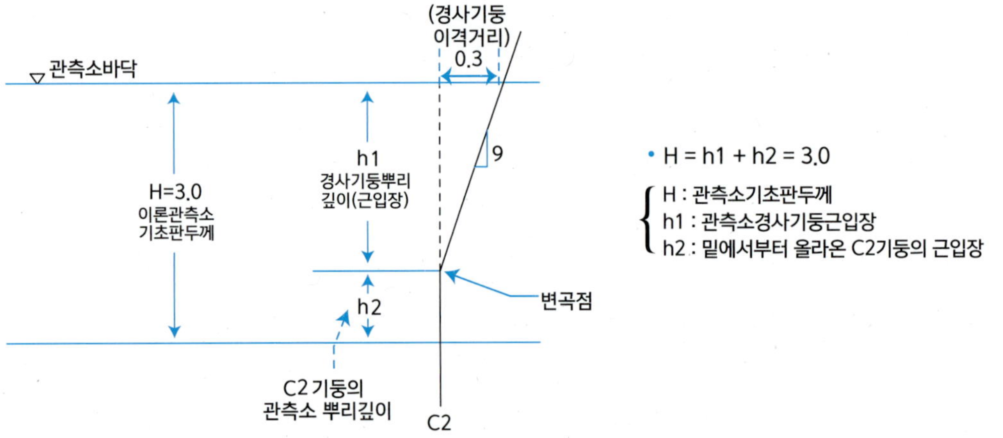

[그림 94] 9층탑 1관측소 기둥뿌리깊이(근입장)개념

제가 운이 참 좋은 것이 제일 처음 9층탑처마각이 4각인걸 알고 임의로 경사기둥의 각들을 지정했는데(물론 아무런 근거도 없는 일방지정공법이었답니다.) 희한하게도 맞아 떨어지더랍니다. 당연히 관측소기둥각을 9각으로 했는데 우연의 일치였는지 필연의 일치였는지는 모르지만, 나중에 보니 맞더랍니다. 이 경사기둥각 ⊿9와 경사기둥이격거리 0.3을 곱해 보면 ⊿9x0.3=2.7이 바로 경사기둥뿌리깊이가 되더랍니다. 그리고 관측소기초판 두께 3m중 나머지 0.3이 C2기둥의 관측소기초판 근입장이 되더랍니다. 재미있는 건 이 C2 근입장 0.3이 바로 몸통부계단단높이의 2배. 즉, 2단(2R)이 되더랍니다.
사실 9층탑은 거의 공짜(?)로 알았답니다.

역으로 한번 생각해봅시다. 경사기둥이격거리(C2기둥 수직연장선과 관측소바닥에서 관측소경사기둥이 떨어지는 거리)는 0.3이며, 경사각은 정수이므로 0.3x어떤 정수가 관측소 경사기둥의 뿌리깊이가 된답니다. 예를 들면, 0.3x1각=0.3, 0.3x⊿7=2.1, 0.3x⊿8=2.4, 0.3x⊿9=2.7, 이런 식으로 뿌리깊이가 나온답니다. 상식적으로 뿌리깊이는 깊을수록 안정구조가 되겠죠. 그래서 0.3x⊿9=2.7을 경사기둥뿌리깊이로 하고 나머지 0.3이 몸통부단높이(R)로 나누어지면 된답니다. 0.3÷0.15(1R)=2단, 맞아 떨어지네요. 가장 안정적이면서 몸통부단높이까지 고려하면, 관측소경사기둥각이 ⊿9라는 걸 쉽게 인지하게 된답니다.

경사기둥각을 ⊿8로 해도 성립자체는 된답니다. ⊿8x0.3=2.4(근입장), 나머지 0.6은 0.6÷4=0.15(1R) 즉 4단이 나오므로 성립자체는 이론적으로는 완벽하지만, 경사각 ⊿9보다는 근입장이 짧으므로 ⊿9가 더 안정적이랍니다. 9층탑관측소 경사기둥각은 순수이론으로는 여러 개가 나올 수 있으나 근입장까지 고려하시면 ⊿9가 가장 합리적이라는 걸 이해하셨으리라 믿습니다.

경우의 수가 적은 7층탑 관측소 경사기둥경사각을 한번 봅시다.

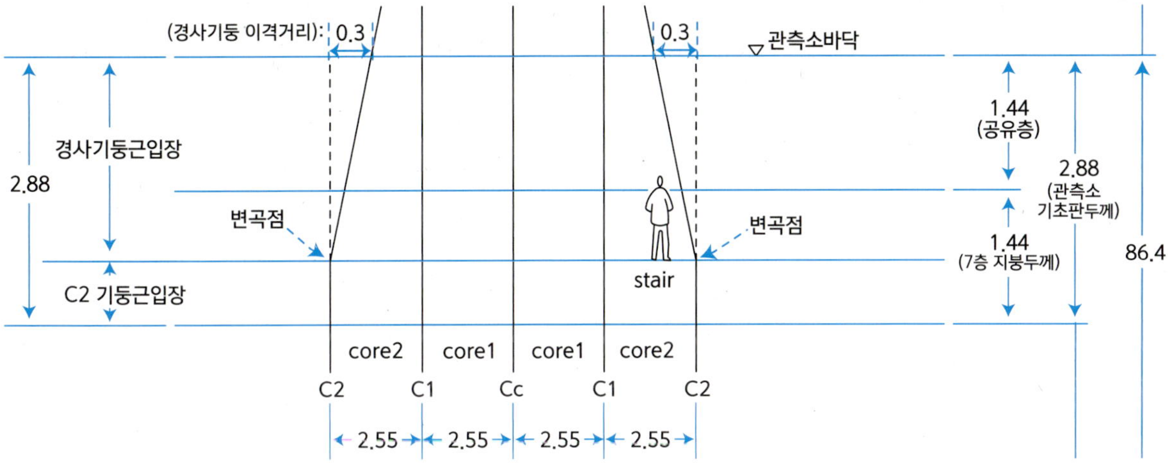

[그림 95] 7층탑 관측소 경사기둥 개념도

7층탑의 계단실폭(core폭)이 2.55네요. 9층탑의 core폭은 2.7이랍니다. core폭은 0.15씩의 증감계수를 사용할 겁니다. core폭은 9층탑 2.7, 7층탑 2.55, 5층탑 2.4, 이런 식으로 동일치수공법이 적용된답니다. 7층탑 가상기초판 두께 2.88에 제일 가까운 경사각은 ⊿9가 될겁니다. 0.3x⊿9=2.7, 나머지는 0.18이 남겠죠. 0.18 ÷ 0.18(1R) = 1R 즉, 1단이 나오네요. 순수이론에 딱 맞네. 이 경사기둥이격거리 0.3은 어떤 수학적 근거가 있는 것은 아니며, 이 0.3을 적용해보니 모든 탑이 다 맞아 떨어져서 적용한 것이랍니다. 혹시 경사기둥이 ⊿8이 될 수도 있겠죠. 확인해 봅시다. 0.3x⊿8=2.4, 나머지는 2.88-2.4=0.48, 0.48÷0.18(R)=2.6666단, 7층몸통부 R로 나누어지지 않네요. 그럼 자동퇴출? 7층탑관측소 경사기둥각이 9층탑과 묘하게도 똑같답니다. 신기하답니다. 5층탑도 해봅시다. 간단히 경사기둥만 그려 봅시다.

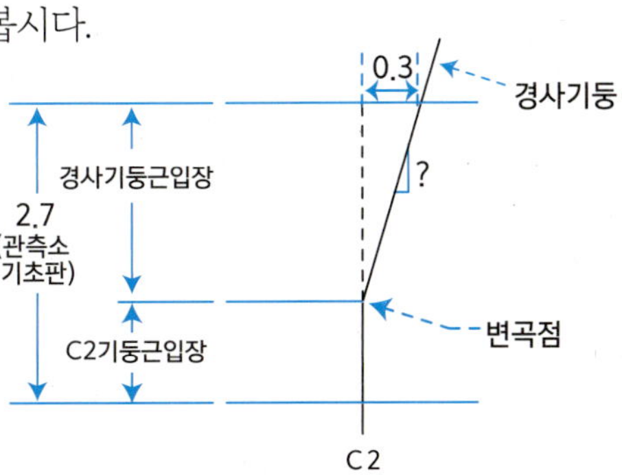

[그림 96] 5층탑 관측소 경사기둥 개념

{ 경사기둥 근입장 = 0.3 x⊿8 = 2.4
C2 근입장 : 2.7 - 2.4 = 0.3 = 2R(5층 몸통부 R = 0.15)

∴ 5층탑 관측소경사기둥은 볼 필요도 없이 자동으로 ⊿8이 된답니다.

3층탑도 맞는지 봐야죠?

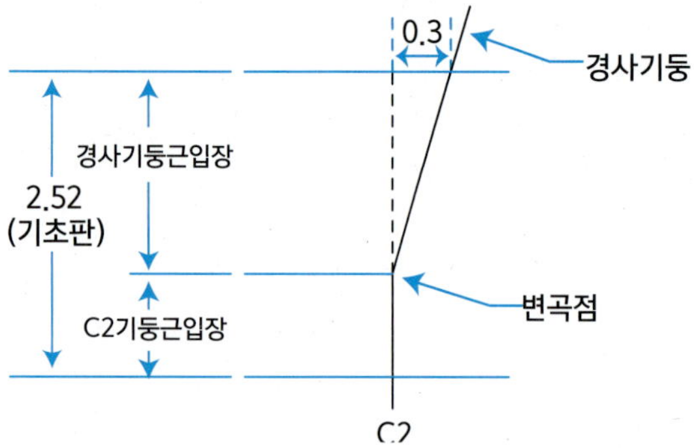

{ 경사기둥 근입장 = 0.3 x ⊿7 = 2.1
C2 근입장 : 2.52 – 2.1 = 0.42 = 2R (3층탑 몸통부단높이 = 0.21)

[그림 97] 3층탑 관측소 경사기둥 개념

자동으로 3층탑 관측소경사기둥은 ⊿7 하!

1층탑이 나는 와 안낑가주노하고 징징짜네요. 낑가줍시다. 돈도 안드는데!

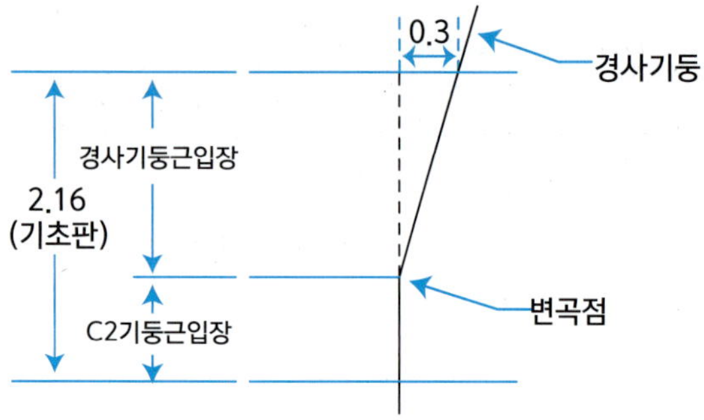

{ 경사기둥 근입장 = 0.3 x ⊿6 = 1.8
C2 근입장 : 2.16 – 1.8 = 0.36 = 2R (1층탑 몸통부 R=0.18)

[그림 98] 1층탑 관측소 경사기둥 개념

벌써 다 끝나버렸네. 1원도 안들었네요. 그냥 경사각은 ⊿6이네요.

사실은 관측소기초판두께를 보는 순간 누구든지 금방 알아낼 수 있답니다. 0.0001초 만에?
너무 심했나? 그래도 1~2초 정도는 걸릴 겁니다. 무지 어려울 것 같지만 너무 싱겁게 끝나 버리네요.
힘들게 풀어야 기분이 날아가는데?

제가 다 풀고 난 뒤에는 항상 비교표를 만들어 보는 것이 아주 중요하다고 말씀드렸을 겁니다.
그러면 일목요연하게 쏙 들어오기도 하지만, 서로 비교가 가능하니 맞을 확률이 무척 높아진답니다.

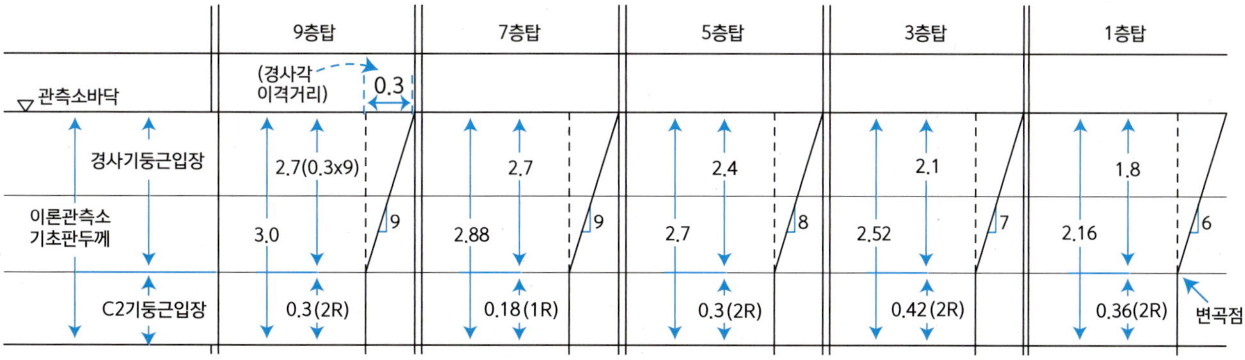

[그림 99] 각탑 관측소 경사기둥 경사각 비교표

각 탑의 관측소경사각이 한 눈에 들어오실 겁니다. 9층탑과 7층탑이 ⊿9로 묘하게도 같네요. 나머지는 1씩 줄어든 ⊿8, ⊿7, ⊿6이랍니다.

이제까지 관측소경사기둥각에만 집중하셨죠. 어떡하죠. 한 가지를 놓치셨답니다. C2기둥근입장의 단수를 깜빡하셨을 겁니다. 자세히 보시면, 근입장 단수가 다 2단씩인데, 유일하게 7층탑만 1단일 겁니다. 이런 경우가 나오면 혹시 잘못되었지 않나하고 반드시 검토를 한번 더 해 주셔야 한답니다. 탑을 풀다 보면 꼭 이렇게 한 두 놈이 반기를 든답니다. 법칙을 잘 따르지 않는 놈, 요놈? 난감은 하지마는 폭넓게(?) 수용해야 할 때도 있답니다.

(2) 뜬기둥

이 놈의 기둥이 또 뭐하는 놈일까요? 제가 이름을 붙여는 주었지만, 저도 헷갈릴 때가 많답니다?
일반기둥은 그냥 지상기초판에서 수직이 되었든 기울어졌든 땅을 근거로 버티고 있는데, 이 놈은 땅과 무관하게 땅을 근거로 올라온 놈의 보에 기초판을 걸고 기둥이 된 놈이랍니다. 얄미워서(?) 뜬기둥이라는 이름을 부여했답니다. 이 뜬기둥은 관측소에도 있지만(엄밀히는 경사뜬기둥임) 몸통부에도 최외부 수직기둥에 많이 있답니다.(수직뜬기둥)
이 뜬기둥 말고도 몸통부의 수직뜬기둥 하부를 받쳐주는 공중기둥이라는 놈도 있답니다.
관측소를 풀려면 비록 얄밉기는 할지라도 이 뜬기둥 개념을 반드시 아셔야 된답니다. 이 뜬기둥이 관측소를 지배한다고 보시면 된답니다. 이 뜬기둥은 옥룡암조각탑을 아무리 눈닦고 보셔도 보이질 않는답니다. 오로지 마음의 눈으로만 보인답니다. 혹시 안광(眼光)이 지배(紙背)를 철(徹)할(뜻 : 눈빛이 종이 뒤를 꿰뚫어 본다)정도면 보일 수 있을 것 같다구요?
아마 그래도 보이시질 않을 겁니다. 그냥 간단한 건축원리로 보시면 자동으로 보이실 겁니다.

옥룡암조각탑 관측소의 관측소 바닥판 하부를 유심히 한번 보실까요.

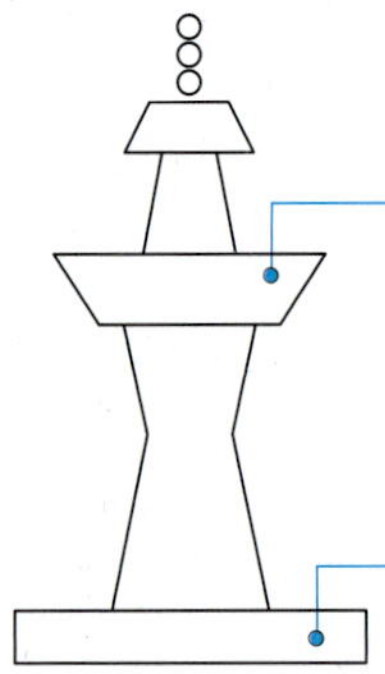

[그림 100] 9층 조각탑

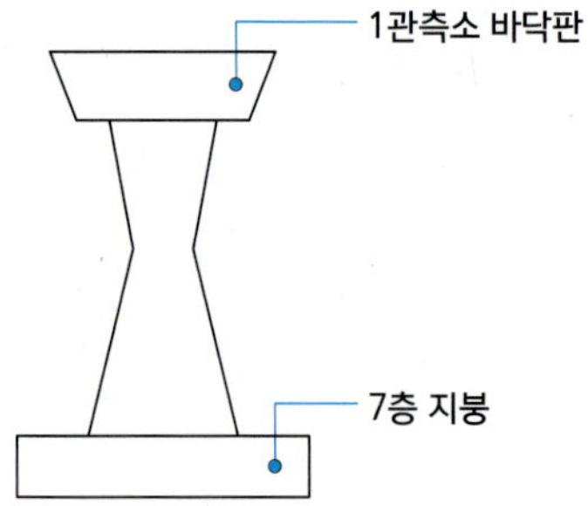

[그림 101] 7층 조각탑

보이시나요? 관측소가 올라가다가 1관측소바닥판 하부 어느 지점에서 상부로 약간 벌어진 것이 보이실 겁니다. 잘 안빈다고요. 큰일났네? 유심히 보시지 않으셔도 마음을 비우고 보시면(?) 보이실 겁니다.(첨성대도 워낙 변형이 많이 되어 있어서 그렇지 유심히 보시면 상부쪽에서 옆으로 약간 벌어져 있답니다.)

이 뜬기둥을 이해하실려면 반드시 보이셔야 할텐디? 아! 보이신다구요. 하! 그럼 저하고는 이제 아삼육이 되신 겁니다. 다시 한번 더 봅시다.

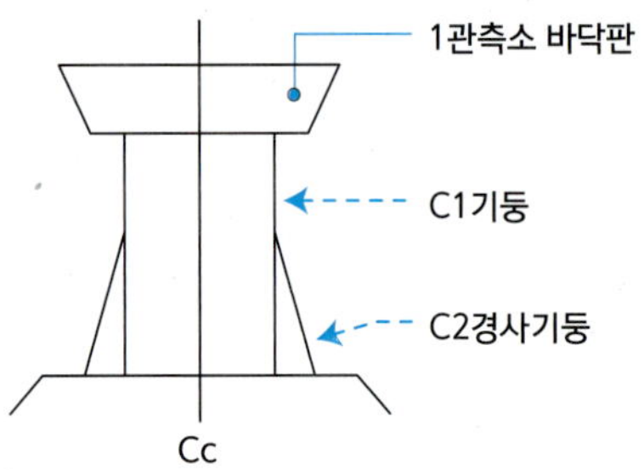

[그림 102] 1관측소 바닥판을 Cc와 C1기둥만으로 받쳐줄 시 개념도

좌측 그림과 같이 Cc와 C1기둥으로만 1관측소바닥판을 받칠시에는 관측소바닥판대기가 너무나 커서 관측소바닥판이 비바람에 지멋대로 휘청휘청거릴겁니다. 이 1관측소 바닥판을 9개의 기둥으로 버틸 수가 있을까요?

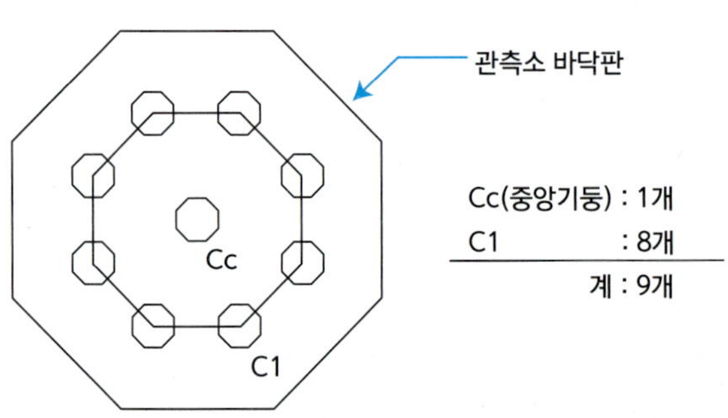

아무리 쳐다봐도 왠지 모르겠지만 불안한 것 같은 느낌이 드실 겁니다.

안정구조인지는 구조계산이 제일 중요하기도 하지만 육안으로도 어느 정도는 안정구조인지 불안정 구조인지는 파악이 가능하답니다. 또 봅시다.

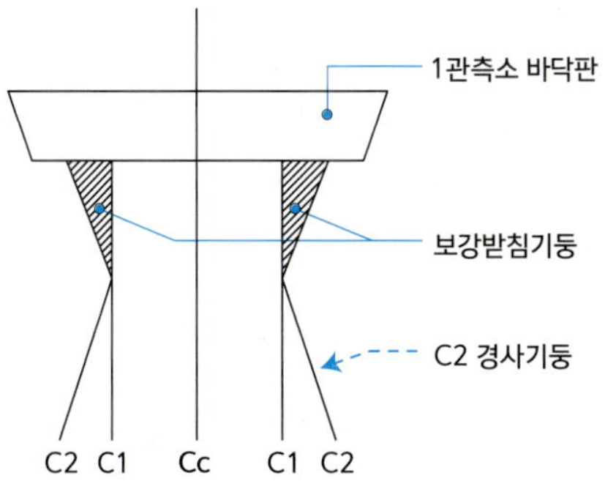

[그림 103] 관측소 바닥판을 뭔가로 보강시 개념도

좌측 그림에서 보듯이 1관측소바닥판을 뭔지는 잘은 모르겠지만 살짝만 받쳐만 줘도 관측소바닥판이 좀 든든하다는 느낌을 받으실 겁니다. 어떻게 하면 이 관측소바닥판을 받쳐줄 수가 있을까요? C2경사기둥은 어느 정도 올라가다가 C1기둥에 붙어 버린답니다. 그럼 감을 잡으셨을 겁니다. 어떤 제3의 기둥이 더 필요하다는 걸 인지하실 수 있을 겁니다.

이 제3의 기둥이 바로 뜬기둥(Floating Column)이라는 놈이랍니다. 이 뜬기둥의 상부에 날개기둥이라는 놈이 상부로 벌어지면서 1관측소지붕판대기를 받쳐 준답니다. 이제는 육안으로 보셔도 안정구조 느낌이 드실 겁니다. 또 그려 봅시다. 그리고 또 그려 보셔야만 한답니다.

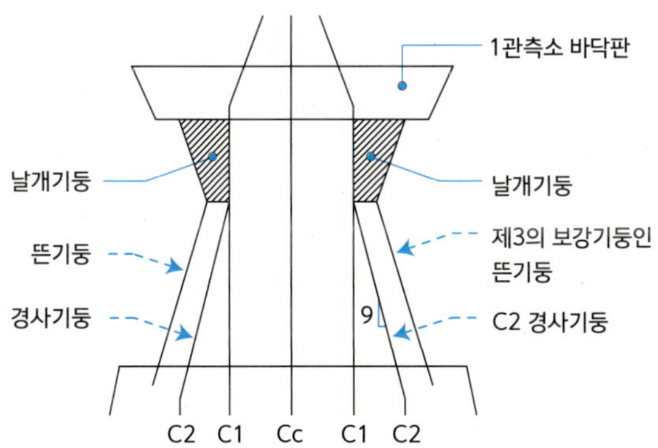

[그림 104] 관측소 바닥판을 뜬기둥과 날개기둥으로 보강시 개념도

보시면 뜬기둥과 뜬기둥 상단부의 날개기둥이 1관측소바닥판을 강하게 받쳐주고 있답니다. 이젠 비바람이 몰아쳐도 트위스트(Twist)출 일이 없어졌답니다.
그럼 뜬기둥이 어디쯤 있는지를 보아야겠죠.
또 그릴 수 밖에?

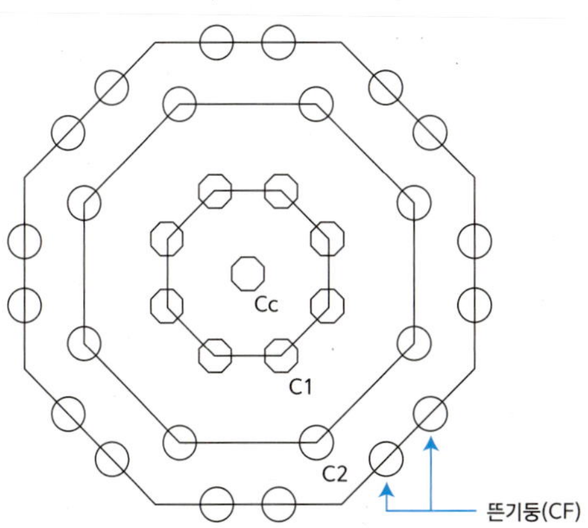

[그림 105] 관측소 기둥평면도

기둥평면에서 보듯이

- 수직기둥인 { Cc : 1개, C1 : 8개 } ⟩ 17개 원래 기둥
- 경사기둥인 { C2 : 8개, CF : 8x2 = 16개 —— 뜬기둥 }

계 : 33개 기둥

원기둥 17개와 뜬기둥(CF)이 16개가 보강되면서 총 관측소기둥은 33개 기둥이 된답니다.
이제사 좀 튼튼해진 것 같답니다.

그리고, 이 뜬기둥이 관측소 bal(발코니)도 보강시켜 준답니다. 가만히 보니 이 뜬기둥이 이쁜 놈이네! 부분확대해 봅시다.

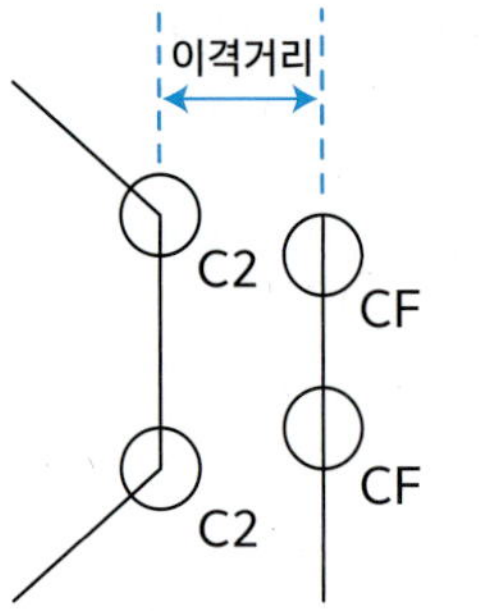

이제 뜬기둥(CF)의 경사각도 알아야 되며, C2와의 이격거리를 정확히 알아야 기둥을 설치할 수 있겠죠.
먼저 C2와의 이격거리부터 알아봐야 순서겠죠.
참고로 경사기둥은 크게 2가지로 분리해서 보면 된답니다.

[그림 106] C2 와 CF 이격거리 개념

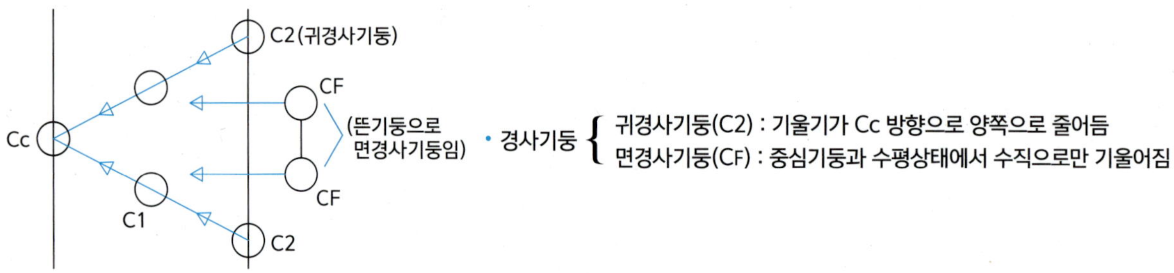

[그림 107] 경사기둥 기울기 개념

이 두 경사기둥은 기울기 개념이 완전히 다르답니다.
뜬기둥(CF) 시작점을 알아보기 위해 관측소기초판 부분을 확대해 봅시다. 도면이 복잡하네요.

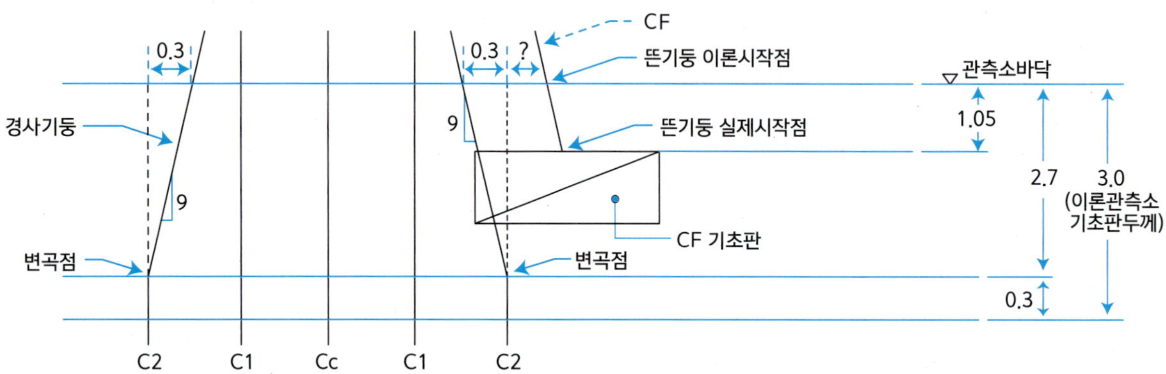

[그림 108] 9층탑 관측소 기초판 단면도

뜬기둥 부위만 확대해 봅시다. 이격거리 추정이 힘이 들지마는 경사기둥변곡점에서 가상대칭경사기둥을 설정하시면 쉽게 CF 이격거리도 0.6이 합리적이라는 걸 인지하실 수 있답니다.

물론 확실한 수학적 이론근거는 없지마는 시각적으로 알 수가 있답니다.

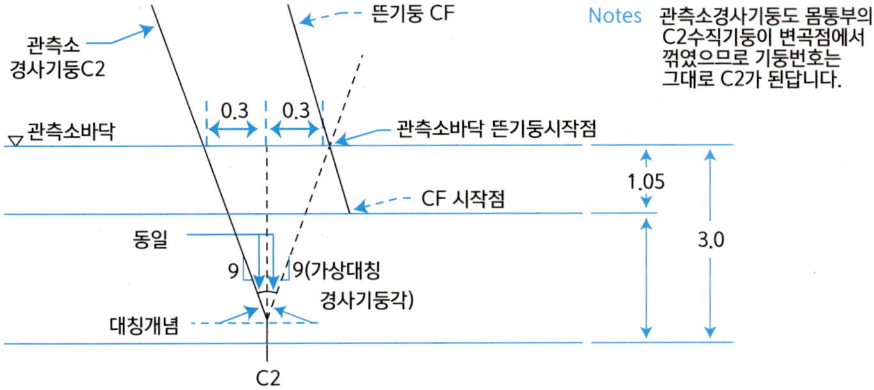

[그림 109] 뜬기둥 이격거리 개념

즉, C2경사기둥에서 0.3+0.3=0.6 떨어진 곳에서 CF 경사기둥이 시작된다는 걸 인지하실 겁니다. 물론 CF 기둥은 CF 기초판까지 더 내려가서 실제 CF 기둥시작점이 되겠죠. C2에서 CF 이격거리가 0.6이라는 걸 알았으니 이제 CF 경사기둥각도 알아봐야죠.

C2경사기둥이 ⊿9라, 처음에는 아무런 근거도 없이 CF 경사기둥각은 ⊿7쯤될거라고 생각하고 관측소를 풀었답니다. 즉, 경사각이 관측소에서는 2각차이가 적당하다고 생각했답니다. 그리고 나머지 1~7층탑 관측소는 C2경사각과 CF 경사각이 1 차이가 날 걸로 생각하고 4~5개월을 열심히 풀었답니다. 그런데, 1~7층탑의 CF 경사각에서 무엇인지는 잘은 모르겠으나 뭔가가 잘못되어 가고 있다는 걸 인지한 후 C2 경사각과 CF 경사각을 전반적으로 재검토해 보니, 1~7층탑도 똑같이 9층탑과 마찬가지로 2각 차이가 나야한다는 걸 인지했답니다. 제일 처음 생각한 관측소경사각은 이렇답니다.

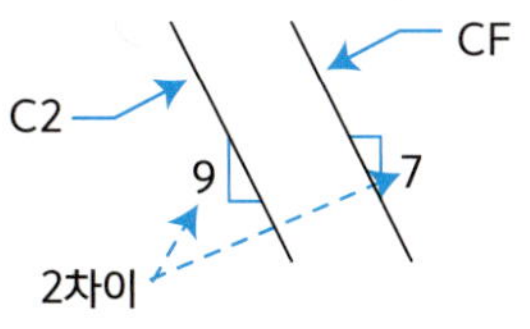

[그림 110] 9층탑 관측소 경사각

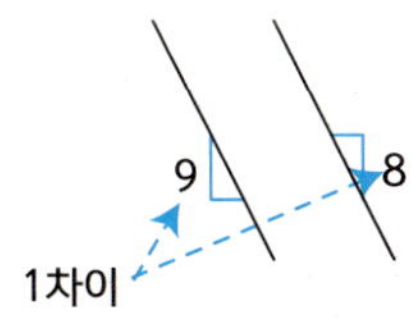

[그림 111] 7층탑 관측소 경사각

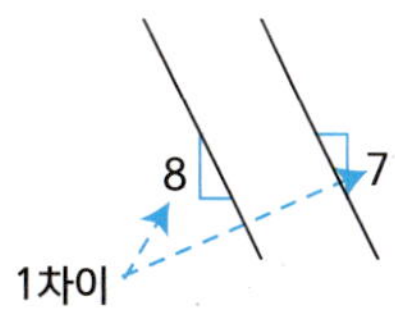

[그림 112] 5층탑 관측소 경사각

처음에는 9층탑이 쌍관측소라 2각차이, 1~7층탑은 외관측소군이라 1각차이일 거라고 직감적으로 생각을했었는데 그 직감도 틀릴 때가 있네요?

재검토 결과는 다같이 2각 차이가 나더랍니다.

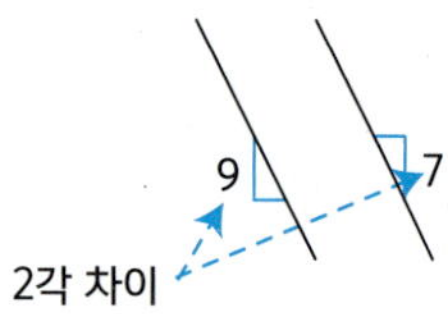

[그림 113] 9층탑 관측소 경사각

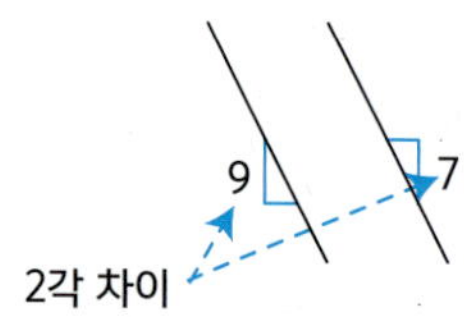

[그림 114] 7층탑 관측소 경사각

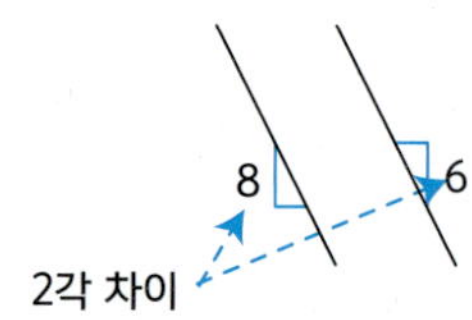

[그림 115] 5층탑 관측소 경사각

제가 이것을 어떻게 인지했을까요? 제가 몸통부경사각 차이가 1각이 난다는 걸 말씀드렸을 겁니다. 다시 볼까요.

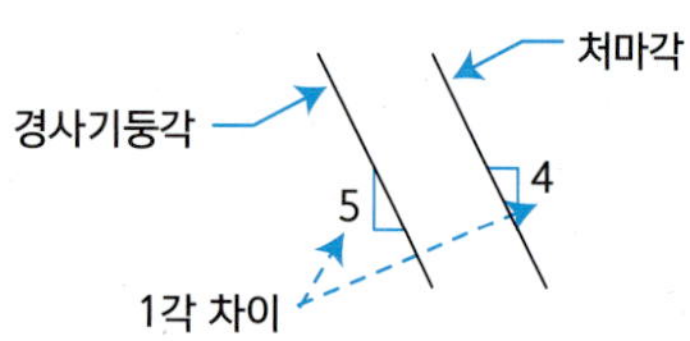

[그림 116] 9층탑 몸통부 경사각

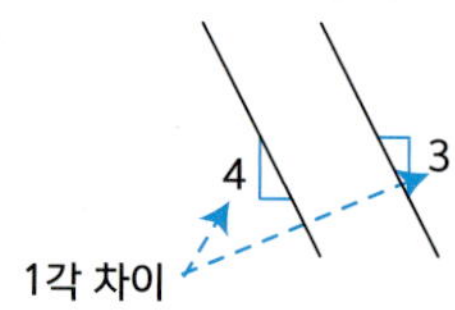

[그림 117] 7층탑 몸통부 경사각

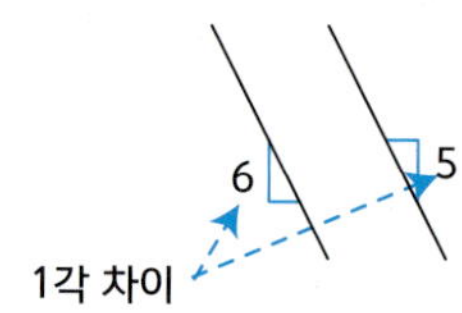

[그림 118] 5층탑 몸통부 경사각

이 몸통부경사각 차이는 사실은 관측소경사각 계산과정에서 알아낸 걸 적용한 거랍니다. 제가 관측소의 bal 높이를 알아내기 위해서 방정식으로 풀면 풀리지 않을까 해서 방정식을 유도해 내었는데, 막상 bal 높이 계산에는 사용하지도 못하고 관측소의 두 경사기둥각의 차이가 2라는걸 알아내는데만 써먹었답니다. 어떻게 알아낼 수가 있었을까요? 속으시면 안되니 유심히 보십시오. 전에도 한번 보셨으니 속지는 않으실 겁니다. 뜬기둥경사기둥각을 ⊿7로 가정하겠습니다.

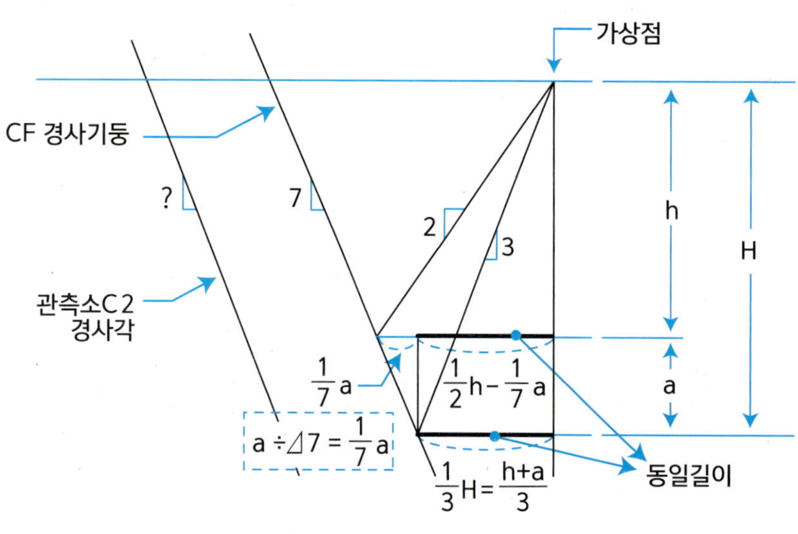

[그림 119] 9층탑 관측소 C2경사기둥각 알아내기

sol.) 검게 칠한 하부 두 변의 길이가 동일하므로,

$$\frac{1}{2}h - \frac{1}{7}a = \frac{h+a}{3}$$

$$\frac{7h-2a}{14} = \frac{h+a}{3}$$

$$21h-6a = 14h+14a$$

$$7h = 20a$$

$$h = \frac{20}{7}a$$

$$\therefore H = h+a$$

$$= \frac{20}{7}a + \frac{7}{7}a$$

$$= \frac{27}{7}a$$

$$= \frac{9}{7} \times 3a$$

$H = \frac{9}{7} \times 3a$ 에서 분수를 자세히 보시면 $\frac{9}{7} = \frac{\Delta 9 : \text{C2 경사기둥각}}{\Delta 7 : \text{CF 경사기둥각}}$

즉, 분모인 7은 ⊿7을 의미하는 뜬기둥경사각이 되며, 분자인 9는 ⊿9를 의미하는 C2 경사기둥각이 되어서 결국 9-7=2각이 나온답니다. 묘하죠. 몸통부경사각 차이가 1각이 나오는 것도 같은 원리인데 몸통부에서는 1각 차이가 나왔는데 관측소에서는 2각 차이가 나오네요.

어떤 이유에서 이 차이들이 나올까요.
분명히 C2경사기둥각인 ⊿9라는 숫자 자체를 방정식에 사용한 적이 없답니다.

신기하죠. 묘한 것은 아무런 수학적 근거도 없는데 희한하게도 결과는 나온답니다. 전에도 말씀드렸듯이 방정식이 요술(?)을 부렸나 보죠? 그래서 일명 요술방정식이랍니다. 요술방맹이가 아입니데이? 이 방정식유도법의 이론은 이렇답니다. 그냥 단순히 우수선을 이용해 봤답니다. 실제 이 bal 지붕의 2우수선은 bal 기둥중심선 기준입니다만 bal 높이 구하는 것이 목적이었으므로 bal기둥은 무시하고 CF 기둥중심선에 2우수선 초점을 맞추었답니다.

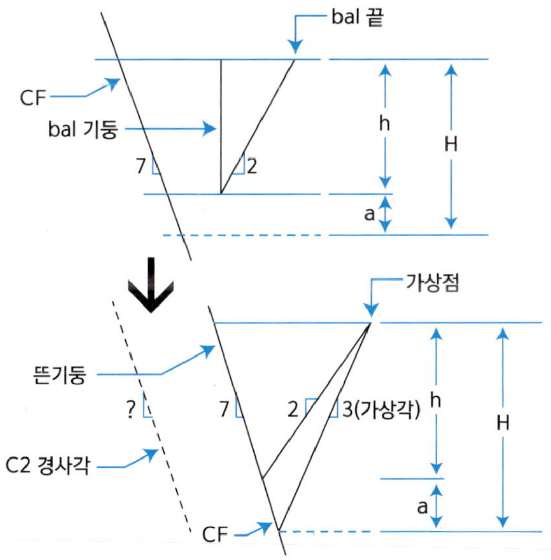

[그림 120] 요술방정식 유도법의 개념

bal 2우수선 하나만으로는 방정식 자체가 성립이 안되므로, bal의 우수선각(물론 추정임)이 2각(⊿2)이므로 가상점(엄밀히는 bal 끝점)에서 ⊿2 다음각인 ⊿3각을 설정해서 방정식을 유도해 본 것 뿐인데 희한하게도 C2경사기둥각인 ⊿9(사실은 이 각은 미리 알고 있었던 각)가 툭 튀어 나오더랍니다.

놀랐을까요. 안 놀랐을까요? 각자 알아서 판단하이소. 허 참! 단순히 방정식을 유도해 본 것 뿐인데.

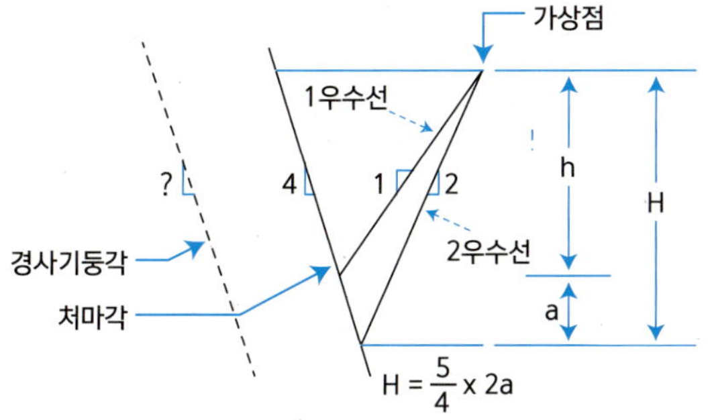

[그림 121] 9층탑 몸통부 요술방정식 개념

전에 말씀드렸습니다만 몸통부경사각도 다시 한번 봅시다.(9층탑 기준)
주우수선인 1층지붕우수선이 1각(1우수선)이므로 가상점에서 1각 다음인 2각(⊿2)을 적용해서 방정식을 유도해 본 것 뿐인데 희한하게도 경사기둥각인 ⊿5가 툭 튀어 나오더랍니다?

이걸 수학적으로 어떻게 증명할 수가 있을까요? 알다가도 모를 일이랍니다. 아시는 분 계시면 한 수 알으켜 주이소? 근데, 몸통부와 관측소가 각 차이가 다른 것 같네요. 아마도 주우수선각에 따라서 각 차이가 달라지는 걸로 보인답니다. 즉, 몸통부의 주우수선이 1우수선이니 1각 차이, 관측소의 주우수선이 2우수선이니 2각 차이같답니다. 아직도 헷갈리네요?

한가지의 예로는 확신을 할 수가 없으니, 5층탑 관측소경사기둥각도 정말 2각 차이가 나오는지 확인해 봅시다.(물론, 미리 경사기둥각은 ⊿8인걸 알고 있고 CF 경사기둥각을 2각이 적은 ⊿6으로 가정해서 푼 것이랍니다.)

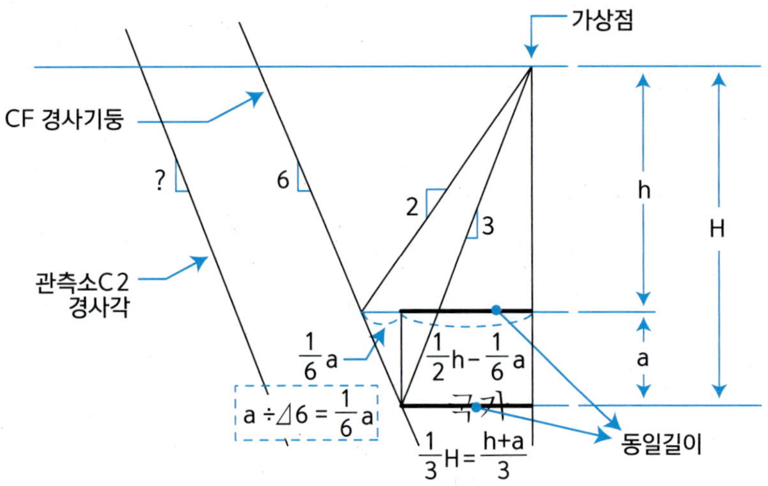

[그림 122] 5층탑 관측소 C2경사기둥각 알아내기

sol.) 까망 밑변의 길이는 같으므로 h값을 먼저 구해 봅시다.

$$\frac{1}{2}h-\frac{1}{6}a=\frac{h+a}{3}$$

$$\frac{6h-2a}{12}=\frac{h+a}{3}$$

$$18h-6a=12h+12a$$

$$6h=18a$$

$$h=\frac{18}{6}a$$ (나누어서 3a로 하지마이소~)

$$\therefore H=h+a$$

$$=\frac{18}{6}a+\frac{6}{6}a$$

$$=\frac{24}{6}a$$ (=4a 나누지마이소~)

$$=\frac{8}{6}\times 3a$$

$H=\frac{8}{6}\times 3a$ 에서 분수만 분리해 보면 $\frac{8}{6}=\frac{⊿8 : \text{C2 경사기둥각}}{⊿6 : \text{CF 경사기둥각}}$

9층탑과 마찬가지로 8−6=2각 차이가 나네요. 맞긴 맞는 모양이다. 혹시 계산이 잘못되기라도 했나요? 계산을 하실 때에는 나오는 숫자를 그대로 사용하십시오. 숫자를 나누는데 익숙해서 나누어진다고 자꾸 나누다 보면 이상한(?) 숫자가 나와서 나중에는 숫자가 무엇을 내포하고 있는지를 알 수가 없게 된답니다. 바로 앞의 5층탑 경사각 풀이에서 H를 유심히 보십시오.

- **$H=\frac{24}{6}a=4a$ 가 수학적으로 정답입니다만 신라건물 풀때에는 신중하셔야 된답니다. H=4a로 결론을 내면 이 4a가 무엇을 의미하는지 전혀 인지하실 수가 없을 겁니다.**
- **$H=\frac{24}{6}a=\frac{8}{6}\times 3a$ 라고 유도해 내셔야만 분수인 $\frac{8}{6}$ 에서 어떤 것을 인지해 내실 수가 있답니다. 최신공법이랍니다 ~ㅎ~**

제가 제일 처음 계산시 $H = \frac{24}{6}a = 4a$ 가 나와서, 그냥 단순한 숫자인 걸로만 생각했었는데, 나중에 다시 보니 숫자에 엄청난 비밀이 숨어 있더랍니다.

나머지 1·3층탑 관측소각도도 시간을 내셔서 한번 풀어보십시오.
아마 2각 차이가 날 확률이 무척 높을 겁니다. 어떤 계산이 정확하다면 동일결과가 나올 확률이 무척 높겠죠. 믿기 싫어시더라도 한번 믿어보세요! 이 우수선을 활용한 경사각 차이는 어떤 수학적 근거도 없는데도 묘하게 계산이 되기도 하지만, 더 중요한 것은 이 각도 차이를 그대로 이용해도 어떠한 문제도 발생되지 않으면서도 잘 맞아 들어가더랍니다.

요술방맹이! 앗! 실수? 요술방정식 요놈! 아주 이쁜 놈이네 ~ㅎㅎ~

(3) 공유층

이 공유층이 소속은 몸통부소속이며, 실제 사용은 관측부가 한다고 말씀드렸답니다. 즉, 두 거대 몸통 사이에 낑긴 불쌍한(?) 놈이랍니다?
공유층두께 계산법이 생각나시나요? 몸통부기초판(지하층고)의 1/3이 가상관측소 기초판두께이며, 그 반이 공유층(즉, 지하층고의 1/6)두께라고 말씀드렸을 겁니다.

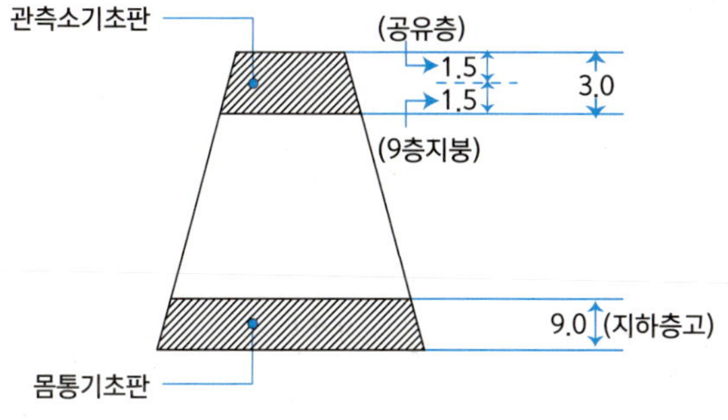

[그림 123] 9층탑 공유층 개념

9층탑같은 경우는 지하층고가 9m이니 9÷6=1.5가 공유층이랍니다.
물론 9층 지붕판두께는 공유층두께와 같은 1.5m일 겁니다.
그런데, 관측소의 bal 층고 계산에서는 묘하게도, 이 1.5m의 공유층을 다 이용하지는 못할 겁니다. 바로 CF(뜬기둥)기초판이 있기때문일 겁니다. 이 CF기초판 두께가 공유층 1.5m를 조금 이용한답니다.
이 이론관측소 기초판두께 3m 안에는 겉으로 봐서는 잘 모르겠지만 무지 복잡한 구조를 갖고 있답니다. 관측소 CF기둥을 받치기 위해서 거대한 기초판이 발생되기 때문이랍니다. 그래야만 관측소가 비바람, 지진 등등의 외력에 견딜 수가 있을 겁니다.

그럼 CF기초판을 한번 보실까요.

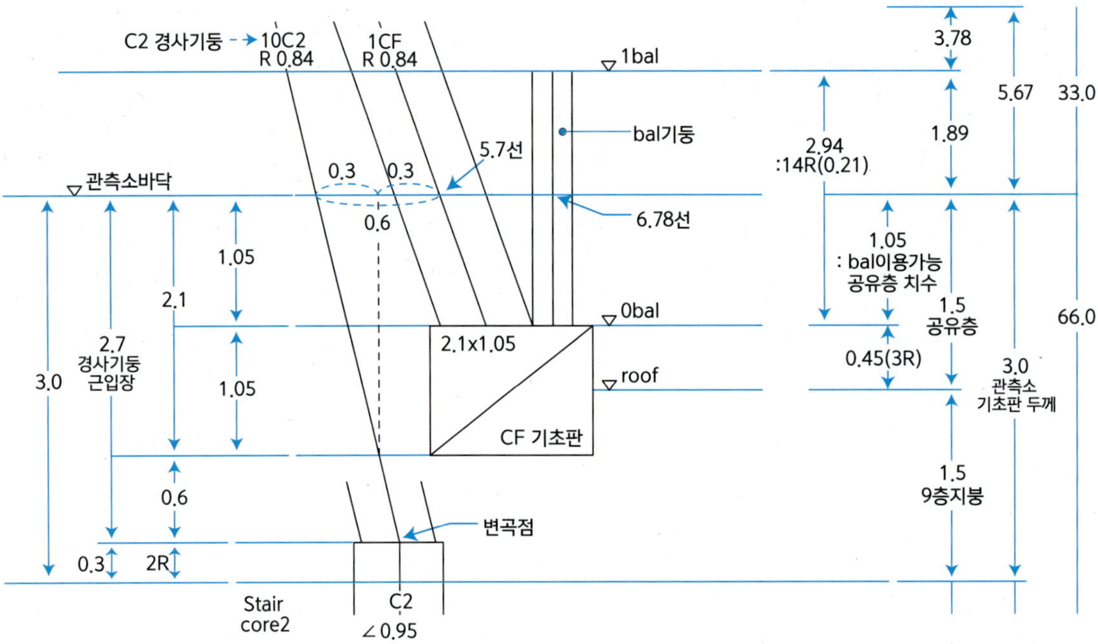

[그림 124] 9층탑 CF 기초판 개념

CF기초판 도면을 보시니 뭐가 뭔지 인지하실 수 있으십니까?

제가 그리고 봐도 뭐가 뭔지가 헷갈리네요. 약간 축소시켜 개념을 봅시다.

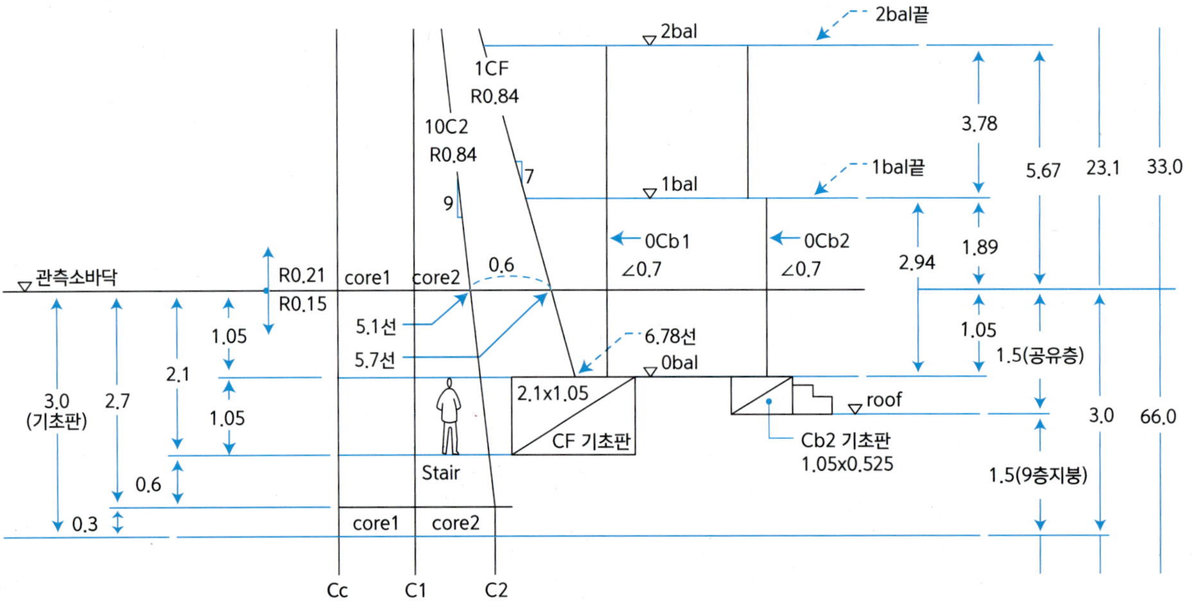

[그림 125] 9층탑 CF 기초판 주변단면도

축소를 하다 보니 더 복잡해진 것도 같네요. 기둥중심선과 치수선이 뒤엉켜 있어서 그렇답니다. bal 바닥(0bal, 1bal, 2bal)이 나오고 Cc(중심기둥)가 보이고, 지붕이 보이니 약간은 이해가 더 쉽네요. 그런데 10C2도 나오고, 5.1선도 나오고 이상한 부호가 나오니 약간은 헷갈리실 겁니다.
간단히 설명드리겠습니다.

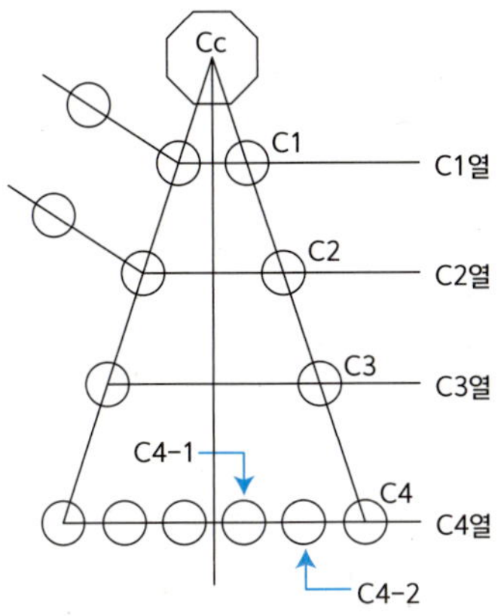

[그림 126] 탑의 기둥번호 개념

먼저 기둥부터 봅시다.
Cc:중심기둥을 의미한답니다. 8각형의 중심기둥이며 탑꼭대기까지 끝까지 올라가는 중심잡이 기둥이랍니다.
Cc에서 가까운 순서대로 C1, C2, C3, C4 기둥열이 있으며, 같은 열에서도 기둥이 있을 시는 내부에서부터 다시 번호가 부여된답니다. 그림에서 보듯이 C4-1, C4-2가 될 겁니다.
예를 들어 봅시다.

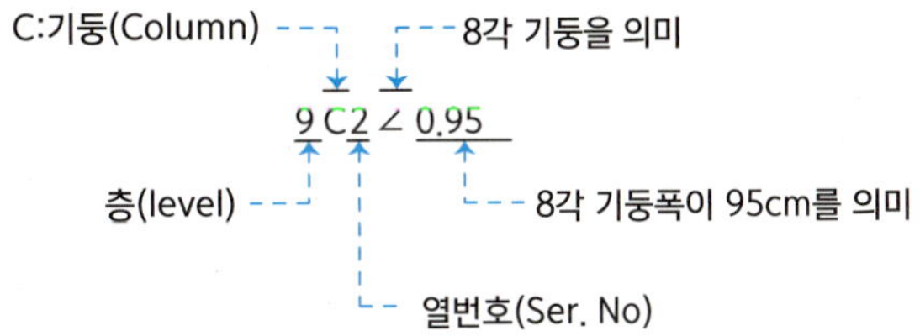

즉, 9층에 있는 2열기둥으로 기둥이 8각형이며 기둥폭이 95cm를 의미한답니다. 10C2R0.84는 10층에 있는 C2열기둥으로 기둥이 원형이며, 지름이 84cm를 의미하겠죠. 물론 bal는 balcony의 약자로 그냥 우리가 알고 있는 발코니를 의미한답니다. 한눈에 알아 보실 수 있으실 겁니다.

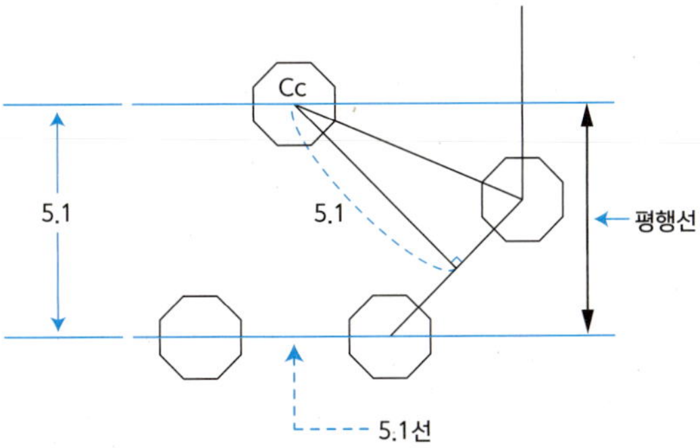

[그림 127] 숫자 뒤의 선의 의미

다음으로, 5.1선 식으로 숫자 뒤에 있는 선에 대한 개념을 알아봅시다.
아주 간단하답니다. 중심기둥에서 평행선으로 떨어진 거리를 의미한답니다. 8각형이라 XY축만 있는 것이 아니라, 대각측에도 축이 있답니다.
즉, 평행거리만큼 떨어진 선상에 있는 모든 점들은 다 동일선이 된답니다.

5.1선 식으로 선이라고 표기를 한 것은 5.1로만 쓰 놓으면 기둥폭을 의미하는지 아니면 어떤 폭 간격(치수)을 의미하는지 헷갈릴 것 같아서 아예 선이라는 단어를 넣어서 중심선으로부터 떨어진 거리를

확실히 표현하기 위해서랍니다. 상기 CF기초판 도면에서 간단히 CF기초판쪽만 살짝 떼어서 봅시다.

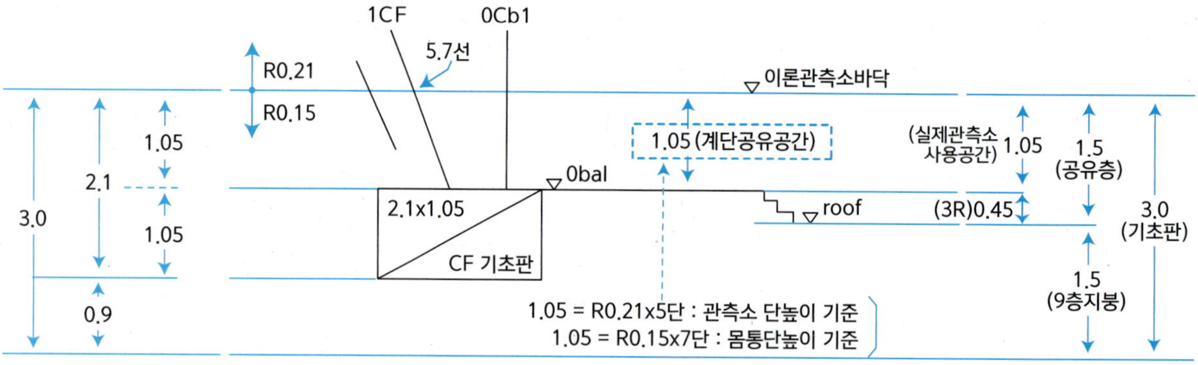

[그림 128] 9층탑 CF 기초판 주변개념

말씀드렸듯이 이 공유층은 소속은 몸통부, 실사용은 관측부이므로 각 계단 단높이로도 나누어져야겠죠. 만약 공유층높이인 1.5m를 관측부에서 다 쓴다면 1.5÷0.21(R)=7.1428단이 나온답니다.
계단에 이런 단수는 존재하지 않는답니다. 즉, 공유층 1.5m에서 관측소 R=0.21도 만족시키고, 몸통부 R=0.15도 만족시키는 필요충족수를 유도해 내어야 할 겁니다. 알아 봅시다.

관측소 R0.21의 배수	몸통부 R0.15의 배수
1R = 0.21	1R = 0.15
2R = 0.42	2R = 0.3
3R = 0.63	3R = 0.45
4R = 0.84	4R = 0.6
***5R = 1.05**	5R = 0.75
6R = 1.26	6R = 0.9
7R = 1.47	***7R = 1.05**
	8R = 1.2

[표 16] 9층탑에서 관측소가 사용가능한 공유층공통수찾기

보시다시피 { 관측부의 5R = 1.05 / 몸통부의 7R = 1.05 }

R0.21과 R0.15를 유일하게 만족시키는 숫자는 1.05랍니다. 그럼, 두 조건을 만족시키는 숫자는 1.5m공유층 내에서는 1.05밖에 없답니다.
저야 일일이 계산해 봐야 알지마는 이 글을 읽으시는 분은 한 눈에 알아내실 수 있을 겁니다?

즉, 공유층 1.5m내에서 실제로 관측부가 사용할 수 있는 높이는 1.05m랍니다.
이 1.05m는 bal 층고(0bal)에 포함될 겁니다.

7층탑의 공유층도 잠깐만 봅시다.
공유층 1.44 중에서 얼마나 사용이 가능할지를?

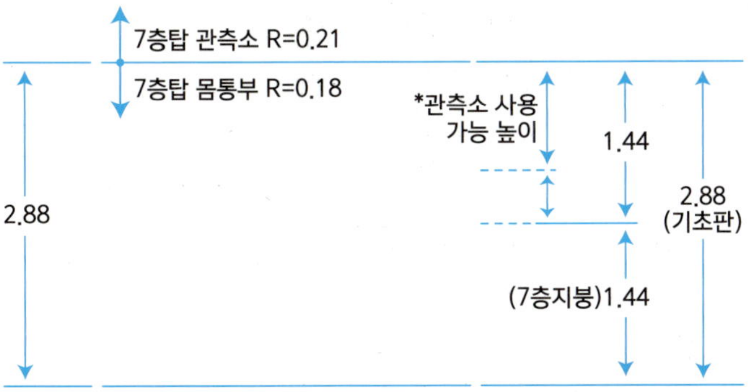

그림조차 그릴 필요가 없네요.
관측부 R0.21과 몸통부 R0.18이 공통으로 사용할 수 있는 숫자만 찾으면 되네요.

- R0.21 x 6단 = 1.26
- R0.18 x 7단 = 1.26

} 너무 간단하답니다.

[그림 129] 7층탑공유층 공통수 : 관측소사용가능치수

일일이 계산하기 귀찮으신(?) 분이 계시면 아주 간단히 공유층공통수를 알아내는 방법을 쓰시면 된답니다. R21cm(관측소R)xR18cm(몸통부R)÷3=126cm가 나올 겁니다.

너무 쉬우면 재미가 없다고 느끼시는 분은 일일이 계산해 보세요.

9층탑보다는 7층탑이 공유층을 21cm 더 이용하네요.

(4) 발코니

Apt도 아닌데 웬 bal? 웃기죠! 그 시대에도 고층Apt가 있었나 보네요?

모르죠. 108m나 되는 초고층목조 Apt가 있었는지? 약 40층높이의 Apt네요. 묘하게 신라탑관측소에는 bal가 있답니다. 옥룡암조각탑을 보시면 아무리 보셔도 보이질 않는 답니다(?). 아니! 눈 씻고 보셔도 잘 보이질 않으실 겁니다.

신라석공이 bal를 새겼는지 안 새겼는지는 조각탑만 보시면 알 수가 없답니다? bal를 새기기가 복잡하여 안 새겼을 수도 있답니다. 만약 새겼더라면 현재는 왜 보이지가 않을까요?

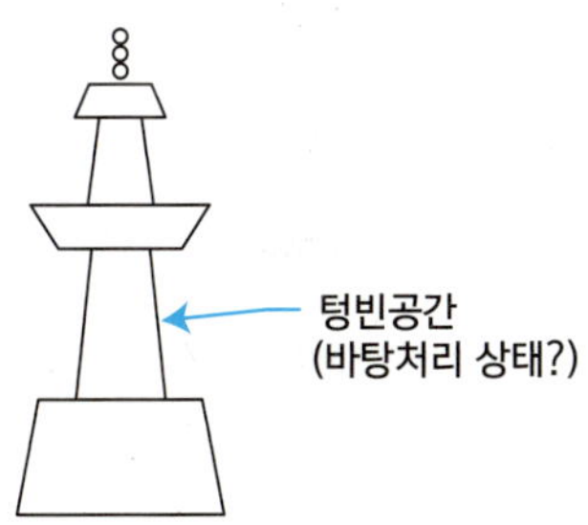

[그림 130] 9층 조각탑 상황

저는 가끔 이런 생각을 해보곤 한답니다.

만약 bal를 새겼는데 지금 보이지를 않는다면 그 어떤 누군가가 흔적도 없이 제거시켰다는 의미겠죠? 과연 누구일까요? 궁금하실 겁니다. bal를 제거시켰다면 아마도 고려석공*이 어떤 뭔가를 새기기 위해서 bal를 제거시킨 후 바탕면처리까지 해 놓았네요. 그나마도 다행인 것은 뭔가를 새기지는 못한 것 같네요?

* 옥룡암바위나 2마애조상군바위에 종교적 의미를 부여하기 위하여 기존조각탑에 황칠을 한 친구들을 일컬음. 변형도 많이 시켰지만 파괴도 많이 한 친구들이네요? 조각탑을 보실 때 유심히 보시면 고려석공의 황칠이 분명히 보이실 겁니다.

정말 신라석공이 bal를 새기지 않았을까요? 다시 한번 9층조각탑을 눈 닦으시고 한번 더 보세요. 분명히 bal가 보이실 겁니다. 보실 때는 마음을 비우고 보셔야만 보인답니데이.
이 bal가 보이시면 그분은 대단한 심미안(?)이 있으신 분일 겁니다. 아! 보이신다고요. 저도 실수할지 모르니 한 번 더 보겠습니다.
있는지 없는지? 보이지는 않고 제 기억속에만 있는 것 같네요. 조각탑에 새겨 졌는지 안새겨 졌는지와는 무관하게 관측소에는 bal가 있을 수 밖에 없답니다. 우리 Apt에도 만약 bal가 없다면, 옷 너는거는 둘째 문제고 창문만 조금 열어놔도 비가 지멋대로 들어올 겁니다. 아닝가?

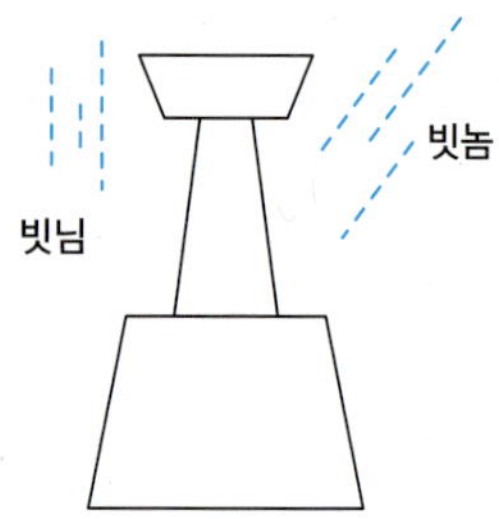

[그림 131] 관측소에 bal가 없는 상황 1

바로 이 빗놈때문에 관측소에 bal가 있게 된답니다. 만약 관측소에 bal가 없다면 어떤 상황이 벌어질까요?

안 보셔도 뻔할 겁니다. 비 오는 날 비가 관측소 내부로 들어와서는 계단을 타고 지하층까지 쏜살같이 내려갈 겁니다. 건물내부에 있는 친구들은 움직이기가 쪼께 불편할 겁니다. 어떤 건축기사가 건물내부로 비를 유입하는 놈이 있을까요? 아무리 돌팔이기사일지라도 그렇게 할 확률은 별로 없다고 보시면 될 겁니다.

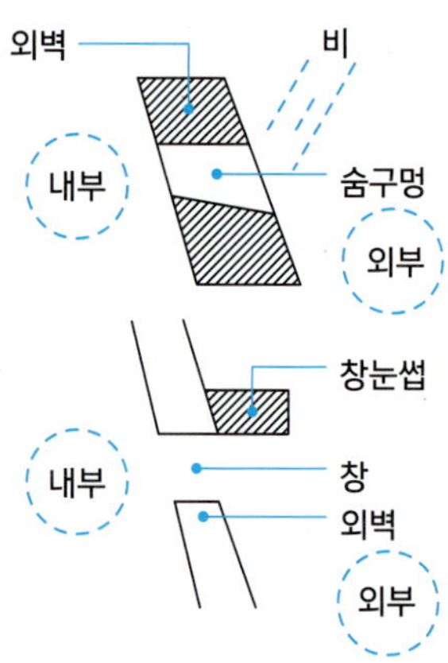

[그림 132] 관측소에 bal가 없는 상황 2

관측소에 bal를 설치하지 않고도 비를 막는 방법은 있을 수 있답니다.

첫째는 관측소외부를 판때기로 완전히 감싸버리면 될 것이며 (내부가 어두운 건 지 8자겠죠?), 둘째는 외벽을 막으면서, 쥐꼬리만한 구멍을 내면 최소한 비는 안들어 올 겁니다.
물론 숨구멍은 외부로 경사지게 해야겠죠.
셋째는 창눈썹을 내어서 조그마한 창문을 만들 수도 있답니다.
그 외에도 여러 가지가 있을 수도 있답니다.

어쨌든, 틀어막든 숨구멍을 내든 아님 쥐꼬리만한 창을 내든 비 막는데는 성공(?)할지언정, 건물꼬라지가 영 말이 아닐 겁니다.
그리하야! 영리한 신라건축기사는 bal를 설치하게 된답니다.

근데, bal를 어떻게 설치하면 좋죠? 얼마나 내밀어야 할까요? Apt식으로 한 1.5m를 내밀까요? 걱정하지 마십시오. 수 없이 많은 시행착오를 겪게 되시면 어느 정도 감이 잡히게 되실겁니다. 같이 한번 헤매 보실까요? 준비 되셨나요! 겁먹지는 마십시오. 아주 간단하답니다. 사실은 그리 간단치만은 않답니다? 관측소의 bal와 몸통부지붕에 엄청 많은 시간을 투자했는데도 어쩌면 더 많은 시간을 투자해야 될지도 모른답니다. 지붕이 역시 어렵군요?

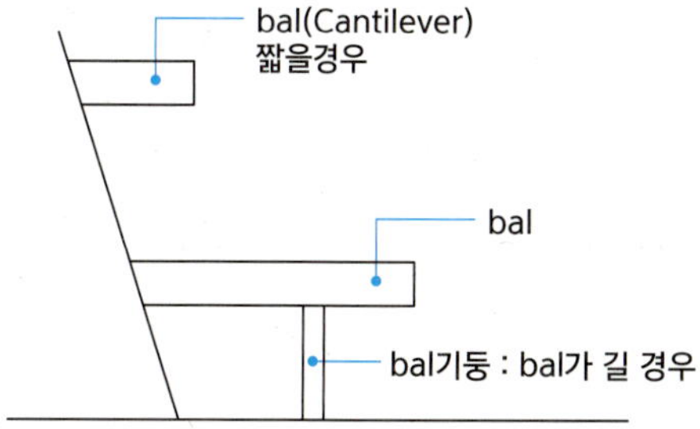

[그림 133] bal개념 : Cantilever(내민)구조

bal 형태부터 먼저 구경해 봅시다. 아마 대충 이렇게 생겼을 겁니다.

bal는 지붕류는 지붕류인데 평지붕 개념을 갖고 있을 겁니다. 또한 bal는 Cantilever구조(내민지붕판구조)랍니다. 짧을 경우는 bal기둥이 필요 없겠지만 bal 폭이 넓으면 bal기둥으로 bal바닥판을 받쳐주어야 bal 바닥판이 아래로 내려앉지 않을 겁니다.

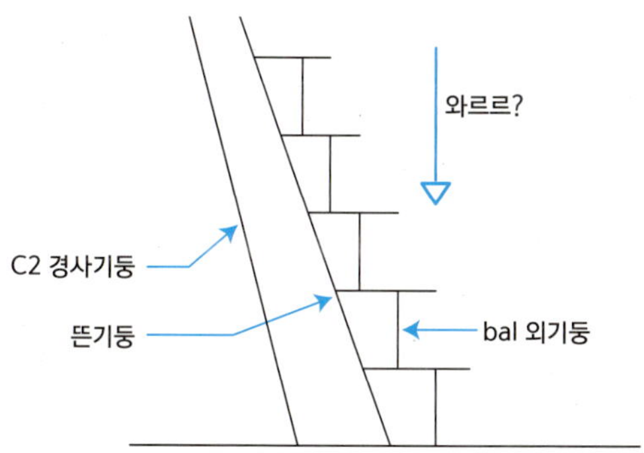

[그림 134] 제일 처음 생각한 bal형태

또한, bal는 평지붕 개념이므로 bal 바닥을 이용할 수도 있답니다.

좌측 그림에서 보듯이 저는 처음에는 bal에 외기둥이 있을 것이며, 전체 bal가 다 외기둥 bal로 생각했답니다. bal 폭과 높이도 모르고, bal가 몇 개 층인지조차 잘 모르는 상태에서 기둥 1개 위에 평지붕을 올려보았답니다. 처음에는 그럴싸하다고 생각을 했었는데, 자꾸 쳐다보니? 이 bal 지붕판이 내려 앉는데는 그리 오랜 시간이 걸리지 않겠구나라는 생각이 들더랍니다. 이 외기둥 bal가 시각적으로 무지 불안정구조라는 걸 인지했답니다.

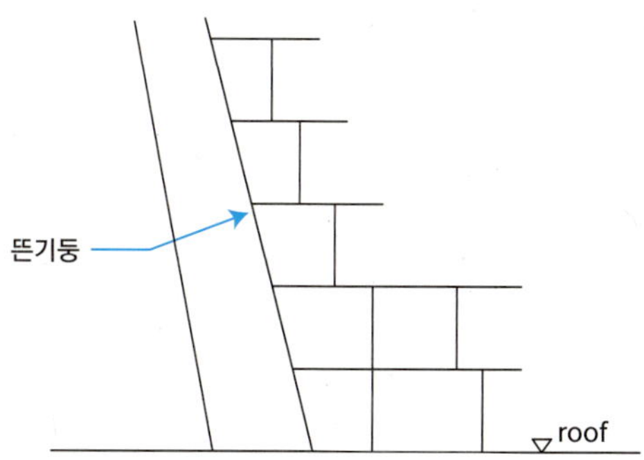

[그림 135] 하부쪽 보강 bal안

그럼, 방법을 찾아야겠죠. 하부 bal를 약간 넓게 해서 기둥 2개를 박으면 되겠구나라고 생각했답니다. 2개층 bal에 기둥 2개를 받쳐주니 시각적으로 그나마 안정감이 훨씬 들더랍니다. 물론 상부쪽 bal는 마찬가

지입니다만, 하부 2개층이 튼튼한 것만 해도 그게 어딥니까?
하! 요놈이 맞겠구나라고 결론을 내렸답니다.

이젠 bal 높이와 bal 폭만 알면 다 해결이 될 겁니다. 별로 안헤매셨다구요. 그나마 다행이네요? 아마 많이 헤매실 겁니다. 저는 9층탑의 조각탑 사진을 보면서 bal가 있다는 것만 인지했지 구체적인 건 정확히 모른 상태였답니다. 사진으로 보시면 관측소몸통에만 bal가 있다는 걸 인지할 수 있지 관측소몸통 양쪽에 가장 중요한 bal지붕판이 있어야 하는데, 이 지붕판이 어떤 누군가(?)에 의해선지는 정확히는 모르겠지만 어쨌든 흔적도 없이 사라져 버렸기 때문이겠죠.

비록 bal지붕판 형태를 알 수는 없지만 길고 긴 사진판독작업(?)을 해서라도 최대한 알아내어야 되겠죠. 같이 판독작업을 한번 해 보시죠. 자! 9층탑관측부 사진을 한번 보실까요.

그건 그렇고, 아까 제가 얘기한 bal가 있다는 걸 인지하신 분 계시나요? 인지하신 분은 아마도 매의 눈(?)을 가지신 분일 겁니다. 물론 마음도 비웠겠죠. 축하드립니다.!

어떤것을 처음 접하실 땐 기존의 고정관념은 버리시고(마음도 비울까요?) 그냥 아무 생각없이 무(無, 0, nill)의 상태로 보시면 어쩌면 잘 보일수도(?)

[사진 2] **9층탑 관측소 사진**

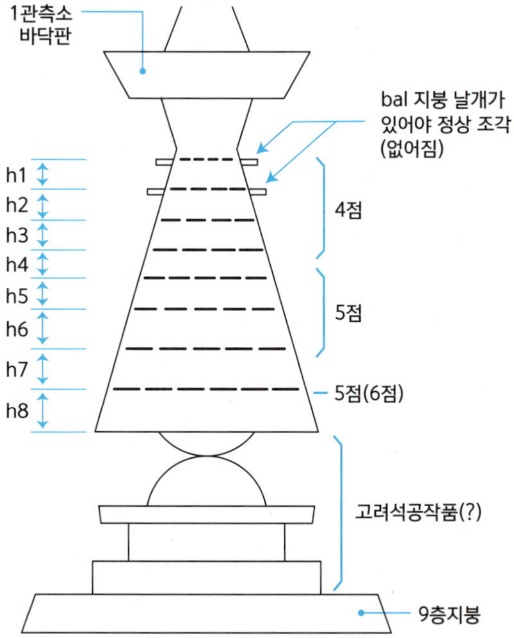

[그림 136] 옥룡암 9층탑 관측부 현상태 입면도

1관측소를 보시면 어디서부터가 시작점인지도 확실치도 않고 점이 몇 개 인지조차도 판단하기가 힘들지만 어떻든 대충이라도 파악을 해 봅시다.

상부에서부터 까만 사각점같은 것이 4개정도씩 내려오다가 5점정도로 되었다가 5점인지 6점인지도 헷갈리는 점들로 일단 점선은 끝이 난답니다.
과연 이 까만 점들이 무얼 의미할까요?

바로 이 까만 점들이 bal의 존재를 의미한답니다.
저는 이 점들을 수도 없이 보다보니 저절로 bal일거라는 걸 알게 되었으며, 처음에는 bal층고도 같을 거라고만 생각했답니다. 그런데, 어느 날 점들을 유심히 보다보니, 상부에서부터 내려올수록 점간 거리가 커진다는 걸 알아내고는 뒤로 나자빠질뻔(?) 했답니다. 무슨 뜻일까요? 밑으로 내려올수록 bal층고가 높아진다는 걸 의미하겠죠. 즉, bal층고도 다 높이가 다르다는 걸 알았답니다. [그림 136]의 입면도를 보시면, bal층고가 h1 < h2 < h3 … < h8로 하부로 내려올수록 높아진답니다. 이제 다시 보시면 한눈에 보이실 겁니다. 근데, 처음 슬쩍 보시면 인지를 잘 못하실 수도 있답니다. 갈수록 태산이네요. bal 높이가 다 똑같아도 알아낼지 못알아낼지도 모르는데! 이거 참! 야단났답니다.

제가 점을 사각 비스무리하게 그려서 그렇지 실제의 점형태는 이렇게 생겼답니다.

[그림 137] 제가 찍은 사진으로 인지시

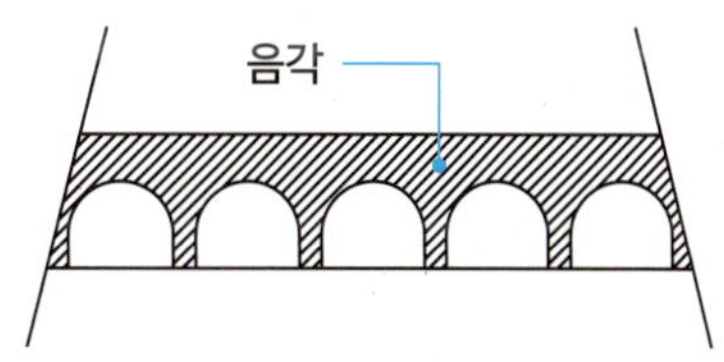

[그림 138] 인터넷 상에 올라온 사진

제가 찍은 사진으로는 사각점으로 보였는데, 인터넷에 올라와 있는 사진을 보니 더 선명하게 보이더랍니다. 인터넷상에 정성들여 올린 사진은 탑을 분석하는데 매우 유용하므로 보실 때 아주 유심히 보셔야 된답니다. 납작 사각점과는 전혀 다르죠? 자세히 보시면 이렇게 생긴 것이 연속해서 등장한답니다. 연속해서 등장하는 놈은 반드시 분석해 봐야겠죠. 이 놈이 도통 무얼 뜻하는 놈일까요? 이걸 아시는 분은 귀신보다 한 수 더 위의 귀신일 겁니다. 상귀신? 이 놈을 반드시 알아내야 한답니다. 아니! 알아내고야 말리라? 근데 어떻게 알아내죠? 앞이 캄캄하네요. 별 걱정을 다 하시네요!
bal도 지붕이니 몸통부지붕에서 찾아내면 될 것을! 관측소와 몸통부는 한 몸인데, 고개를 밑으로 살짝만 내리시면 몸통부지붕에 뭔지는 모르지만 반드시 있을 겁니다.

그럼, 고개를 살짝 숙이시고 몸통부지붕판을 한번 볼까요.
물론 조각탑의 사진을 보셔야겠죠. 지붕추녀끝에 뭔지는 잘은 모르겠지만, 꿀밤(도토리)인지, 단감인지, 말린 오징어몸통인지 아님 물고기류인지는 잘은 모르겠지만 무지 큰 놈이 매달려 있답니다.
풍경(風磬 : 처마끝에 다는 작은 종) 같다구요? 이렇게 큰(약 폭2.5m x 높이4m) 풍경도 다 있나요? 이 추같이 생긴 놈은 9·7층탑지붕 전체에 다 매달려 있답니다.

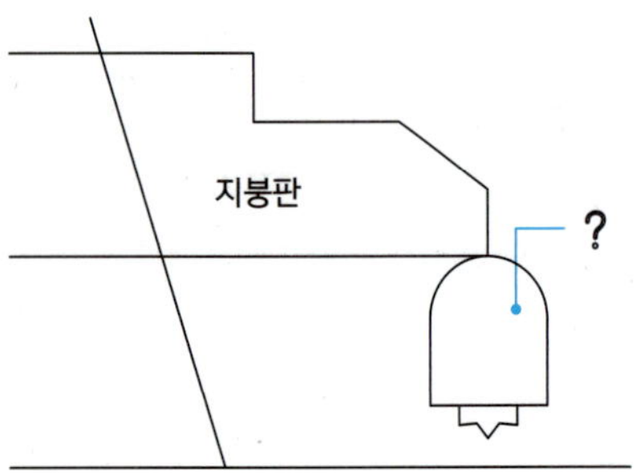

[그림 139] 몸통부 지붕끝

지금 다시 한번 더 사진 등을 보십시오. 분명히 보이실 겁니다. 제가 관측소 bal 지붕 얘기하다가 왜 갑자기 일반지붕을 얘기할까요? 자세히 보시면, 일반지붕 끝에 매달린 형상 에서 하부꼬랑지를 떼어낸 이 관측소 bal 지붕에 매달려 있기 때문이랍니다. 잘은 모르겠지만 비스무리한 느낌이 들지 않으시나요? 전혀 다른 모습이라고요.
모든 건 생각나름이랍니다? 왜 일반지붕에 있는 추의 꼬랑지만 떼어내고 관측소 bal 지붕에 매달았는지는 아무도 모른답니다. 이왕이면 추꼬랑지도 매달아 놓았으면 좋았을 텐데? 하여튼 bal 지붕도 지붕이니까 꼬리가 있든 없든 몸통이라도 매달아 놓았을 겁니다.

사실은 이렇게 구체적으로 표현하지 않아도 관측소에 bal가 있다는 걸 알 수 있는데 고맙게도 한번 더 확인시켜주네요.
관측소 bal 형상은 bal의 폭도 좁고 높이도 낮지만 복잡하기도 하여 조각으로 정확하게 표현하기가 너무 어려웠을 겁니다. 그나마도 다행인 것은 이렇게라도 조각이 되어 있으니 저희들로서는 천만다행이랍니다.

관측소 bal 조각 흔적은 아쉽게도 9층탑에만 있네요. 다른 탑에도 있으면 비교분석이 용이할낀데, 9층탑 bal 조각을 근거로 다른 탑을 풀 수 밖에는 없네요.
그건 그렇고, 몸통부 지붕추녀 끝에 달린 추같이 생긴 이 놈의 정체는 무엇일까요? 추의 크기 추정은 대충 높이가 4m 정도고 폭이 대충 2.5m는 족히 된답니다. 재질은 알 수 없으나 이 놈을 지붕판끝에 왜 매달았을까요? 두 손으로 번쩍 들어서 못으로 고정시키면 된다구요? 그 분은 천하장사보다 힘이 몇 백배나 세어야 될 겁니다. 추정컨대 무게가 10여톤은 족히 되고도 남을 겁니다. 못에 건다고 못이 버틸까요? 설사 처마보에 걸어도 지붕판대기 내려앉는 건 시간문제일 겁니다. 그럼, 실제 매달 수도 없고 매달리지도 않았는데 왜 지붕 끝에 주렁주렁 매달린 것처럼 조각되어 있을까요? 조그마한 풍경을 무지 크게 확대해서 표현했을 수도 있다구요? 어떤 분의 idea인지는 모르겠으나 노벨 idea상을 드리겠습니다. 한 가지 확실한 것은 그게 물고기이든, 오징어이든 실제로 지붕추녀에 매달지는 않았다는 거랍니다. 그럼 이 가상의 추는 무엇인지는 모르겠으나 어떤 무엇을 상징하는 표현이었을 겁니다. 어떤 상징이었을까요? 궁금하시죠. 아마 읽으시다 보시면 언젠가는 아시게 될 겁니다.
너무 기대는 마십시오. 순수 제 개인생각이거들랑요.
뒤에 다시 나오겠지만 이 상징추의 상징은 바로 신라를 상징하는 문장일 확률이 제일 높답니다.
아님 관공서건물이라는 상징일 수도 있답니다. 이 지붕추녀의 상징추, 석축(城), 그리고 관측소가 있어서 이 신라 일반목탑의 용도가 결정될 겁니다. 제가 무엇이라고 얘기하기는 했는데 기억이 가물가물하네요?

관측소를 보시면 상부에 정확한지는 모르겠으나 대충 8개정도의 bal가 있네요. 이 관측소는 9층탑 1관측소랍니다. 다시 몸통부로 가봅시다. 와 자꾸 관측소 이바구하다가 또 몸통부로 가노?
9층탑 몸통부가 몇 층이었죠? 9층이라고요? 아이구 두야. 9층+지하1층=10개층. 정확히 9층탑은 수학적으로도 실제적으로도 10개층이랍니다.
그러면, 혹시 9층탑 1관측소의 bal 개수도 10개층일 확률이 무척이나 높겠죠. 정말 그런 생각이 드시나요? 어쩌면 저하고 그리도 생각이 같을까요. 역시 우린 아삼육이네요.

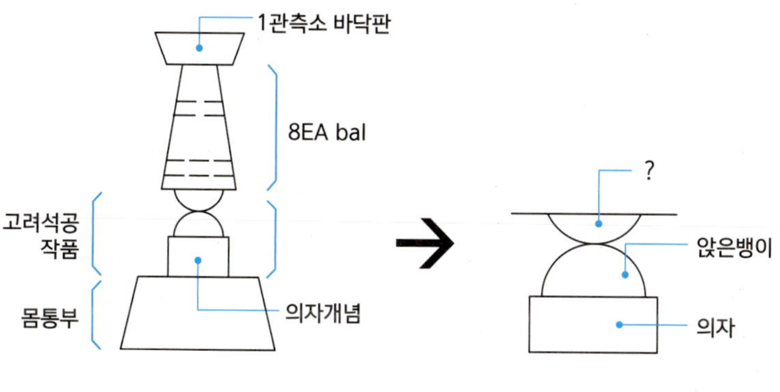

[그림 140] 9층탑 관측소 현상황도(左), 고려석공 작품(右)

다시 현 상태의 조각탑을 보실까요? 확인된 8개 bal 하부는 희한하게 생겼죠. bal는 전혀 볼 수가 없답니다. 우찌하여 이 꼬라지가 되었을까요? 바로 고려석공이 bal를 떼어버리고 종교화시켜 버렸답니다.

잘 보시면 대충 그림과 같이 되어 있답니다. 위에 있는 거꾸로 반원은 무엇을 의미하는지를 잘 모르겠네요. 아마도 대칭개념인 것도 같답니다. 바로 밑의 큰 반원이 앉은뱅이이며, 그 밑에 의자가 있답니다. 이 9층탑 관측소 하부를 고려석공이 석탑상륜부화시켜 놓았답니다.

이 석탑상륜부와 9층탑 최상부(꼭다리)를 비교해 봅시다.

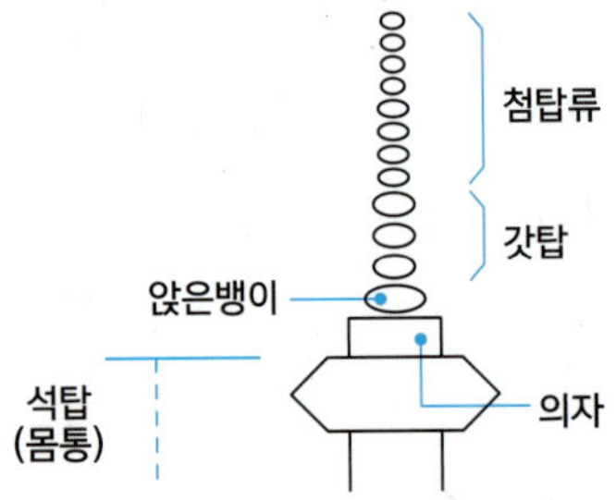

[그림 141] 석탑꼭다리 : 상륜부라고들 한답니다.

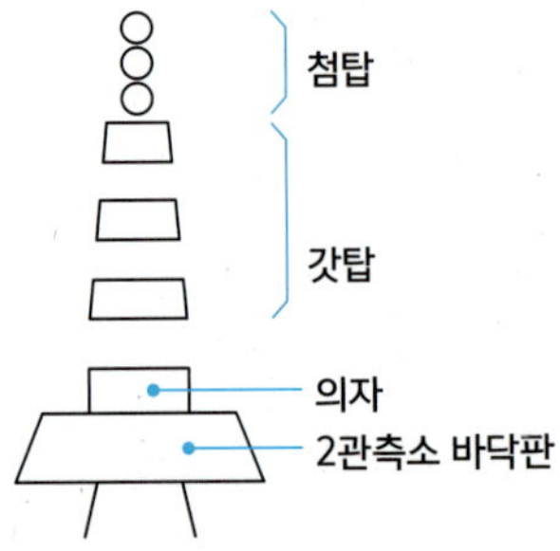

[그림 142] 9층탑꼭다리 : 일반목탑 동일

석탑과 9층탑꼭다리를 보시면 거의 비스무리하게 생겼을 겁니다. 일반목탑의 첨탑은 1단인데 석탑은 보통 2단정도입니다만, 일반목탑과 석탑의 결정적인 차이는 일반목탑에는 없는 앉은뱅이가 석탑에는 있다는 겁니다. 이 앉은뱅이(의자 위에 앉아 있다고 제가 임의로 붙인 이름임)가 일반목탑에는 없는데 비해, 일반목탑이 석탑(사찰목탑 포함)으로 종교화되면서 이 둥그스럼한 앉은뱅이(종교적으로 어떤 의미를 갖고 있는지는 정확히 모름)를 의자위에 앉힌 거랍니다. 이 고려석공이 9층탑관측소 하부bal를 의자와 앉은뱅이로 만들어 버렸답니다. 기도차지 않네요. 앉은뱅이 위의 관측소는 바람만 불어도 최소 십리는 날아갈 듯. 9층탑관측소 하부가 왜 훼손되었는지 개념을 파악하면 이해가 쉽답니다. 종교건물인 사찰목탑과 석탑은 몸통부 위에 막바로 의자가 있고 의자와 붙어서 바로 앉은뱅이가 있답니다.

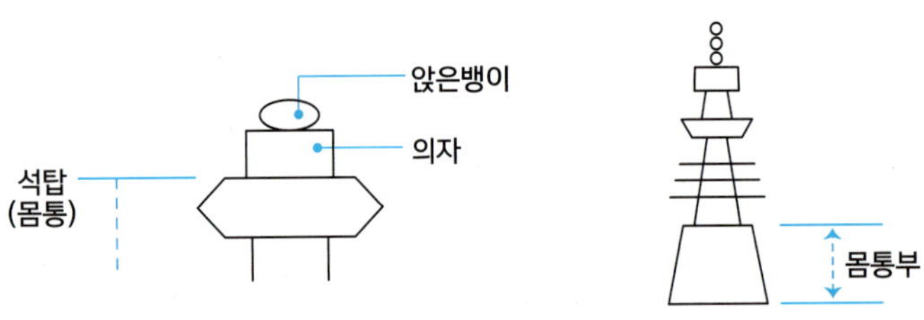

[그림 143] 석탑의자개념과(左) 원 9층탑 조각(右)

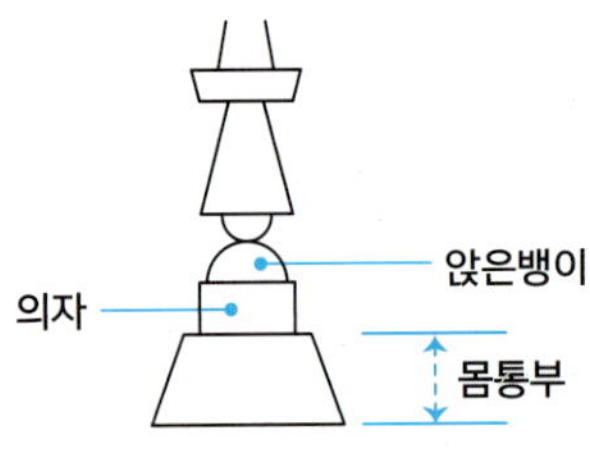

[그림 144] 고려석공이 몸통부 바로 위에 의자와 앉은뱅이를 앉힘.

고려석공이 9층탑 개념을 알았더라면 2관측소 위에 의자가 분명히 있는데, 그 의자 위에다 앉은뱅이를 앉혔더라면 훼손이 극소화되었을 텐데 아쉽네요? 이 고려석공이 훼손시킨 흔적만 봐도 열이 치솟는답니다? 그건 그렇고, 이 훼손된 부위의 bal는 아무것도 보이지는 않지만 2개의 bal가 있다는 것을 인지하실 겁니다. bal 10개층과 몸통부 10개층식으로 신라탑은 대칭개념이 매우 강하답니다.
하부 2개의 bal 층고는 상부보다 훨씬 높다는 걸 육안으로 보시더라도 아실 수 있을 겁니다.

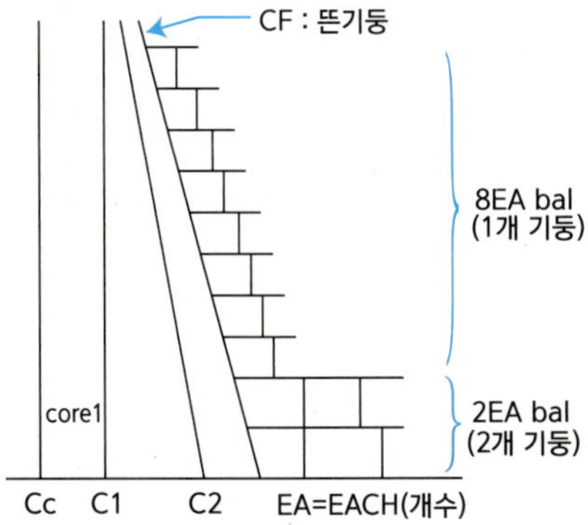

[그림 145] 9층탑 관측소 bal 개념

이제 bal 윤곽이 드러났네요. 간단히 개념도를 그려 봅시다. 저는 제일 처음에 하부 bal 2개높이가 6.3m인 줄 알고 접근을 했답니다.

∵ 뜬기둥(CF) 각이 ⊿7이니 ⊿7이 bal를 지배(높이치수에 결정적 영향을 미침) 하는 줄 알았기 때문이랍니다.

⊿7x3=21로 2.1m가 나오니 여기다 다시 3을 곱하면

2.1x3=6.3(단위는 필요에 따라서 붙이시면 됩니다.)

무지 신나게, 무지 많은 시간을 투자해서 bal 총높이가 18.27m라는 것까지는 알아 내었답니다.
그런데, 어찌 되었을까요? 묘하게도 bal 총높이가 18.27m라는 건 운이 따라서 인지는 모르겠으나 하여튼 맞추었는데, 하부 2개층bal높이가 6.3m라는 건 무려 63cm가 틀렸더랍니다.
이때까지는 몸통부계단단높이(R)가 15cm이니 관측소단높이도 당연히 15cm이겠지라고 생각하고는 죽을똥 살똥 모르고 풀었답니다. 결과는 당연히 참패를 당했답니다. 왜냐구요? 실컷 잘 풀었다는 생각에 도취되어 있을 즈음 공통수라는 이상한(?) 놈을 알아버렸기 때문이랍니다. 약이 올라(?) 이 공통수는 몸통부에만 적용하고 관측소에는 적용하지 말까라고까지 생각했답니다.
이 공통수를 적용하면 이제까지 관측소에 투자한 어마어마한 모든 시간은 물거품같이 사라져 버린다는 걸 알았기 때문이겠죠. 모르고는 우길 수 있겠지만? 건축기사가 알고도 모른 채 넘어가면 문제가 쪼께(?) 있는 기사가 되겠죠? 그래서 예전에 한 모든 것을 파기시켰답니다.

다시 처음으로 돌아가서 새로운 시작을 해야겠죠.
9층탑 1관측소의 공통수를 구해봅시다.(9층탑은 2관측소도 별도의 공통수가 발생됨)

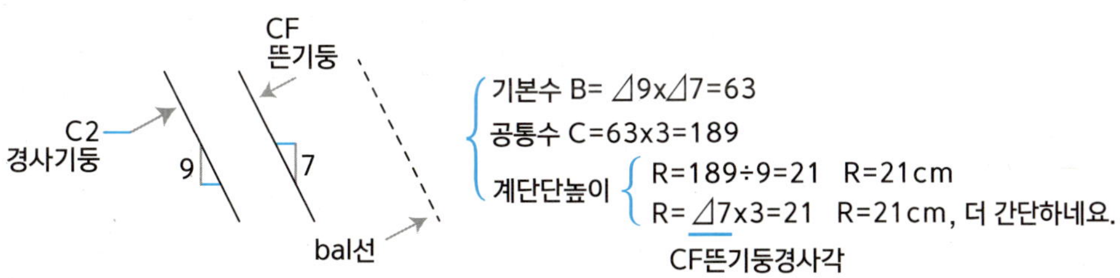

[그림 146] 9층탑 1관측소 공통수

단높이 R=C÷9=0.21에서 나눔수 9는 홀수이지만 관측소에서는 사용한답니다. 좀 특이하죠.
실제로 관측소는 3개의 경사각이 발생된답니다.

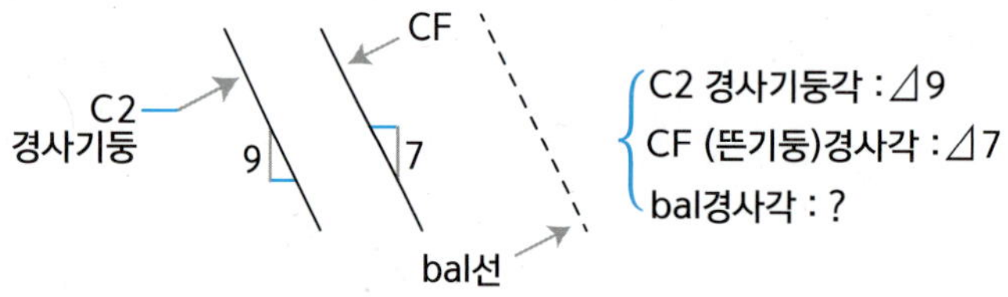

[그림 147] 9층탑 1관측소의 3개 경사각

bal끝각이 몇 각인지는 모르지만 묘하게도 배제된답니다. 2개의 경사기둥각이 힘이 더 센가 봅니다. 사실 이 bal선각은 CF(뜬기둥)각의 지배하에 있기 때문에 뺀 것이랍니다. 즉, bal 각은 독립각이 아니라 CF각의 종속각이라는 말이랍니다. 그래도 이 bal 각으로 단높이(R)는 구해낼 수는 있답니다.
참고로, 몸통부경사각에는 분명히 지붕끝각을 사용했답니다.

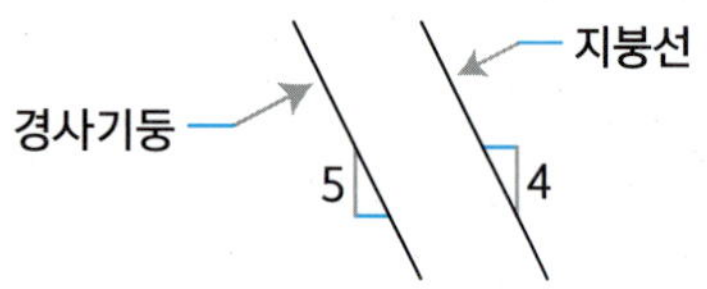

[그림 148] 9층탑 몸통부 지붕각

물론 경사각도 2개뿐이겠지만, 몸통부 지붕끝각은 독립각이랍니다.
어떤 누구의 지배도 받지 않는답니다.

관측소의 경사각과 단높이를 인지했으니, 관측소 bal를 뜯어봐야겠죠.

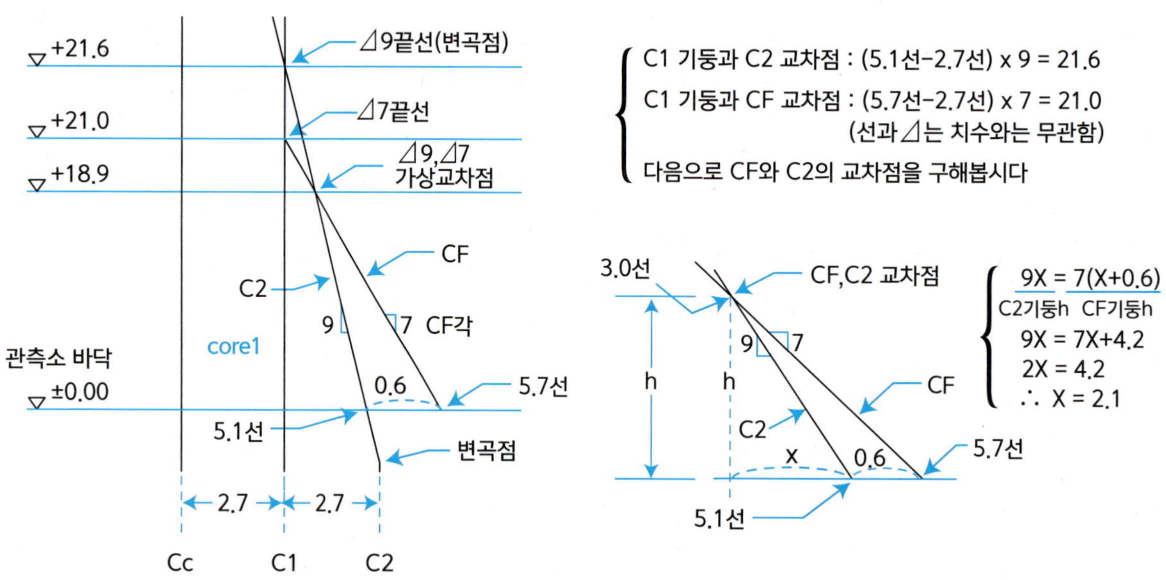

[그림 149] 9층탑 관측소 bal : 경사각끝점과 교차점

교차점 높이는 관측소 바닥에서부터,

$$\begin{cases} h=9x=\triangle 9\times 2.1=18.9(\text{C2기둥기준}) \\ h=7(x+0.6)=\triangle 7\times(2.1+0.6)=18.9(\text{CF 기둥기준}) \end{cases}$$

똑같네요. 아마 계산이 맞는 모양같네요.

즉, 교차점 위치는 { Cc에서 5.1선 – 2.1 = 3.0선이며, 관측소바닥에서 +18.9 위치에 있네요.

여기에서 뜬기둥(CF)이 C2기둥보다 외부에서 올라옴으로 빗물은 CF 기둥이 먼저 맞아 줄 확률이 높답니다. 그럼 일단, bal 가 아무리 높아도 교차점인 +18.9 하부에 있을 거라는 걸 인지하실 겁니다. 사실은 CF와 C2기둥은 만나지를 못한답니다.

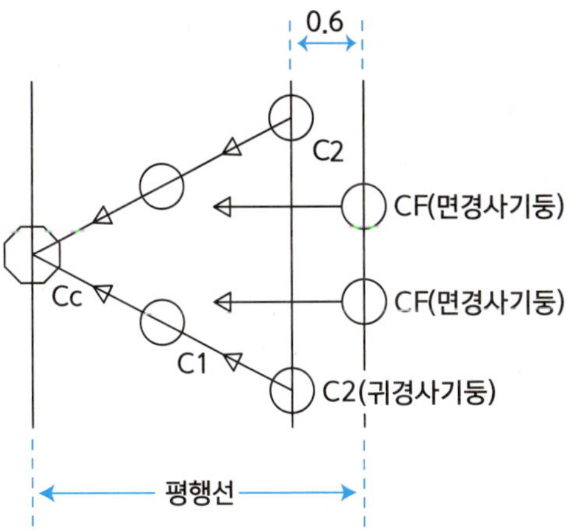

[그림 150] C2와 CF 기울기 방향

좌측 그림에서 보듯이 CF와 C2는 전혀 다른 위치에서, CF 기둥은 면경사기둥으로 Cc기둥쪽으로 평행으로 기울며, C2기둥은 귀경사기둥으로 Cc 방향으로 기울므로 두 기둥이 만날 확률은 아예 없지마는, 설사 만나더라도(?) 기둥규격 때문에 교차할 일은 없답니다. 기둥을 선으로 표시해서 그렇지 무지 크답니다. 다만, 상기 C2·CF 교차점은 측면에서 본 가상교차점으로 측면에서나마 +18.9지점에서 교차한다는 걸 이해하기 위함이랍니다.

신라탑에는 이렇게 가상점이 제법 있답니다. 관측소를 풀다가 우연히 알게 된 것이지만, 관측소에도 자체적으로 가상기초판이 존재하고 있더랍니다. 한번 보실까요.

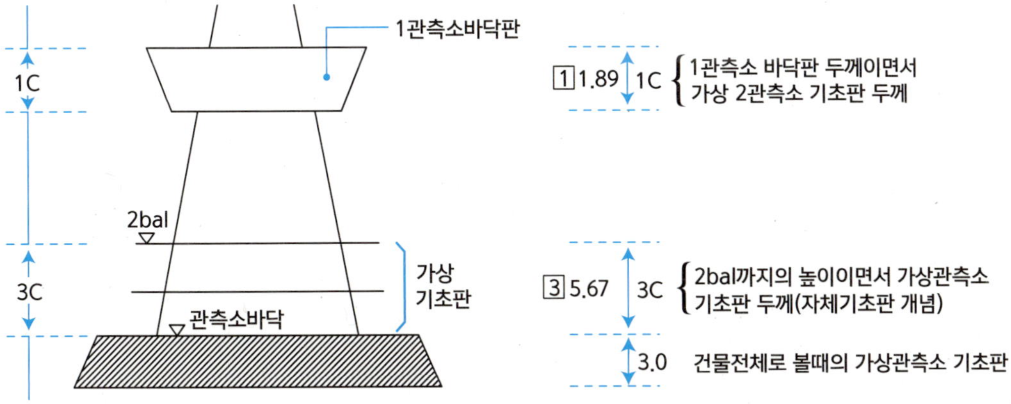

[그림 151] 9층탑 관측소의 가상기초판 개념

저희들이 이제까지 가상관측소 기초판두께는 지하층고의 1/3로 알고 있었는데, 이것은 건물 전체로 볼 때의 가상관측소 기초판두께였답니다.

이제 관측소 자체만 있다고 보시면(몸통부는 완전히 제외) 즉, 별도 건축물로 보시면 관측소의 2bal까지 높이가 3C(C:1관측소의 공통수: 1.89)로 관측소의 가상기초판두께이며, 그 1/3인 1C(1.89)가 1관측소 바닥판 두께인 동시에 9층탑같은 경우는 2관측소 가상기초판두께 개념이 되더랍니다.

재미있죠. 신라탑은 자체적으로 비록 가상이론이긴 하지만 묘하게도 기초판개념을 갖고 있답니다.

이렇게 신라탑에는 가상이라는 개념이 제법 있답니다. 가상점도 당연히 포함될 겁니다. 9층탑높이 108m 꼭대기점도 엄밀히 수학적으로는 가상점이 된답니다. 108m 꼭대기에 가면 첨탑 기초판꼭대기가 있답니다. 신기하죠. 신라 건축기사들이 현재의 건축기사를 훨씬 능가하는 유연성을 갖고 있답니다.

이제 bal에도 어떤 개념이 포함되어 있는지 한번 살펴봅시다. 치수는 제가 수도 없이 많은 반복작업으로 알아낸 것이므로 왜 이 치수가 나왔는지는 하도 오래되어서 저도 전혀 기억이 나질 않는답니다. 다만, 맞을 확률만 높을 겁니다? 9층탑 1관측소 bal를 한번 그려 봅시다.

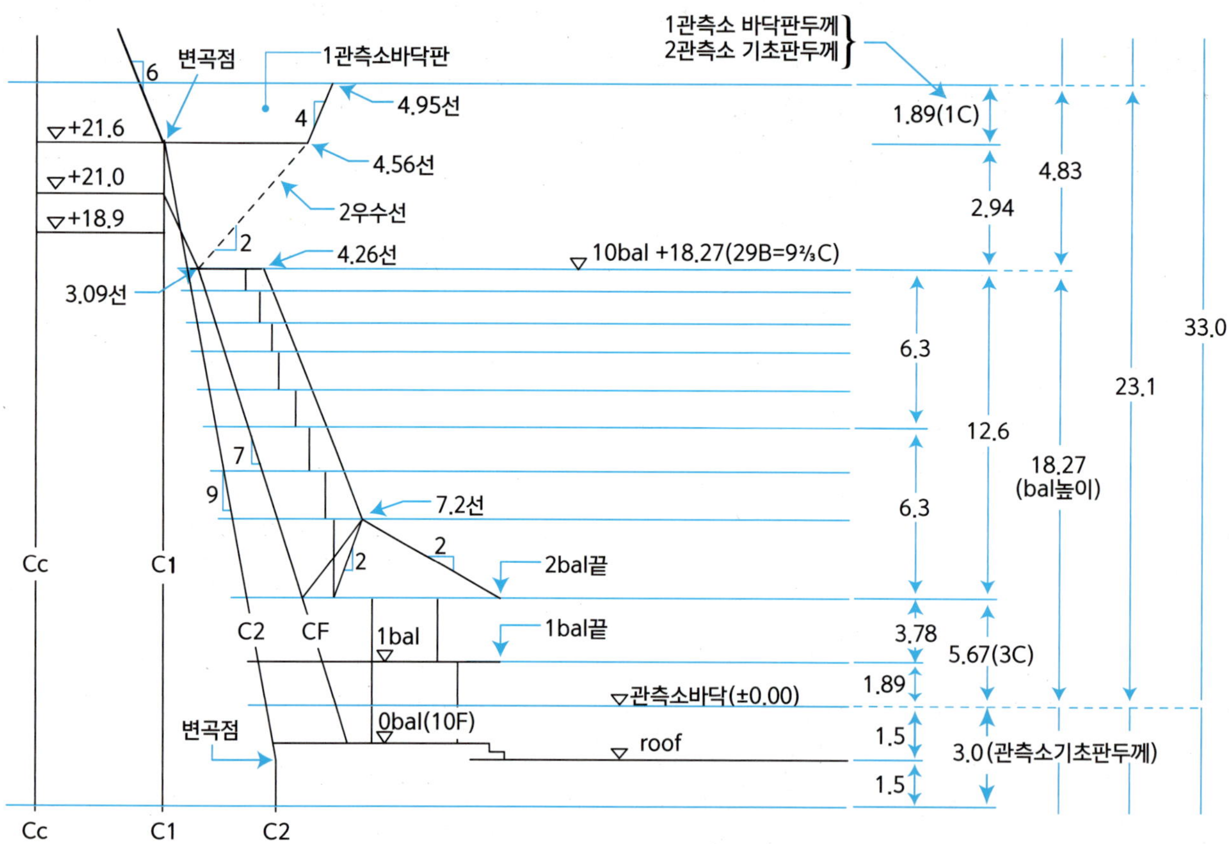

[그림 152] 9층탑 1 관측소 bal 개략도

관측소bal의 기본우수선은 2우수선이랍니다. 위에서부터 분석해 봅시다.

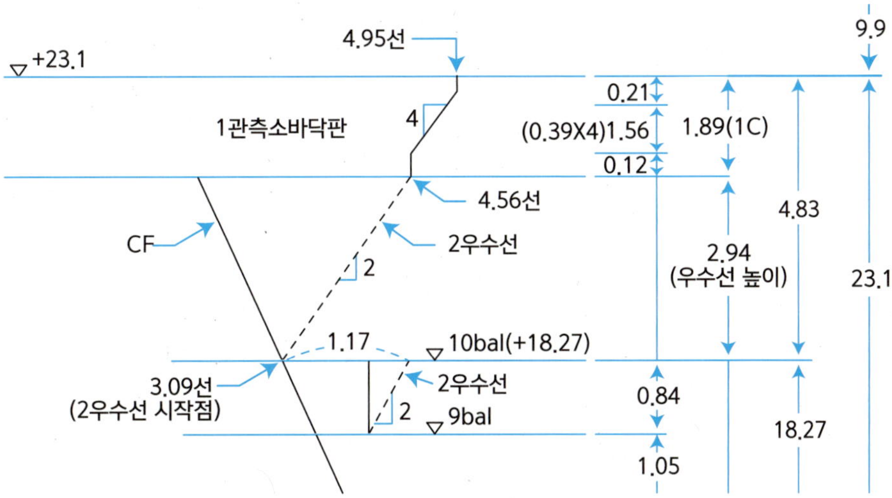

[그림 153] 9층탑 1관측소 상부개념

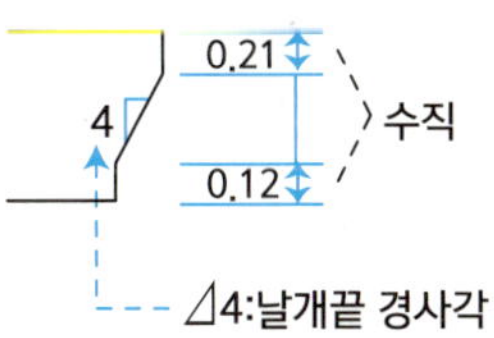

1관측소바닥판날개 끝 벌어짐 경사각은 ⊿4가 기본개념이랍니다.

(전탑 동일)

완전 경사가 아니라 상하는 수직이랍니다.

1관측소바닥판날개 하부에 2우수선을 적용하면 4.56선−2.94÷⊿2=3.09선으로 뜬기둥 bal 상부중심점이 된답니다. 즉, CF기둥의 10bal 중심선인 3.09선이 1관측소바닥판의 2우수선시작점이 된다는 걸 의미한답니다. 1관측소높이 23.1÷0.21(R)=110단으로 10단 단위로 단수가 떨어진답니다. 맞네!

각 bal층고는 기본적으로 1R(1단단높이)인 0.21씩 차이가 난답니다.(@0.21(1R))

3bal와 2bal 사이를 유심히 보십시오.

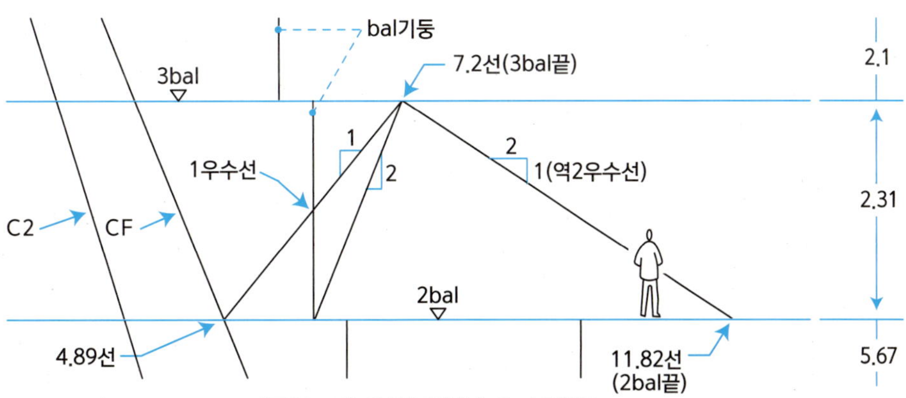

[그림 154] 9층탑 1관측소 2bal 단면도

전에도 잠깐 얘기 드렸듯이 3bal끝에서 2bal의 CF 중심선까지는 1우수선의 적용을 받으면서 2bal 기둥중심선까지는 2우수선의 적용을 받는답니다. 즉, 3bal 끝선(7.2선)에서 1·2우수선이 동시에 존재한다는 걸 의미하죠. 참 재미있는 우수선이랍니다. 또한, 3bal 끝선에서 2bal 끝선까지는 가상역 2우수선을 적용하네요.(1~7층탑인 외관측소에서는 역1.5우수선을 적용한답니다.)

역우수선(엄밀히는 우수선은 아님)이란 수직변을 1로 하고 밑변(윗변포함)을 정수화시키는 우수선이랍니다. 일반우수선은 윗변이 1이고 수직변이 정수화되는 우수선이겠죠. 이 역우수선은 관측소에서든 건물 전체를 비교할 때 가끔 이용한답니다. 예를 들면 이런 거랍니다.

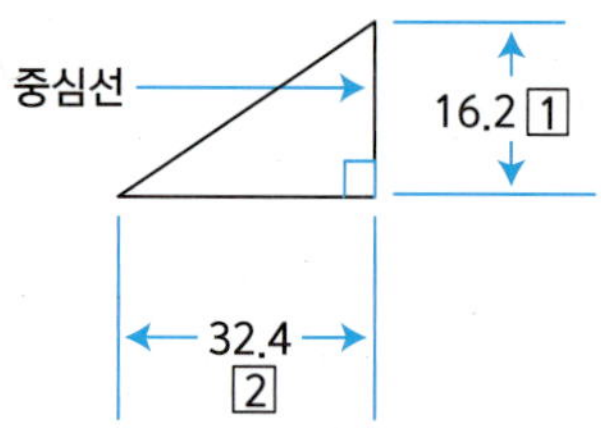

[그림 155] 석굴암 높이와 반폭

석굴암의 높이는 16.2이며, 건물중심선에서 외부계단끝까지의 길이가 32.4m랍니다. 정식으로 하면 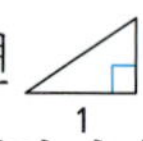

가 되겠죠. 즉, 밑변이 1이고 수직변이 0.5가 된답니다. 0.5우수선(경사각)이 된답니다. 수직변을 1로 하면 밑변이 2가 될 겁니다. 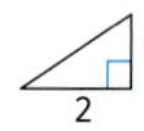

즉, 역 2우수선이 되겠죠. 어떤 숫자가 보기가 좀 그럴 때 사용한답니다.

수직변보다 밑변이 더 넓을 때에는 대부분 이 역우수선공법이 숫자 보기가 훨씬 편하답니다. 그리고, 2bal~0bal를 보실까요.

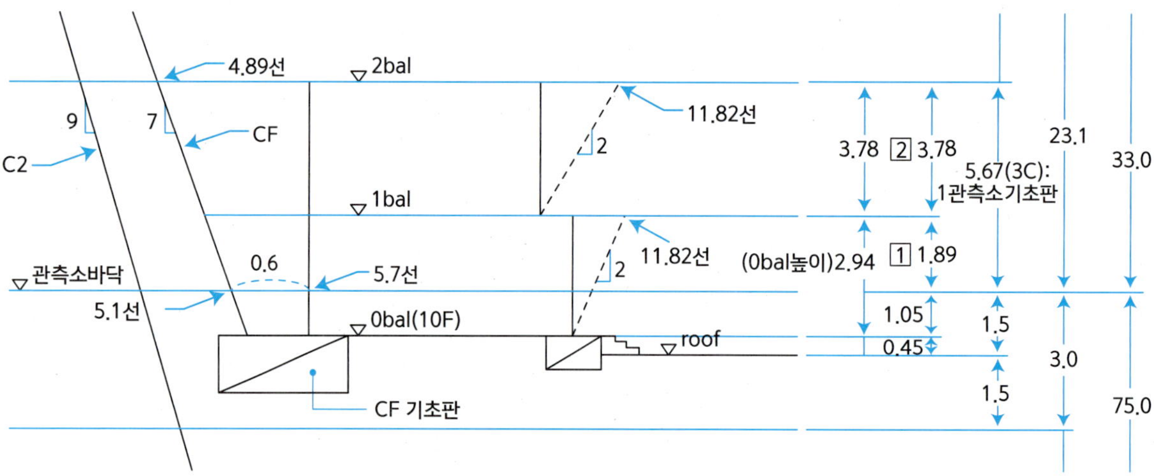

[그림 156] 9층탑 관측소 하부 0bal~2bal 간이 단면도

관측소 가상기초판두께 5.67(3C)의 2/3인 3.78이 1bal 층고가 되며 나머지 1/3인 1.89가 0bal 층고로 남는답니다. 층고 1.89는 너무 낮답니다. 바로, 공유층에서 말씀드렸던 관측소가 사용할 수 있는 1.05를 0bal가 이용가능하답니다. 즉, 0bal 층고는 1.89+1.05=2.94(14R)가 된답니다. 0bal라니 생소하죠?

사실은 저도 처음 들어본답니다. 그냥 여러 개의 bal중에 제일 밑에 있는 bal라고 생각하시면 된답니다. 그럼, 1bal라고 해야할 것 같은디? 사실은, 층표기가 애매하기는 하답니다.

자! 몸통부 지하1층을 예로 들어볼까요. 진짜로(?) 1층밑에 있는 지하층이 과연 -1층이 맞을까요? 우짜죠? 수학적으로는 정확하게 틀렸답니다.

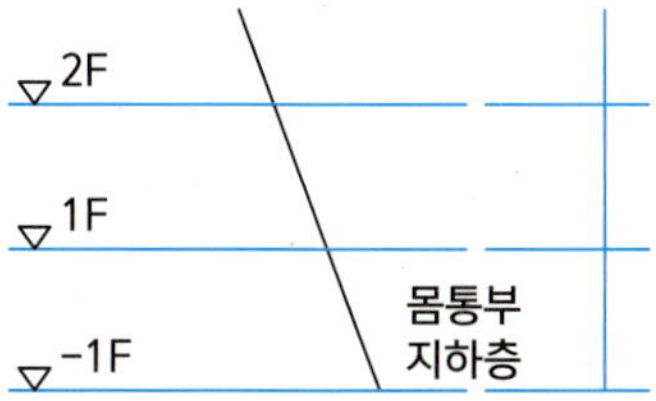

[그림 157] 몸통부 지하1층의 예

왜 일까요? 2층과 1층은 1개층 차이가 나죠. 아닝가?
2층 - 1층 = 1층, 3층 - 2층 = 1층 …… 맞기는 맞나?
그럼 1층과 -1층은 몇 층 차이가 날까요? 계산해 보면 알겠죠.
1층 - (-1층) = 2개층. 하! 희한하죠.

상부층들은 1개층 차이가 나는데 희한하게도 1층 바로 밑에 있는 지하층과는 2개층 차이가 나네요.
혹시 계산이 잘못되었나? 다시 한번 확인해 봤답니다? 그래도 2개층 차이인데 혹시 제 계산실력이 엉망(?). 어쩌면 저희들이 모르는 귀신층(?)이 있는건가? 하! 머리가 다 아프네? 정수를 다시 분석해 봅시다. 5 → 4 → 3 → 2 → 1 → 0 → -1 → -2 …… 로 나가는게 경험상(?) 맞을 겁니다.
그런데, 저희들은 무심코 1층밑에는 -1층이 있다고 생각한답니다.
0층은 완전히 공중분해 시켜버린답니다? 왜 0층을 팔아 먹습니까? 팔아물 어떤 권리라도 있으신가요? 저희들은 지하 1층을 -1F(1B)라고 표기를 하고 실제로도 지하1층이 맞답니다. 문제는 저희들이 일반적으로 사용하고 있는 1층에 문제가 있답니다. 1층밑에 있는 층이라고 지하1층을 0층으로 표기하면 무슨 층인지를 도통 인지하기가 헷갈릴 겁니다. 0층이라는 말은 말 그대로 0이라는 숫자 자체가 없음을 의미하니까 없는 층이 되겠죠. 사실 이것도 문제가 있답니다. 저도 이것이 하도 헷갈려서 몸통부 지하층(실제로는 신라탑은 정확히 1층에 위치하고 있음)을 용도개념상 지하층으로 분류하는 게 맞을 것 같아서 그냥 -1층이라고 표기는 하고 있으나, 수학적으로는 특히 신라탑은 0층이 정확한 표현법이랍니다.

유럽 일부 나라에서는 우리의 2층을 1층으로 표기하고 우리가 사용하는 1층을 땅층(GF: Ground Floor)이라고 쓴답니다. 쪼께 합리적인 것 같기는 하긴한데 땅층이라니 조금 웃기는 단어죠. 1층에 살고 있는데 어떤 분이 땅층에 사시느냐고 물어시거든 나 0층에 살거들랑이라고 답해주이소. 관측소 bal에 0층bal라고 표기한 것은, 지상 한참 올라가다가 중간에 갑자기 -1bal라고 쓰면 더 헷갈릴 것 같아서 0bal라고 표기했답니다. 0bal의 의미를 이해하셨을 겁니다.

신라탑은 대칭개념이 강하다고 말씀드렸을 겁니다. 몸통부도 10개층, bal도 10개 층이랍니다. 그런데 이것도 약간은 헷갈리게 되어 있답니다. 보실까요.

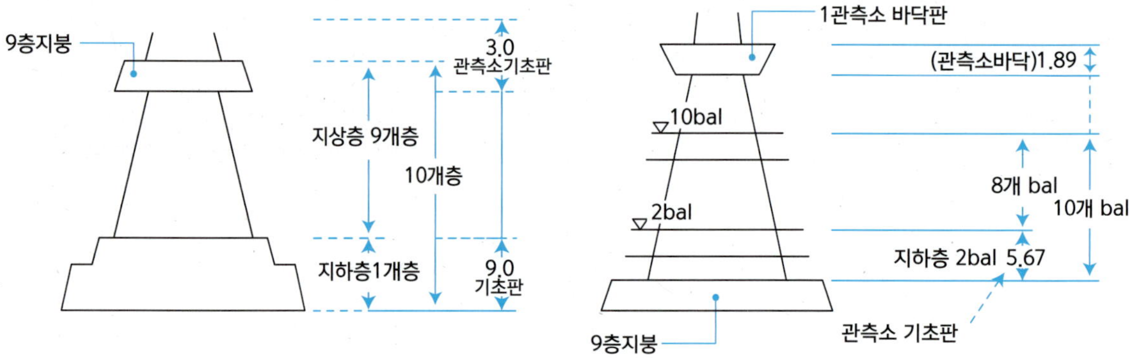

[그림 158] 9층탑 몸통부 층 개념과(左) 9층탑 관측소 층 개념(右)

9층탑몸통부를 보시면 건물기초판 개념인 지하층이 1개층이며, 그 위에 9개층이 있답니다. 9층탑 관측소를 보시면 관측소기초판 개념인 지하층이 2개bal이며, 그 위에 8개bal가 있답니다. 똑같은 대칭개념인데도 지하층이 몸통부에는 1개, 관측소는 2개 bal층이 있답니다. 그냥 있는대로 인지합시다. 너무 생각이 많으시면 배가 산으로 올라갈 수도 있습니데이?
참고로, 이 0bal는 몸통부 개념의 층으로 분류하면 9F위에 있는 층이므로 10F가 되며, 1bal는 11F가 되고 2bal는 자동으로 12F가 될 겁니다. 이 2bal(12F)까지는 사용공간이므로 12F까지 분류해도 된답니다. 즉, 0bal와 1bal는 관측소요원의 HQ(본부: Head Quarters)가 되며, 관측소에서 관측이 주로 이루어지는 12F(2bal)는 무척이나 중요한 층이랍니다. 아마 비가 오거나 한겨울에 너무 추우면 1bal(11F)로 내려와서 관측하게 될 겁니다. 내가 너무 비약했나?

발코니 개념을 쪼께 인지하셨는지요. 아직도 어리둥절 하실 겁니다.
자꾸 보셔서 눈에 익어야 이해하시기가 편해지니까 제가 한번 더 주요선만 꼬집어 내어서 한번 더 말씀드리겠습니다.

또 그립시다. 아이구 팔이야!

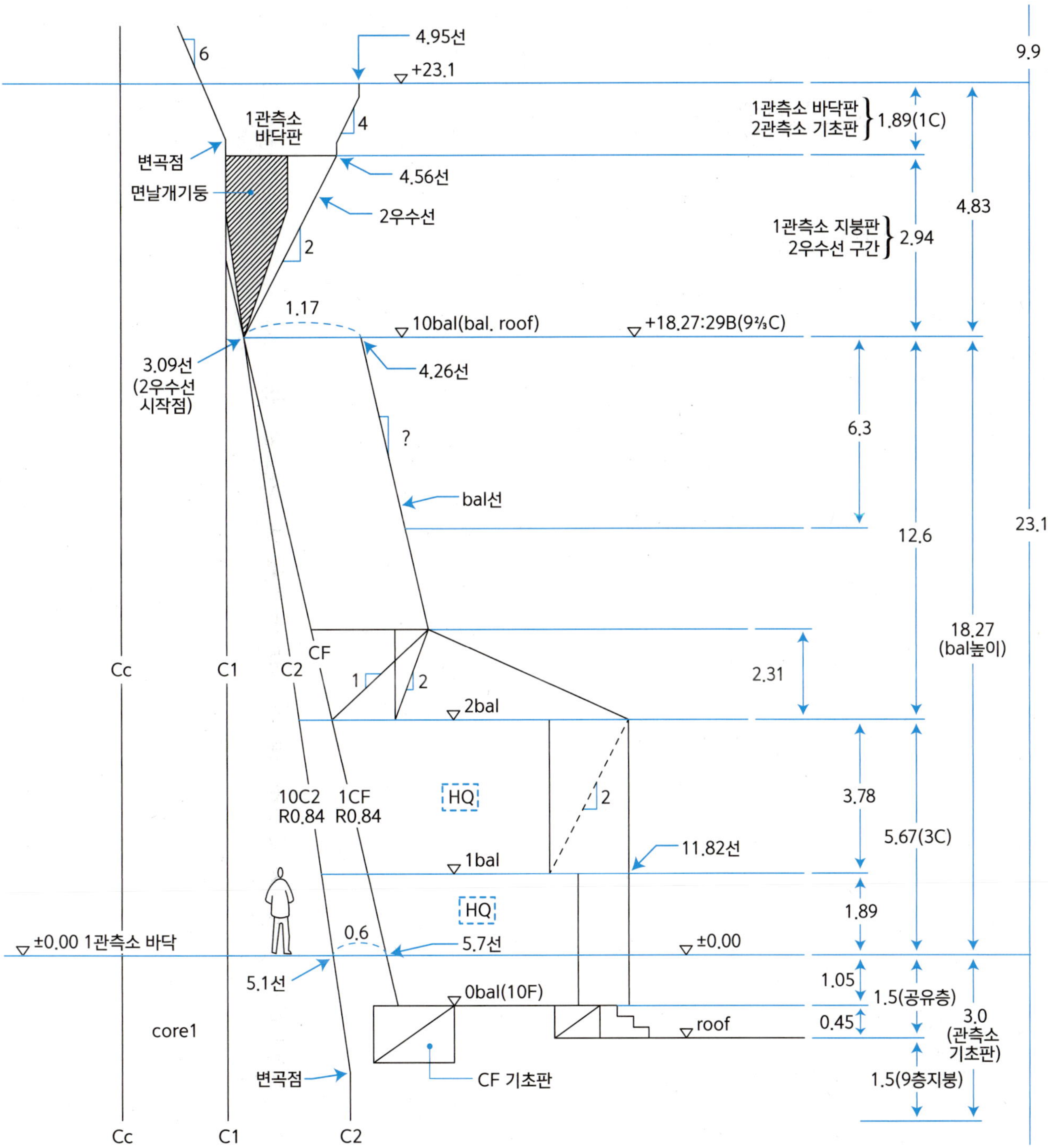

[그림 159] 9층탑 1관측소 간편 개념도

보기가 쪼께 낫네요. ±0.00은 관측소 바닥높이를 의미하며, 바닥이니까 높이는 0이겠죠.

+18.27(bal높이)은 관측소바닥에서 18.27m 높이에 있다는 걸 의미한답니다. +18.27=29B라고 쓰여 있는데 이 B는 1관측소의 기본수랍니다. B= ⊿9x ⊿7=63이랍니다.

이 기본수에 3을 곱하면 그 유명한(?) 공통수C가 나오겠죠. 공통수 C=3B=3x63=189가 된답니다.

단위는 필요에 따라서 넣으시면 된답니다. 4.95선은 무얼 의미했죠? 바로 Cc(중심기둥)에서 평행으로 4.95m(495cm) 떨어져 있는 선이라고 말씀드렸을겁니다. 눈에 완전히 익어셔야 됩니데이!

아직 각 탑의 bal높이를 다 계산해 보지는 않았지만, 미리 각 탑의 bal 높이를 한번 비교해 봅시다. 비교표는 많이 만들면 만들수록 좋답니다.

탑	bal 총 높이		비 고
	C:공통수	B:기본수	
9층탑	9⅔C	29B	⅔C가 많음
7층탑	9C	27B	표준높이 9C
5층탑	9C	27B	
3층탑	9C	27B	
1층탑	6C	18B	3C가 부족

[표 17] 각 탑의 bal 총높이 비교표

이 bal 총높이도 공통수C(각 탑의 관측소의 공통수임)라는 놈이 지배하고 있음을 알 수가 있을 겁니다.

9층탑은 ⅔C (2B)가 높고 3~7층탑은 9C가 되며, 1층탑은 3C가 적은 6C가 나오네요.

어떻게 알 수가 있냐구요?

제가 수도 없이 많은 헤매임 끝에 알아낸 거랍니다. 수학적 근거가 있냐구요? 글쎄요? 관측소를 풀다 보면 C2경사기둥이 원래의 주기둥은 맞는데, 희한하게도 수입산(?)인 뜬기둥(CF)놈이 전체를 지배한답니다. 기둥숫자가 많아서 그렇나?(C2기둥수 8ea, CF기둥수 16ea) 신기하죠? 1관측소지붕판 우수선도 CF의 10bal 중심선인 3.09선에서 시작한답니다. 1관측소바닥판의 날개 벌어짐도 특이하답니다. 모든 탑을 풀다 보면 모두를 만족하는 벌어짐 각은 ⊿4가 가장 합리적이더랍니다. 특별한 근거는 없지만, 상부 벌어짐 각을 ⊿4로 했답니다. ⊿4는 ⊿4인데 상·하는 수직면이 발생된답니다.

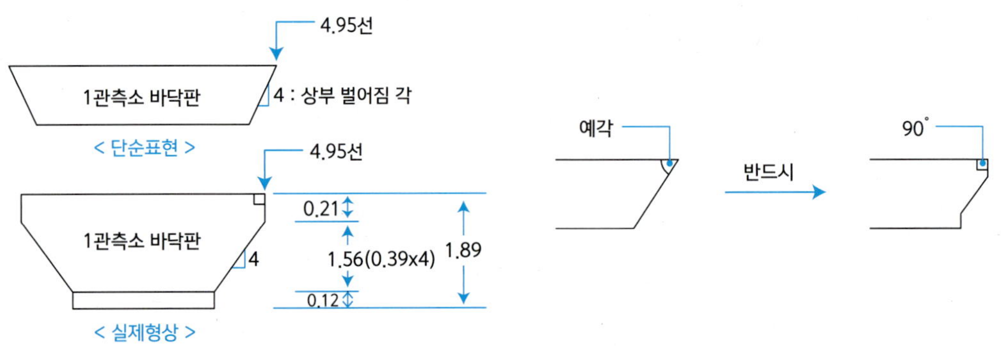

[그림 160] 1관측소바닥판 벌어짐 각도의 예각처리법

참고로 신라탑은 기본적으로 예각(90°미만)은 사용하지 않는답니다.

즉, 끝이 뾰족하게 튀어나오지 않는답니다.

예각이 발생시는 반드시 면접이든 귀접이든 아님, 수직처리를 하든지 반드시 예각을 90°이상으로 만들어야만 한답니다. 90°이상(≥90°)은 90°도 포함 됩니데이! CF(뜬기둥) 위에 날개기둥이 위치하여 1관측소바닥판을 보강해 준답니다.

참고로, 1관측소바닥판 벌어짐 끝칫수인 4.95선의 숫자합은 반드시 9라야 된답니다.

또한, 최상단 bal폭(9층탑은 10bal폭)인 1.17도 반드시 숫자합이 9가 나와야 된답니다. 그런데, 아직도 bal처마각이 미지수네요? 사실 이 bal처마각 때문에 무지 많이 헤맸답니다. 하여튼, bal각이든 bal 층별높이든 단번에 알 수 있는 방법이 없어서 상상 이상으로 많이 헤매었답니다.

bal를 시작할 때 제가 한번 헤매봅시다라고 말씀드렸답니다. 아마도 이 글을 읽고 계신 분들은 지금쯤 헤매고 있을지도 모른답니다? 관측소 경사각은 너무나 단순하답니다. 9층탑은 ⊿9·⊿7이네요.

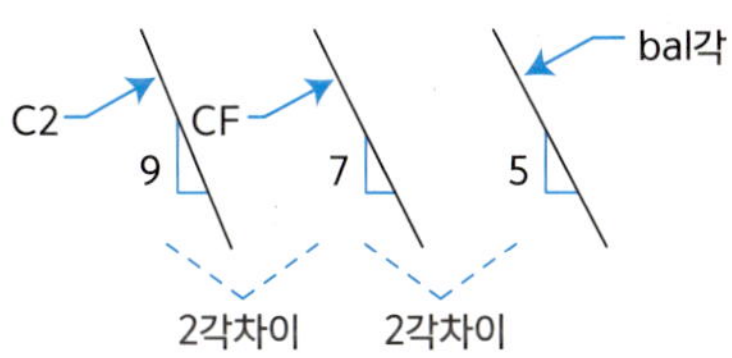

[그림 161] 처음 생각한 bal각

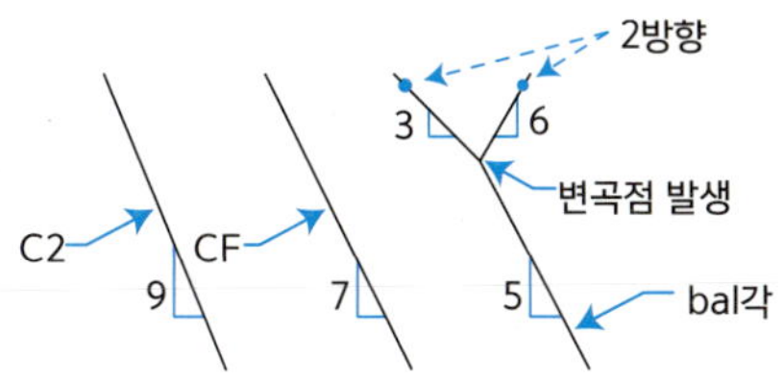

[그림 162] 처마각이 ⊿5였을 때의 변곡점 발생

저는 ⊿9와 ⊿7이 2차이이니까 당연히 bal처마각도 ⊿5일 거라고 생각했답니다. 몇 년에 걸쳐서 풀어봤는데도 항상 상부쪽 bal선에서 변곡점이 발생되더랍니다. 공통수를 발견하여 쉽게 풀리리라 생각했는데도 원인과 이유는 모르겠지만 어떤 층 bal끝에서 변곡점이 발생되더랍니다. 변곡점에서 벌어지기도 하고 내부쪽으로 쏙 들어가기도 하더랍니다. bal처마선이 일직선이어야 모양새가 좋은데? 아무리 별 지랄(?)을 다해봐도, 이 놈의 변곡점을 없앨 수가 없더랍니다.

변곡점이 발생되더라도 bal끝선의 방향은 같아야 하는데, 변곡점상부선이 지멋대로 와따리가따리 하더랍니다. 무슨 이런 경우가 다 있나라고 고민만 했지 해결책을 못 찾고 있었답니다. 그러던 어느 날 제가 가끔 잘 쓰는 공법을 동원했답니다. 바로 잔머리공법(?)이랍니다. 이 잔머리공법은 어떤 상식을 벗어난 전혀 엉뚱한 공법을 적용해보는 것이랍니다. 엄밀히는 정공법이기도 하답니다? 어떤 공법이었을까요? 바로 제가 동일법칙 원칙인 ⊿9·⊿7 다음은 2각 차이인 ⊿5가 맞을거라고 생각했었었는데 맞지를 않으니 CF각인 ⊿7을 열이 받아서(?) 3도 아닌 반쪼가리인 2로 나누어 보았답니다. ⊿7 ÷ 2 = ⊿3.5, 상식적으로는 3으로 나누거나 3을 곱하는게 일반적인데 제가 반란을 일으킨 것이랍니다. ⊿7을 2로 나눈 숫자 ⊿3.5가 영 마음에 들지는 않았지만 bal처마각에 적용해보니 귀신이 곡을 할 정도로 정확하게 모든 치수가 맞아 떨어지며, 처마끝선이 정확하게 일직선이 되더랍니다. 이 귀여운 2나누기공법. 풀어도 풀어도 그리도 풀리지 않던 이 bal처마각을 알아내는데 성공했답니다. 어찌하야! 뜬기둥(CF)각을 2로 나누어야 된다는 생각을 한번도 못해봤을까요? 제가 돌팔이가 맞긴 확실히 맞나 봅니다~

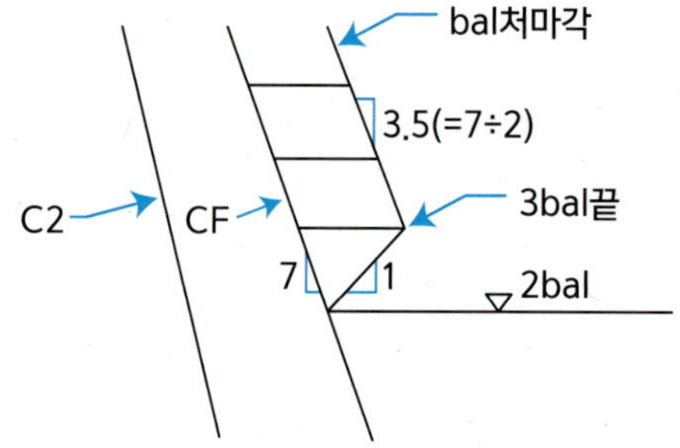

[그림 163] bal 처마각 개념

다시 관측소 경사각을 봅시다. 이 처마끝각은 3bal부터 적용된답니다. 1·2bal는 처마각과는 무관하답니다. 제가 관측소 공통수 구할 때 처마각은 CF경사각의 종속각이므로 적용하지 않는다고 말씀드렸을 겁니다. 그런데, 희한할 겁니다. 이제까지 경사각이 정수만 보였는데 ⊿$^{3.5}_{1}$, 3.5인 소수점이 나오네요? 소수점이면 어떻습니까. 자체가 맞으면 되는건데,

맞습니다. 소수점도 나온답니다. 저번에 말씀드렸을 겁니다. 수학적으로 경사각의 수직변은 반드시 C(공통수)가 자리 잡는다고? 기억나시나요. 다시 봅시다.

[그림 164] bal 처마각

[그림 165] CF 경사각

[그림 166] C2 경사각

보시다시피, ⊿$^{3.5}_{1}$같이 소수점은 아무런 문제가 되지를 않는 답니다. 다만, 공통수를 쓰면 숫자를 외우기도 보기도 헷갈리니 단순히 밑변을 1로 한 것뿐이랍니다. 9층탑의 1관측소는 2관측소가 있어서 1관측소 높이가 23.1m로 고정이 되어 있어서 위에서 내려오면서 계산을 하든, 밑에서부터 올라가면서 계산을 하든 몇백번의 시행착오는 있을 수 있으나 어떤 누구도 풀어낼 수가 있답니다. 1관측소만 있는 1~7층탑 등은 1관측소바닥판까지 높이가 어느 정도는 유동적이라(1관측소 높이가 고정상태가 아님) 무지 헤맬 수가 있답니다. 제가 날개기둥, 1·2bal 형태, CF기초판 등을 구체적으로 설명드려야겠지만 지금은 관측소 개념 및 치수 등을 알아내는 게 중요하므로 구체적인 것은 다음에 말씀드리겠습니다.

9층탑 1관측소는 어느 정도 인지하셨으니 2관측소를 봐야겠지요.

이 2관측소는 1관측소 위에 있는 2단관측소로 9층탑에만 있는 관측소랍니다. 1단관측소 위에 있으므로 2단 관측소라는 표현이 맞으나 1단·2단 관측소를 이해가 쉽도록 그냥 1·2관측소라는 표현을 쓰겠습니다. 2관측소라고 써 놓으니 10리 밖에 있는 별도의 관측소가 아닙니데이?

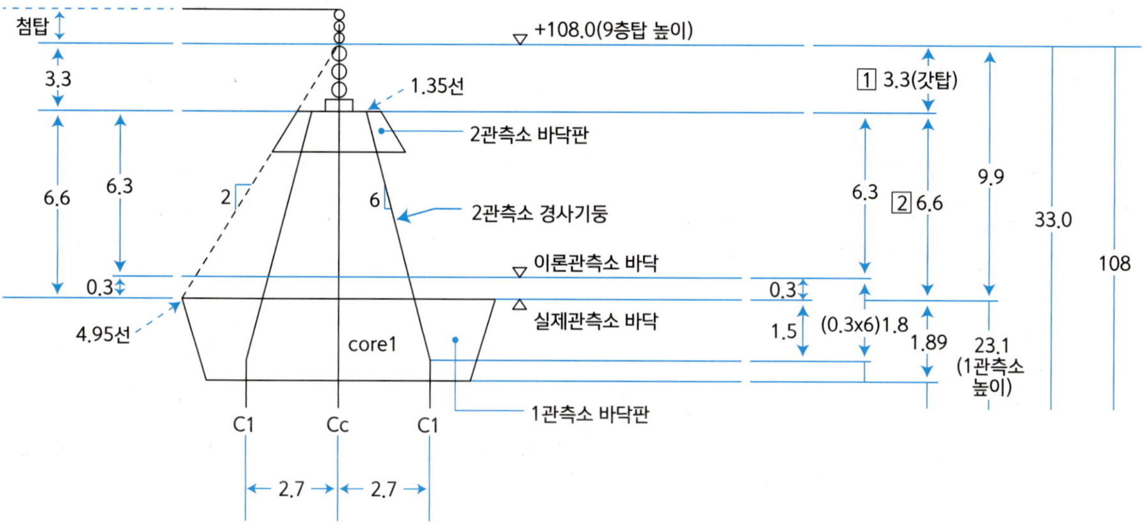

[그림 167] 9층탑 2관측소의 대충 형태

이 9층탑 2관측소는 옥룡암조각탑을 보시면 너무 많이 훼손이 되어 있어서 bal가 있는지 조차도 알기가 힘든답니다. 이 2관측소에 bal가 있을까요? 없을까요? 있다면 bal가 몇 개 일까요? 저도 볼 수 있는 어떤 방법도 없으므로 당연히 모른답니다. 옥룡암 조각탑의 2관측소를 보시고 bal가 몇 개 인지를 알아내실 수 있으신 분 계십니까? 보이신다면 그 분은 귀신칭호를 얻게 될 겁니다?

어쩌죠! 제 눈에는 보이는디? 그럼 제가 귀신? 분명히 bal가 2개가 있답니다. 어떻게 보이지도 않는 bal를 볼 수 있을까요? 요술을 부린 걸까요? 아님 마음을 비워서 보일까요? 천만에 만만에 말씀!
이 글을 읽으시는 분은 아마도 9층탑의 2관측소를 수도 없이 많이 보셨을 겁니다.
본 적이 전혀 없으시다구요? 거짓말도 잘 하시네요? 저만 속이는 줄 알았는데 속이기도 하시네요.
다만, 보시고도 9층탑의 2관측소라는 사실만 전혀 몰랐을 뿐이랍니다. 어디에서 볼 수가 있을까요?
혹시 어딘가에서 보셨는지 생각이 나시나요? 혹시! 다보탑을 보신 적이 있으신지요? 직접 보신 적이 있으시다구요! 축하드립니다. 바로 이 다보탑의 상부가 9층탑의 2관측소랍니다. 아마 보시고도 모르셨을 겁니다. 이 다보탑은 1층석탑 위에 바로 9층탑의 2관측소를 모셔온 것이랍니다.

이제 다보탑의 개념도 정확히 이해되셨으리라 믿습니다. 저는 옥룡암의 9층탑 2관측소를 보는 순간 다보탑을 직감적으로 떠올렸답니다. 왜 일까요? 목탑이나 석탑이나 신라건축물은 서로가 어떤 연관성이 있다는 걸 직감했기 때문이랍니다. 불국사 쪽에 있는 진입계단(청운교·백운교 등)이나 다보탑, 석굴암 등은 다 신라목탑과 관련이 있답니다. 특히, 다보탑·석굴암은 9층탑의 축소판이랍니다.
하! 재미있죠. 공부합시데이~ㅋ

9층탑 2관측소는 다보탑의 2관측소(다보탑은 1관측소는 없음)와 형태는 다를지라도 정확히 2개의 bal가 있답니다. 어떻게 생겼는지는 알 수 없더라도 분명히 2개의 bal가 있을 겁니다. 2관측소의 반은 벌써 풀려버렸네요. 그런데 문제가 하나 있답니다. 2관측소 경사기둥은 C1기둥에서 올라온 C1경사기둥 한 놈만 있답니다. 두 놈의 경사각이 있어야 곱하든지 아님, 어떻게 하든 공통수 C를 구하든지 말든지 할텐데? 참 난감하답니다. 걱정하지 마십시오. 돌팔이 정가가 누굽니까? 잔머리공법도 쓰는디?
경사각이 1개 뿐이라? 1관측소는 남아돌아서 머리가 아팠는데? 혹시 떠오르는 생각이 없으신지요?
아! 스쳐지나가는 생각이 있으시다구요? 근데, 머릿속에서만 맴도신다고요? 신라건축기사들이 잘 쓰는 가상점이 생각나시지 않으세요? 아! 바로 그거였구나. 이제 길이 보이실 겁니다.

제3의 가상각 하나를 설정하면 해결이 되겠죠. 기존 C1경사기둥각에 비록 보이지는 않지만 가상각을 설정하면 공통수 C구하는 것은 눈감고도 알 수 있을 겁니다. 제가 2관측소 경사기둥각을 ⊿6으로 일방지정했답니다. 희한하게도 제가 일방적으로 지정한 9층탑의 경사각은 묘하게도 맞아 떨어지더랍니다.

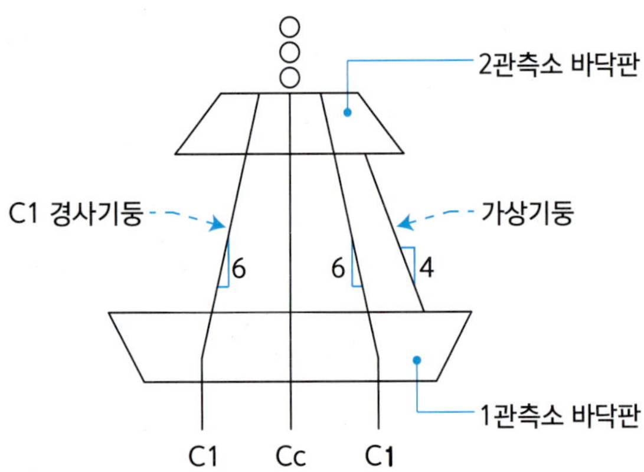

[그림 168] 2관측소의 가상기둥각

저도 믿어지지는 않지만 결과가 그렇더랍니다?
이 2관측소의 가상각은 C1경사기둥과 2각 차이가 나는 가상뜬기둥(CF)으로 ⊿4각을 갖게 된답니다. 그럼 공통수 C를 구해볼까요.

기본수 B =⊿6x ⊿4=24
공통수 C = 24x3=72
단높이 R = 72÷4=18cm 계산이 맞겠죠?

제가 조금 전에 bal처마끝각은 CF각의 1/2이라고 했을 겁니다. 가물가물?
2관측소 bal처마각은 가상CF각 ⊿4÷2=⊿2. 그럼, bal처마각은 ⊿2가 된답니다.

9층탑 탑폭과 탑높이를 잠깐 보실까요.
자세히 보시면, 탑폭 끝에서 탑 꼭대기까지의 경사각을 보시면 108÷54=⊿2가 나온답니다.
더 재미있는 것 하나 보실까요. 순수이론 기준입니다.

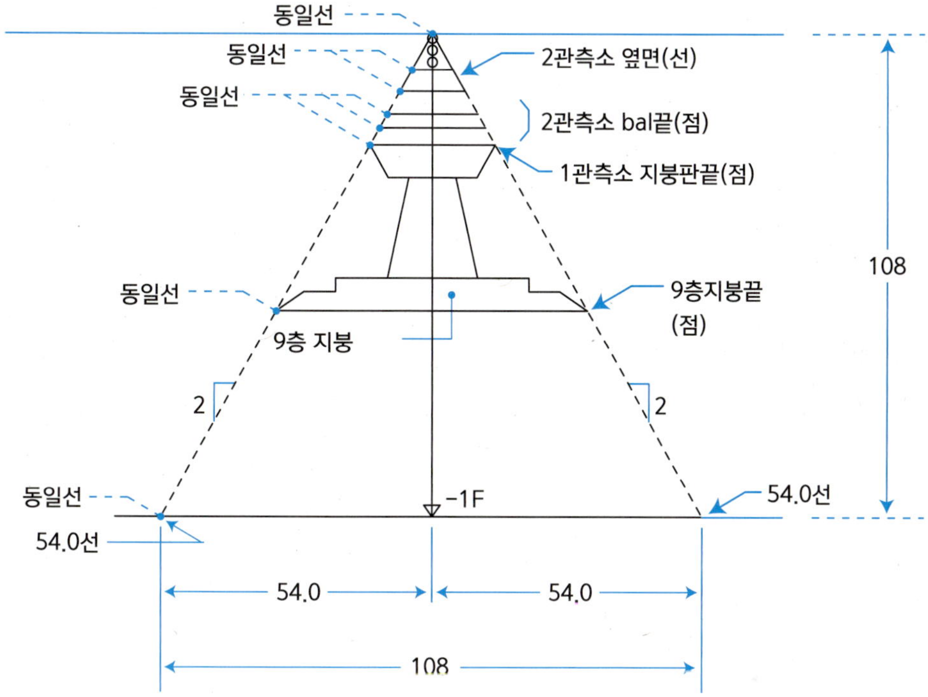

[그림 169] 순수이론시 9층탑 ⊿2선상의 각 꼭지점들

① 건물꼭대기(점)
② 2관측소 지붕판끝면(선)
③ 2관측소 bal끝(점)
④ 1관측소 지붕판상부끝(점)
⑤ 9층지붕판끝(점)
⑥ 건물폭끝(점)

→ 동일선상에 있음

상기에 있는 선이나 점은 9층탑 전체경사각인 ⊿2선상(동일선상)에 있답니다. 너무 신기하죠. 너무너무 완벽한 ⊿2 경사선이론이랍니다. 제가 이걸 처음 본 순간 너무 놀라서 뒤로 나자빠질뻔 했답니다.

이것보다 더 완벽한 이론이 있을 수 있을까요? 그런데, 세월이 흘러흘러(?) 제 심경에 변화가 일어났답니다.

아무리 완벽한 이론이라도 사용상·외관상·구조상 문제가 있다고 판단되면 과감히 고쳐야 할 겁니다. 그래서, 9층지붕판 끝선을 3.9m외부로 뺐으며, 2관측소 bal도 21cm를 외부로 빼내었답니다.

왜 빼내었냐고는 묻지말아 주이소. 제 맴이랍니다?

처음에는 가상기초판 두께를 이렇게 생각했답니다.

아니! 사실은 제가 임의로 지정했겠죠? 제 성깔대로(?) 처음에는 무조건 일방지정했답니다.

뭐가 뭔지 아무것도 모르기 때문이었을겁니다?

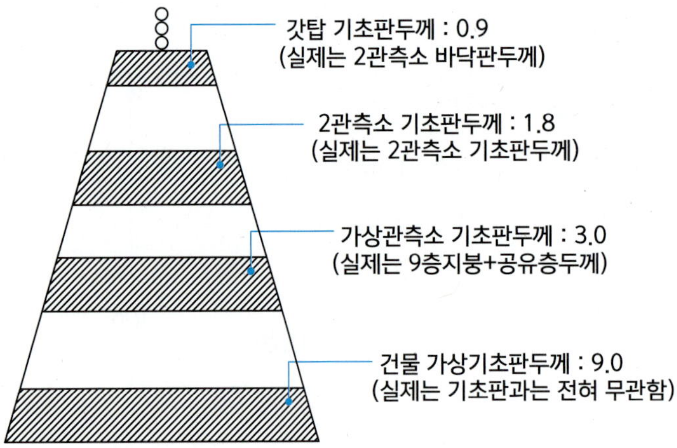

[그림 170] 9층탑 가상기초판두께: 처음에 생각한 안(案)

처음에 생각한 가상기초판을 보시면 크게 4개가 존재한답니다. 제가 가정한 것 중 둘은 맞았고, 둘은 틀렸더랍니다.

가상2관측소 기초판두께는 1.8→1.89로 9cm가 틀렸으며, 가상갓탑 기초판두께는 0.9→1.62로 물경 72cm가 틀렸더랍니다.

그래도 반은 맞추었으니 그게 어딥니까. 이제 2관측소의 bal가 어예 생겼는지를 보셔야죠.

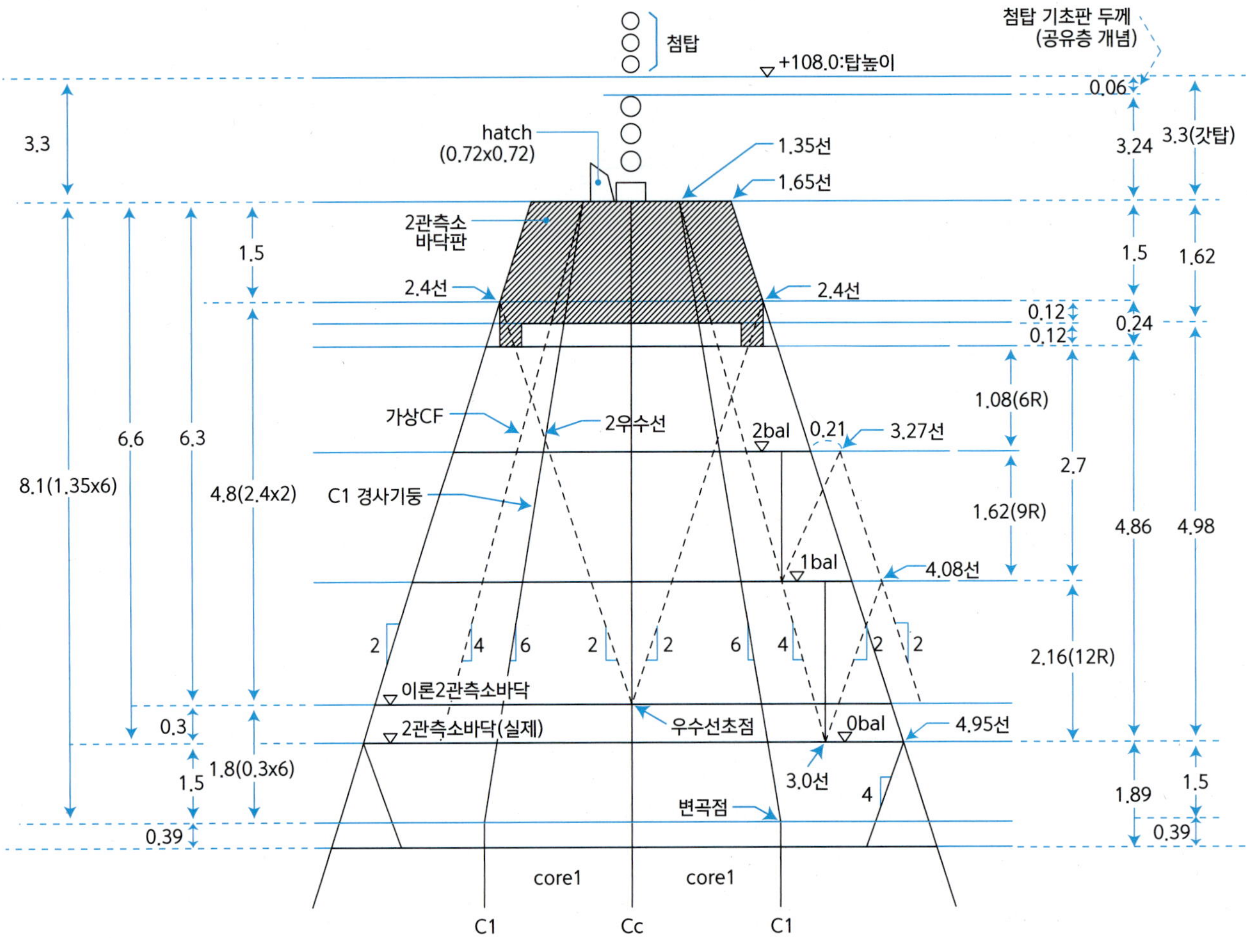

[그림 171] 9층탑 2관측소 개략도

2관측소가 조그마해도 복잡하게 생겼죠. 먼저 상부부터 보시면 첨탑이 있답니다. 이 첨탑은 저한테 밉보였는지(?) 모르겠지만 탑높이에서 뺄 겁니다. 즉, 갓탑(찐빵 3ea)까지가 탑높이랍니다. 갓탑높이는 3.3m이긴 하나 실제높이는 3.24(1.08x3)m이며, 나머지 6cm는 공유층개념으로 첨탑의 기초판으로 쓸 겁니다. 참고로 첨탑은 금속류로 구성이 되어 있을 겁니다. 당연히 추정이겠죠.
갓탑 밑에 2관측소바닥판이 있답니다. 이 바닥판이 무지 헷갈리실 겁니다.
어쩌면 저 자신이 더 헷갈리고 있을지도 모른답니다.

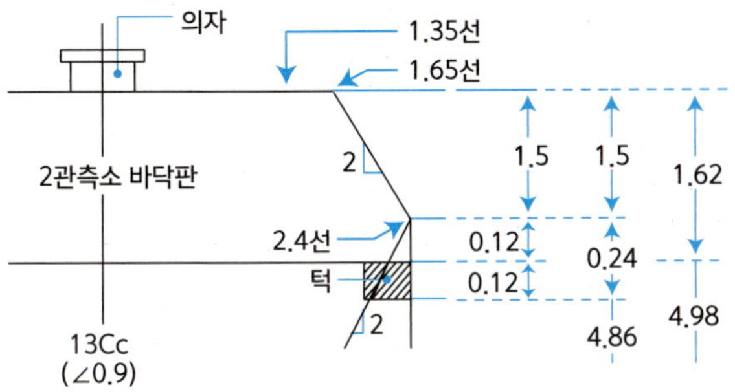

[그림 172] 2관측소 지붕판 날개구조

이론 2관측소 바닥판두께는 1.62m = 2.25C(공통수 0.72)랍니다. 1관측소바닥판은 1C인데, 2관측소 바닥판은 2.25C로 무지 두껍답니다. 원인과 이유는 잘 모르겠답니다.
다만, 3.24 ÷ 2 = 1.62 랍니다?
여기서의 3.24는 2관측소바닥판의 상부면의 실제 폭이랍니다.

즉 2관측소 바닥판의 폭은 1.65 x 2 = 3.3이 아니라 1.62 x 2 = 3.24 랍니다. 갓탑의 실제높이가 3.3이 아니라 3.24인 것과 똑같은 개념이랍니다. 그러니 2관측소 바닥판두께가 3.24의 반인 1.62가 되지 않았을까 생각해 본답니다. 생각이 맞을지는 미지수겠지요?
위 도면을 잘 보시면 상부1.5m에서 하부로 수직면이 있답니다. 조금 전인가에서 말씀드렸듯이 신라탑에는 예각(90°미만)이 발생되지 않는 답니다.

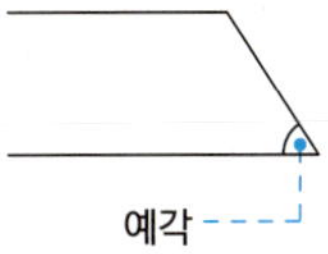

수직면처리를 하지 않으면 좌측그림과 같이 예각이 발생되겠죠.
아무리 솜씨 좋은 목수양반이라도 나무를 뾰족하게 깎기가 힘들겠죠. 설사 깎더라도 부드러운 느낌을 주기는 힘들 겁니다. 12cm를 수직면처리를 하면 되는데 또 그 밑에 12cm까지도 수직처리를 한 턱이 있네요. 알다가도 모를 일이랍니다.
이 턱은 2bal 높이를 108cm(6R)로 맞추기 위해서 단순히 낸 턱이랍니다.
쉽게 얘기하면 치수를 맞추기 위한 치수턱이라고 생각하시면 된답니다.

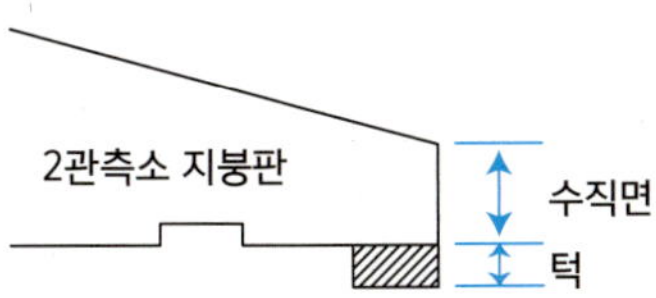

[그림 173] 다보탑 2관측소 바닥판 하부턱

혹시 다보탑 2관측소 바닥판(실제로는 지붕화되어 있음) 하부를 유심히 보신분 계십니까?
잘 보시면 끝부분의 하부에 살짝 턱이 나와 있을 겁니다.

사실, 이 턱은 있어야 할 특별한 이유가 없는 턱이랍니다. 아닌가요? 아마도 9층탑 2관측소 바닥판의 턱을 흉내(?)냈을 확률이 무지 높을 겁니다. 이 다보탑 관측소지붕 하부턱을 보신 분도 계시겠지만, 미처 못 보신 분들도 계실 겁니다. 다보탑을 보실 때 거의 대부분은 겉껍데기만 볼 확률이 높답니다. 인터넷에 올라와 있는 사진을 하나하나 보실 기회가 오시면 한번 유심히 봐 보세요.
분명히 보이실 겁니다. 건성으로 보시면 안됩니데이?

무지 중요한 2관측소 바닥판의 2우수선을 분리해서 그려 볼까요.

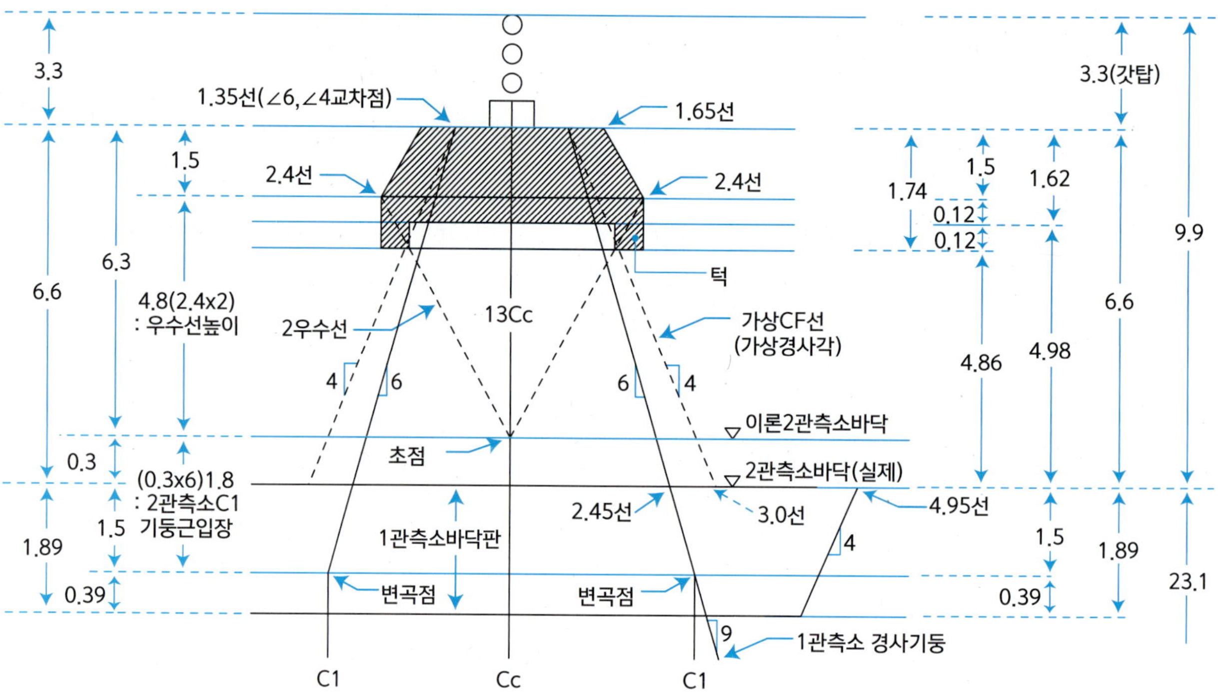

[그림 174] 2관측소 바닥판의 2우수선 개념

이 2관측소를 유심히 보시면 우리가 일반적으로 알고 있든 기본법칙을 완전히 무시한답니다? 1관측소 바닥판을 보시면 C1기둥근입장이 0.39랍니다. 1관측소 R=0.21이니 당연히 2R=2x0.21=0.42가 되어야 맞는데 0.39로 3cm가 부족하네요. 또 2관측소의 C1경사기둥의 근입장이 0.3x ⊿6=1.8m가 되어야 맞는데 1.5m 밖에 안되어 30cm가 부족하네요.

더 웃기는 것은 C1경사기둥과 1관측소 바닥판과의 교차점인 2.45선일 겁니다.
2+4+5=11→1+1=2 ? 숫자의 합이 2로 3의 배수법칙에도 위배된답니다? 또한, 2관측소 높이가 6.6m랍니다. 2관측소 R=0.18이므로 나누어 보면 6.6÷0.18=36 2/3단이 나오네요. 모든 것들이 지멋대로랍니다.

그러다 보니 저희들이 이제까지 알고 있던 법칙들이 와르르 무너져 버린답니다.

다행인 것은 2관측소가 9층탑에만 있고 그것도 쥐꼬리만하니 그나마도 다행이랍니다.
아마도, 1관측소의 계단단수(23.1÷0.21(R)=110단)를 맞추다 보니 2관측소의 실제바닥이 이론바닥보다 30cm가 내려와서 2관측소 치수자체가 엉망이 되어 버렸다고 가볍게 생각하시면 될 것 같네요.
가상 뜬기둥(CF)각인 ⊿4 시작점을 여러 많은 생각 끝에 3.0선에서 시작했답니다. 그러면 2관측소 바닥판에서 ⊿6인 C1경사기둥각과 묘하게 1.35선에서 만나게 된답니다. 2관측소 바닥판의 우수선 초점이 기본적으로 가상이론 2관측소 바닥중심선에 떨어진답니다.
이 초점위치는 약간은 유동적일 수 있답니다. 어느 지점을 선택하느냐에 따라서 크게 3곳이 발생될 수는 있으나 상식적으로 생각할 수 있는 2관측소바닥판 상부에서 1.5m 내려와서 수직면이 시작되는 점이 제일 적당할 것 같아서 이 점을 잡았답니다. 그리고, 0bal 높이를 3C인 3X0.72=2.16으로 했답니다. 이 0bal 높이인 2.16을 2관측소의 자체 가상기초판 두께(지하층)로 분류가 가능하기는 하나 높이가 낮아서 일부러 분류까지는 하지는 않았지만, 어느 정도는 2관측소의 자체가상기초판이라고 생각하셔도 무방하답니다.

한가지 더 고려할 사항은 역으로 분석해 보면 자체 가상기초판 두께는 1관측소 기준으로 볼 때 1관측소 바닥판 두께의 3배이므로, 2관측소의 가상기초판 두께는 1.62(2관측소 바닥판 두께)x3=4.86이 된답니다.
그렇다면 0bal + 1bal + 2bal 높이 = 4.86 이므로 2관측소에서는 bal 전체가 2관측소의 자체기초판 개념이 될 수도 있답니다. 하여튼 2관측소는 무지 헷갈리는 관측소랍니다.
저도 헷갈리는데 얼마나 헷갈리실지는 알 수가 없네요? 하나도 안 헷갈리신다구요? 듣던 중 가장 반가운 말씀이네요? 2관측소에 있는 13Cc기둥규격은 ∠0.9(8각기둥으로 기둥폭 90cm)로 했답니다.
이 13Cc기둥규격이 정해지면 9층탑의 수직 기둥의 모든 규격이 자동으로 나온답니다. 중심기둥이 무지 크죠. 앞에 있는 13은 13층이 아니라 기둥이음매 숫자랍니다. 즉 9Cc인 9층보다도 기둥이 4개나 더 올라간다는 의미랍니다. 조그마한 2관측소이지만 구조는 무지 복잡하답니다.
어떻게 풀까를 고민하다가 삼각형공법을 적용해보니 개념파악하는데 도움이 되어서 참고로 보여드리겠습니다. 제가 가끔 잘 풀리지가 않을 때 개념을 파악하기 위해서 사용하는 공법이랍니다.

물론 이것은 2관측소를 이해하는데 도움이 되지만 실제로는 변형공법을 사용한답니다.
한번 보실까요.

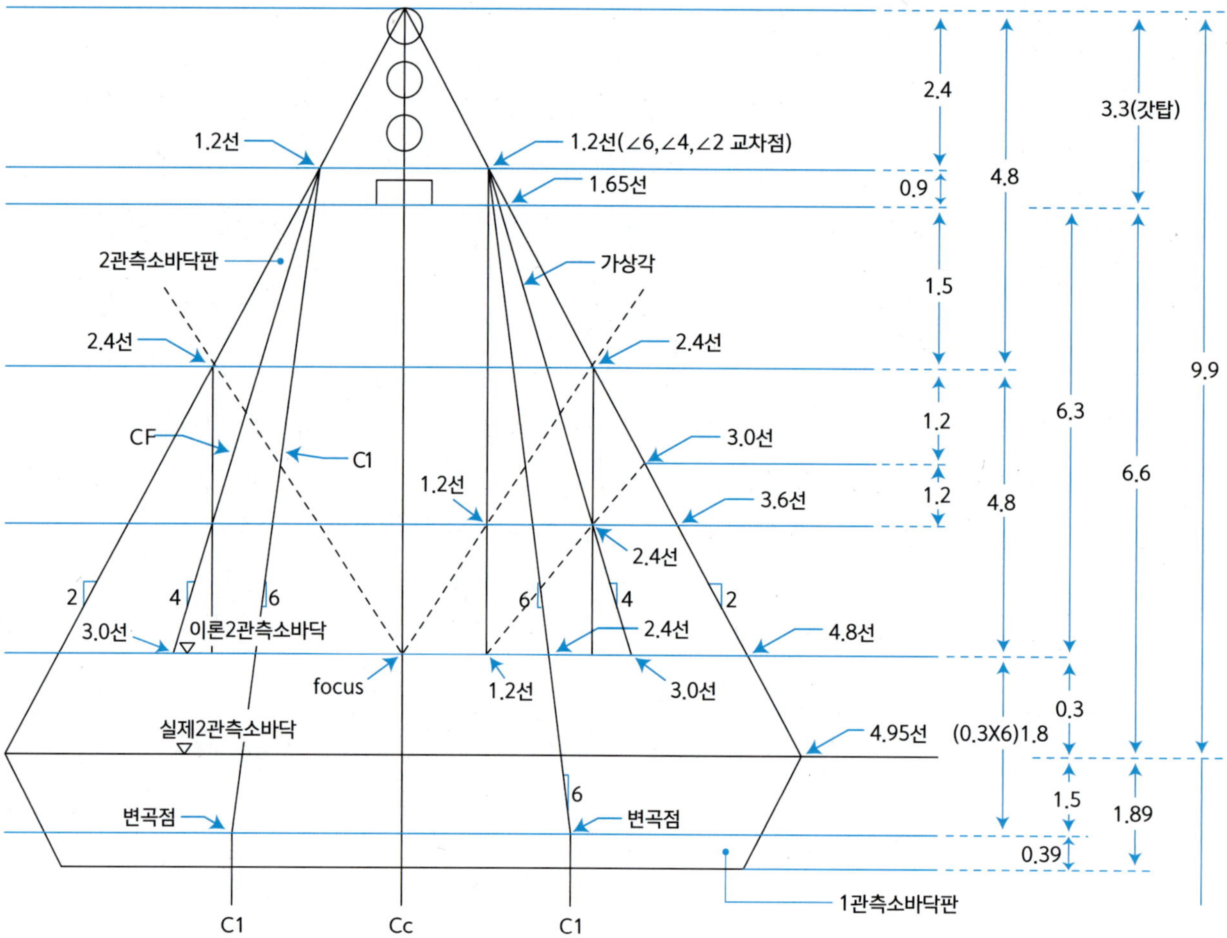

[그림 175] 2관측소 삼각형공법 적용시 각 교차지점

아주 간단한 정삼각형 구조인데, 1.2선, 2.4선에서 교차점이 주로 나오죠. 높이도 2.4m씩 잘 떨어지네요. 제일 위에 있는 1.2선 교차점에는 ⊿6(C1기둥), ⊿4(가상CF기둥), ⊿2(bal각)가 다 한 점에 모인답니다.

풀다가 지루하실 때에는 머리도 식힐 겸 살짝 장난을 쳐 보시면 개념파악하는데 도움이 될 수도 있답니다. 참! 우리가 관측소를 이해할려고 하고 있는데, 과연 신라관측요원이 어느 위치에서 주로 관측을 했을까요? 제일 높은 곳에 올라갔을까요?

간단히 관측 가능한 위치를 봅시다.

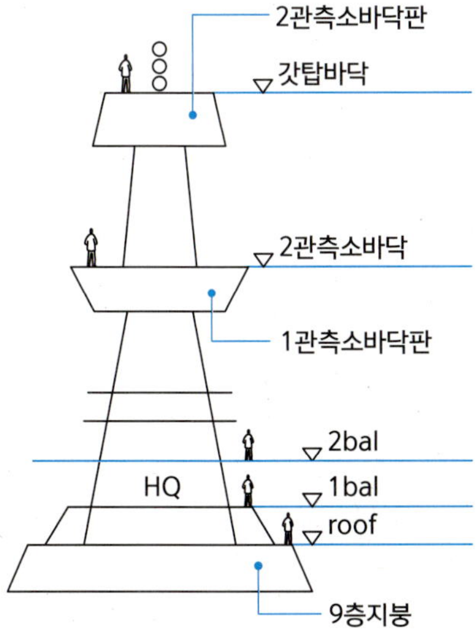

[그림 176] 9층탑 관측소 관측 가능한 위치

지붕부터 다 관측가능한 공간으로 볼 수 있답니다. 여러분들은 어디에서 관측하면 제일 좋을 것 같습니까? 제일 높은 곳에 올라가서 관측하시겠다고요?
욕심이 조금은 과하신 듯 하네요? 우선 생각해 볼 것은 과연 관측요원 사무실(HQ)이 어디인지부터 알아내어야 겠죠. 본부가 가능한 곳은 0bal와 1bal랍니다.
저의 개인생각으로는 2bal가 주관측소로 추정이 된답니다. 비가 오거나 할시는 재빨리 1bal로 내려오면 될 겁니다. 관측효과면에서는 2관측소 바닥이 좋긴한데, 올라가려면 다리께나 아프게 생겼답니다. 또한, 제일 높은 갓탑 바닥은 관측효과면에서는 제일 좋답니다.
한겨울에 삭풍이 불면 쪼께 추우실 겁니다.
사실 제일 높은 곳인 갓탑 바닥은 너무 좁아서(혼자서 간신히 움직일 수 있음) 관측하기가 거의 힘든답니다. 다만, 종을 친다거나(?) 꼭 필요할 때만 1~2명이 올라가는 곳이랍니다.
아마 노련한(?) 관측요원 몇 명 정도가 2관측소 바닥에서 관측을 한 것 같으며, 대부분은 2bal에서 관측을 한 것으로 추정되네요.

또한, 3·4bal에서도 순수층고로 봐서는 관측은 가능은 하지만, 아마 초보 또는 청소년 정도의 관측기술을 배우는 교육용 bal 정도로 생각된답니다. 5~10bal는 순층고가 너무 낮아서 실제로는 아무런 쓸모가 없는 공간이랍니다. 그냥 단순한 창고정도? 그러고, 일반인들은 그냥 지붕에서 산보하는 정도 겠죠. 어쩌면 일반인들도 2bal까지는 개방했을 확률도 높답니다.
물론 그 상부는 아마도 출입통제구간이었을 걸로 추정된답니다. 제가 지금 소설을 쓰고 있는 것 같네요. 그래도 한번쯤은 생각해 보는 것도 괜찮을 것 같기도 하네요?
이제 관측소가 어떻게 생겼는지 조금 더 깊게 들어가 봅시다.

9층탑 뜬기둥을 중심으로 봅시다.

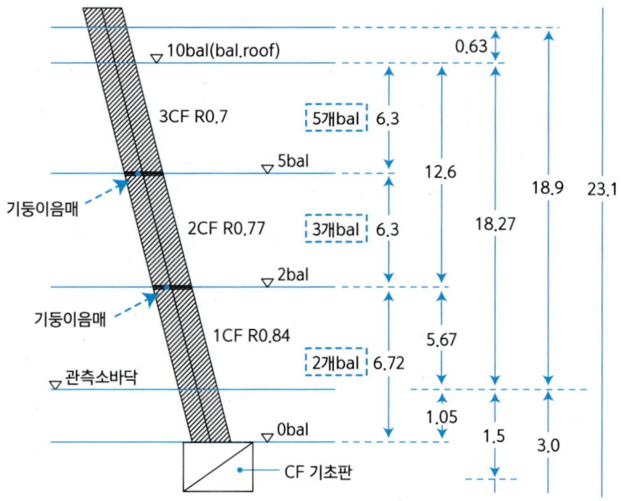

[그림 177] 9층탑 관측소 뜬기둥 기둥이음매 개념도

bal 층마다 CF기둥이음매(joint)가 있는 것이 아니라, 크게 2개의 이음매가 발생된답니다.

3CF는 5개의 bal를 품고 있고 2CF는 3개의 bal를 품고 있으며, 1CF는 2개의 bal를 품고 있답니다.

bal는 많은데 2bal와 5bal만이 bal보가 기둥에 정착이 가능하고 나머지 8개의 bal보는 그냥 기둥에 끼워 넣어야 한답니다.

구조적으로 약간의 문제가 있을 수도 있답니다. 2bal보를 뜬기둥에 정착시켜 봅시다.

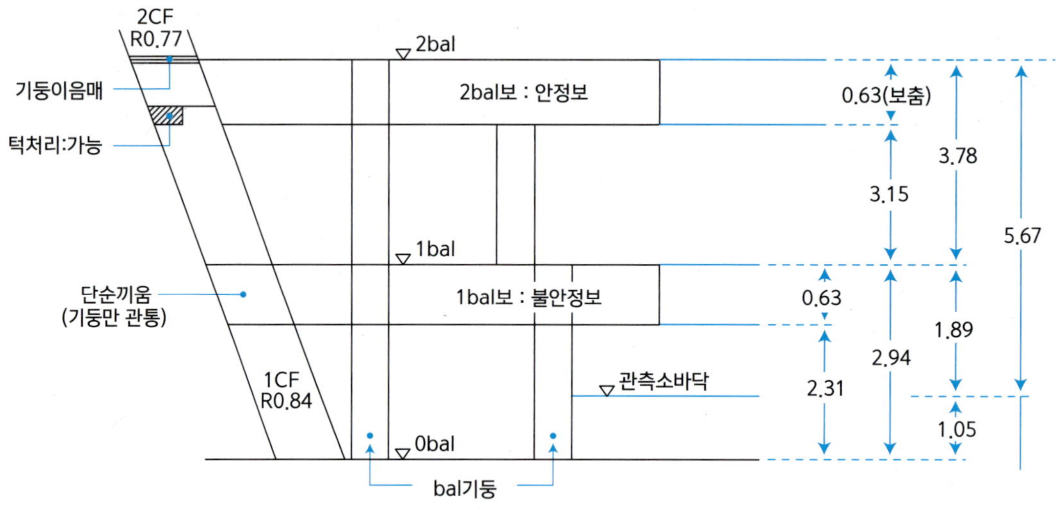

[그림 178] 9층탑 관측소 2bal보 정착개념

보시면 2bal보는 2CF기둥세우기 전에 턱을 내든지 어떻게 해서라도 bal보가 빠지지 않게 고정을 시킬 수가 있어서 2bal는 외부로 밀려나가지 않는 안정구조형태랍니다. 그런데 자세히 보시면 1bal보는 1CF가 1개기둥(동일기둥)이므로 그냥 단순히 관통만 되어 버린답니다.

이 1bal보를 고정시킬 수 있는 방법이 전혀 없답니다. 웃기게 얘기하면 힘센 장사분이 1bal를 잡아당기면 외부로 쑥 빠져나갈 수도 있답니다. 그러면 관측소 bal 전체가 동시에 와르르 할 수도 있답니다.

이걸 어떻게 해결할 수가 있을까요? 뜬기둥에 초강력 밥풀때기로 보를 붙이면 될 것 같다구요?

엄청 많은 생각을 해 봤는데도 시원한 해법이 없더랍니다.

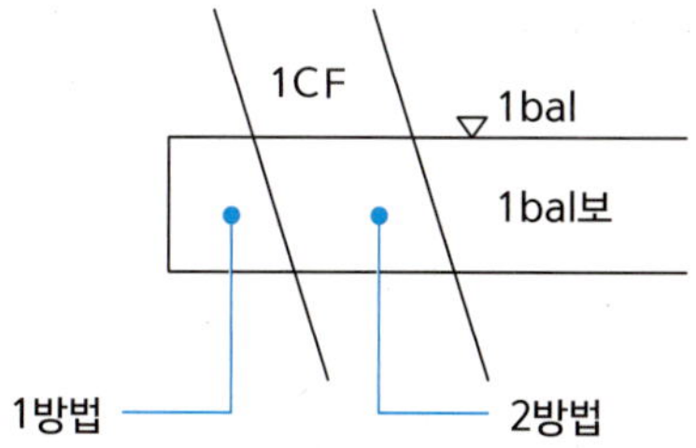

[그림 179] pin 등을 이용, bal 보를 고정시키는 방법

단순히 생각해 볼 수 있는 방법은 2가지 정도일 겁니다. 보실까요.

첫 번째 방법은 보를 내부로 어느 정도 내어서 보가 빠지지 않게 pin 등을 박으면 될 것도 같답니다.

두 번째로 아예 뜬기둥을 관통하는 pin을 박아서 보가 못 빠져나가게 하면 될 것도 같네요.

아니면 두 공법을 동시에 적용할 수도 있답니다. 여러분은 어떻게 하면 이 단순끼움 보가 외부로 빠져나가지 않게 할 수가 있을까요? 좋은 idea가 있으시면 한 수 알으켜 주이소.
목수양반에게 알아서 처리해! 라고 하면 된다꼬요?

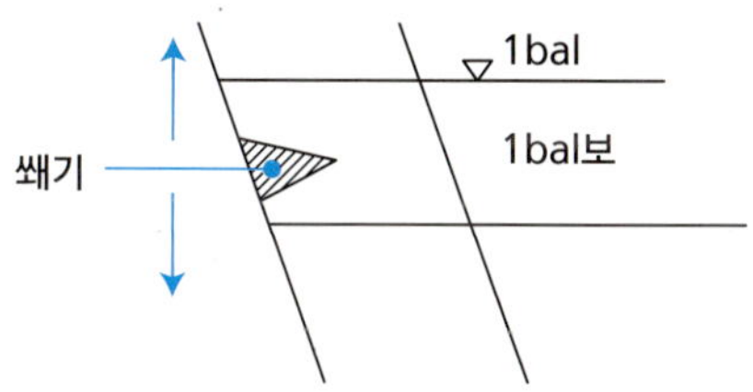

[그림 180] 쐐기를 이용, bal 보를 고정시키는 방법

이 pin공법이 꼴 사나우시면 쐐기공법도 있답니다. 쐐기를 박아서 CF기둥에 강하게 접촉하도록 하면 될 것도 같은데 이 bal보가 너무 갈라지면 쪼께 문제는 있을 수 있으나 갈라짐을 최소화하면 가능할 것도 같기는 하답니다.

앞쪽의 pin공법이 유력하기는 하지만 야튼 풀어야 할 난제랍니다.
가장 완벽한 방법은 보를 내부에서 외부로 끼우면 되는데 묘하게도 이 bal보는 외부에서 끼워 넣어야 되는 구조네요? 그리고, 이 bal난간높이가 다른 난간도 마찬가지이지만 해결이 잘 안되더랍니다.
높이는 기본적으로 계단단높이와 어느 정도 연관이 있는데 이 난간높이는 해법이 별로 없는 듯 보인답니다. 각 탑의 1관측소의 계단단높이를 보실까요.

9층탑 : R0.21
7층탑 : R0.21
5층탑 : R0.18
3층탑 : R0.15
1층탑 : R0.18

정리를 해보면 →

· 9·7층탑 { R0.21 x 5 = 1.05 / R0.21 x 6 = 1.26
· 5·1층탑 { R0.18 x 6 = 1.08 / R0.18 x 7 = 1.26
· 3층탑 { R0.15 x 7 = 1.05 / R0.15 x 8 = 1.2

물론 이 난간가상높이는
사용량이 제일 많은 2bal 난간높이 기준이랍니다.
각 탑마다 난간 높이를 다르게 하기도 그렇고
통일시키기도 그렇고 진퇴양난이랍니다.

그 전에 난간이라는 놈이 도통 어떻게 생겨 먹었을까요? 지멋대로 생겼을까요? 아님, 탑마다 어떤 부위에 따라 다 형태가 다를까요?
아니면 어떤 표준화(?)가 되어 있을까요? 저는 기본적으로 표준화되어 있다고 생각하는 쪽이랍니다.
저 개인생각이지만 한번 보실래요.

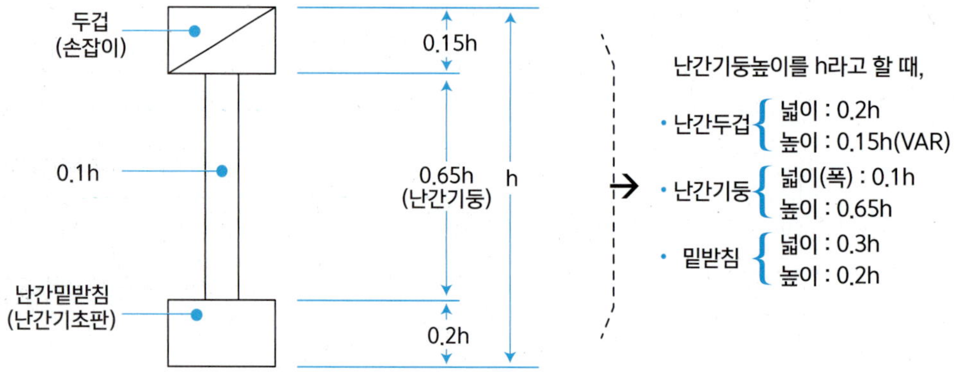

[그림 181] 난간 기본치수 개념

보시면 난간받침이 무지 튼튼하답니다. 난간수직봉은 호리호리 하답니다.
난간두겁(손잡이가 맞은 말이나 상부면이 넓어서 두겁이라고 함)의 높이(두께)가 조금은 헷갈린답니다.
난간기둥의 상부근입장이 무지 헷갈리기 때문이겠죠. 저는 난간높이가 제일 처음 기본적으로 0.9라고 생각을 했답니다. 난간높이에 상부두겁폭도 난간높이로 어느 정도 인정된다고 생각했기 때문이랍니다. 즉, 실제 난간높이 0.9+0.09~0.18(두겁폭 인정높이)=0.99~1.08로 충분할거라고 생각을 했는데 만약에 2bal나 1관측소바닥판상부에서 그럴리는 거의 없겠지만 장난을 친다든지 어떤 실수가 일어났을 때는 이 높이가 충분하지가 않을 수도 있다는 생각이 들기 시작했답니다.

난간높이를 높이기는 높여야겠는데, 어느 정도 높이가 적당할까 고민고민 끝에 30cm를 높여서 1.2로 하면 어떨까하고 현재 생각중이랍니다. 앞에서 각 탑의 가정 난간높이를 보시면 h=1.05, 1.08, 1.2, 1.26등 여러 가지의 경우의 수가 나오긴 나오는데 이 중에서 1.2가 제일 적당하다고 혼자서 생각해 본답니다. 1.2가 약간은 높은 느낌이 들기도 하지만 안전제일이 최우선이라고 생각중이랍니다.
좋은 의견 갖고 계신 분 의견 좀 주이소. 난간기둥은 기본적으로 수직이랍니다.
제가 9층탑 2관측소 바닥판난간기둥을 처음에 경사지게 한번 해 봤답니다.

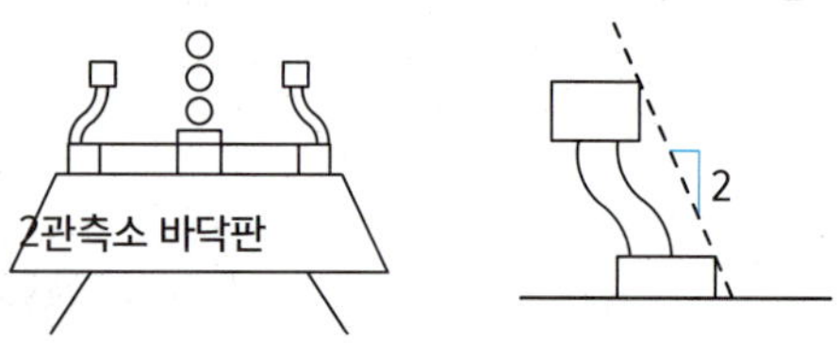

[그림 182] 9층탑 2관측소 바닥판 경사난간

당연히 ⊿2에 맞추었겠죠. 모양새는 수직난간보다 훨씬 보기 좋답니다. 그런데, 문제가 하나 있더랍니다. 무얼까요? 바로 경사진만큼 내부폭이 줄어들겠죠? 눈물을 머금고 수직화시켰답니다.
경사진 난간의 모양새가 좋아 보이시는 분은 경사난간으로 하셔도 된답니다. 사실은 수직화시켜도 그리 크게 늘어나지는 않는답니다. 저는 다만 조금이라도 내부공간이 넓어지면 활동하기가 조금 더 편할 것 같아서 수직화시킨 것 뿐이랍니다.

그래도 이 경사난간을 1·2 관측소 바닥판의 난간으로 할지도 모른답니다.

이제 9층탑 1관측소 bal를 한번 더 보실까요. 보춤과 난간높이도 넣어 보았답니다.

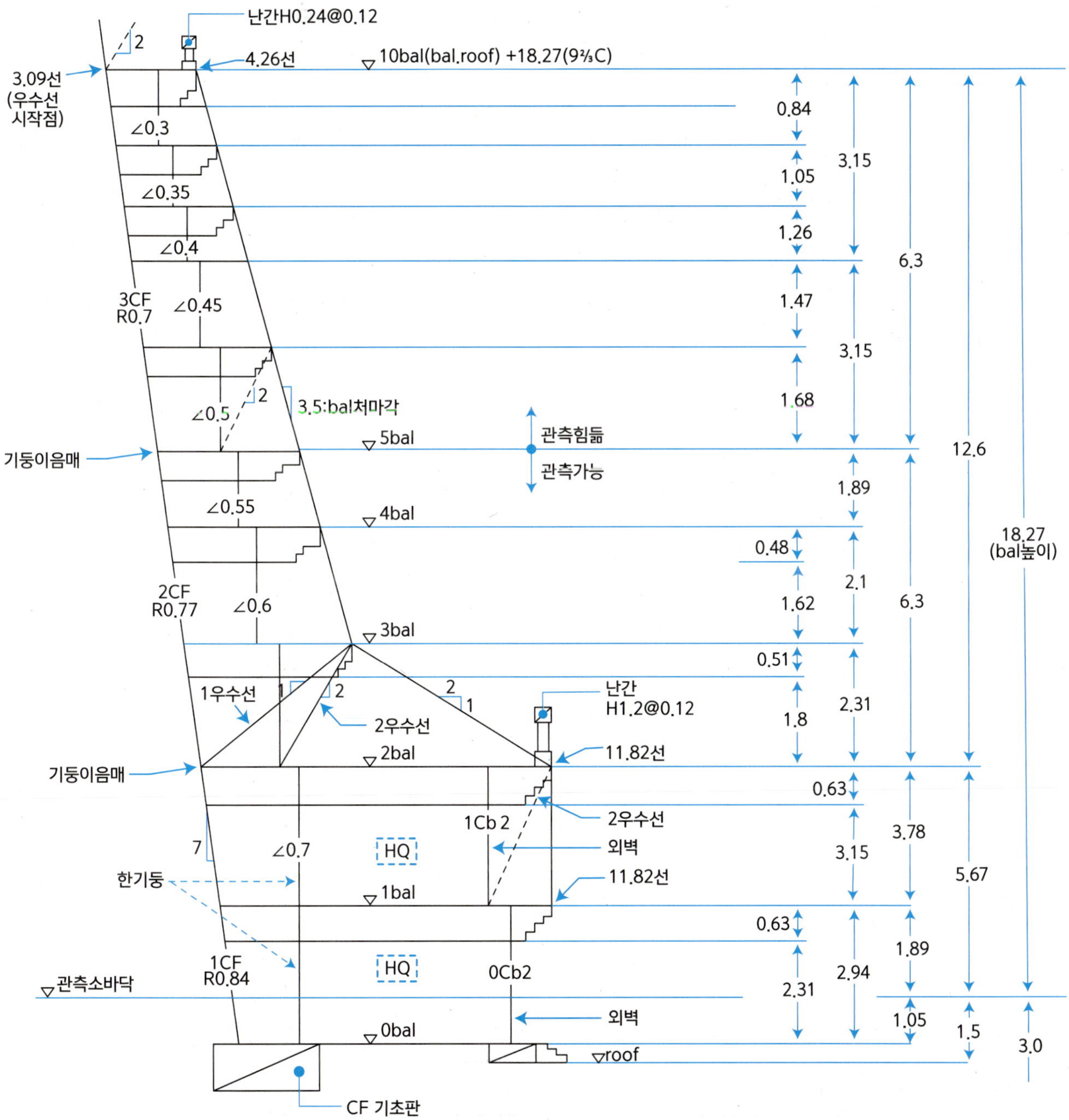

[그림 183] 9층탑 1관측소 bal 개념도

bal 바닥만 있는 줄 알았는데, bal보도 있고, 난간도 있고, 있을 건 다 있네요?

물론 샛보도 있을 겁니다!

먼저 bal기둥부터 보실까요. 제일 윗층인 9bal 기둥(9Cb1)은 기둥최소규격인 ∠(8각기둥 표시임)0.3으로 가정해서 ∠0.3(8각기둥으로 폭이30cm)으로 했답니다. 아래층으로 5cm씩 증가되며 1&0bal 기둥은 ∠0.7이 된답니다. 0bal와 1bal기둥을 1개의 기둥(한 부재)으로 한 것은 구조를 튼튼하게 하기 위함이랍니다. bal보를 보실까요. 최소보춤을 0.3으로 하고 아래로 증감계수 @3cm를 적용하면 2bal보 상부가 0.51이 되며 2bal의 순층고(통과가능높이)가 1.8m가 된답니다. 그리고 2bal & 1bal보는 구조상 무지 중요한 부재라 0.63으로 했답니다. 기둥이든 보든 그 외 잔 치수들도 제가 임의로 넣은 치수이므로 언제든지 바뀔 수가 있답니다. 2bal 바닥보 끝쪽을 확대해 볼까요.

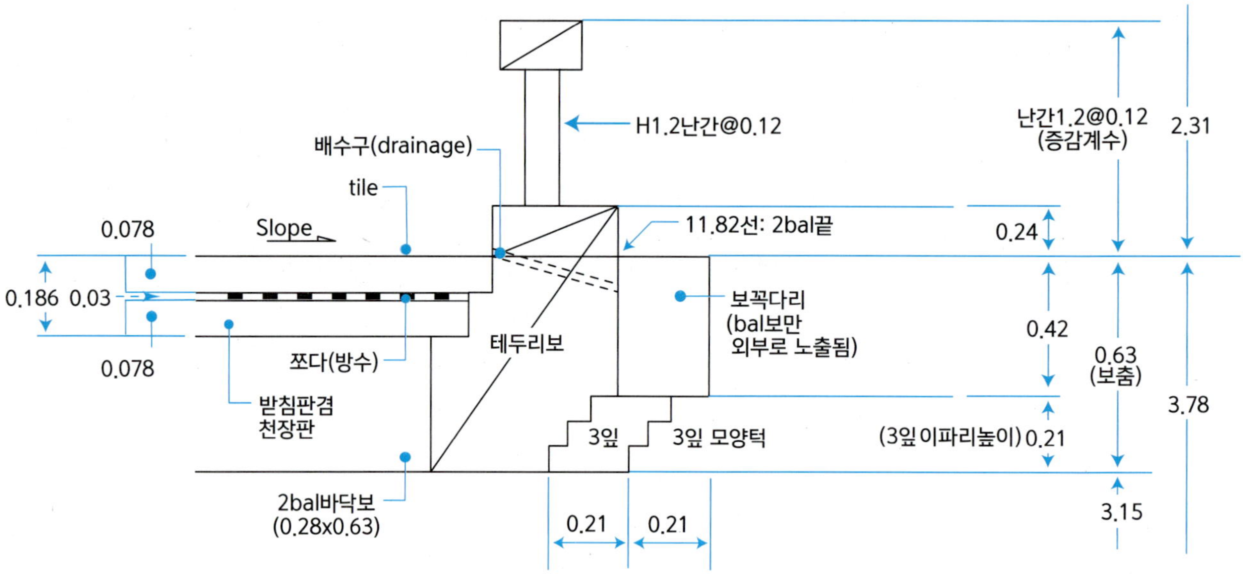

[그림 184] 9층탑 1관측소 2bal 바닥보 끝쪽

테두리보 하부를 보시면 문양턱이 3잎이랍니다. 물론 bal보 꼭다리끝에도 문양턱이 3잎이 있답니다. 지붕홈통보의 5잎 보다는 2개가 적답니다.

이 이파리는 그냥 모양새를 좋게 하기 위한 문양턱으로 보이며 이 3잎을 딴 석탑도 있답니다.

bal바닥 중 힘든 것이 바닥구배처리와 난간받침턱에 배수구(weephole)내기가 무지 힘들 것 같답니다.

1·2bal 난간높이를 1.2로 하고 증감계수는 @0.12로 해서 10bal 난간높이는 0.24로 해 봤답니다.

높이 24cm의 난간은 난간으로서는 조금은 모양새가 이상할 수도 있어서 일반난간과 형태가 다른 띠 형태로 하든지 턱 형태로 할 것 같답니다.

[그림 185] 띠형태 난간(左)과 턱형태 난간(右)

참고로 다보탑 2관측소의 2bal 난간은 띠난간형태를 취하고 있답니다.

[그림 186] 다보탑 2관측소의 2bal의 띠난간

난간높이가 낮을 시의 난간형태랍니다. bal보는 조금 빼내어 보꾹다리를 만들어 봤답니다.
이유는 다들 아실 겁니다. 테두리보의 안전한 정착을 위해서일 겁니다.
전에도 살짝 말씀드렸습니다만 과연 몇 bal까지가 관측이 가능한 공간일까요.
1bal는 관측요원본부가 있으며, 2bal바닥에서 주관측이 이루어질 겁니다. 3bal도 순층고(CH)가 1.62라서 관측이 가능하며 4bal는 CH가 1.44로 어른이 관측하기에는 불편할 것 같고 아마 청소년 관측교습소정도로는 가능하지 않을까 생각해 본답니다. 5bal이상은 너무 낮아서 관측은 힘들 것 같답니다. 5bal상부는 어쩌면 창고정도로는 사용했을 수도 있답니다. bal바닥재가 뭐였었는지는 잘 모르겠지만 일단 tile류(석판 등)로 생각하고 종샛보간격(bal에는 서까래가 없음)을 0.78로 해서 바닥마감두께를 0.186(0.078+0.03+0.078)으로 가정해 보았답니다. 바닥판중간에 있는 3cm는 쪼다류(방수재계통)가 아니었을까 생각해 본답니다. 1bal와 2bal 끝선은 일치시켰답니다.

그러다 보니 0Cb2기둥과 1Cb2기둥이 어긋나네요. 그리고, 0bal와 1bal에는 외벽을 설치할 겁니다. 외벽을 설치한다는 것은 사용공간임을 의미하겠죠. 그러고 난간받침턱은 테두리보와 한 부재가 되어야 난간이 튼튼해질 겁니다.

이제까지 주로 9층탑 bal쪽만을 얘기한 것 같답니다. 1~7층탑 관측소의 bal도 접근방법이 같은 개념이랍니다. 다 보다가는 어느 세월에 끝날지를 모른답니다.
1~7층탑의 bal 개념은 다음에 나오는 관측소 높이에서 간단히 얘기드리겠습니다.

(5) 관측소 높이

이제까지 9층탑 기준으로 bal 높이든 관측소바닥판 두께든 어느 정도는 알았으니 관측소 높이를 알아 봅시다. 먼저 9층탑부터 분리되어 있든 1·2관측소를 합쳐 봅시다.

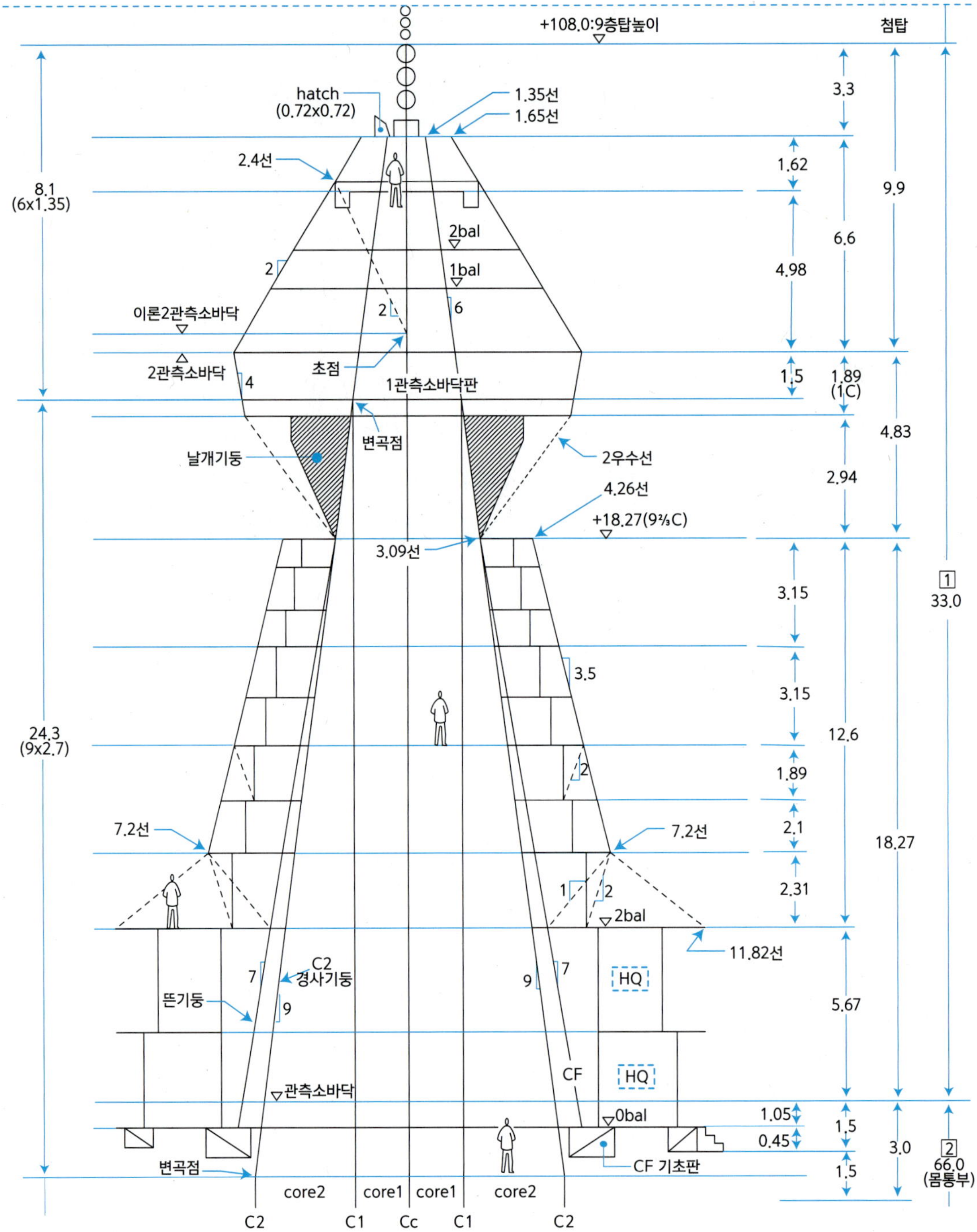

[그림 187] 9층탑 1·2관측소 간이 개념도

구조가 무지 복잡하네요. 9층탑 관측소는 1·2관측소를 분리해서 설명드렸으므로 별도의 설명은 불필요할 겁니다. 치수를 보실 때 33(관측소높이) : 66(몸통부 높이) = 1:2, 3.3(갓탑높이) : 6.6(2관측소 몸통높이)=1:2 등의 [1] : [2] 비례를 유심히 보십시오. 탑들 중에서 9층탑 관측소 높이 구하기가 제일 쉬운 편이랍니다. 이제부터 외관측소군(관측소가 1개 뿐인 1단관측소군)의 관측소를 봅시다.

먼저 7층탑 관측소부터 봅시다. 7층탑은 2관측소가 없으므로 1관측소 높이를 잘 구해야 한답니다. 저희들이 미리 7층탑 규모인 97.2(W)x86.4(H)(탑높이증감계수 @21.6, 탑폭증감계수 @10.8)인 걸 알고 있고 몸통부높이도 57.6인 걸 알고 있으니 7층탑 관측부 높이는 86.4 - 57.6 = 28.8m일 겁니다.

사실은 풀기도 전에 다 알아버렸답니다. 싱겁네요. 7층탑 관측소를 봅시다.

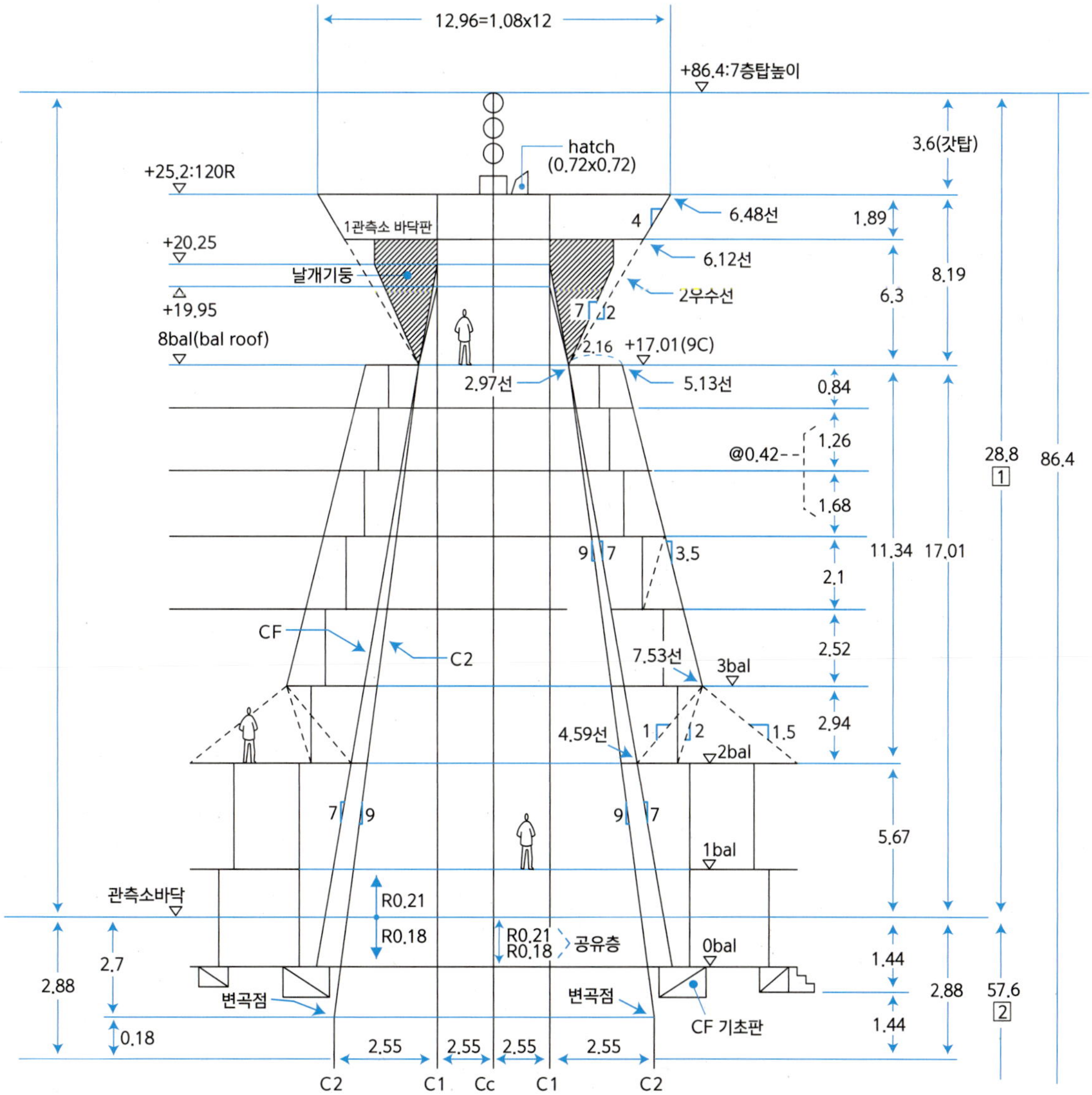

[그림 188] 7층탑 관측소 개념도

제일 처음 뭐부터 먼저 한다꼬요? 단높이를 먼저 알아야겠죠. 단높이를 알려면 공통수란 놈부터 알아야겠죠. 이자뿌면 안됩니데이!

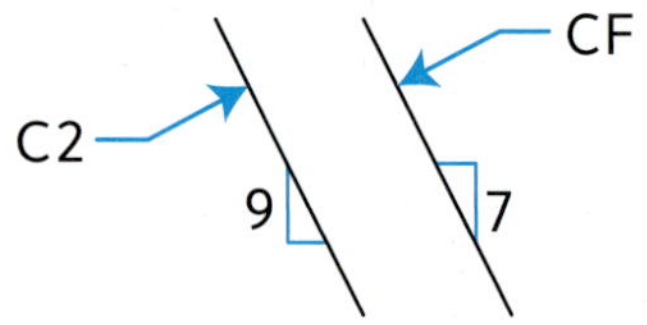

[그림 189] 7층탑 관측소 경사각

7층탑 관측소 공통수는

- 기본수 B = ⊿9 x⊿7 = 63
- 공통수 C = 63 x 3 = 189
- 단높이 R = 189 ÷ 9 = 21cm

간단히 R = ⊿7 x 3 = 21cm

먼저 CF기초판 부위를 봅시다.

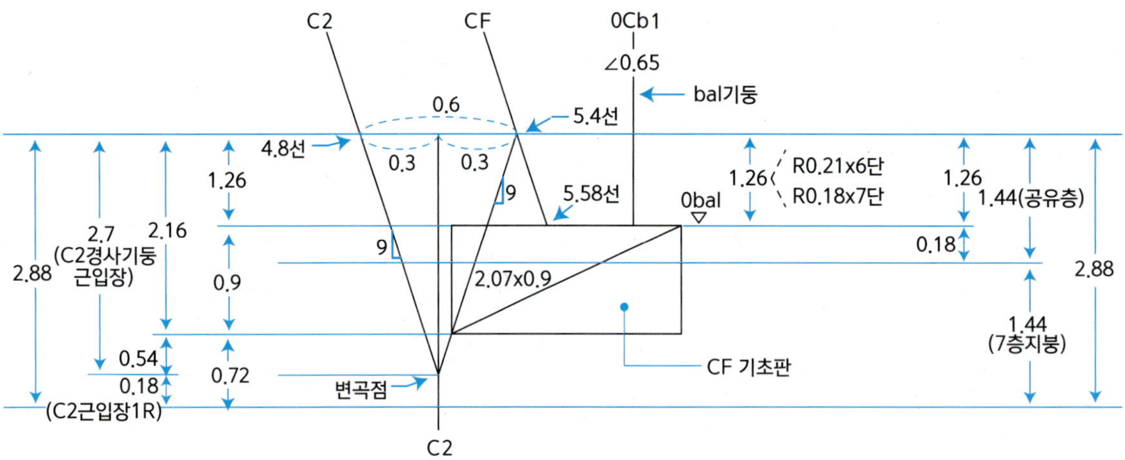

[그림 190] 7층탑 CF 기초판 개념도

공유층 1.44에서 관측소R과 몸통부R이 공통적인 1.26m만 관측소가 이용하네요. 먼저 1관측소 높이부터 추정해 봐야할 겁니다. 1관측소 높이는 중요한 치수이므로 계단단수는 반드시 10단단위로 떨어져야 한답니다. 관측부 높이 28.8m에서 1관측소 높이를 제외하면 갓탑 높이가 된답니다.

즉, 1관측소 높이 + 갓탑 높이 = 28.8

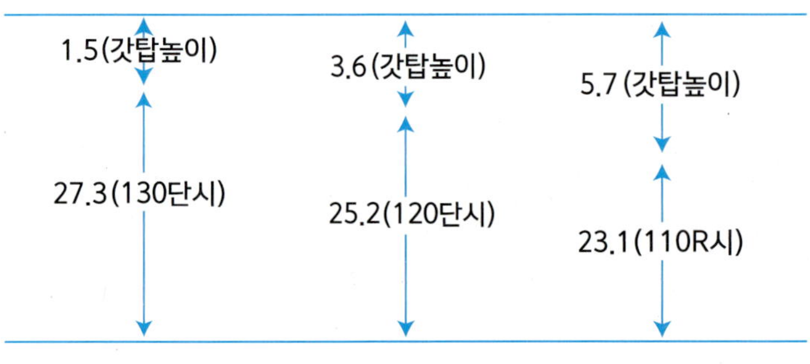

[그림 191] 1관측소 계단 단수변화에 따른 갓탑높이

갓탑 높이도 어느 정도는 되어야 찐빵 3개를 넣을 수 있을 겁니다. 1관측소의 계단단수가 110단시: 110x0.21(1R)=23.1, 갓탑 높이는 28.8-23.1=5.7m로 갓탑이 5.7m나 되니 너무 높답니다.

계단단수가 120단시: 120 x 0.21=25.2, 갓탑 높이는 28.8-25.2=3.6m, 갓탑 높이가 3.6m로 무난할 듯. 계단단수가 130단시: 130 x 0.21=27.3, 갓탑 높이는 28.8-27.3=1.5m, 갓탑이 너무 낮아 찐빵 3개 끼워 넣기가 쪼께 불편하답니다. 7~1층탑 관측소는 이런 식으로 반드시 1관측소 높이를 검토해 보시고 가장 합리적이라고 생각되는 높이가 바로 1관측소 높이가 된답니다.

1관측소 높이가 완전히 고정되어 있지 않고 가변적일 수도 있다는 얘기랍니다.
즉, 높이 고정화작업을 거쳐야 한다는 말입니다. bal 전체 높이는 7·5·3층탑은 모두 표준 높이인 9C라고 말씀드렸을 겁니다. 다음으로 관측소바닥판 2우수선구간을 보실까요.

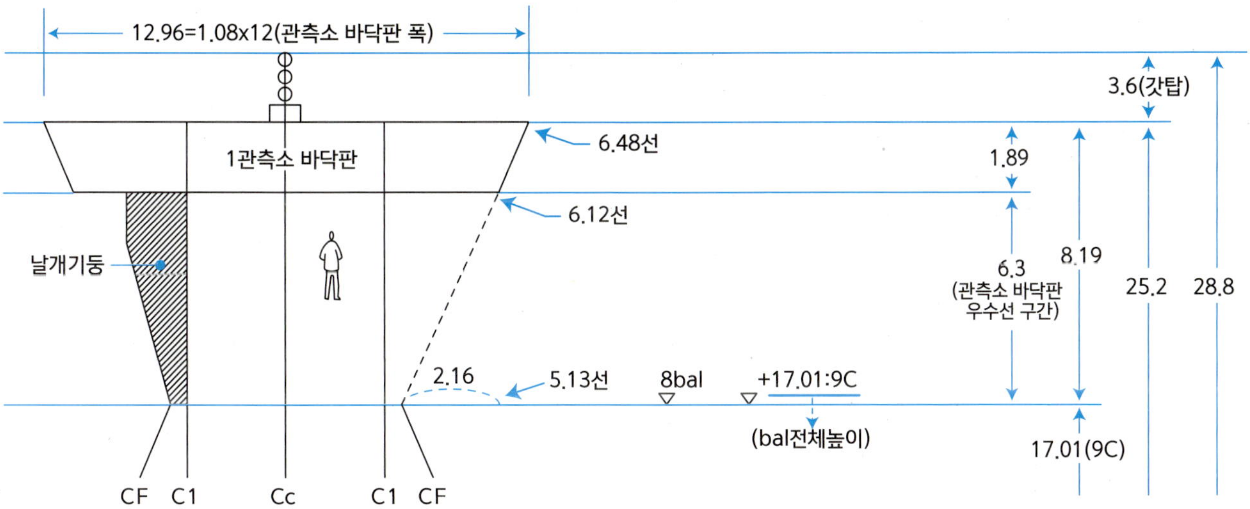

[그림 192] 7층탑 관측소 바닥판 2우수선구간

이 7층탑관측소의 관측소바닥판 우수선구간이 너무 높아서(6.3m), 1관측소바닥 판폭이 6.48 x 2 =12.96(1.08x12)으로 너무 넓은 편이랍니다.
사실, 7층탑 1관측소 바닥판이 탑들 중 제일 불안정구조랍니다. 너무 목이 길어서 어떻게 구조를 보강해야 할지 고민이 제일 많은 놈이랍니다.
그래도 보기는 시원하답니다. 1관측소 바닥판을 2.1m(10R) 낮추면 안전도는 높아지나 건물모양새가 쪼께 볼품이 없게 된답니다.(옥룡암 7층조각탑도 1관측소바닥판이 무지 넓답니다.)

갓탑! 갓탑하니! 갓탑에 대해서는 나중에 말씀드리겠습니다만 이해를 돕기 위해 아주 간단히 설명드리겠습니다.

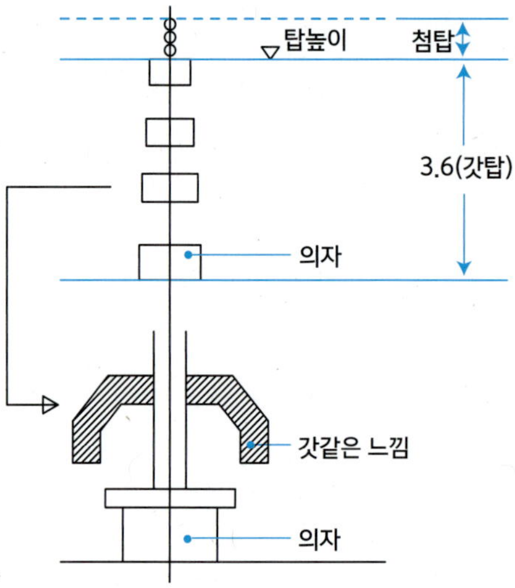

[그림 193] 갓탑의 갓개념

갓탑을 보시면 제일 밑에 의자가 있으며, 그 위에 3개의 찐빵처럼 생긴 것이 있답니다.(찐빵은 옥룡암 9층탑 바위 사진을 보셔도 보인답니다.) 이 찐빵을 분석해 보면 나무기둥 위에 걸쳐져 있어 꼭 갓을 쓰고 있는 것 같은 느낌이 들어서 제가 임의로 부여한 이름이랍니다. 마음에 드시는지요! 돈드는 것도 아닌데 마음에 드신다고 말해주이소?

그리고, 7층탑 각 bal 층고는 기본적으로 2R(42cm)씩의 증감이 있답니다.

9층탑 bal 층고 증감계수는 1R(0.21)이었는데, 7층탑은 2배나 되네요. 7층탑 관측소를 다 봐버렸네요. 더 볼 것 있나요?

자~ 그럼, 5층탑 관측소로 가 보실까요?

5층탑 규모는 86.4 x 64.8m죠. 손도 안됐는데 벌써 나와버렸네요. 탑높이 증감계수가 @21.6m/ 2개층탑이고, 탑폭 증감계수가 @10.8/2개층탑이니 자동으로 나올 겁니다. 5층탑 관측부 높이는 간단하죠. 64.8(탑 높이)－40.5(몸통 높이)=24.3m 벌써 알아버렸네요. 미리 알면 별 재미는 없답니다.

5층탑 관측소를 간단히 그려 봅시다.

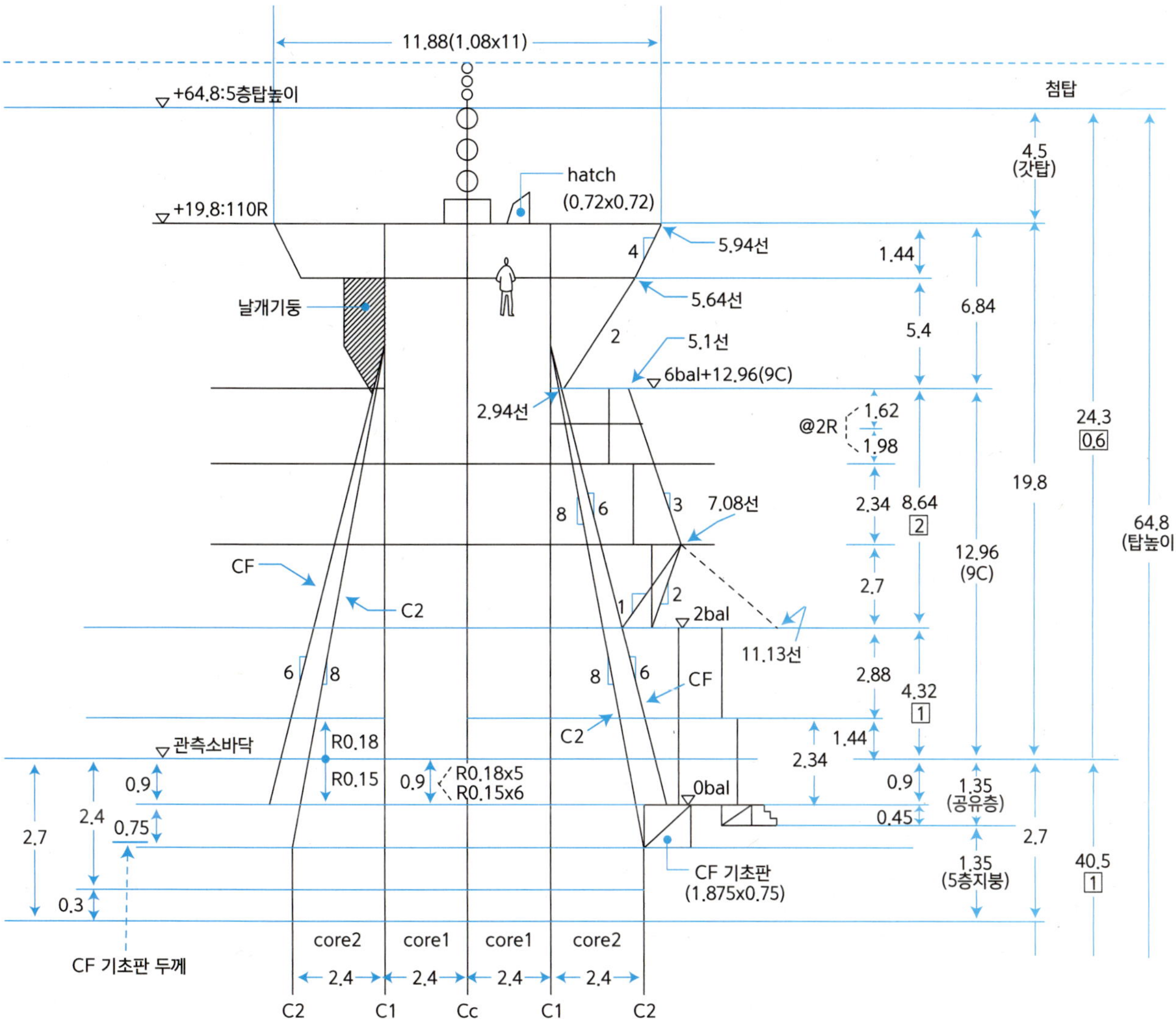

[그림 194] 5층탑 관측소 간이 개념도

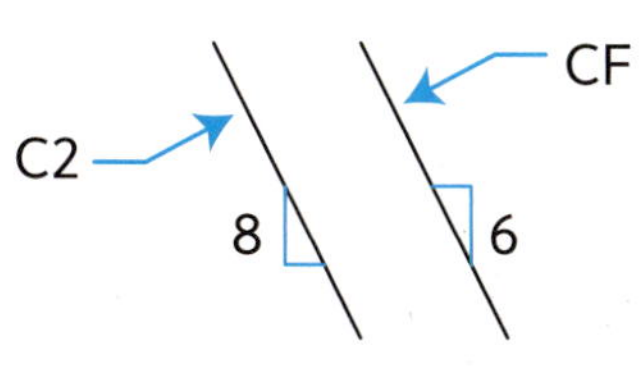

[그림 195] 5층탑 관측소 경사각

5층탑 관측소 공통수는

- 기본수 B = ⊿8 x⊿6 = 48
- 공통수 C = 48 x 3 = 144
- 단높이 R = 144 ÷ 8 = 18cm

간단히 R = ⊿6 x 3 = 18cm

먼저, CF기초판 부위를 보시면

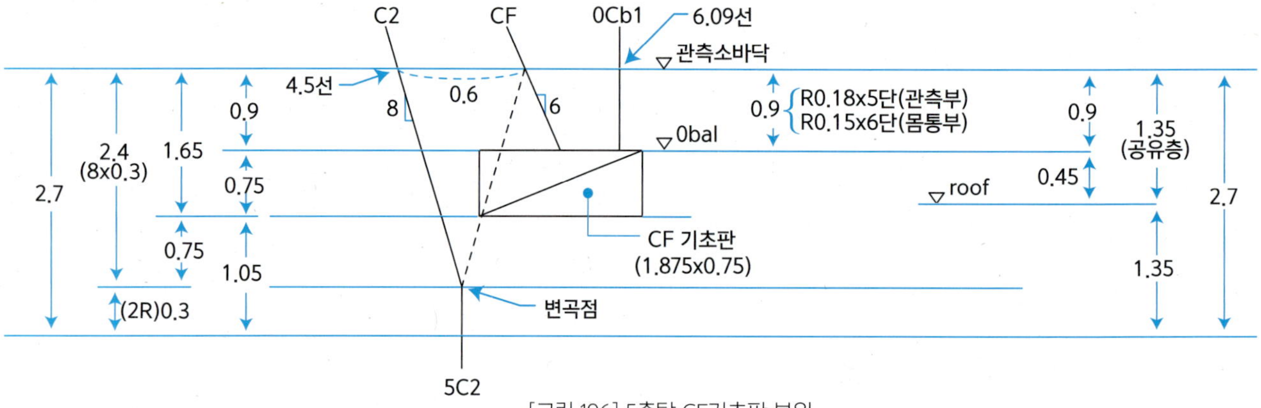

[그림 196] 5층탑 CF기초판 부위

공유층 1.35에서 관측소가 쓸 수 있는 계단공유높이는 0.9가 되네요. 5층탑 1관측소의 높이는 얼마가 적당할까요? 관측부 전체높이가 24.3m이니 여기에 1관측소 높이+갓탑이 들어갈 겁니다.

1관측소 계단단수는 10의 배수단이니 계산해 봐야죠.

관측소 단수		관측소 높이	관측부높이 - 관측소높이 = 갓탑높이	비 고
120단시	120단 x 0.18	21.6	24.3 - 21.6 = 2.7	
110단시	110단 x 0.18	19.8	24.3 - 19.8 = 4.5	적당함
100단시	100단 x 0.18	18	24.3 - 18 = 6.3	

[표 18] 5층탑 관측소높이와 갓탑높이

갓탑높이가 2.7, 4.5, 6.3 등이 나온답니다. 이 중에서 제일 적당하다고 생각되는 4.5를 선택하겠습니다. 2.7도 가능은 하나 1관측소가 높으면 높을수록 1관측소 바닥판이 무척이나 높아지면서 바닥폭이 넓어진답니다. 갓탑이 4.5시 관측소 바닥판 2우수선구간을 봅시다.

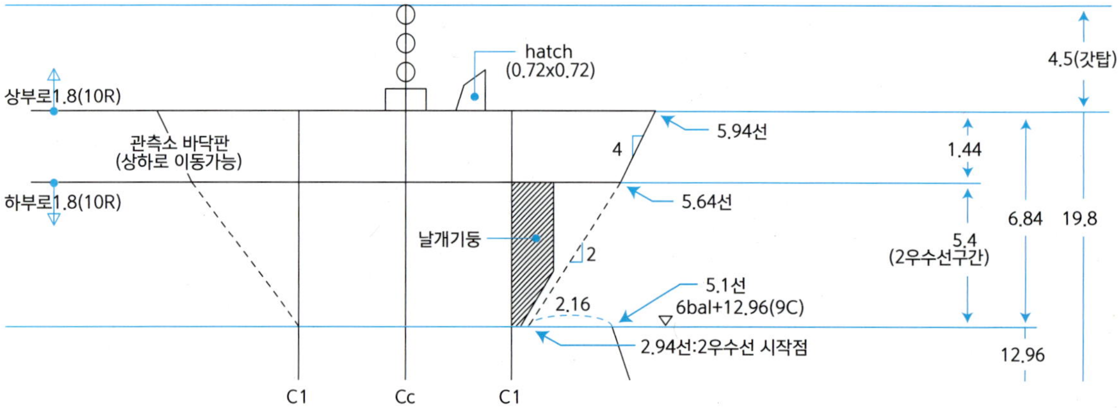

[그림 197] 갓탑이 4.5시 관측소 바닥판 2우수선구간

5층탑 관측소 bal 층고증감계수는 2R(0.36)이랍니다. 5층탑 관측소가 다 끝나버렸네?

이제 3층탑 관측소도 봐야죠. 3층탑규모는 75.6 x 43.2(앞숫자가 폭, 뒤숫자가 높이임),

관측부 높이: 43.2 - 25.2 = 18.0m가 된답니다.

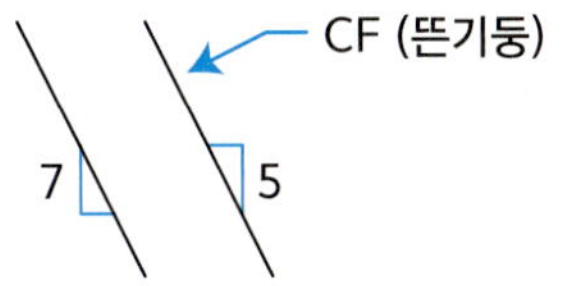

[그림 198] 3층탑 관측소 경사각

3층탑 관측소 공통수는

- **기본수 B = ◿7 x ◿5 = 35**
- **공통수 C = 35 x 3 = 105**
- **단높이 R = 105 ÷ 7 = 15cm**

간단히 R = ◿5 x 3 = 15cm

3층탑 관측소 bal 개수는 몸통부가 3층 + 지하층 = 4 층이니 bal 개수도 4개가 될 겁니다.

관측소를 그려보면,

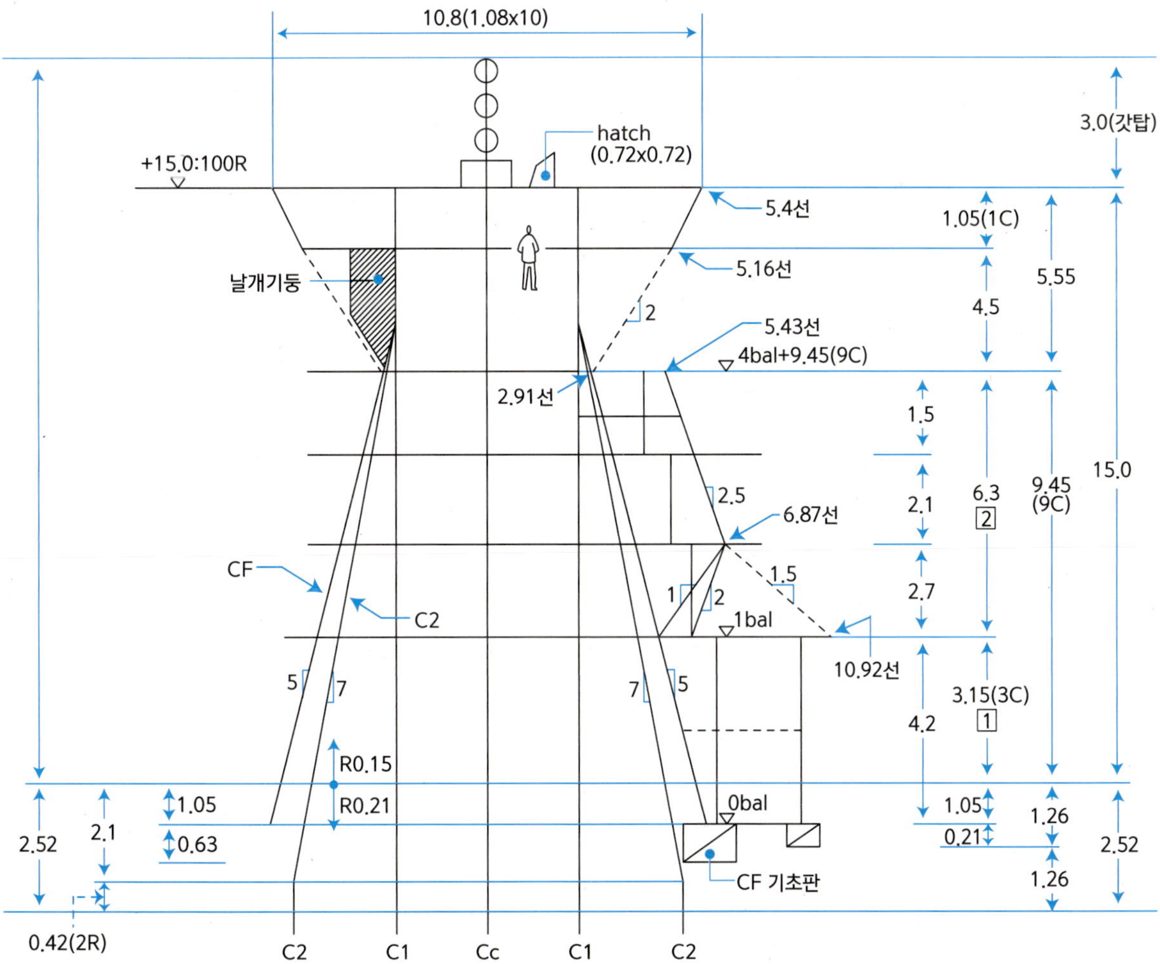

[그림 199] 3층탑 관측소

이 3층탑 관측소가 애를 많이 먹이는 놈이랍니다? 이유가 뭘까요?
간단하죠. 몸통부 R=21cm인데 이 관측소 R=0.15로 몸통부보다 더 낮답니다. 일반적으로 관측소 단높이는 몸통부와 같거나 더 높은 게 상식적인데 이 3층탑 관측소만이 반기를 드네요. 고약한 놈? 공통수를 자세히 보시면 C=1.05÷5=0.21과 C=1.05÷7=0.15로 사실 R0.15보다 R0.21이 더 양호하게 보인답니다. 당연히 2개 중 R=0.21을 선호하며 또한 R0.21로 먼저 접근하게 된답니다.

그런데 이 R0.21로 접근을 해보면 희한하게도 bal 끝선 등에서 mm가 발생된답니다. 무슨 말인고 하니, 일반적으로 bal끝선이 5.43선과 같이 최소한 cm선에서 끝나야 되는데, 예를 들면 5.433선처럼 3m/m가 발생된답니다. 이 m/m숫자가 발생되면 갑자기 온몸에서 진땀이 나기 시작한답니다.
뭔가가 잘못되어 가고 있다는 신호랍니다. 물론 수학적으로 문제가 있는 것은 아닐지라도 접근방식에 문제가 있을 수 있다는 말이겠죠. 그러면 방법을 바꾸는 게 현명하겠죠. 묘하게도 3층탑 관측소에서는 R= 0.15로 하면 어떤 문제도 발생이 되지 않는답니다. 그렇다고 R0.21이 수학적으로 잘못되었다는 건 아닙니다만 상식적이고 합리적인 R=0.15로 해 보니, R0.21보다 R=0.15가 더 낫네요. R=0.21이라고 꼭 생각하시는 분은 R=0.21로 하셔도 무방하답니다. R=0.21로 할 시는 bal층고든 1관측소 높이든 당연히 달라질 겁니다. 시간 나시는 분은 한번 계산해 보십시오.

3층탑 관측소 CF기초판과 1bal 부위를 보시면,

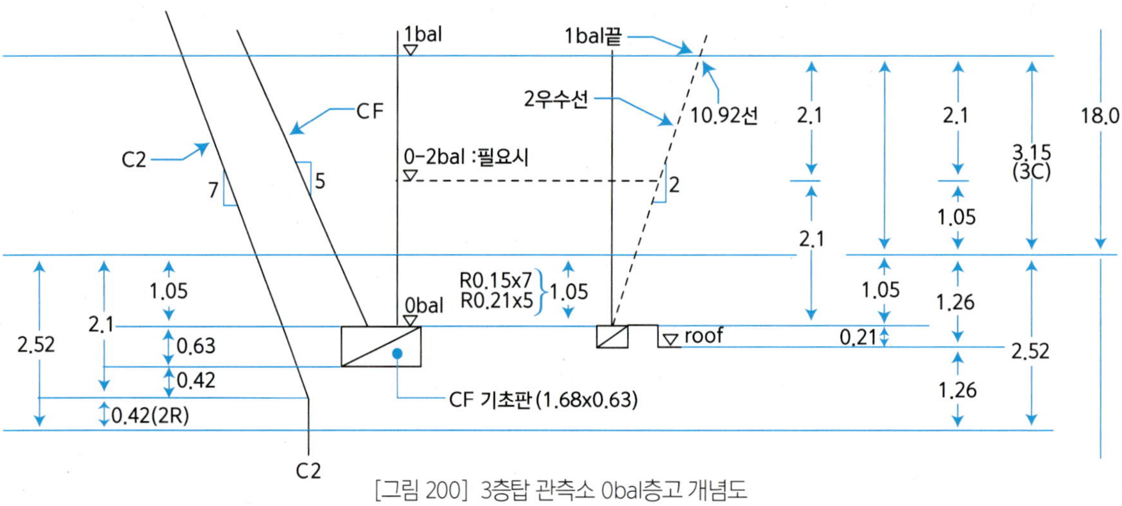

[그림 200] 3층탑 관측소 0bal층고 개념도

관측소 기초판 개념인 3.15(3C)가 5~9층탑은 2개층인데 3층탑에서는 1개층으로 0bal 높이가 4.2m나 된답니다. 필요하시면 자체적으로 0-2bal(중2층)도 가능은 한 구조랍니다.

1관측소 높이도 구해봐야죠?

계단 단수		관측소 높이	관측부높이 - 관측소높이 = 갓탑높이	비 고
110단	110단 x 0.15	16.5	18 - 16.5 = 1.5	
100단	100단 x 0.15	15	18 - 15 = 3.0	요놈이네!
90단	90단 x 0.15	13.5	18 - 13.5 = 4.5	

[표 19] 3층탑 1관측소 높이와 갓탑 높이

육안으로 보셔도 100단인 15m가 제일 낫겠죠. 3층탑 관측소 상부도 한번 봅시다.

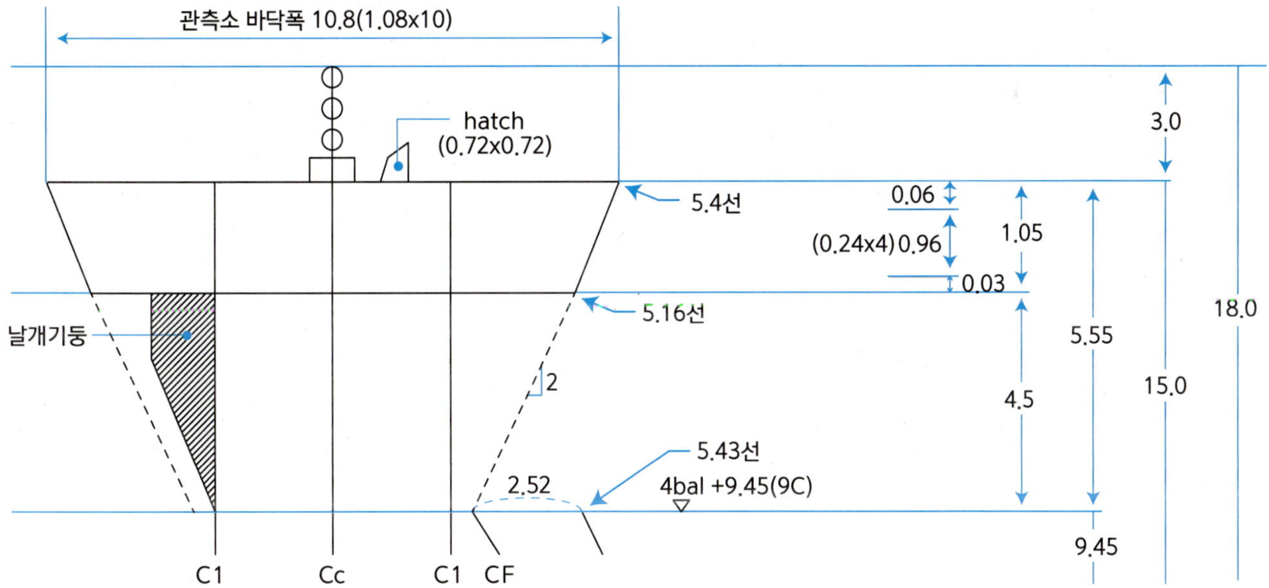

[그림 201] 3층탑관측소 상부

먼저 1관측소 바닥판 상부 끝선을 5.4선으로 했답니다.

약간 여유 있게 할려면 5.31선이 양호하나, 관측소바닥폭을 1.08의 배수로 하기 위해서 5.4선 x 2=10.8, 10.8÷1.08=10, 약간은 빡빡은 하지마는 5.4선으로 했답니다.

관측소 바닥폭을 꼭 1.08(0.27x4)의 배수로까지 할 필요는 없겠지만, 폭이 1.08의 배수에 가까우면 가능한 한 맞추는게 좋을 것 같아서 5.4선으로 했답니다.

5.4선으로 하다보니 관측소바닥판의 외부수직면이 너무 치수가 낮은 단점이 있답니다.

수직면 전체치수가 9cm밖에 여유가 없답니다. 상·하 수직면 높이배분을 잘해야 관측소 바닥의 구배처리가 가능할 것 같답니다.

또한, 각 bal 끝선치수도 반드시 확인하셔야 한답니다.

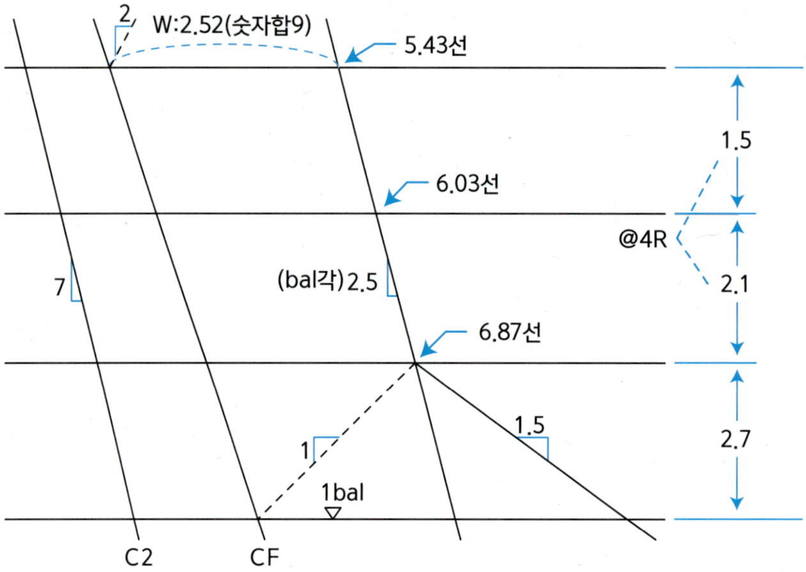

[그림 202] 3층탑 관측소 각bal 끝선:3의 배수에 충족됨

최상단 bal폭 : 2.52=2+5+2=9 숫자합이 9니 ok

- 4bal끝점 : 5.43선=5+4+3=12⇒1+2=3
- 3bal끝점 : 6.03선=6+0+3=9
- 2bal끝점 : 6.87=6+8+7=21⇒2+1=3
- 1bal끝점 : 10.92=1+0+9+2=12⇒1+2=3

bal 끝선치수가 다 3의 배수네요. 그럼 맞는 모양이네요. 물론 모든 탑이 동일 할 겁니다.

마지막으로 1층탑관측소도 보셔야겠죠. 그냥 가면 섭섭?

1층탑이니 당연히 관측소 bal개수는 1+1=2개가 될 겁니다.

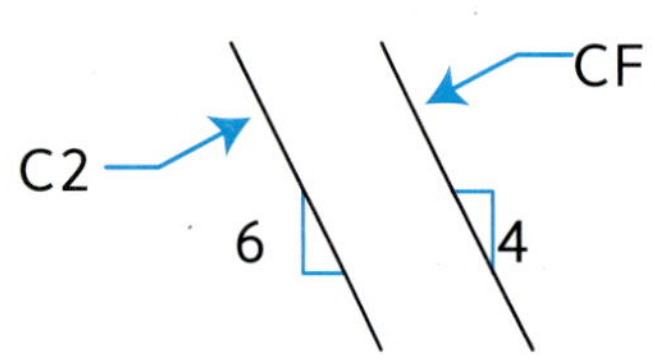

1층탑 관측소 공통수는

- 기본수 B = ⊿6 x⊿4 = 24
- 공통수 C = 24 x 3 = 72
- 단높이 R = 72 ÷ 4 = 18cm

간단히 R= ⊿4x3x1.5배=18cm
(12cm는 낮아서 1.5를 곱함)

관측부 높이는 21.6−10.8=10.8

관측부 = 관측소 높이 + 갓탑 높이, 관측소 높이는 계단단수의 10배수이므로,

계단 단수 x R =	관측소 높이	관측부높이 – 관측소높이 = 갓탑높이	비 고
50단 x 0.18	9.0	10.8 – 9 = 1.8	
40단 x 0.18	7.2	10.8 – 7.2 = 3.6	딱! 맘에 드네?
30단 x 0.18	5.4	10.8 – 5.4 = 5.4	

[표 20] 1층탑 관측소 높이

1 관측소를 그려봅시다.

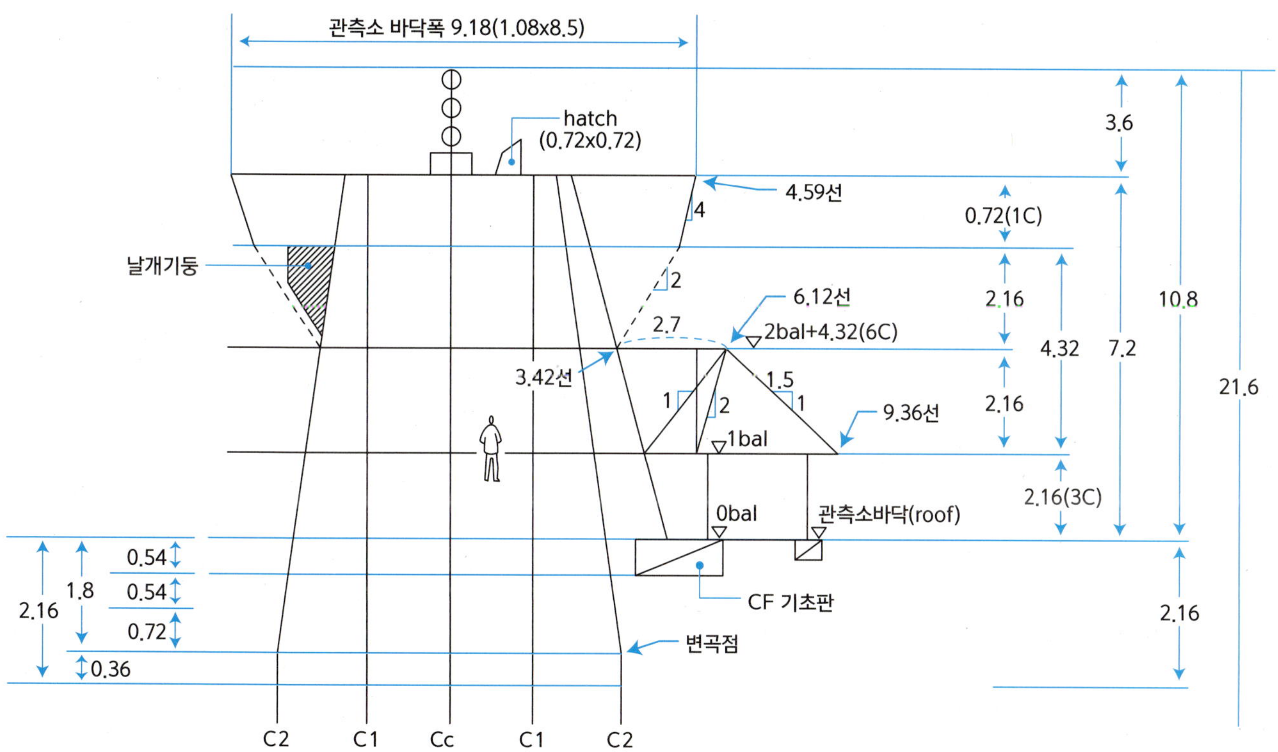

[그림 203] 1층탑 관측소

CF기초판을 보시면 CF기초판이 관측소 바닥과 같이 0bal가 된답니다.
1층탑의 1층지붕은 최상층 지붕이 아닌 1층 지붕이므로(?) 공유층이 발생되지 않는답니다.
전에도 잠깐 말씀드렸습니다만 무지 헷갈린답니다. 사실 1층 지붕이면서 최상층 지붕이기도 하지마는 수학적으로는 1층 지붕이랍니다. 저는 지금도 헷갈린답니다.

CF기초판을 크게 확대해 봅시다.

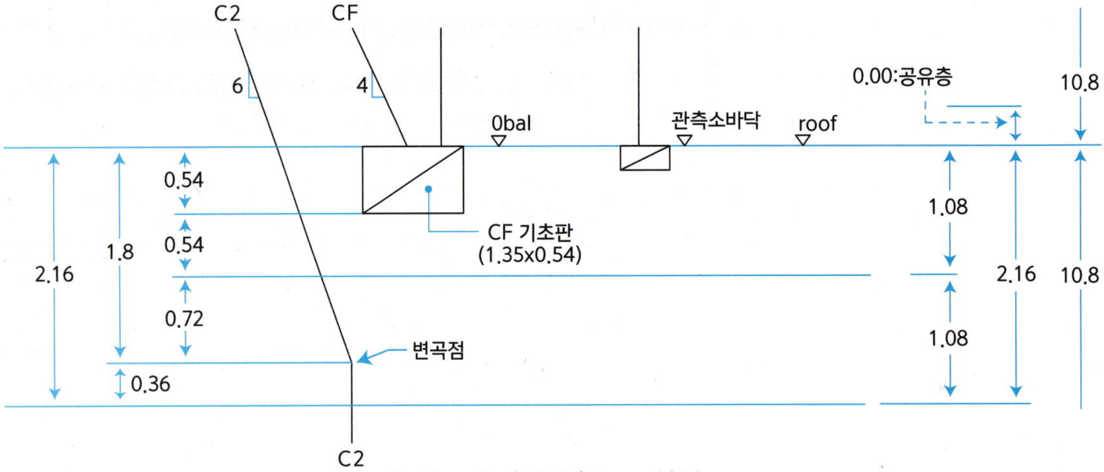

[그림 204] 1층탑 관측소 CF기초판

0bal이면서, 관측소 바닥이면서, 몸통부 지붕면이 되는 아주 묘한 바닥이네요.

1층탑이 묘한 것은, 지하층 층고(가상건축물 기초판 두께)가 4.32일 때 일반공법으로 하면 4.32÷3=1.44가 이론관측소 기초판 두께가 되며, 그 반인 0.72가 공유층이 되어야 맞는데, 1층탑은 순수이론으로는 4.32÷2=2.16이 이론관측소 기초판 두께가 되며 그 반인 1.08이 이론공유층이 된답니다.

즉, 3등분법이 아닌 2등분법 적용을 받는답니다. 정확히는 알 수는 없지만 아마 1층진입외부계단이 2단으로 되어있어서 그렇지 않나라는 생각을 해 본답니다. 어찌 되었건 가상 3층이 있다는 걸 의미할 수도 있답니다. 가상 2·3층에서 3층 지붕판이 1.08이며 지붕판 증감계수 3R(0.54)을 적용하면 1층 지붕판두께가 2.16이 나온답니다. 이놈의 1층탑은 손댈 때마다 헷갈린답니다.

전에도 잠깐 얘기드렸지만 1층탑의 2등분법을 다시 한번 보실까요

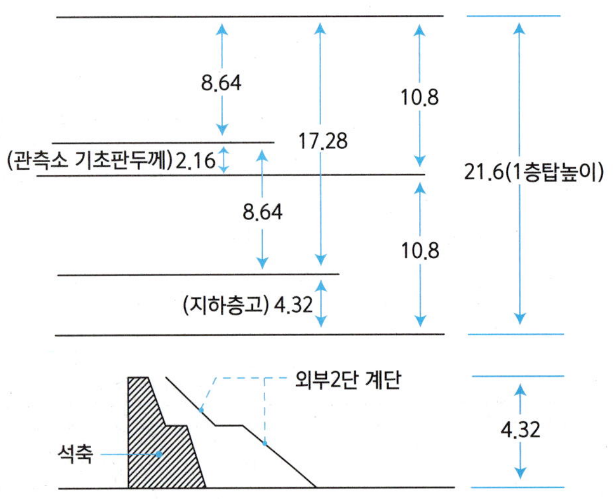

[그림 205] 1층탑의 2등분법

좌측 그림은 2등분법을 적용한거랍니다. 21.6÷2=10.8이 나오며, 높이 21.6에서 지하층고(4.32)를 빼면 21.6-4.32=17.28, 이 17.28을 다시 2로 나누면 17.28÷2=8.64, 여기서 원 1/2높이인 10.8에서 8.64를 빼면 10.8-8.64=2.16이 나오며 이것이 바로 이론관측소 기초판 두께가 되며 또한, 현재의 1층 지붕판두께인 2.16이 된답니다.

이 이론이 수학적으로 맞는 것인지는 저로서도 알 수가 없답니다.

1층탑 관측소 상부를 그려 봅시다.

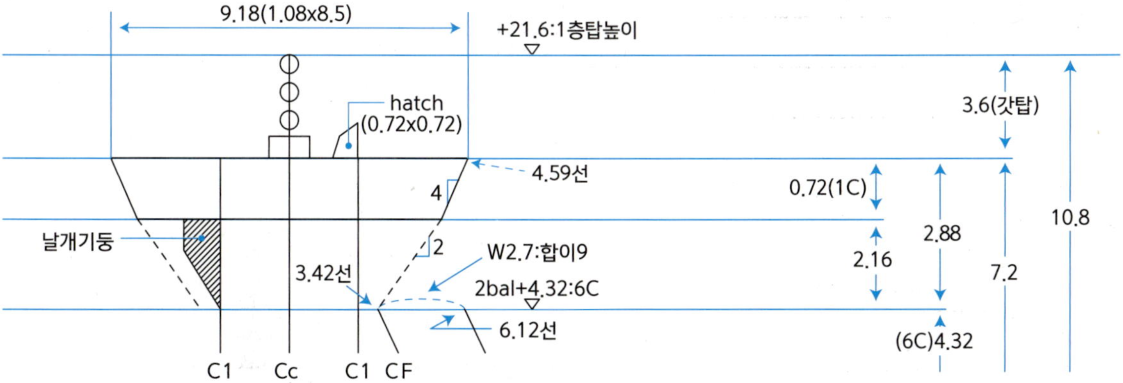

[그림 206] 1층탑 관측소상부

1층탑 1관측소 bal 전체높이는 4.32(6C)랍니다. 3~7층탑의 9C에 비해서 많이 낮네요.

1층탑 관측소는 너무 간단하답니다. 너무 싱겁죠? 이제 관측소가 끝났으니 다음으로 넘어갈께요.

이미도 하나가 빠진 느낌일 겁니다. 뭐가 빠졌을까요? 가물가물? 이제까지 본 각탑 관측소를 개략적으로 비교표를 만들어 보셔야죠. 각 탑간의 비교표를 만들어 비교해 보시면 개념파악에 도움도 되지만, 심한 차이가 날 때에는 반드시 재검토를 해 보셔야겠지요.

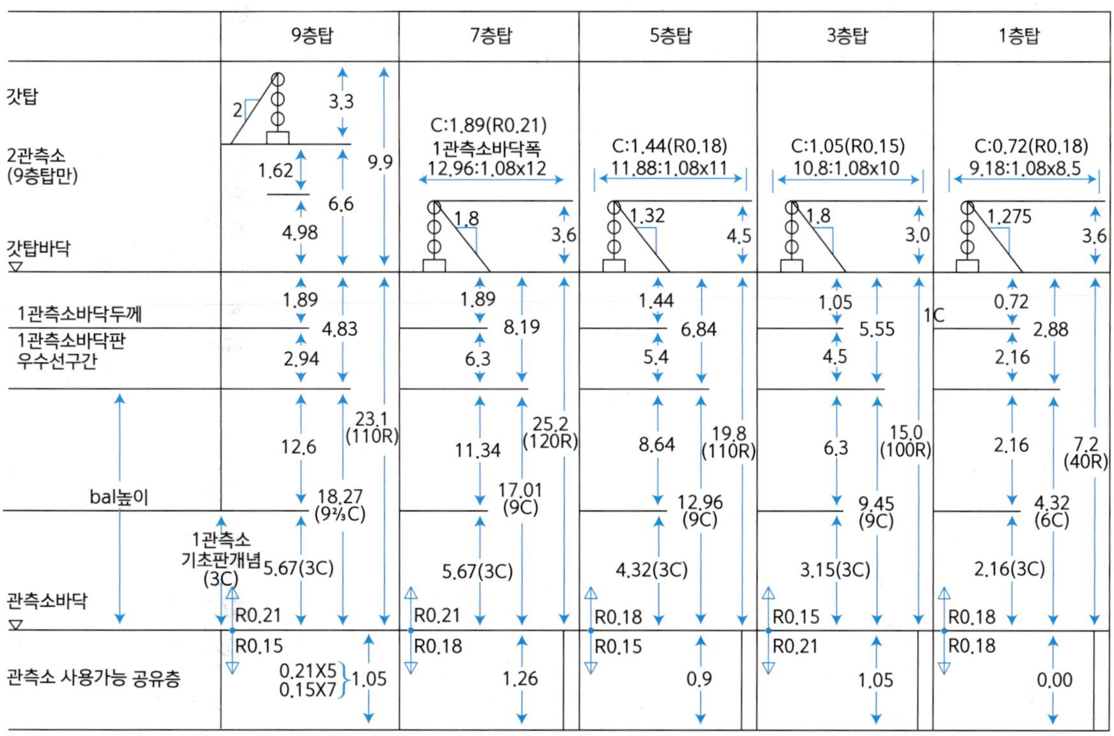

[표 21] 각탑 관측소 개략적 비교표

판단하시기가 흩어져 있는 것보다는 모아 놓으니 약간 더 쉬우실 겁니다.
비교표를 보시다 보면 처음 보는 것이 있으실 겁니다. 바로 갓탑 경사각일 겁니다.

7층탑 갓탑을 보실까요.

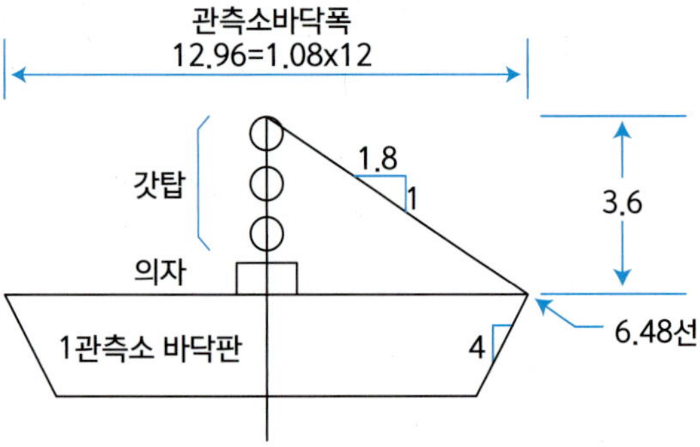

[그림 207] 7층탑 갓탑각

관측소 폭 = 12.96=1.08x12일 겁니다. 전에도 잠깐 말씀드렸습니다만 1관측소 바닥판폭은 1.08의 배수가 좋답니다. 1층탑같은 경우는 9.18=1.08x8.5도 나오네요. 8.5배와 같이 정수배수는 아니지만 1.08의 배수에 포함된답니다.
관측소 바닥판폭이 1.08(0.27x4)의 배수가 될려면 반드시 관측소바닥 끝선은 숫자의 합이 9의 배수가 되어야겠죠. 6.48선 = 6+4+8=18⇒1+8=9랍니다.
그리고, 갓탑 상부끝(탑높이 중심선끝점)과 관측소 바닥판 끝의 경사각도 반드시 구해보셔야 된답니다.
높이보다 폭이 넓으므로 역경사각(역우수선) 개념을 적용해서 수직변을 1로 하는 것이 편리하답니다.
7층탑 갓탑 경사각은 6.48÷3.6=1.8로 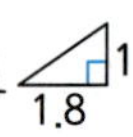

같이 역경사각이 나온답니다. 역경사각으로 표기하지 않으시면 3.6÷6.48=0.55555 식으로 머리아픈 소수점이 나오게 된답니다. 비록 소수점 아래 숫자가 몇 개 나오더라도 역경사각이 편리하답니다.
그리고, 역경사각으로 숫자를 구해 봤는데 소수점이 주루루 끝이 없이 나오면 관측소 바닥끝선이 잘못되었으니 처음부터 다시 시작하시는게 정신건강(?)에 도움이 되실 겁니다? 참고로, 몸통부 높이든 관측소 높이든 반드시 자(30cm)로 나누어서 정수로 떨어져야 한답니다.
예를 들어 9층탑 1관측소높이가 23.1m일 때 23.1÷0.3=77′로 반드시 자로 딱 떨어져야 한답니다.
자로 나누었는데 소수점이 주루루 나오시면 사달난답니다. 물론 관측소 높이는 10단 단높이이기도 하겠죠. 또한, 몸통부 높이가 74.31m식으로 끝수가 단단위 cm로 나올시는 반드시 틀린 것이므로 처음부터 다시 시작하셔야 될 겁니다.

제일 간단한 갓탑 높이를 보십시오. 3.3m, 3.6m, 4.5m식으로 반드시 자(30cm)로 나누어지게 되어 있답니다. bal 층고같이 단높이R의 영향을 받는 것들은 자와는 무관하답니다. 또한, 계산하시다 보면 bal 끝선이 6.12선 이런 식으로 3의 배수이면서 단단위 cm가 되어야 하는데 난데없이 6.126선 이런 식으로 끝수가 m/m단위까지 나오면 머리가 지끈지끈 아프니 재고를 하시는 게 현명하실 겁니다.
m/m 치수도 맞을 수도 있겠지만 기분이 영 내키지 않으실 겁니다.

관측소의 모든 것(각 탑 bal기둥규격, 난간높이 등등)을 다 들여다보지는 못했지만, 어느 정도는 이해하셨으리라 믿습니다. 구체적으로 못보신 날개기둥이나 CF기초판 등은 뒤에 별도로 보실 수가 있으실 겁니다. 물론 갓탑과 첨탑도 보실 수가 있으실 겁니다.
사실, 이 관측소가 너무 복잡구조로 되어있어서 아주 구체적으로는 못 보셨지만, 그래도 관측소 높이든 bal 높이든 어느 정도 윤곽은 파악되셨으리라 믿고 여기서 일단 줄이겠습니다.

이제 몸통부 높이와 층고도 알았고, 더구나 관측소 높이와 bal 층고까지 알았으니 이 두 놈을 합쳐서 이 놈의 탑이 도무지 어떻게 생겼는지를 한번 보셔야죠. 아! 하나 빠졌네요. 바로 건물폭이네요.
각탑의 건물폭은 각탑간 증감계수가 @10.8m로 이론적으로 설명드렸을 겁니다. 건물폭을 아셔도 횡렬간의 기둥폭 등 모든 것을 아셔야만이 개념도(단면도)를 그릴 수가 있을 겁니다.
가장 중요한 것은 core 폭과 각 기둥간 폭과 1층진입 외부계단길이가 될 겁니다. core 폭은 제가 이미 말씀드렸을 겁니다. 이 건물폭에 접근하실 때에는 설명드린대로 중앙칸폭(C2열 기둥폭)이 9층탑은 4.5m, 7층 4.2m, 5층 3.9m, 3층 3.6m, 1층탑은 3.3m를 이용하여 역분석법으로 평면도를 그려서 기둥의 위치를 잡으셔야 된답니다. 물론 외부계단길이는 미리 계산을 해두어야겠죠.
건물폭의 숫자 맞추기가 그리 쉽지마는 않으실 겁니다. 걱정하지 마이소.
제가 미리 다 계산해 두었답니다. 수족고생작업은 제 선에서 끝내야겠죠. 뒤에 나올 탑 일반구조편에서 9·7층탑의 탑폭과 평면도가 있으니 참조하십시오.
5·3·1층탑의 평면도가 궁금하신 분은 직접 한번 그려보이소? 진땀이 쪼께 나실 겁니다.

그럼 이제 신라일반목탑(관공서)의 개념도를 보셔야죠.
관공서는 아니지만 일반목탑인 첨성대와 석굴암의 개념도도 같이 봅시다.

10. 신라 일반목탑 개념도

(1) **9층탑 개념도** (별책도면 No. 1 참조)

(2) **7층탑 개념도** (별책도면 No. 2 참조)

(3) **5층탑 개념도** (별책도면 No. 3 참조)

(4) **3층탑 개념도** (별책도면 No. 4 참조)

(5) **1층탑 개념도** (별책도면 No. 5 참조)

(6) **첨성대 개념도** (별책도면 No. 6 참조)

(7) **석굴암 개념도** (별책도면 No. 7 참조)

11. 지붕

제가 이 지붕과 관측소에 제일 많은 시간을 투자했는데도, 어쩌면 아직도 엄청 많은 시간을 더 투입해야 할지도 모른답니다. 이 지붕은 그리 만만한 놈이 아닙니데이. 무슨 말인지 인지하실 겁니다. 정신을 두배로 차리시고 저와 같이 한번 헤매 보실까요? 혼자 헤매라꼬요?

그래도 조금은 섭섭하네요!

신라탑 지붕을 간단히 살펴봅시다. 크게 4가지로 분류가 가능하네요.

① 관측소 지붕
② bal 지붕
③ 몸통부 지붕
④ 지하층 지붕

→ 이 4지붕중 얘기의 주인공은 몸통부지붕이 될 겁니다.
bal지붕은 너무 간단하므로 별 설명은 드리지 않겠습니다.
관측소지붕은 중요하므로 뒤에서 잠깐 설명드리겠습니다.
지하층지붕은 석축에서 가끔 접하게 되실 겁니다.

관측소 지붕과 bal 지붕은 개념만 잠깐 보시고 진짜 몸통부 지붕을 봅시다.

*** 첫째 : 관측소 지붕**(관측소바닥판)

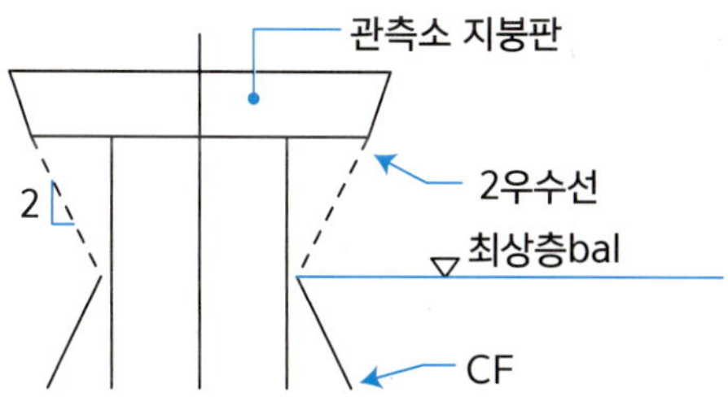

[그림 208] 1~7층탑 관측소 지붕 우수선 개념

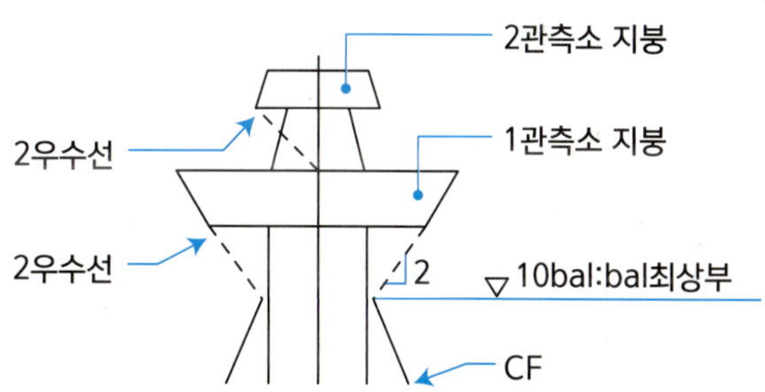

[그림 209] 9층탑 관측소 지붕 우수선 개념

이 관측소 지붕은 말 그대로 관측소의 지붕이랍니다. 비막이 범위는 최상층 bal 바닥까지로 2우수선의 적용을 받는답니다. 물론, 2관측소 지붕(9층탑·첨성대·다보탑에만 있음)은 전에도 말씀드렸듯이 건물 중심선이 2우수선 초점이 되겠죠.

제가 관측소 바닥판으로 표기를 하니까 지붕이라는 개념을 깜빡하고 지나칠 수도 있답니다. 엄밀히는 관측소 지붕판이 정확한 표기법이나 평지붕 개념으로 지붕바닥 사용이 완전히 가능하므로 편의상 관측소 바닥판이라고 부르고 있는 것뿐이랍니다.

아주 중요한 지붕판이므로 날개기둥에서 잠깐 설명드리겠습니다.

*** 둘째 : bal 지붕**

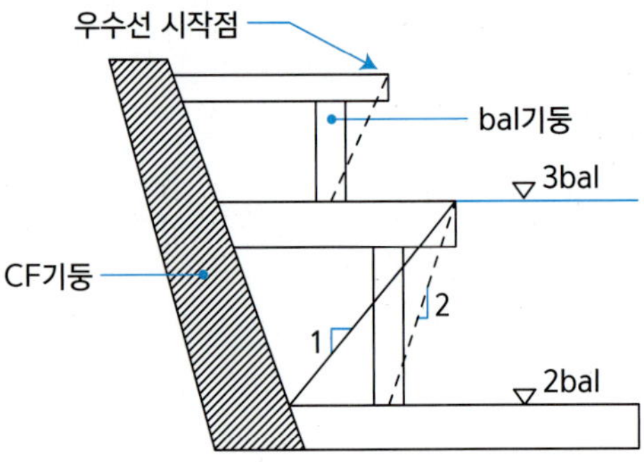

[그림 210] bal지붕 2우수선개념

bal 지붕은 보시다시피 평지붕판이며, 하부에 bal 받침기둥이 있으면서 2우수선 규정을 따르고 있는 단순한 평지붕으로 bal 바닥 전체를 사용이 가능하도록 한 구조형태랍니다.
물론 2bal는 1·2우수선을 동시에 갖고 있답니다.
bal 편에서 살짝 말씀드렸을 겁니다.
bal지붕이라고 하기가 그래서 그냥 bal라고 하겠습니다.
bal 바닥보만 외부로 빠지지 않게 구조에 유의하시면 된답니다. 그리 중요하지 않으므로 별도로 설명은 드리지 않겠습니다.

*** 셋째 : 몸통부 지붕이랍니다.**(지금부터는 그냥 지붕이라고 부르겠습니다.)
이 지붕편은 이 몸통부 지붕에 대해서 주로 말씀드리겠습니다. 지붕을 대충 보실까요.

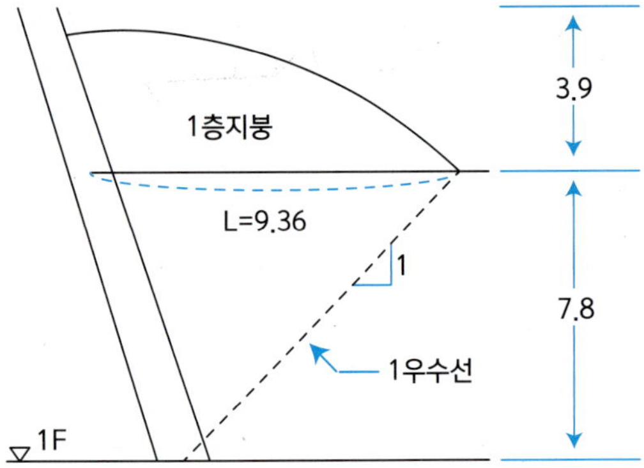

[그림 211] 9층탑 1층지붕개념

지붕이 구체적으로 어떻게 생겼는지는 알 수가 없으나, 9층탑 1층지붕같은 경우는 지붕길이가 9.36m에다 높이가 3.9m이며 1우수선법칙을 따르고 있답니다.
지붕규격은 층고에서 설명드렸듯이 간단히 구할 수가 있답니다.
bal 지붕과는 무엇이 다른 것 같습니까?

bal 지붕에는 있는 받침기둥이 일반지붕에는 없답니다. 받침기둥이 없이 과연 9.36m나 되는 지붕판을 받칠 수 있을까요? Cantilever 구조인데, 너무 내밀어서 보기만 해도 아찔한 상태랍니다.
저는 제일 처음 옥룡암 조각탑을 보고 이 지붕판(처음에는 지붕판길이가 10~10.5m정도 되는 걸로 생각했음)은 구조적으로 성립이 불가능하다고 판단했답니다. 아마도 석공이 지붕판이 긴 것을 강조하기 위해서 지나치게 빼낸 것이 아닌가라고도 생각했답니다. 석공이 빼내었든 자체 길이가 원래 길었든지 하여튼 풀어는 봐야겠죠. 이걸 어떻게 풀죠? 아무리 쳐다봐도 답이 없었답니다. 기적이 일어나지 않는 한?

어떻게 기적을 만들어내면 될까요? 혹시 기적을 만들어내실 수 있으신 분 계시나요? 계시다면 저에게 한 수 알으켜 주이소. 제가 한잔 대접해 드리겠습니다. 제가 신라탑을 풀면서 느낀 것 중 하나가 희한하게도 엉뚱한데서 우연히 인지하는 경우가 더러 있더랍니다. 지붕풀기는 지금부터 시작이 된답니다. 기대하시라~ㅎ~

저는 지붕을 풀기전에 석축부터 먼저 풀어보겠습니다. 웬 석축? 이해가 가십니까? 석축을 풀다가 난관에 부딪혔답니다.

석축이 대충 이렇게 생겼을 겁니다.

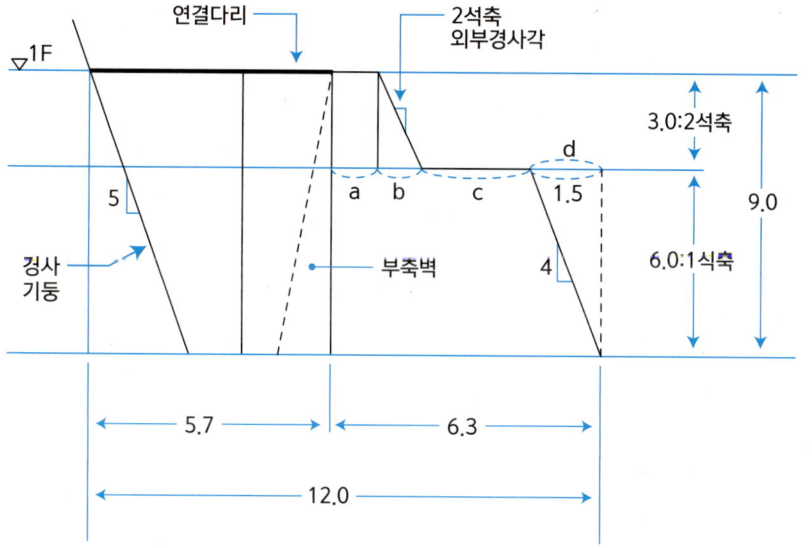

[그림 212] 9층탑 석축형태

석축 높이가 9m, 석축 하부폭이 6.3m랍니다. 석축 하부폭은 어느 정도(3~9cm정도) 가변적이기는 하나 몇 번 그림을 그려 보시면 6.3m가 가장 적당하다는 결론을 내리실 겁니다. 하부폭은 알겠는데 1석축 상부쪽 폭인 a, b, c, d 중에서 d=6÷⊿4=1.5만 알겠고 나머지 a, b, c 폭은 알 수 있는 방법이 전혀 없더랍니다. 이거 못풀면 석축은 영원히 풀 수 없게 생겼답니다. 몇 날 며칠을 궁리해봐도 모르겠고, 잔머리공법(?)까지 동원해도 방법을 찾을 길이 없더랍니다. 그렇다고 일방지정공법을 적용하기도 그렇고, 이 일방지정공법은 나중에 반드시 증명이 되어야 성립되는 공법이랍니다. 완전히 미궁에 빠졌답니다.

어떻게 풀어야 할까만 생각하다가 문득 스쳐지나가는 것이 하나 있더랍니다. 바로 1석축 외부선과 지붕 끝선이 똑같은 일직선상에 있으면서 경사각이 같다는 걸 생각해 내었답니다. 뭔진 모르지만, 서광이 비치기 시작했답니다.

그렇다면, 처마각과 경사기둥각에서 hint를 얻으면 되겠구나라고 생각하기 시작했답니다.

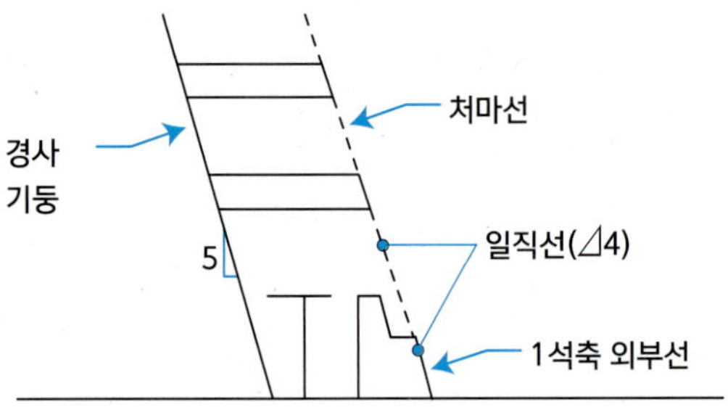

[그림 213] 처마선과 1석축 외부선의 일직선 개념

그런데, 어떻게 이 두 경사각(⊿4&⊿5)을 이용해서 석축 a, b, c 폭을 알아낼 수 있을까? 생각이 떠오르긴 했는데 그래도 막막하기는 마찬가지더랍니다. 경사기둥각 ⊿5와 처마각 ⊿4사이에는 무엇이 존재할까라는 궁금증이 증폭되기 시작했죠.

제가 잘 쓰는 공법이 있겠죠. 바로 3으로 나누어 보는 것이랍니다. 그래서 지붕판길이를 다 계산해서 3이라는 숫자로 나누어 보았답니다. 희한하게도 3으로 다 나누어지더랍니다. 더 웃기는 것은 나누어지는 점들을 선으로 그어보니 희한하게도 일직선이 됨과 동시에 2석축 외부경사각과도 일직선이 되더랍니다. 일단 선이 일직선이 되면 치수 구하는 건 눕어 떡먹기보다 쉽겠죠.

계산을 해본 결과는 이렇더랍니다.

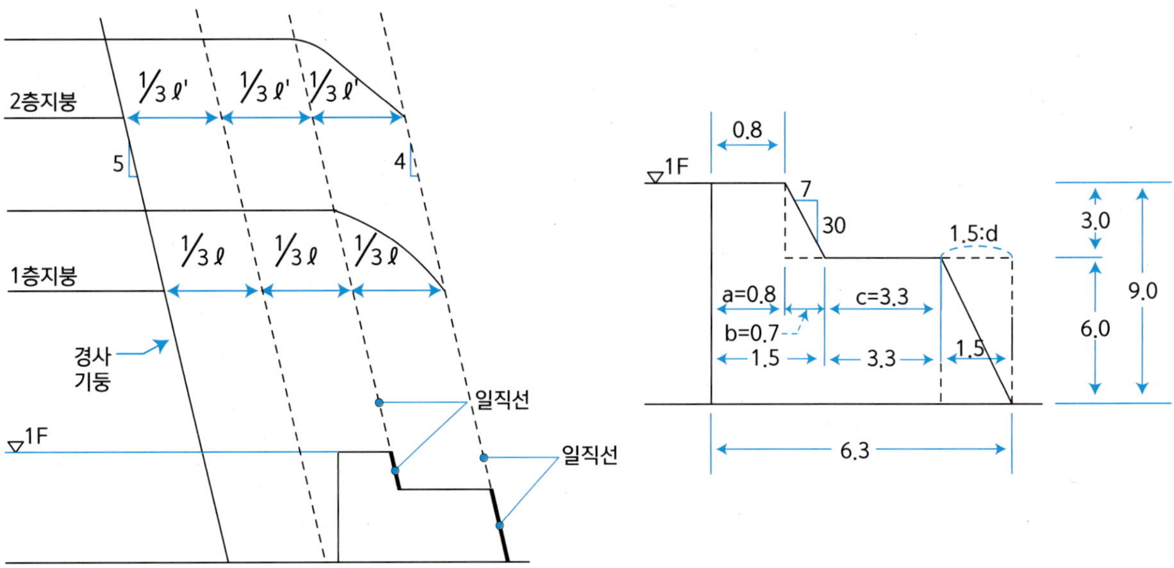

[그림 214] 9층탑 지붕판 3등분선과 석축 외부선 일치개념

저는 제일 처음 2석축 경사각을 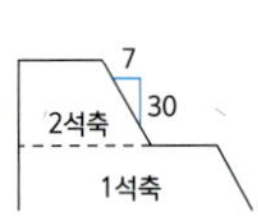

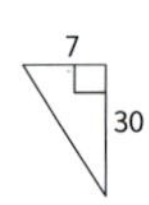

으로 했답니다.

나중에 공통수를 알고 보니 틀렸다는 걸 알았답니다. 전에도 잠깐 말씀드렸을겁니다.

뭐였죠. 공통수 C가 바로 수직변에 올 겁니다. 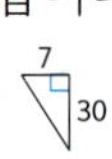

→ 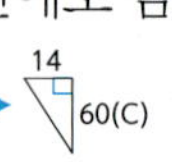

치수를 알아내기는 내었는데, 또 길고 긴 장고에 들어갔답니다.

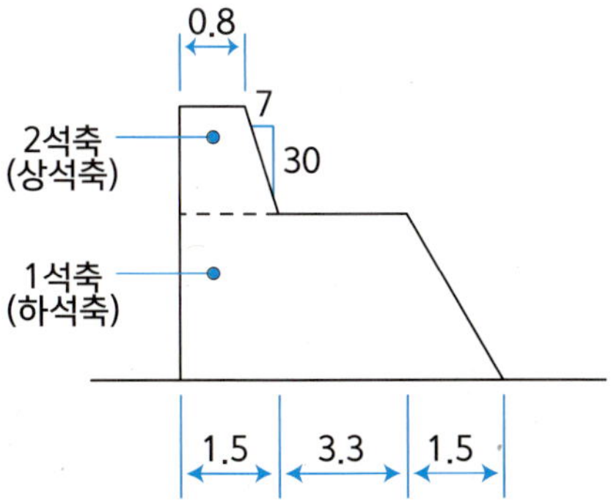

[그림 215] 9층탑 2석축 최상단폭:숫자합이 8?

잘 보시면 1석축 상단폭 1.5, 3.3, 1.5는 다 3의 배수랍니다. 그런데, 2석축 최상단폭이 0.8로 3의 배수가 아니더랍니다. 몇 십번을 반복해서 계산을 해봐도 계산이 틀리지는 않았는데 웬 숫자합이 8이 나오죠.

이런 해괴망칙한 일도 다 있네? 반드시 주요치수는 3의 배수가 되어야 하는데? 이 일을 우짜노?

근 일주일간의 고민 끝에 해결책을 찾았답니다. 제가 석축의 각 단도 두께가 있다는 걸 미쳐 인지하지 못했기 때문이었답니다. 다시 석축의 최상단석을 넣어 봅시다.

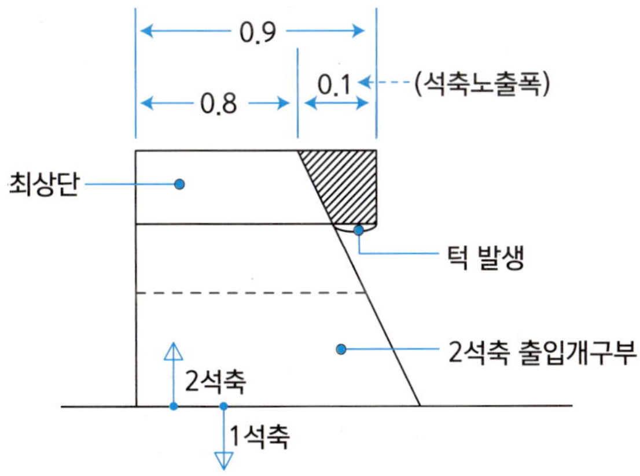

[그림 216] 2석축 최상단석의 노출턱

최상단석 두께가 얼마인지는 정확히는 모르지만, 최상단석을 10cm정도 넓히면 최상단석 바로 밑단 위로 노출된답니다.

최상단석 하부에 몇 cm인지는 모르지만, 턱이 발생되어 한층 보기가 좋답니다.

지금은 마음대로 석축 단높이도 계산이 가능한데 제일 처음에는 석축 최상단석두께 알아내는데도 무지 헤매었답니다.

그러고, 1석축 상부바닥에 출입할 수 있는 개구부가 있다는 건 정확히 인지하고 있는데, 이 놈의 석축 각단높이를 알아낼 수가 없으니 개구부 높이를 알 수 있는 방법은 꿈도 꾸지 못했답니다.

제가 공통수 설명할 때 공통수의 중요성을 설명하기 위해, 9층탑 지붕의 예를 잠깐 소개시켜 드렸는데, 다시 한번 볼까요. 석축까지 포함했답니다.

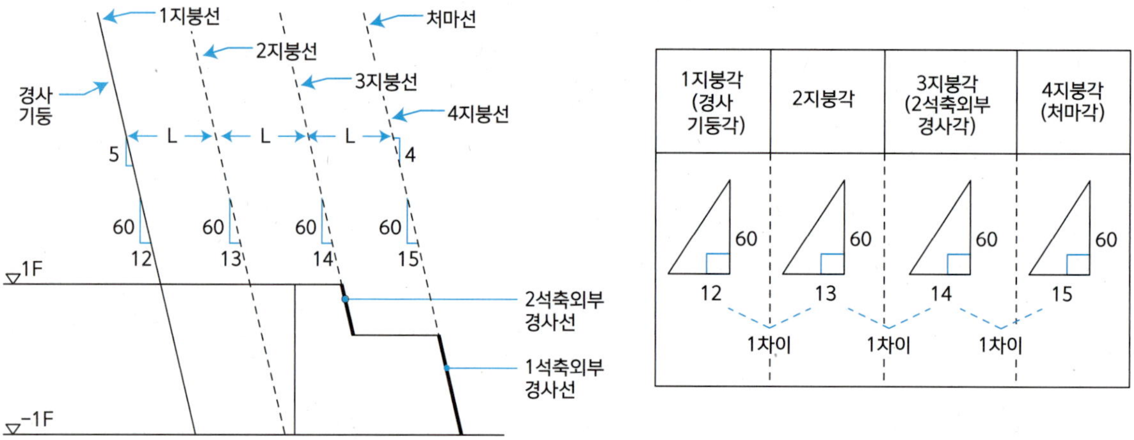

[그림 217] 석축까지 고려한 지붕판 3등분법

숫자 1차이는 Δ5와 Δ4가 숫자 1 차이이기 때문이랍니다. Δ6과 Δ4식으로 숫자가 2차이이면 밑변의 숫자차이가 2차이가 나올겁니다. 시간나시는 분은 일일이 다 계산해 보이소? 3지붕선은 묘하게도 2석축 외부경사선과 일치가 되네요. 신라탑은 이 경사각이 있음으로해서 모든 치수계산이 가능하답니다. 2석축은 엄밀히는 2단 석축이 맞지마는 편의상 2석축으로 부르겠습니다. 또는 상석축이라고도 부를 겁니다. 석축만 떼어내서 다시 봅시다.

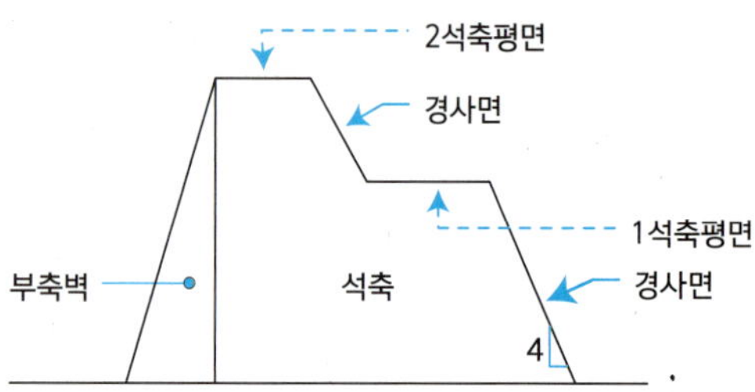

[그림 218] 석축의 수평면과 경사면

석축 상부에 2개의 평평한 수평면이 있을 겁니다. 또한, 2개의 경사면도 존재한답니다.
현재까지 지붕이 어떻게 생겼는지 잘 모른답니다. 혹시 아시는 분 계시나요?
지붕을 봅시다.

크게 3가지 정도로 생각해 볼 수가 있겠죠. 물론 생각에 따라선 수도 없이 많을 수도 있답니다. 실제로도 있을 겁니다. 3가지 큰 형태의 지붕형태를 보실까요.

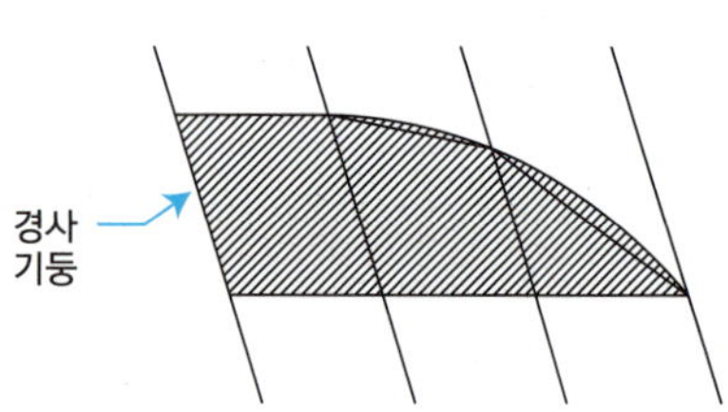

[그림 219] 적당히 가다가 경사면

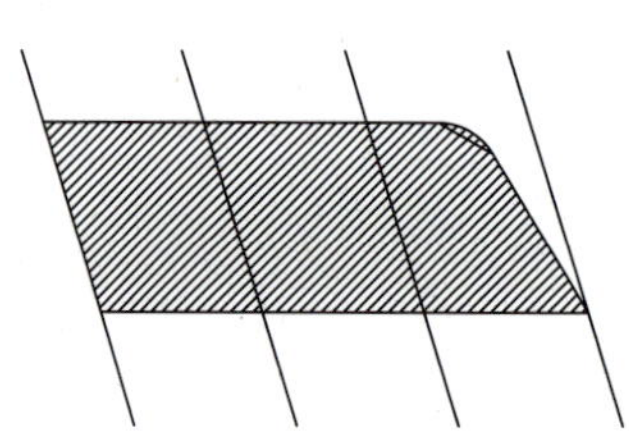

[그림 220] 수평으로 가다가 급격히 꺾임

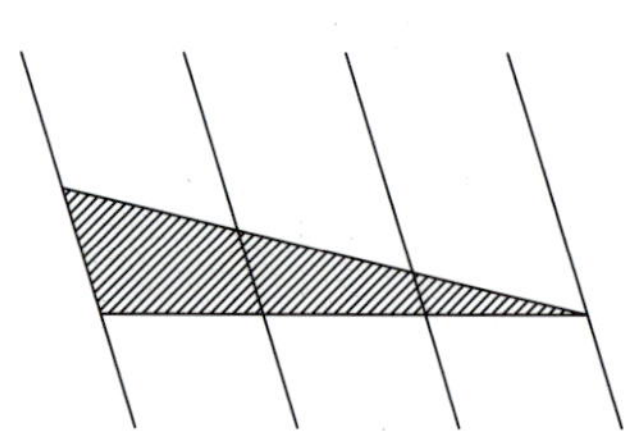

[그림 221] 처음부터 경사지게

여러분은 상기 3가지 지붕형태 중 어느 지붕판이 가장 합리적이라는 생각이 드십니까? 다 마음에 드신다구요? 다 안드신다구요? 저도 헷갈리네요? 헷갈릴 시에는 뭘 봐야죠? 바로 제가 방금 전에 얘기드린 석축 상부면을 보시면 그 안에 속시원한 답이 있을 수도 있답니다.
석축 상부에 수평면이 2개, 경사면이 2개가 있답니다.

그럼, 일반지붕에도 똑같이 적용해보시면 어떨까요?

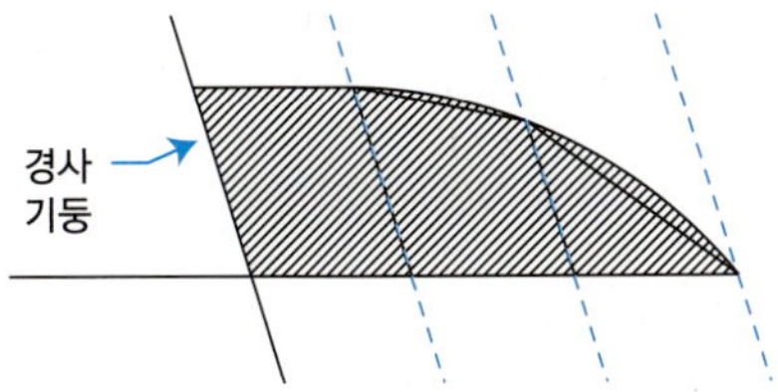

[그림 222] 대충 생각해본 내민 지붕판

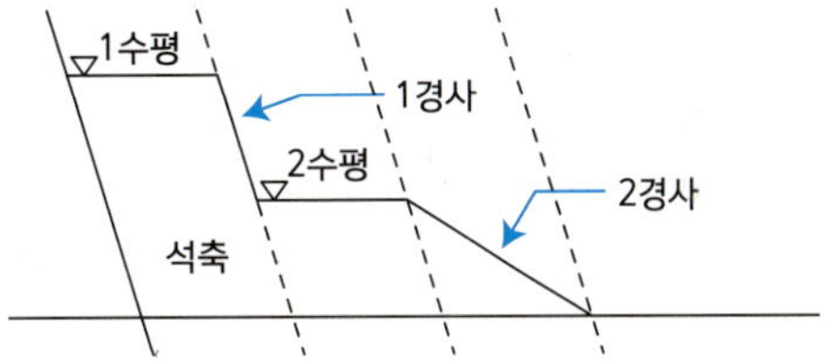

[그림 223] 석축상부 형상인 2개의 수평, 경사가 들어간 지붕판

뭔지는 잘은 모르겠지만, 2개의 수평지붕바닥을 넣어보니 어중간한 3개의 대충 지붕판때기보다는 모양새가 그럴듯하죠. 바로 정답이랍니다.
1경사면만 모양새가 쪼게 그리하야 수직처리하면 완벽한 지붕형태가 된답니다.

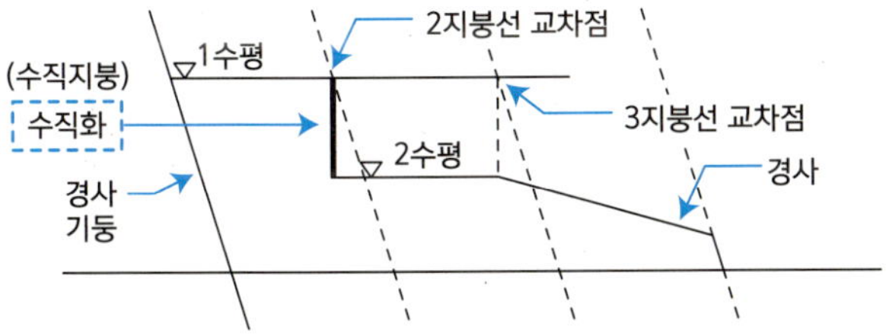

[그림 224] 드디어 형태를 갖춘 지붕판

지붕판이 마음에 드시나요! 쪼께 스마트하실 겁니다. 그럴듯하게 생겼다구요! 이제사 손발이 척척 들어맞네요. 하! 동업하실까요?

사실 이렇게까지 힘들게 하지 않아도 옥룡암 조각탑인 9층탑의 1층지붕판을 자세히 보시면, 정확한지는 잘은 모르겠지만 좌측 그림과 비스무리하게 생겼답니다.

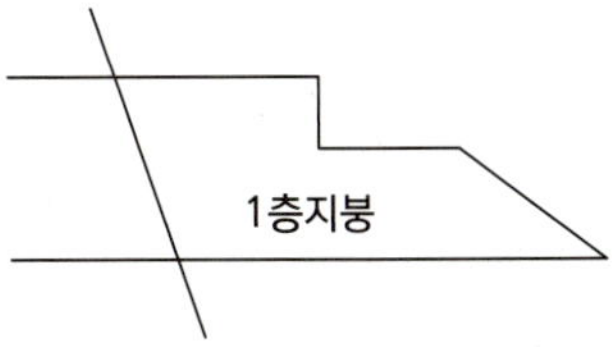

[그림 225] 옥룡암 9층 조각탑의 1층 지붕형태

시간나시면 조각탑을 한번 더 확인해 보십시오.
이제까지 이상한 점을 못 느끼셨나요? 석축 상부면이 왜 지붕판과 비스무리하게 생겼을까요?
감이 잡히시는 분 계시나요? 잡히신다고요?

축하드립니다. 바로 이 석축이 지하층의 지붕이기 때문이랍니다.

모양새가 내부에서 수직으로 길쭉하야 이상하게 보이실지는 모르겠지만, 지하층의 지붕판이 정확하게 맞답니다. 물론 지하층내부는 지붕판속에 들어가 있는 사용공간 이랍니다.
이 석축은 정확하게 표현하면, 지하층의 지붕이면서 지하외벽(城)이기도 하답니다. 물론 연결다리도 지하층지붕에 포함된답니다.

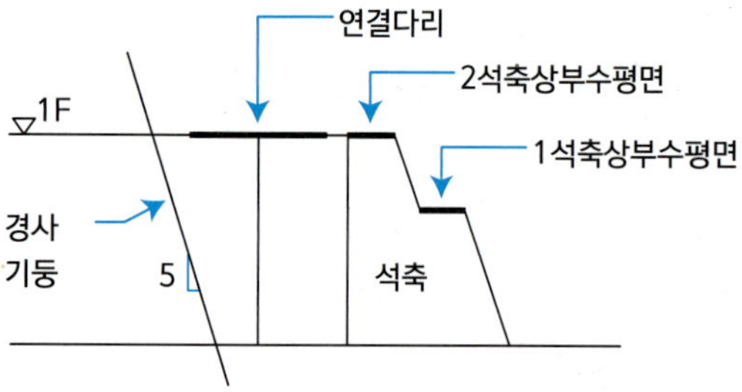

[그림 226] 석축의 지붕개념

연결다리(석축과 1층을 연결하는 다리)와 2석축 상부 수평면이 1수평지붕이 될 겁니다.
1석축상부 수평면은 자동으로 2수평지붕이 되겠죠. 어휴! 이제까지 9층탑 지붕중 지하층 지붕 1개만 겨우 풀었네.

이제 지상층 지붕판 9개를 풀어봅시다. 풀다 보면 반드시 풀리게 되어 있답니다.
모든 건 순서대로 풀어야 풀기도 쉽고 이해도 쉬울겁니다.

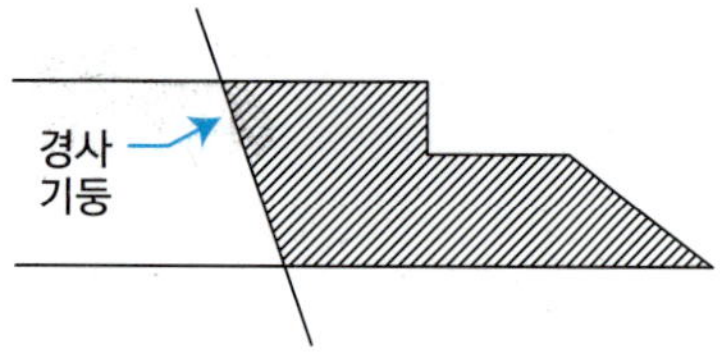

[그림 227] 지붕판 대충형태

지붕판이 이렇게 생긴 것은 어찌되었건 알았는데, 이 내부구조가 어떻게 구성되어 있어야 이 거대한 Cantilever 구조(내민구조)가 내려앉지 않고 버티게 할 수 있을까요?

제일 먼저 생각나는 것은 지붕판을 3등분해서 3개의 보로 기둥에 걸치는 것을 생각해 볼 수 있고 어쩌면 가장 튼튼한 구조가 될 수도 있답니다.

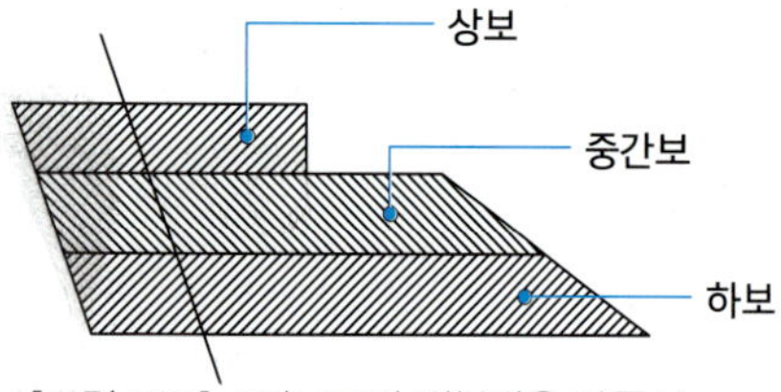

[그림 228] 3단보로만 지붕판을 만들시

아무리 쳐다봐도 이것보다 이 거대한 지붕판을 받치는데 더 좋은 구조는 없을겁니다. 신라탑을 풀다보면 항상 함정이 도사리고 있습니데이?

제가 이 함정에 하도 많이 빠져봐서 잘 안답니다.
제가 기둥을 선으로 표시해 놓으니 감이 쉽게 오시지 않았을 겁니다. 정식으로 기둥을 끼워봅시다.
9층탑 1층 지붕이랍니다.

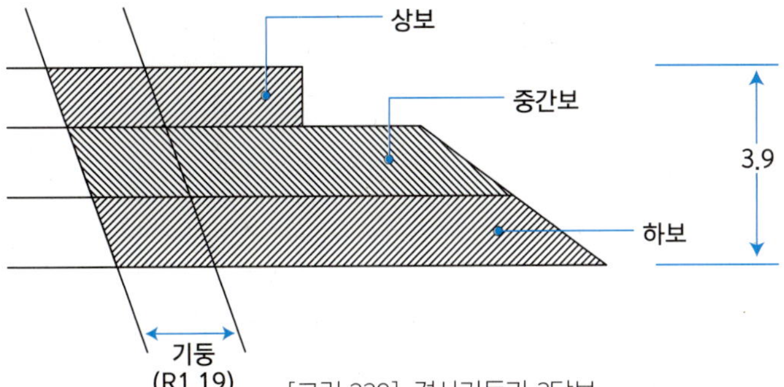

[그림 229] 경사기둥과 3단보

물론 기둥속으로 보가 지나갈 겁니다.

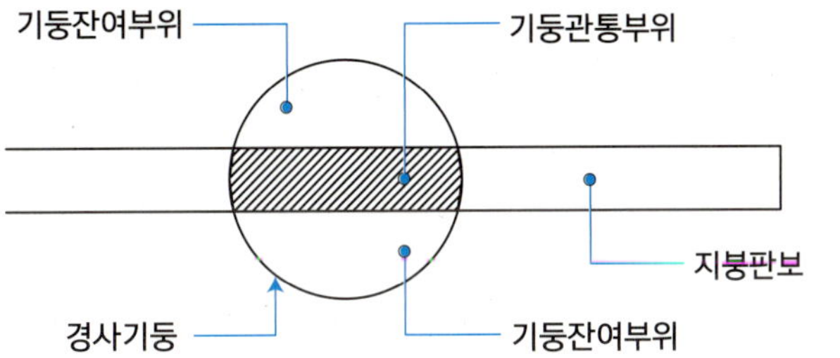

[그림 230] 지붕보가 지나가고 남은 기둥잔여부위

보시다시피, 지붕보가 지나가는 자리에는 보만 있고 그 양면에만 원기둥이 남아 있답니다.

단면을 그려볼까요.

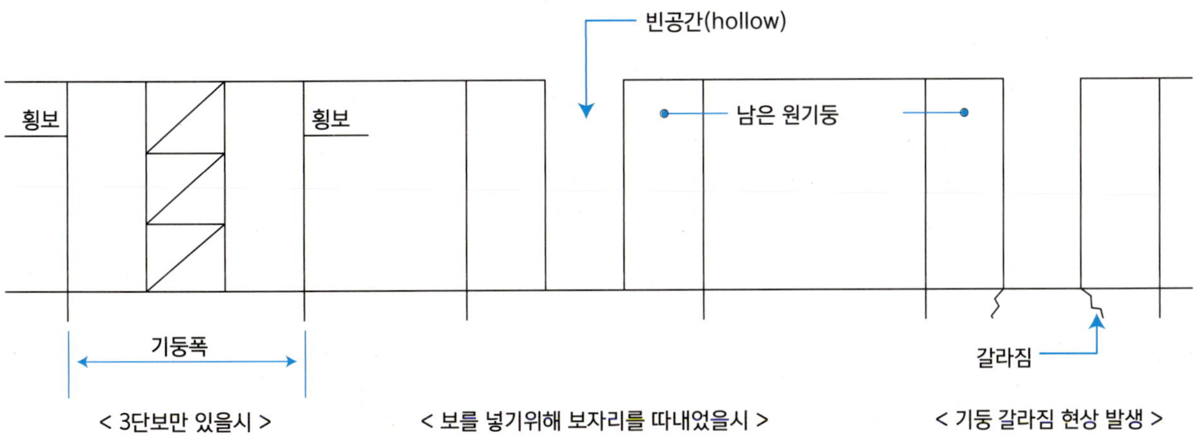

[그림 231] 3단보로만 지붕보를 만들시의 텅빈 기둥

보가 있으면 잘 모르는데 보를 빼고 보면 기둥중간이 텅 비어 있답니다. 이 기둥의 장래는 어떻게 될까요? 양면으로 쭉 갈라져서 기둥이 몹시 괴로울겁니다.

어떻게 갈라짐을 극소화시킬 수가 있을까요? 간단할 겁니다. 중간에 원래의 기둥을 살려두면 굉장히 안전해지겠죠! 아닌가?

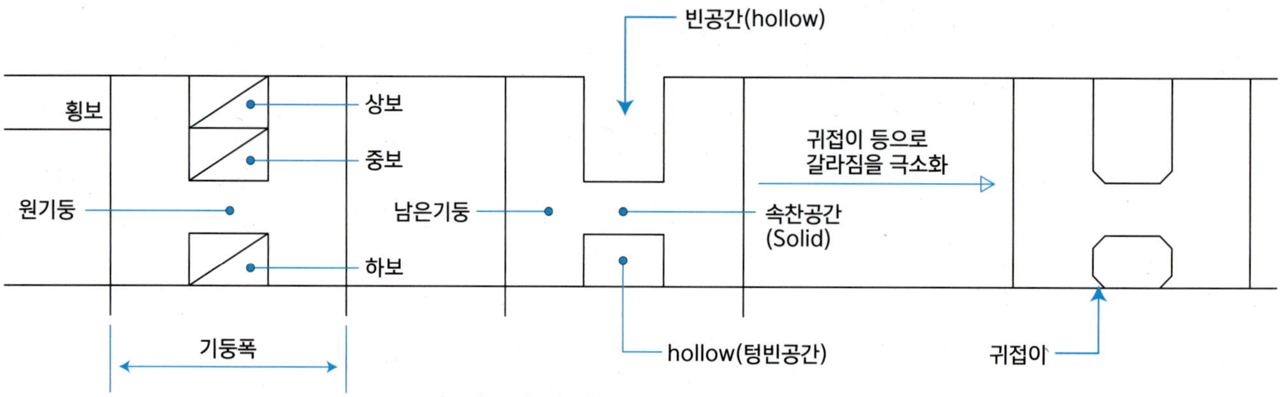

[그림 232] 지붕처마보 중간에 속찬 공간 확보시

그림을 보시니 금방 이해되실 겁니다. 전체가 텅빈 공간보다는 중간에 원목이 꽉 차있는 것이 기둥을 살리는 길일 겁니다. 이제 옆에서 봅시다.

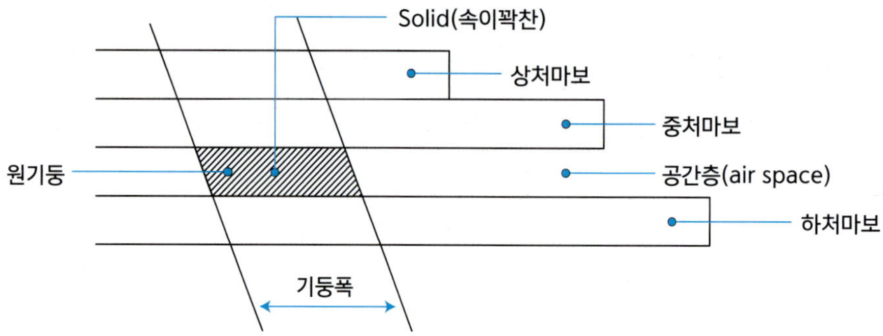

[그림 233] 옆에서 본 공간층이 있는 처마보 구조개념

물론 처마보 전체춤은 공간층 만큼 줄어들었지만, 처마보를 받쳐주고 잡아주는 기둥이 매우 안정적이랍니다. 춤은 Twist 추는 춤이 아니라 부재의 높이를 의미합니다이!

아직은 처마보가 어떻게 생겼는지는 모르겠으나 지붕판의 처마보 구조는 완전히 이해하셨으리라 믿습니다.

간단히 지붕평면도를 그려보면 처마보와 처마횡보 등이 서로 잡아주면서 지붕판이 형성된답니다.

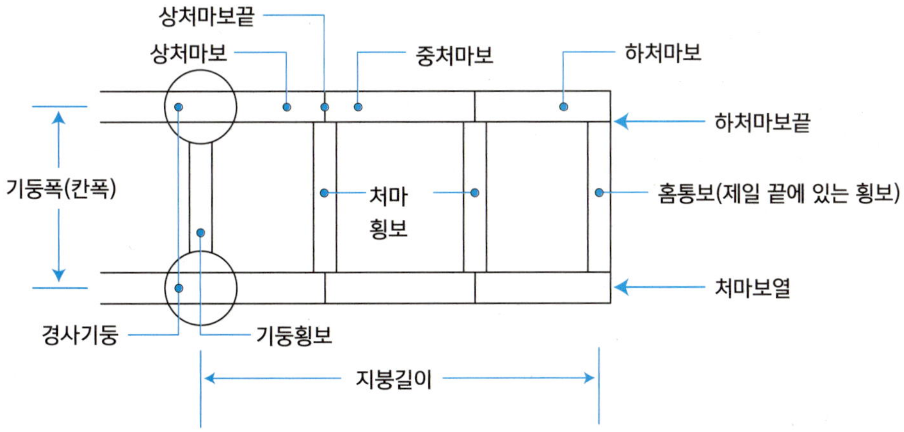

[그림 234] 지붕에서의 처마보와 횡보의 어울림

지붕평면도 구조가 아주 간단하네요. 이 처마보는 경사기둥 내부쪽으로 정착 길이가 충분해야 구조가 안전할 것 같답니다. 간단히 지붕판만 분리해서, 지붕판두께를 비교해 봅시다. 9층탑의 지붕판 증감계수는 2R(2 x 0.15 = 30cm)이랍니다.

	지붕판두께	나눔수	A
9층	1.5	0.3	5
8층	1.8	0.3	6
7층	2.1	0.3	7
6층	2.4	0.3	8
5층	2.7	0.3	9
4층	3.0	0.3	10
3층	3.3	0.3	11
2층	3.6	0.3	12
1층	3.9	0.3	13

[표 22] 9층탑 지붕판 두께와 A

이 지붕판두께를 기본공통수인 0.3(30cm)으로 나누어 봅시다.

- **9층지붕 : A=1.5÷0.3=5**
- **8층지붕 : A=1.8÷0.3=6**
- ⋮
- **1층지붕 : A=3.9÷0.3=13**

A : 홈통보 기본치수로 지붕판두께를 0.3(30cm)으로 나누어 나온 숫자로 층마다 다름.

0.3(30cm)으로 지붕판 두께를 나누어 보니 단순히 정수의 연속수네요. 재미있네?

A=5, 6, 7,……13. 이제 이 각 지붕의 A인 정수가 지붕판을 풀어주게 될 겁니다.

이 0.3이라는 나눔수는 각 탑 전지붕판에 공통으로 나눌 수 있는 숫자로 이름을 지붕판 기본공통수(그냥 기본공통수)라 부르겠습니다.

9층탑은 기본공통수 0.3과 지붕증감계수 2R(0.3)이 같답니다.

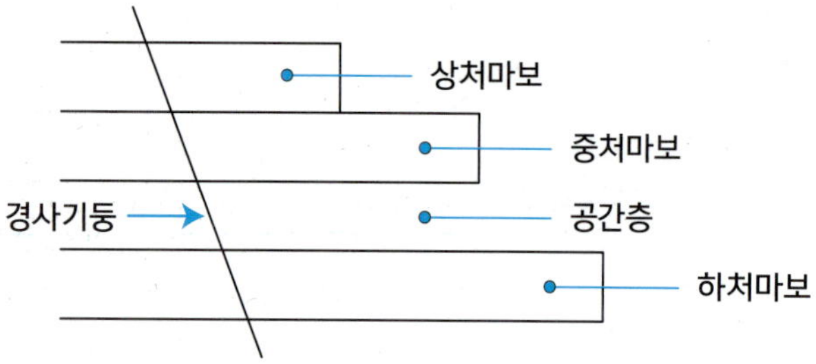

[그림 235] 지붕판 구조도

지붕판을 보시면, 상·중·공간층·하처마보로 구성되어 있답니다.
먼저, 각 처마보춤부터 알아내어야겠네요. 이 각 처마보춤을 알아내기가 그리 만만치만은 않답니다.

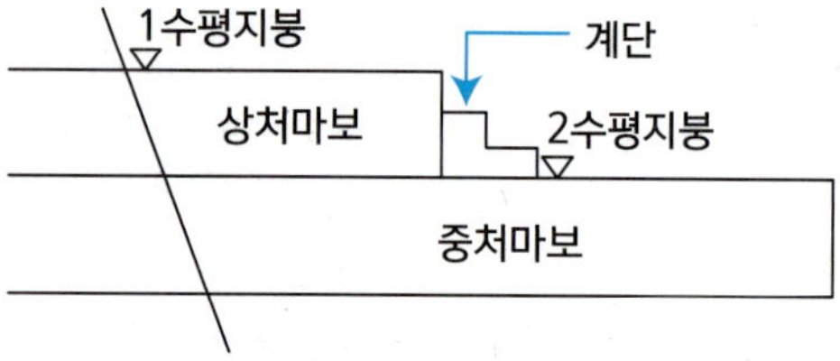

[그림 236] 2수평지붕으로 내려가는 계단

먼저 제일 쉬운 상처마보춤부터 하나씩 풀어볼까요. 이 상처마보춤은 1수평지붕에서 2수평지붕으로 내려오는 계단이 필요하므로 계단단수와 관련이 있을 것으로 생각이 들지 않으십니까?

바로 맞추셨습니다. 이 상처마보춤은 바로 계단단수와 연관이 있답니다. 기본적으로 최상층 지붕에서 2단부터 시작이 된답니다. 9층탑은 9층지붕은 2단, 8층지붕은 3단, …… 1층지붕은 10단높이가 된답니다. 만약, 9층지붕 상처마보춤이 1단(15cm)이라면 쪼께 허약하게 보일 겁니다.
다른 지붕층은 빼고 9층지붕과 1층지붕만 비교해 봅시다. 다른 층은 자동으로 동일법칙원칙이 적용되기 때문이랍니다.

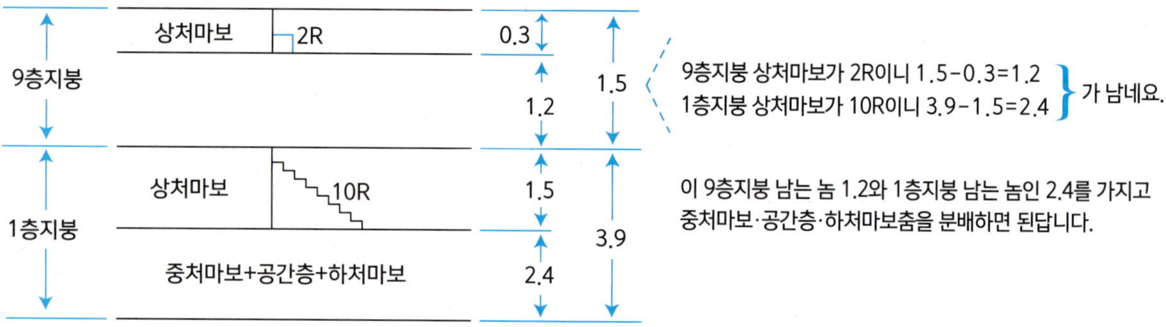

[그림 237] 9층지붕과 1층지붕의 상처마보춤과 잔여높이

다시 봅시다.
1층과 9층지붕의 잔여높이차이는 1층지붕 잔여높이 2.4-9층지붕잔여높이 1.2=1.2m. 잔여높이 차이 1.2를 단순히 8개층(9층과 1층의 지붕개수차이: 9-1=8개)으로 나누어 보면,
1.2÷8개지붕=0.15/층

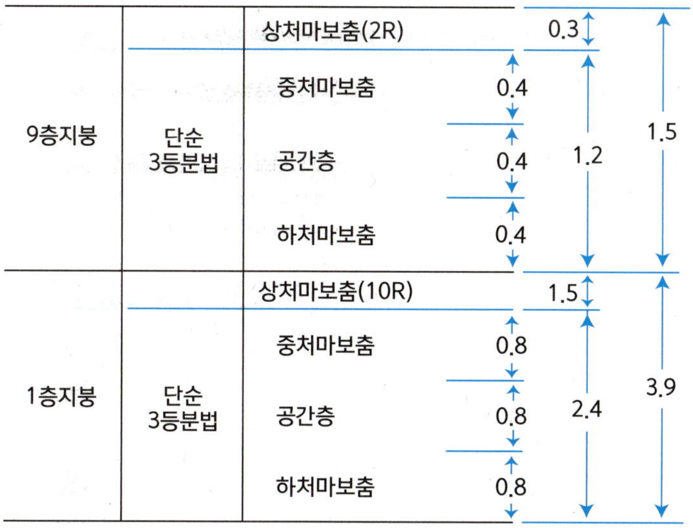

[그림 238] 9층탑 순수이론상 1·9층 지붕 처마보춤 치수(단순 3등분법)

잔여치수는 중처마보·공간층·하처마보로 구성이 되어 있으므로 이 층당증감계수 0.15를 3부분(3등분)으로 나누면 0.15÷3=0.05 씩의 증감이 발생된답니다.
이 단순 3등분법을 적용하면 제일 간단하고 쉽답니다.

1층지붕은 2.4÷3=0.8씩으로 9층지붕은 1.2÷3=0.4씩으로 각 부재춤을 구하면 그만이랍니다. 한번 더 하처마보춤을 예로 들면, 1층지붕 하처마보춤 2.4÷3=0.8로, 2층지붕은 0.75,…… 9층지붕 하처마보춤은 0.4로 하면 숫자상 제일 편하답니다.
이렇게하면 각 부재치수가 층당 5cm씩의 증감이 발생된답니다. 그냥 단순히 @0.05로 표기한답니다. 여기서 @는 at의 부호로 건축에서는 주로 간격을 의미하지만 신라탑에서는 치수의 증감계수로 사용하겠습니다. @는 골뱅이가 아입니데이? 3등분법을 적용하니 머리 아플일이 없이 자동으로 중처마보·공간층·하처마보춤이 저절로 나오니 너무 편리하여, 계속 이것이 맞는 모양이로구나라고 생각했고 실제로도 그렇게 그림을 그렸답니다.

과연 제가 생각했던것이 맞았을까요? 맞을 수도 틀렸을 수도 있답니다.
정답은 존재하지 않는답니다. 어떤 수학적 근거가 있어야 맞는지 틀렸는지를 알 수가 있는데, 어디서 수학적 근거를 찾을 수 있을까요? 아시는 분 계시면 한 수 알으켜 주십시오. 문제의 초점은 @0.05가 맞느냐 틀리느냐의 문제가 아니라 숫자 자체에 문제가 심각하다는 걸 인지하기 시작했답니다.
0.4, 0.45,…… 0.8이라는 숫자가 과연 맞을까요? 3의 배수원칙을 완전히 벗어나는 숫자랍니다.
그래서, 맞는지 틀리는지 조차도 모르는 상태에서 중처마보·공간층·하처마보의 치수조정작업에 들어가서 어떤 치수를 유도해 내보았답니다. 장고 끝에(?) 악수를 두었는지는 모르겠으나 뭔가를 자꾸 시도해 봐야 한답니다. 그리고, 이 지붕판 처마보의 치수는 최종 확정된 치수는 아닙니다. 언제든지 바뀔 수도 있답니다. 치수조정 후 각 부재의 치수를 한번 보실까요.

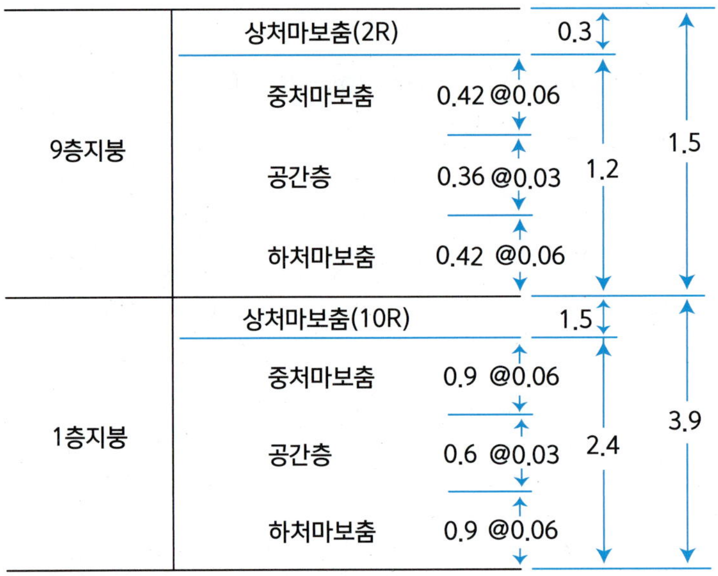

[그림 239] 9층탑 처마보춤 치수 조정 후

이 치수조정도 어떤 원칙을 적용했답니다. 이 원칙이 맞는지 틀렸는지는 알 수가 없답니다?

첫째 : 모든 치수가 3의 배수가 될 것

둘째 : 지붕판 길이와 처마보춤을 비교함.

ex) { **1층지붕 하처마보 : ℓ9.36÷0.9(하처마보춤) = 10.4**
9층지붕 하처마보 : ℓ6.6÷0.42(하처마보춤) = 15.7142

즉, 지붕길이와 춤 비도 고려했음.

셋째 : 모든 높이의 치수는 R(단높이)과 관련이 있으니 반드시 R고려할 것.

예를 들면 @0.06÷0.15(R)=0.4R. 즉, 하처마보 증감계수 @0.06은 0.4R이 된다는 의미임.

넷째는 구조적으로 제일 중요한 하처마보춤을 최대로 키우는 개념임.

즉, 중·하처마보춤을 키우고 공간층을 조금 줄여 지붕의 안전에 중점을 두었답니다.

공간층 친구가 싫어해도 할 수가 없네요. 내 치수 돌리도고~

3의 배수법칙을 적용하다 보면 경우의 수가 많이 발생될 수 있으나 여러 경우의 수를 비교해서 가장 합리적이라고 판단해서 치수조절을 한번 해봤답니다. 필연적이지 않을 수도 있으므로 이 치수는 언제든지 바뀔 수도 있답니다. 제가 처음부터 9층탑을 먼저 풀었으므로 주로 9층탑 지붕을 말씀드리겠습니다. 먼저, 9층탑 1층지붕판을 개략적으로 한번 봅시다.

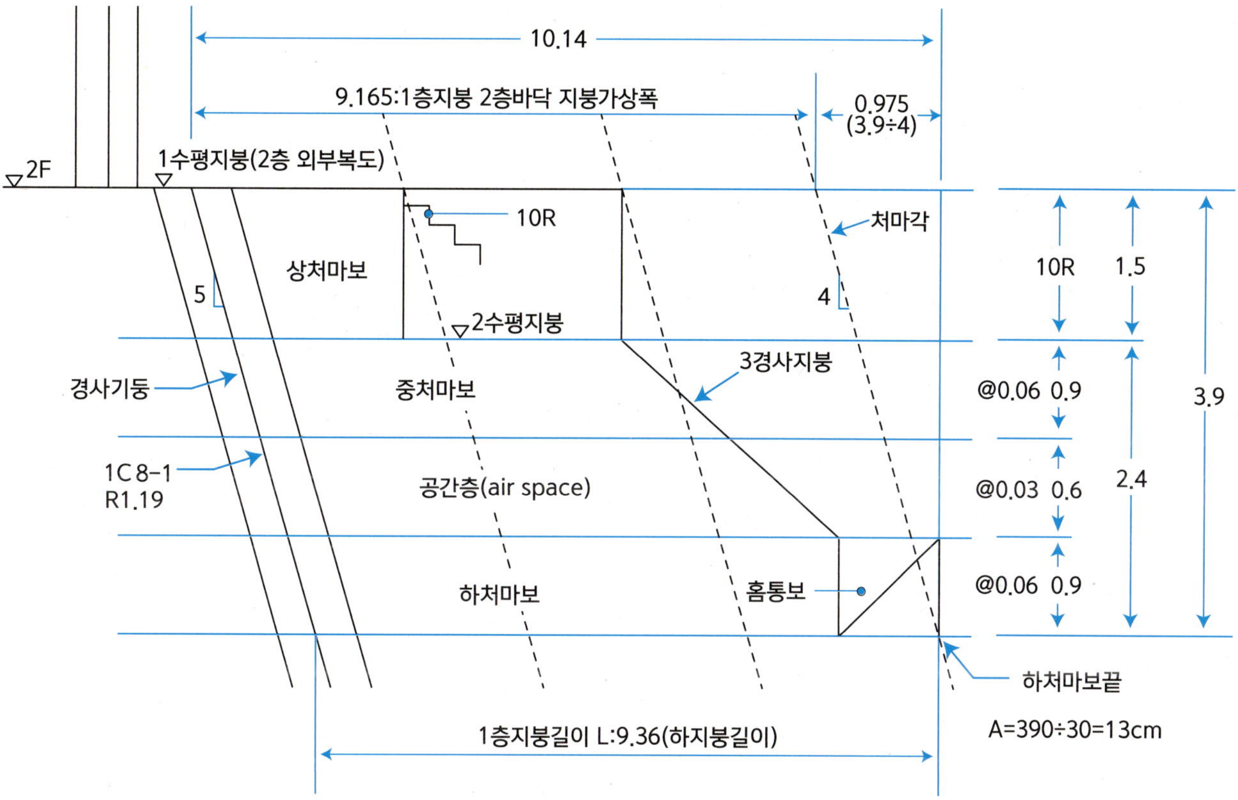

[그림 240] 9층탑 1층지붕 간이 개념도:C8-1열 기준

지붕길이는 크게 2가지랍니다. 지붕바닥에 있는 일반적인 지붕길이가 있으며(도면상 ℓ= 9.36: 하지붕길이), 지붕상부 2층바닥에 있는(도면에서 9.165 : 상지붕길이) 상지붕길이도 있답니다. 편의상 상지붕길이와 하지붕길이로 표기하겠습니다. 지붕길이를 계산한 후 장난삼아(?) 13(A)이라는 숫자로 무심코 지붕길이를 나누어 보았답니다.

- 상지붕길이 : 9.165÷13=70.5
- 하지붕길이 : 9.36÷13=72

} 가 나오더랍니다.

제 입에서 나온 첫 말이 무엇이었을까요?

당연하겠죠. 뭐 이런게 다 있노? 13으로 나누어지는 숫자도 다 있네?

7, 11, 13 이러한 숫자로 나누어지는 숫자를 찾기가 무지 힘드는데, 희한하게도 상·하지붕길이가 다 나

누어지더랍니다. 더구나 상지붕길이의 끝숫자마저도 0.975(3.9÷⊿4=0.975)÷0.13=7.5로 나누어 지더랍니다. 속으로 이 놈이 미쳤나(?) 생각하고, 전 지붕을 다 A(층마다 다름)로 나누어 보았는데 희한하게도 다 나누어 떨어지더랍니다.

오호! 쾌재라! 이 A라는 놈으로 지붕을 풀면 눕어 떡먹기겠구나라는 생각이 뇌리를 스쳐 지나가더랍니다. 신라탑을 푸시다 보면 어떤 공통점(숫자든, 경향이든)이 있으면 이 공통점을 따라가다 보면 지가 알아서 술술 풀어준답니다. 힘들게 하실 필요가 전혀 없답니다. 너무 기대는 마이소?

실은 지붕자체가 2개의 수평지붕과 1개의 경사지붕 밖에 없으므로 이 13(A)으로 풀 수 있는 것은 홈통보 밖에는 없답니다. 그게 어딥니까? 이제 이 홈통보를 한번 풀어봅시다. 이 홈통보라는 말을 처음들어 보실 겁니다. 당연히 저도 처음들어 보겠죠. 이 홈통보는 추녀 끝에 있는 지붕의 끝횡보로 서까래를 받쳐주는 역할도 하지만 또한 서까래의 도움을 받을 수도 있는 묘한 보로서 생각보다 크기도 하지만 조금은 복잡하답니다.

이 홈통보는 제가 임의로 가정해 본 보이기도 하지만 이름도 지붕끝에 수평홈통(물흐름 홈통)이 있어야 하지 않을까 생각하는 중에 그냥 우연히 붙여본 이름이랍니다. 물론 이 홈통보는 비에 완전무방비 상태의 보로서 비에 대해서는 겁도 없는(?) 놈이랍니다.

혹자는 홈통보 위로 기와를 이으면 되지 않겠느냐고 생각을 하실 수도 있지마는 지붕구조상 쪼께 어려워서 이 홈통보의 팔자는 비 맞는 보가 될 겁니다. 이 홈통보뿐만 아니라 많은 다른 보들도 다 비맞는 묘한 지붕판이랍니다. 이 노출보들의 비막이 재료인 발수제가 어떤 것인지 무척이나 궁금하답니다. 어쩌면 영원히 못풀 수도 있겠죠? 설마 그럴 리는 없어야겠죠?

또 어떤 분은 이렇게 생각하실 수도 있답니다.

비 맞는 홈통보가 불쌍(?)하니 보를 내부로 확 들이면 되지 않겠느냐구요? 바로 이렇게!

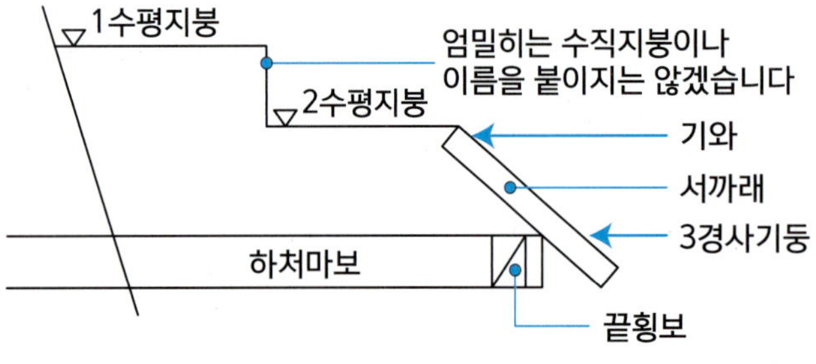

[그림 241] 서까래가 추녀끝보를 감싸는 형태

그럼 홈통보라는 이름은 사라지고 그냥 지붕끝 횡보가 되겠죠.

예! 정말 좋으신 idea랍니다?

저도 몹시 그렇게 하고 싶네요?

무조건 그렇게 하자고요.

고로케는 못하겠는데요?

이 신라탑 지붕은 희한하게도(?) 경사지붕에 기와를 이기가 어려운 구조랍니다.
이 글을 읽으시는 분이나 저도 당연히 기와를 이어야 된다고 생각을 먼저하게 될 겁니다만 묘하게도 기와를 얹기가 힘든답니다. 혹시 기와를 얹으실 수 있으신 분 있으시면 한 수 알으켜 주십시오.
그러면 제가 기와를 이을 겁니다? 운이 억수로 좋으면(?) 3경사지붕에는 기와를 얹을 수는 있답니다.
그럼, 1·2수평지붕에도 기와를 얹을까요? bal 지붕에도 기와를 이고, 더 나아가서 관측소 수평지붕판에도 기왓장으로 도배를 할까요? 하여튼 애럽답니다?

그건 그렇고, 이 홈통보가 어떻게 생겼는지 간단하게 단면도를 그려 봅시다.

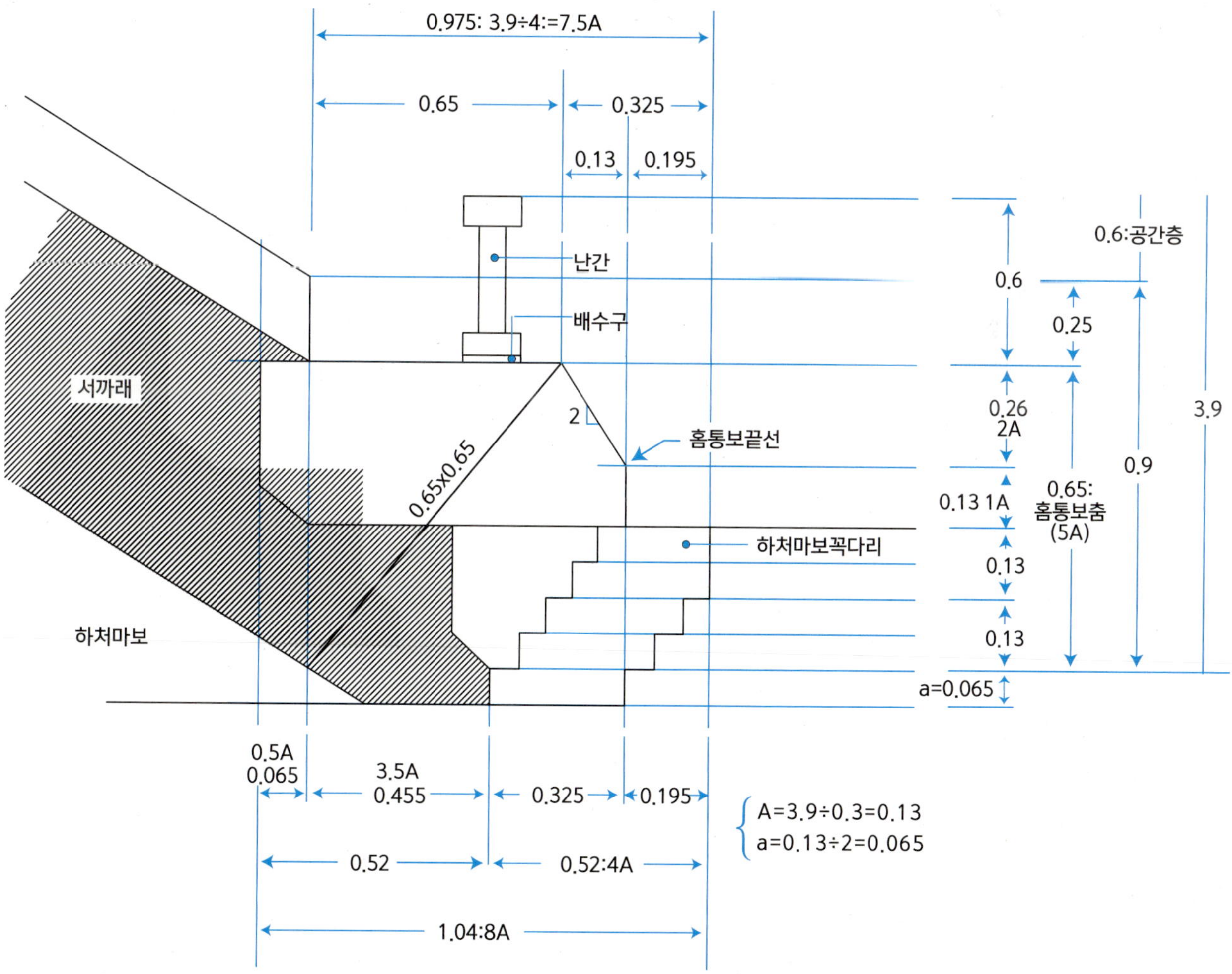

[그림 242] 9층탑 1층지붕 홈통보 개념도

홈통보같은 경우는 자체 부재로 3의 배수공법을 따르지 않아도 된답니다. 다른 치수에 영향을 별로 미치지 않는답니다.

홈통보만 떼어서 봅시다.

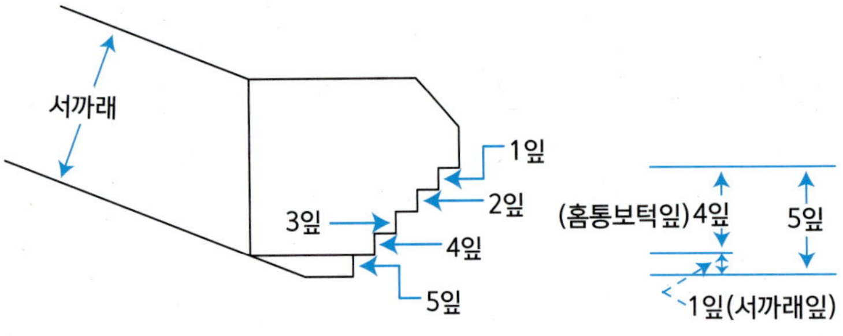

[그림 243] 홈통보의 5잎

자세히 보시면 문양턱이 5개가 발생된답니다. 편의상 잎이라고 부르겠습니다. 물론 제일 하부에 있는 5잎은 서까래끝턱이랍니다.

어디에서인지는 모르겠지만 혹시 눈에 익지 않으시나요? 생각이 잘 안나신다고요. 문제가 심각? 그리고 하부에 3잎이 있는 것은 처마보 끝에 있는 문양턱이랍니다.

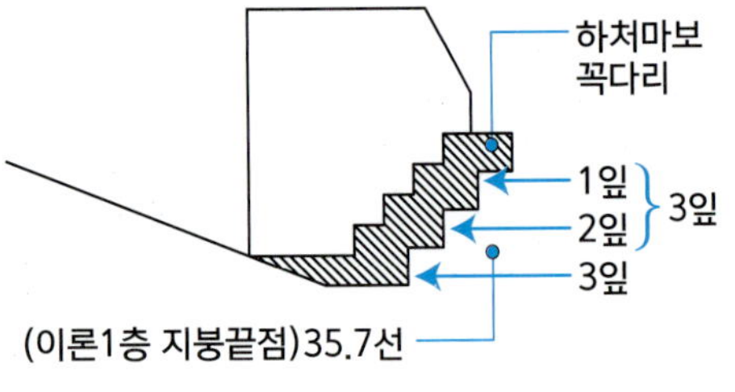

[그림 244] 하처마보꼭다리의 3잎

하처마보 꼭다리는 홈통보를 걸시 구조적 안전을 위해서 필요한 보꼭다리랍니다.

물론 처마끝선에 맞추기도 해야겠지요.

근데 희한하죠? 이론 1층지붕끝점인 35.7선에는 아무것도 존재하지 않는답니다.

그냥 허당이랍니다.

그냥 이론상 단순가상점일 뿐이랍니다. 신라탑에는 어떤 위치가 있긴 있는데, 막상 가서 보면 아무것도 없이 가상점만 있는 경우가 제법 있답니다. 혹시, 석탑 지붕판을 유심히 보신적이 있으신지요? 석탑 지붕을 보기는 봤는데 쪼께 가물가물하실 겁니다. 다시 한번 볼까요.

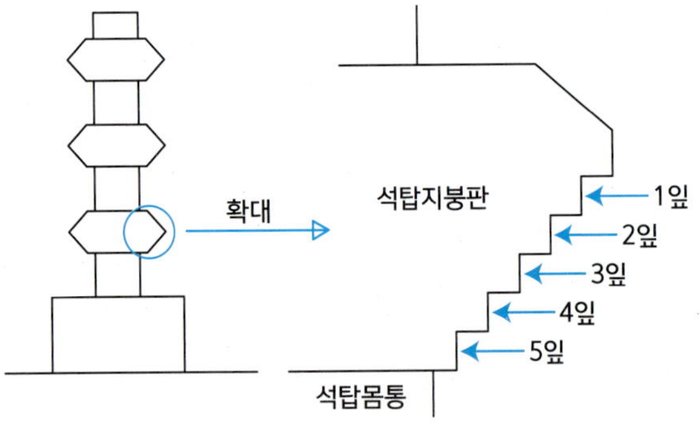

[그림 245] 신라석탑지붕하부의 5잎

어! 일반목탑 지붕 홈통보끝과 무지 비스무리하게 생겼네요? 우찌 이런일이. 보시면서 혹시 떠오르는 생각이 있으신지요?

떠 오르실겁니다.

바로 일반목탑 홈통보끝을 그대로 석탑 지붕하부에 옮겨 놓은 거랍니다.

이 이파리는 석탑에서는 무지 중요하답니다. 이제 석탑보시는 눈높이도 한단계 업그레이드(upgrade) 되셨네요. 축하드립니다.

이 잎들은 신라석탑(석판탑 포함)에만 있으며(백제석탑은 보형식으로 처리) 보시다 보면 이파리숫자가 다른 경우가 많으실 겁니다. 3, 4, 5개 등이랍니다. 한번 보실래요.

3잎	목탑에도 3잎이 있답니다. 방금 보신 처마보끝 잎수가 3잎, 관측소 bal끝도 3잎임.
4잎	4잎이 제일 헷갈린답니다. 4잎으로 하신 석공은 홈통보 제일 밑 서까래잎을 인정하지 않은 분일 듯
5잎	가장 많은 탑에 해당되며, 정통적인 잎수임.
2~10잎	석판탑과 전탑등에서 발생되는 잎들로 석탑과는 다른 형태임. 특히, 6잎은 석탑에도 보임.

[표 23] 석탑의 이파리 숫자 분석하기

9층탑 9층지붕 홈통보도 한번 봐야죠. 1층 지붕만으로는 믿기가 쪼께 그렇네요?

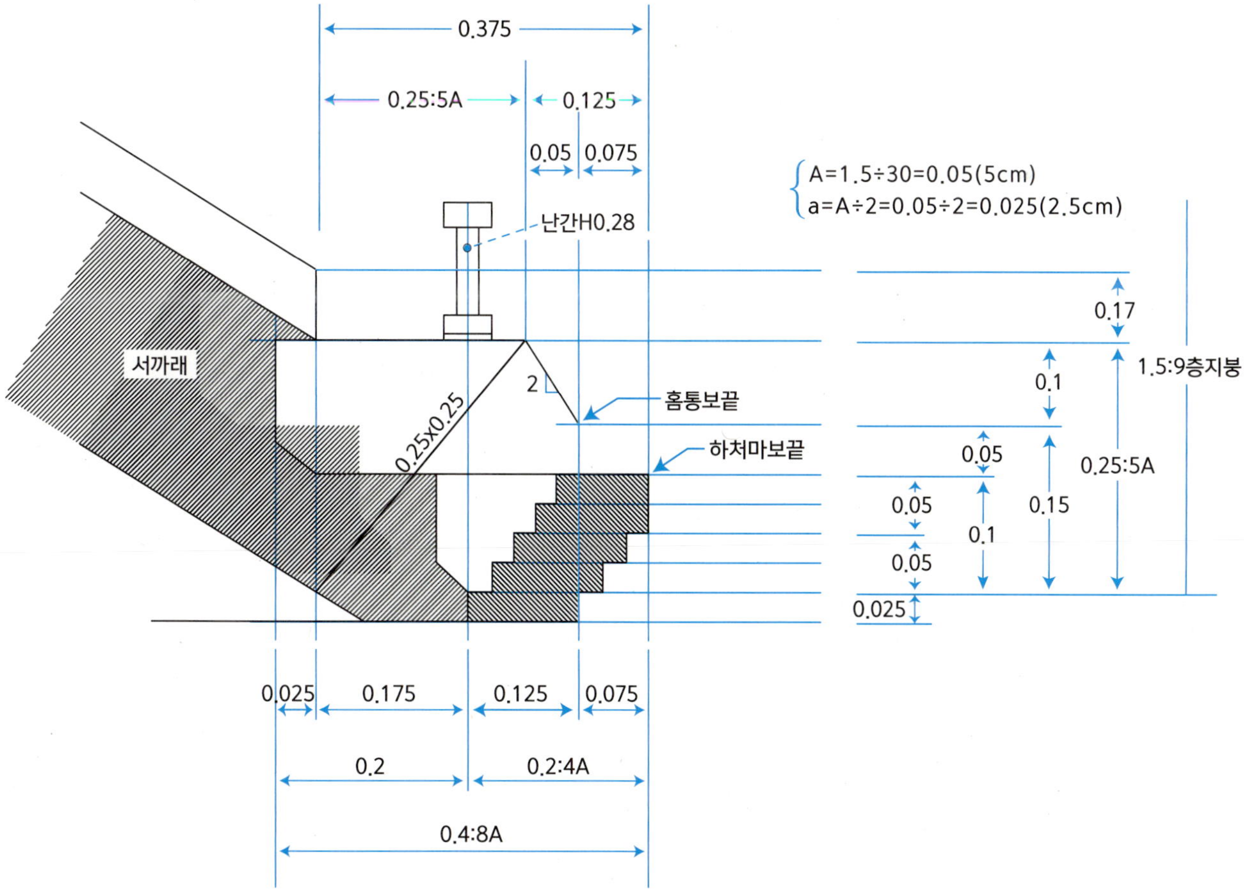

[그림 246] 9층탑 9층지붕 홈통보 단면도

1층지붕 홈통보와 A의 치수만 다를 뿐 기본적으로 똑같네요. 서까래와 홈통보를 보시면 서까래가 홈통보를 받치는지, 홈통보가 서까래를 받쳐주는지 꽤 헷갈린답니다. 아마 서로 도움을 주면서 공존하는 듯! 서까래 위치가 헷갈리실 수도 있으니 아주 간단하게 한번 알아봅시다.

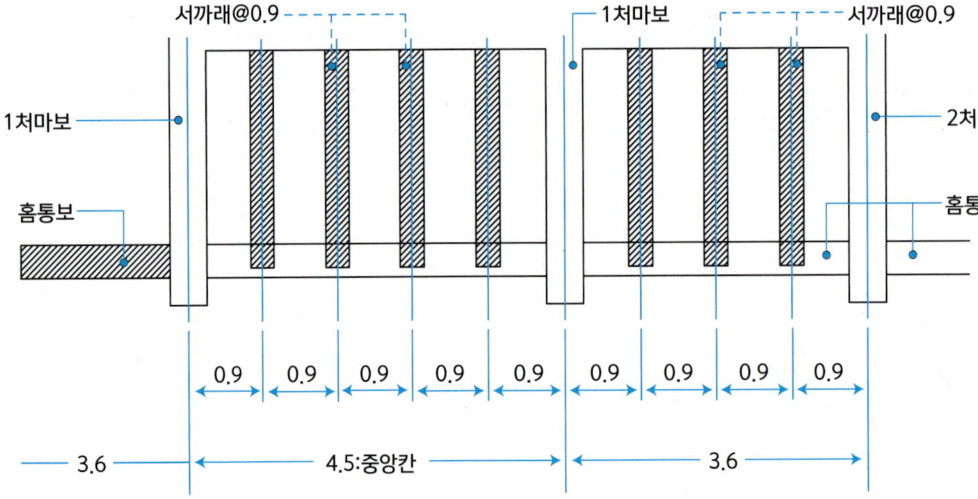

[그림 247] 처마보·홈통보·서까래 위치

9층탑의 서까래 간격은 @0.9랍니다. 즉, 90cm마다 서까래가 있답니다. 너무 간격이 넓은가? 서까래 간격이 기본적으로 @0.9이나 너무 넓다고 생각하시는 분은 반인 @0.45도 가능은 하답니다. 저희들이 흔히 보는 사찰이나 기와집의 서까래와는 개념이 완전히 다르답니다.

다시 지붕판의 단면도를 간단히 그려 봅시다. 눈에 익으셔야 이해가 쉽답니다.

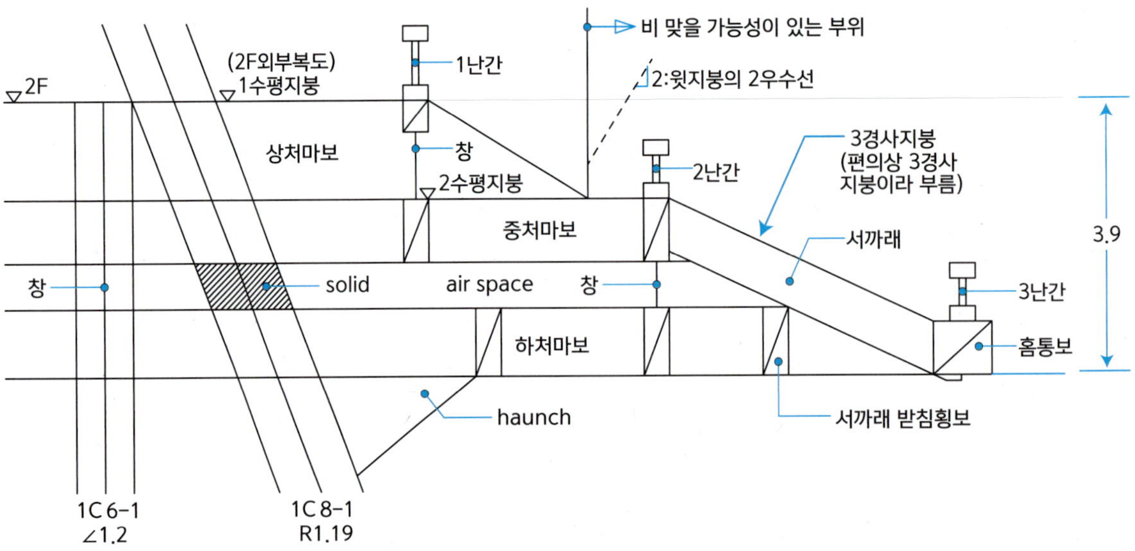

[그림 248] 9층탑 1층지붕 간이 단면도

보시듯이, 상·중 처마보는 보를 그냥 놓으면 되지만, 하처마보는 외부에서 끼워넣어야 되는 구조랍니다. 하처마보는 시공도 꽤 힘들기도 하지만 구조적으로 제일 취약한 부재랍니다. 그래서 하처마보 하부에는 보강부재(haunch)를 설치할 겁니다. 일반사찰에서 사용하는 공포(拱包/貢包)*부재보다도 훨씬 더 완벽한 구조보강이되어야만 지붕판을 받쳐줄 겁니다. 상처마보의 상부 1수평지붕은 지붕이라기 보다는 윗층의 외부복도로 윗층의 외부통로가 된답니다. 중처마보의 상부인 2수평지붕용도는 아직도 미정이랍니다. 일반목탑을 종교건축물로 생각했을 때는 부처님을 모셨답니다. 아마 그냥 단순 수평지붕이라고 생각하시면 되겠답니다. 중처마보·공간층과 하처마보 위에 있는 유일한 경사지붕은 저희들이 일반적으로 알고 있는 평범한 경사지붕이면서 그냥 경사지붕이랍니다. 9층지붕은 지붕 전체가 다 비를 맞지만, 일반지붕은 2수평지붕끝 일부분과 경사지붕이 비를 맞는답니다. 처마 제일 끝에 있는 홈통보는 각 처마보를 잡아주기도 하지만 서까래를 받쳐주기도 한답니다. 즉 지붕처마의 마구리 개념이랍니다. 이 홈통보도 비가 오면 우산을 받쳐주는 놈이 없어 흠뻑 맞게 생겼답니다.

일반적으로 실내바닥은 상식적으로 나무판자일 확률이 높을 겁니다. 문제는 이 지붕판의 바닥재랍니다. 1수평지붕은 상부층의 외부복도인데, 나무판재로 할까요. 아니면 석판(돌판, tile계통 등)으로 할까요? 헷갈린답니다. 2수평지붕은 외부쪽으로 일부가 비를 맞게 생겼는데(상부지붕 처마끝에서의 2우수선범위 밖 기준임) 나무바닥판을 깔까요. 아님, 비를 맞을 수 있는 부위만 석판으로 하든지, 아예 기왓장을 입힐까요? 3경사지붕은 일반적으로 우리가 알고 있는 지붕인데, 나무판·돌판·기와 중 뭘로 할까요? 3경사지붕은 지붕 중 유일하게 경사가 져 있으니 당연히 기와를 입혀야 한다고요? 그럼, 9층지붕은 전체가 다 비를 맞는데 3경사지붕이 아닌 수평지붕에도 기와를 입힐까요? 만약 기와를 입힌다면 지붕수평면에는 기왓장이 깨질까봐 걸어다니지도 못하게 생겼답니다.
그렇다면, 처음부터 최상층 지붕에는 수평면을 발생시키지 않고 경사면만 만들어야 할 겁니다.
저는 무지 헷갈리는데 하나도 헷갈리시지 않으신다구요? 해결방법을 아시면 저한테 한 수 알으켜 주십시오. 아마! 이 문제를 저만큼 많이 생각해 보신 분은 아마 없으실 겁니다?
지붕판에서 그래도 기와를 입힐 수 있는 유일한 곳은 3경사지붕으로 생각되어 지는데 우짜죠?
구조적으로 기와를 입히기가 쉽지 않답니다. 제가 기와를 입힐려고 무지 노력해 봤는데 안 되더랍니다. 기와공에게 맡기면 된다꼬요. Good idea. 그래서 기와이기는 포기했답니다. 그러면 뭘로 할까요?

* 공포(栱包/貢包): 처마무게를 받치기 위해 기둥머리등에 설치한 구조재 및 모양재. 기둥위에 있는 것이 주심포(柱心包)이며, 기둥사이보위에 있는것이 주간포(柱間包)랍니다. 일반적으로 기둥위에만 포작(柱上包作)이 있으면 주심포식(柱心包式)건물이라 하며, 기둥사이의 보위에도 포작(柱間包作)이 있으면 다포식(多包式)건물이라고 분류합니다.(包作:공포와 동의어) 절에 가셔서 이 대웅전은 다포식이네라고 말씀하시면 유식하다는 말을 들을 수도 ~ㅎ~

아직도 못 풀고 있는 숙제랍니다. 지붕재료를 선택시, 최상층지붕과 일반층지붕을 동시에 만족시킬 수 있는 재료여야할 겁니다. 제가 신라탑을 풀면서 느낀 것 중 하나가 바로 목재부재가 비에 너무 많이 노출되어 있다는 겁니다. 사실, 외부 쪽이나 지붕쪽에 있는 목재부재는 거의 비에 무방비 상태라고 보시면 된답니다. 사찰건물식으로 기와로 지붕전체를 감싸버리면 목재에는 비가 맞지 않아도 되는데, 이 신라탑은 기와로 다 덮을 수가 없는 묘한 구조랍니다. 신라인들은 어떻게 이걸 해결했을까요? 발수제가 뭐였을까, 방수제는 어떤 걸 썼지, 또한 방수몰탈(mortar)은 있었을까? 또한, 부재 간 이음매의 접착제는 무얼 썼지? 별의별 생각을 다해 봤지만, 알 수 있는 방법이 없었답니다.

그래서 내린 결론은, 신라시대에도 발수제[도장재(paint)겸용]가 되었든, 방수제가 되었든, 조다(황토)에 송진류(resin류)를 섞어서 방수몰탈(mortar)을 만들었든, 아교에 송진류를 섞어서 접착제를 만들었든 하여튼 방수와 발수에 관련된 재료가 있었다는 결론을 내렸답니다. 다만 저희들이 어떻게 만들었는지를 모를 뿐이랍니다. 그래서 내린 지붕바닥재는 아마도 이런 게 아닐까 하고 생각중이랍니다.

마감재를 나무마루로 하거나, tile류[석판(돌판), 전류(납짝벽돌 or 평기와 등…)]로 할 예정이랍니다.

개인적으로는 전체를 다 나무로도 하고 싶답니다? 왜냐하면 경사지붕을 받치고 있는 하처마보의 하중부담을 최소화하기 위해서랍니다. 모든 바닥은 기본적으로 3중구조로 되어 있답니다.

마감재+방수층+받침판 이랍니다.

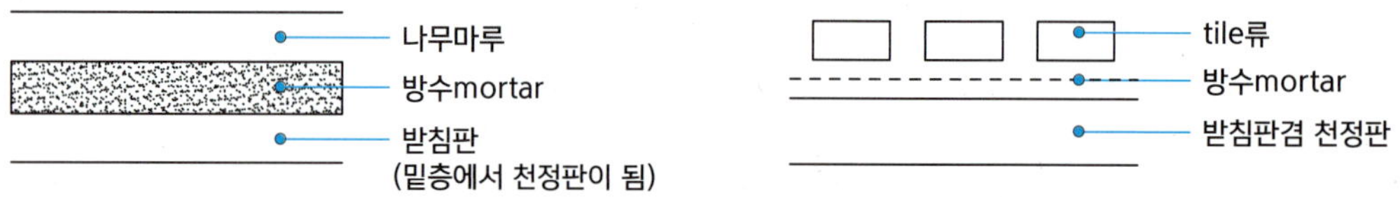

[그림 249] 나무마루 시(左), tile류 시(右)

희한하죠. 신라 일반목탑에는 기왓장이 한 장도 사용되지 않는답니다.

제가 왜 tile류를 생각하게 되었냐 하며는 석판탑(돌판탑)과 전탑의 석판과 전(벽돌류)이 혹시 목탑바닥 마감재와 관련이 있지 않나라고 생각했기 때문이랍니다. 둘 중 어느 것을 선택할지는 미정이며 둘을 혼용할 수도 있답니다.

지붕단면도를 유심히 보시면 상처마보 외부쪽에도 창문(최상층지붕은 없음)이 있고, 공간층 외부쪽에도 창문이 있고, 외벽 지붕속에도 창문이 있답니다.

즉, 빛이 실내부 지붕쪽에도 들어와서 실내부 지붕속도 이용이 가능하도록 되어 있답니다.

신라인들이 보기보다(?) 아주 합리적이고 영리한 분이셨든 것 같네요.

간단히, 9층탑 1층 지붕평면도를 잠깐 봅시다.

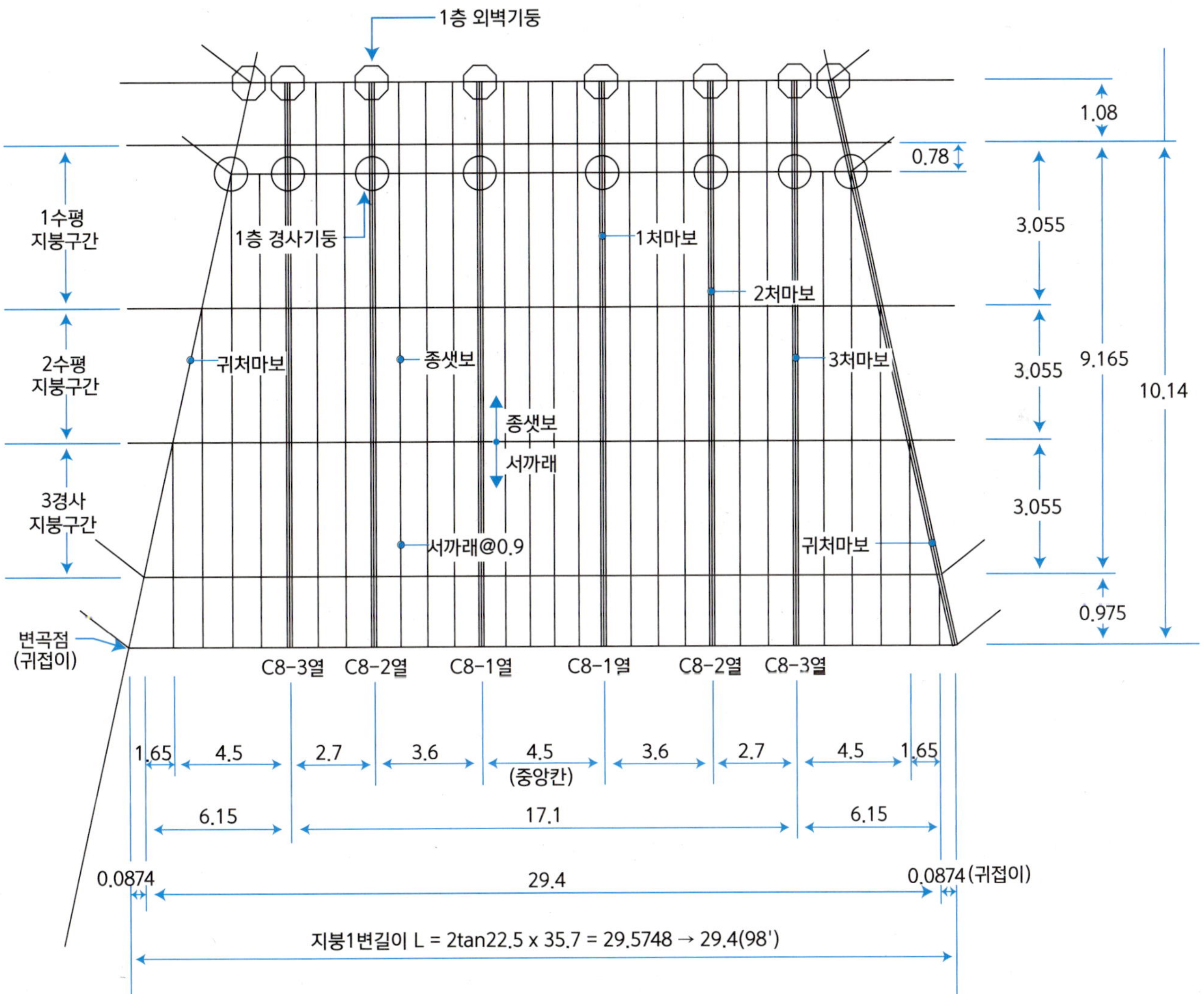

[그림 250] 9층탑 1층지붕 간이 평면도(1/8지붕)

너무 복잡하죠. 처마보도 서까래도 선으로 밖에 표현할 수 없답니다. A3지에 그려도 부분 밖에 그리지 못한답니다. 지붕단면도나 지붕평면도를 그리기도 무척이나 힘들지마는 몇 달 지나서 쳐다보면 이 치수가 어디서 어떻게 나왔지(?)부터해서 무지 헤맨답니다.

먼저, 1층지붕 1변길이부터 구해야지요.

ℓ = 2tan22.5r = 2 x tan22.5 x 35.7선(1층지붕끝선) = 29.5748m가 나온답니다.

귀접이를 할지 안할지는 모르겠으나 1층지붕 1변길이를 ℓ = 29.4m로 하겠습니다.

처마보는 반드시 기둥에서 나온답니다.

그래서 각 기둥간격은 서까래간격(@0.9)인 0.9의 배수로 반드시 맞추어야만이 외관상 서까래가 동일 간격으로 배치가 된답니다. 제일 중간기둥폭(중앙칸)은 0.9x5칸=4.5m, 다음 기둥간격은 0.9x4칸 =3.6m, 그 다음은 2.7m가 될 겁니다. 즉, 기둥칸폭은 한 서까래간격(@0.9) 차이가 난답니다.
기둥칸폭을 동일하게 하고는 싶지만 쪼께 힘든답니다. 평면도·보걸침등 모든 경우의 수로 분석해야만 된답니다. 처마보 사이를 3경사지붕은 서까래를 걸면되고, 수평지붕은 종샛보를 걸치면 되고, 마지막에 바닥판을 깔면 지붕은 완성된답니다.
급하게 하신다고 횡보를 빼먹으시면 안됩니데이. 큰일납니데이. 지붕에서 제일 유의하셔야 될 것은, 3처마보(C8-3열)에서 귀처마보까지는 처마보가 없어서 길이가 무려 6.15m나 된답니다. 즉, 폭 6.15m를 처마보없이 지붕판이 버텨야 된다는 겁니다. 다시 말하면 홈통보가 무지 고생해야 된다는 걸 의미한답니다.

이 현상은 1층지붕에만 있는 것이 아니고 상층부 지붕에도 발생이 되며, 구조도 구조지만 외관상 상부층으로 갈수록 처마보와 서까래가 자꾸 사라지면서 9층지붕같은 경우는 귀처마보와 중간에 2개의 처마보(C8-1열)만 남는 답니다. 외관처리를 어떻게 해야할지 머리가 쪼께 아프답니다.

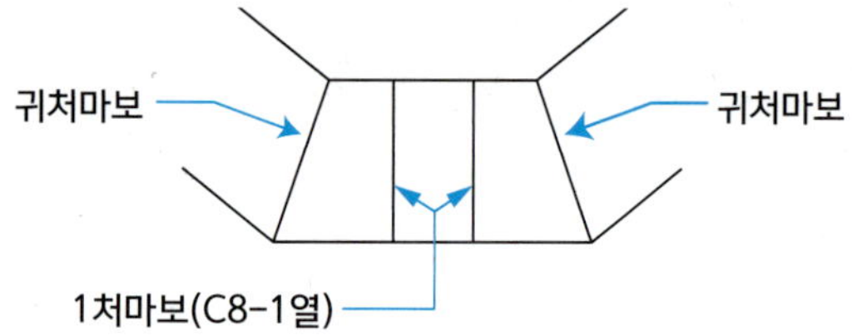

[그림 251] 9층 처마보

9층지붕처마보는 아주 간단하답니다.

7층탑 1층지붕 1개만 더 확인해 봅시다. 7층탑 지붕판두께를 먼저 봅시다.

지붕판두께 ÷ 지붕공통수 = A			나눔수 2R	정수	지붕길이
7층지붕	1.44 ÷ 0.3	0.048	1.44 ÷ 0.36	= 4	ℓ = 5.76
6층지붕	1.8 ÷ 0.3	0.06	1.8 ÷ 0.36	5	
5층지붕	2.16 ÷ 0.3	0.072	2.16 ÷ 0.36	6	
4층지붕	2.52 ÷ 0.3	0.084	2.52 ÷ 0.36	7	
3층지붕	2.88 ÷ 0.3	0.096	2.88 ÷ 0.36	8	
2층지붕	3.24 ÷ 0.3	0.108	3.24 ÷ 0.36	9	
1층지붕	3.6 ÷ 0.3	0.12	3.6 ÷ 0.36	10	ℓ = 9.0
		@0.012			

[표 24] 7층탑 지붕판 두께와 홈통보 기본치수(A)

기본공통수 30으로 나누어 보면 { 7층지붕 A : 1.44÷30 = 0.048 ~ 1층지붕 A : 3.6÷30 = 0.12 }
(A:홈통보 기본치수)

지붕두께 증감계수 2R(0.36)로 나누어 보면 { 7층지붕 : 1.44÷0.36 = 4 ~ 1층지붕 : 3.6÷ 0.36 = 10 } → 으로 연속정수가 나온답니다.

지붕을 풀든 보길이를 풀든 반드시 길이와 두께 비를 간단하나마 비교해 보시면 길이두께비의 이해에 도움이 된답니다.

• 길이두께비 (7층탑 기준)
- 7층지붕 : $\frac{5.76 : 지붕길이}{1.44 : 지붕판\ 두께}$ = 4 가 나오네요.
- 1층지붕 : $\frac{9.0 : 지붕길이}{3.6 : 지붕판\ 두께}$ = 2.5 가 나온답니다.

길이두께비가 차이가 많이 나네요. 7층지붕은 4이고, 1층지붕은 2.5가 된답니다.
이 길이두께비는 숫자가 적을수록 안전구조랍니다. 즉, 구조적으로 1층지붕이 7층지붕보다 훨씬 안전하다는 걸 의미한답니다. 보도 간단히 보시면,

$$\frac{5.4 : 보길이}{0.6 : 보춤} = 9 \qquad \frac{4.2 : 보길이}{0.7 : 보춤} = 6$$

보길이와 보춤은 임의로 넣은 수임. 보시다시피, 길이춤비가 낮은 숫자인 6이 훨씬 안전구조랍니다. 기본적으로는 구조계산을 해야 맞지만, 간단히 이 길이두께비로 어느 정도는 안전유무를 비교분석이 가능하답니다. 항상 길이두께비를 비교분석하시는 것이 손에 익으셔야 한답니다.

이제 7층탑지붕의 처마보높이를 구해 보셔야죠. 눈 감고도 알 수 있는 상처마보부터 구해봅시다.
최상층 상처마보춤은 2R부터 시작된다고 말씀드렸을 겁니다.
그리고, 밑층으로 내려 오면서 1층당 1R씩 늘어난답니다. 상처마보를 제외한 잔여치수에서 중처마보·공간층·하처마보춤이 결정될 겁니다.

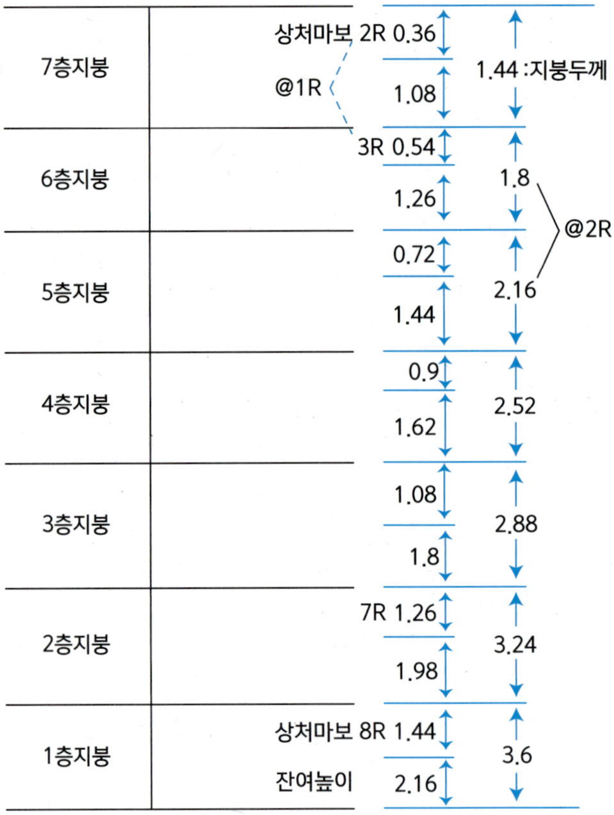

[표 25] 7층탑 상처마보춤과 잔여높이

간단히 7층지붕과 1층지붕만 풀어 봅시다.

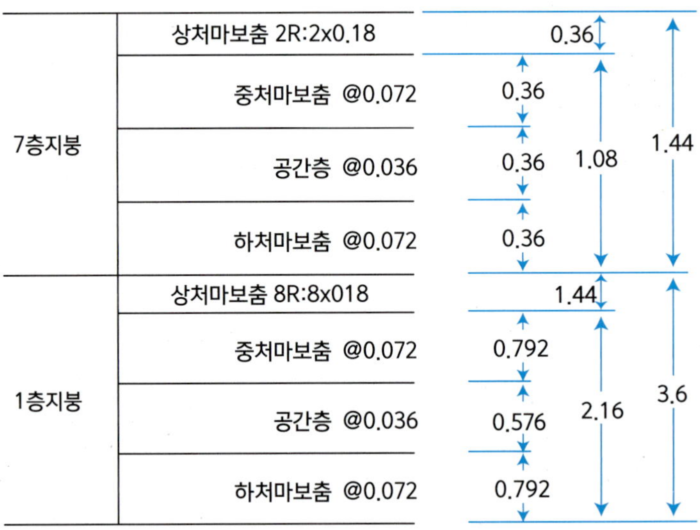

[표 26] 7층탑:1·7층지붕 부재춤 치수 & 층당 증감계수

중처마보와 하처마보의 춤은 같게 했답니다. 처음에는 제일 간단한 3등분법을 적용해서 중처마보·공간층·하처마보춤을 같게 했으나 하처마보의 춤을 키우는 것이 안전하다고 판단하여 1층 하처마보춤을 0.792(0.72+0.072)로 0.072 더 키웠답니다.

사실 이 보춤은 여러 경우의 수가 있으나 기본적으로 R(0.18)을 기준삼았답니다.
@0.072/춤은 0.4R(0.18) = 0.072로, 즉 0.4R로 했으며 공간층은 그 반인 0.2R = 0.2 x 0.18 = 0.036으로 조정했답니다. 0.036이 얼마죠? 3.6cm랍니다. 모든 치수는 미터기준이랍니다.
공간층을 좀 줄이고 힘을 많이 받아야 하는 하처마보에 투자했답니다. 그러다 보니 치수에 m/m가 나와서 조금은 그렇답니다. 맞는지 틀렸는지는 저로서도 알 수는 없답니다.
길이춤비를 보시면 1층지붕 ℓ = 9.0m, 9 ÷ 0.72시 = 12.5, 9 ÷ 0.792시 = 11.3636 …… 이랍니다.
숫자가 적을수록 구조적으로 좋겠죠. 길이춤비에서 나온 11.363636은 무리수가 아닌 유리수입니데이.
11.363636 = 11.36/99이라는 유리수랍니다. 무리수(분수로 나타낼 수 없는 수)라도 상관은 없답니다.
무조건(?) 길이춤비의 숫자가 적을수록 구조에는 좋답니다.
7층탑 1층지붕판도 한번 그려 봅시다.

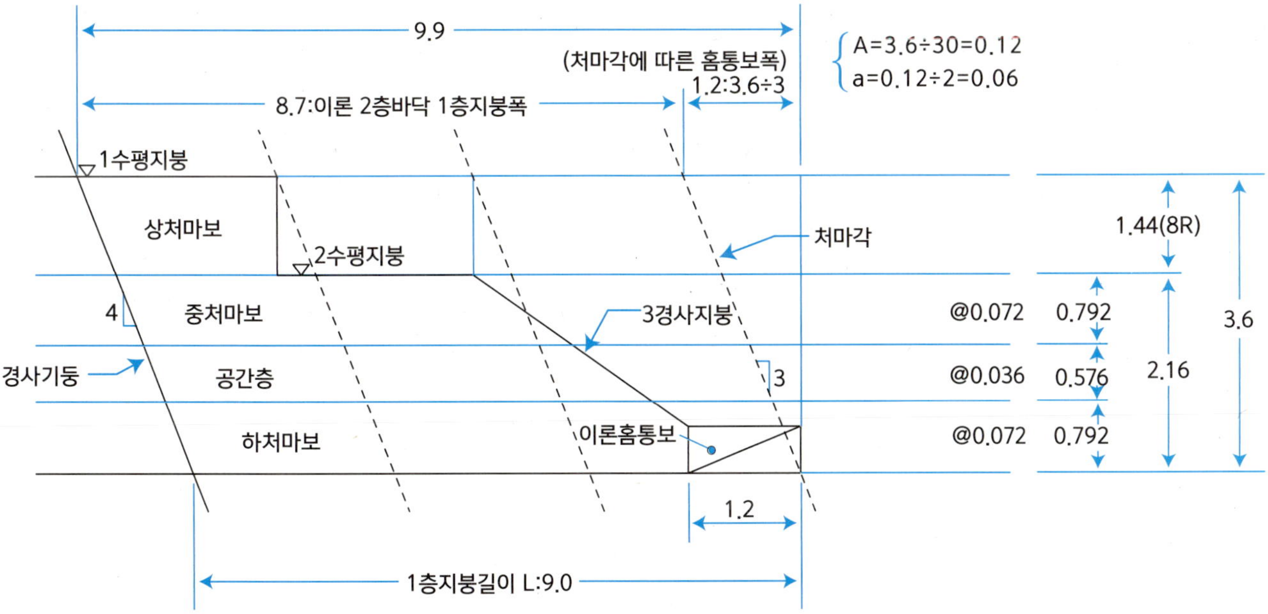

[그림 252] 이론 7층탑 1층지붕 단면도

9층탑지붕은 지붕 풀기가 제일 쉽답니다.
그런데, 1~7층탑 지붕은 한 번에 지붕이 풀리지가 않는 답니다. 한 번의 조정작업을 반드시 거쳐야 지붕이 풀린답니다. 이유가 무엇일까요?

아주 간단하답니다. 바로 처마각이 각 탑마다 다르기 때문이랍니다.

간단히 홈통보폭을 순수이론인 처마각을 기준으로 한번 보실래요.

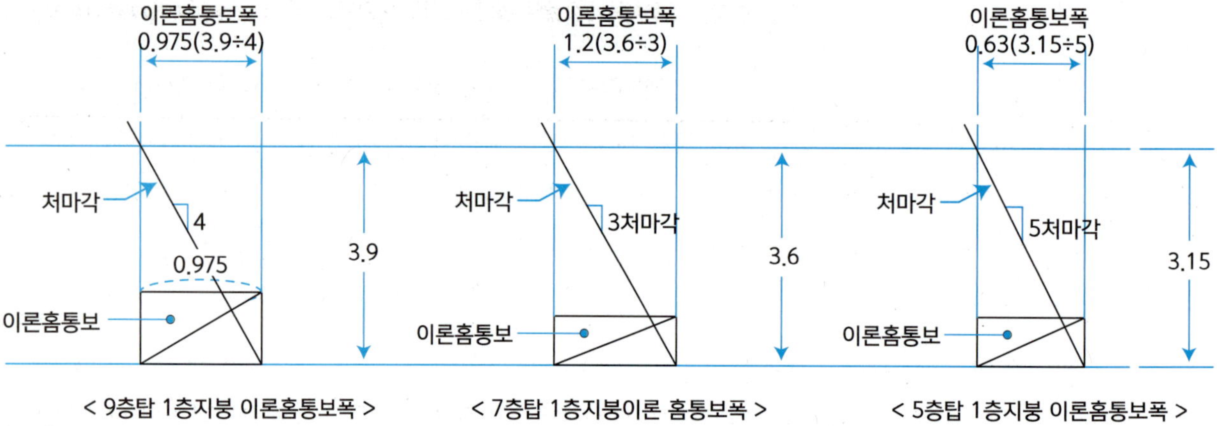

[그림 253] 9,7,5층탑 1층지붕이론 홈통보폭

처마각이 ⊿4는 적당한 것 같은데, 7층탑의 처마각이 ⊿3같이 경사가 낮을시는 홈통보폭이 무려 1.2m까지 나오며, 5·3·1층탑같이 처마경사각이 가파르면 홈통보폭이 너무 slim해져서 꼬장갱이같이 적어진답니다. 즉, 홈통보폭의 폭이 지멋대로로 규격에 일관성이 없답니다.

그래서 모양새와 중후함을 동시에 갖춘 ⊿4처마각으로 통일을 시켜서 홈통보를 만들 겁니다.

물론 각 탑의 각 지붕판에만 해당된답니다. 그리되면, 전탑의 전지붕의 홈통보는 치수는 비록 다를지라도 같은 모양새가 될 겁니다.

어떤 특별한 근거가 있는 것은 아니나 여러 경우를 비교해 보고 내린 결론이랍니다. 가끔은 이런 생각이 들기도 한답니다.

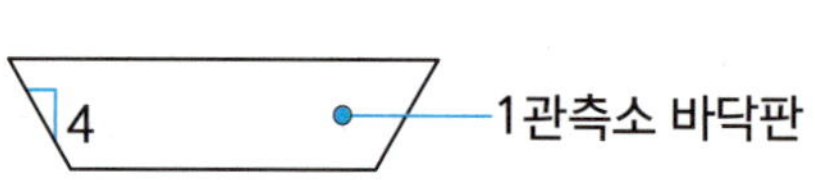

[그림 254] 1관측소 바닥판 벌어짐 각도 ⊿4

1관측소 바닥판 벌어짐각도가 ⊿4랍니다.

그래서 지붕판의 홈통보 각도도 대칭개념으로 ⊿4가 아닐까 하는 생각을 해본답니다.

지나친 상상이겠죠!

모든 탑의 홈통보 모양새는 이렇답니다.

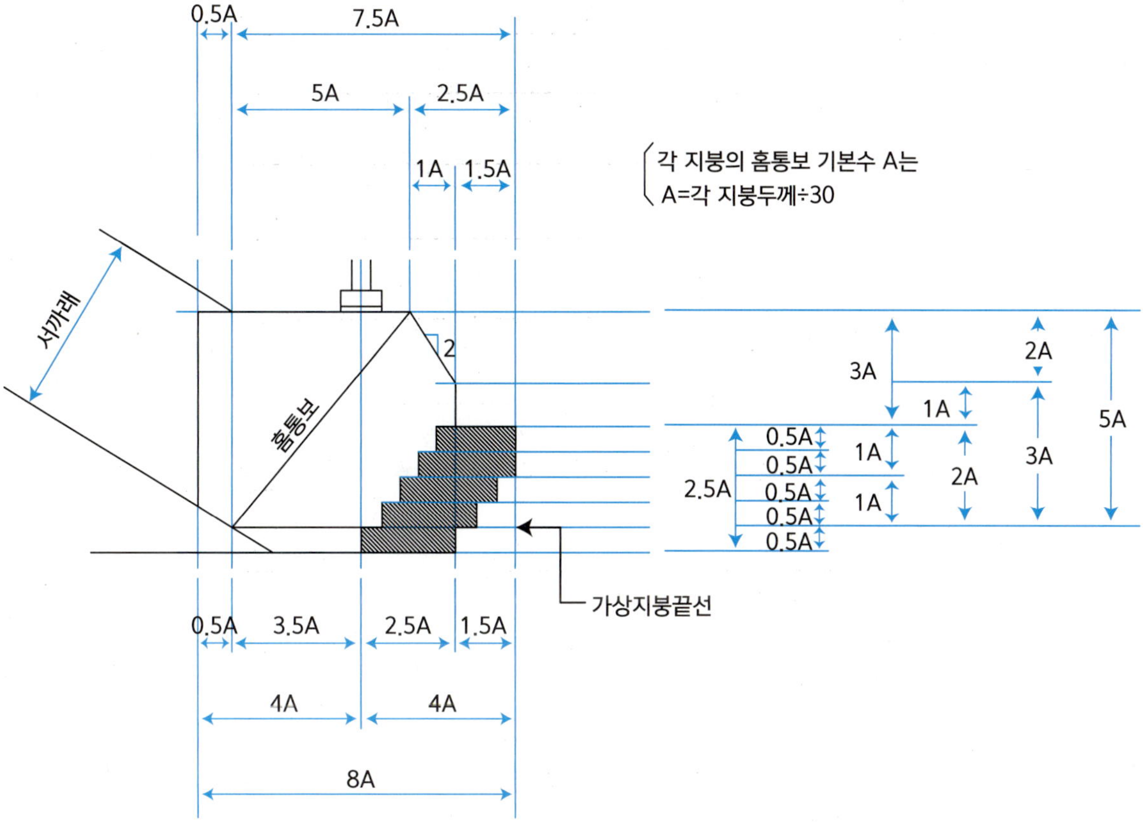

[그림 255] 전탑 전지붕의 통일된 홈통보 치수

즉, 하지붕길이는 각 탑의 원처마각을 적용하면 되고, 상지붕길이는 처마각과 관계없이 ⊿4처마각을 적용한다는 말이랍니다.

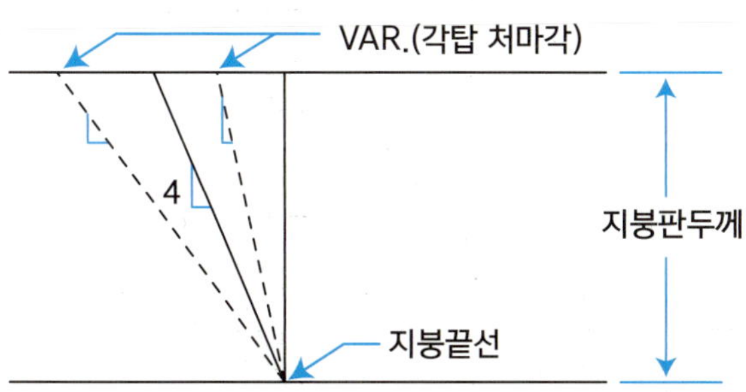

[그림 256] 홈통보적용 지붕각 ⊿4 개념

처마각은 각 탑마다 다를지라도 홈통보를 위한 지붕각은 반드시 ⊿4로 해야 한답니다.
헷갈리시죠. 사실 저도 무지 헷갈린답니다. 비긴 걸로 합시다.

그럼, 이제 7층탑 1층지붕 단면도를 다시 그려 봐야겠죠.

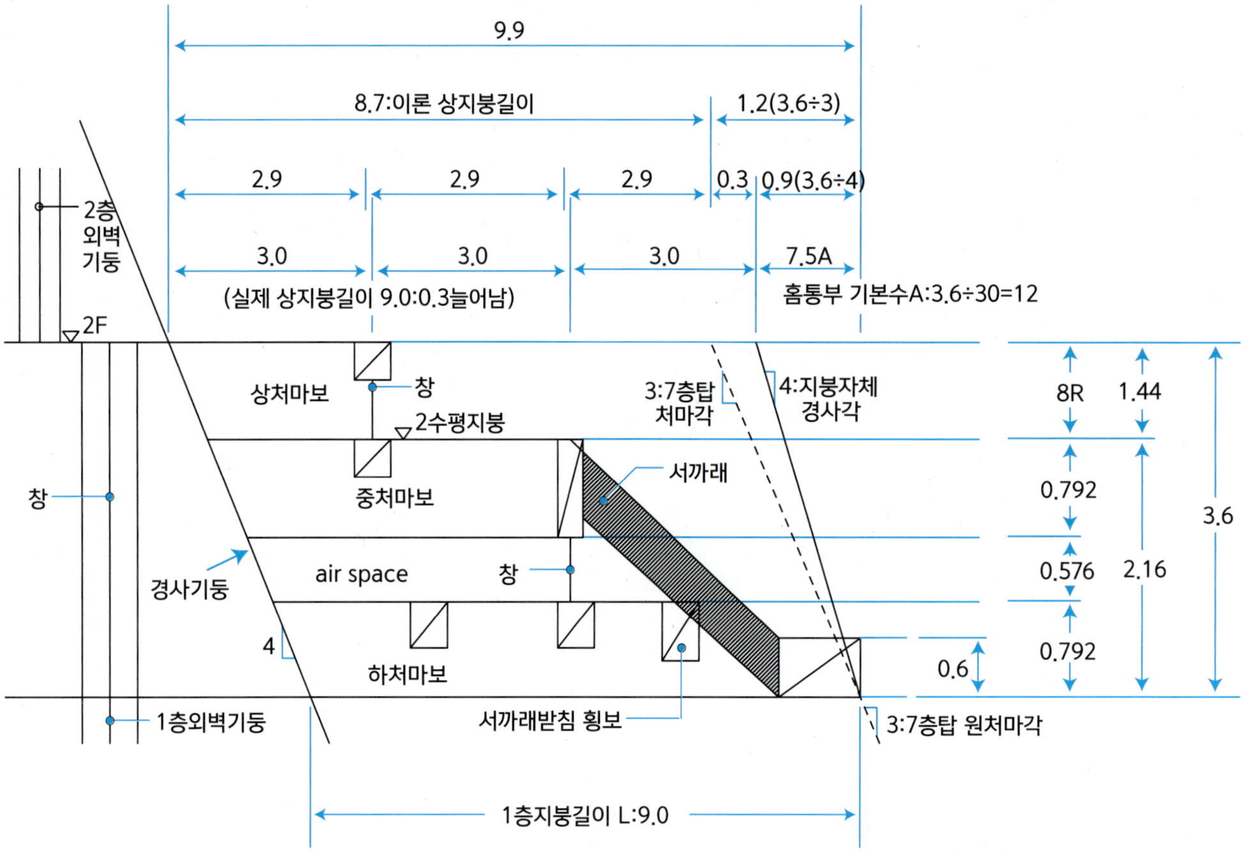

[그림 257] 실제 7층탑 1층 지붕 단면도

이론 상지붕길이 8.7이 30cm가 늘어나서 9m가 된답니다. 지붕창도 제법 많네요.

그럼, 7층탑 1층지붕의 홈통보도 그려 봅시다.

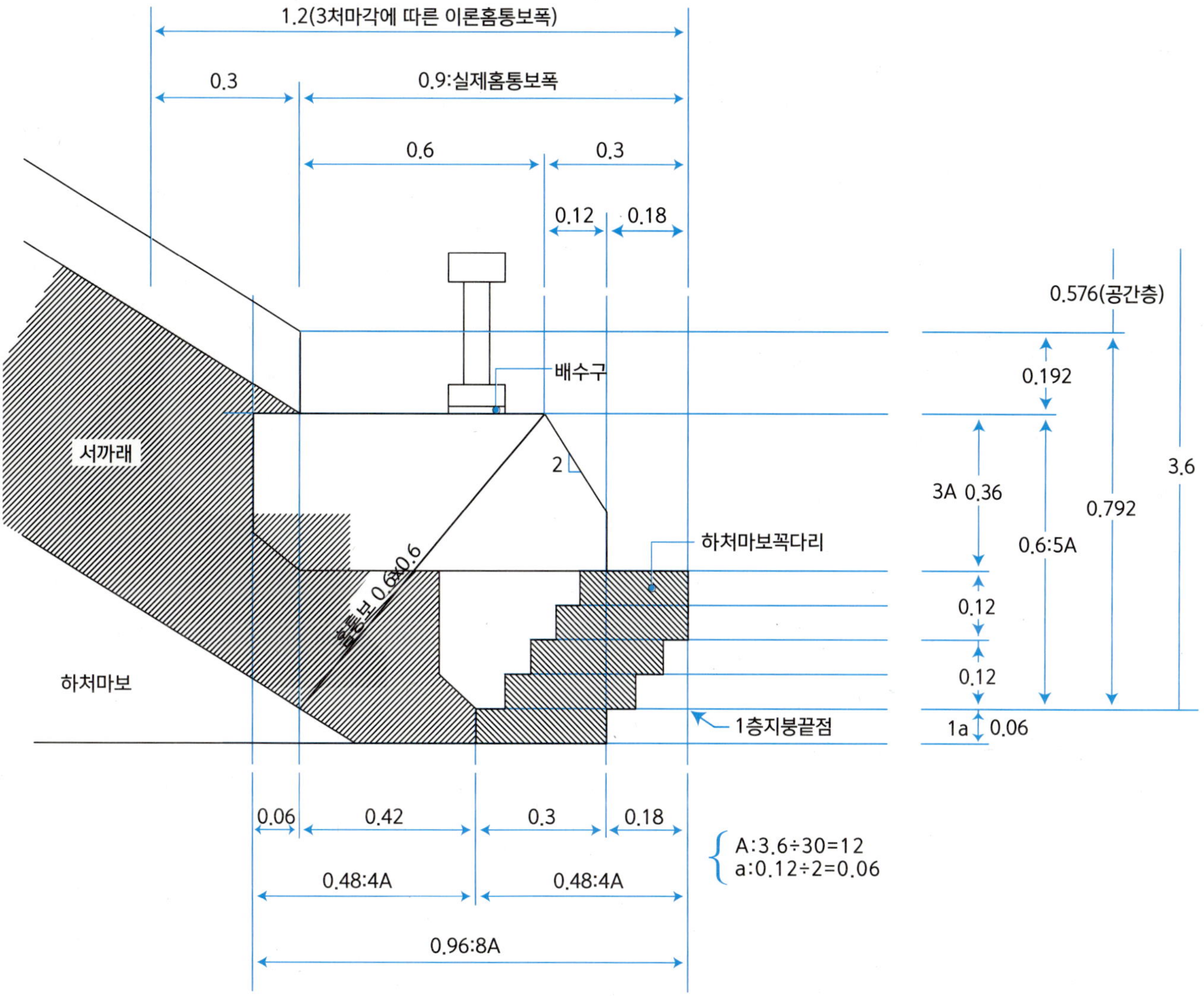

[그림 258] 7층탑 1층 홈통보

홈통보가 모양새가 갖춰졌네요. 그냥 처마각 ⊿3을 적용하면 홈통보폭이 1.2m나 되어 너무 펑퍼짐해지겠죠. 무겁기도 할 겁니다. 이론상 상지붕 길이는 8.7m였는데 30cm가 늘어나서 9m로 하지붕길이와 똑같게 되었답니다.

상지붕길이는 탑마다 달라서 늘어나기도 하지만 줄어들기도 한답니다.

제가 지붕길이를 아주 쉽게 풀죠. 사실은 미리 그려 계산해 놓고 보고 쓰는 거랍니다.

간단히 지붕끝점과 경사기둥교차점을 봅시다.

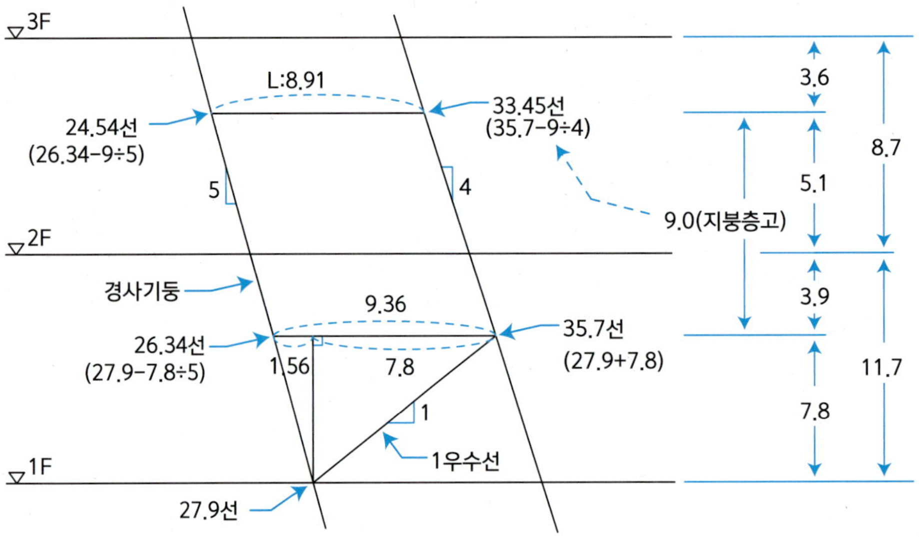

[그림 259] 9층탑 1·2층 지붕길이 계산 예

Notes _ 1. 선 : Cc(중심기둥)에서 수평으로 떨어진 거리 2. 선과 ⊿(경사각 표시)는 계산과는 무관

보시다시피 산수보다 더 쉽답니다? 어느 한 지점의 위치(점)를 아시면, 어떤 각(경사각)이 있으므로 모든 지점의 위치는 자동으로 계산이 된답니다. 물론 1층지붕 끝은 1우수선 법칙을 따라야 되겠죠. 그리고 아주 중요한 것은 각 교차점이나 지붕끝선의 숫자 합은 반드시 3의 배수가 되어야 한답니다.
1층지붕 끝선 35.7선 = 3+5+7=15 ⇒ 1+5=6 하! 3의 배수인 3, 6, 9 중에 이 놈이 있군!
주요지점이나 주요 끝점 등은 기본적으로 3의 배수가 나와야 된답니다. 혹시 안 나오면 계산을 다시 하셔야 할 듯. 일반적으로 층고라 하면 1개층의 층고를 의미하지만, 지붕같은 경우는 각 지붕간의 지붕층고도 있답니다. 또한, 계단에 가면 계단간의 계단층고도 있으니 각 층고를 필요에 따라 반드시 구하셔야 계산하는데 아주 편리하답니다.

저희들이 관측소 경사기둥을 풀면서 경사기둥의 뿌리깊이(근입장)를 보신 적이 있으실 겁니다. 희미하시나마 기억이 나실 겁니다.
그럼, 이 굵고 길쭉한 Cantilever식 지붕판에는 뿌리가 있어야 할까요. 아님, 없어도 잘 버틸까요?
뿌리가 있는지 없는지는 잘은 모르겠지만 아마도 있는게 더 양호할 확률이 높겠죠. 실제로는 상·중처마보는 무지 튼튼구조랍니다. 문제는 하처마보가 약골이랍니다.
아무리 haunch(보강구조)로 받쳐주어도 언제 어느 순간에 내려 앉을지도 모른답니다.
처음에는 하도 하처마보가 애처러워서(?) 중처마보에 매달아도 보았답니다. 이렇게요?

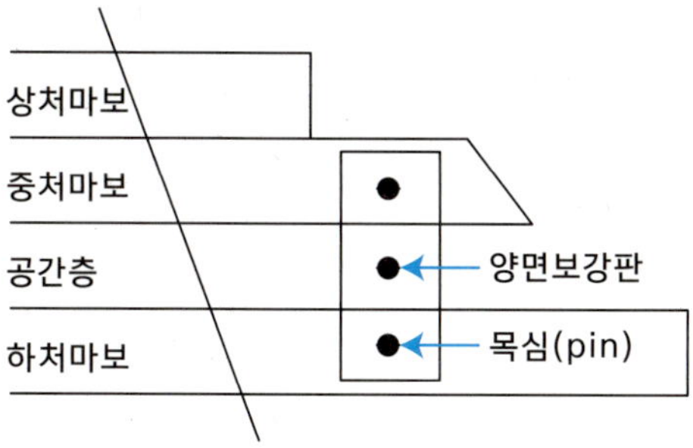

[그림 260] 처음 생각해본 하처마보 보강법

중·하처마보를 양면에 판대기를 대어주고 목심으로 단단히 조이면 하처마보가 내려앉지 않을 거라고 생각했답니다. 그런데, 아무리 쳐다봐도 모양새가 영 지랄같더랍니다. 자존심도 쪼께 상했겠죠. 그래서 과감히 판대기를 내동댕이 쳐 버렸답니다. 대신 haunch로 강하게 보강하면서 하처마보뿌리를 아주 길게하면 되겠지라고 생각을 바꾸었답니다. 뿌리를 깊게하면 하처마보 자체가 부러지지 않는 한 내려앉을 확률은 없다고 결론을 내렸답니다. 고로! 반드시 처마보뿌리가 있어야 할 겁니다. 어느 깊이 정도면 이 처마보들이 안전할까요? 이제 처마보의 지붕뿌리를 한번 보실까요? 이 지붕뿌리까지가 사실은 지붕판이랍니다.
바깥에 노출된 것만이 지붕판은 아니랍니다. 이 지붕뿌리는 내부기둥과 연관성이 있답니다.

개략적으로 그려봅시다.

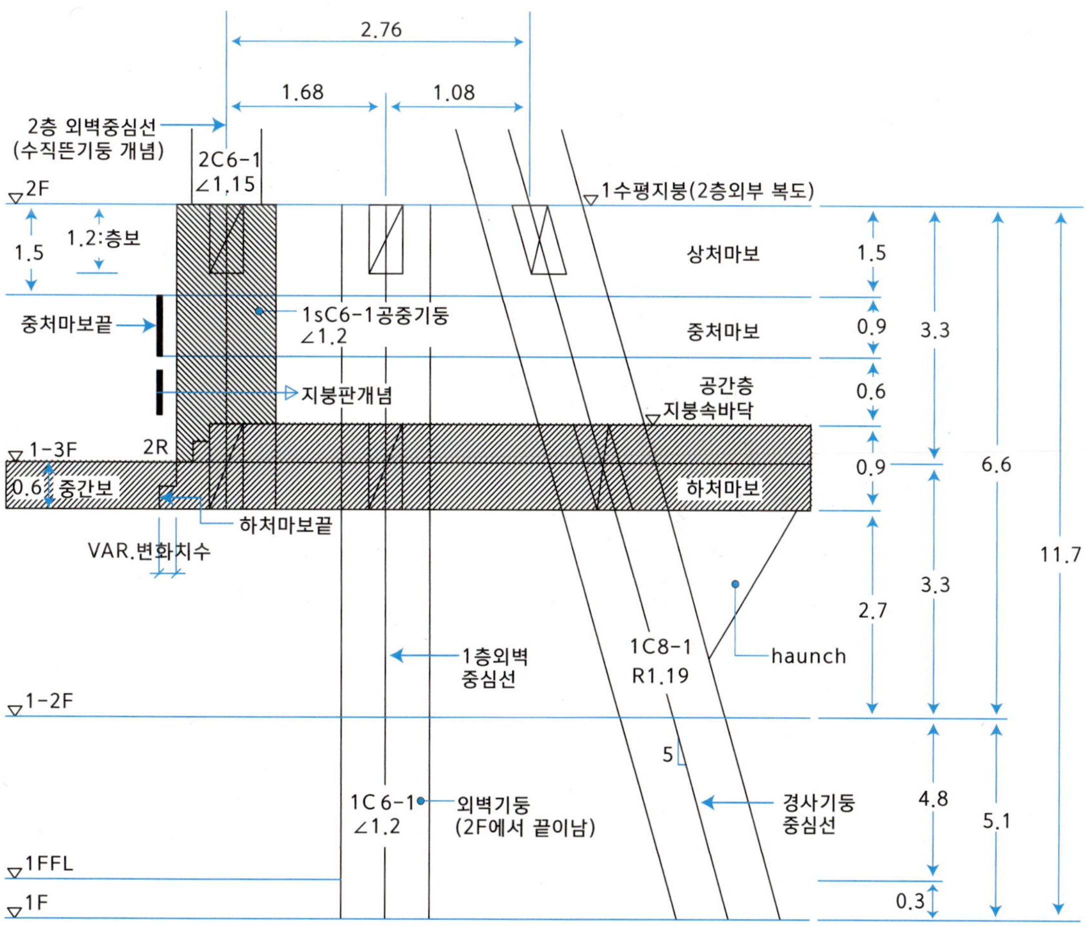

[그림 261] 9층탑 1층 지붕과 내부 기둥들

기둥들이 밀집되어 있네요. 제일 외부기둥은 당연히 경사기둥이랍니다. 이 경사기둥은 최상층까지 연결되어 있답니다. 그 내부에 1층 외벽수직기둥이 있답니다. 외벽수직기둥은 자기 해당층에서 임무수행을 마친답니다. 그 내부에 희한한 기둥이 공중에 매달려 있답니다.

제가 이 기둥을 발견(?)하고는 하도 신기해서 공중기둥이라는 이름을 부여했답니다. 뜬기둥 개념도 있지만, 이 공중기둥은 연약한 보 위에 서 있답니다. 제가 2층 외벽기둥(수직뜬기둥, 관측소 뜬기둥은 경사뜬기둥임) 하부가 너무 약하여 무지 고민을 많이 했었는데, 지붕판과의 연관관계를 고민하다가 2층 외벽기둥도 받쳐주면서 지붕처마보를 잡아도 주고 눌러도 줄 수 있는 기둥이 필요하다는 걸 인지해서 우연히 탄생된 공중기둥이랍니다. 이 공중기둥의 탄생으로 두 난제가 동시에 해결되었답니다. 자세히 보시면 1층이 3개층으로 구성되어 있을 겁니다? 기둥번호와 규격은 중앙칸쪽 기둥번호랍니다.(C8-1열, 귀기둥 다음으로 큰기둥) ∠1.2가 뭔지 기억나시나요? 8각기둥으로 기둥폭이 1.2m를 의미하겠죠. 그럼 R1.19는 원형기둥으로 지름이 1.19m를 의미한답니다. 내부기둥은 8각기둥이고, 외부경사기둥만 원형기둥이랍니다. 이론상 1F가 기본이지만 실제 1층바닥은 2계단 올라간 1FFL(floor finish level, 뜻은 바닥마감선이지만 1F와 구분하기 위해서 편의상 붙인 이름임)이 실제 1층바닥이랍니다. 지붕뿌리깊이도 중요하지만 더 중요한 것은 이 공중기둥이 2층지붕하중까지 받아서 처마보를 꼼짝 못하게 눌러 준답니다.
이만하면 지붕의 하처마보가 부러질지언정 쳐지지는 않을겁니다.

수직기둥, 귀경사기둥, 면경사기둥, 뜬기둥(경사와 수직), 날개기둥, 공중기둥, 샛기둥 등 기둥이 와이리도 많죠. 저도 헷갈린답니다. 사실 이 지붕을 한번 그릴려면(단면도, 평면도이든) 머리가 지끈지끈 아프답니다. 시간도 엄청 투입되기도 하지만 워낙 적을 공간이 좁기도 하고, 창문, 각 부재 치수까지 고려하면서 그려야 하니 보통 일이 아니랍니다. 사실, 샛보(종샛보, 횡샛보), 횡보 등 치수를 표기하고는 있지만, 이것이 맞는지 틀리는지는 저 자신도 알 길이 없답니다.
아마도 틀릴 확률이 100%정도될 겁니다. 그렇다고 부재가 있는데 규격을 안 적기도 좀 그렇답니다.

이 모든 것들을 이 글을 읽으시는 분들이 해결하셔야 될 겁니다. 제가 너무 부담을 드렸나요?
각 탑의 모든 지붕을 다 봐야 하지만, 기본원리는 똑같답니다. 시간나시는 분은 직접 한번 그려 보시면서 고민도 해보십시오. 직접 해보시면 아주 재미있답니다.

너무 기본이론만 보시다보니 조금은 지루한 느낌이 드실것 같아(?) 약간은 재미끼가 있으며 어찌보면 해학적이기도 한 첨성대를 보시면서 잠깐 한숨을 돌려 보실까요~ㅎ~

12. 첨성대

아주 친숙한 이름일 겁니다. 아마 어린애 빼고 이 첨성대를 모르는 분은 존재하지 않을 듯!
저는 어릴 적부터 하도 많이 봐왔답니다. 아마 쪽샘 쪽에 사셨든 분 외에는 제일 많이 본 사람 중에 한 명에 속할 겁니다. 그래서인지 제가 제일 정감이 가는 첨성대랍니다.

그럼, 이제 이 첨성대라는 돌삐만 남아 있는 구조물이 무엇인지를 알아봐야겠죠. 우리들은 궁금하면 좀이 쑤시는 체질을 갖고 있는 친구들이잖아요. 아닝가? 이제까지 동행했으니, 이 첨성대라는 돌삐의 정체를 밝히고야 말리라. 근데, 어디서부터 접근해야죠? 생각나는 대로!

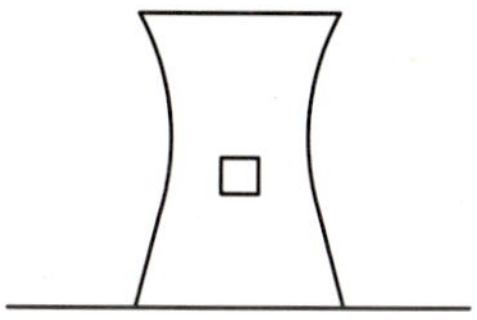

저는 첨성대를 보면서 항상 이런 생각을 해 보았답니다.
꼭 초기원자로같이 생겼네. 그 시절에도 원자력발전소가 있었나?
그런데, 이상한 것은 원자력발전소를 짓는 국가가 경주시에 와서 첨성대 형태로 원자력발전소를 짓겠습니다라고 최소한의 예의(?)를 갖추어야 하는데 어떤 국가도 경주시에 예의를 갖추는 경우는 들어보지 못했답니다. 저는 제일 처음 직감적으로 석축높이가 9m라는 걸 인지했답니다. 9층탑 석축높이가 9m이니까 첨성대 석축높이도 현 상태가 9m에 가까우니 9m라고 가정을 했답니다. 그리고 석축상태를 유심히 관찰해 보니 현재의 첨성대가 원형(원래 형태)이 아니라는 걸 인지했답니다. 지진 등 외력에 의해 부분파손이든 많은 파손이 되었든 최소한 1~2번 정도는 붕괴가 있었으며, 그때마다 다시 축조를 했다고 판단했답니다. 물론 최초의 위치에서 어느 정도는 이동되었을 겁니다. 어떻게 알 수가 있을까요?
석축의 돌상태를 보시면 금방 인지하실 겁니다. 그리고 개구부 위치가 정남쪽이 아니랍니다.
더한 것은 석축몸통이 원형(원)인데 기초판이 사각형이랍니다. 여러 상황을 분석해 볼 때 붕괴된 첨성대를 후대의 어떤 분이 기록(그림 등?)된 것을 보고 현재의 형태로 원래 첨성대가 있던 근처에 축소하여 첨성대를 다시 지은 것으로 추정된답니다. 물론, 그 뒤로도 손을 본 걸로 보인답니다. 어찌 되었든간에 첨성대는 살아남아 있답니다.

첨성대를 보실 때 반드시 생각하셔야 될 것이 있답니다. 남쪽에 개구부가 있다는 건 개구부로 올라갈 수 있는 계단이 있다는 것이며, 개구부가 남쪽에 있다는 건 동쪽에 건물 내부로 지상에서 막바로 들어갈 수 있는 문이 있다는 것을 의미한답니다. 어떻게 알 수가 있을까요?
건축기사라면 직감적으로 인지할 수도 있답니다. 석굴암도 똑같은 개념이랍니다. 석굴암도 동쪽에 지하출입문이 있답니다. 그 얘기는 남쪽에 외부계단이 있다는 걸 의미한답니다.

만약 남쪽에 계단이 없다면 당연히 출입문을 남쪽에 낼 겁니다. 아닝가요? 반응이 시원찮으니 제가 더 헷갈리네요? 건축은 상식이라고들 하죠. 바로 상식적으로 생각하시면 된답니다. 이것보다 더 쉬운 것도 있나요? 이제 첨성대에 많이 접근을 했답니다. 석축높이가 9m, 남쪽 개구부에 외부계단이 있으며, 동쪽에도 내부로 들어가는 문이 있다. 이것만 인지하셔도 반이상은 풀린 상태랍니다. 먼저 석축형상을 살짝 봅시다.

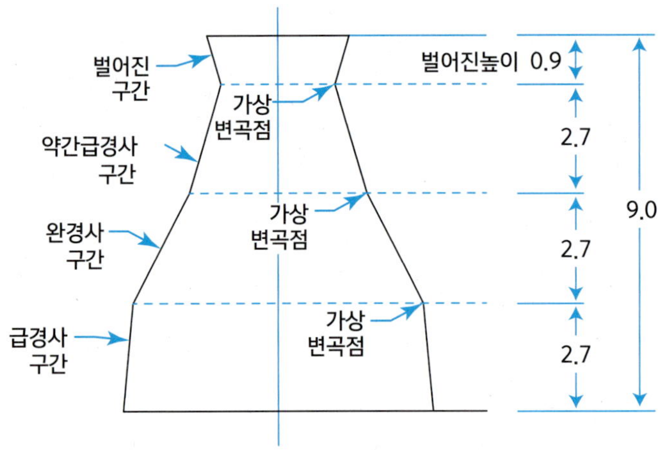

[그림 262] 첨성대 석축형태

석축을 보시면 상부가 약간 벌어져 있는 상태랍니다. 저는 어릴적에는 많이 벌어져 있다고 생각을 했었는데, 각종 사진 등을 보니 그렇게 많이는 벌어져 있지는 않고 살짝 벌어져 있는 것이 현상태랍니다. 벌어져 있는 높이를 0.9로 정하겠습니다. 제 맴이랍니다? 그리고 내부로 기울어진 8.1m 높이에서 확실치는 않아 보이지만 자세히 보시면 밑에서부터 약간 급한 경사로 올라가다가 어느 지점에서 좌로(안으로) 제법 꺾여서 어느 정도 가다가 또 어떤 지점에서 살짝 기울기가 약간 급해지는 걸 인지하실 수 있답니다. 한번 더 자세히 보십시오. 잘 인지가 되지 않으시면 그렇겠구나(?)라고 보시면 그렇게 보이실 겁니다. 인간의 직감은 그렇게 생각하면 그렇게 보이는 묘한 능력(?)을 갖고 있답니다?
다른 분들은 못 느꼈을지는 몰라도 최소한 제 눈에는 그렇게 보이더랍니다. 저뿐 아니라 아마도 모든 분들도 그렇게 보이실 겁니다. 이 꺾이는 듯한 지점(변곡점)까지의 높이를 8.1m의 1/3씩인 2.7로 가정하겠습니다. 이 변곡점이라는 용어는 귀가 닳도록 듣게 되네요! 아무리 쳐다봐도 첨성대 석축이 둥그스럼한 곡선으로 보이는데 왠 변곡점? 웃기죠. 모든 출발은 가정에서부터 시작된답니다.

뭔진 잘은 모르지만, 석축에도 변곡점이 있다는 것까지 알아버렸네요. 너무 쉽다? 우리가 듣기로는 첨성대가 관측소라는 걸 귀가 닳도록 들었으니 아마도 관측소와 관련이 있을 것 같네요.
잘은 모르겠지만 일단 관측소라고 가정해 봅시다. 그렇다면 관측소에서 관측을 할려면 관측소 바닥판대기가 있을 것이며, 그 상부에 꼭다리(갓탑과 첨탑)가 있을 겁니다. 가물가물거리기는 하시겠지만 기억이 살짝 나실 겁니다. 벌써 잊어먹어 버렸다고요? 이제 큰 형태는 알게 되었네요.

이제까지 알아낸 것까지 한번 그려 볼까요.

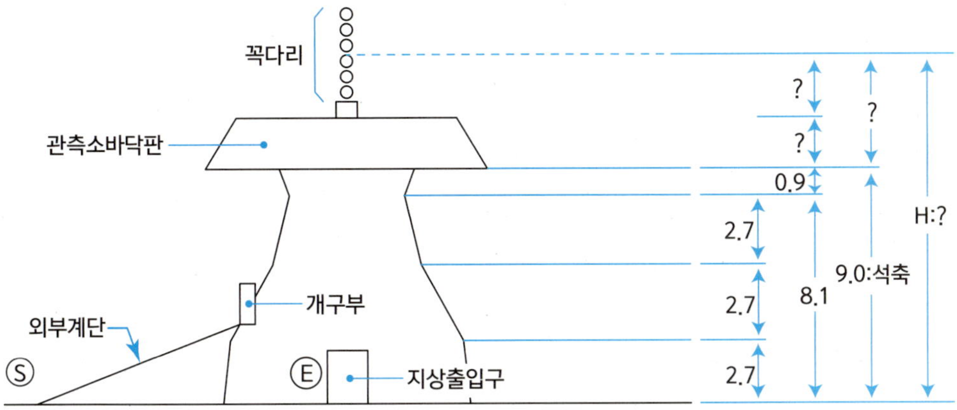

[그림 263] 현재까지 인지된 첨성대 형상

대충 이렇게 생겼네요. 그런데 건물높이를 알아야 뭔지는 모르지만 풀 수 있을 겁니다.
첨성대 높이를 어떻게 하면 알 수 있을까요? 앞이 캄캄해 지신다구요. 이거 참 난리났네요? 3의 배수 공법은 기억나실 겁니다. 차마 이건 잊어먹어 버리시진 않으셨겠죠. 3·6·9 생각나실 겁니다.
이 중에서 9가 제일 좋은 숫자라고 말씀드렸을 겁니다. 그리고, 건물높이이든 폭이든 반드시 숫자합이 9가 되어야 하며, 자로 환산해서도 숫자합이 반드시 9가 되어야 한다고 들으셨을 겁니다.
그리고 9이면서 자로 표시해도 9가 되는 최소단위숫자가 27이라는 것도 벌써 알고 계시답니다.
숫자 27=2+7=9, 27÷0.3=9′, 9′(9자)는 더해볼 필요도 없이 자동으로 숫자가 9네요.
이 27에 단위를 부여하셔야죠. 2.7m로 하겠습니다. 탑높이는 반드시 2.7의 배수가 되어야 하니,

2.7 x 3 = 7.2
2.7 x 4 = 10.8 〉 2개는 너무 낮음
2.7 x 5 = 13.5 : 요놈이 마음에 쏙 든답니다.

1+3+5=9, 13.5÷0.3=45′⇨ 4+5=9 산수보다 더 쉽노 ~ㅎ~

이제 첨성대 높이 13.5는 자동으로 나와버렸네요. 혹시 마음에 안드시는 분 계십니까?
2.7m 더 높이자고요? 높여봤자 별로 쓰묵을 데가 없습니데이. 이제 건물폭만 아시면 된답니다.
건물폭도 알아야 되지만 건물 몸통부폭도 알아야겠죠. 몸통부폭부터 먼저 아는게 순서일 겁니다.
첨성대가 관측소라고 가정했을 겁니다. 1관측소일까요. 아님 9층탑에만 있는 2관측소일까요?

저는 2관측소에 방점을 찍겠습니다. 왜 마음대로 찍냐고요? 제 마음이기도 하지만(?) 직감이라는 것도 있답니다. 1관측소는 별다른 특징이 없지만 2관측소는 독특한 특징이 있기 때문일 겁니다.

바로 2우수선과 경사기둥각이 ⊿6으로 딱 지정이 되어있기 때문이랍니다.

첨성대 몸통만 보실까요.

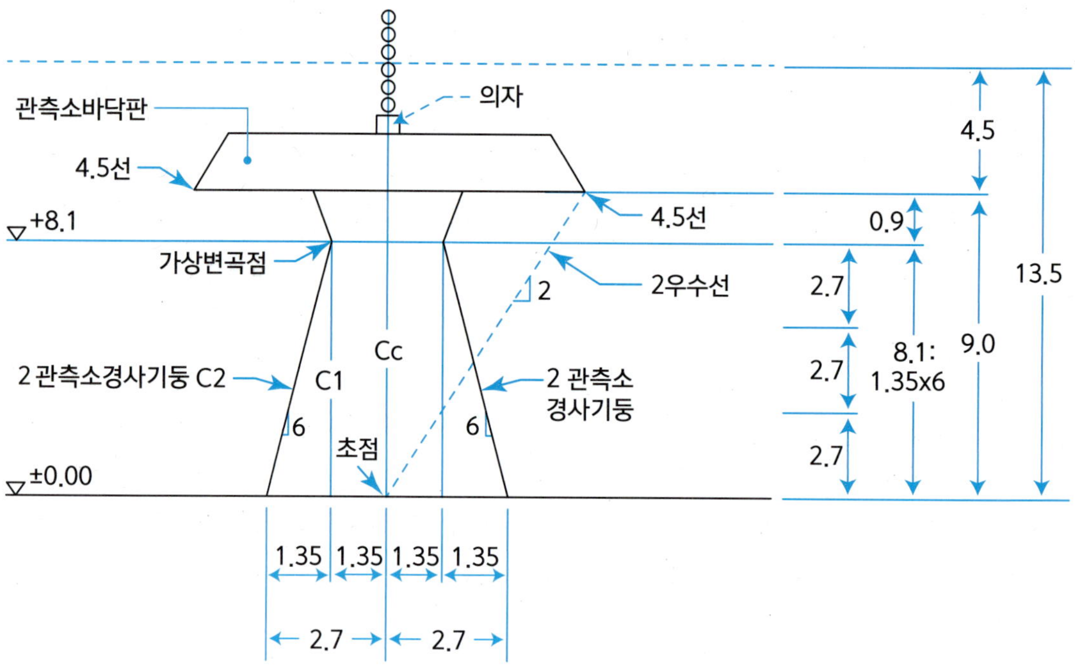

[그림 264] 첨성대 : 2우수선과 6경사각 적용시 개념도
(Core폭 2.7은 9층탑 2관측소 기준임)

① 2관측소의 2우수선 적용시 관측소 끝선 H9.0÷2=4.5선

② 경사기둥각 6을 적용하면 8.1÷6=1.35

2우수선법칙을 적용해보니 2관측소바닥판 끝선이 4.5선이라는 것이 자동으로 나온답니다.

가상변곡점 +8.1에서 경사기둥각 ⊿6을 적용해보면

8.1 ÷ ⊿6 = 1.35가 나온답니다.

그런데, 경사기둥 C2의 각 ⊿6은 일직선으로 목재기둥에서는 어울릴지는 모르겠지만, 첨성대는 나무기둥이 아니라 석축이므로 쪼께 모양새가 그렇네요.

그래서 경사기둥선(⊿6)을 살짝 외부로 당겨내어 현석축과 어느 정도 모양을 맞추어 보겠습니다.

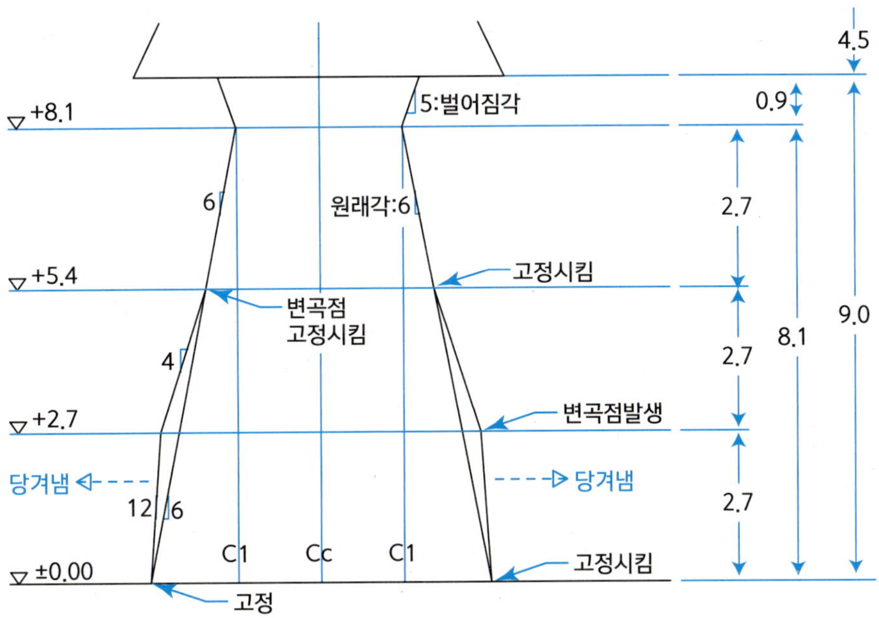

[그림 265] 경사기둥을 ± 0.00과 +5.4는 고정시키고 +2.7을 외부로 당겨냄.

그림에서 보시듯 ±0.00과 +5.4를 고정시키고 +2.7 높이에서 외부로 살짝 경사선을 당겨내면 +2.7까지는 ⊿12가 되며 +2.7 ~ +5.4까지는 ⊿4가, +5.4 ~ +8.1까지는 원래 각인 ⊿6이 그냥 경사각이 된답니다. 상부의 벌어진 날개기둥각은 ⊿5가 될 겁니다.

이 경사각을 다 더해 봅시다. ⊿5 + ⊿6 + ⊿4 + ⊿12 = ⊿27

숫자의 합이 묘하게도 27이 나온답니다. 이 27은 무지 기분좋은 숫자일 겁니다.

아무리 각이 있더라도 설마 석축이 일직선일 일은 없을 것이며 실제론 곡선화될 겁니다. 저번에도 잠깐 말씀드렸듯이 이 첨성대는 2관측소의 개념이 기본이면서도 1관측소에 있는 날개기둥이 있으며, 몸통부의 지하층에 있는 석축까지 있는 아주 복합적이며 재미있는 건축물이랍니다.

그리고 자세히 보시면 이 흩벽인 석축은 정확히 말씀드리면 C2경사기둥이랍니다.

즉, C2경사기둥이 지상에 내려오면서 석축화되었다고 생각하시면 된답니다. 제가 경사기둥각 ⊿6을 이용해서 +8.1÷⊿6=1.35를 제일 처음에는 core폭으로 생각했답니다.

1.35x4=5.4m폭으로 현첨성대의 폭과 똑같지는 않지만 그래도 최대로 근접하는 것 같아서 이게 맞겠구나라는 생각을 했었더랍니다.

그런데 core폭이 너무 좁기도 하고 또한 경사기둥의 뿌리(근입장)도 있어야 될 것 같아서 core폭을 30cm 늘여서 1.65로 하기로 했답니다.

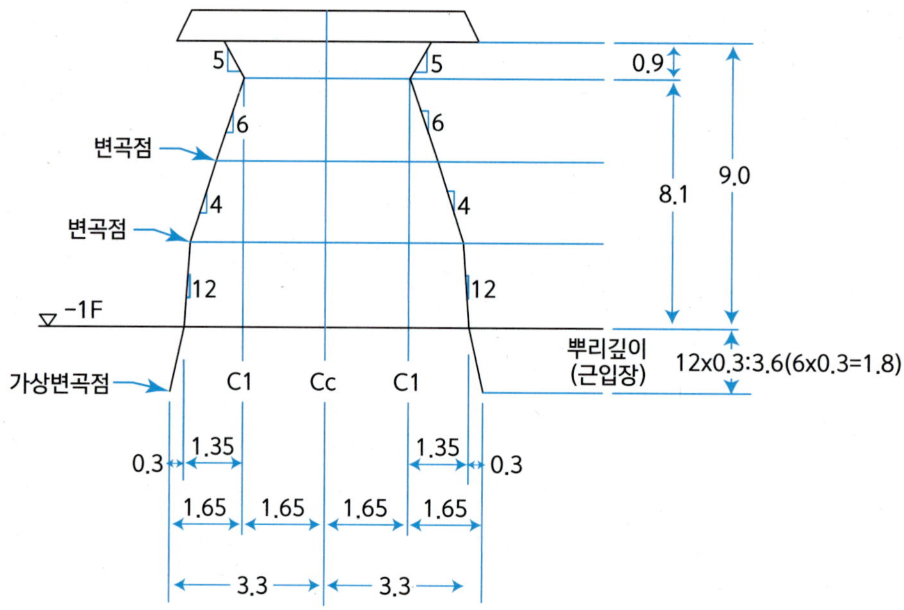

[그림 266] core폭 1.65시 C2 경사기둥 뿌리깊이

보시듯이 ⊿6시는 근입장이 1.8이 되며, ⊿12시는 3.6의 근입장이 나올 겁니다. 하! 이게 맞는 모양이로구나 하고 열심히 그려봤답니다.

그런데, 이 놈의 core폭 1.65도 역시 문제가 발생되더랍니다. 어떤 문제가 있을까요. 보실까요.

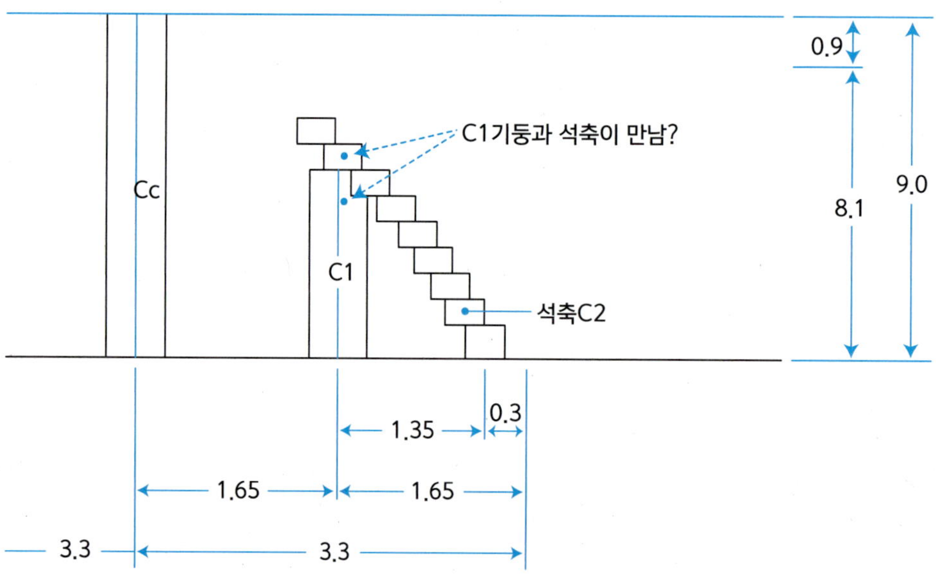

[그림 267] core폭 1.65시 기둥C1과 석축의 만남

보시듯이 C1기둥이 어느 정도 높이가 되면 석축과 만나면서 C1기둥이 석축 밑으로 들어가게 됩니다. 제일 처음에는 아! 이 C1기둥이 석축을 받쳐주니 구조적으로 더 안전한 것으로 여겼답니다. 그런데, 가마이 생각을 해보니 내부계단에 문제가 있다는 걸 인지하기 시작했답니다.

C1기둥과 C2기둥(석축)이 만나는 지점까지는 계단판을 얹을 수가 있는데(C1-C1기둥연결보를 이용) 그 위쪽에는 석축 (C2)의 돌을 따내지 않는한 계단판을 끼울 수가 없더랍니다. 이거! 시공 자체에 문제가 있다는 걸 심각하게 생각하기 시작했답니다.
그래서 core폭을 15cm 더 늘여서 1.8로 해봐도 영 신통치가 않더랍니다. 또 다시 15cm를 늘여서 core폭을 1.95로 해 봤답니다. 이제는 석축과 간섭이 없어지며 C1기둥의 보가 계단판을 잘 받쳐주더랍니다.
상부석축(날개기둥석축, 25, 26, 27단석)을 고려하니 그래도 폭이 부족하여 이제까진 석축뿌리(C2기둥근입장)폭인 30cm를 고려했었는데 이 석축뿌리 가상폭30cm도 없애 버리고 core2를 core1과 같게 1.95로 했답니다.
즉, 첨성대의 C2기둥은 석축화되면서 가상뿌리가 없어진답니다.

우여곡절 끝에 탄생된 몸통부 완성형을 보실까요.

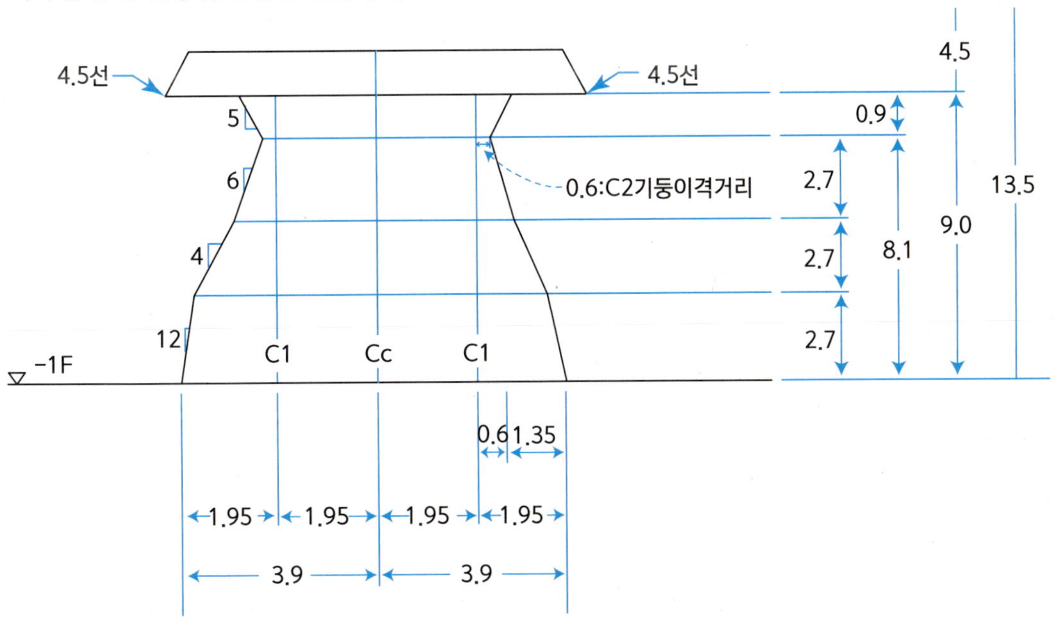

[그림 268] 첨성대 몸통부 치수개념도 : 완성형

첨성대 몸통부 치수가 드디어 마음에 들어서 신라탑의 core폭을 비교해 봤답니다.

탑명	core폭		비고
9층탑	2.7	@0.15	
7층탑	2.55	@0.15	
5층탑	2.4		
3층탑	2.25		
1층탑	2.1		석굴암포함
-1층탑	1.95		첨성대

[표 27] 신라탑의 core폭 비교

좌측 표를 보시면 core폭 증감계수가 탑당 @0.15씩 날 겁니다. 그러고 보니 이 첨성대가 -1층목탑이 되어버렸네요.
예! 정확히 첨성대는 -1층일반목탑이랍니다.
-1층목탑이라는 건 인지하고 있었는데, 저는 core폭까지 설마 적용이 될까 해서 core폭은 첨성대에서 자체적으로 찾을려고 했답니다.

처음부터 core폭도 각탑의 증감계수 15cm가 적용된다고 생각했더라면 첨성대 core폭을 1.35→1.65→1.8→1.95까지 힘들이지 않고도 풀 수가 있었는데 제가 참 멍청한 놈이 맞긴 맞나 봅니다.
몸통폭이 현 첨성대보다 훨씬 더 넓죠. 예! 약간 펑퍼짐할 겁니다.
펑퍼짐한데는 다 이유가 있을 겁니다?

이제 개구부 외부계단을 풀어보셔야죠. 건물폭과 관련이 있답니다. 먼저 석축부터 봐야죠.
첨성대 석축에 대해서는 석축편에서 한번 더 자세히 말씀드릴겁니다.

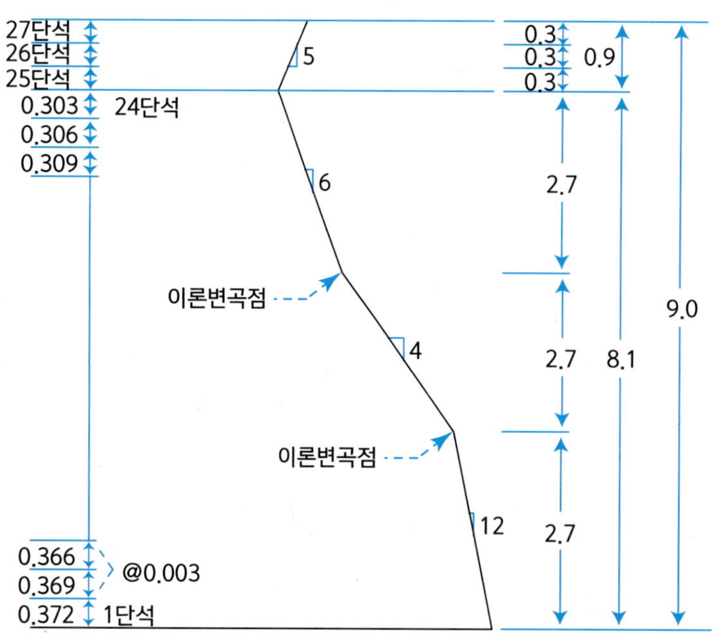

[그림 269] 첨성대 석축 각단높이

* 25~27단 : 각단 0.3으로 동일 높이. 이유는 상부석재폭이 넓어지기 때문.
* 1~24단 : 증감계수 3mm가 됨.

그리고 제가 편의상 24단까지의 8.1m 높이를 3등분해서 2.7m라고 가정한 것이지만 실제의 석축높이는 다르답니다.

24단까지가 1·2·3 석축으로 나누어지며 각 석축높이는 8단으로 구성이 되어있답니다.

즉, 경사각 ⊿12, ⊿4, ⊿6, ⊿5는 이론적으로 구분하기 위해서 편의상 분류한 것이랍니다.

실제의 각 석축높이를 보실까요.

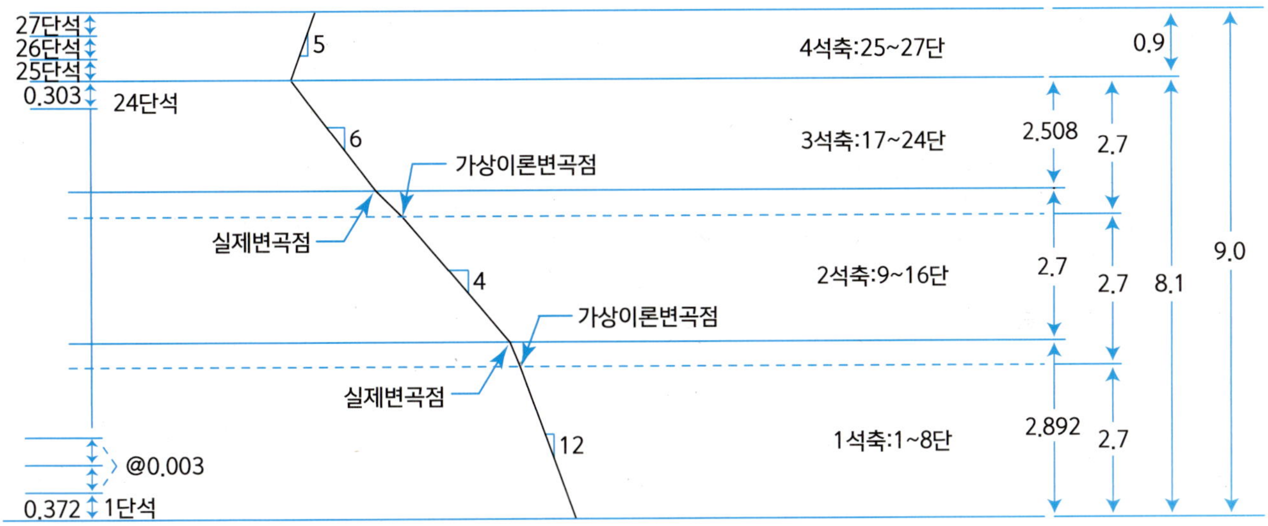

[그림 270] 첨성대 1·2·3·4석축높이 및 실제변곡점

보시듯이 실제 석축높이는 조금 다르답니다. 그럼, 이 석축을 어떻게 시공을 해야 직선을 곡선화 시킬 수 있을까요?

그 시대에 어떻게 시공했는지는 알 수는 없지만 제 나름대로 이런 식으로 하지 않았을까 해서 한번 풀어봤답니다.

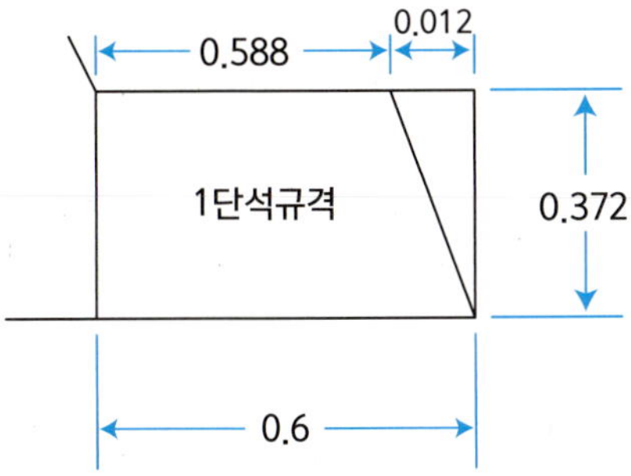

[그림 271] 1단석 규격

먼저 1단석 하부폭을 60cm로 가정을 했답니다.

그리고 각 단폭이 0.012씩 줄어든다고 가정했답니다.

그러면 24단석 단폭은 0.6 – 0.012 x 24단 = 0.312가 될 겁니다.

그리고 석축외벽면이 줄어드는 치수를 점층법으로 1석축은 0.003, 2·3석축은 0.009로 해봤답니다.

1석축부터 보실까요.

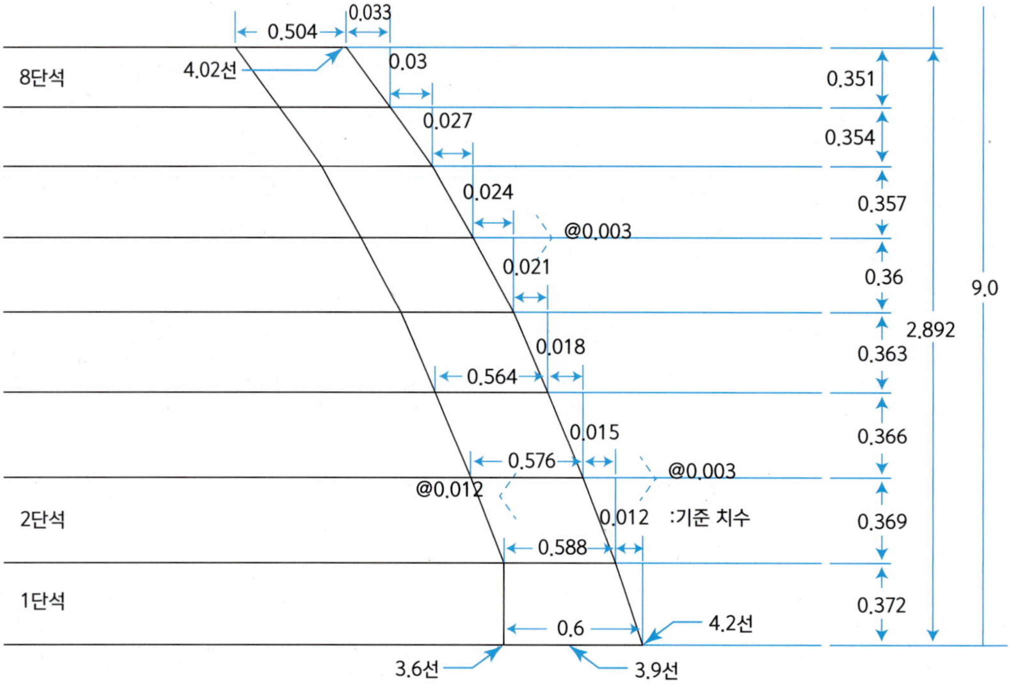

[그림 272] 1석축 외부끝선 치수 변화표

2석축도 잠깐 보셔야죠

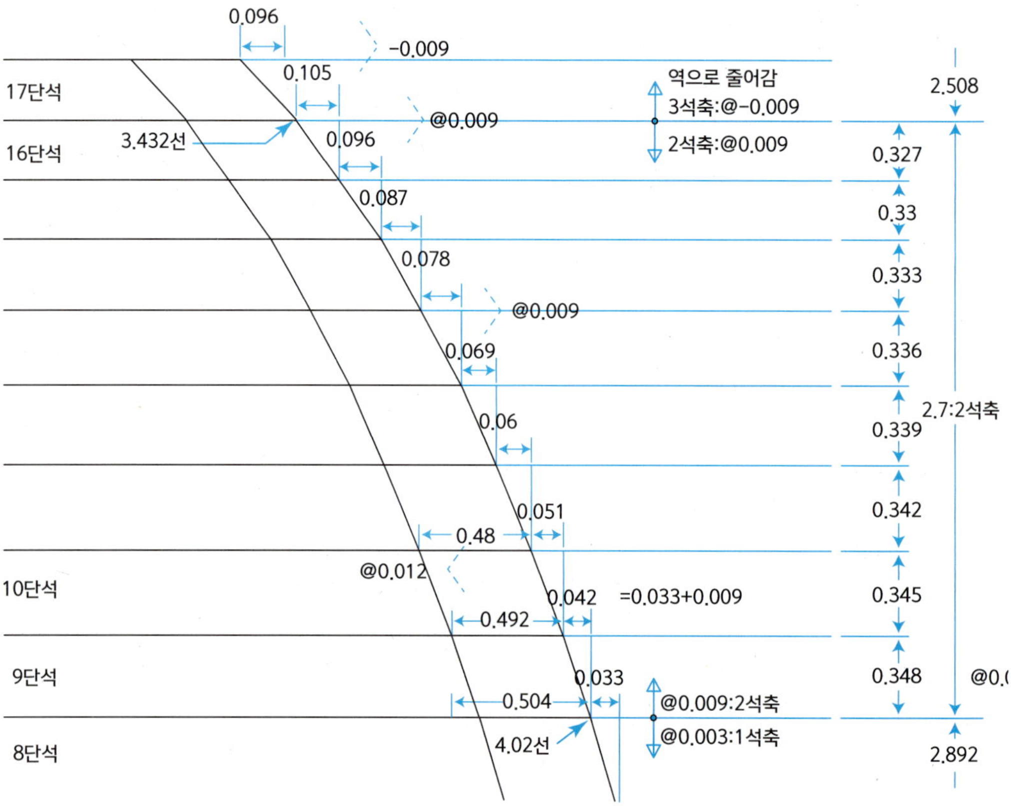

[그림 273] 2석축 외부끝선 치수 변화표

3석축도 계산법은 동일하답니다. 시간 나시는 분 한번 그려 보십시오. 이론경사기둥각이 직선이라 곡선화시키기 위해서 점층법을 사용해 봤으나 맞을 확률이 있을지는 미지수랍니다.
이 점층법은 동일치수법(직선에 가까움)과는 달리 좀 더 곡선화에 유리할 것 같아 생각해 본거랍니다. 실제로도 그려 보시면 거의 곡선에 가깝답니다. 이 점층법이라는 용어 자체가 적절한 표현인지도 헷갈리네요. 이 점층법은 아주 간단하답니다. 한번 보실래요.

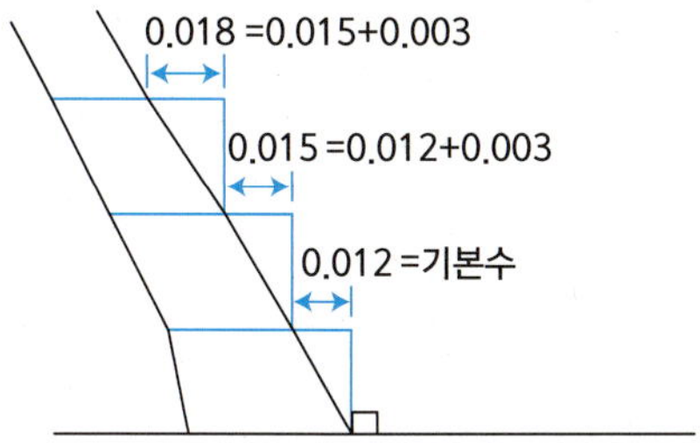

[그림 274] 적용 점층법 개념

서서히 치수가 늘어나니 자연스런 곡선이 유도될 수 있을 것 같아 채택을 해봤답니다.
혹시 곡선화에 대해서 잘 아시는 분이 계시면 저에게 한 수 알으켜 주십시오. 그래도, 각 석축단의 예각처리법은 더 연구가 필요하답니다.

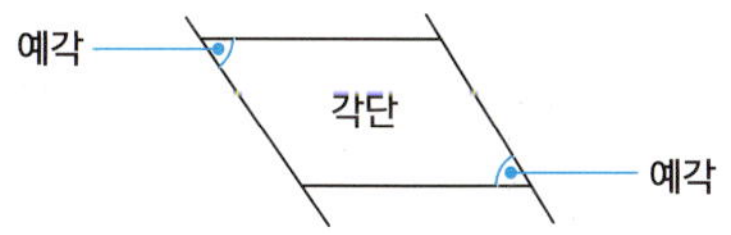

[그림 275] 상·하 2개의 예각

상·하에 2개의 예각이 있네요. 어떻게든 해결해야겠죠?

각 석축을 계산해 봤으니 석축의 전체 형태를 요약해서 잠깐만 보실래요.

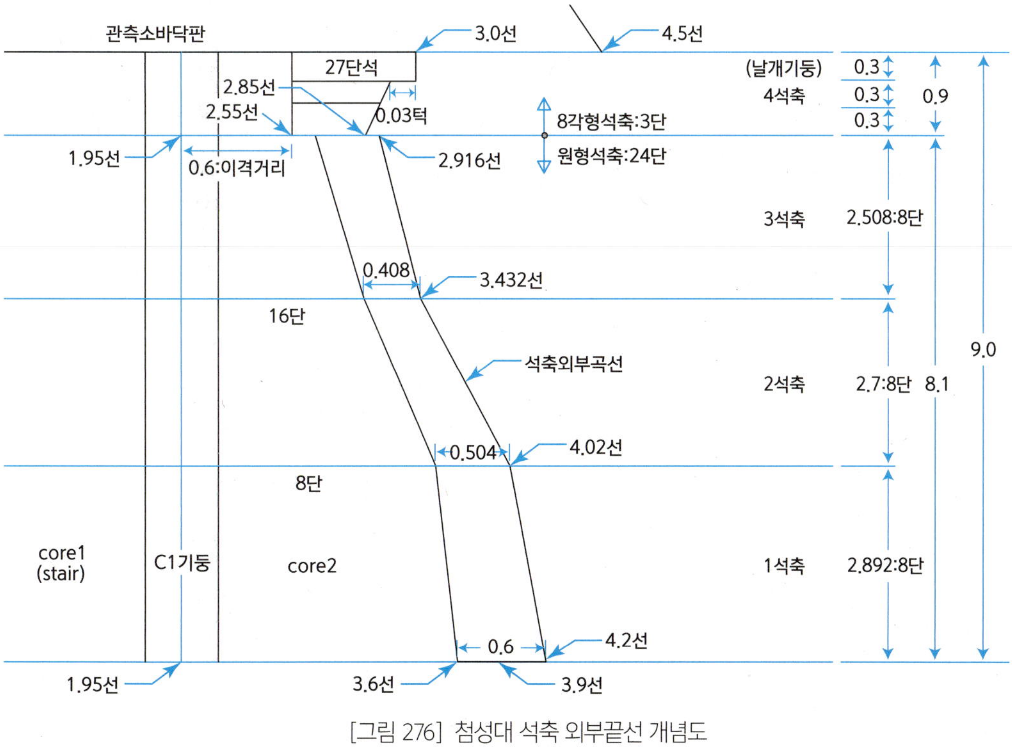

[그림 276] 첨성대 석축 외부끝선 개념도

경사기둥각은 단순이론이고 실제는 곡선 형태가 된답니다. 위를 보시면 24단까지는 몸통부가 원형이고 25~27단은 8각형석재단이 될 겁니다. 이 25~27단석은 날개기둥개념이므로 당연히 관측소바닥판을 약간이라도 보강해 줘야겠죠. 관측소바닥판이 8각형이니 당연히 8각형석재단이 되어야 할 겁니다. 혹시 첨성대를 원형건물로 생각하십니까? 원형으로 보이니 당연히 원형건물이 맞다꼬요?
갑자기 머리가 쪼께 아파오기 시작하네요? 원형건물로 보일 뿐이지 건축 개념상으로는 완벽한 8각형 건축물이랍니다. 혹시 석굴암 내부가 원형이라 원형건물일거라고 착각하시면 안됩니데이.
첨성대 외부석축면이 경사각인데 곡선화되듯이 8각형건물이 원형화된 것 뿐이랍니다.
신라탑은 8각형이라고 들으셨을 겁니다. 물론 첨성대의 기초판이나 2관측소바닥판도 당연히 8각형이 될 겁니다. 석축 이거 뭐 아무것도 아니네. 이제 개구부 외부계단을 풀어 보셔야죠. 마음의 준비가 되셨나요? 같이 풀어보기로 했잖아요. 아닝가? 내가 강요했나. 뭘 먼저 알아봐야 할까요?
개구부! 바로 정답입니다. 손발이 척척 맞네. 개구부 계단을 푸셔야하니 당연히 개구부부터 어떻게 생긴 놈인지 확인해 보셔야겠죠. 개구부 위치부터 알아봅시다. 어디에 낑겨있는지?

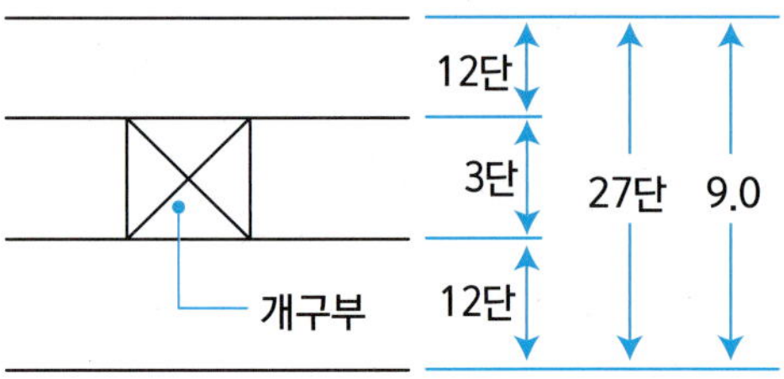

[그림 277] 첨성대 개구부 위치

개구부를 보시면 27단중에서 상하12단사이에 3단을 차지하고 있답니다.
제가 잘못봤나?
다시 확인해 보니 맞는 것 같답니다.

이 개구부 외부계단은 개구부 높이와 같거나 약간은 낮은 듯한게 좋을 겁니다.
이것도 아닝가? 석축의 각 단 높이를 알고 있으니 12단까지 높이는 눕어 떡 먹기겠죠. +4.266이네.
그럼, 계단높이는 +4.266 밑에 있을 겁니다.

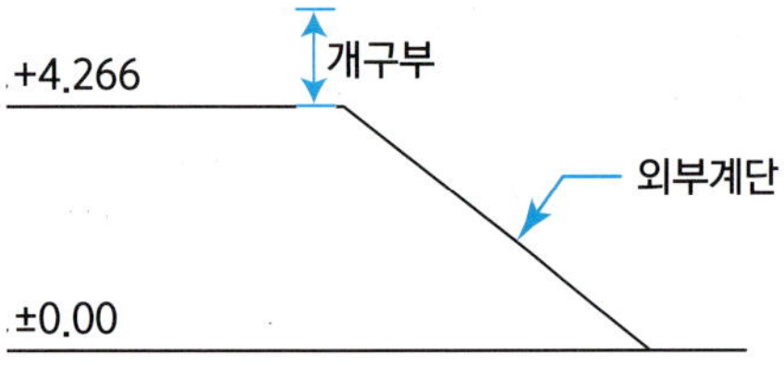

[그림 278] 첨성대 외부계단 가상선

뭔지는 모르겠지만 가상계단선은 그어졌답니다. 그런데 뭔가 한 개가 빠진 것 같은 허전한 느낌이 들지 않으세요. 뭐지?

바로 그거겠죠. 단높이를 알아야 할 겁니다. 계단단높이를 모르고서야 어떻게 계단을 만들 수 있나요. ramp(경사진입로)처리하자꼬요? 그렇다면, 전 아예 미끄럼틀로 만들까 생각중이랍니다.
단높이를 어떻게 알아내죠. 기억을 되살려 내셔야죠. 혹시 공통수라는 말 기억나시나요?

예! 바로 이 공통수(C)를 알아내야만 계단단높이를 알 수가 있답니다.
근데 참 난감하게 생겼답니다. 경사기둥 1개가 있었기는 한데 이 놈의 경사각이 지멋대로 경사각을 바꿔버렸으니 어느 놈을 선택해야 하죠. ⊿12, ⊿4, ⊿6, ⊿5 이렇게 물경 4개나 있답니다.
최소한 한 개라도 알아야 공통수를 알 수가 있겠죠. 간단하답니다. 2관측소의 주경사기둥각은 ⊿6이랍니다.
그럼 답은 아주 간단하답니다. 경사기둥(C2)이 지상으로 내려왔으니 지상의 경사기둥각이 될 겁니다.(첨성대 석축은 일반목탑의 지하층 석축개념이 강하답니다.) 그럼 가상지붕선은 1차이인 ⊿5가 될 겁니다.

공통수는 자동계산이 되겠죠.

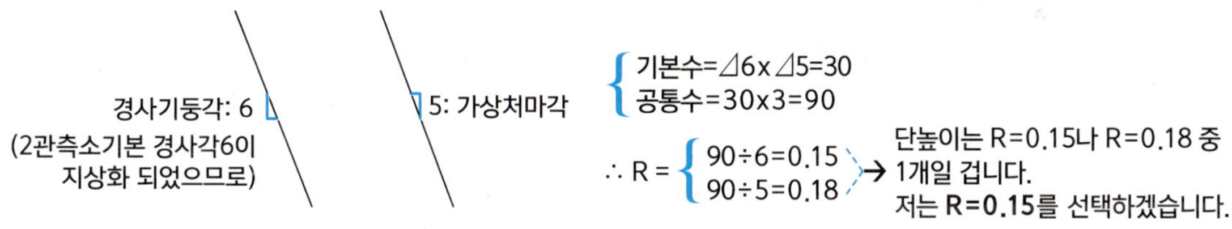

[그림 279] 공통수 계산

여러 높이치수를 보시면 R= 0.15가 더 적당하답니다.
또한 나눔수 6이 짝수이기도 하기 때문일 겁니다.
물론 만약의 경우에 대비하기 위해서 R0.18로도 풀어볼 것이며 실제로도 풀어봤을 겁니다.
당연히 R= 0.15가 맞더랍니다.

이젠 풀기만 하면 된답니다. 그런데 개구부 밑 12단높이인 4.266바로 밑 정수는 4.2와 4.05정도가 있답니다. 4.2=28x0.15(1R), 4.05=27xR(0.15)로 계단 단수가 28단과 27단이 있답니다.
원래 외부계단 단수는 짝수인 28단이 일반적인데 저는 27단(+4.05)을 선택하겠습니다. 왜냐구요?
첨성대는 이상하리만치 27이라는 숫자로 똘똘뭉쳐(?) 있거들랑요?
탑높이 13.5=27x0.5, 석축단수 27단 이런 식이죠. 그래서 외부계단단수도 27단으로 하겠습니다.
와 니 맴대로 하노? 제가 주심이거들랑요.

다시 첨성대 높이치수를 한번 더 봅시다.

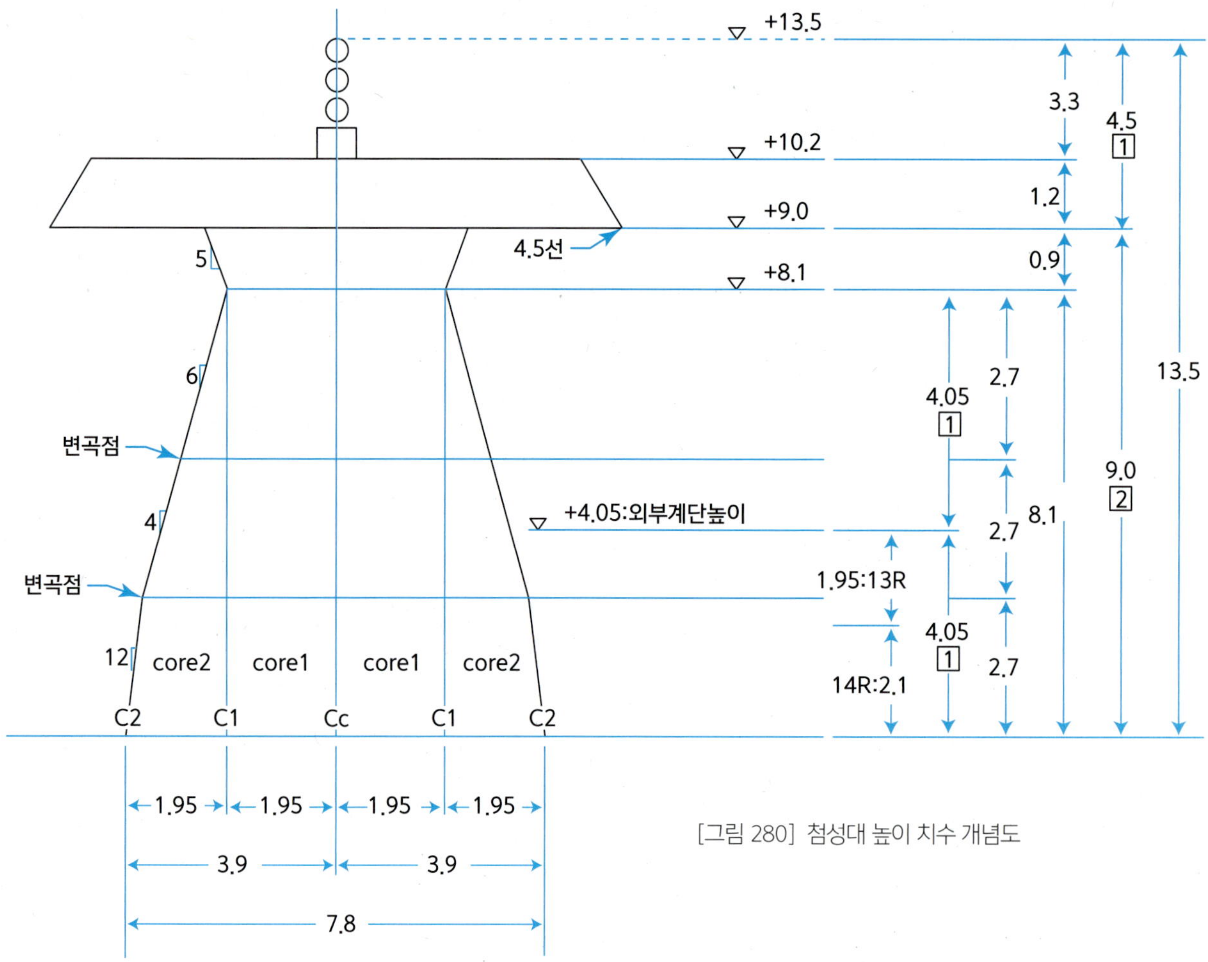

[그림 280] 첨성대 높이 치수 개념도

신라탑을 보시면 주요 큰 치수는 어떤 비례법칙이 있는 것이 많답니다. 즉, 1:2가 되었든 1:1이 되었든 잘 보이지는 않지만 숨어있는 경우가 제법 있답니다. 위 치수에서 1:2는 석축 위가 1이며 석축이 2가 된답니다. 1:1은 3석축까지 높이 8.1의 반인 4.05로 외부계단높이가 1이며 외부계단 위가 1이 된답니다.

숫자가 뭐가 맞을지 헷갈릴시는 그냥 눈 딱감고 비율로 넣으시면 저절로 맞을 때도 있답니다? 위에서 보시듯 1 : 1 비율을 유지하기 위해서 저는 외부계단 높이를 4.05로 했답니다. 또한, 이 4.05는 4.5C(공통수C=0.9)로 첨성대의 가상기초판 개념도 동시에 갖고 있답니다.

외부계단을 한번 그려 보겠습니다.

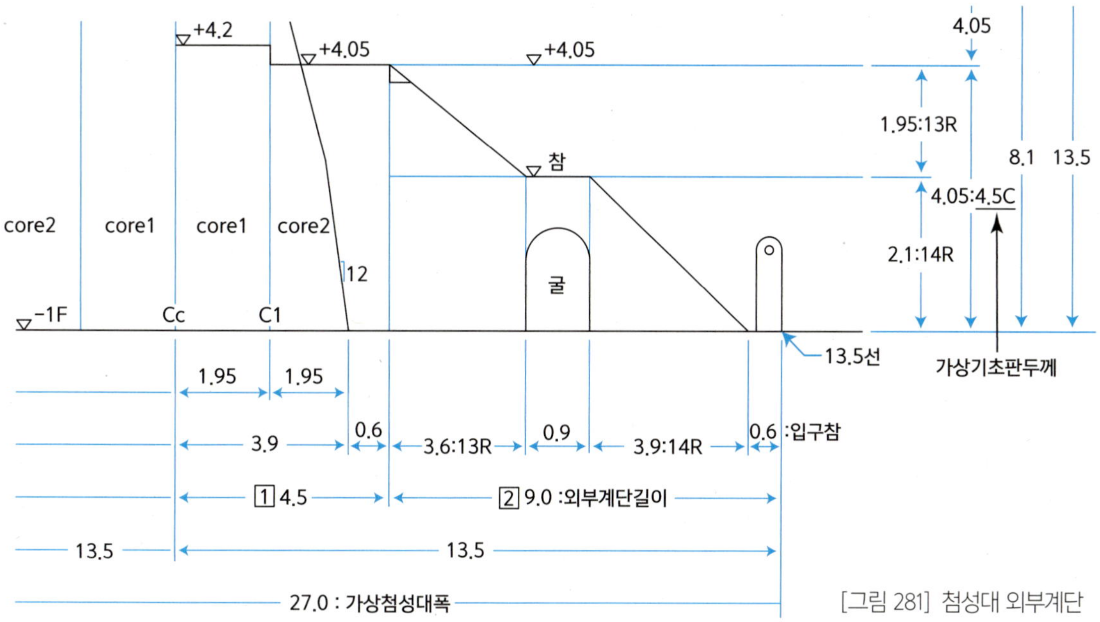

[그림 281] 첨성대 외부계단

건물몸통부의 반폭을 구해봅시다.

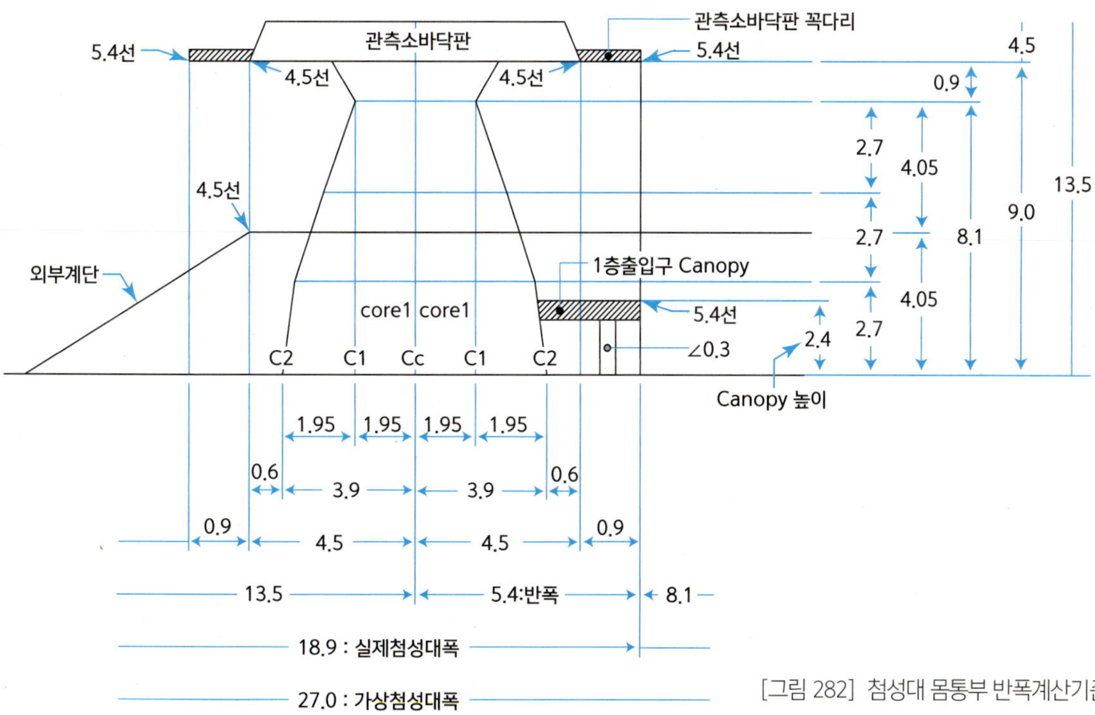

[그림 282] 첨성대 몸통부 반폭계산기준

앞장의 두 도면을 보시면, 치수숫자가 아주 간단할 겁니다. 외부계단 단높이 R= 0.15이며, 디딤판 폭 T는 특별한 경우가 아니면 T=0.3일 겁니다.

외부계단길이가 정확히 9m랍니다. 그림을 보시면 건물폭의 반폭은 첨성대 높이인 13.5와 똑같이 나온답니다. 가상첨성대 폭은 27m이나 외부계단이 하나 뿐이라서 반폭치수에서 몸통부치수의 반폭을 더해야 실제 첨성대 폭이 나올 겁니다. 몸통부 반폭 구하기가 쪼께는 애매는 하기는 하지만, 1층 진입개구부 canopy 끝선까지를 반폭으로 보시면, 반폭은 5.4m가 된답니다. 즉, 첨성대 폭=13.5+5.4=18.9가 된답니다. 18.9÷0.3=63′가 나오니 폭 충족조건을 다 만족시킨답니다. 자로 나누어도 숫자합이 9랍니다. 이제 건물폭과 건물높이를 다 알아버렸네요. 너무 싱겁다. 외부계단과 내부계단에서 각자 올라가는 두 놈이 한 지점에서 만나야만 이 외부계단은 성립이 된답니다. 각자 따로 올라가 볼까요? 한 지점에서 만나는지? 만나야 될낀데? 그려 볼까요.

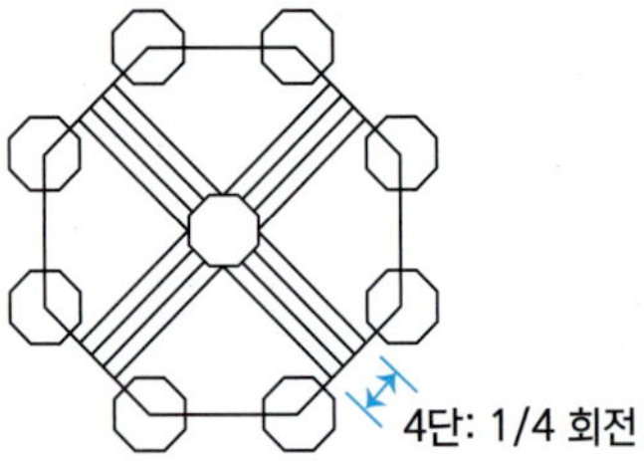

[그림 283] core1 계단

먼저 core1 계단부터 보실까요. core1 계단은 Cc(중앙기둥)도 한 몫하는 계단으로 Cc기둥이 기둥이기도 하지만 계단 판대기를 받쳐주는 보역할도 해야 한답니다. 그러다 보니 일반적으로 1/4회전에 4계단이 나온답니다. 1/4회전 4번돌면 1회전이 되며 계단층고가 된답니다.

첨성대 계단층고 = 4R x 4 = 4 x 0.15 x 4 = 2.4m, 약간 낮은 편이랍니다.

첨성대 외부계단과 내부계단을 동시에 볼까요.

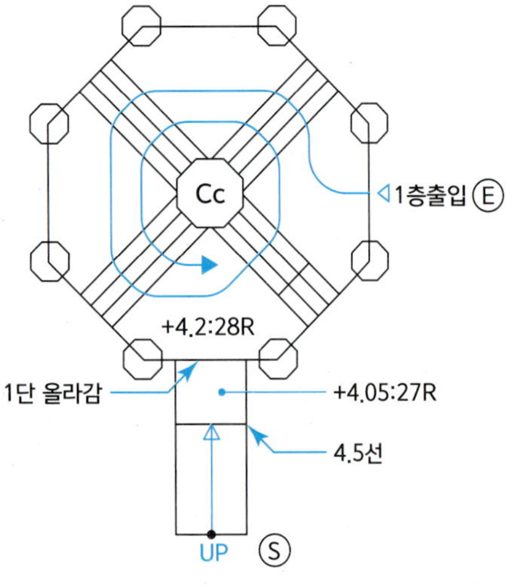

[그림 284] 첨성대 외부계단과 내부계단

올라가는 내·외부계단의 목적지는 +4.2로 28단째랍니다. 1층출입구는 동쪽일 겁니다.

내부진입계단은 1 3/4 회전하면 +4.2참에 도착한답니다.

$2.4 \times \frac{7}{4} = 4.2$, 외부계단은 +4.05인 27단에 올라와서 숨 한번 쉬시고 core1로 1단 올라가면 +4.2에 도착한답니다. 외부계단에서 올라오는 친구는 반드시 내부계단의 계단참에 자연스럽게 닿아야만 한답니다.

그래야 관측소바닥까지 올라갈 수 있을 겁니다.

내·외부계단이 묘하게도 잘 어울린답니다. +4.2까지 올라왔으니 이왕이면 관측소 상부까지 같이 올라가 봅시다.

계단단면도를 보실까요.

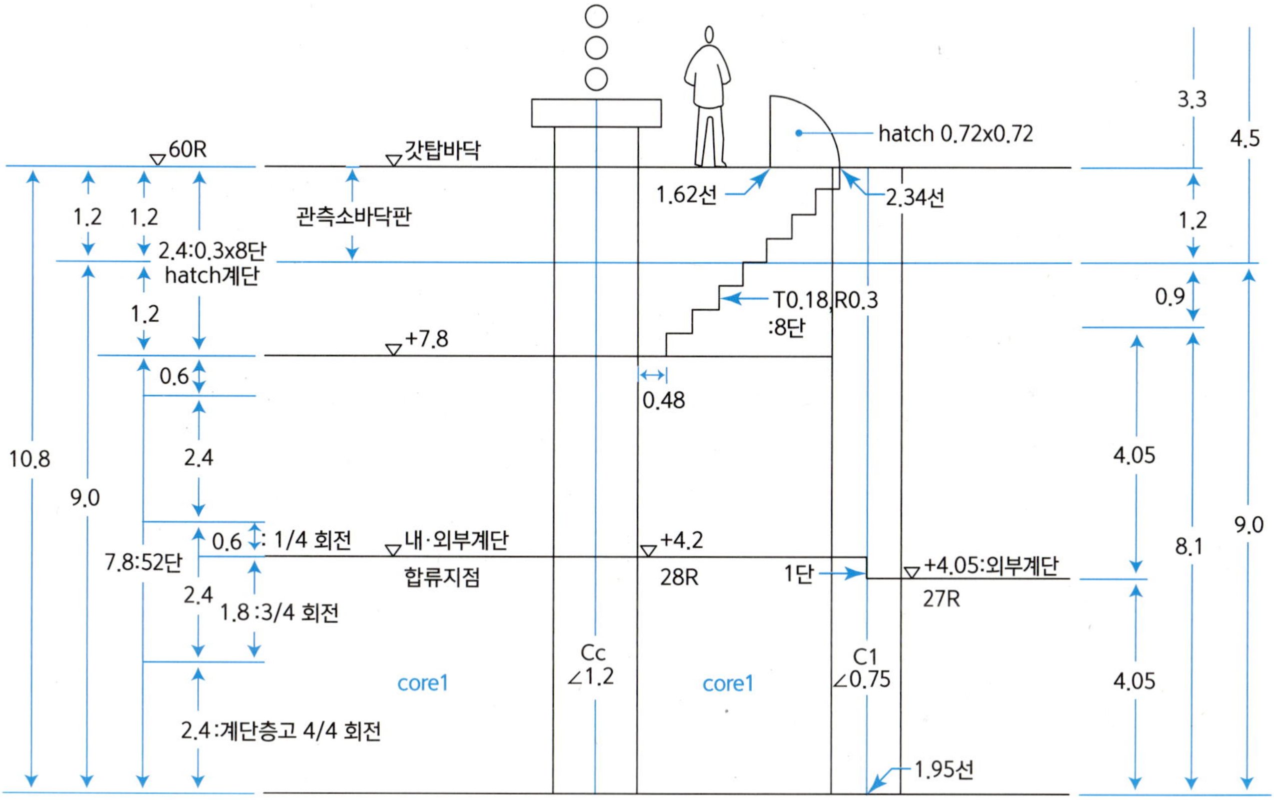

[그림 285] 첨성대 계단단면도

hatch(꽉대기문)계단높이가 2.4m로 비교적 높은 편이랍니다. 총계단단수는 60단이 된답니다.

평면도도 잠깐 봅시다. hatch 계단은 단폭(T)이 18cm, 단높이(R)가 30cm로 좀 가파른 계단이랍니다.

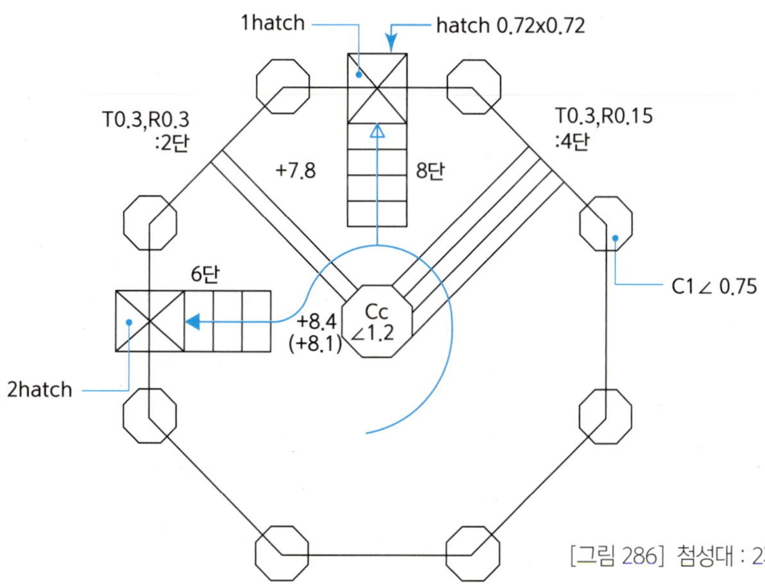

[그림 286] 첨성대 : 2개의 hatch계단

hatch를 2개를 만들어 올라가는 hatch와 내려오는 hatch를 만들 예정이랍니다.
관측소 바닥보높이 1.2m 때문에 1hatch 참으로 들어가실려며는 순통과높이가 1.2m 밖에 안되네요.
2hatch쪽 참으로 가실려며는 2단을 더 올라가야 하므로 순통과높이는 0.6밖에 안되네요.
보밑 순통과높이가 1.2와 0.6이라 조금숙이시거나 아예 완전히 기어서 가셔야 될 듯? 물론 hatch를 열면 안전난간이 있을 겁니다. 이 낮은 통과높이는 애들이 무지 좋아하는 높이랍니다?
제가 여담 한마디해도 괜찮을까요? 여기까지 같이 왔는데 농담(?) 한마디 정도는 이해해 주시리라 믿습니다. 근데 농담이 아니랍니다. 우짜죠.

저는 탑을 풀면서 항상 노래방송을 틀어 놓는답니다. 물론 등 뒤에서만 들릴 겁니다.
가끔씩 화면을 볼 때도 있고, 다른 방송을 보기도 한답니다. 한 방송만 들으면 지겹기도 하거든요.
어느 날인가 어떤 방송을 보다가 채널을 음악방송으로 돌렸답니다. 보는 순간 제가 까무라치게 놀랐답니다. 제가 무엇을 봤길래 까무라쳤을까요? 단순한 음악방송일 뿐인데? 궁금하시면 500냥.
먼저 본 방송은 항상 한 단원이 끝이 나면 문화유적을 잠깐 보여준답니다. 제가 볼 때에는 첨성대를 보여주더랍니다. 첨성대를 보자마자 음악채널로 돌렸는데 그 음악방송에서 무희들이 핫팬츠에 배꼽을 내어놓고 춤을 추고 있더랍니다. 무희들의 배꼽을 보는 순간 아! 그게 배꼽이었구나 라고 중얼거렸답니다. 과연 그게 무엇일까요? 떠오르는 뭔가가 있으실 겁니다. 바로 첨성대의 개구부였답니다.
하! 내가 그리도 많이 봐 왔었는데 그걸 몰랐다니. 웃음만이 나오더랍니다. 네! 첨성대의 그 개구부는 바로 배꼽이랍니다. 당시 상황을 보실까요!

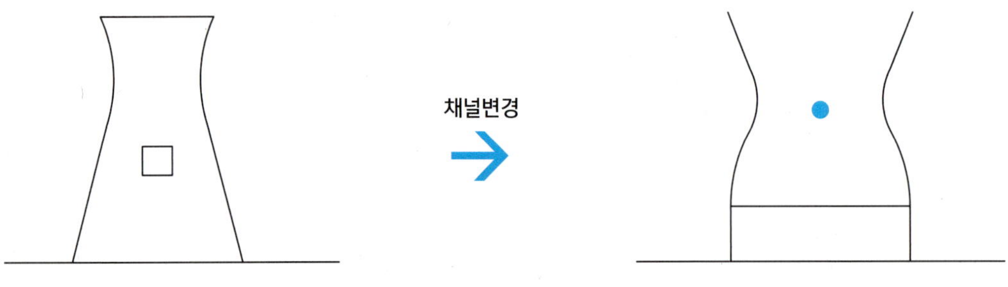

[그림 287] 첨성대의 개구부, 배꼽?

뭔가가 와 닿으시는게 없으신지요? 정확하게 일치한답니다. 바로 저희들이 알고 있는 잔상효과라는 것이랍니다. 이 잔상효과로 첨성대의 실체를 완전히 이해하기 시작했답니다.
그럼 이 배꼽의 주인공은 누구일까요? 남자라꼬요? 설마! 바로 여성의 엉디에서 가슴까지의 형상이랍니다. 바로 이것이 첨성대의 정체랍니다. 배꼽 위를 유심히 보시면(대충 보셔도 됨) 유두도 보이실 겁니다.(유두를 표현한 것일 수도 있지만, 현 첨성대를 다시 지을 때 석축의 구조보강용 장대석이 노출되었을 수도 있음. 겸용인가?) 다시 한번 첨성대 사진을 보십시오. 분명히 보이실 겁니다. 바로 다산을 기원하는 구조물로 만들어 국민들이 많은 자녀를 낳으라는 뜻이겠죠. 인구가 많아야 국가가 융성해질 확률이 높기 때문일 겁니다. 첨성대가 다산기원 측면에서 보면 민간신앙 개념이 무척 강하답니다.
종교도 종교지만 민간신앙은 지금까지도 살아 있으며 어쩌면 인류가 존재하는 한 살아있을 겁니다.
어찌 보면 참 comic한 건축물이랍니다.

이 첨성대를 신라인들의 관점에서 한번 보실까요.
신라인들은 매우 해학적인 분들이셨든 것 같답니다. 토우 등을 보면 너무 해학적이라 웃음이 절로 나오죠. 관측소인 첨성대 형상을 여성형상으로 표현한 것도 해학이 철철 흘러넘치는 신라인들의 기풍과도 닮았네요. 해학적이면서 민간신앙 개념도 같이 갖고있는 재미있는 건축물이랍니다.
앞으로 첨성대개구부를 배꼽문이라 부를 것이며, 외부계단은 자동으로 배꼽계단이 될 겁니다.
그런데, 이 여성형상이 처녀일 확률이 높을까요. 아님 아지매일 확률이 높을까요? 엉디 각도를 조절해서 처녀화시킬려고도 무척 노력(?)도 많이 해 봤는데, 아무리 노력해봐도 아지매엉디가 되더랍니다. 그래도 S line 하나는 끝내준답니다.

이제는 이 첨성대의 실체를 아셨을 겁니다. 관측도 하고 다산을 비는 다목적 구조물이랍니다.
관측은 주로 청소년들이나 여성들을 위한 교습소 정도의 수준일 겁니다.
너무 낮아서 관측하기는 조금 그렇네요. 앞으로 첨성대에 가실 때에는 초한자루 정도는 가지고 가셔서 불 밝히고 비십시오. 그럼, 아들 딸 팡팡 잘 낳으실 겁니다.

이제 첨성대 구조도 어느 정도 아셨고 실체까지도 아셨으니 첨성대의 개념도를 잠깐 봅시다.
건축물에서 개념은 무지 중요한 것이랍니다. 이 개념만 아셔도 거의 다 푸신 것이나 진배없답니다.

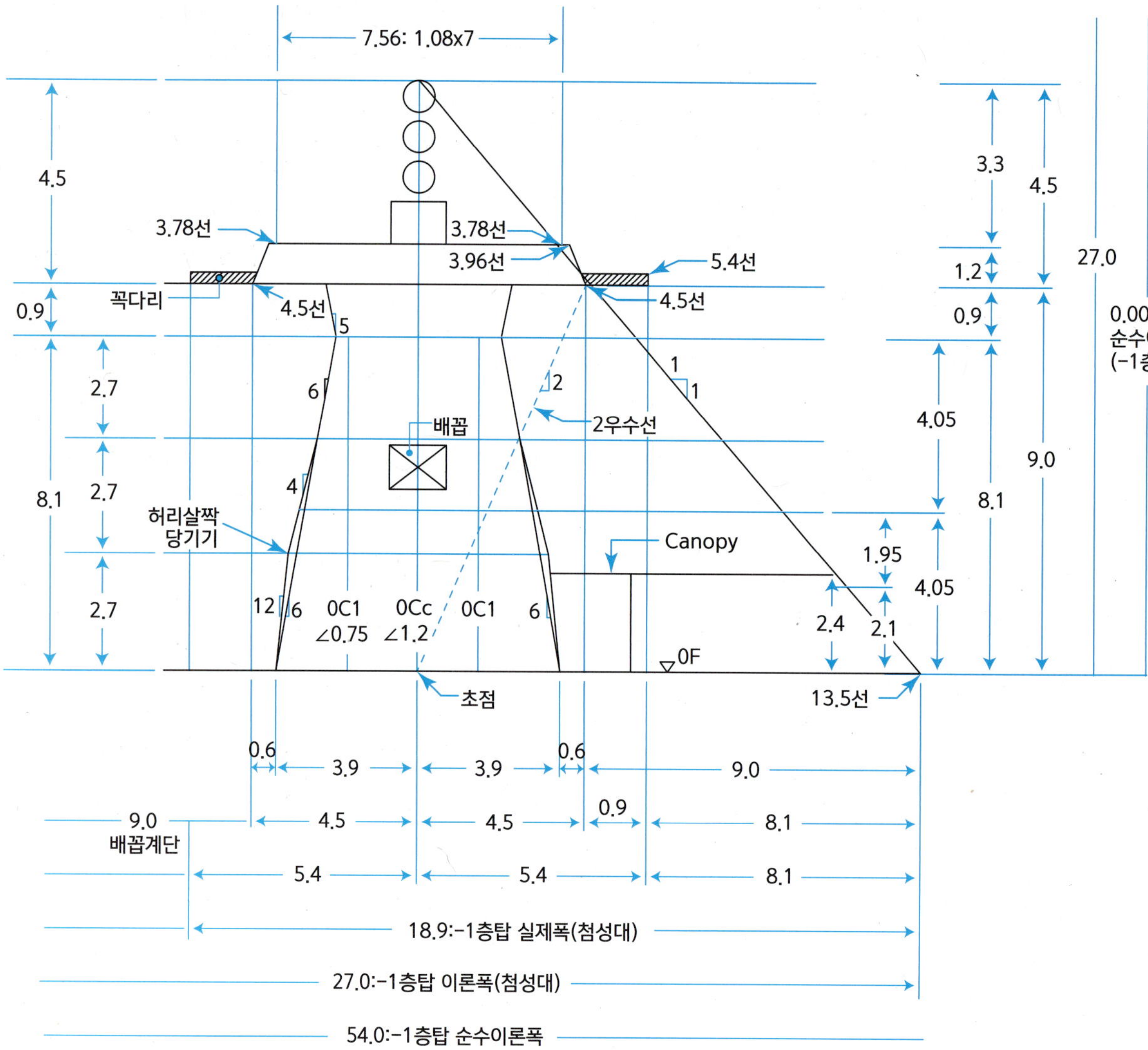

[그림 288] 첨성대 개념도

첨성대(-1층 일반목탑)의 순수이론규격은 W54.0xH0.00으로 폭만 있고 높이가 없으니 이론적으론 성립이 되지 않는답니다. 있다면 첨탑정도이겠죠. 그렇다면 관측소를 살린 변형 -1층탑이라고 보시면 된답니다. 재미있죠. 그리고, 첨성대는 1~7층탑같이 1관측소만 지어오다가 9층탑에서 2관측소를 지어야하니 미리(?) 지상에다가 2관측소를 지어본 어쩌면 우연히 탄생된 탑일 수도 있답니다.

9층탑 2관측소의 2우수선규칙을 잘 따랐네요. Cc바닥 중앙에 관측소날개 끝에서 2우수선이 시작되어 정확하게 온답니다. 9층탑 2관측소의 경사기둥각인 ⊿6도 비록 변형을 시켰지만(허리를 살짝 밖으로 당겨냄) 살아 있답니다. 건물꼭대기와 건물끝선이 ⊿1로 아주 양호하답니다.

이 첨성대는 -1층탑이지만 수학적으로는 0층탑 건축물이랍니다. 배꼽문을 보실까요. 갑자기 개구부에서 배꼽문으로 바뀌었네요. 승진했나?
첨성대의 개구부높이는 3단으로 0.999가 된답니다.(5.265-4.266=0.999) 은하철도 999~ㅎ~

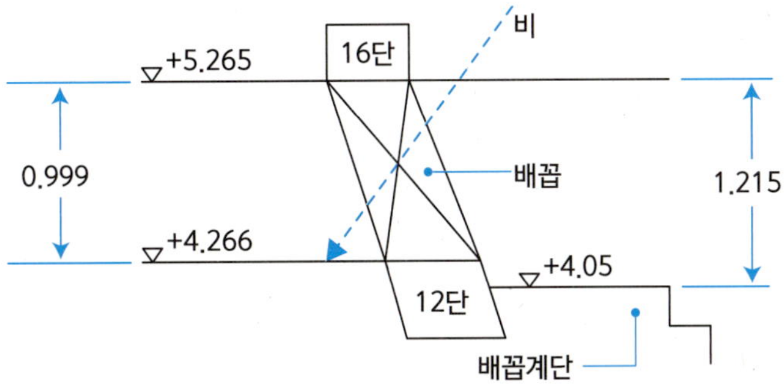

[그림 289] 첨성대 개구부

그런데 배꼽계단 상부가 +4.05로 실제높이는 5.265-4.05=1.215가 되며 배꼽폭은 0.9정도로 생각하고 있답니다. 그런데, 이 배꼽문이 외부로 노출되어 있어서 비가 내부로 들어오게 생겼답니다.

그럼 이 배꼽상부에 비막이판을 설치해야 하겠네요. 설치해 볼까요.

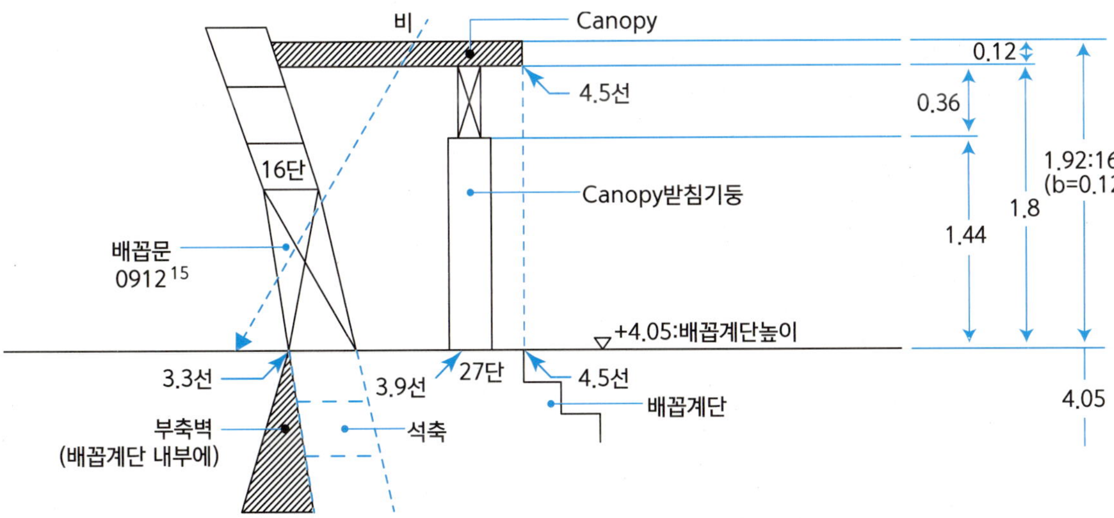

[그림 290] 배꼽 비막이판

배꼽문이 좀 낮은 편이라 고개를 좀 숙여야겠답니다. 너무 낮아서 애들용 출입구가 아니었을까도 생각해 본답니다. 문짝을 달지 아님, 단순개구부로 할지는 아직 미지수랍니다. 이젠 배꼽을 통해서 외부의 빗물이 들어오지 않을 겁니다. 배꼽계단석축 내부쪽은 반드시 부축벽을 쌓아서 배꼽계단을 받쳐줄 겁니다. 이 첨성대의 백미는 바로 관측소바닥판보에 있답니다.

희한한 것은 중앙기둥인 Cc에 모든 관측소 바닥보가 모인답니다. Cc위 상부바닥보를 보실까요.

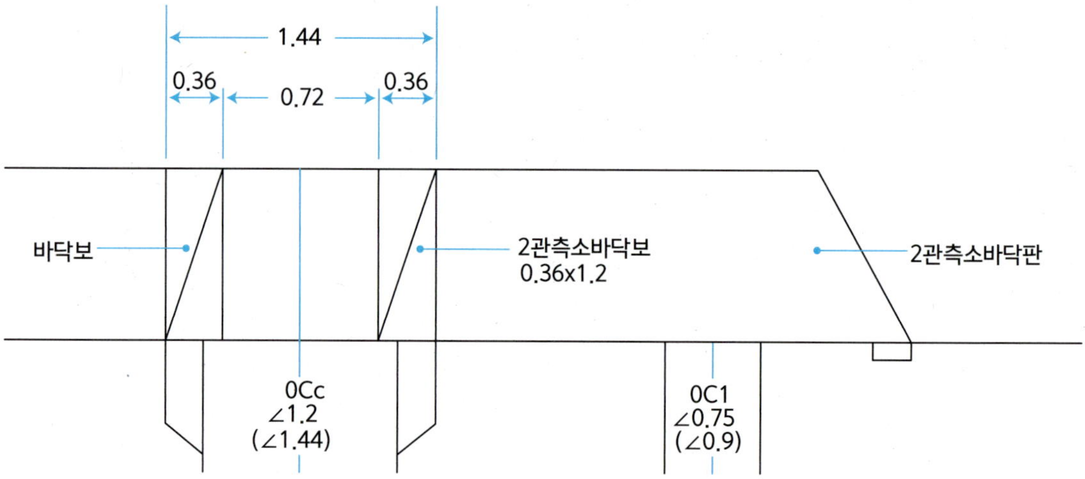

[그림 291] 첨성대 Cc상부 바닥보

8개의 관측소바닥보가 Cc기둥에 부담을 주니 Cc기둥이 무지 크답니다. 다시 관측소바닥 보복도를 보실까요.

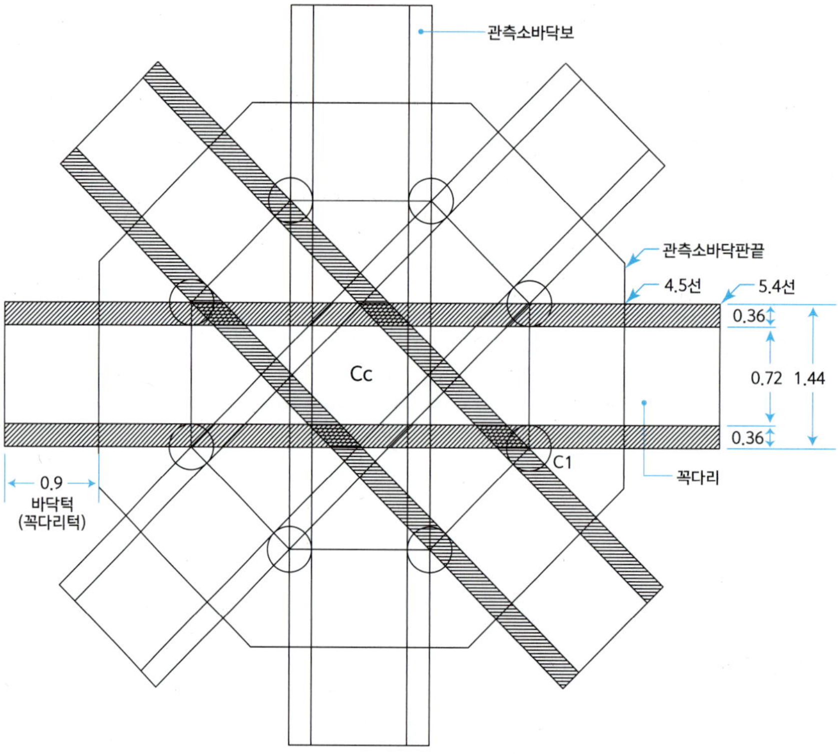

[그림 292] 첨성대 바닥 보복도:Cc위 보 공법

관측소바닥보는 0.36x1.2로 무지 큰 보랍니다. 이 Cc에 얹힌 관측소보는 C1기둥이 또 받쳐주며, 날개기둥석축인 27단석이 살짝 보조로 받쳐주는 구조랍니다. 이 중앙기둥(Cc)에 관측소보를 걸치는 공법은 관측소보를 관측소바닥판 외부까지 빼낼 수 있는 장점이 있답니다.

이 바닥턱 위에 부처님을 모실까 궁리 중에 있답니다. 다산을 기원하시는 분을 위하는 차원(?)에서 부처님이 필요할 것 같네요? 관측소보들은 일반적으로 보끼리 서로 2단겹침을 하는데,

이 Cc 위의 보는 3겹침도 발생이 되어서 시공을 어떻게 할까 고민이 많답니다.

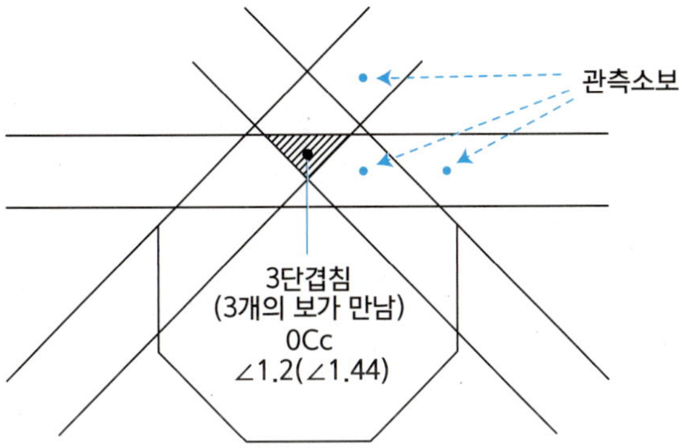

총 8개소에 3단겹침이 발생이 되는데 어떻게 시공을 해야 할지는 아직은 미지수랍니다.

3겹침이 있더라도 관측소바닥턱을 내기 위해서 Cc 위 보공법을 선택할 예정이랍니다.

[그림 293] 첨성대 바닥 보복도 : Cc위 보 3겹침

1~7층탑같이 C1 위 보공법도 가능은 한데, 좀 특이한 공법을 시공해 보고도 싶네요.

C1 위 보공법도 잠깐은 보셔야죠.

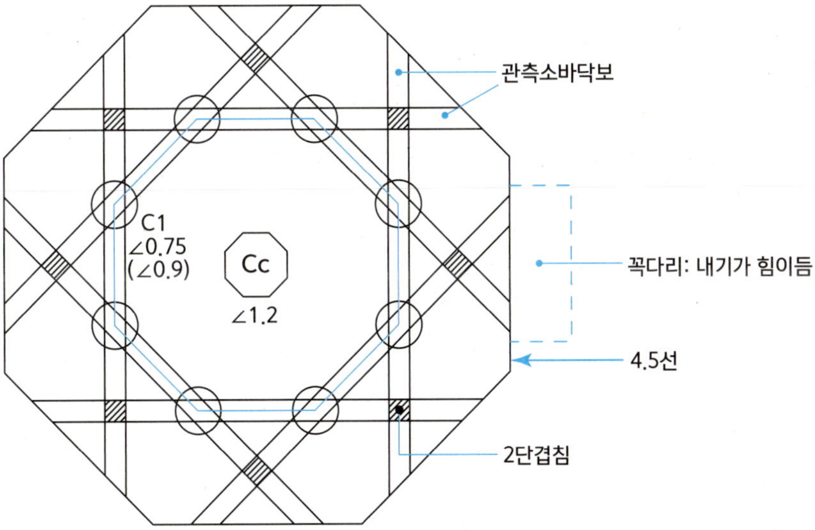

[그림 294] 첨성대 바닥판 보복도:C1기둥위 보 공법

C1기둥위 관측소바닥보공법도 그런대로 괜찮답니다. 다만 바닥판에 꼭다리를 내기가 힘이 든답니다. 두 공법 중 한 개를 선택을 하기는 해야 하는데 저라면 Cc기둥위 보공법을 선택하겠습니다. 처음 보기도 하지만 조금은 신기하기도 하기 때문일 겁니다. 관측소바닥판 테두리보도 잠깐 볼까요.

1관측소 바닥판은 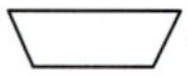 이렇게 생겼답니다. 2관측소 바닥판은 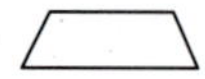 요렇게 생겼을 겁니다. 그럼 2관측소인 첨성대바닥판도 당연히 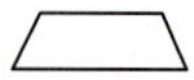 이렇게 생겼을 겁니다.

관측소 바닥판 끝부위만 확대해 볼까요.

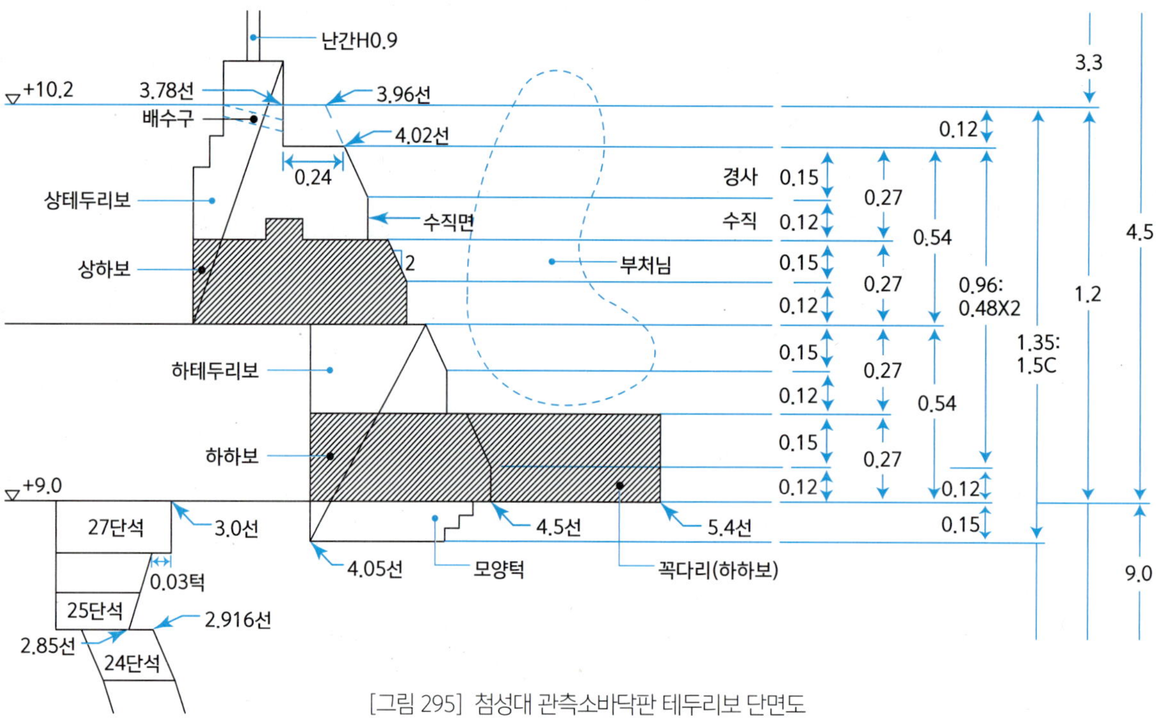

[그림 295] 첨성대 관측소바닥판 테두리보 단면도

보시니 관측소바닥판두께가 1.2인줄 알았더니 1.35네? 첨성대 가상기초판 개념을 잠깐 더 봅시다.

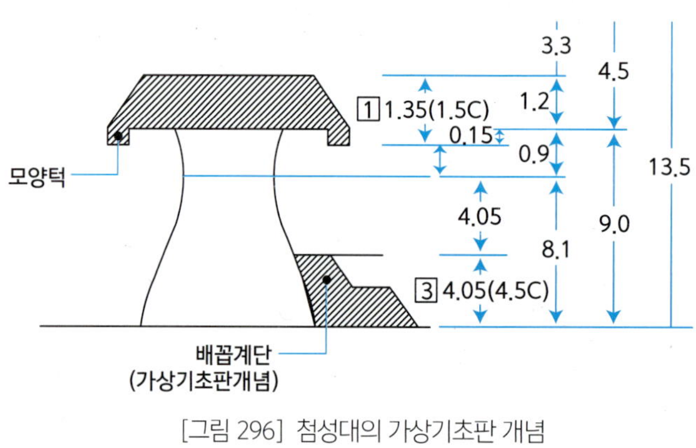

[그림 296] 첨성대의 가상기초판 개념

첨성대 공통수(C)가 0.9일 겁니다. 외부계단높이 4.05=4.5C가 되면서 첨성대의 전체 기초판 개념을 갖게 됩니다. 그리고 관측소바닥판두께는 4.05÷3=1.35 = 1.5C가 되며 가상기초판두께 4.5C의 1/3이 된답니다. 바닥판두께 1.35에서 0.15(모양턱높이)는 외부 테두리하부보에만 있으며, 실제 관측소 바닥판두께는 1.2가 된답니다. 조금 헷갈리시죠. 사실은 저도 헷갈리기는 마찬가지랍니다.

관측소바닥판 끝에는 상·하테두리보가 2단으로 되어 있으며 각도는 ⊿2가 된답니다.
일자경사가 보기가 싫어서(?) 3개의 수직면을 만들었답니다. 제일 끝에는 당연히 바닥판꼭다리가 나올 겁니다. 부처님이나 동자승을 모실 겁니다. 재미있는(?) 상상하나 해 볼까요? 저는 외부계단을 넣은 입면도를 처음 보는 순간 이 외부계단이 꼭 어린이놀이터에 있는 미끄럼틀같더랍니다. 보실까요.

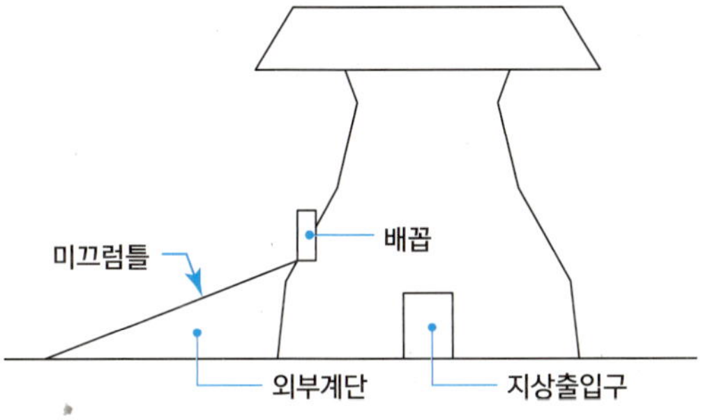

[그림 297] 미끄럼틀같은(?) 첨성대외부계단

1층 출입구로 들어가서 배꼽문으로 나와서 미끄럼틀을 이용하든가 아니면 꼭대기에 올라가서 실컷 놀다가 내려오면서 미끄럼을 타면 아주 재미있을 것 같더랍니다.

물론 계단이라도 미끄럼까지는 탈 수야 없겠지마는 애들이 마음대로 뛰어놀 수 있는 아주 훌륭한 놀이기구가 될 수 있답니다. 개인적으로는 이 첨성대를 전국각지의 어린이놀이터에 세워서 애들이 마음대로 놀 수 있게 했으면 좋겠답니다. 물론 계단은 당연히 미끄럼틀로 바꾸어야겠지요.

하여튼 첨성대를 풀다보면 애들이 무지 좋아하는 구조형태랍니다. 애들은 기어가거나 좁은 곳을 좋아하거들랑요! 내 생각인가? 첨성대는 엄마들이 애들 데리고 놀러오면 딱 좋은 곳이랍니다.
다산기원과 애들 놀이터가 동시에 해결되거들랑요. 또한, 관측교습소까지 있으니 금상첨화랍니다.
비약이 지나쳤나? 지상출입문이 어떻게 생겼는지도 잠깐 보셔야죠.

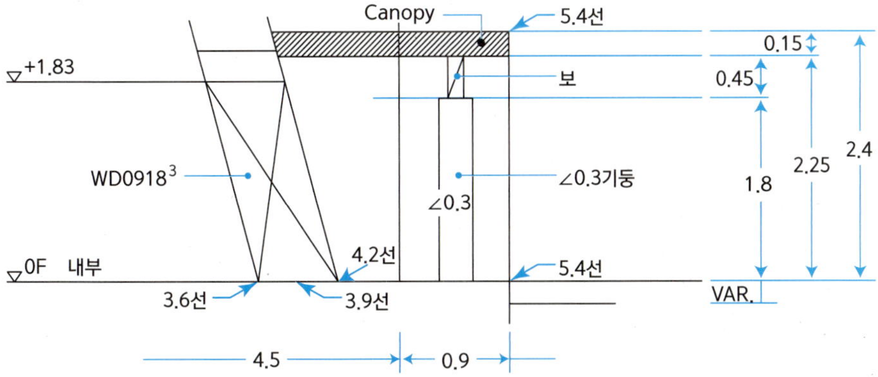

[그림 298] 첨성대 지상출입구 옆면도

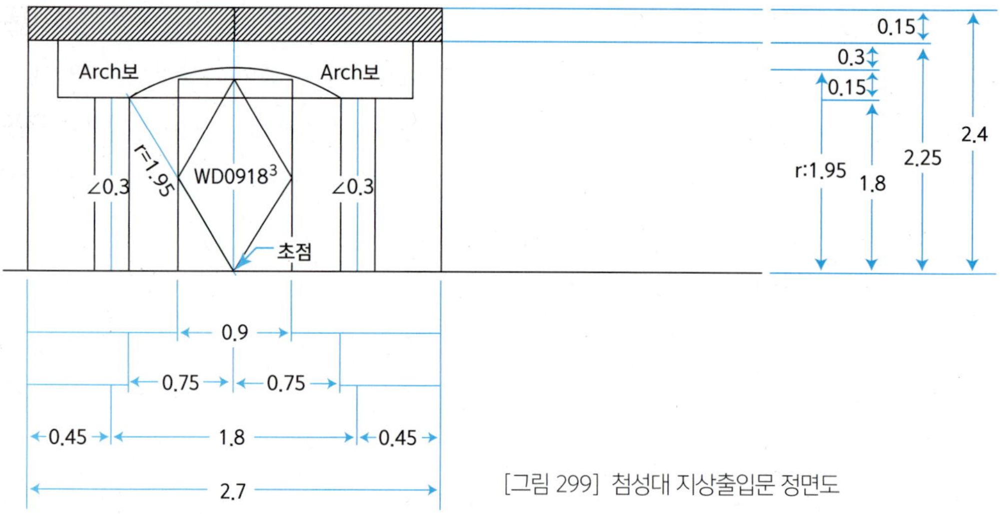

[그림 299] 첨성대 지상출입문 정면도

지상출입구폭은 0.9로 했으며, 석축 5단까지의 높이가 1.83이라 개구부는 0.9x1.83이 될 겁니다.

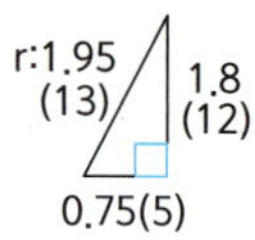

Canopy Arch보는 5:12:13을 적용했답니다.

물론 배꼽Arch보도 당연히 5:12:13을 적용한답니다.

첨성대의 배치도도 잠깐은 보셔야죠.

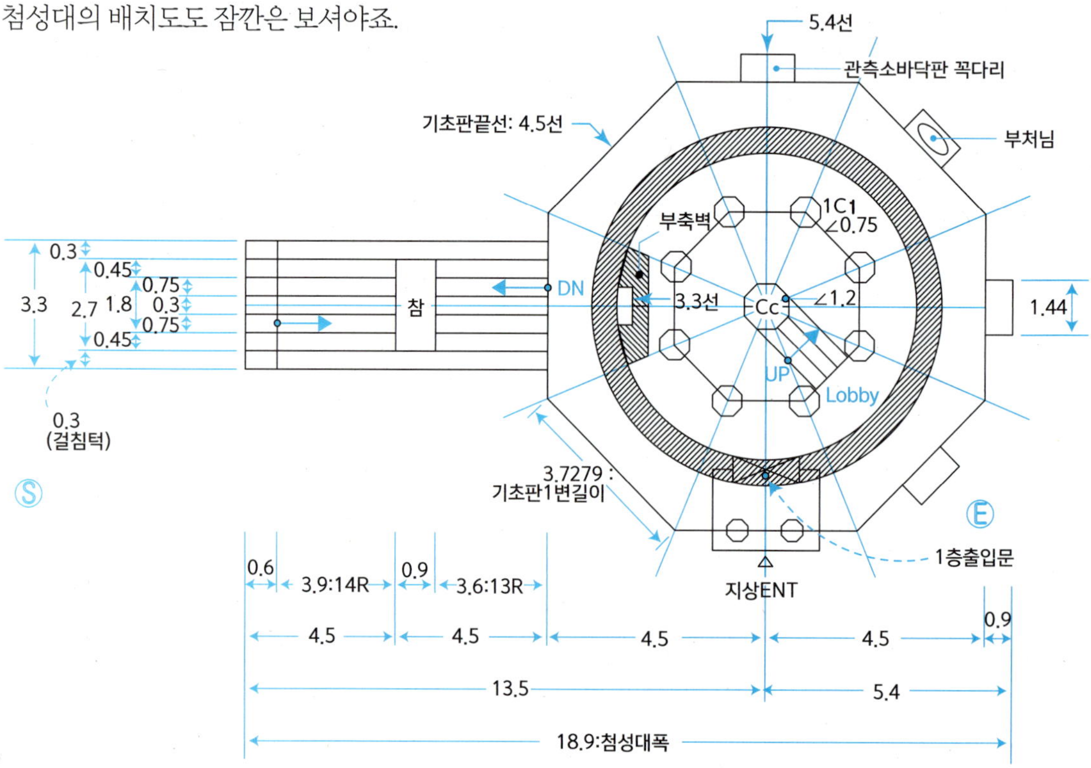

[그림 300] 첨성대 배치도

첨성대가 원형으로 되어있지만, 건축개념은 8각형이라고 말씀드렸을 겁니다. 그러므로 8각형인 첨성대는 반드시 8각기초판이 되어야할 겁니다.

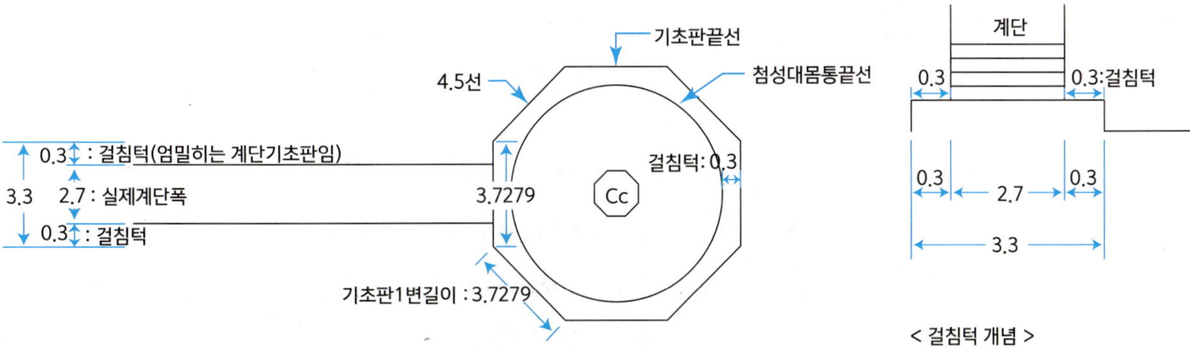

[그림 301] 외부계단이 기초판1변길이 안에 들어옴

계단의 걸침턱까지 폭3.3이 기초판 1변길이 3.7279보다 적어야 된답니다. 계단폭은 2.7m로 상부까지 폭을 같게 했답니다. 처음에는 밑폭이 2.7m, 상부폭을 2.4m로 해서 계단이 위로 갈수록 줄어들 것이라고 생각을 해 봤는데, 모양새는 좋아 보이는데 사용상 불편할 것 같아서 2.7m로 통일시켰답니다. 처음 생각했든 배꼽계단도 한번 보시기는 보셔야겠죠.

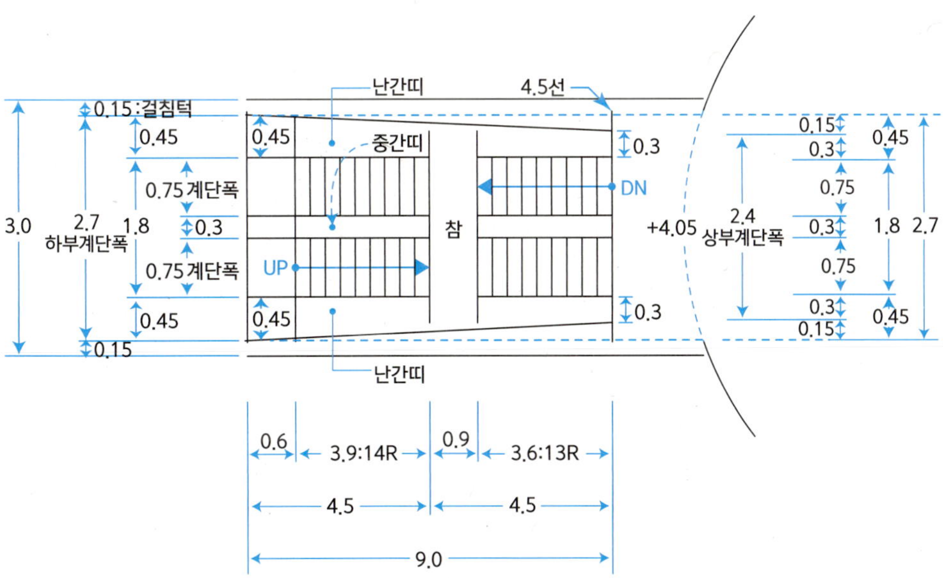

[그림 302] 최초 생각한 첨성대의 배꼽계단 – 상부가 30cm 줄어듬(줄계단?)

처음에는 걸침턱을 15cm정도로 생각했나 보군요. 계단폭을 보시면 2개의 계단(오르내림계단)이 있으며 양날개에 난간설치를 위한 띠가 있으며, 중간에는 오름과 내림을 분리시켜주는 분리개념의 중간띠가 있답니다. 2계단 중 우측은 올라가는 계단이며 좌측은 내려오는 계단이 된답니다.
최초안을 보시면 오르내리는 계단폭과 중간폭은 상하가 똑같으나 난간띠만 밑에서는 45cm가 되며 상부에 가서는 30cm로 15cm씩 줄어드네요. 계단상부폭을 줄인 건 아마도 계단상부가 허리 쪽이라 허리가 홀쭉하니 모양상 줄어드는 것이 맞지 않나하고 직감적으로 생각한 안이랍니다.

시공이 조금은 어려울지도 모르겠으나 모양상 아주 어울릴 것 같으며 사용상 아무런 문제도 없을 것 같네요. 다만 심리적으로 상부가 줄어들면 애들이 불안을 느낄 것 같은 느낌이 들어서 계단폭을 상·하 동일하게 2.7로 할까(?) 한번 생각해 본 것이랍니다. 제 개인적으로는 사용조건(계단폭75cm)이 동일하다면 상부를 허리곡선에 맞추어 줄이는 안이 더 좋을 것 같답니다.
제 머리로는 판단하기가 너무 애럽네요. 하여튼 계단상부폭이 줄어드는 계단은 저도 처음 본답니다. 한번 적용해볼까요? 그래도 아직 외부계단에서 몸통부석축 단높이와 외부계단 참높이가 맞지를 않아서(동일직선. 즉 동일높이) 고민이 많답니다. 어떻게든 자연스럽게 단차를 해결해야 할 겁니다.

이 첨성대는 규모는 매우 작지만 아기자기한 멋이 있답니다.
9층탑의 2관측소를 짓기 위해서 희한하게 지상으로 내려온 우연히 지어진 2관측소 구조물이랍니다. 그래도 갖출 것은 다 갖추고 있답니다. 첨성대를 잘 이해하셨는지 쪼께 걱정되네요.
귀신에 홀리신 것 같다구요! 아이 설마 그럴리가요?

한바탕 꿈을 꾸신 것 같다구요! 정답이네요.

☆ 쪽샘 44호분 토기 행렬도에 모습을 드러낸 첨성대 ☆

2019.10 경주에 있는 한 신문(경주신문)기사에 나온 쪽샘 44호 분의 토기행렬도 기사를 보다가 장난기가 살살 발동이 되어 경주에 있는 친구에게 신문기사사진을 보낸 후 살짝 시비(?)를 걸어 봤답니다.

정가놈 曰 : 야! 뭔진 모르지만 어떤 행렬이 안압지를 출발해서 첨성대를 거쳐서 너거집쪽(황남동. 황남고분군 있는 방향)으로 가고 있네~ㅋ~

친구놈 曰 : 거기(행렬도 사진)에 무슨 안압지가 있고 첨성대가 있노?

정가놈 曰 : 안압지는 추정이고 첨성대가 확실하게 보이네.

친구놈 曰 : 거기에 무슨 첨성대가 보이노?

정가놈 曰 : 니 눈에는 안비지만 내 눈에는 확실히 보이는데?

친구놈 曰 : 거 참! 웃기는 놈이네.

정가놈 曰 : 중간에 아주 큰 잔같이 생긴 게 첨성대고 우측 끝에 보면 유람배가 보이잖아. 유람배(말이 조금 이상하게 들리네요? 유람선이 맞나?)가 어디 있겠노. 못이 있어야 유람배가 있지. 그 못이 바로 안압지라네. 몰랐제. 배를 보면 넓적하게 생긴 걸루 봐서 연못용 배일 확률이 높다네. 만약 감포 앞바다 배라면 배는 조금 더 날씬하게 생겼을 걸세.

친구놈 曰 : 글쎄? 무슨 말인지 도통 알아묵질 못하겠네~ㅋ~

이 얘기는 신문기사를 읽다가 문득 사진 중간에 있는 아주 큰 술잔같은 것이 느낌상 꼭 첨성대형상 같은 느낌이 들어서 친구에게 시비를 걸어 본 거랍니다. 이 얘기는 토기행렬도 사진 중간쯤에 있는 큰 술잔같은 것이 첨성대가 확실해야만이 성립되는 이바구랍니다. 첨성대가 아니라면 행렬의 위치는 알 수 있는 방법이 없답니다. 행렬도를 잠깐 보실까요.

[사진 3] 2014년부터 진행중이던 경주 쪽샘지구 문화재복원작업중 44호분에서 발굴해 복원된 토기에 새겨진 '토기행렬도'

Notice 별책사진 No.3 44호분 토기행렬도

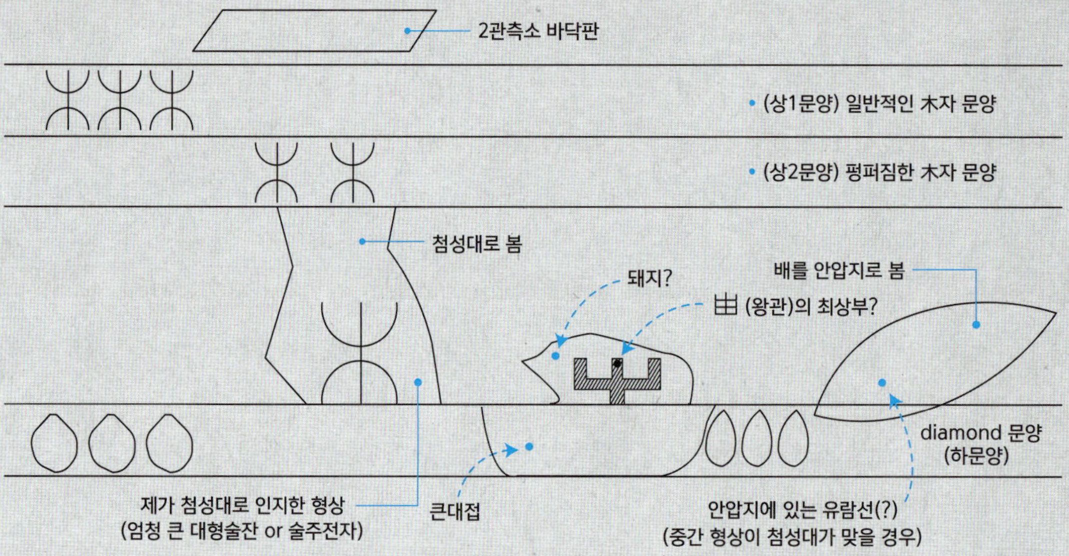

[그림 303] 토기행렬도 주요 대충도

행렬도 중 첨성대라고 인지한 큰 술잔과 우측 끝에 있는 배 모양이 있는 곳이 안압지[요즈음(2011년 7월부터)은 동궁(東宮)과 월지(月池)라고 불린답니다.]라고 생각해 본 것이랍니다.

이 큰 주전자같이 생긴 것이 첨성대가 맞다고 가정하고 대략의 주변위치도를 그려 볼까요.

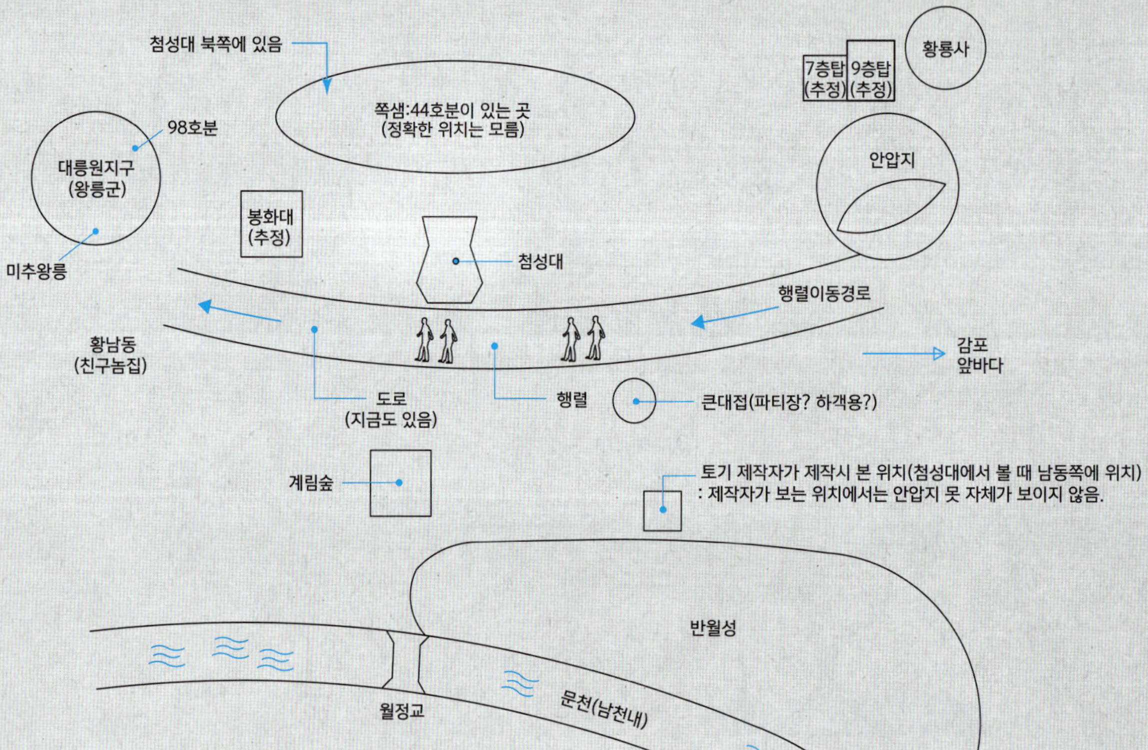

[그림 304] 첨성대 근처 개략도

이 내용은 순수 제 개인생각이랍니다. 아무래도 한번쯤은 생각해 봐야겠죠? 저는 토기에 새겨진 행렬도도 행렬도지만, 배경인지 아닌지는 모르겠지만 첨성대같이 생긴 형상이나 유람배(?)형상같은 것에 관심이 더 많은 것 같네요. 내가 문제가 있나? 그리고 토기에 새겨진 것을 보시면 첨성대와 유람배 사이 하부에 보시면 묘한 것이 있답니다.

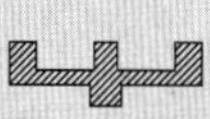 바로 이렇게 생긴 것이 있네요. 어찌 보면 사람이 항복할 때 양손을 번쩍든 것 같기도 하고, 슬쩍보면 삼지창 끝쪽같기도 한데 삼지창으로 보기에는 너무 뭉뚱하고 넓적하니 이것도 아닌 것 같고 하! 헷갈리네요. 제가 한 잔머리 굴리잖아요. 아닝가. 제가 어떻게 판단했을까요?

저는 왕관의 出자가 제일 먼저 떠오르더랍니다. 물론 出자의 제일 위 꼭다리만 있으니 정확히는 알 수는 없답니다. 이 出자 제일 위 꼭다리가 두껍게 채색(?)되어 있는 걸로 보아서는 뭔가를 강하게 표현하고 싶었나 봅니다. 첨성대 바로 밑이 왕궁이잖아요. 그래서 저는 왕관의 出자일 확률이 높다고 판단했답니다. 그럼 이 행차의 답이 나올 겁니다. 바로 王이 안압지에서 한잔 걸치시고(?) 첨성대를 거쳐서 왕릉이 많이 모여 있는 곳으로 제사를 지내러 가는 것도 같답니다. 아마 미추왕릉(신라 13대왕)에 갈지도 모르겠네요? 근데 제사지내러 가실 때에는 아무리 왕이시더라도 맨 정신으로 가야 되는디? 그리고, 첨성대가 확실하다면 이 토기 만드신 분은 계림숲의 우측(반월성쪽)에서 이 행차를 보신 것 같네요. 9류추리소설 축에 낑기게 될지가 의문이네요?

그리고 상하문양이 특이하네요. 상부에는 나무 木자인지 뭔진 모르겠지만 2단 문양이 있고, 하부 테두리에는 diamond 문양인지 마늘모문양인지 하여튼 1단으로 새겨져 있네요. 상부 2단 木자모양에서도 윗단은 균형이 잡힌 것 같은데 밑단은 힘이 쭉 빠진 木자인지 펑퍼짐하네요. 상부 1단 木자를 바짝 붙이면 어찌보면 하부에 있는 diamond 문양 같게도 보인답니다. 이 나무 木자문양 중 특이한 점은 본행차도 중앙쯤에 있는 첨성대에 새겨진 나무 木자 문양이네요. 상부 2단 문양 쪽에 있어야 할 이 나무 木문양 한 놈이 첨성대 중앙에 딱 박혀있네요. 해독이 너무 애럽네요. 상부에 낑겨 있어야 할 놈이 왜 하필이면 첨성대 중앙에 딱 박혀있죠? 알다가도 모를 일이랍니다.

첨성대가 그리도 마음에 들었나? 원래 이 첨성대 나무 木자 자리에는 뭐가 있어야죠. 기억나시나요? 바로 배꼽계단(외부계단)이 있어야 할 곳이랍니다. 배꼽계단 자리에 왜 이 나무 木문양이 박혀있죠? 토기제작하셨든 아지아가 계단 그리기(?)가 너무 귀찮아서 간단히 나무 木문양을 넣었을까요? 근데, 알 수가 없네요? 아니면 이 나무木자가 계단木자로 의미가 바뀌었을까요?
그렇다면 상부 2단 나무木자는 다 계단木자? 무슨 계단이 이리 많지?

그리고, 하부에 있는 diamond인지 뭔지는 모르겠으나 이 문양도 자주 접하지 못한 문양이네요.
반으로 나누면 삼각문양이 되기는 되는데? 삼각 문양은 가끔 저희들이 접할 수는 있답니다.
설마 그 시대에 남아공까지 가서 diamond를 수입하지는 않았겠죠? 그리고, 첨성대 좌측의 상부가 벌어진 꽃병(?)같은 큰 잔(첨성대만큼 큼)을 제가 봉화대(봉수대)로 추정된다고 개략도에 표기해 두었답니다. 어떻게 추정할 수가 있을까요? 제가 한바탕 꿈을 꾼 걸까요?
하! 애럽네요. 추정의 근거(?)는 이렇답니다.

제가 언어분석학자는 아니지만 언어분석법(?)으로 한번 분석해 보겠습니다. 저희 동네(황남동) 애들은 98호분(황남대총:쌍봉왕릉임)을 보고 쌍디보앙대(빵대)라고 부른답니다. 어릴때에는 무슨 의미인지도 모르고 따라서 불렀답니다.
그런데, 이 토기행렬도를 보다가 이 꽃병같은 놈이 도통 뭐지라고 생각하고부터는 있는머리, 없는머리 다 굴려보았겠죠. 그것도 모자라서 잔머리공법(?)까지 동원해서 굴려보았답니다. 당연히 쌍디보앙대의 어원이 이 꽃병과 어떤 관련이 있을 것 같다는 생각에서였겠죠. 토기행렬도의 꽃병위치가 첨성대와 쌍디빵대의 중간 쯤에 위치하고 있기 때문이겠죠. 그래서 직감(?)적으로 이 꽃병이 봉화대라고 생각하게 되었답니다.

제 생각으로는 봉화대가 사라지고 몇백년의 시간의 흐른 후 근처에 있는 이 쌍왕릉(98호분)을 어느 정도 높이(봉화대는 약간 높은 곳에 있어야 된다고 생각했겠죠?)도 있고 하니 봉화대 이름을 따서 쌍디봉화대로 부르다가 쌍디보앙대로 자연스레 이름이 바뀐 걸로 보인답니다.(사투리화?) 더 시간이 흐른 조선시대(중기)의 학자들이 경주여행 와서 동네사람들에게 저 높은 것이 무어냐고 물어보니 보앙대라고 대답했겠죠.(조선학자들은 왕릉이라는 것을 전혀 모르는 상태임. 무식한(?) 건가?) 이 학자는 밤새도록(?) 생각한 끝에 보앙대를 봉황대로 착각(?)하여 경주가서 봉황대를 보고 왔다고 했겠죠.(별도로 봉황대는 금관총 동쪽 맞은편에 있는 제일 높은 왕릉이라고 하네요.) 그래서 보앙대(봉화대)가 지금은 모두들 봉황대로 알고 있답니다. 웃기는 건가?

이제까지 언어분석법 기준(?)이었답니다.(분석이 엉터리 같네요?)
이 언어분석법(봉화대→보앙대→봉황대, 봉화대→봉황대→보앙대……언어는 살아 움직이므로(?) 더 많이 있을겁니다?)만으로는 이 꽃병이 봉화대인지가 확실치 않으므로 한 가지 더 분석해 봅시다. 바로 봉화의 주 기능인 송·수신을 분석해 봐야 할 것입니다. 봉화를 관측할 수 있는 관측소(일반목탑과 첨성대)와 관련이 있을 겁니다. 변방에서 봉화로 서라벌로 어떤 신호를 보내면 이 신호를 7·9층탑의 관측소에서 제일 먼저 인지한 후 반월성(왕궁)에 알릴 겁니다. 왕궁에서 결론을 내린 뒤 가까운 첨성대로 연락하면 첨성대에서 아주 가까운 봉화대로 연락하여 결론 신호를 변방으로 연락한 것으로 보이네요.

그래서, 이 봉화대는 첨성대 인근이 위치상 제일 양호하고 안전한 곳으로 보인답니다. 더 가깝다고 관공서(일반목탑) 근처나 왕궁에 봉화대를 세우는 것도 좀 그렇네요. 그러고 보니 첨성대의 기능이 중계기지(봉화대관리소?)가 하나 더 추가되네요. 이 봉화대의 폭이 넓은걸 보면 아마도 2중구조(내피와 외피: core 1 & 2개념)로 되어 있는 것 같네요. 안(내피)에서 불을 지피면 날린 불꽃이 외피에 떨어지는 구조겠죠. 화재예방차원의 아주 고차원(?)적인 구조네요. 제가 이 보앙대(빵대)라는 언어분석(?)과 봉화대의 기능(수신→발신)을 분석해서 이 토기행렬도의 첨성대 좌측의 꽃병같이 생긴 걸 봉화대로 추정해 본 것이랍니다. 그럴싸한 것 같은가요? 아님 엉터리 9류 추리소설 같나요? 판단은 스스로! (제 생각은 생각일 뿐이므로 여러분들도 같이 한번 생각해 보세요)

제가 이 행렬도 사진을 보면서 순간적으로 아주 큰 잔같이 생긴 것이 꼭 첨성대 형상같은 느낌이 들어서 그냥 상상을 한번 해 본 것이랍니다. 첨성대가 맞아야만이 이 상상이 어느 정도 성립될 것 같네요? 그리고 이 토기행렬도 보도가 있은 뒤 어떤 향가 연구하시는 분이 이 행렬도는 흉노후예임을 과시하던 장례행사일 거라고 하네요. 향가연구하시는 분의 말씀이 행렬에 초점을 맞춘 것으로 보아서 상당히 의미가 있는 것으로 보인답니다. 제 눈에는 첨성대 밖에 보이질 않는데, 이 향가 연구하시는 분은 아마 행렬만 보이시나 보네요. 그리고, 시간이 조금 흐른 뒤(2020년 말) 다시 44호분에 대해서 나온 신문기사를 보니 이 쪽샘 44호분의 주인공은 신라 바둑공주라고 하네요! 남자무덤에서는 가끔 바둑돌이 나오긴 나오는데 공주무덤에 왠 바둑돌이 나오죠? 그래서 이 무덤 주인을 바둑공주라고 한다네요. 그 시대에도 바둑은 고급취미(?)였나 보네요.

그런데, 이 44호분이 5C말에 축조된 걸로 보인다네요. 그럼, 이제까지 실컷 떠들었든(?) 토기행렬도의 첨성대 얘기는 완전 엉터리가 되어버리네요. 첨성대 축조연대와 시차가 물경 백 몇십년 차이가 나네요? 아! 머리 아파.

가장 중요한 것은 44호분에서 토기행렬도와 바둑돌이 나온 거랍니다. 그나마 다행인 것은 바둑공주는 확실히 맞는 것 같은데 이 토기행렬도는 호석(무덤둘레에 쌓는 돌) 주변에서 발견되었다네요.

현재까진 무덤 내부의 부장품은 아닌 걸로 보인답니다. 즉, 얘기드린 토기행렬도는 44호분 내에서 나온 것이 아니라 주변에서 나온 걸로 보인답니다. 판단하기 너무 애럽네요. 그렇다면 이 행렬도토기는 44호분 근처에서 놀던 어떤 아해(아이)가 떨어뜨려 본의(?) 아니게 오래도록 잠을 잤다는 이바구? 하! 과거를 꿰뚫어 볼 수 있는 어떤 거울 없나?

어쨌든 이 토기행렬도 이바구는 제가 토기에 새겨진 것만 보고 판단한 것이므로 알아서들 판단하이소. 그건 그렇고! 이 바둑공주의 바둑급수는 어느 정도일 것 같나요?
부장품에 낑긴 걸로 봐서는 아마 상당히 고수처럼(?) 보이긴 보이네요?
아마 제가 동네급(이런 급수도 있나? 제가 만들어 본 것이랍니다.) 정도라면 이 바둑공주의 급수는 동네급보다 2~3수 위인 서라벌급(?) 정도는 될 것 같네요.

그리고, 2년여가 흐른뒤 이 토기행렬도사진을 다시 보다가 묘한 것을 보게 되었답니다.
근데, 처음에는 왜 보이지가 않았죠? ~문제 심각~ㅋ~
항상 첨성대라면 분명히 관측소바닥판이 있어야 하는데 아무리 쳐다봐도 이 놈의 바닥판이 보이지가 않더랍니다. 그래서, 이 잔같이 생긴놈이 모양상으로는 첨성대라고 인지는 되긴 되는데 지붕판이 안 보이니 첨성대라고 우기기에는 쪼께 부족했답니다.
근데 사진을 다시 보다보니 묘하게도 문양상부에 그것도 첨성대쪽 몸통위에 바닥판이 별도로 뚝 얹혀있네요 ~ㅎ~

속으로, 이 토기조각을 새긴분의 성깔하나 지랄같네라고 생각했겠죠. 사람 놀라키게 하는 묘한 취미(?)가 있나? 아마도 그림 새길 부위가 너무 좁아서 별도로 윗쪽으로 옮기지 않았나하는 생각이 든답니다.(그림들이 부분적으로 문양부위쪽으로 조금씩은 침범한 것도 있답니다.) 다 새겨놓고 보니 뭔가가 허전했든지 상부에 별도로 관측소바닥판을 얹은걸로 보이네요.
그렇게까지 안해도 첨성대로 인지할 수 있는디? 고맙구로 ~ㅎ~ 근데? 별도로 새긴 2관측소 바닥판이 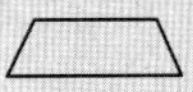 이렇게 생긴 것이 정상적인데 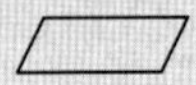 요로케 생겼네요?
이 조각가분이 한잔 살짝 하신것 같네요. 제가 심했나? 조각가분이 아마 한쪽은 첨성대바닥판(2관측소 바닥)모양 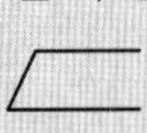 으로 했고, 다른쪽은 1관측소바닥판 형상  으로 했네요.
이것은 토기제작자가 첨성대에서 볼 때 남동면에서 첨성대를 보았던 것으로 보이며, 첨성대의 8각 지붕판의 여러 변곡선 중에서 밑으로(좌로) 넓어지는 형상을 새긴 것으로 보인답니다.

그리고 첨성대 우측의 山(出자, 상부형상) 주위를 다시 자세히 보니 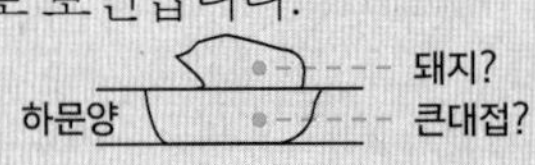

큰대접(?)위에 돼지(?)로 보이는 뭔가가 있는 것 같답니다. 물론 큰대접은 하부문양을 침범했네요?
큰대접위에 돼지라? 무얼 의미할까요? 제사지내러 가는 행렬 아니면 잔치행렬일 수도 있겠죠.
저는 여기까지만 생각할께요.(저 개인적으로는 여러 주변정황상 잔치행렬(환갑잔치?)로 보인답니다. 느낌상?) 나머진 알아서 판단하이소 ~ㅎ~

아무튼 이 쪽샘토기행렬도(AD700년 전후의 토기로 추정됨)에는 저희들이 미처 생각하지도 못했던 엄청난 비밀(그 시대의 첨성대주변상황 등)이 숨어 있는 듯 하답니다. 현재로서는 그 시대의 유일한 위치지도인 것 같답니다.

13. 탑 일반구조

첨성대는 그나마 재미있죠? 다시 신라탑을 더 들여다봅시다.

이제까지는 주변만 빙빙 돌았답니다. 즉, 껍데기만을 본 것이랍니다. 내부형태도 몹시 보고 싶으실 겁니다. 주로 내부구조형태를 중심으로 평면도, 단면도, 동선, 창문, 기둥, 계단, 석축 등을 종합적으로 보시게 될 겁니다. 이 중 기둥, 계단, 석축 등은 별도로 또 보시게 될 겁니다. 탑구조를 보시는 것이니 당연히 외부구조도 보시게 될 겁니다. 이 탑구조는 탑을 이해하시는데 무척 도움이 될 겁니다. 여러 사항을 이해중심으로 쓰다 보니 특별한 순서는 없답니다. 서로 얼키고 설켜있어 순서든 어떤 구분이든 애매하답니다. 그러니 지금부터 어떻게 하셔야 할지는 잘 아실 겁니다. 먼 산 보시면 안되시고 바로 앞을 유심히 보셔야 할 겁니다. 제가 탑을 이해하시는데 도움이 된다고 생각되는 것들을 제 나름대로 쓰겠습니다. 신라 일반목탑은 8각형이라고 말씀드렸을 겁니다. 8각형을 그려봅시다.

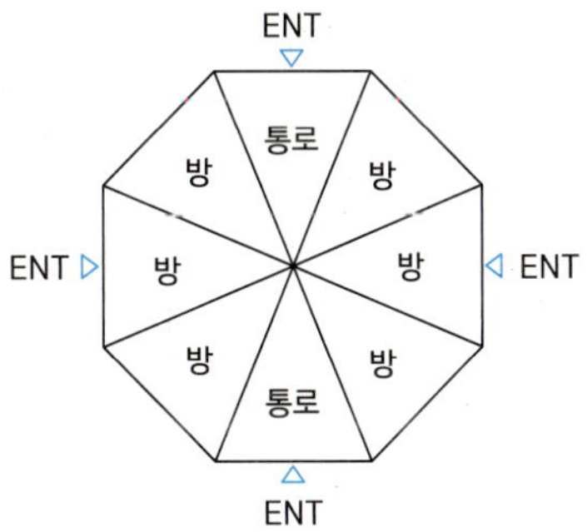

[그림 305] 8각형의 가상방

8각형을 보시면 크게 8개의 방이 있답니다.

8개방 중 남북을 진입통로로 이용하면 6개방을 사용할 수가 있답니다.

물론, 2개의 통로방도 순수통로를 제외하면 어느정도는 사용할 수도 있답니다.

먼저 1층 진입을 생각해 봅시다. 1층 진입계단이 4개소나 되니 4방향진입이 가능하답니다.

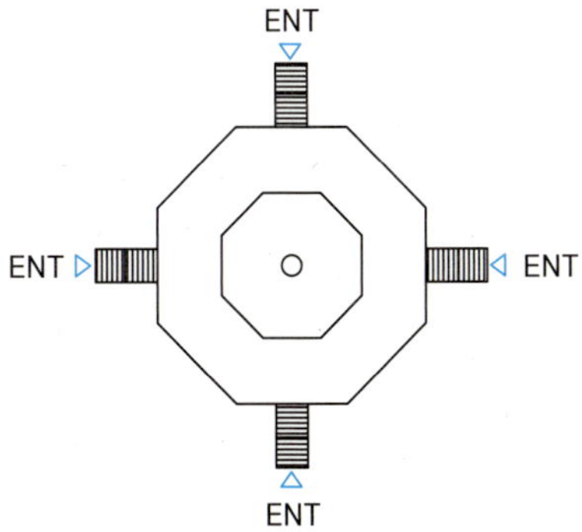

[그림 306] 1층 진입개념

제일 처음에는 1층 내부진입도 4방향진입으로 생각했었는데, 1층의 8개방 중에서 완전 사용 가능공간이 4방 밖에 되지를 않아서 1층 내부진입은 남·북 2방향진입을 택했답니다. 그러면 6개방을 이용할 수가 있답니다.

1층 진입은 물론 지하층 출입구로 들어와서 내부계단 이용도 가능하답니다.

1층에 왔으니 2층으로도 올라가야할 겁니다. core를 볼까요.

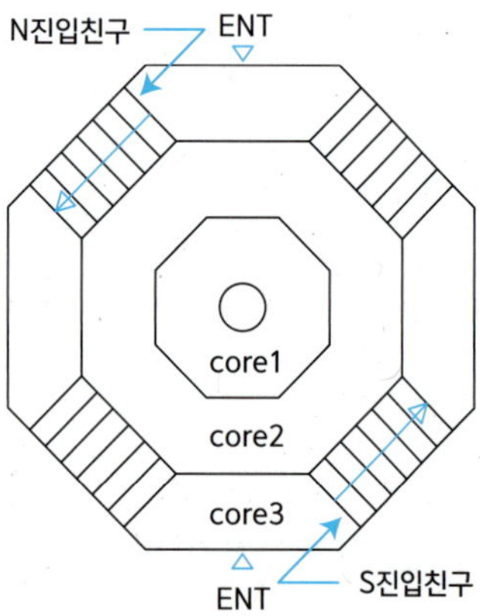

[그림 307] 1층 계단실 : core3, 2방향 진입

core1·2·3이 있답니다. core1·2·3 모두 다 계단설치가 가능한 구조이긴 한데, 1층같이 층고가 무척 높은 층은 core1·2 계단실로 올라가기가 무척이나 불편하답니다.
그래서 지하층에서 2-2F까지는 core3계단실을 이용하시면 된답니다. 2-3F에서 core2로 계단실이 바뀌며 관측소에 가셔서는 core1계단실로 올라가시면 된답니다.
core3이나 core2계단실 자체는 한 개 계단실이지만, 2방향진입이 가능한 구조로서 실제로는 양방향계단실이랍니다.
쉽게 말씀드리면 계단실은 한 개인데 실제로는 2개의 계단이랍니다. 더 쉽게 얘기하면 한 계단실에서 남쪽에서 올라가는 친구도 있고 북쪽에서 올라가는 친구도 있답니다. core3·2계단실은 양방향계단실이지만 core1 계단실에서는 1방향계단실[양쪽(남북)에서 올라갈 수가 없음)]이 된답니다. 즉, 지하층에서부터 남북에서 각각 따로 올라가든 친구가 관측소의 어느 위치에서 다정히 만나서 꼭대기까지 같이 동행한답니다. 참 재미있는 동선구조랍니다.

내부 평면구조는 어이 생겼을까요? 볼까요.

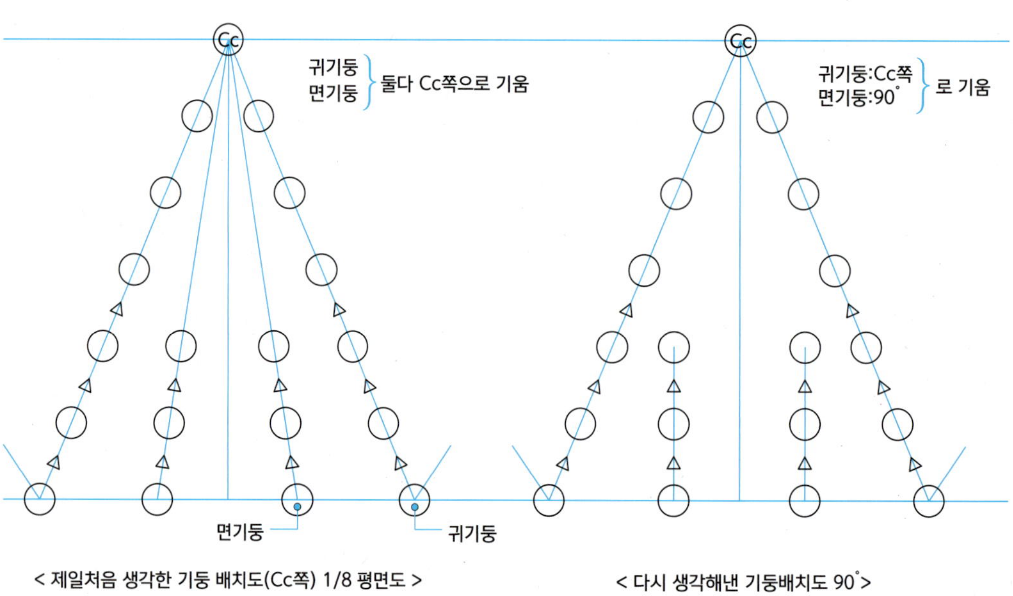

[그림 308] 기둥배치도

저는 처음에는 모든 기둥이 다 중심기둥(Cc) 방향으로 배치가 되어야 맞지 않겠느냐고 생각했었답니다. 그 뒤 여러 많은 생각을 해 보니 귀기둥열 이외의 기둥은 중심기둥 방향이 아니라 수직방향으로 가야 맞다는 결론에 도달했답니다. 모양상이나 보 걸침 등을 고려해 보니 귀기둥은 중앙기둥(Cc) 방향 배치로, 면기둥이나 내부기둥은 수직방향 배치가 합리적이더랍니다.

제가 9층탑을 풀기 위해 탑풀이를 시작했으므로 주로 9층탑을 중심으로 얘기드리겠습니다.
평면도를 그리기 전에 단면도를 먼저 그려 보시면 평면도를 그리기가 쉽답니다.
처음에 저는 1층 외부경사기둥 중심선을 27.0선으로 가정했답니다. 봅시다.

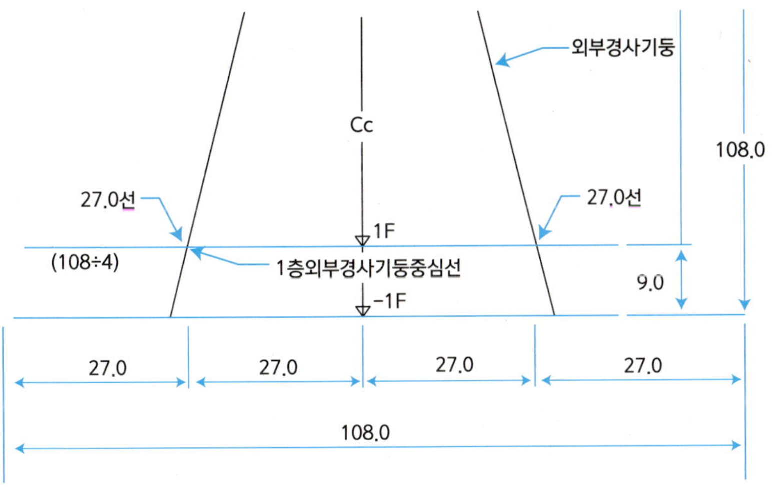

[그림 309] 처음에 생각한 9층탑 1층외부경사기둥중심선

건물폭을 108m로 가정했으므로, 중심선에서는 54m, 그 반인 27m가 1층 외부경사기둥의 중심선으로 생각하고 접근을 했으나 별로 신통치가 않더랍니다.
1층이 너무 넓은 것 같아서 과감히 3m를 줄인 24.0선을 적용해 보니 신기하리만치 잘 맞아 떨어지더랍니다. 9층탑 최초안을 봅시다.
또 한번 그려 보셔야죠? 그리고 그리고 또 그려 봐야 한답니다. 어이 지겨워~ㅎ
치수개념이 너무나 완벽하여 Grid*개념으로 접근해 보았답니다.

* Grid(격자치수구조) : 어떤 Module(기준치수)을 따르는 구조.
예를들면, 탑폭이 36m시 9+9+9+9식으로 대칭이면서 동일 주치수가 나오든지, 탑높이가 72m일시 18+18+36식으로 동일 간격이나 어떤 비례관계를 갖고있는 치수구조개념으로 격자형식으로 표현이 가능한 구조. 모눈의 눈금에 쏙 들어가면 보기가 좋겠죠.

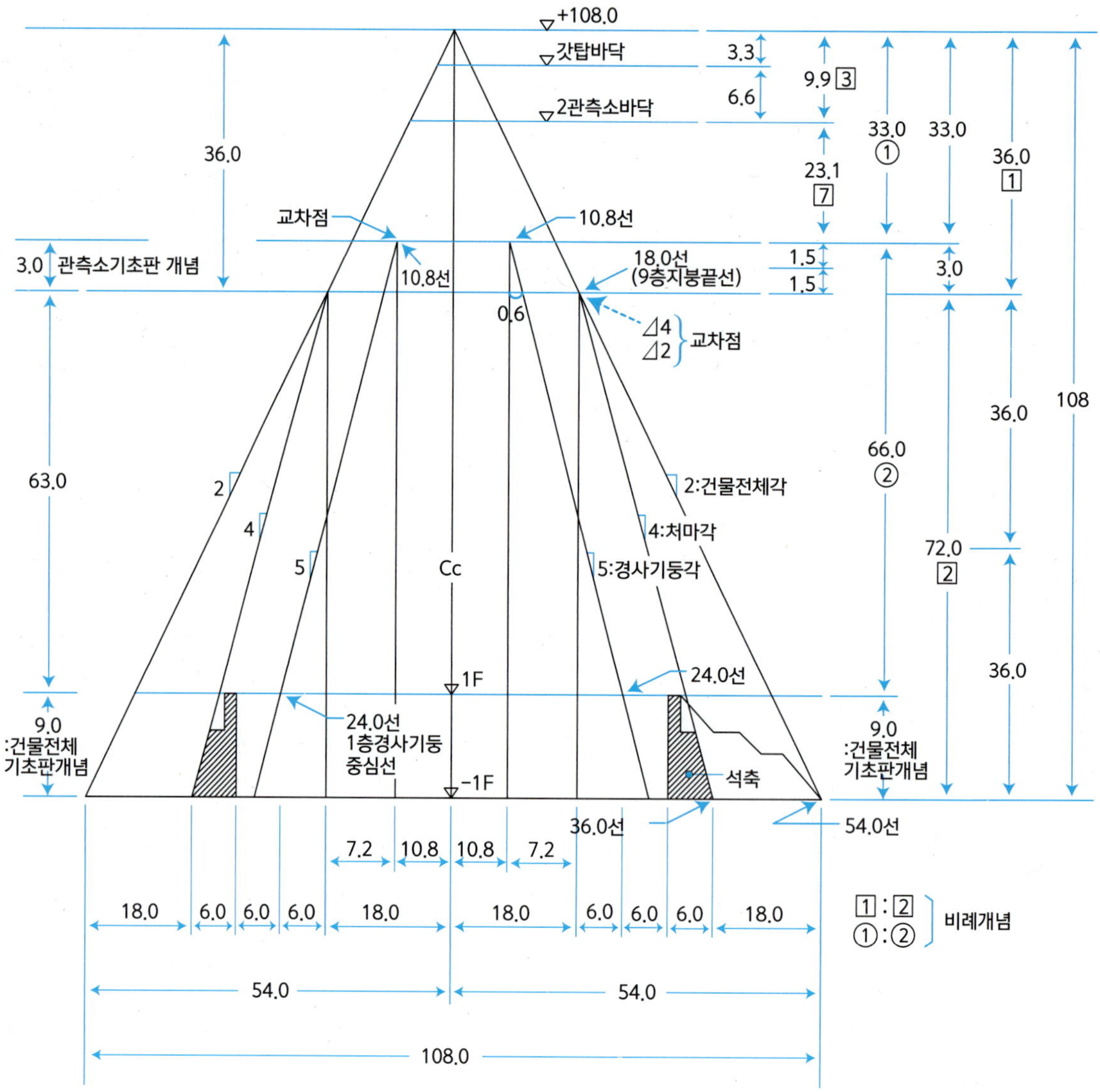

[그림 310] 9층탑 기본개념 Grid: 최초안

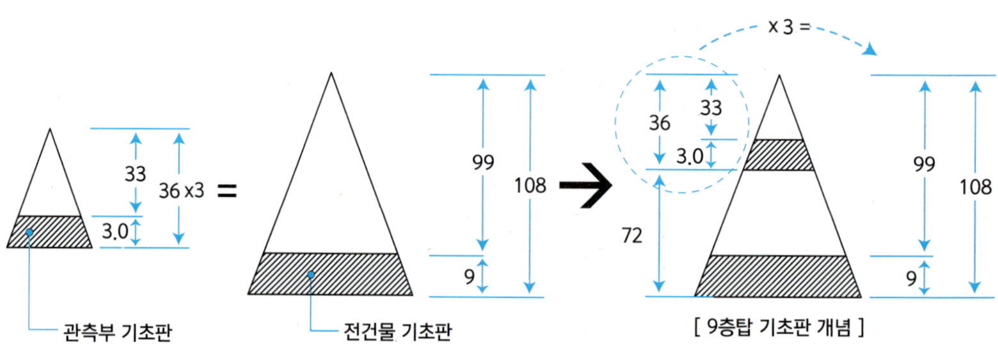

[그림 311] 9층탑 가상기초판 개념 : 관측부 x 3 = 전체건물기초판

앞의 그림을 보시니 희한하지 않으신지요. 저는 처음에 보다가 너무 놀라서 까무라칠 뻔했답니다. 기본수 6의 배수인 6, 12, 18, 24 등이 나오면서 이 18이라는 숫자가 전체를 지배하더랍니다.

18, 36, 54, 72, 108(18x6)등이랍니다. 묘한 것은 관측부는 3.3이 지배숫자네요. 더군다나, 건물꼭대기와 건물폭끝을 연결하여 보면 9층 지붕끝선에서 교차점까지 발생된답니다. 신기하지 않으세요.
억지로 맞추려고 해도 맞출수가 없는데 지가 알아서 다 맞추어 준답니다. 앞의 밑 그림은 이론기초판 개념을 개략적으로 그림을 그려 본거랍니다.
몸통부 반쪽을 확대해 봅시다. 그래야 건물폭 치수를 넣을 수가 있답니다.

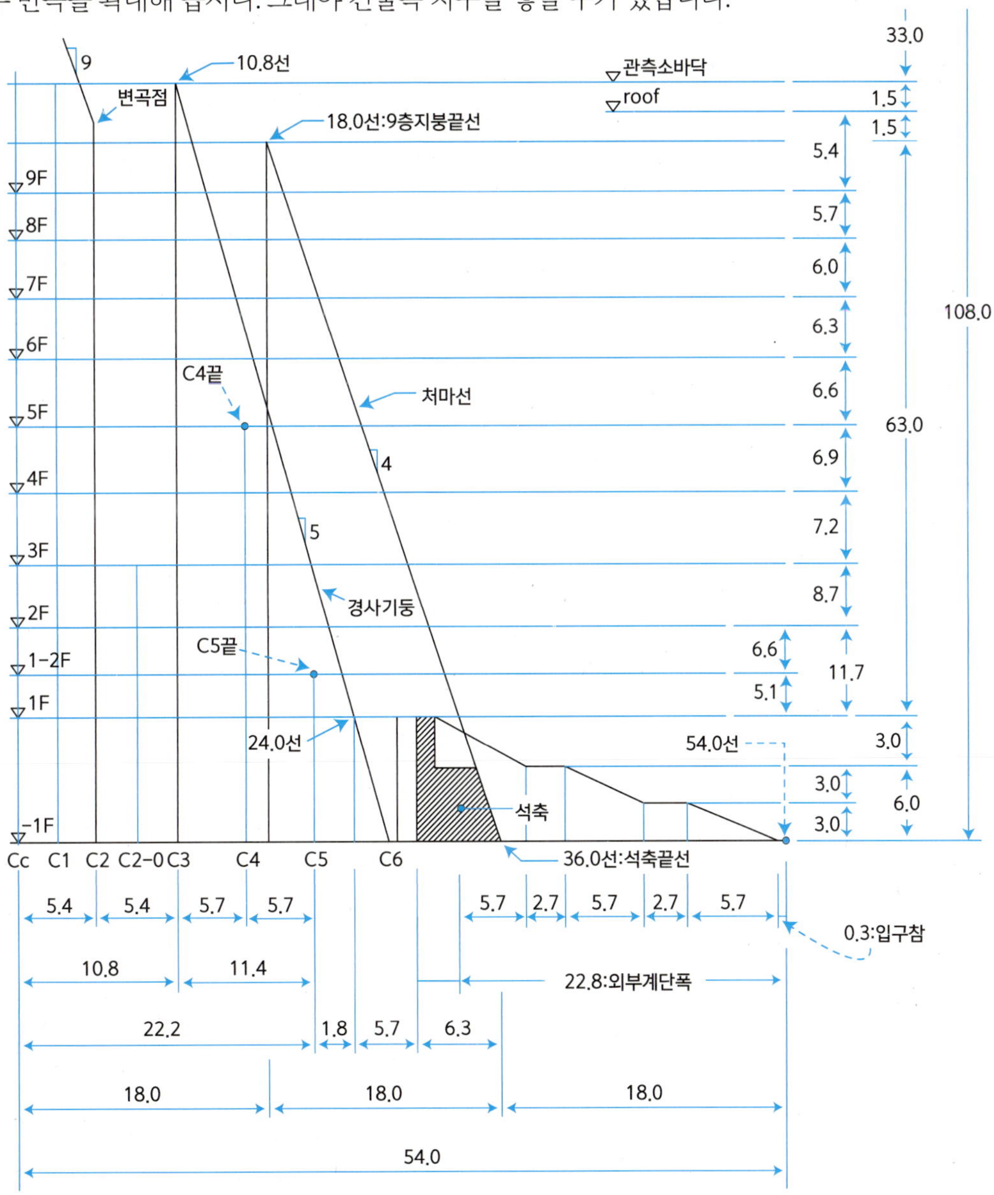

[그림 312] 9층탑 몸통부 우측 단면도 : 최초안

그림을 보시면 1층 외벽중심선은 1층 경사기둥중심선 24.0선에서 1.8m가 들어오며 1층기둥은 1-2F층까지 올라간답니다. 1-2F층에 1층외벽기둥을 세운 이유는 지하층과 1층의 경사기둥을 동시에 지탱하기 위함이었답니다. C4기둥은 5층바닥까지 올라가게 배치를 했답니다. 나머지 C3기둥과 경사기둥인 C6은 9층까지 올라가며, Cc, C1, C2 기둥은 계속 관측소로 올라갑니다.(C2기둥은 변곡점에서 꺾여 올라감) C2-0기둥은 계단이 core3에서 core2로 바뀌는 지점까지 올라간답니다.
core폭을 2.7로 한 것은 전에도 잠깐 말씀드렸습니다만 2명이 서로 통과할 수 있는 폭(1.2~1.5m)과 예상가정 기둥폭(1.2~1.5:저층기준)을 고려하면 1.2~1.5 + 1.2~1.5 = 2.4~3.0 정도가 되니 그냥 2.7로 정했답니다. 특별한 근거가 있는 것은 아닙니다.

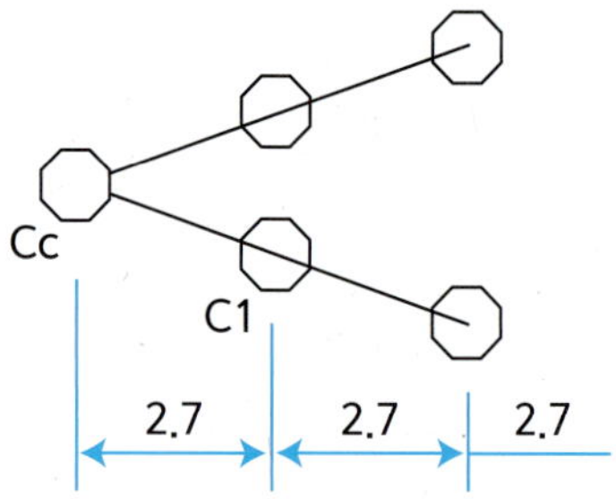

[그림 313] 9층탑 core폭

1층 반폭이 22.2m(24.0-1.8)에서 core쪽을 10.8로 하면 남는 쪽이 11.4가 나오므로, core쪽을 5.4+5.4=10.8, 남는 쪽은 5.7+5.7=11.4로 했으며 다시 core쪽은 2.7+2.7=5.4로 세분화했답니다. 1층 외부진입계단은 T=0.3(디딤판폭), R=0.15(단높이)로 3단 진입계단을 만들었답니다.
재미있는 것은 계단참폭이 2.7m로 넉넉하답니다.
이 단면도만으로는 감이 잡히시지 않으니 평면도를 그려 봅시다.

8개방중에서 1개방만 그릴 겁니다. 즉, 1/8 평면도랍니다.

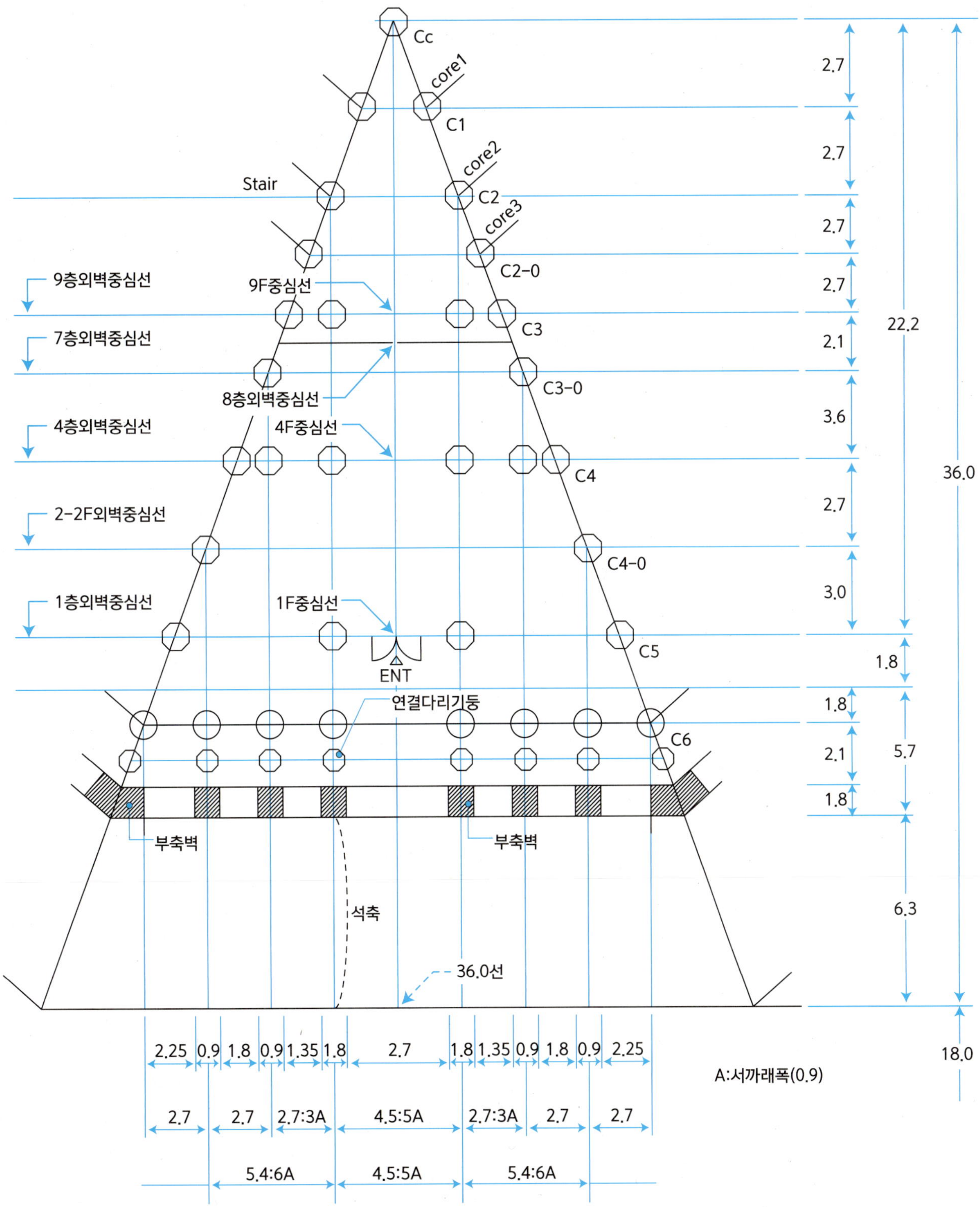

[그림 314] 9층탑 1/8 평면도 : 지하층기준 – 최초안

1/8 평면도만 대충 그렸는데도 기둥이 무척이나 많네요. 물론 최초안 기준이랍니다.
지하층 석축에는 부축벽(buttress)도 있네요. 석축이 내부로 밀려나거나 무너지면 머리가 쪼께 아프겠죠? 석축 내부끝이 지하층끝이 되며, C5열이 1층 외벽중심선이 되며, C4열이 4층 외벽중심선이며, C3열이 9층 외벽중심선이랍니다. 이 외벽중심선은 외부경사기둥에서 제법 들어와 있는 말 그대로 그 층의 외벽중심선이랍니다.
이 기둥배치를 보고 지하층, 1층, 4층, 9층 평면도는 그릴 수가 있는데, 2, 3층과 5~8층의 평면도는 그릴 수 있는 방법이 없답니다. 혹시 그릴 수 있으신 분 계시나요? 계시다면 그 분은 귀신칭호를 받으실 겁니다? 제가 2층평면도를 한번 그려 볼려고 무지 노력했는데도 몇 년간을 그릴 수가 없었답니다.
2층 외벽중심선을 찾아낼 수 있는 방법이 없었기 때문이겠죠. 그릴려고 하니 외벽중심선이 고무줄처럼 늘어나기도 줄어들기도 하고, 그렇다고 대충 이 정도면 되겠지하고 그릴려니 자존심이 상하고 진퇴양난이었답니다. 엄청 많은 시행착오와 잔머리공법(?)까지 동원하여 영원히 풀리지 않을 것 같든이 각층 외벽중심선을 찾아내는데 성공하였답니다. 알고나니 너무너무 간단하더랍니다.

그 미지의 외벽 중심선은 이렇더랍니다. 9층지붕을 유심히 보시면,

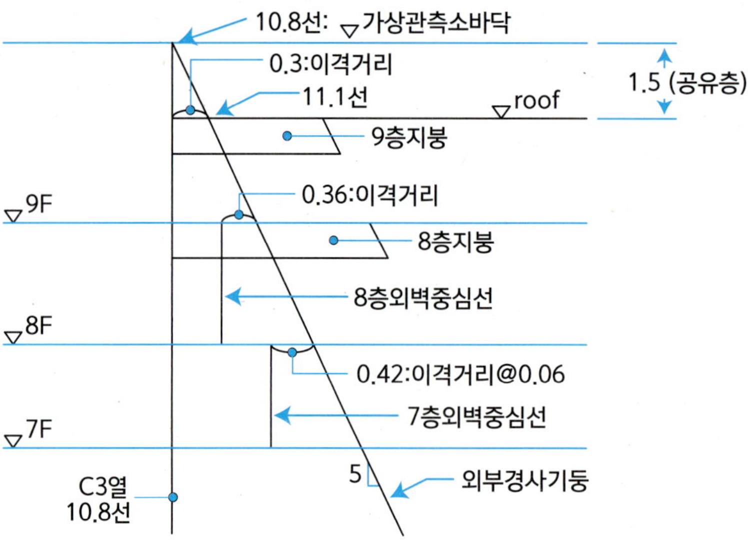

[그림 315] 아래층으로 6cm 넓어지는 이격거리

9층 외벽중심선(C3열)인 10.8선에서 9층지붕상부와 경사기둥교차점(11.1선)이 30cm 떨어져 있답니다.
그리고 아래층으로 내려가다보면 층마다 지붕상부와 경사기둥 교차점과의 외벽기둥중심선이 6cm씩 넓어지더랍니다. 아래층으로 계속 내려가다 보니 4층 외벽중심선과도 정확히 일치하더랍니다.(실제로는 4층 이격거리(60cm)와 9층 이격거리(30cm)의 차이인 30cm를 층차이인 5개층으로 나눈 0.3÷5개층=0.06을 적용했으며

4층 이하도 동일하게 6cm씩 증감이 있는 걸 확인해서 알게 된 것이랍니다.)

그래서 이 지붕상부의 경사기둥 교차점과 외벽기둥중심선의 이격거리가 6cm씩 차이가 난다는 걸 알아내었답니다.

이 이격거리증감계수 @0.06의 발견이야말로 정말 놀라운 일이었답니다.

이젠 각 층 평면도 그리는 건 식은 죽 먹기보다 더 쉬워졌답니다. 이 평면도 그리는 건 약과랍니다.

왜 이격거리증감계수가 @0.06인지를 알아내는데도 성공했답니다.

여러분은 이유가 뭐라고 생각하시나요?

이유를 아시는 분이 계시면 제가 500냥 드리겠습니다. 제가 전에도 말씀드렸듯이 어느 하나를 알게 되면 가끔 덤으로 전혀 감조차 잡지 못했든 것도 지가 알아서 술술 풀어준답니다.

술 생각나게 만드네? 이 이격거리가 아래층으로 내려가면서 6cm씩 넓어지는 이유를 아시면 그 덤의 정체를 아실 수 있답니다. 바로 기둥규격이 커지고 있다는 걸 의미한답니다. 바로 그 밑층의 기둥이 층당 6cm씩 커지고 있다는 걸 의미하겠죠.

이느 기둥일까요? 바로 외벽기둥과 경사기둥이 6cm식 커지고 있다는 의미랍니다.

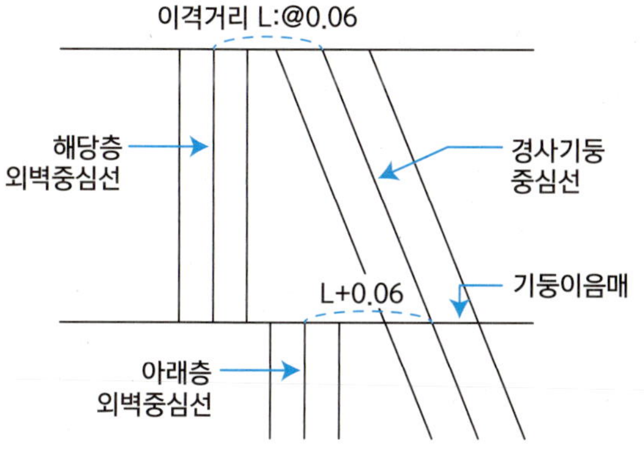

[그림 316] 이격거리증감계수 @0.06개념

좌측 그림에서 해당층 외벽중심선과 경사기둥중심선의 이격거리인 ℓ이 6cm/층 씩 늘어난다는 의미는 그 아래층의 두 기둥이 서로 커지고 있다는 걸 의미한답니다.

외벽기둥과 경사기둥이 각각의 중심선 기준으로 3cm씩 커질수도, 아니면 어느 하나가 2cm, 다른 하나는 4cm씩 커질 수도 있답니다. 그림을 그려보시고 곰곰이 생각해 보시면 해답을 금방 찾아낼 수도 있답니다. 중요한 건 중심선간거리라는 겁니다. 제가 처음에 수직기둥은 층당(각 기둥이음) 5cm씩 증감이 있을 것 같고, 경사기둥은 수직기둥보다 1.5배 큰 층당 7.5cm(5cm x1.5배)씩 증감이 있을 거라고 가정만 했답니다. 두 기둥의 중심간거리가 하부로 6cm씩 늘어나는 의미를 인지한 후 기둥규격의 층당 증감계수를 금방 알아 내었답니다.

수직기둥의 층당 증감계수는 5cm씩, 경사기둥의 층당 증감계수는 7cm라는 걸 알아내는데 드디어 성공했답니다. 가정만하고 있었는데 걱정거리 하나가 말끔히 사라져 버렸답니다.

제 가정 중 수직기둥증감계수 5cm는 운이 따랐는지 맞추었답니다. 그런데 아쉽게도 경사기둥증감계수 7.5cm는 물경 5m/m나 틀렸답니다? 신라건축물에서 5m/m 틀리는 건 무지무지 많이 틀리는 겁니다. 그나마 가정 중 1개가 맞았으니 그게 어딥니까.

왜 기둥규격 증감계수가 5cm, 7cm씩인지 여러분도 한번 생각해 보십시오. 이격거리 ℓ 이 6cm씩 늘어나는데? 왜 5cm, 7cm지? 헷갈리실 겁니다. 수학적인 정확한 답은 없을지라도 상식적으로 생각하시면 풀리실 겁니다. 정답은 기둥편에서 같이 연구해 봅시다. 궁금하셔서 미리 푸신 분에게는 제가 500x2냥 드리겠습니다. 적다고요! 저한테는 무지 큰데? 그리고 기둥열번호를 보시면 귀기둥을 기준으로 내부기둥에서 양옆으로 기둥번호가 부여된답니다.

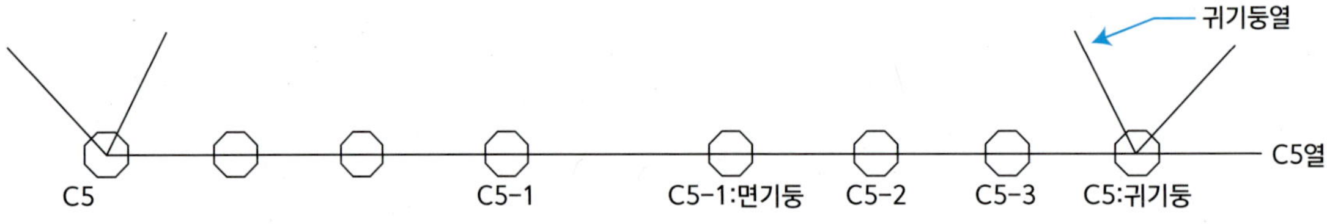

[그림 317] 9층탑 기둥번호 개념

귀기둥(C5)이 제일 크며, 그 다음으로 내부중간기둥(C5-1)이며, C5-2, C5-3 순으로 규격이 줄어든답니다. 9층탑 1/8평면도를 보시면, 귀기둥열에 주귀기둥 사이에 7층 외벽귀기둥과 2-2층 외벽귀기둥을 넣었답니다. 구조보강을 위해 귀기둥열(방사이벽)쪽에만 보강시켰답니다.

그런데, 이런 생각을 해 볼 수도 있답니다. 모든 각 층의 외벽기둥은 땅에서부터 올라오는 것이 맞지 않느냐고? 예! 정확히 맞으신 말씀입니다. 구조적으로는 완벽하답니다.
그런데 문제점도 있답니다.

각 층의 외벽기둥이 땅(주초)에서 올라온다고 볼때 1층평면도를 잠깐볼까요.

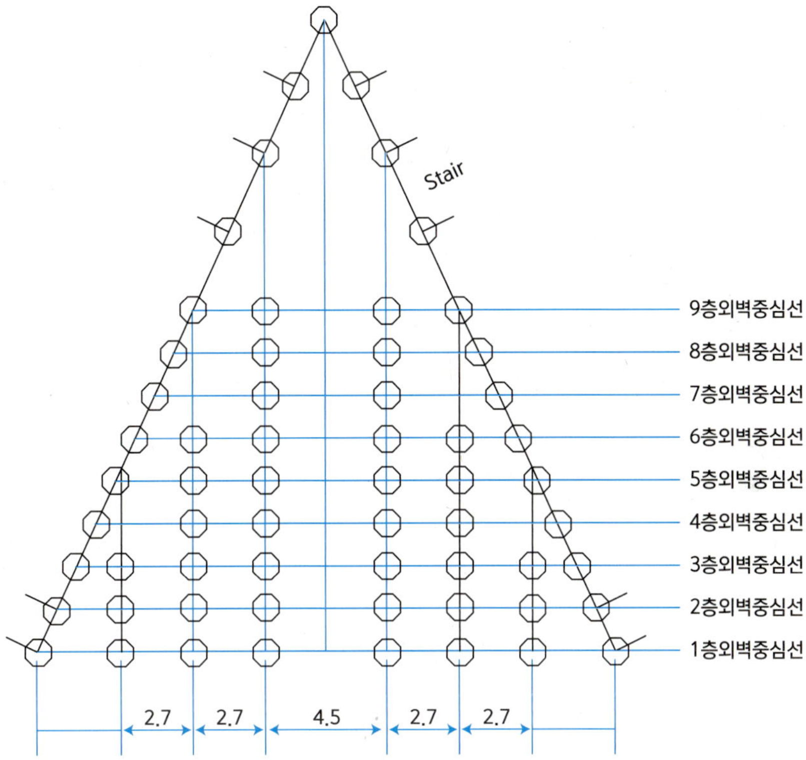

[그림 318] 각층 외벽기둥을 땅기초판에서부터 올라온다고 가정시 1층예상 평면도

그림과 같은 결과가 나왔답니다. 1층이 기둥과 통로밖에 없네요. 통로밖에 없는 건축물을 왜 짓죠? 1층 분양가도 무지 비쌀낀디? 자고로 건물은 사용하기 편리한게 좋겠죠. 구조에 조금 문제가 있으면 보강하면 될 겁니다. 9층탑의 경우는 실제로 2·3·5·6·7·8층 외벽기둥은 모두 다 뜬기둥이랍니다. 그래야 내부사용공간이 넓어진답니다. 관측소에도 뜬기둥(경사)이 있는데, 몸통부기둥에도 뜬기둥(수직)이 있답니다. 관측소 뜬기둥은 CF기초판이 받쳐주는데 비해 몸통부의 뜬기둥은 공중기둥이 받쳐줄 겁니다. 공중기둥? 어디에서인가 한번 들어본 것도 같은디? 지붕을 다시 한번 더 볼까요.

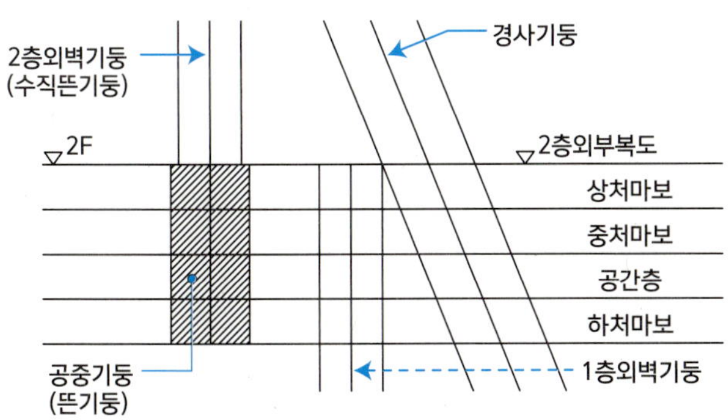

[그림 319] 공중기둥 개념

공중기둥 자체도 뜬기둥 개념인데 이 공중기둥이 2층외벽뜬기둥을 받쳐주는 기둥기초판 역할도 한답니다. 그림에서 보시듯 지붕판과 공중기둥의 묘한 조합으로 일반층의 외벽뜬기둥을 힘차게 받쳐주고 있답니다.

볼수록 신기한 구조랍니다. 이제 2층외벽기둥인 뜬기둥도 튼튼구조가 될겁니다. 공중기둥을 알기 전까지는 이 놈의 외벽뜬기둥 기초를 어떻게 해결해야 할까를 무지 고민을 많이 했었었는데 이 공중기둥이라는 놈이 뜬기둥과 지붕판을 동시에 해결해 주더랍니다.

이제까지 보셨든 9층탑의 최초안은 너무나 완벽하여 영원히 변하지 않을 거라고 생각했답니다. 읽어 보시면서 혹시 이상한 점을 발견하지 못하셨나요? 전부다가 이상하시다구요? 자세히 보시면 정면기둥간 폭비에 뭔지는 모르지만 매끄럽지 못한 느낌이 조금은 드실 겁니다. 다시 볼까요? 지겹죠?

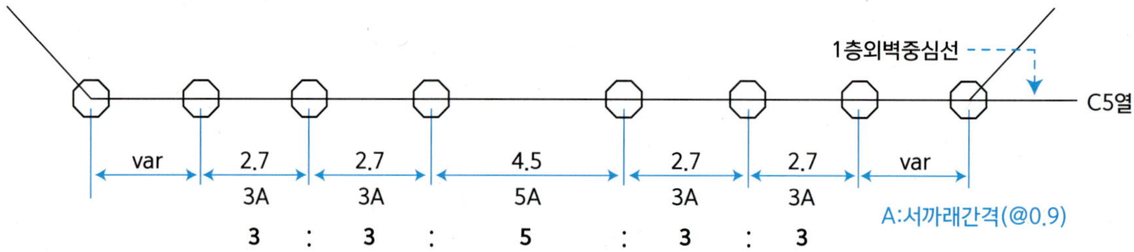

[그림 320] 9층탑 정면칸 비율 : 최초안

정면기둥폭비를 보시면, 3:3:5:3:3이랍니다.
차라리 4:4:4:4:4이거나 3:4:5:4:3인게 더 매끄럽게 느껴지실 겁니다. 중앙진입폭(정중앙칸)만 넓고 양옆이 너무 좁아서 건물모양새가 조금은 그렇네요 ...
9층탑은 손을 더 대지 않으려고 마음을 굳게 먹고 있었는데(?) 어느 날 심경에 변화가 일어나기 시작했답니다.

길고 긴 몇 년간의 장고 끝에 몸통부 폭을 넓히기로 결정했답니다. 장고 끝에 악수를 둔 건 아닌지 쬐께 걱정도 되긴 된답니다? 몸통부폭을 양쪽으로 3.9m씩 넓혀서 몸통부 내부사용공간을 넓히기로 했답니다. 그러고 대대적인 수술을 단행했답니다. 2층까지만 가던 C2-0기둥도 9층까지 올렸으며, 1-2층에 있던 1층기둥을 1층지붕끝까지 옮겼으며, 지하층 보강을 위해 지하외벽 기둥도 신설했답니다. 즉, 기둥을 더 보강하여 구조를 더 튼튼하게 했답니다.
물론 정면기둥폭비도 3:4:5:4:3으로 바꾸었답니다. 몸통부폭을 넓히다 보니, 외부진입 계단참폭이 2.7m에서 0.9로 쪼그라 들었답니다. 예전에 0.3이었던 진입계단입구참은 0.6으로 넓혔답니다.
1층진입 외부계단입구참을 0.6으로 한 것은 다보탑 계단에서 인지했답니다.

넓혀지고 보강된 단면도를 봅시다.

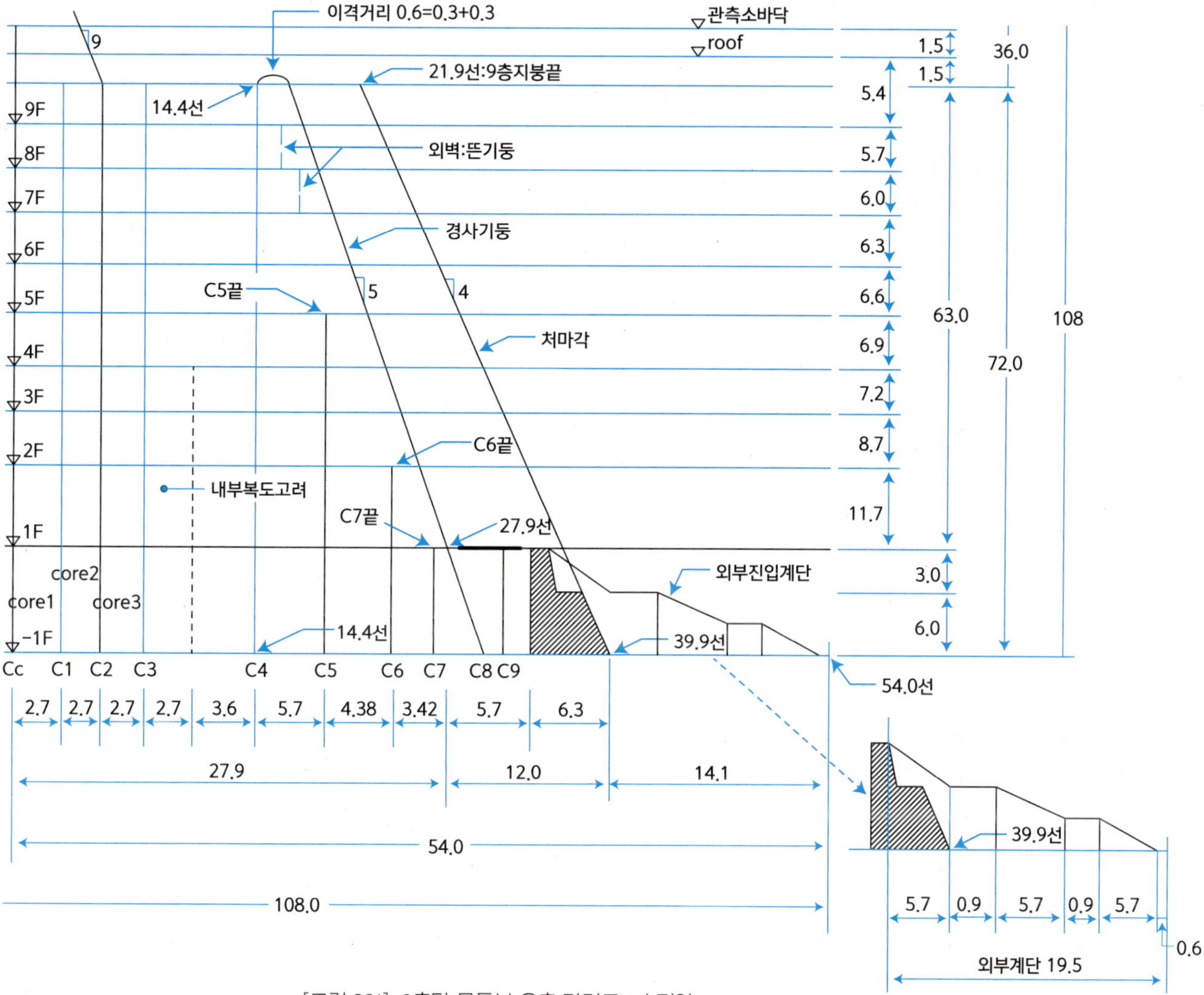

[그림 321] 9층탑 몸통부 우측 단면도 : 수정안

이 수정안이라는 건 현재까지의 최종안을 의미하며, 더 진화할 수도 있답니다. 9층탑의 수정된 1/8평면도도 다시 그려 봅시다.

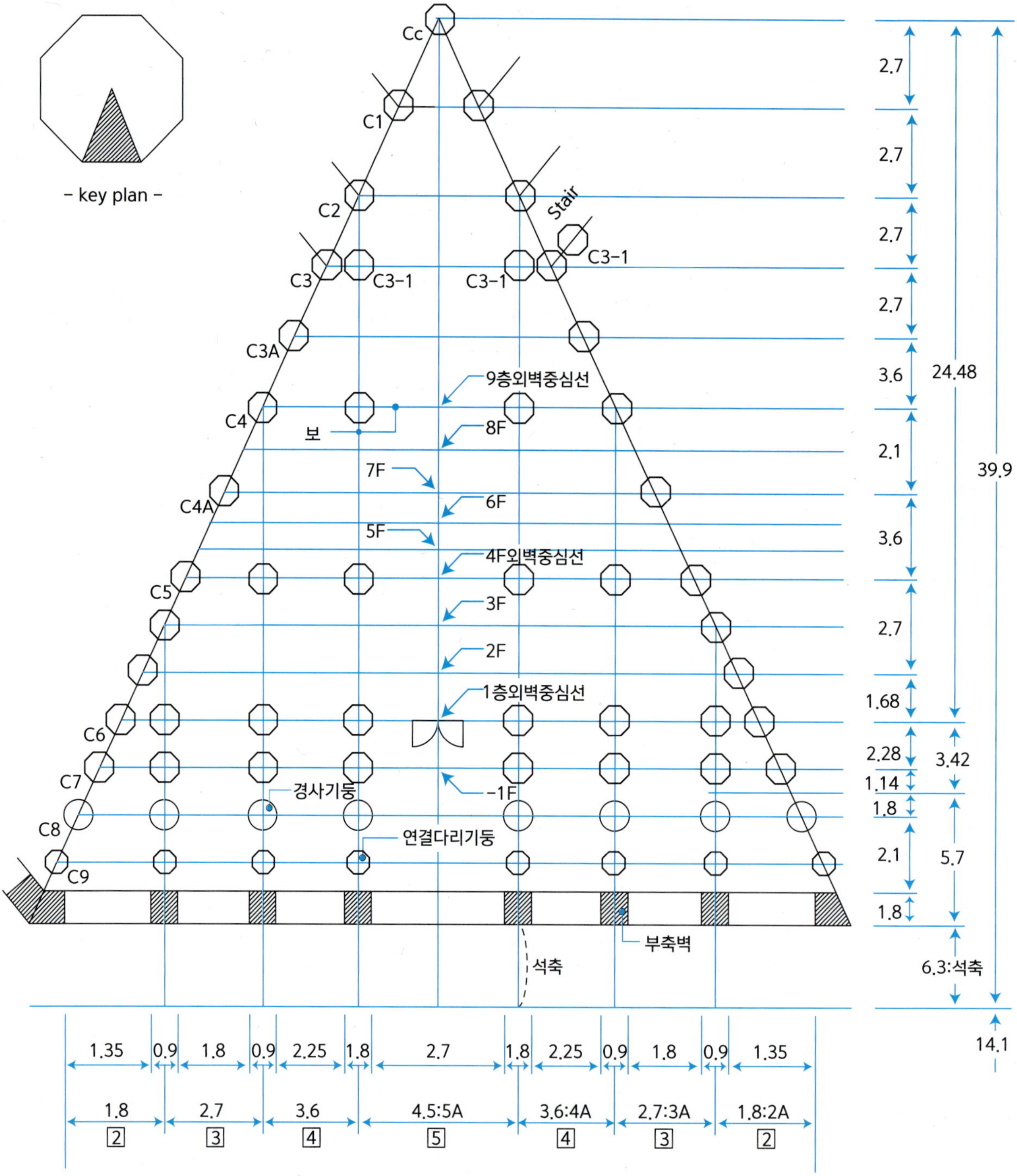

[그림 322] 9층탑 1/8 평면도 지하층기준 : 수정안

이제사 어느 정도 모양을 갖춘 것 같네요. C2-0기둥을 C3기둥으로 바꾸어 9층까지 올렸으며 거기다 다시 C3-1기둥을 신설했답니다. 관측소의 CF(뜬기둥) 기초판 보강을 위해서 C3-1기둥이 꼭 필요해서 보강시켰답니다. 보강을 시키다 보니 이 C3과 C3-1기둥이 저층에서 떡 들어붙어 버린답니다.

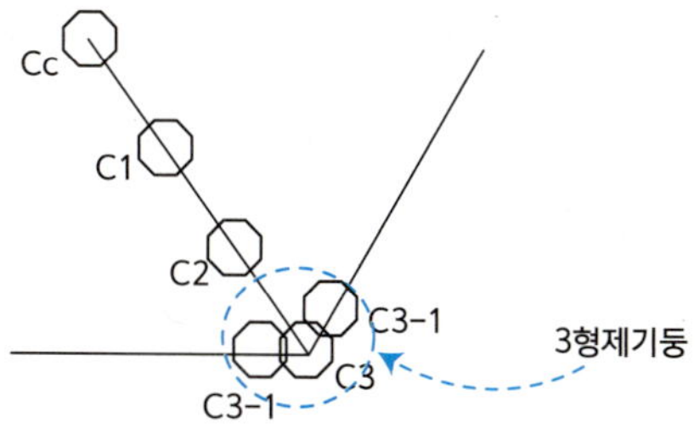

[그림 323] 3형제 기둥

지하층에서 약 22cm가 겹친답니다. 어느 정도 올라가다가는 떨어진답니다. 이 C3, C3-1기둥이 사이가 너무 좋은 것 같아서(?) 3형제기둥이라고 이름지었답니다. 들러붙어 있는 이 세기둥 중 어떤 놈이 단면적을 양보할지는 아무도 모른답니다? 몸통부폭이 양쪽으로 3.9m가 늘어나니 동선에도 변화가 발생되었답니다.

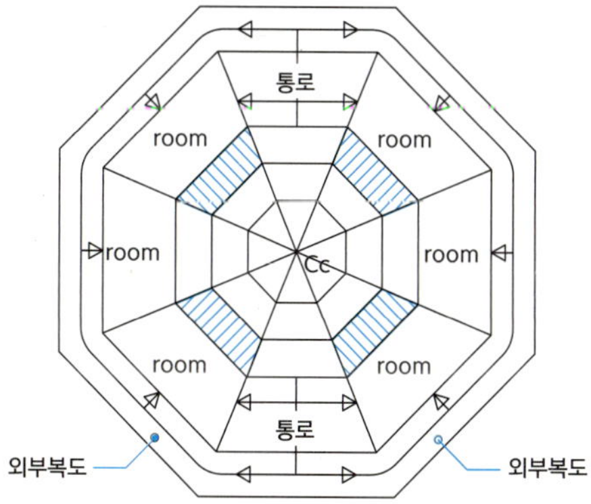

[그림 324] 처음 생각한 층동선

처음에는 몸통폭이 좁은 편이라 내부복도 내기가 조금 불편했었답니다.

내부복도를 내는만큼 사용공간이 그만큼 줄어들기 때문이랍니다.

처음에는 내부복도를 내지 않고 남북의 두 통로를 이용해서 일단 외부로 나가서 외부복도를 이용하여 각 방에 들어가는 동선을 생각했답니다. 물론 남북통로에 접하는 방은 중간에서 들어가도 될 겁니다.

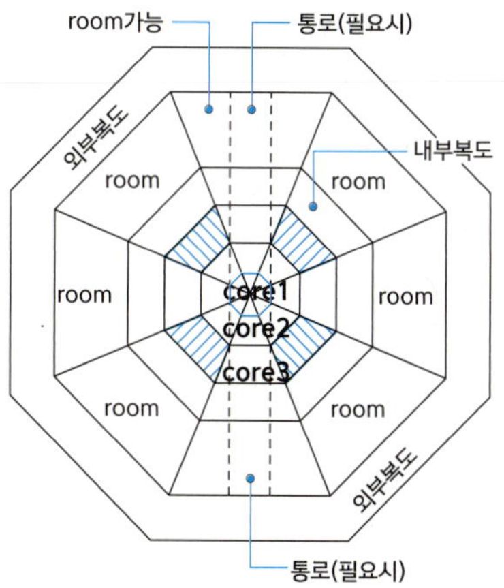

[그림 325] 3.9m 넓어진 후의 동선변화

건축물이 넓어져서 내부에 복도를 내게 되면 구태여 멀리 돌아서 방에 들어갈 필요없이 막바로 들어갈 수가 있답니다. 또한 남북통로(1층에는 필요)를 방으로도 사용이 가능할 수 있어서 8방을 다 쓸 수도 있답니다. 꼭 통로가 필요시 남북 2개소에 필요통로폭을 내면 된답니다. 물론 내부복도만큼은 사용공간이 줄어들 수는 있으나 남북의 2개방도 어느 정도까지는 사용할 수 있으며 더 중요한 것은 동선이 무척 단축이 된답니다.

건물폭이 넓어지니 동선에도 영향을 미치네요! 이 수정안은 정면폭비율을 3:4:5:4:3에 중점을 두었으며 역 비교분석법으로 치수 조정을 했답니다. 즉, 정면폭비율을 먼저 정한 후 귀기둥선과 교차되는 점에서 필요거리만큼 띄어서 내부기둥간 간격을 조절했답니다.

사실 이 정면폭비율에 맞추어서 내부기둥간격을 구하는 방법이 무척이나 힘이 든답니다.
가장 큰 문제는 두 개의 보가 너무 가까우면 보의 겹침현상이 발생되며, 보간거리가 너무 멀어지면 보가 기둥자체를 벗어나기도 한답니다. 그림을 그려서 잠깐 볼까요.

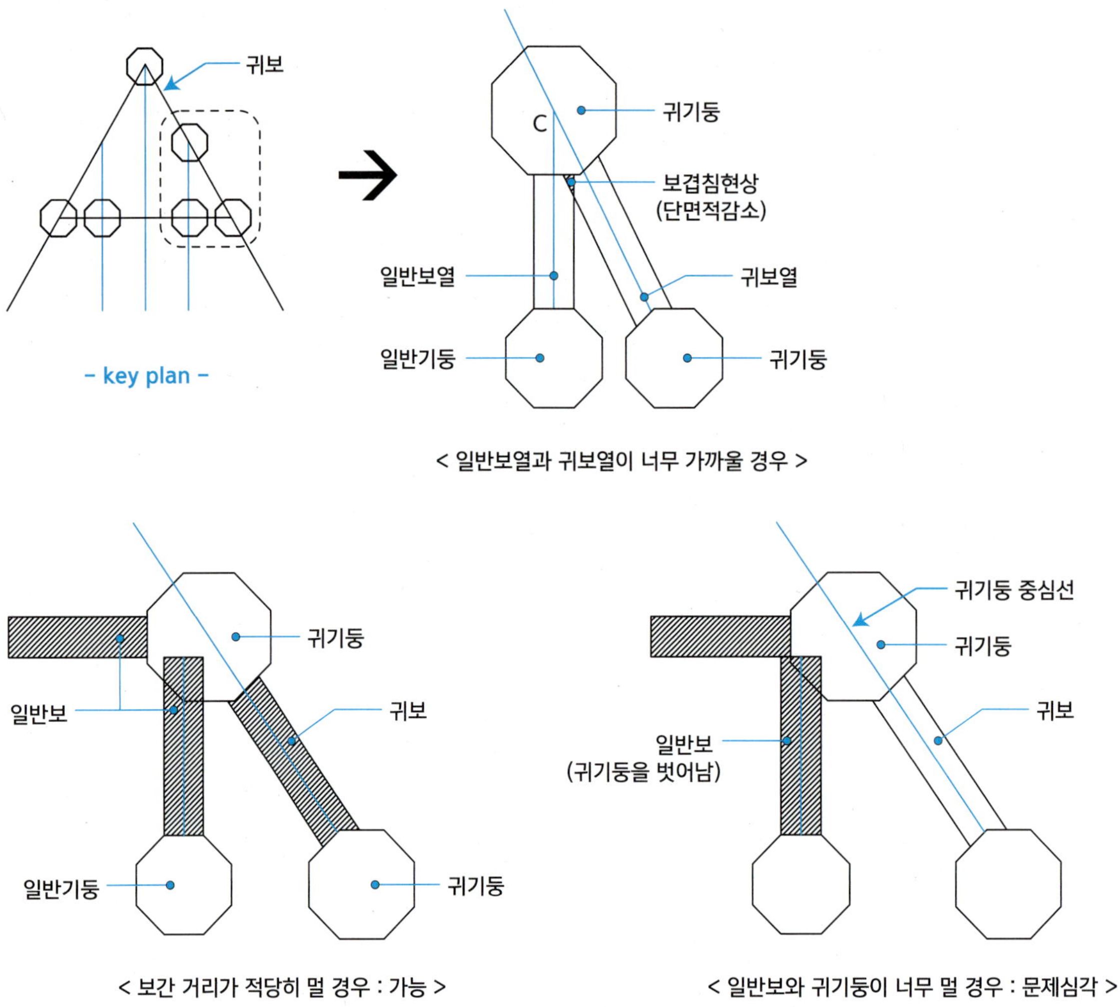

[그림 326] 귀보와 일반보의 보간거리 개념

두 보가 가까울 시는 위 그림과 같이 보의 겹침이 발생하여 보 단면적이 줄어든답니다.
참 난감하답니다.

앞 장의 밑그림과 같이 보간거리가 적당히 멀시는 보의 단면적감소는 없으나 귀기둥에 걸리는 일반보가 귀기둥의 중심선에서 멀어서 보기에도 조금은 불안해 보이지만, 너무 멀리 떨어지면 귀기둥을 벗어날 수도 있답니다. 이 일반보의 벗어남 현상은 발생이 되어서도 안되지만 귀기둥 끝쪽으로 너무 가면 보기에도 불안을 느끼게 된답니다.

정면폭비율이 정해지면 내부기둥간 거리맞추기에 매우 신중히 접근해야 한답니다. 보겹침도 극소화해야 하며, 보간거리도 적절한 내부기둥간격을 찾아야 한답니다. 아무리 정밀해도 정확히는 맞추기가 힘이 든답니다. 다만, 최대로 맞추는 수 밖에는 없답니다. 그나마 다행인 것은 귀기둥과 만나는 대부분의 일반보의 보길이가 조금 짧아서 구조적으로 덜 부담스럽답니다.

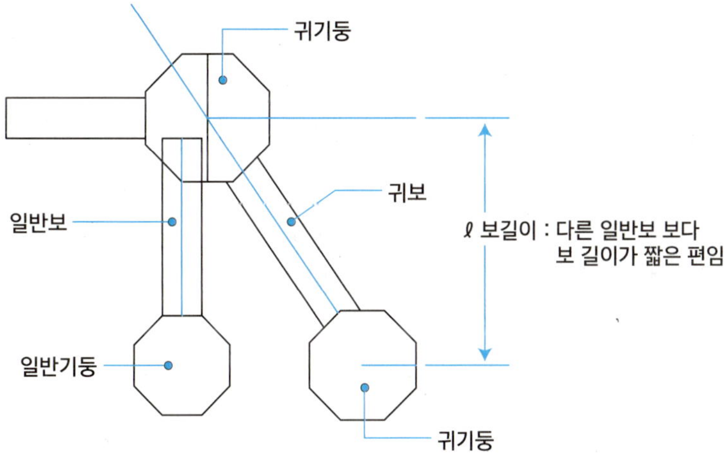

[그림 327] 귀기둥쪽 일반보 길이

평면도를 보다보니 기둥과 기둥간 치수만 보인답니다. 사실 평면 자체가 기둥이나 외벽 또는 칸막이벽과 치수 밖에 없는 아주 간단한 구조랍니다. 문도 있고 창문도 있겠네요?
9층탑 평면도를 대충 보셨으니 1층의 기둥크기는 도대체 얼마정도일까요.

1/8 평면도를 단순화해서 한번 봅시다.

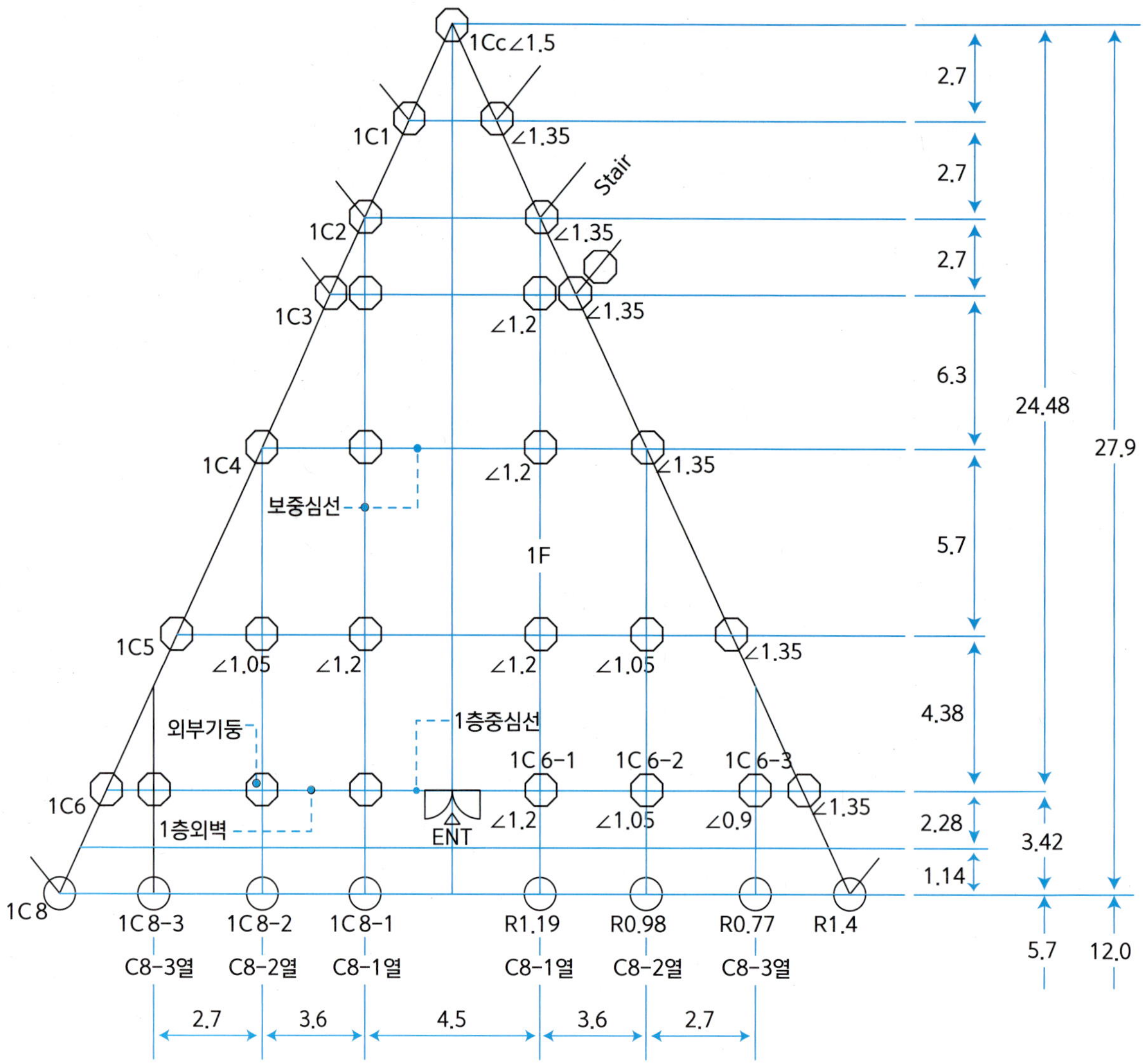

[그림 328] 9층탑 1층 기둥규격

먼저, 중앙기둥인 1Cc는 ∠1.5, 즉 8각기둥(∠)으로 기둥폭이 1.5m랍니다.

내부기둥 중 귀기둥을 먼저 봅시다.

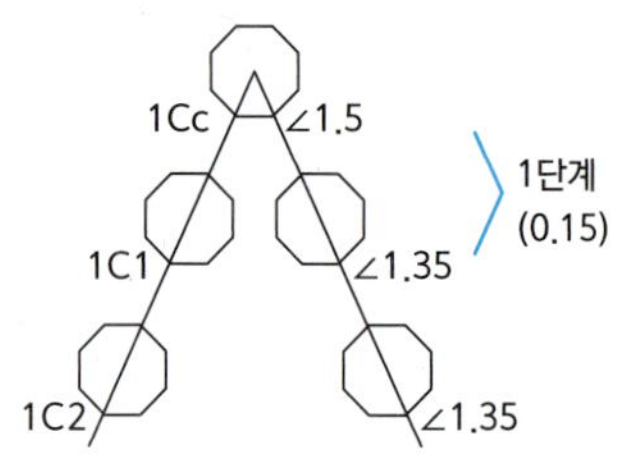

[그림 329] 귀기둥의 1단계 치수

귀선(귀기둥선)을 따르는 귀기둥은 Cc보다 15cm가 적은 1C1∠1.35, 1C2∠1.35 ……로 동일하답니다.

이 15cm는 5cm/층(수직기둥 층당증감계수)x3=15cm랍니다. 수직기둥 증감계수인 @5cm에다 3을 곱한수 15cm만큼 줄어 든답니다.

이 15cm를 수직기둥의 1단계라고 이름지었답니다.

즉, 일반귀기둥은 Cc(중앙기둥)보다 1단계 밑수인 15cm가 줄어든답니다. 다음은 횡열기둥을 봅시다.

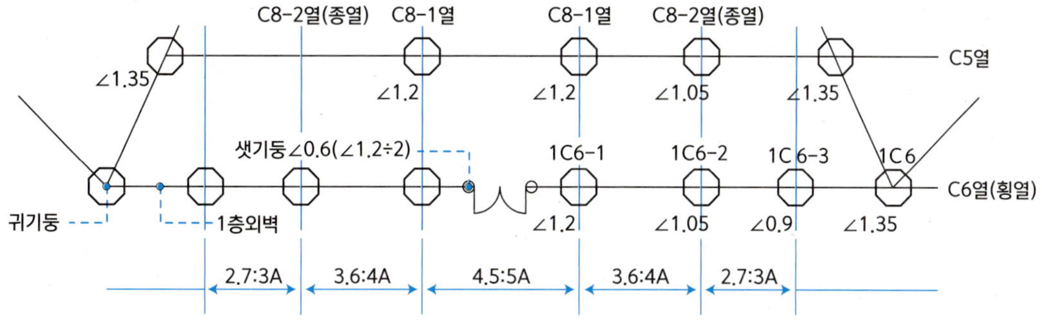

[그림 330] 횡열기둥의 단계치수개념

횡열기둥은 귀기둥이 ∠1.35이며, 내부에서부터 1C6-1∠1.2, 1C6-2∠1.05, 1C6-3∠0.9로 1단계(15cm)씩 줄어든답니다. 모든 열이 동일하게 줄어든답니다. 물론 종열기둥치수는 모두 동일할 겁니다.
중앙출입문 양옆에 있는 샛기둥(문기둥)은 1C6-1∠1.2의 반인 ∠0.6이 된답니다.

경사기둥인 C8열도 한번 보셔야죠.

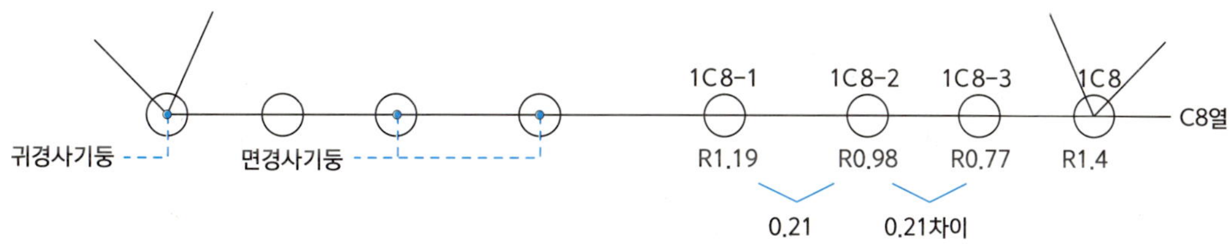

[그림 331] 경사기둥인 C8열 횡열기둥의 단계치수개념

수직기둥은 1단계가 15cm랍니다. 경사기둥의 1단계는 얼마일까요? 경사기둥의 층당 증감계수가 @7cm이므로 7cm x3=21cm가 경사기둥의 1단계가 될겁니다. 귀기둥인 1C8경사기둥은 수직기둥인 Cc와는 무관하게 자체 치수를 갖는답니다. 여러 경우의 수를 고려하여 1C8기둥규격을 R1.4로 정했답니다. 지름이 1.4m나 되네요.

내부에 있는 1C8-1은 1단계낮은 R1.19, 다음 1C8-2 R0.98, 막내인 1C8-3 R0.77이 된답니다.
이 기둥의 1단계치수는 수직기둥을 중심으로 볼 때, 제일 처음에는 같은 층의 내부기둥규격이 다 같지 않겠느냐고 생각했답니다. 그런데, 단면도를 유심히 보니, 꼭대기까지 가는 기둥도 있고, 9층까지 가는 기둥, 4층까지 올라가는 기둥, 1층까지 올라가는 기둥 등 기둥마다 올라가는 높이가 다르다는 걸 인지하고부터는 이 기둥규격이 각 열마다 다 같지가 않고 다를 수도 있다는 생각이 들기 시작했답니다.

제일 처음에는 5cm정도 차이이면 어떨까라고 생각해 봤는데, 줄어드는 폭이 너무 적어 별로 효과가 없을 것 같았답니다. 그 다음으로 10cm씩의 차이일 것이라고도 생각해 봤는데 역시 이 놈도 제 맴에 안들더랍니다. 그래서 5cm x 3 = 15cm정도면 되겠구나라고 생각한 순간 제 맴에 쏙 들어오더랍니다. 나중에 틀릴 때 틀리더라도 일단은 제 맴에 들어야 하거들랑요. 성깔이 좋은건가요? 지랄같은 건가요? 이 1단계 15cm는 어떤 수학적 근거가 있는 것이 아니고 건물모양을 조금 볼륨감있게 할려다 보니 제일 적당할 것 같아 제가 선택한 거랍니다.
그래도, 운이 좋은 건지 아직까지는 그리 거부반응은 못 느끼고 있네요?

9층탑 1층기둥규격을 보시고 어떤 생각이 드시는지요? 못 믿으시겠다구요? 우짜죠, 저도 똑같은 생각이 든답니다? 기둥규격을 유심히 잘 보시면 아시겠지만 어떤 한 기둥규격만 알아내면 탑 전체의 모든 기둥규격은 자동으로 나오게 되어 있답니다. 층당 5cm씩의 증감계수가 있고, 1단계 치수인 15cm도 있답니다. 어느 한 치수만 알면 자동으로 계산하지 못하는 친구는 지구상에 존재하지 않을 겁니다. 그렇다면 어느 한 치수를 어디에서 어떻게 찾으면 될까요? 어떤 한 기둥을 지정해서 임의 치수를 부여하자고요. good idea. 그럼 다른 기둥이 삐질 수도 있는디? 어! good idea인 어떤 한 기둥을 지정해서 치수를 부여하는 것이 맞네요. 아마도 우연의 일치겠죠?
이제 손발이 척척 맞네요. 같이 힘을 합쳐서 한번 풀어봅시다. 예! 기둥규격을 알아내려면 반드시 어떤 한 기둥을 지정하여 치수를 부여하는 수 밖에는 알 수 있는 방법이 없답니다. 다른 기둥이 삐지더라도. 어떤 기둥이 제일 만만하십니까? 제가 보니 만만한 기둥은 한 개도 없답니다. 그래도 제일 중앙에 있는 Cc(중앙기둥)가 쪼께 만만하게 보이네요? 이유는 간단하죠. 건물꼭대기 끝까지 올라가기 때문일 겁니다. 그럼, 제일 꼭대기에 있는 Cc의 기둥규격만 알아내면 전탑의 수직기둥규격은 자동으로 나오게 되어 있답니다.

이 만만한(?) Cc꼭대기의 기둥규격을 알아봅시다. 제일 꼭대기에 있는 기둥이 너무 약골이면 바람에 부러질 수도 있답니다. 제일 꼭대기 Cc규격이 30cm, 45cm, 60cm, 75cm …등 수도 없이 많이 나올 수 있는데 과연 어느 놈을 지정해야 구조적으로 안전할까요? 구조를 너무 의식하다가 꼭대기 Cc를 너무 크게 하면 지하층까지 내려오면 Cc규격이 너무너무 커진답니다. 아마도 목재 구하기조차 힘들 겁니다. 안전하면서도 적당한 꼭대기 Cc규격을 알아내야만 한답니다. 근데 어떻게 알아내죠?
그렇다고 무대포식으로 일방적으로 지정하기도 좀 그렇네요? 해법을 찾으셨나요? 어! 전 벌써 찾아내어 버렸네요. 바로 관측소구조에 해답이 있답니다.

관측소 꼭대기를 한번 봅시다. 어디선가에서 한 두번쯤은 보셨을 듯하네요.

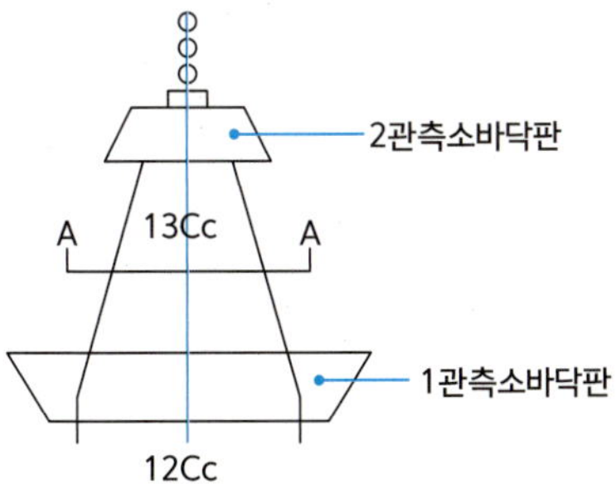

[그림 332] 9층탑 2관측소 생김새

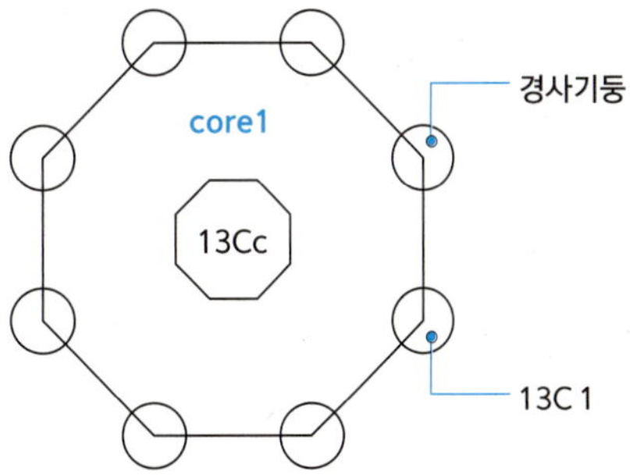

[그림 333] 9층탑꼭대기 2관측소 평면도 : A-A단면도

9층탑의 제일 꼭대기 2관측소의 단면도와 평면도입니다. 무지 간단한 구조랍니다. 기둥을 다 합쳐봐야 9개 밖에 안되네요? 13Cc라고한 13은 층을 의미하는 것이 아니라 Cc기둥이 9층에서 4기둥이 더 올라온다는 의미랍니다. 평면도는 13Cc 1개와 13C1 8개로 9개기둥이 있답니다. 평면이라 해봐야 달랑 계단실인 core1만 있네요. 이 core1 계단구조가 아주 특이하답니다.

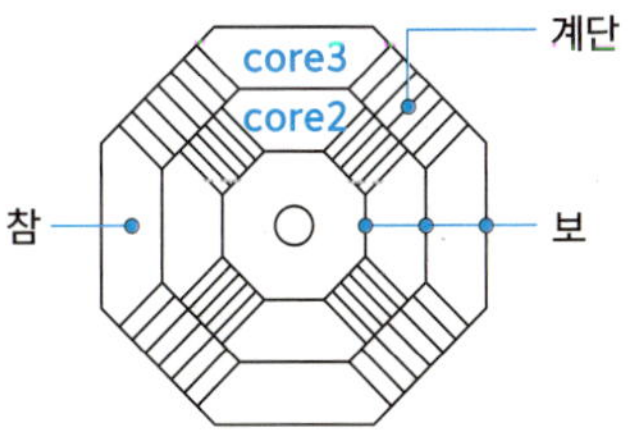

[그림 334] core2·3계단실 개념

먼저 core2&3 계단실을 보실까요? 계단을 잠깐 보시면 동·서·남·북 면은 계단참이며, 대각면인 4곳이 계단이 된답니다. 그래서 1/4회전씩 4번을 올라가면 4/4계단이 되며 계단 층고가 된답니다.

이 core2·3 계단을 보시면 기둥 양 옆에 보가 존재해서 계단디딤판(Tread)을 얹어 놓을 수가 있는 구조랍니다. 그럼 core1계단을 보실까요.

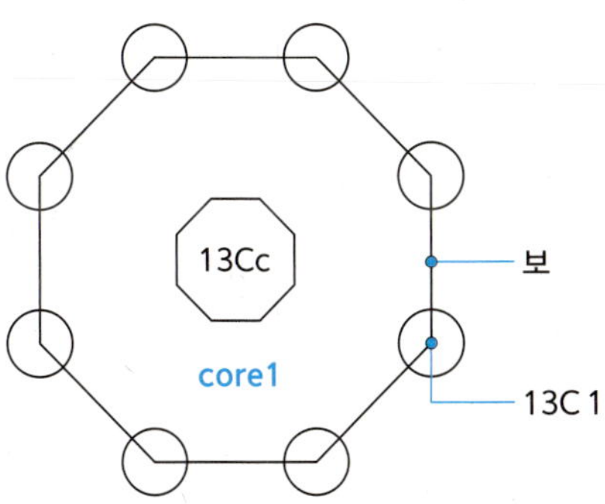

[그림 335] core1 계단실 개념

이 core1 계단은 13C1기둥에만 보설치가 가능하며, 13Cc는 기둥 지 혼자만 있으니 보를 걸칠 수가 없는 구조랍니다. 즉, 디딤판을 얹을려며는 바로 이 13Cc기둥이 보역할도 동시에 해야만이 디딤판을 걸칠 수가 있답니다. 이제까지 대충 맞은 것 같나요? 제가 글끈이 쪼께 짧아하야?

다시 13Cc기둥을 확대해 봅시다.
이 Cc기둥이 계단 디딤판을 받칠 수 있는 최대범위는 W가 될 겁니다.

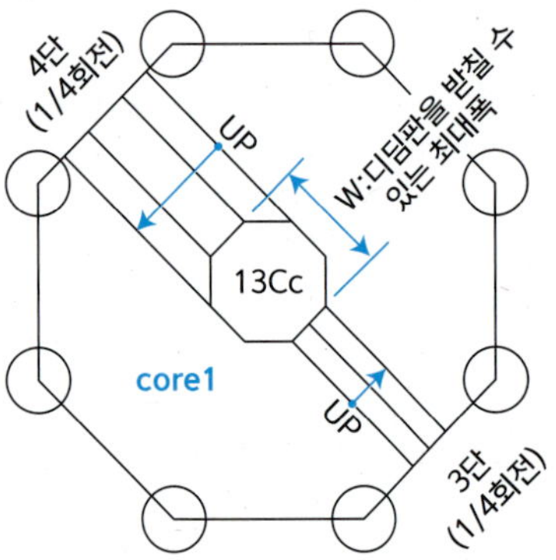

[그림 336] core1 계단실시 최대단수

즉, 이 W는 8각기둥의 기둥폭이기도 하답니다.
계단단수가 3단이면 4/4 회전시 4x3단 = 12단이랍니다.
한단 높이가 18cm라면 12단x18 cm=2.16이랍니다.
즉, 계단층고가 2.16이라는 말인데, 이 2.16계단층고는 보춤 등 여러 조건을 분석해 보면 너무 낮아서 고개를 숙이고 올라가야만 한답니다.

그래서 1/4회전이 4단이 되어야 4/4회전시 계단단수가 4단x4=16단으로 계단층고가 16단x0.18=2.88이 되어서 느긋하게 룰루랄라 계단을 올라갈 수가 있답니다. 그럼 1/4회전에서 4단이 되려면, 일반적으로 계단디딤판폭 T=0.3정도이므로 0.3x(4단-1단)=0.9가 되어야 1/4회전 계단에서 4단이 나올 수가 있답니다.

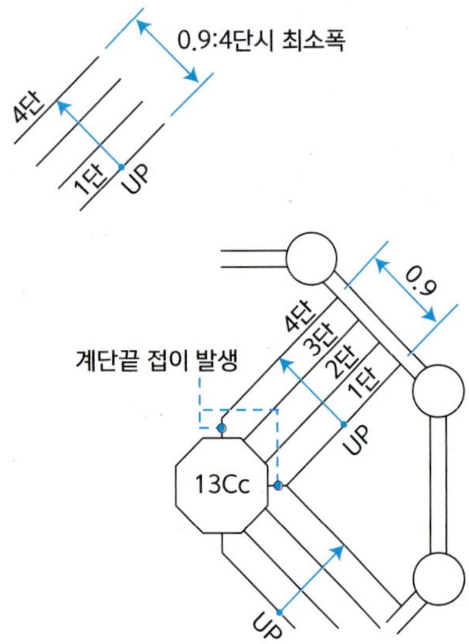

[그림 337] 13Cc가 ∠0.9라도 디딤판이 겹침

즉, 최소계단폭이 0.9는 되어야만이 계단이 성립될 수 있다는 의미이겠지요.
사실 이 Cc폭 0.9도 약간은 빡빡하답니다. 어쩌면 디딤판폭을 T=0.3에서 T=0.27(0.24)까지 줄여야 될지도 모른답니다.

다시 그려 봅시다. 이 13Cc를 ∠0.9로 해도 T=0.3일 경우 너무 빡빡하여 디딤판을 접어야 할 정도랍니다.
그렇다고 13Cc 규격을 키우기도 그렇답니다.
그래서 계단성립이 가능한 최소폭인 0.9를 13Cc 기둥폭으로 정했답니다.

같이 푸시니 제 생각이 그럴듯 한가요? 13Cc를 더 줄이자고요? 그만 줄입시다.
너무 줄이면 시공이 너무 힘들 겁니다.
참고로, 13Cc가 ∠0.9로만 구성이 되어 있으면 계단디딤판이 밑으로 쑥 빠져버리는데 우짜죠?
난리가 났네요.
기둥을 파서 넣자고요?

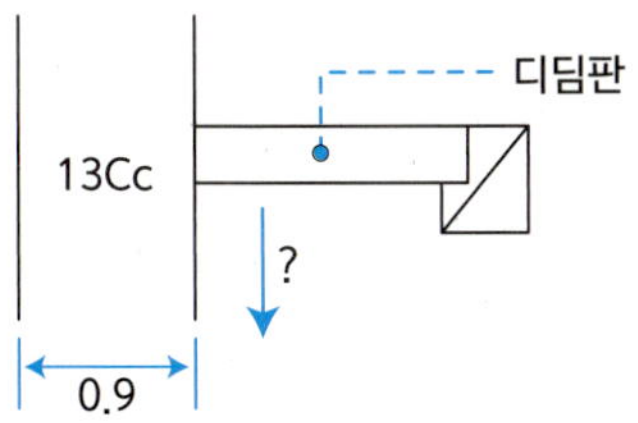

[그림 338] 13Cc가∠0.9만일시 디딤판 흘러내림

너무 촌스럽답니다.
신라인들은 그리 촌스럽지가 않답니다. 너무 세련되어 있어 머리가 아플 지경이랍니다.
기둥에 흠집 하나 안 낸답니다. 어떻게 해결했을까요?

이 13Cc ∠0.9라는 기둥은 실제로는 폭이 1.08이나 되는 무지 큰 기둥이랍니다.

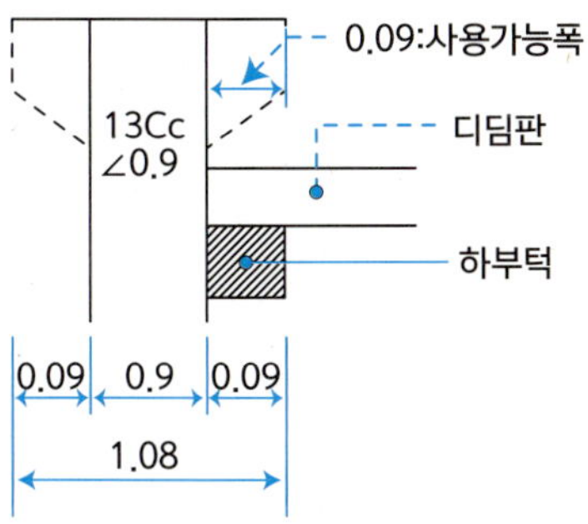

[그림 339] 실제 13Cc 기둥구조

즉, 원기둥 90cm에 양쪽으로 9cm씩 여유턱이 존재한답니다. 좌측 그림에서 보듯이 디딤판을 놓으면 9cm나 되는 턱이 튼튼하게 받쳐준답니다.
왜 힘들게 기둥을 파내서 디딤판을 쑤셔 넣습니까?
2cm를 팔까요, 3cm를 따낼까요?
그 디딤판이 과연 얼마나 오래 버틸까요?

신라탑기둥은 보가 걸쳐지든 디딤판을 걸치든 단면적감소가 전혀 일어나지 않는 아주 합리적인 기둥이랍니다.

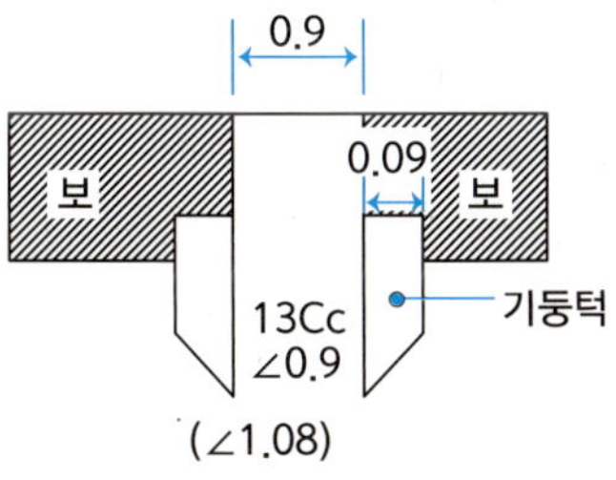

[그림 340] 기둥의 보받침턱

보를 걸쳐볼까요. 기둥치수인 0.9는 온전하게 살아있으며, 기둥턱 9cm가 툭 튀어나와서 단단하게 보를 받쳐준답니다. 창문의 상인방 등도 다 같은 원리랍니다.
이 기둥턱이 본 기둥의 보조역할을 한답니다.

엄밀히는 ∠0.9라기보다 기둥규격을 ∠1.08로 표현하는 것도 일견 맞는 것도 같은데 턱을 제외한 기둥몸통이 ∠0.9라서 그냥 ∠0.9라고 표기한답니다. 정식 표기는 이렇답니다. ∠0.9(∠1.08)라고 쓰면 보기가 편리하답니다. 이제 9층탑 1층기둥규격이 어떻게 나왔는지를 이해하셨으리라 믿습니다.
바로 최상단 중앙기둥인 13Cc규격에서 나왔답니다. 이 최상단 중앙기둥규격이 바뀌면 자동으로 모든 기둥 규격은 바뀌게 된답니다. 9층탑 평면도만 보기가 쪼께 그렇네요. 7층탑이 나도 낑가 달랍니다.
7층탑은 관측소가 1개인 외관측소군(1~7층탑)의 왕이랍니다. 낑가 줍시다.
어차피 공짠데? 탑 평면도나 단면도에서 가장 중요한 정면 중앙폭계산법을 전에도 잠깐은 말씀드렸습니다만 다시 한번 더 봅시다. 눈에 익어야만 이해하기가 쉽답니다. 먼저 9층탑부터 볼까요.

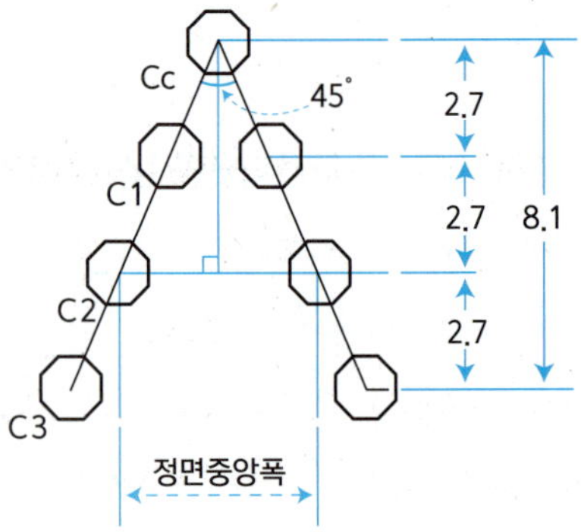

[그림 341] 9층탑 정면중앙폭

정면중앙폭은 C2 기둥간 거리에서 나온다고 말씀드렸을 겁니다.

C2 기둥간 폭 = 2tan22.5r = 2tan22.5 x 5.4 = 4.4735,

W = 4.4735에 제일 가까운 정수가 4.5m일 겁니다.

A = 4.5 ÷ 5 = 0.9로 이 0.9가 서까래간격이 될 겁니다.

모든 정면 폭은 바로 이 서까래폭 A의 배수로 결정될 겁니다.

그렇다면, 7층 정면중앙폭은 얼마일까요? 갑자기 헷갈리시죠. 9층탑보다는 적을 확률이 높을 겁니다. 제가 9층탑 core 폭을 2.7로 했답니다. 제일 처음에는 탑마다 30cm 차이가 나는 걸로 생각하고 7층탑 core는 2.4, 5층탑 core는 2.1m…… 이렇게 생각했는데, 너무 급격히 줄어드는 것 같아서 15cm로 줄여서 계산해 봤답니다. 즉, 7층탑 core폭은 2.55, 5층탑 core폭은 2.4, 3층탑 core폭은 2.25, 1층탑 core폭은 2.1로 넣어보니 희한하게도 제 마음에 쏙 들어오더랍니다. 맞는지 틀렸는지를 떠나서 일단은 제 마음에 들어야 제가 힘을 내겠죠. 아닝가? 7층탑 정면중앙폭을 계산해 봅시다. 간단할 겁니다.

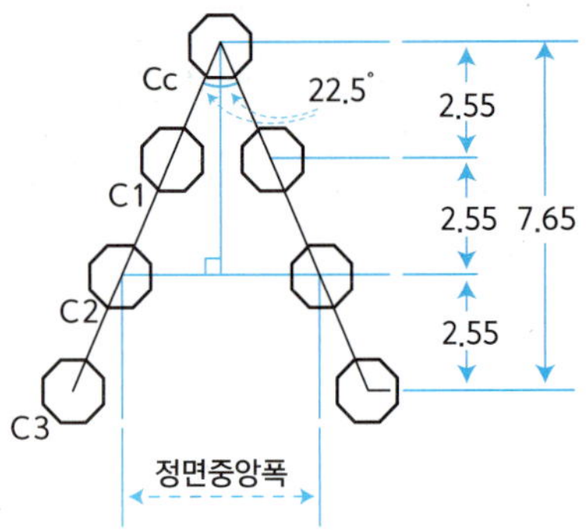

[그림 342] 7층탑 정면중앙폭

정면중앙폭 = C2간거리 = 2tan22.5r = 2tan22.5 x5.1 = 4.2249, 이 W = 4.2249에 근접하는 큰 정수는 4.2m가 될 겁니다.

A = 4.2 ÷ 5 = 0.84 서까래 간격이 0.84네요.

9층탑보다 6cm가 적네! 그래도 2개로는 확신이 가지 않으니 5층탑 정면중앙폭도 한번더 확인해 봅시다.

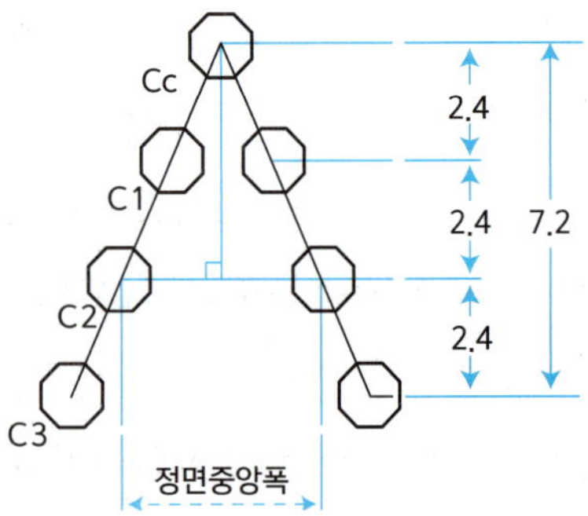

[그림 343] 5층탑 정면중앙폭

정말로 동일법칙을 적용해도 되는지 확인해야겠죠.

정면중앙폭 = 2tan22.5r = 2tan22.5x4.8 = 3.9764,

W = 3.9764에 근접하는 큰 정수는 3.9m가 될 겁니다.

A = 3.9 ÷ 5 = 0.78, 서까래간격이 0.78이네요.

세 탑을 비교해 보시면 정면중앙폭은 30cm씩, 서까래간격은 6cm씩의 증감계수가 나온답니다. 그럼 나머지 1, 3층탑도 아마도 동일할 겁니다. 제 경험상? 8각형건축물의 가장 큰 특징은 각 1변의 길이가 반드시 소수점이 발생된답니다. 제일 처음에는 이 소수점 때문에 무지 골치를 썪였는데 자꾸 보다보니 당연한 걸로 받아들여지면서 자연발생적(?)이라는 걸 알았답니다. 9층탑의 정면중앙폭은 4.5m인데, 실제 C2간 거리는 4.4735로 4.5m보다 적답니다. 무얼의미 할까요? 그려 봅시다.

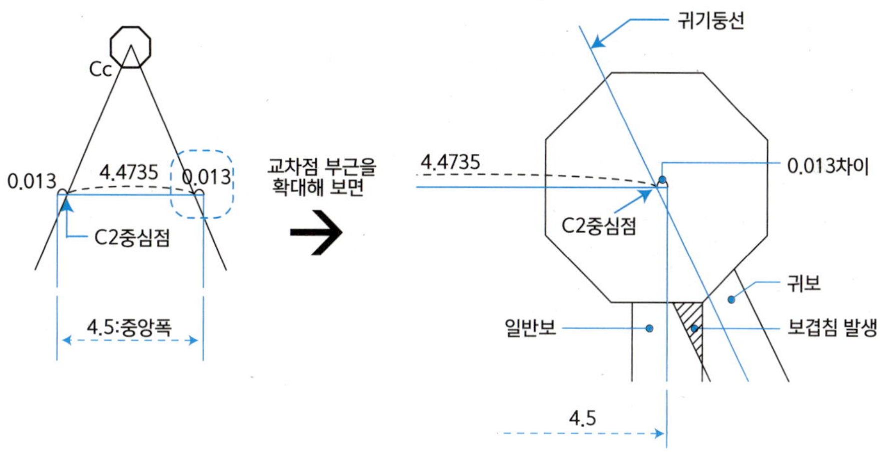

[그림 344] 9층탑 실제 정면중앙폭과 이론중앙폭 : 다름

보시듯이 일반보가 C2 중심선보다 0.013 더 우측으로 이동하다 보니 귀보와 겹침현상이 발생되어 보의 단면적감소가 발생된다는 걸 의미한답니다. 시공상 유의가 필요하겠죠.

5층탑 중앙폭을 한번 보실까요?

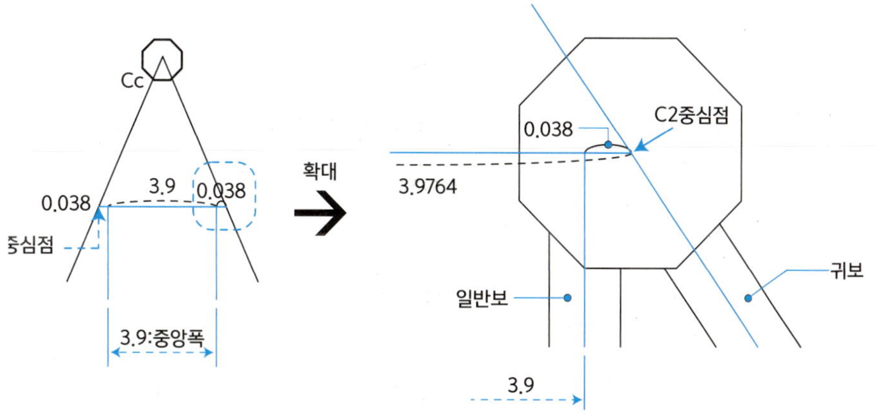

[그림 345] 5층탑 실제 정면중앙폭과 이론중앙폭 : 다름

보시다시피 일반보가 C2중심선보다 좌측으로 3.8cm정도 이동되어 있어서 일반보와 귀보의 이격거리가 약간 더 멀어져 있답니다. 그러면, 두 보가 혹시 겹치더라도 덜 겹쳐질 수도 있으며 상황에 따라

서는 두 보가 떨어져 있을 수도 있답니다.(기둥규격과 보폭에 따라 바뀜) 치수차이는 크지 않지만 실치수와 정면폭치수는 차이가 있답니다. 다만, 보겹침의 정도 차이만 조금 있을 뿐이랍니다.

대부분 귀기둥과 만나는 일반보는 보길이가 다른 일반보보다는 짧아서 보 단면적감소가 발생되더라도 크게 문제는 되지 않을 겁니다. 제가 항상 어떤 계산이 끝나면 비교표를 만들어 보시면 편리하다고 말씀드렸을 겁니다.

탑명	core폭	중앙칸폭	서까래폭	비고
9층탑	2.7	4.5	0.9	5A
7층탑	2.55	4.2	0.84	
5층탑	2.4	3.9	0.78	
3층탑	2.25	3.6	0.72	
1층탑	2.1	3.3	0.66	
	@0.15	@0.3	@0.06	
1층탑	2.1	2.7	0.9	석굴암
-1층탑	1.95	-	-	첨성대
	@0.15	-		

[표 28] 일반목탑 core폭과 정면 중앙폭 비교표

한눈에 확 들어오네요.
근데 너무 쉽게 나오면 좀 싱겁답니다.
힘들여 풀고나면 만족도가 더 나은디.
첨성대는 정면폭이 없으며 지붕바닥구조상 서까래도 없답니다.
재미있는 건 1층탑인 석굴암인데 이 석굴암은 중앙기둥(Cc)이 없으므로(꼭다리에만 있음) core가 애매하답니다.

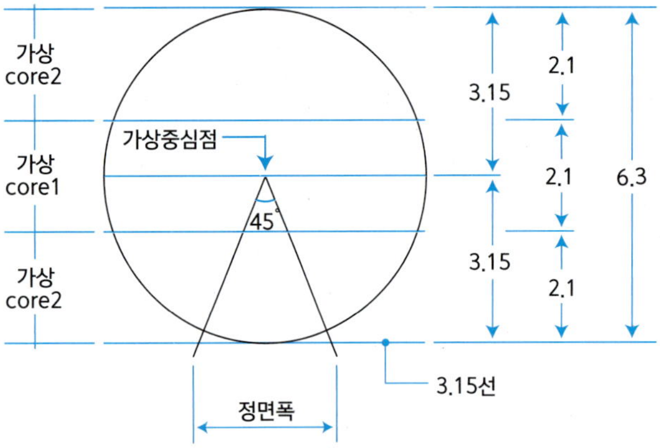

[그림 346] 석굴암 정면폭 개념

그래도 중간에 있는 core를 core1이라고 하겠습니다. 그러면 core폭이 2.1m로 core4까지 나온답니다.

석굴암의 정면폭을 구해 볼까요.

정면폭 = 2 tan22.5r = 2 tan22.5 x 3.15 = 2.6095가 나오네요.

W = 2.6095에 가장 가까운 큰 정수는 2.7이 될 겁니다.

∴ 석굴암 정면폭 = 2.7로서 2.7 = 0.9 x 3 = 3A가 된답니다. 물론 A는 서까래 폭이겠죠.

정면폭 2.7이 순폭이 아니고 기둥 ∠0.6을 뺀 2.1이 순수통로폭이 될 겁니다.

이제까지 딴 얘기하고 있었네요?

다시 7층탑으로 돌아와야죠! 와따리가따리 하다보니 정신이 하나도 없네. 이 7층탑도 제일 처음에는 어떤 Grid가 있지 않나 하고 여러 많은 시도도 해 보았고, 9층탑과 동일각(처마각, 경사기둥각)인 줄 알고 무대포로 부딪혔답니다. 계단단높이(R)도 당연히 15cm일 거라고 생각하고 도전했겠죠.

엄청 많은 시간을 투입했지만 참패했답니다. 다행이나마 9층탑과 처마각과 경사기둥각이 서로 다르다는 걸 인지했으며, 이쁜 공통수를 알아내고부터는 급속도로 해결이 되었답니다.

사실은 어떻게 풀었는지도 모를 정도로 빨리 풀었답니다. 실제로 이 7층탑의 평면과 단면도는 9층탑보다도 훨씬 더 많이 풀었답니다. 9층탑은 어찌 되었건 너무 간단히 해결이 되었는데 이놈의 7층탑은 풀리지가 않아서 무지 헤맸답니다. 그래서 엉터리인 최초안은 있을지라도 최초안도 없고 수정안도 없답니다. 9층탑과 똑같이 정면폭을 먼저 결정하고 내부기둥폭을 역비교공법으로 풀었답니다.

7층탑몸통부 반쪽 단면도를 봅시다.

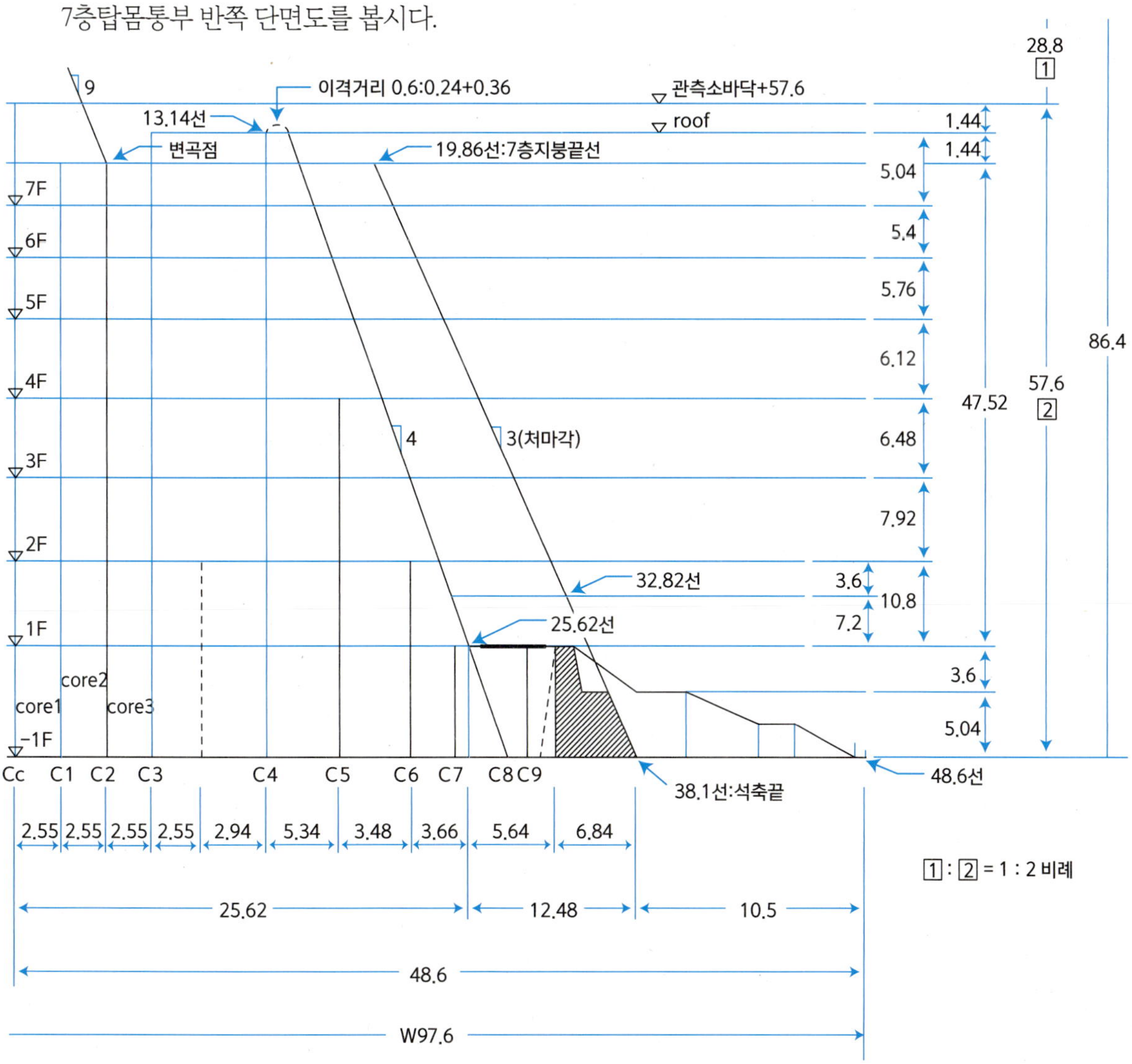

[그림 347] 7층탑 몸통부 반쪽 단면도

9층탑 보다는 잔수(cm단위)가 조금 많답니다. 7층탑 1/8평면도도 그려 봐야겠죠.

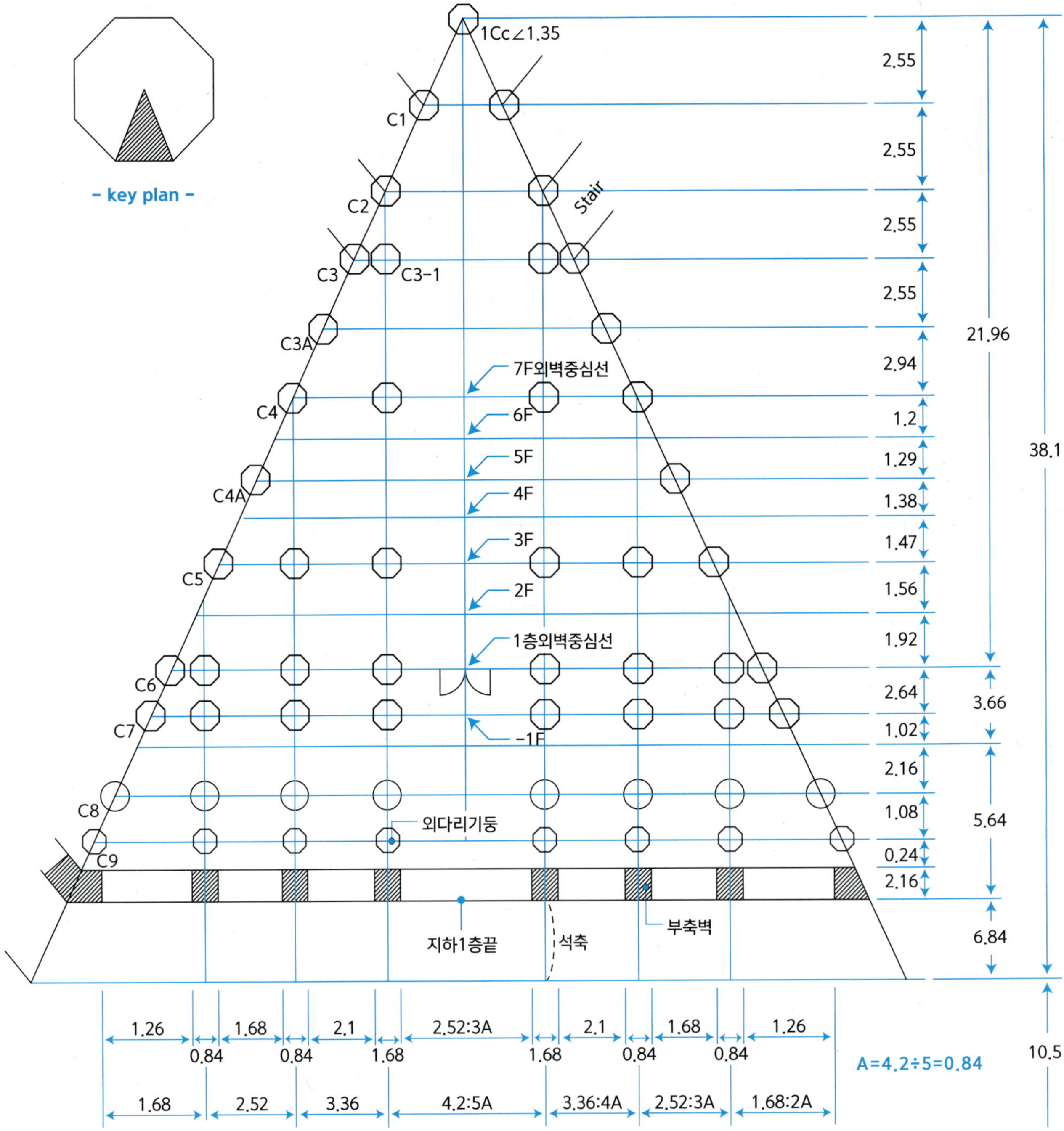

[그림 348] 7층탑 1/8평면도 - 지하층기준

7층탑도 정면폭비율을 3:4:5:4:3으로 했답니다. 물론 전 탑 동일하답니다. 7층탑 1Cc는 ∠1.35랍니다. 9층탑 1Cc가 ∠1.5라고 했을겁니다. 이제 1Cc의 규격은 감을 잡으셨을 겁니다.
9층탑 1Cc ∠1.5, 7층탑 1Cc∠1.35, 5층탑은 자동으로 1Cc∠1.2, 3층탑은 1Cc∠1.05, 1층탑 1Cc∠0.9가 된답니다. 즉, 각 탑마다 @0.15의 증감계수가 된답니다.
이젠 전 탑의 수직기둥 치수는 지가 알아서 나올 겁니다. 웃기죠! 9층탑의 2관측소 기둥1개 규격이 전 탑의 전 수직기둥 치수를 알으켜 준답니다. 그런데, 경사기둥(C8)은 약간 다르답니다.
9층탑 1C8 R1.4, 7층탑 1C8 R1.26으로 @0.14차이가 난답니다. 1단계인 0.21이 아니라 2/3단계 차이가 나네요. 이유는 모든 경사기둥의 최상층 경사기둥 규격을 R0.84로 했기때문이랍니다.
즉, 9층탑의 9층경사기둥은 R0.84이며, 7층탑의 7층경사기둥도 R0.84랍니다.

계산을 해 보시면, 9층탑 1C8 R1.4, 7층탑은 1C8 R1.26, 5층탑은 1C8 R1.12, 3층탑은 1C8 R0.98, 1층탑 1층외부경사 기둥은 1C8 R0.84가 된답니다. 외부경사기둥은 1단계인 21cm를 적용하면 기둥규격이 너무 급격히 줄어들어서, 상부층 경사기둥 규격이 꼬장갱이 같이 가늘어지기 때문에, 경사기둥은 그 탑의 최상층을 R0.84로 해서 역으로 내려온답니다.
실제론, 이론상 수직기둥 줄어듬 치수는 0.15x1.2배=0.18(@0.18)이며, 경사기둥인 원형기둥의 줄어듬 치수는 $0.14 \times \frac{9}{7} = 0.18$(@0.18)로, 수직기둥과 원형기둥의 증감계수는 @0.18로 동일하답니다.(기둥의 날개턱까지의 폭기준임 : 실제 기둥폭을 이름) 이젠 제가 별도로 기둥규격을 각 탑마다 각 층마다 표기를 하지 않아도 계산이 가능할 겁니다. 사실은 계산을 할 필요까진 없답니다. 눈으로 보면 자동으로 나온답니다.

나머지 1·3·5층탑의 평면과 단면도도 똑같은 방법으로 접근하시면 된답니다. core폭과 서까래폭을 아시니, 1층진입 외부계단길이만 조금 유의하시면, 언제든지 풀 수 있을겁니다. 건물폭은 이 외부진입 계단길이가 쥐고 있다고 해도 과언이 아니랍니다.
시간나시면 한번들 풀어보십시오. 7층탑 얘기를 하다보니 생각나는 것이 하나 있어서 같이 생각해봅시다. 어느 날 옥룡암7층탑조각 사진을 보다가 뭔가가 조금 이상하다는 느낌을 받았답니다.
저는 항상 석축이 상석축과 하석축이 1:2 비율일 거라고 생각했답니다. 9층탑석축을 보시면 육안으로도 1:2 비율에 가깝고 실제로 자를 갖다대 봐도 거의 1:2 비율이랍니다.

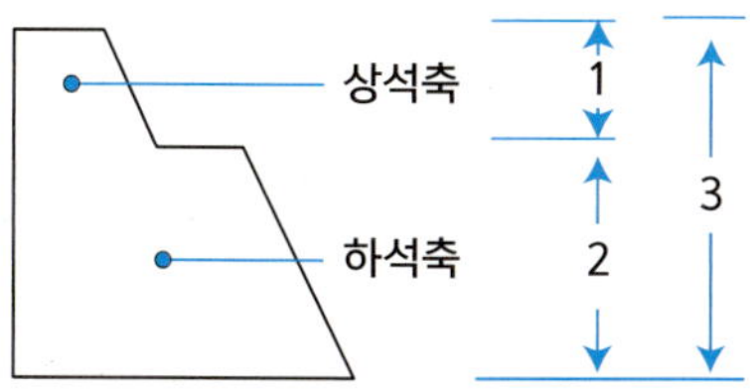

[그림 349] 9층탑 석축비율

그런데, 7층탑 석축을 유심히 보는 순간 뭐 이런게 다 있지라는 생각이 들더랍니다. 제가 뭘 봤을까요?
7층탑 석축이 이렇게 생겼더랍니다.

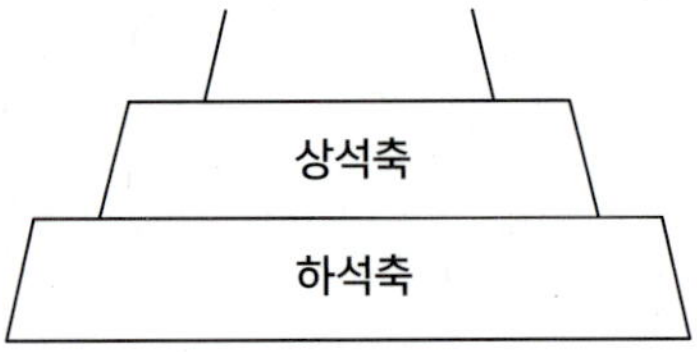

[그림 350] 7층탑 석축형상

석축조각은 완전 수평이 아니라 위로 약간 둥그스럼하게 조각이 되어 있답니다. 아마! 우리 석공 아지아가 한잔 걸치시고 조각한 것 같답니다. 그런데, 여기서 뭐가 이상한 걸까요? 혹시 보이시는 분 계십니까? 다시 한번 인터넷 등에 있는 사진을 한번 확인해 보십시오.

건성으로 보시면 보이지 않는답니다. 웃기게 말씀드리면 목숨을 걸고(?) 보셔야 보인답니다. 이제사 보이실 겁니다. 바로 상석축과 하석축의 비례관계랍니다.

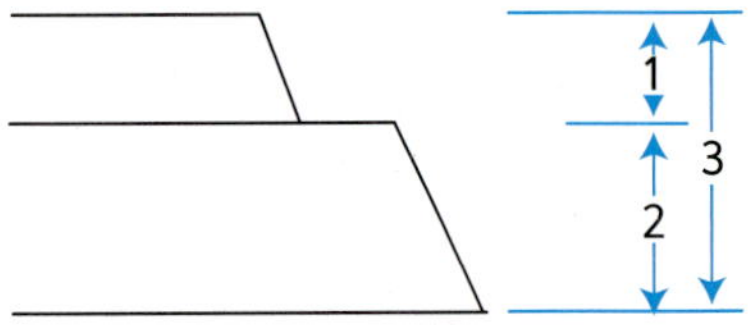

[그림 351] 1:2 비율시 석축형상

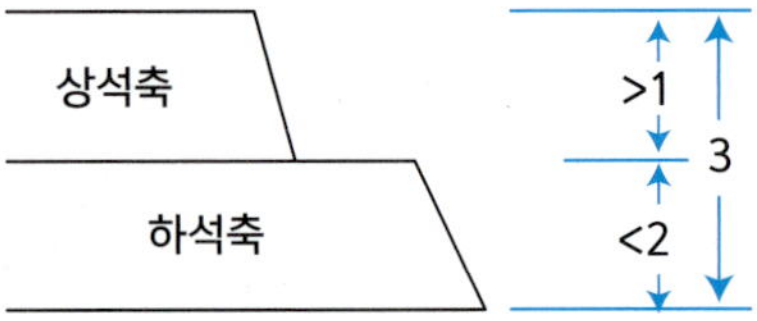

[그림 352] 7층탑 석축형상:상석축은 1비율보다 크고 하석축은 2비율보다 적음

제 생각으로는 최소한 육안으로라도 1:2 비율이 되어야 하는데, 아무리 쳐다봐도 1:2 비율이 아니어서 직접 자로 재어보니 비율1은 1보다 크고, 비율2는 2보다 적더랍니다. 머 이런게 다 있지? 이유가 뭐지? 혹시 우리석공아지아가 한잔 하시고 잘못 새겼나? 별의별 생각을 다 해봐도 알 수 있는 길이 없더랍니다. 당연히 길고 긴 장고에 들어갔을 겁니다. 여러분이 보시기엔 별문제가 없다고 생각되십니까? 외부진입계단이 3단으로 되어 있는데도 문제가 없다고요? 3단 외부계단 높이가 다 달라지게 생겼답니다. 석공 아지아가 한잔 드시고 새겼었는지 아니면 제정신으로 새겼는지를 한번 가려보는 것도 재미있을 겁니다? 저는 제정신으로 새겼다는데 방점을 찍겠답니다.

왜 1:2 비율이 아닌지를 지금부터 같이 풀어봅시다. 먼저 상석축 외부경사각을 구해야겠지요.

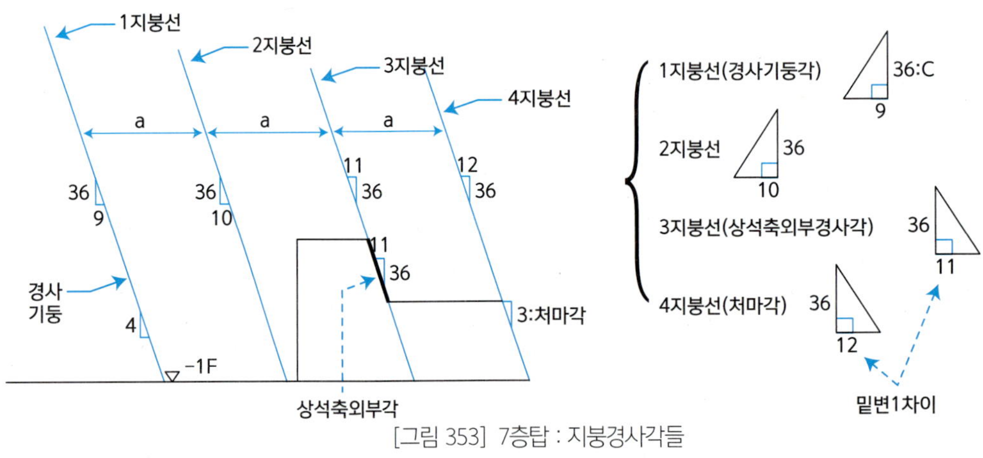

[그림 353] 7층탑 : 지붕경사각들

7층탑 몸통부공통수 C=⊿4x⊿3x3=36 이랍니다.

어디에선가 본듯 하실겁니다. 지붕선에는 1·2·3·4 지붕선이 있답니다. 경사각의 수학적표기는 수직변에 반드시 공통수 C인 36이 오며 각 지붕선간의 밑변치수는 경사기둥각⊿4와 처마각⊿3의 차이가 1이므로 밑변치수 차이도 1이 되어 3지붕선인 상석축 외부경사각은 ⊿36/11 이 된답니다.

이 상석축각을 이용하여 석축을 한번 분개해 봅시다. 먼저 석축부터 그려야겠네요.

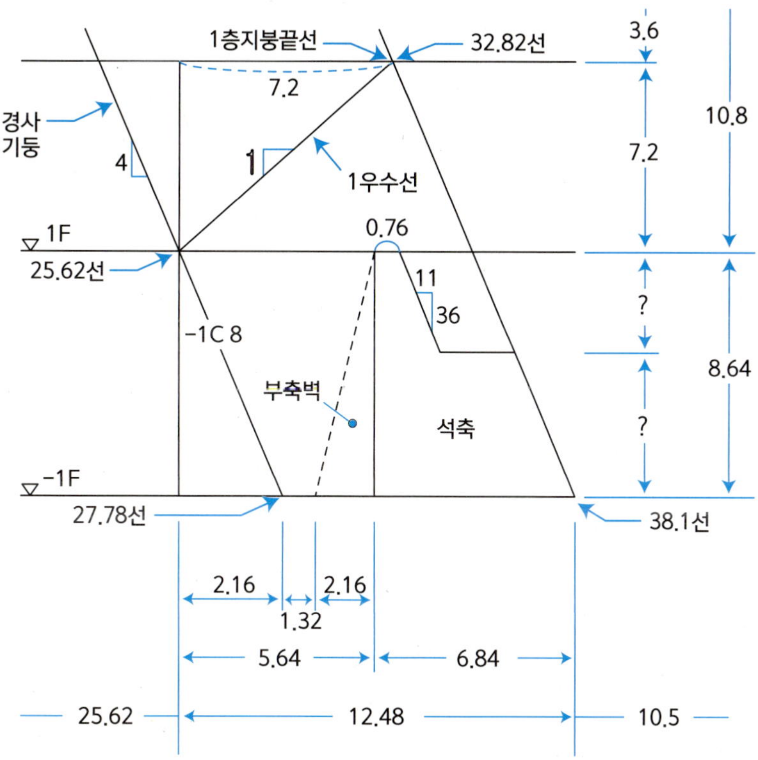

[그림 354] 7층탑 : 석축 치수 개념

석축폭이 6.84로 9층탑 석축폭 6.3보다 조금 더 넓답니다. 이 석축치수는 1층 지붕우수선이 1우수선이므로 쉽게 구할 수가 있답니다. 다만, 상석축 최상단폭만 조금 유의하시면 된답니다.

석축폭 6.84는 반드시 3의 배수가 되어야 하므로 최상단폭 치수조절은 쉽답니다. 일단 숫자합이 9면 거의 합격수준이랍니다. 석축폭 6.84를 보시면 생각이 나시는 게 있으실 겁니다. 7층탑 높이가 86.4m 랍니다. 숫자만 분리해 볼까요? 6.84=6, 8, 4랍니다. 86.4=8, 6, 4랍니다. 공통점이 있죠.

바로 4와 6과 8이라는 숫자의 조합이랍니다. 아마 지하층 층고 8.64도 똑같을 겁니다.

다시 2로 나누면 2, 3, 4 라는 숫자의 조합이랍니다.

가끔 지루하시면 이렇게 숫자의 조합을 한번씩 생각해보십시오.

신라탑은 이렇게 숫자의 조합이 심심찮게 나온답니다.

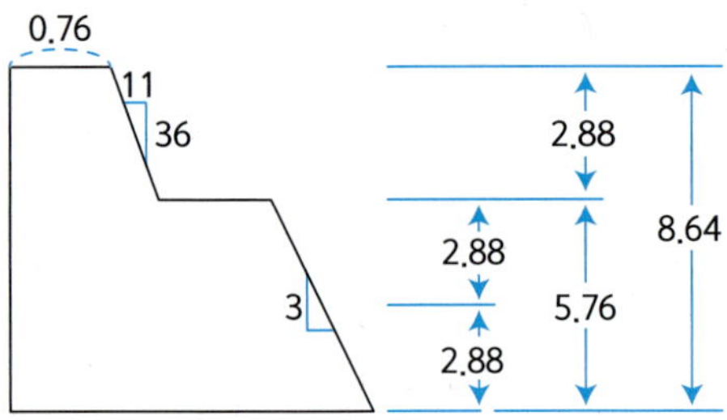

[그림 355] 상·하 석축비가 1:2 라고 가정시

이제 석축만 분리해 봅시다. 먼저 상·하 석축비가 1:2라고 가정하고 봅시다.

1:2 비율로 나온 숫자도 재미있답니다.

하석축 높이 : 5.76
7층탑 몸통부 높이 : 57.6 〉 **혹시, 비슷하지 않나요?**

상석축 높이 : 2.88
관측부 높이 : 28.8 〉 **혹시, 숫자의 조합이 비슷한 것 같지 않나요?**

아니! 숫자 자체가 똑 같네요. 숫자합도 둘다 9 랍니다. 그림과 같이 상·하 석축비가 1:2시 상석축 높이는 2.88m가 될 겁니다.

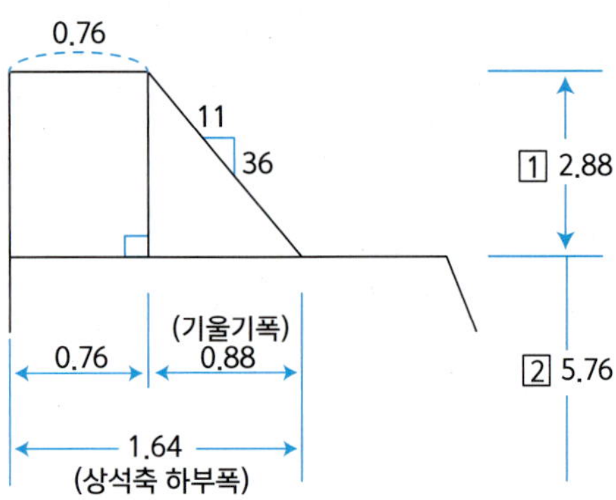

[그림 356] 상·하석축비 1:2시 상석축 하부폭

먼저 상석축 기울기폭을 구해봐야겠죠.

상석축 기울기폭 = 2.88 x (36/11 삼각형) = 2.88x $\frac{11}{36}$ = 0.88이 나온답니다.

∴ 상석축 하부폭 = 0.76+0.88=1.64m네요.

숫자를 더해 봐야죠.

1.64=1+6+4=11⇒1+1=2네요.

상석축 하부폭은 주요치수이므로 반드시 숫자의 합이 3의 배수가 되어야 한답니다.

∴ 상석축높이 2.88은 불합격처리된답니다.

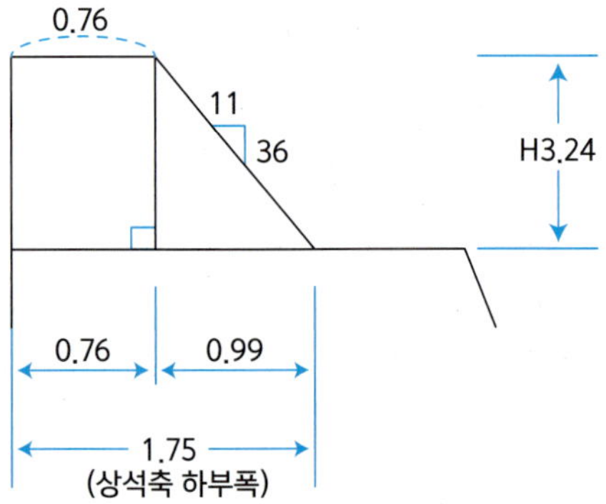

[그림 357] 상석축 높이 3.24시 상석축 하부폭

이제 상석축 높이를 별도로 찾아야겠답니다. 7층탑 몸통부공통수 C=0.36이니 계단단높이(R)는 0.18이랍니다. 외부계단의 단높이는 반드시 짝수단이 되어야 하므로 2R인 0.36을 2.88에 더해봅시다.

H=2.88(16R)+0.36(2R)=3.24(18R)가 상석축 높이라고 가정하고 계산을 해 봅시다.

상석축 기울기폭 = 3.24x $\frac{11}{36}$ =0.99랍니다.
∴ 상석축 하부폭 = 0.76+0.99=1.75m, 숫자는 더해봐야겠죠.

1.75=1+7+5=13⇒1+3=4 이 놈도 불합격.

H=3.24도 안되니 0.36(2R)을 H3.24에 더해봅시다. H=3.24+0.36=3.6 이 놈은 맞아야 될낀데?

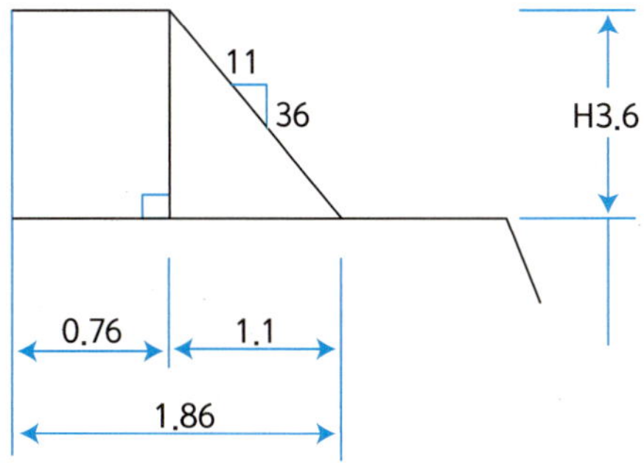

[그림 358] 상석축높이 3.6시 상석축 하부폭

상석축 기울기 폭 = 3.6 x $\frac{11}{36}$ = 1.1 이랍니다.
∴ 상석축 하부폭 = 0.76+1.1=1.86m랍니다.
숫자는 반드시 더해봐야 진국인지를 알겠죠?

1.86=1+8+6=15⇒1+5=6 바로 이놈이었네!
6은 3의 배수가 맞답니다. 바로 요놈이었답니다.

찾기 힘드시죠. 세상에 쉬운 일은 없답니다. 맞나 틀렸나 확인해 봐야죠.

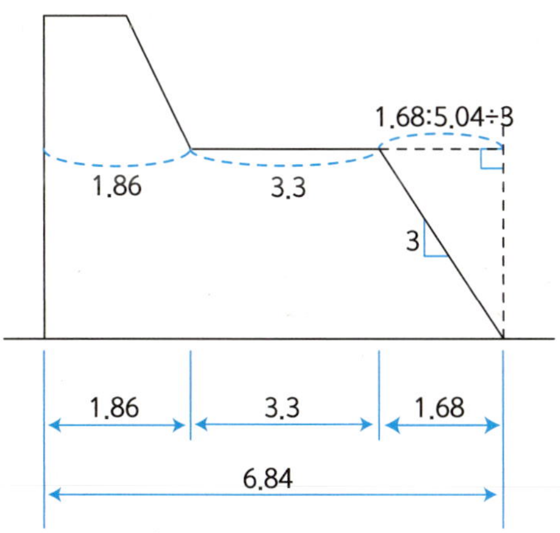

[그림 359] 석축폭

좌측 그림을 보시면,

상석축 하부폭 : 1.86
상석축 외부통로폭 : 3.3 + → 6.84 : 석축폭
하석축 기울기폭 : 1.68

0.1m/m도 안틀리고 정확히 맞네요?
신라탑은 0.1m/m도 틀리면 안됩니데이!

이제 7층탑 석축 상·하 석축비례를 보시면,

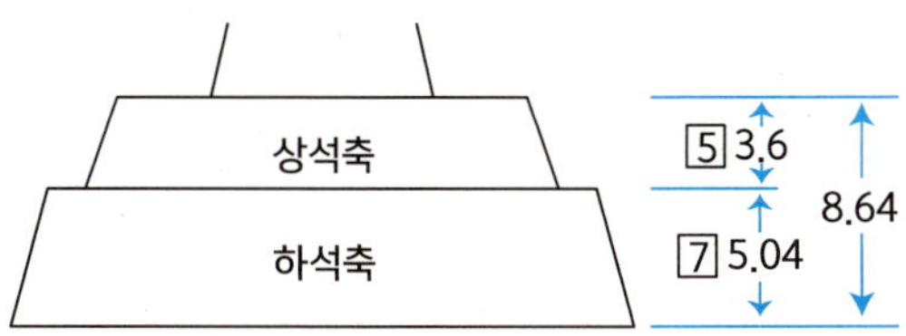

[그림 360] 7층탑 석축 상·하 석축비례

3.6:5.04=5:7이었답니다.
즉, 1:2가 아니라 1:1.4의 비율이었네요.
이제 왜 7층조각탑의 석축비율이 1:2가 아니었는지를 완전히 이해하셨으리라 믿습니다.

∴ 역시 7층탑 조각하신 아지아가 한잔 드시고 새기지 않고 맨정신(?)으로 새겼다는 걸 수학적으로 증명하여서 우리석공아지아는 누명(?)에서 벗어났답니다.
그래도 모른답니다. 하루종일 힘들게 조각하신 후 술시에 한잔하셨는지는?

이렇게 비록 조각탑에는 치수가 안 적혀있지만 저희들은 고도의 기술력(?)으로 치수를 계산해 낼 수가 있답니다. 저희들도 신라건축기사 못지않게 보통내기가 아입니데이~ㅎ
7층탑 상·하 석축비가 수학적으로 증명이 되었다고 만족하시면 안됩니데이? 반드시 실제로 적용해 봐서 맞아야만 맞는 것이 된답니다. 만약에 실제로 도면에 적용해서 뭔가가 조금이라도 이상이 감지되면 틀린 것은 둘째 문제고 처음부터 또 길고 긴 풀기를 다시 시작해야 한답니다.
저희들이 푼 것이 맞는지를 또 증명해 봅시다. 그리는 수 밖에는 없답니다. 상상으로는 안됩니데이?

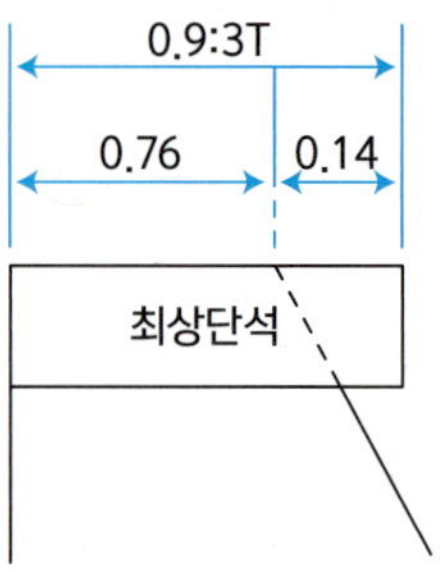

[그림 361] 상석축의 최상단석

상석축 최상단석재부터 봅시다.
저번에 9층탑 최상단 이론석축폭이 0.8로 나와서 잠깐 설명드린 적이 있을겁니다. 7층탑 최상단석 이론폭이 0.76이 나오네요.
최종 최상단석폭은 반드시 3T(Tread 디딤판폭)=3x0.3=0.9라야 한답니다. T는 특이사항이 없으면 기본적으로 30cm랍니다.
최상단석 두께는 계단단높이와 관련이 있답니다.

간단히 2R=2x0.18=0.36으로 36cm를 넣어서 계산해 볼까요?

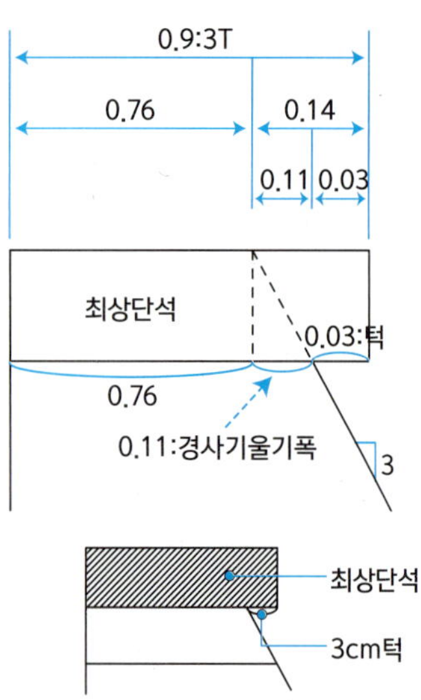

[그림 362] 최상단석과 모양띠턱

$0.36 \times \triangle^{36}_{11} = 0.36 \times \frac{11}{36} = 0.11$로 11cm 가 나온답니다.

다시 최상단석을 더 확대해서 볼까요. 힘드시죠.
신라탑이 그리 만만치 않습니데이?
0.9(3T)-0.76=0.14
방금전 11cm가 최상단석 경사기울기폭이랍니다.

그럼 0.14-0.11=0.03, 최상단석은 2번째단보다 3cm가 튀어나와서 일종의 모양띠를 만든답니다.

이렇게요. 석축외관이 멋있죠.

제가 이론석축상단폭이 76cm라고 쉽게 말씀을 드렸지만, 수많은 시행착오끝에 알아내게 된 거랍니다. 첩첩산중에 등산로 개척하기는 그리 쉬운 일이 아닐 겁니다.

최종적으로 외부계단과 석축이 잘 맞아 떨어지는지를 확인해야 할 겁니다.

이 최종관문을 통과해야만이 저희들이 계산으로 알아낸 상·하 석축비가 맞게 되는 거랍니다.

맞아야 될낀디?

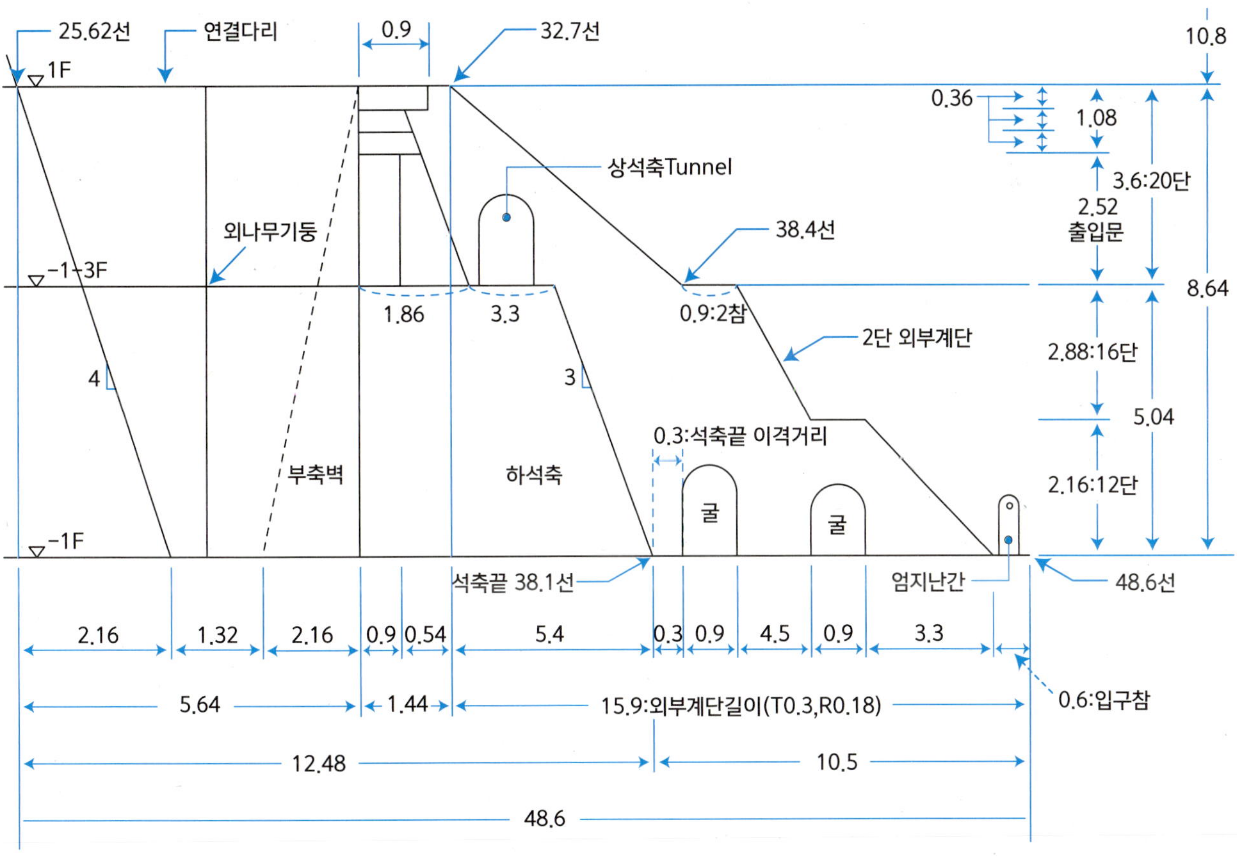

[그림 363] 7층탑 석축과 1층진입 외부계단과의 연결도

석축과 외부계단이 서로 간섭없이 잘 들어가네요. 간단히 중요한 것 몇 개만 짚고 넘어갑시다. 외부계단높이에서, 상석축이 3.6m(외부계단 3단높이)이므로 나머지 5.04를 2.88과 2.16으로 서로 72cm(@4R)가 차이가 나게 만들었답니다. 2.52m씩으로 할 수는 있지만 비례에 중점을 두었답니다.

물론 3단 외부계단의 각 단수는 반드시 짝수단이 되어야만이 난간기둥간격(2T:2단마다)이 정확하게 맞아 떨어진답니다. 계단참폭은 몸통부폭을 최대로 늘이다 보니 계단참의 최소폭인 0.9m가 되었답니다. 외부계단 진입참인 입구참은 2T(2x0.3)로 했답니다.

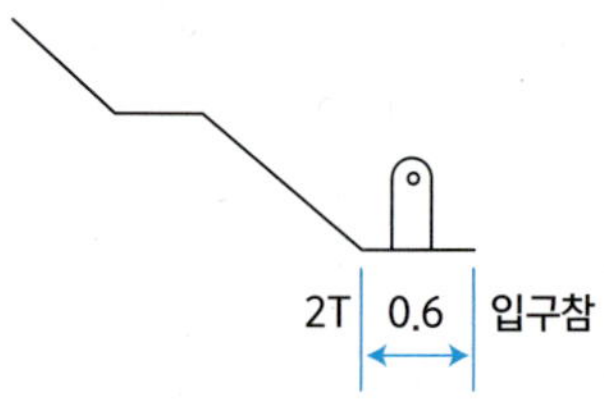

[그림 364] 입구참

처음에는 1T(0.3)로 생각했었는데, 다보탑 외부계단이 2T(2x0.18=0.36)로 되어 있어서 2T로 바꾸었답니다.
물론 다보탑의 1T=0.18이랍니다.

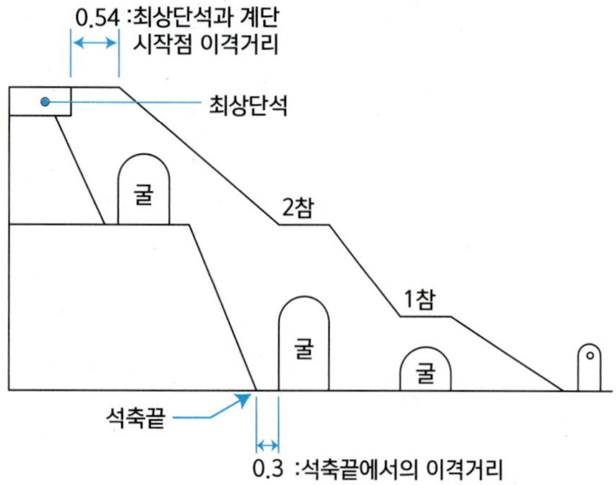

[그림 365] 3개의 굴 개념

좌측 그림을 보시면 3개의 굴(Arch tunnel)이 있을 겁니다. 불국사에 가보시면 청운교·백운교 등이 있을 겁니다.
이 모두가 목탑 외부계단에서 따온 거랍니다.
상석축 바닥면에 외부복도 통로굴이 있으며, 외부계단 2개의 중간참 하부에도 높이가 얼마인지는 정확히는 모르겠지만 통로굴이 있답니다.

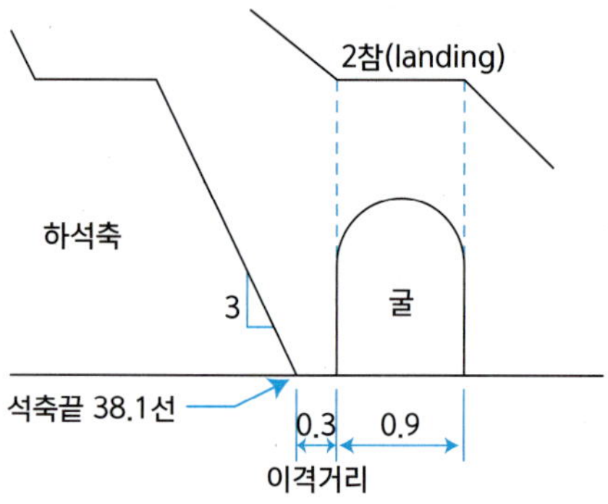

[그림 366] 2참굴 이격거리

여기에서 눈여겨보실 굴은 2참 하부의 굴일 겁니다. 조금만 확대 해볼까요? 석축끝에서 2참 하부굴과의 이격거리가 30cm(1T)랍니다. 바로 1T(디딤판폭) 거리만큼 떨어져 있답니다. 각 탑마다 석축끝이격거리는 조금씩 다르답니다. 묘하게도 9층탑과 7층탑은 30cm로 똑같네요. 이 30cm가 무얼 의미할까요?

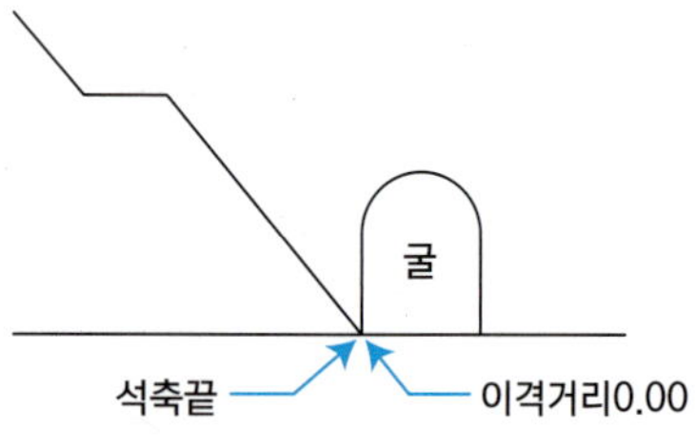

[그림 367] 이격거리가 없는 상황

만약 이격거리가 없다면 어떻게 될까요? 이런 굴이 될 겁니다. 석축끝과 굴이 붙어버리네요.
조금은 답답하기도 하지만 보기에도 모양새가 쪼께 그러네요?

이 30cm 이격거리의 의미는 아마 이럴 겁니다.

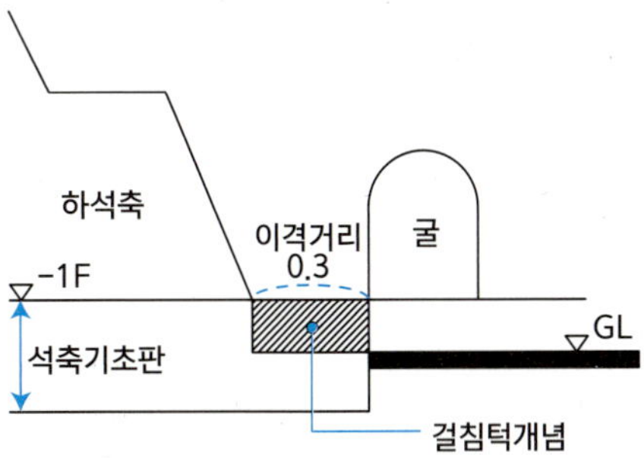

[그림 368] 2참굴 이격거리가 걸침턱 개념?

석축기초판이 석축끝선에서 최대 30cm까지는 나올 수 있다는 걸 의미할 수도 있답니다. 몇 cm까지 튀어나왔는지는 저로서도 알 수는 없지마는 저라면 30cm를 다 낼 겁니다.

15cm만 내도 된다꼬요? 탑주위를 산책하시다가 엉디를 걸칠 수 있으려며는 아마도 30cm정도는 되어야 할 듯! 즉, 간이의자(?) 개념으로 30cm를 낼 겁니다. 제 맴입니다!
저희들이 7층탑 상·하석축비를 5:7(1:1.4)이라고 수학적으로 증명을 했을겁니다. 만약, 1:2가 수학적으로 맞다고 가정하고 외부계단을 한번 그려 볼까요. 어떤 결과가 나오는지 정도는 확인해야 한답니다.

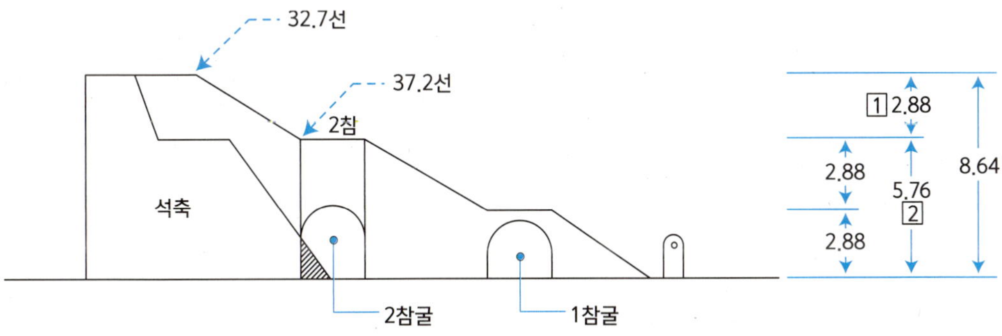

[그림 369] 만약, 7층탑 상·하석축비가 1:2일 경우의 2참굴의 형상

상석축높이가 3.6에서 2.88로 줄어드니 2참(landing)이 내부로 한참 이동(1.2m)한답니다.
결과는 불보듯이 뻔할겁니다. 보이시나요? 아예 2참굴을 뚫을 수가 없답니다. 즉, 7층탑 상·하석축비는 이론적으로나 실질적으로나 1:2가 성립이 안된답니다. 이론적으로도 맞고 실제적용해도 맞는 비율인 5:7(1:1.4)이 확실하다는 것을 인지하셨을 겁니다. 이해를 하셨는지가 쪼께 걱정되기도 하네요?
그거도 모를까봐? 날 뭘로 보는거야~~ 앗! 죄송~ㅎ~

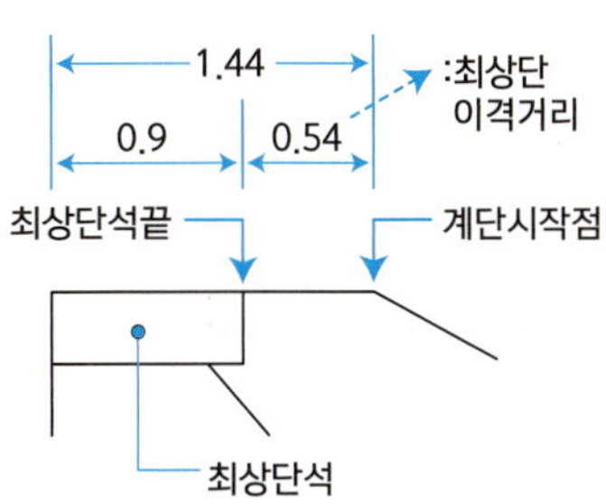

[그림 370] 최상단석 이격거리

최상단석 이격거리(외부계단시작점 이격거리)라는 걸 잠깐 보실까요.
신라건축물에는 이 이격거리라는 개념이 자주 등장하며 무지 중요한 개념이랍니다.

이 외부계단시작점 이격거리 0.54라는 것은 최상단석 끝에서 54cm 떨어져서 외부계단이 시작된다는 걸 의미한답니다. 제일 좋은 경우는 이격거리가 0으로 아예 없어야 된답니다.
9층탑만 이격거리가 0으로 가장 완벽한 외부계단이랍니다.

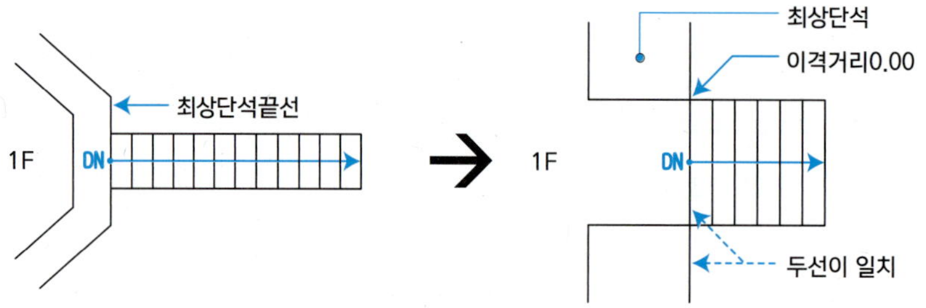

[그림 371] 최상단석 이격거리 0인 9층탑 외부계단

즉, 최상단석끝선과 계단시작점이 일직선이라는 의미랍니다.

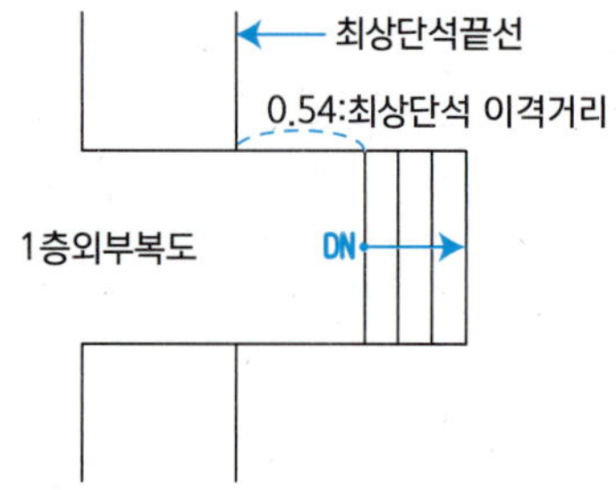

[그림 372] 7층탑 최상단석 이격거리가 54cm일 경우

7층탑같이 최상단석 이격거리가 54cm일 경우는, 계단을 다 올라왔는데도 54cm를 더 걸어가야 1층 외부복도가 나온다는 걸 의미한답니다.
계단을 54cm들이면 된다구요. good idea!
한번 정도는 생각해 볼 일이랍니다?

이 최상단석 이격거리는 상석축굴 높이에 영향을 미친답니다. 어느 정도 이격거리는 필요할 듯! 도면을 보시다 보면, 저층층고가 무척 높은 걸 아실 겁니다. 9층탑 1층층고 같은 경우는 H=11.7m나 된답니다. 한 층을 다 쓸까요. 아님, 중층이 존재할까요?
저는 처음 도면을 보면서 재미있는 생각을 한번 해 보았답니다. 이런 거랍니다.

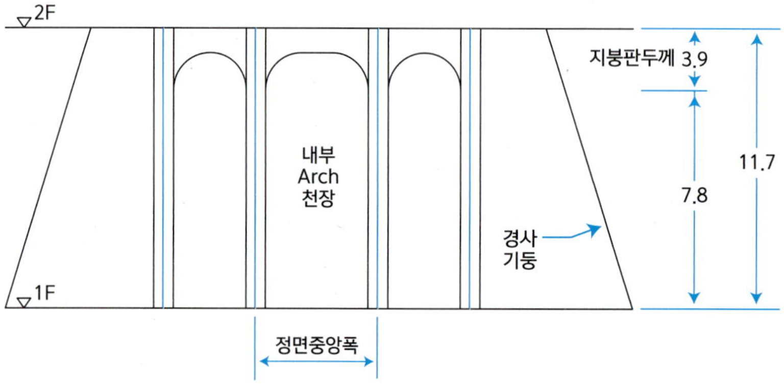

[그림 373] 9층탑 1층 Arch 천장 개념

이렇게 천장 쪽에 Arch를 넣어 보니 꼭 성당같은 느낌이 들더랍니다. 그 때에 이미 서양종교가 들어와 있었나? 왔으면, 배타고 왔나. 비행기타고 왔나. 아니면 걸어서 왔나 등 별의별 생각을 다해 봤답니다. 제가 듣기로는 7C초에 동양권(중국 등)에 서양종교가 들어온 걸로 알고 있답니다.
근데, 신라까지는 모르겠네요. 어쩌면 신라에도 왔을수도 있답니다. Arch 천장의 근거는 이렇답니다.

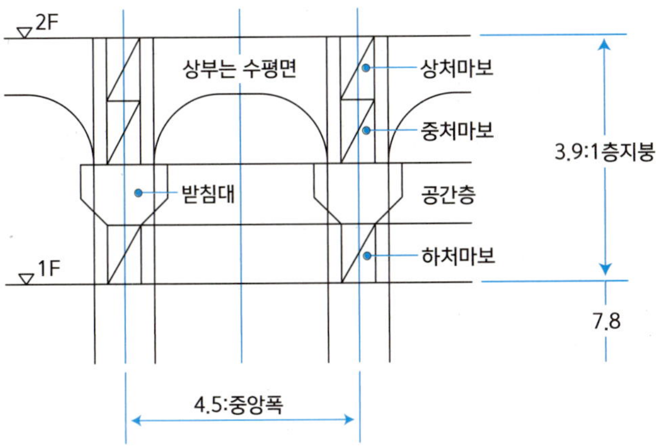

[그림 374] 9층탑 1층 Arch 천장 구조

지붕이 상·중처마보·공간층·하처마보로 구성되어 있다고 말씀드렸을 겁니다. 처음에는 이 지붕부재들이 내부까지 들어오는 걸로 생각했답니다.
그러다 보니 공간층공간에 받침대만 받치면 Arch발생이 가능할 수 있다는 걸 알게되었죠.
물론 반지름이 짧아하야 상부 쪽이 어느 정도는 수평면이 될지라도 훌륭한 Arch천장이 형성된답니다. 너무 신기하여 푹 빠져들었답니다.
그런데, 시공이 너무 어렵기도 할 것 같고 중앙칸 쪽은 그런대로 보기가 좋은데 양옆 쪽은 모양새가 별로라서 Arch 천장을 할까말까 무지 망설였는데, 결정적으로, 가만히 다시 생각을 해보니 지붕처마보가 어느 정도까지만 들어오면 되지 내부 깊숙이까지 구태여 들어와야 할 하등의 이유가 없다는 걸 인지하고서부터는 이 Arch 천장은 슬그머니 제 마음속에서 서서히 사라져 버렸답니다.
말하자면, 해프닝이 되어 버렸답니다. 그럼에도 불구하고, 이 Arch 천장에 대한 미련이 계속 남아 여러 많은 생각끝에 1층 주출입인 남·북 두 통로의 주통로인 중앙칸 쪽에는 필요한 만큼 이 Arch 천장을 설치할까도 생각중이랍니다. 만인이 원하신다면 설치하겠습니다.

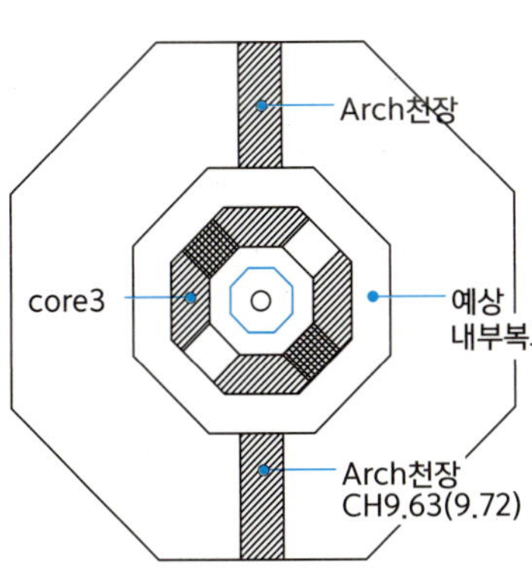

[그림 375] 9층탑 1층 Arch 천장 예상구간

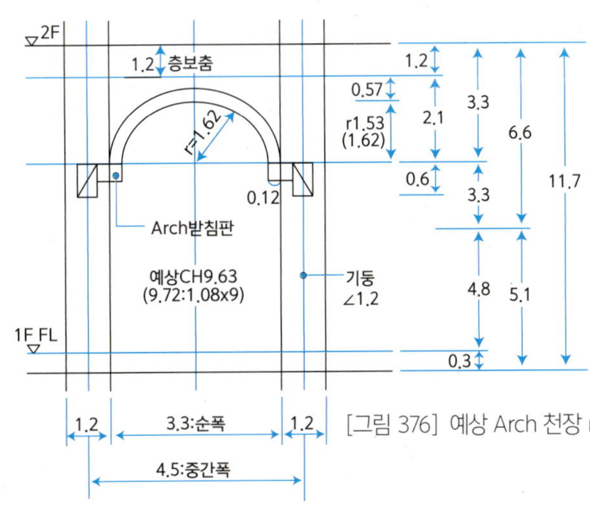

[그림 376] 예상 Arch 천장 r1.62

1층 주출입통로에 이 Arch 천장을 설치하면 아마 건물의 품격이 세련될 것도 같답니다.
지금은 이 Arch천장이 완전Arch가 되어야 할겁니다. 1층 중앙칸순폭이 3.3이므로 Arch의 r=1.62(1.53) 정도로 생각하고 있답니다. 문제는 1-3F바닥중간보에서 Arch 받침판을 빼내어야 한답니다?

이 Arch 천장이 성립이 될지 안될지는 모르겠으나 1층 주출입통로의 천장을 최대한 올려서 시원한 느낌을 갖게할 예정이랍니다. 사실 제가 이 탑에 들어가 본 적이 없는데 제 임의로 하는 게 과연 맞는지는(?) 저도 잘 모르겠답니다. 여러분들의 의견을 따르겠습니다. 제가 많이 순해졌죠?
9층탑 1층층고가 11.7m(Apt로 치면 ≒4.5개층)나 되는데, 1개층을 전체로 사용해도 되겠지만 사무를 보든 불공을 드리시든 내부 층고가 지나치게 높으면 안정감이 떨어지면서 심리적으로 약간은 위압감과 불안감을 느낀답니다. 층고가 높은 성당 안에서 잠을 자면 잠이 잘 오지 않는다고 얘기를 들은 적이 있답니다. 사람들은 안온한 느낌을 더 좋아하나 봅니다. 안정감과 공간사용 개념을 동시에 생각해보면, 1층에 중간층이 있을 거라고 누구든지 생각을 할 수가 있답니다. 저는 제일 처음에는 중2층만 있는 걸로 생각했답니다. 한번 그려 볼까요.

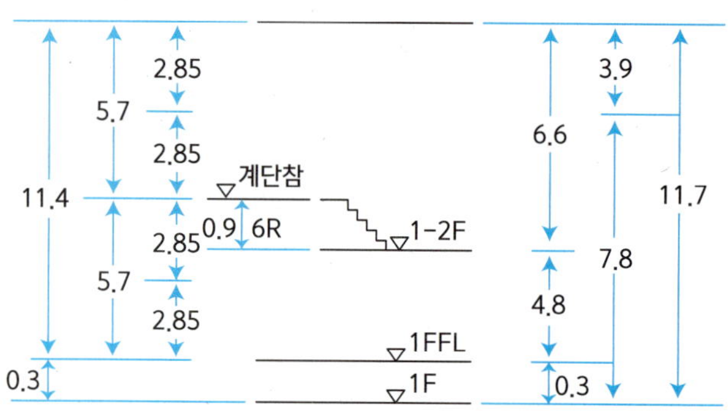

[그림 377] 처음 생각한 9층탑 1층의 중 2층 개념

1F도 있고 1FFL도 있네요. 헷갈리시죠.
1F는 이론상 1층바닥을 의미하며(1층 외부복도는 1F임) 계단 2단을 올라가야 실제 1층바닥인 1FFL(floor finish level)에 올라가게 된답니다.
지하층도 같은 개념이랍니다.

평면을 보시든 단면도를 보시든 계단이 무척이나 중요한 역할을 한답니다. 그럼, 계단을 잠시 볼까요.

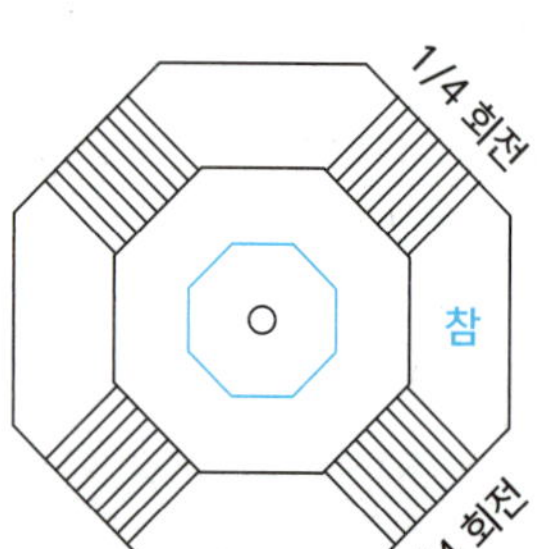

[그림 378] 계단개념도

저번에도 잠깐 말씀드렸습니다만, 동서남북은 계단참이며, 대각면 4곳이 실제 계단이 된답니다. 각 계단은 1/4 회전이며, 네 계단을 다 돌면 4/4계단이 되며, 이 4/4계단이 계단층고가 된답니다.
중요한 점은 이 계단층고인 4/4 계단이 기본적으로 각 층의 층고가 된답니다.(지하층은 3/4회전기준임) 즉, 일반층의 모든 계단은 4/4 회전 후 다음 층에 도착한답니다.

3/4 회전이나 5/4회전은 일반층에서는 발생이 되지 않는답니다. 억지로 맞출 수는 있겠으나 이 회전수

를 바꾸게 되면, 1층에서 남쪽에서 올라가든 친구가 4/4 회전이라야 2층에서 남쪽으로 다시 오는데, 만약 5/4 회전이면 1/4 회전을 더 돌아야 하므로 2층에서 동쪽에 오게 된답니다.

몇 개 층을 올라가다 보면 아마 이 친구는 방향감각을 잃게 될 확률이 무척 높답니다. 이 한 층에 4/4 회전(쉽게 얘기하면 4계단)이 되어야 만이 계단을 오르는 친구가 방향감각을 잃지 않는답니다.

이 4/4 회전 개념은 계단에서 제일 중요한 사항이랍니다 이것만 아셔도 계단의 반은 아신겁니다.

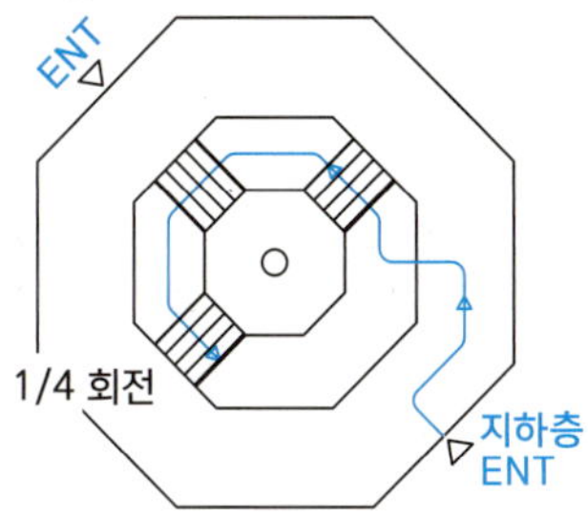

[그림 379] 지하층 3/4 회전개념

그런데, 묘하게도 지하층은 3/4 회전이 1개층이랍니다. 지하층 주출입은 대각면에 있답니다. 지하층에 들어오면 우회전법칙에 따라서 동쪽에서 계단으로 올라가서 3/4 회전하면 1층에서 남쪽이 나오며 1층에서 남쪽에서 올라갈려는 친구와 동행한답니다.

(물론 반대편 대각 지하출입구로 올라가는 친구는 반대로 1층에서 북쪽으로 나오게 된답니다.)

이해가 가시는지요! 모든 것은 상황따라 변할 수 있답니다.

여기서, 계단의 우회전법칙을 잠깐만 봅시다. 어떤 계단이 있다고 가정해 봅시다.

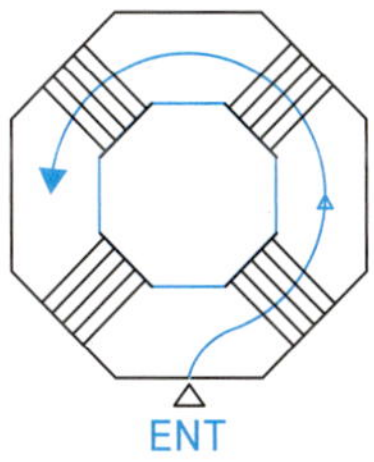

[그림 380] 우회전법칙 : 우측으로 올라가기

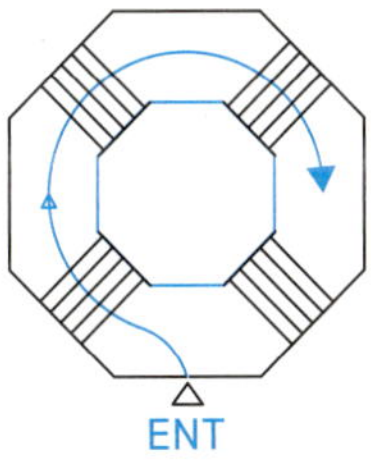

[그림 381] 좌회전법칙 : 좌측으로 올라가기

당신은 우측으로 올라가시나요. 아님, 좌측으로 올라가시나요? 한번도 생각해 보신 적이 없다구요? 발길 닿는 대로 가신다고요? 아님, 계단이 있으므로 그냥 계단따라 올라 가신다구요? 다 맞으신 말씀이랍니다.

거의 대부분은 계단결따라 올라가거나 내려 오실겁니다. 근데, 계단을 유심히 보십시오.

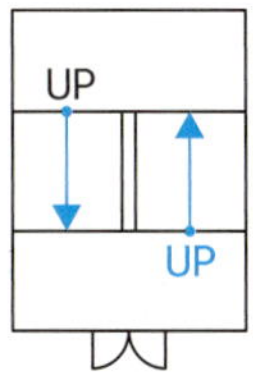

[그림 382] 우회전 계단

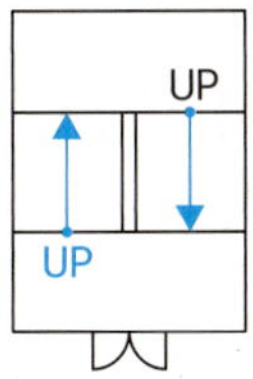

[그림 383] 좌회전 계단

Apt 계단을 예로 들어 볼까요?

지금 퍼떡 나가셔서 유심히 보십시오.

혹시 좌회전계단을 보신 적이 있으신가요?

아마도 한국의 거의 모든 Apt는 다 우회전계단으로 되어있을 겁니다. 계단따라 가다보니 회전방향에 별로 관심이 없어서 그렇지 우회전이라는 것만은 꼭 알아두셔야만 한답니다. 근데 최근(2018년)에 희한한 계단을 보았답니다. 그것도 유적지에서? 보다가 뒤로 나자빠질뻔 했답니다.

계단방향이 이렇더랍니다.

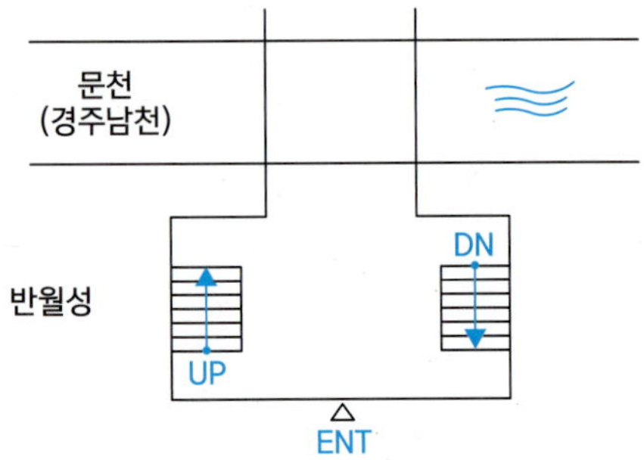

[그림 384] 월정교의 현상태

저는 아무 생각없이 당연히 우로 가서 계단을 올라가는데 내려오시는 분이 반대로 가서 올라가야 된다고 말씀하시길래 내려와서 푯말을 보니 진짜 내려오는 계단이더랍니다. 혼자서 무지 웃었답니다.

우찌 이런일이? 아마! 푯말을 붙이신 분은 계단을 한번도 이용해 본 적이 없이 평생 평지에서만 사신 분이었나 봅니다.

경주 반월성밑에 새로 복원한 월정교 이바구랍니다. 모든 신라탑계단은 반드시 우회전계단일 겁니다. 그만 웃으시고, 다시 9층탑 1층으로 가셔야죠. 1층계단을 보시면,

1층층고 11.4÷4계단=2.85/ 계단이 나온답니다. 아주 이상적이랍니다.

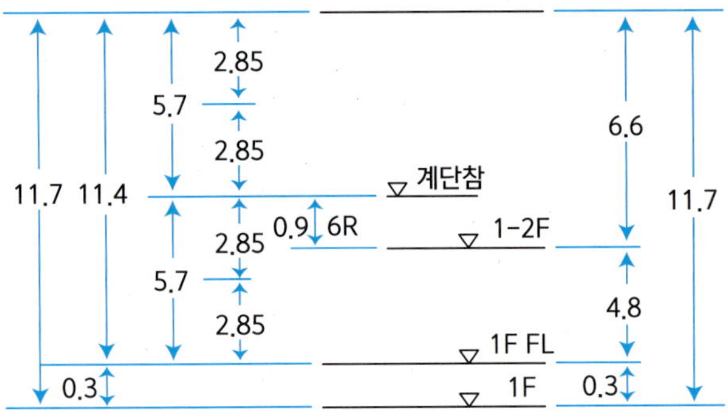

[그림 385] 처음 생각한 중2층:계단참과 0.9(6R)차이

1FFL높이 4.8과 2단계단참높이 5.7과는 0.9m차이가 나네요. 즉, 계단참에서 1-2F 바닥에 도착할려면 물경 6단을 더 내려가야만 한답니다. 난감하답니다.

계단에서 수평으로 가면 아주 편리할텐데! 야튼 이런 현상(계단에서 실내로 들어갈 때 계단 발생)이 전탑에서 계속 발생되어 무지무지 고민을 많이 해 봤으나 해법을 찾지를 못했답니다.

물론 1층같은 경우는 1FFL의 층고자체를 90cm 높이면 해결이 가능은 하긴 하답니다.

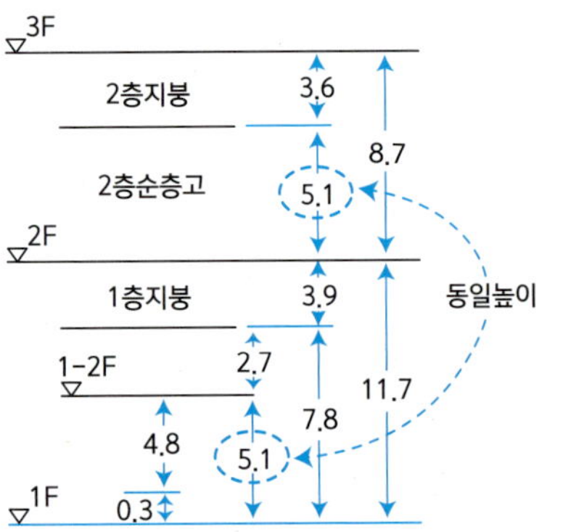

[그림 386] 2층이론순층고 5.1과 1F층고 5.1이 동일함.

이 층고조정은 제가 임의로 조절하고 싶다고 마음대로 되는 것이 아니랍니다. 모든 치수는 서로 연관관계가 있기 때문이랍니다. 이 1F층고 5.1은 2층층고와 관련이 있답니다. 보실래요.

2층을 보시면 층고8.7에서 지붕판두께 3.6을 뺀 2층이론순층고 = 8.7-3.6=5.1이 나온답니다. 바로 이 5.1이 1F와 1-2F사이 층고인 5.1과 반드시 같아야 한답니다. 이 층고5.1이 어떤 법칙으로 나온

치수이므로 제가 아무리 강심장이라도 바꿀 수가 없답니다. 즉, 신라탑이 9층탑만 달랑 있으면 치수 변경을 제 맘대로 바꿀 수는 있겠지만, 1~9층탑 전체를 비교분석해야 하기 때문에 쪼께 힘든답니다. 모든 탑은 동일법칙을 적용해야 하기 때문이겠죠.

이 계단참과 중2층바닥을 턱없이(계단없이) 평평하게 해야만 걸어다니기가 편할 것 같아 과감하게 평탄화작업을 시도했답니다. 그러다 보니 희한한 결과가 나오더랍니다. 처음에는 지하·1·2층이 중2층 포함 2개층이었으며, 3층이상은 중2층없이 홑층이었는데, 평평작업을 단행한 후 보니, 지하·1·2층은 3개층이 되었으며, 그 윗층은 2개층이 나오더랍니다. 그러다 보니, 말이 9층탑이지 내부에는 무지 많은 층이 존재하더랍니다. 너무 재미있는 내부구조더랍니다.

3개층이 된 9층탑 1층을 보실까요. 드디어 계단참에서 턱없이 실내로 들어가게 되었답니다.

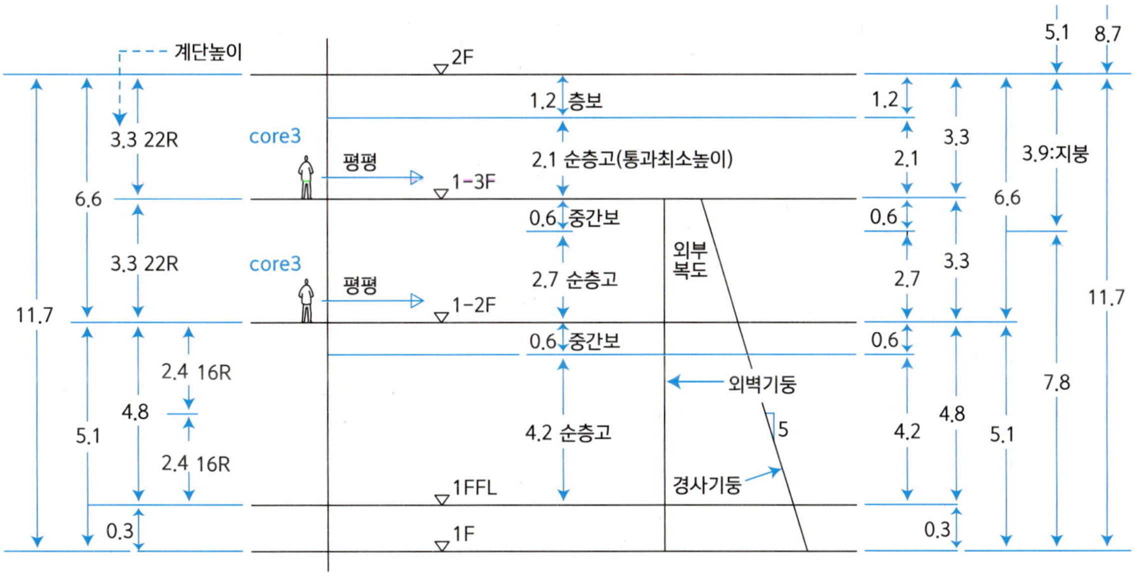

[그림 387] 9층탑 1층 단면도 : 3개층

단면도를 보시면, 계단높이를 2.4+2.4+3.3+3.3=11.4(4계단)로 해서 각층마다 참에서 막바로 들어갈 수 있도록 했답니다. 이젠 참에서 계단을 통해서 실내로 올라가거나 내려가는 일이 없을 것이며, 가다가 턱에 걸려서 넘어질 일이 전혀 없게 됐답니다. 2.4m높이계단은 16단으로 계단처리가 아주 깔끔하게 되는데 3.3m높이계단은 22단으로 계단은 성립되는데 시공을 무척 신경을 써야하는 문제점은 있답니다. 1-2F층 외부쪽을 보시면 경사기둥과 1층외벽기둥사이에 묘하게도 외부복도가 있답니다.

해당층에만 외부복도가 있는게 아니라 중간층에도 외부복도가 발생된답니다.

통로로도 아주 훌륭하답니다. 그래도 1층탑 1층 같은 경우는 너무 좁기도 하여 외부 복도로 쓰기에는 쪼께 불편한 점도 있답니다.

근데, 1층에 왜 3개층이나 있으며 각 층의 용도는 과연 무엇일까요? 엄청 많은 생각을 해 봤었는데 아직도 감이 잘 잡히지 않는답니다. 9층탑이 종교건축물일 거라고 생각했을때는 내부에 부처님 모시고 주변에 신도들이 앉는 구조였으니 용도에는 별 관심조차 없었답니다. 너무 당연하니까!
그런데, 이 9층탑이 관공서(정부종합청사)라는 사실을 인지하고부터는 이 용도가 무지 궁금해지기 시작하더랍니다. 그래서 저 나름대로 틀릴 때 틀리더라도 이렇게 생각을 해 보았답니다.

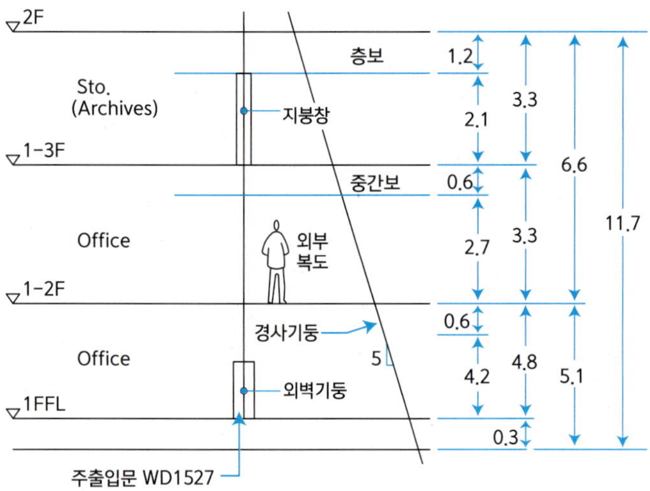

[그림 388] 9층탑 1층 부분단면도와 용도

1-3F : 창고(Storage, Archives)
1-2F : 사무공간(Office)
1FFL : 사무공간(Office)

1FFL과 1-2F는 채광 등 조건이 아주 양호하니 민원실이나 사무공간으로 최적이랍니다. 문제는 1-3F(지붕층)인데 지붕속이라도 그렇게까지는 어둡지는 않답니다. 지붕창 등이 있어서 어둡기까지는 않는데 사무를 볼만큼은 밝지를 않아서, 아마 각종 서류나 비품 등을 보관하지 않았나하고 조심스레 생각을 해본답니다. 관공서니까 엄청 많은 서적과 서류들을 보관했어야 할 것 같답니다. 2개 층에서 한 개 층이 더 생기니 수납공간이 풍부해졌답니다. 9층탑 2·3층은 묶어서 한번 볼까요.

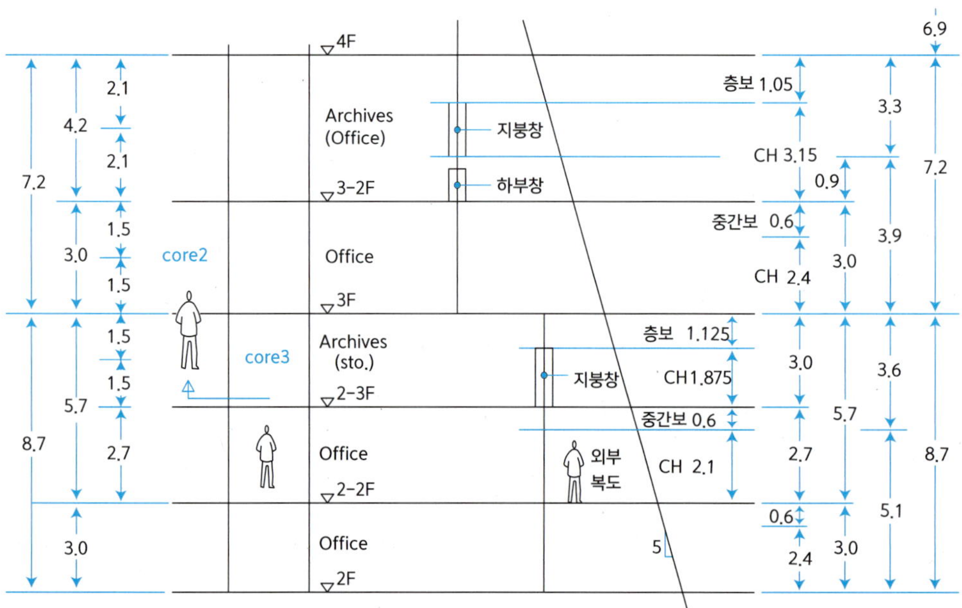

[그림 389] 9층탑 2·3층 단면도와 용도

2층계단이 재미있답니다. 지하에서부터 올라오던 core3 계단실이 2-3F에서 core2로 이동된답니다. 그러면서 계단층고가 급속하게 줄어든답니다. core3은 기둥간격이 넓으니 계단단수를 많이 낼 수 있으나 core2는 기둥간격이 줄어드니 계단단수도 당연히 줄어들 겁니다. 그래도 한 개 층에서 4/4 회전계단은 만들어야 한답니다.

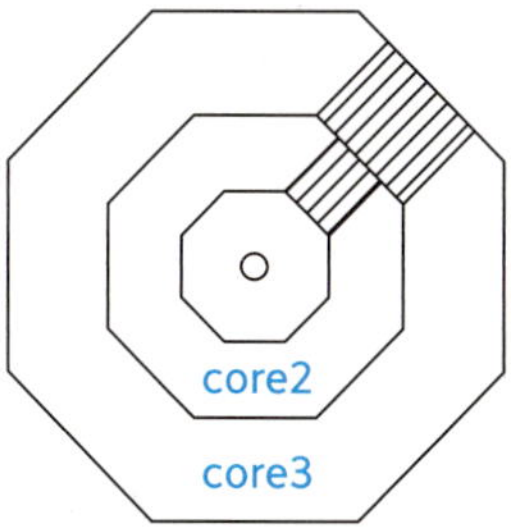

[그림 390] core2, core3 계단단수 개념

2층용도는 1층용도와 비슷할 겁니다. 2-2F에도 외부복도가 있답니다. 3층이상은 2개층이 발생된답니다. 재미있는 것은 3층이상에서는 중2층 외부에 지붕창이 있는데도 하부에 또 하부창이 있답니다. 즉, 3-2F는 외부2중창이 있답니다.

2-2F층고를 보시면 위에 있는 0.6은 중간보춤이며 중간보 밑 치수인 2.1에다 CH라는 표기를 했답니다. 이것은 통과할 수 있는 최소높이를 말한답니다.
즉, 키가 2.1m인 사람까지는 숙이지 않아도 걸어갈 수가 있다는 말이랍니다. 구두높이는 빠졌네요?
이 건물에는 구두신은 친구는 출입할 수가 없답니다ㅋ~ 이 CH는 Ceiling Height의 약자로 천장높이를 의미하는데, 사실은 보밑면은 천장과는 무관하지만 통과할 수 있는 가능높이라는 의미로 이해하기 쉬우시라고 임의로 쓴 것이랍니다.
정확하게는 CH와 보밑면과는 개념자체가 완전히 다르답니다. 보실까요.

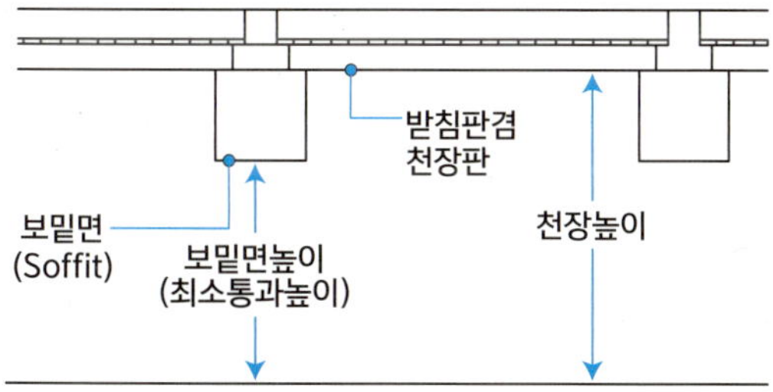

[그림 391] 보가 노출시 : 신라탑에 해당됨

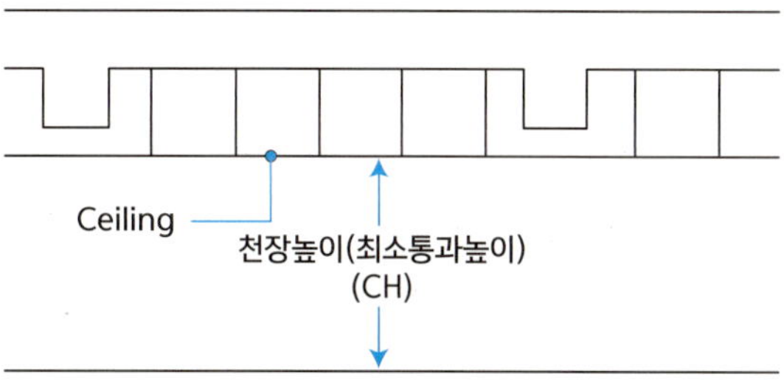

[그림 392] 보가 천장속에 들어갈 시 : 주로 현대건축물

보시다시피 보 사이 윗면에 천장판이 있으며 보 밑면이 더 낮답니다. 보 밑쪽에 천장판이 오게 되면 천장높이가 보 밑높이보다 더 낮답니다.
신라탑의 바닥마감에서 천장판은 상부바닥판 받침개념으로 보보다 위에 있으므로 보 밑면이 제일 낮답니다. 보밑 통과 최소높이라고 표기하는게 맞는말이나 그냥 편하게 CH라고 표기할 겁니다.
용어가 길면 머리가 아프니까.
그냥 CH로 표기된 것은 최소통과 높이구나라고 생각하시면 된답니다.
9층탑의 지하층구조도 한번 봐야죠. 그냥 가면 섭섭할 겁니다.

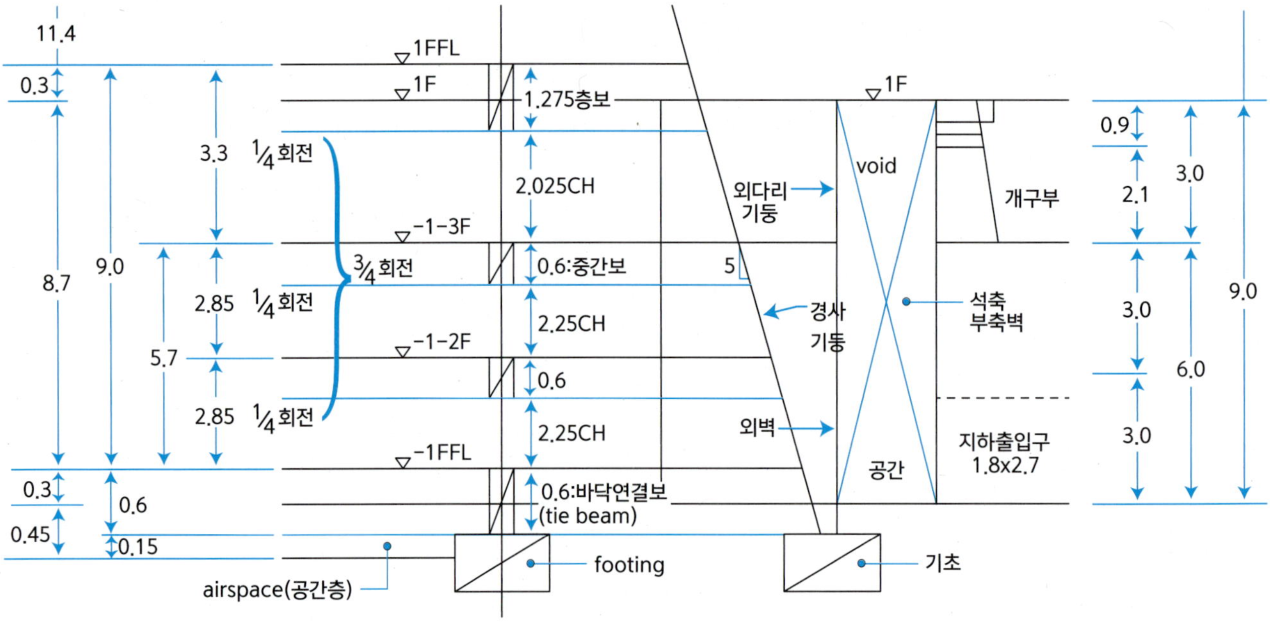

[그림 393] 9층탑 지하층 개념

지하층바닥도 2단을 올렸답니다. 처음에는 1층 바닥만 2단 올리려고 했었는데 여러 많은 생각을 해보니 지하층도 2단 올리는 게 맞더랍니다. 지하층 바닥보춤이 0.6이랍니다. 만약 올리지 않게 되면 외부계단에서 또 한참 내려가서 실제 계단이 시작될 수 있으므로 외부계단의 입구계단 단수를 최소화하기 위함이랍니다.

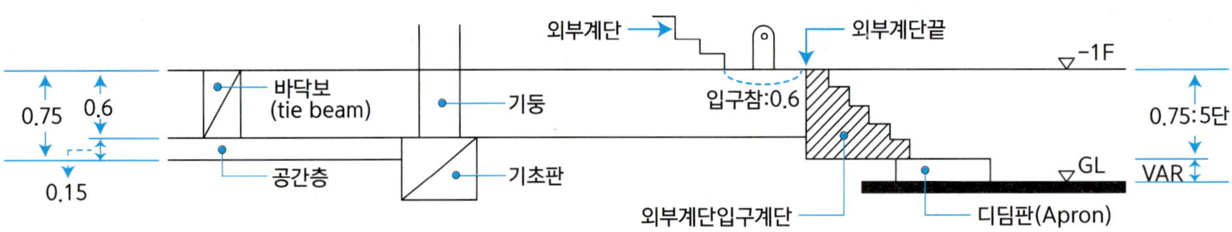

[그림 394] -1F를 올리지 않을시 외부계단 입구계단 : 최소 5R이상 발생

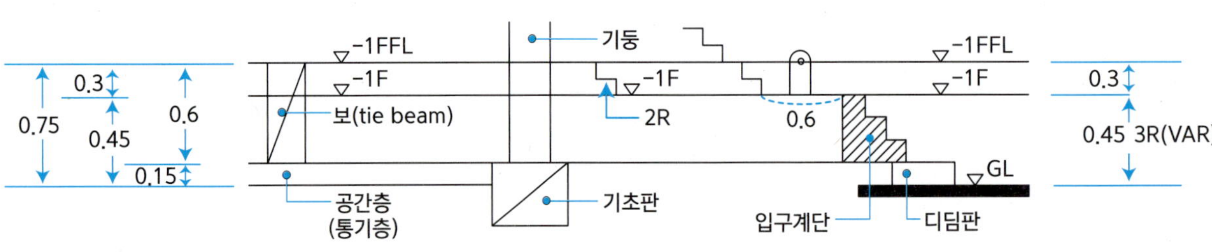

[그림 395] -1FFL을 2단 올릴시 : 입구계단 최소 3R 발생가능

비록 2단차이 밖에는 안되지만 그래도 입구계단을 줄이는 것이 나을 것 같답니다.
지하 바닥보밑에는 1R(15cm)정도의 공기층(통기층)이 있어야 될 것 같답니다. 방습(dampproof)을 고려해서랍니다. 나무가 썩으면 여러 사람이 피곤할지도 모른답니다. 입구계단은 3~4R정도가 발생될 것 같답니다. 제가 석축을 단순하게 표현해서 잘 모르시겠지만 상석축에는 상석축 외부복도로 나가는 개구부도 있으며 더 중요한 지하층 채광 및 환기를 위한 창문도 있답니다.
물론 하석축에는 지하층으로 들어가는 진입통로도 있을겁니다. 석축을 다시 잠깐 봅시다.

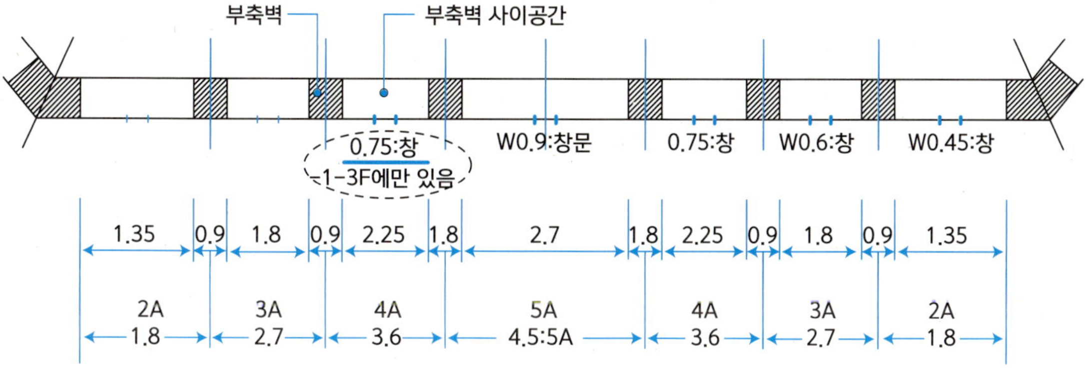

[그림 396] 9층탑 석축·부축벽 & 창문 : 1/8면 기준

부축벽을 보시면 부축벽 사이공간이 7개소가 있답니다. 지하층도 8면이니까 7ea x 8면 = 56ea(개수,each)의 개구부(창&문)를 상석축에 낼 수 있답니다. 이 중 2개는 상석축 출입 개구부로 WD0921이 되며, 54개는 창문으로 폭은 0.9~0.45이며 높이는 1.5m랍니다.
문이든 창문이든 WD0921이라 표기되어 있으면 WD는 목재문을 의미하며 0921에서, 앞 두 숫자인 09는 폭을, 뒤 두 숫자인 21은 높이를 의미하며, 09에서 앞수인 0은 m를 나타내며, 뒷수인 9는 10cm단위를 의미한답니다. 즉, 09는 0m+9x10cm=90cm를 의미하며, 문폭이 90cm라는 표시입니다. 9층탑 1층주출입문이 WD1527이랍니다.

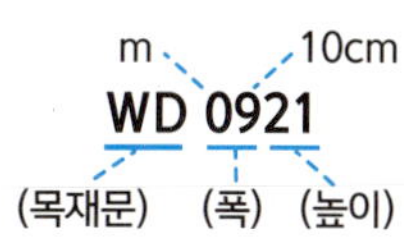

간단하죠. 나무문으로 폭이 1.5m이며 높이가 2.7m랍니다. WW07^{5}15라면, 나무창문으로 폭이 75cm이며, 창문높이가 1.5m를 나타낸답니다. 10cm미만 단위는 상부우측에 조그마하게 표기한답니다. 07^{5}에서 5는 cm를 의미한답니다. 도면에서 보듯이 이론적으로 상석축에는 물경 54개의 창문이 있으며 출입개구부가 2개가 있답니다. 실제로는 약간 다를 수가 있답니다. 외부계단이 있기 때문이겠죠.
4개의 외부계단 밑은 창문내기가 쪼께 불편하게 되어 있답니다.
이 외부계단은 한 면의 중앙쪽에 있으므로 창문을 중앙에 1개를 내기보다는 양쪽으로 2개를 내는 것이 좋을 것도 같답니다.(확정된 것은 아니랍니다.)

잠깐 보실까요.

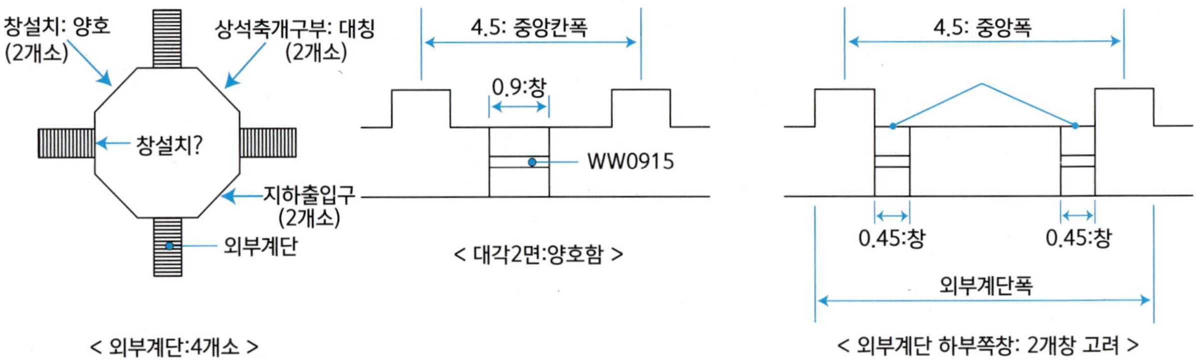

[그림 397] 외부계단밑의 창문 개념

외부계단 하부쪽 양쪽으로 창문을 2개로 낼 수는 있지마는 아무래도 외부계단 밑에 있는 상석축굴(tunnel)을 통해서 빛이 들어오므로 약간은 덜 밝을 겁니다. 54개창 중에 4개창(외부계단 하부)정도가 약간 제 역할을 못할뿐이지 채광과 환기에는 아무런 문제가 없답니다.

이 창문개구부에는 창문을 달 수도 있지마는 어쩌면 단순개구부(opening 개념)로도 할 수 있답니다. 또한, 상석축출입개구부도 목재문일지 철문일지 단순개구부일지는 아직 미정이겠죠? 드디어 지하층에 햇빛이 들어온답니다. 들어온 빛을 최대한 활용(?)하기 위해서 빈 공간(void)을 둘 겁니다.

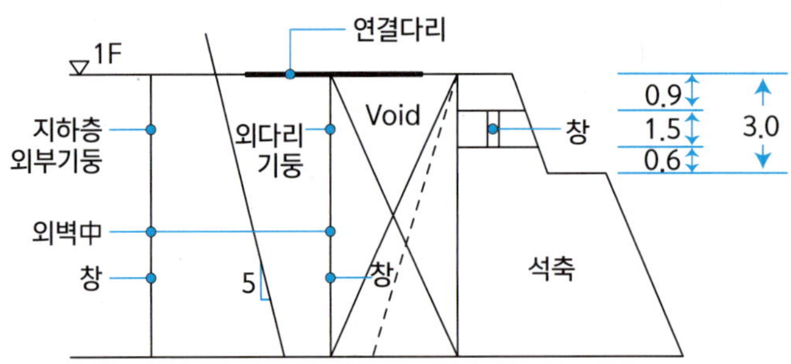

[그림 398] 지하층 석축쪽 빈공간 개념

만약에 중2층바닥을 설치하여 빛을 차단하면 그 밑층은 완전히 암흑화된답니다.
지하층 외벽을 연결다리기둥에 설치하면 빈공간이 좁은 편이며, 지하층 외벽기둥에 외벽을 설치하면 빈 공간이 엄청 넓어서 채광에는 무지 좋답니다. 지하층외벽을 지하외벽기둥에 설치할지 외다리기둥에 설치할지 아직도 헷갈려서 결정을 못내리고 있답니다.

계단참과 바닥은 평평해야겠죠. 석축을 보시면 상석축에 외부복도가 있답니다.

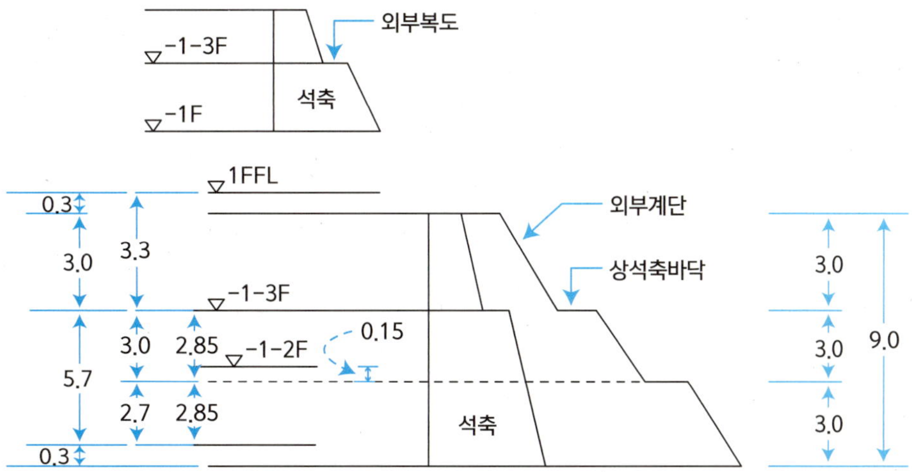

[그림 399] 9층탑 지하층 내부계단과 외부계단의 높이 비교표

그래서 상석축바닥면을 -1-3F로 했으며, 내부계단참도 당연히 상석축바닥면이 될 겁니다. 그러면 하부에 5.7이 남는답니다. 외부계단이 3단계단으로 구성되어 있답니다. 각 높이가 3m랍니다. 외부계단높이에 내부계단높이를 맞추려면 5.7m를 3+2.7로 해야 한답니다.

그런데 5.7m를 단수를 같게 하려면 5.7÷2=2.85씩하면 된답니다. -1-2F층고를 결정하기가 너무 어렵지만, 여러 경우의 수를 고려해서 2.85로 하는 것이 더 합리적이지 아닐까 생각하고 있답니다.

외부계단과 내부계단이 너무 멀리 떨어져 있어서 구태여 외부계단단높이에 내부계단을 꼭 맞추어야 할까를 아직도 사실은 많이 고민중이랍니다. 내·외부 계단참높이를 맞추는 것이 가장 완벽하기는 하지만, 9층탑은 아무런 문제가 없는데, 다른 1~7층탑은 약간의 문제(순층고가 너무 낮은 층이 발생됨)가 발생되어 잔여높이 5.7m를 2등분한 2.85를 채택하기로 했답니다. 즉, -1FFL과 -1-2F의 층고가 2.85로 같다는 것을 의미한답니다. 지하층중에서 -1-3F는 비교적 밝은 편이지만, 아무리 지하층 외부에 빈 공간을 두어서 채광이 되더라도 -1FFL과 -1-2F는 그래도 약간은 어두운 편에 속한답니다.

그렇다면, 이 지하층의 용도는 무엇일까요? 아무리 생각해 봐도 사무공간은 쪼께 부적합할 수도 있답니다. 처음에 지하층이 2개층이었고 종교건축물일 거라고 생각했을 때는 54x2층=108부처님을 모셨답니다. 용도자체를 생각해볼 필요가 없었답니다. 신라일반목탑은 관공서라고 말씀드렸을 겁니다. 그럼 지하층을 무슨 용도로 사용하면 좋을까요? 관공서의 지하층에 어울리는 것이 무엇일까요? 알 수가 없네요? 혹시! 곡식, 무기…… 이런 것들이 있었을 수도 있을 겁니다.

그래서, 제 개인생각으로는 -1-3F는 군영 및 군막사, -1-2F는 무기고, -1FFL에는 정부미비축창고가 아니었을까 하는 생각이 제일 많이 든답니다. 아니면 각탑(1~9층:5개탑)마다 다른 용도일 수도 있었겠죠.

혹시 아시는 분 계시면 한수 알으켜 주이소!

이번에는 제일 낮은 꼬맹이 1층탑도 몇 개층으로 구성되어 있는지를 한번 봐야죠. 꼬맹이라고 빼면 섭섭해 할 겁니다. 이 1층탑이 층고가 너무 낮아 성립이 되는지조차 헷갈리는 건물이기는 하나 그래도 풀어는 봐야죠. 지하층과 1층을 같이 봅시다. 두 개층 뿐이니께!

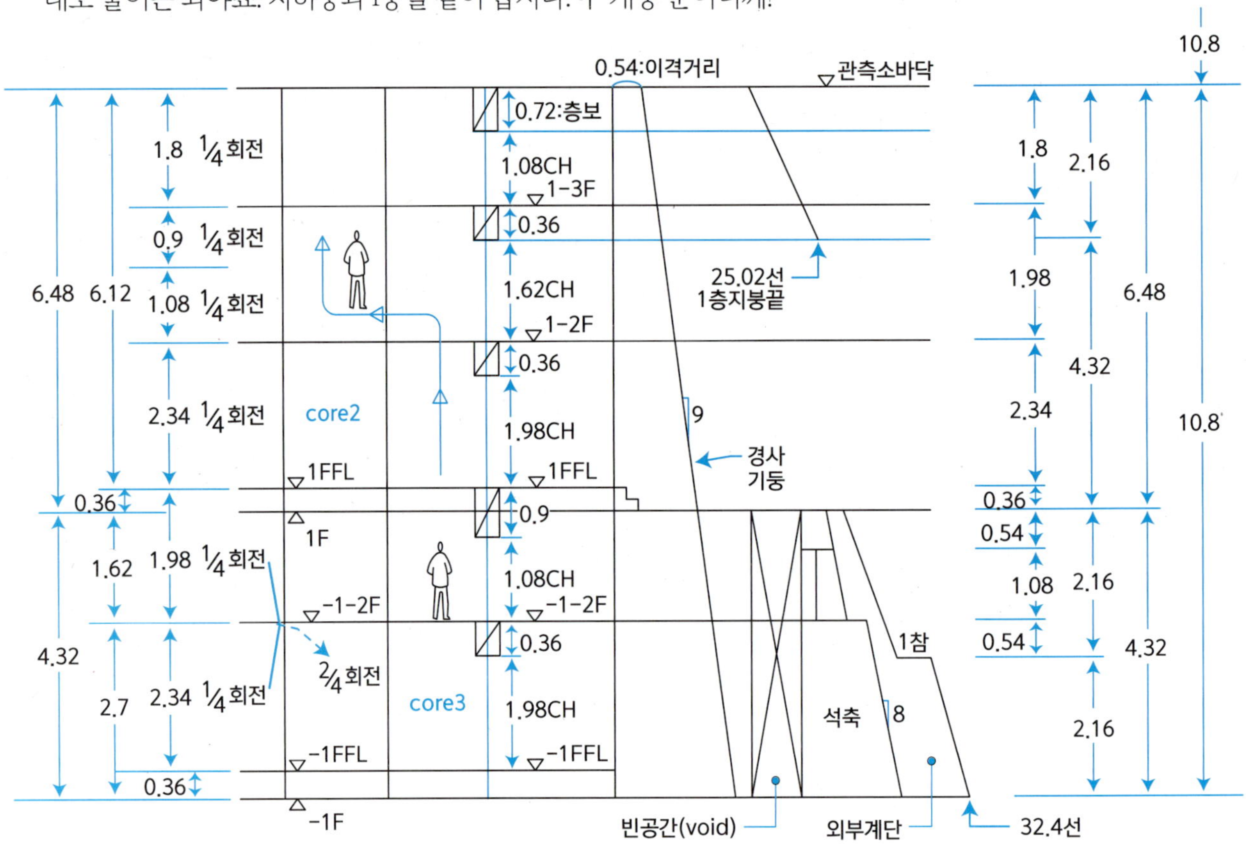

[그림 400] 1층탑 -1&1층 부분단면도

먼저 내부계단을 보시면 지하층은 층고가 너무 낮아서인지 2/4회전이 나온답니다. 1층은 낮은 높이도 있지만 4/4회전으로 만들었답니다. 물론 1층 내부계단은 1-2F에서 core3에서 core2로 계단이 바뀐답니다. 외부계단은 모양상 2.16으로 동일높이로 했으며, 하석축높이를 2.16으로 하면 도저히 -1FFL의 층고가 나오지 않으므로 2.7로 했답니다. 층고가 낮아서 지하층은 2개층으로, 1층은 3개층으로 했답니다. 순층고(CH)를 보시면 -1FFL은 1.98이 나오나 -1-2F는 1.08로 너무 낮게 나온답니다.

아마 다락방 개념으로 기어다녀야 될 것 같답니다. 1FFL의 CH는 1.98로 낮기는 낮으나 그런대로 이용이 가능하답니다. 문제는 1-2F의 순층고가 1.62랍니다. 제가 제일 처음 신라탑에 접근할 때 신라시대의 평균 남성키를 1.57~1.6 정도로 생각하고 접근을 했는데, 이 1-2F순층고가 1.62라는 것을 보는 순간, 남성 평균키를 1.55~1.57정도로 낮춰잡았답니다. 제 생각에 따라서 평균키가 몇 cm가 왔다갔다 하네요. 그래야만이 이 1-2F층을 어느 정도 이용 가능할 수가 있답니다.

이 1층탑 건립시기를 정확히 추정하기는 무척 어려우나, 1→3→5→7→9층탑 순서로 탑을 건립했다고 볼 때, 1층탑은 AD550~560년 경에 짓기 시작하지 않았나 하는 생각이 든답니다.
그렇다면 AD550년 경의 신라남성 평균키가 155~157cm정도였다는 것을 인지할 수가 있답니다.
추정일 뿐 아무도 알 수가 없답니다. 제가 1층탑 건립추정시기를 AD550년 경으로 잡은 이유는 탑당 시공기간이나 준비기간, 짓고 난 뒤 휴지기간 등등을 고려해 볼 때 탑당 약 20년정도가 걸렸을 거로 추정한거랍니다. 즉, 9층탑 완공시기를 대충 AD 640년(아마도 황룡사 9층목탑보다 몇 년 빠른 걸로 볼 때 기준임)으로 보고 역으로 계산해 본 것이랍니다. 물론 1·3·5층탑은 약간 기간을 단축시켰겠죠.
곰곰이 생각해보면 AD550년 경에 수학에 달통한 어떤 건축기사 한 분이 계셨다는 걸 알 수가 있답니다. 이 수학도사 건축기사로부터 신라탑은 시작되었다고 보시면 된답니다.
그대로 이어오다가 약 200여 년이 지난 석굴암을 마지막으로 이 수학도사 건축기사의 명맥은 끊어지게 된답니다. 그래도 200여 년의 영광을 누린 대단한 건축업적을 남겼답니다. 그로부터, 약 1,300년이 흐른 지금 젊은 건축기사분들이 또 이어갈 겁니다. 끈질기죠 ~ㅎ~
수학도사 건축기사분께 경의를 표합니다.
1-2F 순층고가 1.62로 낮아서 고민을 했는데 1-3F는 순층고가 1.08로 더 낮아져서 -1-2F 층고와 같답니다. 즉, 1-3F도 그냥 다락방 개념으로 보시면 된답니다. 사실 이 1-3F를 굳이 설치할 필요까지는 없으나 설치하지 않으면 1-2층에서 위를 쳐다보면 관측소 CF기초판 등등이 너무 노출되어 있어 모양새가 좀 그래서 1-3F를 설치해야 한답니다. 1-2F외부에 외부복도가 있기는 있으나 통로로 쓰기에는 너무 좁아서 그냥 바람을 쐬는 곳 정도라고 생각하시면 되겠습니다. 이젠 각 층마다 3개층이든 2개층이든 그 층 자체에 중층이 존재하고 있다는 걸 인지하셨으리라 믿습니다. 공간활용은 신라인들의 주특기 같답니다.

이제는 출입구와 외벽과 창호는 어떻게 생겼는지 9층탑을 중심으로 몇 개만 봅시다.
다 보자고요? 몇 개만 보셔도 전체 흐름을 읽으실 수 있을 겁니다. 사실 이 개구부 규모는 어떤 법칙이 있어서 계산이 가능하거나 하는 것들이 아니어서인지 손댈 때마다 춤을 춘답니다.
그렇다고 문이나 창문을 설치안할 수도 없답니다. 제 개인생각으로 이 정도가 적당하지 않을까 해서 생각해 보는 것이므로 여러분도 같이 한번 생각해 보시기 바랍니다.

먼저 9층탑 1층외벽을 볼까요.

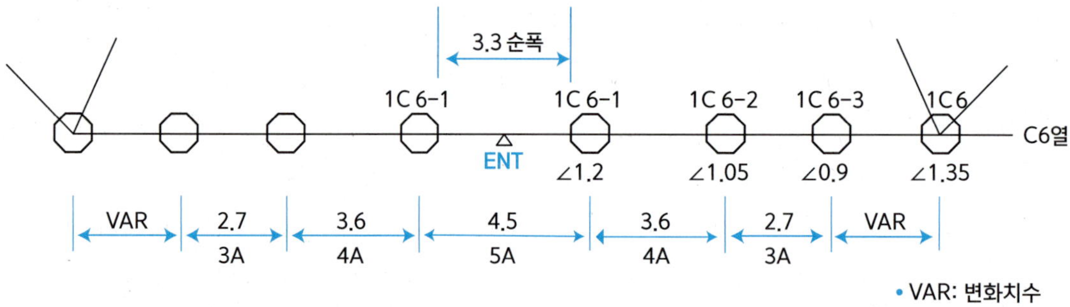

[그림 401] 9층탑 1층 외벽 기둥들

먼저 1C6-1기둥 사이를 크게 확대해 봅시다.

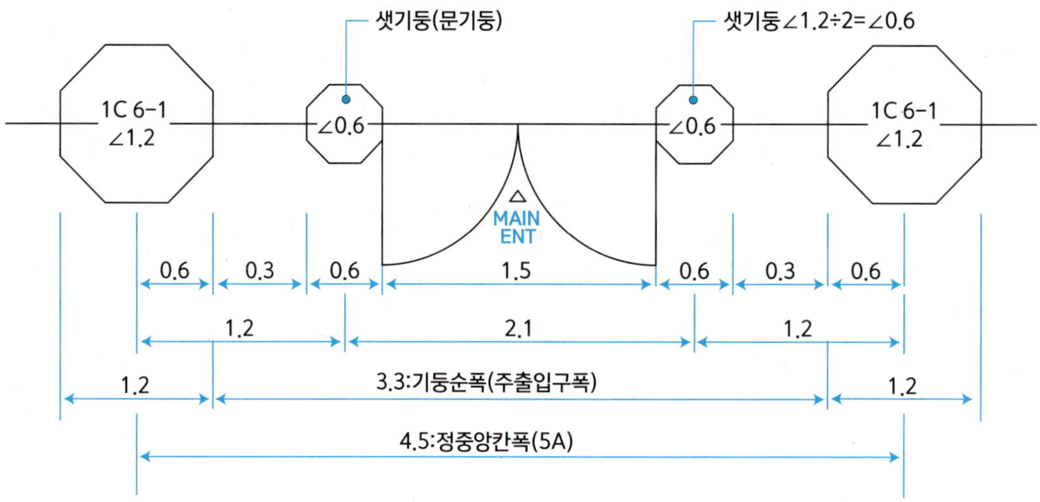

[그림 402] 9층탑 1층 외벽 중앙칸 기둥 확대

보시면, 주출입구 순기둥폭은 4.5-1.2=3.3이랍니다.
이 3.3m를 다 문으로 사용하면 문짝이 2개라도 한문짝 폭이 3.3÷2=1.65가 되어 열고닫기가 너무 불편하실 겁니다. 문짝이 너무 크고 길면 정첩도 엄청 많은 하중을 받을 겁니다. 그래서 문폭이 1.5m정도면 제일 적당하지 않을까 생각해 봤답니다.
조금은 좁은 듯한 느낌도 들지마는 드나드는 데는 충분할 겁니다. 샛기둥은 1C6-1∠1.2의 반인 ∠0.6이 될겁니다. 샛기둥을 세우고 나면 양쪽에 0.3씩 창문 설치공간이 나온답니다. 창문폭이 0.3은 좁은 창이지만 창틀두께를 얇게하면 가능할 것도 같답니다. 아님, 외벽처리를 할 수도 있답니다.
창문을 키울 수는 있으나 주출입문폭이 줄어드니 이러지도 저러지도 못한답니다.

다시 1층외벽 전체를 그려 봅시다.

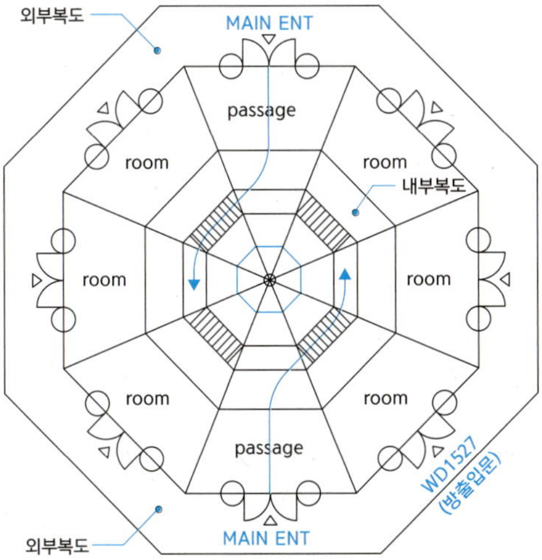

[그림 403] 1층 주출입구 개념도

말씀드렸듯이 1층주출입은 2방향진입이라고 했을 겁니다. 사용방은 6개방일 겁니다.
이 일반방 출입은 샛기둥을 세우고 WD1527을 설치하는게 맞을 겁니다.
문제는 주 진입문인 남북 2개문일 겁니다. 통행량이 방출입문보다는 훨씬 많을 수 밖에는 없답니다. 남북 두 출입문을 WD1527로 해도 무방하긴 하지만 그래도 다른 두 방법을 더 생각해 볼 수도 있답니다.

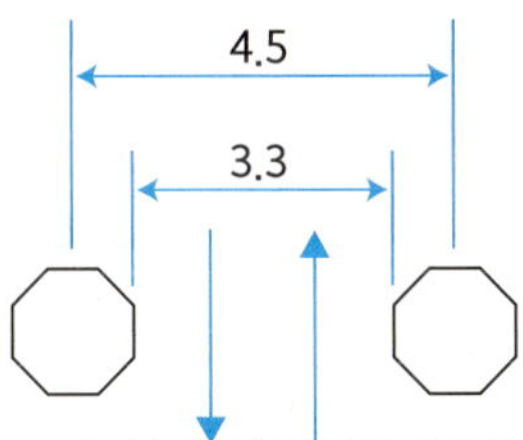

[그림 404] 첫째 : 출입문이 없을시:개방형

첫째로, 아예 출입문 자체를 설치하지 않고 텅빈 공간으로 하는 방법이 있을 수도 있고,

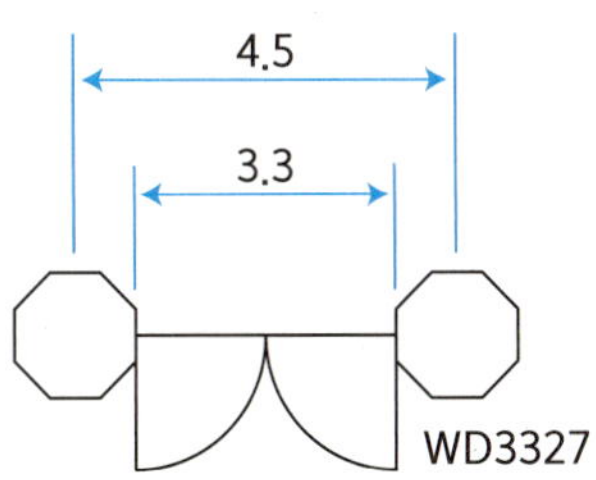

[그림 405] 둘째:대형문 설치 : 폐쇄형?

둘째로, 아무리 그래도 명색이 관공서인데 아침·저녁 1번씩 열고 닫더라도 출입문이 있어야지라고도 생각할 수도 있겠죠.
두 번째 경우는 문폭을 순기둥폭까지 최대로하여, WD3327로 하면 좋을 것 같답니다.

남북 주출입구문의 형태는 크게 3가지가 있답니다.

1. WD1527
2. 개구부만
3. WD3327

3가지의 경우의 수가 있는데 어느 것을 선택하실랍니까?

저라면, 일반방 출입문은 샛기둥을 넣고 WD1527을 설치할 것이며, 1층 주출입문은 WD3327이나 방출입문과 같은 WD1527 중 1개를 선택하겠습니다. WD3327을 선택시는 1층 주출입문만 해당되며, 상부층은 일반방과 똑같이 WD1527문이 될 겁니다. 참 선택하기 애렵네요?

이 주출입문과 양옆의 창문 관계를 1층과 9층을 비교해서 분석해 봅시다.
1층의 남북 주출입문은 커질 수도 있으니 일반방의 주출입문을 중심으로 봅시다.

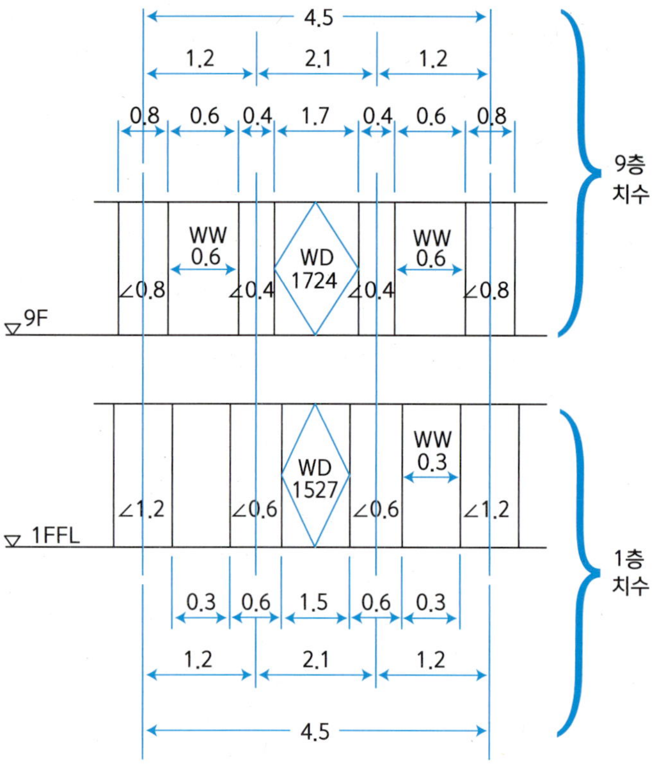

기둥 중심선 기준으로 창호를 비교해 본 거랍니다. 보시니 이상한 점을 발견하지 못하셨나요?
1층 방출입문은 폭이 1.5m인데 9층 방출입문폭은 1.7m랍니다.
20cm가 더 커졌답니다. 창문폭은 1층은 30cm인데, 9층은 60cm랍니다.
30cm나 창문이 커진 거랍니다.
왜 그럴가요?
기둥중심선(CL:center line)은 수직으로 올라가는데 기둥폭이 층마다 계속 줄어들기 때문에 발생되는 순폭치수 변화차이이기 때문이겠죠.

[그림 406] 9층탑 : 일반 방출입문의 1층과 9층의 치수비교표

동일 조건에서는 기둥폭이 위로 갈수록 줄어들기 때문에 묘하게도 순폭은 위로 갈수록 넓어지게 되어 있답니다. 그럼 주기둥중심폭을 줄여나가자고요? 주기둥중심간폭을 줄여나가면 문제는 더 심각하게 발생된답니다. 주기둥은 건물하중을 하부로 전달하기 때문에 주기둥의 중심선이동공법은 무지 위험한 발상이랍니다. 힘이 중심으로 전달되어야지 편심하중을 받게되면 골치가 쪼께 아프답니다.

또한, 중앙주기둥만 있는게 아니라 옆·옆에도 기둥이 또 있답니다.
기둥간격이 엉망진창이 되어 버린답니다. 주기둥 중심선이동이 힘들면 나오는 치수대로 문짝을 만들자꼬요? 좋은 방법이기도 하답니다.
저희들이 일반적으로 알고 있는 건축은 상식이다를 생각해봅시다. 문폭이 지멋대로 커졌다가 줄어들었다가 하는 것은 조금은 문제가 있답니다. 사용편의성에 조금 문제가 있답니다.
창문은 크거나 적거나 동선에는 크게 영향을 주지는 않는답니다. 이 출입문은 동선과 밀접한 관련이 있답니다. 그래서 출입문폭은 1.5m로 고정시킬 겁니다.

주기둥은 고정상태니 만만한 샛기둥을 움직여 문 끝선을 맞출겁니다. 샛기둥은 비구조재로 필요에 따라 필요한 위치에 설치하면 된답니다.

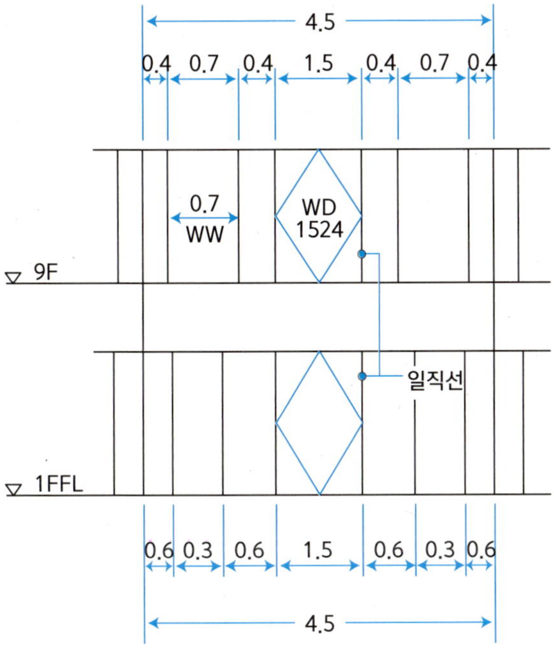

[그림 407] 9층탑 : 일반 방출입문의 1층과 9층의 출입문폭 통일안 W=1.5기준

보시다시피, 중요한 주출입문폭은 1.5m로 통일시켰으며, 양열에 있는 창문폭만 1층은 0.3이며, 9층은 0.7이 된답니다.

이렇게 되면 주출입문 양면은 일직선이 발생된답니다.

이 공법이 끝선정렬공법이랍니다. 샛기둥같은 것이 있을때만 성립이 되더랍니다.

제가 이 끝선정렬공법을 몇 번 시도해 보았는데 잘 성립이 되지 않더랍니다.

한 가지만 보여드리겠습니다.

9층탑 1층외부경사기둥이랍니다.

그려 볼까요.

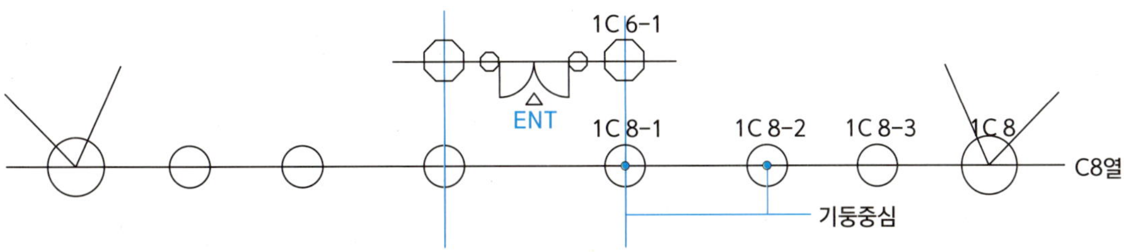

[그림 408] 9층탑 C8열:정상적인 외부경사기둥 배치도:중심선 기준 기둥배치

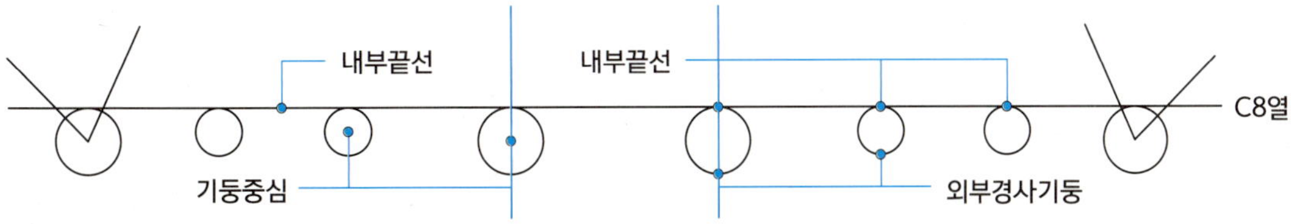

[그림 409] 내부끝선에 기둥끝선 정렬공법

정상적인 기둥배치는 C8열을 중심선으로 기둥을 배치하는 거랍니다.

끝선정렬공법은 기둥크기와 상관없이 기둥을 한쪽 선으로 일치시키는 것이랍니다.
기둥끝선을 내부나 외부쪽으로 일치시키는 끝선정렬공법을 쓰면 모양새가 쪼께 볼륨감이 더 할 것 같기도 하고 모양새가 더 아기자기할 것 같아서 시도를 해보았는데, 원초적으로 성립자체가 안되더랍니다. 기둥은 중심선을 벗어나면 구조가 되었든 결구가 되었든 성립자체가 안되더랍니다.
이 기둥중심선을 벗어나기가 힘이 드니 창문등을 상부층과 수직선 자체를 맞추기가 힘든답니다.

혹시 외벽은 어떻게 생겼을까 궁금하지 않으십니까? 외벽두께는 몇 cm쯤 될까요?
같이 한번 외벽두께가 어느 정도쯤 되면 적당한 두께일까를 알아봅시다. 12cm정도면 적당할까요? 아님 15cm, 20cm……? 벽체는 홑벽일까요. 2중벽일까요? 2중벽이면 중간에 단열재를 넣었을까요? 홑벽이면 양면 판재사이에 쪼다(황토류)를 넣었을까요. 아님, 판재도 없이 그냥 회벽으로 했을까요? 알 수 없어라? 모른다고 그냥 쳐다만 보고 있으면 어쩌면 영원히 알 수가 없답니다. 죽이 되든 밥이 되든 자꾸 부딪혀 봐야만 한답니다. 틀리면 어떻습니까? 맞으면 상장을 주나요? 상장 받아봤자 쓰물 데도 없답니다. 틀렸다고 아무도 나무라지 않는답니다.
그렇다면 부딪혀 보셔야죠. 설사 틀렸더라도 노력한 만큼의 결과는 남게 된답니다. 외벽두께는 어디서·어떻게 알아낼 수 있을까요? 저라면 기둥에서 영감을 얻을 겁니다.
기둥중에서도 제일 만만하고 꼬맹이기둥인 샛기둥에서 idea를 얻어 낼 겁니다. 샛기둥을 보실까요?

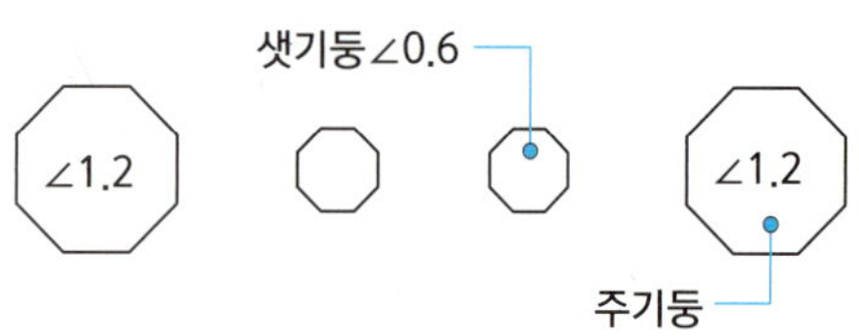

[그림 410] 샛기둥

그냥 단순한 ∠0.6의 8각기둥이랍니다. 여기서 외벽두께가 어느 정도일까를 생각할 차례랍니다. 금방 알아차리실 겁니다. 또 그려 볼까요.

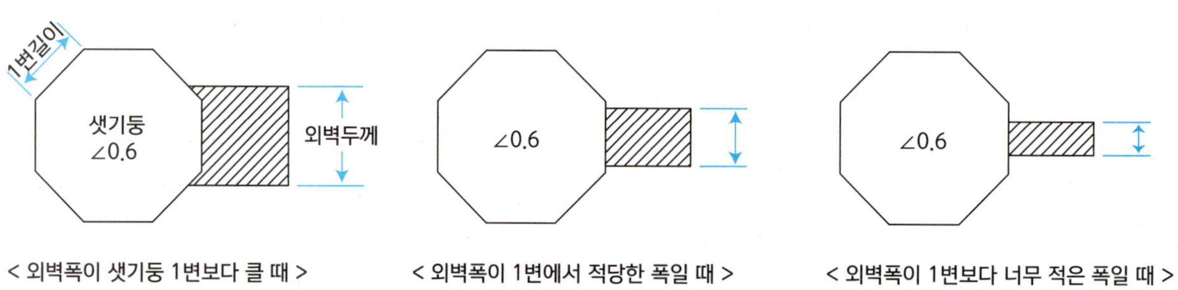

[그림 411] 외벽두께의 경우의 수

상기 3가지 외벽의 경우의 수 중에서 어느 것이 가장 적당할 것 같나요? 다 될 것 같다구요?

'건축은 상식이다' 라는 개념을 동원하면 되겠죠.

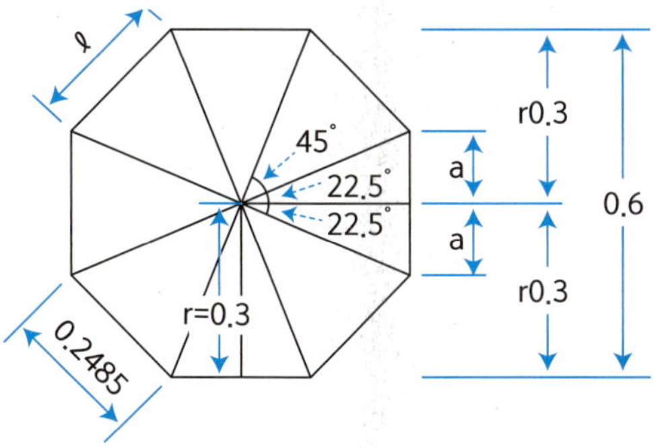

[그림 412] ∠0.6시 1변길이 구하기

때깔좋은 떡이 더 맛있을 수도 있답니다. 저라면 8각형의 1변길이에 적당한 폭의 벽체두께를 택하겠답니다. 먼저 1변의 길이부터 구해 봐야죠.

8변이니까 1변각 = 360 ÷ 8 = 45˚

1변길이는 45˚의 반인 22.5˚길이에서 양면이니까, 1변길이는 $\ell = 2\tan 22.5r$이 될겁니다.

$(\tan 22.5 = \frac{a}{r}$, $a = \tan 22.5r$ $\therefore$ $\ell = 2a = 2\tan 22.5r)$,

$\therefore$ 1변길이 $\ell = 2\tan 22.5r = 2 \times 0.4142 \times 0.3 = 0.2485$가 나오네요.

외벽폭이 24cm이면, 한변 양쪽에 4.2m/m 정도의 여유가 있답니다.

가장 간단한 계산으로는 외벽폭은 ∠0.6x1.2÷3=0.24로 간단히 나온답니다.

1층 중앙부외벽두께는 24cm가 나왔으니 9층 중앙부외벽두께도 계산해 볼까요.

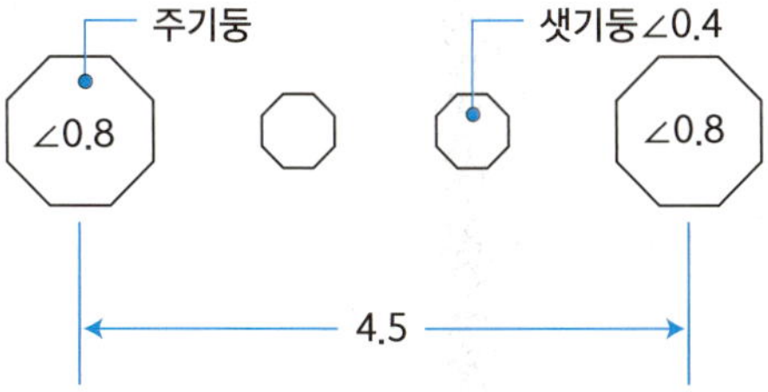

[그림 413] 9층 외벽:중앙칸 기둥들

9층 중앙부 샛기둥이 ∠0.4이니,

외벽폭 =∠0.4x1.2÷3=0.16, 16cm가 나온답니다.

1층과 9층이 8cm의 벽두께 차이가 난답니다.

1층과 9층은 8개층 차이이니 1cm/층씩 차이가 난답니다.

그럼, 1층외벽이라고 다 똑같은 외벽두께 일까요? 아님, 같은 층의 외벽이라도 두께가 다 다를까요? 또 그려 보셔야 알 수가 있을 겁니다. 생각만으로도 알 수가 있다고요? 글쎄요!

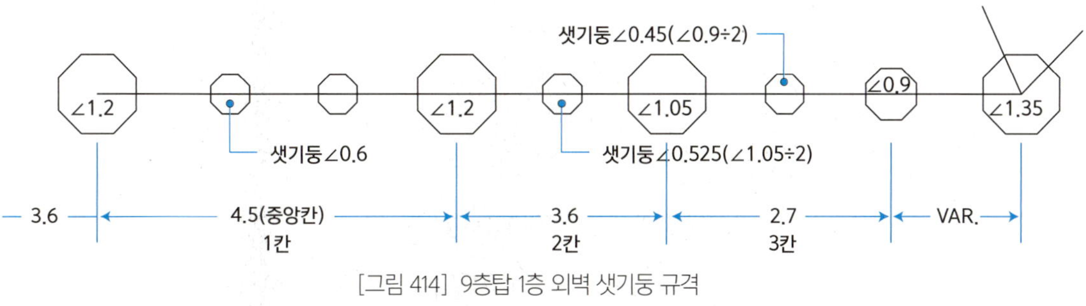

[그림 414] 9층탑 1층 외벽 샛기둥 규격

중앙부 샛기둥은 방출입문이 있으므로 필요한데, 나머지칸에 샛기둥을 설치할지 안할지는 아직 미지수랍니다.(아마! 2·3칸에는 샛기둥 1개 정도는 넣을 예정이랍니다. 넣지 않으면 창짝이 너무 커진답니다.)
편의상 중앙칸을 1칸, 다음칸을 2칸, 3칸 …으로 이름을 붙이겠습니다. 샛기둥이 발생될지는 미지수이지만 2칸·3칸에도 샛기둥이 있다고 가정하고 외벽두께를 계산해 봅시다.
칸의 샛기둥은 작은 기둥 치수의 반이 샛기둥폭이 된답니다.

• 각 칸의 외벽두께 계산하기 { 2칸 외벽두께 = ∠0.525x1.2÷3=0.21
3칸 외벽두께 = ∠0.45x1.2÷3=0.18

보시면 어떤 치수의 증감법칙을 아실 수가 있을 겁니다.

{ 1칸 벽두께 : 24cm
2칸 벽두께 : 21cm
3칸 벽두께 : 18cm } 3cm, 3cm > 0.00 • 각 칸마다 3cm의 차이가 나네요.

그럼, 9층의 2칸외벽두께는 1칸이 16cm였으니, 2칸은 자동으로 13cm가 된답니다. 즉, 9층탑 외벽두께는 최소 13cm에서 최대 24cm로 각 층마다 각 칸마다 각각 다르답니다. 1~9층탑에서 최소외벽두께는 12cm랍니다. 아무리 벽두께가 얇아도 12cm이상은 된답니다.
저번에 잠깐 말씀드렸듯이 ∠0.6x1.2=0.72가 실질적인 기둥 폭이며, 여기다 3으로 나누면 보가 되었든 벽체가 되었든 8각형의 1변안에 쏙 들어가게 되어 있답니다. 즉, 주기둥폭에다 1.2를 곱하고 3으로 나누면 보폭이 되며 보폭의 반이 외벽두께(샛기둥 기준이므로)가 된답니다. 8각형 1변의 묘한 특성이랍니다. 제가 일반목탑의 샛기둥을 주기둥과 똑같이 8각형기둥으로만 생각하고 있었답니다.

그런데 사찰목탑을 푸는 과정에서 샛기둥이 4각형일 수도 있다는 생각이 들기 시작했답니다.
물론 사찰목탑의 수직기둥은 원형기둥으로 생각을 하고 샛기둥이 원형기둥일 수도 4각형기둥일 수도 있다고 생각을 하기 시작한 것이랍니다. 사찰목탑 샛기둥이 4각형기둥일 수도 있다면, 일반목탑의 샛기둥도 4각형일 수도 있다는 생각이 슬슬 들기 시작하더랍니다.
샛기둥이 4각형기둥일 거라는 생각은 한번도 해본 적이 없었는데 참 묘하더랍니다.
제 사고가 굳어있었는지 대가리가 나빠서 미쳐 생각을 못했는지는 모르겠지만 저 자신이 쪼께 한심하기도 하더랍니다.
어찌 되었건 인지를 했으니 일반목탑의 샛기둥이 4각형일 경우에 대비하도록 해야할 겁니다.

이제 대비책을 찾아봅시다. 9층탑 1층 중앙칸 기준으로 봅시다.

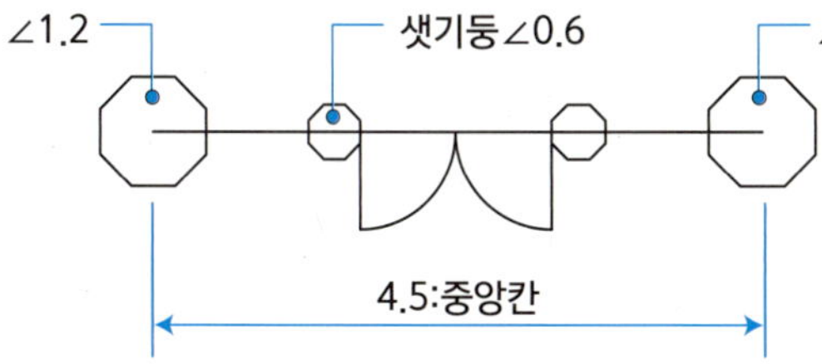

[그림 415] 9층탑 샛기둥 8각형시 : 주기둥의 1/2

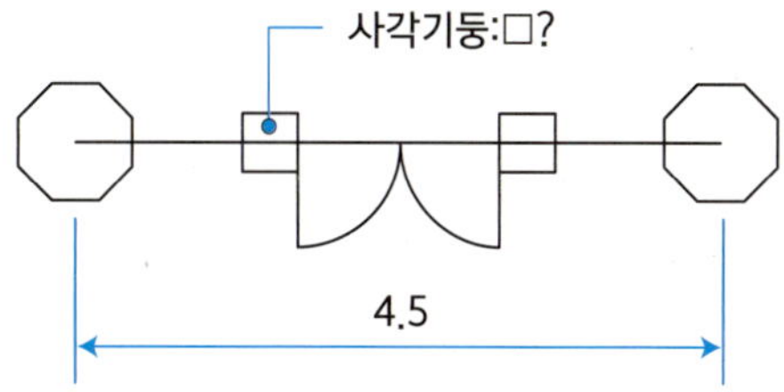

[그림 416] 샛기둥 4각형시 : 4각기둥규격?

샛기둥이 8각기둥시는 주기둥규격의 1/2이 샛기둥규격이 된답니다.

그렇다면 샛기둥이 4각형기둥일시는 샛기둥규격이 얼마가 되며 또한 외벽두께는 얼마면 적당할까요? 하! 헷갈리시죠. 8각샛기둥과 마찬가지로 □0.6으로(□ : 사각기둥) 해버릴까요?

어찌 생각해보면 이것이 가장 간단하고 머리 아플 일이 전혀 없을 겁니다. 저희들이 누굽니까?

아무리 구석에 쳐박혀 꼭꼭 숨어있는 놈이라도 반드시 잡아내는 귀신잡는 공병(?) 출신들이잖아요?

귀신잡는 해병은 들어본 것도 같은디? 살짝 농담이구요!

기둥을 살펴보시면 기둥은 기둥턱이라는 놈이 있답니다.

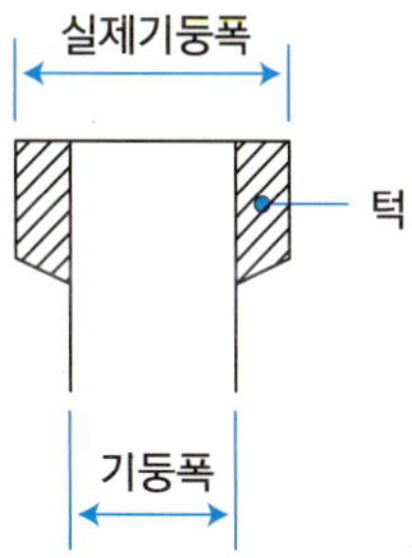

[그림 417] 기둥폭과 실제기둥폭

기둥을 보시면 기둥폭이라는 기준폭이 있으며 날개라는 놈이 붙어 있어서 보 등을 받쳐준다고 전에 살짝 말씀드렸을 겁니다.

이 기둥턱을 포함한 폭이 실제의 기둥폭이 되며 기둥폭의 1.2배가 된답니다. 9층탑 1층중앙칸의 양쪽 주기둥을 ∠1.2로 표기는 해 놓았지만 실제기둥폭은 ∠1.2x1.2배=1.44가 실제 기둥폭이랍니다.

4각샛기둥도 당연히 이 정면칸의 주기둥의 영향을 받을 겁니다. 8각샛기둥은 주기둥의 반인 ∠0.6이 기둥규격이지만 이 4각샛기둥은 실제기둥폭의 1/3이 기둥규격이 된답니다.

즉, ∠1.2x1.2배÷3=0.48이 된답니다. 그리고, 이 4각기둥의 반인 0.48÷2=0.24가 바로 외벽두께가 된답니다. 어! 8각샛기둥으로 할 때도 외벽두께가 24cm였는데 묘하게도 똑같네요.

예! 맞습니다. 똑같답니다. 저희들이 누구라고 그랬죠? 보실까요.

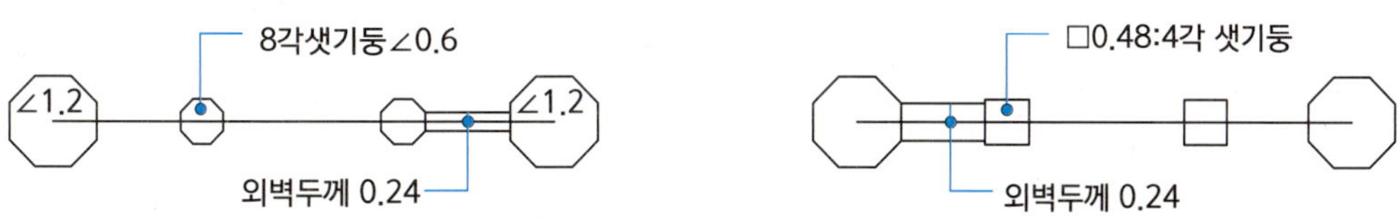

[그림 418] 8각샛기둥과 4각샛기둥의 외벽두께

8각샛기둥일 때의 외벽두께는 2tan22.5r=2tan22.5x(∠0.6÷2)=0.2485로 외벽두께가 24cm이며, 4각샛기둥은 □0.48÷2=0.24로 둘다 외벽두께가 똑 같답니다. 고고참! 희한하죠?
아마도 우연의 일치일지도 모른답니다. 이 샛기둥이 8각이 좋을까요. 아니면 4각이 좋을까요?
어찌보면 4각이 조금은 미끈한 것 같아 일견 좋아 보일 수도 있답니다. 그런데, 이 두 형태는 장단점을 갖고 있는 것 같답니다. 먼저, 8각샛기둥을 보실까요.

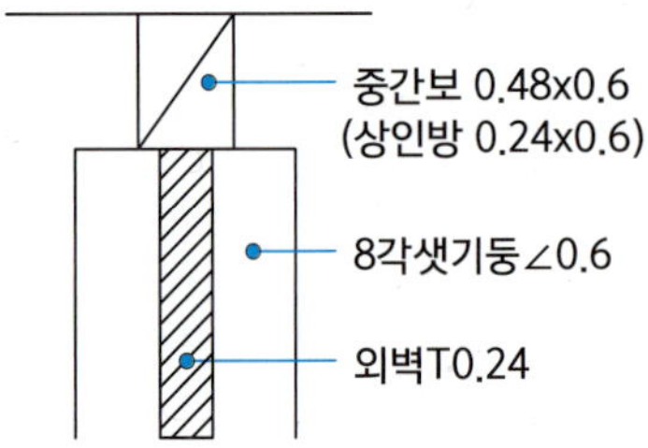

[그림 419] 8각 샛기둥 위에 단순히 중간보가 얹힐 경우

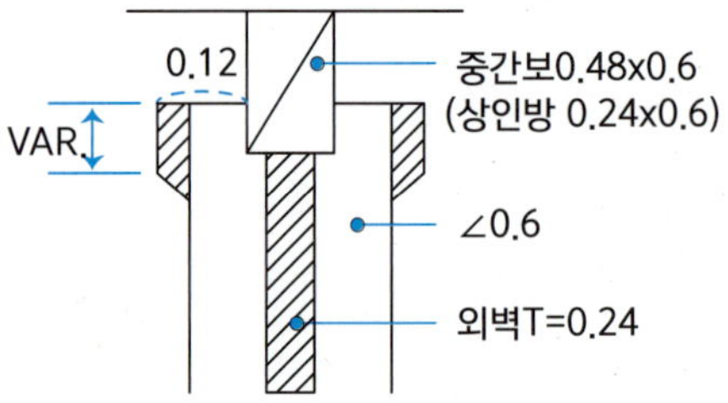

[그림 420] 8각 샛기둥이 중간보를 감쌀시

8각샛기둥인 경우를 보시면, 단순히 샛기둥 위에 중간보를 얹힐 경우는 모양은 조금 그럴듯한데 샛기둥이 조금은 불안해 보이며, 샛기둥이 중간보를 살짝 감싸주면 그래도 샛기둥이 조금은 더 힘을 받을 것 같답니다. 그런데 샛기둥이 보를 얼마 높이로 감싸줄지는 모르지만 어쨌든 외관상 감싼 높이가 노출이 된답니다. 봅시다.

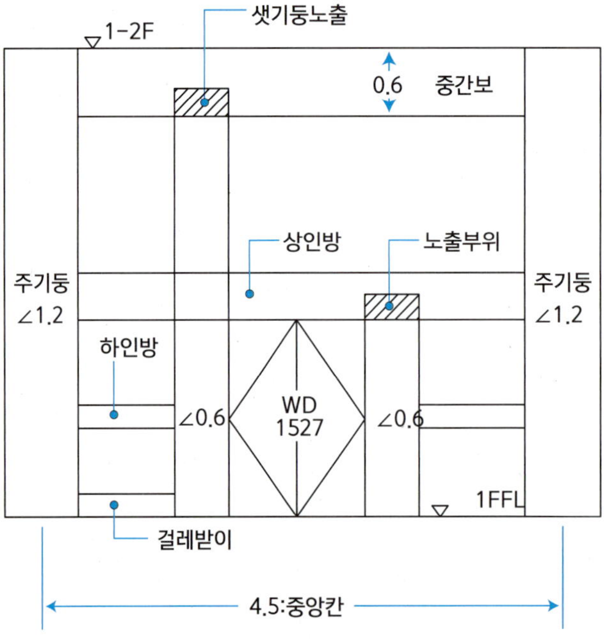

[그림 421] 9층탑1층:중앙칸 입면도:8각 샛기둥시

입면을 보시면 샛기둥이 1-2F층 중간보까지 올라갈지 그냥 상인방까지만 갈지는 모르지만 일단 보(중간보 or 상인방)를 감싼다고 볼 때 감싼 높이만큼은 샛기둥 상부가 노출이 된답니다.
아무리 쳐다봐도 샛기둥의 모양새가 쪼께 맘에 들지 않네요? 물론 보를 감싸지 않으면 모양새는 조금은 나을 것 같지만 그래도 보보다 샛기둥이 툭 튀어나온 것도 보일듯 하답니다. 어떻게 처리해야 할지가 막막하답니다. 그래도 기둥턱은 낼 수가 있어서 하인방 등을 걸기가 좋답니다.
다음은 사각샛기둥을 보실까요. 보시면 중간보(상인방 포함)와 4각샛기둥이 폭이 0.48로 똑같아서 민자로 보인답니다.

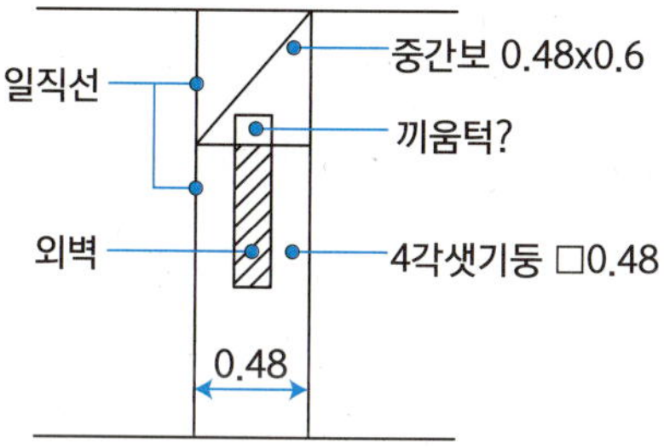

[그림 422] 사각샛기둥과 중간보: 동일면

보기는 아주 좋은데 이 샛기둥이 힘을 받을지는 미지수랍니다. 샛기둥이 너무 힘이 없어서 움직이면 그것도 쪼께 맘이 놓이질 않는답니다.
물론 보쪽에 끼움턱을 내면 약간은 좋겠죠.

입면도를 잠깐 봅시다.

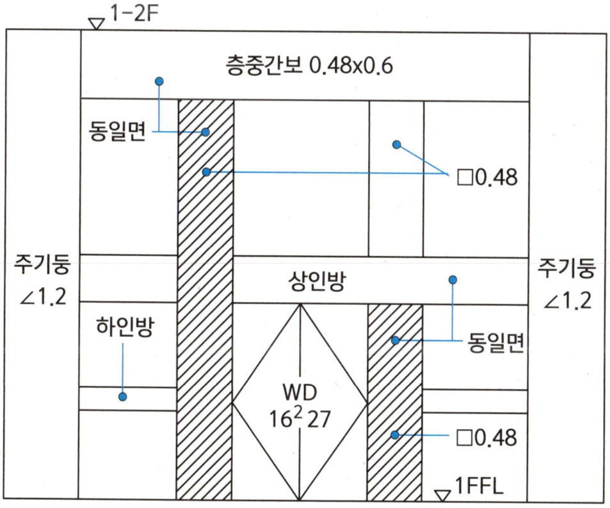

[그림 423] 9층탑1층:중앙칸 입면도 : □ 샛기둥시

샛기둥이 중간보 밑까지 갈지 상인방 밑까지만 갈지는 아직 미지수랍니다. 상인방 위가 고정창이 될지 단순히 외벽이 될지를 모르기 때문이겠죠.
어찌되었건 외관상 미끈하게 잘 생겼답니다.
그런데, 이 4각샛기둥에는 결점이 하나 있답니다. 아시는 분 계시나요?

바로 이 4각샛기둥은 자체 기둥턱 발생이 없어서 하인방 등을 받쳐줄 힘이 없어 스르르 미끄러지게 되어 있답니다.

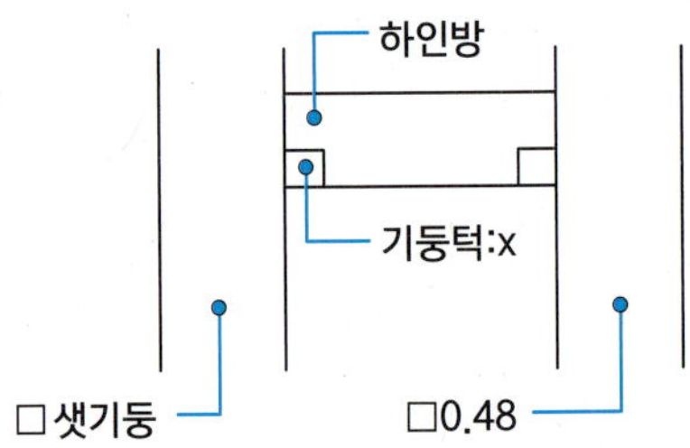

[그림 424] 4각 샛기둥 기둥턱 개념 : 기둥턱이 없음

샛기둥이 기둥턱이 있어야 하인방 등을 잡아주는데 묘하게도 4각샛기둥에는 기둥턱이 없답니다.
왜일까요? 벌써 기둥턱치수를 다 써버렸기 때문이겠죠. 볼까요. ∠1.2x1.2배÷3=0.48로 곱수 1.2에 1은 본기둥치수이며 0.2가 바로 기둥턱치수랍니다.

4각샛기둥폭치수에 이미 턱치수가 포함되어 있기 때문이겠죠? 이해가 가시는지가 쪼께 궁금하네요. 그래도, 우리끼린데 인방쪽에만 살짝 턱을 내자고요. good idea. 이 4각샛기둥으로 할려면 하인방 하부벽체의 시공을 아주 꼼꼼하게 하셔야 할 겁니다. 그리고 가능하면 이 4각샛기둥은 상인방까지만 가서 상인방을 받쳐주어야만 상인방 상부가 창문인지 일반벽체인지는 모르겠으나 상인방이 힘을 받을 수 있을 것 같답니다.(실제론, 주기둥의 반을 4각샛기둥의 실제폭(□0.6)으로 가정해서 6cm씩의 턱을 낼겁니다)

사찰목탑을 풀다가 갑자기 4각샛기둥 생각이 떠올라 생각해봐야할 일이 하나 더 생겨서 한번 생각해 보았답니다. 생각은 단순한게 좋은데 어쨌든 머리가 쪼께 더 아프게 생겼네요.
이 글을 읽으시는 분은 어떤 샛기둥이 마음에 드시나요? 다수결원칙을 따를까 합니다?
다수결이 완벽할까요? 9층탑 출입구문만 달랑 보기도 그러니 7층탑 주출입문 하나만 더 봅시다.

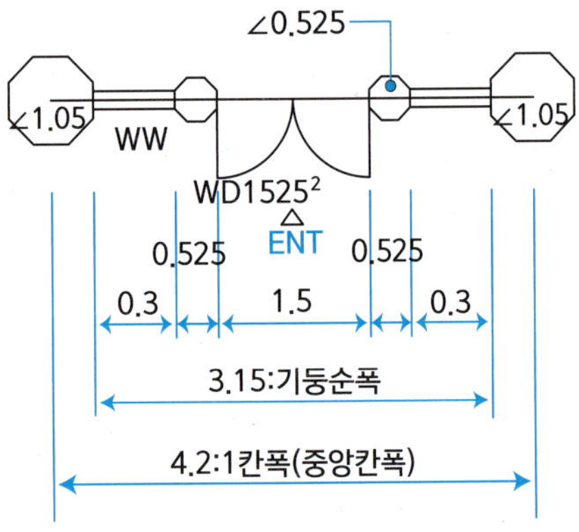

[그림 425] 7층탑 주출입구폭

어! 7층탑 출입구문폭이 1.5, 창문폭이 0.3, 이상하네? 9층탑과 똑같네! 예, 똑같답니다. 아니, 1~9층탑 다 똑같답니다. 통행하는 폭은 층고가 높고 낮고에 관계없이 기본폭은 어느 정도는 같은 게 맞을 것 같답니다.
물론, 층고가 높으면 폭을 약간은 크게 할 수도 있으나, 층고가 낮다고 출입문폭을 좁게하기도 그렇답니다.
그래서 제가 출입문폭을 똑같이 1.5로 하고, 창문폭을 똑같이 0.3으로 해 놓았답니다.

왜 마음대로 하느냐구요? 제 맴입니다. 사실은 하다보니 폭이 동일하게 나오더랍니다.
아마 우연의 일치일 듯? 이제는 창문높이도 한번 보실까요?

9층탑 1층부터 봅시다.

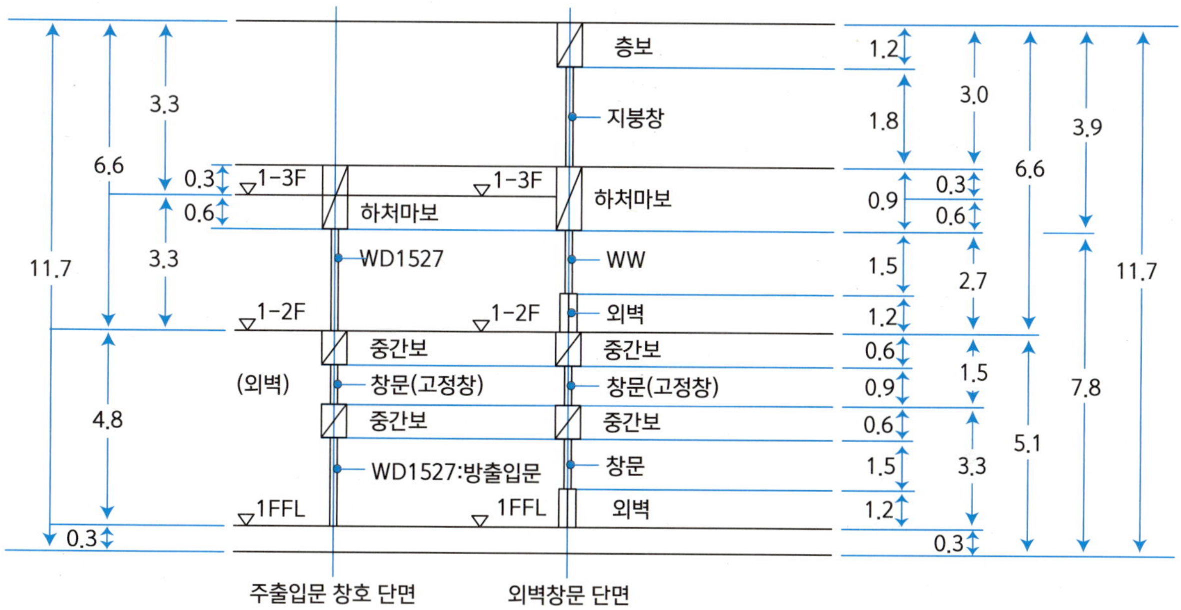

[그림 426] 9층탑 1층 외벽 주출입문과 일반창호

창이 엄청 많네요. 순층고가 제일 높은 1FFL의 외벽단면을 확대해 봅시다.

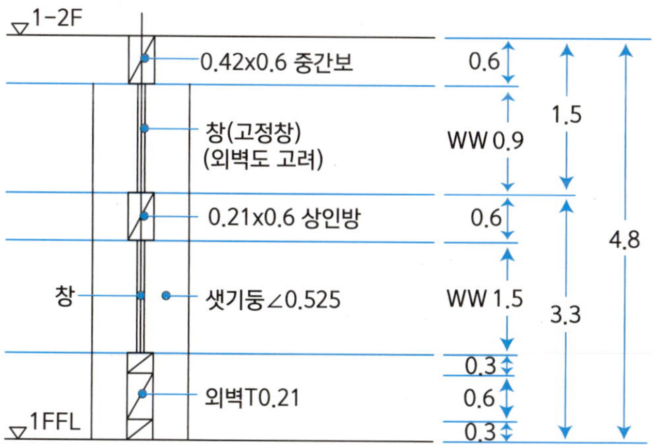

[그림 427] 9층탑 1층 2칸 일반창 단면도

창높이를 1.5로 하긴했는데, 이 높이가 어느 높이가 적당한지 아주 헷갈린답니다. H=1.5, 1.2,······ 등이 다 가능한 창문 높이랍니다.

창문 하부벽을 잠깐 봅시다.

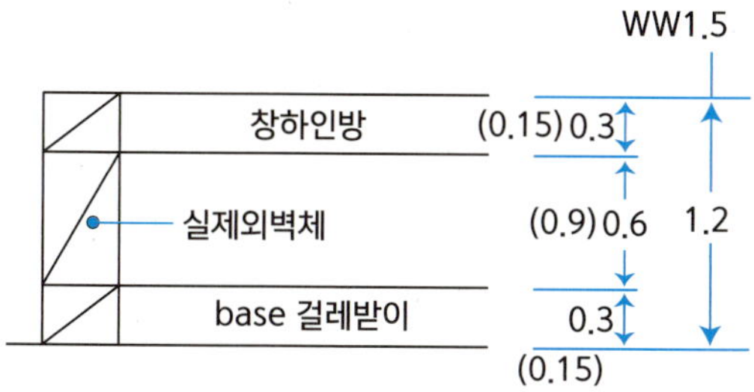

[그림 428] 2칸 창하부벽

창하부 벽체높이를 1.2m로 가정했으나 0.9일 수도 1.35일 수도 있답니다. 문제는 이 창하부벽체(외벽)의 재료가 도통 무엇일까요.

아무리 생각해 봐도 떠 오르지 않는답니다.

양면에 송판을 대고 내부에는 흙을 채웠을까요?

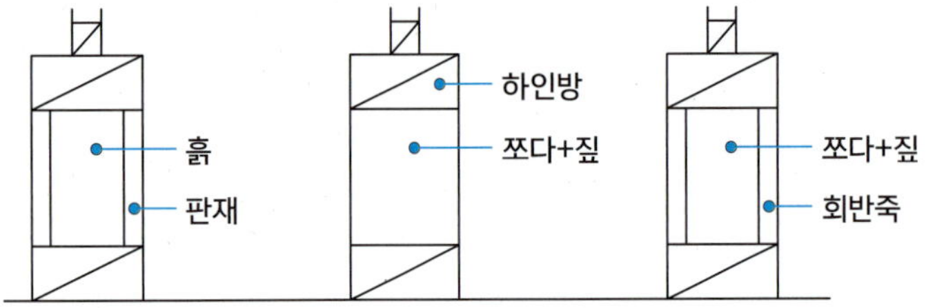

[그림 429] 창하부벽체(외벽)의 재료 추측

아니면 전체를 쪼다에 짚을 썩어서 했을까요, 아님, 내부는 쪼다에 짚을 썩고 외부에만 회반죽을 살짝 발랐을까요?
풀어야 할 숙제랍니다.

그리고 하인방과 걸레받이높이도 헷갈린답니다. 30cm는 너무 높아 순벽체가 얼마 안되고 15cm로 하자니 부재가 약해 보이는 것 같기도 하고? 하여튼 무지 헷갈린답니다.

부분입면도를 잠깐 봅시다. 경우의 수가 워낙 많아 무척 헷갈린답니다.

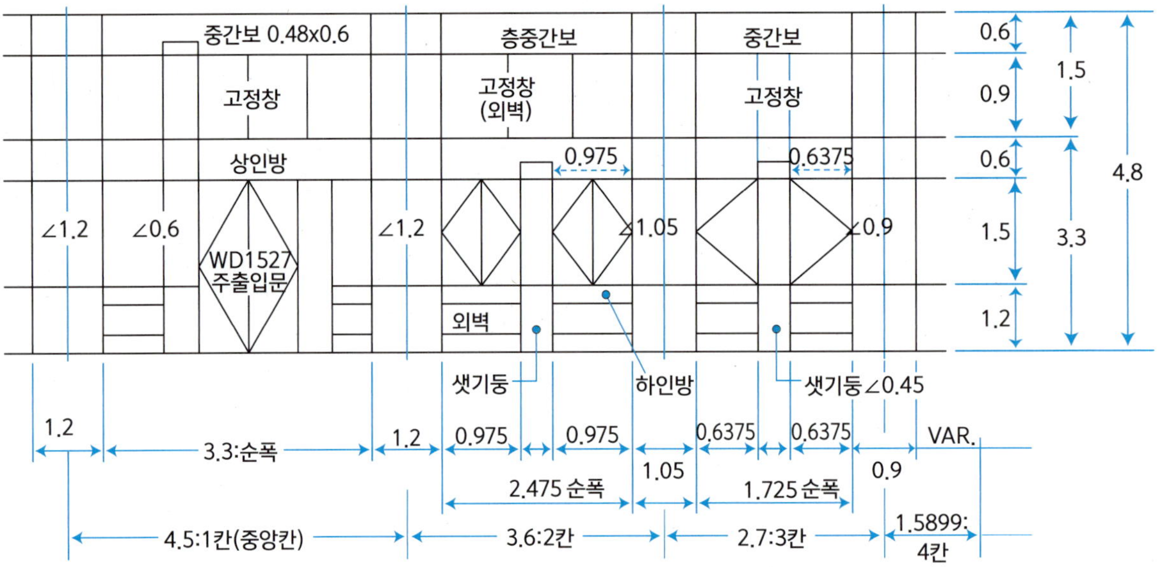

[그림 430] 9층탑 1층 1FFL의 외부창호 개념도 : 1·2·3칸 기준

도면을 그려보면 건물 외관은 거의 창호로 도배를 하고 있답니다. 창문만 나오면 쳐다만 봐도 머리가 빙빙돌기 시작한답니다. 보시듯이 고창(위에 있는 창)은 고정창 처리하면 아주 큰 문제는 없답니다.(벽체처리도 생각중이랍니다.) 어차피 높아서 아예 손이 닿질 않는답니다.

문제는 일반창문인데 중간샛기둥을 안 넣자니 창짝이 너무 커서 창짝이 축처질 것 같고, 샛기둥을 넣자니 순폭이 너무 적어 어중간하답니다. 2칸을 보실까요. 샛기둥을 넣으면 순폭이 0.975가 나온답니다. 이놈은 그래도 2짝짜리 창으로 해도 될 것도 같은데, 3칸같은 경우는 순폭이 0.6375가 나온답니다. 2짝으로 하자니 창문짝이 너무 좁고 그대로 외짝으로 하자니 2칸창짝보다 크답니다.
그리고 외짝일 경우는 정첩위치에 따라 개폐방향도 달라진답니다.

이건 9층탑인 경우인데, 1~7층탑도 계속 똑같은 문제가 발생된답니다. 어떨 때는 아예 2·3칸은 샛기둥을 빼 버리고 중간에 고정창을 넣고 양쪽으로 외짝을 달까도 생각하고 있답니다.

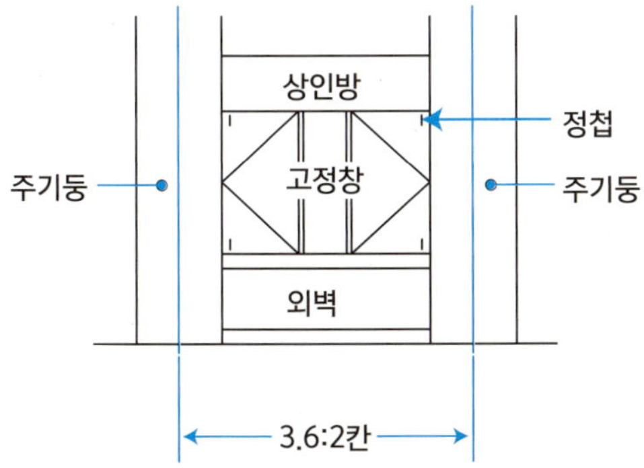

[그림 431] 2칸의 다른 안 : 샛기둥 없이

어떻게 해야 할지는 지금으로서는 알 수가 없답니다. 그래서, 제가 2·3칸의 샛기둥 설치는 아직까지 미지수라고 했답니다.
머리 좋으신 분 없으신가요!
한 수 알으켜 주이소.

일반층의 창호도 한번 보셔야죠. 몇 층으로 할까요. 9층탑의 5층 정도 봅시다.

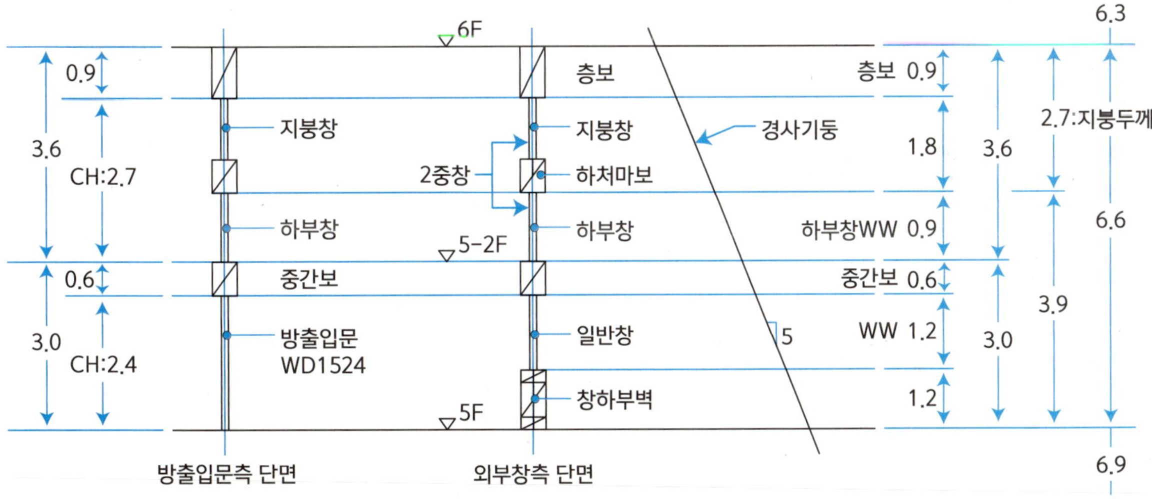

[그림 432] 9층탑 5층 창호도

일반층(3~9층)은 지붕을 뺀 순층고는 3.9m이며, 이 중 0.9가 중2층에 소속되어 5F층고는 3m이며, 이 중 중간보인 0.6을 빼고나면 2.4m가 순층고에 해당된답니다.
그러니 방출입문은 자동으로 WD1524가 된답니다. 유심히 보실 것은 중2층(5-2F)의 외부창이 지붕창과 하부창이 있어 2중창으로 구성되어 있답니다.
이 하부창 높이에서 하부에 걸레받이(하부 안전턱)로 15cm정도 주면 순수하부창높이는 0.75정도가 될 수도 있답니다. 외부창 하부벽 높이를 1층과 같이 1.2로 했으나 0.9가 될 수도 있답니다.
아직 결정되지 않은 사항이랍니다.

5층의 5F의 입면도를 잠깐 보실까요.

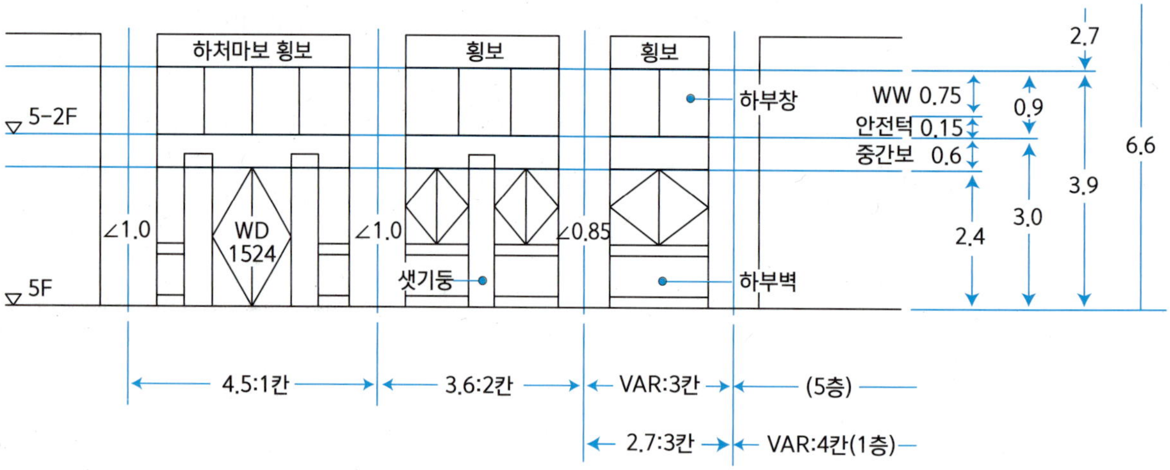

[그림 433] 5층 5F 부분창호도

그래도 일반층 창호는 조금 단순하답니다. 복잡한 것보단 훨씬 낫네요. 1층에는 좁기는 하나 4칸도 있답니다. 건물폭이 점점 줄어들면서, 1층에 있던 4칸은 저층에서 사라지며, 3칸도 위로 가면서 폭이 점점 줄어들면서 9층에서는 완전히 사라질 겁니다. 즉, 9층에는 1칸과 2칸만이 생존한답니다.
3칸폭이 2.7이 정상인데 자꾸 줄다보니 5·6층정도에서는 샛기둥넣기가 불편하답니다.
이 창호정면도 한번 그릴려면 맞게 그리고 있는지는 둘째 문제고 정신이 오락가락한답니다.
시간 나시면 한번들 그려 보이소?

아직도 이 창호는 무지 많은 시간을 더 투입해야만이 풀릴 수 있답니다. 어쩌면 이 글을 읽고 계시는 분이 해결하셔야 할지도 모른답니다. 그리 어렵지는 않으니 걱정하지 않으셔도 될 듯!
다만 어떤 것을 선택해야 할지의 선택의 문제랍니다. 단지 이 창호만의 문제가 아니랍니다. 저번에 잠깐 말씀드렸듯이 외벽벽체의 구조가 무엇일까요? 흙류일까요. 아님, 양면 나무판사이에 단열재 개념으로 흙을 채웠을까요? 또한, 창이 있는데, 창호지를 발랐을까요? 아님, 유리를 끼웠을까요? 유리라면 맑은유리였을까요. 아님 흐린유리였을까요? 그 시기에 유리*가 존재했을까요? 유리병류는 있었든 걸로 알고 있답니다. 창호지라면, 일반한지였을까요. 아님, 비단류 같은 천류였을까요? 이 한지나 천에 콩기름(?)을 먹였을까요. 아님, 그냥 일반한지나 천류였을까요? 벽색깔은 무슨 색깔이었을까요?
흙이나 회반죽을 자연재질 그대로 표출했을까요? 아님 어떤 색깔인지는 모르지만 paint를 칠했을까요? 거기다가 벽에 그림을 그렸을까요. 안 그렸을까요? 이 재료계통은 아무리 생각해봐도 풀 수 없는

* 황남대총(98호 고분)에서 봉수형 유리그릇(동로마 페르시아 계통)과 천마총(155호 고분)에서 유리잔(이집트 계통) 등이 출토되었다.

문제일 수도 있답니다. 어쩌면 영원히 못 풀 수도 있답니다.

이 구조계통은 너무 복잡하답니다. 그 중 판단하기가 어려운 것 중 하나가 난간높이랍니다. 신라탑에는 난간이 무지 많답니다. 내부계단 난간높이는 몇 cm쯤이었을까요? 90cm로 할까요, 108cm로 할까요, 아님 120cm로 할까요? 2층부터 외부복도에 난간이 있답니다. 즉 지붕에는 1·2·3단의 3개의 난간이 있답니다. 1난간(외부복도난간) 높이는 얼마로 해야 안전할까요.

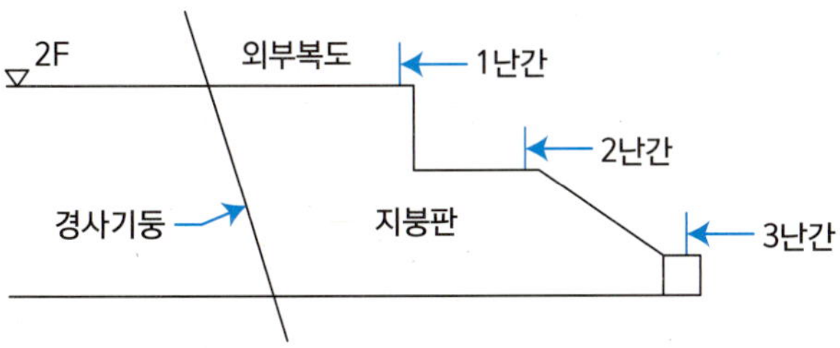

[그림 434] 지붕판 난간

2·3난간 높이는 1난간높이와 같아야 할까요? 아님 순차적으로 난간높이를 줄여나가는 것이 맞을까요?
관측소바닥판, 관측소의 각 bal에도 무지 많은 난간들이 있답니다.

관측소bal의 난간높이를 통일시킬까요? 저층 bal는 높게하고 상부쪽으로 갈수록 난간높이를 줄여나갈까요? 생각만 해도 머리가 지끈지끈 아프답니다.

이 어렵고 해결하기가 무척 난해한 것들을 이 글을 읽고 계시는 분들이 반드시 해결하셔야 할 겁니다. 이제사 갑자기 제 머리가 좀 맑아지는 것 같네요. 근데, 갑자기 머리가 아파오기 시작하신다구요. 주객이 전도됐네요? 저희들이 일반적으로 동선을 얘기하면 사람들이 활동하는 이동통로를 생각하기가 쉽답니다. 그런데, 동선의 영역을 좀 넓힐 필요가 있답니다.
9층탑 9층에 근무하는 친구가 점심먹으러 내려와서 식사하고 한숨돌리고 난 뒤 9층까지 다시 올라오면 올라오자마자 다시 배가 고파올지도 모른답니다. 아닌가? 한번 내려갔다 다시 올라오는 일이 보통일이 아닐 겁니다. 우짜죠? elev를 설치하자꼬요? 멋진 idea랍니다. 만인이 원하시면 elev를 설치할 겁니다. 장애인elev.도 필요하다고요? 예! 설치하겠습니다. elev도 elev이지만 화장실도 필요할 겁니다. 화장실은 설치할 공간이 무지 많으니 걱정하시지 않으셔도 될 겁니다. 중2층 북쪽에 설치하면 된답니다. 수돗물도 있어야 된다구요? 갈수록 태산이네요? 예! 맞습니다. 바로 이 공급시설이 필요하답니다.

그럼 신라시대에는 공급시설을 설치했을까요? 아니면 오로지 발로만 움직였을까요?
본 적이 없으니 아무도 모른답니다. 그런데, 신라탑의 구조형태를 유심히 보시면 어딘가에 공급시설 설치공간이 있답니다.

한번 보실까요!

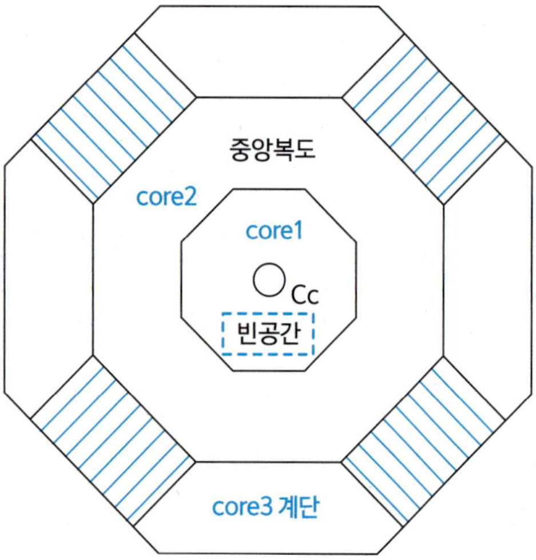

[그림 435] 9층탑 -1~2-2F까지의 core

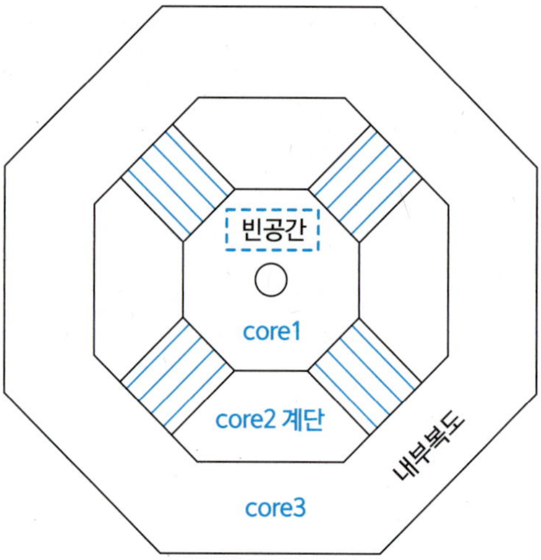

[그림 436] 9층탑 : 2-3F~관측소 2bal까지 core

보시듯이 core1의 공간은 관측소2bal까지 여유가 있는 공간이라기보다 아예 텅비어 있답니다.

이 빈 공간을 신라인들이 왜 만들었을까요? 필요가 있어서 만들었을 겁니다. 아니! 사실은 만든 것이 아니라 자연발생적으로 생겨난 아주 귀중한 공간이랍니다. 신라인들이 이 빈 공간을 그냥 비워 두었을까요? 아님, 어떤 용도로 사용했을까요? 뭔가가 뇌리를 스쳐지나가지 않으세요?

누구든지 금방 인지하실 겁니다. 바로 공급공간(공급동선)이랍니다. 이 core1을 확대해 볼까요.

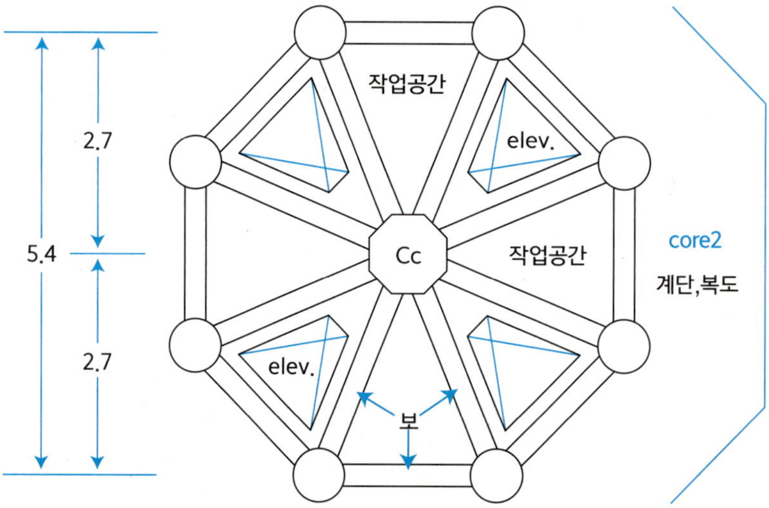

[그림 437] 9층탑 core1 구조도

core1에도 8개의 방이 있답니다. 이 중에 4개 방에는 elev가 설치가능하답니다. 나머지 4방은 작업공간(상·하차공간)이라야 된답니다. core2가 계단실일 때에는 사람들과의 간섭이 일어날 수도 있기 때문이랍니다. 이 elev는 관측소 1bal까지는 아무런 간섭도 없이 올라갈 수가 있답니다. 그런데 연결보 때문에 elev 모양새가 쪼께 그렇네요? elev 라기보다는 dumbwaiter(식기운반용 소형승강기) 성격이 강하답니다.

그럼, 신라시대의 elev는 어떻게 작동했을까요?
그 시대에도 전기가 있었나? 여러 많은 생각을 해보니 아마 도르래를 이용하야 올리고 내리지 않았나 하는 생각이 든답니다. 거의 80m를 올릴려며는 몇 개의 zoning(구획)으로 구분해서 올리고 내렸겠죠. 식사류든 빈 공기든 또한 동장군도 포함되겠죠? 순수 화물용elev.였을까요? 나이 드시고 다리가 불편하신 분들은 어떻게 올라가죠?

어쩌면 1~2명정도는 elev.이용이 가능했을 수도 있답니다. 물론 도르래의 성능이 무지 좋아야겠죠. 결국, 동력원은 사람이었을 겁니다.
화장실은 아마도 정낭(퍼내기식)계통이었을 것으로 추정해 봤답니다. 반수세식도 생각을 해 봤었는데 배수가 너무 어려울 것 같더랍니다. 도르래형 elev.를 이용했을 확률은 무지 높은데, 문제는 아무도 본 사람이 없다는 것이랍니다. 그렇다고, 이 텅빈 core1 공간을 그냥 놓아두고 빠이 쳐다보지는 않았을 겁니다. 신라인들은 공간활용에 도사들이었거들랑요?
사실은, 제일 처음에는 이 core1을 이용해서 중앙공급식난방을 할려고 시도해 봤답니다. 즉, 지하층에서 군불을 때고 각 층 각 방에다 난방하는 식이었답니다.
이유는 간단할 겁니다. 각 방에서 자체 난방을 하는 것보다 중앙공급식이면 아무래도 화재위험도가 적어질 것이라고 생각했기 때문이랍니다.
신라탑이 목조건축물이기 때문이겠죠. 그런데, 여러 생각을 해보니 각 방에서 화로 등으로 자체 난방하는 것이 더 나을 것 같아 이 중앙공급식 난방은 포기했답니다.
그래도 조금의 미련은 아직도 남아 있네요?

그럼, 현재는 elev를 어디에 설치하면 좋을까요? core1에는 설치가 조금 불편하답니다.
core1에는 1~2인용 elev정도는 가능하답니다. 9층탑에는 9층까지 빽빽은 하지마는 elev 2대 정도는 설치가 가능하답니다.

9층부터는 걸어서 올라가셔야 한답니다.

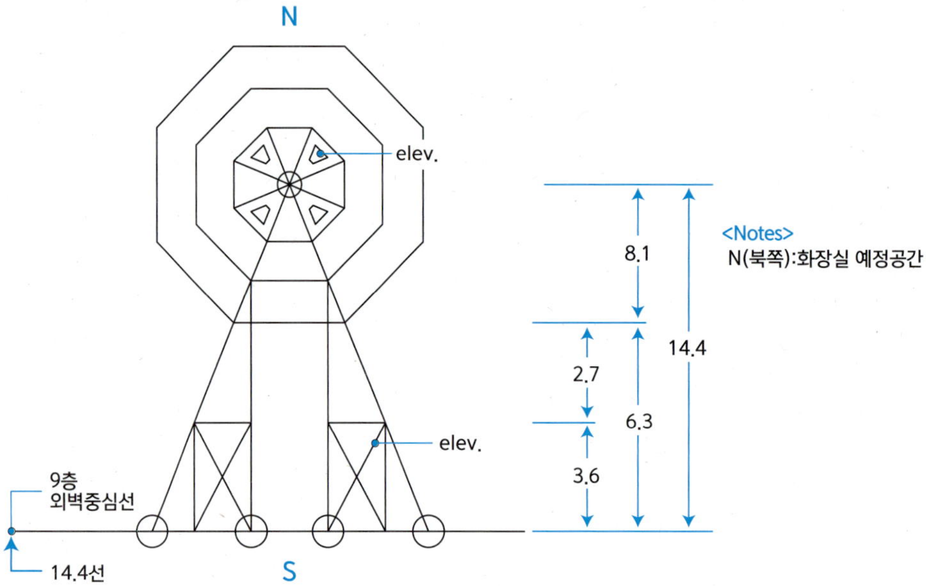

[그림 438] 9층탑 elev. 설치가능 공간

지붕까지 올라가면 좋겠지만 걸리는 것도 많고 지붕에 툭 튀어나오는 것도 모양새가 좋지 않아서 elev는 9층까지 올라갈 겁니다. 9층서부터는 튼튼한 두 다리를 이용하셔서 올라가십시오.
혹시 몸이 불편하신 분은 9층 core1에 있는 소형elev를 타시고 지붕(1bal)까지 올라가십시오.
그래도 지붕까지는 가보셔야죠.

탑 내외부구조가 조금은 복잡하기는 하지만 탑 전체를 어느 정도 이해하는데는 도움이 되실겁니다. 최대로 이해하기 쉽게 쓸려고 쓰기는 했는데 제가 읽어 보아도 쪼께 애럽기도 하고 여기갔다 저기갔다 하니 헷갈리기도 하답니다. 쓰고 싶은 것을 쓰기는 썼는데, 다 썼는지 반도 옳게 못 썼는지 저도 알 수가 없답니다?

탑을 풀다보면 계산기를 많이 두드리는데, 가끔 이런 생각이 들 때가 있더랍니다. 특히, 어려운 계산일수록 더 들겠죠. 과연 이 어려운 계산을 신라인들은 어떻게 해결했을까요? 현재의 초강력 전자계산기로도 풀기 어려운 계산들인데?
암산으로 했을까요! 천재들이네? 저는 신라시대에 이미 주판이 들어와 있었던 걸로 생각했었는데 조선초기에 들어왔다고 하네요. 그렇다면 신라시대에는 뭘로 계산했을까요? 그 시대에 산가지(算가지, 산목(算木) : 예전에 사용했던 계산기)가 들어와 있었는지는 모르겠으나 들어와 있었다면 이 산가지로 계산을 했다는 이바구? 주판도 아닌 이 산가지로 이 어려운 탑의 치수들을 계산해 낸 걸 보면 정말로 대단한 건축기사들이었나 보네요. 모르죠, 산가지보다 더 강력한 계산기나 계산법이 있었는지?

✿ 정수 직각삼각형의 원리를 아시나요 ✿

혹시, 학교다니실 때 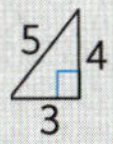

3:4:5가 직각삼각형이라는 말을 들어보셨는지요. 그걸 모르는 사람이 어디 있느냐꼬요? 맞습니다. 다들 알고 계실 겁니다. 선생님께서 3개는 외우라고 말씀을 하셨을 겁니다. 이 3개를 분명히 외웠었는데 3:4:5밖에 생각이 안나더랍니다. 세월이 날 바보로 만들어 버렸네요. 우여곡절 끝에 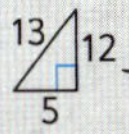

은 생각을 해내었는데 1개는 도통 생각이 나질 않더랍니다.

세월이 이렇게 흘렀나? 안타깝죠. 그래서, 이 생각나지 않는 한 놈을 알아내야겠다고 생각했답니다. 왜 알아내어야만 할까요? 간단하죠. 신라건축물과 관련이 있기 때문일 겁니다.

그런데, 어떻게 알아낼 수가 있을까요? 그래서 제가 신라건축물을 풀 때 가끔 사용하는 법칙(공법?)을 이용해서 풀면 되겠구나라고 생각했답니다. 세월이 날 바보로 만들기도 했지만, 한편으론 이 세월이 절 영악(?)하게 만들어도 주네요. 어떻든 흐르는 세월이 그리 밉지마는 않은가 봅니다?

두 눈을 똑바로 뜨시고 정신을 차리셔야 속지 않습니데이?

제가 좋아하는 법칙을 적용해 봐야겠죠. 방법은 단 한가지 뿐일 겁니다.

제가 알고 있는 두 직각삼각형의 숫자를 이용해야겠죠.

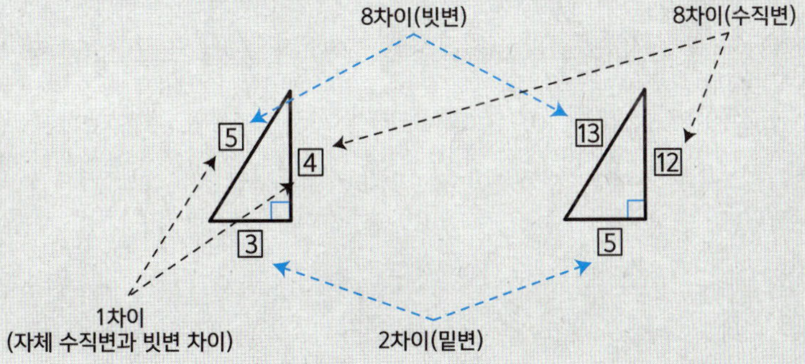

[그림 439] 3:4:5와 5:12:13의 각변의 숫자차이

두 직각삼각형을 유심히 보시면, 밑변의 숫자차이는 2랍니다. 수직변과 빗변의 숫자차이는 각각 8차이랍니다. 각각의 직각삼각형의 자체 수직변과 빗변의 숫자차이는 1차이랍니다.

2개의 정수직각삼각형으로 일단 어떤 법칙을 찾아내었답니다. 어떤 법칙이 있다는 걸 살짝 인지했으니 그다음 것 푸는 것은 눈 감고도 가능할 겁니다.

그래도 눈은 뜨이소. 그럼,

다음 또 다음의 정수 직각삼각형을 같은 법칙으로 풀어볼까요.

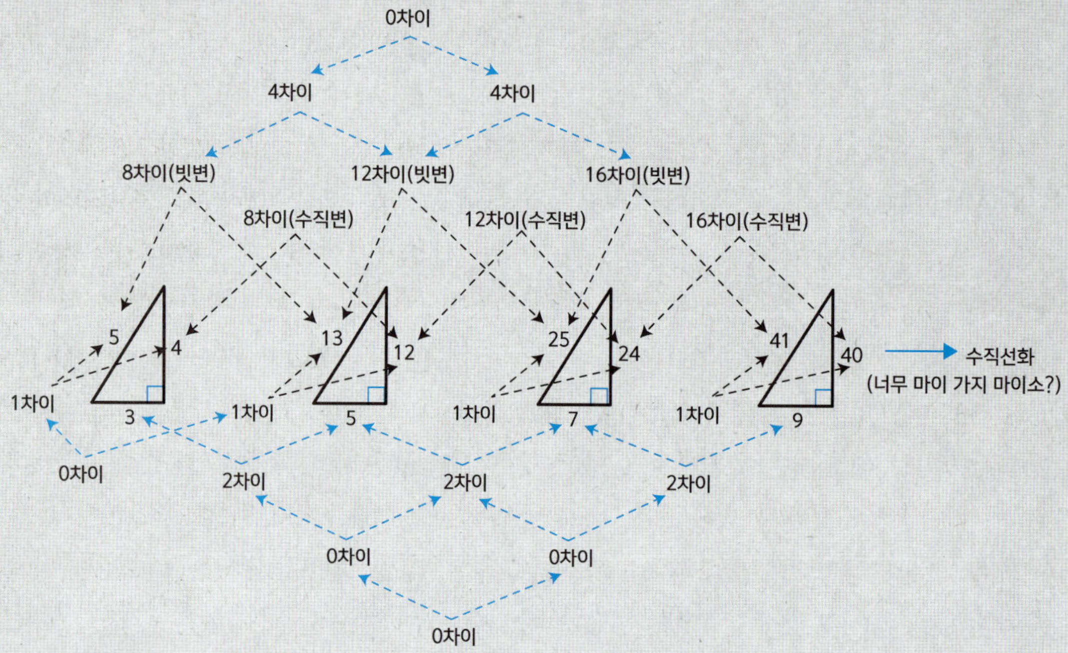

[그림 440] 정수 직각삼각형의 각변의 숫자차이

위를 보시면 각 숫자 차이의 차이를 계속하면 마지막에는 반드시 0의 차이가 난답니다. 원인과 이유는 알 수는 없습니다만 그렇게 나온답니다. 신라탑을 풀면서 어떤 숫자들이 나올 때 이 공법을 즐겨 사용하며, 하다보면 아주 재미있답니다. 근데, 이걸 공법이라고 해야하나?

이해가 되십니까. 그림이 너무 난해하답니다. 말로 표현하겠습니다.

(1) 각 직각삼각형들의 이웃간 밑변은 2차이로 고정불변입니다.

(2) 수직변

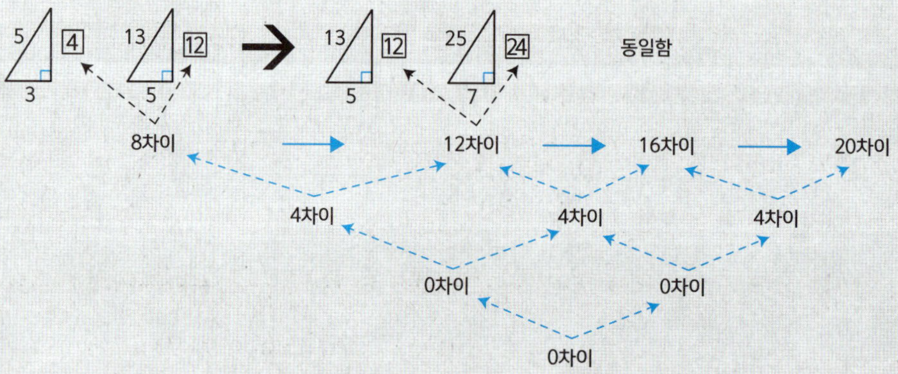

[그림 441] 4차이씩 커지는 수직변

즉, 수직변은 4차이(@4)씩으로 점점 커진답니다. 예를 들면, 3:4:5와 5:12:13에서는

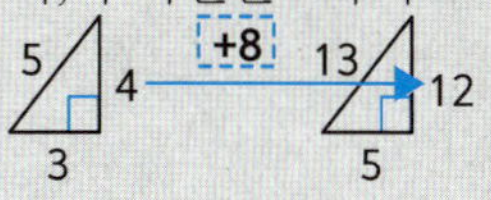

이웃한 수직변이 4에서 12로 8이 늘어난답니다.

5:12:13 직각삼각형과 7:24:25 직각삼각형에서는 이웃한 수직변이 12에서 24로 12가 늘어난답니다. 앞쪽 직각삼각형에서보다 4씩 증가한답니다.(점층공법?) 즉, 증감계수가 @4랍니다.

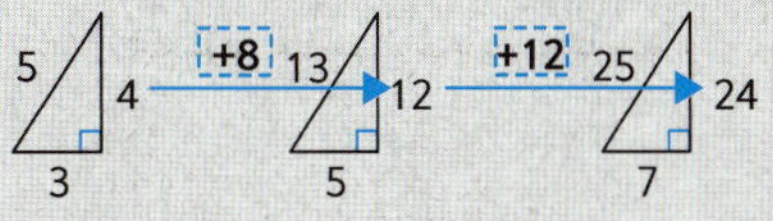

(3) 빗변

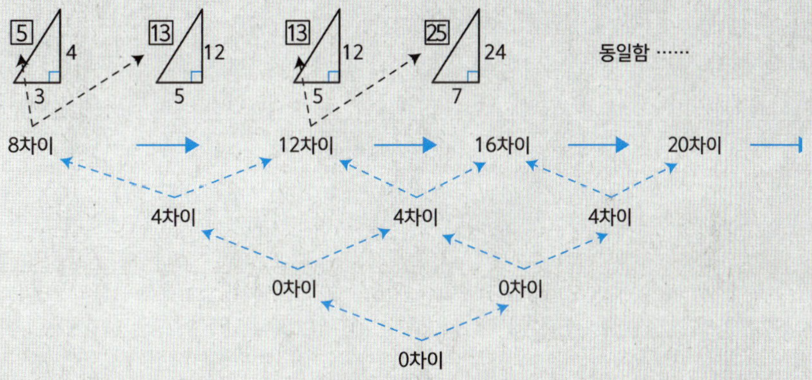

[그림 442] 4차이씩 커지는 빗변

빗변도 수직변과 똑같이 4차이씩으로 점점 커지네요.

예를 들면, 3:4:5와 5:12:13에서는

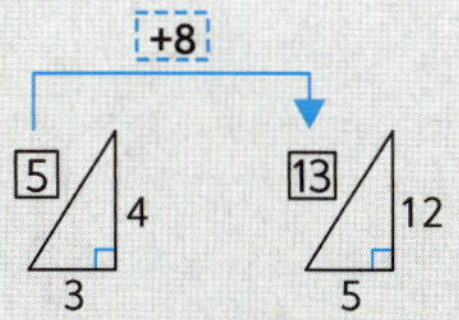

빗변이 5→13으로 8이 늘어난답니다.

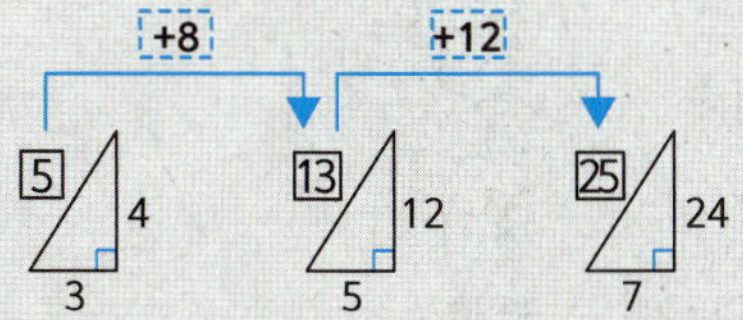

다음 단계인 5:12:13에서 또 다음 단계인 7:24:25가 될 때에는 빗변이 13→25로 12(8+4)가 늘어난답니다.

(4) 각각의 직각삼각형의 수직변과 빗변의 숫자차이는 자체적으로 1차이가 난답니다.

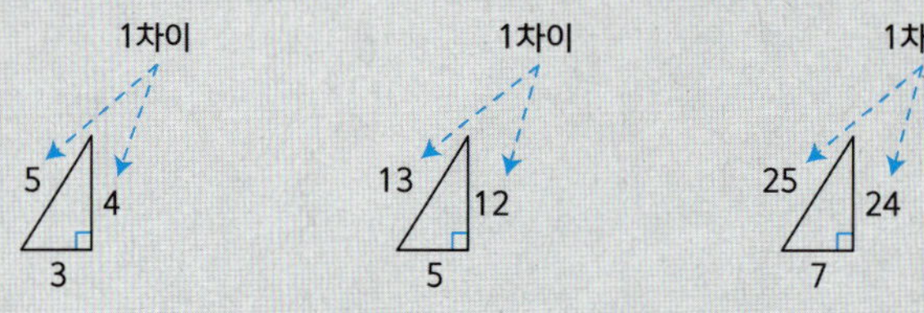

[그림 443] 직각삼각형의 수직변과 빗변의 숫자차이

희한한 정수 직각삼각형의 법칙이랍니다. 안 속으셨죠? 더 재미있는 것 한번 더 구경하실래요? 이건 500냥 받아야 되는디~ㅋ

앞에서는 3:4:5보다 큰 직각삼각형을 봤는데 더 작은 직각삼각형이 있는지 없는지는 모르겠지만 이 더 작은(?) 직각삼각형도 정수직각삼각형이 될 수도 있잖아요. 아닝가?

정신 똑바로 차리시지 않으시면 홀라당 속으실 수도 있답니다?

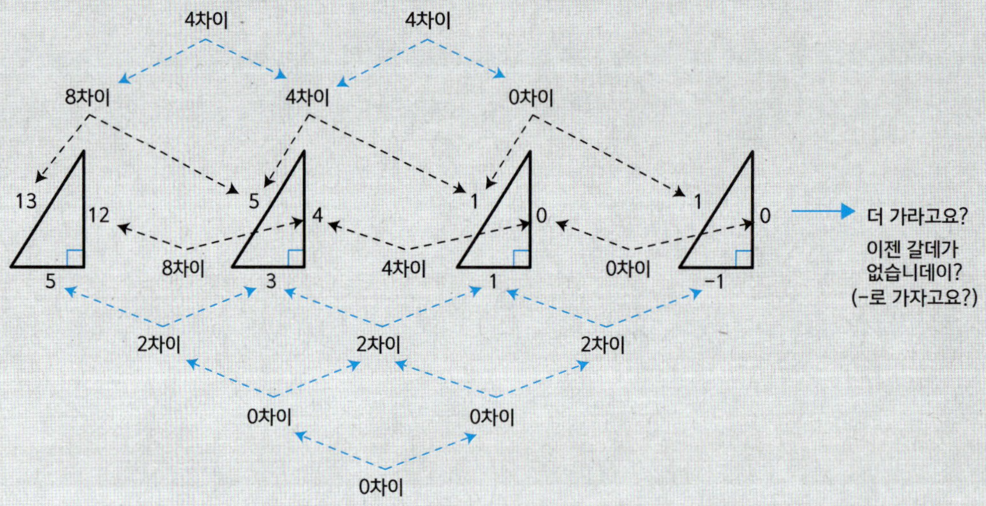

[그림 444] 3:4:5 보다도 작은 정수 직각삼각형의 숫자차이

3:4:5보다도 작은 정수직각삼각형도 다 있네요. 저도 대가리털나고 처음 보네요.

1:0:1과 −1:0:1 두 가지의 정수직각삼각형이 더 있답니다. 아마 이런 직각삼각형은 처음 보실 겁니다.

아니 이런 것도 다 있나? 과연 직각을 떠나서 삼각형으로 분류 자체가 될 수가 있을까요?

다만 저는 어떤 법칙을 똑같이 적용만 했답니다.

어떤 법칙에 따라서 나온 결과니까 분석을 해 보셔야죠?

1:0:1 삼각형을 분석해 봅시다.

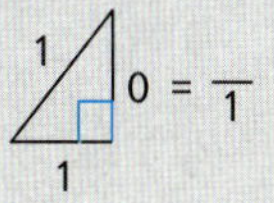

밑변이 1 이라는 치수를 갖고 있으며 빗변도 1이라는 치수를 갖고 있답니다.
다만 높이가 0으로 없네요. 즉, 빗변이 밑변과 겹친답니다.
결과적으로는 $\overline{1}$ 로 밑변만 1이 되는 수평선이랍니다. 지평선이 아입니데이?

그럼, -1:0:1의 삼각형은 또 어떻게 생긴 놈일까요?

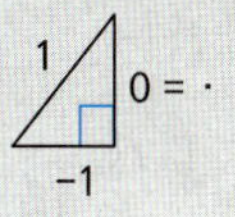

이놈이 아주 더 재미있는 놈이랍니다. 높이가 없으니 빗변 1이 땅바닥에 딱 달라붙는답니다. 그리고, 빗변 1 이라는 치수를 이 땅바닥에 딱 붙어있던 밑변 -1 이라는 놈이 싹 까먹어 버린답니다. 즉, 밑변도 0이되고 빗변도 0이 되고 높이도 0이 된답니다.

아무것도 없네요? 이놈의 정체가 뭘까요. 바로 0이라는 점이 된답니다? 사실은 0 이라는 점은 없을 겁니다. 점은 무차원이겠죠. 선도 면적도 부피도 아무것도 없는 그냥 가상의 점일 뿐이랍니다.
혹시 점을 보신 분이 계십니까? 혹시 보셨다면 귀신~ㅋ
즉, -1:0:1이라는 정수직각삼각형은 0이라는 점(?)이 된답니다. 바로 직각의 꼭지점인 점이 된답니다.
아무리 속지 않으려고 노력하셔도 속게되어 있답니다. 맞을까요. 속았을까요?
각자 판단하십시오.

한번 홀라당 속으셨으니(?) 역으로 점에서 정수 직각삼각형을 한번 만들어 보셔야겠죠. 볼까요.

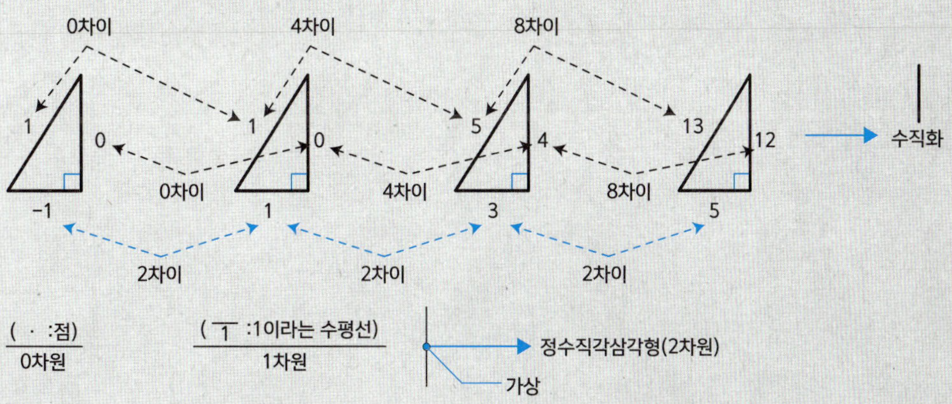

[그림 445] 점에서 정수 직각삼각형으로의 진화과정?

맞는 것 같나요? 제가 해 놓고도 헷갈리네요. 바로 0차원인 점이 big bang(?) 하여서(점은 질량(energy)이 없으므로 big bang 못합니데이.) 정수 직각삼각형이 된거랍니다. 못 믿겠다고요. 믿든지 말든지? 즉, 차원으로 치면 0차원에서 1차원을 거쳐서 2차원화하여 정수 직각삼각형이 만들어 진거랍니다. 맞긴 맞나?

이제까지 요곤 몰랐을 겁니다. 근데 500냥 받아서는 본전치기도 안되는데? 확 올려서 1000냥을 받을까요? 섐요! 다음에는 외우라고만 하지 마시고 원리도 좀 알으켜주이소? 근데 다시 학교를 갈 일이 없는디 우짜죠. 이젠 어떤 분이라도 정수 직각삼각형의 원리를 알았으리라 믿습니다. 제가 이 정수 직각삼각형을 알아내려고 했든 이유는 석굴암의 다양한 Arch를 풀기 위해서였답니다. 높이가 낮고 폭이 넓으면(납딱직사각형류) 5:12:13 정도의 Arch면 충분하답니다. 석굴암 출입구등 넓은 곳은 5:12:13이면 Arch 초점이 바닥에 잘 맞아 떨어진답니다.

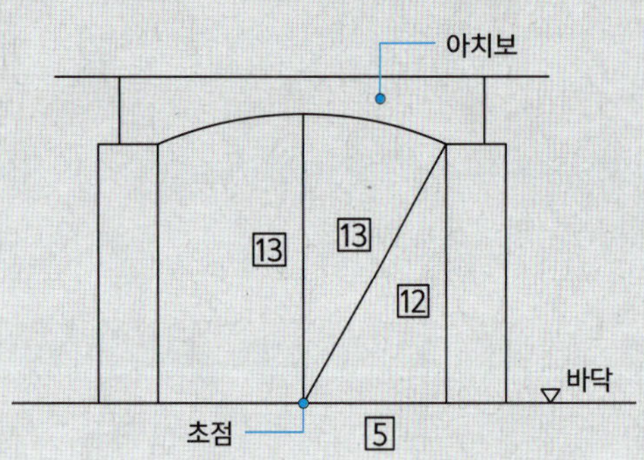

[그림 446] 석굴암 정면 Canopy Arch : 정수직각삼각형

그러고 보니 5:12:13은 일반 정사각형에 가깝네요. 3:4:5가 더 납작하네요.

이 3:4:5도 석굴암 어딘가에 있을 겁니다.

그런데 높이가 높고 폭이 좁은 통로(위로 길쭉 직사각형)같은 경우는 Arch 초점을 바닥에 맞추기가 너무 어렵답니다.(초점을 공중에 매달지 않는 이상)

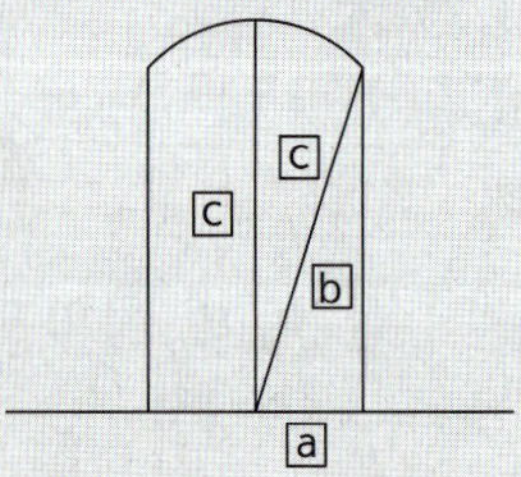

[그림 447] 좁은 통로의 경우

이럴 경우는 b와 c의 숫자가 크야만이 Arch 초점이 바닥에 맞게 떨어진답니다.

예를 들면 7:24:25 라든가 더 큰 9 :40:41의 정수 직각삼각형을 써야만 한답니다.

물론, 이 정수 직각삼각형의 법칙을 알고 계시는 분들도 계시겠지만, 제가 놀란 것은 신라인들이 이 법칙을 어떻게 알았는지는 모르겠으나 알고 있었으며, 실제로 건축물에 적용했다는 사실이랍니다. 정말 놀라운 신라인들이랍니다. 제가 신라인들 따라갈려다가 몇 번이나 가랑이가 찢어질뻔 했다니깐요. 정말이에요? 거짓말! 우와! 거짓말인지 우찌 알았지? 내가 귀신들하고 같이 놀고 있나?

14. 기둥과 보

(1) 기둥과 보폭

기둥은 앞에서도 살짝살짝 말씀드려서 어느 정도는 알고 계시리라 생각됩니다. 다시 한번 큰 것만 확인해 봅시다. 제가 수직기둥인 8각기둥은 층당(기둥이음당) 5cm씩의 증감이 있으며, 경사기둥인 원형기둥은 7cm씩의 증감이 있다고 말씀드렸답니다. 혹시 앞의 숙제(?)를 푸신 분이 계시나요? 푸셨다면 그 분은 신라탑을 스스로 푸실 수 있는 능력을 갖추신 분이랍니다.

제가 우여곡절 끝에 외벽수직기둥과 경사기둥의 이격거리에서 6cm의 증감이 있다는 걸 알아내었답니다. 신라건축물에서 이 이격거리는 전에도 말씀드렸듯이 무척이나 중요하며, 여러 상황에서 나온답니다.

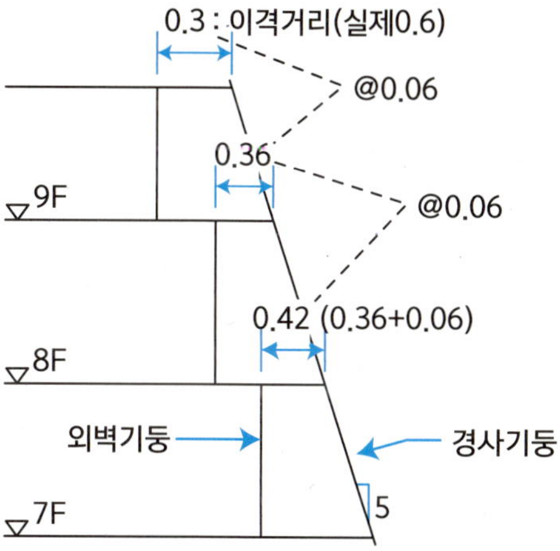

[그림 448] 9층탑 : 외부수직기둥과 경사기둥의 이격거리 증감 : @0.06

이 이격거리는 수직기둥과 경사기둥의 중심간 거리를 뜻한답니다. 제가 선으로 표시해서 그렇지 실제로는 엄청 큰 기둥의 결합이랍니다.
이격거리를 동일하게 30cm로 하면 될 것을 왜 굳이 @6cm/층으로 늘였을까요?

답은 단 하나랍니다. 하부기둥이 커지고 있다는 걸 의미한답니다. 만약 이격거리30cm를 고집한다면 저층에서는 두 기둥이 거의 떡 달라붙을 겁니다.

징그럽죠. 그렇다면, 6cm가 늘어나는데 하부의 2개 기둥 중 어느 것이 늘어날까요?

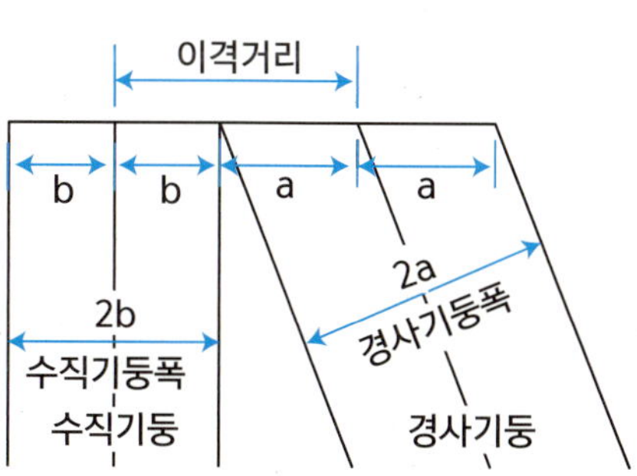

[그림 449] 두기둥이 붙었다고 가정시의 이격거리 개념도 : a+b=이격거리

두 기둥이 다 늘어날 겁니다. 동일비율인지 아닌지는 모르겠지만? 실제 기둥을 선이 아닌 두께로 한 번 그려 봅시다. 일단 기둥끝을 붙여봅시다.

이 이격거리는 기둥중심간 거리로 실제로는 두 기둥의 각 기둥폭의 반씩을 더한 숫치랍니다.

즉, 이격거리의 증감치수가 6cm라는 건 실제 두 기둥은 이 이격거리의 2배인 6cmx2=12cm가 늘어나는 걸 의미한답니다. 아주 간단하게 말씀드리면 각 기둥이 6cm씩 늘어나면 제일 무난하답니다. 그런데, 한 가지 더 생각하셔야 할 것이 있답니다.

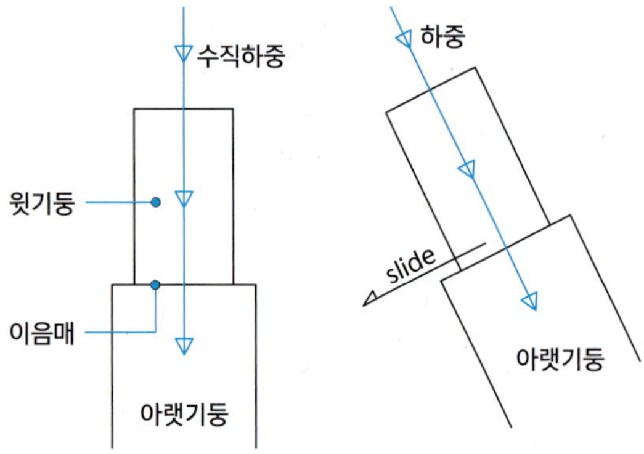

[그림 450] 수직기둥이음(左), 경사기둥이음(右)

좌측 두 그림을 보시면 간단히 이해가 되실겁니다. 수직기둥이음은 수직하중만을 받으니 밑기둥과의 이음면에서 미끄러질 확률이 별로 없으므로 밑기둥이 그리 크지 않아도 되지만, 경사기둥은 수직하중뿐만 아니라 이음면에서 상부기둥이 미끌어질려는 힘까지 동시에 받으므로 밑기둥폭이 수직기둥 증가폭보다는 쪼께 더 커야 안전할 겁니다.

그래서, 두 하부기둥 증가폭 6cmx2=12cm에서, 수직기둥에는 5cm를 할당하고 경사기둥에는 7cm를 할당하여 구조 안전에 중점을 두었답니다. 확실한 수학적 근거까지는 없지만 6cm 씩의 증감보다는 5cm, 7cm 증감이 상식적으로 더 합리적인 것 같아서 결정했답니다. 그렇다고 5.4cm, 6.6cm씩 증감하기도 그렇답니다. 하여튼(?) 제 마음대로 결정하였답니다?

이제 어느 정도 이해가 되셨으리라 믿습니다. 두 기둥간의 이격거리는 두 기둥폭의 반을 의미하니, 이격거리증감계수인 6cm도 두 기둥폭증감계수의 반이라고 생각하시면 쉽답니다.

대신 경사기둥의 미끄럼을 고려하여 수직기둥폭증감계수는 5cm/층(기둥이음매), 경사기둥폭증감계수는 7cm/층이 된거랍니다. 그리고, 경사기둥이 각 탑마다 경사각이 다르지마는 통일시켰답니다. 또한, 경사기둥이음이 무지 헷갈린답니다.

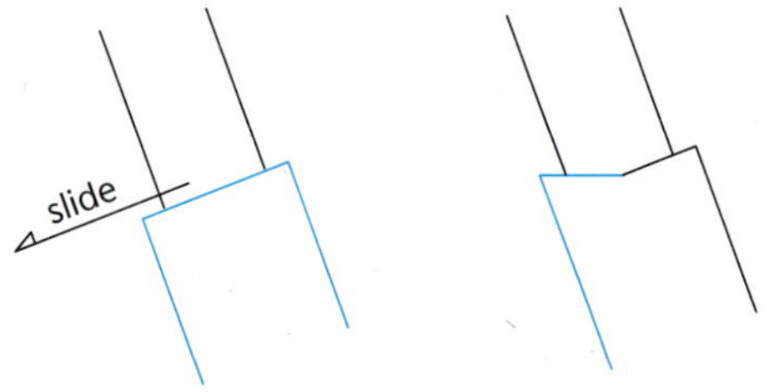

[그림 451] 단순이음시(左), 반정도는 수평 반정도는 경사(右)

단순이음은 상부기둥이 미끄러질 위험이 많아서 조금 그렇답니다.
하부쪽 반 정도를 수평으로 하고 나머지 반 정도를 경사로 하는 것이 낫지 않을까 하고 생각은 해보는데 어떻게 하는 것이 가장 안전할지는 아직도 미지수랍니다?

기둥증감계수가 5cm, 7cm이므로 당연히 기둥폭은 수직기둥은 5cm의 배수치수가 되어야 하며, 경사기둥은 7cm의 배수치수가 되어야 한답니다. 즉, 수직기둥규격이 55cm=5x11은 있는데, 63cm=5x12.6

은 소수점 발생으로 수직기둥폭 63cm는 존재하지 않는답니다. 마찬가지로 경사기둥지름 77cm=7x11의 경사기둥은 있습니다만 경사기둥 지름 80cm=7x11.4285로 경사기둥지름이 80cm는 존재할 수가 없답니다. 물론 샛기둥은 주기둥폭의 1/2이므로 주기둥을 따라가면 된답니다.

보시면서 이상한 점을 못보셨나요? 왜 기둥증감계수 5cm, 7cm는 3의 배수가 아닌데 혜택(?)을 주죠. 저조차도 무지 헷갈리네요? 다행인 것은 기둥폭이 건물평면치수에 영향을 주지 않는 독립부재라서 별문제까지는 없답니다. 다른 치수에 영향을 주지 않는 기둥이나 난간부재 또는 보폭같은 것들은 자체독립치수이므로 꼭 3의 배수일 필요까지는 없답니다.

그런데, 기둥이 비록 독립부재로 3의 배수법칙을 따르지 않아도 되지만 기둥규격은 무지무지 중요한 치수에 속할 수가 있으므로 제가 반드시 3의 배수법칙을 따르게 만들겁니다.

제가 한 성깔 있거들랑요? 어떻게 하면 3의 배수로 만들 수 있을까요? 3이 내포된 숫자를 곱해주면 자동으로 3의 배수가 된답니다. 2는 3의 배수가 아니랍니다. 2에다 3의 배수인3이나 12를 곱해볼까요. 2x3=6. 3, 6, 9 중 하나네! 2x12=24⇒2+4=6 어! 이것도 3의 배수네, 꼭 3, 6, 9라는 숫자를 곱해주지 않고도 자체 숫자합이 3의 배수인 수를 곱해주면 자동으로 3의 배수가 된답니다.

3의 배수자체에는 3이라는 숫자가 반드시 내포되어 있답니다. 즉 12라는 숫자에는 눈에는 보이지는 않지만 3이라는 숫자가 숨어있다는 뜻이랍니다. 12=3x4와 같이 12라는 숫자에는 보이지는 않지만 3이라는 숫자가 내포되어 있답니다. 모든 3의 배수숫자는 다 동일하답니다.

이제 수직기둥을 3의 배수화작업을 해야겠지요. 8각기둥이 70cm인 기둥을 한번 봅시다.
너무 간단하답니다.

[그림 452] ∠0.7기준

3의 배수중 기둥이 커질 수 있는 최소 3의 배수는 무엇일까요.
1.1, 1.2, 1.3, 1.4, 1.5,…… 여럿이 있을 수 있답니다.
이 중에서 1.2(숫자합3)가 기둥을 살짝 키울 수 있으며 숫자합이 3이니 마음에 쏙 든답니다.

1.2를 곱해봅시다.

이론실제기둥폭 =∠0.7x1.2 =∠0.7x(3x4)=0.84가 나오죠.

0+8+4=12⇒1+2=3으로 3의 배수가 된답니다. ∠은 8각기둥을 의미할 뿐 아무것도 아닙니데이.

즉, ∠0.7기둥의 이론실제폭은 ∠0.84가 된답니다.

기둥을 그려 볼까요.

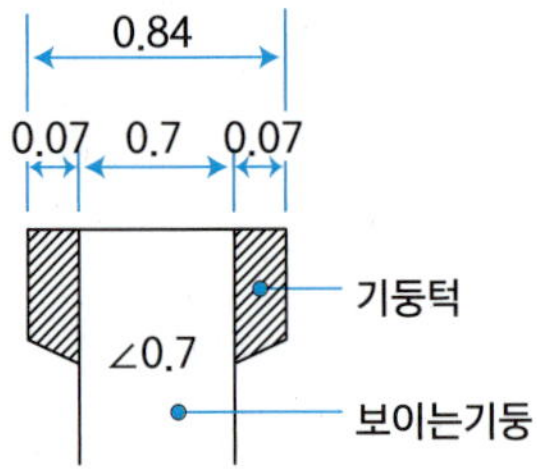

[그림 453] 실제 기둥폭 개념

보이는 기둥은 ∠0.7 이지만 상부에는 보를 걸치기 위한 기둥턱이 나오며, 중간이나 하부에도 인방을 걸치든지 하는 턱이 있답니다. 바로 이 7cm턱을 이용하여 보를 걸거나 상·하인방 등을 걸 수가 있답니다. 보를 한번 걸어볼까요. 이 기둥턱폭 7cm에 보를 걸게 되면, 보걸침으로 인한 기둥 단면적감소가 전혀 발생되지 않는답니다.

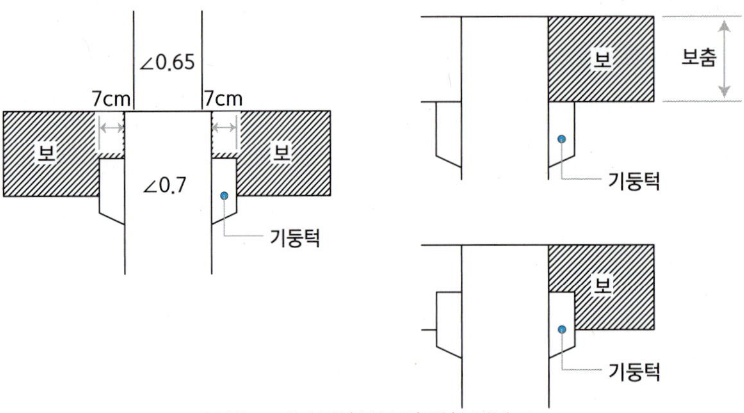

[그림 454] 보걸침시 보춤정착 개념

보정착이 쪼께 애매하긴 하답니다.

보춤을 다 정착시킬지 보춤의 1/2~2/3정도 보춤 정착을 할지는 아직까지는 결정되지 않은 상황이랍니다.

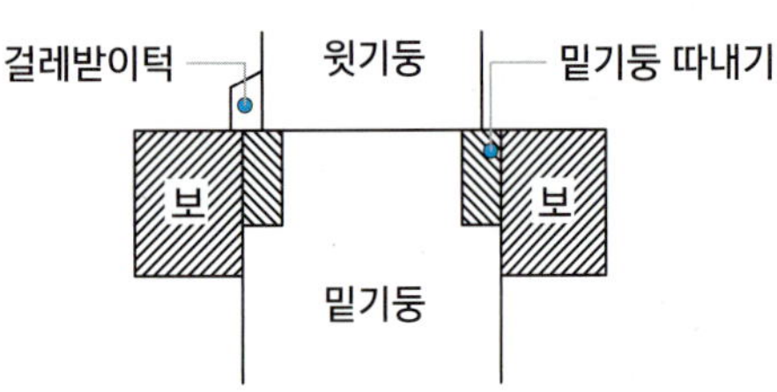

[그림 455] 기둥턱이 없는 상황

만약 기둥턱이 없다고 가정해 봅시다.

단순기둥과 보가 접하면 보가 미끌어져 내리니 어떻게든 기둥상부를 따내어서 보를 얹어야 할 겁니다. 보가 기둥에 정착이 되어야겠죠.

기둥상부를 얼마나 따낼지는 모르겠지만 기둥 단면적이 줄어들기도 하겠지만 정착길이도 너무 짧아서 구조적으로 심각한 문제가 야기될 수가 있답니다. 또한, 윗기둥이 보 위에 있게 되어서 혹시 나중에 보를 보수하게 될 시는 쪼께 진땀을 흘리게 될 듯? 물론 기둥턱에 보를 걸치더라도 윗기둥이 하부에 걸레받이턱이 있으면 쪼께 진땀을 흘릴지 모른답니다. 윗기둥 걸레받이턱이 2.5cm이하면 아무런 문제가 없을 듯!

원형기둥도 한번 보셔야죠. 건너뛰면 섭섭! 이 원형기둥이 은근히 생각보다 쪼께 애럽답니다.

[그림 456] R0.77원형기둥

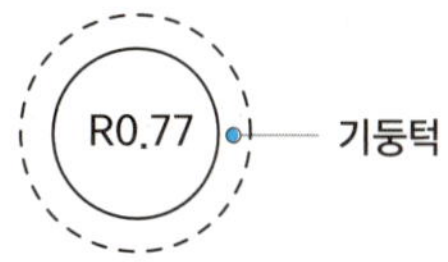

[그림 457] 기둥턱을 원형으로 생각시

저는 원형기둥의 기둥턱을 원형기둥이니까 당연히 기둥턱도 원형일거라고 생각했답니다. 아니 누구라도 기둥턱이 원형일거라고 생각하는게 당연할 겁니다. 그런데 심각한 문제가 하나 있더랍니다. 보실까요.

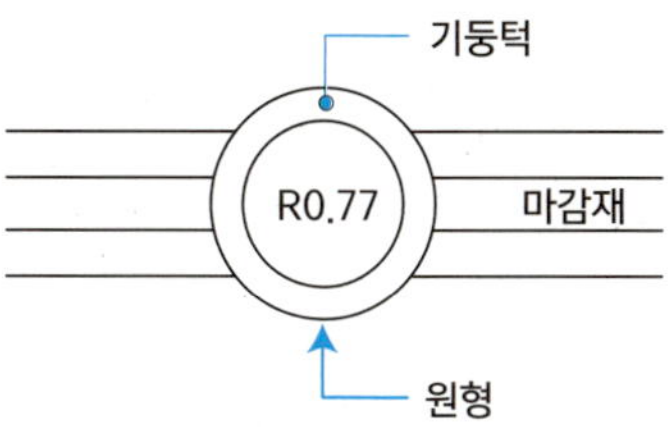

[그림 458] 턱이 원형일시 : 마감처리?

원형턱을 내니 기둥턱이 원형이라 끝선도 원형이 될 겁니다.(실제로는 완전 원형이 아니라 경사각에 따라서 달갈형태까지는 아니겠지만 양옆으로 약간 길쭉한 타원형이 나온답니다)

원형기둥턱과 만나는 바닥마감재 처리가 너무 시공이 힘들 것 같더랍니다. 마감재를 원형으로 둥글게 맞추려면 얼마나 힘이 들까요? 보통일이 아닐겁니다.
그러니, 제 마음이 슬슬 움직이기 시작했을 겁니다. 비록 기둥은 원형일지라도 기둥턱만은 8각형으로 만들고야 말리라. 그래서 기둥자체는 원형이지만 기둥턱만은 8각형으로 하기로 결정했답니다.
이 글을 읽으시는 분 중 무슨소리야 당연히 원형으로 해야지! 하시는 분은 원형으로 하셔도 무방합니다. 짓는 분 마음이랍니다.

원형기둥의 턱을 8각형으로 만들어 봅시다. 쉽답니다.

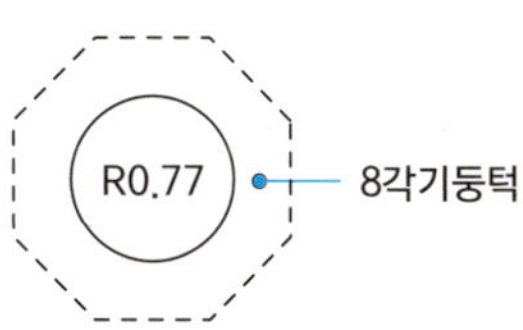

[그림 459] 원형기둥의 8각기둥턱

8각으로 그리기만 하면 된답니다? 너무 간단히 8각턱이 나오네요! 어! 8각기둥턱하고 똑같네. 이 8각기둥턱의 기둥폭은 얼마정도면 좋을까요? 대충 알아서 넣자고요? 그 대충의 정도를 계산으로 푸셔야 객관성이 있을겁니다. 일단 곱하는 숫자가 1보다는 커야 될겁니다.

1을 곱해 볼까요. R0.77x $\frac{7}{7}$(=1)=R0.77 1을 곱하니 그대로랍니다. 앗! 실수. 왜 1을 $\frac{7}{7}$ 로 했을까요?
원형기둥의 규격이 7의 배수이니까 당연히 7로 나누어져야 정수가 발생되며 8각기둥턱폭도 정수가 발생될 겁니다.

다음은 $\left\{ \begin{array}{l} R0.77x\frac{8}{7}=0.88 \\ R0.77x\frac{9}{7}=0.99 \\ R0.77x\frac{10}{7}=1.1 \end{array} \right\}$ 이 중에서 3의 배수는 0.99 밖에 없답니다.

합격 ! 다시 볼까요.

(7의 배수)

$$R = 0.77 \times \frac{9}{7} = 0.99$$

3의 배수가 되어야 결과치가 3의 배수가 나옴.

서로 나누어짐

우리가 알고 있는 기둥치수에서 수직기둥은 1.2((6/5)배를 해주면 기둥턱까지의 치수가 나오며, 경사기둥은 9/7를 곱해 주어야 기둥턱까지의 폭이 나온답니다. 아니, 이 기둥턱까지의 치수가 수학적으로 정확히 기둥치수가 된답니다. ∠0.7의 8각기둥의 가공은 이렇답니다.

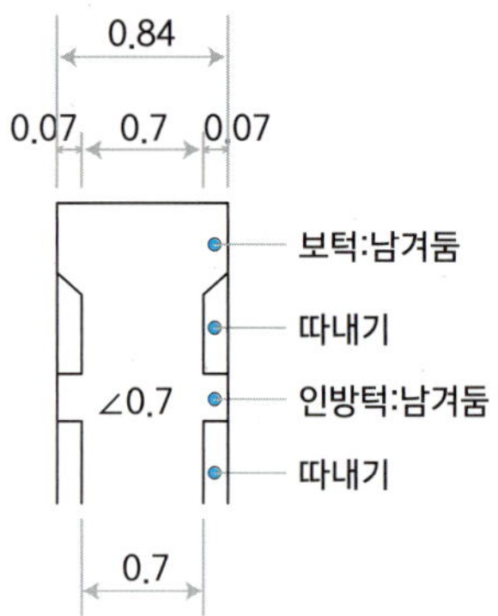

[그림 460] 8각기둥 가공

원목에서 먼저 ∠0.7x1.2배=∠0.84 기둥을 만들고 보턱이나 인방보턱자리를 남겨두고 나머지를 깎아내어 ∠0.7로 만들면 된답니다. 목수양반이 머리깨나 쪼께 아팠을 것 같답니다.

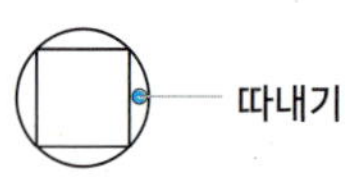

[그림 460] 4각기둥 가공

원형기둥도 똑같은 원리일 겁니다. 만약 4각기둥이면 아마도 따낼 부분이 많을 겁니다.

다행히 8각이라 따내긴 따내어도 4각기둥 만드는 것만큼 어렵지마는 않을 것 같네요. 어찌보면 보턱이나 인방턱 내는 과정이 꼭 목공예같은 느낌도 든답니다. 자세히 보시면 어떤 생각이 떠오르실 겁니다. 기둥증감계수가 5cm, 7cm가 아니라 실제로는 수직기둥은 6cm, 경사기둥은 9cm의 증감이 발생되어, 실제로는 모든 기둥은 다 3의 배수가 된답니다. 기둥은 보이는 크기도 있고 잘 보이지 않는 크기도 있어 2개의 규격을 동시에 갖고 있답니다.

수직기둥치수는 제가 저번에 말씀드린 적이 있죠. 9층탑 1층중앙기둥인 1Cc는 ∠1.5, 7층탑 1Cc는 ∠1.35, 5층탑1Cc는 ∠1.2, 3층탑1Cc는 ∠1.05, 1층탑1Cc는 ∠0.9로 1단계(0.15)씩 변하며, 상하층은 증감계수 5cm를 적용하면 된답니다. 경사기둥치수는 최상층귀기둥이 R0.84랍니다. 각 탑간은 2/3단계(14cm)와 상하기둥간은 증감계수7cm를 적용하면 눈으로도 계산이 되실 겁니다. 기둥규격은 너무 쉽죠. 제가 왜 기둥턱까지의 기둥실제크기를 말씀드릴까요? 이렇게 길게 반복해서 말씀드릴 때는 다 이유가 있을 겁니다. 바로 이 기둥실제 크기가 보의 폭에 영향을 미치기 때문일 겁니다.

즉, 기둥과 보폭은 1set랍니다. 기둥 크기만 알면 자동으로 보폭이 나온답니다. 그려볼까요.

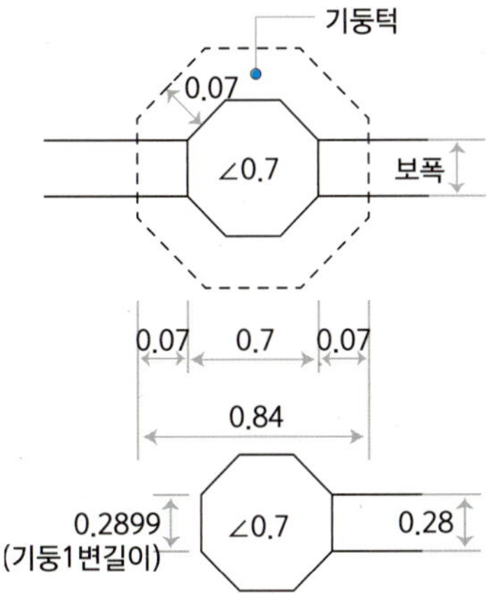

[그림 461] 기둥과 보폭

∠0.7인 수직기둥의 실제기둥폭은 ∠0.7x1.2($\frac{6}{5}$) = 0.84랍니다.
이 0.84의 1/3이 바로 이 기둥에 걸쳐지는 보폭이랍니다.
∠0.7기둥에 걸리는 보폭은 ∠0.7x1.2÷3=28cm랍니다.
맞는지 검산을 해봐야겠죠.

∠0.7의 1 변길이 = 2tan22.5r=2x0.4142x0.35=0.2899>0.28(보폭)
보시듯이 기둥1변길이가 보폭보다 여유있게 크답니다.
즉, 보폭 28cm는 합격이랍니다.

물론 기둥턱은 여유가 더 있을 겁니다. 저번에 외벽두께도 똑같은 방법으로 구한다고 말씀드렸을 겁니다. 이 놈의 보폭은 3의 배수법칙을 잘 따르지 않는 독특한 놈(?)이랍니다.

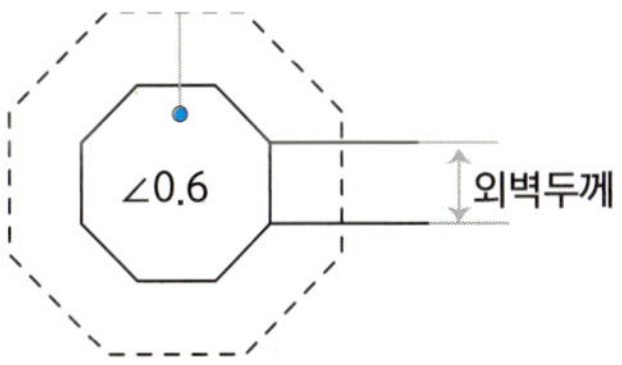

[그림 462] 샛기둥의 외벽두께

샛기둥의 외벽두께 =∠0.6x1.2÷3=0.24, 외벽두께는 24cm로
∠0.6의 1변에 쏙 들어가게 되어 있답니다. 검산은 직접 한번?

원형기둥에도 보가 걸쳐질 겁니다. 원형기둥 R0.77을 볼까요.

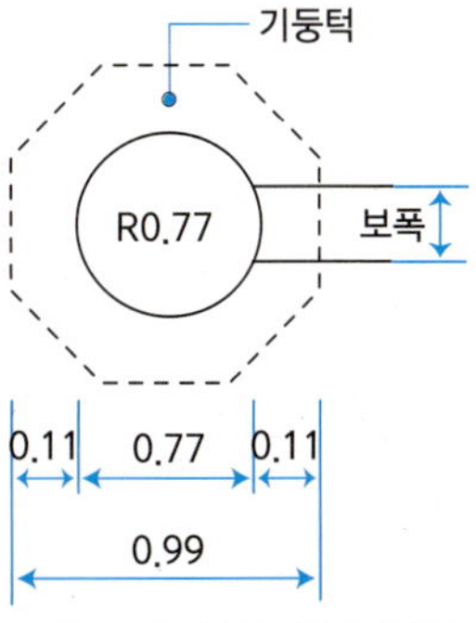

[그림 463] 원형기둥의 보폭

원형기둥의 턱까지 폭=R0.77x$\frac{9}{7}$= 0.99
이 턱까지 폭 99cm÷3=33cm가 보폭이 된답니다. 원형기둥은 본기둥이 원형이라 보폭 33cm를 비교할 수가 없네요.
보폭 계산은 기둥 크기만 알면 자동이어서 너무 싱겁기만 하네요.
고생 실컷하고 풀어야 되는디.

근데, 이 보폭에 함정이 있을 수도 있답니다.

물론, 신라건축물에는 항상 함정이 도사리고 있겠죠. 보의 양쪽기둥규격이 같으면 이론대로 그대로하면 된답니다. 그런데, 횡렬기둥 같은 경우는 안쪽기둥보다 끝기둥 쪽으로 갈수록 기둥규격이 줄어든답니다. 즉, 안쪽기둥이 1단계 더 굵답니다. 이럴 경우 보폭은 큰 기둥규격을 따라야 할까요?
작은 기둥규격을 따라야 할까요? 아님, 큰 기둥쪽은 넓게 하고 작은 기둥쪽은 좁게 할까요?
저는 처음에는 큰 기둥쪽에는 기둥규격에 맞추어 보폭을 넓게 하고 작은 기둥쪽은 좁게 하여 보았답니다. 즉, 줄보형태로 맞추어 보았답니다. 줄보는 처음 들어보실 겁니다.
건축에서 줄보가 있는지 없는지는 모르겠으나 제가 만든 말이거들랑요. 모르죠, 있는지?
줄보(taper beam)는 한 보에서 보폭이 한쪽이 크며 다른 쪽은 줄어드는 말 그대로 보폭이 줄어드는 보랍니다. 역으로하면 늘보도 되겠네요. 늘보는 느낌상 축 처지는 느낌이 드니 줄보로 하겠습니다.

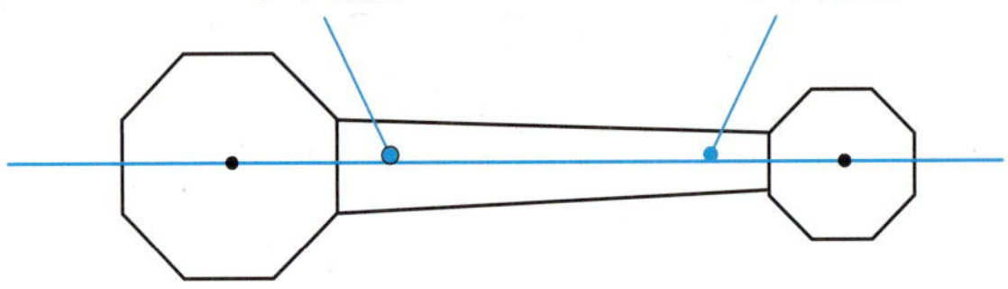

[그림 464] 줄보의 개념

처음에 이 줄보형태가 너무 마음에 들어 줄보로 할까 엄청 고민했는데, 아무리 생각해 보아도 이론적으로는 맞는 것도 같은데, 보의 특성상 보폭은 어차피 좁은 쪽의 영향을 받는 것 같더랍니다.
그래서 보의 양쪽기둥 중 작은 쪽의 기둥규격을 보폭의 규격으로 생각하고 있답니다.
그렇지만, 어쩌면 줄보를 고려해야 할 곳도 있을 수 있답니다. 건물의 외관을 고려해서 최외부기둥인 경사기둥(노출부위만 부분적으로?)은 줄보형태로 할 수도 있답니다. 아직은 아무도 모르겠죠!

혹시 제가 장고끝에 악수를 두고 있는 건 아닌지 쪼께 걱정되기도 하네요?
어찌되었건 한번쯤은 짚고는 넘어가야겠죠.

그런데, 보폭은 자동으로 나오는데, 보춤은 어떻게 알아낼 수가 있을까요?
보폭식으로 자동으로 나올까요? 아님, 기둥폭과 관련이 있을까요? 하! 애럽네.
그래도 알아내어야죠. 저희들이 어디 출신이라 그랬더라? 손발이 척척 맞는 아삼육사이인데~ㅎ~

(2) 보춤과 일반바닥판

신라탑을 풀다 보면 일반폭 치수에서는 잘 못 느끼는데, 높이 치수는 거의 다 계단단높이(R)와 관련이 많다는 걸 자세히는 모르지만, 어렴풋이 인지할 수가 있답니다. 혹시! 보춤도 높이에 해당되니 R(단높이)의 영향을 받지 않을까요?

사실 이 보춤은 코에 걸면 코걸이고 귀에 걸면 귀걸이에 해당되니 추정이 참 어렵답니다. 수도 없이 많은 시행착오 끝에 어느 정도 인지는 한 것 같은데 맞는지는 저로서도 정확히는 알 수가 없답니다. 어떤 수학적 계산으로 증명이 안되기 때문이랍니다. 건물에 보가 어디 들어갈까요?

바로 바닥판밑에 들어갈 겁니다. 볼까요.

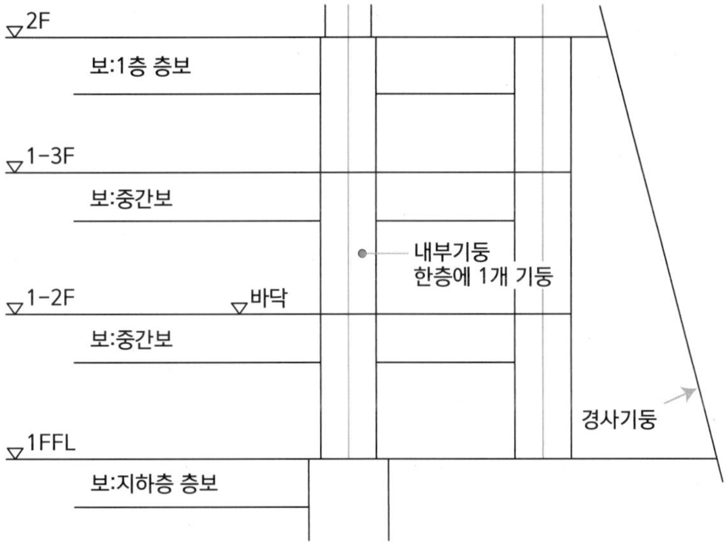

[그림 465] 바닥판밑의 건물 보

1층 바닥에서 2층바닥까지 3개의 보가 있답니다. 이 3개의 보높이가 똑같을까요? 다를까요? 똑같은 것 같다구요? 머리가 쪼께 아파오네요? 자세히 보시면, 1-2F와 1-3F 바닥보는 주기둥 사이에서 자체층의 하중만 받는답니다. 즉, 중간층에 있는 보로서 자기 층의 하중만 견디면 충분하답니다.

2층바닥밑에 있는 보(1층층보)는 자체하중뿐만 아니라 1층 주기둥도 강하게 잡아주어야만 기둥이 튼튼하겠죠. 1층기둥은 한 부재이기 때문에 2층바닥에 있는 1층층보가 잡아주어야만이 어떤 외력이 가해지더라도 버틸 수 있을겁니다. 물론 중간보도 살짝씩은 잡아주겠죠. 보듯이 보는 층보와 중간보로 분류가 된답니다. 중간보는 기둥간 거리에 따라서 보춤이 결정될 수도 있지만, 이 층보는 건물이 높을수록 하부에 있는 층보는 더 튼튼구조라야 될 겁니다.

3층탑의 1층 층보춤과 9층탑의 1층층보춤을 같게 하면, 9층탑 1층층보춤이 문제가 아니라 9층탑 전체가 다 휘청거릴 것은 뻔할 겁니다. 즉, 건물이 높으면 높을수록, 기둥도 커져야 되지만 층보춤도 커져야 되는게 상식적으로 맞을 것 같답니다.
중간보는 건물이 높아진다고 크게 영향을 받지는 않을 겁니다. 그런데, 문제는 이 보춤을 어떻게 알아낼 수 있느냐는 거겠죠. 참 난감하답니다. 아실 수 있으신 분 계시면 한 수 알으켜 주이소?
저라고 답답하지 않을까요? 공식같은 것이 존재하지 않으니 방법이 없네요. 그냥 보폭 치수만 적어놓고 보춤 높이는 알 수 없음이라고 적어놓기도 쪼께 자존심이 상하실 겁니다. 어떻게든 부딪혀 봐야겠죠. 부딪혀 봐야 죽이 되든 밥이 되든 뭐라도 될 겁니다. 저라면 이렇게 할 겁니다.

가정공법을 이용할 겁니다. 쉽게 얘기하면 추정공법이겠죠. 잘 모를 때 제가 즐겨쓰는 공법이랍니다. 이 가정공법은 수학적 근거는 전혀 없지만, 어느 정도 신빙성(?)은 있답니다?
먼저 9층탑 층보부터 볼까요. 층보는 지붕속에 있으니 지붕을 분석해야 할 겁니다.
비교검토를 하실 때는 1층과 최상층만 비교하시면 된답니다.

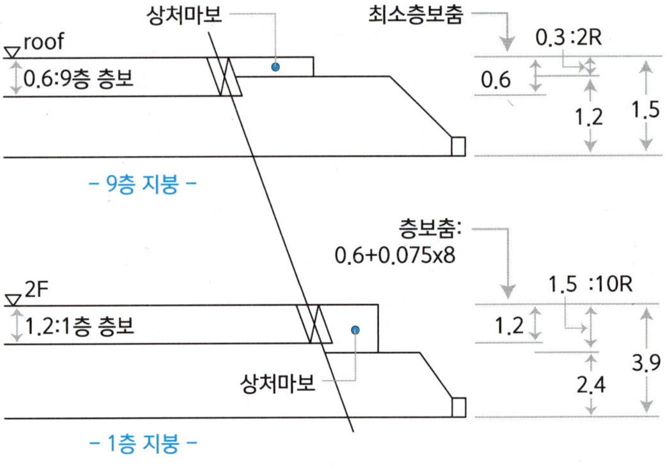

[그림 466] 9층탑 1층과 9층 지붕의 층보춤 비교 개념

중간층은 동일비례치수가 적용되니 꼭 필요하시면 검산 정도면 된답니다. 9층탑의 9층지붕과 1층지붕의 지붕개수 차이는 8개지붕 차이가 난답니다. 높이는 기본적으로 R(단높이)과 관련이 있다고 말씀드렸을 겁니다. 9층탑 몸통부 R= 0.15랍니다. 만약, 층보춤 차이가 층당 한단 차이가 난다면

8지붕x0.15=1.2로 층보춤 차이가 지나치게 난답니다. 다음으로 반단 차이로 계산해 보면 0.075x8지붕=0.6차이가 난답니다. 이건 그런대로 마음에 든답니다. 9층 층보춤의 최소춤을 0.6(4R)으로 가정하면 1층지붕층보는 0.6+0.6=1.2가 나온답니다. 그러고, 이 최상층(9층)층보춤 0.6을 각 층의 중간보춤

으로 가정한답니다.
9층탑의 기둥간거리(span)가 제일 긴 것은 C3-C4폭으로 6.3m가 나온답니다.
가정 중간보춤으로 한번 나눠봅시다. 6.3÷0.6(중간보춤)=10.5가 나온답니다.
어떤 길이가 나오면 항상 춤(높이)으로 나누어 보면(길이높이비), 나온 숫자를 비교분석하기 쉽답니다.

이제까지 계산한 모든 것은 제 직감으로 한 것이지 어떤 근거가 있는 것은 아니랍니다. 이 9층탑만으로는 맞는지 조차 의심스러우니 다른 탑들도 비교분석해 보아야만 어떤 가정이 맞을 확률이 높아진답니다.

7층탑을 또 봅시다. 7층지붕과 1층지붕은 6개지붕 차이가 난답니다.

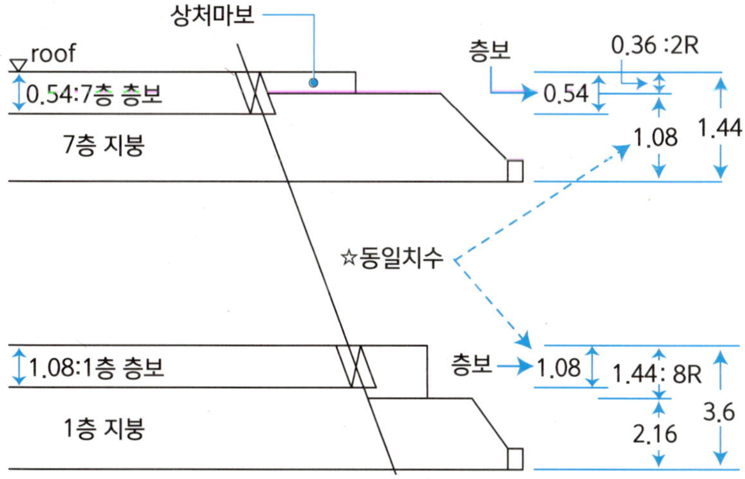

[그림 467] 7층탑: 7층과 1층지붕 층보춤 개념

7층탑 몸통부 단높이 R=0.18이랍니다. 층보춤 증감이 1단시 0.18x6개층=1.08차이랍니다. 층보춤 차이가 너무 나죠. 반만을 해봅시다. 0.09x6개층=0.54차이. 이건 쪼금 마음에 드네! 7층지붕층보춤을 0.54(3R)로 하겠습니다. 그럼, 1층층보는 0.54+0.54=1.08이 되네요. 그럼, 최상층인 7층층보춤인 0.54가 7층탑의 각 층 중간보춤이 된답니다. 7층탑 최대기둥간거리는 C3-C4사이거리인 5.55m랍니다. 5.55÷0.54=10.2777이 나올 겁니다. 9층탑 6.3÷0.6=10.5와 비스무리하네요.
그럼, 이 가정공법이 혹시 맞는 건 아닐까요? 증명이 힘들다구요? 위 도면을 유심히 보시면, 7층지붕의 상처마보춤(0.36)을 제외한 높이는 1.44-0.36=1.08로 이 1.08안에 중처마보·공간층·하처마보가 들어갈 겁니다. 그런데 이상한 것은 이 잔여높이 1.08과 1층층보춤 1.08이 숫자가 묘하게도 같네요?

우연의 일치치고 희한하게도 딱 들어맞네요?

그래도 모르니, 5층탑도 한번 더 가정공법으로 풀어봅시다. 표본이 많을수록 좋답니다. 푸는 건 금방이니 한번 손을 대어 봅시다.

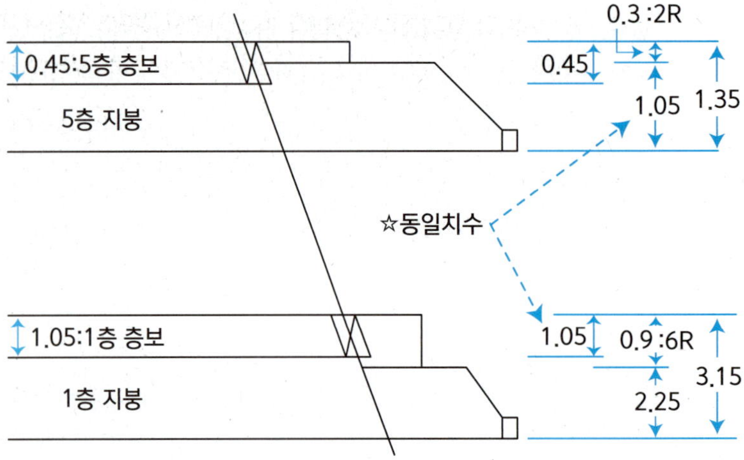

[그림 468] 5층탑:1·5층 층보춤 개념

5층지붕과 1층지붕 개수차이는 5-1=4개 지붕차이네요. 맞나? 5층탑 몸통부 R= 0.15랍니다. 층보춤 차이를 1R로 보면 0.15x4=0.6 이 정도 차이라면 적당할 것 같군요. 5층층보춤을 0.45(3R)로 하겠습니다. 그럼, 1층층보춤=0.45+0.6=1.05가 되네요. 당연히 최상층인 5층층보춤이 각층의 중간보춤이 될 겁니다. 5층탑의 제일 긴 span은 C3-C3B(C3열과 C3B열간거리)길이로 5.4m랍니다.

5.4÷0.45=12가 나온답니다. 이 12라는 숫자는 적을수록 좋답니다. 이건 9·7층탑보다 숫자가 약간 크네요. 5층탑은 층보춤 차이가 층마다 1단씩 차이가 난답니다. 이 가정공법은 직감적으로 하긴 했지만 맞을 확률을 높이기 위한 방법이랍니다.

항상 비교표를 만들어 보셔야죠. 1·3층탑은 시간나시면 한번 풀어 보이소.

	9층탑	7층탑	5층탑	3층탑	1층탑	Remarks
최상층층보춤	0.6:4R	0.54:3R	0.45:3R	0.42:2R	(가상0.36:2R)	1층탑은 최상층을 3층으로 가정한 것임 (실제는없음)
중간보춤	〃	〃	〃	〃	0.36:2R	
1층층보춤	1.2:8R	1.08:6R	1.05:7R	0.84:4R	0.72:4R	
비 고	@0.075:1/2R	@0.09:1/2R	@015:1R	@0.21:1R	(@0.18:1R)	@:증감계수/층

[표 29] 일반탑의 최상층과 1층의 층보춤 비교표

보시면, 각 탑마다 증감계수가 완전히 일치하기까지는 아니지만, 높은 탑(9층탑)에서 낮은 탑(1층탑)으로 갈수록 춤(높이)이 줄어들고 있다는 걸 인지하실 수가 있답니다. 이 가정공법은 비교표를 반드시 만드셔서 비교해 보셔야만이 수긍이 간답니다. 즉, 확률공법이라고 생각하시면 된답니다.
이 가정공법은 단높이 R을 기준으로 한 것이랍니다. 계단단높이가 아닌 다른 숫자 등으로 적용하게 되면 보춤은 바뀔 수도 있답니다. 제가 풀어본 이 가정공법이 정확하게 맞는지는 저로서도 알 수는 없답니다. 다만, 이 방법이 현재까진 제일 알맞지 않을까 해서 풀어본 것이랍니다.
혹시 1층층보춤을 눈치채신 분이 계신지는 모르겠으나, 최상층지붕판두께 치수중에서 희한하게도 1층층보춤이 나온답니다? 귀신이 곡을 할 일이랍니다. 아마 우연의 일치이겠죠.

다시 지붕판을 보실까요. 9층탑이랍니다.

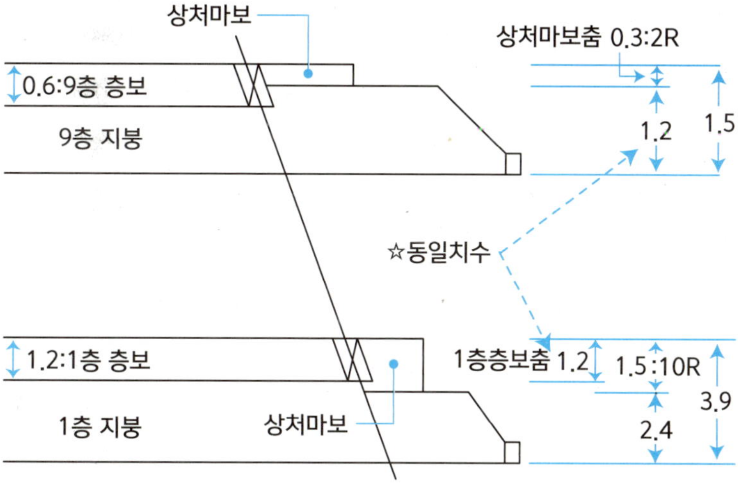

[그림 469] 9층탑: 9층 지붕높이 치수와 1층 층보춤과의 관련성

9층지붕판 두께가 1.5m랍니다. 여기서 상처마보가 2단으로 2R=2x0.15=0.3이랍니다.
상처마보를 제외한 잔여치수가 1.2m랍니다. 1층지붕을 보시면 희한하게도 1층층보춤인 1.2와 9층지붕 잔여치수인 1.2가 일치한답니다. 우연의 일치일까요? 못 믿으실 겁니다.
7층탑은 저번에 살짝 말씀드렸을 겁니다. 또한 5층탑·3층탑도 마찬가지로, 우연의 일치인지, 필연의 일치인지 아님, 저의 실수(?)인지는 모르겠으나, 묘하게도 동일하답니다.

신라탑을 풀다 보면, 원인과 이유는 전혀 알 수 없으나 어떤 치수의 법칙이 있더랍니다.
전에 잠깐 말씀드린 것을 다시 확인해 봅시다. 눈에 익어셔야 됩니데이!

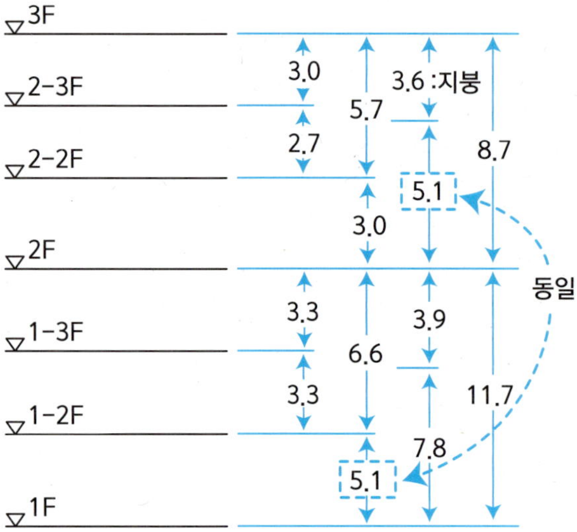

[그림 470] 9층탑 1·2층 층고치수분석법

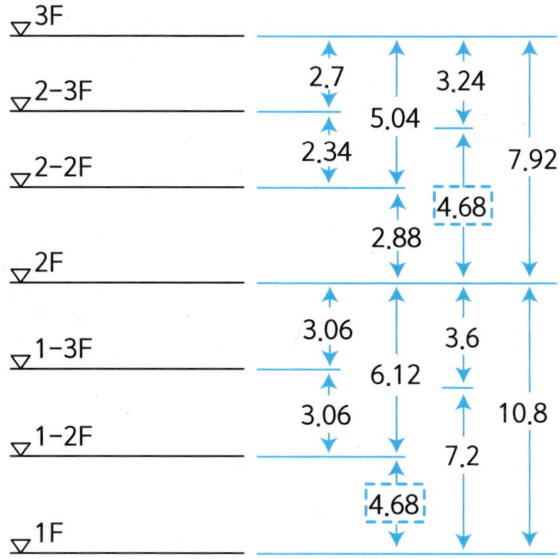

[그림 471] 7층탑 1·2층 층고 치수분석법

9·7층탑 1·2층층고 치수들이랍니다. 자세히 보시면 9층탑 2층층고 8.7에서 지붕두께를 뺀 치수 8.7-3.6=5.1 이라는 높이가 나온답니다. 이 5.1이라는 높이가 3개층인 1층에서 보시는 1F 층고 5.1과 똑같답니다. 우연의 일치치고는 이상하리만치 정확히 맞답니다. 7층탑도 볼까요. 2층층고에서 지붕판을 뺀 높이는 7.92-3.24=4.68이랍니다. 이 4.68높이가 바로 1층의 1층층고 4.68과 똑같답니다.

이것도 우연일까요? 어떡하죠. 이것은 우연이 아니라 바로 어떤 치수에 기본법칙이 있다는 걸 의미한답니다. 이 기본법칙의 이름은 잘 모르겠네요. 굳이 이름을 붙이라면 1·2층 층고법칙이라고 해야 할까요? 애럽네요! 5층탑·3층탑도 동일하답니다. 근데 1층탑은 유감스럽게도(?) 2층이 없네요.
다른 치수기본법칙 한 가지만 더 볼까요. 간단히 9·7층탑 최상층치수를 잠깐 봅시다.

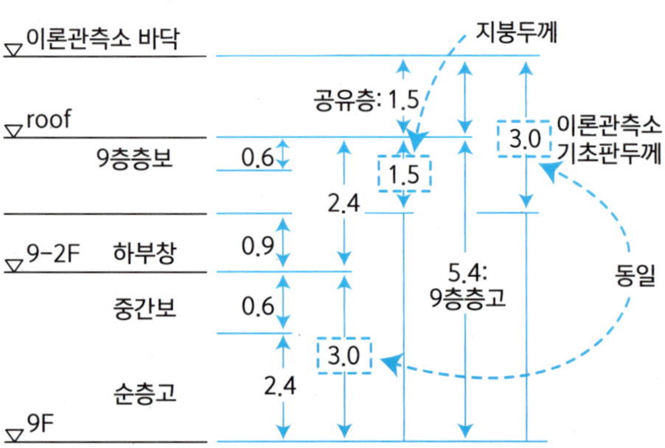

[그림 472] 9층탑 9층 층고와 이론 관측소 기초판 두께

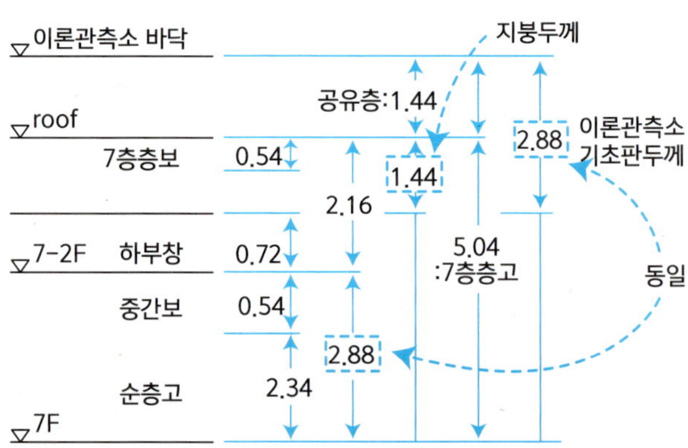

[그림 473] 7층탑 7층 층고와 이론 관측소 기초판 두께

어디에서인가 많이 본 것도 같고 많이 들어본 것도 같은 용어들이죠. 관측소바닥, 이론관측소 기초판두께, 공유층 등 이름만 들어셔도 반가우실 겁니다? 한번 더 짚고 넘어가 볼까요. 9층탑에서 이론관측소 기초판두께 3m가 어디서 나왔죠. 기억나시나요. 바로 지하층층고의 1/3이 바로 이론관측소기초판두께이며, 그 반이 최상층 지붕판두께며, 나머지 반이 공유층이랍니다. 기억이 다 나셨네유.

9층탑의 9층을 먼저 보시면, 9층도 중2층이 있답니다. 9층의 하부층인 그냥 9층(엄밀히는 9-1F임)층고가 묘하게도 3m랍니다. 어! 이론관측소 기초판두께와 똑같네! 혹시 잘못된 게 아닐까?
걱정하지 마이소. 정확하게 맞답니다. 사실 이 9층(9-1F)층고를 알아내는데 무지 고생을 했답니다. 2.7m일까, 3m, 3.3m, 3.6m일까 등의 치수를 집어넣어 보고 별의별 잔머리를 다 굴려 봤는데도 확신이 없었답니다. 자세히 보니 이론관측소 기초판두께인 3m가 눈에 쏙 들어오더랍니다.(속으로 니 잘 만났다? 만남 김에(?) 니가 9-1F층고나 해라하고 제가 명령을 내렸겠죠? 꼼짝도 못하고 3m가 9-1F의 층고가 된 거랍니다.)
바로 이 3m였구나라고 직감했답니다. 그럼, 7층탑의 7층은 어떨까요? 7층탑의 7층층고(7-1F)가 2.88인데 자세히 보니 7층탑 이론관측소 기초판두께와 같네! 예. 맞답니다. 제가 짜고 고스톱을 치고 있거들랑요. 굳이 이름을 붙이라면 기준층의 밑층고 동일높이법칙? 2층에서 최상층까지의 그 층의 첫 층고(해당층의 밑층, 즉 ○-1F)는 다 이론관측소 바닥판두께와 동일한게 기본원칙이랍니다.
저번에 말씀드린 1~9층탑 5개탑 중에서 꼭 반항하는 놈이 한두놈이 있지마는 기본적으로 동일한 치수공법이 적용된답니다.

저는 가끔 치수가 헷갈릴 때에는 각 탑의 전체 치수비교표를 미리 만들어 놓고 어떤 공통점이나 어떤 경향이 있는지를 유심히 검토하다 보면 가끔 어떤 치수법칙이 찾아지더랍니다. 그런데, 이 치수비교공법이 어떤 수학적인 근거가 있는 것은 아니지만 그냥 상식적으로 적용해도 합리적이라고 판단되어 이용하고 있답니다. 맞는지는 저로서도 알 수는 없답니다. 다만, 맞기를 바랄 뿐이랍니다?
이 몸통부 각 층의 층보와 중간보춤은 아주 간단하면서도 구조와 밀접한 관련이 있으므로 최대로 튼튼구조가 되어야 한답니다. 목탑에는 이 층보와 중간보만 있는 것이 아니랍니다. 무지 많은 보들이 있답니다. 지붕에는 주보인 처마보도 있지만 횡보도 있으며 바닥에는 수많은 종샛보·횡샛보가 있답니다. 일반층 바닥에도 주보도 있지만 수많은 샛보들이 바닥판을 받치고 있답니다.
또한, bal에도 수 많은 주보와 샛보들이 있답니다. 물론 관측소바닥판에도 존재한답니다. 그리고 바닥에는 보는 아닐지라도 바닥판도 있답니다. 이런 것들도 층보나 중간보만큼 풀기가 쉬우면(?) 속이 다 시원할텐데, 도무지 이 놈의 샛보 등등은 위치에 따라 너무 많은 경우의 수가 발생되어 제일 풀기가 난하답니다. 어쩌면 푼다고 푼 것들이 엉터리일 확률이 무척 높답니다.

제일 간단할 것 같은 일반층의 바닥을 한번 들여다 볼까요?

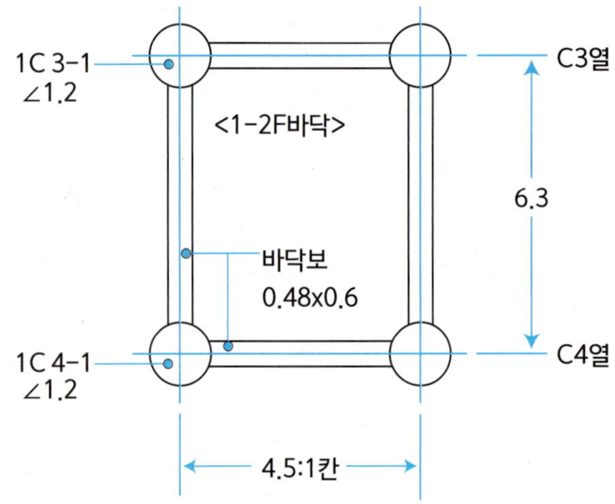

[그림 474] 9층탑 1-2F바닥: C3-C4열 기준

간단히 9층 탑의 1-2F 바닥을 한번 봅시다. span이 제일 긴 C3-C4를 봅시다. 기둥과 주보만 보이네요. 1C3-1기둥은 간단히 ∠1.2랍니다. 기둥규격을 알면 자동으로 보규격은 나온답니다. 보폭 = ∠1.2x1.2÷3=0.48 보춤은 중간보이므로 9층탑 중간보춤은 0.6일 겁니다. ∴보규격:0.48x0.6 여기까지는 일사천리랍니다.

이젠 어떤 누구도 여기까지는 눕어 떡먹기보다 쉽답니다. 모르시는 분 안계시죠!

문제는 지금부터랍니다. 뭔가가 받쳐주어야 바닥판을 깔 수가 있답니다. 아잉가? 어찌 되었건 바닥판이 되었든 어떤 마감이 되었든 샛보라는 중간보강보를 넣어줘야 바닥이 형성될 겁니다. 한번 샛보를 넣어 볼까요? 크게 두 가지의 경우의 수를 생각해 볼 수 있을 겁니다.

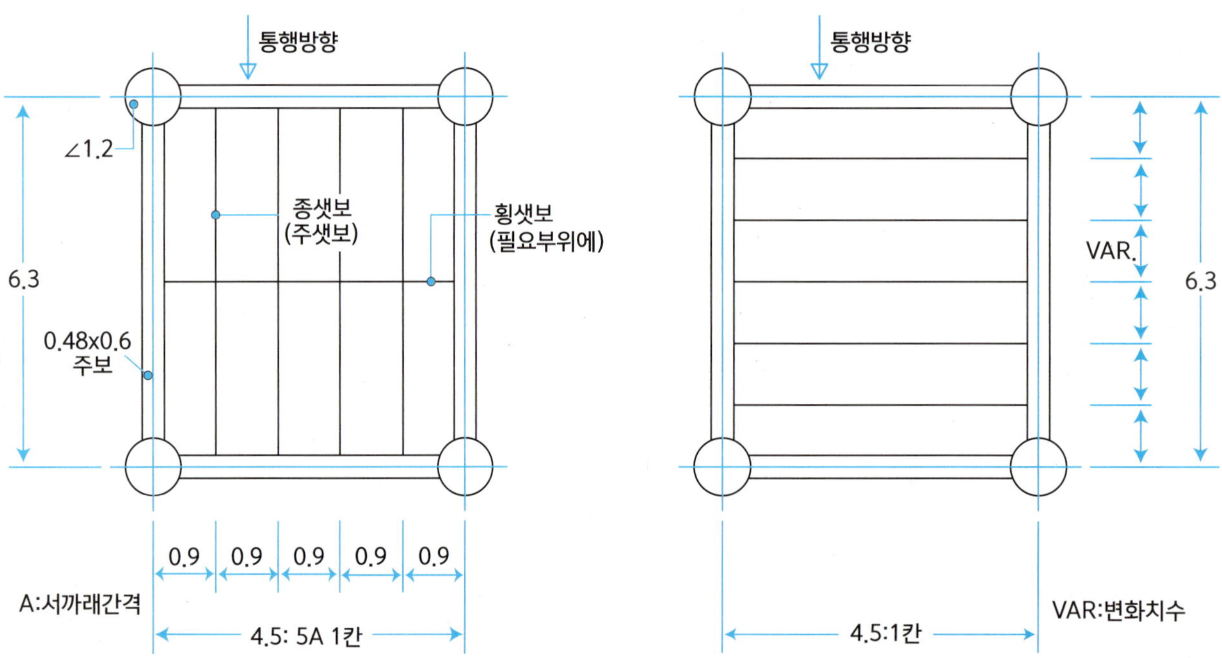

[그림 475] 샛보를 종으로 배치시(左), 샛보를 횡으로 배치시(右)

샛보를 종으로 배치시는 서까래 간격인 A= 0.9가 가장 먼저 떠오른답니다.
샛보를 횡으로 배치시는 샛보간격은 변화치수가 될 것 같답니다. 샛보를 종 방향으로 배치시는 샛보길이가 길어지며 샛보를 횡으로 배치하면 샛보길이는 짧아지겠죠. 구조적으로는 횡배치가 좋은 것도 같은데, 동선 흐름상 종샛보가 더 좋을 것 같아서 일단 종으로 배치시켜 보겠습니다.
종샛보시 간격은 간단히 서까래간격인 @0.9로 하면 별문제는 없을 것 같답니다. 문제는 이 샛보의 규격이랍니다. 주보규격이 0.48x0.6이랍니다. 이 샛보도 주보와 같이 0.48x0.6으로 할까요? 아님, 폭만 반으로 하고 0.24x0.6으로 할까요? 아니면 폭은 반으로 하고 보춤도 줄여서 0.24x0.48(0.6x0.8배) 정도로 할까요? 구조계산으로 하면 된다구요? 제일 정답에 가까울 것 같네요! 나무 재질에 따라 나무성질(강도 등 : 인장강도 및 압축강도)이 천차만별인데 어떤 나무를 기준으로 하죠?
샛보규격과 관계없이 보의 구조는 어떻게 생겼을까요? 물론 제 순수개인생각으로 이렇게 생기지 않았을까 하고 생각해보는 거랍니다.

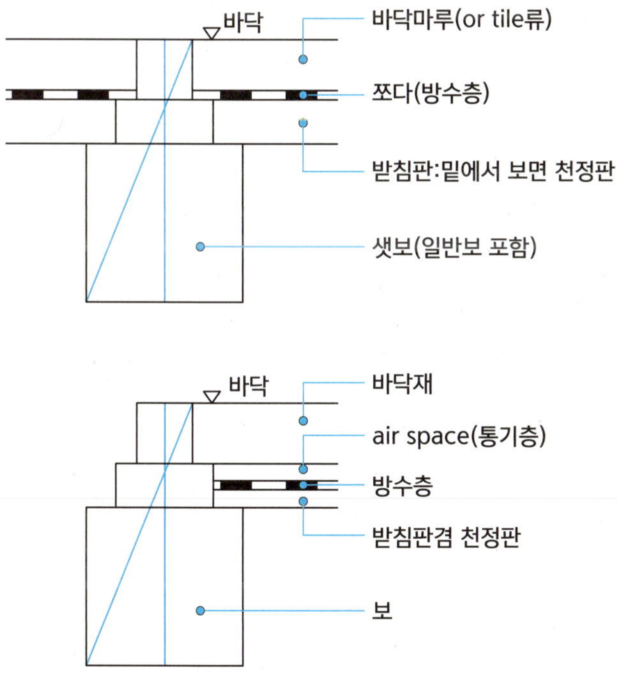

[그림 476] 처음 생각한 바닥 구조

기본적으로 보에 양턱을 내어서 바닥판을 받쳐주는 구조라야 될 겁니다. 저는 제일 처음 바닥이 이렇게 생겼을 거라고 생각했답니다.

목조건물이 소리(소음)가 크게 난다는 얘기를 가끔 들어서인지 바닥상하판 사이에 공간층(흡음층?)을 두면 되겠다라고 생각했답니다. 물론 방수층도 두어야겠지요.
윗층에서 커피 먹다가 커피를 쏟으면 상·하층 두 놈의 한판 씨름장이 될겁니다.
방수층 설치로 미연에 방지해야겠죠?

공간층을 설치하는 것도 좋을 것 같은데 문제는 바닥판이 두꺼워지면 자동으로 보춤에도 영향을 끼친다는 거랍니다. 장고 끝에(?) 공간층(흡음층: 소음방지층 sound insulation)을 과감히 빼기로 했답니다.
그래도 공간층을 3cm정도쯤 두자고요? 애럽네요. 하여튼 바닥판, 방수층, 받침판(천장판)으로 아주 간단한 구조로 했답니다.

만약 공간층을 둘 경우에 물 등이 고이면 썩을 확률이 있어서 과감하게 뺐답니다.(사실은 이 공간층을 이용하여 중앙공급난방시스템을 시도할려고 했었답니다. 물론 보에도 공기통과구멍도 뚫어야겠죠? 시공이 너무 어려울 것 같아 포기했답니다.)

샛보의 규격을 한번 추정해 볼까요? 공법 이름을 추정공법이라고 명명하겠습니다.
틀리면 어떻습니까! 어쩌면 틀리는게 정상적이랍니다. 틀려도 언제든지 고칠 수가 있답니다. 어쩌면 맞으면 불안하지만 틀리면 최소한 불안하지는 않답니다. 샛보를 종으로 배치하는 걸로 보고 한번 접근해 봅시다. 종으로 배치하려면 먼저 서까래간격부터 알아봐야겠죠.
서까래간격은 9층탑 A=0.9, 7층탑 A=0.84, 5층탑 A=0.78, 3층탑 A=0.72, 1층탑 A=0.66이랍니다.
각 탑마다 6cm의 차이가 있답니다.

다음으로 가장 간단하게 9층탑과 1층탑의 1층의 최대·최소 일반보 규격을 한번 비교해 봅시다.

	최대 중간보 규격	최소 중간보 규격
9층탑 1-2F	0.48 x 0.6	0.36 x 0.6
1층탑 1-2F	0.24 x 0.36	0.12 x 0.36
비 고	중앙칸(1칸)	끝칸 기준

[표 30] 9층탑·1층탑의 1층 중간보 규격

물론 최대 중간보는 중앙칸(1칸) 기준이며 최소 중간보는 막내칸(끝칸) 기준 일겁니다.
보규격 표시는

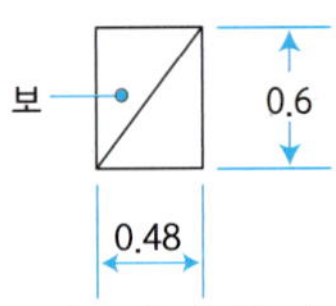

일 경우 항상 폭이 앞에 높이(춤)는 뒤에 온답니다.
물론 창호류도 마찬가지겠죠.
이 경우의 보 규격은 0.48x0.6이 된답니다.
다시, 바닥판(slabs)을 한번 봅시다. 9층탑만 간단히 볼까요.

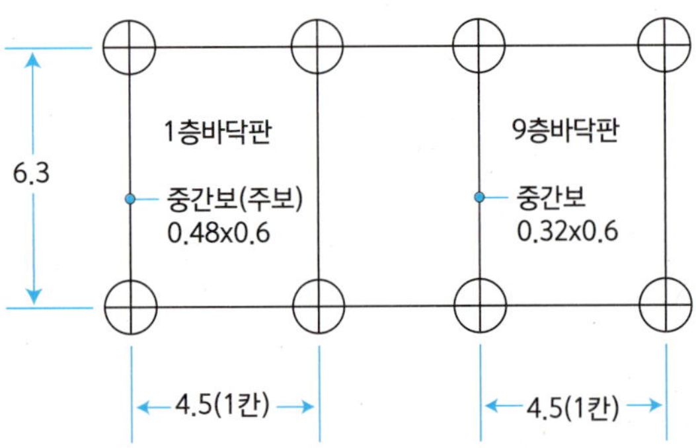

[그림 477] 9층탑 바닥판

1층바닥판이나 9층바닥판이나 기본적으로 한 바닥판은 면적이 거의 같답니다. 실질적으로는 보를 빼면 9층바닥판이 약간 크긴 하지만, 중심선기준으로는 바닥판의 면적은 층과 관계없이 동일하답니다. 1층과 9층의 주보폭이 다르네요.
1층은 0.48이며, 9층은 0.32로 층마다 2cm씩의 증감계수가 발생된 답니다.

물론 보춤과 한 바닥판은 같답니다. 그렇다면, 바닥판의 샛보규격이 전층이 동일해야 할까요. 아님, 윗층으로 갈수록 샛보폭을 줄여나가야 할까요? 즉, 동일한 층에서는 샛보폭이 같고, 윗층으로 갈수록 줄여야 할까요? 아니면 동일 층에서도 칸마다 샛보폭을 달리해야 할까요?

먼저 1층의 샛보폭과 샛보춤을 알아봅시다.
샛보춤은 일반중간보길이와 샛보길이가 비슷(실제론 샛보길이가 더 김)하므로 중간보춤과 동일하게 하면 구조적으로 최소한 문제가 없을 것 같답니다. 보는 보폭의 영향보다 보춤이 더 큰 하중을 버틴답니다. 이젠 샛보폭만 구하면 된답니다. 앞 표에서 9층탑 1-2F에서 최대중간보규격이 0.48x0.6, 최소중간보규격이 0.36x0.6이며, 1층탑 1-2F에서 최대중간보규격이 0.24x0.36, 최소중간보규격이 0.12x0.36이랍니다. 1층탑에서 1-2F를 유심히 보시면, 중간보폭이 최대 0.24이며, 최소가 0.12랍니다.
여기서 샛보폭규격을 추정해 보면, 샛보폭이 아무리 커도 최소중간보폭인 0.12보다 같거나 적어야 맞을 겁니다. 그렇다고 샛보폭이 너무 적어도 바닥판걸기가 조금 불편할 것 같답니다.
그래서 샛보폭은 1층의 최대중간보폭의 1/2이 가장 적당하나는 걸 인지하실 수가 있을 겁니다.
즉 1층탑 1-2F같은 경우의 샛보폭은 0.12가 될것이며 최소중간보폭인 0.12와 같답니다. 즉, 샛보폭이 구조부재인 중간보폭보다 크지가 않다는 말이랍니다. 9층탑 1-2F의 샛보폭은 1칸(중앙칸)의 최대중간보폭인 0.48의 반인 0.24가 될 겁니다. 같은 층에서는 1칸이든 2·3칸이든 동일 층에 있으므로 1·2·3칸의 샛보폭이 동일한게 맞을 것 같답니다. 그림을 보실까요.

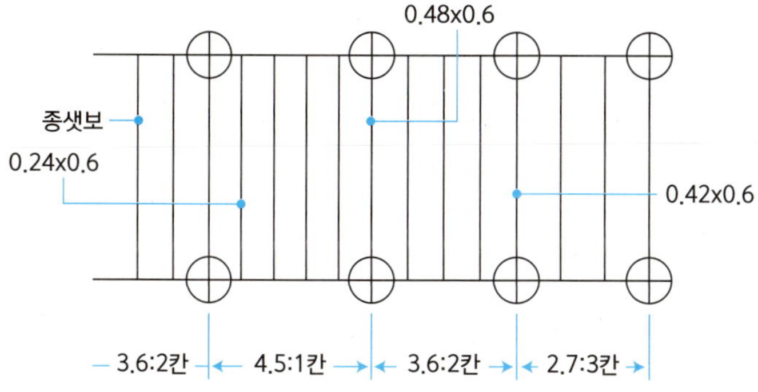

[그림 478] 9층탑 1-2F 종샛보 규격

샛보길이가 제일 긴 것이 6.3이며 열번호에 따라서 길이가 다르답니다. 샛보폭은 중앙부인 1칸 양옆 주보폭인 0.48의 반인 0.24가 될것이며 2·3칸 등에도 동일한 샛보폭이 적용될 겁니다.
2·3칸이 span(기둥중심간거리) 폭은 줄어들긴 하지만 종샛보길이와 간격이 동일하므로 종샛보폭을 줄이는 것은 구조적으로 안 좋을 것 같답니다. 그렇다면 1층종샛보는 0.24x0.6(1층주보 0.48x0.6)인데 그럼 9층탑 9층도 0.24x0.6으로 할까요. 아님 0.16x0.6(9층주보 0.32x0.6임)으로 할까요? 주보폭이 줄어드는데 샛보폭도 줄이는게 나을지 1층 샛보폭을 최상층까지 동일하게 할 것인지가 무지 헷갈린답니다. 어찌 하오리까?

샛보춤도 같고 바닥 한판도 같은데 이 샛보폭도 같게하는 것이 맞을까요. 윗층으로 갈수록 조금씩 줄일까요? 머리 좋으신 분이 큰 소리 한번치면 해결이 되는디? 저 개인생각으로는 주보폭이 줄어들므로 샛보폭도 줄어드는게 수학적으로 더 나을 것 같은 생각이 든답니다. 즉, 1층은 0.24x0.6(주보 0.48x0.6)으로 하고 9층은 0.16x0.6(주보 0.32x0.6)으로 샛보폭을 @0.01/층 씩 줄이는 게 맞을 것 같답니다.
즉, 층당 1cm씩 윗층으로 갈수록 샛보폭을 줄여나가는 것이랍니다. 물론 각 층의 샛보규격은 같아야겠죠. 특별한 근거는 없으나 윗층으로 갈수록 통행량과 근무자 수가 줄어들 것 같네요. 아닝가? 하여튼 더 고민해봐야 될 것 같답니다.
그리고, 종샛보길이가 긴 것은 6.3m나 되니 필요에 따라서 종샛보잡이용인 횡샛보도 필요할 수가 있답니다. 뒤틀림 방지를 위해서랍니다.

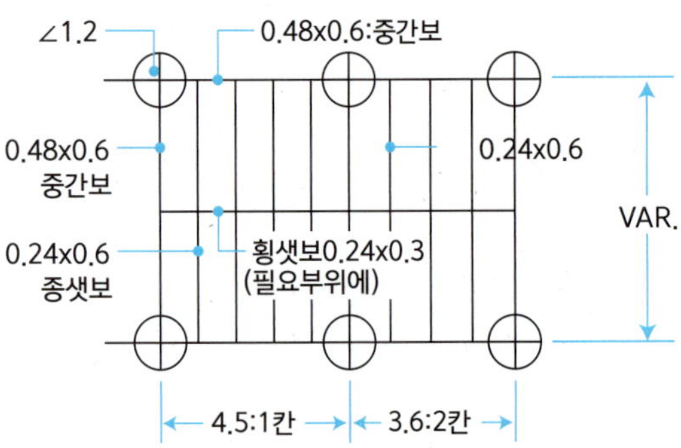

[그림 479] 9층탑 1층 종샛보 보강 횡샛보 개념

종샛보 길이가 길면 2~3개 정도가 필요하며, 아주 짧으면 필요없겠죠. 횡샛보 규격은 폭은 종샛보와 같이 0.24가 될 것 같으며, 춤은 종샛보의 반정도로 생각하고 있답니다.
즉, 횡샛보규격은 0.24x0.3정도면 되지 않을까 생각하고 있답니다. 참! 애럽네요?

샛보규격이 1층과 최상층이 같아야 할지 다르게 해야 할지는 좀 애매하긴 하나 샛보규격도 어느 정도는 파악이 되었을 겁니다. 그럼, 바닥판 두께는 도통 얼마 정도면 적당할까요?

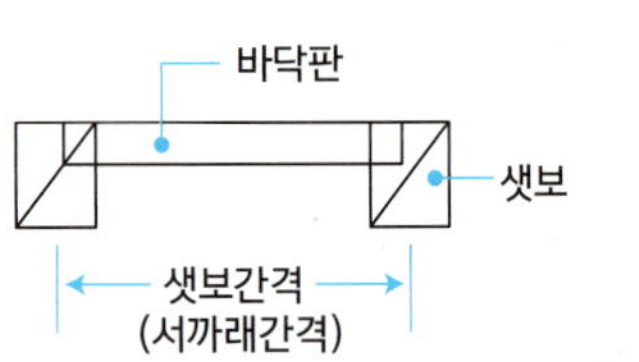

[그림 480] 샛보간격에 따른 바닥판두께

각 탑마다 종샛보간격이 서까래간격(A)에 따라서 다르답니다. 9층탑 종샛보간격은 0.9, 7층탑 0.84, 5층탑 0.78, 3층탑 0.72, 1층탑은 0.66이랍니다. 샛보간격이 다 다른데 바닥판두께를 다 같게 하기도 좀 그렇답니다.

샛보간격이 클수록 당연히 바닥판두께도 두꺼워져야 할겁니다.

이 바닥두께를 어느 정도로 하면 좋을까요?

저 개인생각으로는 샛보간격(서까래폭)의 1/10이 적절하지 않을까 하는 생각이 든답니다.
즉, 9층탑 서까래간격이 90cm이니 바닥판두께를 9cm, 1층탑은 서까래간격이 66cm이니까 바닥판두께를 6.6cm 이런 식이랍니다. 여러분의 생각은 어떠신지요. 동의하신다고요?

감사~ 바닥구조는 양면 바닥판에 중간에 쪼다(방수층)로 되어 있어서 조금은 두꺼운 느낌이 들기는 하지만 층간소음 줄이는데는 더 좋을 것도 같답니다.

그리고 쪼다(방수층)는 제 임의로 9층탑에는 3cm, 1층탑에는 1.8cm로 하겠습니다.

바닥판두께를 각 탑마다 1.5cm씩 차이가 나게 하기 위한 치수조절이랍니다. 즉, 9층탑 바닥두께는 21cm, 1층탑 바닥두께는 15cm로 맞추어 보았답니다. 이유는 묻지 마세요.

그러고, 샛보는 5등분법을 쓸 겁니다.

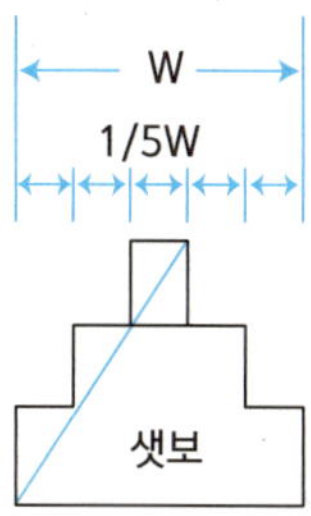

[그림 481] 샛보의 5등분법

샛보 노출폭은 1/5샛보폭이며, 각 바닥판 받침턱도 1/5샛보폭이 될 겁니다.
이제 9층탑 1-2F 바닥판을 그려봅시다.

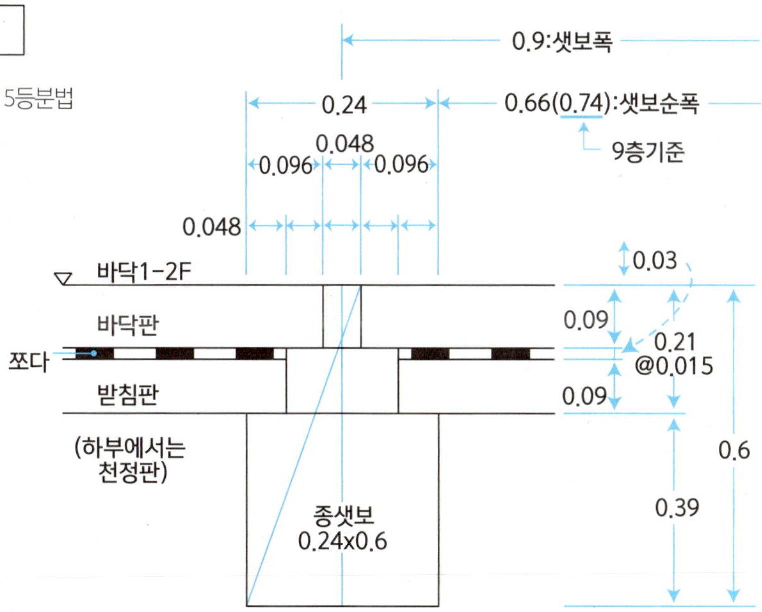

[그림 482] 9층탑 1-2F 바닥판 구조

	중간보 규격	종샛보	비 고
1층	0.48 x 0.6	0.24 x 0.6	같은 층에서는 동일
9층	0.32 x 0.6 中	0.16 x 0.6	@0.01
		0.24 x 0.6	@0.00

- **즉, 9층 종샛보는 0.16x0.6, 0.24x0.6 중 택일?**

[표 31] 9층탑 : 1층과 9층의 종샛보 규격

1층탑 1-2F 바닥판도 한번 봅시다.

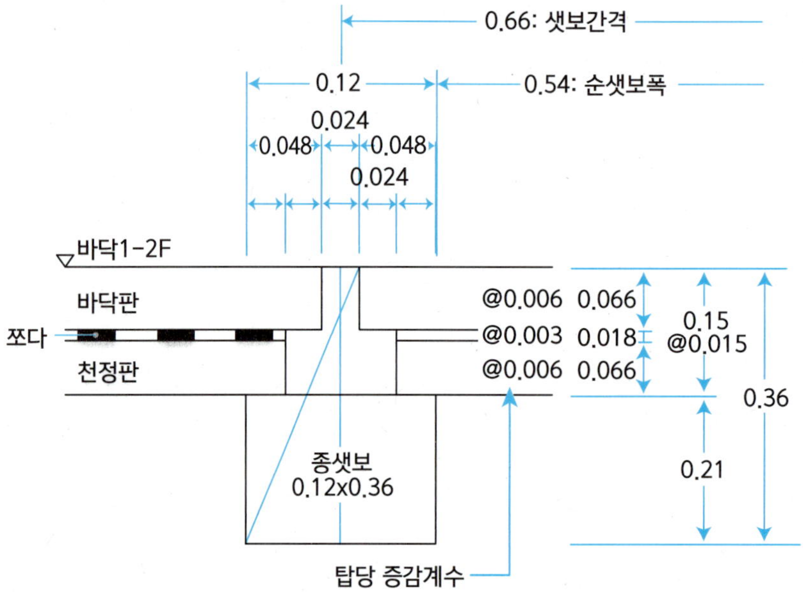

[그림 483] 1층탑 1-2F 바닥판 구조도

보시다시피, 바닥판과 천장판은 각 탑마다 6m/m씩의 증감이 있으며, 쪼다(방수층)는 3m/m씩의 증감이 있어서 각 탑마다 바닥판 총두께증감계수는 1.5cm가 된답니다. 무지 헷갈리시죠. 같이 풀기는 풀어봤는데 맞을 확률이 조금이라도 있을지가 미지수랍니다.

바닥판 얘기를 하다보니 재미있는 생각이 하나 떠 오르네요.
같이 한번 생각해 보실까요. 무엇일 것 같나요? 일상생활과 밀접한 관련이 있는 것이랍니다.
신라인들이 이 신라탑에 신발을 신고 들어갔을까요? 아님, 신발을 벗고 들어갔을까요? 만약 신발을 신고 들어갔다면 그 신발은 구두였을까요? 아니면 짚신이었을까요. 신발을 벗고 들어갔다면, 맨발이었을까요. 양말이었을까요. 아님, 덧버선식으로 뭔가를 걸쳐 신었을까요? 만약에 비가 오는 날이면 비 맞은 신발을 신고 내부로 들어갔을까요? 아님, 예의상 신발을 벗어 놓고 맨발이나 덧버선으로 갈아 신고 들어갔을까요?
만약, 신발을 갈아 신고 들어갔다면 1층입구 Lobby에는 무지 많은 신발장이 필요했겠죠. 아닝가!
비 오는날 우산은 우산걸이를 설치해서 걸어 놓고 내부로 들어갔을까요. 아님, 비가 줄줄흐르는 우산을 들고 들어갔을까요? 그 시대의 우산은 우찌 생겼을까요? 현대의 우산과 비스무리할까요? 아님 비단이나 기름먹인 한지로 우산대를 감쌓을까요? 우산거치대는 1층 외부복도쪽에다 두었을까요?

Lobby에 놓았을까요? 생각할 수 있는 것들이 하도 많아서 머리가 다 지끈지끈 아프답니다. 그런 것 생각할 필요가 없다구요. 그 시대 사람들이 스스로 알아서 했을거라구요. 가마이 생각해 보니 그 말씀이 제일 마음에 드네요.

제가 처음 1층평면도를 그리면서 뭘 제일 먼저 설치했는지를 혹시 아시나요? 저는 신발을 벗고 들어가야 된다고 생각했답니다. 그래서 1층남북통로 양면 Lobby에 신발장을 공간나는데 마다 놓았답니다. 그리고 우산거치대는 1층출입구 양쪽 외부복도쪽에다 놓았답니다. 보실까요.

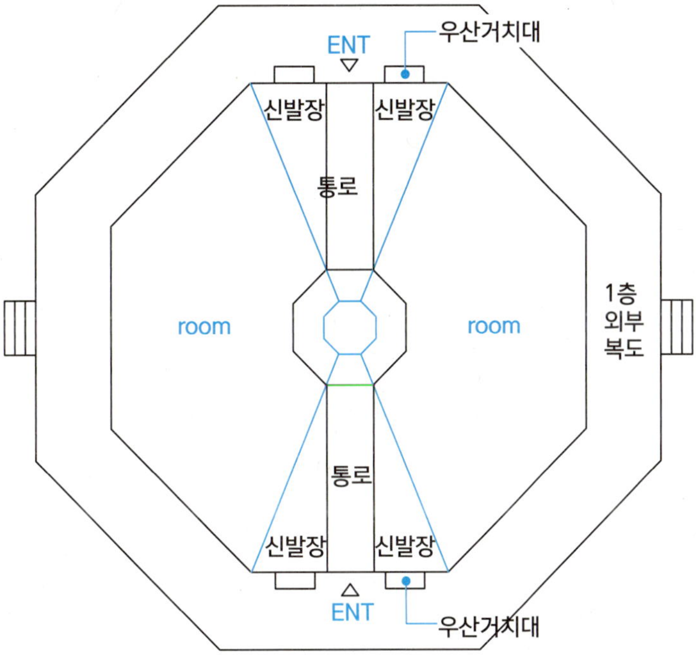

[그림 484] 처음 생각해본 신발장과 우산거치대

정신사납답니다. 집인지 신발장인지. 이유는 간단하겠죠? 제일 처음 이 신라탑을 종교건축물로 생각했기 때문에 불공드리실려면 당연히 신발을 벗어야 될 겁니다. 그런데 이 신라탑을 분석하다보니 관공서 건축물이더랍니다. 제가 왜 이 시잘대기 없는 신발얘기를 지겨울 정도로 길게 할까요?

눈치채신 분 계시나요? 눈치채신 분은 눈치 9단이시랍니다. 바로, 신발을 벗고 들어가는 것과 신발을 신고 들어가는 것은 바닥마감재와 밀접한 관련이 있기 때문일 겁니다. 신발을 벗고 안으로 들어갈 경우는 일반바닥마루로도 충분하답니다. 문제는 이 건축물이 관공서이기 때문에 신발을 신고 들어갈 확률이 무지 높답니다. 관공서 들어갈 때에도 신발을 벗어야 된다꼬요? 만약 신발을 신고 들어갈 경우에 과연 바닥 최종마감재가 나무마루일 경우에 과연 버틸 수가 있을까요?

몇 달 정도는 버틸 수가 있다구요? 제가 보니 며칠도 못 버틸 것 같은데요. 내부계단이 목재일시는 계단코 나가는 건 몇 시간도 안 걸릴 듯? 여기서 본격적인 문제점이 발생된답니다.
신발을 신고 들어가도 나무마루일 수도 있고 아님, 다른 마감재료일 수도 있답니다.
나무마루가 신발에 견디면 된답니다. 마루바닥일 경우는 저희들이 처음 생각한 것과 같이 2중마루바닥식으로 하면 된답니다. 그런데, 마루바닥이 아닌, 예를 들면 tile류[주로 석판(돌판)이나 전류(벽돌 or 기왓장류)일 확률이 높음]일 경우는 바닥받침판이 홑판이 될 겁니다. 보실까요.

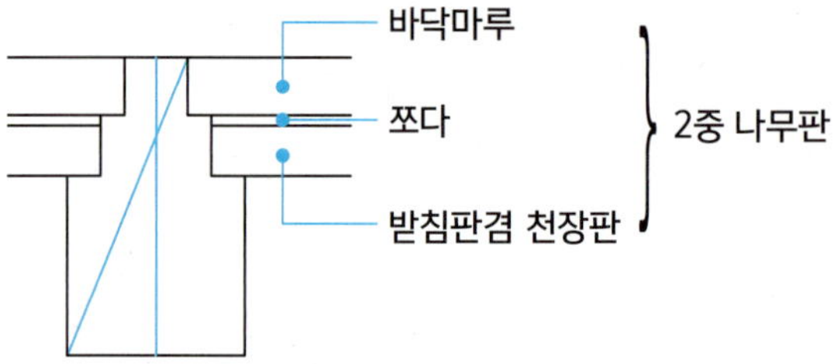

[그림 485] 2중 바닥마루판시: 바닥마루시

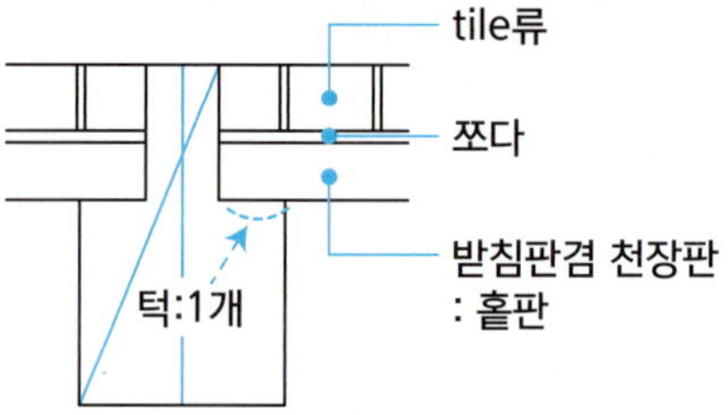

[그림 486] 1중 바닥판시: 받침턱 1개 발생(tile류시)

tile류 마감시는 받침판 위에 쪼다와 tile이 얹힌답니다. 당연히 2중바닥마루의 받침판보다 더 튼튼한 받침판이 되어야겠죠. 또한, 아예 샛보(주보포함)위 꼭지가 노출이 되지 않을 수도 있답니다.

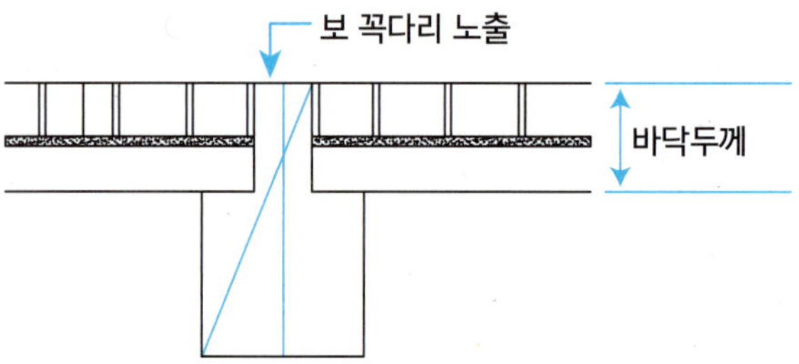

[그림 487] tile 마감시: 보끝꼭지 노출형

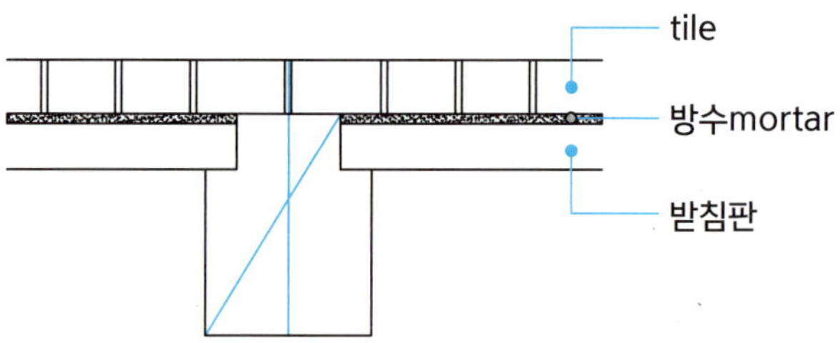

[그림 488] tile 마감시: 보꼭지가 안 보이게

바닥마감이 tile시 보꼭지가 보이는 것이 좋을까요. 아님, 아예 보를 감추는 것이 더 나을까요?
하! 머리가 다 아프답니다. 해법이 없을까요?
tile시 바닥두께는 얼마가 좋을까요? tile두께는 어느 정도가 알맞을까요? 제가 왜 tile류로 석판(돌판)이나 전(벽돌류)을 생각하고 있느냐하며는 신라에만 석판탑과 전탑(중국쪽에도 있음)이 있답니다.
혹시 이 석판이나 전 재료들이 신라탑바닥재와 연관이 있지 않을까하고 생각하고 있답니다. 연관이 있는지는 잘 모른답니다? 어찌되었든, 신발을 신고 들어가든 벗고 덧버선을 신고 들어가든 2중바닥마루판과 tile마감을 동시에 생각은 해 두어야겠답니다. 물론 마감재에 따라서 바닥받침대(밑에서 보면 천장재)두께는 당연히 달라질 겁니다. 머리 좋으신 분 한 수 알으켜 주이소?
이제까지는 통행이 빈번하고 실제로 사용하는 일반층의 바닥판과 샛보에 대해 말씀드렸습니다마는 신라탑에는 무지 많은 바닥판이 존재한답니다. 지붕판을 잠깐만 보실까요? 지붕 제일 윗면엔 1수평지붕이 있으며 이 1수평지붕은 그 윗층의 외부복도랍니다. 물론 2수평지붕바닥판도 있으며 당연히 경사지붕바닥판도 있겠죠. 또한, 지붕속에는 통행이 거의 없는 지붕속 바닥판도 있답니다.

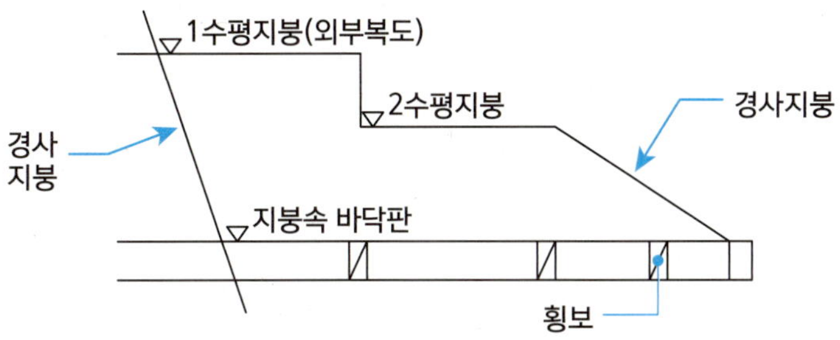

[그림 489] 지붕바닥판들

1·2 수평지붕 바닥재는 두께는커녕 재질조차도 아직도 오리무중이랍니다. 물론 경사지붕도 마찬가지이며 현재까진 기와는 아닌 걸로 보인답니다. 통행량이 거의 없는 지붕속 바닥판은 2중바닥판으로 할까요. 아님, 그냥 단판(홑판)으로 할까요? 또한, bal 바닥판도 있으며, 각 관측소바닥판도 있답니다. 마감재 재질도 알아내야 하고, 통행량과 span들을 고려하여 바닥판두께든 받침판(천장판) 두께와 당연히 샛보등의 규격을 알아내야만 한답니다. 바닥마감재를 통일시킬 수도 있고, 각 부위마다 달리 할 수도 있답니다.

어쨌든, 일방적으로 지정하기도 그렇고, 헷갈린다고 빠이 쳐다보고만 있기도 그렇답니다.
더 많은 시간을 투입해서 완벽하지는 않을지라도 최대로 근처까지는 가야할 것 같답니다.
비록 바닥판과 샛보 등이 아직은 미지수일지는 모르겠지만 이 글을 읽어시는 분들이 힘을 합친다면 반드시 풀릴겁니다.
하여튼 하셔야 할 일이 늘었네요? 힘을 좀 실어 드릴까요?
아니! 풀리고야 말리라~ㅎ

(3) 외벽기둥과 경사기둥 겹침

탑 몸통부의 경사기둥과 외벽기둥을 보시면 전에도 말씀드렸듯이 이격거리란게 있답니다.

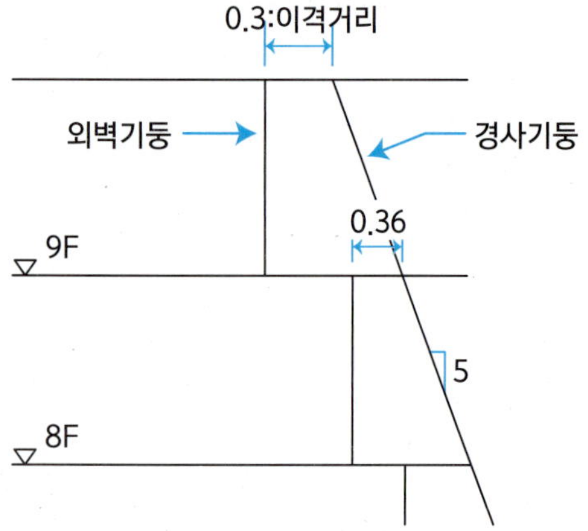

[그림 490] 최초 생각한 경사기둥 이격거리

9층탑의 9층지붕부는 0.3이며, 6cm씩 증가하면서 8층에서는 0.36m 그 밑층은 0.42가 된다고 말씀드렸을 겁니다.

그런데, 이 이격거리에 문제점이 있다는 것이 조금씩 감지되기 시작했답니다.

제가 9층탑폭을 3.9m씩 넓혔다고 했을겁니다.

바로 이 이격거리에 문제가 있을 수 있다고 인지한 후부터 건물폭이 넓어지기 시작했답니다.

왜 이 이격거리에 문제가 있을까요? 제가 왜 처음에 최상층상부의 이격거리를 30cm로 했을까요? 아주 간단하답니다. 경사기둥각이 ⊿5이니까 층당 6cm의 증감이 있으니 ⊿5x6cm=30cm로 아주 간단히 판단했답니다. 이격거리 30cm일 때 어떤 문제점이 있는지 한번 짚어 볼까요.

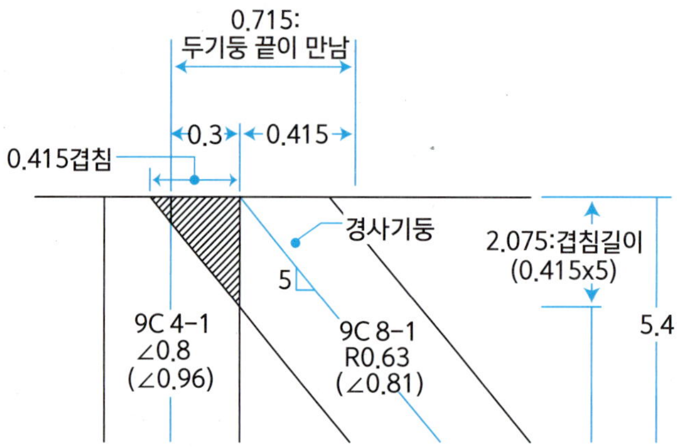

[그림 491] 이격거리 0.3시 두기둥이0.415겹침

9층외벽기둥인 9C4-1∠0.8과 9C8-1R0.63의 기둥겹침을 봅시다.

두 기둥의 이론중심거리=(∠0.8+R0.63)÷2=0.715랍니다. 여기서의 두 기둥의 이론중심거리란, 두 기둥의 내부끝이 서로 닿을 때의 거리를 말한답니다. 실제로는 경사기둥의 폭이 실치수보다 약간 더 크지만 그냥 기둥규격으로만 풀어본 것이랍니다.

즉, 이격거리가 0.715이면 두 기둥이 내부쪽에서 만난다는 것이랍니다.

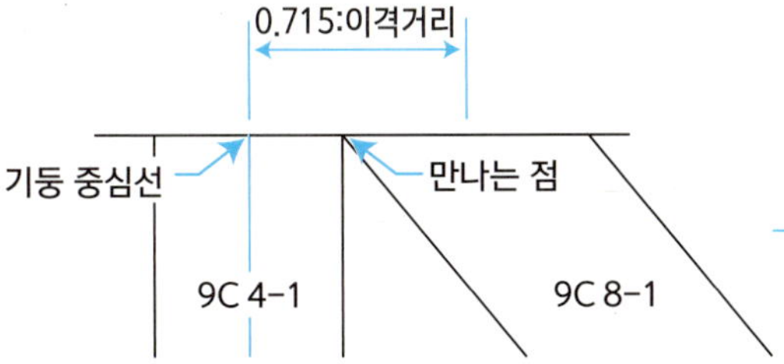

[그림 492] 이격거리 0.715시: 두기둥의 끝이 만남

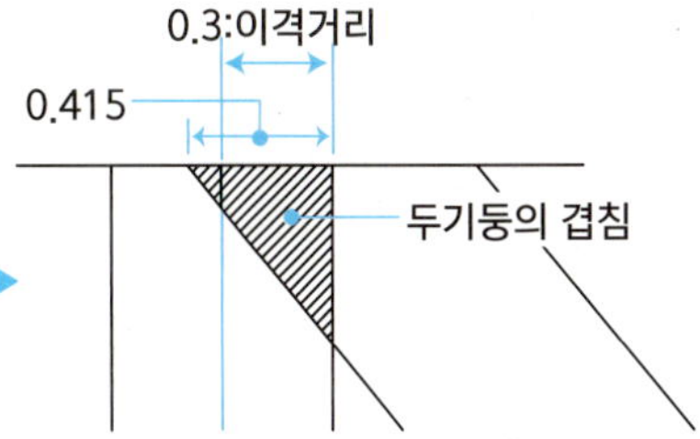

[그림 493] 이격거리 0.3시: 0.415가 겹침

실제 이격거리가 0.3이므로 두 기둥의 겹침폭은 0.715-0.3=0.415가 겹친답니다.
경사기둥각이 ⊿5이므로 실제로 두 기둥의 수직겹침길이는 0.415 X ⊿5=2.075가 된답니다.
두 기둥의 겹침높이가 2m가 넘는답니다. 기둥간의 겹침 상황을 한번 봅시다.

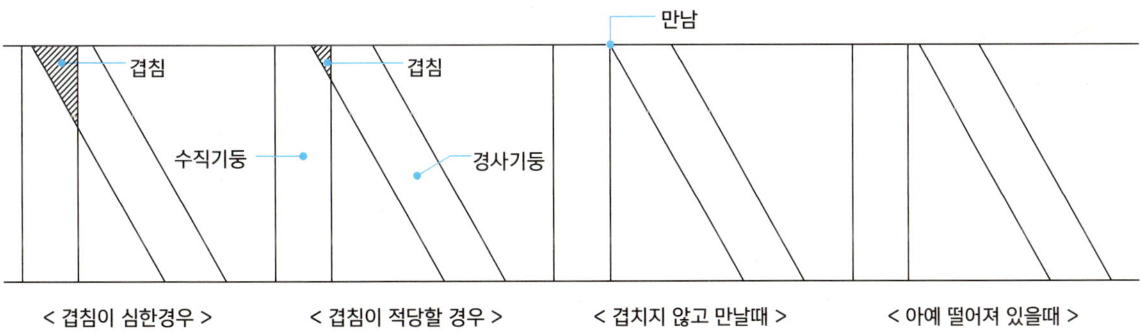

[그림 494] 기둥간의 겹침 상황 비교

이 수직외벽기둥은 자기층에서 자기 임무를 마치는 기둥이며, 경사기둥은 최상층지붕까지 끝까지 올라가면서 가장 중요한 지붕의 하중을 받아주는 무척 중요한 기둥이랍니다.
즉, 경사기둥은 최상층지붕까지 올라가면서 겹침으로 인한 단면적감소가 없어야 된다는 거랍니다.
대신 외부수직기둥은 경사기둥을 받치기 위해서 자기희생(?)을 해야 된답니다.
겹침길이가 길다고 수직외벽기둥이 경사기둥을 잘 받쳐줄까요? 아님, 필요 부위에 필요한 만큼만 받쳐주면 될까요?

저의 생각으로는 겹침길이가 길다고 강하게 받쳐주기보다는 알맞은 겹침길이가 더 힘있게 경사기둥을 받쳐줄 것 같답니다.

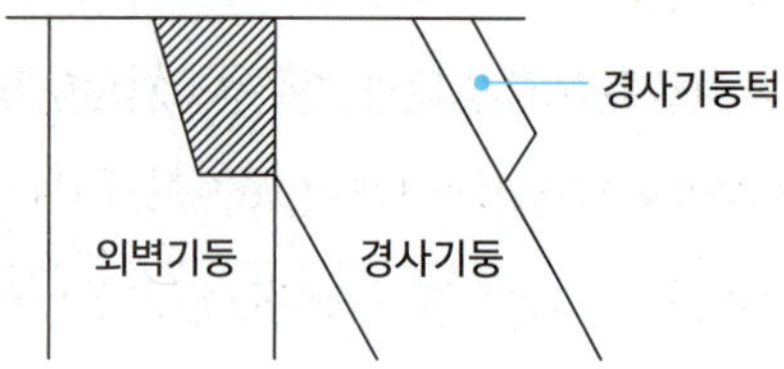

[그림 495] 외벽기둥의 알맞은 받침형태

지나치게 겹치면 경사기둥을 받쳐야 할 외벽기둥이 도리어 힘이 약해지기도 하지만, 겹침부위의 밀착도도 고려해야 한답니다.
밀착되지 않고 공극이 발생시 도리어 받치는 힘이 약해질 것 같네요.

즉, 겹침길이가 길면 길수록 시공이 무척 어렵답니다. 시공이 어려우면 어찌 될까요?
어려우면 어려울수록 부실시공이 될 확률이 높겠죠. 시공은 간단하면서 튼튼한게 최상이랍니다.
그러면, 방법을 찾아야 할 겁니다. 방법은 단 한가지랍니다. 9층 경사기둥이격거리를 넓혀야만 두 기둥이 불편하게 붙어 있는 길이를 줄여줄겁니다. 그래서 이격거리 30cm의 bonus(사실은, 공유층높이 1.5÷⊿5=0.3이랍니다)를 더 주어서 30+30=60cm의 이격거리를 두었답니다.
여러 경우의 수가 많이 발생되지만 60cm가 그래도 가장 합리적일 것 같아서 정했답니다.
제가 정하면 다 합리적이고 남이 하면 다 비합리적? 이격거리를 너무 벌리면 두 기둥이 이별할 수도 있답니다. 자! 이격거리 60cm인 두 기둥을 한번 봅시다.

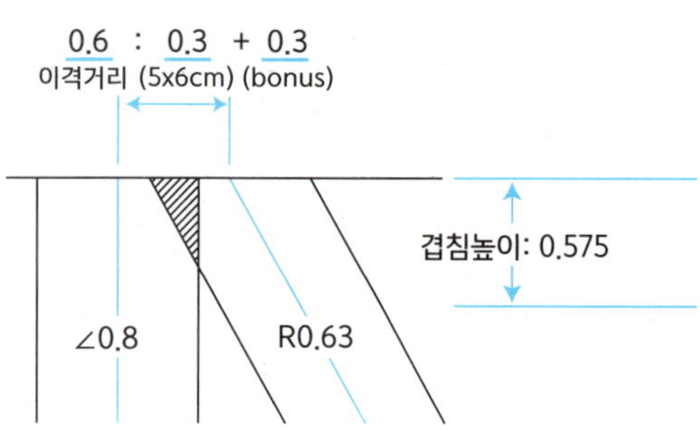

[그림 496] 9층탑 9층 이격거리 0.6기준

쪼께 두 기둥이 덜 답답할 겁니다.
두 기둥의 겹침길이가 얼마인지 계산해 볼까요.
이거 눈감고도 풀 수 있는 문제네요.
두 기둥 이론중심거리=(∠0.8+R0.63)÷2=0.715
실제 겹침폭 : 0.715−0.6=0.115
수직 겹침길이 : 0.115x ⊿5=0.575

뭐 이리 싱겁죠! 단순하게 생각해서 그렇지 실제로는 약간 더 복잡하답니다.

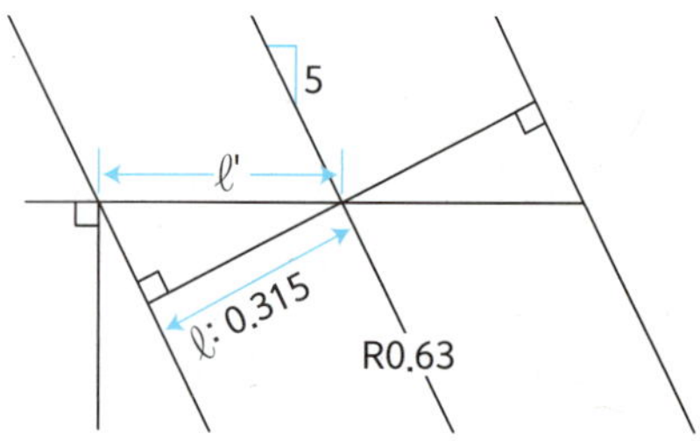

[그림 497] 경사기둥의 실제반지름ℓ'

경사기둥을 자세히 보실까요. 경사기둥폭이 R0.63이면 그 반이 ℓ=0.315랍니다.
그런데 실제 원형단면은 수평면의 길이인 ℓ'로 ℓ' >ℓ(0.315)보다 실제로는 더 넓답니다.
경사각도에 따라서 달라지겠지요.

이 ℓ'의 길이는 계산이 가능하답니다. 시간나시면 계산을 해 보십시오. 경사기둥 실제 수평바닥면길이(ℓ')로 계산하면 복잡할 것 같아서 편의상 단순계산한 거랍니다. 또 한 가지 더 생각하셔야 할 것은 바로 기둥의 턱이랍니다. 계산상으로는 간단히 기둥자체폭으로 계산하니 겹침높이가 얼마안되는 것 같지만 실제 접촉길이는 훨씬 더 길어진답니다.

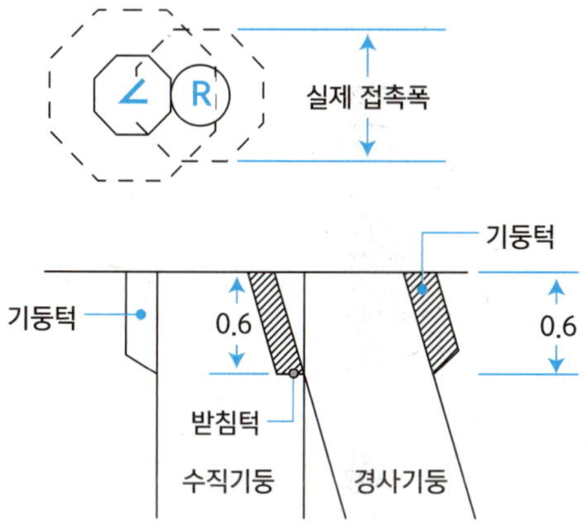

[그림 498] 실제 접촉폭과 수직기둥 받침턱

접촉높이도 중요하지만 접촉폭도 무지 중요하답니다. 두 기둥의 접촉면의 시공을 어떻게 했는지는 알 수가 없으나 계산상 접촉높이가 0.575이니까 아마 0.6정도의 높이로 단순화시켜서 외부기둥에 받침턱을 두지 않았나 생각해 본답니다.

두 기둥의 각각의 기둥턱을 길게 내게 되면 당연히 접촉길이(겹침길이)도 당연히 늘어날 겁니다.

즉, 접촉길이는 순기둥접촉길이도 있고 날개턱을 포함한 접촉길이도 있어서 두 가지가 발생될 겁니다. 물론 두 경우의 접촉길이를 당연히 계산해 보셔야 된답니다.

제가 실예를 C8-1열만 들어서 그런데, 실제로는 C8열, C8-2, C8-3열도 있답니다.

9층탑 1층을 잠깐 보실까요? 1층지붕쪽이랍니다.

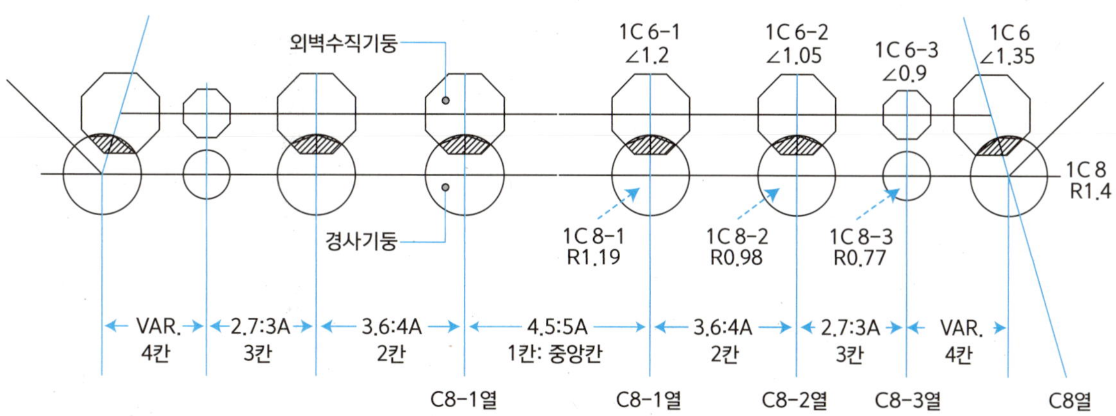

[그림 499] 9층탑:1층의 외벽수직기둥과 경사기둥의 겹침 : 지붕윗쪽 기준

시간나시면 계산 한번 해 보십시오. 순기둥과 기둥턱포함한 치수 2개를 비교해 보십시오.

상기를 기둥턱포함기둥과 실제기둥폭을 적용해 보시면, 다음의 표(가변적일 수 있음)와 같이 나올 겁니다.

	기둥턱까지 기둥폭시	실제기둥폭시
1C6와 1C8 겹침높이	3.15	1.475
1C6-1와 1C8-1 겹침높이	2.025	0.575
1C6-2와 1C8-2 겹침높이	0.9	-0.325
1C6-3와 1C8-3 겹침높이	-0.225	-1.225

[표 32] 각 열별 겹침길이

이격거리를 0.3에서 0.6으로 넓혀도 귀기둥열(C8열)과 C8-1열은 겹침길이가 엄청나답니다. 그런데 희한하게도 C8-3열의 두 기둥은 기둥턱까지 이용해도 두 기둥은 이별이랍니다? C8-3열의 두 기둥은 기둥턱을 포함해도 22.5cm나 떨어져 있답니다. 즉 1C6-3외벽기둥이 1C8-3경사기둥을 자체적으로 받쳐줄 수 없는 입장이랍니다. 참 난감하답니다. C8-3열의 두 기둥을 껴안게(?) 할 수는 있는데, 이 이격거리를 좁히게 되면 나머지 열의 기둥들이 다 너무 답답해 할 것 같답니다. 그래서 이격거리를 좁히지 않기로 했답니다. 그나마 다행인 것은 이 C8-3열의 1C8-3경사기둥은 1층에서 자기 임무를 종결한답니다. 아마 보춤이 워낙 높으므로 구조적으로는 큰 문제가 발생되지는 않을 것 같답니다.

사실, 이론이격거리 0.3(⊿5x6cm)에서 bonus 0.3 치수를 더해준 이격거리 0.6(9층탑 9층기준)은 시공상 문제가 있을시 언제든지 이격거리는 바뀔 수가 있답니다. 저는 지금 책상머리에 앉아서 잔머리(?)로 이 정도면 되지 않을까 생각해 보는거지, 실제 현장에서는 어떤 문제점이 발생될 수 있는지는 책상머리에 앉아 있는 놈은 알 수가 없답니다.

9층탑만 얘기하니 7층탑이 질투하네요? 7층탑의 7층지붕 부위만 잠깐 봅시다.
7층탑의 7층지붕상부 이격거리는 이론적으로는 기본이격거리=⊿4x6cm=24cm랍니다.

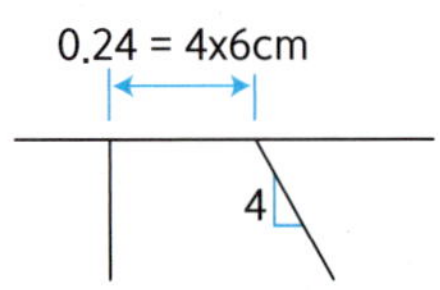

[그림 500] 기본 이격거리

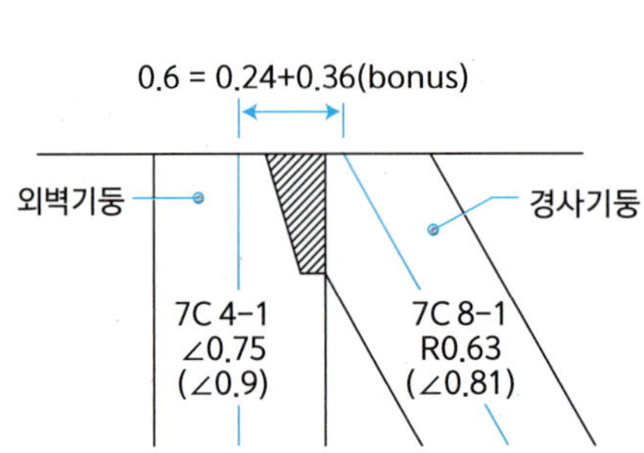

[그림 501] 7층탑 7층 이격거리 0.6

이걸로는 조금 부족하여 bonus 0.36을 공짜(?)로 드리겠습니다.

이격거리=0.24+0.36=0.6이 될 겁니다. 먼저, 순기둥겹침높이를 계산해보면 두 기둥간 끝이 겹칠 수 있는 거리는 이론 두 기둥중심선간거리=(∠0.75+R0.63)÷2=0.69

겹침폭=0.69−0.6=0.09

겹침높이 : 0.09x⊿4=0.36

기둥턱까지 겹침높이도 계산해 봅시다.

이론 두 기둥중심선거리=(∠0.9+∠0.81)÷2=0.855

겹침폭 : 0.855−0.6=0.255

겹침높이 : 0.255x⊿4=1.02, 제법 많이 겹치네요.

8각기둥과 원형기둥이 만나는 것처럼 보이지만 실제 만나는 부위는 두 기둥 다 기둥턱인 8각기둥이 된답니다. 7C8−1R0.63의 실제기둥턱까지의 ~~폭은~~ R0.63 x $\frac{9}{7}$ =∠0.81이 된답니다.

즉, 원형기둥이 기둥턱을 이용하면 8각기둥화됨을 의미한답니다.

이 원리를 적용하여 보면, 첨성대도 몸통은 원형같아 보이지만 지붕바닥판은 8각형의 바닥판이 된답니다. 첨성대의 몸통부는 원형이지만 실제로는 8각형 개념의 건축물이랍니다.

이 외벽기둥과 경사기둥의 겹침부위 시공은 무척 어려울 것 같답니다. 어려워도 안전하고 쉬운 시공법을 찾아내어야 할 겁니다.

(4) 공중기둥과 수직 뜬기둥

몸통부에서 기초에서부터 올라오는 기둥(9층탑의 경우 -1, 1, 4, 9층)이 아닌 외벽기둥은 수직뜬기둥이랍니다. 관측소의 뜬기둥은 경사뜬기둥이랍니다. 이 수직뜬기둥의 하부를 받쳐주는 받침기둥이 공중기둥이랍니다. 지붕에서 잠깐 말씀드렸습니다만 한번만 살짝 더 봅시다. 눈에 익는 것이 좋답니다.

9층탑 2층외벽뜬기둥을 받치는 공중기둥을 살짝 봅시다.

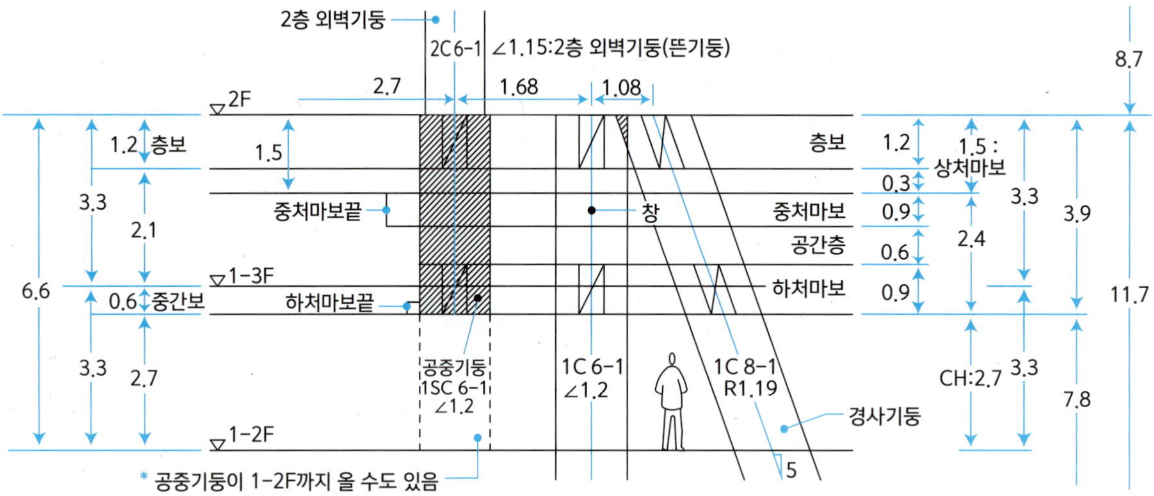

[그림 502] 9층탑 2층 외벽뜬기둥을 받치는 공중기둥

2층외벽기둥(뜬기둥)을 받치는 공중기둥은 기본적으로는 지붕판두께인 3.9m까지 내려오지만, 구조상 문제가 있다고 판단되면 1-2F까지 내려올 수도 있답니다. 저번에 공중기둥은 2가지의 임무를 수행한다고 말씀드렸을 겁니다. 첫째는 지붕보를 보강시켜주며 둘째는 상부층의 뜬기둥을 받쳐주는 뜬기둥 기초판의 역할을 수행한답니다. 아주 착한 놈이랍니다. 자세히 보시면 처마보춤과 내부 보춤 치수에서 차이가 발생되며, 이 그림에서는 보이지는 않지만 보폭도 서로 다르답니다.

무슨 말인고 하니, 다시 그려 봐야만 알 수 있답니다.

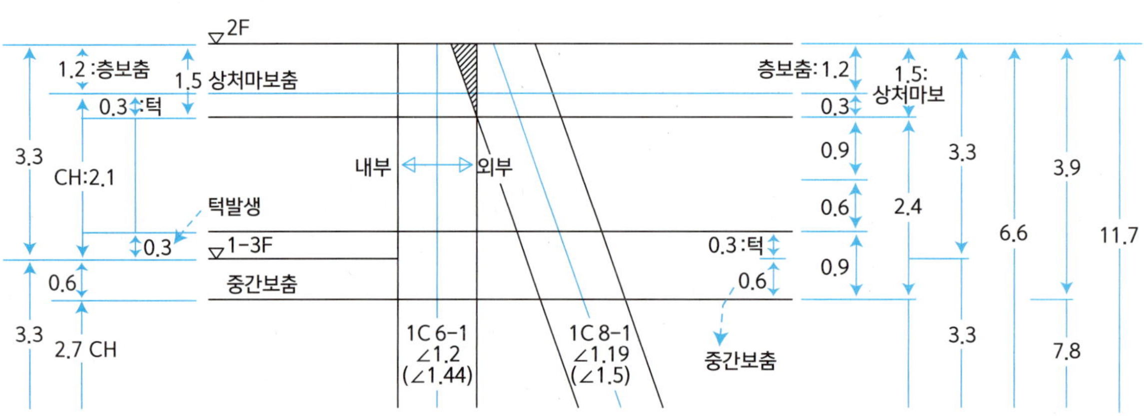

[그림 503] 9층탑 1층지붕 보춤차이

보시듯이, 내부에는 층보와 중간보만 있답니다. 지붕에는 상·중·공간층·하처마보가 있답니다. 문제는 층보춤(1.2)과 상처마보춤(1.5)높이가 서로 다르며, 또한 중간보춤(0.6)과 하처마보춤(0.9)이 서로 다르다는데 있답니다. 중처마보와 공간층은 영향을 미치지는 않는답니다.
또한, 보폭도 내·외부가 다르답니다.
1C6-1의 보폭은 ∠1.2x1.2÷3=0.48이며, 1C8-1의 보폭은 R1.19x$\frac{9}{7}$÷3=0.51이랍니다.
3cm의 차이가 난답니다. 같은 열인데도 보폭 및 보춤이 다르답니다. 이유가 무엇일까요?
내부는 수직기둥(1C6-1)의 지배를 받으며, 지붕은 1C8-1 경사기둥의 지배를 받기 때문이겠죠.

다시 열의 개념을 보실까요.

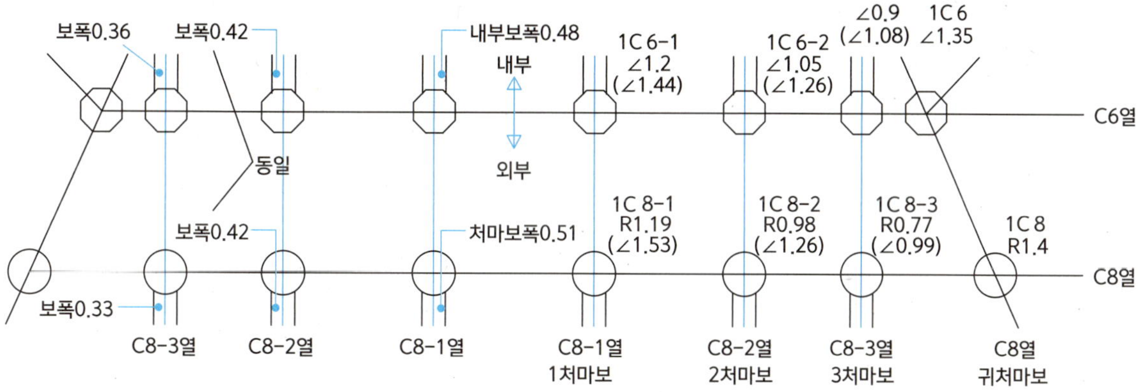

[그림 504] 9층탑 1층 지붕의 종열·횡열 개념도

보폭을 도표화해 볼까요.

종열번호	처마보폭	내부보폭	비 고
1C8-1열 : 1처마선	0.51	0.48	처마보폭이 3cm 더 큼
1C8-2열 : 2처마선	0.42	0.42	동일
1C8-3열 : 3처마선	0.33	0.36	처마보폭이 3cm 더 적음
	@0.09	@0.06	

[표 33] 9층탑 1층지붕보폭

보시듯이, 1처마선은 처마보폭이 3cm 더 크며, 2처마선은 같답니다.
3처마선은 처마보폭이 내부보폭보다 3cm가 적네요. 보폭이 똑같으면 참 좋으련만 마음대로 되는 것이 별로 없나 봅니다. 어떤 문제가 발생될 수가 있을까요.

그려 봅시다. 1처마보선을 먼저 볼까요.

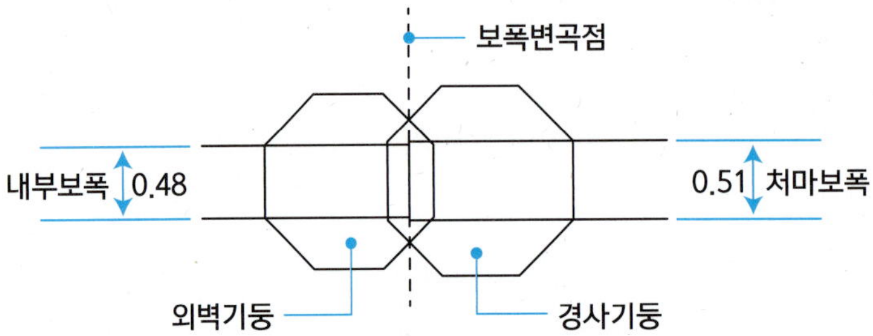

[그림 505] 1처마선: 내부보폭<처마보폭

서로 보폭이 다르므로 두 기둥의 중심선쯤에서 보폭을 변경시켜야 된답니다.

모양은 쪼께 이상은 하지마는 그런대로 가능은 할 것도 같답니다. 처마보폭이 더 크므로 기둥에서 외부로 빠져나갈 확률은 높아지겠죠. 비록 턱은 지더라도 단일부재(동일보)랍니다.

턱이 진다고 부재(部材: member: 여기서는 보를 의미함)를 분리하시면 안됩니데이!

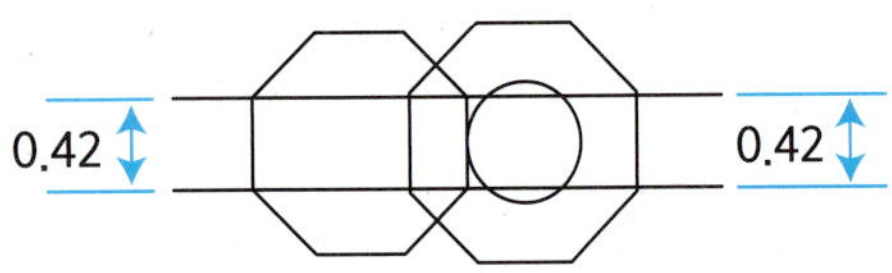

[그림 506] 2처마선 : 내부보폭 = 처마보폭

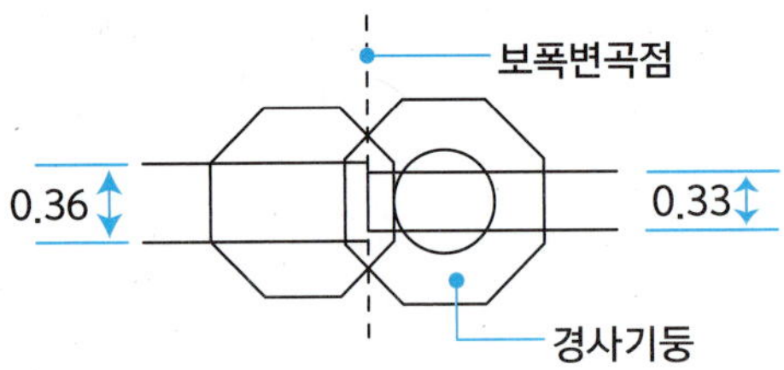

[그림 507] 3처마선 : 내부보폭 > 처마보폭

2처마선은 내·외부 두 보의 폭이 같답니다. 제일 양호하지만 2처마선에서만 발생되네요.

사실은 층마다 달라집니다. 3처마선은 내부보폭이 처마보폭보다 3cm가 더 크답니다.

어쩌면 내부보폭이 처마보폭보다 큰 것이 가장 이상적일지도 모른답니다.

이유가 뭘까요. 내부보폭이 양면 1.5cm줄어 들면서 기둥에 꽉 끼여서 처마보가 외부로 빠져나갈 일이 전혀 없답니다.

다 이렇게 하고는 싶답니다. 근데 그게 맴대로 잘 안되네요?

내부보폭이 크든 작든 같든 상관없이 이 처마보는 어떠한 장치(?)를 해서라도 외부로 빠져나가게 해서는 안될 겁니다. 턱을 만들든 하다못해 초강력밥풀대기로 붙여서라도 처마보가 바깥으로 빠지지 않도록 해야할 겁니다.

보춤차이를 보실까요. 9층탑 1층지붕 기준이랍니다.

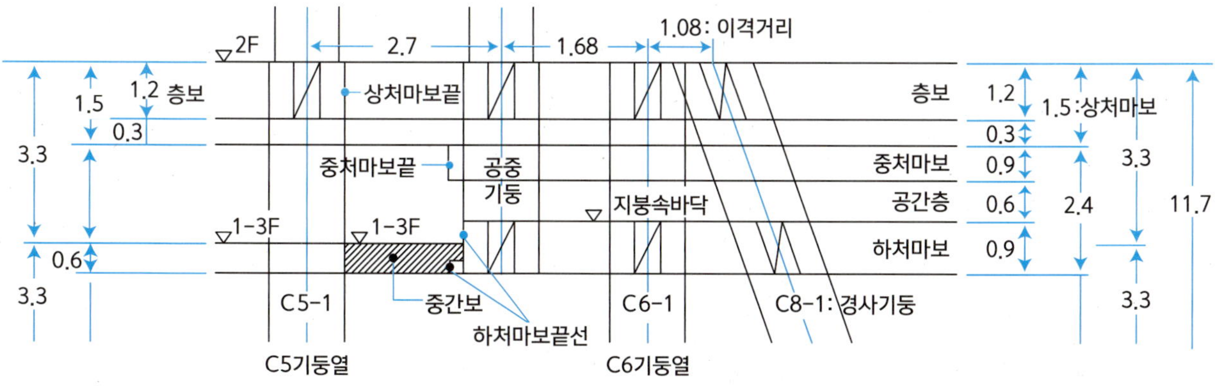

[그림 508] 보춤차이와 상·중·하 처마보 예상내부끝선

상처마보는 주기둥인 C5-1기둥까지 오면 층보와 큰 문제가 없을 것 같답니다. 중간처마보는 C5-1기둥까지 와도 되고 적당히 빼도 아무런 문제가 없을 것 같답니다. 제일 어려운 것이 하처마보 끝이랍니다. 묘한 것은 1-3F바닥면과 지붕속바닥면이 평평하지 않고 턱이 져 있답니다. 중간보춤(0.6)과 하처마보춤(0.9) 높이에 차이가 있기 때문이랍니다. 이 하처마보 내부끝도 C5-1기둥까지 오게할 수도 있으나 이 하처마보는 외부에서 끼워넣어야만 하므로 너무 길면 시공이 너무 힘들 것 같답니다.

그래서 하처마보의 내부끝은 공중기둥까지면 어떨까하고 생각중이랍니다. 이 공중기둥과 외벽기둥이 9층탑같은 경우는 어느 정도의 거리폭(이격거리)이 있다가 상층으로 올라가면 공중기둥과 외벽기둥이 딱 달라붙는답니다.

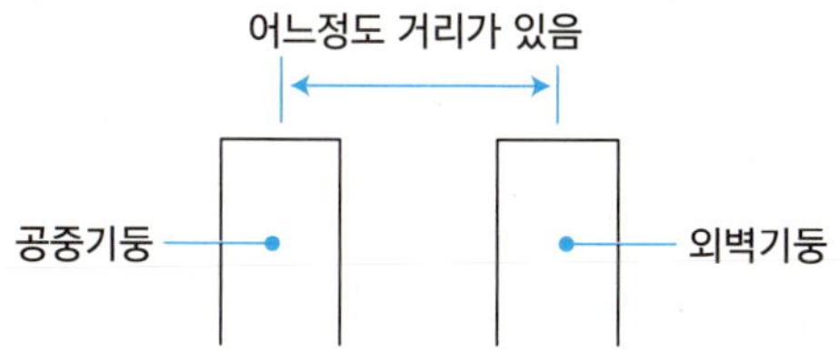

[그림 509] 9층탑 저층:공중기둥과 외벽기둥의 이격거리

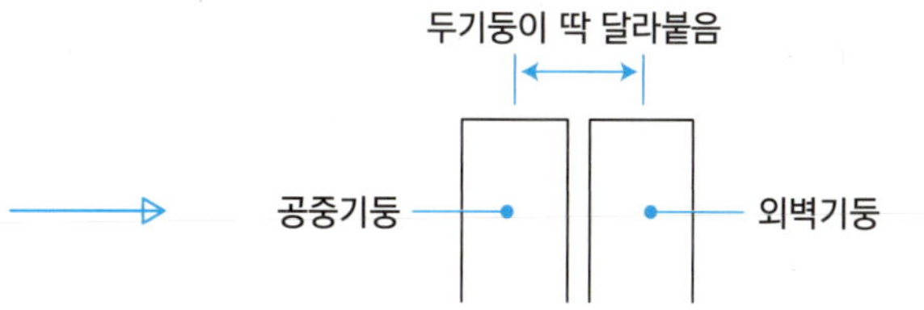

[그림 510] 9층탑 상층부:공중기둥과 외벽기둥이 거의 붙음

5층탑같은 경우는 두 기둥이 저층에서부터 아예 붙는 것이 아니라 겹쳐서 올라가기도 한답니다.

알다가도 모르겠답니다. 두 기둥이 사이가 너무 좋은 건지는 모르겠답니다? 이런 두 기둥간의 겹침현상은 가끔 발생되는데 어떻게 해결해야 할지가 난감하답니다. 공중기둥은 아니지만 두 기둥(or 세 기둥)이 너무 붙어 겹침이 심할 경우에는 어떤 한 기둥이든 두 기둥을 버려야 할 때도 있답니다. 물론 구조를 어느 정도 고려한 후에 결정해야 될 겁니다.

(5) 날개기둥과 관측소 바닥판

다시 관측소로 돌아왔답니다. 반가우실 겁니다. 이 관측소의 관측소바닥판을 보강시켜 주는 기둥이 바로 날개기둥으로 기둥의 꽃이랍니다. 이 날개기둥은 CF기초판에서 뜬기둥(CF)을 거쳐서 CF의 최상부에 있는 기둥으로 엄밀히는 이 날개기둥도 CF기둥이랍니다. 다만 내부쪽이 아니라 양옆으로 벌어져 있을 뿐이랍니다. 이 날개기둥 상부가 바로 1관측소바닥판이랍니다.

옥룡암 9·7층조각탑을 유심히 보시면 어렴풋이나마 날개기둥 흔적이 남아 있답니다. 살아있네~!

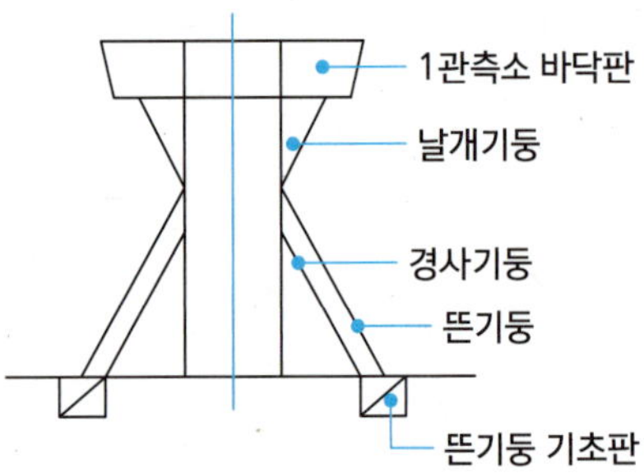

[그림 511] 관측소 날개기둥 개념

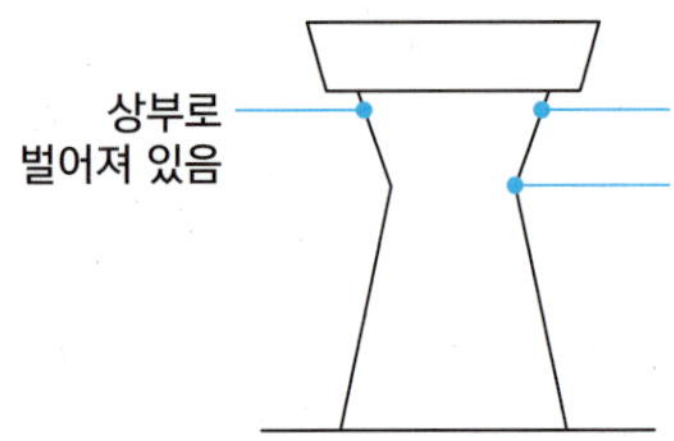

[그림 512] 옥룡암 9·7층 조각탑 형상

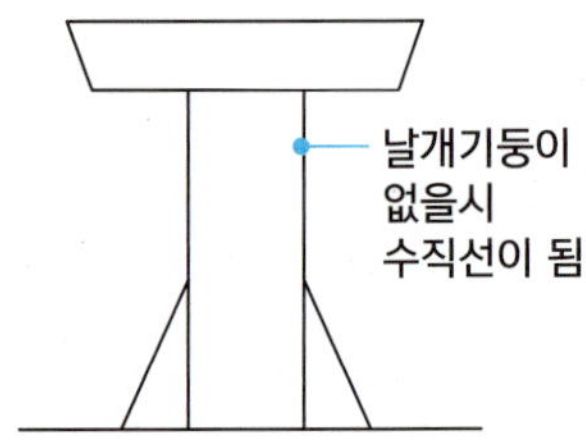

[그림 513] 날개기둥이 없다면

1관측소 바닥판을 받치는 방법이 2개의 관측소가 있는 쌍관측소인 9층탑과 1개의 관측소만 있는 외관측소군(1~7층탑)의 구조가 서로 다르답니다.

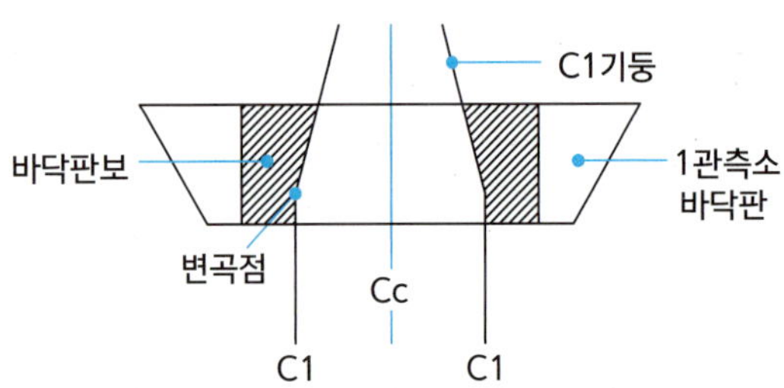

[그림 514] 9층탑 1관측소 바닥판보

9층탑 같은 경우는 상부에 관측소가 1개 더 있으므로 C1기둥이 계속 올라가야하므로 관측소바닥판보는 C1기둥 외부에만 있을 수 밖에 없답니다. 즉, C1기둥 외부에 걸쳐져 있는 상태랍니다. 밑에서 뭔가가 잘 받쳐주어야 할 겁니다.

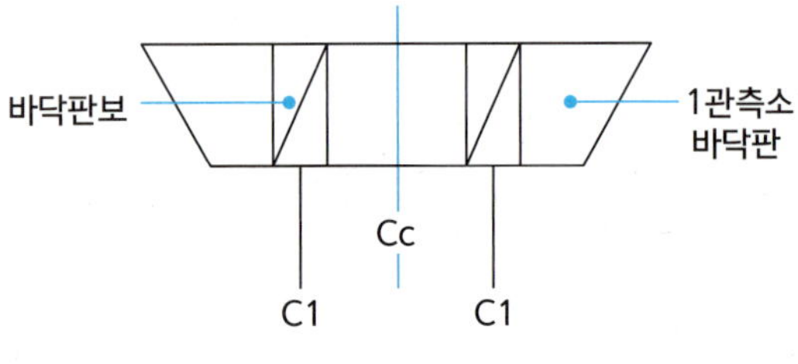

[그림 515] 1~7층탑 외관측소군 관측소 바닥판보

반면, 1~7층탑의 외관측소군은 C1기둥이 간섭없이 바닥판까지 올라오므로 관측소바닥보 자체가 C1기둥 위에 얹히므로 바닥보 자체는 튼튼한 구조랍니다.

다만, 흔들림(twist)을 잡아주는 뭔가가 필요할 겁니다.

바람에 날려가는 것도 고려해야 된다구요? 맞으신 말씀이네요. 위에서 보듯이 관측소바닥판을 보강해 주는 것이 바로 날개기둥이며, 이 날개기둥을 받쳐주는 것이 뜬기둥이며, 이 뜬기둥을 받쳐주는 기초판이 지붕에 튼튼히 설치될 겁니다.

다시 간단히 한번 더 볼까요.

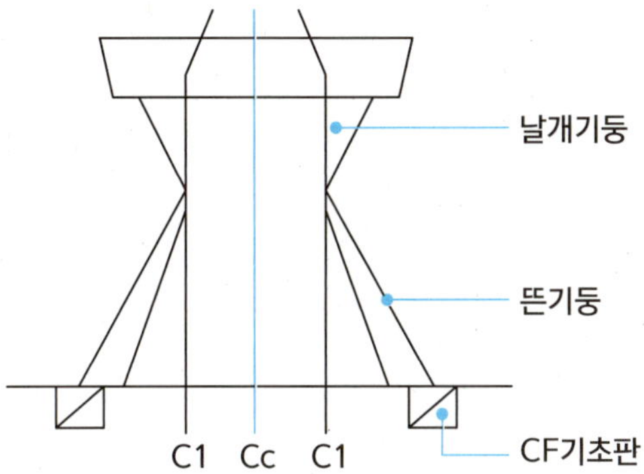

[그림 516] 날개기둥 개념

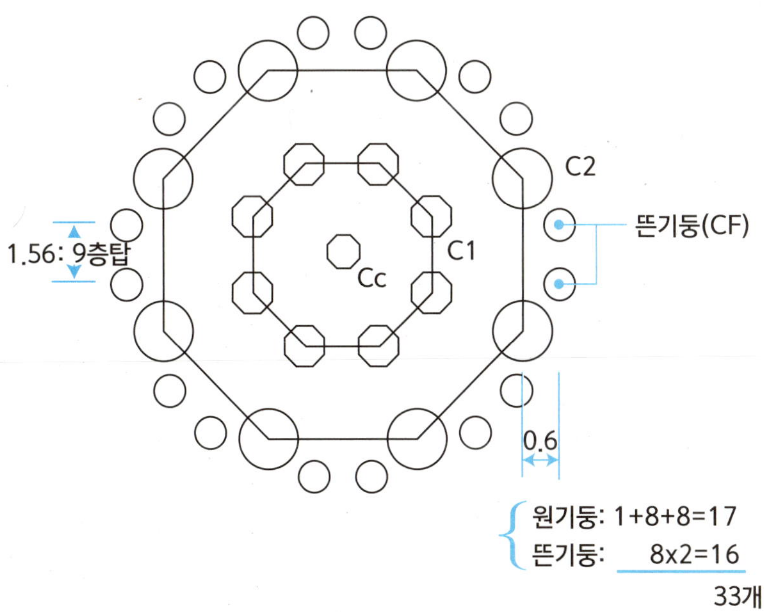

[그림 517] 1관측소 기둥들

뜬기둥을 포함해서 총 33ea의 기둥이 1관측소바닥판을 받칠 겁니다.

날개기둥이 도통 어떻게 생긴 놈인지 9층탑부터 보실까요.

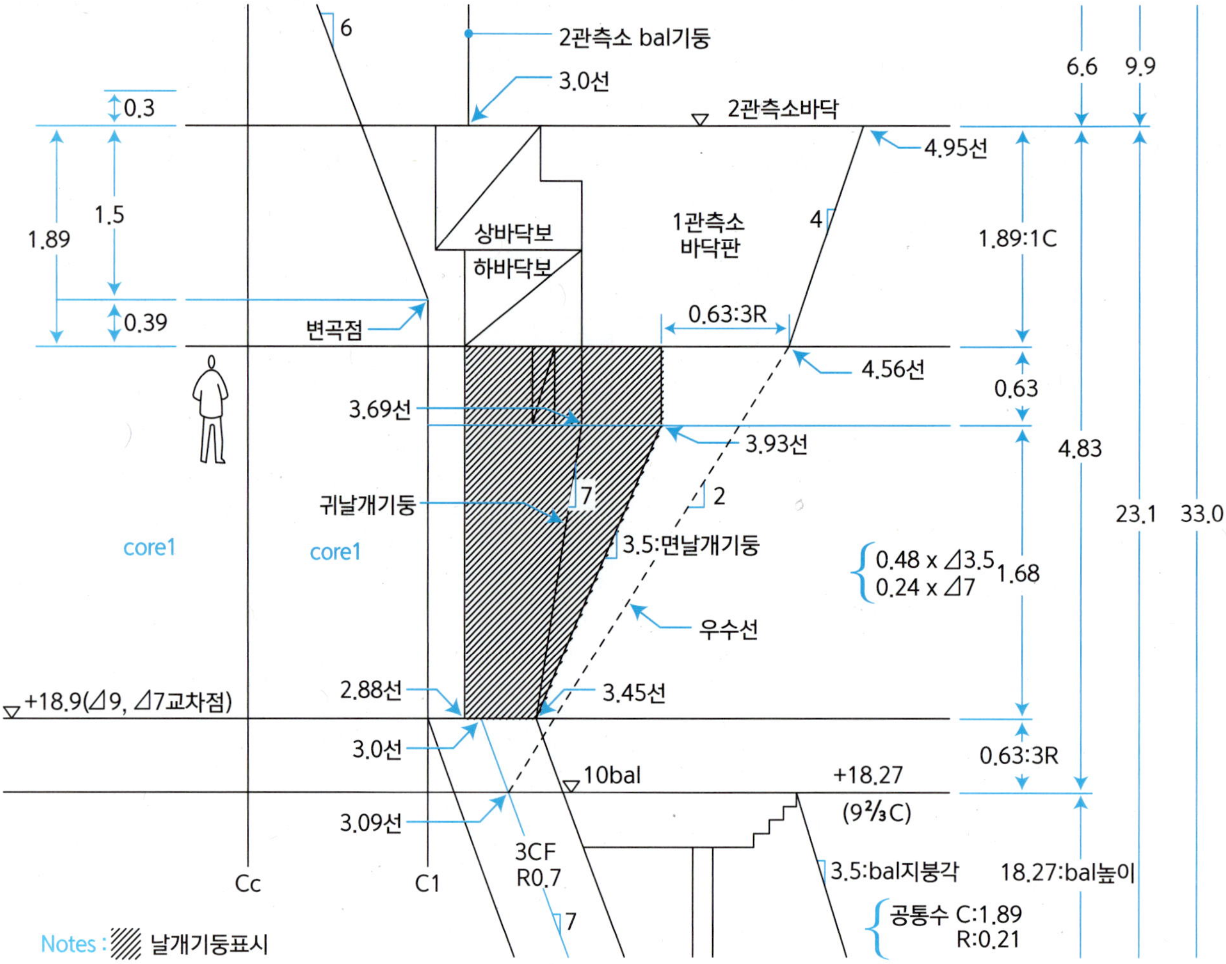

[그림 518] 9층탑 날개기둥 개념

그림을 보시니 무지 복잡하시죠. 실제는 더 복잡하답니다. C2경사기둥은 아예 빼고 3CF를 기준으로 그렸답니다. 뜬기둥의 밑둥(1CF) 규격을 9층탑 9층귀경사기둥인 9C8R0.84와 동일한 규격으로 R0.84로 했으며 뜬기둥 높이가 18.9나 되므로(실제로는 더 큼) 3단 기둥으로 처리했답니다.

물론 각 bal 높이도 고려했겠죠. 뜬기둥 제일 높은데 있는 3CF는 R0.7이 된답니다. 그래서 기둥턱까지는 ∠0.9(R0.7x $\frac{9}{7}$)가 될겁니다. 날개기둥이 3CF끝(3.45선)에서 시작되므로 기둥규격을 정식으로 넣고 확인해야 한답니다. 기둥중심선으로는 판단이 어렵답니다. 날개기둥도 면날개기둥과 귀날개기둥으로 분류가 된답니다. 면날개기둥만 할까를 무지 생각해 봤는데 귀쪽도 보강이 필요할 것 같아서 귀날개기둥도 세웠답니다. C2기둥 위에 있는 귀날개기둥은 그리 강하지는 않답니다.

날개기둥을 밑에서부터 다시 봅시다.

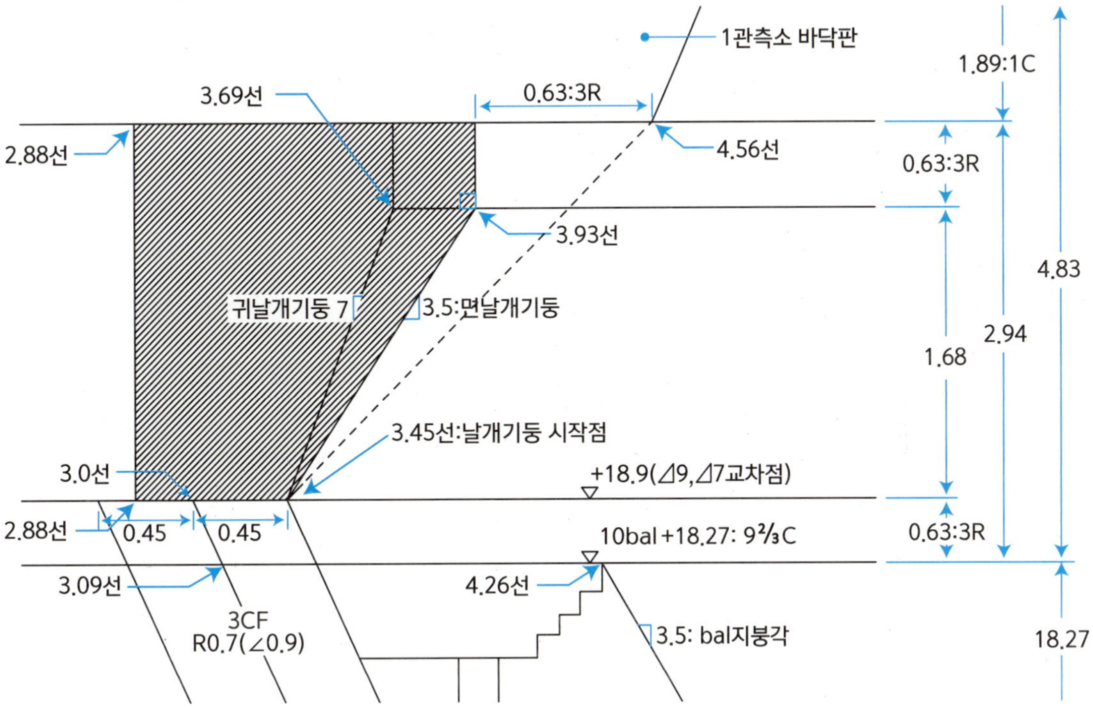

[그림 519] 9층탑 날개기둥 개념

날개기둥을 최대로 외부로 낼려면 3CF의 기둥턱까지 최대로 이용해야 한답니다. 날개기둥 시작점은 최상단 10bal에서 0.63(3R) 올라가서 날개기둥이 시작되며 면날개기둥은 ⊿3.5각인 bal처마각과 같이 했으며, 귀날개기둥각은 CF각인 ⊿7을 이용했답니다.

날개기둥 시작점 부근을 잠깐 볼까요. 평면도랍니다.

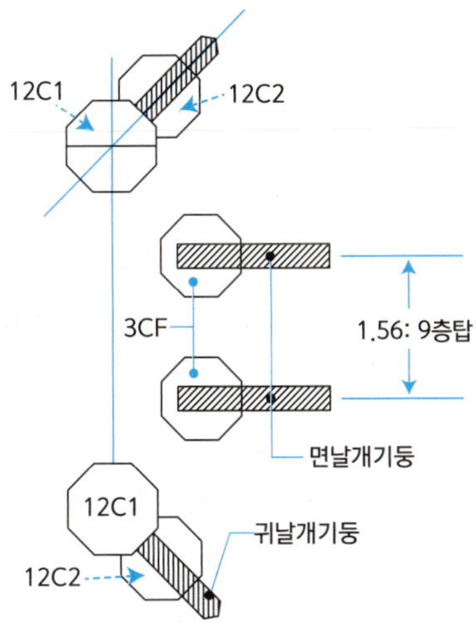

[그림 520] 날개기둥 시작점 평면도

뜬기둥(3CF)에서 올라가는 날개기둥이 면날개기둥이 되며 상부표면적이 좀 작기는 하지만(12C2는 12C1과 겹침) 12C2경사기둥에서 올라가는 날개기둥을 귀날개기둥이라 부르겠습니다. 이 귀날개기둥을 설치하지 않아도 될 것 같아서 설치하지 않을려고도 했었는데, 날개기둥들을 서로 잡아주는 연결보를 걸려니 귀날개기둥이 있어야 할 것 같아서 구조는 조금 약하나 설치할 겁니다.

이 날개기둥이 제일 처음에는 원형기둥이나 8각기둥일거라고 막연히 생각을 했었는데, 벽기둥으로 밖에 나오지를 않아서 벽기둥으로 했답니다. 어떻게 생겼을까요.

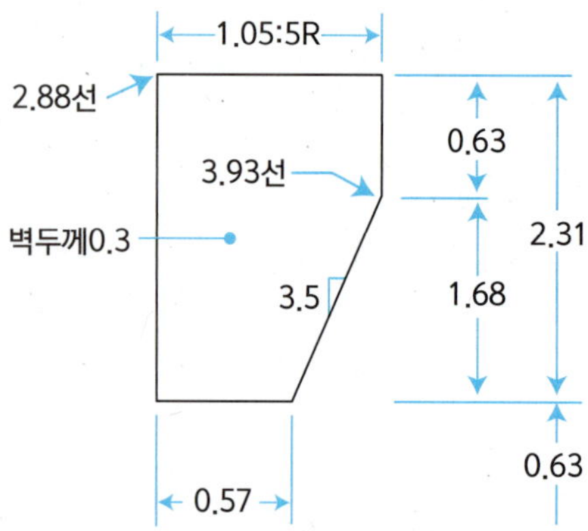

[그림 521] 9층탑 면날개기둥 규격

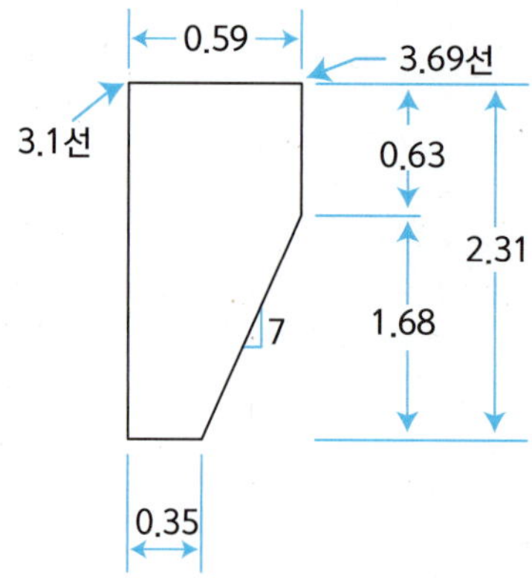

[그림 522] 귀날개기둥 규격

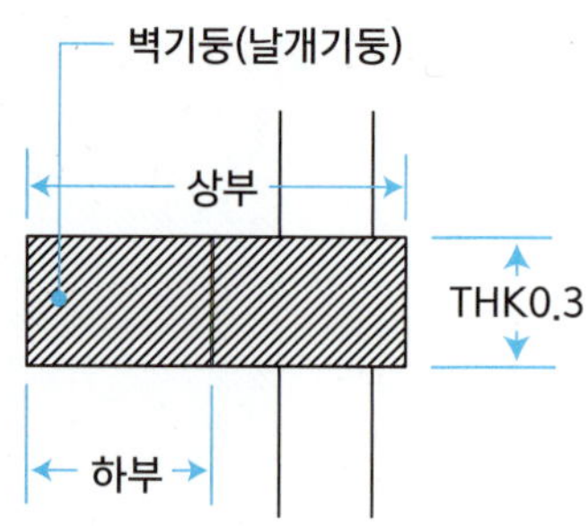

[그림 523] 벽기둥 개념

기둥형태가 많죠. 8각기둥, 원형기둥, 거기다 벽기둥까지? 그러고, 3CF와 12C2는 올라갈 수 있는데까지 최대로 올려서 날개기둥을 잡아줄 겁니다.

날개기둥까지 왔는데 그 위에 있는 관측소바닥판의 바닥보도 잠깐 봅시다.

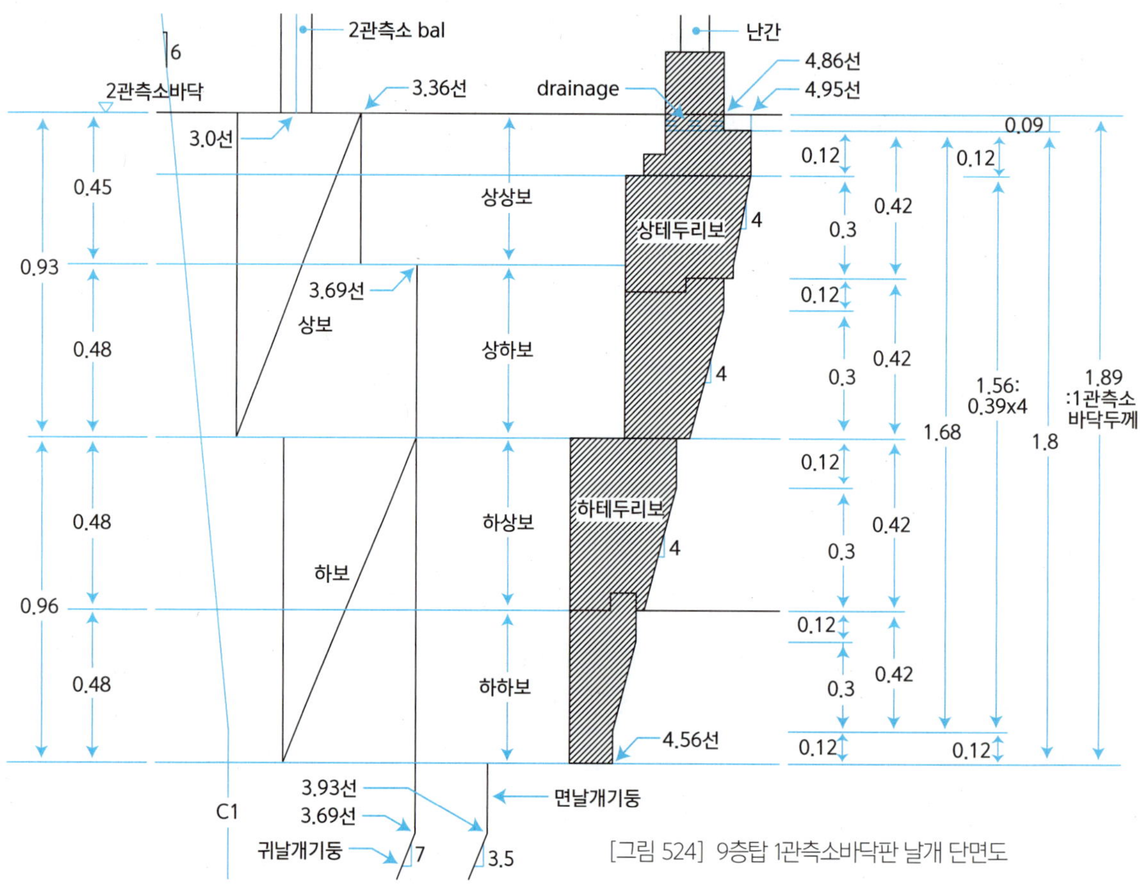

[그림 524] 9층탑 1관측소바닥판 날개 단면도

관측소바닥판이 무지 복잡하죠. 제가 그려놓고도 맞는지 틀렸는지조차 모르겠답니다? 관측소바닥판 날개쪽은 일반적으로 4/ ⊿4로 경사각만 표시해 놓으니 경사선만 있는 줄 알았는데 수직면만 6개 정도가 있네요. 실제 경사면은 4개로 분리된답니다.

크게 상·하테두리보가 있으며 상하보와 하하보가 각각의 테두리보를 받쳐준답니다.

관측소 바닥보는 크게 상·하바닥보가 있지마는 또 상·하로 나누어져야 테두리보를 받쳐줄 수가 있답니다. 복잡하죠. 목수양반 분은 보는 순간 한 눈에 딱 알아 보실 수가 있는데 책상머리맡에 쪼그리고 앉아 있는 이 놈은 너무 애렵답니다.

상·하바닥보를 그냥 4각보형태로 그렸으나 실제론 C1기둥 부위는 보가 없고 기둥턱을 이용하여 보를 받쳐줄 겁니다. 이 바닥판보는 자체적으로는 뜬보로 반드시 면·귀날개기둥이 받쳐주어야만 구조적으로 안전해진답니다. 특히, 9층탑 1관측소바닥판은 이 날개기둥이 무지 중요한 역할을 한답니다.

9층탑 1관측소바닥판 부분보복도(보 도면)를 잠깐 봅시다.

8개의 바닥보가 12C1기둥 외부를 통과한답니다.

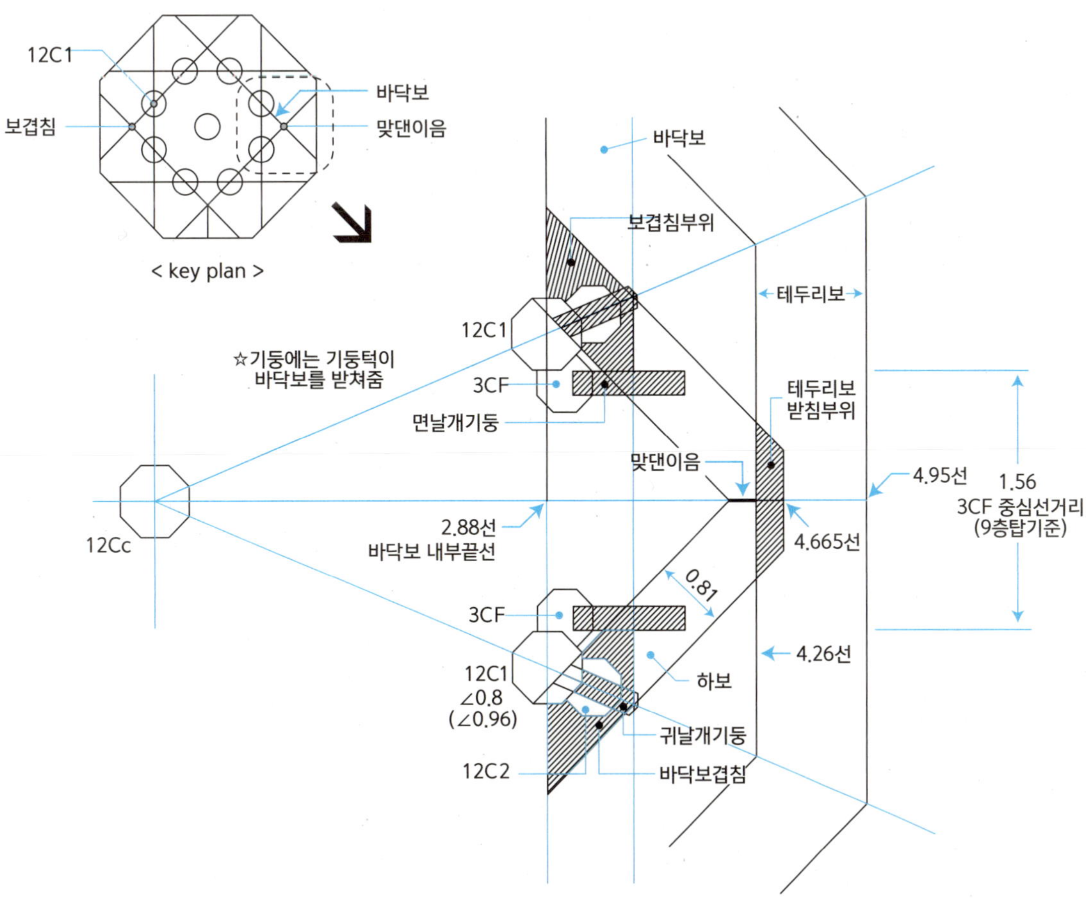

[그림 525] 9층탑 1관측소 바닥부분 보복도 : 하보기준임

보복도를 보시면 두 보가 서로 마주친답니다. 보만 분리해 봅시다.

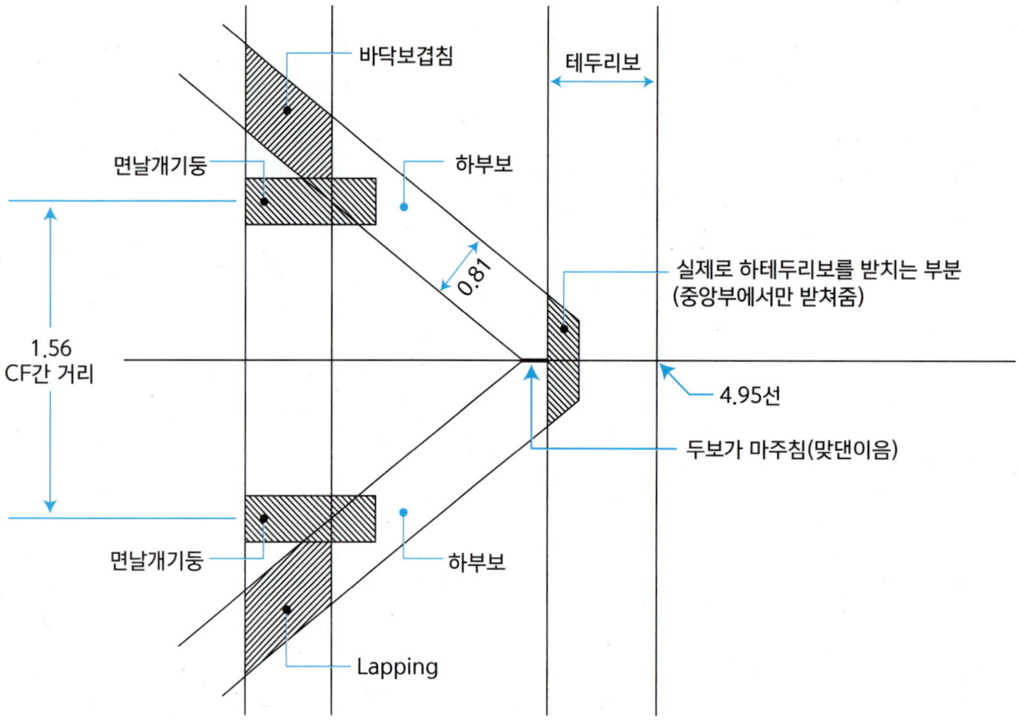

[그림 526] 9층탑 1관측소 바닥판 : 보만 분리함

8개의 바닥보는 반드시 1곳은 서로 겹친답니다. 끝부위에서 두 바닥보가 서로 마주치면서 하테두리보를 받쳐준답니다.

9층탑 1관측소바닥보는 테두리보의 중간부위를 받쳐주는 구조랍니다. 하여튼 구조도 복잡하지만 시공도 매우 정밀해야만 한답니다. CF(뜬기둥)중심간폭은 1.56으로 했답니다. CF중심폭이 좁으면 CF간 순폭이 줄어들어 통행이 불편하고 넓어지면 날개기둥 세우기가 아주 불편해서 1.56정도면 알맞은 것 같아서 정했답니다.

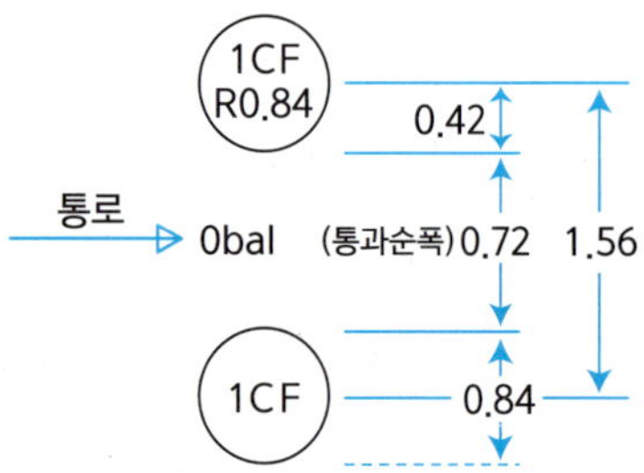

[그림 527] CF(뜬기둥) 중심간폭 1.56시 0bal에서의 통과순폭

CF중심선폭을 1.56으로 해도 0bal or 1bal에 들어갈 수 있는 순폭은 72cm라 빡빡하답니다.

폭을 넓히게 되면 3CF와 12C1이 서로 부딪혀서(겹쳐서) 날개기둥뿌리가 약해질 수 있답니다.

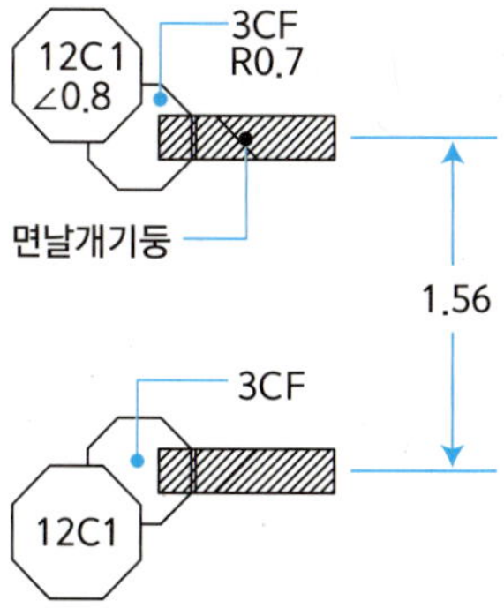

[그림 528] 3CF와 12C1의 겹침현상

좌측 그림은 날개기둥 시작점의 3CF와 12C1로 지금도 제법 붙어있는 상황이랍니다.
CF중심폭을 더 넓히게 되면 날개기둥 설치 자체도 힘들어지겠지만 날개기둥뿌리가 힘을 받기가 조금 힘든 것 같답니다.

7층탑 날개기둥 하나만 더 볼까요.
7층탑은 관측소바닥판도 무지 넓기도 하지만 날개기둥도 무지 높답니다.
목이 길어 슬픈 날개기둥이랍니다. 탑들 중 관측소 바닥판이 제일 불안해 보이기도 하는 탑이랍니다.

그래도 버틸 수 있을지도(?) 모르니 봅시다. 자, 다음페이지로 넘기시지요~

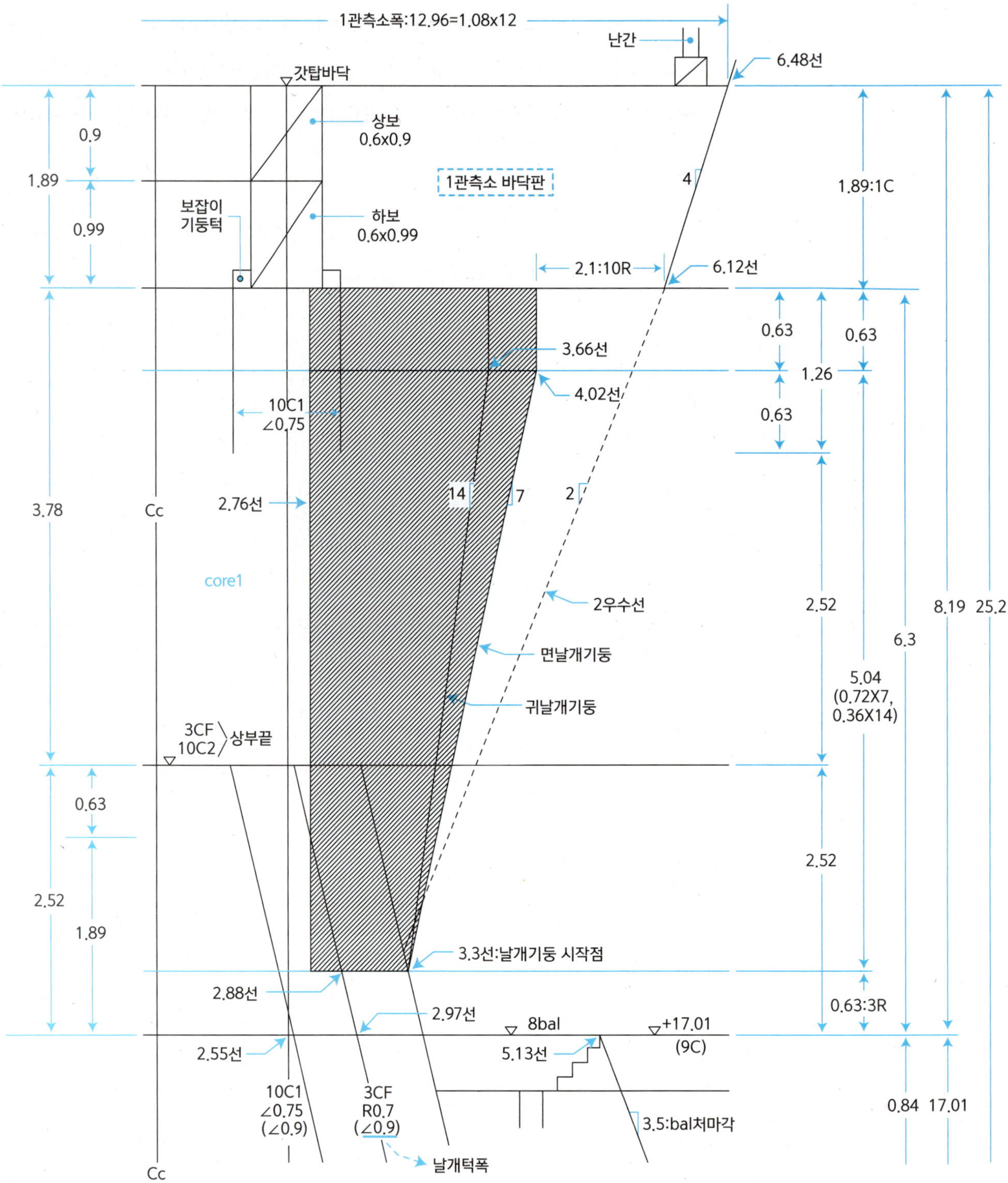

[그림 529] 7층탑: 날개기둥 개념

날개기둥쪽만 분리해 봅시다.

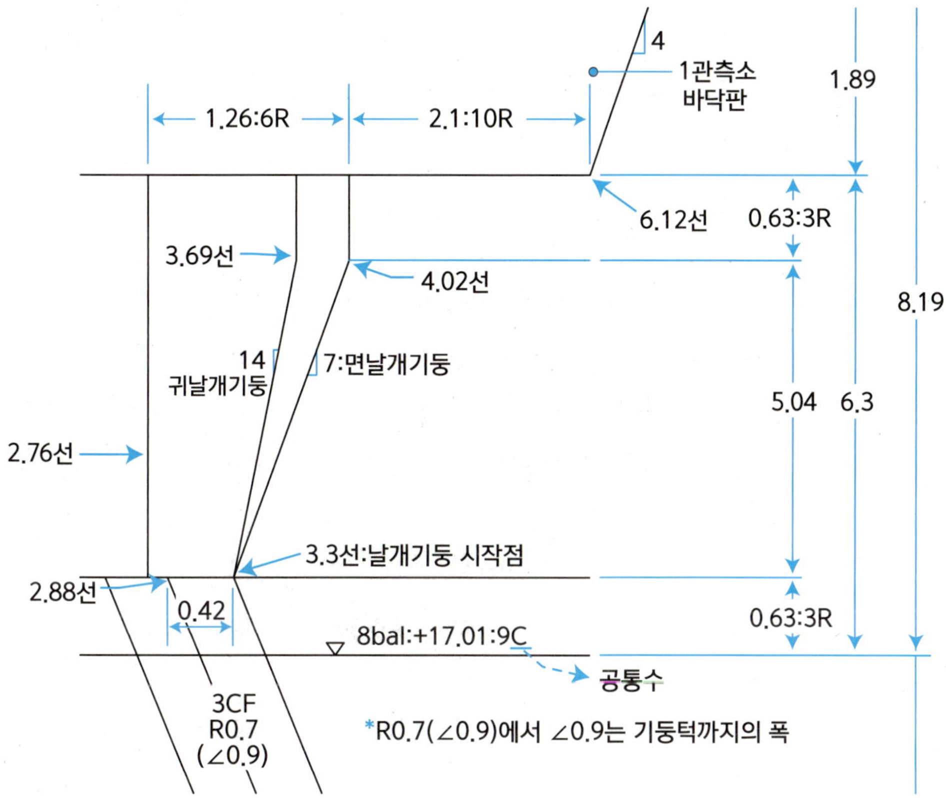

[그림 530] 7층탑: 날개기둥만 분리함

날개기둥 시작점이 이론적으로는 3.33선(2.88선+0.45)이 맞으나 3.3선으로 한 이유는 면날개기둥끝선(4.02선)과 관측소 하부끝선(6.12선) 길이를 2.1(10R)로 맞추기 위해서랍니다.

날개기둥각도를 잠깐 봅시다.

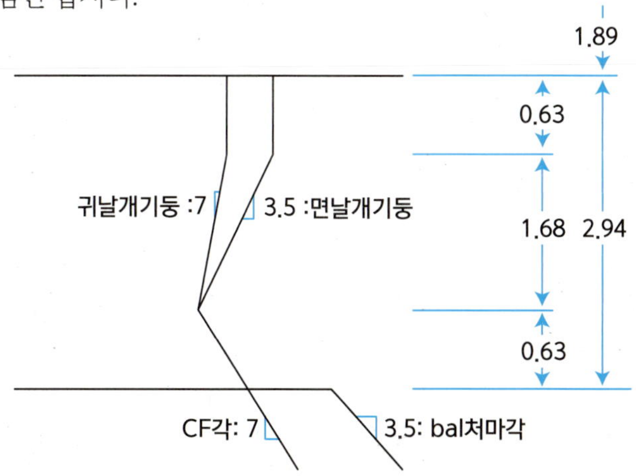

[그림 531] 9층탑 날개기둥각

먼저 9층탑을 보시면, 면날개기둥각은 bal 처마각과 같은 ⊿3.5로 했으며 귀날개기둥은 뜬기둥(CF)각과 같은 ⊿7을 적용했답니다.

9층탑 날개기둥높이는 그리 높지가 않아서 약간 경사가 져도 큰 문제가 되지 않으며 또한 관측소 바닥보가 뜬보개념이라 날개기둥이 강하게 받쳐주라고 각도를 눕혔답니다. 그래서인지는 모르겠으나 날개기둥높이가 낮답니다.

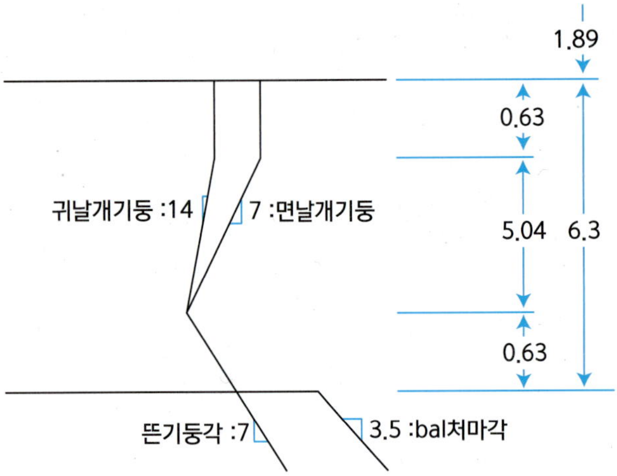

[그림 532] 7층탑 날개기둥각

반면, 7층탑 날개기둥각을 보시면 bal처마각은 별로 관련이 없으며 면날개기둥각은 뜬기둥각과 같은 ⊿7을 사용했으며, 귀날개기둥각은 가파르게 ⊿14(⊿7x2)를 적용했답니다.

이유는 날개기둥높이가 너무 높아서 각이 너무 낮으면 구조적으로 문제가 발생되어서 좀 가파르게 했답니다.

즉, 날개기둥높이 등을 감안하여 알맞게 각도를 조절했답니다.

7층탑의 날개기둥만을 떼어서 볼까요.

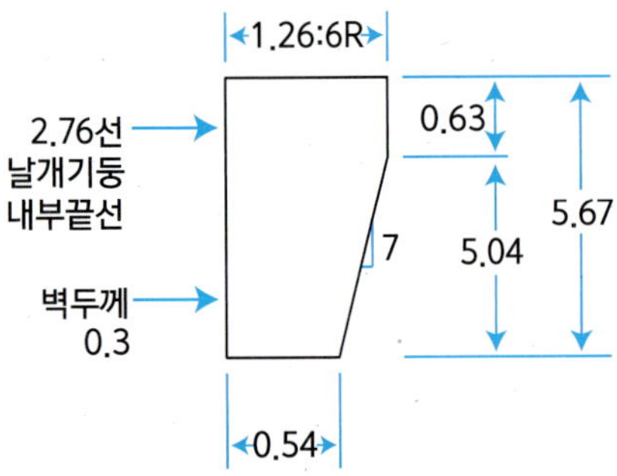

[그림 533] 면날개기둥 크기

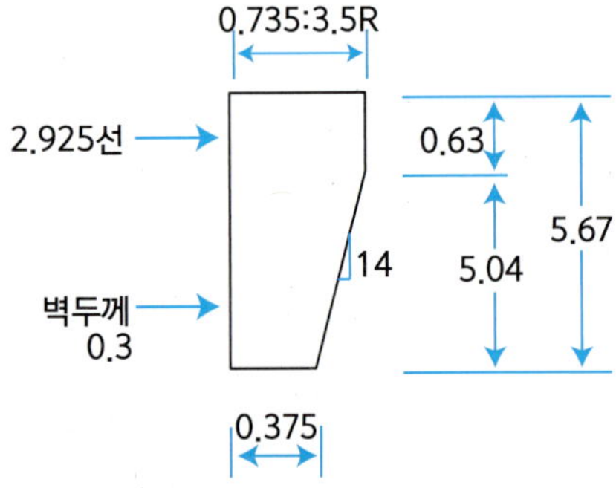

[그림 534] 귀날개기둥 크기

7층탑 1관측소 바닥판의 날개 쪽도 잠깐 보셔야죠.

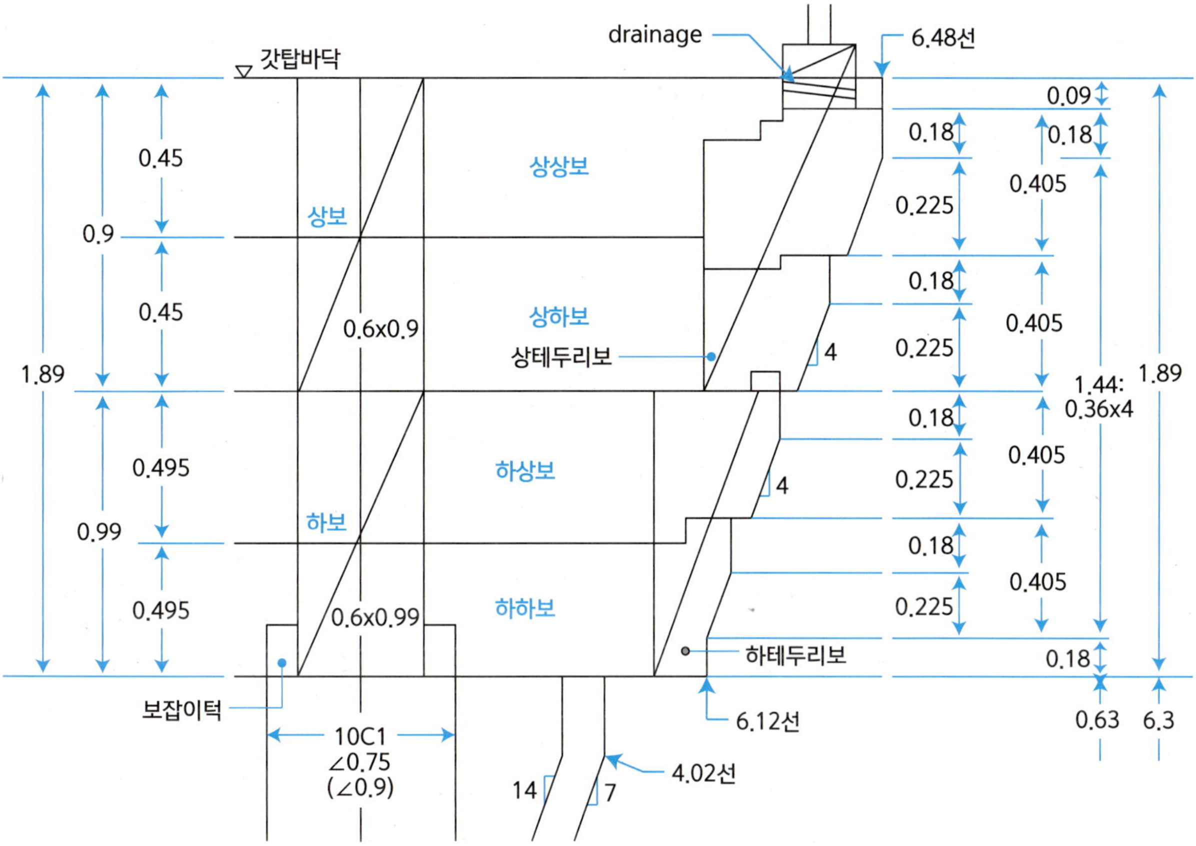

[그림 535] 7층탑 1관측소 바닥판 날개

외관측소군(1~7층탑 : 1관측소만 있음)은 관측소바닥판이 넓은 대신 그나마 다행인 것은 관측소바닥보가 C1기둥상부에 오게 되어 조금은 안심이 된답니다.

그래서 날개기둥은 관측소바닥판을 살짝만 받쳐주면 된답니다.

아직 1관측소 난간높이를 0.9로 할 건지 1.2로 할 것인지. 아님, 1.05로 할 것인지가 확정이 되지 않아서 테두리보폭이 결정되지 않은 상황이랍니다.

이젠 7층탑 1관측소바닥판 보복도도 봅시다.

C1기둥중심선에서 8개의 관측소바닥보가 지나간답니다.

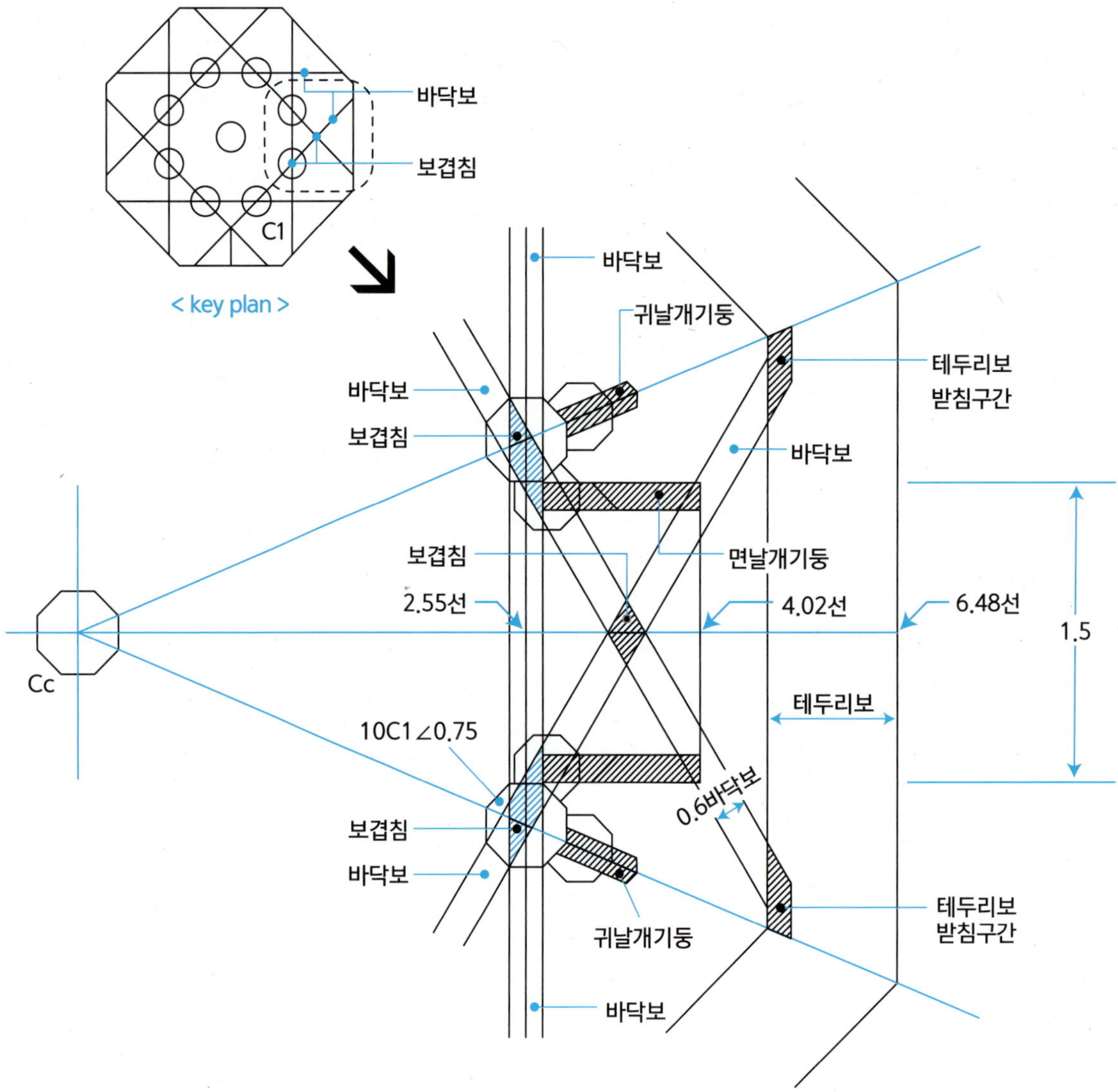

[그림 536] 7층탑 1관측소 부분바닥 보복도 : 하보기준

바닥보가 바닥판을 받치다 보면 보겹침이 발생된답니다.
외관측소군의 바닥보는 테두리보의 양쪽을 받쳐준답니다. 9층탑바닥보는 테두리보를 바닥보가 중간에서 받쳐주었는데 정반대랍니다.
7층탑의 뜬기둥중심폭은 1.5로 했답니다.

탑중에서 통과순폭(0bal 순폭기준)이 66cm로 제일 좁답니다. 아마 간신히 통과하셔야 할 듯?

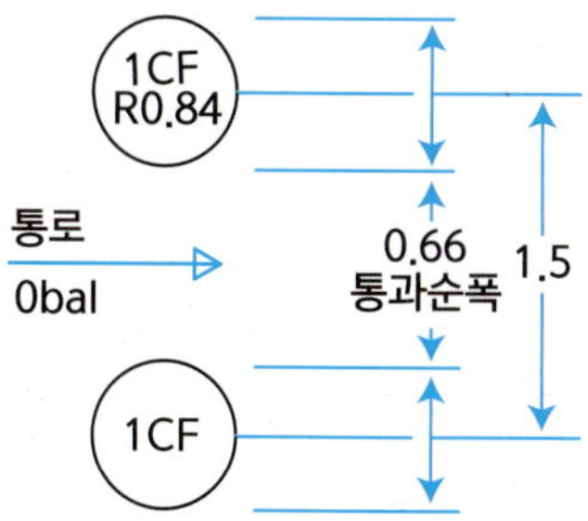

[그림 537] 7층탑 bal통과순폭: 0bal기준

통과순폭이 66cm라 조금 덩치 크신 분은 통과시 주의가 필요할 듯.
어떻게 저 높은 곳에서 길고 긴 관측소바닥보(ℓ≒12m, 7층탑 기준)를 설치할 수 있었는지 저로서는 상상조차 하기 힘든답니다. 바닥보 1개 무게만도 물경 3~4톤 정도 된답니다.

정말 훌륭한 건축시공기술 이랍니다. 나머지 5·3·1층탑 날개기둥은 시간이 남아도시는 분(?)은 한번들 풀어 보이소. 접근방법은 7층탑과 같을 겁니다.

(6) 현존 신라탑 주초

기둥과 보를 보시다 보니, 혹시 신라탑의 주초가 어딘가에 남아있지 않을까하는 생각이 들지 않으십니까? 아니 생각하시는 것이 정상적일 겁니다. 나무야 타버렸든 썩었든 그렇다 치고 그 많은 주초들이 흔적도 없이 사라져버렸답니다.

혹시, 신라탑의 주초를 보신 분이 계시나요? 본적이 없으시다구요? 거짓말도 잘(?) 하시네요. 거짓말은 저만 하는 줄 알았는디, 우리 아재도 거짓말을 할 줄 아시네요? 거짓말은 제 선에서 끝내야겠지요? 아마도 수백만명은 보셨을 겁니다. 다만, 인지를 못했을 뿐이랍니다.

신라탑이 소실된 후에, 아마 농사 등을 짓기 위함이었는지는 모르겠으나 그 많은 주초들은 종적을 감추고 말았답니다. 한 개도 없이 다 사라져 버렸을까요? 우짜죠! 그나마 행운이 따라준 놈들이 있답니다. 혹자는 그게 뭐 신라탑 주초냐고 하시는 분도 계실 겁니다.

오로지 이 글을 읽는 분이 스스로 판단해 주시기 바랍니다.

희한하게도 신라탑 주초 3개가 아직도 건재하고 있답니다. 이것보다 더 큰 행운이 어디 있겠습니까?

혹시, 보신 분이 계십니까? 아니! 보았는데도 무엇인지도 모르시고 그냥 지나쳤을 겁니다.

어디에 있을까요? 경주에 와 보신 분은 분황사 앞에 있는 황룡사지도 한번 쯤은 둘러봤을 겁니다.

그 황룡사지 남쪽 부근에 이 신라탑 주초 3개가 실존하고 있답니다. 아직도 가물가물 하실겁니다?

일반적으로 이 현존 주초를 다른 용도로 알고 있거들랑요. 여러분들은 저와 같이 신라탑을 어느 정도 풀어봤으니 내공이 제법 쌓여있을 겁니다. 왜 이 3개의 주초가 신라탑의 주초인지를 목탑의 구조분석법으로 한번 같이 증명해 봅시다. 주초가 있다면 지하층 밑에 있겠죠.

아무리 생각해봐도(?) 1·2층 밑에는 없을 것 같답니다. 아닝가? 그럼, 지하층을 보셔야겠죠.

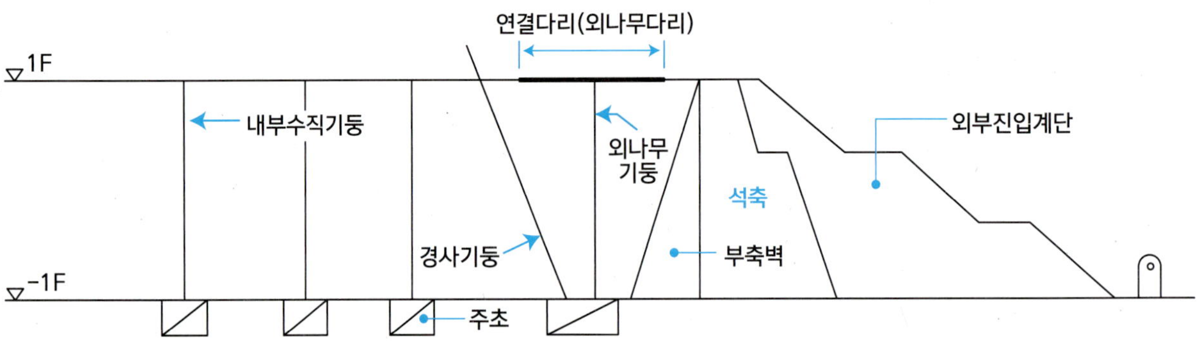

[그림 538] 신라탑 지하층 구조개념

어디선가 최소한 몇 번은 보셨을 겁니다.

1층에 올라가실려면 외부계단을 올라가셔서 석축과 본건물을 이어주는 외나무다리(연결다리)를 건너가야 1층에 들어갈 수가 있답니다. 이 연결다리가 참 재미있답니다.

저 개인적으로는 이 연결다리를 외나무다리라고 부른답니다. 와 외나무다리일까요?
다리 밑에 기둥 1개인 외기둥으로 연결다리를 받쳐주기 때문이랍니다.
외기둥으로 버틴다는 게 신기할 정도랍니다. 저는 처음 아무리 그래도 명색이 다리인데 기둥이 최소한 2개는 있어야지라고 생각해서 기둥 2개를 억지로(?) 쑤셔넣으려고 무지 시도를 많이 해봤는데 1개도 간신히 들어가더랍니다.
외나무다리는 기둥이 비록 1개일지라도 좌측에는 경사기둥이 받쳐주고 우측에는 석축이 받쳐주어서 아무런 문제가 없답니다. 문제가 있는 것이 아니라 도리어 경사기둥과 석축사이에 있어서 경사기둥과 석축을 보강까지 해주는 이쁜 놈이랍니다. 절묘하게 조화를 잘 이룬답니다.

조금 더 확대해 볼까요.

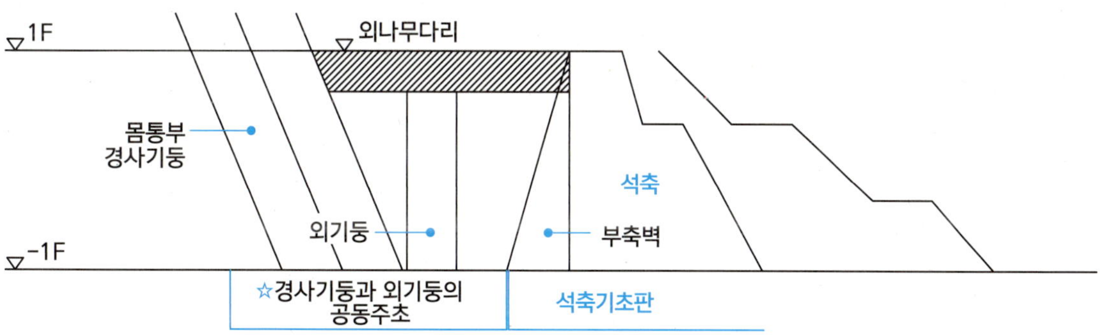

[그림 539] 경사기둥과 외기둥의 기초판 개념

보시듯이 경사기둥과 외기둥은 공동주초를 사용하게 된답니다.
즉, 1개 주초가 2개의 기둥을 받쳐준다는 의미랍니다.

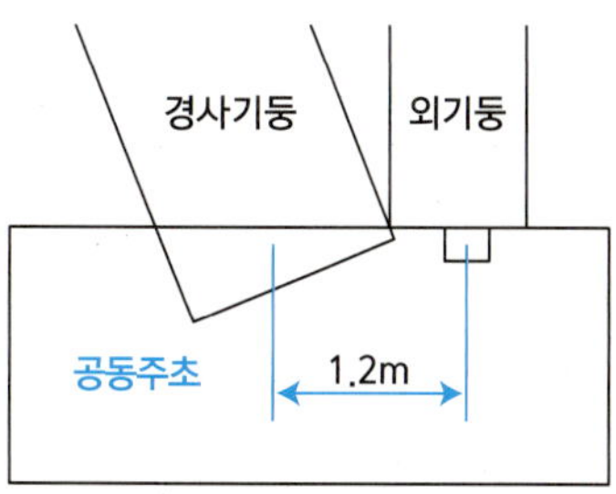

[그림 540] 경사기둥과 외기둥의 공동주초

이 경사기둥과 외기둥이 몇 m이상 떨어져서 충분한 거리가 있으면 각자 독립기초를 가지면 되겠지만, 9층탑의 경우는 두 기둥의 중심간거리가 1.2m 밖에 되지를 않아서 두 기둥이 딱 달라붙을 정도로 가깝답니다.
만약 각자의 독립기초판을 갖는다고 가정해 보실까요.

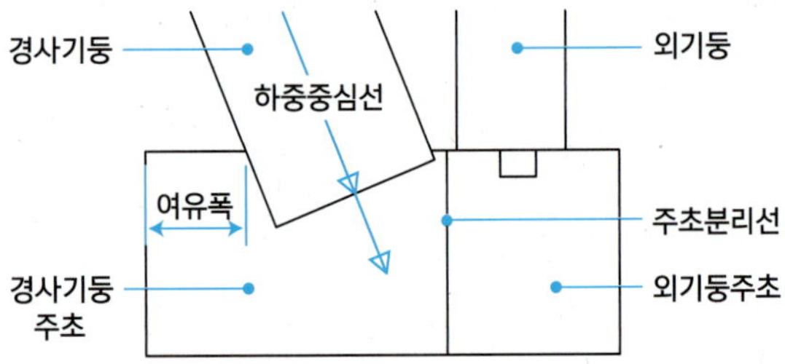

[그림 541] 2기둥의 주초를 분리시

두 기둥 주초를 분리해 봅시다.
외기둥은 크게 하중이 실리는 것이 아니니 크게 문제는 없겠지만, 몸통부의 경사기둥은 엄청 많은 하중을 받고 있어서 주초 자체가 하중중심선을 중심으로 갈라질 확률이 무척이나 높답니다

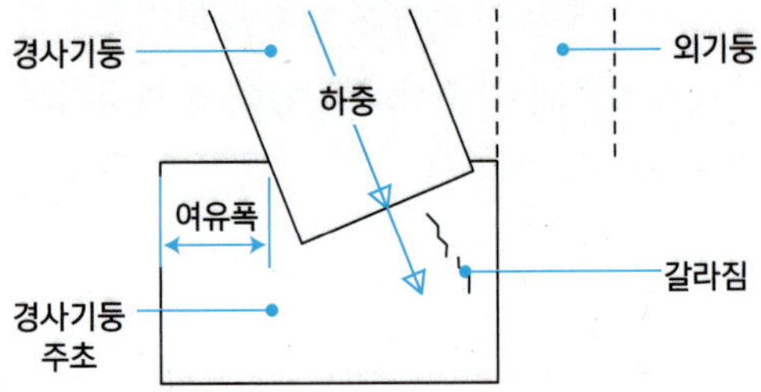

[그림 542] 독립기초시 경사기둥의 주초 갈라짐 예상

몸통부에서 제일 중요한 경사기둥주초가 갈라져 떨어져 나가는 날에는 제일 먼저 지붕판부터 내려앉을 겁니다. 독립기초일 경우에는 기둥 양면에 어느 정도의 여유폭이 있어야 하겠죠. 아닝가?

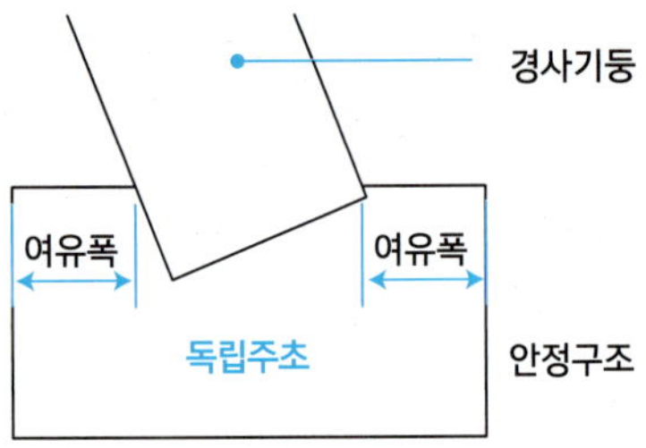

[그림 543] 독립기초시 경사기둥의 여유폭

이 여유폭이 어느 정도는 있어야 독립 주초는 안전구조가 될겁니다.

경사기둥과 외기둥이 거의 붙어있을 때는 필연적으로 두 기둥은 싫든 좋든 공동주초를 이용할 수 밖에는 없답니다. 사이가 좋으니 보기가 좋네요?

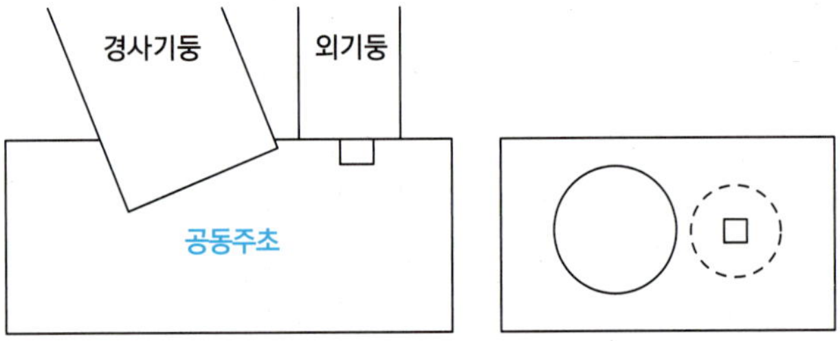

[그림 544] 공동주초 단면과 평면

이제 주초가 갈라지는 일은 없을 겁니다. 위에서 보면 공동주초의 평면도는 아마 이렇게 생겼을 겁니다.

몸통부만 공동주초가 있는 것이 아니랍니다. 많이 들어보셨든 관측소의 뜬기둥기초판은 독립공동주초까지는 아니지만 공동주초판을 가지고 있답니다. 제가 관측소 뜬기둥 기초판을 상세히 설명을 드리지 못해서 무심코 넘어 갔을 겁니다. 그러고 보니 저 혼자만 알고 있었네요.

제가 욕심이 많은 놈인가 봅니다? 다시 한번 더 보실까요.

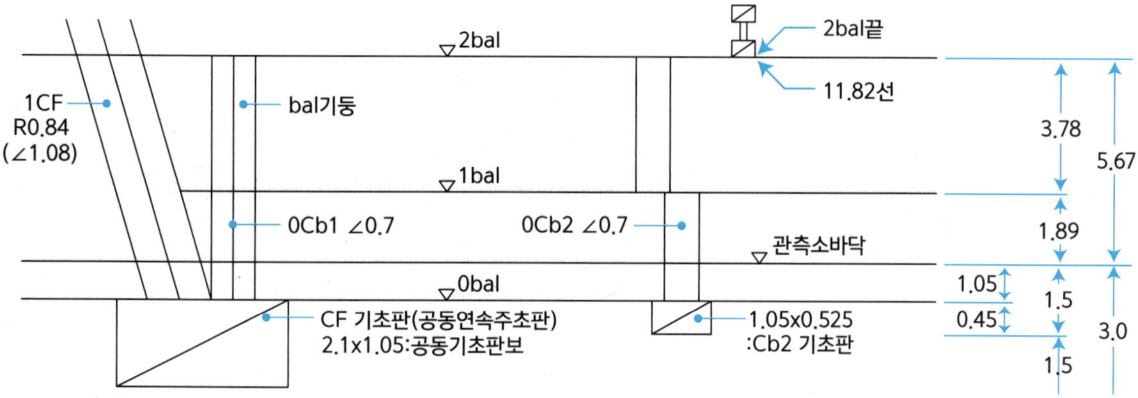

[그림 545] 9층탑 CF 기초판개념 : 공동연속 기초판 개념

0bal는 발코니 0층을 의미한답니다. 어디선가 들어본 기억이 나실겁니다. CF기초판의 두기둥만 확대해 볼까요. 만약 이 두 기둥의 기초판을 분리해 보시면 어떠한 현상이 일어날까요.

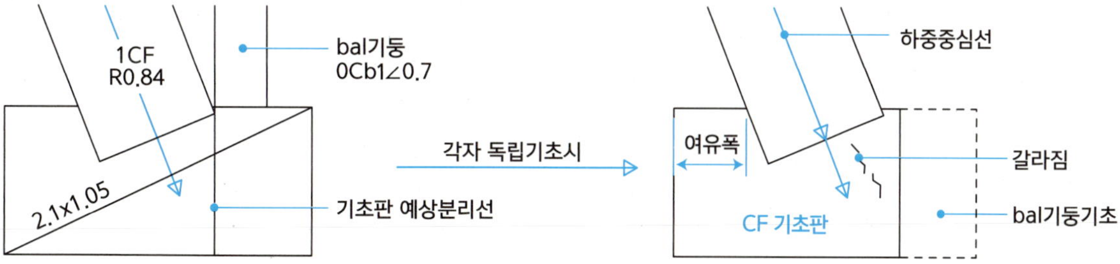

[그림 546] CF 기초판의 공동주초(左), CF 기초판이 분리되어 독립화시 : 갈라짐(右)

이 뜬기둥(CF)은 1관측소바닥판의 하중과 각 bal 하중을 모두 받아 무지 힘을 많이 받는 기둥이랍니다. 기초판에 여유폭이 거의 없을 시 이 CF기초판의 운명은 안봐도 아실겁니다.

살아남으려면 이 뜬기둥과 bal 기둥은 사이좋게 살아야되겠죠. 사실 이 CF연속기초판보는 엄밀히는 뜬기초판보랍니다.

밑이 땅도 아니고 그냥 보 위에 걸쳐져 있답니다.

정확하게 표현하면 뜬 CF기초판보랍니다. 보실까요.

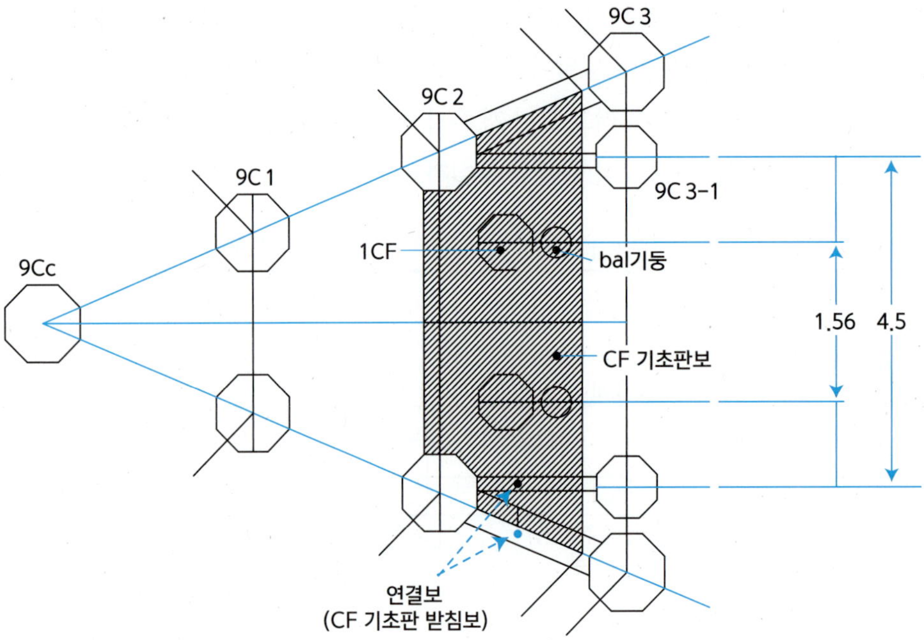

[그림 547] CF기초판보 개념도

이 CF기초판보를 보시면, 2개의 귀보(귀보는 보폭의 반만 이용함)와 2개의 일반보 위에 얹혀있으며, 9C2기둥턱에도 살짝 얹혀있는 완전히 뜬보형태랍니다. 이 보들이 튼튼해야할텐데 쪼께 걱정도 된답니다. 이 CF기초판은 독립공동주초는 아니지만 몸통부 경사기둥과 외기둥의 공동주초와 기본개념은 똑같답니다. 이제 황룡사지에 있는 3개의 현존 주초가 어떻게 생겼는지를 보셔야겠죠.

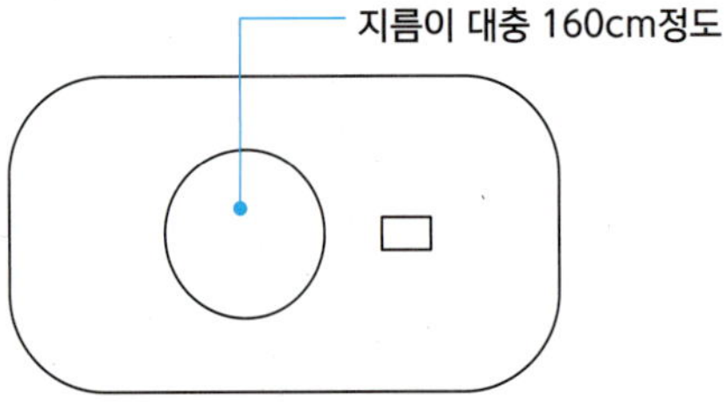

[그림 548] 현존 큰 주초1개 : 평면기준

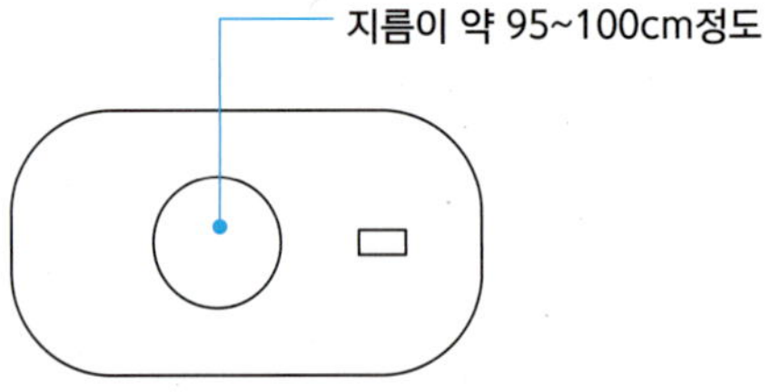

[그림 549] 현존 작은 주초2개 : 평면기준

어디서 어디까지가 원형기둥지름인지는 정확히 알 수는 없지마는 3개의 주초가 있네요.
보시니 뇌리를 스쳐지나가는 무엇인가가 없으신지요? 감이 잘 잡히지 않으신다구요? 아이구 두야? 그라면 전 집에 갈랍니데이? 제가 옥룡암바위를 처음 본 후 황룡사에 혹시 목탑 흔적이라도 있지 않을까 해서 당연히 가 봤을 겁니다.

이 3개의 주초 중 제일 큰 주초를 보고는 아! 이놈이 바로 황룡사 9층 목탑의 중앙기둥일 거라고 생각했답니다. 9층까지 탑이 올라갈려면 지름이 최소 160cm정도는 되어야겠다고 생각했겠죠.
그런데, 주초를 찍은 사진을 엄청 많이 유심히 봤는데도 풀리지 않는 의문이 남더랍니다.

바로 원형기둥홈 우측에 조그마한 직사각형형태의 홈이 마음에 걸리더랍니다. 이 직사각형홈을 제일 처음에는 이렇게 생각했답니다.

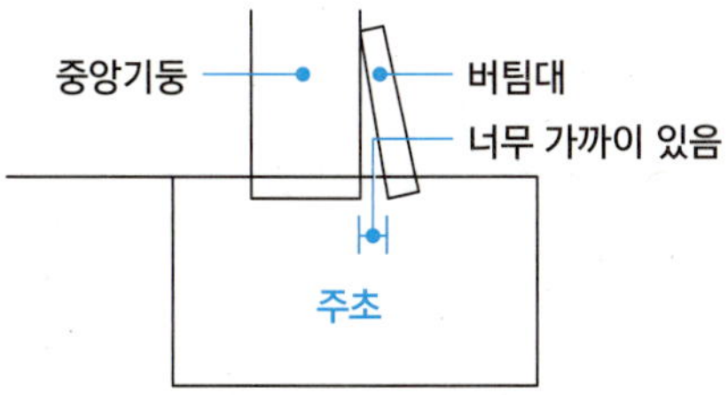

[그림 550] 처음 생각한 사각홈 개념

중앙기둥 시공시에 혹시 바람 등 외력에 저항하기 위해서 버팀대를 세우기 위한 홈이 아니었을까 생각을 해봤는데, 버팀대치고는 너무 지나치게 가까이 있더랍니다. 버팀대가 힘을 발휘하려면 어느 정도 거리를 두어야만 가능하답니다.

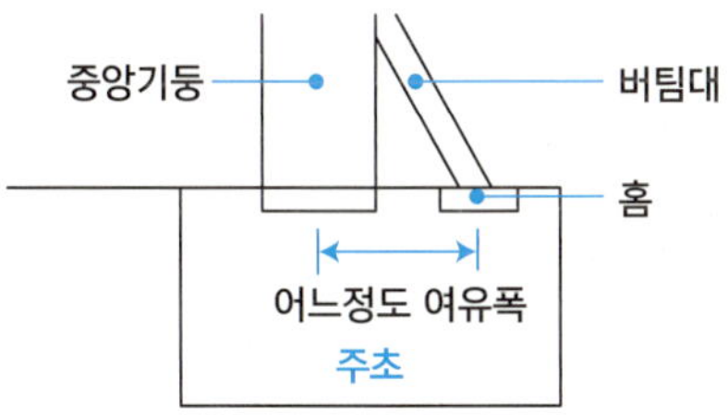

[그림 551] 상식적인 버팀대 위치개념

그러고 버팀대를 세우려면 최소 2방향이나 4방향에 세워야 하는데, 1방향에만 버팀대를 세울 경우는 아주 특이한 경우에만 한시적으로 세우는 경우로,
예를 들면, 북풍이 불어오면 반대편인 남쪽에 버팀대를 세워서 기둥이 기울지 않게 받치는 방식이겠죠.

아무리 생각해봐도 이해를 할 수가 없더랍니다. 세월이 흐르고 흘러 탑 내부구조를 어느 정도 인지하면서 다시 이 3개의 주초를 보니 이 놈의 기둥이 중앙기둥이 아니라 몸통부 경사기둥이더랍니다.

경사기둥과 외나무다리의 평면도를 다시 한번 봅시다.

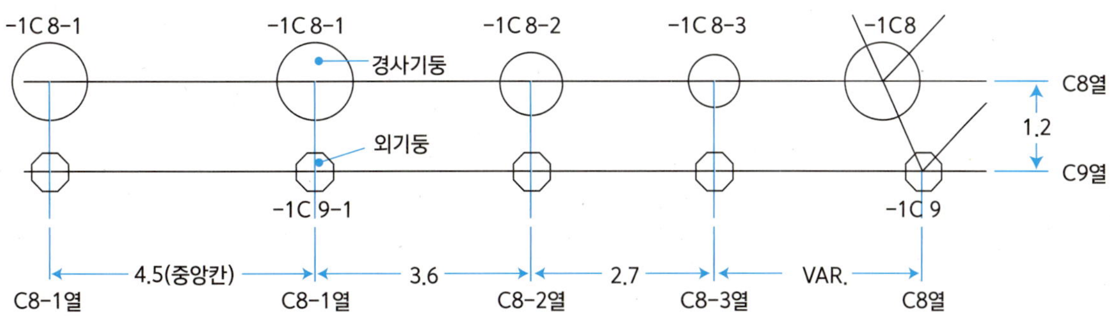

[그림 552] 9층탑 지하층바닥 : 경사기둥과 외기둥 위치도

자세히 보시면 C8열과 C9열의 중심선거리는 1.2m랍니다. 이 중심선은 기둥이 커지거나 작아질 수는 있어도 움직이지 않는 선이랍니다. C8, C8-1, C8-2, C8-3의 각 기둥규격은 1단계(21cm)씩 증감이 있다고 전에 말씀드렸을 겁니다. 당연히 C8이 가장 크고 C8-1, C8-2, C8-3 순일 겁니다.

간단히 제일 큰 C8과 제일 작은 C8-3 기둥만 비교해 봐도 주초형상은 누구든지 인지하실 수가 있을 겁니다. -1C8기둥과 -1C8-3기둥 규격은 3단계 차이로 63cm차이가 날겁니다.

-1C8기둥과 -1C8-3의 주초형태를 단면도와 평면도를 통해서 한번 봅시다.

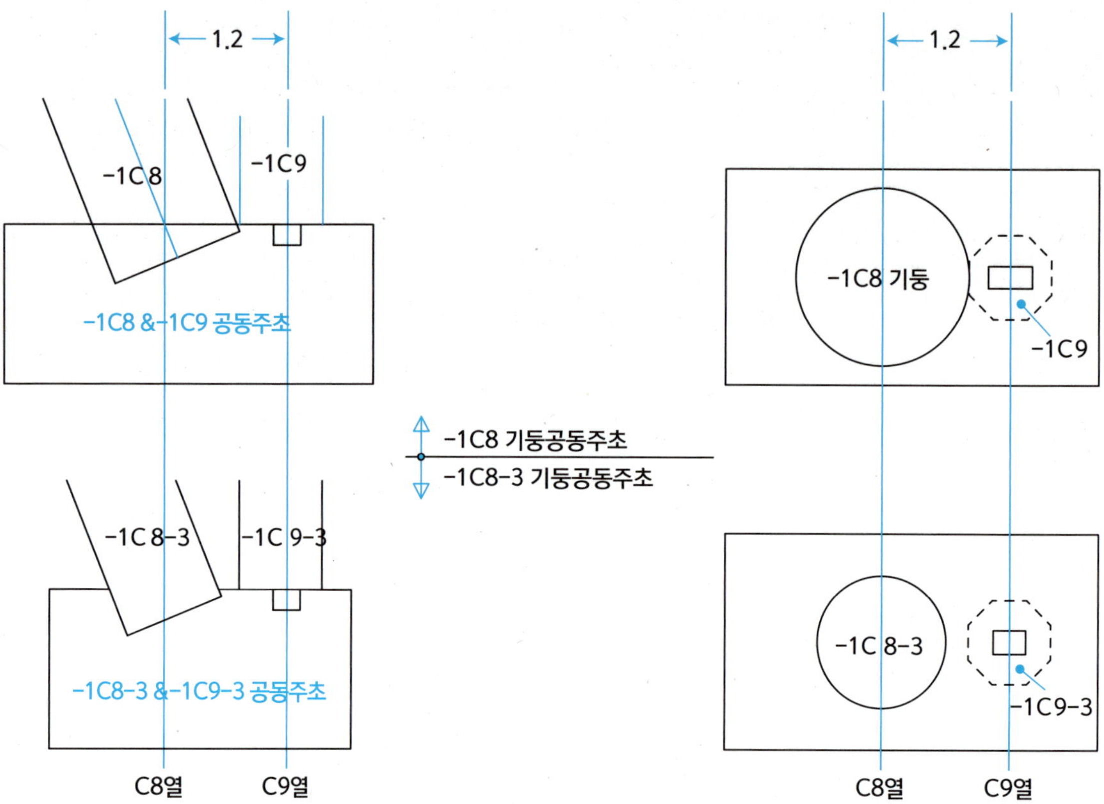

[그림 553] 주초형태 단면도

[그림 554] 주초형태 평면도

그림을 보시면, C8과 C8-3주초가 확연히 차이가 나는 걸 알 수가 있답니다.

황룡사지에 있는 3개의 주초 사진을 보실까요.

더 큰 사진은 별책을 보세요

별책사진 No.4 9층탑 현존 주초

[사진 4] 9층탑 현존 주초

제일 큰 주초기둥홈은 지름이 약 160cm 정도이고 작은 주초기둥홈은 약 95~ 100cm 정도로 두 기둥간 구경차이가 약 60~65cm 정도의 지름차이가 난답니다.

즉, 원형기둥인 두 경사기둥이 3단계(0.21x3=0.63)차이 정도가 난답니다.

그래서, 큰 주초를 -1C8로 하고 3단계밑인 작은 주초를 -1C8-3으로 했답니다.

처음에는 -1C8기둥을 R1.61로 하고, -1C8-3기둥을 R0.98로 할려고 했었는데, 경사기둥 규격이 너무나 커서 제가 14cm를 줄여서 -1C8기둥을 R1.47로 하고, -1C8-3 막내기둥을 R0.84로 하기로 했답니다. 이유는 경사기둥홈폭이 어디서 어디까지가 진짜 폭인지를 정확하게 알 수가 없기 때문이랍니다.

홈을 보실까요.

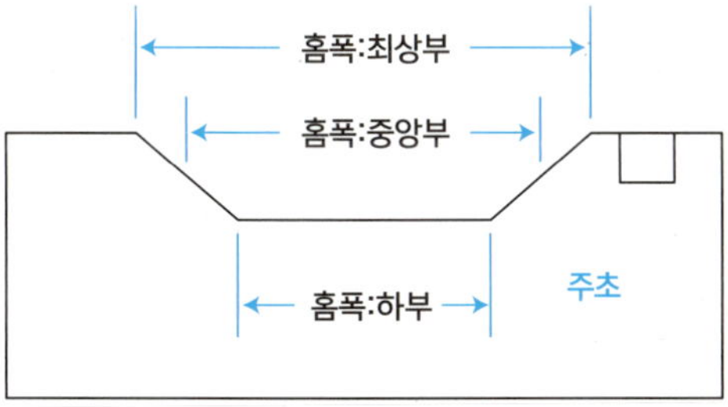

[그림 555] 경사기둥홈폭

홈의 상부가 제일 넓은 편이며 밑으로 들어갈수록 조금씩 좁아드는 경향이 있답니다.

또한, 4각홈도 약간은 변화가 있답니다.

이 경사기둥뿌리 처리를 어떻게 했는지가 아직도 미지수랍니다. 경사기둥에 턱을 내어 볼까요.

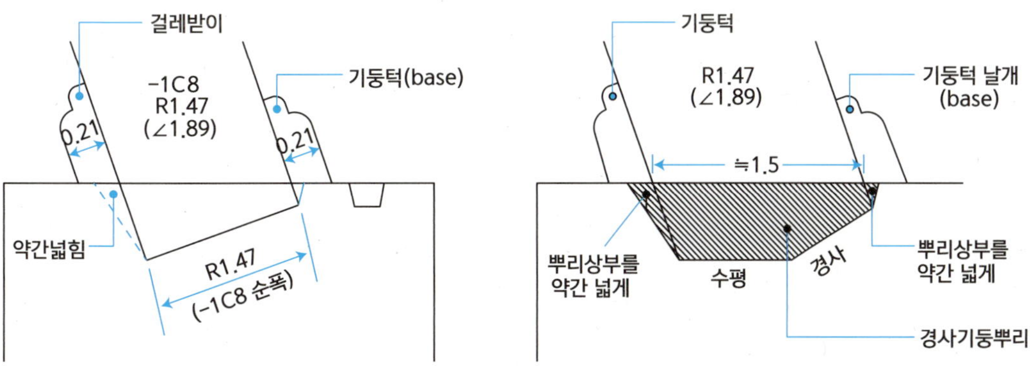

[그림 556] 경사기둥뿌리(左), 실제 경사기둥뿌리 시공형상 : 추정(右)

-1C8 R1.47은 기둥턱까지 고려하면 ∠1.89(R1.47x $\frac{9}{7}$)로 양옆에 21cm의 기둥턱이 발생될 수 있답니다. 기둥각이 ∠5이니 실제 수평면은 ≒1.5m정도이며 기둥뿌리를 박기 위해서 기둥 밑쪽을 약간은 넓혀서 시공할 확률이 높다고 추정만 해볼 뿐이랍니다. 여러 고려를 해본 결과 -1C8기둥규격은 R1.47이 가장 적당한 것으로 보인답니다. 그리고 수직기둥인 외나무기둥은 수직기둥이니 미끄러질 확률이 별로 없으므로 단순히 중앙부위쪽만 4각홈을 판 것으로 추정이 된답니다.

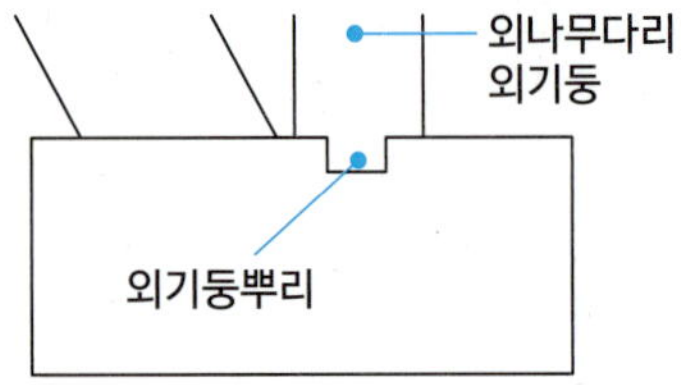

[그림 557] 외나무기둥 4각홈(추정)

이 사각홈이 실제론 현존 3개의 주초에서는 이유는 모르겠으나 정사각형홈이 아니고 쪼께 길쭉한 직사각형홈에 가까우며 이 직사각형홈이 어쩌면 연결다리의 기둥이 외기둥이라는 걸 의미할 수도 있답니다.

이 현존 3개의 주초 규격으로 미루어 보면, 9층탑 몸통부경사기둥 주초랍니다. 1~7층탑은 이렇게 큰 구경의 경사기둥이 나올 수가 없답니다. 그런데, 왜 이 9층탑 주초 3개가 황룡사지 내부의 남쪽에 아직도 남아 있을까요? 이상한 생각이 들지 않으세요? 어찌하여, 9층탑의주초가 황룡사 안에 있게 되었을까요? 황룡사 9층목탑이니까 당연히 황룡사 안에 있는 것이 맞다고요? 저도 그런 생각이 좀 들기는 하답니다. 그런데, 우짜죠? 9층탑(관공서)과 황룡사 9층목탑(사찰목탑)은 완전히 다른 건축물이랍니다. 9층탑의 주초가 황룡사지 내에 있는 걸로 추정해보면 9층탑은 안압지와 황룡사 사이에 있었던 건축물로 추정해 볼 수 있는 유일한 탑이랍니다. 아마 황룡사지쪽에 더 가까웠을 것으로 추정이 될 뿐이랍니다. 이걸로 추정해 보면, 9층탑 시공 당시 현재의 황룡사지 일부가 9층탑의 작업장으로까지 추정해 볼 수가 있답니다. 물론 9층탑 시공 당시에도 이미 황룡사가 규모가 컸는지 작았는지는 알 수는 없으나 있었다고는 하네요. 물론 작업장으로 사용했는지는 확실하지는 않답니다. 황룡사 근처의 9층탑 작업장에서 버려놓은 주초 3개를 황룡사에서 가져와 다른 용도로 사용했을 수도 있답니다. 맞을지 틀렸을지는 모르겠으나, 9층탑이 대충 안압지와 황룡사 사이에 있었다고 본다면, 7층탑은 대충 어디쯤 있었을 것 같습니까? 순수 제 개인생각입니다만, 첨성대와 안압지 사이에 7층탑이 있지 않았을까하고 생각해 본답니다.

이유는 간단하겠죠. 첨성대가 7층탑 건립 후 9층탑 건립전이나 과정에 지어졌으므로, 일단 7층탑 근처에 첨성대가 있지 않았나 해서 생각해 본 것이랍니다. 첨성대가 2관측소로서 외관측소의 최고참인 7층탑이 애지중지(?)했을 수도 있답니다. 9층탑 지을 당시 2관측소를 지어본 경험이 없으므로 7층탑 근처에 2관측소 개념인 첨성대를 지어 보지 않았나 생각해 본답니다. 그런데, 최근 아주 초정밀분석(?)을 해본 결과? 7층탑위치가 현 첨성대 근처는 아닌것 같네요. 어떻게 정밀분석이 가능할까요? 상상으로, 꿈속에서, 헛것을 보고? 아마 어떤 흔적을 보고 판단하겠죠. 바로 쪽샘토기행렬도(첨성대편 뒷쪽 참조)에 묘하게도 7층탑과 9층탑으로 보이는 흔적이 있는 듯 하답니다. 물론 순수 제 개인생각이겠죠. 9층탑서쪽에 7층탑의 모습이 있는 것 같답니다. 근데, 탑형상이 아니라 4각형태로 두 탑(9층탑은 높게, 7층탑은 낮게)의 형상을 표현해 놓은 것 같답니다. 두탑은 눈이 밝아야 보입니데이? 너무 황당한 추리라 믿을 확률은 1%도 안될 듯도 하지만, 제가 보기에는 만약 토기제작자의 위치(첨성대와 반월성 사이)가 정확하다면, 9·7층탑의 위치를 표현하지 않았나라고 조심스레 생각해 본답니다. 즉, 9층탑은 안압지와 황룡사 사이가 될 것이며(현존주초위치로 어느정도 위치를 인지상태임. 어느하나가 완벽하다면 아마 위치파악이 쉬워지겠죠. 그리고, 첨성대 남쪽길이 지금도 있는데 다시보니 무지 오래된 길이네요), 그 9층탑 서쪽(서남쪽)에 7층탑이 있었든걸로 추정이 되네요 제가 너무 비약했나요? 그래도 7층탑의 위치추적이 가능한건 현재까진 쪽샘토기행렬도 밖에는 없는 것 같답니다. 야튼 헷갈리네요? 신라탑의 건립위치를 확실히 알 수 있는 방법은 없지마는 반월성이 왕궁이라고 가정을 해보면, 각 관공서건물은 반월성에서 걸어서 20~30분 거리 안에 있어야 될 것 같고 각 탑(관공서)의 거리도 걸어서 아무리 멀어도 30~40분내 거리라야 서로 긴밀한 협조관계가 유지되지 않았을까 생각해 본답니다.

결론적으로 1~9층탑의 위치는 반월성을 중심으로 지어진 것 같으며, 제일 나중 지어진 9층탑이 제일 먼 안압지와 황룡사 사이가 아닐까 생각을 해 본답니다. 쓰다쓰다 보니 소설을 쓰고 있었네요.
그렇다면, 이 현존하는 3개의 9층탑 주초가 실제로 9층탑에 사용된 것일까요?
9층탑 주초로 사용되었으니 지금까지 남아 있었을 거라고요? 우짜죠? 이 3개의 주초는 9층탑의 작업장(?)이었든 황룡사지에서 연습(견습)용 주초였거나 아니면 어떤 다른 이유(불량품:주초석 규격미달 등등의 결함)로 방치되었답니다. 만약 9층탑의 주초로 사용되었더라면 현재는 다른 주초처럼 흔적도 없이 사라져 버렸겠죠. 현존 3개 주초는 계속 방치되었거나 아니면 초석 자체가 아까워 어떤 다른 용도로 사용되다가 운이 좋아(?) 현재까지 존재하고 있답니다. 좀 특이한 놈이기는 하지마는, 중요한 것은 9층탑의 경사기둥 규격 추정에 무지 참고가 된답니다. 왜 이 3개 주초가 견습용이었는지 아니면 불량품이었는지를 알아봐야겠죠.

*Notes : 찰주본기에 새긴 숨결(신라사찰목탑: 2. 황룡사9층목탑 건립기간 뒤쪽에 나옴)을 최근 다시 읽어보니, 현재의 황룡사9층목탑 심초석규격이 동서 435cm, 남북 300cm, 두께 108cm~128cm의 부정형의 긴 타원형이라네요. 현재의 이 심초석규격으로 볼 때, 현재의 심초석이 공동주초인 귀경사기둥의 공동주초(9층탑 $-1C_8$)로 사용하기 위한 원석(공동주초 제작용 석재)이 아니었을까 하는 생각이 스쳐지나가네요. 그럼, 현존주초(비록 원석이긴 하지만)가 하나 더 추가되네요. 아마 황룡사9층목탑 소실 후, 이 공동주초 원석에다가 사리함 등을 옮겨서 보관한 것 같답니다. 그래서 아직도 사리함 등이 현존하나? 저의 느낌이랍니다.

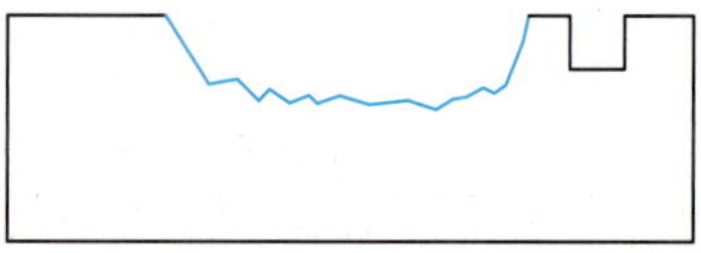

[그림 558] 현존 주초상태 : 불량?

현 주초를 살펴볼까요?
내부면을 자세히 보시면(아니 그냥 보셔도 됨) 그냥 원형형태만 대충 새겨 놓고서 아무런 마무리작업도 하지 않았답니다.

쉽게 얘기하면, 형태만 대충대충 껄쩍껄쩍 파 놓은 상태랍니다. 어떤 견습생이었는지는 알 수는 없지만 태도불량이겠죠? 신라건축기사들은 어떠한 조그만 실수도 용납하지 않는 아주 철저한 기사들이랍니다. 즉, 불량품이라고 판단되면 가차없이 버린답니다. 아마 그 불량품을 만든 친구는 그 전에 받았든 급료조차도 다 반납해야 했을 겁니다. 너무 심했나? 혹시, 감은사지에 태극문양이 새겨진 돌삐를 보신 적이 있으신지요. 왜 현존할까요.

아이러니하게도 불량품이기 때문이랍니다. 불량품이라 정위치에 사용되지 못하고 천대받아 방치되었기에 현존하는 것이랍니다.

감은사지 태극문양석이 왜 불량품인지 혹시 시간이 남아 돌면(?) 한번 분석해 보시는 것도 좋을 듯!
만약, 9층탑의 현존 주초석이 정품이 될려면 최소한 2단계작업을 더 거쳐야 된답니다.

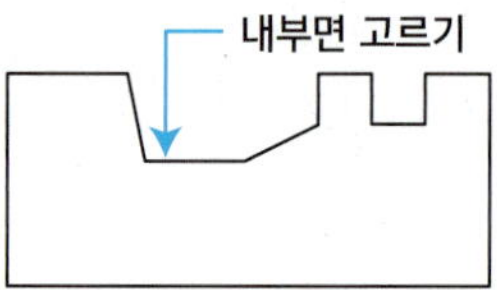

[그림 559] 내부면 고르기작업

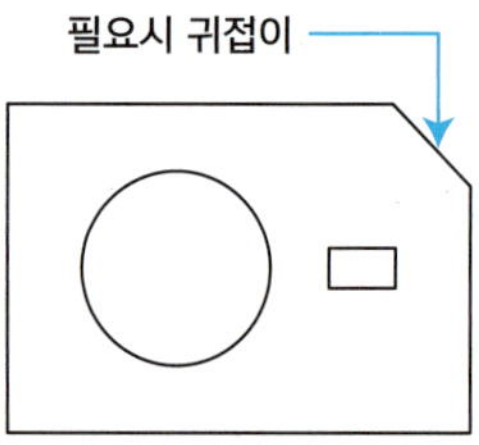

[그림 560] 주초외곽 다듬기

1단계 : 내부면 고르기작업이 필수겠죠.
거대한 경사기둥을 받칠려면 나무와의 접촉면을 아주 정밀하게 다듬어야 될 겁니다.
수평면은 수평면대로, 경사면이 있으면 경사면대로 말끔히 다듬어야 할 겁니다.
2단계 : 주초석의 외부형태까지 모양 좋게 각을 잡아야 될 겁니다.
귀접이를 했는지는 모르겠으나 4각이든 타원형이든 어떻게든 주초석의 외부면형태를 다듬어야 모양새가 좋을 겁니다.
현존 주초와 같이 지멋대로 생긴 주초는 아무도 좋아하지 않을 겁니다.

황룡사지가 9층탑의 작업장이어서였거나 아니면 황룡사지 근처에 방치되었든 것을 황룡사에서 갖고 왔든 운 좋게도(?) 이 3개의 주초라도 살아남아 있어서 그나마 신라목탑의 주초형식과 경사기둥 규격을 추정하는데 무척 도움이 된답니다.

이제까지 이바구드린 현존 주초의 증명방법이 그럴듯하게 맞는 것 같으신지요.
엉터리라구요. 어쩌죠? 제가 글 끈이 짧아하야 그런 걸?

✿ 정수 1의 비밀을 아시나요 ✿

숫자 1이 신라탑과 무슨 관계가 있냐구요? 저도 가만히 생각해보니 쪼께 그런 생각이 들기도 하네요. 그런데, 이 숫자 1이 신라탑에서 아마도 무척이나 중요한 숫자가 될 겁니다. 자! 잘 보십시오. 먼산 쳐다보시면 홀라당 속으실 겁니다.

$1 = \sqrt{2} - \tan 22^{5} = 2\tan 22^{5} + (\tan 22^{5})^{2}$이랍니다.

어! $\sqrt{2}$가 안비네? 한잔하러 갔나?~ㅋ~

다시 풀어봅시다. $1 = \sqrt{2} - \tan 22^{5}$ ➡ $\tan 22^{5} = \sqrt{2} - 1$이 될 겁니다. 바로 요놈의 $\tan 22^{5}$가 신라탑을 풀거나 설계하는데 무척이나 중요한 숫자랍니다. 이 $\tan 22^{5}$의 값을 모르고서는 아무것도 할 수가 없답니다. 그럼 신라인들은 어떻게 $\tan 22^{5}$의 값을 알았을까요?

먼저 $\sqrt{2}$의 값을 알아야겠지요. $\tan 22^{5}$의 값을 먼저 알면 $\sqrt{2}$의 값을 알 수도 있다고요? 그런 생각이 들기도 하네요? 상식적으로 $\sqrt{2}$의 값을 알기가 쉬울 겁니다. 아마 $\sqrt{2}$의 값은 $\sqrt{2} = 1.414$정도로 생각한 것 같답니다. 그럼 $\tan 22^{5}$의 값은 자동으로 $\tan 22^{5} = \sqrt{2} - 1 = 0.414$가 될 겁니다. $\tan 22^{5}$의 각도 22.5와 값 0.414를 분석해 보실까요.

{ tan22.5 각도 : 22.5 = 2+2+5=9
  tan22.5의 값 : 0.414 = 0+4+1+4=9 } 어! 숫자 합이 둘다 9네?

어떻게 이 $\tan 22^{5}$가 중요하냐구요. 자! 8각형의 일부를 보실까요.

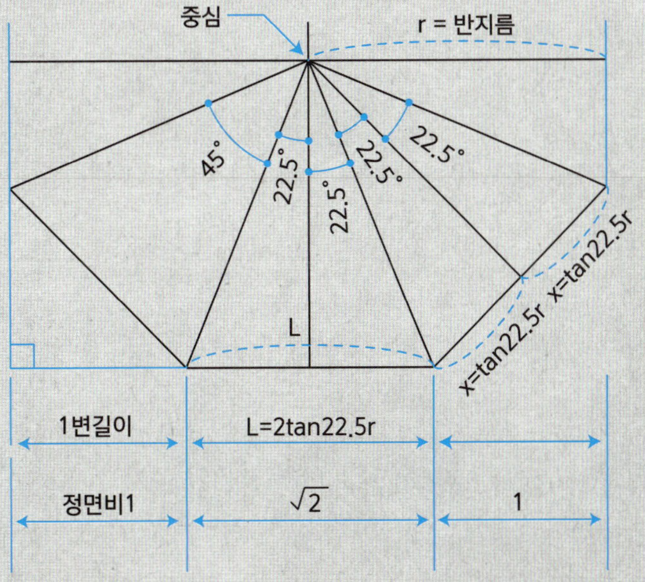

[그림 561] 8각형 각도 분석

8각형의 1변의 각도는 360°÷8=45°, 한변각도 45°를 2로 나누면 22.5°가 되므로 $\tan 22.5 = \frac{x}{r}$

$\therefore x = \tan 22.5r$ $\therefore$ 8각형의 1변길이 = 2tan22.5r, 8각형의 정면폭비 = 1 : √2 : 1.

이 8각형을 유심히 보시면 1과 √2와 tan22.5의 조합으로 구성되어 있답니다.

너무 신기하죠. 가장 중요한 것은 삼국시대에 √2와 tan22.5의 값을 어떻게 생각해 낼 수 있었으며 또한 알아낼 수 있었느냐는 것이랍니다. 정말 대단한 신라인들이랍니다. 만약 √2를 지금은 √2라고 쓰면 되지만 그 시대에는 어떤 부호를 사용했을까요. 한자로 썼을까요. 아니면 이두문자로 썼을까요. 아님, 현재의 한글로 썼을까요? 어! 그 시대에도 한글이 있었나? 모르죠. √2의 부호로 사용한 부호가 어쩌면 최초의 원시한글(?)이었을지도 모른답니다. 글자도 아주 긴 시간을 두고 진화를 해서 이루어진 것으로 알고 있답니다. 하루아침에 요술 방망이처럼 똑딱 만들어지는 것이 아니랍니다. √2의 부호를 어떻게 표현했는지를 아시는 분은 손을 크게 한번 들어 보이소. 멀리서도 보일 수 있게~ㅋ~

신라인들이 하도 대단해서 그냥 농담 한번 해본 것이랍니다. 어쩌면 농담속에 진담이 있을 수도 있답니다? 그리고, 이 1과 √2와 tan22.5의 관계가 하도 신기하기도 하고 재미가 있어서 제가 조금 더 풀어보았답니다. 제가 심심하면(?) 가끔 이런 장난을 잘 친답니다? 그렇다면 내가 문제아?

같이 보실까요?

$$\begin{cases} 1 = \sqrt{2} - \tan 22.5 = \tan 67.5 - \sqrt{2} = 2\tan 22.5 + (\tan 22.5)^2 \\ \sqrt{2} = \tan 45^\circ + \tan 22.5 = 1 + \tan 22.5 \\ \tan 22.5 = \sqrt{2} - 1 \end{cases}$$

$$\begin{cases} \tan 22.5 = 0.4142 = \sqrt{2} - 1 \\ \tan 45 = 1 \quad \text{(+)} = \sqrt{2} \\ \sqrt{2} = 1.4142 = 1 + \tan 22.5 = \tan 45^\circ + \tan 22.5^\circ \\ \tan 67.5 = 2.4142 = 2 + \tan 22.5 = 1 + \sqrt{2} = 2\tan 45 + \tan 22.5 \\ \tan 90^\circ = \infty \end{cases}$$

$$\begin{cases} \tan 22.5^\circ = 0.4142 = 0 \cdot \beta = 0 + \beta = 0 \times \tan 45 + \beta (= \tan 22.5) \\ \sqrt{2} = 1.4142 = 1 \cdot \beta = 1 + \beta = 1 \times \tan 45^\circ + \beta \\ \tan 67.5 = 2.4142 = 2 \cdot \beta = 2 + \beta = 2 \times \tan 45 + \beta \end{cases}$$

아마 더 많이 있을 겁니다. 아주 심심하신(?) 분은 더 찾아보이소. 아무리 찾으셔도 돈은 안됩니데이? 잘 보시면 22.5°군이 아주 재미있답니다.

22.5의 배수군 : 22.5x1 = 22.5, 22.5x2 = 45, 22.5x3 = 67.5,

22.5°의 배수군을 tan에 넣어보니 희한한 숫자의 결과가 나오네요. 이 놈의 tan가 요술방망인가?

tan45°와 tan67.5사이에 $\sqrt{2}$도 낑기네요. $\sqrt{2}$는 22.5의 배수군이 아닌디? 이 $\sqrt{2}$는 아주 얌체족이랍니다. 22.5의 배수군도 아닌 놈이 tan22.5와 tan45를 둘 다 훔치는 아주 주의해야 할 놈이네요?

자세히 보시면 어쩌면 1과 $\sqrt{2}$와 tan22.5 계통의 숫자는 모두가 한 가족 같은 느낌이 들기도 하네요. 특히 8각형에서는 완전히 한 가족? 그리고, 시간 나시는 분은 $1 = \sqrt{2}-\tan 22.5$를 한번 증명해 보이소. 현재까지 두 가지의 증명방법이 발견되었답니다. 제가 한 가지를 알아내었으며, 다른 하나는 어여쁜(?) 후배 한 분이 발견했네요 ~ㅎ~

제가 왜 이걸 증명할려고 했는지는 이렇답니다. 제가 마법의 자만 갖고(그때에는 공통수 자체를 몰랐음) 9층탑과 첨성대의 형태를 어느 정도 인지했답니다. 저 혼자 하다가는 죽도 밥도 안될 것 같아 해결가능한 곳에서 빨리 갖고 가서 완성시키라고 뭔가를 써서 보내긴 보내야겠는데, 신라인들이 그 시대에도 $1 = \sqrt{2}-\tan 22.5$인 걸 알고 있었다라고 써야되는데, 이걸 제가 증명을 못하고 있었답니다. 제가 증명을 하지 못하면 이렇게 써야겠죠. 신라인들이 $1 = \sqrt{2}-\tan 22.5$ 라는 걸 알고 있었던 것 같다라고 써야할 겁니다. 이 알고 있었던 것 같다라는 말을 써야하니 제 자존심이 무지 상할 것 같더랍니다. 제가 증명만 하면 알고 있었다라고 당당하게 쓰면 제 맴이 좀 편해지겠죠. 그라면 한번 증명해 봐 하고 풀어봤답니다. 얼마나 걸렸을까요? 운이 따라 주었는지 단 10분 밖에 안걸렸답니다. 증명할 것도 별로 없이 싱겁게 증명이 되더랍니다. 하긴 그리 빨리 증명한 걸 아무도 본 사람이 없으니 속여도 속을 수밖에 ~ㅋ~

이 $1 = \sqrt{2}-\tan 22.5$ 라는 공식(?)이 있었는지는 저로서는 알 수는 없지마는 제가 처음 이것을 인지하고는 너무나 신기한 느낌이 들더랍니다. 와! 이런 것도 다 있네 ~ㅎ~

하여튼 재미있는 숫자 1이네요. 이 1안에 저희들이 잘 몰랐던(저만 몰랐나?) 엄청난 비밀(?)이 숨어있었네요.

[사진 5] 옥룡암 9 & 7층 조각탑 사진

15. 계단

(1) 외부진입 계단

지상에서 관측소바닥까지 올라가야겠죠. 명색이 건축물인데 사다리타고 올라갈 수는 없답니다.

그럼, 지상에서 꼭대기까지 같이 걸어서 올라가 보실까요.

저번에도 말씀드렸습니다만 계단구조를 다시 한번 더 봅시다.

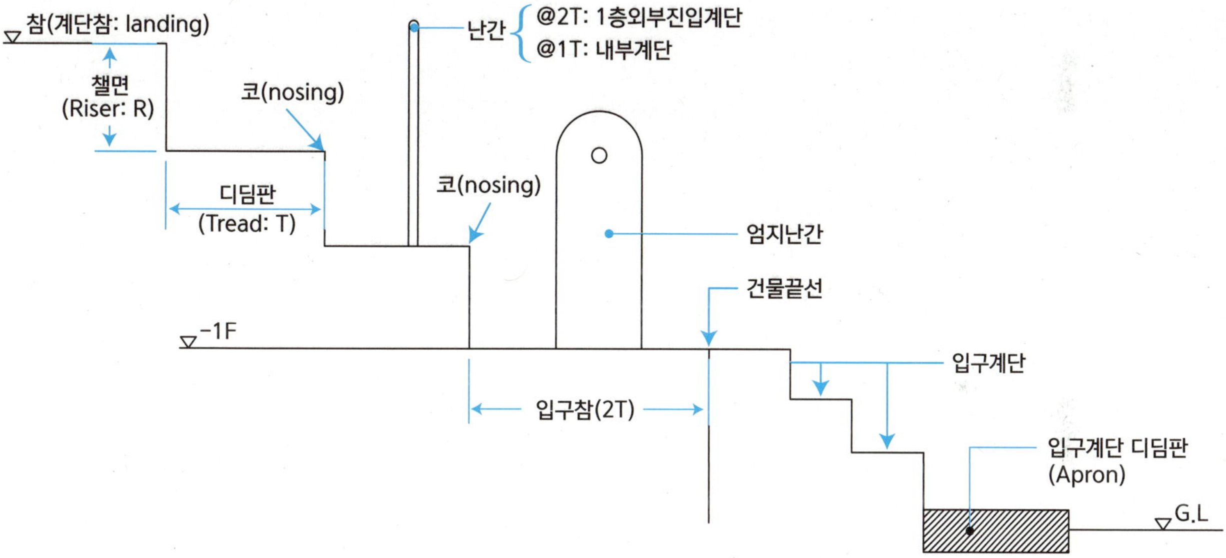

[그림 562] 외부계단 개념도

계단의 기본구조는 챌면(R: 단높이)과 디딤판(T)으로 구성되어 있으며, 그 사이에 톡 튀어나와 있는 코가 있답니다. 잠깐 숨돌릴 공간인 계단참이 있으며 건물입구엔 엄지난간을 세울 수 있는 입구참도 있답니다.

난간간격은 내부계단은 기본적으로 매단(1T)마다, 외부 1층진입계단은 여러가지의 경우의 수를 고려해 본 결과 2단(2T)마다 설치될 겁니다. 외부계단의 입구참폭을 처음에는 1단(1T)으로 생각했었는데, 다보탑 계단 입구참이 2T라 2T로 하기로 했답니다.

건물로 들어갈려면 먼저 1층 외부진입계단을 올라가야 되므로(물론 지상에서 지하층으로 막바로 들어갈 수도 있음) 외부계단부터 먼저 살펴봅시다.

9층탑 외부계단을 봅시다.

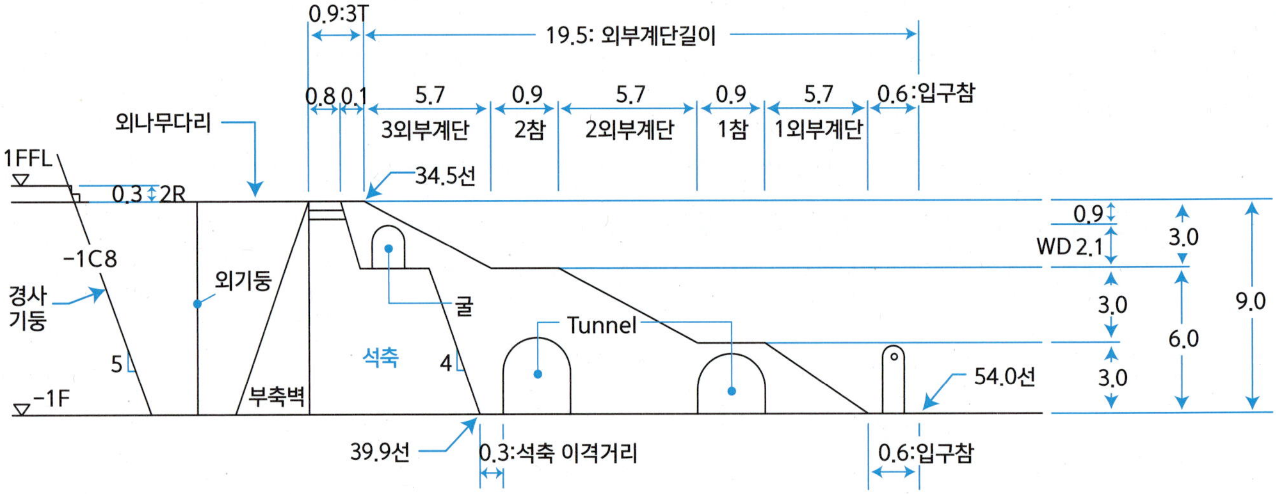

[그림 563] 9층탑 외부계단 단면도

9층탑은 단높이(R)가 0.15라 계단단수가 많아서 외부계단길이가 19.5m나 된답니다.
난간간격이 2단씩이므로 각 계단단수는 반드시 짝수단이 되어야 난간이 정위치에 오게 된답니다.
외부계단 전체단수는 60단이 되며 각 계단도 20단으로 다 짝수라야만이 계단난간이 보기 좋게 나열된답니다.

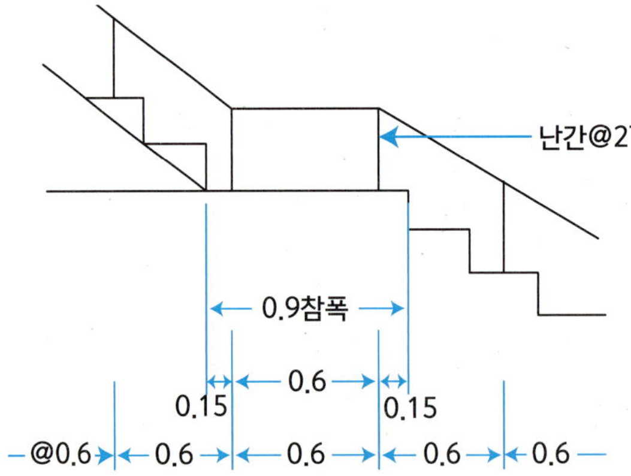

[그림 564] 9층탑 외부계단 난간 @2T 개념

기본적으로 디딤판폭(T)은 30cm를 기본으로 하였답니다. 각 탑의 내·외부계단과 상관없이 외부진입계단의 T= 0.3으로 통일시켰으며, 필요에 따라서 디딤판폭(T)은 바뀔 수도 있답니다.
외부계단을 올라오시면 외나무다리(1층 외부통로)를 거치며, 진짜(?) 1층(1FFL) 바닥에 들어가실려면 수고스럽게도 2단을 더 올라가셔야 하네요.

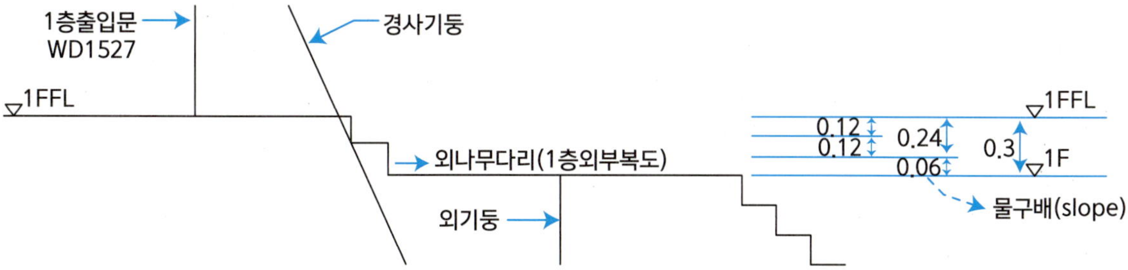

[그림 565] 1F와 1FFL의 계단 개념

2단높이는 30cm이나 외나무다리도 자체물구배(slope)가 있어야 하니 물구배를 어느 정도로 할 건지는 아직 결정된 건 아니지만 6cm정도로 하면 실제 1F에서 1FFL로 올라가는 2단은 R=0.12정도가 예상된답니다. 외부계단은 4방향진입이나 실제 1층(1FFL)진입은 남북 2방향진입이므로 동서 외부계단에서 올라 오신 분은 수고스럽지만 방향을 90°돌리면 된답니다. 아이구 다리야?
제가 신라탑은 이격거리가 무척 중요하다고 몇 번을 말씀드렸을 겁니다.

외부계단의 끝이격거리를 보실까요.
석축 최상단석 끝선과 외부계단상부 끝선이 일직선이랍니다.

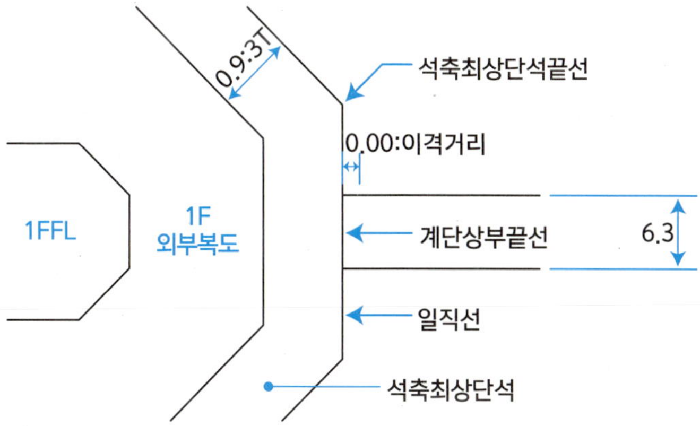

[그림 566] 석축과 외부계단 상부 이격거리 : 0.00 9층탑 기준

가장 완벽한 외부계단으로 9층탑만 일직선이랍니다. 저번에 7층탑은 이격거리가 54cm였을 겁니다. 이 이격거리는 각 탑마다 다르답니다.

개념이 다른 이격거리를 한 개만 더 볼까요.

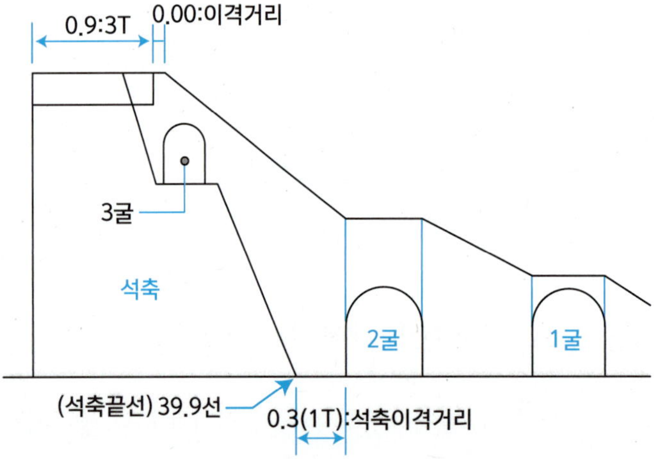

[그림 567] 2굴의 석축이격거리 : 9층탑 기준

석축 끝과 2굴안쪽까지 이격거리가 30cm(1T)랍니다. 이 석축이격거리도 각 탑마다 다르답니다. 30cm(1T)가 최소석축이격거리랍니다. 15cm, 18cm 같은 이격거리는 없답니다.

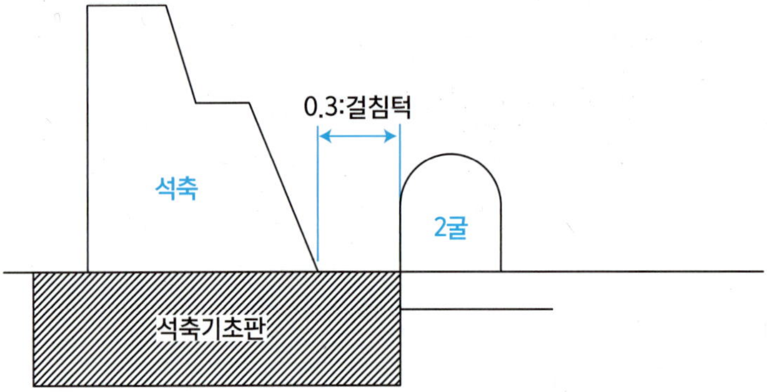

[그림 568] 석축 기초판 위의 걸침턱 용도?

이 석축이격거리가 최소 30cm라는 이야기는 석축끝에서 기초판이 30cm 정도는 더 나간다는 의미이겠죠. 이 기초판 위에 걸터앉아서 쉬실 수도 있고, 도시락을 드시면 맛있을 수도 있답니다.

(2) 내부 계단

이제 1층 바닥(1FFL)에 올라왔으니 위로 올라가 볼까요. 1층층고를 계단중심으로 봅시다.

기본적으로 한 개 층은 4/4 회전 개념이랍니다.

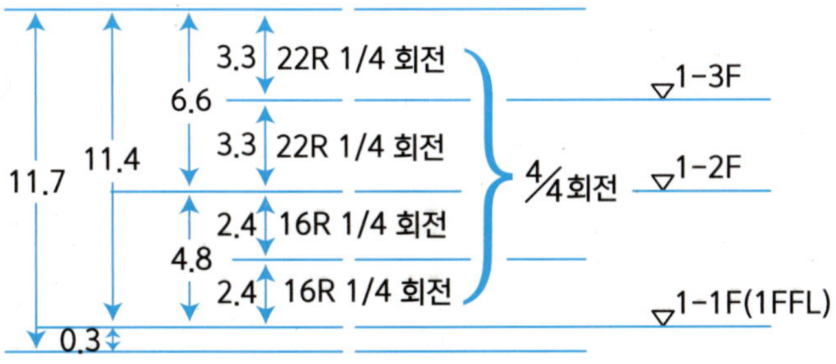

[그림 569] 9층탑 1층 층고 : 계단기준

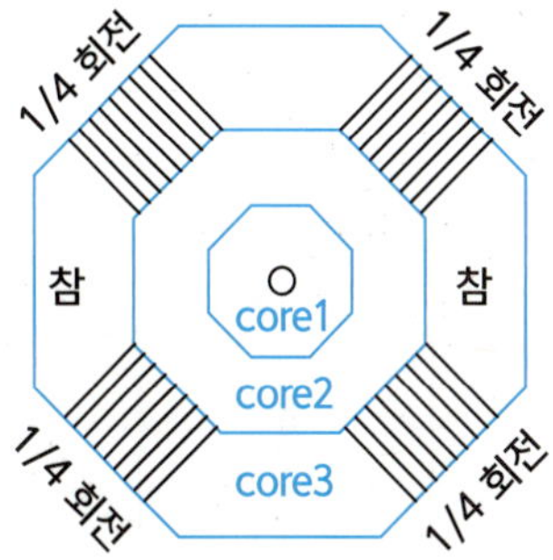

[그림 570] 4/4 회전개념

동서남북은 참이며 대각선이 계단으로 1/4회전씩 4계단으로 한 층을 올라가게 된답니다. core1·2·3이 다 계단실로 계단은 성립이 되나, 층고에 따라 계단실을 조정해 주셔야 한답니다.
층고가 아주 높을 시는 core3을 이용해야 하며 일반적인 높이 정도면 core2가 되며, core2가 좁아드는 관측소에 가시면 core1계단실만 이용하실 수가 있답니다.

core3계단실은 9층탑같은 경우에는 2-3F에서 core2로 이동하게 될 겁니다.
1층층고는 11.4m로 4등분하면 11.4÷4=2.85(19R)로 계단으로는 아주 이상적이나 전에도 잠깐 말씀드렸듯이 1층의 각층 층고를 고려해보면, 1-2F까지 높이가 4.8 이므로 1-2F까지 2/4회전을 할 것이며, 3.3m 더 올라가서 1-3F에 계단턱 없이 들어갈 겁니다.
잘 보시면 1-2F까지는 2.4m씩 올라가니 계단성립이 아주 양호하나, 그 위는 3.3m(22단)씩이라 계단단수가 엄청 많아서 core3에서조차도 계단을 다 넣기가 빡빡하답니다.

1층계단을 다시 한번 그려 볼까요.

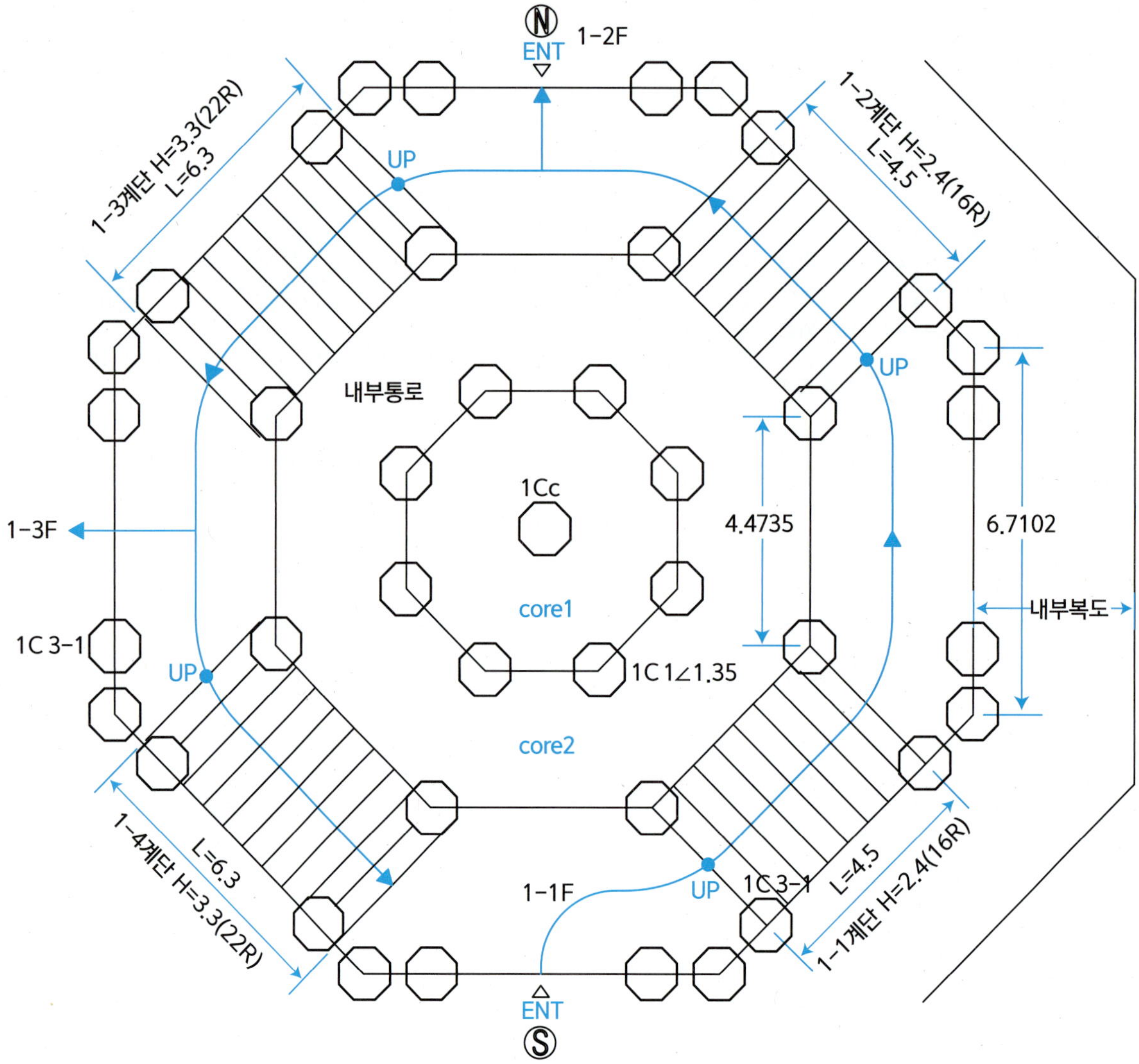

[그림 571] 9층탑 1층계단 개념

1층 진입계단은 2방향진입이지만(남북) 남쪽진입을 기준으로 봅시다.

1-2F까지의 두 계단은 16단씩으로 계단이 아주 양호하게 잘 나오는데, 1-3·4계단은 22단으로 계단길이가 6.3m나 되어 계단이 너무 빡빡하게 들어간답니다.

각 층에는 턱 없이 평평하게 들어가야 하니 특별한 방법이 없네요.

9층탑몸통부의 단높이가 15cm라 그런가 봅니다.

2-3F까지 core3을 이용하다가 core2로 들어가게 된답니다.

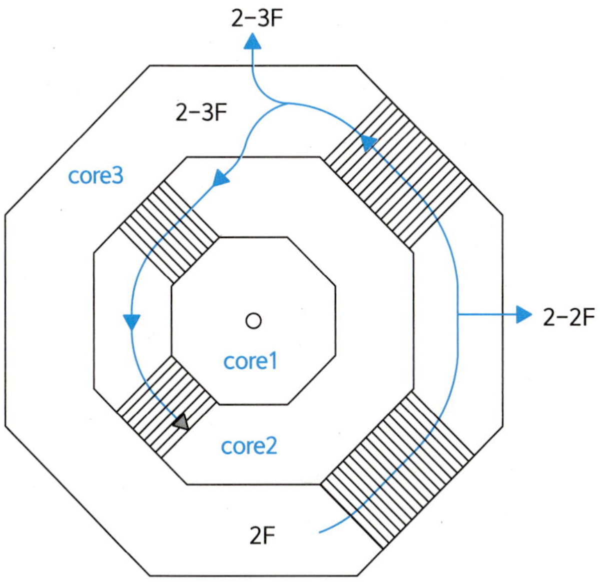

core3은 임무를 다하고 내부복도로 바뀌게 될 겁니다. core2를 이용해서 9층까지 올라가면 방향이 한번 바뀌게 될 겁니다. 즉, 10F가 관측소의 0bal가 된답니다.

[그림 572] 2-3F에서 core가 바뀜

9층과 공유층의 계단을 보실까요.

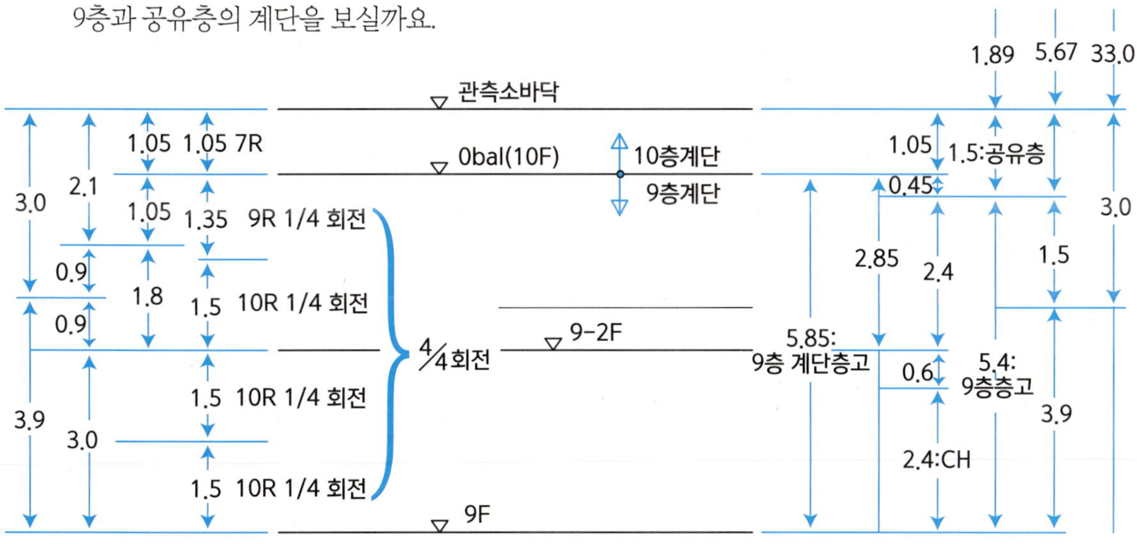

[그림 573] 9층탑 9층과 공유층계단 개념도

관측소의 0bal를 편의상 10F로 하겠습니다. 9층은 층고5.4에 0.45 더 올라간 0bal(10F)까지가 계단의 1개층이 된답니다. 0bal를 거쳐야만 지붕에 갈수가 있기 때문이랍니다.

9층 계단이 좀 특이하죠.

0~2bal 계단도 잠깐 볼까요.

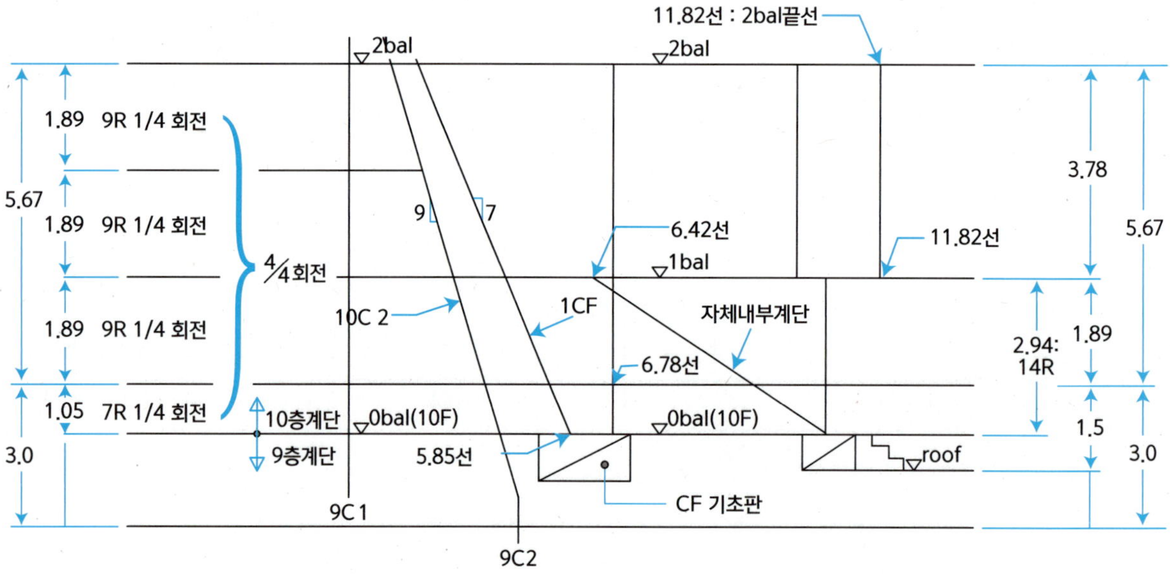

[그림 574] 0bal(10F) 계단개념

0~2bal의 core2계단실은 경사기둥(10C2, 1CF)의 기울기로 인하여 상부로 갈수록 계단폭이 줄어든답니다. 2bal까지는 통과하기는 그리 불편하지는 않을 겁니다. 그런데 옥룡암조각탑을 유심히 보시면 1bal에서 확실하지는 않지만 자체내부계단이 있는 것 같아서 1bal에 내부자체계단을 낼 수도 있답니다.

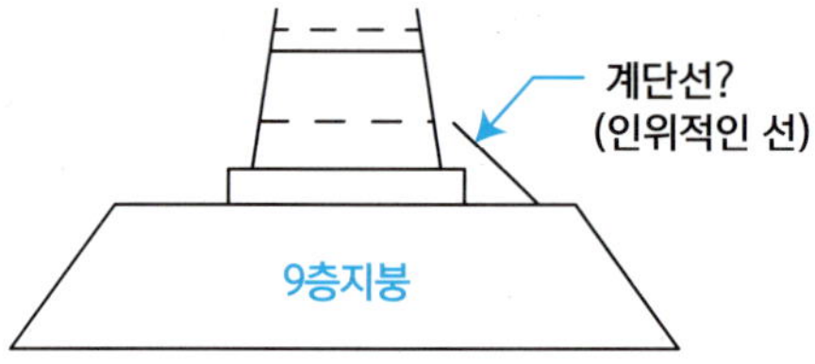

[그림 575] 1bal쪽에 계단 같은 선이 있음

조각탑에 1bal 우측에 희미하기는 하나 지붕 쪽으로 어떤 선이 그으져 있는 것 같답니다.
완전한 일직선은 아니지만 자연발생적인 선이 아니라 인위적으로 선을 그은 것 같은 것이 있는데, 이 인위적인 선이 혹시나 1bal에서 지붕으로 통하는 자체계단이 아닐까 하는 생각에서 계단을 설치할 예정이랍니다.
좌측에는 너무 희미하여 알 수는 없으나 대칭개념으로 동서 양면에 1bal 자체계단을 설치할까 생각중이랍니다. 조각탑의 1bal 자체계단선이 동쪽에 있으며, 실제계단 방향도 동쪽이 맞답니다.
계단에는 방향(동서남북)이 아주 중요하답니다.
혹시 옥룡암 9층조각탑에서 이 인위적인듯한 자체계단선을 보신 분이 계시나요? 보신 분이 계시다면 그 분은 정말 대단한 통찰력을 갖고 계신분인 것 같답니다.
자체계단선을 보신 분이 혹시 계셨을 수도 있으나 이 선이 계단선을 암시한다는 걸 인지하신 분은 아마도 없었을 듯?

(3) 합류 계단

이제 내부계단의 꽃인 합류계단을 봐야할 차례랍니다. 사시다 보니 별 희한한 용어도 다 들어보시죠. 사실 저도 대가리 털나고 처음 들어 본답니다? 관측소를 유심히 보시면(대충 보셔도 됩니다) C2경사기둥이 최상층지붕 속에서 꺾이면서 상부로 갈수록 C1쪽으로 붙는답니다. 한번 보실까요.

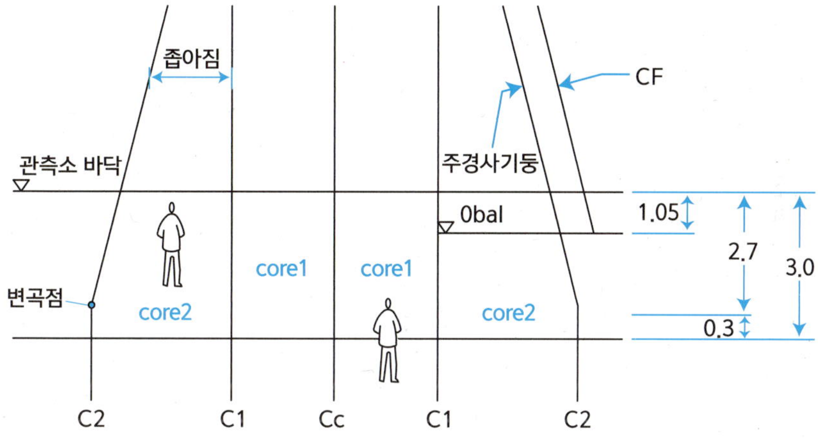

[그림 576] C2기둥의 꺾임

Cc, C1기둥은 수직으로 올라갈 겁니다. 그런데, 변곡점에서 꺾인 C2기둥은 올라가면서 계속 C1쪽으로 자꾸 기울다가 어느 지점에서 C1과 C2는 붙어버린답니다. 제가 기둥을 선으로 표시해서 그렇지 이 기둥들은 무지 굵다란 기둥이랍니다. 9층까지 core3, core2 계단실을 이용하여 두(다른)방향으로 진입한 두 놈이 잘 올라오긴 왔는데, 이제 core2의 계단폭이 좁아지면서 머리가 낑길 정도가 되어 버렸답니다. 어깨가 낑기면 어떻게라도 빠져야 나오겠지만 머리가 낑기면 머리가 쪼께 아프겠죠.

어디선가에서 core2를 탈출하여 안전한 core1로 이동해야 꼭대기까지 아무 탈 없이 올라갈 겁니다. 그런데, core1계단실은 Cc를 중심으로 계단이 성립되어야 하니 저번에 말씀드린대로 1/4 회전해봐야 고작 Max4단 밖에 못 올라간답니다. 기억나시나요? 그럼 4/4 회전해봐야 16단으로 계단층고가 무지 낮답니다. 계단층고가 낮다는 얘기는 1방향진입 밖에 안 된다는 걸 의미한답니다.

즉, 남북에서 룰루랄라 각자 반대 방향에서 올라오든 두 놈은 원튼 원치않든 core1로 들어가서 서로 만나야만 하는 팔짜가 된답니다. 계단의 특성상 계속 계단을 올라가야지 어떤 지점에서 막힐 것 같다고 180°뒤로 돌아가면 문제가 쪼께 있을 겁니다. 아마 갑자기 방향감각도 잊어버릴 겁니다.

바로 core2에서 서로 반대 방향에서 올라오든 두 친구가 되돌아가지도 않고 계단을 계속 올라가는데도 core1에서 두 친구가 사이좋게 만나는 층이 바로 합류층(만남층)이랍니다.

어떻게 하면 이 두 친구가 자연스럽게 서로 만날 수 있을까요?

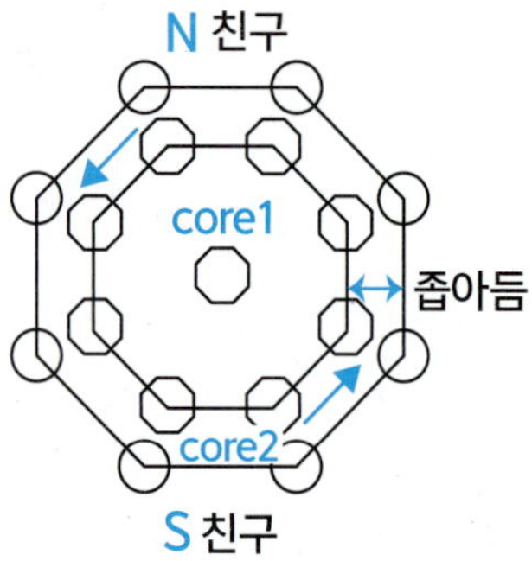

[그림 577] core2의 폭 줄어듬

올라갈 수 있는 최대한까지 core2로 올라왔는데 두 친구가 core1로 가기는 가야되는데, 이 놈의 core1은 2방향진입 자체가 불가능한 1방향진입 밖에 안되니 한 놈은 올라가는 걸 포기하고 내려갔다가 다시 올라와야 할 팔짜랍니다.
어떻게 하면 사이좋게 만나게 할 수가 있을까요?

몇 시간을 아무리 생각해봐도 풀리지가 않아 잠자리에 들었는데 잠이 오지 않더랍니다. 하기사 잠이 올 리가 없겠죠. 명색이 건축기사라는 놈이 계단 하나를 못 풀다니 쪽 팔릴 일이랍니다. 누워서 차분하게 이런저런 생각을 하다 보니 해법이 떠오르더랍니다. 퍼떡 일어나서 종이에 적어놓아야겠죠.
적어놔도 아침에 일어나서 보면 이게 뭐였지하는 판국에 적어놓지 않으면 아침에 일어나자마자 어제 저녁에 알아낸 것이 공중분해되어 버린답니다. 제가 누워서 생각해 낸 것이 이것이랍니다.

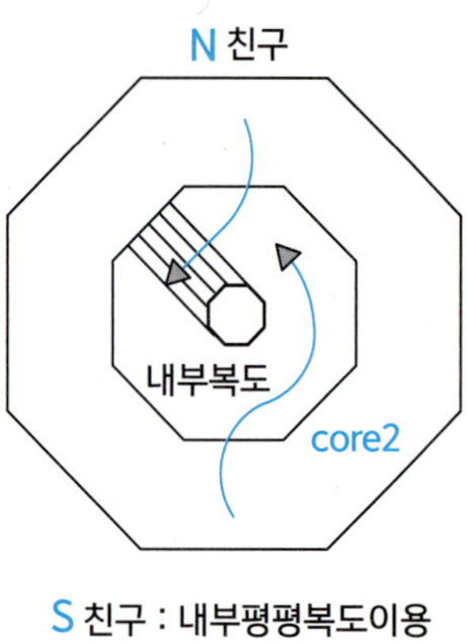

[그림 578] 1안 : S친구가 core1 복도를 이용 N으로 가는 방법

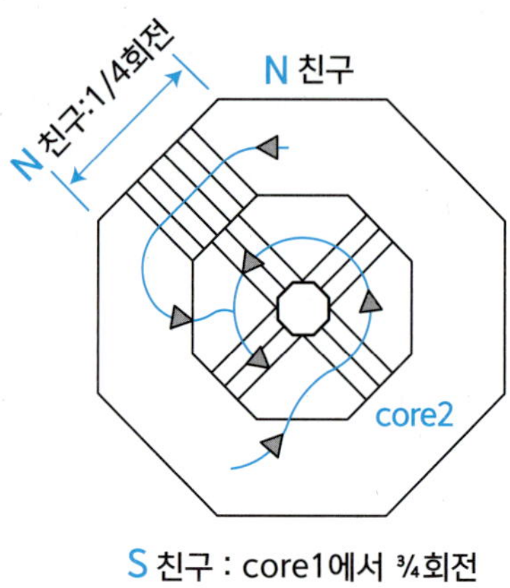

[그림 579] 2안 : S친구는 core1로 들어가서 3/4 회전하고 N친구는 core2에서 1/4 회전하여 core1로 들어감

서로 반대방향으로 올라왔으므로 지금 S친구와 N친구는 같은 높이에 있답니다.
첫째 안은 S친구가 core1의 평평한 복도를 이용하여 그냥 N친구와 만나서 같이 올라가면 된답니다.
둘째 안은 S친구는 남쪽에서 core1계단으로 3/4회전하고, N친구는 북쪽에서 core2를 그대로 이용하여 1/4회전하여 core1 계단참으로 들어오면 두 친구는 계속 걸어 올라오면서 자연스럽게 만날 수가 있답니다. 우연의 만남이네요. 아마 두 놈은 반가움의 악수를 하겠죠.

첫째 안은 두 놈이 만나기는 만나는데 너무 밋밋한 느낌이 드네요. 두 번째의 우연의 만남이 더 자연스러울 것 같아 두번째 안을 채택했답니다. 그럼 합류층(만남층)이 어디쯤이면 가장 적당할까요? 관측소를 보면서 생각을 해 봅시다.

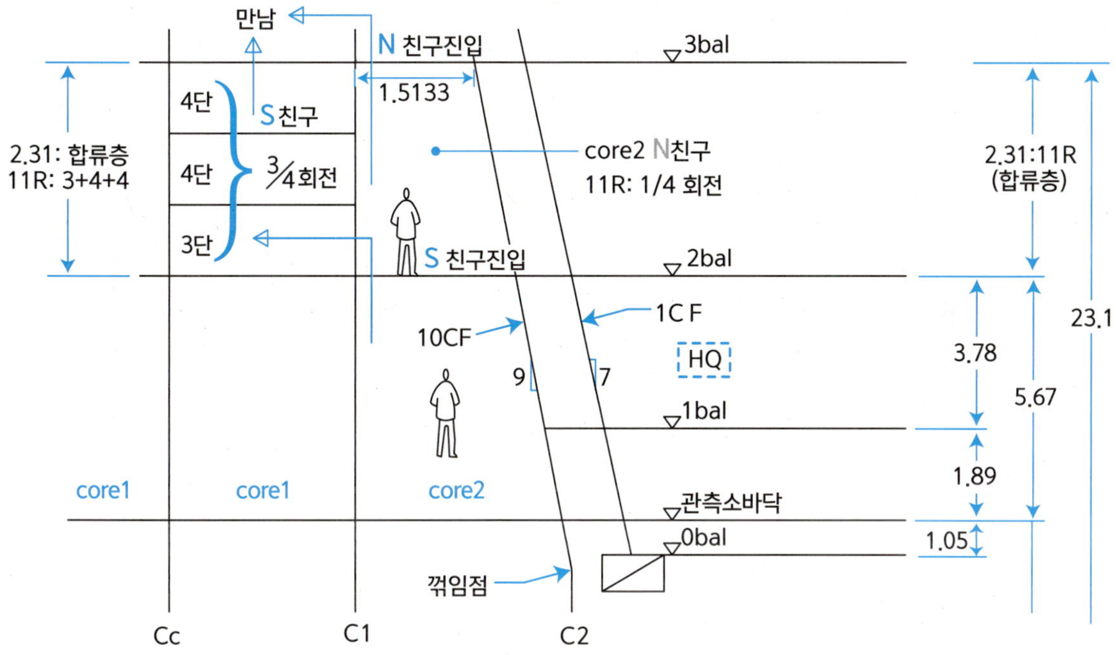

[그림 580] 9층탑 관측소 합류층 개념도

core폭 줄어듬현상은 C2기둥과 밀접한 관련이 있으며 CF는 크게 영향이 없답니다.
관측소에서 주관측은 2bal에서 이루어질 것 같다고 말씀드렸을 겁니다.
그러면 2bal까지는 통행량이 많으니 당연히 2방향진입이 맞을 겁니다. 2bal위로는 꼭 필요한 친구만이 올라다닐 겁니다.

core2폭과 기둥규격을 고려해보면 2bal에서 합류층이 되는 것이 가장 합리적일 것 같답니다.
그래도 core2로 올라가는 N친구는 머리까지는 아니더라도 어깨 정도는 주의를 하셔야 될 겁니다.
3bal에 올라가서 core1로 들어갈려면 폭이 겨우 60cm정도 밖에는 안나오거들랑요.
합류층 위치를 약간 낮출려고도 여러 생각을 많이 해 봤는데 약간은 좁은 듯은 하나 이용상 크게 불편할 것 같지 않아서 합류층을 2~3bal 사이로 정했답니다.

합류층을 다시 그려 봅시다.

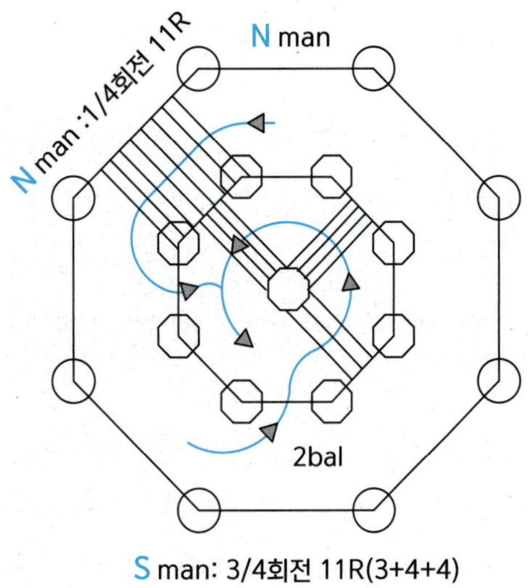

[그림 581] 9층탑: 합류층 평면도: 2bal바닥

2~3bal높이는 2.31로 11단이랍니다. S친구(남쪽에서 계속 올라오든 친구)는 3단+4단+4단=11단으로 core1에서 3/4회전한답니다.
N친구는 core2를 이용하여 11단을 1/4회전하면 core1에서 올라오든 S친구와 자연스럽게 만나게 된답니다.

아! 여기서 만나네! S·N친구는 아마도 악수를 하겠죠. 포옹을 할 거라구요? 그깐일에?

이 합류층(만남층)높이는 가변적일 수도 있답니다. 제가 11단으로 한 이유는 이렇답니다.

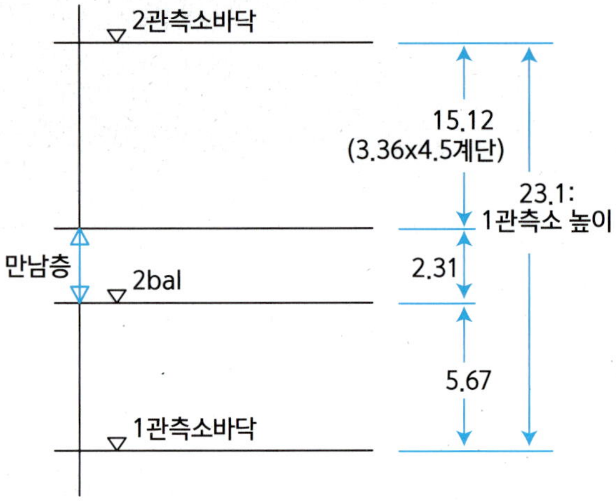

[그림 582] 합류층 높이를 11단으로 한 이유

9층탑의 1관측소높이는 23.1m일 겁니다.
2bal까지 높이 5.67과 합류층 2.31을 빼고 나면 15.12m를 더 올라가야 2관측소바닥에 올라갈 수가 있답니다.

core1은 4단이 1/4 회전이며 4번 돌면 4/4 계단으로 계단층고가 된답니다.

계단층고=R 0.21x4단x4회전=3.36이랍니다.
잔여 높이 15.12÷3.36=4.5 계단이 된답니다. 즉, 만남층 위는 반드시 4단씩의 1/4회전이 발생되면서 2관측소 바닥까지 동일 단수로 올라감을 의미한답니다.
상부 단수를 맞추기 위해서 만남층을 11단으로 한 것이랍니다.
만남층이 12단이면 좋긴 하지만 상부 어디에서인가 1단을 빼야한답니다.

상기 도면에서의 S친구는 core1을 이용시 3bal로 갈려면 불편할 수도 있답니다.

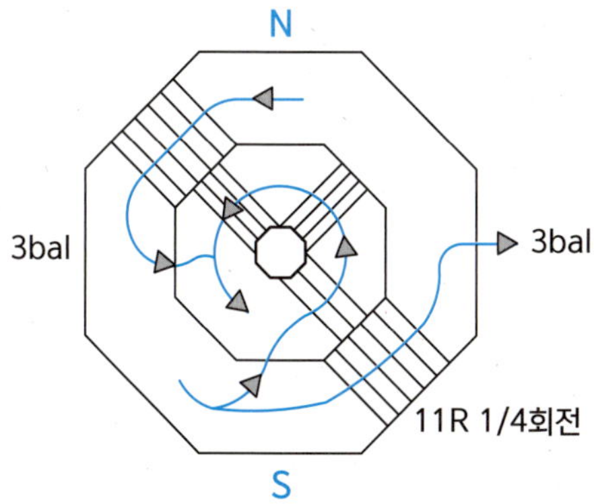

[그림 583] core2를 이용하여 3bal로 막바로 갈 수 있음

그런데 core2를 이용하면 3bal로도 막바로 갈 수도 있답니다. core1로 계속 갈 친구는 core1로 가면 되고 3bal로 가고 싶은 친구는 그냥 core2를 이용해서 가면 된답니다.

처음에는 만남층에서는 한 가지 경우의 수만 있는 줄 알았는데, 경우의 수도 발생되더랍니다.
2bal까지 따로 올라오는 친구는 반드시 남·북쪽 참으로 오게 되어 있답니다.
제가 그렇게 만들어 놨거들랑요? 계단을 나오는 방향이 무척 중요하답니다. 이제 만남층 개념을 어느 정도 이해하셨으리라 믿고 꼭대기로 계속 올라가 봅시다. 만남층을 지나면 이제 계단이 한 개 뿐이므로 위에서 내려오는 친구도 잘 보셔야 될 겁니다. 무심코 올라가시다가 부딪히시면 안됩니데이?
올라가다 보면 언젠가는 2관측소바닥판과 맞닥드릴 겁니다. 아니! 2관측소바닥판때문에 올라갈 수가 없을 수도 있답니다. 어떡하죠? 간단하답니다. 꼭대기로 올라가야 하니 당연히 꼭대기문(hatch)이 있어야 2관측소바닥꼭대기에 올라갈 수가 있답니다.

신라탑은 희한하게도 옥탑이 없답니다. 옥탑이 있으면 어깨 쫙 펴고 당당하게 올라갈 수가 있는데 난리났네요? 고개를 숙이거나 기어서 올라가는 수 밖에는 올라갈 수 있는 방법이 없답니다. ~ㅋ~

(4) hatch(꼭대기문) 계단

이제 이 hatch(꼭대기문, 수평문) 계단을 풀어야겠죠. 어떻게 하면 꼭대기까지 올라갈 수가 있을지 같이 풀어봅시다. 먼저 2관측소 계단단면을 보셔야겠죠.

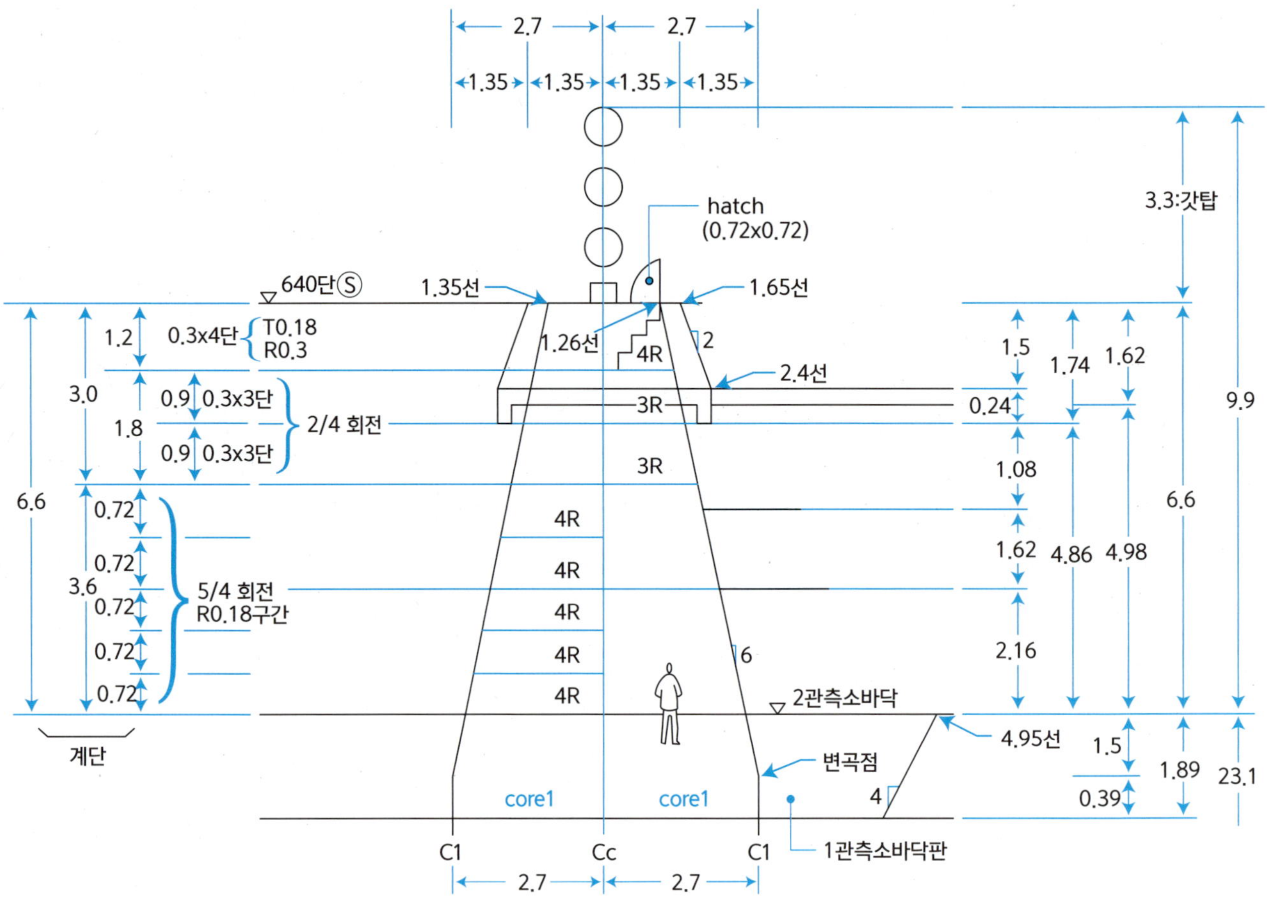

[그림 584] 9층탑 2관측소 계단개념도

2관측소높이는 6.6m랍니다.

이 중 3.6m는 정식 계단으로 R0.18x4단x5/4회전=3.6m이며 나머지 3m는 단높이(R)가 30cm로 무지 가파르답니다.

평면도를 한번 그려 봅시다.

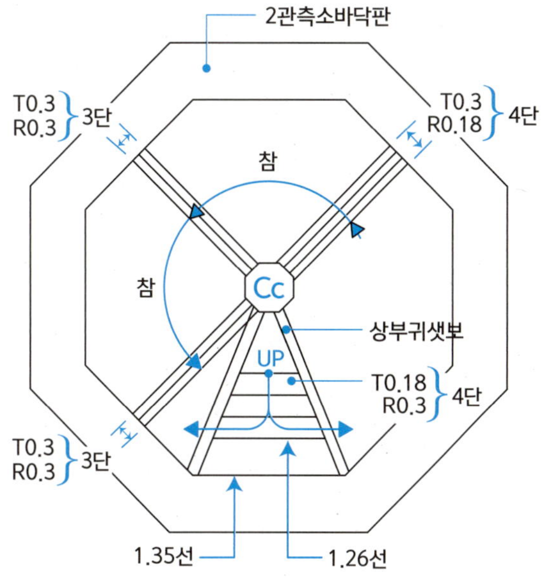

[그림 585] 9층탑 hatch계단 평면도

마지막 hatch계단은 T0.18, R0.3으로 디딤판폭이 너무 좁답니다. T = 0.18에서 T = 0.21로 넓힐까도 생각중이랍니다. 이 hatch계단은 높이가 1.2m(높게는 3m)이나 hatch계단으로 갈려면 상부 귀샛보가 가로놓여 샛보춤을 최대로 줄여서 0.3으로 하더라도 통과높이는 0.9 밖에 되지를 않아서 거의 기어서 간다고 생각하시면 된답니다.

하! 올라가기 참 힘드네요? hatch 계단의 단면도를 확대해서 다시 잠깐 봅시다.

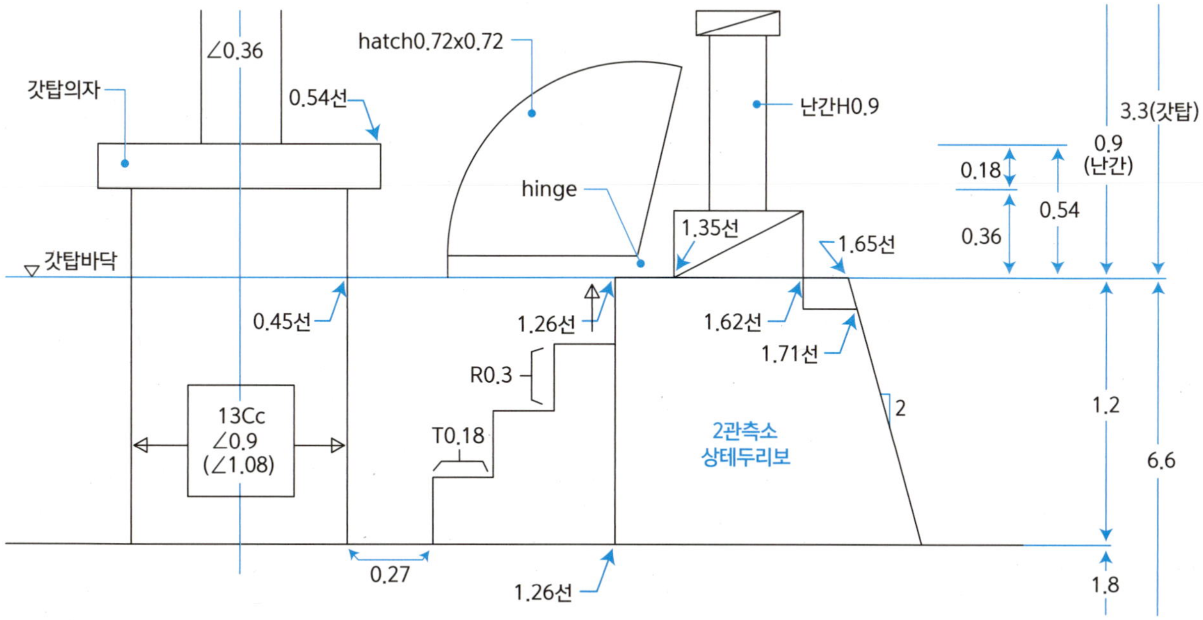

[그림 586] 9층탑 hatch 계단 단면도

2관측소바닥판은 주바닥보는 없고 샛보정도가 있으며 외부에 상하테두리보가 있답니다. 1관측소바닥판과는 구조자체가 완전히 다르답니다. 이 hatch계단의 마지막 단은 직진이 아니라 90˚로 좌 또는 우로 회전을 해야 한답니다. 직진하다가는 난간에 쳐박힌답니데이?

2관측소 상부바닥판(갓탑바닥)을 아주 간단히 그려 봅시다.

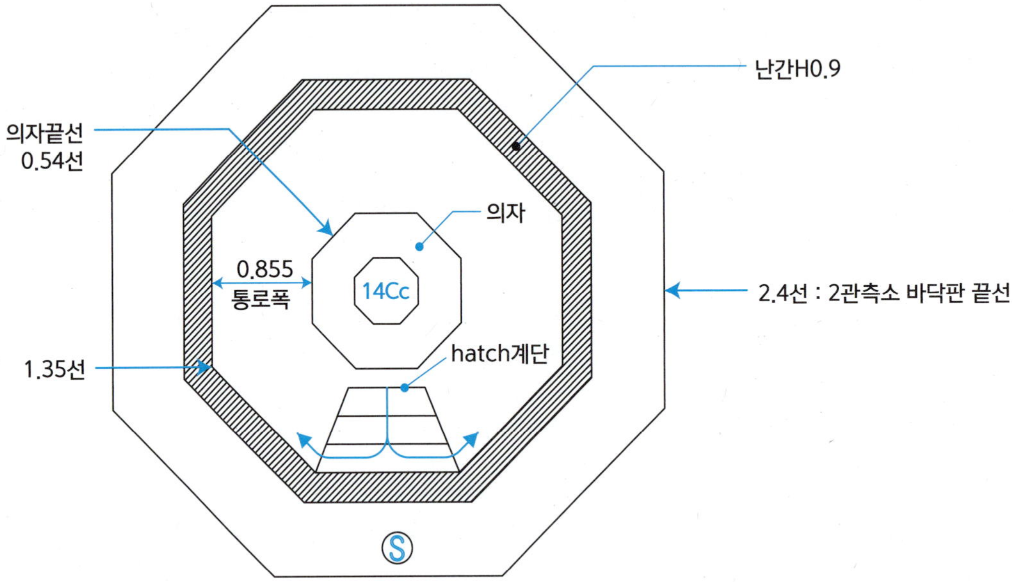

[그림 587] 9층탑 갓탑바닥 간이평면도

2관측소바닥판(갓탑바닥) 구조를 보시면 hatch 계단의 마지막단(최상단)은 좌우로만 나갈 수 있으며, 바닥판에서는 통과폭이 85.5cm로 두 명이 서로 통과하기도 힘들답니다. 두 명이 있다면 한 놈은 갓탑에 바짝 붙어있어야만 간신히 통과할 수가 있답니다.

즉, 갓탑바닥에는 꼭 필요한 한 명이 필요에 따라 근무해야 된답니다.

최대 2~3명까지는 가능하기는 하지만 이 갓탑바닥판의 용도가 정확히 밝혀져야만 알 수가 있답니다.

이 갓탑의 의자는 근무하시다가 다리가 아프시면 앉으시라고 제가 특별히 마련해서 선물했답니다.

사실은, 앉기는 좁아서 조금은 불편하답니다.

그냥 단순히 갓탑하부 구조보강으로 생각하시면 된답니다. 이젠 다 올라오셨으니, 하늘을 마음껏 관측하시든, 자기 집이 어디쯤 있는지 찾아보시면 된답니다. 올라오기는 올라왔는데 도통 몇 단의 계단을 올라왔을까요?

그것도 빵빵 돌면서, 세다가 다 잊어버렸답니다. 궁금하시니 계산해 봐야죠.

- 2관측소 계단 : 3.6 ÷ R0.18 + 3 ÷ R0.3 = 30단
- 1관측소 계단 : 23.1 ÷ R0.21 = 110단
- 몸통부 계단 : 75 ÷ R0.15 = 500단

계 : 640단

물경 640단을 걸어서 올라오셨네요. 수고하셨답니다. 조심해서 내려 가이소.

사실 이 계단은 무지 복잡구조랍니다. 제가 한 방법 이외에도 여러 경우의 수가 있을 수는 있답니다. 일단 주계단만 살짝 본 것뿐이랍니다. 이외에 무지 많은 계단들이 더 있답니다.

지붕 위에는 1수평지붕위에서 2수평지붕으로 내려가는 지붕계단도 있으며, 내부에는 각 지붕속으로 들어가는 지붕속계단도 있으며 관측소도 각 bal로 들어가는 계단 등 하도 많아서 이 건물의 전체 계단수는 아직도 세어보지도 못했답니다.

계단에서 아직도 풀지 못한 것들 중 문제가 큰 것이 하나 있답니다. 뭘까요? 외부계단(돌계단이므로 문제가 없음)을 제외한 내부계단은 과연 나무계단일까요?

계단을 다시 그려 봅시다.

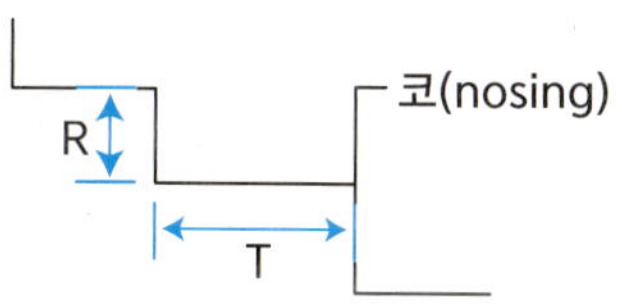

[그림 588] 내부계단코

문제는 계단 코에 있답니다. 이놈의 코가 구두(?)를 신고 가면 어느 정도 버틸 수가 있을까요? 아마 몇 천명이 지나가면 미안하게도 이 코는 망가질 확률이 높답니다.

신라탑같이 용량이 막대한 건물 정도라면 하루도 못가서 코가 뭉게질 겁니다. 그럼, 매일 계단판대기 교체하다가 근무는커녕 접근자체가 힘들게 생겼답니다. 버선 신고다니면 된다꼬요?

어떻게 해결하면 좋을까요! 전 제일 처음 이렇게 생각해 봤답니다.

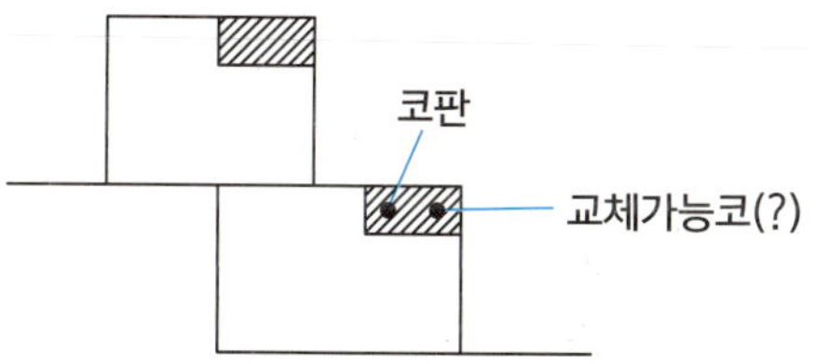

[그림 589] 교체 가능한 코판대기형식

코가 망가지면 계단판대기 전체를 교체하는 건 너무 힘드니까 교체가 가능한 코판대기형식으로 하면, 망가지면 이 코판대기만 교체하면 되겠구나라고 생각을 했답니다.

가만히 생각해보니 이 코판대기 교체하는 것도 보통 일이 아니더랍니다.

그래서 과감한 결정을 내리기로 했답니다.

지하철 내려가는 계단식으로 아예 통석으로 하면 최소한 30~50년은 가지 않을까 하고 생각하기 시작했답니다.

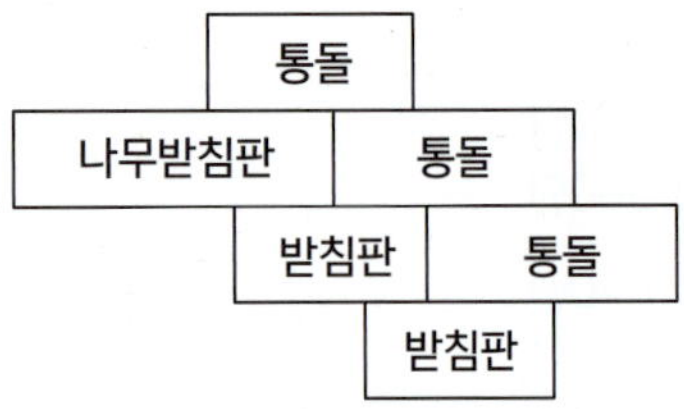

[그림 590] 통돌 밑 받침판 구조 : 통돌계단개념

통돌 밑에는 당연히 받침판이 있어야할 겁니다. 구조적으로 가능할지는 미지수이나 큰 문제는 없을 것 같아 내부계단을 기본적으로 통돌로 할까 생각중이랍니다.

다른 탑들도 기본적으로 9층탑과 동일하나 외관측소군(1~7층탑)의 hatch 계단 형식이 조금 달라서 7층탑 hatch 계단 1개만 살짝 들여다 봅시다. 9층탑 hatch는 갓탑바닥이 워낙 좁아서 hatch가 1개인데 비해서 외관측소군은 바닥판이 너무 넓어서 2개의 hatch를 낼까 합니다.

7층탑의 관측소를 계단 중심으로 간단히 그려봅시다.

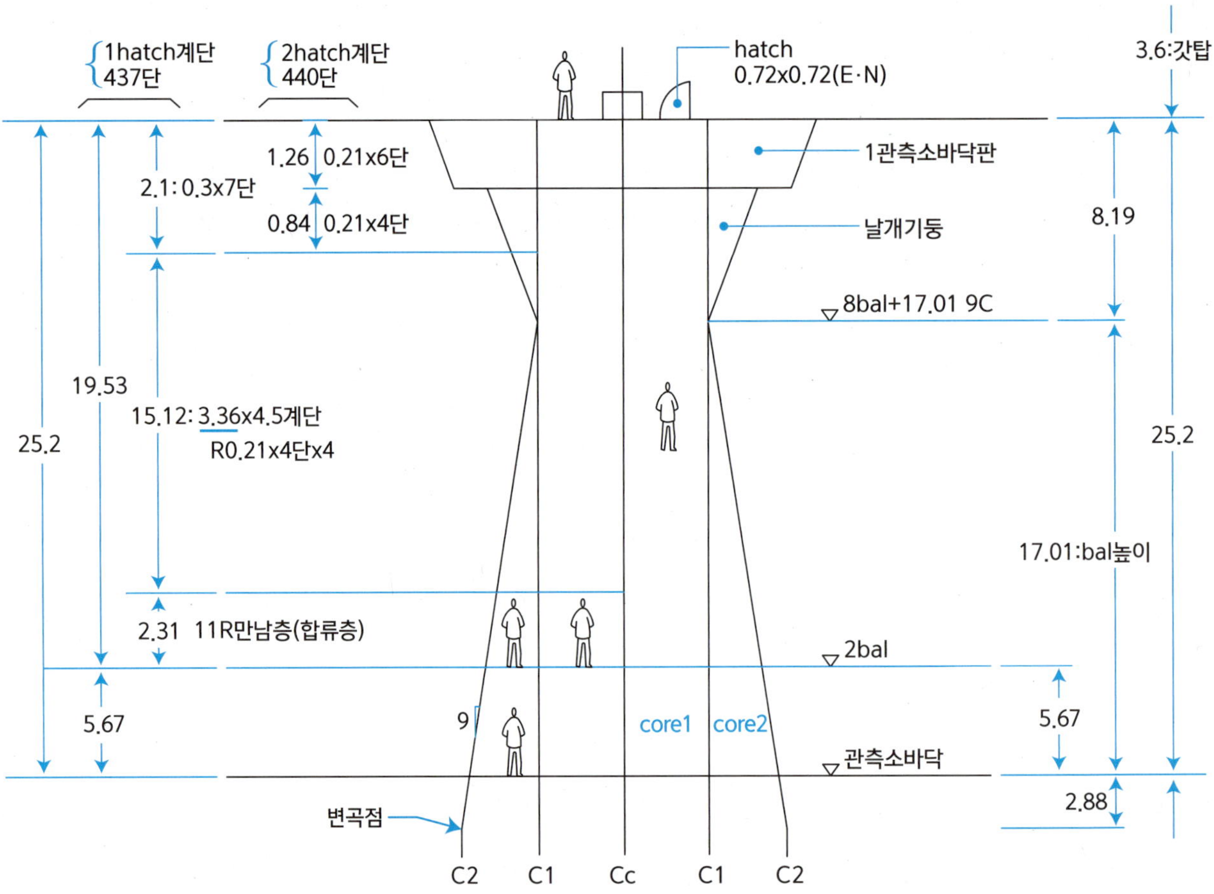

[그림 591] 7층탑 관측소 간이계단 개념

hatch 계단평면도도 잠깐 그려 봅시다.

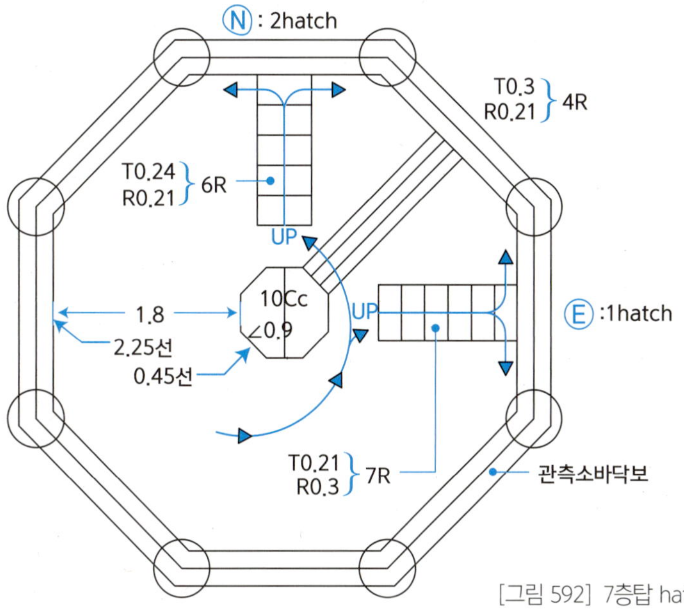

[그림 592] 7층탑 hatch 계단평면도

hatch가 꼭 2개가 필요하지는 모르겠으나, 1hatch는 고개숙임 없이 올라가는 hatch 계단이며, 2hatch 계단은 고개를 숙이거나 기어서 샛보 밑을 통과해야 올라갈 수가 있답니다. 1hatch(437단)만 할려고 했는데, 계단단수의 끝수가 0이 되기 위해서는 2hatch(440단)가 필요할 것 같아 신설(?)했답니다.

7층탑의 1관측소 상부바닥판(갓탑바닥)을 아주 간단하게 한번 봅시다.

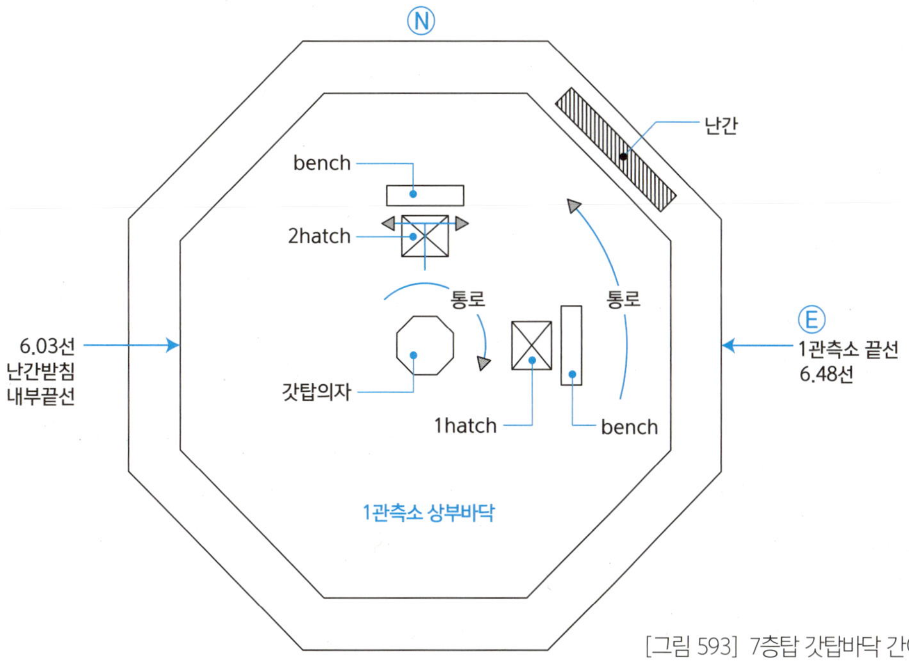

[그림 593] 7층탑 갓탑바닥 간이평면도

hatch 규격은 모든 탑 동일하게 0.72x0.72랍니다. hatch를 올라가는 방향으로 열려니 hatch를 받쳐주는 난간 겸 bench가 필요할 것 같아 의자를 배치시켰답니다.

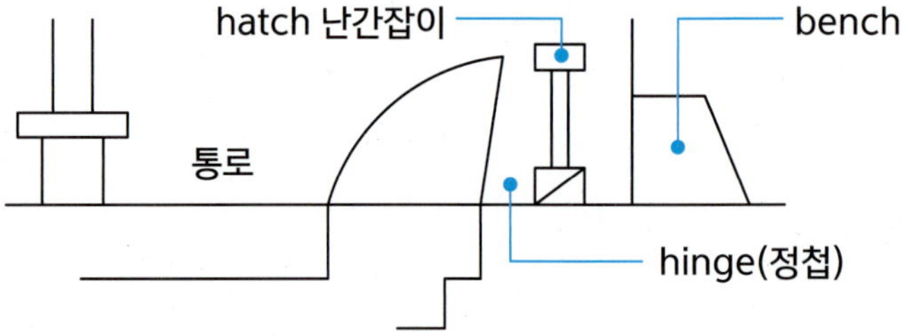

[그림 594] hatch계단 bench와 난간잡이

bench는 없어도 되지만 여기까지 올라온 분이 좀 쉬셨으면 하는 마음에 한번 만들어 봤답니다. 의자를 놓아도 여유공간은 많답니다. hatch 2개가 좋은 점은 성질 급한 놈은 1hatch를 이용하면 좋을 것 같고 장난기 있는 놈은 기어가는 재미로 2hatch를 이용할 것 같네요.

계단이 풀기가 복잡해서 그렇지 풀어보면 아주 재미가 있답니다.
5·3·1층탑 hatch계단도 푸는 방법이 같으므로 시간 나시면 한번 풀어보세요.
기타 잔챙이 계단들(지붕·지붕속계단 등등)은 상황에 맞게 하면 될 것 같답니다.
단수가 그리 많지 않기 때문이겠죠.

✿ 석굴암과 환풍기 ✿

제목이 우섭죠. 한 50여년전 이바구랍니다. 제 외할머니집에 불국사 쪽에 사시는 외아재 한 분이 문안 인사차 오셨답니다.

외할매 曰 : 그래! 석굴암에서 일한다꼬 고생많제!

외아재 曰 : 그냥 잘 지내고 있습니다.

정가 : (???, 석굴암! 스님도 아니신데 …… 무슨 일?)

정가 曰 : 아재요! 석굴암에서 무슨 일 하닝교(돌직구 style?)

외아재 曰 : 어! 석굴암에서 환풍기 돌린다네.

정가 曰 : 석굴암에 와 환풍기 돌리는데요!(무식 style?)

외아재 曰 : 아 그게 말이야. 사람들이 석굴암에 들어오면, 땀도 나고 가스도 나와서 환풍기를 돌려줘야 석굴암을 오래 보존할 수 있단다.

정가 : (??? 땀나는 거까지는 알겠는데, 사람몸에서 왠 가스까지?)

아직도 그때 얘기가 생각난답니다. 그때 그 시절에는 비록 환풍기를 돌렸을지는 몰라도 석굴암을 마음대로 드나들었는데, 언제인지부터 인지는 모르지만 석굴암 문은 굳게 닫혀버렸답니다.
지금도 환풍기는 돌아가고 있을지도 모른답니다. 정문이 꽉 막힌 석굴암, 단순 보존용 석굴암?
과연, 지금의 석굴암이 정통파(?) 석굴암일까요? 혹시 아시는 분 계시나요?
현재 있으니 맞을 것 같다구요? 그건 아무도 모른답니다.

정통파 석굴암이라면 분명히 채광과 환기가 완벽했을 겁니다.
자연환기·자연채광이 잘 되면 환풍기를 돌릴 하등의 이유가 존재하지 않을 듯 ...

16. 석축(城)

목탑에 왠 석축? 이상하죠. 저도 제일 처음에는 전에도 말씀드렸듯이 그냥 단순한 목탑토대 정도로 생각을 했었었는데 알고보니 석축이었으며, 또한 탑(관공서:정부종합청사)을 지키는(?) 성(城) 개념이 있더랍니다. 넓게 보시면 1층 외부진입계단도 석축으로 분류된답니다.

석축이라는 건 알았는데, 도통 석재단수와 각단의 치수는 감조차 잡을 수가 없었답니다.
상석축으로 나가는 개구부가 있다는 건 누구든지 알 수가 있는데 이 개구부높이가 얼마인지 도통 알아낼 수가 없어서 그냥 물끄러미 쳐다만 볼 수 밖에 없었답니다.

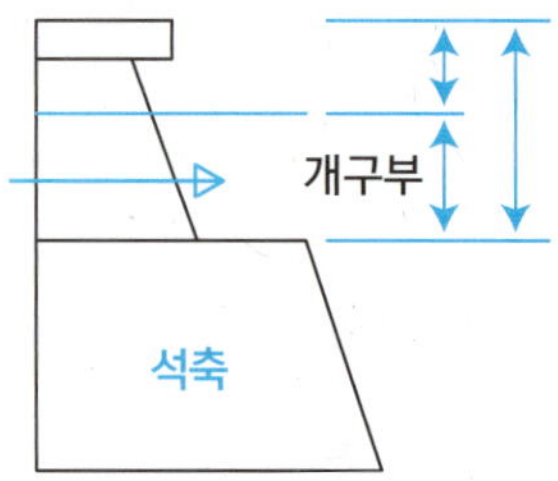

[그림 595] 상석축의 개구부 높이?

개구부가 있어야 상석축 외부로 나갈 수가 있는데 폭이 되었든 높이가 되었든 알 수 있는 방법이 전혀 없어서 그냥 개구부높이만 대충 이 정도면 되겠지라고만 생각했답니다.
석축을 분개해야만이 이 석축의 각단 높이든 뭐가 됐든 알 수가 있을텐데 석축외곽선만 덜렁 있을 뿐이니 답답하기만 했답니다.
이걸 어떻게 풀지라는 생각 이외에는 아무런 생각이 없었답니다.
혹시 이 석축을 분해해 내실 분 계시나요? 있으시다면 한 수 알으켜 주십시오.
그냥 대충 쌓으면 된다구요? 신라 건축기사에게는 대충이라는 용어는 없는디 우짜죠? 기적은 가끔 일어나죠. 아니! 이 석축은 기적이 일어나지 않으면 그 어떤 누구도 알아낼 수가 없답니다.

그런데, 기다리던(?) 기적이 드디어 일어났답니다. 9층탑의 석축에서 였을까요?
천만에 만만에 말씀! 해답은 엉뚱한 탑에서 알아내었답니다. 어떻게 알아내었을까요? 꿈에 어떤 도사가 나타나서 저한테 알으켜 주었을까요? 그랬다면 그 도사는 조금 멍청한 도사일 겁니다.
하고 많은 사람 중에 왜 저 같은 돌팔이한테 알으켜 줄까요? 이왕이면 똘똘한 친구한테 알으켜주지? 제가 도사라면? 해답은 첨성대의 석축에 비밀이 숨어있더랍니다. 첨성대의 석축을 풀어내는데 성공하면서 각 탑의 석축도 쉽게 풀 수 있는 길이 열리더랍니다.

제가 9층탑의 석축높이가 9m이니까 첨성대의 석축높이도 9m라는 걸 인지했답니다.
물론 석굴암의 석축높이도 당연히 9m일 겁니다. 이런 걸 직감공법이라고도 한답니다?
그럼, 첨성대 석축높이가 9m이니, 첨성대의 석축을 분개해 봅시다. 묘하게도 석축단수는 27단이랍니다. 혹시 덕만이 아지매가 27대 왕이라서 27단일까요? 아님, 우연의 일치였을까요?
그건 아무도 모른답니다.
희한한 것은, 우연의 일치인지는 알 수 없으나 첨성대엔 27이라는 숫자가 많이 등장한답니다.

이제 간단히 27단이며 9m인 첨성대석축을 아주 간단히 분석해 봅시다.

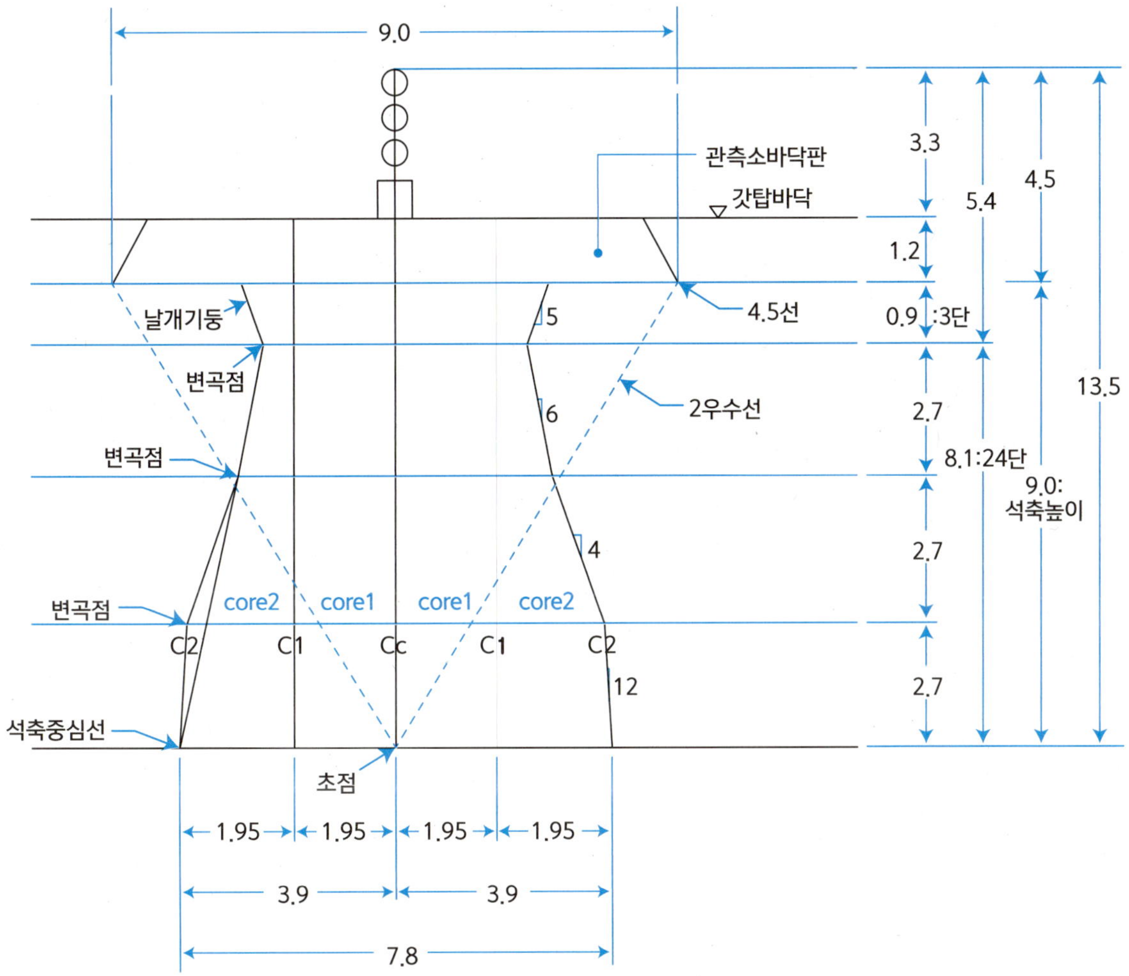

[그림 596] 첨성대 간이 이론 단면도

첨성대 도면이 눈에 익죠.

한번 더 말씀드리면, 첨성대는 9층탑의 2관측소 개념이 기본이며, 1관측소에 있는 날개기둥이 있으므로 1관측소 개념도 있으며 외부에 몸통부지하층의 석축이 있으니 지하층 개념도 갖고 있는 아주 복잡한 개념의 -1층 일반목탑이랍니다. 일반 개념상 -1층이며, 사실은 0층건물이랍니다.

즉, 사무실같은 사용공간이 없다는 걸 의미한답니다. 현재 돌삐만 남아 있으니 혹시 석탑일거라고 생각하시면 안 됩니데이? 완벽한 일반목탑이랍니다.

첨성대석축을 자세히 보시면 경사각이 무려 4개나 있네요. 거짓말하지 말라꼬요?

엉디같이 둥그스럼하게 생겼는디! 맞으신 말씀이네요? 전 심심하면(?) 숫자를 잘 더해 본답니다.

더해볼까요. 경사각들을 더해보면 ⊿12+⊿4+⊿6+⊿5=27,
어! 희한하네. 석축 단수와 똑같네? 아마 우연의 일치겠죠? 석축높이가 9m일 경우 30단이면 아주 간단히 각 단 높이가 9m÷30단=30cm가 되는데 하필이면 왜 27단일까요?
아무리 풀어봐도 풀리지가 않더랍니다. 길고 긴 장고에 들어갔을 겁니다. 풀었을까요. 못 풀었을까요?
저도 잘 모르겠네요! 어떻게 풀면 풀릴까요? 해답은 아주 간단한데 있답니다.

30단이 아니고 27단이라는 얘기는 단높이가 밑으로 갈수록 두꺼워진다는 얘기일 겁니다.
바꾸어 말하면 윗단으로 갈수록 단높이가 줄어든다는 말이랍니다.

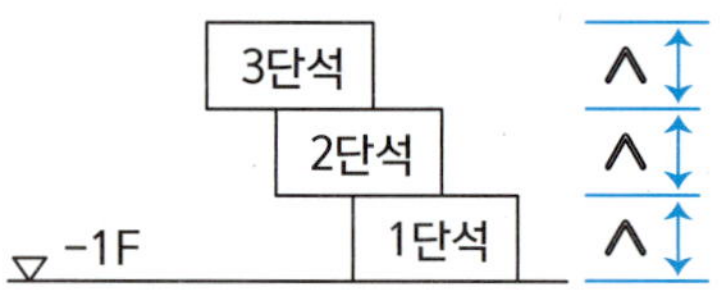

[그림 597] 밑으로 갈수록 두꺼워지는 단높이

즉, 1단> 2단> 3단 …… 이런 식이겠죠.
제일 밑에 있는 1단석이 제일 두껍고 2단석이 그 다음으로 두껍고 다음은 3단석……
이렇게 되는 것까지는 어떤 누구도 알아낼 수 있답니다.
모르시겠다구요? 아이구 두야?

석축의 경사각만 분리해 그려 봅시다.

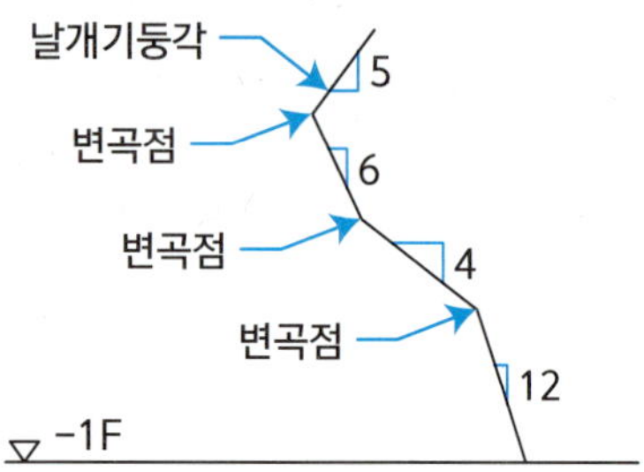

[그림 598] 첨성대 석축의 경사각

좌측 그림을 보시면, ⊿12, ⊿4, ⊿6까지는 경사각은 다를지라도 같은 방향으로 잘 줄어들다가 날개기둥에서 갑자기 방향을 틀면서 우측으로 넓어진답니다.
이상한 생각이 안드시나요?
같은 방향으로 줄어들어야(건물폭이 줄어듬) 단높이를 줄일 수가 있는데, 건물폭이 넓어지는데 단높이가 줄어들게 되면 단이 무지 약하게 된답니다. 이런거랍니다.

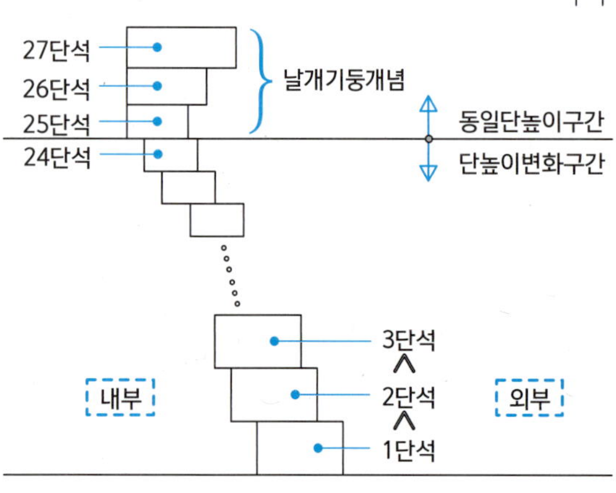

[그림 599] 단높이 변화개념

좌측을 보시면, 날개기둥인 상부 3단은 내부는 일직선이며 윗단으로 갈수록 외부쪽으로 단폭이 도리어 늘어난답니다.
이럴 경우는 윗단의 단높이를 줄이면 구조적으로 문제가 생길 수 있으므로 상부 3단은 동일한 단높이인 30cm가 되어야 한답니다.
즉, 날개기둥 3단의 높이는 0.3x3단=0.9가 된답니다.

이젠 27단 중 상부 3단은 해결이 되었답니다. 나머지 24단 높이는 9-0.9=8.1m랍니다. 이젠 8.1m높이에 24단을 만들면 된답니다. 요고! 눈 감고도 풀 수가 있겠죠.
이제까지 저하고 무지 협력작업(?)을 많이 하셨는데 이 정도는 누워 떡먹기보다 더 쉬우실 겁니다.
이제 같이 풀어보실까요. 신라탑의 기본숫자가 뭐라고 했죠. 생각나시나요.
바로 모든 치수의 기본 개념이 3, 6, 9로 3의 배수공법이라는 거랍니다. 3이라는 숫자는 치수가 없답니다. 치수를 부여해 볼까요. 3m/m, 3cm, 3m ……. 8.1m에 24단이므로 3cm, 3m는 지나치게 큰 숫자니께 뺍시다. 3m/m가 마음에 딱 드네요. 25~27단이 30cm이니까 24단석은 30cm + 3m/m = 0.303, 23단석은 0.306, 22단석은 0.309 …… 정리를 해봅시다.

• 3단 { 27단석 : 0.3 / 26단석 : 0.3 / 25단석 : 0.3 } 0.3x3단=0.9(날개기둥)

• 24단 { 24단석 : 0.303 / 23단석 : 0.306 / 22단석 : 0.309 / ⋮ / 2단석 : 0.369 / 1단석 : 0.372 } @0.003:석재단높이 증감계수 (0.303+0.372)x12=8.1

⊕ } 9m:27단

☆ **높이 합계 예 :** 24단석(0.303) + 1단석(0.372) = 0.675
: 23단석(0.306) + 2단석(0.369) = 0.675 } 같음.

[표 34] 첨성대 석축의 단높이 개념

1단석과 24단석의 높이합과 2단석과 23단석의 높이 합계가 같으므로 일일이 더하실 필요없이 24단석과 1단석의 합을 12단(24단÷2)으로 곱하시면 계산이 틀릴 일이 전혀 발생되지 않습니데이. 계산에 자신이 있으시다고 일일이 더해 보시다가는 틀릴 일이 무지 많답니다. 일일이 더하시지 마이소?
실제로 25~27단석이 30cm라는 걸 인지하고, 8.1m에 24단을 어떻게 집어넣을까를 무지 생각해 봤답니다. 3m/m, 6m/m, 9m/m, 12m/m …… 등등 별 생각을 다해 봤으며 실제로도 일일이 다 대입해야겠다고 생각을 했었는데, 첫 수인 3mm를 집어 넣어보니 딱 맞아 떨어지더랍니다.
단 한번 만에 끝나버렸답니다. 무지 싱겁죠. 6mm, 9mm는 집어 넣어볼 필요조차 없어져 버렸답니다.
사실 몇 분 만에 풀리더랍니다?

이렇게 첨성대의 석축이 풀리니 가만히 있어도 9층탑의 석축은 지가 알아서 자동으로 풀리더랍니다. 그렇게도 풀지 못했던 9층탑 상석축으로 나가는 개구부 높이가 2.1m라는 걸 드디어 알아냈답니다.

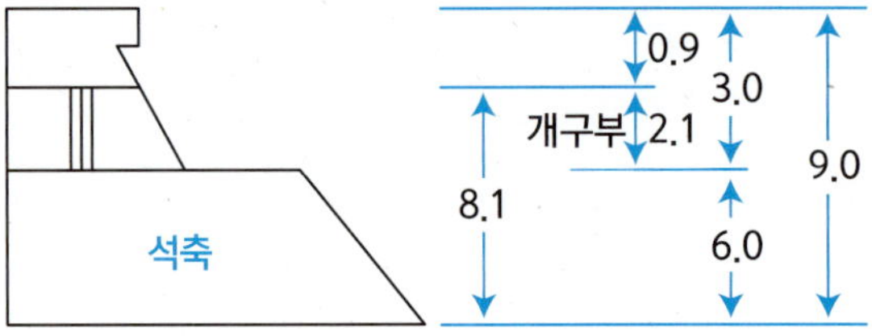

[그림 600] 9층탑 상석축 개구부 높이

9층탑 석축만 알아내었지 1~7층탑은 알아낼 수가 없었답니다.
몇 년의 시간이 흐른 후에 간신히 첨성대 석축에서 인지한 9층탑 석축단높이에 문제가 있다는 걸 감지하기 시작했답니다.

상석축 외부최하단석이 상석축 바닥면과 맞아 떨어지지가 않더랍니다.

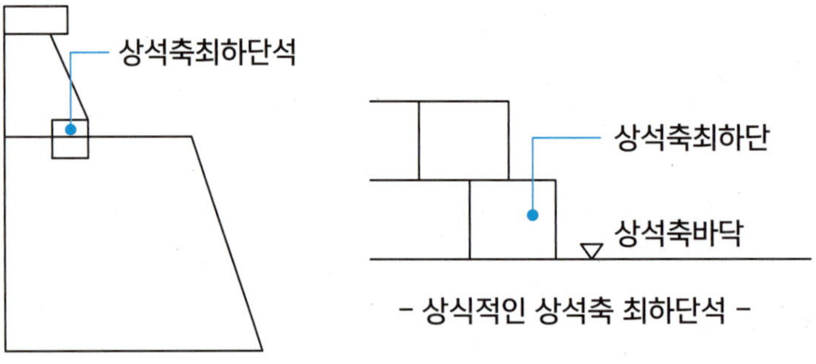

[그림 601] 상석축 외부 최하단석의 문제점

뭔가가 잘못되었다는 걸 인지하기 시작했답니다. 정상적인 경우는 이럴 겁니다. (위 우측도면)
왜 안맞지? 난리가 났답니다. 이제까지 맞는 줄 알고 푹 잊고 있었는데? 우짜지?
그래서, 냉정하게 여러 많은 생각을 하기 시작했답니다. 첨성대 석축은 홑벽(1단씩 쌓아 올라가는 벽)인데, 탑석축은 엄청 폭이 넓은 석괴(돌 무더기 개념)라는 걸 인지했답니다.

석축 외부에만 좋은 석재를 쓰고 내부에는 막돌을 넣었는지까지는 알 수 없지만 야튼 부피가 무척 크니 당연히 석재판높이가 높아져야 석축이 튼튼해진다는 걸 인지하기 시작했답니다.
또한, 상석축 최하단석이 상석축 바닥면과 일치할려면 상석축외부면의 석축은 단높이가 동일해야만이 일치한다는 걸 인지하기 시작했으며, 하석축 외부단도 상석축 바닥에서 단이 새로 시작되니 석축 내부와 개념이 다르다는 걸 인지했답니다.

즉, 3가지의 각기 다른 석축단높이가 되어야 석축이 성립된다는 걸 인지했답니다.

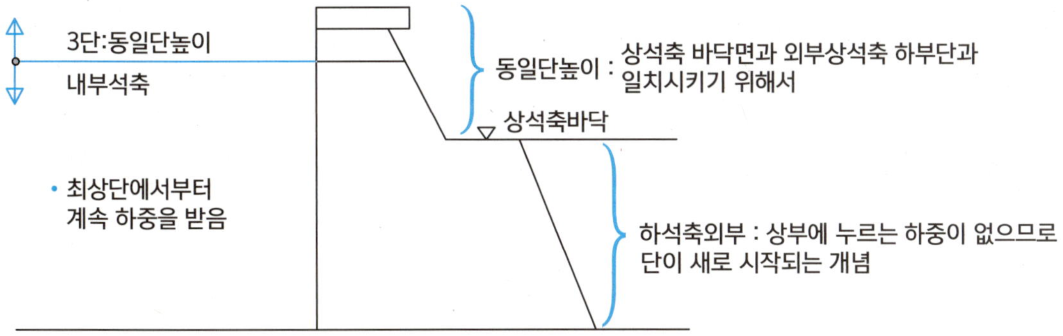

[그림 602] 석축단의 3가지 개념

길고 긴 장고 끝에 각 단높이를 구하긴 구했는데 9층탑만 제 마음에 쏙 들고 1~7층탑 석축은 썩 맘에는 안들긴 하지마는 구해는 봤답니다. 경우의 수가 여러개 발생이 될 수가 있답니다.

9층탑 석축단높이를 먼저 보실까요.

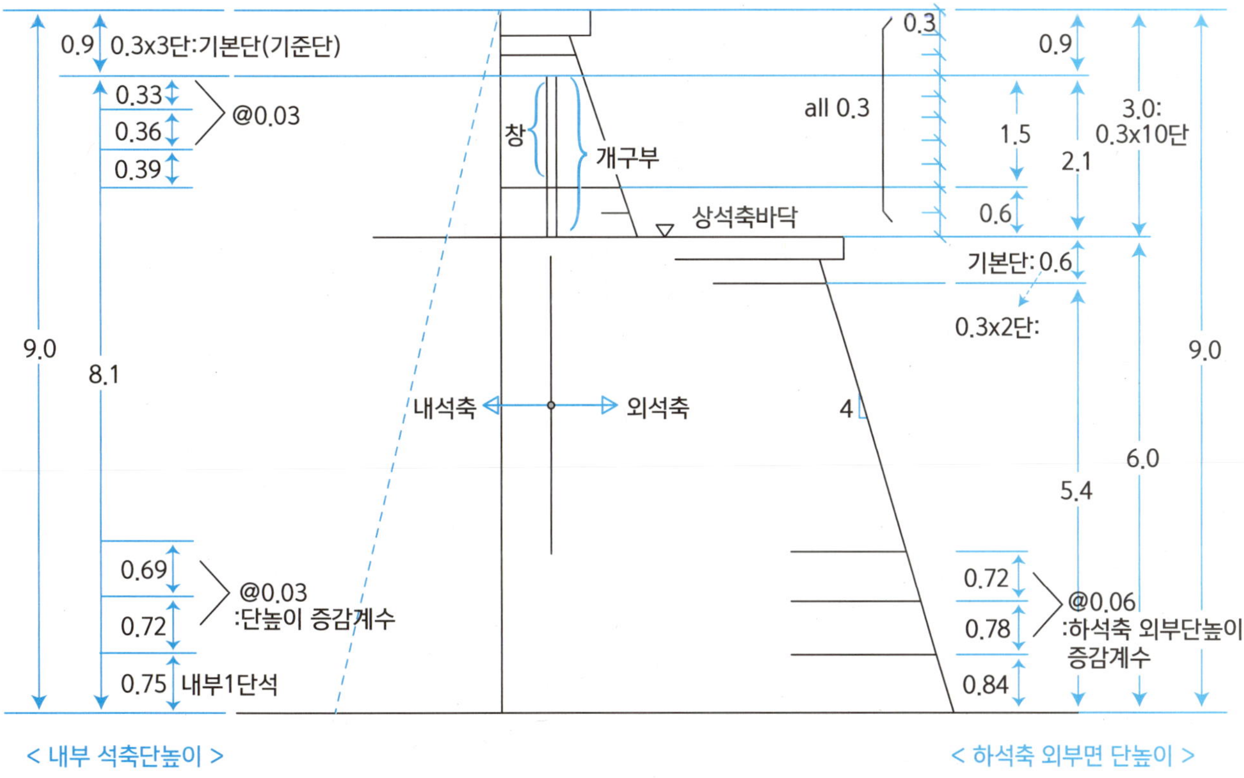

[그림 603] 9층탑 석축 : 부위별 단높이 개념

이제사 9층탑 석축의 단석이 좀 두꺼워졌답니다. 석축의 최상단석은 계산으로 알아낼 수가 있답니다. 각 탑 동일하답니다. 9층탑의 최상단석 높이를 구해봅시다.

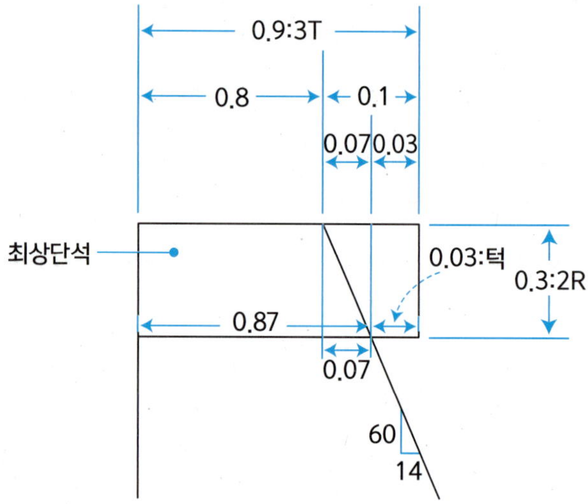

[그림 604] 9층탑 최상단석 높이

9층탑 몸통부단높이는 R=0.15랍니다.
반드시 최상단석 높이는
계단 R = 0.15의 영향을 받는답니다.
2단높이=2x0.15=0.3, 2단인 0.3정도면 최상단석으로 양호하겠죠? 아닝가?
0.3 x 14◺60 = 0.3x $\frac{14}{60}$ =0.07,
최상단석의 하부가 7cm가 넓어지네요.

최상단석폭은 3T(디딤판폭)=3x0.3=0.9이므로, 이론 칫수인 0.8과 상석축 경사각으로 자연적으로 하부가 넓어진 7cm를 더해보면 0.8+0.07=0.87이 되며 최상단폭인 0.9-0.87=0.03이 남네요.
즉, 최상단석 하부에 3cm의 노출턱이 발생되어 띠가 형성되어 보기에도 좋답니다.

상석축만 다시 그려볼까요? 지겹네요?

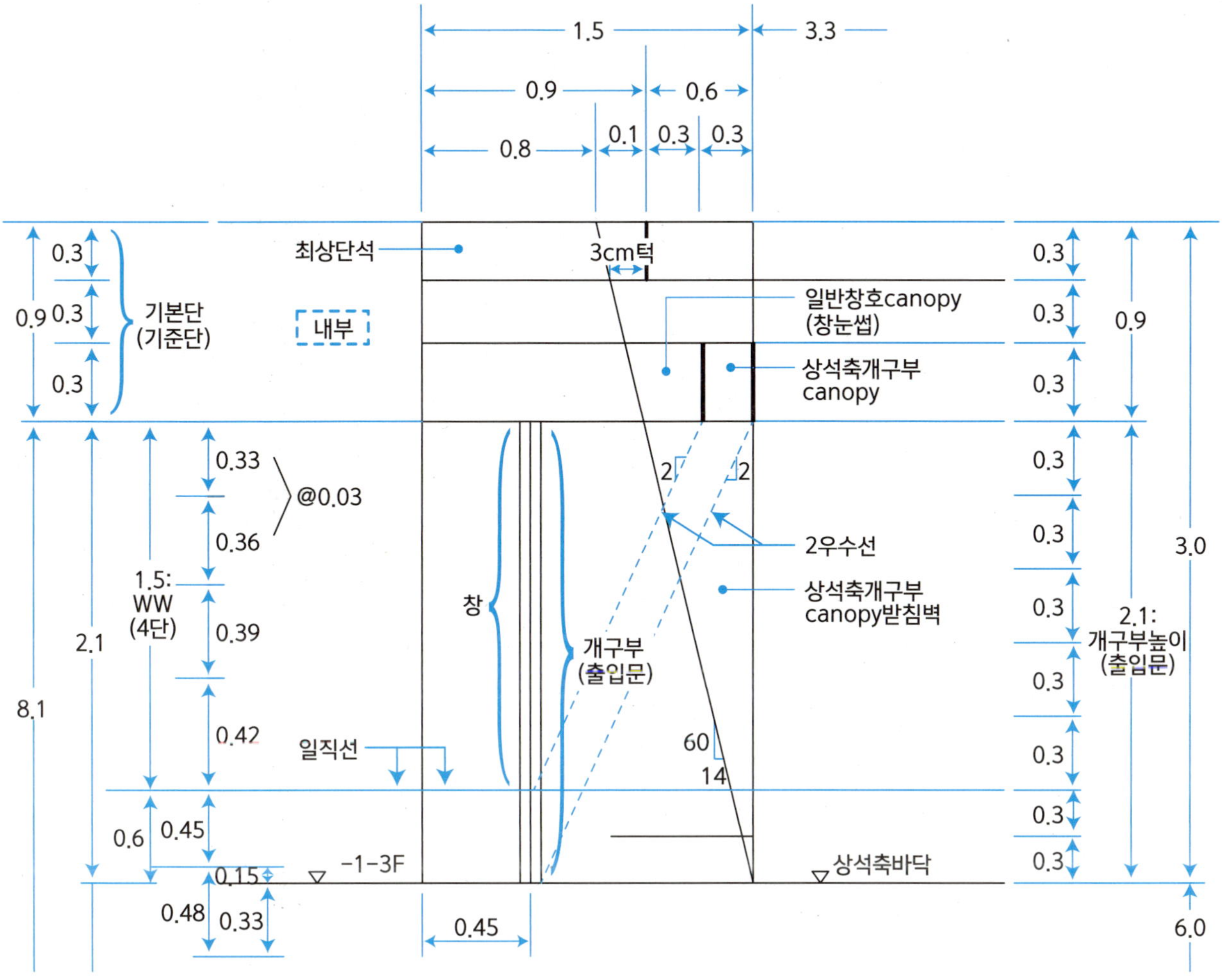

[그림 605] 9층탑 상석축 개념도

최상부 3단은 기본단으로 석축단높이가 0.3으로 같답니다. 이유는 아실 겁니다.
창문 상부로 창눈썹(상인방 개념)이 있어서 턱눈썹이 나올겁니다. 이쁘죠! 사실 상석축이 아주 재미있답니다. 기본단 밑이 상석축 바닥으로 나가는 문이 되며, 상석축 높이인 3m의 반인 1.5m가 창문높이가 된답니다.
9층탑 석축과 5층탑 석축은 묘하게도 내부석축과 외부석축이 창문높이와 희한하게도 동일하게 떨어진답니다. 창문을 보시면 내부석축 4단이 1.5m가 되며, 외부 5단이 1.5m가 되어 완벽한 형태를 이룬답니다. 창문과 개구부는 창짝이나 문짝을 달게될지 그냥 단순히 개방형(opening: 빈공간개념)으로 할지는 아직 미정이랍니다.
상석축에서 한가지 미흡한 것이 있다면, 상석축 바닥면이 내부석축단과 일직선(평면)이 되지 않는답니다. 15cm의 차이가 난답니다.

산 좋고 물 좋고 정자까지 좋은 곳은 그만큼 찾기가 어려운 것 같답니다?
내부석축은 기본단 하부에서 @0.03의 증감계수로 밑으로 갈수록 단높이가 높아진답니다.

하석축 외부석축을 한번 보실까요.

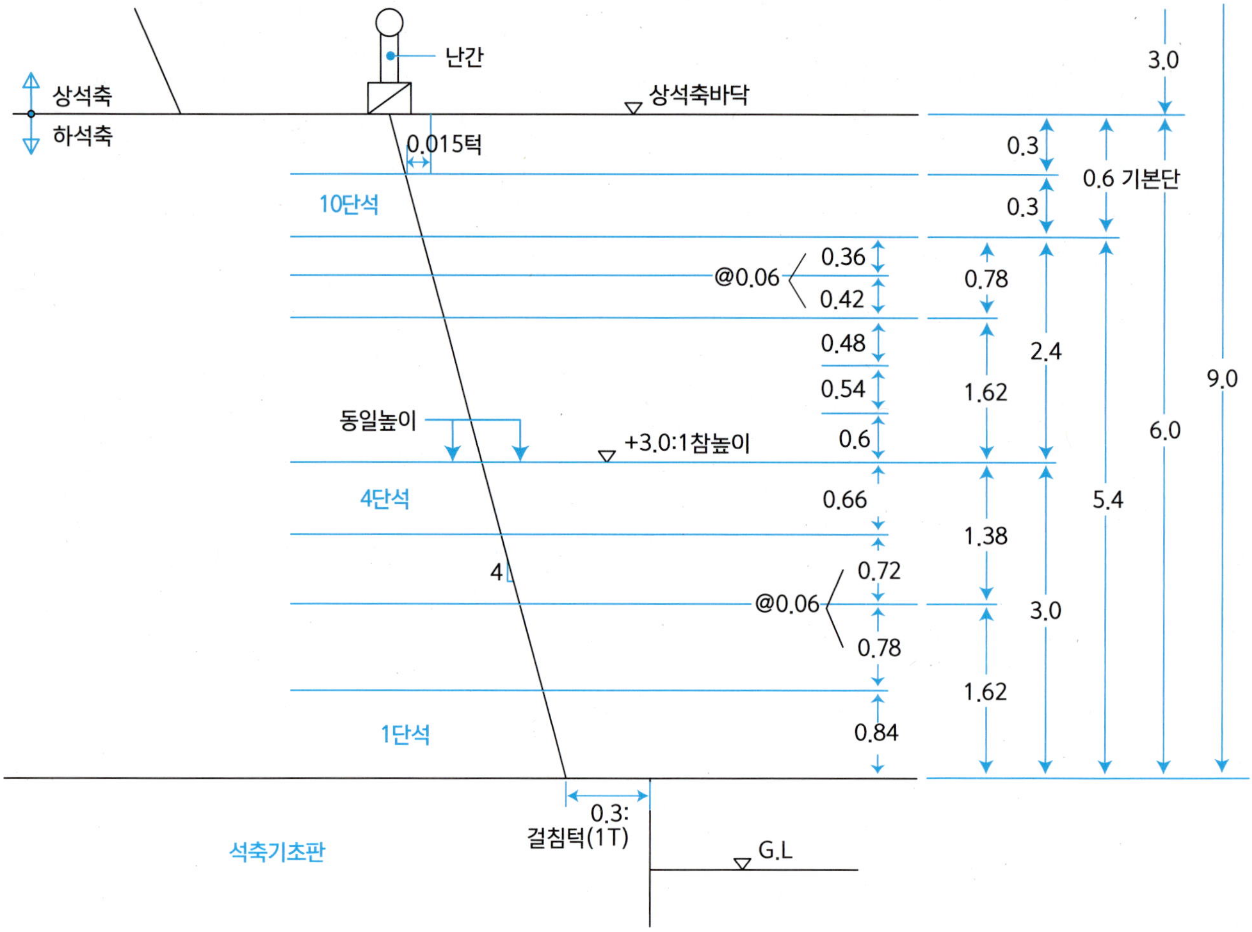

[그림 606] 9층탑 : 외부하석축 각단높이

외부하석축 상부에도 기본단이 2단이 있답니다. 석축이 다시 시작되는 최상단높이도 당연히 0.3일 겁니다. 위에 아무런 하중도 없기 때문이겠죠. 사람이 걸어다닌다고요? 상석축 바닥에는 난간도 설치될 것이며 당연히 상석축 바닥물구배도 있을 겁니다.
하석축 최상단은 물구배만큼 두께가 얇아지는 곳도 발생될 겁니다. 하석축에서 재미있는 것은 4단석 위가 +3.0으로 외부진입계단 1참높이와 동일하다는 겁니다. 외부하석축은 외부진입계단과도 관련이 있겠죠. 물론 다른 탑들도 동일할 겁니다. 내부석축을 잠깐만 봅시다.

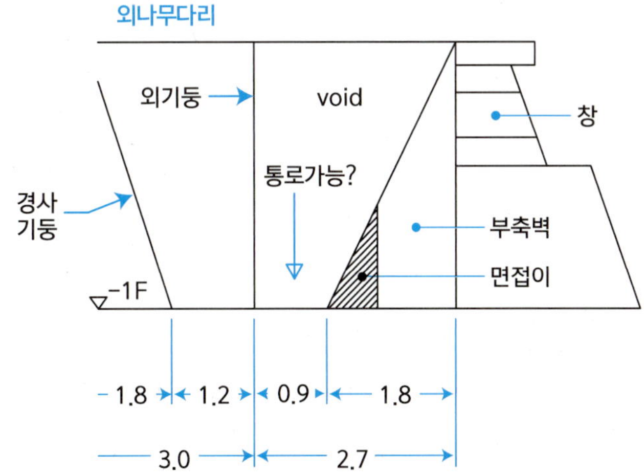

[그림 607] 9층탑 : 외기둥과 부축벽사이에 통로가능하게

석축내부에는 석축을 보강해주는 부축벽(buttress)이 있답니다. 바로 안쪽에는 외나무다리의 외기둥이 있답니다. 외기둥과 부축벽 사이의 폭이 좁은 편으로 통행이 원활치가 않아서 부축벽 하부 몇 단까지인지는 모르겠으나 부축벽 하부를 잘라내어서 수직화할까를 생각중에 있답니다.

구조적으로 큰 문제가 없으면 통행가능 최소폭 정도로 부축벽하단폭을 줄일까 고려중이랍니다. 석축과 외부계단은 서로 연결이 되어있으니 외부계단의 석축도 보셔야죠.

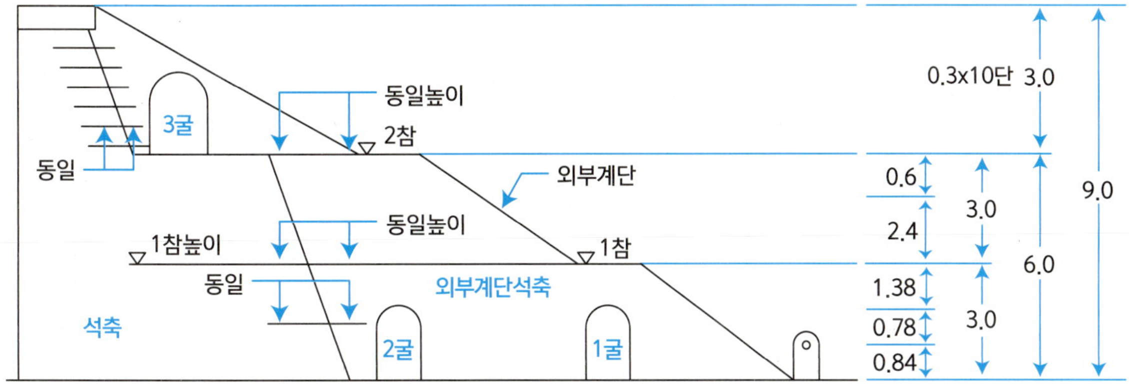

[그림 608] 9층탑 : 외부계단 석축과 외부석축 단높이가 동일함

외부계단석축은 외부석축의 상·하석축단높이와 동일해야 모양상 좋을 것 같아서 단높이를 서로 맞추게 될 겁니다. 외부계단의 굴(tunnel)을 잠깐만 보실까요? 이 굴이 보기보다 무지 복잡하더랍니다. 아직도 많이 생각해봐야 한답니다.

먼저 3굴부터 잠깐 볼까요.

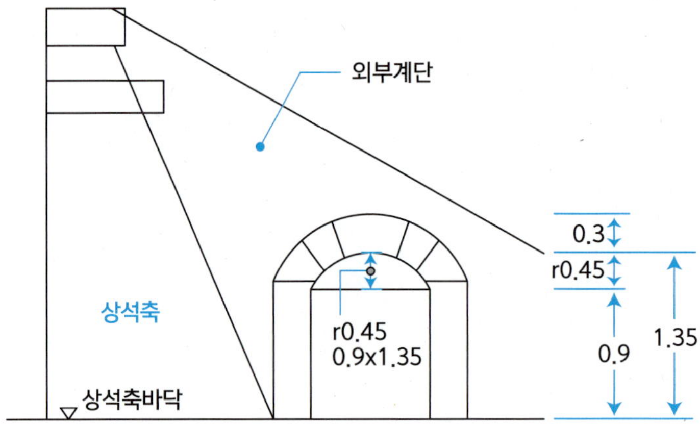

[그림 609] 9층탑 외부계단 : 3굴 개념

이 3굴은 상석축바닥을 연결하는 굴로 생각보다 높이가 잘 안나오더랍니다. 굴 높이를 1.8m정도로 하고는 싶은데 너무 힘이 들어서 1.35m로 하면 안전할 것 같답니다. 굴 옆에 수직기둥석을 세워야 할지도 헷갈린답니다. 3굴 통과시는 고개를 조금 숙이십시오. 굴 높이를 빡빡은 하지마는 1.5m까지도 고려는 하고 있답니다.

1·2굴도 잠시 볼까요.

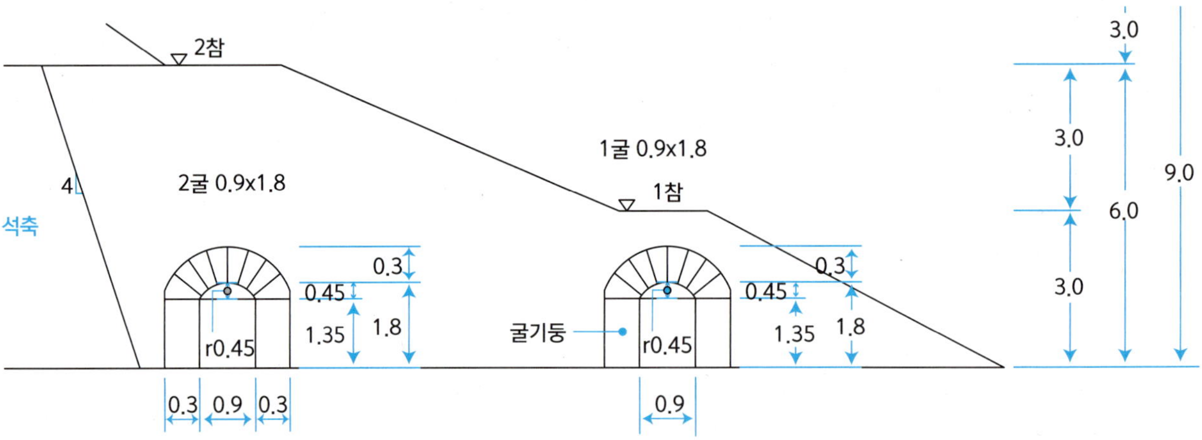

[그림 610] 9층탑 외부계단 : 1·2굴 개념

1·2굴은 1·2참 밑에 있는 외부통로굴로 그런데로 통과하기는 쉽답니다. 폭이 0.9라서 2명이 마주치면 조금은 불편할 듯? 2굴높이는 필요에 따라서 더 높일 수도 있답니다. 굴폭은 참폭과 같이 맞추었답니다. 이 1·2굴에 대해서 제가 어릴적 들은 이바구가 있어서 한번 재미있게 꾸며본(?) 적이 있답니다. 불국사 진입외부계단 밑에 있는 굴내부로 물이 흘렀다는 이바구겠죠? 저는 그렇게 믿었답니다?

그래서 있는 머리 없는 머리 다 동원하여 이렇게 한번 꾸며 봤답니다.

문천(남천내 : 반월성 밑에 있는 강 이름)에서 물을 끌어들여 9층탑 외부계단의 1·2굴을 통과하여 알천(북천내)으로 시냇물이 흐르게 하는 안이었답니다. 성립이 될지는 모르겠으나 모천인 형산강을 기준으로 볼 때 남천내가 더 위쪽에 있으므로 가능할 것도 같다는 생각에 폭 빠져버렸답니다.
환상의 조그마한 운하가 되겠죠. 땅 높이(해발높이)도 점검해 보지도 않고 저 멋대로 한번 상상을 해 보았는데 아무리 생각해봐도 웃기는 것도 같더랍니다. 이 조그마한 운하를 만들어봤자 배도 못 띄우는 상황이고 잘해봐야 농수로 정도밖에 안될 것 같아 조용히 잊어버리기로 했답니다.
그래도 꿈은 한번 꾸어 봤답니다. 석축에서 제일 헷갈리고 아직도 어떻게 방향을 잡아야할지 모르는 게 있답니다. 바로 석축시공이랍니다.

같이 한번 생각해 보실까요. 볼까요.

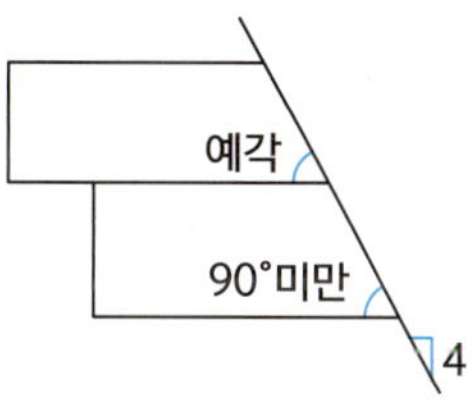

[그림 611] 석축의 예각 발생

신라건축물에는 기본적으로 예각(90°미만)이 발생되지 않는다고 했을 겁니다. 어렴풋이 기억나실 겁니다.
경사석축을 보시면 묘하게도 예각이랍니다.

이 예각을 어떻게 하면 될까요. 묘안을 짜내어야 하는데 힘드네요.

크게 2가지는 생각을 해볼 수가 있답니다.

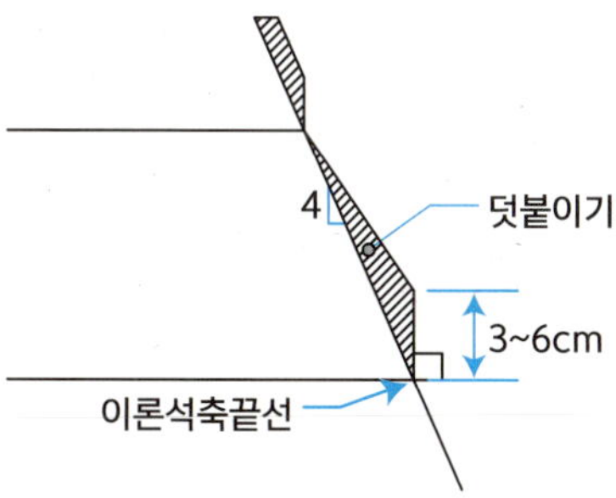

[그림 612] 덧붙이기 공법

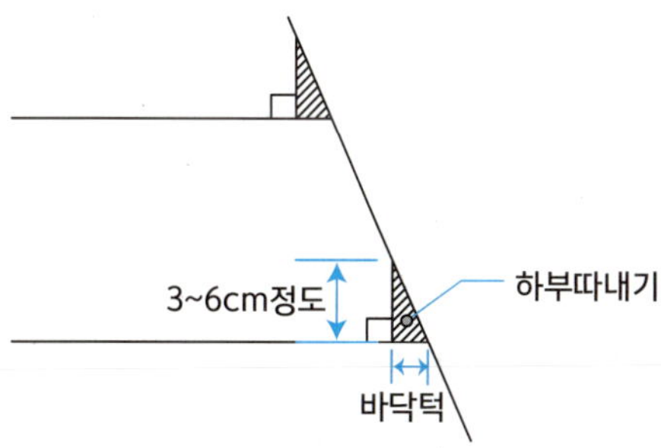

[그림 613] 따내기 공법

덧붙이기공법을 채택하면 각단의 경사각(9층탑은 ⊿4)이 사라진답니다.
따내기공법을 채택하면 경사각(⊿4)은 살릴 수가 있는데 각단에서 따낸만큼의 바닥턱이 생긴답니다.
우찌하오리까? 따내기공법이 약간 더 보기가 좋다고요? 채택할까요?
눈 딱감고 그냥 석공아지아에게 일임하면 어떨까요? 저보다는 백배·천배는 낫거들랑요?

9층탑 석축만 달랑 보니 7층탑이 나도 낑가도 카네요. 7층탑만 잠깐 더 봅시다.

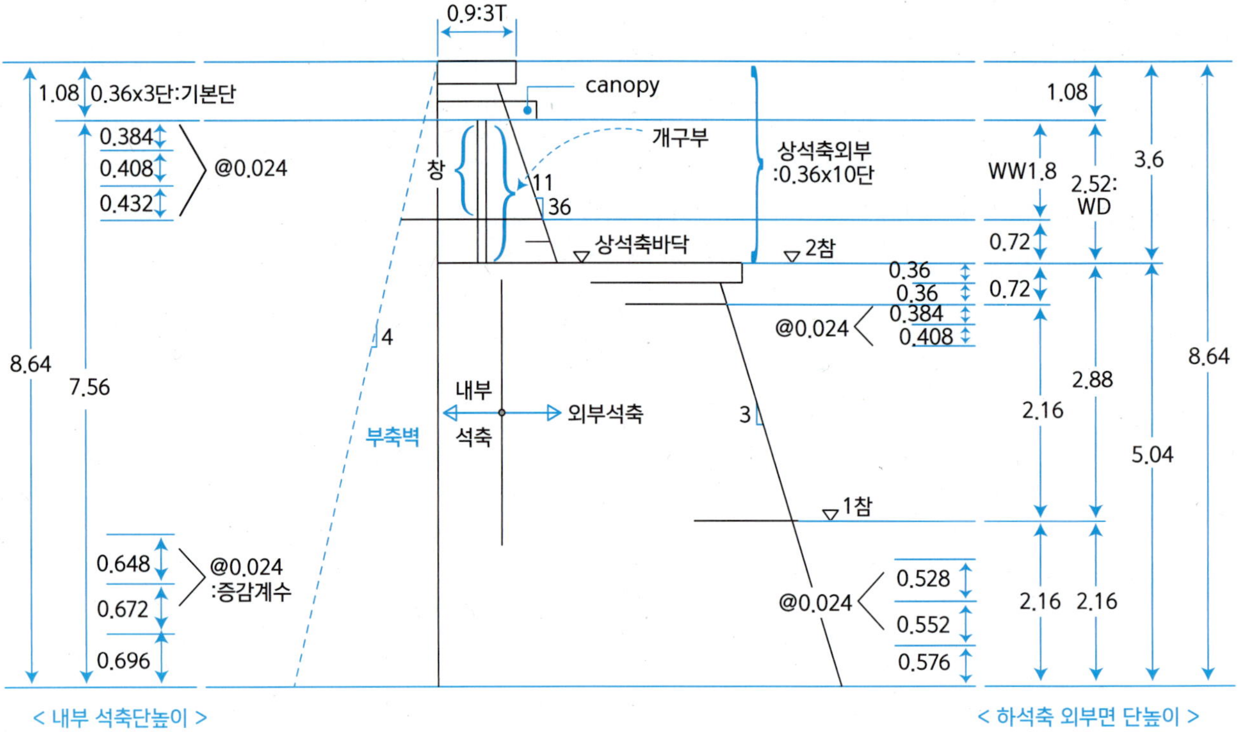

[그림 614] 7층탑 : 석축단높이

상석축높이가 왜 3.6m인지는 저번에 설명드렸을 겁니다. 7층탑의 내부석축과 하석축 외부석축증감계수가 묘하게도 0.024로 똑같답니다. 최상단석의 단높이를 보실까요?

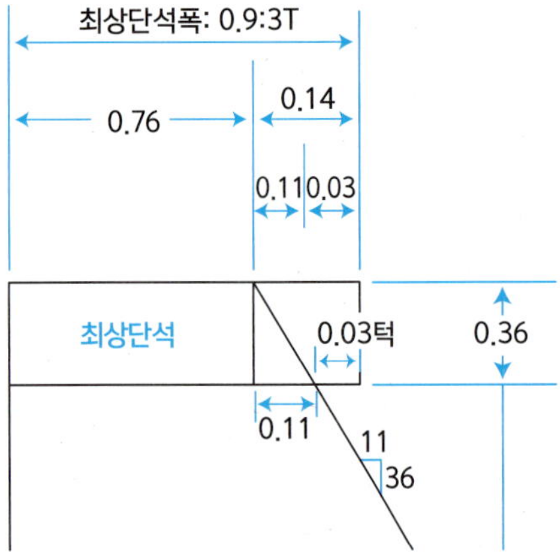

[그림 615] 7층탑 : 최상단석 단높이

7층탑 몸통부 R=0.18로 2단이면 0.36

이론자연경사각 증가율 = 0.36x(36/11) =0.36x(11/36) = 0.11

이론상단폭 = 0.76+0.11=0.87

최상단석 하부턱 = 0.9(3T)−0.87 = 0.03

9층탑과 똑같이 3cm의 턱이 최상단석 하부에 튀어나오네요.

너무 간단하게 최상단석높이 0.36이 나오네요. 상석축만 다시 그려 봅시다.

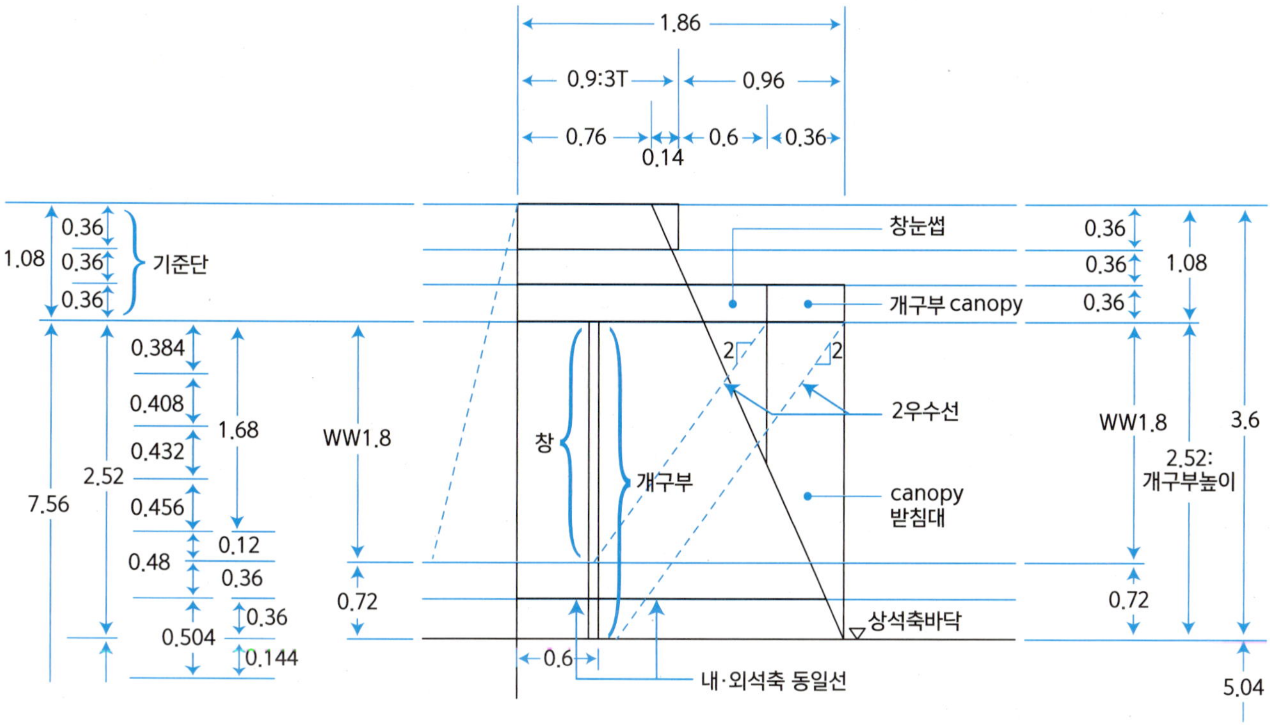

[그림 616] 7층탑 : 상석축

9층탑과 같이 최상부 3단은 기본단이며 단높이가 0.36으로 같고, 개구부높이는 2.52이며, 창문높이는 상석축높이의 반인 1.8m가 된답니다.

7층탑은 묘하게도 창문상부는 내·외부석이 동일 수평면인데, 하부면은 서로 다르답니다.

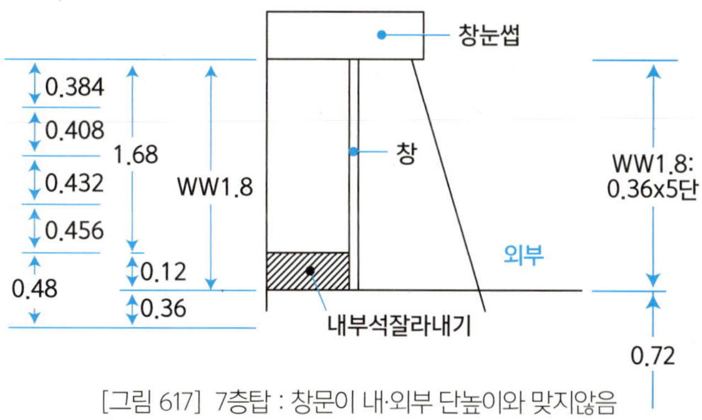

[그림 617] 7층탑 : 창문이 내·외부 단높이와 맞지않음

외부석은 0.36x5단으로 창문의 상·하단이 수평면이라 아무런 문제가 없답니다.

내부석축은 단높이 0.48에서 0.12를 줄여야 창 하부면이 맞게 된답니다.

즉, 내부에서 창문을 볼 때 이렇게 보인답니다.

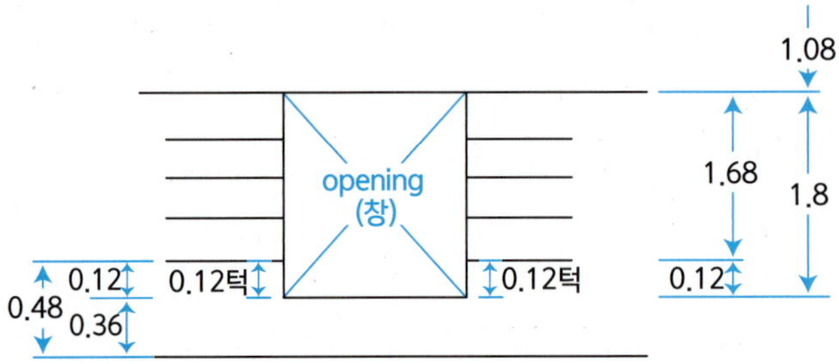

[그림 618] 7층탑 : 내부에서 창문을 볼 때

모양새가 조금 그렇답니다. 내부석축단의 선을 맞추려면 창문높이가 1.68이면 가능하나 외부에서 또 턱이 12cm나 진답니다.

이럴 경우에는 어떻게 해야할지가 애매하답니다.

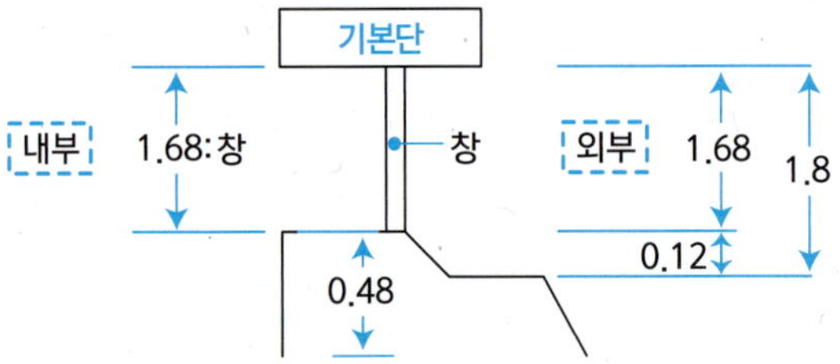

[그림 619] 내·외부 석축을 창에 모두 맞출시 : 외부에 12cm턱 발생

내부기준일까요. 외부기준일까요. 아님 둘다 만족시켜야 할까요?
머리 좋으신 분 한 수 알으켜 주이소? 9층탑같이 내·외부가 같은 선이면 참 좋은디? 참! 애럽네요?

7층탑 외부하석축도 잠깐 봅시다.

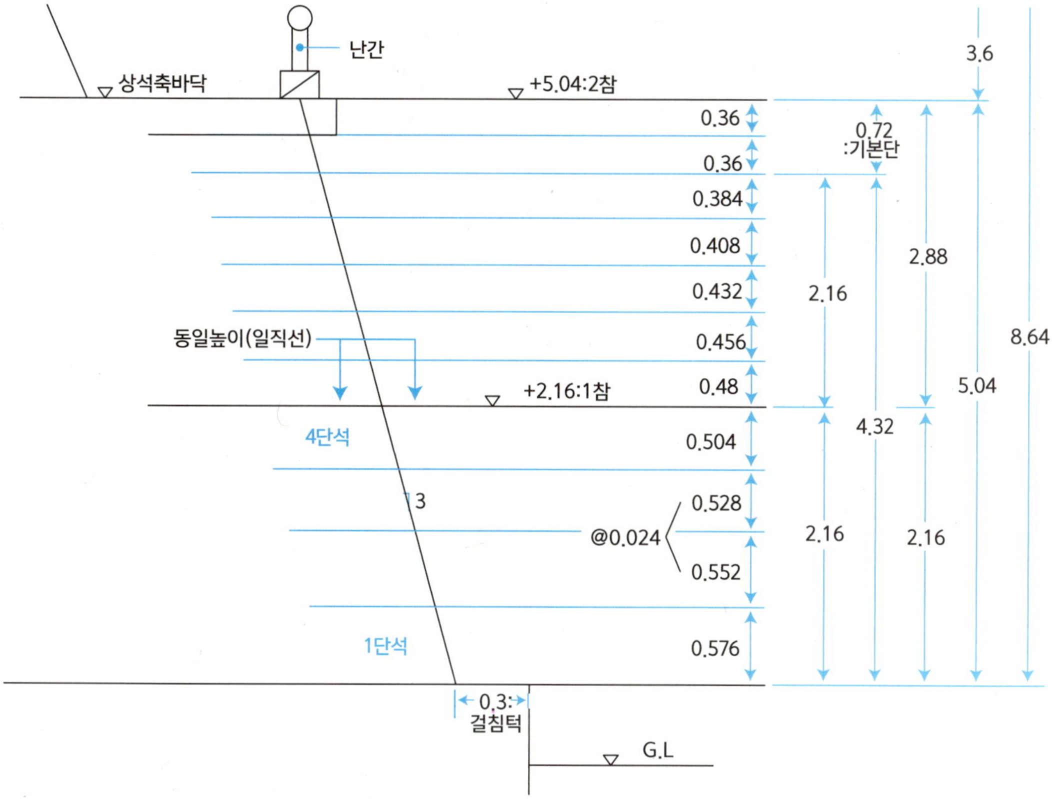

[그림 620] 7층탑 : 외부하석축 각단높이

가장 중요한 것은 4단석 상부(+2.16)가 반드시 외부계단의 1참높이와 동일해야만 한답니다.

그래야 외부에서 보면 동일선·동일높이가 된답니다. 외부하석축 최상단상부는 당연히 외부계단 2참선과 동일하게 될 겁니다. 외부계단의 3개의 굴만 잠깐 더 봅시다.

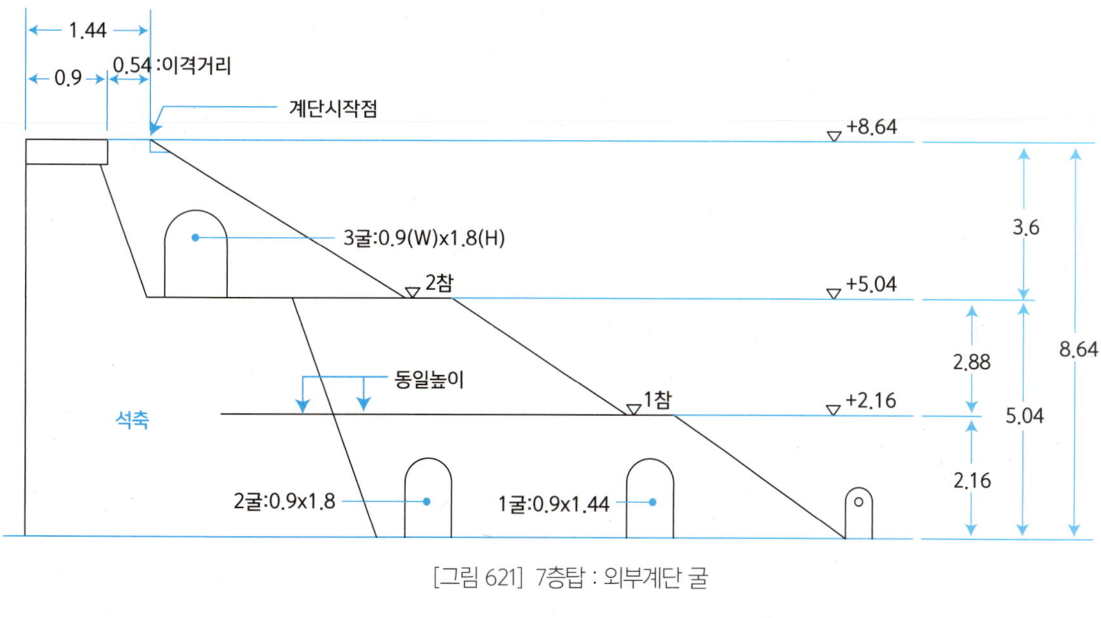

[그림 621] 7층탑 : 외부계단 굴

상석축에 있는 3굴은 0.9x1.8로 각 탑 중에서 가장 양호하며, 1굴은 1계단의 높이가 2.16밖에 되지 않아서 0.9x1.44로 너무 낮네요? 많이 숙이셔야 지나갈 듯? 나머지 5·3·1층탑의 석축도 접근방법은 똑같답니다. 시간이 쪼께 있으신분은 한번 풀어보세요. 특히, 외부하석축의 단높이와 1참높이 맞추기가 그리 만만치마는 않을 겁니다. 진땀은 쪼께 흘릴 각오는 하시고 접근하이소!

참고로 9층탑 외부계단상부(1층외부복도)의 최상단석 위에 있는 난간분리석(외부계단난간과 1층외부통로의 난간을 구분짓는 분리석)을 잠깐만 보실까요.

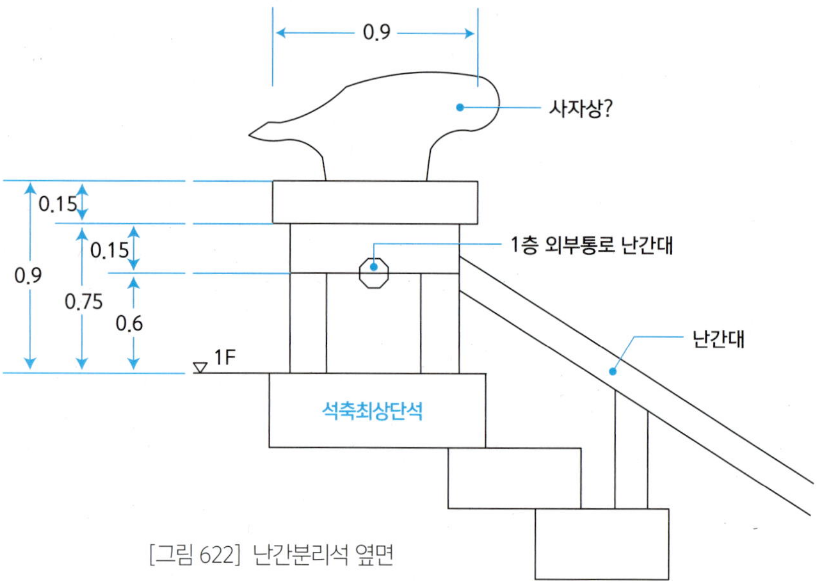

[그림 622] 난간분리석 옆면

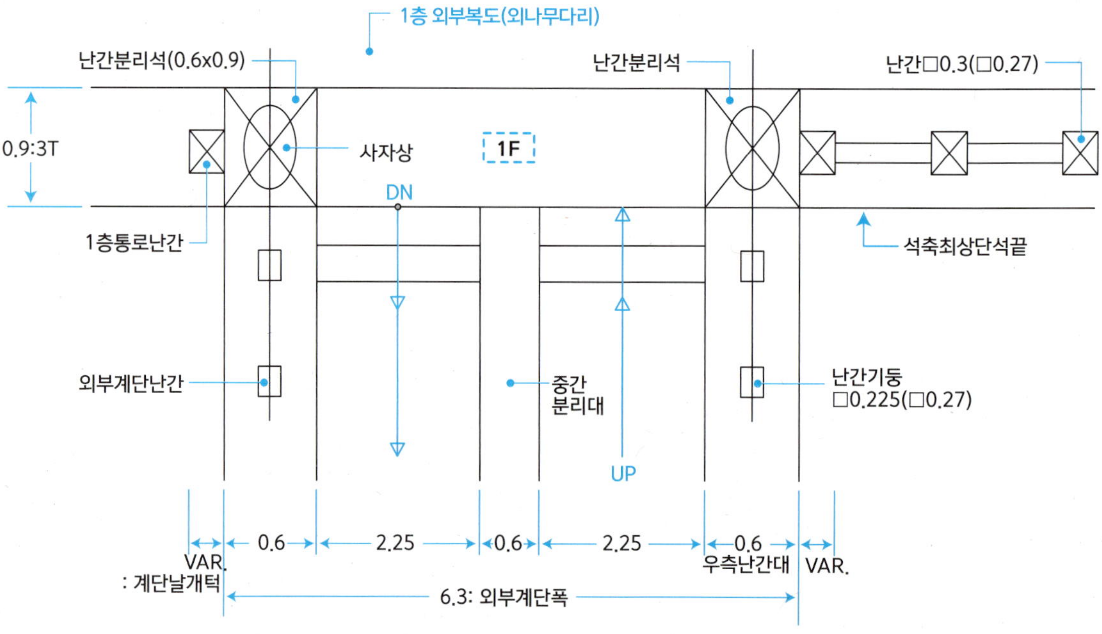

[그림 623] 9층탑 외부계단과 난간분리석 평면개념

이 난간분리석은 외부계단난간과 1층외부복도난간을 서로 분리시켜주는 분리석으로 상부에 사자상을 앉힐지 해태상을 앉힐지는 아무도 모른답니다? 1층외부복도 난간높이는 약 60cm정도면 되지 않을까 생각중이랍니다. 9층탑 외부계단폭은 6.3m로 1칸(정중앙칸)폭 4.5에 내부부축벽폭 1.8m가 양면에 있으므로 4.5+0.9x2=6.3m랍니다.

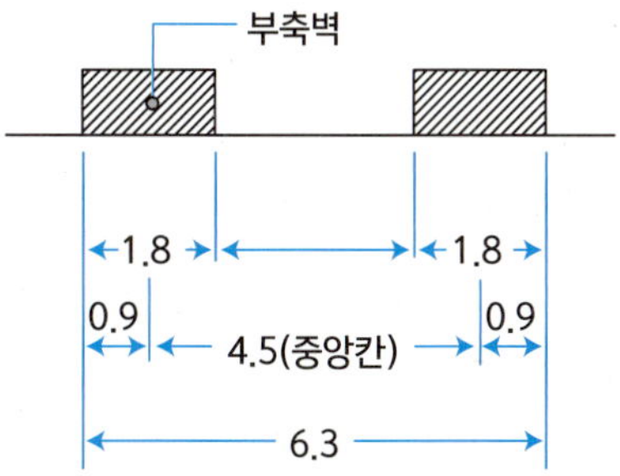

[그림 624] 외부계단폭 개념

이유는 간단할 겁니다.
외부계단을 부축벽이 받쳐주어야 될 겁니다.

이제 지하층에도 지상에서 막바로 한번 들어가 보셔야죠. 외부계단을 올라와서 1층에서 내려오는 방법도 있겠지만 그래도 지상에서 석축통로를 이용하여 진입하면 제일 편할 겁니다.
지상에서 막바로 지하층으로 들어간다는 것은 석축에 통로가 있다는 의미이겠죠. 신라탑의 지하출입구는 2개소가 있답니다. 동남면과 서북면 두 곳에서 출입이 가능하답니다.

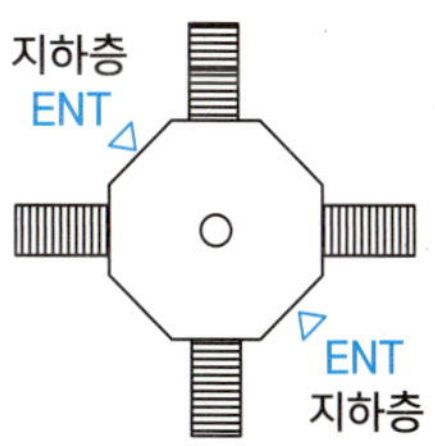

[그림 625] 2개의 지하출입구

이론적으로는 4곳도 가능하지마는 옥룡암바위에 동남면에 출입구가 표시되어 있으므로 대칭개념으로 서북면에도 있을 것으로 가정하고 2개소로 했답니다. 먼저 석축진입입구부터 생각해봅시다.

그냥 석축에 단순통로만 내어도 되겠지만 그래도 명색이 출입구인데 뭔가로 멋을 좀 내어야겠지요. 저는 제일 처음에 석축출입통로 입구가 이렇게 생긴걸로 생각했답니다.

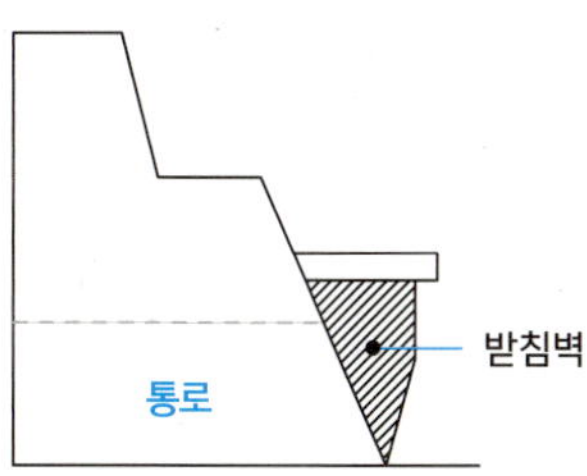

[그림 626] 입구 옆면

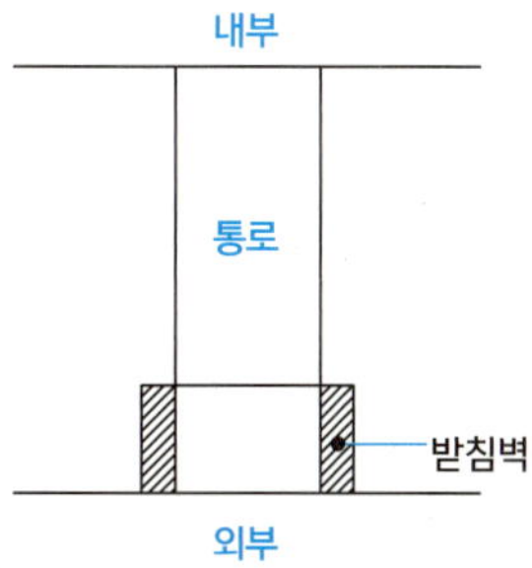

[그림 627] 단순 통로시 평면도

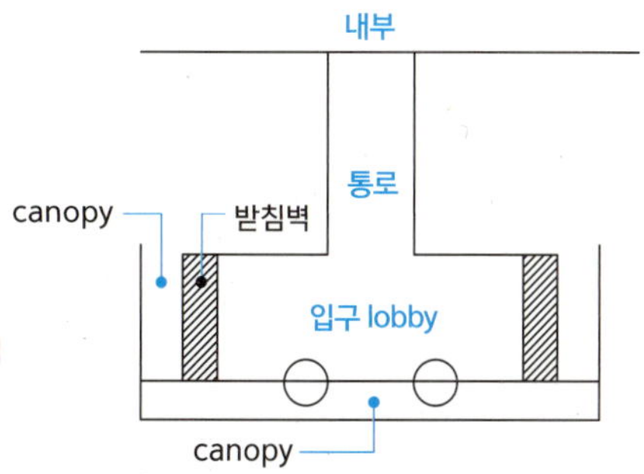

[그림 628] 약간 멋을 낸 통로의 평면도

입구양면에 canopy(출입구 내민지붕) 받침벽이 있을 것이며, 단순 통로만 있을 수도 있으며 아니면 약간 멋을 내어서 입구중앙부위에 기둥 2개가 있으면 훌륭한 입구가 아닐까 하고 생각했답니다.
과연 제가 생각한대로 생겼을까요? 본적이 없으니 틀릴 확률이 무척 많겠지만, 운이 따라주면 근처까지는 갈 수도 있답니다. 그런데, 제 생각이 완전히 틀렸더랍니다. 어떻게 엉터리라는 걸 알아내었을까요? 궁금하시면 오백냥? 제가 가끔 말씀드리죠. 엉뚱한데서 해답을 가끔 찾는다고요.

이번에도 엉뚱한데서 석축통로 입구형태를 알게 되었답니다. 어디였을까요?
많이 들어보셨을 겁니다. 바로 석굴암의 통로입구를 해독하는 과정에서 석축입구 형태를 완전히 이해하게 되었답니다. 저번에도 잠깐 말씀드렸듯이 불국사 쪽에 있는 건축물은 신라 일반목탑의 산물이라고요. 다보탑·청운교·백운교도 마찬가지지만 석굴암도 당연히 신라탑의 산물이랍니다.
아니! 석굴암은 정확히 1층 일반목탑이랍니다. 물론 정상적인 1층탑과는 형태는 약간 다르답니다.
처음 들어 보실 겁니다. 그럼 석굴암의 입구형태가 일반목탑에서 왔다면 반드시 일반목탑도 같은 형태의 입구형태일 거라는 걸 누구든지 알 수가 있답니다.
정확히 9층탑의 입구형태와 똑같답니다. 왜일까요? 석굴암 석축높이가 9m이거들랑요.
9m석축이 많죠. 9층탑, 첨성대, 석굴암 등이 있네요.

그렇다면, 석굴암의 석축 입구형태와 통로를 한번 볼까요?

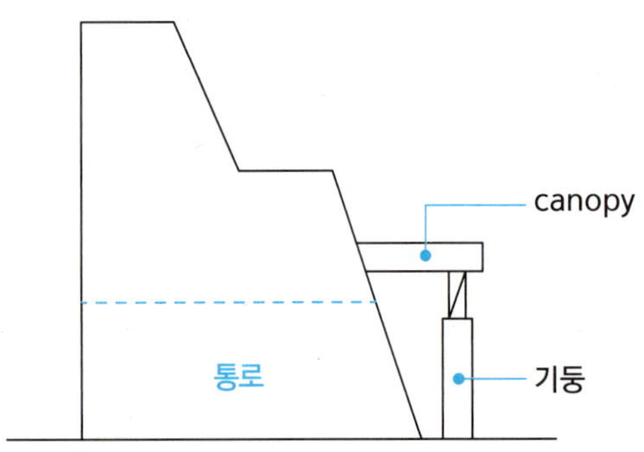

[그림 629] 석굴암 통로입구 옆면도

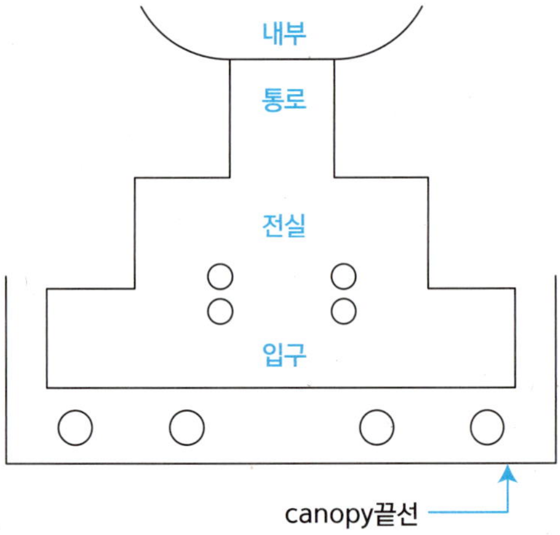

[그림 630] 석굴암 출입통로 평면 개념

석굴암입구도 엄밀히는 제가 처음 생각했든 것과 개념이 비슷한 것도 같기도 하지만 처음 생각은 입구 양옆을 벽으로 생각했는데, 석굴암은 기둥이더랍니다.

여러 많은 생각 끝에 석굴암 입구 쪽이 훨씬 더 멋있더랍니다. 실제로도 9층탑과 석굴암 입구는 같은 것이 맞을 겁니다. 이제 9층탑 석축통로 입구 옆면도를 그려봅시다.

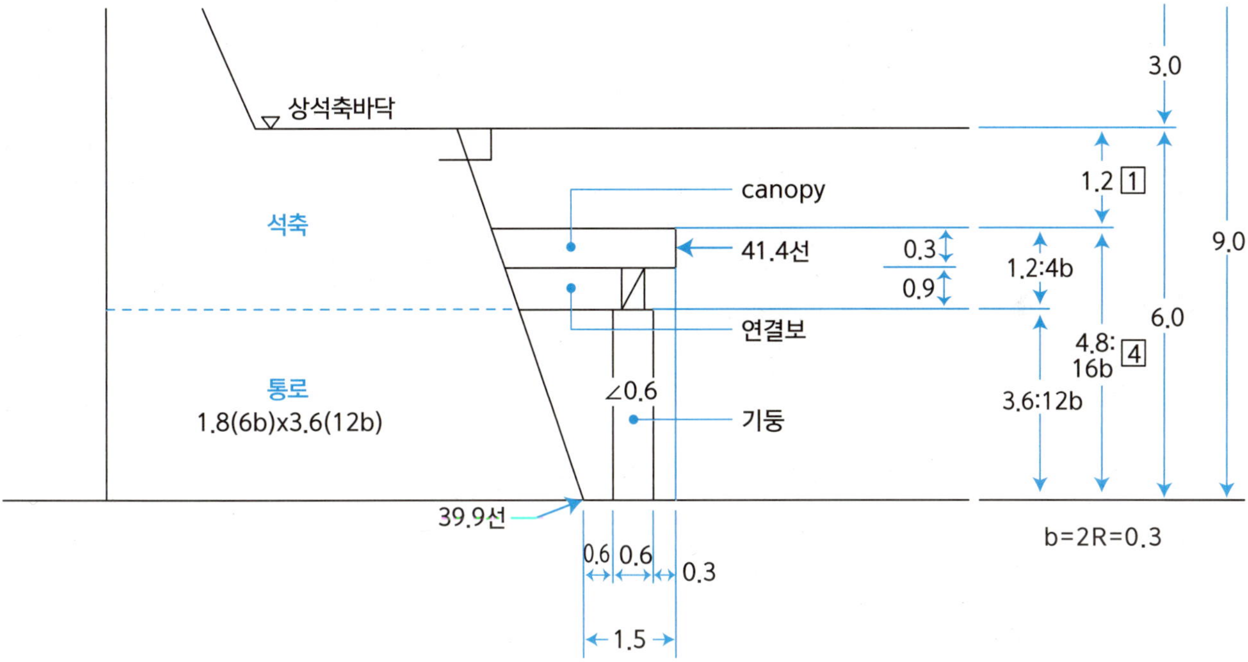

[그림 631] 9층탑 지하출입구 Lateral elevation

통로입구와 통로는 아주 특이한 공법을 사용했답니다.
높이는 주로 계단단높이의 영향을 받을 거라는 가정하에서 9층탑 몸통부단높이인 15cm를 2배하여 b=2R=0.3을 기본치수로 가정하고 풀었답니다.
canopy까지의 최대높이는 16b=16x0.3=4.8m, 기둥과 통로높이는 12b=12x0.3=3.6으로 했답니다.
어떤 특별한 근거가 있는 것은 아니지만, 그래도 이것이 제일 믿을 만해서 정한거랍니다.

마음대로 하지 말라꼬요?

9층탑 지하출입구 정면도를 한번 보실까요.

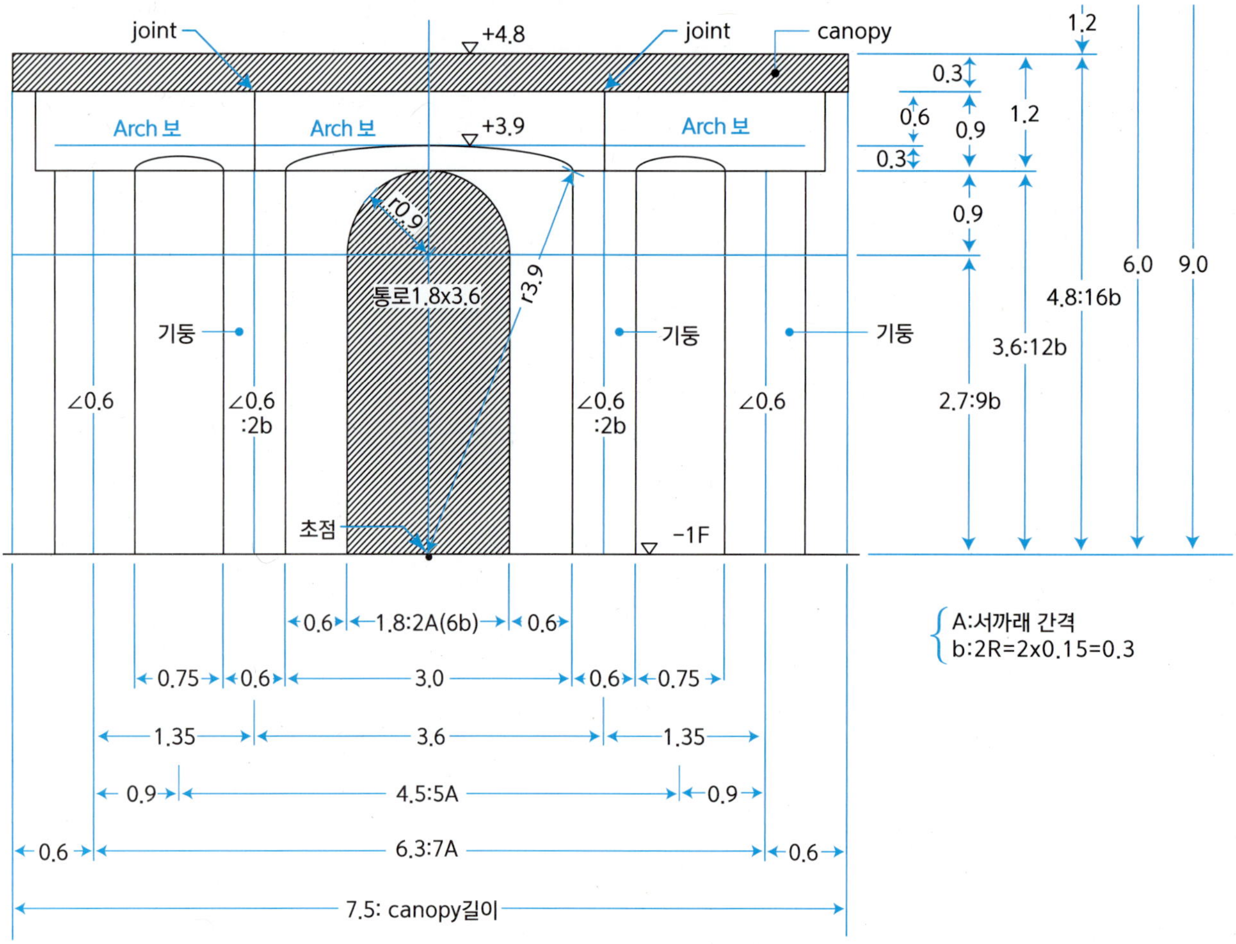

[그림 632] 9층탑 : 석축 통로입구 정면도

입구 정면을 보시니 기둥 4개위에 Arch보가 있고 그 위에 canopy가 있네요.
정중앙에 지하층출입통로가 있답니다. 정면을 자세히 보시면 중앙 2기둥 사이에 Arch가 있을 겁니다. Arch 반지름이 r=3.9m랍니다. 초점(focus)은 정중앙바닥에 있으며, 초점에서 보면 우측으로 1.5m, 높이가 3.6m가 된답니다.

Arch만 달랑 떼어서 봅시다. 여기서 또 삼각형만 떼어 봅시다

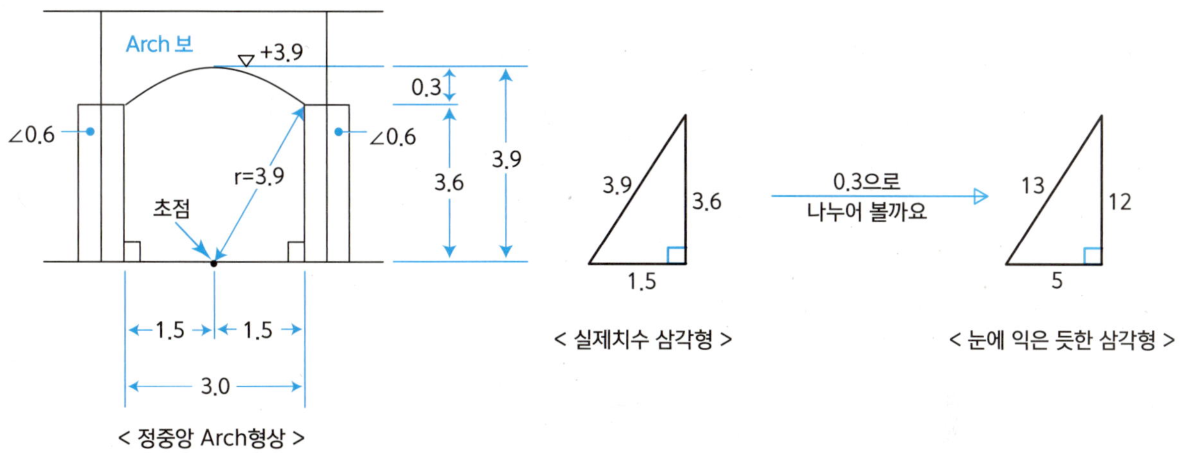

[그림 633] 9층탑 : 지하출입구 canopy arch와 arch의 삼각형치수 개념

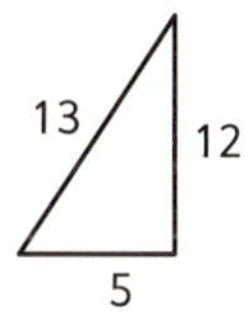

이런 직각삼각형 보신 기억이 나시나요? 가물가물? 세월은 못 말린답니다. 이 삼각형이 무엇일까요?

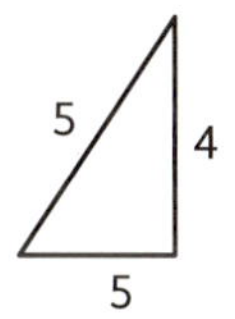

혹시 이런 삼각형은 보신 적이 있으신지요? 어디선지는 모르지만 무지 눈에 익은 직각정수삼각형일 겁니다. $5^2=3^2+4^2=25$로 정수직각삼각형이랍니다.

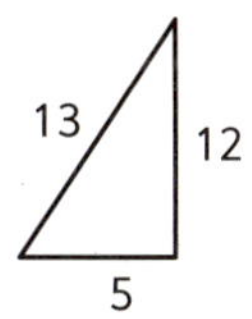

그렇다면, 좌측이 정수직각삼각형인지는 계산해 보시면 아실겁니다.

$13^2=5^2+12^2=169$

13x13 = 5x5+12x12=169

어! 정수직각삼각형이네요. 맞습니다.

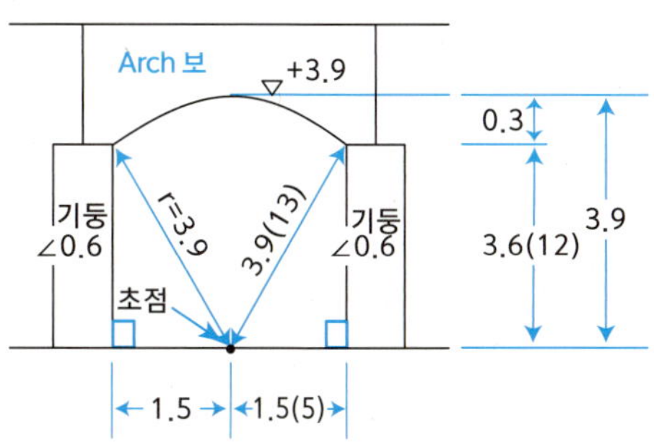

다시 9층탑 지하입구 정중앙 canopy를 보실까요.
지하출입구 통로를 빼야 잘 보이실 겁니다.
이제 보니 완벽한 Arch로 보이실 겁니다.
Arch초점이 바닥중앙에 있으며 5:12:13 비율을 가진 완벽한 Arch 구조랍니다.

[그림 634] 9층탑 : 지하입구 정중앙 arch보 개념

저희들 대부분이 알고 있는 3:4:5의 Arch도 아닌 5:12:13인 Arch 구조를 우리 선조님들이 알고 계셨답니다. 사실은 더 많이 알고 계시더랍니다. 정말 대단한 신라인들이랍니다.
제가 따라가다가 가랑이 찢어질 뻔 했다니깐요?

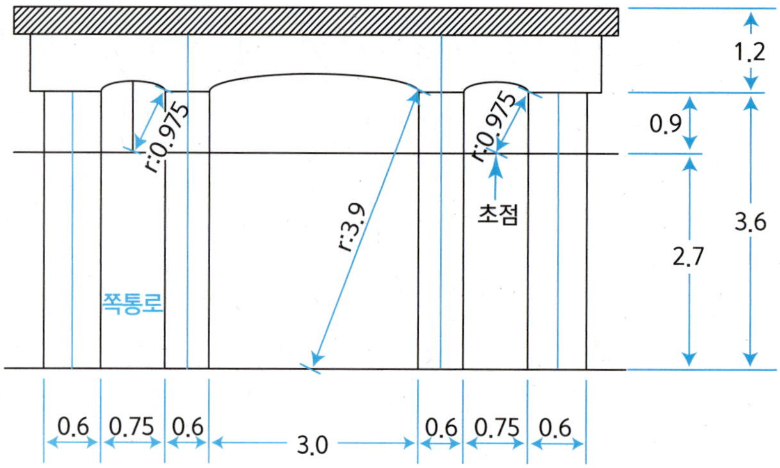

[그림 635] 쪽통로Arch

좌우측의 쪽출입로의 상부 Arch도 5:12:13으로 간이 Arch를 만들어 보긴 했는데 여기에다가 Arch를 만들었었는지는 정확히 알 수는 없답니다.
쪽통로 Arch는 초점을 바닥에서 2.7m높이에 잡아 보았답니다. 상부보가 민자라 조금 어색해서 Arch 형태로 만들어 봤답니다.
그리고 지하층 출입통로는 1.8(6b) x 3.6(12b)으로 했답니다.

지하출입통로 평면도도 한번 보셔야죠.

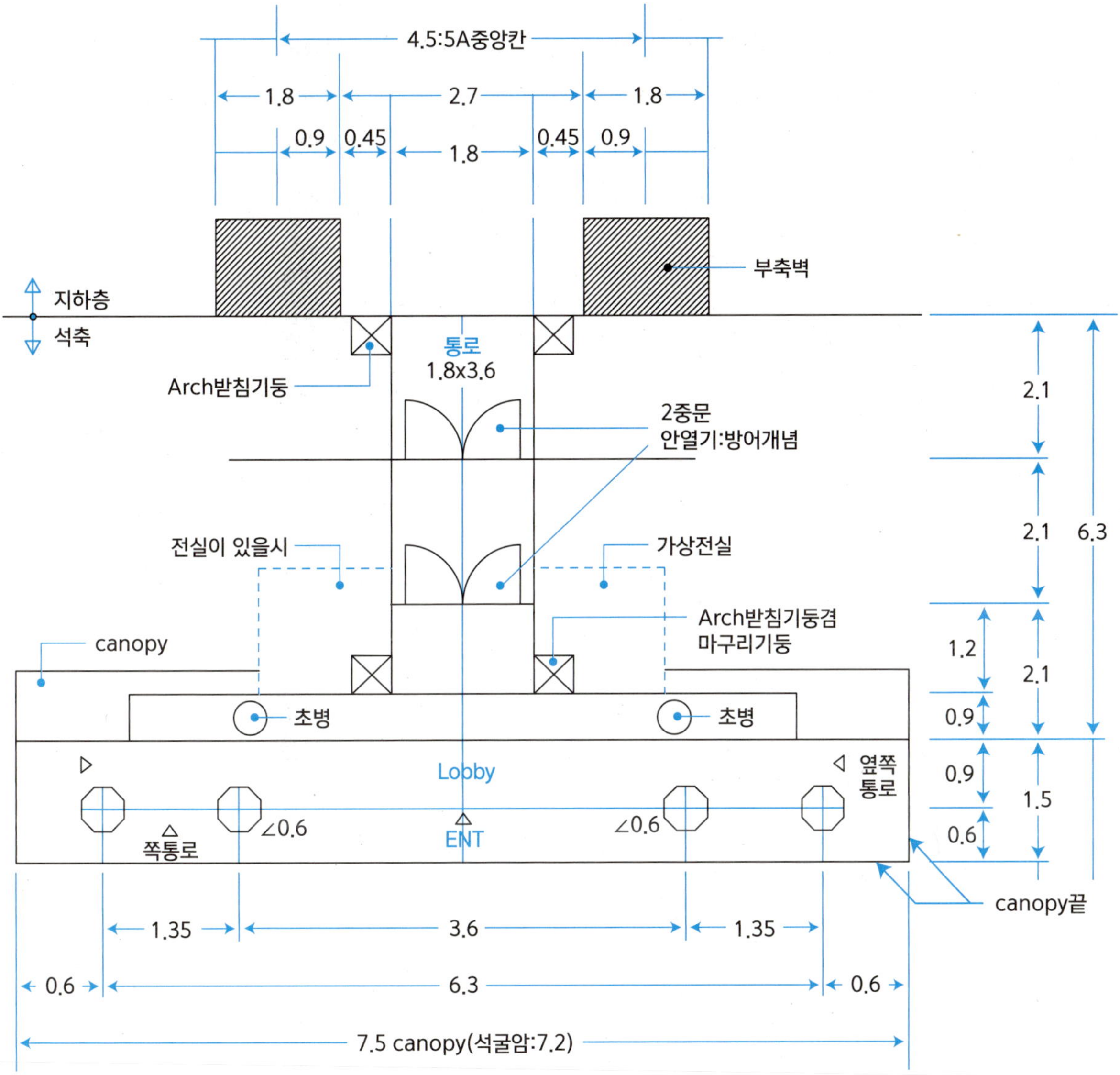

[그림 636] 9층탑 지하출입통로 평면도

지하출입구통로를 단순하게 했답니다. 석굴암입구식으로 전실을 설치는 할 수가 있으나 석굴암은 종교건물이라 전실이 필요할 수도 있으나 일반탑에 구태여 전실이 필요할까 해서 빼버릴겁니다. 필요하다고 판단이 되시면 전실을 만드시면 된답니다. 지하층출입구니 통로에 문을 설치할 겁니다. 홑문인지 2중문인지는 확실치가 않지만 일단 2중문으로 생각을 해 봤답니다.

원래 문짝은 피난개념으로 외부로 여는 것이 일반적이나 이 석축이 성(城)의 개념이므로 방어개념을 도입해서 안열기로 해봤답니다. 마음에 차지 않으시면 외부로 여셔도 무방하답니다.

지하통로의 출입구에서 정부미를 지켜야(?) 하니 초병이 필요하시면 배치하십시오?

이 놈의 7층탑이 또 징징짜네요? 얼굴 좀 비쳐달라고? 그래도 외관측소군의 수장이니 낑가줍시다. 얼마나 잘 생겼는지 측면도부터 잠깐 봅시다.

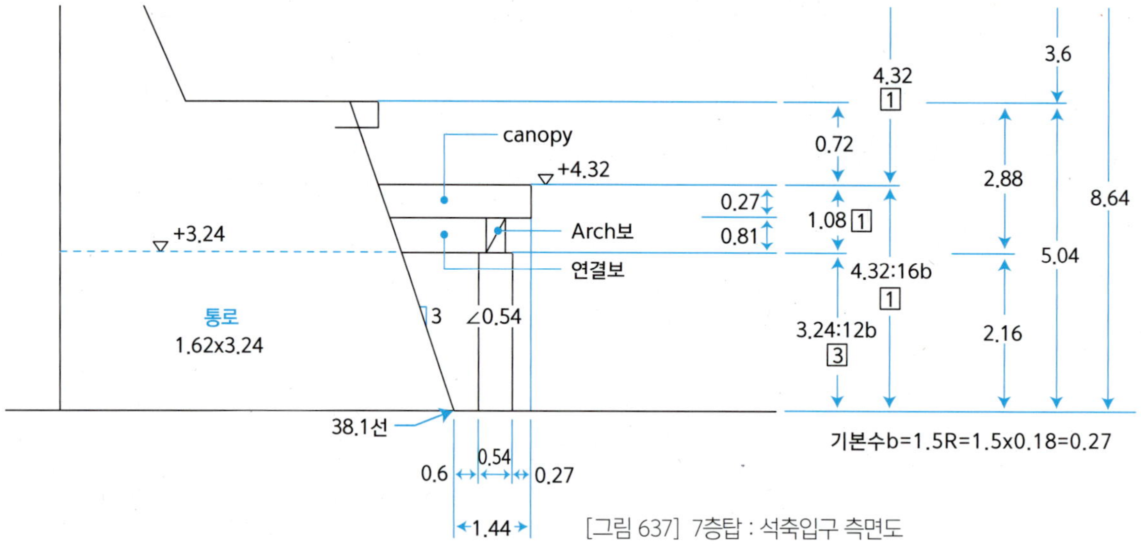

[그림 637] 7층탑 : 석축입구 측면도

잘 생긴 것 같나요? 7층탑 몸통부 R=0.18이므로 b=1.5R=1.5x0.18=0.27로 했답니다. 특이한 점은 석축의 반인 4.32가 canopy높이랍니다. 입면도도 잠깐 보셔야겠죠.

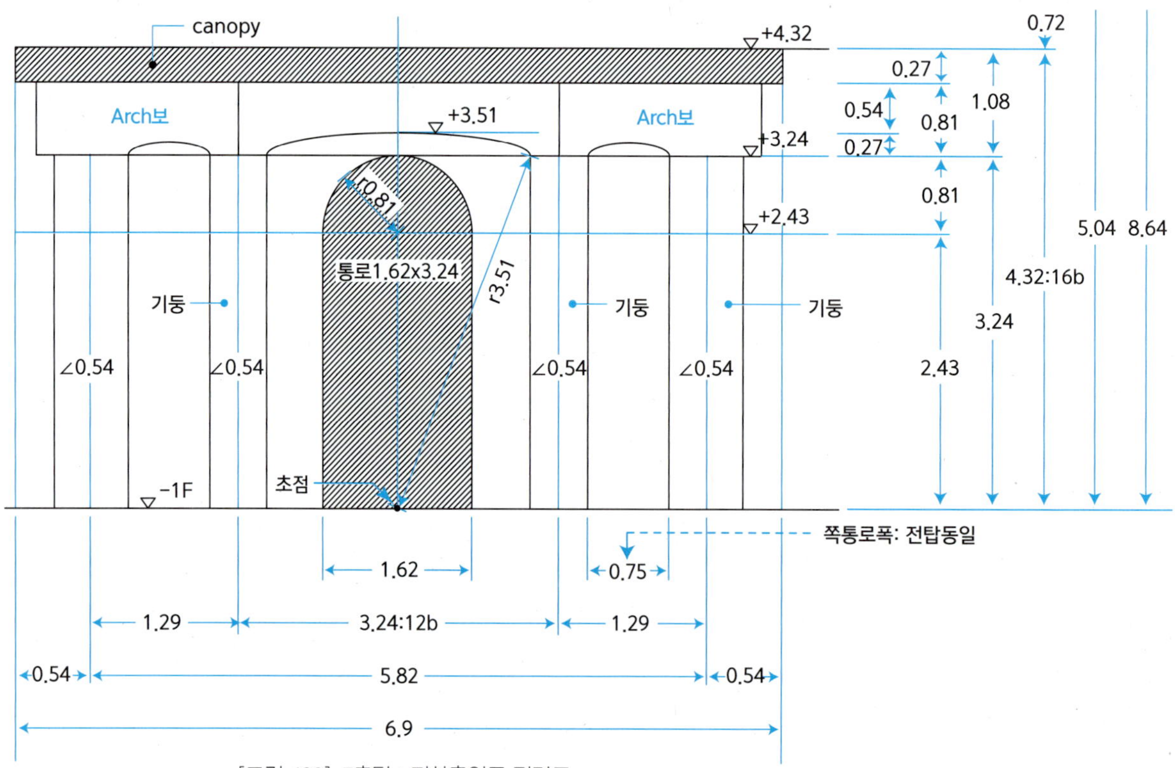

[그림 638] 7층탑 : 지하출입구 정면도

정면중앙 Arch도 물론 5:12:13으로 정상적인 Arch랍니다. 특이한 것은 기둥규격이 R0.54랍니다. 2b로 맞추기 위한 치수랍니다. 일반 내부수직기둥인 5의 배수와는 다르답니다. canopy입구의 양옆인 쪽통로폭을 사람들이 부담없이 통과할 수 있게 0.75로 전탑을 통일시켰답니다.

지하출입통로 평면도도 보실까요.

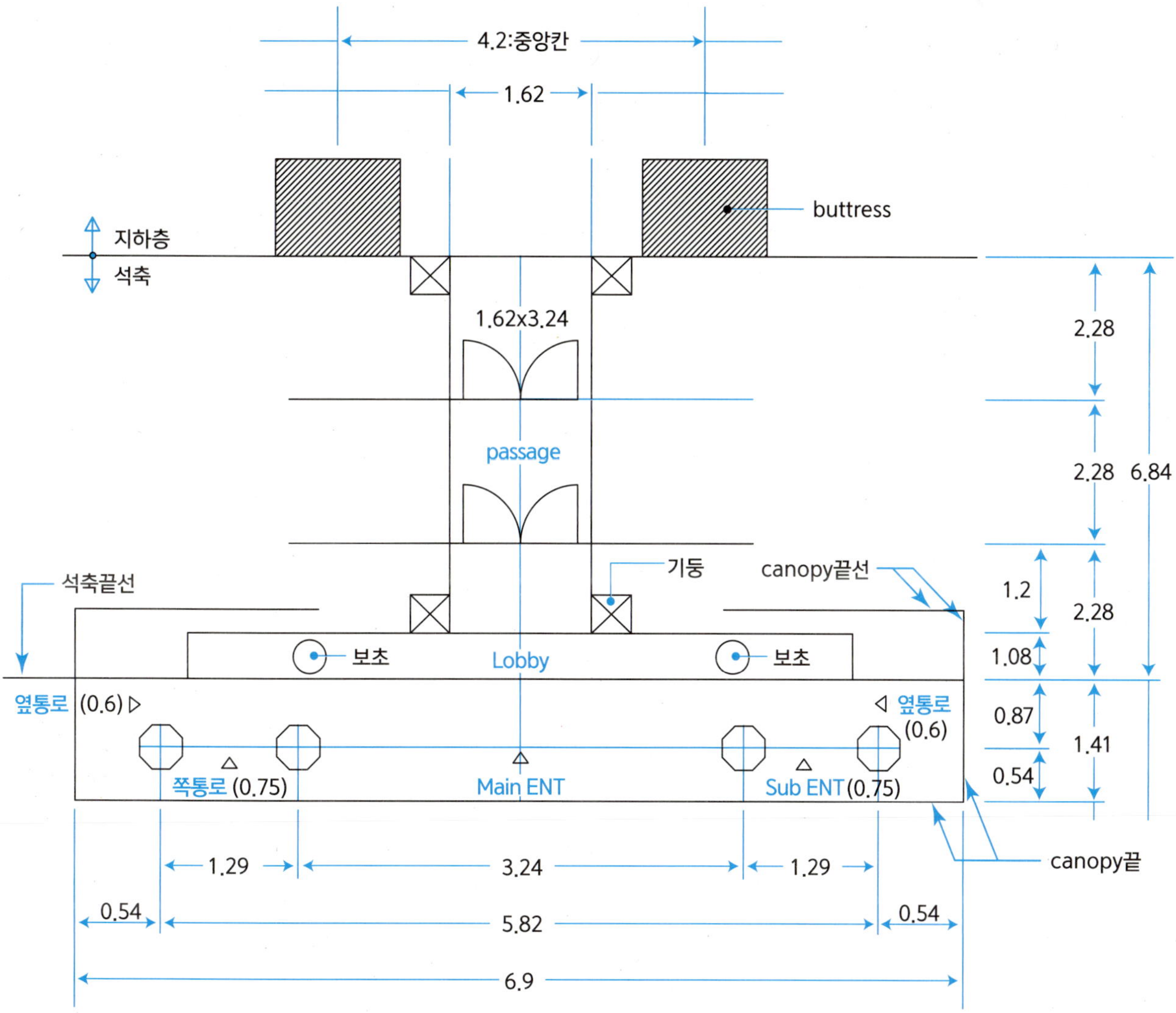

[그림 639] 7층탑 지하출입통로 평면도

9층탑과 구조개념은 똑같답니다. 쪽통로(폭 75cm)와 옆통로(폭 60cm)는 전탑이 똑같답니다.

1층탑의 지하출입통로 측면도만 하나 더 봅시다.

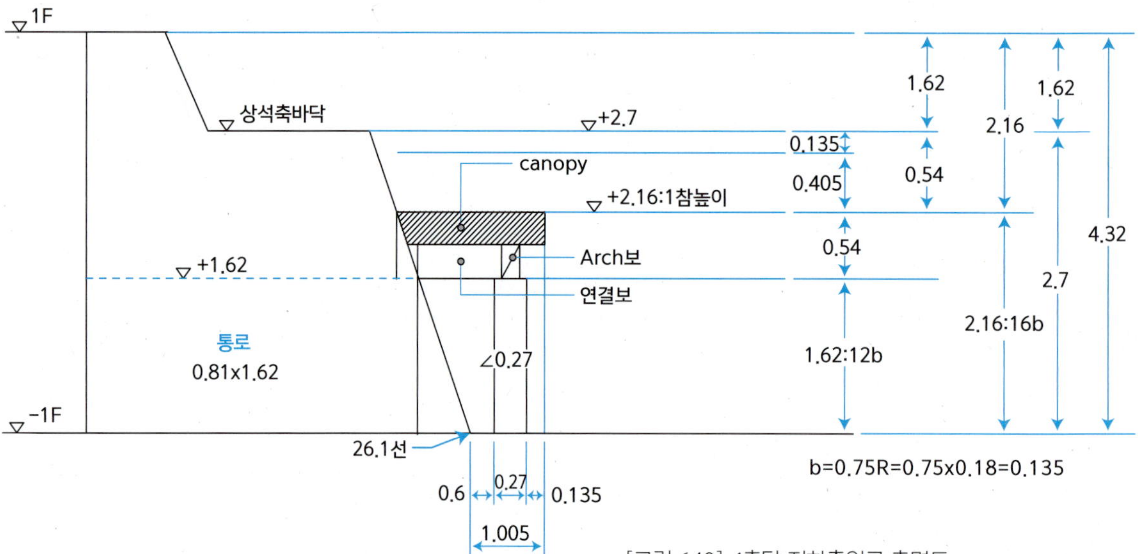

[그림 640] 1층탑 지하출입구 측면도

1층탑의 석축은 좀 특이하답니다.
석축높이가 너무 낮아서 외부계단도 2단이며, 외부계단1참과 상석축바닥도 높이가 다르답니다.
1층탑의 몸통부 단높이가 18cm이므로 기본수 b=0.75R=0.75x0.18=0.135로 작게 했답니다.
그러다보니 기둥도 ∠0.27로 가늘고, 통로도 0.81x1.62로 너무 좁고 낮답니다. 통로폭이 0.81로 너무 좁아서 1층탑 지하통로를 홀로이굴로 명명했답니다. 통로높이도 1.62로 너무 낮으며 1층탑의 1-2F 순층고와 같답니다. 이 1층탑은 키크신분이 나다니기엔 고개를 많이 숙여야 될 것 같네요.
지하통로 내부에는 문짝조차 설치하기가 곤란하답니다.

1층탑 지하통로 입면도와 평면도는 시간 나시면 한번 그려 보십시오. 석축지하출입통로도 통로지만, 저는 제일 처음에 일반목탑이 종교용도인 걸로 생각하고 지하층의 모든 부축벽사이에 부처님을 모셨답니다. 부처님을 모시다 보니 한가지 큰 문제점이 발생 되더랍니다.
뭘 것 같을까요? 바로 빗물스며들기겠죠. 보실까요.

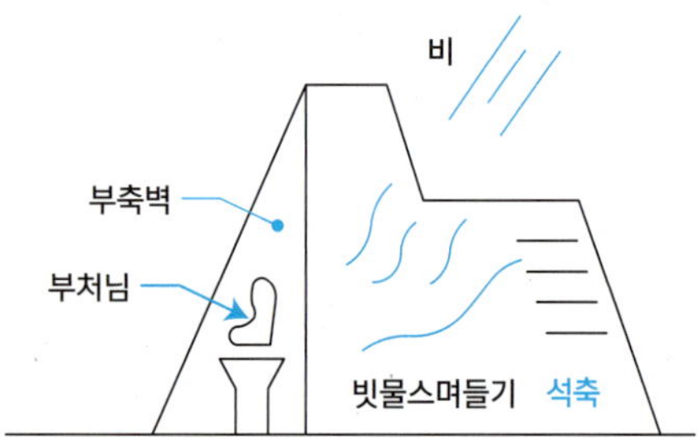

[그림 641] 석축사이로 빗물스며들기

석축자체를 보시면 비에 거의 무방비 상태랍니다.
큰비까지는 들어오지는 않겠지만 최소한 석축각단의 틈새사이로 빗물이 어떤 경로를 거치든 들어올 수 있기도 하지만, 설사 빗물까지는 들어오지 않더라도 석축내부면이 엄청 습할 확률이 매우 높답니다.
내부에서 군불때면 된다구요?

부처님 등뒷쪽이 습하면 부처님이 좋아하실까요? 그래서 기상천외한 기발한(?) idea를 하나 내었답니다. 무엇일까요? 한번 보실까요.

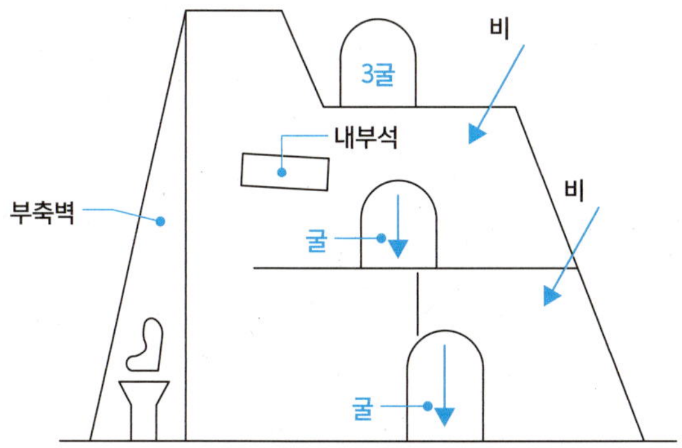

[그림 642] 석축내부에 비막이굴 설치 개념도

오는 비는 어쩔 수가 없답니다.
그래서 하석축 중앙부근에 2개의 tunnel(석축전체에 냄)을 상하에 내어서 들어올려고 하는 비 자체를 굴에서 막아주면 어떨까 하는 생각이었답니다.
물론 석축상부에는 자체 방수조치를 취하기도 하고 석재를 약간 외부로 기울게하여 아예 내부쪽으로 비 자체가 못 들어오게 할 예정이었답니다.

이젠 부처님 모실 일이 없어져 버려서 그냥 잊혀져 버렸답니다. 간사하죠? 부처님 모시는 일과 관계없이, 아니 비막이 tunnel이 없더라도 석재단의 구배를 이용하는 모세관현상을 이용하는 석단 밑에 홈을 파든 반드시 비를 막아야 된답니다. 아니! 어쩌면 처음에 생각한 2단굴을 낼 수도 있답니다. 석축내부 중간에 막돌을 채우는 것보다는 비막이 굴을 내는 것도 멋있을 수도 있답니다.

제가 비약이 좀 지나쳤나?

17. 갓탑과 첨탑

갓탑이라! 처음들어 보실 겁니다. 당연히 저 자신도 처음 들어 본답니다. 9층탑일 경우에는 2관측소 상부에 있으며, 1~7층탑은 1관측소 상부에 있는 탑이 갓탑이라고 한답니다. 갓탑 위에 있는 탑이 첨탑(spire)이라 한답니다. 이 둘을 묶어서 아주 간단히 꼭다리라고 부를겁니다. 간단히 보실까요?

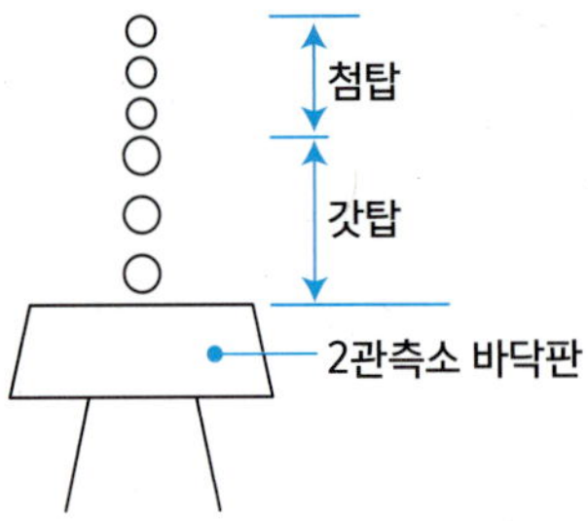

[그림 643] 9층탑

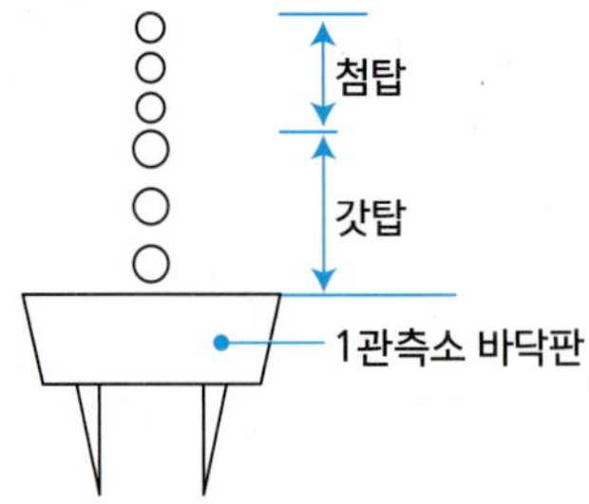

[그림 644] 1~7층탑

제가 제일 처음 옥룡암조각탑 사진을 보니 2관측소 상부에 뭔가가 3개가 달려 있더랍니다.

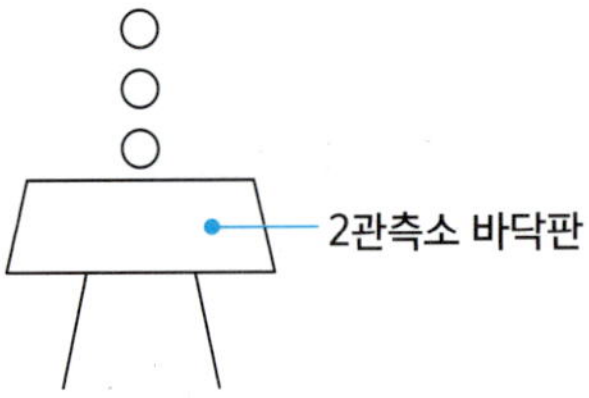

[그림 645] 9층탑 조각탑 사진

직감적으로 석탑의 상륜부개념이라는 걸 인지했답니다.

그런데 왜 3개 밖에 없지?

이상한 생각이 들어 10원짜리 동전(다보탑)을 보니 왠 찐빵같이 생긴 것이 6개 정도 있더랍니다.

조각탑 사진은 3개, 다보탑 위 찐빵은 6개? 왜 이렇게 숫자가 맞지 않지라고만 생각하고 있었더랍니다. 9층탑 형태를 대충잡고 이 찐빵을 풀기 위해서 길고 긴 분석작업을 했을 겁니다.

우선, 찐빵이 몇 개가 들어갈지는 모르지만, 찐빵이 들어갈 높이는 지정되어 있답니다. 보실까요.

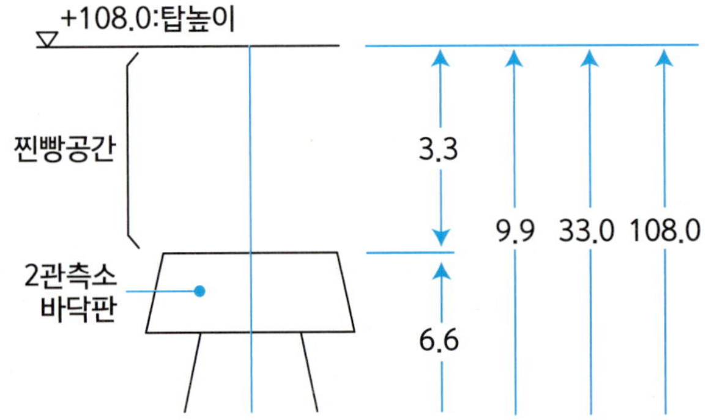

[그림 646] 찐빵이 들어갈 수 있는 높이

찐빵이 들어갈 수 있는 높이는 3.3m랍니다. 이 3.3m높이에 과연 찐빵이 몇 개가 들어가면 알맞을까요?

여러분은 몇 개를 넣고 싶으신가요?

6개 다 넣고 싶다구요?

욕심을 줄이십시오.

저는 직감적으로 3개가 들어가면 안성맞춤이겠다고 인지했답니다.
이 찐빵의 용도가 무엇인지는 모르겠지만 6개를 넣어보니 3.3÷6=55cm, 1개당 55cm 밖에 안되니 6개를 넣으면 뭔지는 모르지만 좀 답답할 것 같더랍니다.
그래서 찐빵 3개만 넣기로 했답니다. 그런데, 나머지 3개는 어디 들어가지?
별 걱정을 다 하시네요. 찐빵 3개 위에 또 3개를 얹으면 되죠.
그래서 하부 3개의 찐빵(갓탑)높이까지가 탑높이가 되며 그 위에 놓이는 3개는 덧붙어 있으니 첨탑이라 하고 탑높이에서 빼뿌면 만사 Ok랍니다. 즉, 탑높이까지는 나무기둥이 살아있고, 덧붙는 첨탑놈은 나무가 아닌 금속류랍니다.

그런데 밑에 있는 3개의 찐빵을 제가 왜 갓탑이라고 부를까요? 3개 찐빵을 대충 봅시다.

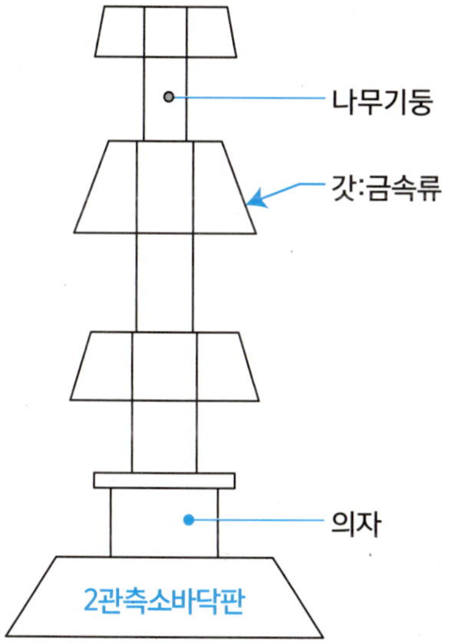

[그림 647] 갓탑이름의 연유

사실, 이 3개 찐빵이름을 뭘로 지을까 몇 년을 고심하다가, 어느날 얼핏보니 나무기둥에 삿갓(?)을 쓰고 있는 것 같은 느낌이 들더랍니다. 물론 이 갓은 나무가 아닌 금속류일 겁니다.

맞다! 이제부터 너희들 3개 찐빵을 갓탑으로 부르겠노라. 위쪽에 첨탑도 있고 하니, 갓탑이 딱 어울리는 표현같아서 지었답니다.
제가 일방적으로 이름을 지은 것에 대해 불만이 계신분(?)이 있으시다면, 더 이쁜 이름 지어 주이소?

그럼, 이 높이 3.3m에 삿갓 3개를 넣어볼까요? 그런데, 어떻게 낑가넣죠. 생각만해도 머리가 지끈지끈거린답니다. 혼자 낑낑거리기보다는 동행이 있으면 마음이 푹 놓여서 술술 잘 풀릴 겁니다.

그럼, 같이 접근해 보실까요? 접근을 하실 때는 신중하셔야 된답니다.
서두르시면 서두른 시간만큼 시간이 증발되어 버린답니다. 뭐부터 분석해 봐야 할까요? 당연하죠.
갓탑이 소속된 주변의 치수부터 분석해봐야 방향을 잡을 수가 있겠죠.

주위를 둘러봅시다.

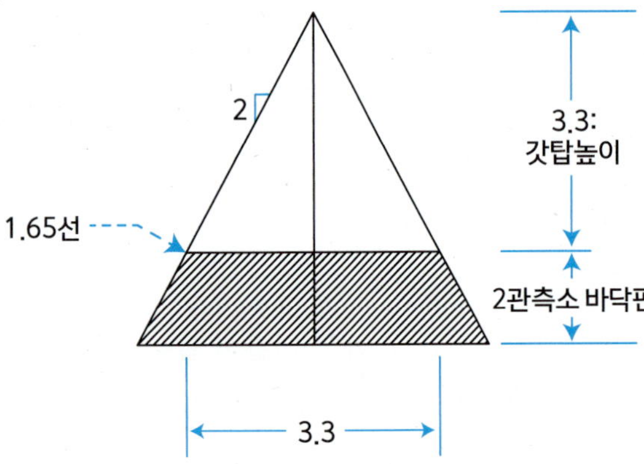

[그림 648] 9층탑:갓탑 주변 치수개념도

갓탑높이도 3.3m, 갓탑하부바닥판도 폭이 3.3m로 묘하게도 높이와 폭이 동일하답니다.

높이 3.3m에 3개의 갓이 들어갈려면

3.3÷3 = 1.1 평균 1개당 1.1m랍니다.

영 숫자가 마음에 들지 않으실 겁니다.

저도 당연히 마음에 안들겠죠.

3의 배수가 아니거들랑요.

9층탑높이가 몇 m였죠. 벌써 잊으셨나요? 108m일 겁니다.

스쳐지나가는 것이 없나요? 감이 오신다구요. 각 갓탑 평균높이 1.1에 가장 가까운 3의 배수숫자가 바로 108cm로 기본치수라는 걸 금방 인지하실 수가 있답니다. 손발이 이리 척척 맞으니 저희들은 이제 천하무적(?)이랍니다. ∴ 기본치수인 1.08x3=3.24m 높이에 3개의 찐빵이 들어가야 한답니다.

그럼 남는 6cm는 뭘까요? 허깨비일까요? 그건 그때 가서 생각합시다. 사실은, 탑높이 108m로 108cm를 유추를 해내긴 해내었는데(?), 사실은 탑높이 108m와는 아무런 연관은 없습니다마는 9층탑은 묘하게 잘 맞아 떨어지네요. 전에 말씀드렸듯이 3의 배수이면서 자(30cm)로 나누어도 숫자합이 9가 되는 기본최소치수가 27이기 때문에 이 27이라는 숫자는 무지 중요한 숫자랍니다. 27x4=108이 된답니다. 9층탑은 묘하게도 탑높이와 딱 맞아 떨어진답니다. 아마도 우연의 일치인 듯.

다시 갓탑높이를 3.3m에서 3.24m로 전환을 시켜 보겠습니다.

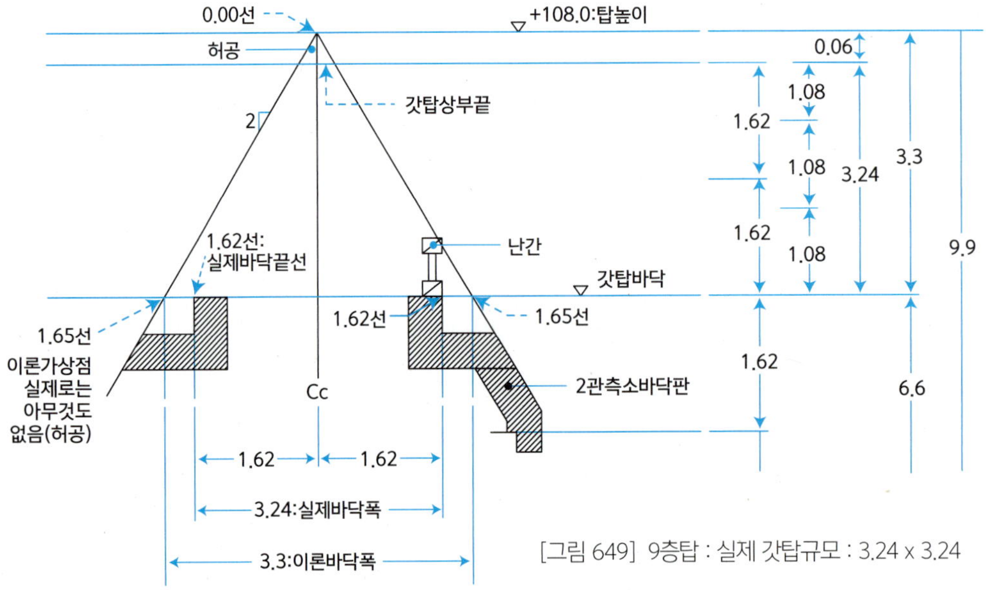

[그림 649] 9층탑 : 실제 갓탑규모 : 3.24 x 3.24

1.65선이 뭐라고 했죠? 이건 기억나시겠죠. 중앙기둥(Cc)에서 수평으로 떨어진 거리이겠죠.
자세히 보시면 탑높이 108m의 최상단 꼭대기에는 아무것도 없답니다. 갓탑바닥폭도 3.3m로 양면이니 끝선이 1.65선인데, 이 1.65선에도 아무것도 존재하지 않는 허당이랍니다.
즉, 1.65m선같은 것은 이론가상점으로 실제는 존재하지 않는답니다.

몸통부 1층지붕끝선인 35.7선도 이론가상점이랍니다.

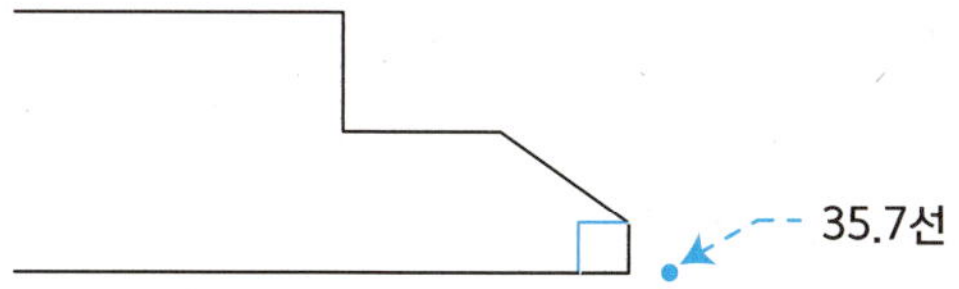

[그림 650] 9층탑 1층지붕 끝선

이 1층지붕끝에 가보시면 아무것도 존재하지 않는답니다. 이론가상점이라는 이름조차도 없답니다.

신라건물을 완전히 이해하실려면 이 이론가상점 공법(?)도 유심히 보셔야 한답니다.
9층탑 2관측소 상부바닥판도 이론폭인 3.3이 아니라 3.24로 3.24=1.08x3=1.62x2가 된답니다.
관측소 상부바닥판폭은 기본적으로 1.08의 배수가 발생된답니다.
9층탑 1관측소 상부바닥판폭은 이론적으로는 9.9m이지만 실제폭은 9.72=1.08x9랍니다.
묘한 것은 9층탑만 실제폭이 1.08의 배수랍니다. 1~7층탑의 관측소바닥판의 치수(상부면기준)는 이론가상점까지 거리가 1.08의 배수가 된답니다. 헷갈리시죠? 갓탑높이 3.3m에서 6cm는 증발되어 있는 상태이지만, 이 증발된 6cm는 첨탑의 기초판이 될 겁니다.

이 갓탑높이 3.24를 가지고 찐빵 3개를 끼가 넣어봅시다. 이 갓탑은 경우의 수가 워낙 많답니다. 몇 백개, 몇 천개 아니 끝이 없이 많답니다. 갓탑 등과 같이 홀로이 있는 것들은 추정자체가 너무 어렵답니다. 여러개가 서로 연관이 있으면 정확하기까지는 아닐지라도 어느 정도는 추정이 가능할 수 있지만, 지 홀로 있는 놈은 추정이 너무 어렵답니다. 외부계단 밑에 엄지난간기둥이 지 홀로 있답니다. 이 놈의 높이를 아실 수 있으신 분 계십니까?

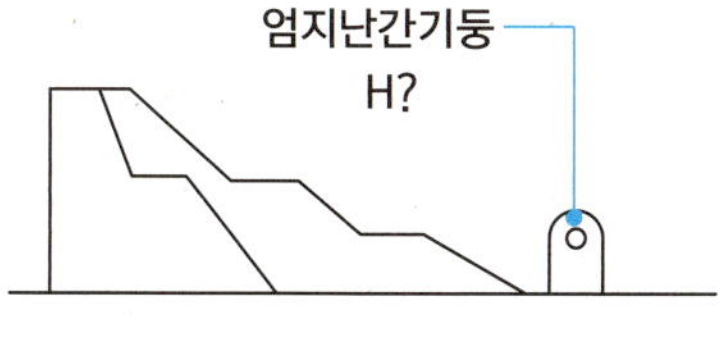

[그림 651] 외부계단 밑의 엄지난간 기둥

80cm, 90cm, 120cm, 아니 150cm,…… 어느 것이 맞을까요? 이 엄지난간기둥을 세운 분이 어떤 법칙에 근거하여 세웠을까요? 아님, 대충 이 정도 높이면 어울리겠다고 판단한 후 세웠을까요?

법칙이든 대충이든 저희들로서는 알 수 있는 방법이 전혀 없답니다. 갓탑도 마찬가지랍니다.
이렇게 홀로이 있는 것들은 추정이 너무 힘들 뿐만 아니라 알 수 있는 방법조차 알 수가 없답니다.

그래도 그나마 다행인 것은 갓탑과 첨탑의 찐빵개수를 알아낼 수가 있으니(석탑 등에서) 정확하지는 않을지라도 크기 정도까지는 어느 정도 추정이 가능할 것도 같답니다.
크기(규모)정도까지는 어렴풋이나마 짐작할 수가 있지 이 갓탑의 갓의 형태는 알 수 있는 방법이 전혀 없답니다. 바로 갓탑과 첨탑의 갓은 금속공예이기 때문이랍니다.
금속공예 장인의 손길이 보통 손길입니까. 대충 맞으면 밀어붙이는 돌팔이기사와는 질이 비교가 되지 않을 겁니다. 과연 이 갓의 용도와 의미를 금속공예가는 어떻게 이해하고 풀었을까요?
아실 수 있으신 분 한수 알으켜주이소? 모른다고 영원히 덮어둘 수도 없는 노릇이랍니다.
최소한 갓의 크기 정도는 풀어야겠고, 갓의 생김새를 대충이라도 어떻게 생겼을까 정도는 생각해 봐야겠죠. 그래도 명색이 기사인데, 기사의 자존심을 걸고 같이 한번 풀어봅시다.

사실, 2010년 초에 9층탑과 첨성대의 갓탑을 딱 한번 풀어봤답니다. 두 탑은 갓탑높이가 3.3m로 똑같답니다. 약 2달에 걸쳐서 푼다고 풀었기는 한데, 마음에는 그런대로 드는데 맞을 확률은 거의 없을 겁니다. 그 뒤 갓탑풀기가 너무 힘들다는 걸 알고부터는 손을 더이상 대지는 않았답니다.
너무 어렵기도 하고 힘들게 풀어서인지 지금 와서 보니 이게 어떻게 나왔지하는 생각밖에 안들더랍니다. 그래서, 최근에 공법을 바꾸어서 아주 쉬운 공법으로 풀어본 것을 같이 봅시다.
물론 처음에 힘들게 풀어본 것도 보실 수가 있으실 겁니다.

먼저 9층탑 갓탑을 봅시다.

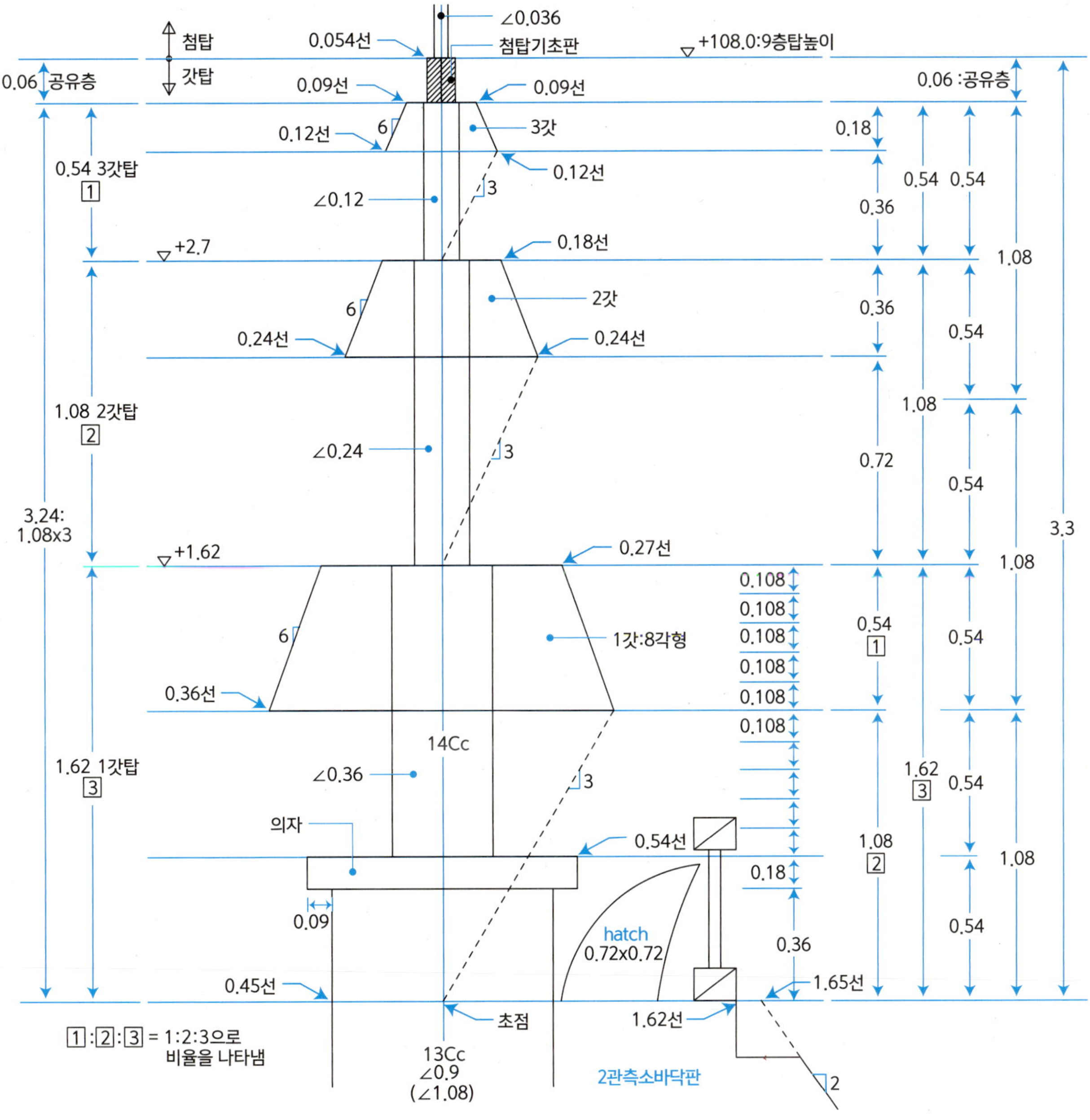

[그림 652] 9층탑 : 갓탑 기본개념도

갓의 모양새가 영 좀 그렇답니다. 먼저, 갓탑중앙기둥의 하부를 보시면 2관측소의 중앙기둥13Cc가 그대로 조금 더 올라온답니다. 즉, 갓탑중앙기둥을 보강시키는 개념이랍니다.

제일 처음에는 13Cc와 갓탑중앙기둥을 분리시킬려고 했었었는데 구조상 문제가 있을 것 같아 기둥번호는 14Cc로 하긴 하지만 13Cc의 연속기둥으로 할 겁니다. 결국 13Cc와 14Cc는 동일기둥이 된답니다.

갓탑 하부 13Cc상부에 기둥턱을 내어서 관측요원이 잠깐 쉬실 수 있게 의자를 살짝 만들어 봤답니다. 그래서 이름을 의자라고 명명했답니다. 사실은 좁아서 앉기는 약간은 불편하실 겁니다. 그냥 잠깐 쉬는 의자랍니다. 14Cc가 왜 ∠0.36일까요? 잘 보시면 13Cc가 ∠0.9일 겁니다. 기둥턱까지 고려하면 ∠0.9x1.2=1.08의 폭을 가진 기둥이랍니다. 전에도 말씀드렸듯이 보폭이 1.08÷3=0.36일 겁니다. 갓탑기둥도 이 법칙을 따라서 ∠0.36으로 했지마는 각 탑마다 약간 다르답니다. 갓탑의 우수선은 ⊿3으로 3우수선을 채택했답니다. 본 건물의 1·2우수선보다는 1단계 위랍니다. 그리고 갓의 처마각격인 갓각의 기본각을 ⊿6으로 했답니다. 각 갓탑높이는 3갓탑 : 2갓탑 : 1갓탑 = 1:2:3으로 해서 밑으로 올수록 키웠답니다.

각 갓탑의 기본구조는 동일하므로 제일 밑에 있는 1갓탑만 확대해서 볼까요.

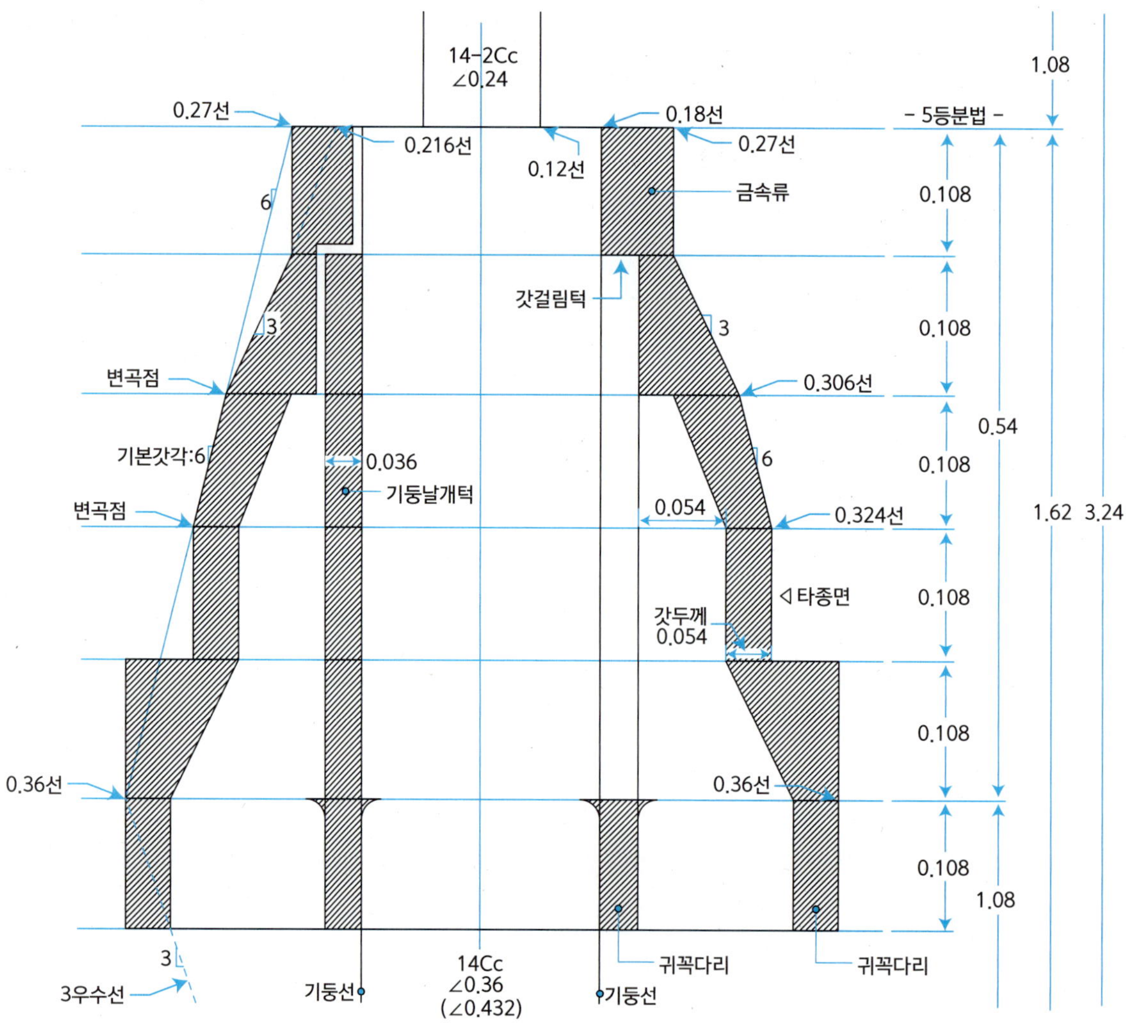

[그림 653] 9층탑 갓탑 : 1갓 단면도

이제 약간 모양새가 갖추어진 것 같네요. 이 갓도 당연히 8각형일 겁니다.
우수선을 ⊿2로 할 수도 있으나 갓이 너무 투박하여 ⊿3으로 하였답니다.

이 8각 갓은 기둥의 날개턱에 걸릴 겁니다. 갓각이 ⊿6이 기본이나 모양상 ⊿3도 넣어보았답니다.

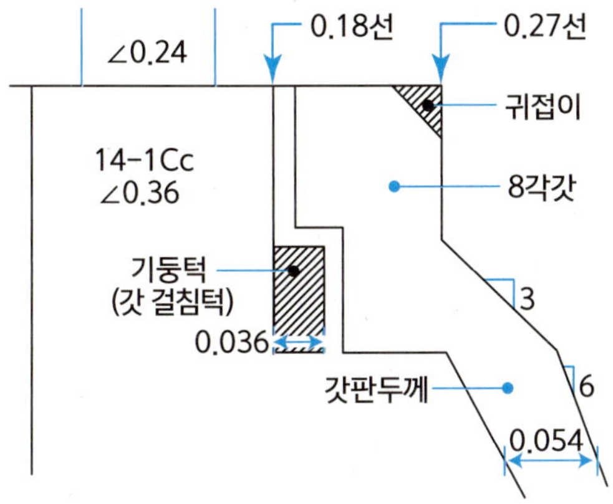

[그림 654] 갓 걸침턱

갓 상부를 귀접이 할 수도 있답니다.
갓 두께는 0.054(5.4cm)가 나온답니다. 갓이 기둥턱 0.036(3.6cm)에 걸린답니다. 갓이 금속류인 것은 맞는 것 같은데, 재질은 아쉽게도 알 수는 없답니다.

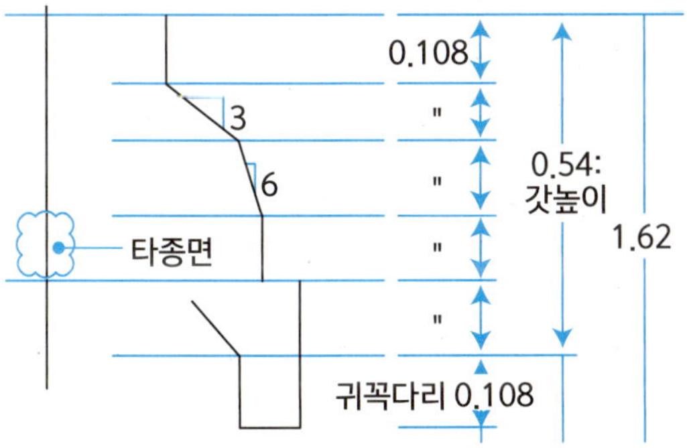

[그림 655] 갓높이의 5등분법

갓높이는 5등분법을 적용했답니다.
숫자상으로는 6등분법이 더 어울리는데, 갓탑에서는 6등분법(0.54÷6=0.09)이 성립이 되는데 첨탑에서 성립이 되지를 않아서 대칭개념을 적용해서 5등분법으로 했답니다.
그리고, 갓 밑에는 갓귀꼭다리를 내어 보았답니다. 8개의 귀꼭다리가 있어서 보기가 약간 더 좋을 것 같답니다.

이 갓탑에서 제일 판단하기 어려운 것이 바로 이 갓의 용도랍니다. 갓의 형태야 어떻게라도 만들 수야 있지만 용도는 만들 수가 없답니다. 이 용도를 정확하게 알아야 갓의 생김새를 어떻게라도 만들 수가 있는데 참 난감하답니다. 최소한 종과 팔랑개비(풍향계)정도는 있어야 될 것도 같은데 어느 갓을 종(bell)으로 하고 어느 것을 바람개비로 해야 할지도 애렵네요.
그래서 제일 밑에 있는 제1갓을 종으로 이용할까 생각하고 있답니다.
그런데 이 종이 공명이 될지도 미지수랍니다. 내부공명공간이 54mm(Max. 9cm)밖에 안된답니다?
그리고 명색이 관측소인데 최소한 바람방향정도는 알아야되니 바람개비가 되었든 천을 걸쳐놓든 뭔가가 있어야 될 것도 같은데 어딘지는 모르겠으나 설치할 예정이랍니다.
제일 큰 1갓이 0.72x0.54로 꼭 장난감 같은 느낌이 든답니다.

저는 제일 처음 이 갓탑이 시간을 알리는 종이 있을 것이고, 팔랑개비로 바람방향을 알아낼 수 있으며, 필요에 따라서 날짜가 되었든 절기가 되었든 뭔가를 알으켜주는 어떤 알림판같은 느낌이 많이 들어서 이 갓탑을 알림탑 이라고 할까까지도 생각을 해 봤는데 갈수록 더 헷갈리더랍니다?

2·3 갓탑도 접근방법은 똑같답니다. 시간나시면 한번들 그려 보세요. 이것은 제가 재미로 한번 해본 것인데 약간은 재미끼가 있어서 잠깐 보여드리겠습니다.

기본갓각(b')이 있으니 혹시 공통수(C')도 존재하지 않을까해서 재미삼아 계산으로 살짝 잔머리(?) 좀 굴려 봤답니다.

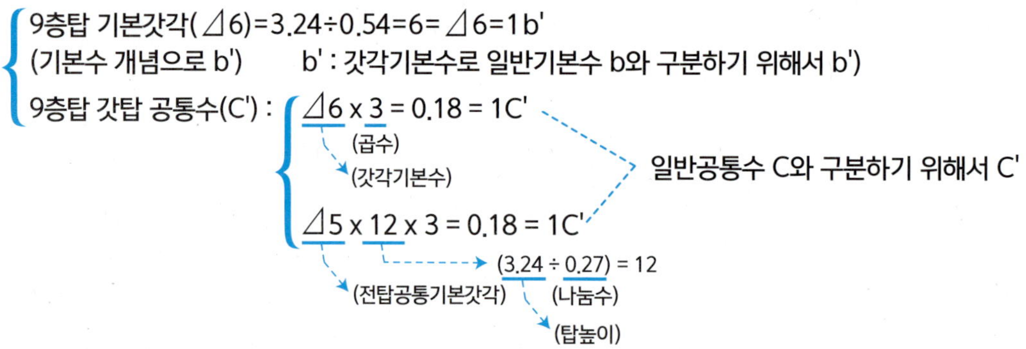

전탑공통기본갓각은 처음 들어 보실 겁니다. 기본갓각은 각 탑마다 다른데, 이 전탑기본갓각은 전탑(1~9층탑) 동일하답니다. 9층탑을 잠깐 보실까요.

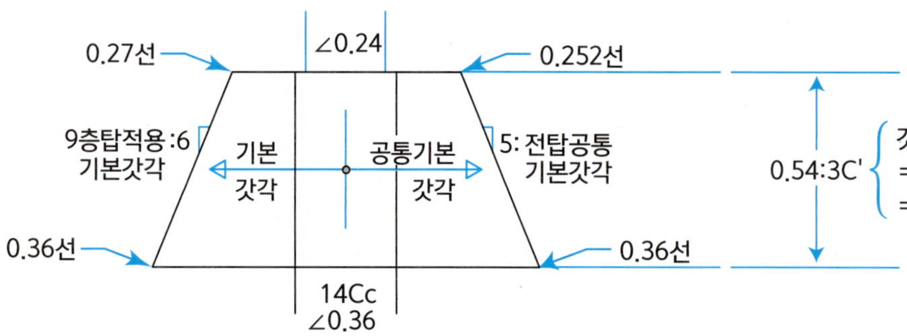

[그림 656] 9층탑 : 기본갓각과 공통기본갓각 개념

이 전탑공통기본갓각 ⊿5는 각탑의 기본갓각을 알아내는 과정에서 알아낸 것으로 반드시 점검을 해보셔야 하는 각이랍니다. 물론, 공통수 점검에서도 필요한 갓각이랍니다.

갓탑에도 공통수가 있으니 혹시 갓탑에도 계단이 존재할까요? 설마 계단이 있진 않겠죠.

다만, 높이치수를 점검하는 정도랍니다. 그럼, 9층탑의 첨탑은 어이 생겼을까요? 같이 풀어보셔야죠.

이 첨탑이라는 놈은 운이 억수로 좋은(?) 놈이랍니다. 왜냐구요? 탑높이에 포함되지 않으니 탑총높이를 지가 지마음대로 조절할 수 있는 놈이거들랑요. 즉, 어떤 누구의 간섭도 받지 않는 고약한 놈이랍니다? 아무리 자유의 몸이라도 갓탑과는 어느 정도는 조화를 이루는 게 갓탑에 대한 기본예의이겠죠. 첨탑의 높이는 어느 정도면 적당할 것 같나요? 갓탑과 같은 높이로 할까요? 아니면 반정도, 아님 1/3정도 높이일까요? 계산이 되지 않으니 정답은 아무도 모른답니다. 탑높이와 무관하니까? 정답이 없으면 제 맴대로 정해도 되겠죠. 저는 갓탑높이의 1/3로 하겠습니다. 갓탑의 갓과 마찬가지로 첨탑은 전체가 금속류랍니다. 갓탑의 3갓기둥이 ∠0.12로 미루어 짐작컨대 매우 호리호리한 구조일 겁니다.

이 3갓기둥에 첨탑의 쇠기둥이 정착될려면 첨탑기둥도 당연히 가늘어져야 될 겁니다. 기둥이 가늘다는 이바구는 높이를 최대로 숙이라는 의미일 겁니다. 그래서 높이를 갓탑높이 3.24의 1/3인 1.08로 했답니다. 자신 있으신 분(?)은 높이셔도 된답니다. 9층탑 첨탑을 잠깐 그려봅시다.

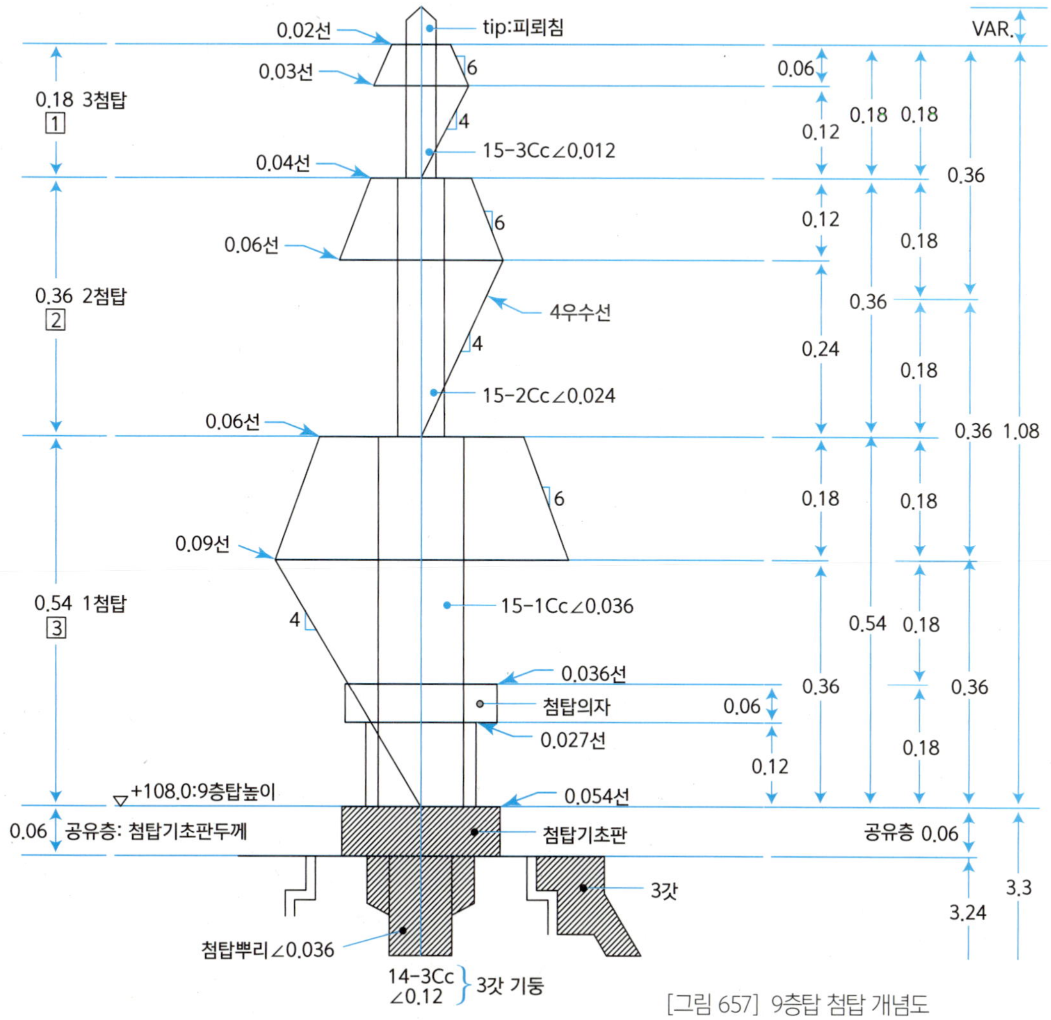

[그림 657] 9층탑 첨탑 개념도

첨탑을 갓탑과 구조형태를 똑같이 했답니다. 단지, 기둥규격을 갓탑의 1/10로 했으며, 첨탑갓의 우수선을 4우수선으로 했답니다. 4우수선이라는 건 첨탑이 시각적으로 갓탑보다 더 호리호리한 날씬형이라는 걸 의미하겠죠. 위로 갈수록 호리호리해야지 뚱뚱보가 되면 모양새가 쪼께 그럴 겁니다.

먼저 첨탑갓의 갓각을 장난끼공법으로 살짝 풀어볼까요.

첨탑기본갓각(첨탑기본수) =1.08÷18=6=⊿6=1b' 갓탑기본각과 같네?

첨탑갓각 공통수 = { ⊿6 x 3 = 0.18 = 1C' / ⊿5 x 12 x 3 = 0.18 = 1C' } → 동일

⊿5 → (전탑공통갓각), 12 → 1.08÷9=12

장난끼공법도 써먹을 데가 다 있네요. 첨탑의 기초판구조를 볼까요.

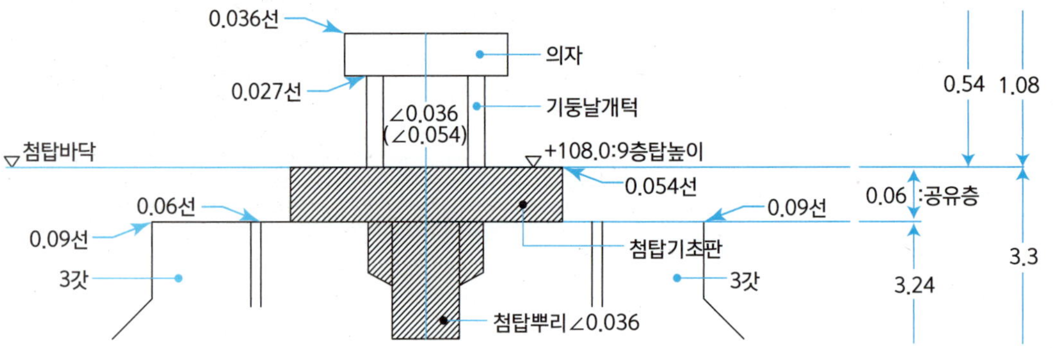

[그림 658] 첨탑 기초판 개념도

첨탑기둥의 기둥턱은 좀 크게 했답니다. 일반수직기둥은 1.2배를 하였으나 금속류인 첨탑기둥은 폭이 너무 좁아서 1.5배를 하였답니다. 그리고, 독립구조물인 첨탑갓은 3의 배수공법을 적용하지 않았답니다. 자체 갓치수가 다른 갓에 영향을 끼치지 않기 때문일 겁니다. 말 그대로 금속공예가의 생각대로 꾸미면 된답니다. 보시듯이 갓탑에서 남은 6cm가 공유층이 되면서 첨탑기초판이 된답니다.

고고참 희한한 구조랍니다. 그러니 9층탑의 나무기둥은 108m에서 6cm가 빠진답니다. 말씀드렸듯이 높이 108m의 끝은 이론가상점이랍니다. 가보면 허당이거나 엉뚱한 놈(첨탑기초판)이 와 있답니다. 저는 이 6cm의 공유층을 제일 처음에는 헛수라는 용어를 써서 헛수처리를 했었는데, 다시 유심히 보니 헛수가 아니라 첨탑의 기초판두께라는 걸 인지하게 되었답니다.

이제 9층탑의 1첨탑만 확대해서 잠깐 봅시다.

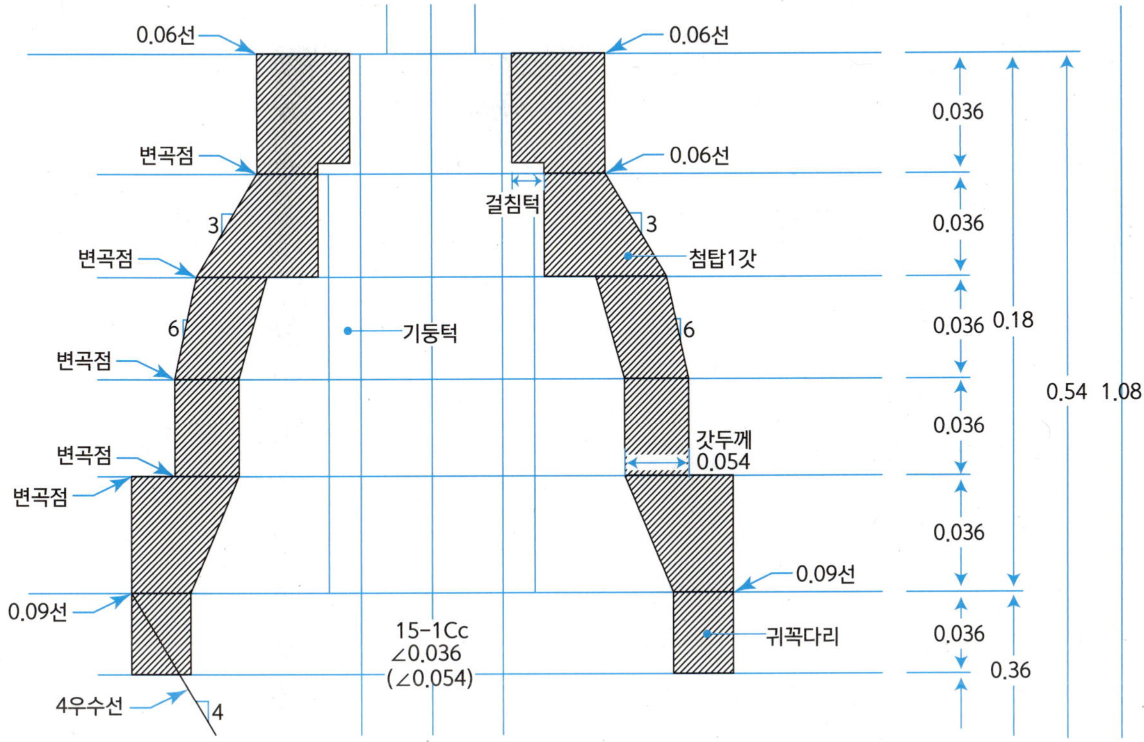

[그림 659] 9층탑 1첨탑 단면도

보시니 갓탑의 갓각과 첨탑의 갓각이 ⊿6으로 같아서인지 갓탑과 모양이 거의 같답니다. 첨탑 위에 있는 끝꼭다리(tip)를 잠깐 봅시다.

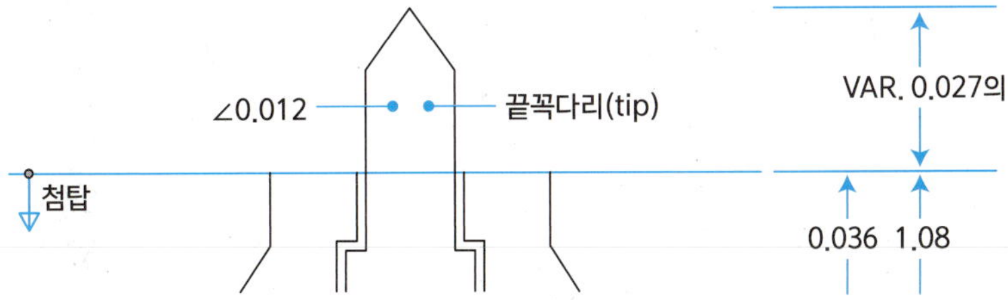

[그림 660] 9층탑 첨탑 위 끝꼭다리

끝꼭다리는 8각으로 두께가 12m/m 랍니다. 이 꼭다리높이를 어느 정도로 올려야 할지는 잘 모르겠지만, 새로 탑을 짓게되면 이 꼭다리는 피뢰침으로 바뀔 겁니다. 높이가 27mm가 될지 54mm일지 81mm일지 아님 108mm일지는 모르겠으나, 피뢰침이 성립될지는 잘 모르겠네요.
구경이 좀 가늘긴 하긴하나 아마도 가능은 할 것도 같답니다. 드디어, 걸어서(?) 9층탑 최상단 꼭다리까지 오게 되었답니다. 아무리 올라가시고 싶으시더라도 갓탑 위로는 올라가지 마이소.
잘못하다간 엉디 불난답니데이.

갓탑과 첨탑을 보시면서 재미있다고 느끼셨는지요? 못 느끼셨다구요? 그럼 저하고 동행(?)을 더 하셔야 된답니다. 지겹죠!

한번 더 1갓탑의 부분단면을 보실까요? 이제사 보이실 겁니다.

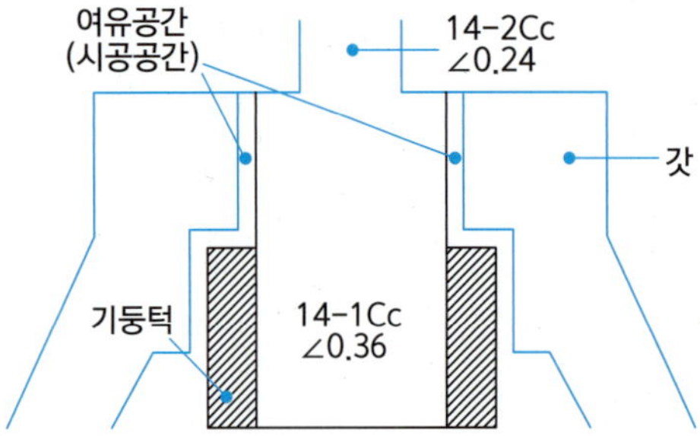

[그림 661] 9층탑 1갓탑의 부분단면

기둥과 갓은 완전분리되어 있답니다. 즉, 바람이 심하게(?) 불면 갓은 공중으로 날아가게 되어 있답니다. 역으로 생각해보시면 모든 갓은 기둥을 세우고 난 뒤 그냥 갖다 얹은 물체에 지나지 않는답니다.

제일 쉽게 얘기하면 어떤 기둥을 세운 뒤 그냥 갓을 재미삼아 기둥턱에 걸어 놓은거랍니다.
저희들이 머리에 갓을 쓰면 이 갓이 영원히 딱 들러붙어 있을까요? 저도 잘 모르겠네요?
갓은 언제든지 쓰고 벗을수가 있어야겠죠. 아닝가? 예! 바로 이 갓이 마음대로 쓰고 벗을 수 있는(?) 착탈용이형(demountable type)이랍니다. 석탑의 찐빵도 동일할 겁니다. 쉽게 얘기하면 조립형이랍니다.
장난감 조립과 해체와 똑같답니다. 아무리 그래도 바람이 분다고 날려가면 안되겠죠.
제 생각에는 아마 기둥과의 공간에 초강력 밥풀때기를 붙인 것 같답니다?
우스개소리는 그만하고 또 진군합시다.

저희들이 일반목탑의 갓탑과 첨탑을 구경했으니 석탑의 갓탑과 첨탑도 구경을 한번해 보셔야겠죠. 목탑이 석탑화되면서, 이 갓탑과 첨탑이 똑같이 넘어갔는지, 아니면 석탑으로 종교화되면서 어떤 변화과정을 거치면서 바뀌었는지 정도는 상식적으로 알고 있어야 되겠죠? 아닝가!
저도 잘 모르겠답니다.
목탑과 석탑의 꼭다리(갓탑과 첨탑)를 서로 비교해 볼까요?

일반목탑의 갓을 간단히 찐빵화하겠습니다.

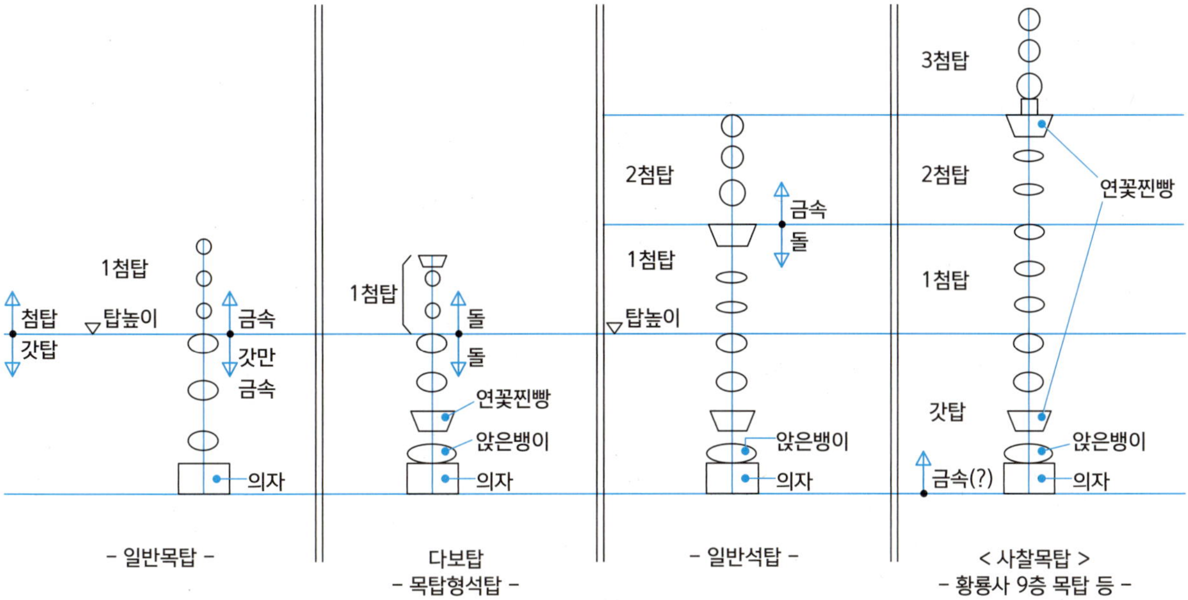

[그림 662] 탑별 꼭다리 형태

이제 저와 동행하시다 보니 도사가 다 되셨을 겁니다. 석탑을 보시니 한눈에 확 들어오시죠. 도사가 되셨다는 말이랍니다. 이제 저는 하산해도 되겠네요? 9층탑에 충실한(?) 다보탑(일반목탑형 1층 석탑)을 보실까요. 의자는 똑같답니다. 다보탑에는 웬 앉은뱅이가 의자 위에 딱 버티고 앉아서 이건 내 의자다하고 딱 버티고 있답니다. 그 위에 돌삐로 된 6개의 찐빵이 있네요.
3개까지가 갓탑으로 탑높이이며 그 위에 있는 첨탑은 탑높이와는 별 관련이 없으나 탑의 총높이에는 관여를 한답니다. 다보탑은 첨탑이 한 개인 1첨탑만 존재하는 목탑충실형 석탑이랍니다.

다보탑을 제외한 일반석탑은 1첨탑까지는 다보탑과 똑같은데 1첨탑 위에 이상하게 생긴 금속으로 만든 위로 길쭉한 3개의 찐빵이 더 있네요. 밑에는 클로바형으로 무척 길쭉하며 그 위에 옥구슬 비스무리한게 2개가 있어서 2첨탑을 형성하고 있답니다. 이 금속찐빵 개념은 일반목탑의 금속첨탑 개념(모양새는 다름)인데, 일반석탑에서 돌찐빵 6개만 달랑 얹어놓으니 모양새가 그랬었는지는 모르지만, 금속제 첨탑 1개를 더 얹어 놓아서 석탑의 모양새를 더 세련되게 한 것 같답니다.
일반석탑의 이 금속2첨탑이 일반석탑꼭다리의 꽃이랍니다. 그런데, 한술 더 뜨는 탑도 있답니다.
바로 사찰목탑이네요. 사찰목탑의 꽃인 황룡사 9층목탑은 첨탑이 무려 3개나 있답니다.
일반석탑의 두 개 첨탑도 모자라서 그 위에다가 한 개 첨탑을 더 세웠네요. 사찰목탑이라서 그런지는 모르겠으나 이 사찰목탑의 꼭다리를 굉장히 화려하게 꾸민 것 같답니다.

사찰목탑은 갓탑부터 3첨탑까지가 다 금속류로 보인답니다. 그런데 의자가 나무인지 금속제인지가 조금은 헷갈리기는 하나 기록물에 철반(철로 만든 밥상?)으로 표기된 것으로 봐서는 금속류일 가능성이 높아 보인답니다. 의자 위에 앉아 있는 앉은뱅이는 종교개념으로 보인답니다.
적당한 이름이 생각나지가 않아서 의자 위에 앉아 있는 느낌이 들어서 간단하게 앉은뱅이라고 이름 지었답니다. 이제는 우리가 일반적으로 알고 있는 석탑의 상륜부 개념이 한눈에 쏙 들어오실 겁니다.
7층탑 갓탑을 보시기 전에 각 탑의 갓탑 높이를 잠깐 보십시다.

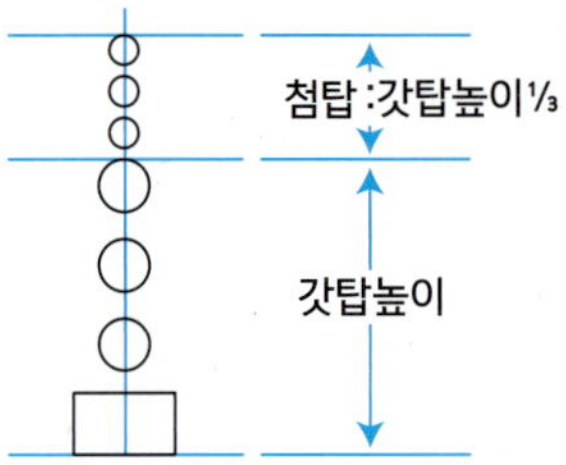

[그림 663] 갓탑높이와 첨탑높이 개념

탑명	갓탑높이	실제갓탑높이	첨탑높이	첨탑기초판두께	기본갓각
9층탑	3.3	3.24	1.08	0.06	6
7층탑	3.6	3.51	1.17	0.09	6.5
5층탑	4.5	4.32	1.44	0.18	8
3층탑	3.0	2.97	0.99	0.03	5.5
1층탑	3.6	3.51	1.17	0.09	6.5
첨성대	3.3	3.24	1.08	0.06	6
석굴암	3.0	2.97	0.99	0.03	5.5
비 고				@0.03/0.27	

[표 35] 각 탑의 갓탑높이와 첨탑높이

각 탑의 갓탑높이와 기본갓각이 서로 다르답니다. 실제 갓탑높이는 갓탑높이에서 3의 배수이면서 숫자합이 9인 숫자로 정했답니다. 예를 들면, 7층탑같은 경우는 3.6÷3=1.2 랍니다.
1.2보다 적으면서도 9의 배수인 1.17=1+1+7=9 즉, 1.17을 기본치수로 했답니다. 그러면 실제 갓탑높이는 1.17x3=3.51이 된답니다. 기본갓각은 간단하게 실제갓탑높이÷3÷18로 했답니다.
즉, 7층탑같은 경우는 실제갓탑높이인 3.51÷3÷18=6.5=∠6.5로 갓각을 정했답니다.

계산을 해보시면 0.065이나 실제 숫자는 6과 5의 조합이랍니다. 소수점이나 0에 연연해하실 필요는 없답니다. 이 갓각은 반드시 갓의 높이가 나누어져야 하는 각으로 특별히 어떤 이론이 있어서 나온 것이 아니라 여러 시행착오로 알아낸 것이랍니다. 이 갓각이 서로 다름으로서 갓의 형태가 다양해진답니다.

이제 7층탑의 갓탑도 한번 보셔야겠죠.

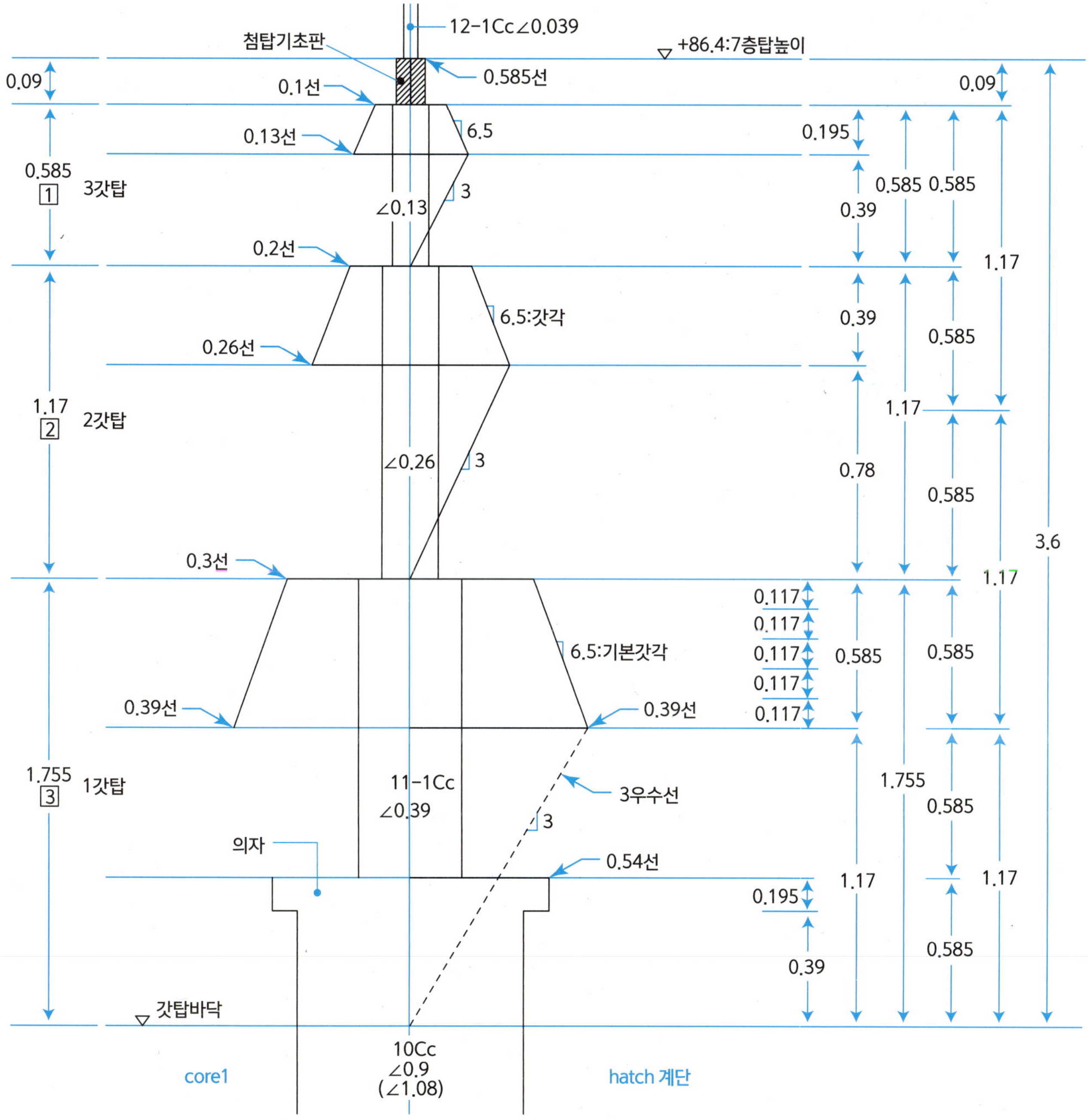

[그림 664] 7층탑 : 갓탑 기본개념도

7층탑 기본갓각(기본수) : H3.51÷3÷18=6.5=⊿ 6.5=1b'

7층탑 기본공통수 = ⊿6.5 x 3 = 0.195 = 1C' / ⊿5 x 13 x 3 = 0.195 = 1C' → 동일

(전탑공통갓각) 3.51÷27=13 (곱수)

기본갓각이 ⊿6.5로 소수점이 나온답니다. 1갓높이 0.585÷ ⊿6.5=0.09로 숫자가 아주 양호하답니다. 하부 의자는 1관측소기둥인 10Cc∠0.9의 기둥이 그대로 올라오므로 의자날개 끝선은 ∠0.9x1.2÷2=0.54선이 된답니다. 7층탑 갓탑의 1갓을 확대해 봅시다.

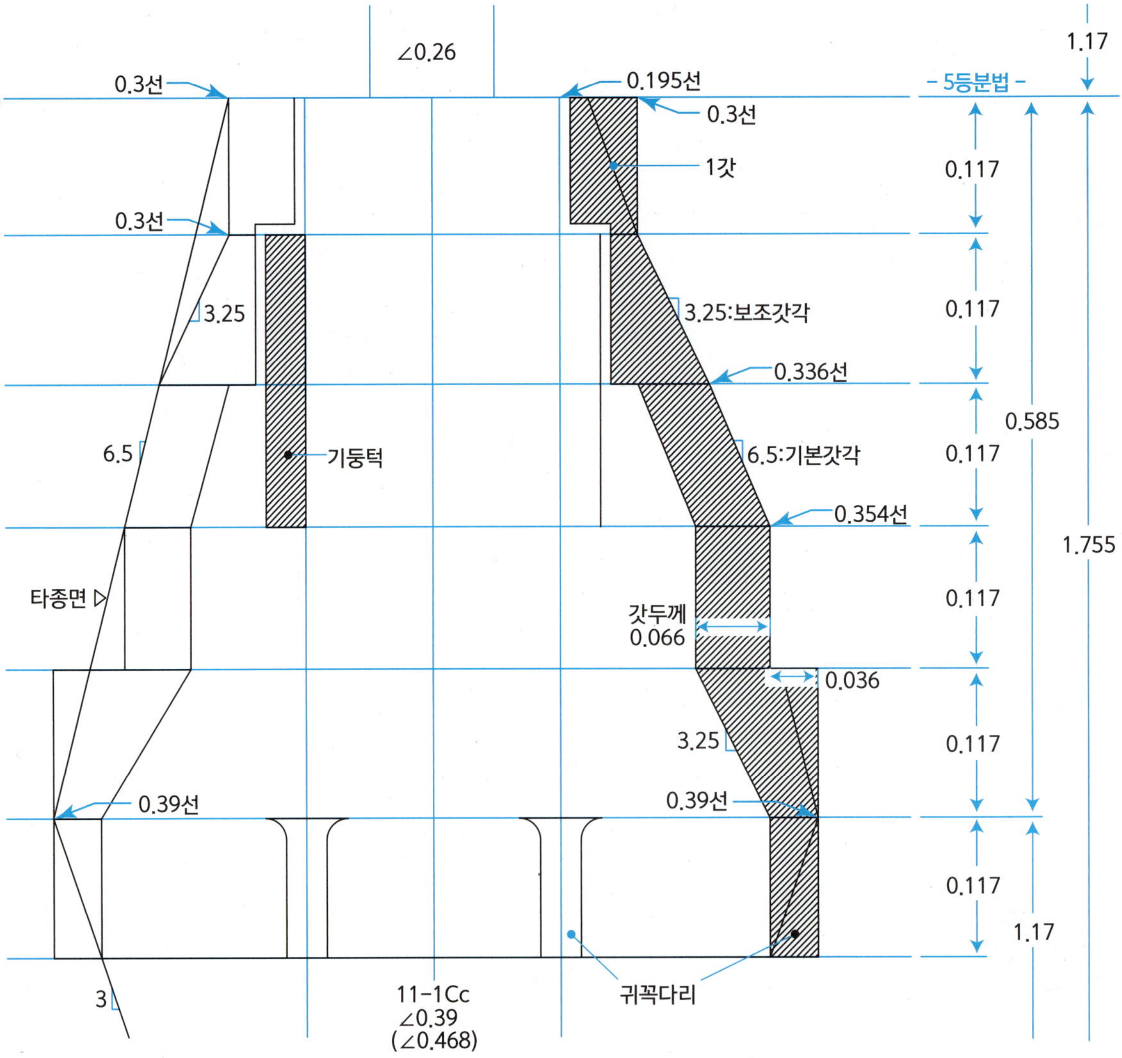

[그림 665] 7층탑 갓탑 : 1갓 단면도

기본갓각이 Δ6.5이다 보니 보조갓각이 Δ3.25로 소수점이 많답니다. 7층탑같은 경우는 Δ6.5가 되어야만 각 변곡점에서 치수가 정확하게 나온답니다. 즉, 상부폭 0.3선에서 Δ3.25를 적용해보면 0.3+0.117÷Δ3.25=0.336선이 나온답니다.

반드시 갓각을 구하실 때에는 아무리 시간이 걸리시더라도 필연적인 각이 나올 수 있도록 해야 된답니다. 7층탑도 1갓탑은 타종이 가능하게 할 겁니다. 갓높이 0.585도 5등분법으로 했답니다.

이제 7층탑 첨탑도 잠깐 보고 가셔야죠.

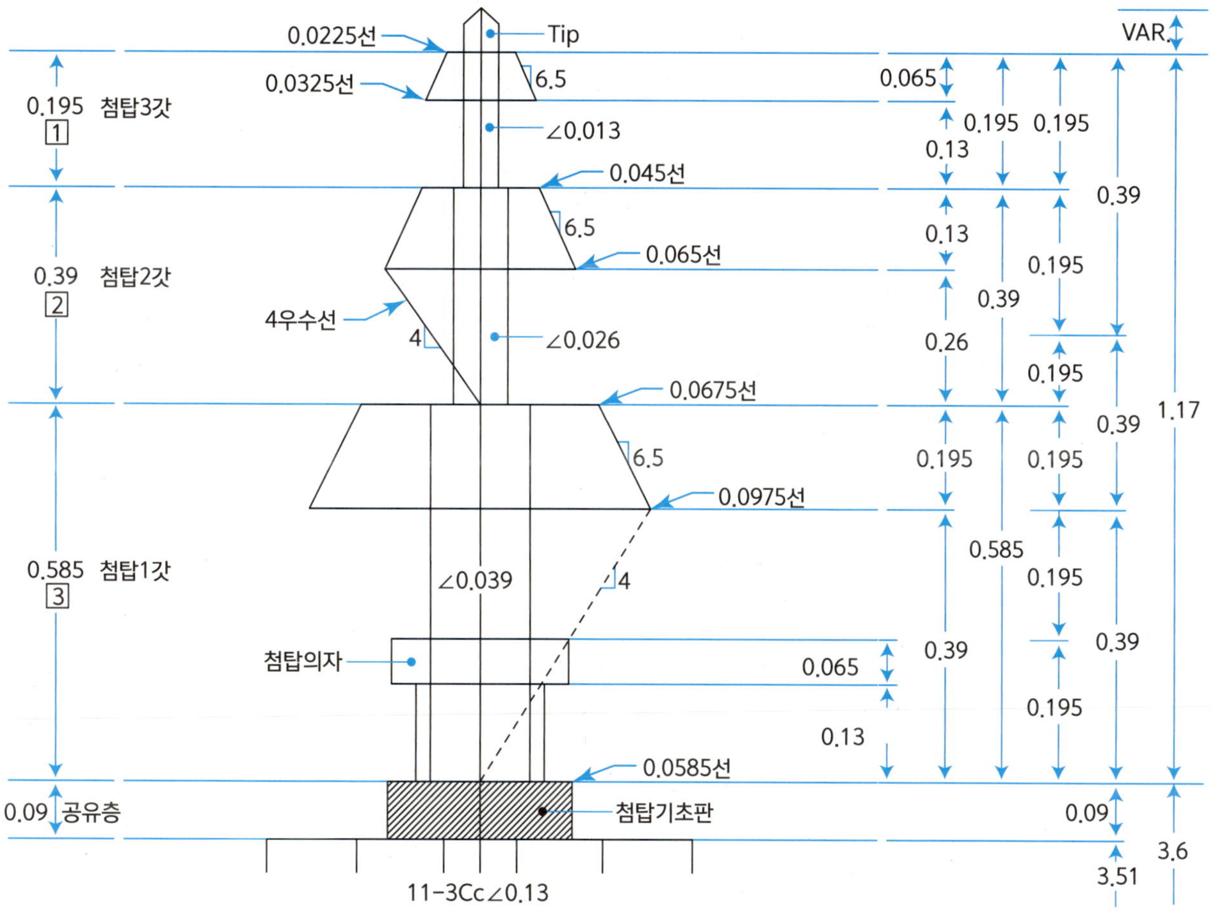

[그림 666] 7층탑 첨탑 개념도

갓탑과 구조형식이 똑같답니다. 다만 4우수선이랍니다. 숫자가 잔수가 너무 많네요.

첨탑 1갓의 갓부분만 확대해서 잠깐 봅시다.

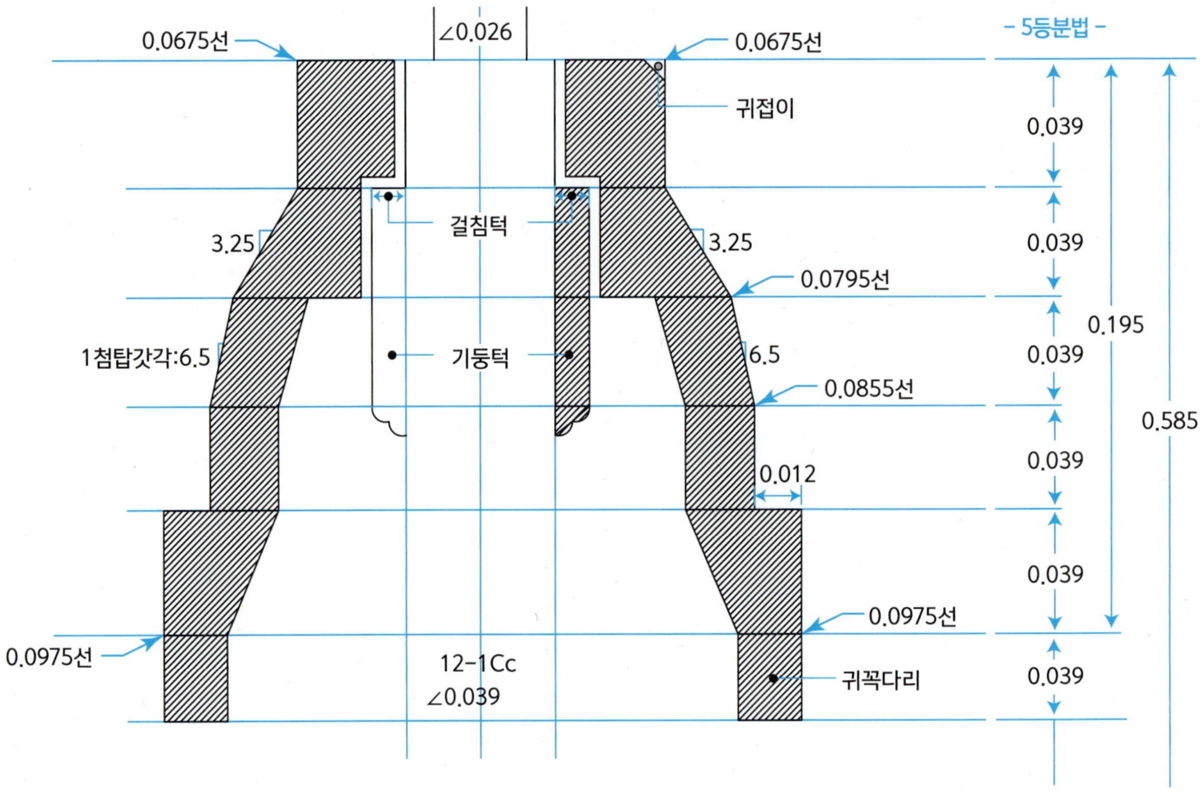

[그림 667] 7층탑 : 첨탑 1갓 개념도

보시면, 너무 잔치수가 많이 나와서 우리 금속공예 아지아께서 고생을 쪼께 하셔야겠네요? 조각하실려면 갓을 위한 별도의 갓제작용자를 한 벌 더 준비하셔야만 할 것 같네요. 즉, 갓조각전용자가 필요할 것 같답니다.

그럼, 제가 제일 처음 풀어봤던 9층탑 첨탑과 갓탑도 잠깐 봅시다. 9층탑과 첨성대를 공법을 달리해서 풀어봤는데 9층탑이 쪼께 더 이뿌장하니 같이 봅시다. 경우의 수가 워낙 많기는 하지만 이렇게 생기지 않았을까 해서 풀어본 것이랍니다.

아주 간단히 2개만 살짝 봅시다. 먼저 9층탑 첨탑 1갓을 잠깐 봅시다.

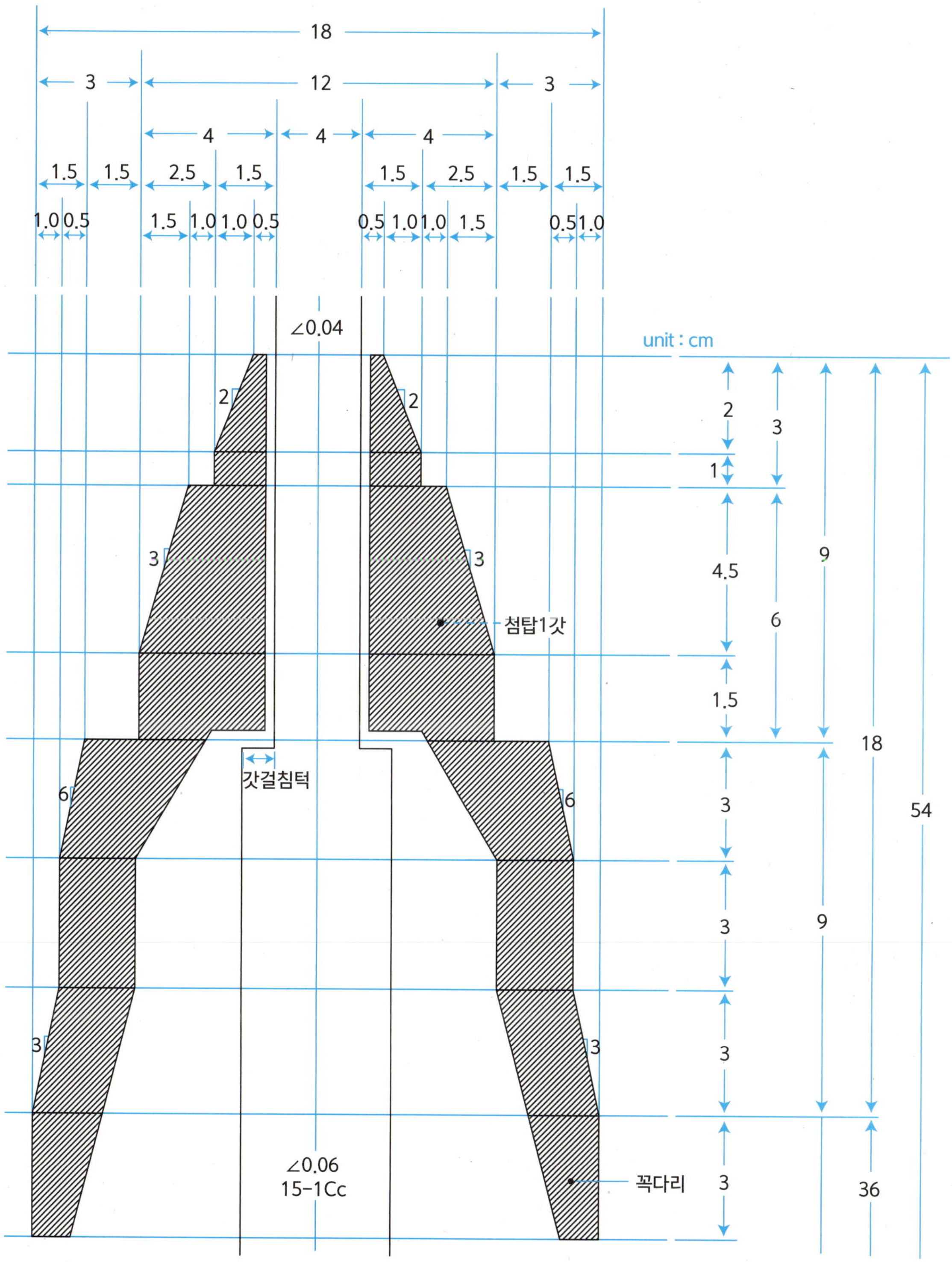

[그림 668] 9층탑 첨탑 1갓 모양도 : 최초안

1첨탑기둥이 6cm로 크답니다. 기둥턱은 별도로 없고 2첨탑기둥이 밑으로 내려와서 1갓의 턱이 되어 준답니다.(그때는 기둥턱 개념이 없었나 봅니다.) 경사각이 ⊿2, ⊿3, ⊿6으로 3개가 있어 모양새는 그럴 듯 하답니다? 9층탑의 갓탑 1갓도 보실까요.

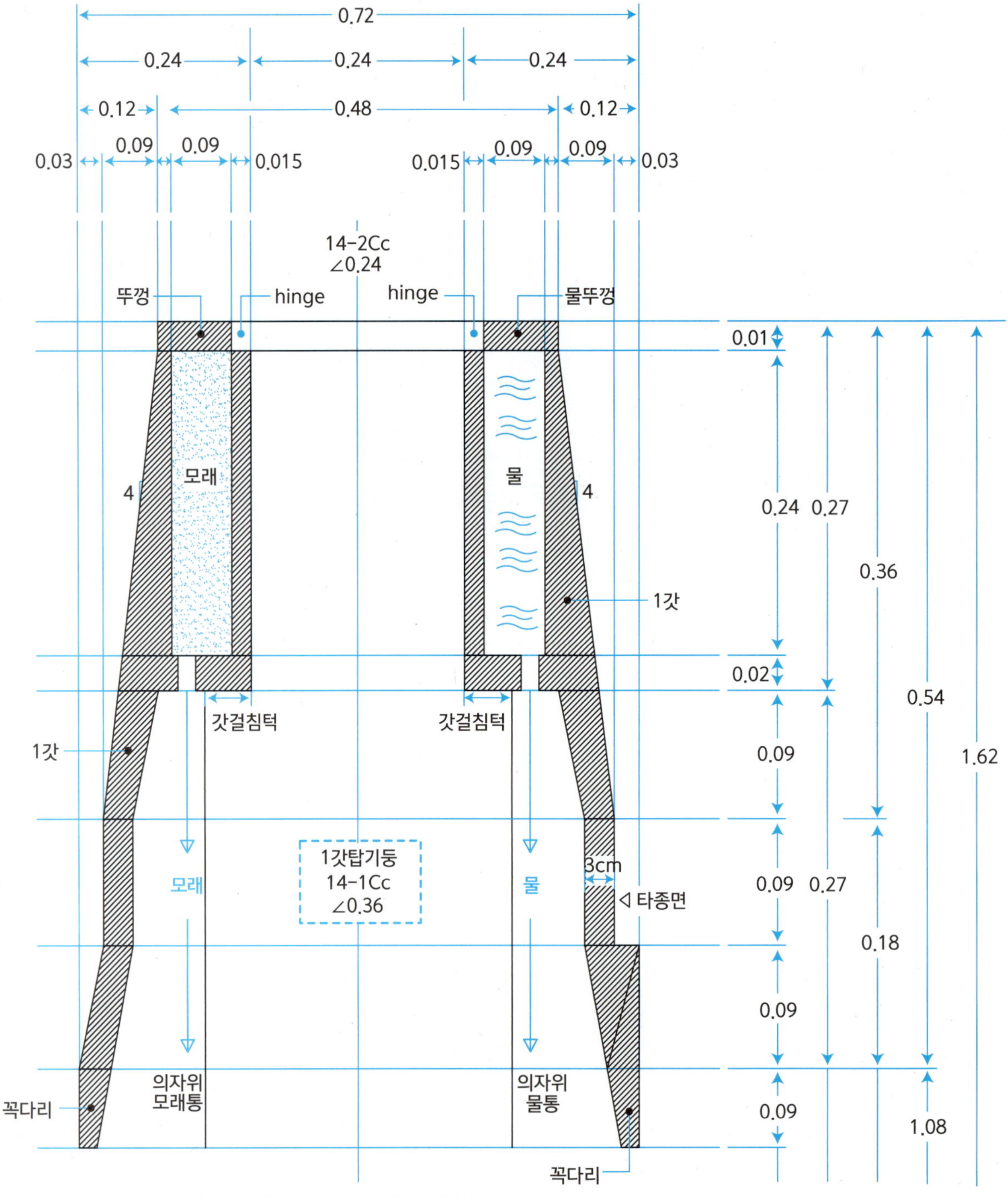

[그림 669] 9층탑 1갓탑 : 1갓 단면도(최초안)

이 1 갓탑이 재미있는 것은, 24cm라는 숫자가 등장하길래(?) 순간 24시간이 떠오르더랍니다. 그때도 하루가 24시간이었나? 슬슬 장난끼가 발동이 되기 시작했겠죠. 시계를 집어넣으면 되겠구나라는 생각을 하기 시작했겠죠. 햇볕이 드는 날은 해시계를 이용하든지하여 시간을 추정할 수 있는데, 몇날 며칠 비가 오거나 한밤중에는 시간을 추정할 수가 없으니 어떻게 만들지는 알 수는 없지마는 물시계나 모래시계를 1갓에 집어넣을까를 생각해 봤답니다.
상부에는 뚜껑이 있어야 하며, 아래에는 물이나 모래가 빠지는 구조여야 될 겁니다.
이 두 시계는 햇빛이 들어도 계속 돌아갈 겁니다. 연중무휴? 누군가는 물이나 모래를 채워줄 겁니다. 떨어지는 물이나 모래는 재사용을 해야하니 의자 위에 받이통을 둘 겁니다. 가만히 보니 이 의자라는 놈이 앉는 곳이 아니라 물통이나 모래통을 놓는 곳이군요?
물론 시간 추정 후에 점심시간이데이 하면서 종을 두 번 칠 겁니다. 아닝가? 3번 치나?
저도 모르겠답니다. 1갓은 시계와 시간을 알리는 종으로 한번 꾸며 봤었더랍니다.

앞으로는 어떻게 바뀔지는 아무도 모른답니다. 한가지 확실한 것은 어떤 용도였는지를 알아낸 후 그 용도에 맞추어서 갓에 변화를 줄 겁니다. 그런데, 용도가 무엇이었는지를 알아낼 수 있을지는 미지수랍니다. 이 6개의 갓 중에 최소한 종과 풍향계는 넣을 것이며, 필요하다면 물시계와 모래시계도 넣을지도 모른답니다. 물시계와 모래시계를 넣는다면 갓탑1갓에 넣어야겠죠. 손이 닿아야 하니까. 물시계를 만들다 보니 갓모양새가 영 엉망이 되어버렸네요. 용량을 최대로 늘이다 보니 그렇게 되었지만, 필요에 따라서 언제든지 몇 개의 갓각을 유도해 낼 수도 있답니다.

혹시! 이런 생각을 해보신 적이 있나요? 최소한으로 첨탑은 황금으로 장식하면 좋을 것도 같은데라는 생각말입니다. 말만 들어도 부자가 된 느낌이네요. 황금에 도취되다 보니 신라 일반목탑을 다 봐버렸네요. 쪼께 아쉬운 느낌도 든답니다. 근데 이해는 잘 하셨는지가 저로서도 무척이나 궁금하답니다?
이 일반목탑(관공서)은 이 지구상에 지어진 건축물 중에서 가장 과학적인 건축물로 보인답니다.
제가 부분적으로 표현해서 그렇게 중요하게 느끼지 못했을 수도 있으나, 9층탑같은 경우는 황룡사 9층목탑보다 최소 몇 배 이상이나 훌륭한 건축물이랍니다.

이 일반목탑을 이해하신 분은 사찰목탑이나 석탑 등은 웃기게 얘기하면 갖고 놀 수도 있고 마음대로 설계도 할 수 있답니다.~ㅎ~

18. 조각탑 분석(조각탑 이야기)

제가 2001년 추석 때 옥룡암바위 조각탑을 본 후 2002년 초에 옥룡암바위 조각탑 사진을 찍었답니다. 저는 제가 찍은 사진을 보면서 주로 풀었으며 가끔 인터넷에 올라온 사진을 참조했답니다.
엄청 세월이 흐른(?) 2014년 어느 날엔가 인터넷사진을 보다가 뒤로 나자빠질뻔 했답니다.
제가 무엇인가를 봤기 때문일 겁니다. 그때까지 제가 찍은 사진을 보고는 인지하지 못한 세가지를 봤기 때문이랍니다. 제가 새로 본(?) 3가지를 같이 보실까요. 9층탑을 기준으로 보겠습니다. 이 추리는 순수 개인생각임을 미리 알려드립니다.

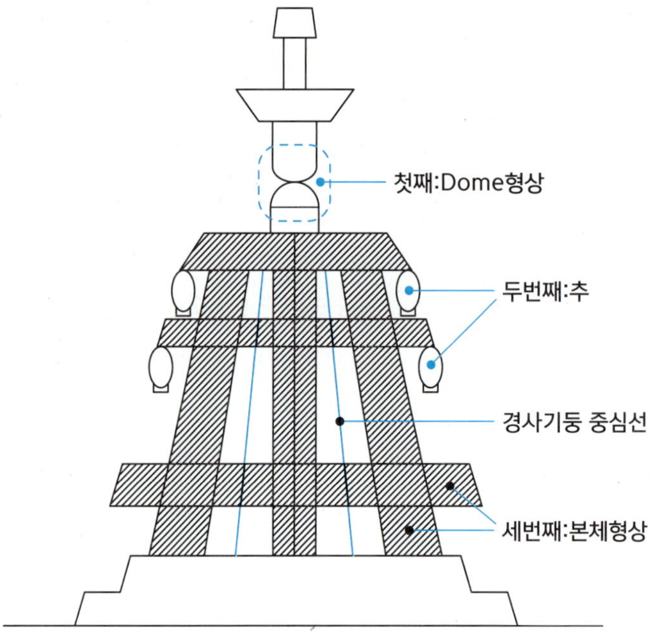

[그림 670] 2014년 인터넷 사진을 보면서 새로 인지한 9층 조각탑 형태

제가 찍은 사진을 보면서도 인지하지 못한 새로운 3가지를 보게 되었답니다. 물론 세번째인 본체형상은 어렴풋이나마 조금은 알고 있었답니다. 그래서 제가 찍은 사진을 다시 확인해 봤답니다.
첫째인 Dome 형상은 희미하나마 있더랍니다. 두번째인 추는 선명하게 보이더랍니다.
우찌 이런 일이? 너무 웃기더랍니다. 그래서 제가 생각을 해 봤을 겁니다. 인간은 자기가 보고 싶은 것만 보이고 관심이 없는 것은 아무리 눈을 뜨고 봐도 안보이는구나라고 생각했답니다.
제 눈만 그렁가?

어찌되었건 알게 된 것만으로도 큰 행운이었답니다.
인지하게 되었으니 이 놈들이 무엇인지를 분석해야 하니 일거리가 더 늘어났답니다. 일거리가 줄어들어도 시원치가 않는데! 인터넷에서 새로 본 세 가지 사항을 분리해서 보셔야겠죠.

Dome과 추에 대해서는 전에도 잠깐은 말씀드렸습니다마는 새로운 각도에서도 한번 봅시다.
눈에 익어셔야만 오래 기억될 겁니다.

첫번째인 Dome은 저번에도 말씀드렸듯이 고려석공(조각탑에 불상 등을 새겨서 9층탑을 종교건물화시킬려고 한 자들)의 작품이랍니다.

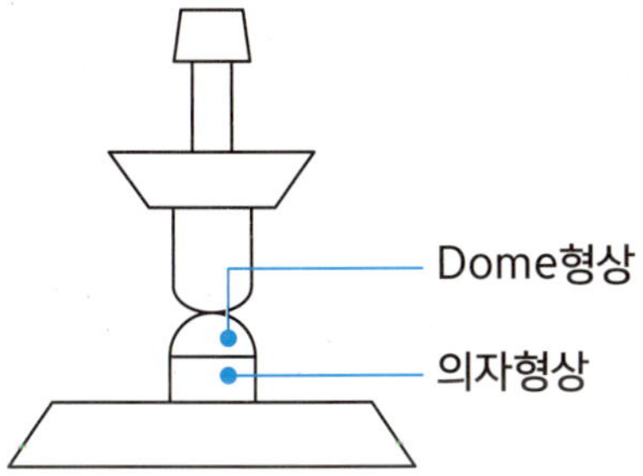

[그림 671] 9층탑 관측소 : 고려석공의 작품

이 9층일반목탑을 종교건물화시키기 위해서 지붕 위에 의자 비슷한 형태를 만들고 그 위에다 Dome형상(앉은뱅이 개념)을 새겨넣었네요.
참으로 안타깝기 그지 없답니다.
이 Dome 위에서의 관측소의 운명은 풍전등화일 겁니다.

자! 이젠 다른 관점에서 왜 이 Dome형상이 9층조각탑에 새겨졌는지를 한번 쯤은 생각해 볼 필요는 있답니다. 9층탑이 지어진 후 언제인지는 모르겠지만 어떤 외력(지진·낙뢰 등 …)에 의해서 관측소가 파괴되었다고 생각해봅시다. 그냥 몸통부만 달랑 남아 있겠죠.

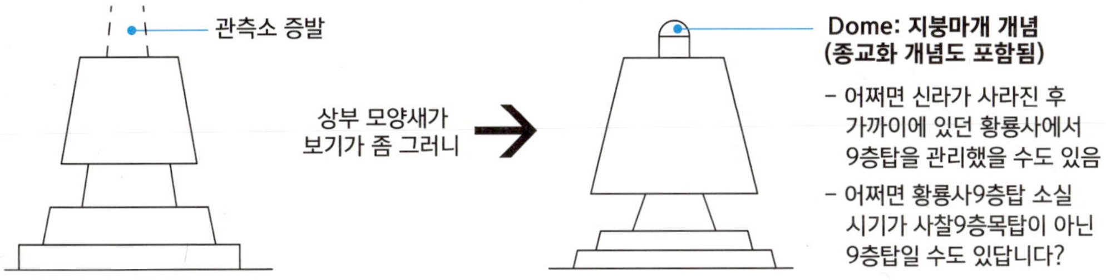

[그림 672] 9층탑 관측소 붕괴 후 몸통부만 남은 상태(左), 9층탑 : 몸통부 지붕 보수 후의 dome 씌우기?(우)

관측소가 증발되어 버렸으니 건물 꼬라지도 말이 아니겠지만 비도 펑펑들어왔을 겁니다.
그래서, 관측소를 다시 세우기도 그렇고 하니 Dome을 씌워 건물 모양새를 정비했을 겁니다.
순수가정을 해볼까요. 9층탑 건립이 AD640년경으로 보고(황룡사9층목탑 이전으로 가정함), 옥룡암조각탑 조각이 AD650년경으로 봅시다.

관측소 붕괴가 AD950년경(신라가 사라진 후)으로 보면, 어쩌면 그때쯤이면 황룡사에서 9층탑을 관리하면서 없어진 관측소에 Dome을 씌웠을 수도 있답니다.
물론, 9층탑이 언제쯤 소멸되었는지는 기록물이 없으므로 아무도 알 수가 없답니다.

AD 1050년경에 9층조각탑에 손을 댄 장본인인 고려석공이 나타났다고 가정을 해 봅시다.
아주 늦게 태어난 불심이 깊은 고려석공이 실제 9층탑을 보니 지붕상부가 분명히 Dome형상인데 옥룡암 9층조각탑을 보니 이상한 것(관측소)이 새겨져 있으니 헷갈렸을 겁니다. 아무런 내막도 모르는 고려석공이 지붕 위 1bal까지를 의자형태로 만든 후 그 위에 현재 조각된 상태의 Dome형상을 새겨 넣어서 종교건축물화했을 수도 있답니다.
웃어야 할까요. 울어야 할까요? 가만히 놔두면 될 것을? 그나마 다행인 것은 관측소본체는 이유는 모르겠지만 크게 파손을 시키지는 않았네요? 일말의 양심만은 살아 있었나 봅니다.
물론 9층조각탑 관측소 주변은 어떤 무엇인가를 새기기 위해서 열심히 바탕정리까지는 한 흔적은 남아있네요. 제가 9층탑 현조각 상태의 Dome형상을 좋게 해석하여 한번 추리해 본 것이랍니다.
그럴싸한 추리같나요. 3류소설같지 않으세요? 5류소설 정도는 될 것 같다구요. 너무 박하시네요.
3류소설같다고 하셔도 돈드는건 아닌데? 5류소설 정도로도 그게 어딥니까.

두번째인 추같이 생긴 걸 보셔야죠.

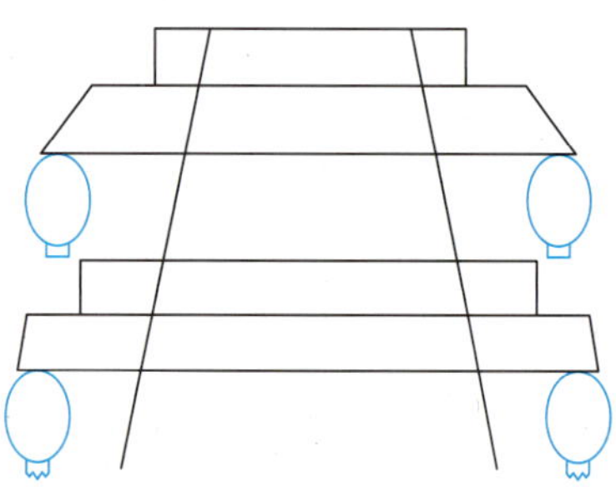
[그림 673] 지붕끝 추형상

추인지, 꿀밤(도토리)인지 아님, 말린 오징어인지는 모르겠지만 다시 한번 봅시다. 아무리 봐도 풍경(wind bell)은 아닌 것 같네요?
그럼, 이 놈이 도통 무엇일까요? 귀고리일까요? 사람 귀에 달면 아(아이)보다 배꼽이 더 큰 형상이 될 겁니다.
왜 지붕추녀 끝에 이따마한걸 달아놨죠. 전 지붕 전체에 다 달려 있답니다.
더군다나 관측소 bal지붕에도 꼬랑지를 뺀 몸통추를 주렁주렁 매달아 놓았답니다.
곶감 만들려고 추녀 끝에 단감을 주렁주렁 매달아 놓았을까요? 이 놈의 정체가 도통 무엇일까요?

이 추형상을 다시 한번 볼까요.

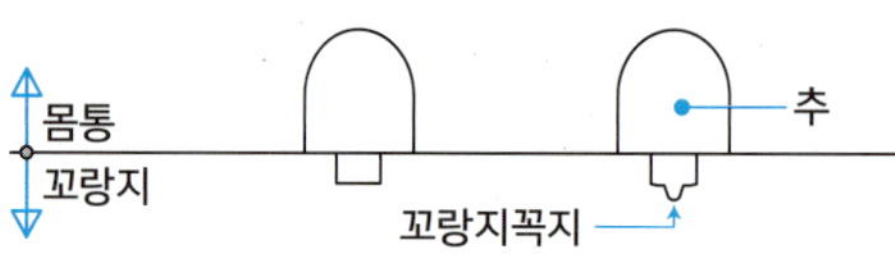

[그림 674] 몸통부 지붕에 있는 추

[그림 675] bal 지붕에 있는 추

추 몸통부에는 꼬랑지가 있고 어떤 것은 꼬랑지 밑에 무엇인지는 잘은 모르겠지만 툭 튀어나온 꼭지도 있답니다. bal지붕에는 꼬랑지가 없는 추몸통만 달랑 있네요.
과연, 이 놈이 무엇일까요? 이 초대형 추가?

무엇인지를 잘 모를 때는 보는 관점을 살짝 돌려보는 것도 한가지 방법이 될 수도 있답니다.
자꾸 본다고 별로 떠오르는 것도 없답니다. 그래서, 저는 이렇게 생각해 보았답니다. 눈에 잘 띄는 추녀 끝의 어떤 물체라? 뭔가가 스쳐지나가지 않으십니까? 바로 어떤 상징일 겁니다.
어떤 상징일까만 알아내면 된답니다. 같이 추리해 볼까요. 몇 가지 생각이 떠 오르실 겁니다.
관공서 상징, 유럽식으로 가문의 문장, 아님, 국가상징, 병영 ……, 생각나는대로 나열해 보시면 더 많이 나올 겁니다. 여기서 저는 이렇게 생각을 해 봤답니다. 신라의 문장(지금으로 치면 국기에 해당)이 아닐까 라고 생각해 봤답니다. 고구려에는 삼족오(동아시아 한국, 중국, 일본 등의 전설에 등장하는 세 발 달린 새)라는 새가 국가의 문장(확실한 기록은 없답니다)이라고 들었거들랑요? 아닝가?
아마 그 시대에는 국기라는 개념이 현대의 국기가 상징하는 개념과는 약간 다르게, 새나 물고기와 같은 주변에 있는 동·식물 등이 문장화되면서 국가의 상징이 되지 않았을까 하는 생각이 든답니다.
사신을 보내든 전투를 하든 어떤 상징적인 깃발 정도는 있어야겠죠.

제가 지나치게 생각이 비약했나. 이 추가 무엇이며 무엇을 상징하는 것까지는 모르겠으나 신라를 상징하는 문장일 거라는 결론을 내렸답니다. 건축물추녀에 신라상징문장이 있다면 이 9층탑의 용도는 명약관화할 겁니다. 바로 관공서건물이라는 겁니다. 제가 너무 나갔나요?
그리고 이 상징문장은 귀고리(?)로 연결이 될 겁니다. 즉, 왕관의 상징인 계급장의 귀고리(꽃봉오리)가 될 수도 있으며 더 넓게는 귀고리는 아니지만 서로 연결하면 왕관의 깃의 형상도 된답니다.

왜 이 탑이 관공서인지를 확실히 알려주는 세번째인 건물본체 형상을 보실까요.

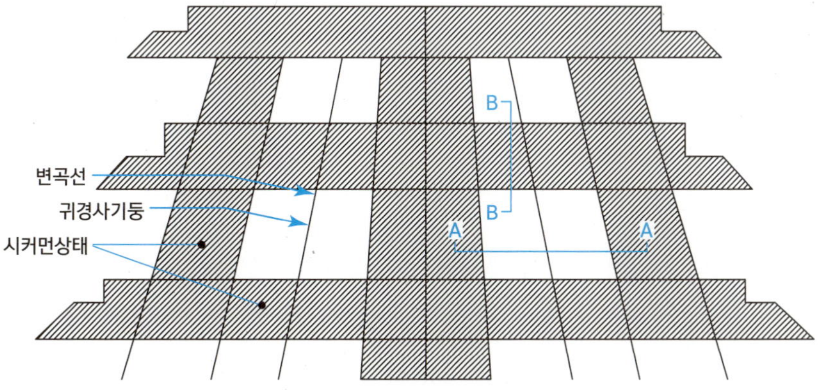

[그림 676] 9층 조각탑 본체 형상

9층조각탑 몸통부를 보시면 중앙부위와 약간 경사진 양옆과 지붕 쪽이 시커멓게 되어있답니다. 저는 이 시커먼 부위가 그냥 오랜 풍파로 빗물 등에 의해서 먼지나 이끼 등으로 덮여서 시커먼 걸로 제일 처음 생각했답니다. 혹시 다른 이유로 시커멓게 되었을 거라고 생각되시는 분 계시나요?

그렇다면 이유가 무엇일까요?

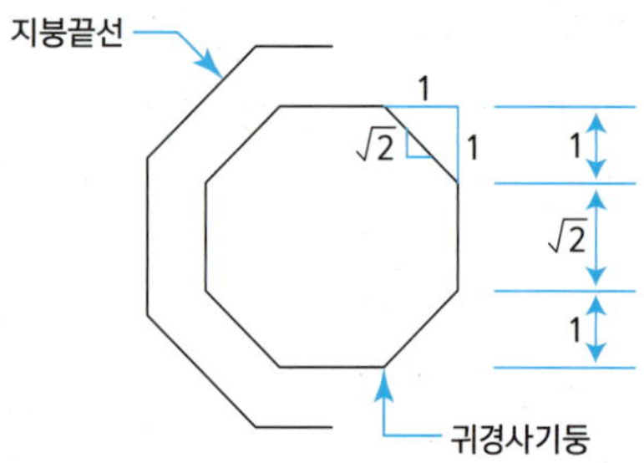

제가 9·7층조각탑은 3/8입면도라고 말씀드렸을 겁니다. 기억을 살려볼까요. 중간에 귀경사기둥인 변곡선이 있답니다. 정면비율은 기억나실 겁니다.

$$1 : \sqrt{2} : 1$$

좌측면 중앙부 우측면

[그림 677] 9·7층조각탑 변곡선: 3/8입면도개념

본체형상을 보시면, 변곡선인 귀경사기둥선이 살아있으며 그 근처는 좀 밝은 편인 것 같네요. 변곡선이 보이시나요? 엄청 유심히 보셔야만 보인답니다. 건성으로 보시면 영원히(?) 보실 수 없답니다. 쪼께 웃기게 얘기하면 목숨 걸고(?) 보셔야만 보인답니다?

변곡선 근처가 어떻게 생겼는지 봅시다. 도면의 section A-A를 먼저 보실까요.

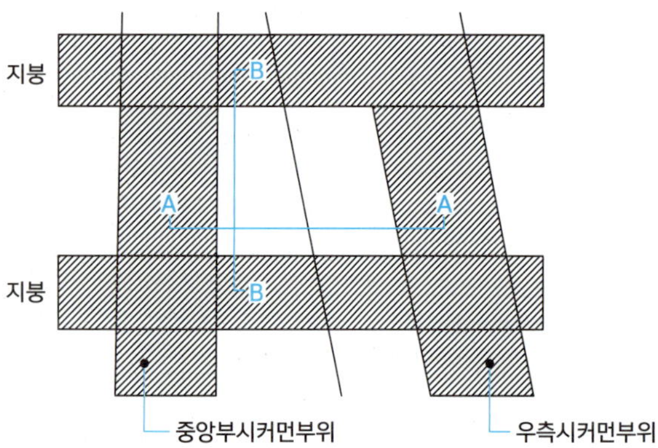

[그림 678] 9층조각탑 부분 현상태도

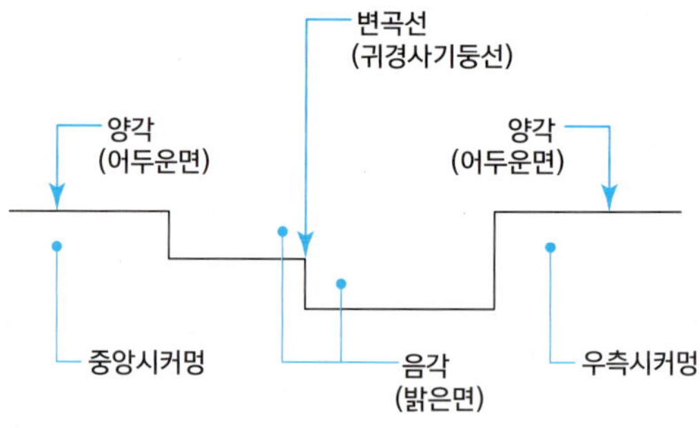

[그림 679] Section A-A

변곡선을 중심으로 턱이 져 있으며 음각인 부위는 밝은 면으로 나타나 있으며, 양각인 좌우면은 시커먼 면으로 보이네요. 더 튀어나온 양각면이 왜 더 시커먼지는 알 수가 없답니다.
음각 쪽으로 빗물이 더 많이 흘러서 음각 쪽이 더 깨끗해졌을가요? 자연현상이라 알 수는 없답니다.
모르죠, 양각면에다가 새까만 페인트를 칠했는지? 지붕 사이인 section B-B도 볼까요.

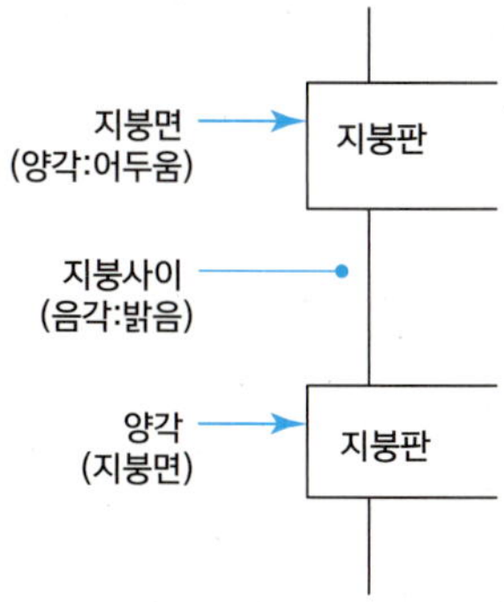

[그림 680] Section B-B

자세히 보시면 지붕 사이도 음각이랍니다. 신기하답니다. 평평하거나 간단히 선각 정도로 표현하면 될 것을 양각·음각으로 굳이 힘들게 파내었을까요? 알다가도 모를 일이랍니다. 양각인 지붕면이 시커멓고 음각인 지붕 사이가 더 밝네요. 묘하답니다. 바로, 이 양각·음각이 이 건물의 성격을 알려준답니다?

이 양각·음각이 자연발생적으로 자연이 만들어내었을까요? 천만에 말씀. 바로 석수아지아가 파내었을 겁니다. 근데, 이 석공이 왜 힘들게 파내었을까요? 분명히 어떤 의도(목적)를 갖고 파내었을 겁니다.

이 석공의 의도는 무엇일까요? 이 석공의 의도를 반드시 알아내어야만 한답니다.

어떻게 하면 알아낼 수 있을까요? 혹시 감이 잡히시는 분 계십니까? 경주에 가시면 신라시대의 흔적이 발에 차일 정도(?)로 많이 있답니다. 이 석공의 의도를 알려면 흔적을 찾아야 할 겁니다.

그 많은 흔적 중에서 어느 흔적을 찾아야 할까요? 하! 답답만 하답니다? 저는 총에서 흔적을 찾아낼 겁니다. 싸우는 나쁜 총이 아니라 금관총·호우총같은 유물이 출토된 총(塚)을 찾을 겁니다. 왜 일까요? 바로 총안에는 금관이 있기 때문이랍니다. 잠깐 웃기는 얘기하나 할까요. 저는 초등학교때는 우리나라에는 총이 3개만 있는 줄 알았답니다. 금관총·서봉총·호우총이겠죠. 제 생각에 3자루의 총으로 어떻게 적들과 싸우지(?)... 금관은 화려하죠. 금관이 어떻게 생겼을까요.

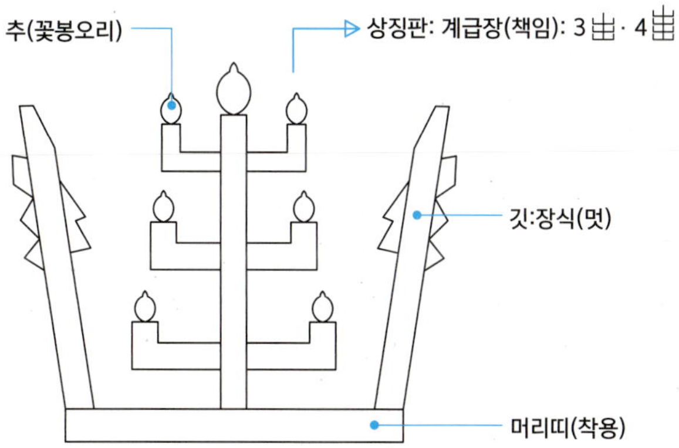

[그림 681] 금관이 이렇게 못생겼나?

보시면 크게 3부분이랍니다. 먼저 중앙에는 나는 왕이로소이다라는 계급장이 있을 겁니다.

권력이 있으니 당연히 짐(책임)도 짊어져야겠죠. 근데, 상병이나 병장 밖에 안되네?

그리고, 깃으로 멋을 낼 겁니다.
아무리 멋져도 쓰야 하니 머리띠도 있을 겁니다. 금관은 3出·4出로 크게 2가지가 있을 겁니다.
왜 2가지인지는 어쩌면 영원한 숙제일 수도 있답니다. 3出은 임금왕자니까 그렇다 치더라도 4出은 왕보다 더 높다는 뜻일가요? 혹시 황제? 왕과 황제는 다른가요? 신라왕들은 대외적으로는 낮추어서 왕이며, 대내적으로는 어쩌면 황제였을지도 모른답니다.
어떻게 알 수 있냐구요? 경주에 가면 구황동이라는 동이 있답니다. 즉, 황자 붙은 절이 9개나 된다는 의미의 동네 이름이겠죠. 어쩌면 황제를 모시는(?) 절이라서 절 이름에다 황자를 붙이지는 않았을까요? 황룡사·분황사 등등이랍니다. 아직도 1개의 황자 이름이 붙은 절 이름을 못 찾고 있다나요?
어쩌면 이 9개의 절은 개인이 아닌 정부에서 지었을 수도 있답니다. 하여튼 무지 어려워 알 수가 없답니다.

그건 그렇고, 왕관과 9층탑이 무슨 연관이 있을까요?
눈치 9단이신 분은 벌써 눈치채셨을 겁니다. 9층조각탑의 몸통부의 까만 부위를 유심히 보십시오.

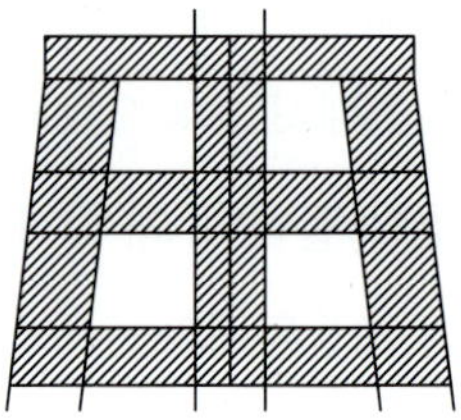
[그림 682] 9층 조각탑의 까만부위

보이시는지요? 보시니 아하! 요고로구나 하실 겁니다.
바로 出자의 연속이랍니다. 쉽게 얘기하면 9出 왕관을 의미한답니다. 이 9出 왕은 무지무지 무서운(?) 왕이랍니다.
사실 8出인지 9出인지는 약간은 헷갈리기도 하답니다.

이 9出에다가 신라문장인지는 잘은 모르겠지만 추녀 끝의 추까지 합쳐 봅시다.

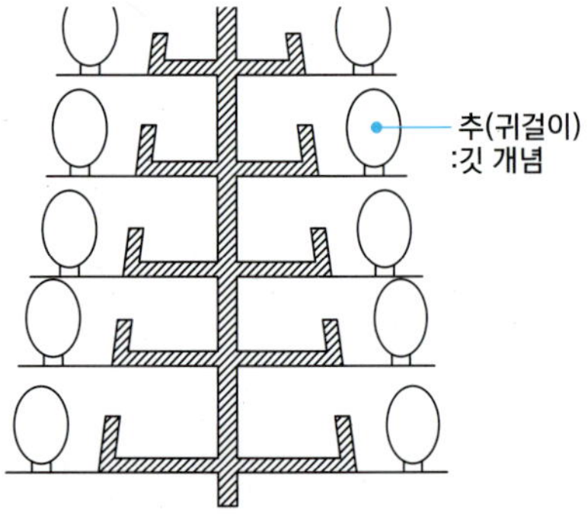

[그림 683] 出자와 추의 연결도

비록 왕관이 위로 좁아지는 형태이긴 하나 완벽한 9出 왕관이 만들어진답니다. 어찌 보면 왕관을 거꾸로 놓은 것 같기도 하답니다.
왕관을 눕혀 놓았다는 건 왕은 군림하는 것이 아니라 국민을 위해 일하겠다는 의미일 수도 있답니다. 왕관을 엎어 놓은 듯한 9층탑의 형태가 아주 재미있답니다.

이제 왜 추녀 끝의 추가 그리도 크게 만들어져 있는지를 약간은 이해가 되실 겁니다.

국민을 위해 일하겠다는 의미의 건축물이 무엇일까요? 각자 판단하십시오.

조각탑 형상도 형상이지만 석축(성벽)과 관측소 등 여러 경우의 수를 다 고려해 보면 신라일반목탑의 용도가 관공서라는 걸 한눈에 알 수가 있답니다. 다 풀고나니 너무 싱겁네요?

근데, 의문이 하나 생기실 겁니다. 어떤 석공이었는지는 모르지만, 탑만 새기면 되지 구태여 탑형상을 9出 형상으로 힘들여 조각했을까요? 그렇다면, 이 석공의 정체는 도통 누구였을까요? 국가공무원 소속이었을까요? 아님, 국가로부터 외주를 받았을까요? 아니면 호기심이 많은 단순한 일반석공이었을까요? 아님 9층탑 석축을 직접 쌓은 석공이었을까요? 아무도 알 수가 없답니다. 다만, 신라탑을 조각하실 정도면 최고의 석공이었을 뿐만 아니라, 훌륭한 건축물은 반드시 바위에 새겨놓아 후세에 알려야 한다는 생각이 아주 투철한 분이었을 겁니다.
7층조각탑도 비록 出 자는 분간할 수는 없지마는 국가상징인 추가 주렁주렁 매달려 있답니다.
3·1층탑 조각탑에는 추가 달려 있기는 있는 것도 같은데 어찌보면 안달려 있는 것도 같고 무지 헷갈린답니다. 야튼 그 시대의 석공은 어떤 누가 되었든 신라일반목탑(관공서)을 조각시에는 반드시 어떤 식으로든 국가상징을 조각탑에 표현하는 것이 예의상 옳다고 생각한 것 같답니다.

조각탑을 보시면 굉장히 희미한 부분이 많아서 뭐가 뭔지조차 헷갈릴 수가 있답니다.
제가 2002년에 찍은 사진도 세월(?)이 흘러서인지 색이 바래서 현재는 더 희미하게만 보인답니다.
세월 앞에 장사는 없답니다. 지금의 조각탑 상황은 더 악화되어 있답니다. 직접 사진을 찍어서 보시든 인터넷에 올라와 있는 사진을 보시든 판단하기가 무지 헷갈리실 겁니다. 이유가 있을 겁니다.
약 10여년 전에 어떤 누군가(?)가 옥룡암바위에 손을 대었거들랑요. 왜 손을 대었는지는 알 수는 없지만 손댄 후에 조각탑이 많이 변해버렸답니다. 탑조각의 생명이 무엇일까요? 바로 윤곽선일 겁니다. 손대기 전에도 윤곽선 찾기가 무지 힘들었는데 손댄 후에는 더 찾기가 힘들어졌답니다. 왜 일까요? 제가 알기로는 바위의 지의류(이끼류)를 제거하기 위해서 손을 댄 걸로 알고 있답니다.
손대는 것까지는 좋은데 바로 이 조각탑의 윤곽선에까지 손을 대었기 때문이랍니다. 꼭 필요하다고 판단되는 부위에만 간단히 손을 대어야 맞겠죠. 조각탑의 조각윤곽선들의 운명은 어찌 되었을까요? 그 강한 바위가 안 그래도 풍파에 간신히 버티고 있었는데, 그나마 희미하게나마 남아 있든 윤곽선들이 흔적도 없이 사라져 버렸답니다. 땅을 치고 통곡할 일이랍니다.

우찌 이런 일이? 그나마 다행인 것은 강한 윤곽선들은 바위 자체가 견고해서인지 아직도 건재하고 있답니다. 풍파에 시달린 희미한 윤곽선이 지워져서 부분적으로 헷갈릴 수는 있어도 전체적으로 조각탑을 파악하는데는 큰 문제까지는 없을 겁니다. 저는 제가 찍은 사진과 인터넷에 올라온 사진을 근거로 탑을 분석했답니다. 인터넷은 주로 블로그에 올린 사진을 참조했답니다.

이 블로그에 들어가 보시면 수 많은 사진들이 있답니다. 물론 옥룡암을 두드려서 블로그에 들어가야할 겁니다. 이 많은 사진들을 일일이 다 점검하기가 너무 힘이 든답니다. 보시다가 가끔 의미있는 사진을 올린 블로그가 있으시면 집중적으로 사진들을 보시면 굉장히 도움이 될 겁니다.

즉, 그냥 옥룡암에 놀러가서 단순히 올린 사진이 아닌 정말 정성드려 올린 사진과 글들에는 무척 많은 정보가 있답니다. 끈기를 가지시고 한번 블로그를 유심히 찾아보시면 9층조각탑 형상을 정확히 파악하실 수가 있으실 겁니다. 오래전에 올린 사진일수록 더 좋을 겁니다. 정성들여 블로그에 사진을 올리신 분들에게 감사드립니다.

7층조각탑도 잠깐은 보고 가야겠지요. 7층조각탑은 9층조각탑 우측에 갈라진 바위(?)에 새겨져 있답니다. 바위가 나중에 갈라졌는지는 알 수는 없지마는 위치 하나는 아주 끝내주게 좋은 곳(?)에 자리잡았네요? 제일 처음 7층조각탑을 보면서 이 탑이 6층인지 5층인지 7층인지 조차 헷갈릴 정도로 보기가 어렵더랍니다. 눈을 똑바로 뜨고 몇 번을 세어보니 7층탑이 맞더랍니다. 9층탑은 매우 정교하게 조각되어 있는데 비해서는 약간은 부족한 점은 있을지라도 조각 자체는 아주 잘 되어 있답니다.

조각탑 형상을 잠깐 보실까요.

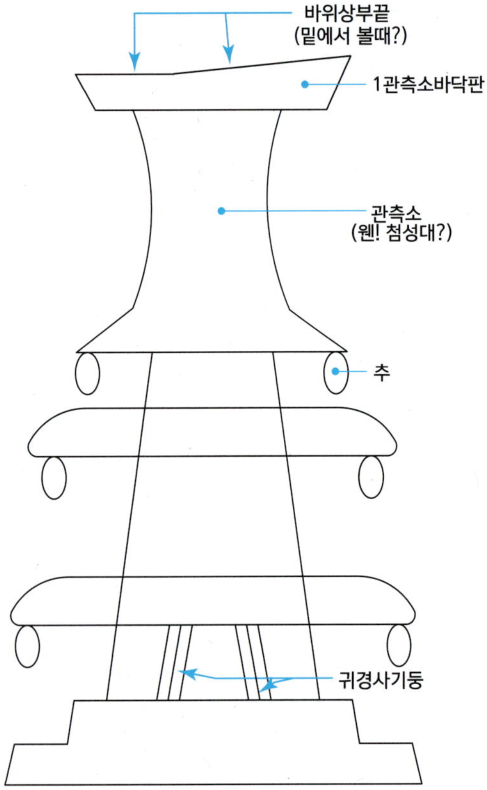

[그림 684] 7층 조각탑 대충도

처음 7층조각탑을 보는 순간 이런 생각이 들더랍니다. 7층탑 위에 웬 첨성대가 있지? 7층탑만 새기면 되지 그 위에 왜 첨성대같은 것을 얹어놓았지라는 생각이 들더랍니다.
나중에 알고 보니 관측소더랍니다.
제일 위에 보시면 1관측소바닥판이 있는데

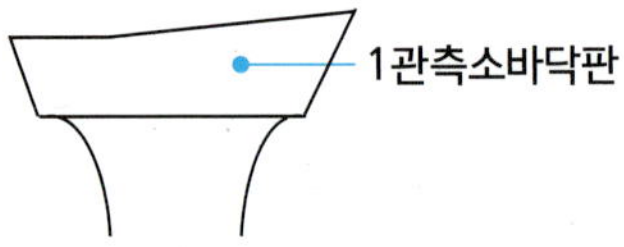

왼쪽은 가늘고 우측은 두꺼우며 생김새가 좀 그렇게 생겼네요. 왼쪽 상부바위가 떨어져 나가서 그런건가?
1관측소바닥판을 바위 상부에 바짝 붙여서인지 아예 꼭다리(갓탑과 첨탑) 자체가 없답니다.
처음부터 새길 의사가 없었나?

왜 바위 상부로 바짝 붙여서 1관측소바닥판을 위치시켰는지 알 수가 없답니다. 아니면 꼭다리를 새기긴 새겼는데 상부 바위가 떨어져 나갔는가? 알 수가 없답니다. 1관측소바닥판 밑의 첨성대같이 생긴 놈은 시커먼 상태로 이끼가 낀 것 같기도 하고 어쩌면 빗물이 흘러간 자국같기도 하고 헷갈리는 형태로 남아 있답니다. 각층 지붕은 꼭 물고기지느러미같이 아주 잘 만들어 놓았네요? 그래도 추녀 밑에는 추인지 뭣인지 분간은 잘 안가지만 뭔가를 주렁주렁 매달아는 놓았답니다. 최소한의 형식은 갖추었네요? 7층조각탑에서 제일 재미있는 것은 1층에 귀경사기둥(변곡선)을 새겨놓았는데 보실까요.

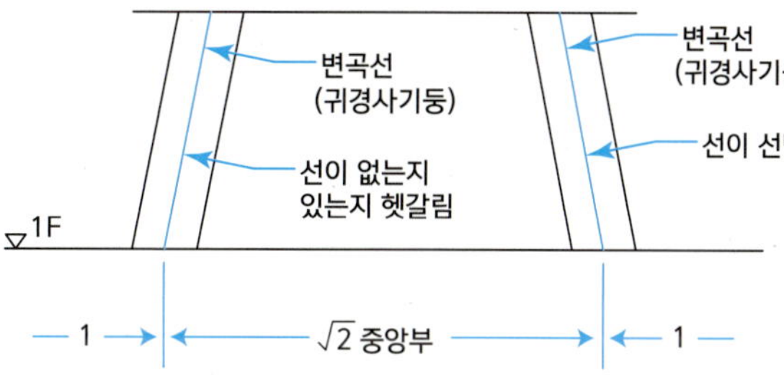

[그림 685] 7층 조각탑 1층 귀경사기둥

우측귀기둥은 변곡선을 중심으로 양쪽으로 기둥같은 것을 만들어 놓았는데, 좌측귀기둥은 변곡선이 없는지 있는지조차 헷갈리게 해 놓고 기둥같은 것을 무지 굵게 만들어 놓았답니다.

대칭도 아니고 그렇다고 짝재기(비대칭, 서로 맞지 않음)까지는 아니지만 하여튼 애매하게 되어 있답니다. 7층탑은 하여튼 재미있는 조각탑이랍니다. 아마? 7층탑조각 석공아지아는 낮에도 한잔하시면서 힘든 조각을 하시는 재미있는 아지아같답니다?

이제 옥룡암바위에서 이동해 봅시다. 얼마 안가도 된답니다. 어느날 제가 인터넷블로그를 보다가 희한한 것을 하나 보았답니다. 바로 탑골제2마애조상군이라는 처음 들어보는 용어였답니다.
이게 무슨 말이지? 그렇다면 탑골에 또 하나의 마애조상군이 있다는 말이네?
내가 이제까지 왜 몰랐지? 바로 2마애조상군을 두들겨 봤답니다. 그러니 희한하게도 목탑이 새겨진 바위가 툭 튀어나오더랍니다. 왠 떡이지. 옥룡암바위에 있는 9·7층조각탑을 보면서 1·3·5층탑도 있다는 걸 확신을 했으며 실제로도 손을 대었답니다. 실제로 바위에 새겨진 1·3층조각탑을 보니 입이 쫙 벌어졌겠죠. 물론 현장도 당연히 가봤을 겁니다. 이 2마애조상군 바위*에는 무엇이 새겨져 있을까요? 같이 동행하면서 같이 고민하면서 같이 한번 풀어봅시다. 이 2마애조상군의 조각은 볼 때마다 헷갈려

* 1994년 경주의 신라문화동인회가 처음 발견함. 일반적으로나 인터넷등에서 2마애조상군으로 알고 있었는데 2022 년4월1일자 경주신문을 보니 남산탑곡 제1사지 마애조상군이라고 나오네요. 또한 도지정문화재로 승격했다고 하네요. 2마애조상군이 기억하기 편한데 이름이 너무 기네요? 이 중요한 문화재가 도지정문화재? 웃기죠. 관점차이인가 봅니다. 이제부터(2022.4) 문화재는 문화유산으로 불리게 된다네요.

판단하기가 애매하답니다. 뭘부터 먼저 볼까요. 3층탑이 아주 재미있으니 3층탑부터 먼저 봅시다. 이 3층탑으로 추정되는 3층탑은 1층지붕 밑은 그런대로 알아볼 수가 있으나 그 위는 너무 상태가 좋지 않아 1층인지 3층인지 5층탑인지조차 구분이 잘 되지는 않지만 바위면 높이 등 여러 상황을 종합해서 판단하면 3층탑일 확률이 제일 높답니다.

3층조각탑상부를 유심히 보시면 1관측소바닥판이 새겨져 있는것 같네요. 그래도 석축 부위는 비교적 알아보기 쉽답니다.

간단히 조각탑을 보실까요. 조각의 윤곽선(건물윤곽선)이 애매하여 이론건물윤곽선을 임의로 넣을 수도 있답니다.

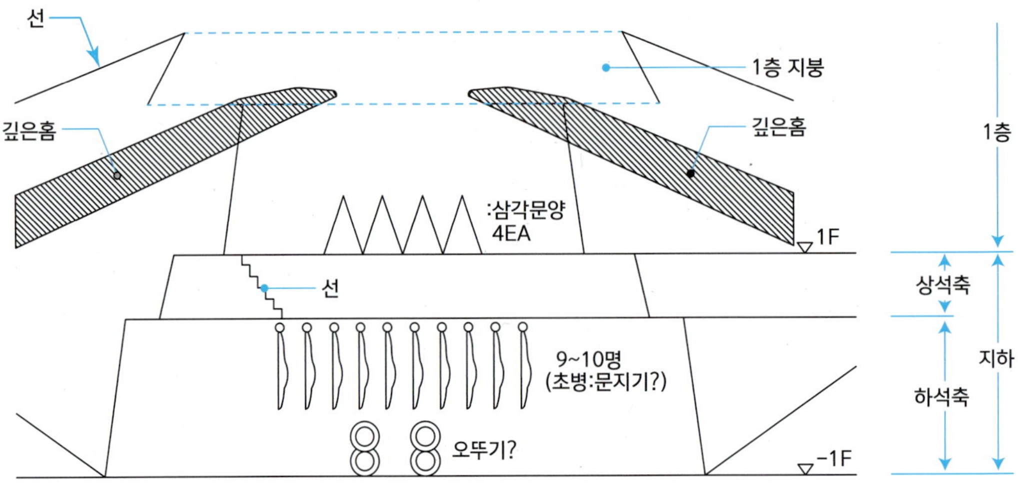

[그림 686] 3층 조각탑 형상

[사진 6] 2마애조상군 3층 조각탑 사진

제일 처음 1·3층조각탑을 보면서 9·7층조각탑과 형태가 다르다는 걸 인지를 하긴 했는데 원인을 찾지 못해서 무지 헤매었답니다. 아무리 찾아봐도 변곡선(귀경사기둥)이 1·3층조각탑에는 없더랍니다.
무슨 이런 얄궂은 일이 다있지? 길고 긴 장고 끝에 원인을 알아내었답니다. 바로 1·3층탑의 입면은 1/8 입면도라는 걸 알아내었답니다. 그러니 당연히 9·7층조각탑의 3/8입면도와는 느낌이 완전히 달랐으니 헤맬 수 밖에는 없었겠죠.

1/8입면도 개념을 한번 살짝 볼까요.

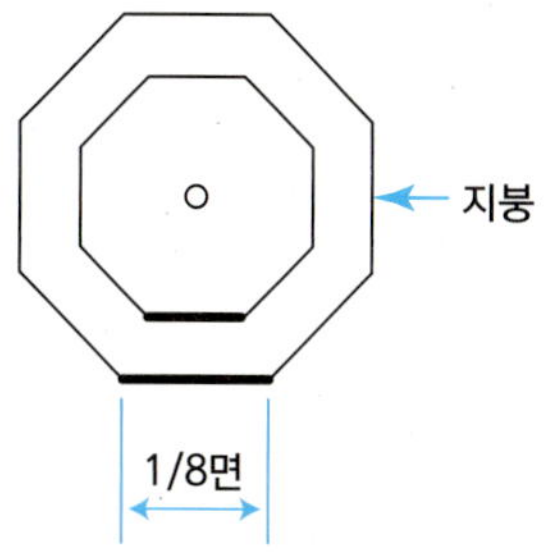

보시듯이 정면에 보이는 1/8면만 조각한 거랍니다.
그러니 변곡선이 조각탑에 나타날 일이 전혀 없겠죠.
이제 조각탑의 입면도는 완전히 이해하셨을 겁니다.

[그림 687] 1/8 입면 개념

다시 3층조각탑으로 가봅시다. 참 재미있는 것들이 있답니다.
먼저 1층을 보시면 삼각형문양 4개 정도가 있답니다.

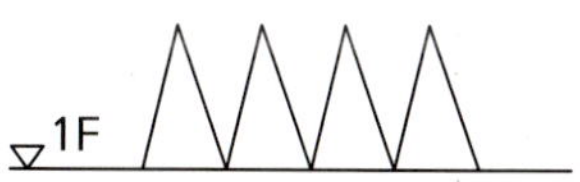

[그림 688] 1층 삼각형문양 4개

이 삼각문양을 왜 새겼는지 새겼다면 의미가 무엇일까요?
새겼다면 누가 새겼을까요? 3층탑 조각하신 분이 새겼을까요.
아님, 불심깊은 고려석공이 새겼을까요?

고려석공이 새겼다면 삼각문양이 종교와 관련이 있는 문양일까요? 묘하게도 1층조각탑에도 형태는 조금은 다를지라도 이 삼각문양같은 것이 있답니다. 또한, 이 삼각문양은 감은사지 태극문양석 주위에도 선명하게 새겨져있답니다. 과연, 이 삼각문양이 의미하는 것은 무엇일까요?

감은사지 삼각문양은 7층탑의 처마각(⊿3)과 같은 삼각형이라서 그냥 7층탑을 간단히 삼각형으로 표현하지 않았나라고 생각하고 있었는데 3·1층탑에 왜 삼각형이 있죠. 그것도 1층바닥에?
3층탑에는 커다란 삼각형이 4개, 1층탑에는 약간 납작한 삼각형이 7개나 있답니다. 알다가도 모를 일이랍니다. 3·1층탑 조각하신분이 직접 새겼을 경우와 고려석공이 새겼을 경우에는 서로 의미가 다를 수도 있답니다. 탑 조각하신 분이 새겼을 확률이 약간 더 높기는 하지마는 알 수 있는 방법은 없답니다. 모든 걸 다 떠나서 이 삼각문양이 무얼 의미하는지를 알 수 있는 방법이 없네요.
어쩌면 영원히 풀지 못할 숙제같기도 하답니다?

하석축으로 내려오셔서 상부를 보시면 9명인지 10명인지는 잘은 모르겠지만 사람들이 서 있답니다. 석축에 왜 사람들이 있죠. 한두명도 아니고? 이건 또 누가 새겼을까요? 아니 왜 새겼을까요?
저는 이런 생각이 들더랍니다. 지하층이 병영이거나 아니면 정부미 곳간이라 초병 아니면 경비병이 아닐까하는 생각이 제일 먼저 들더랍니다. 초병인지 경비병인지는 모르겠지만 이 사람들을 보고 제가 일반목탑의 지하층용도를 병영이거나 병참이거나 아니면 정부미 보관소가 아닐까라고 생각을 하게 된 이유랍니다. 머리가 있고 엉디가 있는 걸로 보아 사람이 분명히 맞답니다. 야튼 애럽네요?
머리 좋으신 분 나서서 큰소리 한번 치이소. 그러면 따르겠습니다. 하석축하부에는 뭔지는 불분명하지만 오뚜기 비스무리한 것이 2개가 있네요. 이 놈은 또 뭐죠? 이것이 무엇을 의미하는지는 모르겠지만 왜 이것을 조각탑에 새겼을까요? 조각탑을 새긴 석공이었을까요? 아님, 제3의 석공이었을까요. 아니면 고려석공이었을까요? 속 시원한 답은 없네요? 모르는 건 모르는 것이고 1층조각탑도 보셔야죠.
1층조각탑도 아주 재미있는 탑이며 비교적 석축이 선명하게 남아 있답니다.
2마애조상군조각탑을 본지가 하도 오래되어서 기억이 희미합니다만 1층탑은 2개가 조각되어 있는 것 같은데, 한 개는 금방 알아낼 수 있는데 1개는 예전에 보기는 본 것 같은데 지금 찾아낼 수 있을지조차 의문이랍니다. 찾아내야 될낀데?

쉽게 알아볼 수 있는 1층조각탑을 봅시다.

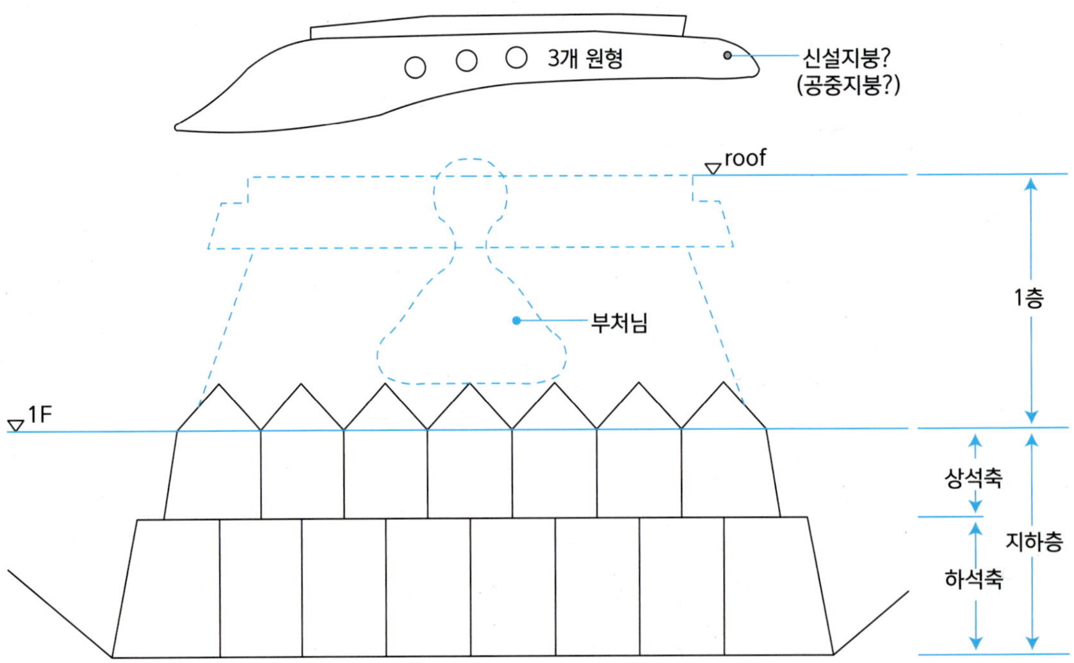

[그림 689] 1층 조각탑 현상태

[사진 7] 2마애조상군 1층 조각탑 사진

1층도 마모가 너무 심해서 뭐가 뭔지 헷갈리게 되어 있으며 지붕이 어디에 있는지조차 찾기가 힘들 답니다. 마모는 마모고 볼 수 있는 것만 봅시다. 1층을 보시면 아주 공손하게 부처님이 모셔져 있답니다. 1층탑의 1층에 그것도 지붕 속까지 부처님이 계시답니다. 우리 부처님은 목탑을 아주 좋아하시는 분 같네요. 이 부처님은 불심이 지극하신 우리 고려석공이 정중히 모신 것이랍니다.

너무 부처님을 크게 하다보니 1층지붕 위까지 커져 버렸네요. 그러다 보니 부처님이 비를 맞으실까봐 걱정이 되었든지 상부에 지붕인지 아닌지는 모르겠으나 지붕 비스무리한 것을 덮어씌웠네요.

불심 하나만은 못 말리는 고려석공이랍니다. 이 1층조각탑도 경계선(건물윤곽선)이 너무 애매하여 어디서 어디까지가 석축인지, 지붕이 있기나한지 무지 헷갈리게 되어 있답니다.

또한, 사진마다 다를 수도 있고 보는 각도에 따라서도 다르게 보일 수 있으니 여러 많은 사진을 접하셔야 덜 헷갈리실 겁니다. 이제 석축으로 내려와 봅시다. 석축만 다시 확대해 봅시다.

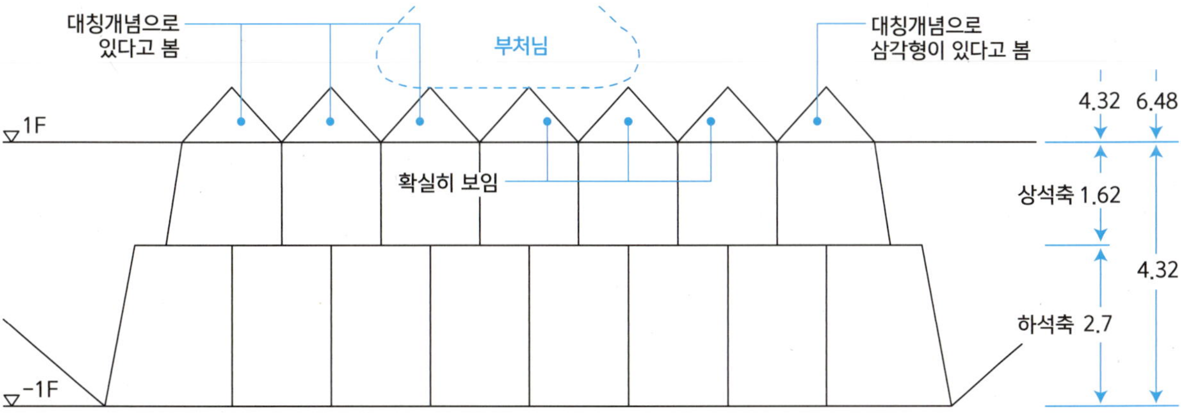

[그림 690] 1층 조각탑 석축 현황도

상석축에 7개, 하석축에 8개의 직사각형 비스무리한 뭔가가 있네요? 사실 이 개수조차도 정확한지 헷갈린답니다. 그건 그렇고 도무지 이 놈이 무엇일까요? 1층조각탑을 새기신 분이 표현했을까요? 아님, 고려석공이 손을 대었을까요? 1층 부처님은 고려석공이 손을 댄 건 맞는데, 이 석축부위 형태는 조각하신 분이 직접 형상을 만든 것 같다는 생각이 많이 든답니다. 보시면, 상석축위 1층에 7개의 약간은 두리뭉실할지는 모르겠으나 7개의 삼각형이 있답니다.

실제로 눈으로 확인되는 것은 3개 정도이나 대칭개념을 적용하면 7개가 된답니다.

어디에서 본듯하죠. 방금전 3층조각탑 1층에도 4개의 삼각형이 있었답니다. 물론 3층조각탑의 삼각형이 더 세련되어 있답니다. 1층조각탑의 삼각형은 좀 펑퍼짐하네요.

그건 그렇고, 도대체 또 이 직사각형은 무엇을 의미할까요? 제가 몇 년을 고심 끝에 이렇게 생각을 한번 해봤답니다. 장고 끝에 악수를 둔 건 아닌지 모르겠네요? 먼저 1층에 있는 삼각문양은 이 탑이 일반목탑이라는 걸 표현했을 수도 있답니다. 비록 9·7층조각탑에는 삼각형 표현이 없지만, 자세히는 알 수는 없지만 7·9층조각탑보다 1·3층조각탑이 최소한 60~80년 정도 먼저 조각되었을 확률이 높답니다. 아마도 초창기 조각탑에는 일반목탑 표현을 1층에 일반목탑형상인 삼각문양을 넣지 않았을까 하는 생각이 든답니다. 아닝가? 헷갈리네? 석축의 7개와 8개의 상하직사각형은 또 무엇일까요?

혹시 아실 수 있으신 분 계시나요? 상상으로 새겼을까요? 아님, 멋으로? 알 수는 없답니다.

저는 탑 자체에서 찾아낼 겁니다. 탑에서 7개와 8개가 있는 경우의 수를 분석해 보시면 그 곳에 해답이 있을 수도 있답니다. 맞는지 틀렸는지는 비록 알지는 못하겠지만, 어디에 7개와 8개가 있을까요? 지하층석축을 한번 그려볼까요? 혹시 해답이 있을지도 모르잖아요.

눈에 약간은 익어있을 겁니다.

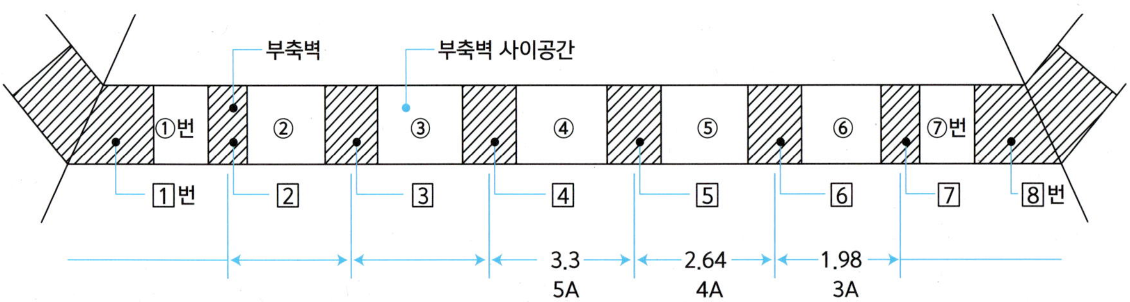

[그림 691] 1층탑 : -1F(1/8면)평면도(석축쪽)

눈에 익어서인지 한눈에 확 들어오시죠. 1/8면기준으로 보시면 부축벽이 8개이며 부축벽사이공간이 7개랍니다. 저는 상석축에 있는 7개 직사각형은 부축벽 사이공간을 표현한 것이며, 하석축에 있는 8개 직사각형은 부축벽을 표현한 것이 아닌가 하는 생각이 든답니다.
제가 상상해 놓고도 헷갈리네요. 또한, 하석축의 8개 직사각형은 1개층이 8개의 방(rm)으로 구성되어 있다는 걸 암시할 수도 있답니다. 즉, 이 1층조각탑의 형상은 여러 의미를 함축하고 있다고도 볼 수가 있답니다. 삼각형은 이 조각탑이 일반목탑이라는 의미로, 상석축의 7개의 직사각형은 석축부축벽 공간이 7개라는 걸 의미하며, 하석축의 8개의 직사각형은 부축벽이 8개라는 의미이면서도 각 층의 방이 8개라는 걸 누구든지 알 수 있게 표현한 것이 아닐까라고 생각해 본답니다. 아주 영리한(?) 석공이었네요. 아님, 제가 해독을 그럴싸하게 한 것일까요? 또한, 바위에 새긴다는 뜻은 후대에 알리기 위함이었을 겁니다. 그러니 얼마나 많이 표현하고 싶었겠습니까? 다 표현을 할 수가 없으니 표현할 수 있는 것은 최대로 표현한 것이 아니었을까하는 생각이 든답니다. 쓰다보니 제가 이제까지 5류 소설을 쓰고 있는 것 같네요? 아무리 못해도 5류소설 정도는 되야될낀데.

이제 5층조각탑도 찾아봐야죠.
조각되어 있다면 2마애조상군 바위에 있을 확률이 높을 겁니다. 근데 이 5층조각탑을 찾을려고 블로그를 다 뒤져 봤는데도 확실히 찾지를 못했답니다.
가끔가다가 3층조각탑 좌측에 있는 것 같기도 했는데, 헛것을 봤는지 다음날 맑은 정신에 보면 또 잘 보이지를 않더랍니다.
신기루를 봤나? 착각인지 환상인지는 모르지만 있는 것 같기도 한데 도통 확실치가 않답니다.
그래서 여러 많은 생각을 해 보았는데, 어쩌면 이 5층탑은 경주에 지어졌을 수도 있지만 지방도시에 지어졌을 수도 있답니다. 관공서가 꼭 경주에만 있으란 법은 없거든요.
하여튼 이 5층조각탑도 찾긴 찾아야 할낀데 잘 보이질 않는답니다. 2마애조상군바위에서 찾지 못하면 아마 다른 어떤 바위에선가 새겨져 있을지도 모른답니다.

혹시 이런 모습이 새겨져 있는 곳이 있으시면 언제든지 공개해 주십시오.

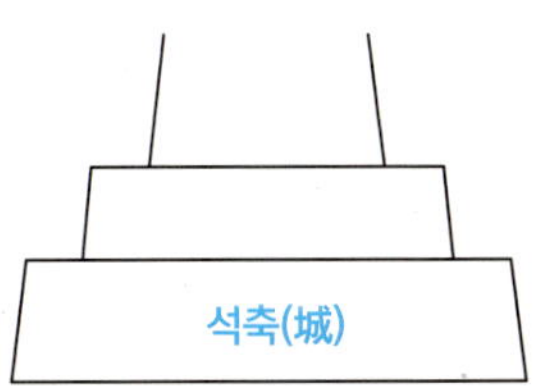

[그림 692] 이런 석축형상 = 일반목탑

바로 이 석축형상이 신라 일반목탑조각탑이랍니다.
위쪽에 관측소바닥판이 있으면 금상첨화랍니다.
혹시, 등산을 하시든지 놀러를 가시든지 이런 석축 형상이 새겨진 곳이 있으시면 반드시 공개해 주십시오.
아주 귀중한 문화유산이랍니다.

4개의 조각탑형상을 잘 보셨을 겁니다. 비록 제 개인생각을 말씀드렸습니다만 이 글을 읽으시는 모든 분들도 반드시 생각을 해보셔야 한답니다. 어떤 것에 익숙하신 분은 어떤 형상만 보셔도 금방 알아볼 수 있기 때문이겠죠. 제가 추정한 것 중 몇 개 정도는 맞아야 될낀데? 쫌께 걱정도 되네요?
옥룡암바위와 2마애조상군바위는 신라일반목탑을 분석하는데 무지무지 중요한 보물 중의 보물이랍니다. 아니! 국보 중의 국보일 겁니다. 저희들이 잘 관리해야만 한답니다.

제가 2014년경에 제2마애조상군바위가 있다는 걸 알고 이 바위속에서 일반목탑의 조각탑을 찾아내려고 쌍눈을 켜고(?) 블로그를 다 뒤져서 알아낸 조각탑의 대충 위치도랍니다.
그땐 어떻게라도 알아내려고 해서인지 잘 보였었는데(?) 지금은 찾아낼 수 있을지조차도 의문이랍니다. 물론 눈도 조금 더 침침해졌겠죠? 의욕이 넘치시고 눈이 밝으신 분은 한번 찾아보십시오.
분명 제가 찾아낸 것보다 더 많은 걸 찾아내실 수 있으실 겁니다. 한참 만에 그때의 조각탑 형상을 표시해 놓은 것을 다시 보니 1층조각탑이 2개나 조각되어 있네요.(확실치는 않음) 헛것을 봤나?
진짜로 있어서 표기해 놓았는지는 시간이 지나서인지는 모르겠으나 잘 모르겠네요.
한가지 확실한 것은 두 번째로 알아낸 1층조각탑 상부에 1관측소바닥판이 있는 걸 분명히 본 기억은 있는데, 다시 찾을 수가 있을지는 미지수랍니다.

어쨌든 이 2마애조상군의 조각탑은 볼 때마다 헷갈린답니다. 2마애조상군바위의 조각탑의 위치를 다음 그림에 대충 표시해 두었으니 참조하시기 바랍니다.

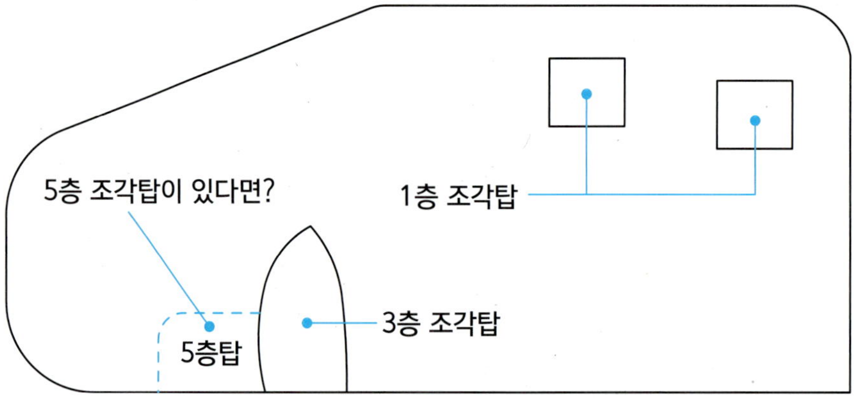

[그림 693] 2마애조상군 바위에 새겨진 조각탑의 대충 위치도

19. 석굴암

이제 험난한 길을 헤치면서, 일반목탑 중 가장 난해(?)한 석굴암까지 왔답니다.
아무리 난해해도 풀어야만 한답니다. 저희들이 누굽니까? 바로, “반드시 풀고야 말리라”의 대가들이 잖아요. 석굴암 풀기가 난해한 것이 아니라 현재의 석굴암 형태가 무척 난해하다는 말이랍니다.
같이 풀어봐야겠죠. 현 상태의 석굴암을 보시고는 아마 감조차 잡기 힘들 정도로 헷갈리시겠지만 모든 것을 순서대로 풀면 아마도 풀릴 겁니다. 오늘이 좋은 날인가? 오늘따라 말이 잘 되네요.

석굴암을 이해하실려면 뭐부터 먼저 보아야 할까요? 아무것도 안 보이신다구요?
눈을 똑바로 뜨고 보셔야죠? 석굴암이 뭘로 되어있죠. 바로 돌삐로 되어있답니다. 아잉가?
그렇다면, 돌삐가 어디에 많이 있던가요? 바로 일반석탑의 석축에 무지 많은 돌삐들이 있었잖아요.
그럼 당연히 돌삐 투성이인(?) 석축(城)부터 구경하러 가야겠지요. 순서가 맞는 것 같나요? 그렇다면 저는 9층탑의 지하층 외벽인 석축을 보러 갈 겁니다.
왜냐구요? 바로 불국사 쪽에 있는 구조물들은 9층탑과 무지 관련이 있거들랑요.
바로 이 석굴암은 9층탑 지하층인 석축의 축소판이거들랑요. 감이 잡히시나요. 아님, 헷갈리시나요?
그럼 이제부터 차분히 하나하나 풀어봅시다. 9층탑 석축을 먼저 보셔야 맞겠죠.

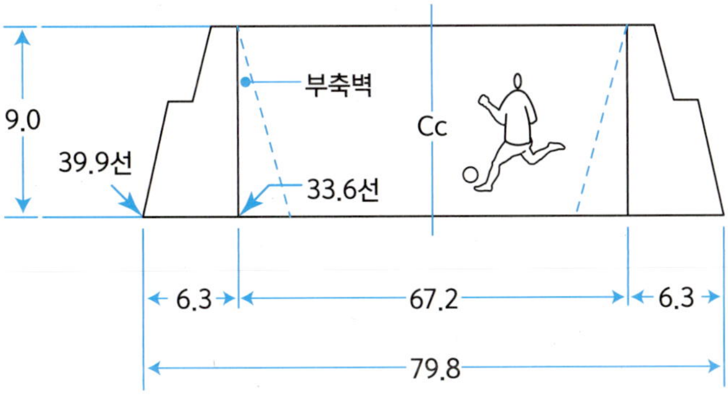

[그림 694] 9층탑 석축 단면도

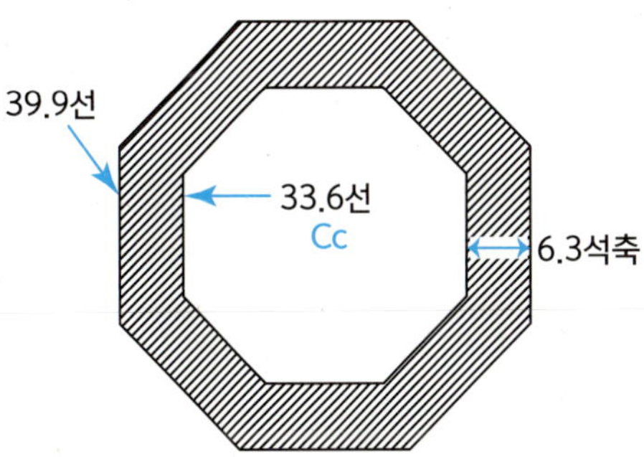

[그림 695] 9층탑 석축 평면도

9층탑의 석축만 놓고 보시면 원형경기장 만하답니다. 어! 관중석이 반대로 되어 있네요.
축구도 할 수 있겠죠? 격투는 하지맙시다.

이 원형경기장을 축소시켜 볼까요. 그래야 토함산 꼭대기에 앉힐 수가 있을 겁니다.

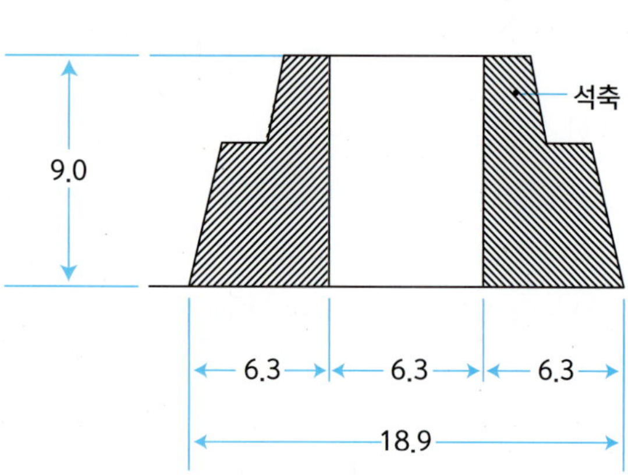

[그림 696] 9층탑석축의 지하층 내부공간을 최소로 축소시켰을 때의 단면도

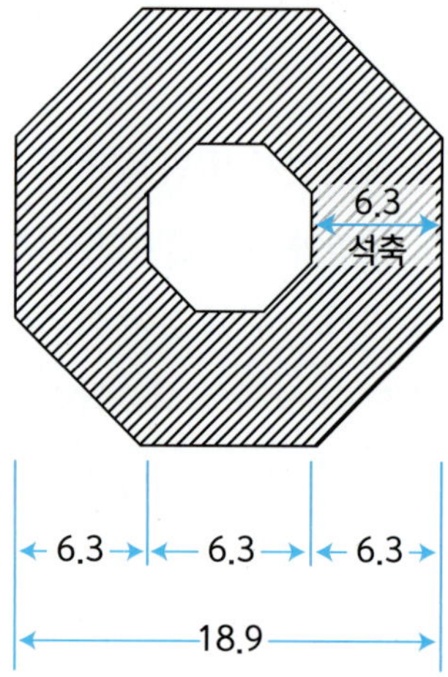

[그림 697] 9층탑 축소 평면도

석축을 축소를 시키기는 시켰는데, 상부가 뭔지는 모르겠지만 쪼께 허전한 것 같네요. 상부를 덮어 씌우면 될 겁니다. 덮어 씌워봅시다. 그리고, 8각 내부평면을 원형화시키겠습니다.

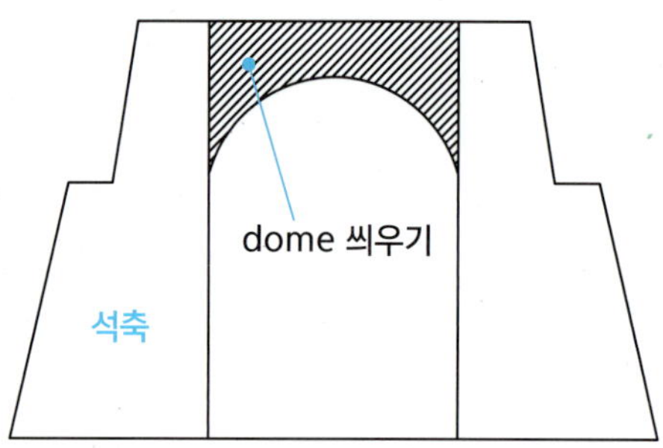

[그림 698] 석축사이 상부를 Dome으로 씌우기

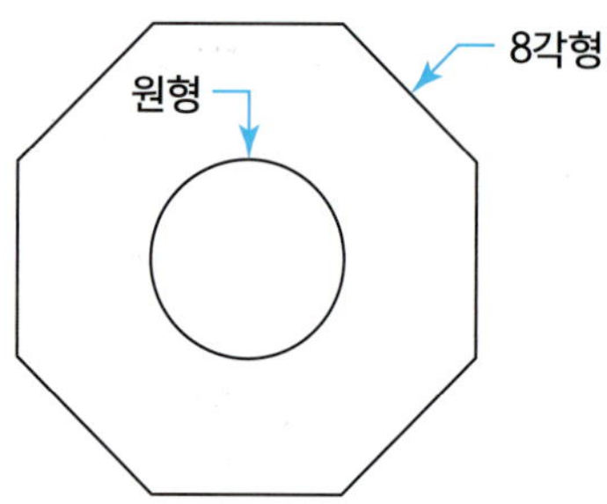

[그림 699] 내부를 원형으로 만들기

왜 내부평면을 8각으로 놔두도 되는데 원형화시켰을까요?
신라인들이 보통내기들이 아니라 보통 영리한 자들이 아입니데이. 혹시! 이유를 아시는 분 계시나요?
아시는 분이 계시다면 그분은 아마 신라인을 능가하는 귀신에 가까우신 분이랍니다.
이유는 무지 간단하겠죠. 8각형으로 하면 석축에 부축벽을 설치해야만 석축이 안전하답니다.
부축벽을 세우면 내부공간이 줄어들 겁니다.

그래서 신라인들은 내부를 원형으로 했답니다. 영리한 신라인들이 창조해 낸 것이랍니다. 바로 8각형과 원형 사이의 공간을 부축벽화시킨 것이랍니다. 참 기발한 발상이랍니다.

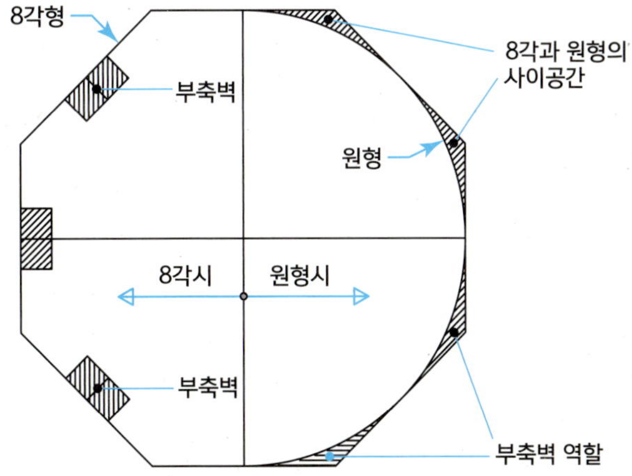

[그림 700] 8각형과 원형일시의 부축벽 개념

원형화시키니 별도의 부축벽을 설치하지 않아도 되니 내부공간을 고스란히 이용할 수가 있답니다. 제가 이걸 보는 순간 두 손을 번쩍 들었답니다. 항복 ~ ! ~

석굴암을 보시면 동쪽에 지하층 개구부가 있답니다. 이유가 뭘까요? 첨성대에서도 말씀드렸듯이 남쪽에 1층으로 올라가는 계단이 있기 때문에 지하층 출입개구부를 동쪽으로 낸거랍니다.
어떤 분은 이렇게들 말하곤 한답니다. 부처님이 동해를 바라보고 싶어서 동쪽으로 출입구를 내었다고요? 생각은 자유니까 그렇게 생각을 하셔도 된답니다~
남쪽에 외부계단이 있고 1층도 있으므로 이제까지 알아낸 것을 종합해보면 석굴암은 대충 이렇게 생겼을 것 같답니다.

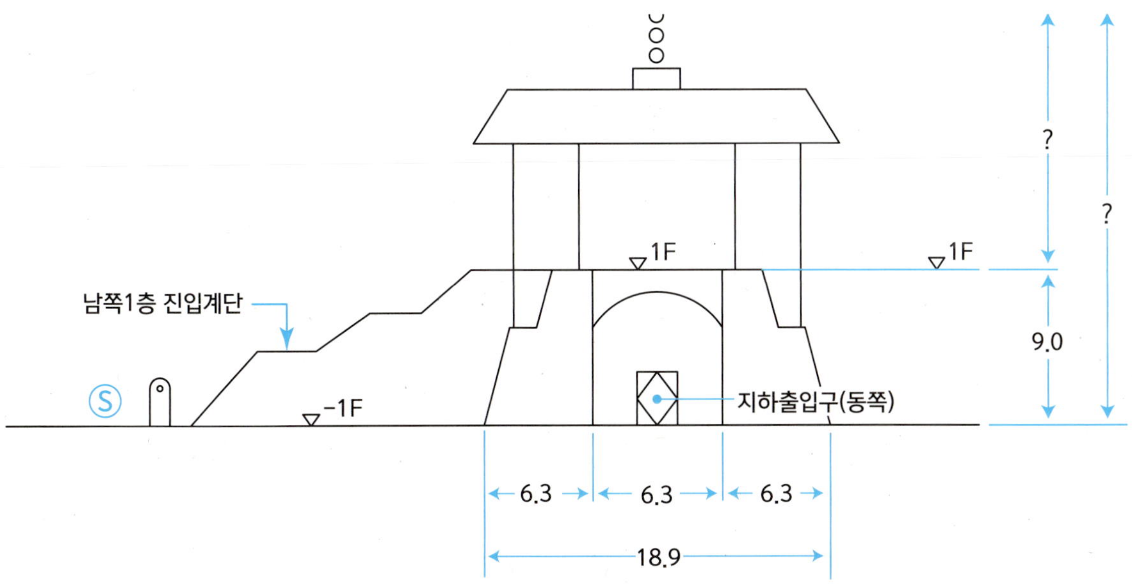

[그림 701] 석굴암 대충 형태도

석굴암이 석축으로만 된 지하층만 있다면 비가 내부로 술술 들어오게 될 겁니다.
석축내부에는 물론 중앙기둥(Cc)도 없겠죠. 중앙기둥을 세우면 내부공간활용이 힘든다고 판단했나 봅니다. 그리고 비막이개념(?)으로 1층을 만들었을 겁니다? 제가 신라탑은 개념이 무척 중요하다고 말씀드렸을 겁니다. 간단한 개념만으로 지하석축몸통폭이 18.9m이며 남쪽에 올라가는 계단이 있으니 당연히 1층도 있을 것이므로 이 건축물은 자동으로 1층탑이 된답니다.
3층탑도 된다꼬요? 토함산 꼭대기에 3층탑을 지으실라고요? 개념을 인지하시면 반이상은 푼 것이라고 말씀드렸을 겁니다. 나머지야 누워 떡먹기보다 쉬울 겁니다.

그런데, 이 석굴암은 그리 호락호락하지 않습니데이. 정신을 똑바로 차리시고 하나하나 같이 풀어봅시다. 뭐부터 손을 대어야 할지도 무척이나 헷갈리네요. 그냥 생각나는대로 하나씩 풉시다.

먼저 dome부터 구경해야겠죠.

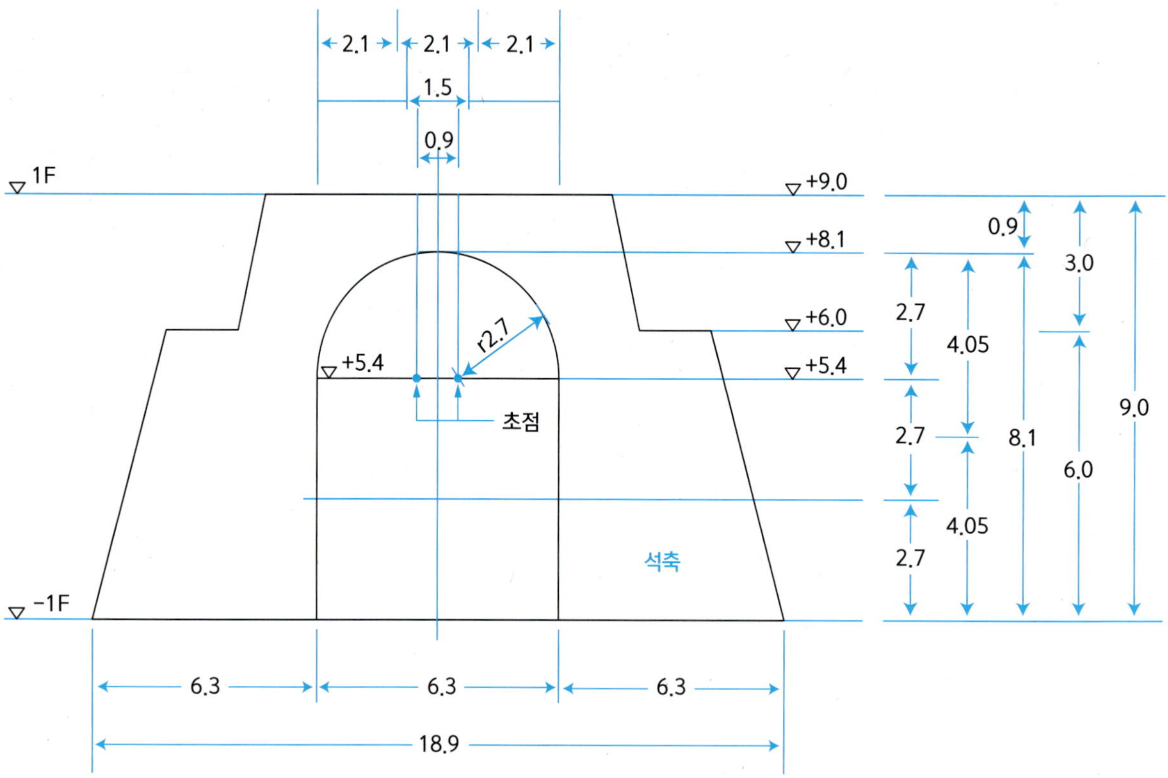

[그림 702] 석굴암 Dome 높이

그 시대에 dome 건축물이 있었다는 것 자체가 너무 신기할 따름이랍니다. 그렇다면 혹시 신라와 로마가 문화교류가 있었다는 이바구? 아님, 신라 자체 창작물? 알 수 없어라?

석축높이 9m에서 8.1m까지를 dome으로 사용할 것이며, dome 상부에 지름이 약 1.5m쯤되는 천장석이 Dome Arch를 잡아 준답니다. dome폭에서 90cm를 뺀 지점에서 dome arch가 시작되는 걸로 가정하면 Dome Arch의 r=2.7이 된답니다. 신라 건축물에는 가상점이 자주 등장한답니다.
그러면 Arch 초점이 도면상 2개소가 발생된답니다. 천장석은 Arch로 치면 Keystone(머릿돌)역할을 하는 것으로 보시면 되겠네요. 안에 dome이 있으니 구경하실려면 들어가는 통로가 있어야 될 겁니다.

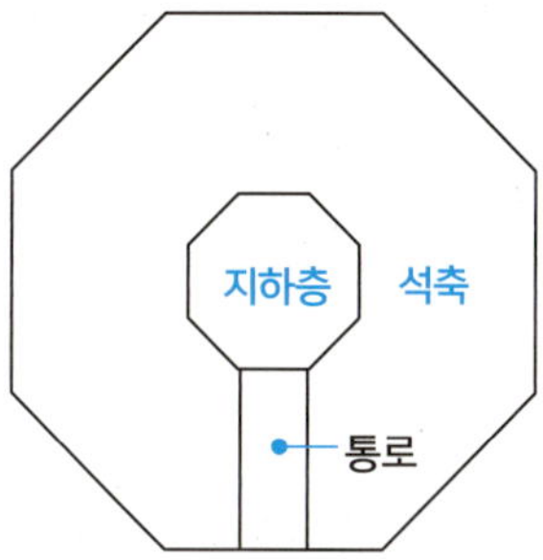

[그림 703] 진입로가 단순통로만 있는 경우 : 9층탑

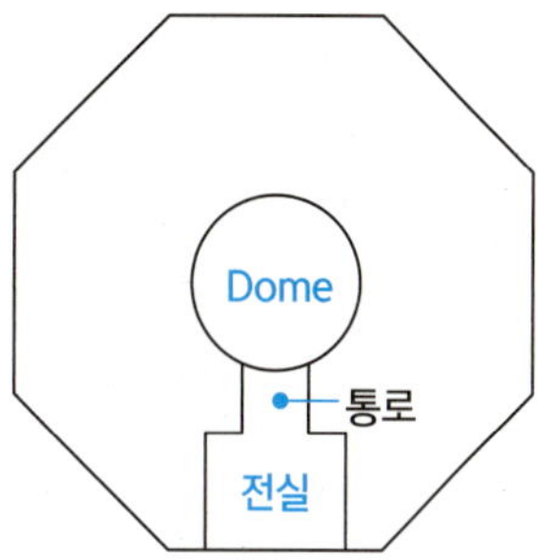

[그림 704] 진입로에 전실과 통로가 있는 경우 : 석굴암

제가 9층탑 지하출입로는 단순한 통로만 있는 걸로 생각했답니다.
9층탑도 전실을 석굴암과 같이 둘 수도 있지마는 일단 통로만 있는 걸로 생각하겠습니다. 석굴암은 묘하게도 전실로 들어가서 통로를 거쳐 내부로 들어가는 구조네요. 아마 내부가 좁아서인지 외부쪽인 전실까지도 이용하기 위해서가 아닐까 생각해 본답니다. 그런데 이 통로와 전실은 도대체 어떻게 생겼을까요? 폭은 얼마 정도이며 높이는 어느 정도일까요? 알아내실 수 있으신 분 계시나요?
앞이 캄캄하다고요? 저도 마찬가지로 앞이 캄캄하답니다 그런데 묘하게도 한가지 보이는 것이 있답니다. 바로 1층의 기둥들이랍니다.

1층 중앙부쪽 기둥을 보실까요.

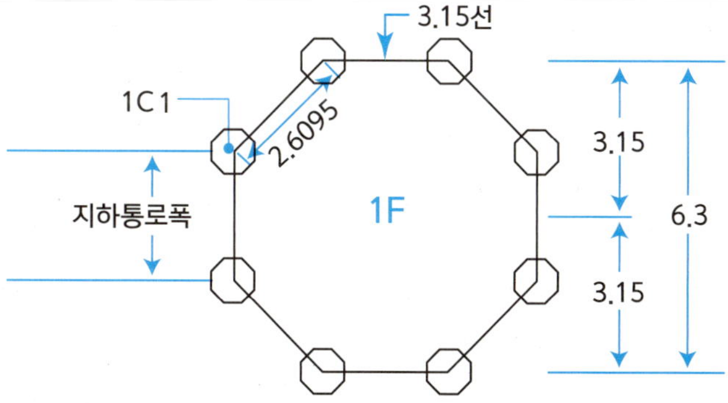

[그림 705] 석굴암 1층 중앙부 기둥들

중앙기둥Cc는 안보이고 C1기둥이 가상중앙점에서 3.15 떨어져서 8개의 기둥이 있답니다. 석굴암을 아무리 쳐다봐도 1층기둥은커녕 아무것도 안빈다꼬요. 제가 몇 번 말씀드렸죠. 마음의 눈(?)으로만 보실 수가 있다고요. 있다고 보면 보이시고 없다고 보시면 영원히 보이질 않는답니다. 바로 이 1층의 1C1기둥 중심간폭이 바로 지하통로의 기둥중심간폭이 된답니다. 계산해 보실까요.

지하통로폭 = 2tan22.5r=2x0.4142x3.15≒2.6095가 나오네요.

정확하지는 않지만 제일 가까운 정수가 2.7이네요. 그럼 지하통로중심폭은 2.7m가 된답니다. 이유는 아주 간단하겠죠. 1층기둥을 지하층기둥이나 석축 등이 받쳐주어야 하기 때문일 겁니다. 9층탑 중앙폭을 어떻게 산정한다고 얘기드렸을까요? 기억을 되살려 봅시다.

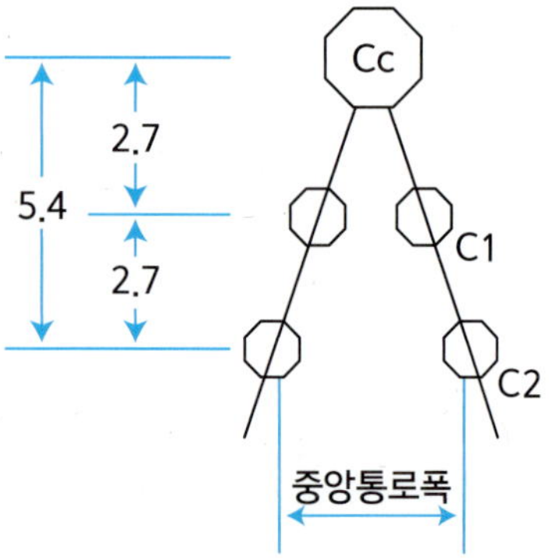

[그림 706] 9층탑 중앙칸폭

C2기둥간거리가 건물의 중앙통로폭이라고 말씀드렸을 겁니다. w=2tan22.5r=2x0.4142x5.4=4.4735.

그래서 중앙통로폭 중심간거리가 4.5m가 된 겁니다. 석굴암 통로중심폭도 9층탑과 똑같진 않을지라도 기본접근개념은 똑같답니다.

이제 통로폭이 2.7인 걸 알았으니 현관 canopy 기둥중심폭도 알아야 된답니다. 석축폭이 6.3m이니 현관canopy 끝기둥중심선폭도 6.3일 거라고 가정을 하겠습니다.

나머지는 제가 임의로 치수를 넣어 보겠습니다.

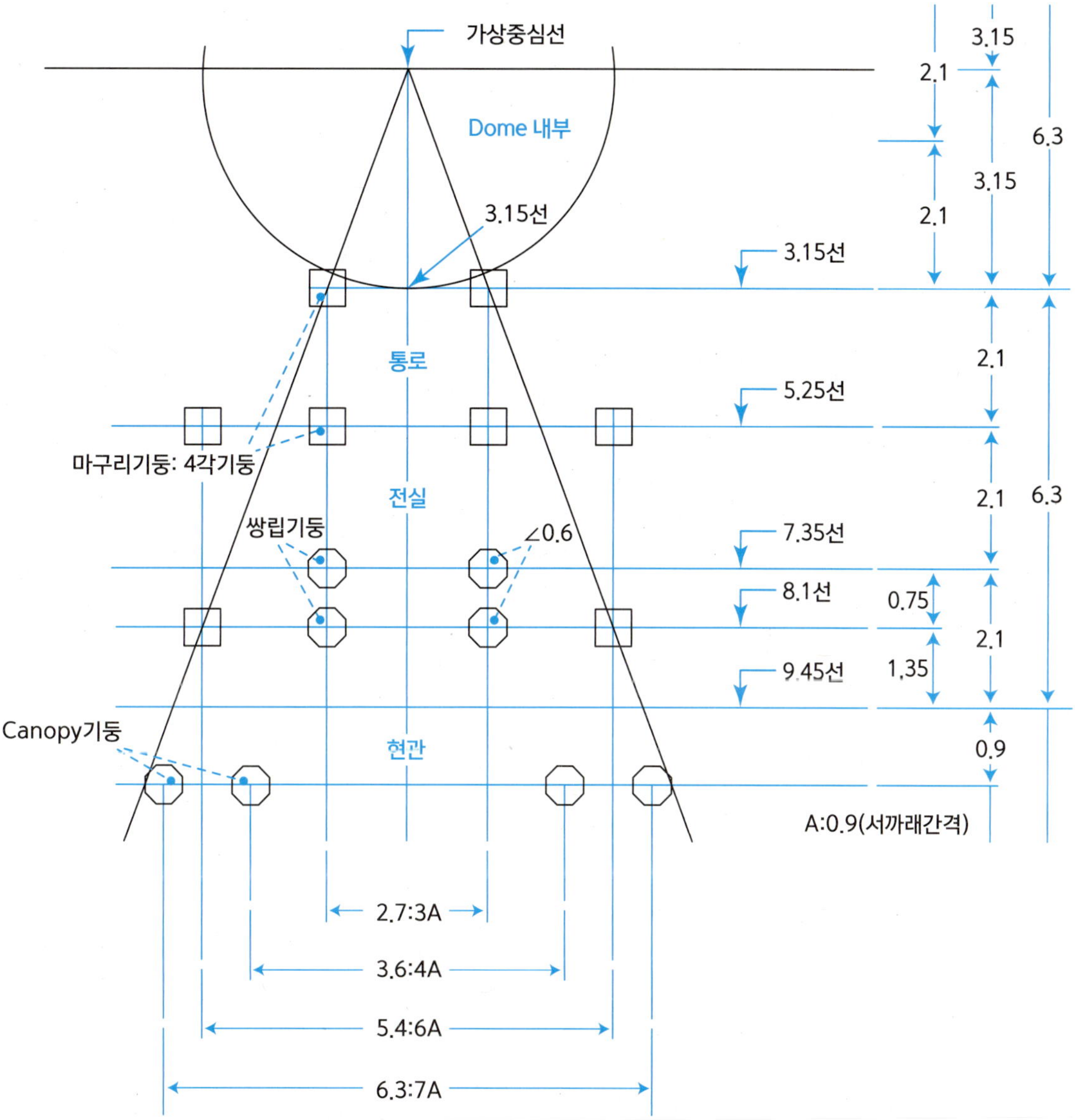

[그림 707] 석굴암 지하출입구 통로 대충 개념도

통로폭 2.7m는 계산으로, 현관끝 양쪽기둥은 가정으로 6.3m, 나머지 치수는 수도 없이 많은 시행착오 끝에 알아낸 수치랍니다. 지하층기둥을 보시면 석축과 접하는 기둥은 4각기둥으로 마구리개념의 기둥이며, 석축과 분리된 기둥은 8각 기둥이랍니다. 전실과 현관 사이에는 묘하게도 쌍립8각기둥이 있답니다. 좀 특이하실 겁니다. 이 쌍립기둥은 전실폭이 넓어서 구조보강을 한 것이랍니다. 그리고, 통로폭·전실폭·현관기둥폭 등은 다 서까래폭(A)인 0.9의 배수가 되도록 했답니다.

기둥횡렬은 기본이 core폭인 2.1 기준이랍니다. 1층기둥과 기둥열이 맞아야되기 때문이랍니다.

잠시 1층과 지하층의 기둥열을 간단히 보실까요.

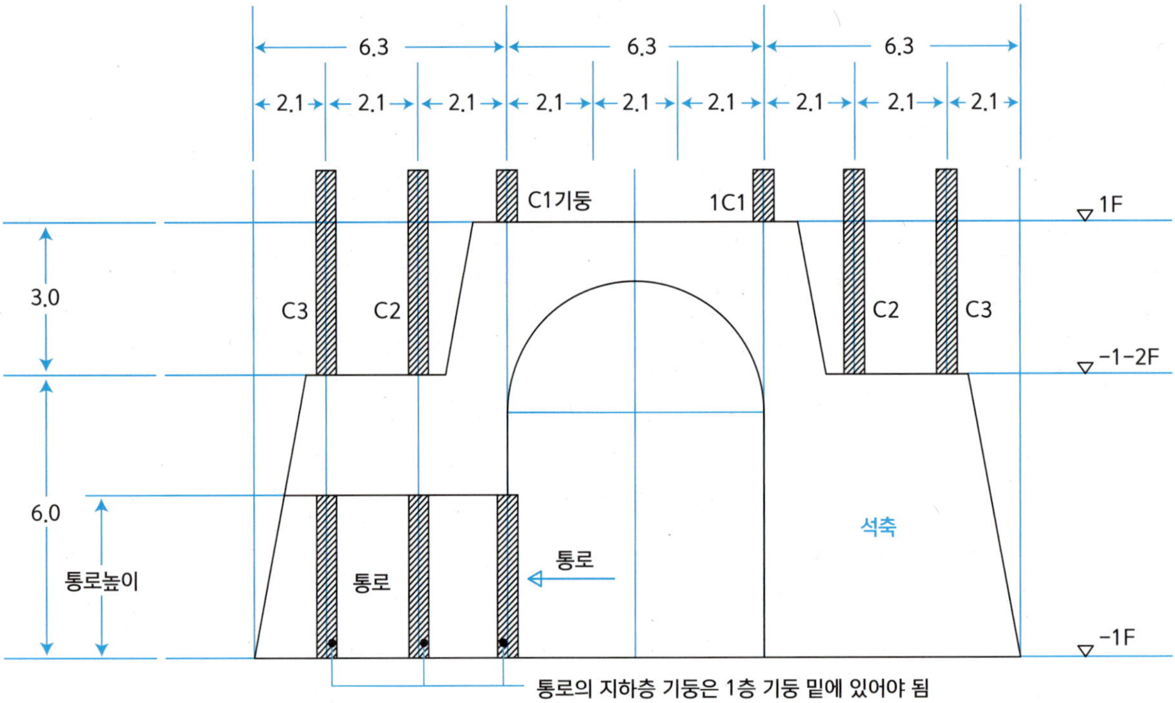

[그림 708] 지하통로 기둥과 1층 기둥

지하통로 기둥 위에 1층기둥이 오는 것이 안전할 겁니다. 그리고 석굴암은 좀 특이한 구조라서 중앙기둥이 없으니 core 폭이 얼마인지 헷갈리게 되어 있답니다.

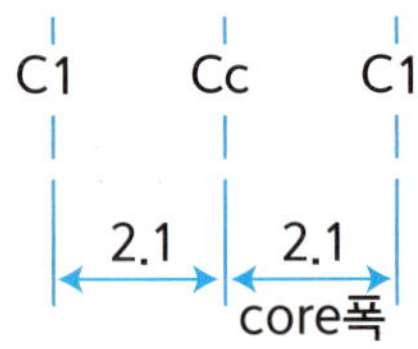

[그림 709] Cc가 있을시 core폭

Cc가 있으면 core폭이 명약관화한데 이 Cc가 유감스럽게도 없답니다. 그래도 core폭을 알 수가 있답니다.
6.3÷3=2.1로 바로 이것이 가상 core폭이랍니다.
전에도 잠깐 보셨으나 다시 core폭 개념을 보실까요.

탑명	core폭	비 고
9층탑	2.7	
7층탑	2.55	
5층탑	2.4	
3층탑	2.25	
1층탑	2.1	석굴암포함
-1층탑	1.95	첨성대
	@0.15	

[표 36] 일반목탑의 core폭 개념

9층탑을 기준으로 @0.15의 core폭 증감계수가 있답니다. core폭 2.1은 1층탑이 맞네요.
그 참 신기하네요. 그럼 석굴암이 1층일반목탑이 맞네요. 그래도 헷갈리신다구요?
첨성대도 core폭1.95로 -1층탑이 맞답니다.

이 core폭은 무지 중요한 것이랍니다.

이제 이 석굴암의 지하층출입로를 통로와 전실만 빼서 봅시다.

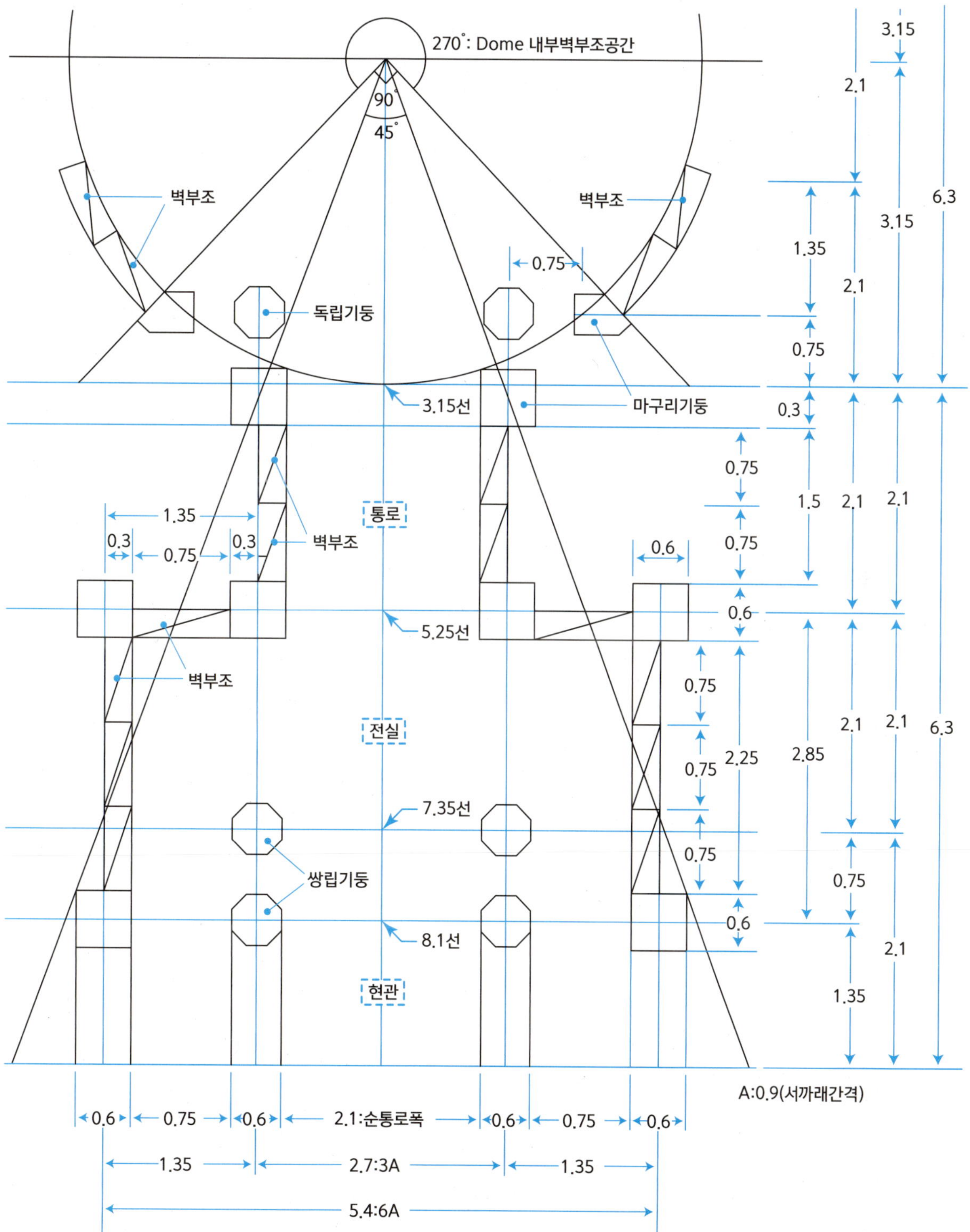

[그림 710] 석굴암 지하통로와 전실 기둥과 벽부조 평면도

마구리벽 개념의 기둥은 4각형기둥으로 □0.6, 독립기둥 개념인 8각형기둥은 ∠0.6으로 통일시켰답니다. 자세히 보시면 전실과 통로의 벽부조폭이 동일하게 75cm랍니다. 우연의 일치치고는 희한하게도 잘 맞는답니다. 기둥을 □0.6으로 할 시, 75cm의 숫자만 전체적으로 다 맞답니다. 어떤 수학적근거도 없는 데도 맞아 떨어지네요. 귀신에 홀렸나? 그리고 지하 내부 쪽에도 기둥이 4개나 있답니다.
2개는 원형벽부조 마구리기둥이며, 지하 내부 입구에 2개의 8각기둥이 있는데 이 기둥이 왜 있는지를 아직까지도 확실히 알 수는 없답니다. 구조기둥이 아니어서 없어도 될 것도 같은데 있는 걸로 봐서는 필요하다고 판단이 되어서 만든 것도 같답니다. 내부원형벽체를 보시면 원형이라 360°랍니다.
이 중 1/4(90°)은 통로개념이며, 나머지 3/4(270°)이 원형벽부조공간이 될 겁니다.

출입구 평면도도 잠깐 보셨으니 출입로 단면도도 보시면 좋겠죠.

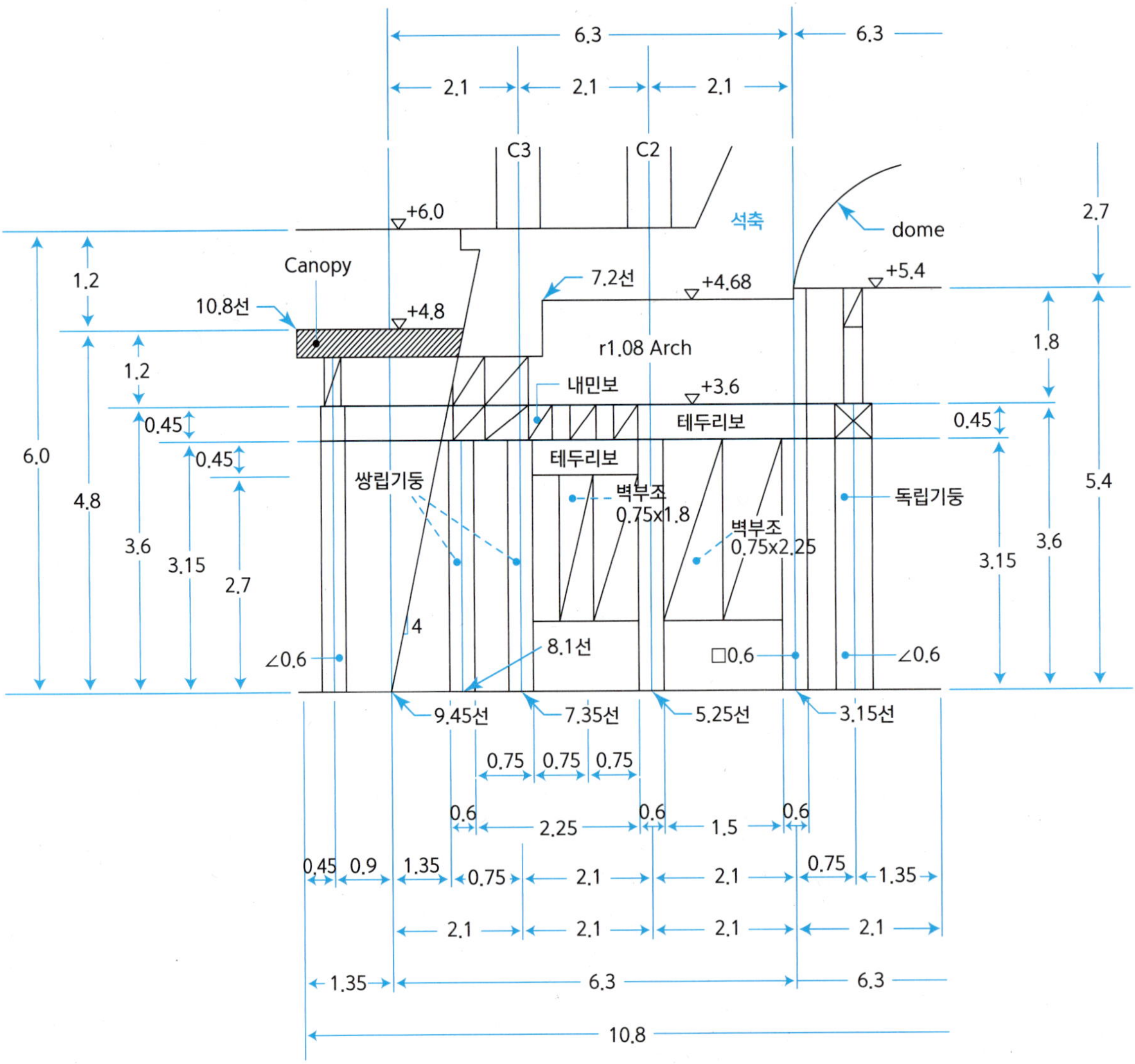

[그림 711] 석굴암 지하출입로 단면도

지하층 한번 들어갈려니 무지 복잡하네요. 실제로도 엄청 복잡하답니다. 먼저 통로의 Arch높이를 4.68로 했답니다.

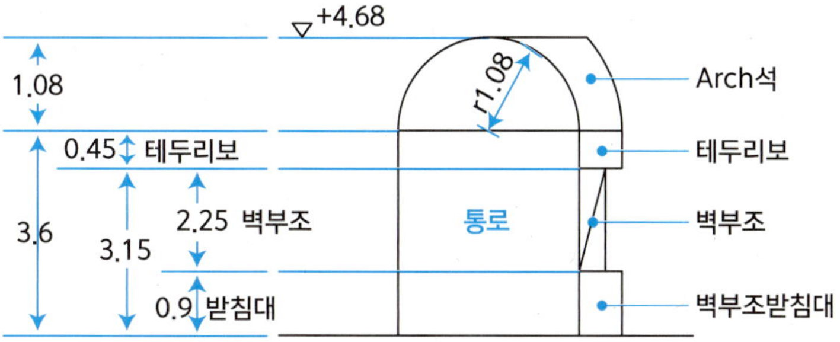

[그림 712] 지하출입로 통로단면도

그리고 테두리보춤을 0.45로 했으며 벽부조하부받침대높이를 0.9로 했답니다.
벽부조받침대높이를 0.9로 할까 0.75로 할까로 무지 헤매었는데, 모든 숫자상 0.9가 가장 알맞을 것 같아 0.9로 했답니다. 부조받침대높이가 이론적으로는 0.9이나 바닥마감을 고려하면 -1FFL이 발생되면서 실제적으로는 0.6이 될겁니다.(불공을 드릴려면 차가운 돌보다는 나무마루가 좋을 것 같답니다)
물론 벽부조의 폭과 높이비를 고려한 것이랍니다.
받침대 높이가 0.9시는 벽부조 높이는 2.25랍니다. $\frac{\text{부조높이}}{\text{부조폭}} = \frac{2.25}{0.75} = 3$ 으로 폭높이비가 3이 나온답니다. 만약 받침대높이가 0.75 라면 벽부조높이는 2.4가 되겠죠.
$\frac{\text{부조높이}}{\text{부조폭}} = \frac{2.4}{0.75} = 3.2$ 즉, 폭높이비가 3.2랍니다. 폭높이비 3과 3.2를 비교해서 3이 더 양호하다고 판단하여 부조받침대높이를 0.9로 하였답니다. 특별히 근거가 있는 것은 아니랍니다.

석굴암 지하층출입로는 Arch들이 아주 멋있답니다. Arch는 크게 2가지가 있을 겁니다.
상부하중을 많이 받는 정식 Arch도 있으며, 자체하중만 견딜 수 있는 Arch보가 있답니다.

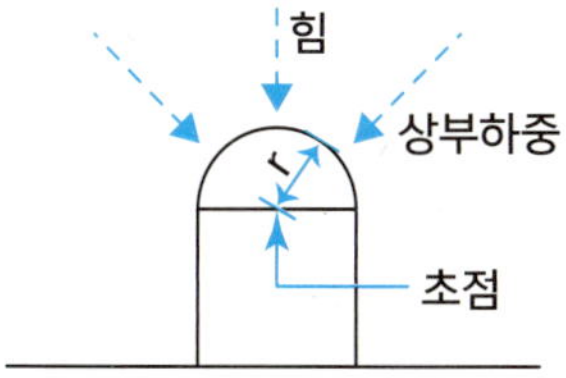

[그림 713] 정식Arch : 상부하중을 받는 경우
: 굴(tunnel)통로개념

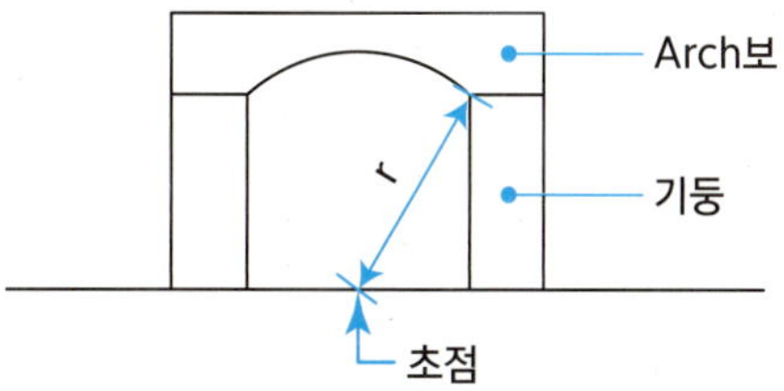

[그림 714] Arch보 : 자체하중만 받음
: 보개념

석굴암 지하출입로는 2가지가 다 있답니다. 또한, Arch보는 여러 종류가 있답니다. 현관 입구에서부터 하나씩 봅시다. 현관 canopy 입면도부터 봅시다. 9층탑과 똑같답니다. 단, canopy(출입구 내민지붕)폭이 7.2로 7.5의 9층탑보다 약간 적게 했답니다.

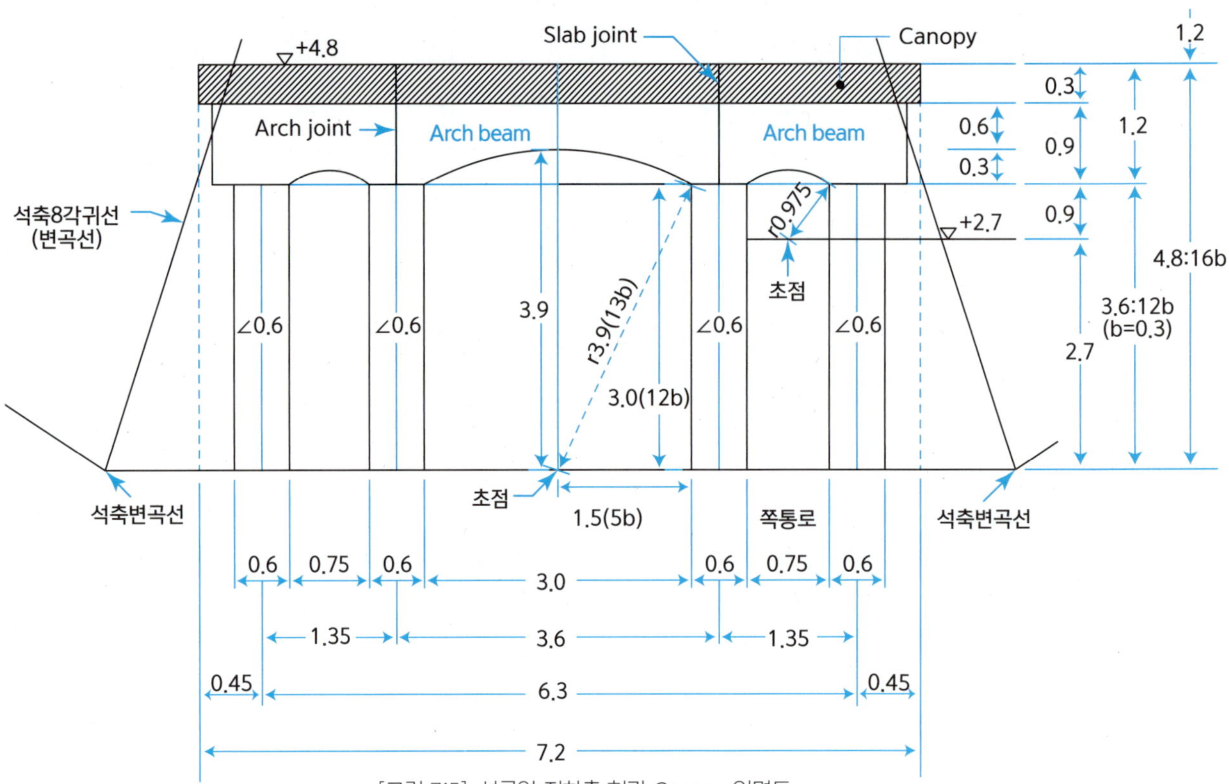

[그림 715] 석굴암 지하층 현관 Canopy 입면도

주현관 주출입구Arch는 5:12:13으로 9층탑과 동일하답니다.

쪽출입로는 초점을 +2.7에 두고 똑같이 5:12:13으로 잡아는 보았는데 실제 Arch가 있었는지는 알 수는 없답니다. 그냥 보 밑이 민자일 경우에 보기가 쪼께 그럴 것 같아서 조그마한 Arch를 하나 잡아 보았답니다.

원래 8각형석축의 변곡선안에 현관 canopy가 오는 것이 맞을 것 같으나, canopy 날개가 변곡선을 조금 넘어 섰답니다.

차라리 이것이 모양이 더 좋을 것도 같답니다.

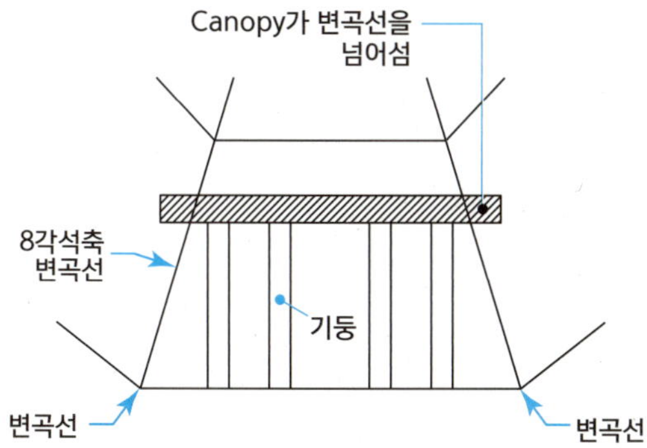

[그림 716] 현관 Canopy의 변곡선 넘기

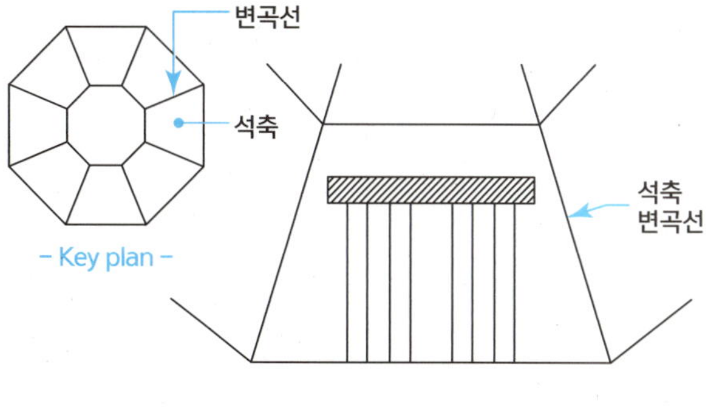

[그림 717] 현관 Canopy가 변곡선 안에 있을 시
: Arch규모를 줄여야 함.

canopy slab가 2.7x7.2x0.3이나 되는 무지 큰 slab판이랍니다. 이음매가 최소 2개 정도는 있을 것 같은데, 이 이음매처리를 어떻게 했는지는 알 수가 없답니다. 제일 처음에는 이음매 상부에 비가 새지 못하게 뭔가로 덮어씌우기도 해 봤는데 모양새가 영 그렇더랍니다.

현관을 통과하면 쌍립기둥이 있답니다. 1개만 해도 가능(?)은 할 것도 같은데 구조안전을 위해 기둥을 1개 더 설치했으며 그로 인해 전실깊이도 75cm가 더 넓어진답니다.

먼저 기둥이 1개일 경우를 잠깐 보실까요.

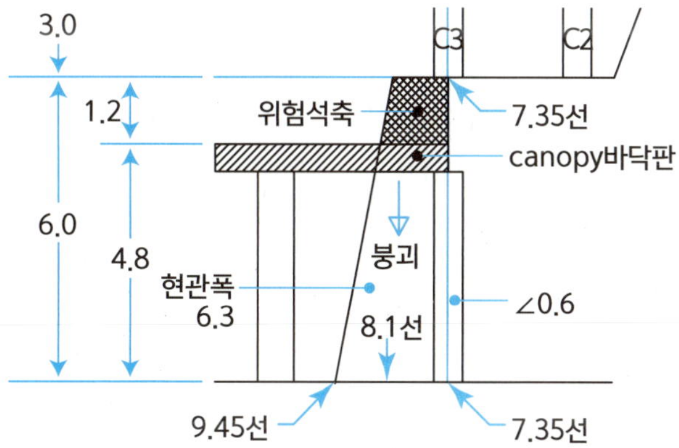

[그림 718] 7.35선에 기둥이 1개만 있을시의
상부석축의 붕괴 위험성

보시듯이 7.35선 외부쪽 상부석축을 간신히 canopy바닥판이 받치고 있답니다.

이 canopy 바닥판은 지 몸무게도 받치기 힘든 판이랍니다. 거기다 현관폭이 6.3m나 되는데 이 canopy slab가 상부석축을 받칠 수가 있을까요? 상부석축이 내려앉는 건 시간문제일 뿐일 겁니다.

그래서 0.75를 넓힌 8.1선에 추가보강기둥을 1개 더 설치한 거랍니다.

두 기둥이 쌍립기둥이긴 하나 그래도 3cm의 이격거리는 있답니다.

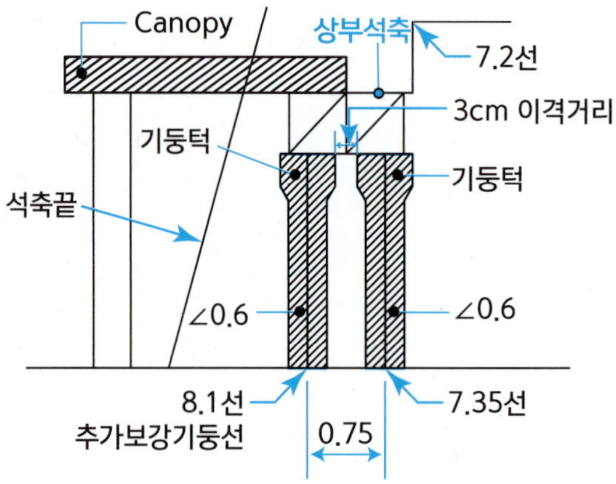

[그림 719] 쌍립기둥 개념

현관에서 전실로 들어가실려면 또 Arch보가 있답니다. 물론 쌍립기둥 상부에 얹힐 겁니다.

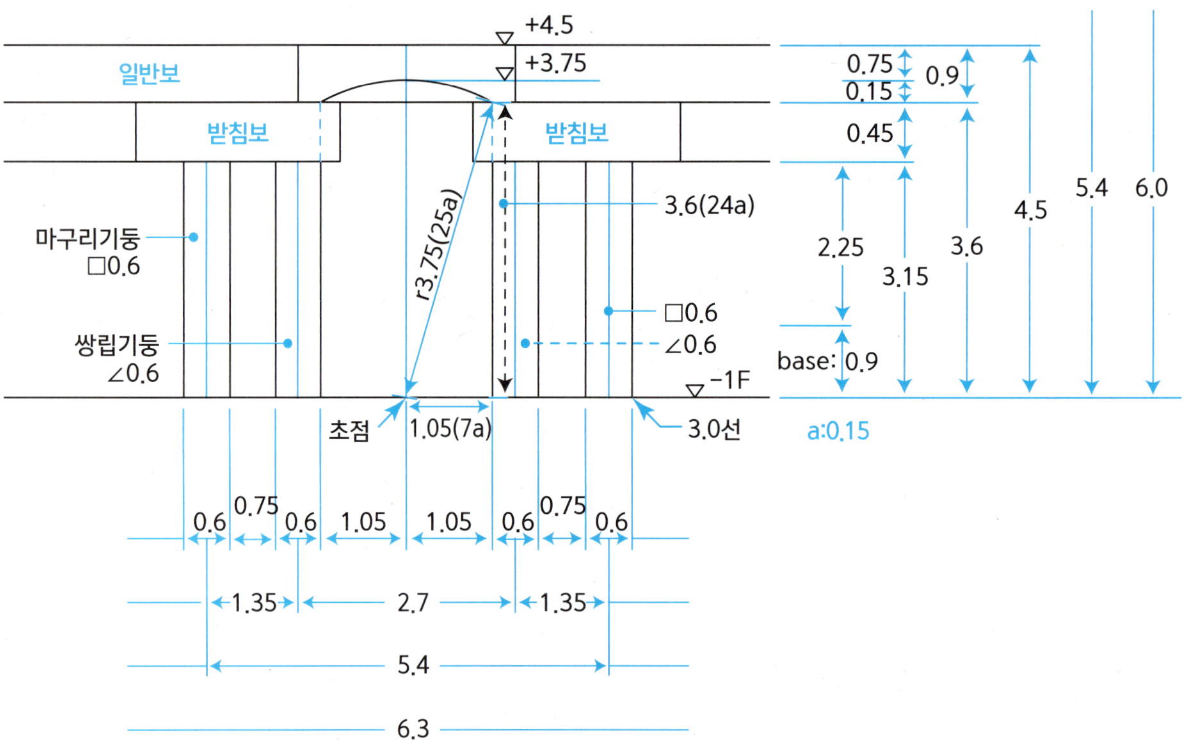

[그림 720] 전실입구 Arch : 쌍립기둥 상부

전실입구 Arch는 현관입구 Arch와는 조금 다르답니다. 정수직각삼각형인 7:24:25를 이용했답니다. 즉, 1.05:3.6:3.75=7:24:25가 된답니다. 신라인들의 수학실력이 저보다도 몇 수 위랍니다. 따라갈려니 가랑이가 찢어질 듯? 전실입구 Arch를 지나왔으니 이젠 전실을 보셔야죠.

평면부터 잠깐 봅시다.

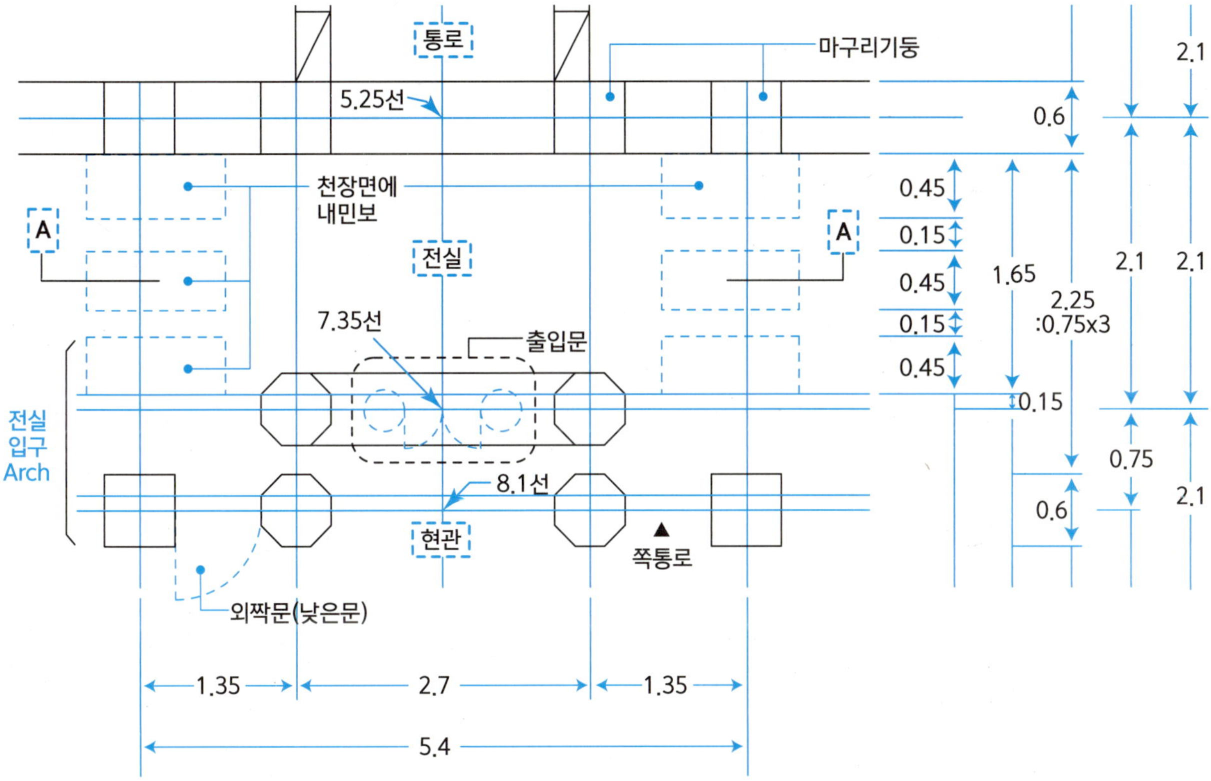

[그림 721] 전실 대충 평면도(천장 내민보 포함)

이 지하층출입구에 문이 있어야 할까요? 없어도 될까요?

꼭 필요하다면 7.35선에 만들면 될 것 같네요. 양쪽에 있는 쪽통로도 필요하다면 낮은 문(H0.9 ~ 1.2) 정도면 될 것 같답니다.

이 쪽통로를 완전히 막아 버리면 내부전실 양쪽이 쪼께 어두워질 수도 있답니다.

이 쪽통로가 재미있는 건 그냥 개구부로 놔두어도 되고 낮은 문이나 난간 처리해도 되며 또한 양면을 벽부조로 하여 쪽통로를 막을 수도 있답니다.

막게 되면 전실 양쪽은 쪼께 어두워는 지겠지만 어떻게 할지는 아직 미정이랍니다.

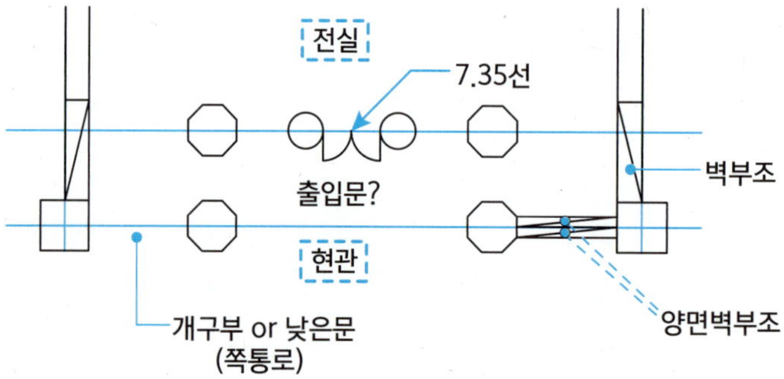

[그림 722] 전실입구 개구부 개념도

자세히 보시면 석축면이 꺾이거나 하는 곳에 사각기둥 □0.6이 있는데, 이것은 마구리기둥 개념이랍니다. 이 마구리개념이 없으면 마감처리가 쪼께 힘들겠죠.

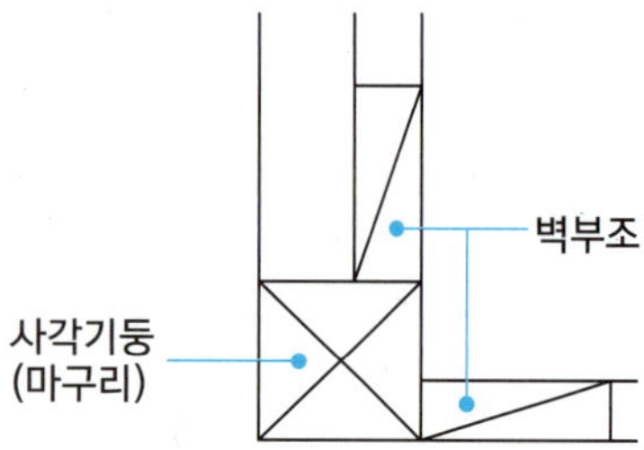

[그림 723] 마구리 기둥이 있을시

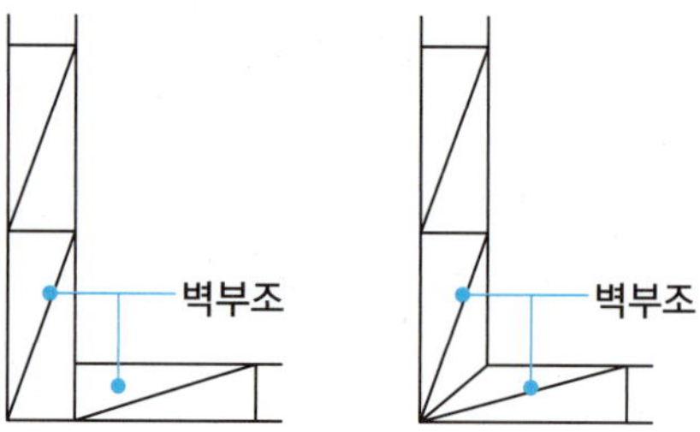

[그림 724] 마구리 기둥이 없을시

어떻게라도 하긴 할 수는 있겠지만 모양새가 쪼께 그럴 겁니다.

쉽게 얘기하면 변곡기둥(벽분리기둥?)이라고 생각하시면 되겠네요. 마구리가 있어야 시작이 있고 끝도 있겠죠. 아잉가? 전실 양면 천장면을 보시면 3개씩의 내민보(cantilever beam)가 있을 겁니다.

바로 전실의 백미랍니다.

전실의 횡단면도(A-A)를 봅시다.

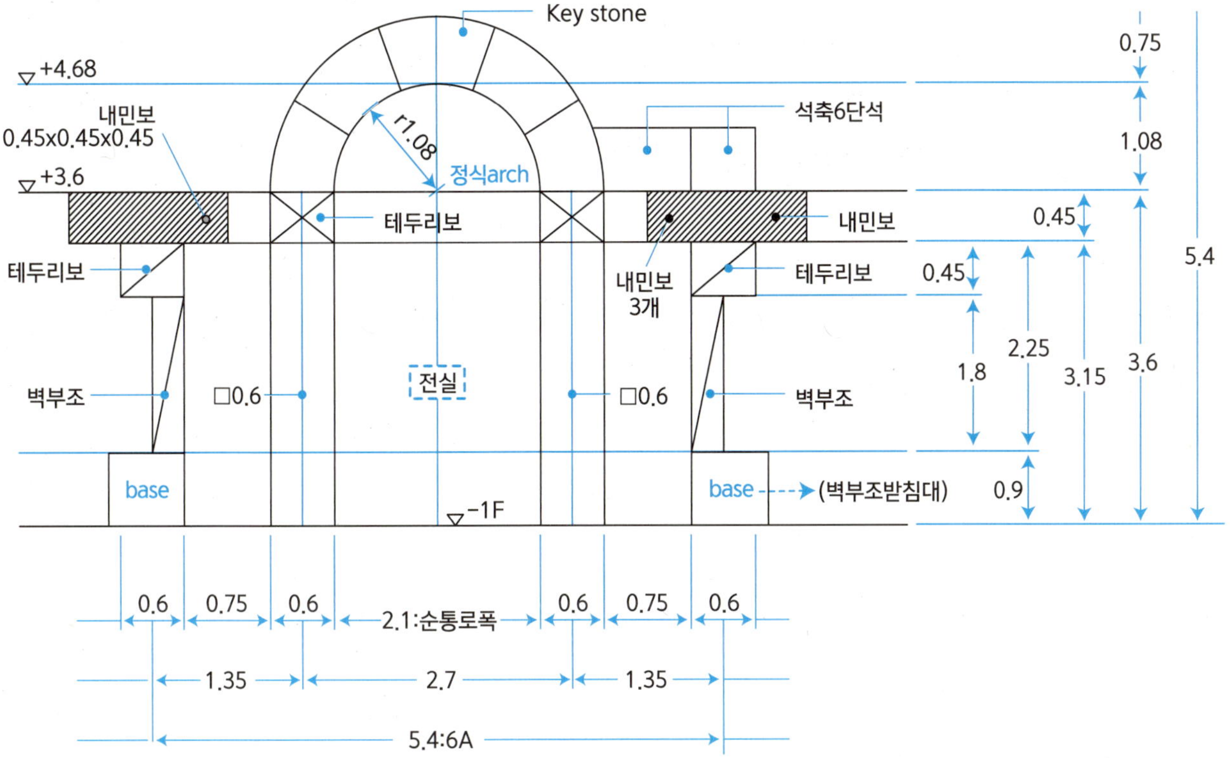

[그림 725] 전실 단면도 A-A

정중앙에 있는 r1.08 정식Arch는 통로까지 계속 연결된답니다. 전실 양쪽 천장에 있는 내민보가 아주 재미있답니다. 다시 살짝 그려 봅시다.

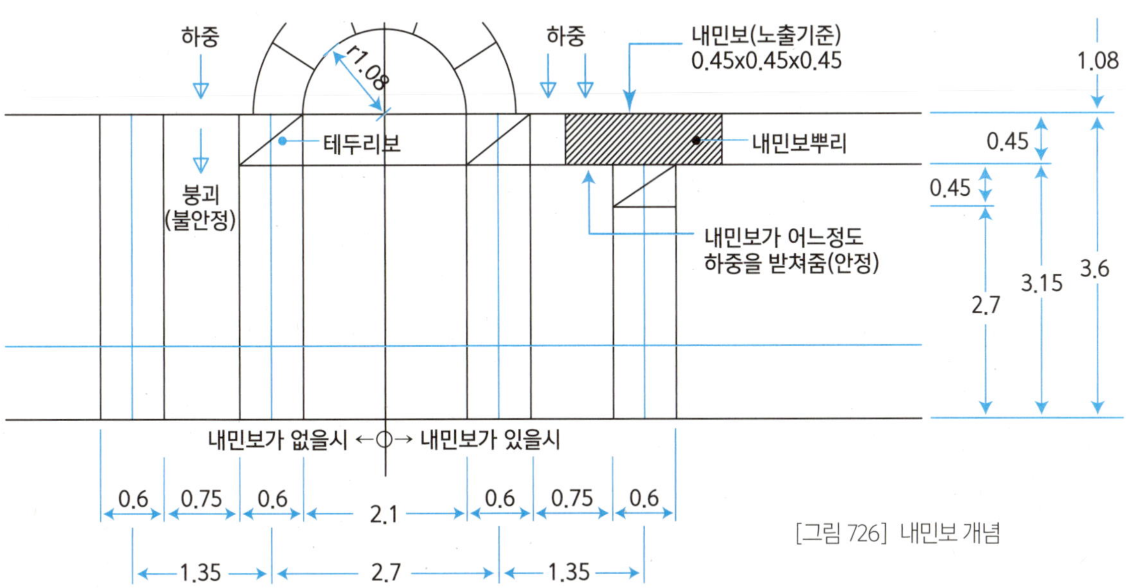

[그림 726] 내민보 개념

보시다시피 내민보가 없을 시는 폭75cm가 아무것도 받쳐주지 않아서 불안정 구조를 보이는데 비해서, 우측과 같이 내민보를 45cm정도 내밀면 나머지 30cm의 하중 정도는 자체적으로 받칠 수 있어서 안정구조가 된답니다. 제가 내민보를 좌우 3개씩으로 했는데, 현 석굴암상태는 무지 헷갈리게 되어 있답니다. 모든 치수를 비교해서 3개씩의 내민보를 만들었답니다. 전실을 지나면 통로가 되는데 통로Arch는 전실Arch와 같답니다.

이제 dome내부로 들어 왔답니다. 그래도 또 기둥이 있네요. 그것도 구조기둥도 아닌 것이 그렇다고 없애기도 그렇고? 이 놈은 또 왜 있는 걸까요? 없으면 내부공간을 더 넓게 쓸 수도 있는데?
어찌되었건 그려는 봐야죠.

그려 봐야만 알 수가 있답니다. 생각으로는 알 수가 없답니다.

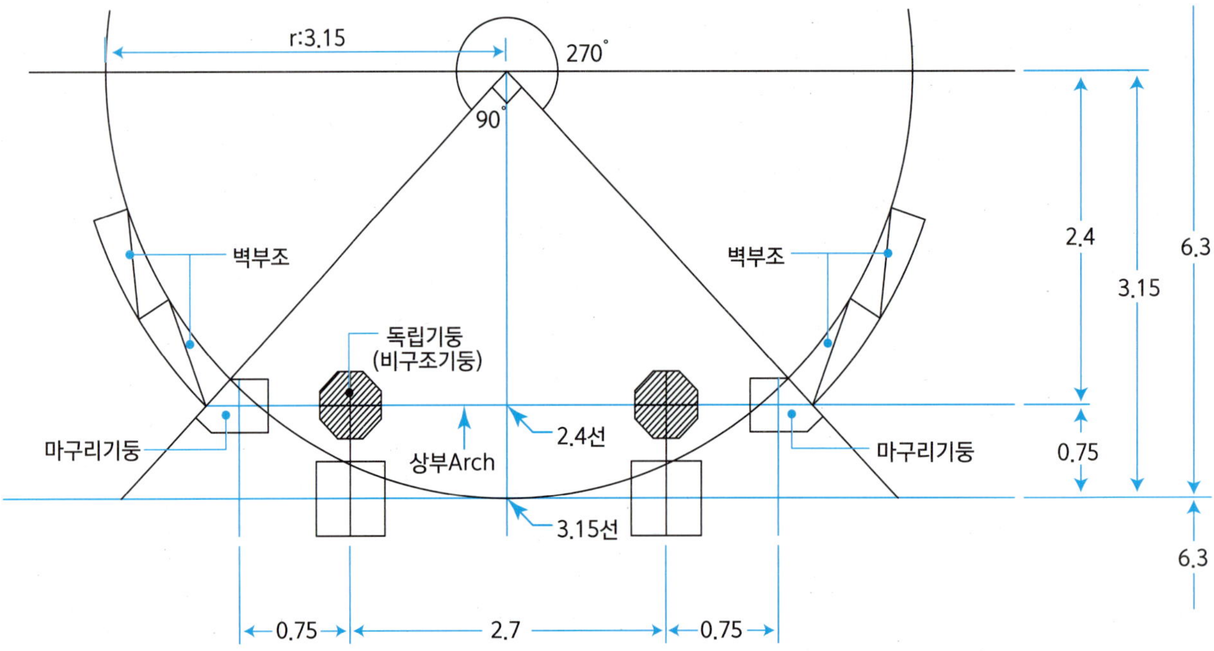

[그림 727] Dome 내부의 두 독립기둥

Dome 내부의 독립 2개의 기둥을 제일 처음에는 불필요하다고 생각하고 빨려고도 생각을 해 봤는데, 시간이 지나면서 Arch통로 끝에 뭔가의 마구리개념이 있어야 될 것 같다는 생각을 하고부터는 있어도 괜찮겠네라는 생각이 들어서 살리기로 했답니다. 인간이 이리 간사하답니다. 나만 그렁가?

그럼 이 독립 두 기둥의 Arch는 어떻게 생겼을까요?

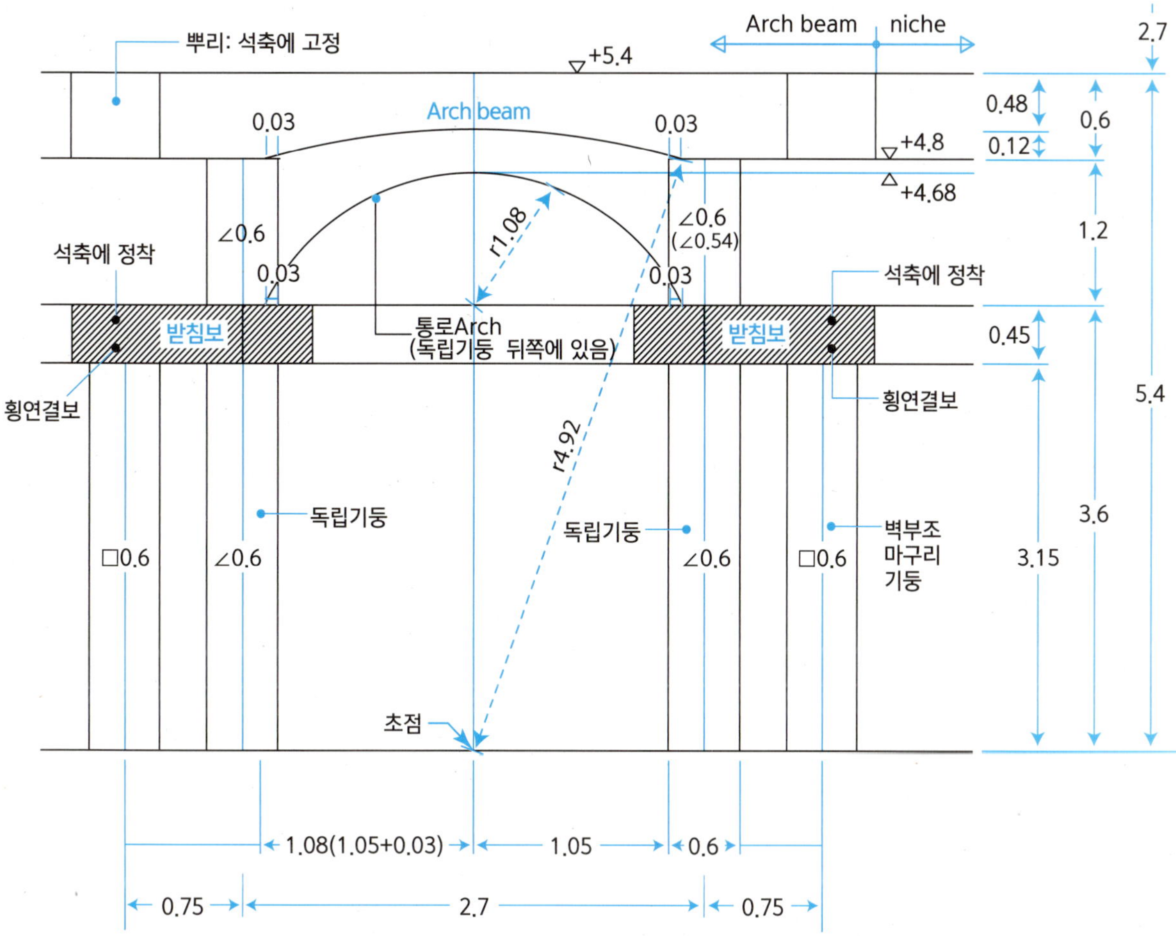

[그림 728] 독립기둥 Arch:내부에서 밖을 봄

이 2개의 기둥은 자체 독립기둥으로 연결보를 통하여 석축에 정착되어야 한답니다. 그것도 2단으로 되어 있답니다. Arch보의 Arch는 2단기둥끝에서 3cm가 들어가서 시작될 겁니다. 물론 완전 Arch를 만들기 위해서랍니다. 이 Arch는 별로 본 적이 없는 Arch일 겁니다. 즉, 9:40:41이라는 직각정수삼각형이랍니다.

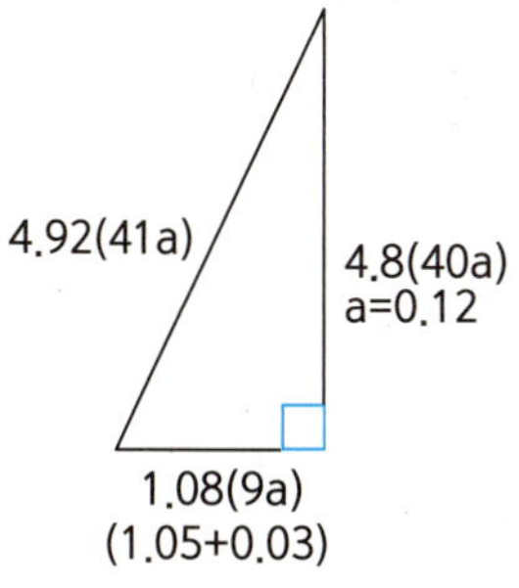

[그림 729] 독립기둥위 Arch 개념

신기하실 겁니다.

이 독립기둥 Arch는 부처님이 통로 쪽을 보실 때 일종의 가리개 비슷한 개념으로 만든 것이 아닐까하고 생각해 본답니다.

드디어 Dome 안으로 들어오셨네요. 들어오시기 참 힘드시죠.

축하드립니다. Dome이 어떻게 생겼는지도 보아야겠죠.

지하층 내부구조는 크게 Dome과 Dome 밑의 원형벽체로 나누어서 알아봅시다. 먼저 지하층 내부단면도를 보시고 전체적인 감부터 잡으셔야겠죠.

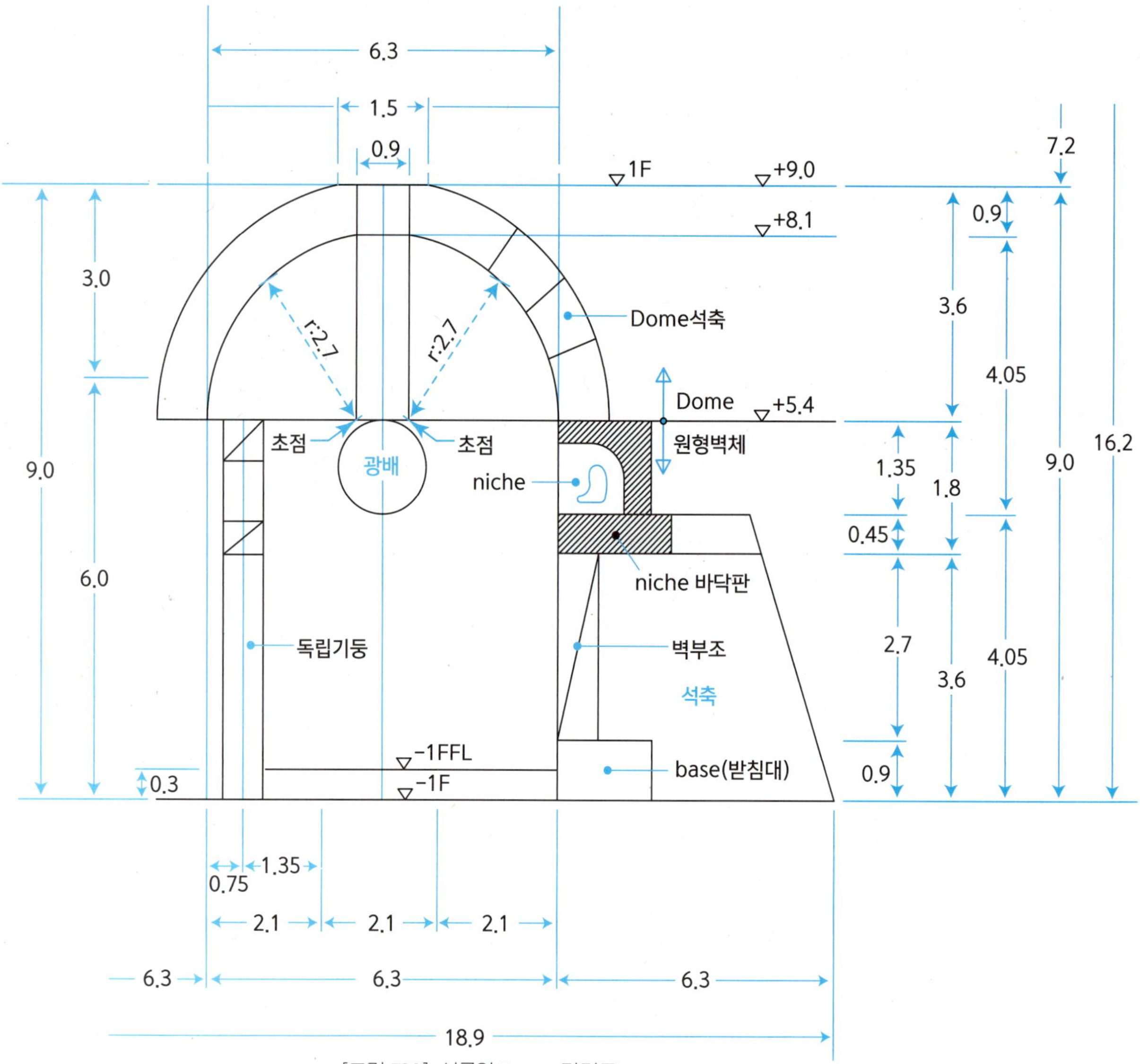

[그림 730] 석굴암 Dome 단면도

석축의 우측높이치수를 보시니 어디선가에서 많이 본 듯 한 치수일 겁니다. 바로 첨성대 석축치수와 같답니다. 아마도 우연의 일치일 겁니다.

원형벽체를 보시면 하부에 벽부조받침대(base)가 있으며, 그 위에 벽부조가 있고, 그 상부에 niche(벽감)가 있는 구조랍니다.

벽부조의 받침대 높이는 통로쪽과 같이 0.9로 했으며, 벽부조 높이는 2.7m, niche 높이는 1.8m로 정했답니다. 어떤 특별한 근거가 있는 것이 아니라 비례관계를 0.9기준으로 맞추어 보니 가장 마음에 들어서 채택한 거랍니다. niche의 바닥판은 벽부조의 상부테두리보도 겸하고 있답니다.

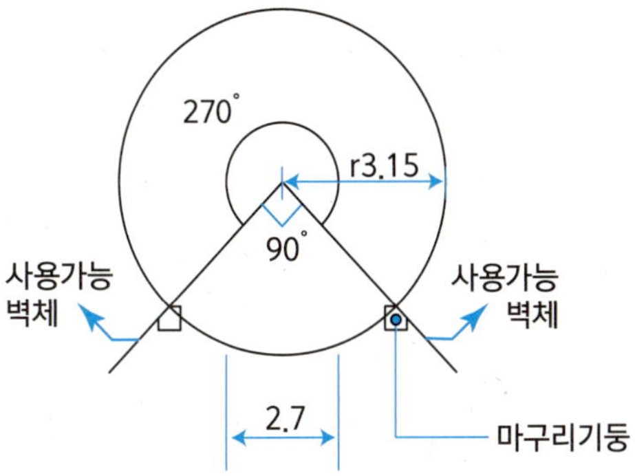

[그림 731] 원형벽체길이에서 사용가능 벽체: 270°

먼저 원형벽체길이부터 계산해 봅시다.
원형벽체길이 = 2πr = 2πx3.15 ≒ 19.7920 정도랍니다. 아주 간단히 19.8m랍니다.
그런데, 출입구통로와 벽체마구리기둥 등을 고려하면 사용가능한 벽체길이는 270°정도랍니다.

이 270°(3/4원형)개념은 원형벽체에서 가장 중요한 개념이랍니다.
즉, 원형벽체 실제 사용길이 = 2πr3/4 = 2πx3.15x0.75 ≒14.8440 이랍니다. 간단히 14.85m로 하겠습니다. 이제 이 사용가능한 원형벽체에 벽부조를 몇 개나 넣을 수 있을까요? 그리고, 벽부조는 안쪽 중앙에서 시작이 된답니다.

벽부조수	계산	벽부조폭	
		계산	적용
10개	14.85÷10	1.485	
11개	14.85÷11	1.35	1.35
12개	14.85÷12	1.2375	
13개	14.85÷13	1.1423	1.125
14개	14.85÷14	1.0607	
15개	14.85÷15	0.99	0.99

[표 37] 원형벽체 벽부조 적용가능 수

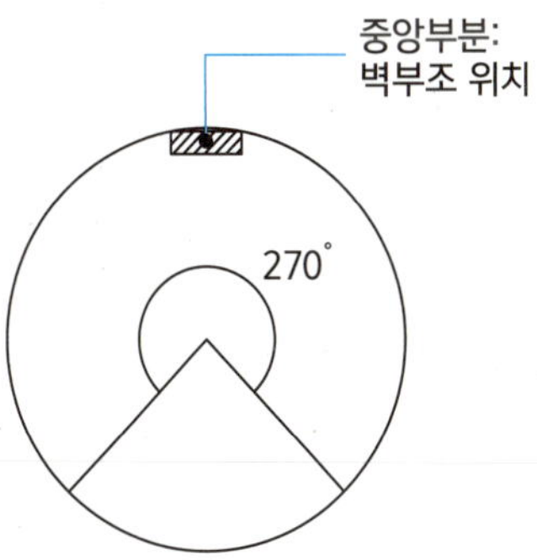

[그림 732] 벽부조 위치:정중앙에서 시작됨

안쪽 중앙에 벽부조 1개가 있으니 양쪽은 대칭이어야 하므로 짝수개수가 나오겠죠.
즉, 부조개수는 홀수 + 짝수 = 홀수가 된답니다. 위 표에서 홀수는 11ea, 13ea, 15ea 정도랍니다.
이 중에 한 놈을 선택하면 된답니다. 숫자상으로는 11개와 15개 부조는 딱 떨어진답니다.
1.35x11개=14.85, 0.99x15개=14.85 묘하네요. 그런데, 벽부조높이도 고려하셔야 한답니다.
벽부조높이가 2.7m랍니다.

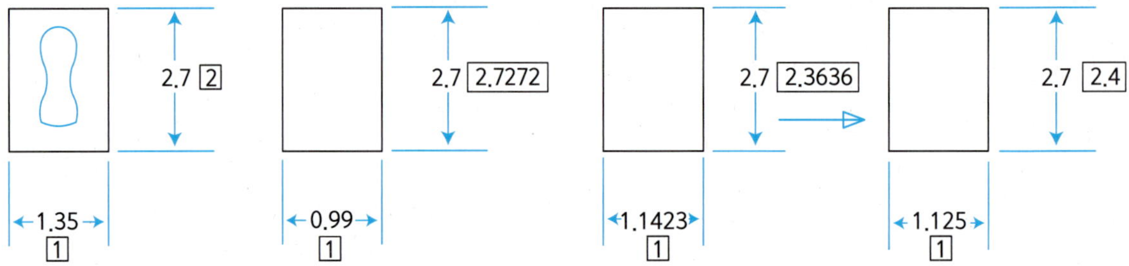

< 벽부조 11개시 > < 벽부조 15개시 > < 벽부조 13개시: 폭을 1.125로 줄임 >

[그림 733] 벽부조 개수와 벽부조 폭높이비

원형벽길이 14.85에서 보면 벽부조수가 11개나 15개가 아주 양호하게 보이는 듯하나 너무 빽빽하게 들어갈 수도 있고 못들어갈 수도 있답니다. 또한, 폭높이비도 쪼께 맴에 안드네요?

벽부조 13개의 폭을 1.1423→1.125(0.75 : 전실쪽부조폭x1.5배)로 약간 줄이면 13개가 여유있게 들어갈 수 있으며, 폭높이비도 1:2.4로 딱 맴에 드네요. 전실부조가 폭이 0.75, 높이가 1.8이라서 1.8÷0.75=2.4로 폭높이비가 1:2.4이기도 하답니다. 통로의 부조폭높이비는 1:3이랍니다. 그래서 여러 많은 생각 끝에(?) 원형벽체에 13ea의 벽부조를 넣을 예정이랍니다. 아마 현재의 석굴암벽부조수는 15개정도일 겁니다. 왜 13개보다 2개가 더 많죠. 저도 알 수는 없답니다. 만약 15개의 벽부조를 넣어야 한다면 부조폭은 0.99가 아니라 0.96정도라야 된답니다. 폭높이 비는 2.7÷0.96=2.8125. 즉, 폭높이 비는 1:2.8125가 될 겁니다. 숫자가 쪼께 난하지마는 15개도 성립이 된답니다. 벽부조수가 15개든 13개든 좀 더 연구하셔서 선택하면 된답니다.

이쯤에서 재미있는(?) 5류추리소설을 한번 써먹읍시다? 맞고 틀리고는 다음 다음 문제랍니다.

옛날 언젯적에 토함산 꼭대기 근처에 1층 Dome목탑을 지었답니다. 일반목탑 중에 유일하게 종교건축물이랍니다. 사찰이름은 저로서는 알 수가 없답니다. 삼국유사에서는 석불사(石佛寺)로 나오며, 석굴·조가절이라고도 불리었다네요. 약 100여년전부터 석굴암이라고 부르고 있답니다. 물론 사찰이름기준이겠죠. 석굴암이 암자이름?(사찰과 dome탑 이름이 같을 수도, 다를 수도 있겠죠?)

세월이 흘러흘러 어떤 외력(백두산 폭발로 인한 지진?)으로 부분 붕괴가 되었든 큰 붕괴가 있었든 붕괴가 있을 때마다 부분 보수를 했거나 어느 정도 방치했다가 보수를 했든 어쨌든 몇 번의 보수과정을 거치면서 1층은 날아가버리고 Dome에 있든 개구부(창문)도 사라져 버렸답니다. 즉, Dome내부 높이가 낮아졌다는 걸 의미한답니다.

또한, 내부가 완전 원형이 아니라 살짝 계란형으로 바뀌었을 수도 있답니다.

통로에서 직진하는 Dome내부길이가 이론치수보다 약 90cm나 더 길어졌답니다.

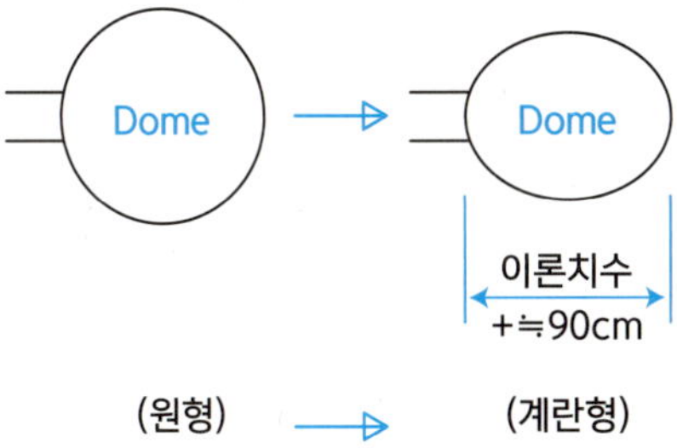

[그림 734] 원형벽의 변화

어떤 보수과정에서 이 Dome탑은 수 많은 우여곡절을 겪은 것으로 보인답니다.
물론 손을 댈 때마다 조금씩 조금씩 변형이 있었겠죠.
더 웃기는 것은 탑(사찰) 이름조차 바뀌어 버렸답니다.
석굴암으로 바뀌었네요.

왜 석굴암이라는 이름을 붙였는지는 알 수 없지만, 아마 석굴(石窟)의 개념조차도 모르는 친구였나 보네요?
이제 석굴암이라는 이름은 조용히 퇴출될 겁니다. 아니! 스스로 사라질 겁니다.
1층 Dome탑이라고 하기도 그래서 석굴암이라는 용어는 쓰기는 쓰지만 좋은 이름이 나타나면 언제든지 바꿀 겁니다. Dome의 적당한 우리말이 생각이 잘 나질 않네요. 누운 반달? 빵 모자? 그럼, 1층 반달탑, 아님 1층 빵모자탑? 그래도 1층 Dome탑보단 쪼께 낫네요? 이 훌륭한 1층 Dome목탑(dome: 한글이름은 둥글천장 또는 둥글지붕이라고 한답니다)에 어울리는 이름을 이쁘게 지어주이소.

5류 추리소설이라 별로 재미는 없었을 겁니다? 벽부조의 폭높이비를 □ 2.4 / 1 를 적용해서 원형벽의 벽부조수를 13개로 하겠습니다. 벽부조크기는 1.125x2.7이 되네요. 원형벽에서 이 부조폭 1.125가 평면일까요. 아님 원형일까요? 즉, 부조판이 평면이 맞을까요, 원형곡선이 맞을까요?

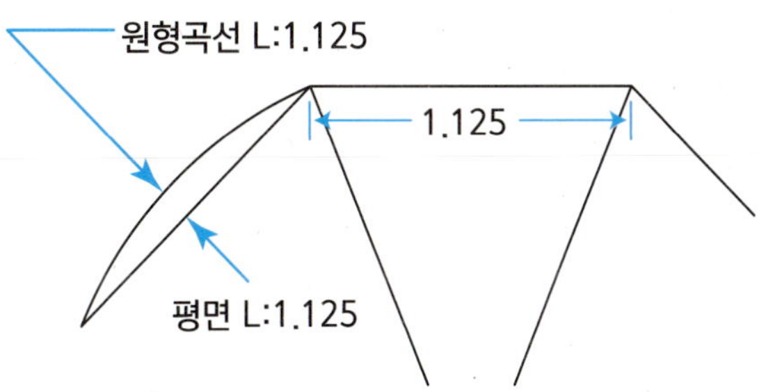

[그림 735] 벽부조폭 1.125가 평면일까요? 원형일까요?

판단하기가 무지 어렵답니다. 아주 쉽게 부조판이 평면일 거라고 가정하고 실제폭 1.125 평면부조의 실제 원형폭길이를 계산해 봅시다.

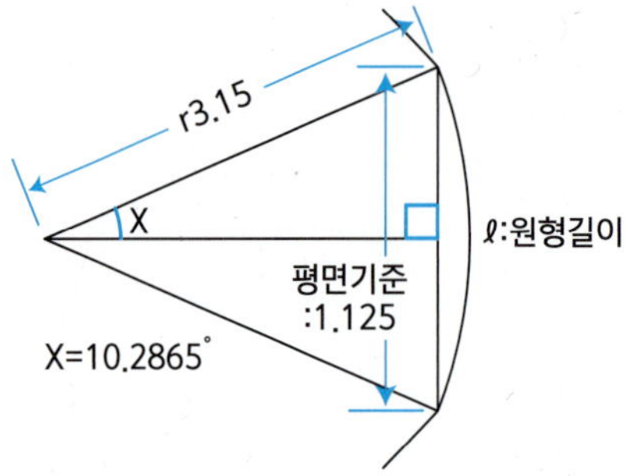

[그림 736] 평면부조폭 1.125의 실제 원형폭길이 계산

$$1.125 \div 2 = 0.5625 \quad \sin x = \frac{0.5625}{3.15} \quad \therefore x \fallingdotseq 10.2865^\circ$$ 가 된답니다.

그럼, $$\ell = 2\pi r \times \frac{10.2865^\circ \times 2}{360^\circ} \fallingdotseq 1.13106$$ 이 된답니다.

평면일 경우보다 원형일 경우가 1.13106−1.125=0.00606 이 더 길답니다.
즉 약 6mm가 더 기네요. 그럼 13개의 벽부조는 단순직선으로만 계산하면 1.125x13개=14.625이지만, 원형길이는 1.13106x13ea=14.7038 < 14.85, 벽부조 13개를 넣어도 14.85보다 적네요.

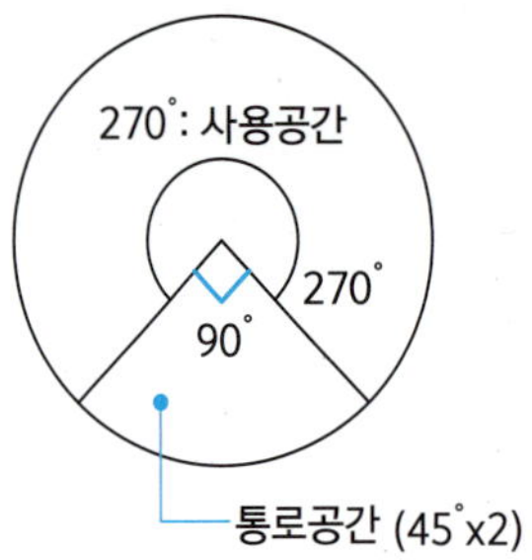

[그림 737] 석굴암 사용공간 개념도

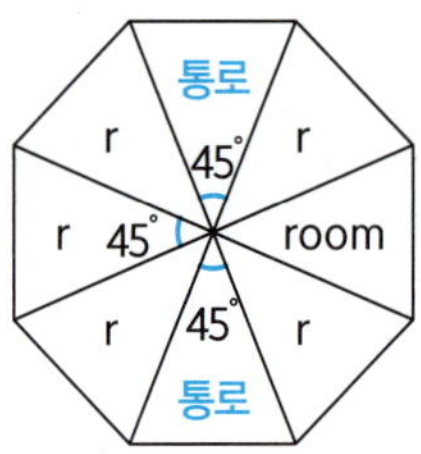

[그림 738] 9층탑의 6개 방사용 개념

석굴암 Dome 원형벽에서 270°만 사용한다고 했답니다. 나머지 90°는 통로공간이랍니다.
이걸 45°로 나누어 볼까요. 사용공간은 6개방이며, 통로공간은 2개방이 된답니다. 9층탑 1층을 보시면 8개방 중에서 6개방은 사용공간이고 2개방은 통로공간이랍니다.
석굴암 내부공간사용개념과 비스무리하지 않나요?

원형이 나왔으니 생각해볼 것이 생겼네요.
신라인들은 과연 π에 대해서 알고 있었을까요?
아니면 모르고서도 어떻게든 해결을 했을까요? 하! 애럽네요. 저는 알고 있었다는데 방점을 찍는답니다.

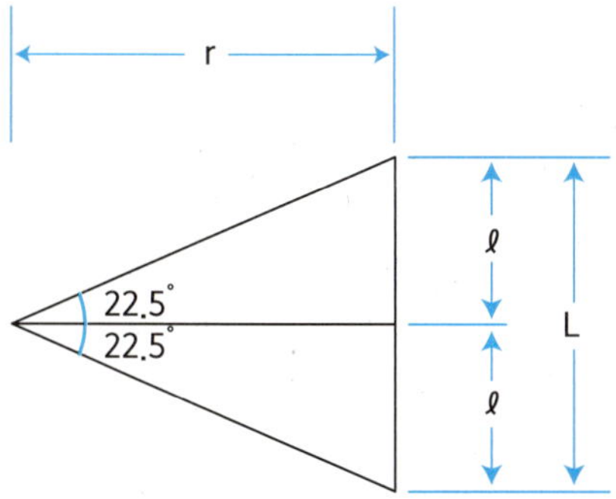

[그림 739] 8각형의 1 변 길이

자! 볼까요. 먼저 8각형의 1 변길이가 얼마였죠.

$\tan 22.5 = \frac{\ell}{r}$ $\ell = \tan 22.5r$ 이 된답니다.
∴ 8각형의 1변길이는 $L = 2\tan22.5r$ 이 된답니다.

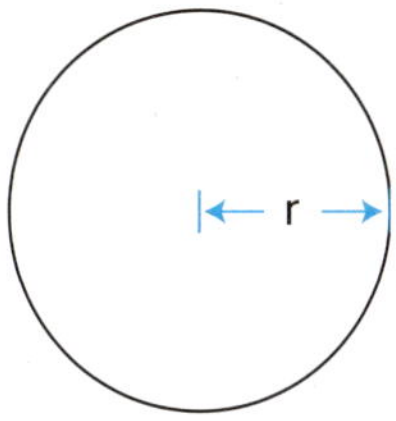

[그림 740] 원형(원주) 길이

원형을 보실까요.

원형(원주)길이 = 2πr일 겁니다.

설마 모르시는 분은 안계시겠죠. 벌써 이자뿌따꼬요? 문제가 쪼께 있을 듯?

이제 이 둘을 비교해 볼까요.

$$\begin{cases} \text{8각형 1변길이} = 2\tan22.5r = 2r \times \tan22.5 \\ \text{원형길이} = 2\pi r = 2r \times \pi \end{cases}$$

뭔지는 잘은 모르겠지만 두 놈은 어떤 공통점이 있을 겁니다. 바로 2r이겠죠.
나머지는 tan22.5와 π만이 다를 겁니다. 이 두 놈의 값을 알고 있어야만 탑이 되었든 석굴암이 되었든 모든 계산이 가능하답니다. 그래야만이 기본설계가 가능할 겁니다.

제가 여러 많은 생각을 해보았는데,

$$\begin{cases} \tan22.5 = 0.414 \\ \pi = 3.141 \end{cases}$$ **로 신라인들은 값을 알고 있었든 걸로 추정된답니다.**

소수점 3자리까지를 알고 있었네요. 대단하신 분들이랍니다. 자! 숫자를 더해볼까요.

$$\begin{cases} \tan22.5 = 0.414 \Rightarrow 0+4+1+4 = 9 \\ \pi = 3.141 \Rightarrow 3+1+4+1 = 9 \end{cases}$$ **둘 다 숫자의 합이 9랍니다. 신라인들이 제일 좋아하는 숫자겠죠.**

tan22.5의 값은 확실히 알고 있었던 것 같은데, π의 값은 저로서도 확신은 할 수는 없지만 어떻든 알고 있었던 것 같답니다. 대단한 신라인들이죠. 신라인들한테 한 수 배우소~ㅋ~
벽부조가 13개(현상태 15ea)라는 걸 알았으니 niche(벽감)개수와 크기 등을 알아봐야겠죠.
이 niche라는 놈이 아주 재미있는 구조를 갖고 있답니다. 보실까요.

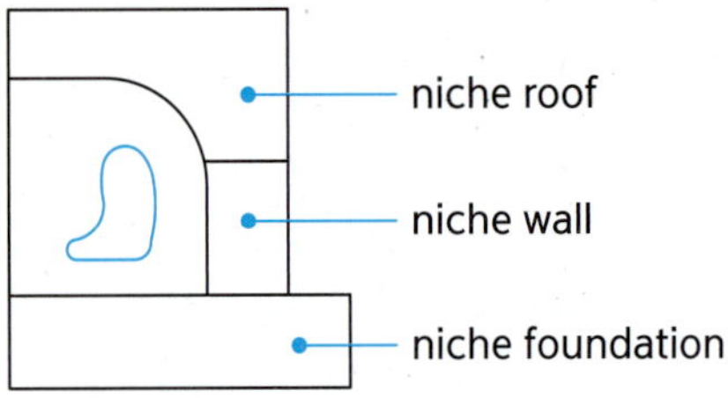

[그림 741] niche 구조

크게 3부분으로 구성이 되어 있답니다. 이 niche는 보시듯이 자체가 조그마한 집 개념을 갖고 있답니다. 기초판(바닥개념)이 있고 벽체가 있으며 거기다가 지붕판까지 있답니다.

그런데 이 niche가 들어가야 할 부위에 묘하게 후광판(광배)이 자리잡고 있답니다. 물론 부처님 뒤쪽 정중앙에 지름이 약 1.5m 정도로 자리잡고 있답니다.

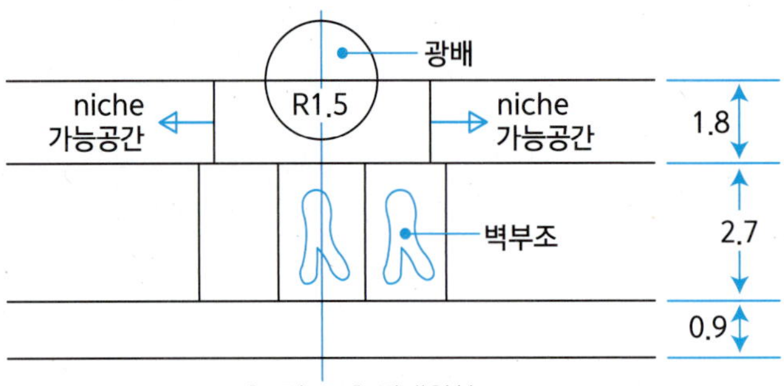

[그림 742] 광배위치

niche를 넣을려면 광배에서 어느 정도 떨어진 곳에서부터 niche를 설치해야 할 겁니다. 광배쪽 폭을 2.7m로 하겠습니다.

niche를 양쪽에 4개씩 8개를 넣을 예정이랍니다. 현 상태는 양쪽에 5개로 10개정도인 것으로 보인답니다. 제가 왜 자꾸 개수를 줄일까요? niche의 모양새를 살리기 위해서랍니다. 제가 niche 폭을 1.5m로 해서 8개이지, 1.2m로 하면 10개가 된답니다.

$$\left\{\begin{array}{l} 1.5 \times 8(\text{niche 수}) + 2.7(\text{광배쪽폭}) = 14.7 < 14.85(270^\circ) \\ 1.2 \times 10(\text{niche 수}) + 2.7(\text{광배쪽폭}) = 14.7 < 14.85(270^\circ) \end{array}\right\} \text{똑같답니다.}$$

그런데, niche 수를 10개로 하게 되면 꼬라지가 영 말이 아니랍니다?

자! 폭 1.5m의 멋진 niche를 한번 구경하실까요.

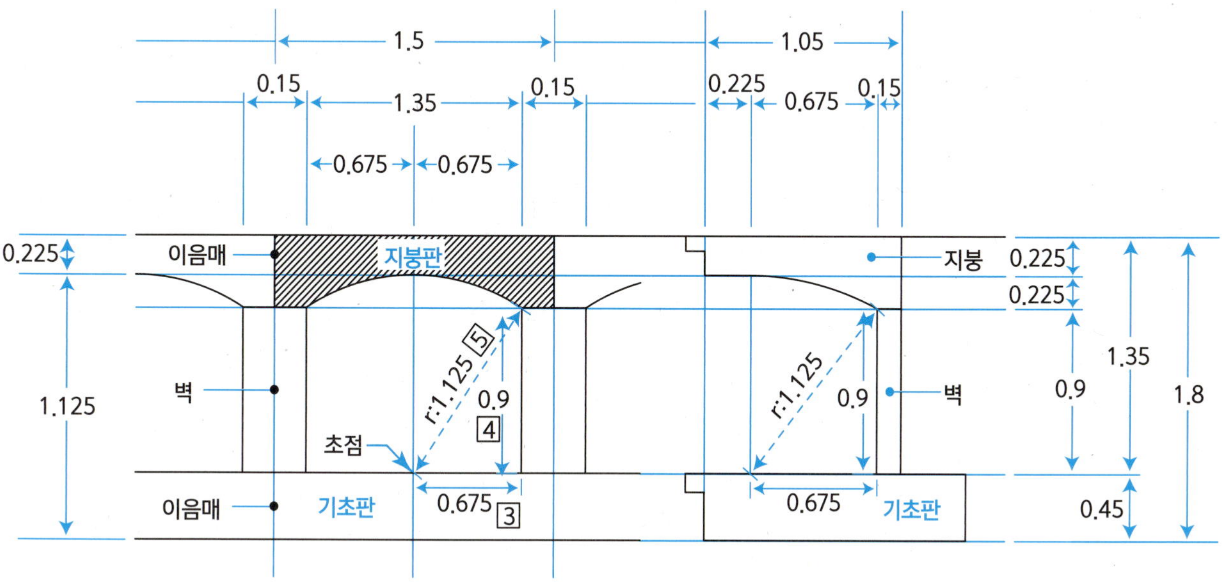

[그림 743] niche 입면도(左)와 단면도(右)

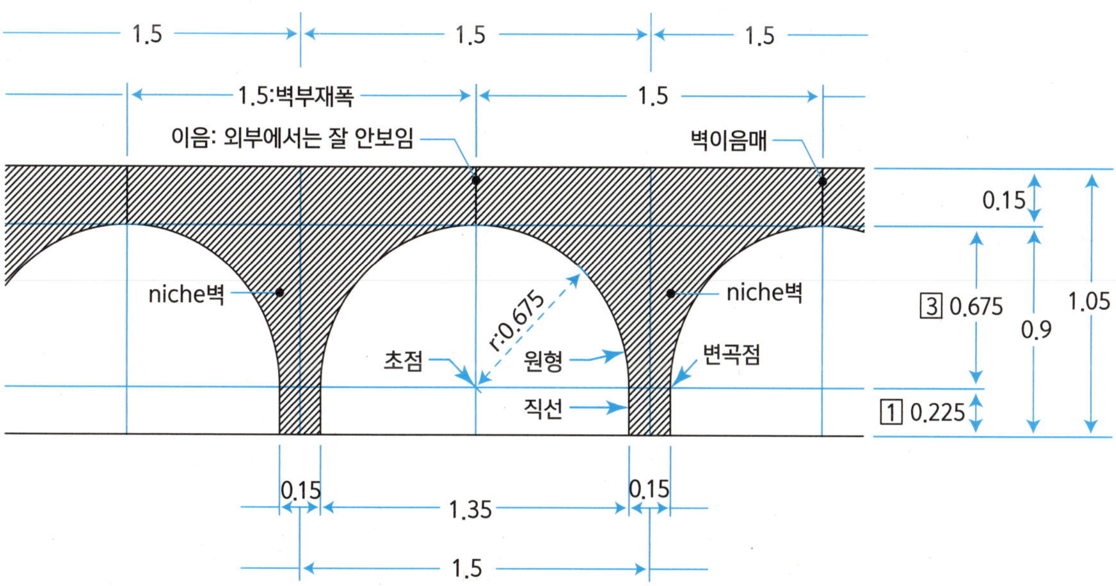

[그림 744] niche 평면도

이 niche arch는 3 : 4 : 5 정수직각삼각형 법칙을 적용했답니다. niche벽은 외부에는 이음매가 없으며 내부중간 쪽에 있어서 외부에서는 보이지 않게 되어있답니다.
지붕과 바닥판은 각 벽 중간에 이음매가 있답니다. 아주 멋진 niche가 되었답니다.
그래도, niche폭이 1.2m일 경우의 niche 생김새도 보긴 보셔야죠.

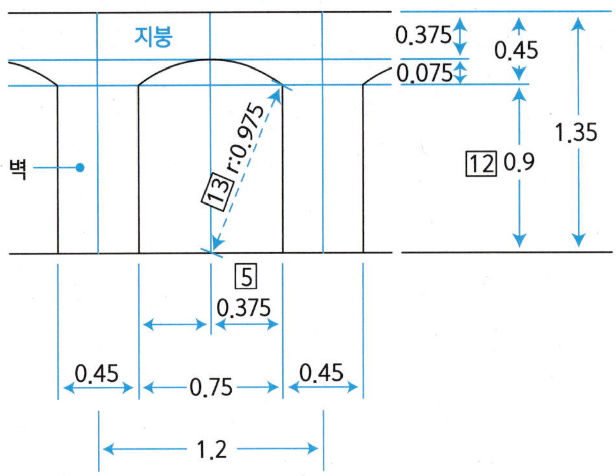

[그림 745] niche 폭이 1.2m일 경우

폭 1.2도 성립은 되지만 폭이 좁은 형상이 나온답니다. 5 : 12 : 13이라는 정수직각삼각형이 나오게 된답니다. 너무 투박하게 생겼네요. 전형적인 못난이 꼴이랍니다? 여백이 부족한 듯!
무엇이 되었건 다 성립될 수 있게는 어떻게라도 할 수는 있습니다마는 가장 적합한 것을 찾기는 그리 쉽지마는 않답니다. 그리고, 현 상태의 석굴암 niche arch도 한번 보실까요.

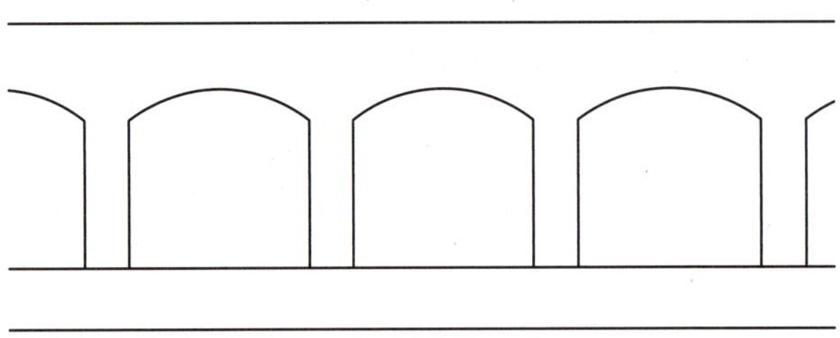

[그림 746] 현석굴암의 niche arch 형태 : 그림을 너무 잘 그렸네요? 현상태의 niche사진을 보세요.

Arch는 arch같기도 한데 생김새가 좀 어눌하게 생겼답니다. 무슨 Arch로 보이십니까?
신라의 Arch에는 이런 어눌한 arch는 존재하지 않는답니다. 국적없는 arch가 현 석굴암에 존재하고 있네요. 참 한심하죠! 땅을 치고 통곡해야 할 일이랍니다.

제가 알기로는 1900년대 초에 한번 보수한 걸로 알고 있고, 그 뒤에 또 손을 대었는지는 잘 모른답니다. 물론 1900년대 전은 전혀 알 수는 없답니다[숙종(1703), 영조(1758) 때 중수가 있었답니다]. 1900년대 초에 손을 대었든 그 뒤에 또 손을 더 대었든 아님 1900년대초 전에 손을 대었든 어떤 보수과정에서 이 niche arch는 지멋대로 arch가 되었답니다.
arch의 생명은 초점이겠죠. 초점없는 arch도 물론 있을 수는 있겠지만 그래도 기본법칙은 있을 겁니다. 그런데, 현 석굴암의 niche arch는 그냥 말 그대로 지멋대로 arch네요. 초점없는 arch는 힘이 살아있지 않답니다. 저는 가끔 이런 생각을 해본답니다. 혹시 일본의 성건축물(사찰건물 포함?)을 보신 적이 있으신지요. 현관개념인지 아닌지는 정확히는 알 수는 없지만 현관canopy 비슷한 것이 노출되어 있답니다. 중국건물에도 가끔 보인답니다.

[그림 747]

대충 이렇게 생겼을 겁니다. 아마 보신 분이 제법 있으실 겁니다. 저는 현 석굴암 niche arch를 보는 순간 이 일본의 성현관 canopy arch가 생각나더랍니다. 이 성현관 canopy arch도 자체적으로는 건물에 어울리는 훌륭한 arch랍니다. 그런데, 신라인들은 arch의 귀재들이랍니다. 즉, 완벽한 정식arch만 사용한다는 걸 뜻한답니다. 고로, 현 석굴암의 niche의 생명은 종결되었답니다.
니체의 신은 죽었다 와는 아무런 관련이 없습니데이. 다만, niche와 니체의 발음이 비스무리한 것뿐이랍니다.

그럼, 1.5m폭의 niche의 원형길이도 계산해 보셔야죠. niche면이 평면인지 원형곡선인지는 잘은 모르겠지만 그래도 그냥 넘어갈 수는 없잖아요.

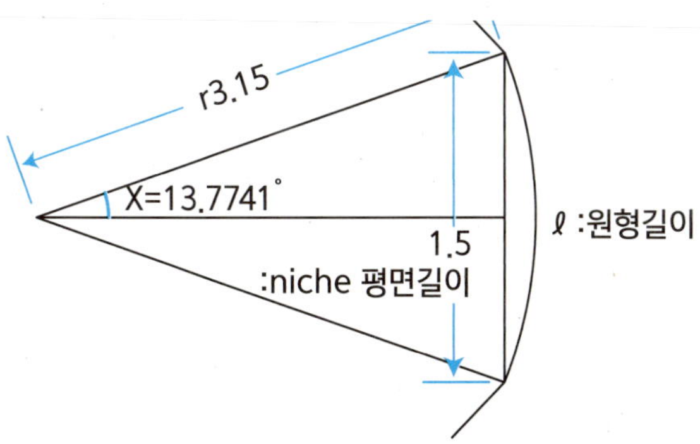

$$\sin x = \frac{0.75}{3.15} \qquad x \fallingdotseq 13.7741^\circ$$

$$\ell = \frac{13.7741^\circ \times 2}{360^\circ} \times 2\pi \times 3.15 \fallingdotseq 1.5145$$

∴ niche 총길이 = 2.7(후광판) + 1.5145 x 4(개) x 2(면) = 14.8163 < 14.8440

[그림 748] niche 원형길이 계산

niche 곡선총길이가 14.8163이고 벽부조 총길이가 14.7038로 niche길이가 0.1125정도 더 기네요.

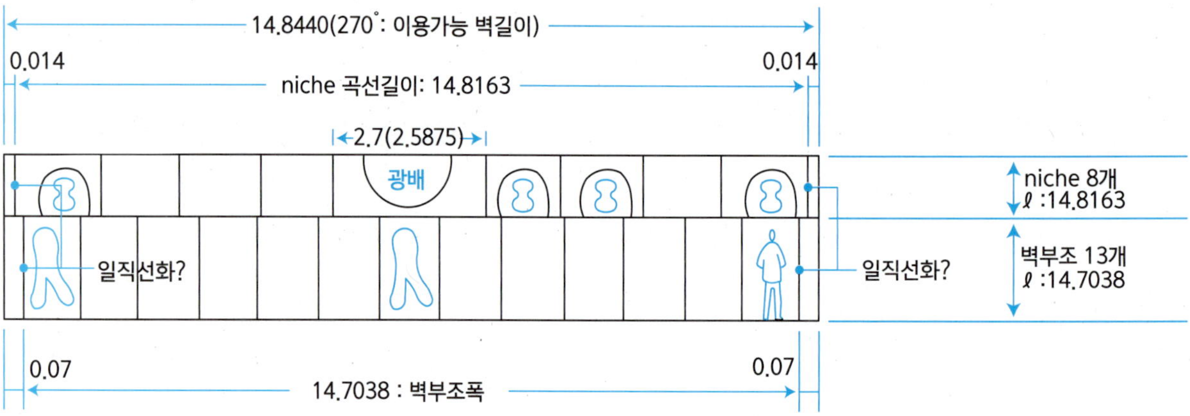

[그림 749] niche 총길이와 벽부조 총길이와의 차이 : 0.1125 – 끝선통일 가능할까요?

niche 끝선과 벽부조 끝선을 맞추기 위해 가상후광판폭 2.7을 0.1125 줄여서 2.5875로 할 것인지 그냥 후광판폭을 2.7로 하고 벽부조끝선보다 niche 끝선이 튀어나오게 할지는 아직 미정이랍니다. 중앙광배폭을 0.9의 배수인 2.7을 중시하시는 분은 후광판폭을 2.7로 하시면 되고, 무슨 소리야! 끝선은 맞추어야지 하시는 친구는 끝선을 맞추셔도 된답니다. 정답은 없답니다.
아래 위 선 맞추기가 무지 어렵답니다. 더 위에 있는 Dome에 가시면 dome 1단석에도 돌 이음매인 수직선이 있답니다. 이 3개(dome 1단석, niche선, 벽부조선)의 선 맞추기가 무지 어렵답니다.
어쩌면 못 풀 숙제가 될 수도 있답니다. 이 niche의 부재가 3부분(지붕·벽·바닥판)으로 구성되어 있다는 걸 인지하셨든 분은 대단한 능력의 소유자랍니다. 그리고, 이 niche의 부재 중 niche 벽체가 잔존석물(석굴암 근처에 모아둔 석재류들)중에 남아 있는 것도 같답니다. 사진으로 봐서는 niche벽체가 맞는지 아닌지는 정확히는 알 수는 없지만 비스무리하게 생긴 것도 같답니다.
그것이 최초에 지을 때의 것이었는지 중간중간 보수시에 만들었는지는 잘은 모르겠으나 야튼 niche 벽체가 맞다면 엄청 큰 수확이 될 겁니다. 왜냐구요! niche 규격을 정확히 알아낼 수 있기 때문이겠죠.

이런저런 얘기하다보니 이 반달탑의 공통수를 깜빡했네요. 빵 모자보다 반달이 더 어울릴 것 같아 당분간(?) 이 석굴암을 반달탑으로 부르겠습니다. 지하층이 9층탑석축이 줄어든 것이니 9층탑의 공통수와 같을 겁니다.

반달탑 공통수 = $\Delta 5 \times \Delta 4 \times 3 = 60$이며, 계단단높이 R=0.15일 겁니다.

높이는 주로 이 계단단높이인 R≒0.15가 지배한다고 말씀드렸을 겁니다. 지하통로든, 원형벽높이든 이 단높이(R)가 지배하고 있는지도 한번 확인해 보십시오.

그런데, 공통수에 문제가 하나 있답니다. 지하층이 아닌 1층이겠죠. 전에 보셨듯이 실제 1층 일반목탑의 공통수는 C = Δ8x Δ9x3=216으로 R=0.18이 된답니다. 이 반달탑의 1층을 1층일반목탑으로 보느냐 아니면 지하층을 따라서 9층일반목탑으로 보느냐의 관점에 따라서 이 1층의 공통수(즉, 계단단높이)가 바뀔 수도 있답니다. 그래서, 1층의 R을 0.15로 할 수도 R0.18로도 할 수도 있답니다.
아직 미정이랍니다. 벽부조도 알았고, niche도 알았으니 이제 이 두 놈을 붙여보셔야죠. 방금전에도 잠깐 보셨을 겁니다. 자주 보시면 눈에 더 익으실 겁니다.

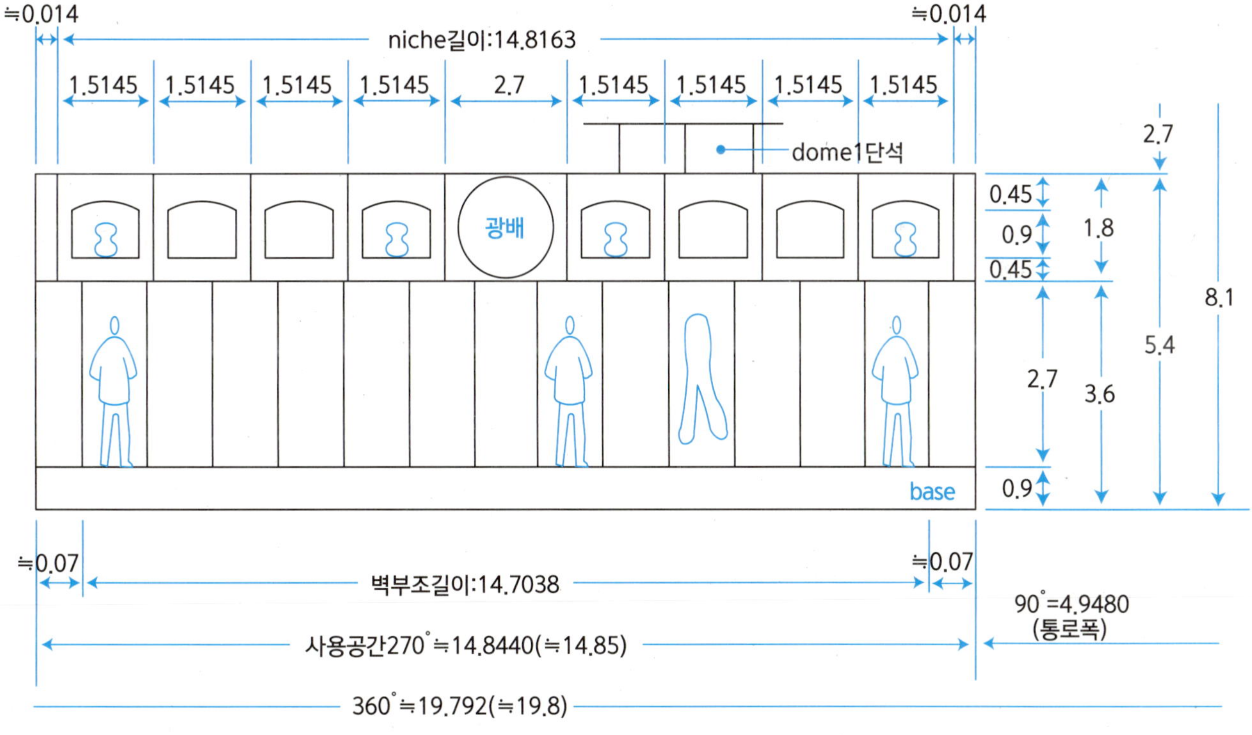

[그림 750] 원형벽 전개도

원형벽 전개도를 보시니 상·하 관계 파악이 쉬우실 겁니다.
niche선과 부조선이 일직선이 되질 않네요. 모든 선이 일직선이면 참 좋으련만! 아마 바람사항이겠죠. 제일 처음 접근을 시도할 때는 현 상태를 완전히 무시하고 상하선을 일치시키는 공법을 시도해 봤답니다. 당연히 dome 1단석까지 포함해서겠죠. 보실까요.

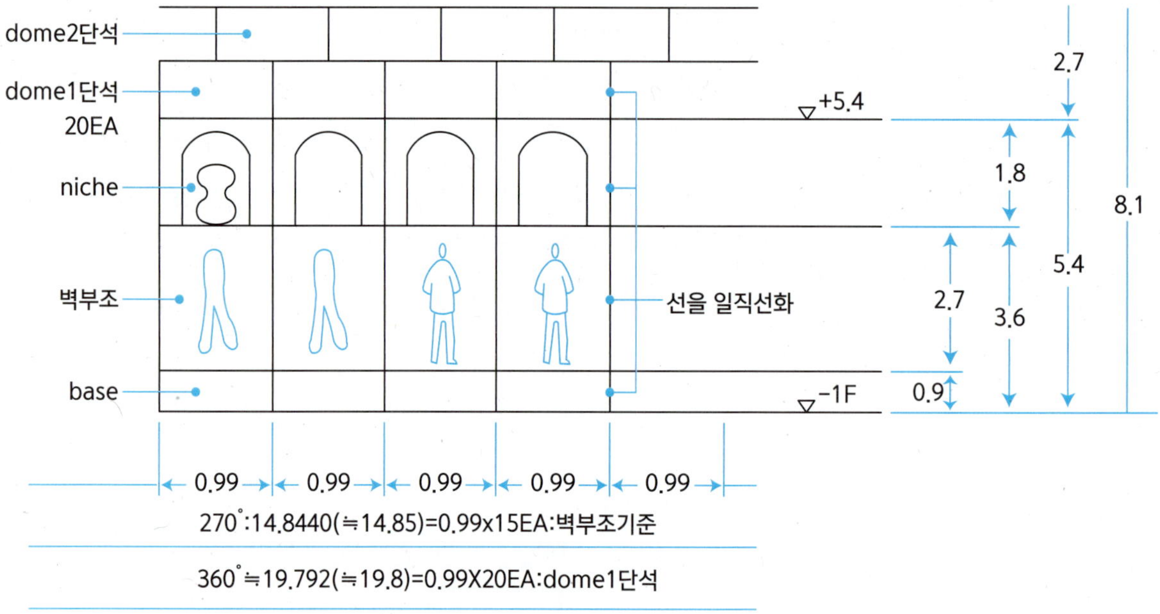

[그림 751] 수직선 일치화 공법:벽부조·niche·dome 1단석 : 최초안

물론, 모양상은 너무나 완벽한 이상형이랍니다. 이것이 좋은 것은 Dome3·4·5단석에 각 10개씩 있는 혹돌과도 묘하게 일치한답니다. 볼까요.

$$\left\{\begin{array}{l} 360° \div 20\text{개(dome1단석수)} = 18° \\ 360° \div 10\text{개(혹돌수)} = 36°(=18°x2) \end{array}\right\rangle \text{ 즉, 혹돌이 } 36°\text{로 딱 맞아 떨어진다는 겁니다.}$$

이 일치선안이 맴에 쏙 들어서 쏙 빠져들기는 하였으나, 벽부조비례관계, niche의 arch형성 등등을 고려하여 보니 조금 무리라는 생각이 들어서 과감히 파기했답니다.
오와 열이 정확한 것은 자유분방한 성격과 해학을 좋아하는 신라인들은 별로 안좋아 했나봅니다.
그래서 각개전투공법을 선택했답니다. 제 맴입니데이.

이 반달탑이 보기보다 복잡하죠. 그래도 백미인 반달(Dome)은 꼭 보시고 가셔야죠.

고지가 저긴데. 대충 그려 봅시다.

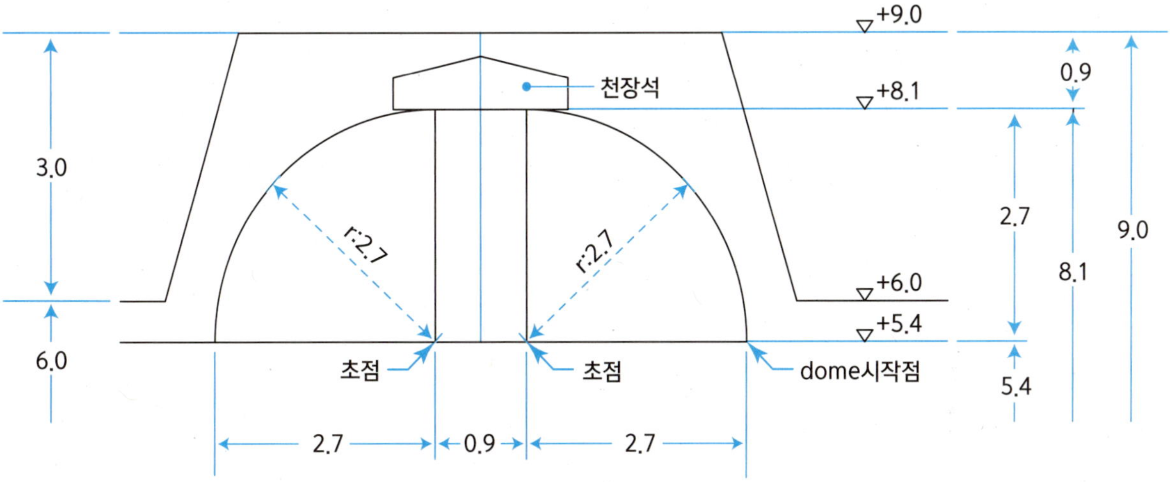

[그림 752] 반달 형태

dome구조가 너무 간단하네요. 그냥 꼭대기에 천장석이 있고 반지름 2.7인 반구형 dome이랍니다. 로마에 있는 판테온신전*에 가보신적이 있으신지요. 저는 1984년 봄에 한번 가봤답니다.

시간 나시면 한번 가보세요! 가 보시면 판테온 신전은 천장석이 없고 그냥 천창으로 하늘이 다 보인답니다. 이유는 간단할 겁니다. 판테온신전dome은 윗층이 없는데 비해서 우리 반달탑은 위에 1층이 있기 때문이겠죠. 어쩌면 이 반달탑이 돌(석재)dome으로는 세계최초(?)일지도 모른답니다. 물론 이 dome은 초점이 2개나 있답니다.(사실은 무수히 많음)

이 대충 도면으로는 파악이 힘이 드니 크게 확대해 봅시다.

* 판테온신전은 주재료가 석재가 아니라 con'c라 하네요. 물론 Roman con'c(지중해연안에서 약 2,000여년 전부터 사용된 con'c로 현재의 con'c와는 다른 것으로 주로 자연재료(화산재 등)를 사용한 con'c)로 지어진 dome건축물로 아직까지도 튼튼하게 자리를 지키고 있네요. 콜로세움도 Roman con'c로 지은 구조물이라고 하네요. 저는 운 좋게도 북아프리카(카르타고유적)에서 마을의 조그마한 저수조옹벽과 각 가정으로 공급되는 수로에서 Roman con'c를 직접 보았답니다. 저수조옹벽은 꼭 우리의 옛날돌담장 같더랍니다. 쪼다(황토)대신 con'c를 썼으며 돌은 담장식으로 막돌을 썼더랍니다. 2,000년이나 되어도 튼튼하더랍니다. *con'c : concrete, 콘크리트

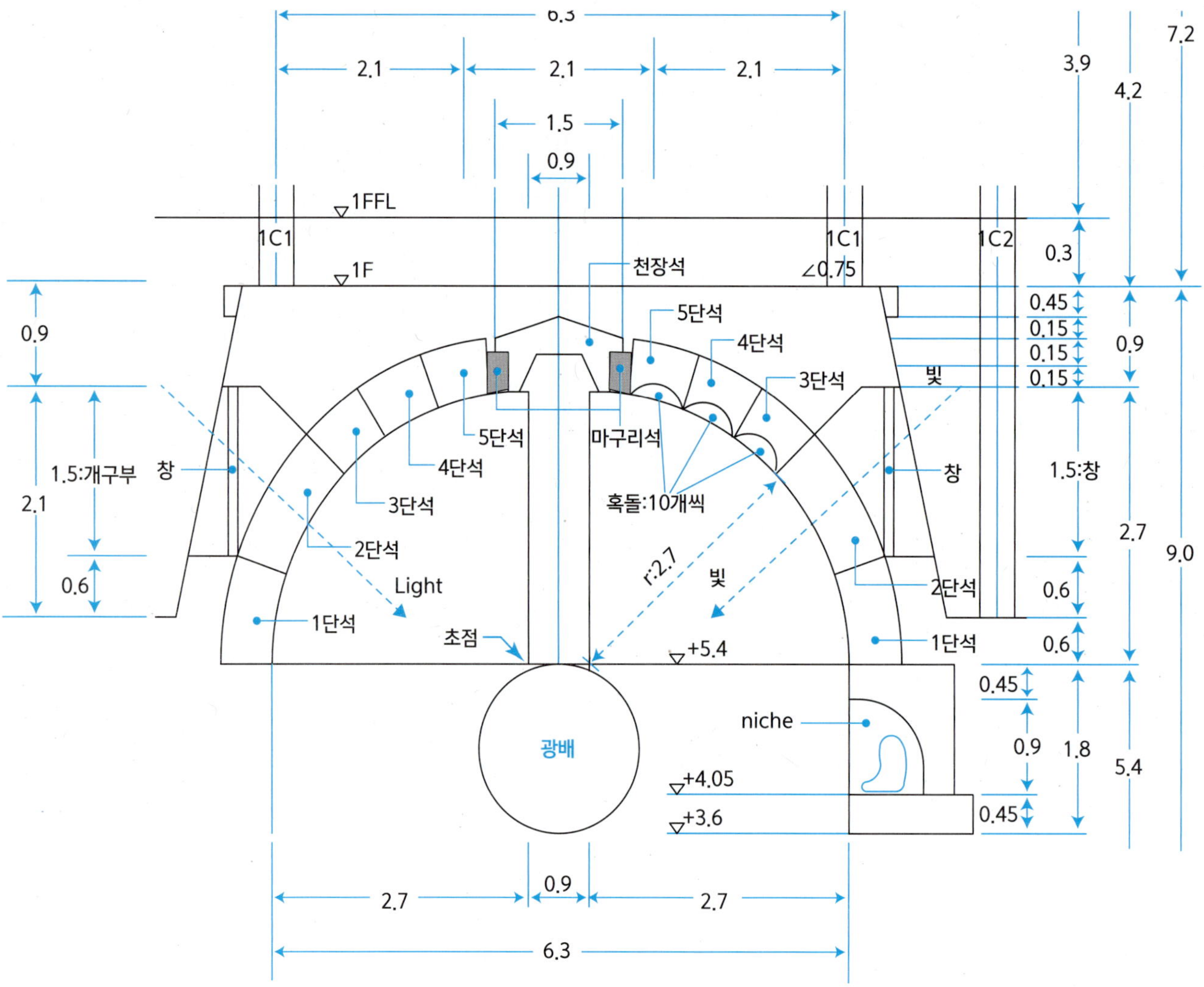

[그림 753] dome 개념도

dome의 반지름은 r=3.15가 아니라 천장석 관계로 r=2.7로 했답니다.
천장석 지름이 약 1.5이나, 0.9를 천장석 개념으로 했답니다. dome석은 5단이며, 특히 3·4·5단석에는 묘하게도 혹돌이 각 10개씩이나 들어가 있네요?
그리고 재미있는 것은 2단석에 개구부가 있답니다. 천창대신 창문이 있답니다. 물론 개구부(창문)높이는 상석축의 1/2인 1.5m가 될 것이며 폭은 0.9가 될 겁니다. 개구부의 내부높이는 2단석높이가 될 겁니다. 즉, 이 dome구조물은 햇볕도 들어오며 환기도 된다는 걸 의미한답니다. 꽉 막혀서 문을 닫고 있는 현 석굴암 상태와는 완전히 다를 겁니다. 개구부(창문)는 8개를 낼 예정이랍니다. 4개도 생각해 봤는데 이왕이면 8개가 더 어울릴 것 같답니다. dome 윗쪽에는 당연히 1층바닥이 있을 겁니다.

이제 하나씩 봅시다. 먼저 후광판부터 보실까요. 현상태는 dome 1단석과 2단석 일부를 차지하고 있답니다.

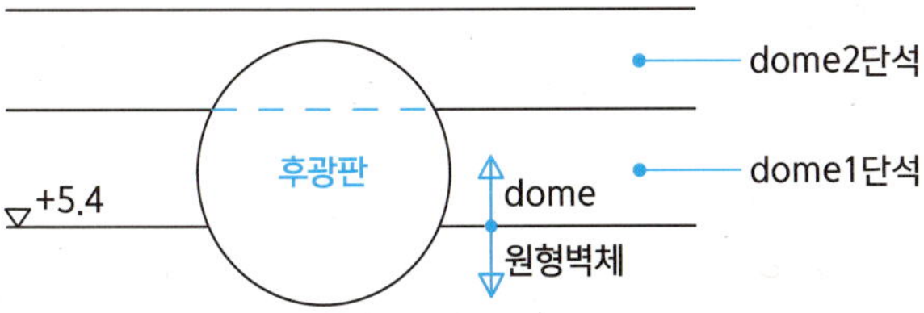

[그림 754] 현상태의 후광판 위치도

Dome1·2단석에 걸쳐져 있는 이 후광판이 걸리적거리네요. dome면과 원형벽체에 얌체없이 양다리를 걸치고 있답니다.

시공도 무지 힘이 들겠지만 걸쳐져 있는 모양새가 영 그렇답니다.
그래서, 과감하게(?) dome에서 추방시킬 예정이랍니다. 즉, 원형벽체의 niche(H1.8) 쪽으로 위치이동을 시킬 겁니다. 그래야 dome에 군더더기 하나가 사라질 겁니다. 그러 볼까요.

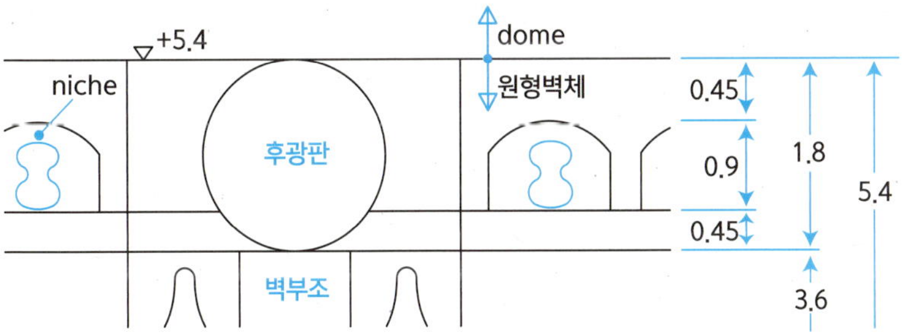

[그림 755] niche열에 후광판 위치이동

+5.4m 높이까지 있어도 후광판은 충분히 자기 역할을 다할 수가 있답니다.
이 후광판이 niche(니치)와 나란히 하니 뭔가가 안정이 조금 되는 것 같네요. 아마 후광판지름은 약 1.5로 보인답니다. 잘 보시면 dome 3·4·5단석에 각 10개씩의 혹같은 것이 30개가 있답니다. 도통 이 혹같은 것의 정체가 무엇일까요? 무엇이라고 생각하시나요? dome면이 단조로워서 그냥 모양으로 쏙 들어가게 해놓았을까요? 저는 이 혹을 보는 순간 부처님의 머리카락(?)임을 직감했답니다.
즉, 우리 부처님 머릿카락은 곱슬머리카락이데이 라고 표현해 놓은 거랍니다. 즉, dome 천장면이 천장거울이라는 의미랍니다. 신라인들의 재미있는 해학이 깃들어 있답니다. 아마도 혹돌을 만들던 석공아지아는 속으로 이렇게 중얼거리며 만들었을 겁니다. "우리 부처님 머리는 혹머리데이" 이 혹돌이 부처님의 곱슬머리카락이라는 걸 인지하시는 분은 직감력이 보통이 아닐 듯. 그런데 왜 이 혹이 10개씩 30개 밖에 안될까요? 이 30개라는 개수는 별 의미는 없답니다. 몇 개가 되었든 표현을 했기 때문이겠죠. 다만, 각 단의 혹돌이 10개라는 의미는 36°마다 1개의 혹돌을 넣었다는 의미랍니다. 즉, 각으로 쉽게 나눠지는 혹돌 개수를 선택한 것 같답니다. 현재의 이 혹돌형태를 자세히 보시면, dome의 돌을 파낸 것으로 보이며, 혹돌(별도의 부재)은 아닌 것으로 보입니다만 편의상 이름을 붙여본 것이랍니다.

이제 dome단석의 높이도 한번 추적해 보셔야죠.

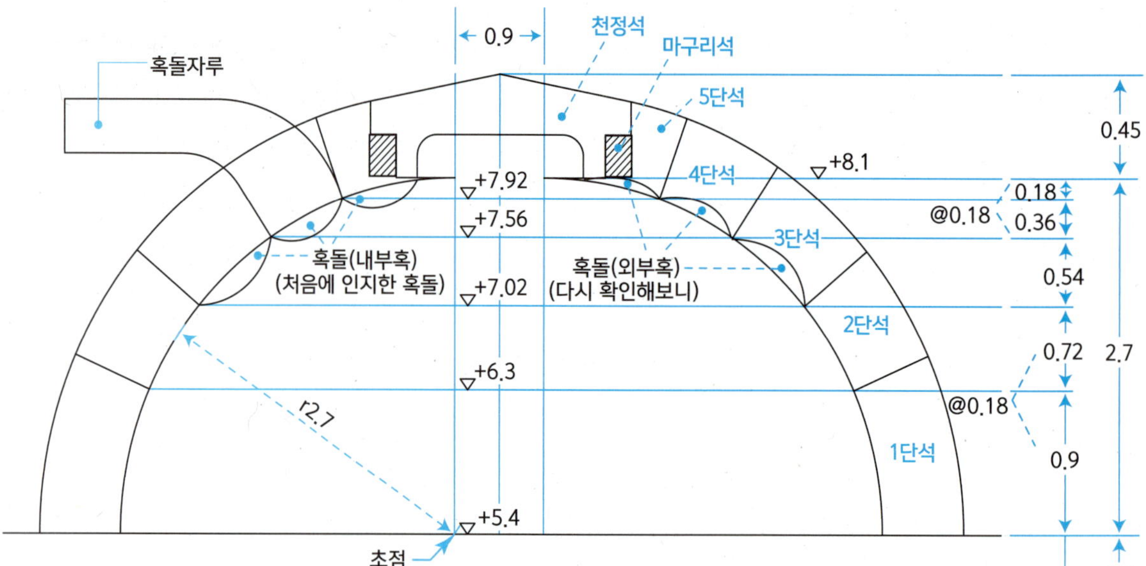

[그림 756] dome 각단 높이

[Notes] 저 개인적으로는 혹돌이 별도의 부재(쐐기석)로 처음에 인지한 내부로 튀어나오는 것이 구조적(쐐기석이 구조보강재 역할)으로 더 좋을 것 같네요.

각 dome단석의 원형길이가 되었든 높이가 되었든 추정이 너무 힘들어서 제일 간단한 공법을 적용했답니다. 5단이니까 일단 5로 나누어 봅시다. 2.7÷5=0.54 즉, 석단높이가 같다면 각 단높이는 54cm가 될 겁니다. 실제로는 밑단으로 갈수록 두꺼워지며 위로 갈수록 얇아질 겁니다.

그래서 증감계수를 @0.18로 해서 아주 간단히 풀어봤답니다. 시각적으로는 약간은 비스무리하기도 한데 정확히 맞는지는 저로서도 알 수가 없답니다. 그런데, 현상태의 dome은 이렇게 되어 있답니다. 크기순이랍니다. 볼까요.

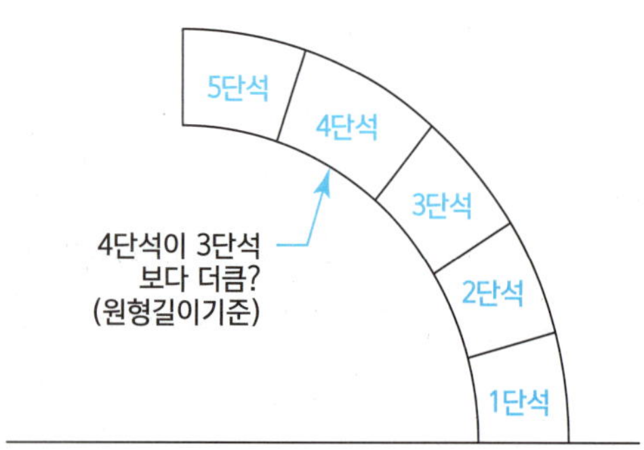

[그림 757] 현재의 dome 형상

5단석 < 3단석 < 4단석 < 2단석 < 1단석

희한하게 더 위에 있는 4단석이 3단석보다 더 크답니다. 건축상식을 지나치게 벗어나는 것이라 아예 무시해 버렸답니다. 이 dome의 혹돌에 대해서 잠깐 짚고 넘어가 봅시다. 여담이기는 하지만 중요할 수도 있답니다. 저는 이 dome의 혹돌이 내부쪽으로 툭 튀어 나온걸로 생각했답니다. 어떤 사진을 봐도 다 그렇게 보이더랍니다. 그런데, 어느날 KBS1(2022. 3. 11 밤 방영)을 틀어 보니 특집을 하는데 귀에 익숙한 에카르트라는 이름이 나오더랍니다.(KBS1에서는 아주 유익한 특집을 자주 하는편임) 근데, 이 에카르트라는 분이 방송중에 보니 한국미술과 건축물까지도 많은 연구를 하신분 같더랍니다. 아무래도 저 자신이 관심이 갔겠죠. 방송내용은 옳게 듣지도 못하면서 나오는 주요장면을 폰(phone)으로 열심히 몇장을 찍었답니다. 그리고 난 뒤 제 귀에 익숙한 에카르트라는 분에 대해서 알아보니, 제가 알고 있던 에카르트는 실제로는 에케르트(Franz Eckert. 1852~1916. 독일음악가. 대한제국 국가를 작곡함)로 방송에 나오는 에카르트(Andreas Eckardt. 1884~1974. 성베네딕도회 독일신부. 한국미술과 건축물을 연구하고 전세계에 알림)와는 다른 분이더랍니다. 우찌 이런일이? 그나마 귀에 익숙한 에케르트라는 분 덕분에 사진 2~3장을 건졌답니다. 그 중 1장을 보다가 제가 쪼께 놀랐겠죠. 예전에는 뒤로 나자빠질뻔 했겠지만 지금은 아입니데이. 하도 단련이 많이 되어서? 그 사진은 바로 석굴암의 dome과 천장쪽의 사진이었답니다.

한 번 보실까요? 저희들이 일반적으로 접하는 사진도 같이 보시죠.

[사진 8] 우리들이 일반적으로 보는 사진 (출처: 문화재청)

[사진 9] 에카르트가 찍은 듯한(?) 사진 (출처: KBS)

이 에카르트가 찍은 것(?)으로 보이는 사진을 보는 순간, 머리가 찡해지더랍니다.
바로, 혹이 내부로 튀어 나온게 아니라? dome 속을 파고 들어가 있더랍니다. 그렇다면 당연히 제가 잔머리를 굴린다고 봐야겠죠? 우리 부처님의 곱슬머리카락은 돌삐도 뚫고 들어가는구나라고요~ㅎ~

웃자고 한 얘기고요, 위 두사진을 비교해 보시면 완연하게 차이를 느끼실 겁니다. 에카르트의 사진을 보는 순간 dome 내부쪽으로 혹이 들어가 있는 것을 금방 인지할수 있는데, 저희들이 일반적으로 접하는 사진들은 누구든지(?) 거의 안쪽으로 혹이 튀어나와 있는 걸로 보이실 겁니다. 에카르트의 사진을 본 뒤 아주 유심히 일반사진을 다시 보니 일반사진들도 dome 내부로 혹이 들어가 있는 것도 같더랍니다. 인간의 눈이 와 이리도 부정확하죠. 정가만 그런가? 그리하야 제가 혹이 내부로 튀어나왔다고 우길 뻔한 것을 미리 막았답니다. 모르죠, 다른 어떤것들은 사진을 착각하여 제가 본 것이 맞다고 우기고 있을지도~ㅋ~ 그리고, 에카르트의 사진을 보면서 예전에는 한번도 생각해 보지도 못했든 천장석과 dome석(5단석)사이에도 마구리석(개념분리석)이 있다는 것을 확실하게 인지하게 되었답니다.

제가 그날 KBS1을 아주 타이밍을 잘 맞춰서 본 것 같네요. 이것도 행운인가? 근데, 저한테는 도면 고칠 일만 남았답니다. 그나마도 다행인 것은(?) 크게 속이지를 못했네요? 제가 아무리 속여도 이글을 읽으시는 분은 아무도 안속으실것 같은데요. 그리고, 에카르트 사진중 niche수와 벽부조수가 표시된 사진이 있으니 한번 보실래요.

[사진 10] niche 와 벽부조수 표시도면 사진 (출처: KBS)

제가 방영중인 화면의 사진을 찍다보니 약간 기울어는 졌지만 보는데는 문제가 없을 겁니다.

보시면, niche가 8개로 제 생각과 같네요.(윗 그림의 원형벽체 외부쪽에, 우측에 1, 2, 3, 4 좌측에 5, 6, 7, 8로 표기된 숫자가 niche 갯수임) 그런데, 벽부조수는 27개로 dome내부벽의 벽부조수가 15개(현상태도 동일) 랍니다. 제가 생각한 13개와는 2개 차이가 나네요. 합쳐서 35개이지만 33개가 숫자상 더 양호할 것 같네요. 판단은 스스로들 알아서 하이소.(지하출입구가 동쪽이라는 말만 들었는데 도면을 보니 정동은 아니네요. 아마도 지형에 맞추었나 봅니다.)

Dome개구부(창문 or 단순개구부일 수도 있음)도 잠깐 보셔야죠. 그냥 가면 섭섭!

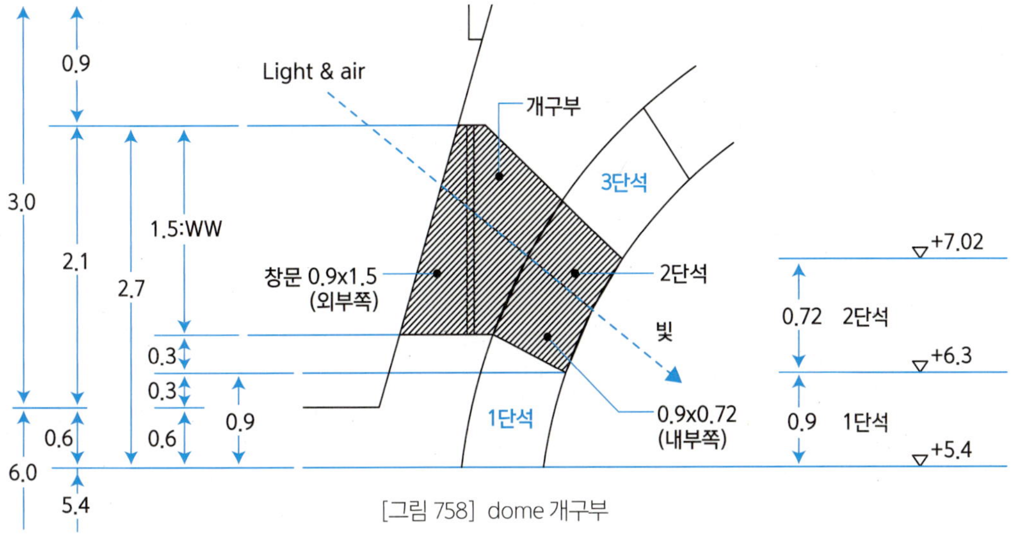

[그림 758] dome 개구부

이론 석축개구부높이(외부쪽 기준) = 3(상석축높이)÷2=1.5m가 될 겁니다. 개구부폭은 0.9로 할 겁니다.
개구부폭 0.9가 너무 넓은 것 같아서 0.6으로 할까도 생각했었는데 너무 좁아서 빛이 들어오기 힘들 것 같아 0.9로 하기로 했답니다.
외부에서 보면 0.9x1.5이지만 dome내부로 빛이 들어오는 개구부는 0.9x0.72(수직높이기준, 원형으로는 더 커짐)로 줄어들게 된답니다.
이 개구부에 창문을 달지 못달지는(?) 아직 모른답니다. 현재까지는 달아도 큰 문제는 없을 것 같답니다. 바로 이 개구부로 채광과 환기가 이루어질 겁니다.

현 석굴암의 상태는 어떤 과정에서 개구부가 증발되어 버렸네요. 안타까울 따름이랍니다.
개구부는 8개를 낼 겁니다. 물론 계단밑에도 낼 겁니다. 천장석이 어떻게 생겼을까 잠깐만 봅시다.
제가 천장석 사진을 수도 없이 보았는데도 지금까지도 무지 헷갈려서 뭐가 뭔지조차 모를 정도로 판단하기가 어렵더랍니다.

나름대로 이런 형태가 아닐까하고 간단히 형태를 만들어 본거랍니다.

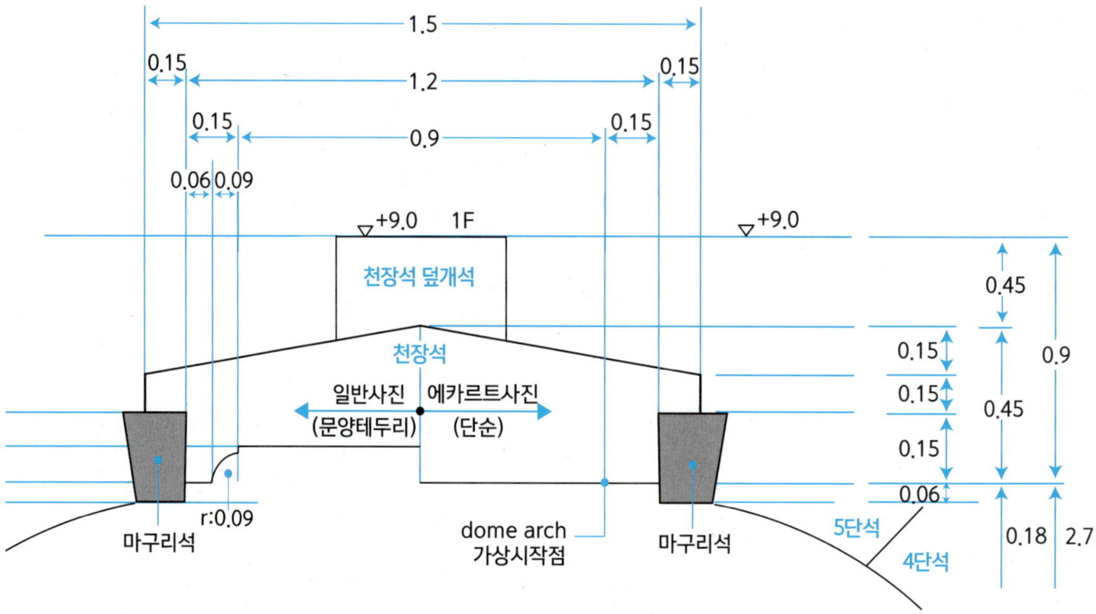

[그림 759] dome 천장석 개략도

[사진 11] dome 천장판 참조사진 (출처: 문화재청)

천장판 형상은 일반사진(좌측사진 참조)과 에카르트사진을 참조해서 이렇지 않을까하고 서로 비교해본 것이랍니다. 치수가 나와있는 자료가 없어서 임의로 치수를 넣어 보았답니다. 처음에는 광배와 천장판을 둘 다 R=1.8로 생각을 했었는데, 너무 큰 느낌이 들어 둘 다 R=1.5로 했답니다. 정확히 알수가 없네요. 혹돌이 10개인 걸 보면 천장석은 10각형으로 해야되지 않을까 추정이 된답니다. 이 천장석은 크기도 무지 크기도 하지만 내부문양 등이 무지 복잡하고 화려하답니다.

위 치	계산	부처수
전실과통로	6 x 2면	12
원형벽체	13 x 1	13
niche	4 x 2면	8
계		33

[표 38] 지하층의 부처님수

이제 지하층을 대충 보셨으니 지하층의 본존불을 제외하고 부처님을 몇 분 정도 모실 수가 있는지 보실까요 . 전실과 통로에 12분, 원형벽체에 13분, niche에 8분으로 총 33분이네요.

물론 33분 외에도 지하층에 본존불이 있으며 1층에도 많은 부처님을 모실 수가 있답니다. 편의상 부처님이라고 표현했지마는 나한상 등 다양하답니다.

1층을 보시기 전에 먼저 석굴암의 기본개념을 살짝 살펴봅시다.

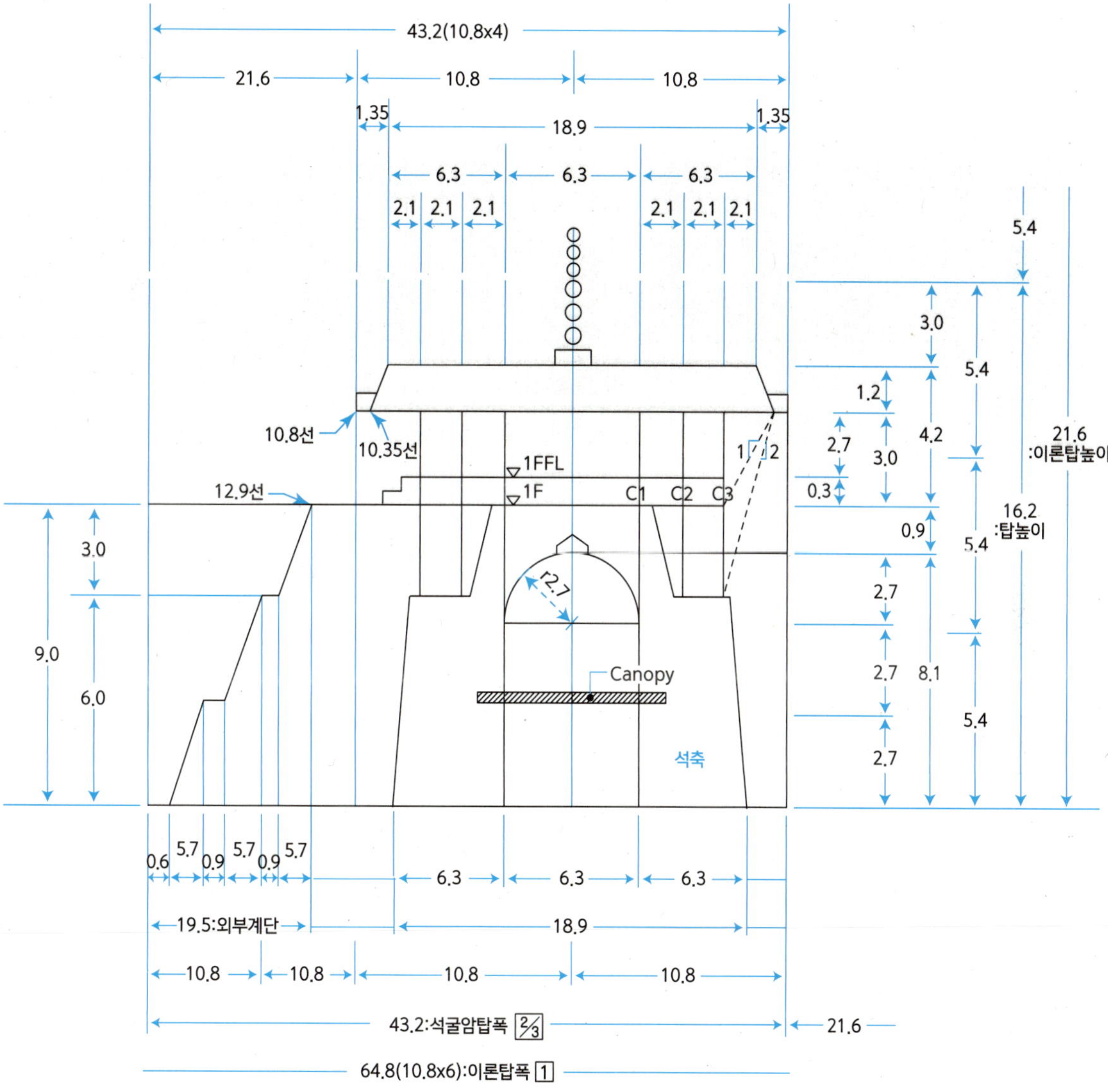

[그림 760] 석굴암 기본개념도

1층 일반목탑의 순수이론규격은 64.8x21.6이랍니다. 그런데, 반달탑은 외부계단이 1면에만 있으므로 반쪽인 32.4 + 몸통반쪽 10.8을 더하면 탑폭은 32.4+10.8=43.2가 된답니다. 높이는 21.6에서 5.4가 줄어든 16.2(반쪽폭 32.4÷2)가 된답니다. 당연하죠. 종교건물이라 관측소가 없기 때문이랍니다. 그래서 변형 1층 일반목탑인 반달탑은 43.2x16.2가 된답니다.

1층의 단면도를 조금 더 확대해 볼까요.

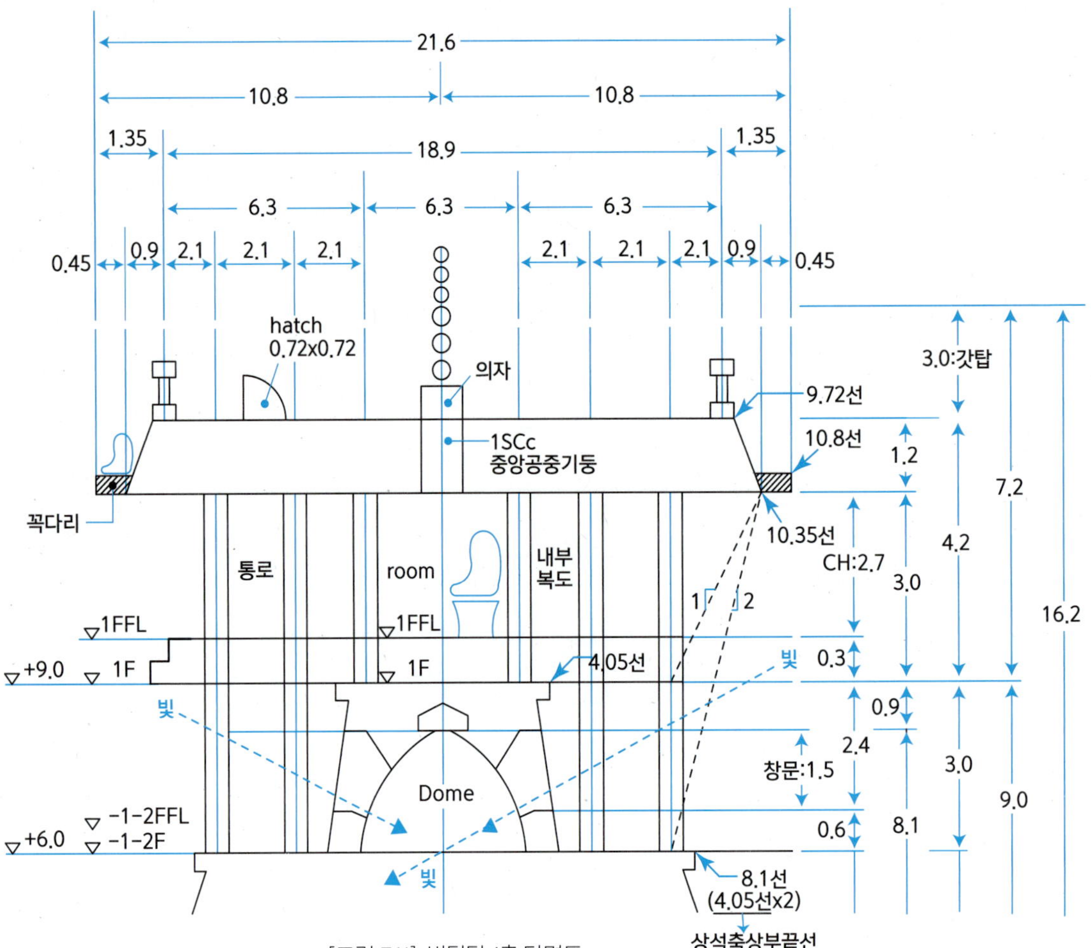

[그림 761] 반달탑 1층 단면도

1층의 실제바닥은 1FFL로 1F에서 0.3높은 보 위에 있답니다. -1-2FFL도 같은 개념입니다. 1층을 보시면 지하층과 마찬가지로 Cc가 없으며 중간에 폭6.3의 8각방이 하나 있으며 그 주위를 복도와 통로가 이중으로 감싸고 있답니다. 갓탑을 세우려면 중앙기둥이 있어야 하므로 지붕 정중앙에 공중중앙기둥(1SCC)을 만들 겁니다. 이 공중중앙기둥은 강한 보의 지원을 받을 겁니다.

사실 1층 기둥을 세울 때 석축폭과 잘 맞아야 할텐데하고 고민을 많이 했었는데 희한하게도 귀신같이 위치를 잘 잡더랍니다. 아마 귀신이 기둥위치를 잡아도 이렇게 완벽하게 자리잡긴 힘들 겁니다.

1층평면도를 잠깐 보실까요?

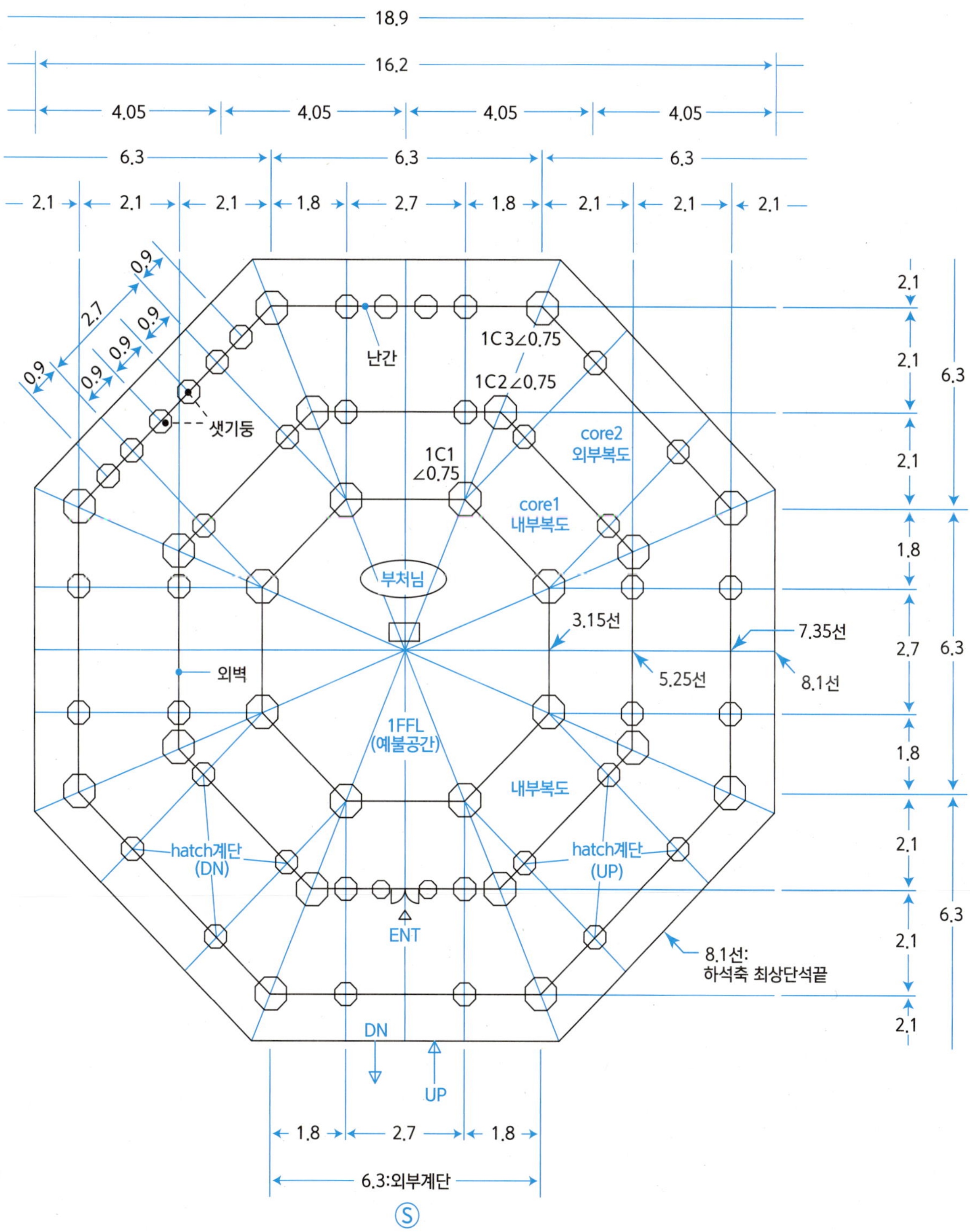

[그림 762] 반달탑 1층 평면 개념도

1층은 부처님이 남쪽을 보고 계시네요. 그래도 지하층보다는 여유공간이 조금 더 있답니다. 중앙은 예불공간이며 그 주위로 내부복도가 있으며 그 외부에 또 외부복도가 있는 묘한 구조랍니다.

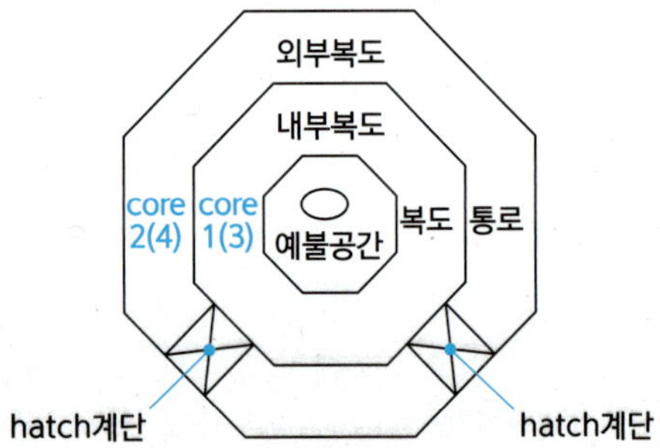

[그림 763] 1FFL 평면공간개념
: core1을 중앙에서부터 분류시 core3으로도 분류 가능함.

두 통로 중 한 통로 정도는 이용도 가능할 것도 같답니다? 복도와 통로에도 부처님을 모실까요? 지하층의 벽부조처럼? 저희들로서는 알 수 있는 방법이 별로 없네요.

물론 지붕에 올라갈 수 있는 hatch계단을 2개소에 만들 겁니다.

하나는 올라가는 계단이고 하나는 내려오는 계단일 겁니다. 토함산 꼭대기까지 왔는데 갓탑구경도 하고 동해도 한번 보셔야죠. 손님 관리 차원에서~ㅎ~

이 반달탑의 지붕에 꼭다리를 달려면 이제야말로 중앙기둥Cc가 필요하답니다. 갓탑의 기초기둥인 Cc가 필요할 겁니다. 즉, 뜬 공중기둥을 만들어야겠죠. 한번 만들어 볼까요. 튼튼해야 될낀데?

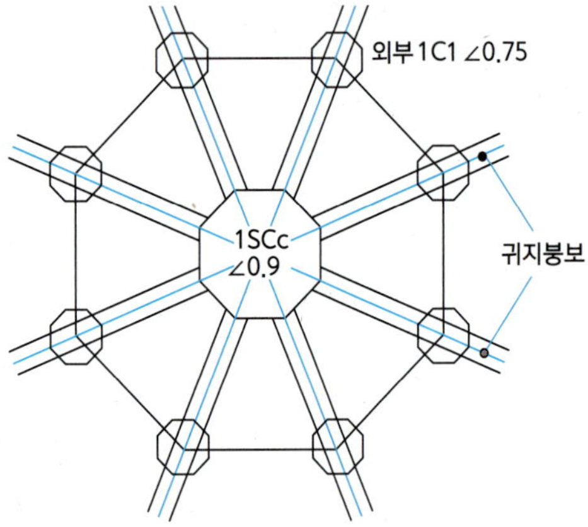

[그림 764] 공중기둥 평면도

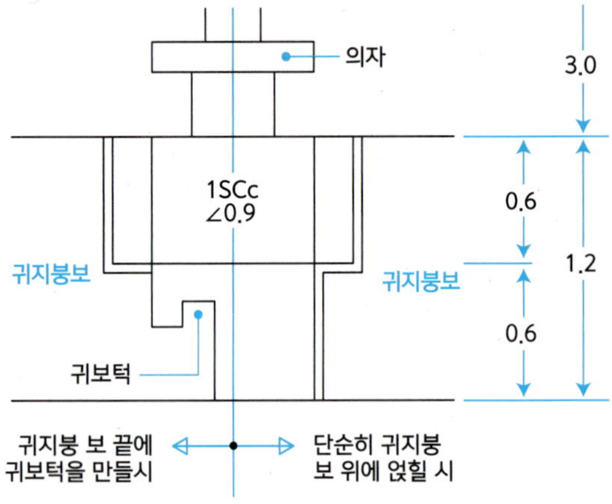

[그림 765] 공중기둥 단면도

8개의 귀지붕보가 이 공중에 떠있는 갓탑기초판격인 공중중앙기둥을 강력하게 받쳐줄 겁니다. 조금 불안해 보이신다구요? 그리 불안할 것 같지가 않은데요. 8개의 귀지붕보가 벌어만지지 않는다면 아무런 문제가 없을 것 같네요.

아예 귀지붕보에 턱을 내어서 1SCC에 걸어서 빠지지 않게 해버릴까요? 각 기둥들이 귀처마보가 벌어지지 않게 잘 잡아줘야 되는 것은 확실하답니다.

일반목탑에서는 귀경사기둥이 어느 정도 임무를 수행하는데 비해서 이 반달탑은 묘하게도 경사기둥이 아예 없답니다.

1층 올라가는 외부계단이 아주 특이하니 한번 보실까요.

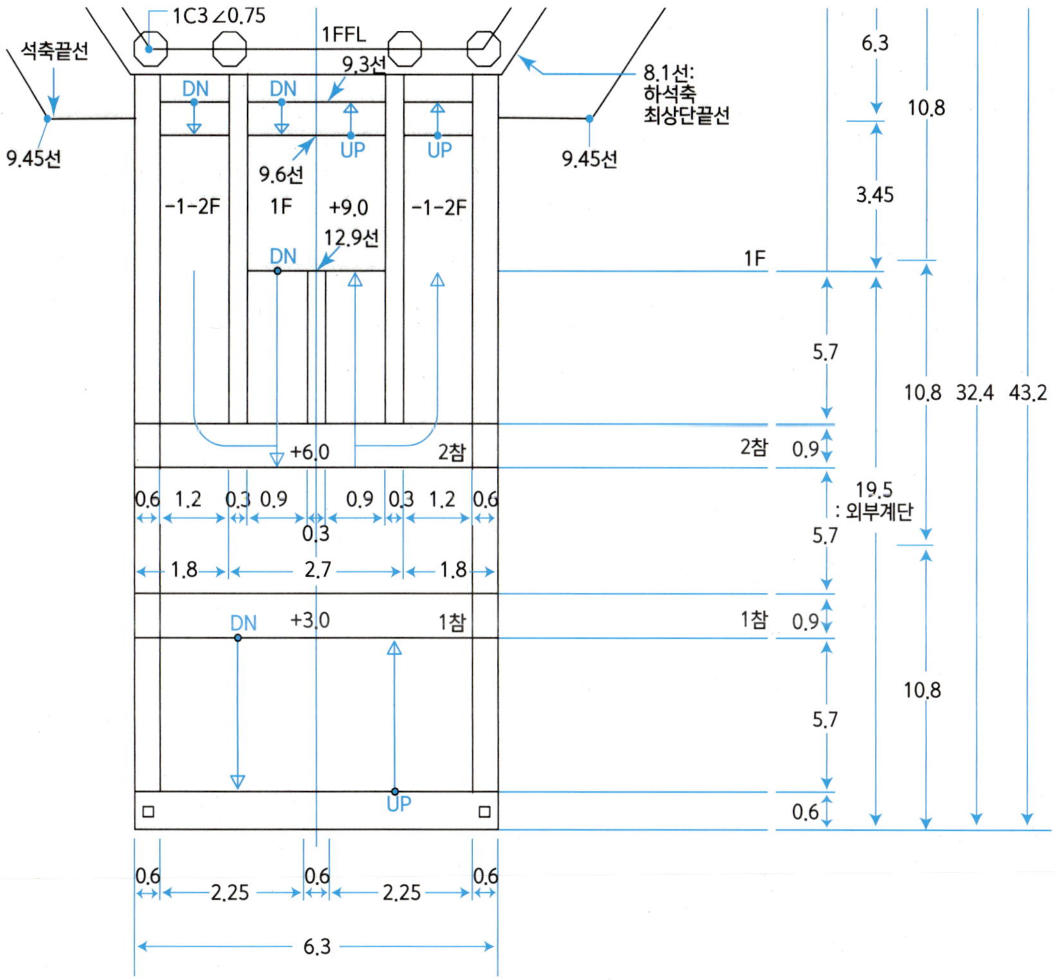

[그림 766] 반달탑 1층진입 외부계단

보시면, 2참에서 -1-2F 가는 친구와 1F로 가는 친구가 갈라진답니다. 즉, 양갈래길이랍니다. 하! 그러고 보니 삼거리네요~ㅎ~

1F가는 건 이해하겠는데, 왜 -1-2F에 가는지는 잘 모르겠네요. -1-2F에도 부처님을 모셔놓았나? 부처님을 모실까요? -1-2F에도 최소한 통로는 있으니 내부면(상석축쪽)에는 뭔가를 모실 공간은 충분하답니다. 단, Dome개구부(창문)가 있으니 주의하셔야 됩니데이.

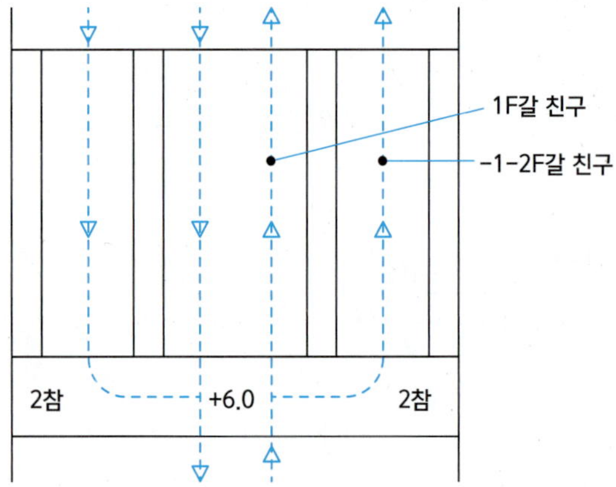

[그림 767] 외부계단 2참에서의 동선개념: 양갈래길

석축석단은 9층탑의 외부석축과 동일하게 할 겁니다. 잠깐만 보실까요.

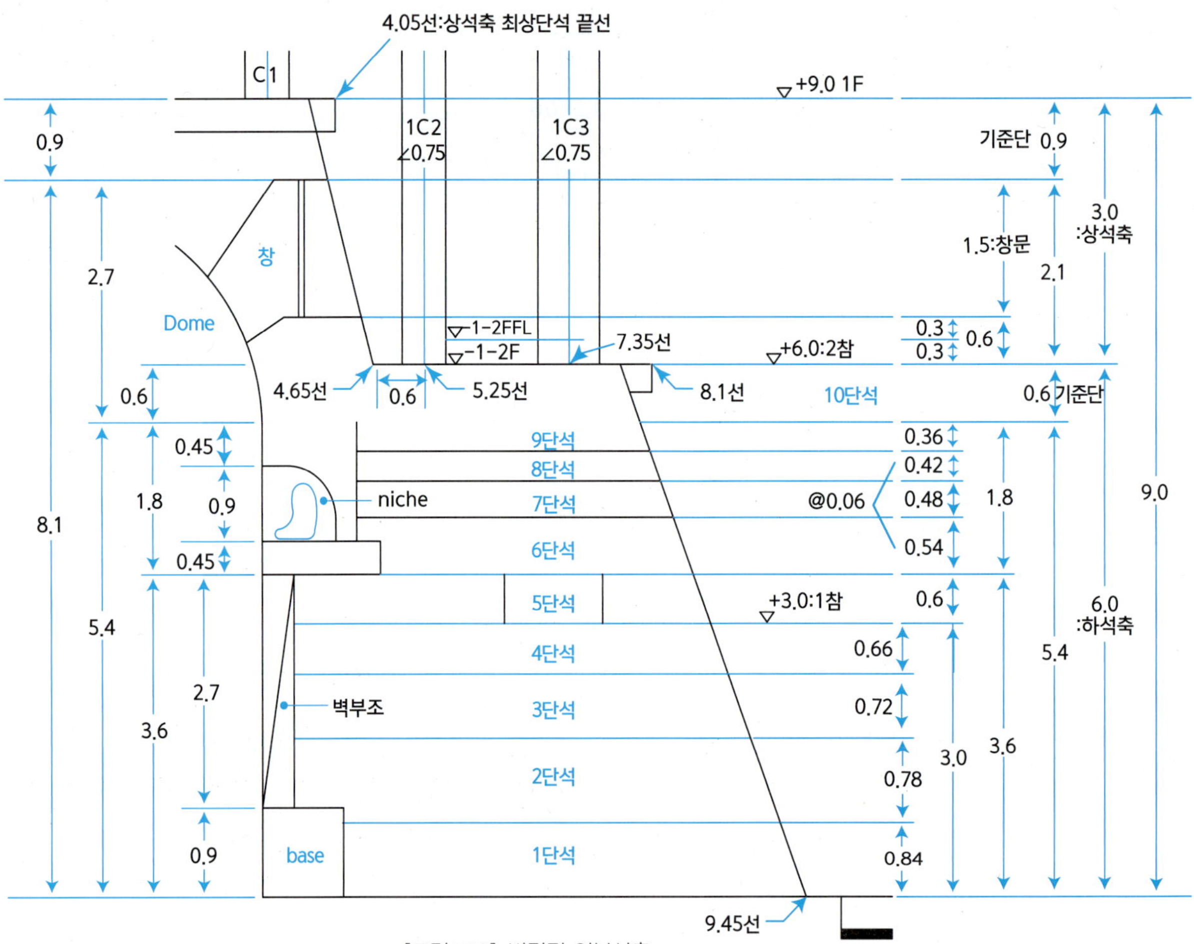

[그림 768] 반달탑 외부석축

5단석이 niche를 잘 받쳐주네요. 9층탑 석축에서는 잘 못느꼈는데, 이 반달탑에서 외부석축단이 아주 정확히 잘 맞아 준답니다. 아마도 우연의 일치인 듯? C2와 C3기둥이 하석축 상부까지 내려오니 기초판 개념이 필요할 겁니다. 즉, 기준단인 10단과 11단은 합쳐서 한단(10단석)이 되면서 석단높이도 기준단높이인 0.6이 될겁니다. 기초판은 약간 두툼한 것이 좋을 것 같답니다.

우리들이 알고 있는 석굴암은 변형 1층 일반목탑으로서 종교용도로 지어졌답니다. 앞으로 어떤 이름의 탑으로 남을지는 모르겠으나 dome으로 구성된 아주 훌륭한 건축물이랍니다. 물론 조각품들은 세계 최고의 수준급이랍니다. 제가 재미삼아(?) dome생김새가 반달같이 생긴 것 같아 반달탑이라고 표현을 한번 해봤지만 정확한 명칭은 1층 dome탑이랍니다. 혹시 반달이 상현달이라서 제 이름을 따서 상현탑이라고 해 버릴까요? 그럼, 어떤 누군가는 싫어하겠죠? 살짝 농담이구요! 이제 이름을 잘 지어시어 후대에 멋진 이름으로 남기를 바란답니다.

이제 돌삐만 달랑 남아 있는 첨성대와 석굴암이 왜 일반목탑인지를 이해하셨으리라 믿습니다. 그래도 헷갈리신다구요? 맞으신 말씀이랍니다. 헷갈리지 않으시면 그 또한 문제가 쪼께 있으실 듯~ㅋ~ 이제까지 신라 일반목탑을 잘 구성하셨는지요. 넵! 넵하니 절에 가셔서 탑놀이하는 조그마한 탑이 먼저 연상될 수 있지마는 이 신라 일반목탑은 그야말로 초대형 건축물이랍니다.

탑이라는 용어 대신 다른 용어를 쓰고 싶어도 마땅한 용어가 생각나지 않아서 그냥 탑이라고 표현한 것 뿐이랍니다. 신라 일반목탑도 종류가 많네요. 9~1층탑, 변형탑계통인 첨성대와 석굴암까지 있답니다. 기본적으로 석축이 건물을 보호해주고 그 안에 초대형 목조건축물이 있답니다. 건축물의 기본용도는 관공서건물이며, 첨성대는 민속신앙이 혼재하는 관측소이며, 석굴암은 완전히 종교건축물이 되었답니다. 알고 나니 재미있기도 하시겠지만, 한편으론 속이 다 후련하실 겁니다.

제가 풀은 걸 최대로 많이 알릴려고는 했지마는 전달이 잘 되었는지는 저로서도 알 수가 없답니다.

모든 걸 다 쓰야 되기는 하지만 동일한 법칙이 적용되는 건축물이므로 한두 가지만 아시면 나머지는 자동으로 해결이 된답니다. 제가 예시하지 못한 것들도 시간나시면 한번 그려 보시고 계산해 보십시오. 처음에 조금은 헷갈리시기도 하지마는 재미가 붙으시면 아주 쉽게 풀 수 있으실 겁니다. 이 글을 읽으시면서 어떤 느낌을 받으셨는지요? 제가 읽어보니(?) 이런 느낌이 들더랍니다. 꼭 도깨비방망이에 한방 먹은 기분이더랍니다. 한방 먹긴 먹었는데 기분은 좋더랍니다. 왜냐구요? 도깨비방망이는 행운을 가져다주는 방망이거들랑요?

이 도깨비방망이로 "돈 나와라"하고 탁 두들기면 하늘에서 황금이 주루룩 주루룩 쏟아져 내리거들랑요~ㅎㅎ~

황룡사는 신라 진흥왕 14년(553)에 경주 월성의 동쪽에 궁궐을 짓다가, 그곳에서 황룡(黃龍)이 나타났다는 말을 듣고 절로 고쳐 짓기 시작하여 17년 만에 완성되었다.
그러나 황룡사는 고려 고종 25년(1238)에 몽고의 침입으로 모두 불타 없어져 지금은 그 흔적만 남아있다. 1976년부터 시작한 발굴조사에서 금동불입상·풍탁·금동귀걸이·각종 유리 등 4만여 점의 유물이 출토되었으며, 높이 182㎝에 이르는 대형치미는 건물의 웅장한 규모를 짐작하게 한다.
상단의 그림은 고증으로 구현된 웅장했던 황룡사 9층목탑의 추정복원도이며, 하단의 사진은 지금은 흔적만 남아있는 남측 상공에서 본 황룡사지의 옛터이다.(출처: 문화재청)

PART 1

신라의 목탑(新羅木塔)

02

[두 번째 이야기]

신라의 사찰목탑

1. 황룡사 9층 사찰목탑 기록분석

(1) 기록물 개요

2019년 봄에 경주에서 발간되는 경주신문을 보다가 희한한(?) 기사를 보게 되었답니다. 바로, "황룡사 찰주본기에 새긴 숨결"이라는 제목이었답니다.

이게 무슨 말이지 하면서 읽어보았답니다. 제가 한 번도 들어보지도 못했던 내용이었답니다.

머! 이런 게 다 있었지? 근데 난 왜 몰랐지? 모르는 게 한 두갠가?~ㅋ~

그리하야 황룡사 찰주본기에 관심을 갖기 시작했답니다.

물론 주 내용은 황룡사 9층목탑과 관련이 있는 내용이었답니다. 사실은 제가 황룡사 9층목탑을 풀기 위해서 손을 대었는데 실제로는 엉뚱한(?) 9층탑을 이제까지 풀었더랍니다. 엉뚱한 9층탑(?)을 풀면서도 9층탑과 관계없이 황룡사에는 자체의 9층목탑이 있었을 거라는 생각은 계속하고는 있었답니다. 어떻게 생겼으며 탑 규모가 얼마인지는 비록 알 수는 없었지마는? 제가 황룡사 찰주본기라는 기사내용을 보지 않았더라면 황룡사 9층목탑은 어차피 알 수 있는 방법이 없으니 아마 눈 딱 감고 모른 체하고 그냥 지나쳐 갔을 수도 있었답니다. 아니, 어쩌면 영원히 묻혀져 버렸었을지도 모른답니다. 그런데 묘하게도 행운이 따라 주었답니다. 그럼 전 행운아~ㅎ~

찰주본기를 보는 순간 정신이 번쩍 들더랍니다. 그래서 인터넷을 샅샅이 뒤져 보았답니다. 그래서 아주 귀중한 자료를 찾아내는 데 성공했답니다. 귀중한 자료는 바로 이것이랍니다. 물론 탑규모(탑높이만)가 기록되어 있는 유일한 자료랍니다.

구 분	철반이상	철반이하	계
황룡사 찰주본기	7步	30步 3尺	37步 3尺
삼국유사	42尺	183尺	225尺

[표 39] 황룡사 찰주본기와 삼국유사에서의 황룡사 9층목탑 규모(높이 기준)

• 탑 높이 구분(尺의 해석에 따른 높이 차이)
- 周尺說 ≒ 40m
- 唐尺說 ≒ 65m
- 高麗尺說 ≒ 80m

*(Notes) 어떤 분이 취합해서 정리해 놓은 내용임, 이분께 감사드립니다. 저는 삼국유사에 있는 치수를 별도로 본 적은 없음.

그리고 심초석 안내판에는 "황룡사 목탑지는 심초석과 함께 64개의 초석이 있었으나 현재는 62개의 초석이 존재한다"라고 적혀있답니다. 이것이 귀중한 자료의 전부랍니다.

아쉬운 것은 탑 형태나 탑 폭 정도는 있으면 좋으련만 오로지 높이만 나와 있답니다. 그나마 다행인 것은 안내판에 초석이 64개라고 적혀있으니 4면 7칸 4각형건물 **[8기둥x8기둥=64기둥, 심초석 기둥(중앙기둥) 포함시는 정확히는 65개 기둥임]**이라는 건 직감적으로 인지가 가능하답니다. 맞긴 맞나요? 요즘은 계산만 나오면 헷갈리기 시작한답니다. ~ㅋ~

그런데, 한가지 문제점이 있답니다. 이 64개 초석이 있다고 적혀있는 안내판의 근거가 문제랍니다. 찰주본기에 적혀있는 것인지 아님, 삼국유사에 적혀있는 것인지 아무런 표기가 없다는 거랍니다. 하다못해 황룡사 9층탑지를 정리(발굴)하다 보니까 60몇 개의 초석이 있더라 라고라도 표기해 놓는 것이 상식적으로 보이는데 아무런 표기가 없네요! 참! 알다가도 모를 일이랍니다. 어디에 있는 안내판일까요? 제가 수십 번 이상을 황룡사지에 가 보았는데 62개 초석은 고사하고 1개의 초석도 옳게 보지 못했는데(**한 10개정도의 초석은 있음, 황룡사 목탑초석은 아닌 것으로 보이며, 아마도 어떤 기둥 초석의 견습용으로 보임**) 그 62개의 초석이 어디에 있는지 궁금하네요? 저만 가면 초석이 증발되나? ~ㅋㅋ~ 아님, 제가 못 본 것일까요?.

그건 그렇고, 이 찰주본기와 삼국유사에 나와 있는 치수를 갖고 이 황룡사 9층목탑을 한번 풀어봅시다. 푸실 수 있으신 분 혹시 계십니까? 손 한번 번쩍 들어 보이소! 저는 제일 처음 치수를 보니 눈앞이 캄캄하더랍니다.

어떻게 풀지? 그냥 상식적으로 풀면 되지 뭐. 맞습니다. 바로 상식적으로 풀면 될 겁니다.

저 혼자 힘으로는 버거우니 우리 모두 같이 힘을 합쳐서 있는 상식 없는 상식 다 동원하여 한번 풀어봅시다. 재미있으실 겁니다.

시작할까요?

(2) 기록물의 치수 분석(높이 기준)

어떤 치수가 나오면 치수분석(숫자분석)부터 먼저 해보는 것이 순서이겠죠. 알고 있는 것이 치수밖에 없기 때문이랍니다. 탑 총높이가 찰주본기: 37보(步) 3척(尺), 삼국유사: 225척(尺)이랍니다. 이 치수는 다른 높이일까요. 아님, 같은 높이일까요? 만약 같은 높이라면 왜 표기법이 다를까요?
현재로선 알 수 있는 방법이 없답니다.

좀 더 분개(分介: 원래 상업용어이긴 하나 여기서는 구체적으로 더 세분화한다는 의미로 쓰일겁니다. 적당한 건축용어가 없네요?)해서 보실까요.

구 분	철반이상	철반이하 →	철반이하를 몸통부와 지하층(기단)으로 분리		계
			몸통부	지하층(기단)	
찰주본기	7步	30步 3尺	= 30步	+ 3尺	37步 3尺
곱 수	x 6		x 6	x 1	
삼국유사	= 42尺	183尺	= 180尺	+ 3尺	225尺

[표 40] **두 치수 비교표 : 가로로**

참고로 철반이상과 이하 구분은 크게 이렇게 생각해 볼 수가 있을 것 같답니다.

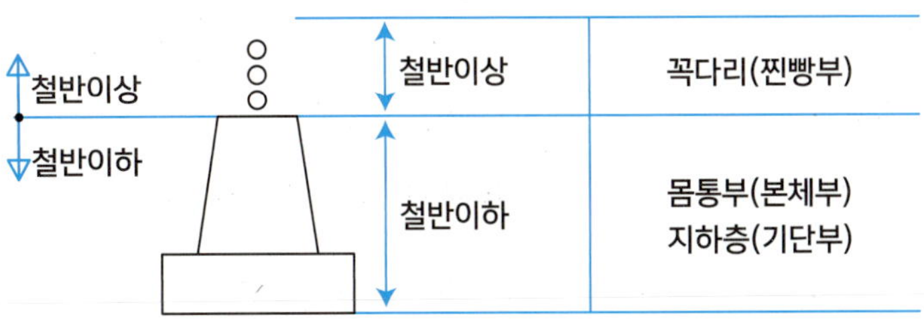

[그림 769] **철반이상과 이하 구분 기준**

저는 제일 처음 철반이상·이하라는 말이 무슨 말인지 무지 헷갈리더랍니다. 가만히 생각해보니 꼭다리와 몸통을 간단히 표기한 것이더랍니다.

상기 비교표를 세로로 다시 서로 비교해 봅시다.

구 분		찰주본기	곱수	삼국유사	비고
1. 철반이상		7步	x 6 =	42尺	
2. 철반이하		30步 3尺 ↓분리		183尺 ↓분리	} 치수분리
	몸통부	30步	x 6 =	180尺	
	지하층	3尺	x 1 =	3尺	尺은 동일
계		37步 3尺	=	225尺	두 치수가 동일

[표 41] **철반이상과 이하 구분 세부비교: 세로로**

"자"라는 얘기는 많이 들어본 것도 같은데 "보"라는 말은 처음 들어 보네요. 혹시 축지법 대가의 1步가 6尺? 신라인들의 일반보폭은 0.6(2자)이랍니다. 무려 보폭이 3배나 되네요. 거인국에 사는 친구들의 보폭인가 봅니다. 치수 분석을 해보시면, 찰주본기와 삼국유사가 서로 다른 치수표기로 되어 있지마는 이렇듯 다르게 표기된 치수가 결과적으로는 똑같은 높이라는 걸 인지하실 겁니다. 즉 찰주본기의 1步는 삼국유사의 6尺에 해당한다는 말이랍니다. 왜 이 步가 6尺인지는 알 수가 없답니다. 보의 진법 자체는 10진법으로 보이는데 보의 내용을 보면 보는 6진법으로 보이기도 하고? 어쩌면 최소한 황룡사 9층탑 건립 당시에는 6진법을 썼다는 이야기? 12진법의 반? 알 수 없어라? 삼국유사의 尺은 정확히 10진법을 사용했네요. 아마도 이 步는 진법을 떠나서 단순히 길이에만 사용되는 기본치수단위로만 사용되었을 확률이 높답니다. 그러니 진법개념과는 무관할 수도 있답니다. 그럼 두 개의 다른 치수개념을 알았으니 탑높이를 다시 분석해 보실까요. 아주 간단하답니다.

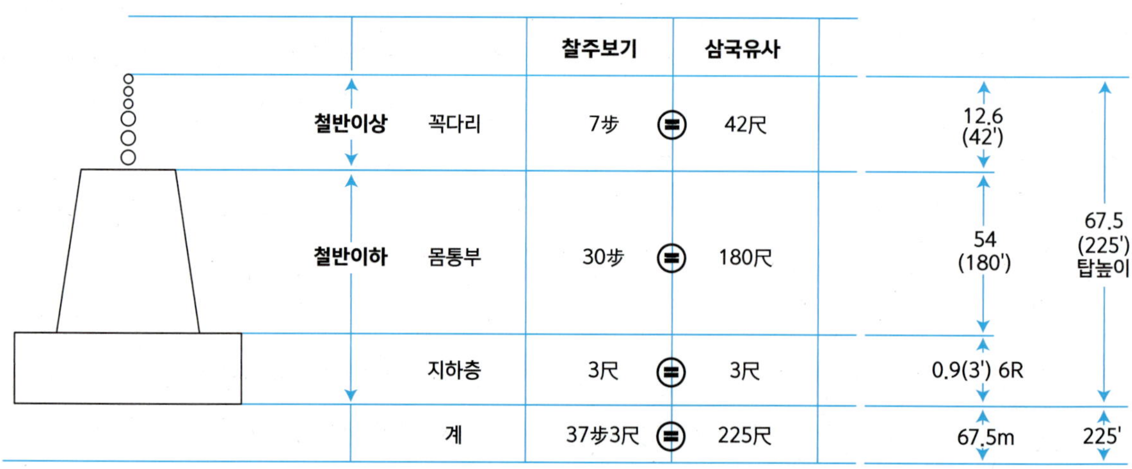

[그림 770] **황룡사 9층목탑높이 기본치수개념도 : 1步 = 6尺**

손도 별로 대지도 않았는데 벌써 황룡사 9층목탑의 반은 풀어버렸네요. 몸통높이 54m에 9개층을 집어넣는 것은 눕어 떡먹기보다 더 쉬울 겁니다. 아직도 이것 못 집어넣는 친구가 있나요? 아직도 헷갈리신다구요? 아이고 머리야~ 저 집에 갈랍니데이. 집에 가게 차비나 주이소~ㅋ~

저라면 발로 밟아 꾸겨서라도 54m에 9개층을 가지런히 넣을 겁니다. 탑높이 67.5÷2.7(높이 기준수)=25, 탑높이 67.5=6+7+5=18 → 1+8=9, 67.5÷0.3=225′→2+2+5=9, 하! 2.7로도 잘 나누어지고 탑높이와 탑높이의 자의 숫자합도 9니까 뭔지는 잘은 모르겠지만 아마도 맞는가 보다~ㅎㅎ~ 제가 편의상 1尺(1자)을 30cm로 했으나, 실제 1자 길이는 석탑 등을 분석해보면 1~3mm 정도 더 긴 것으로 추정된답니다. 즉, 옛날(신라시대 기준) 1尺은 30.1~30.3cm 정도인 것으로 현재까진 파악되고 있답니다. 참고로, 우리가 많이 써왔던 1평=6′x 6′=1보x1보≒3.3㎡랍니다. 저는 1평이 6′x6′라는 얘기는 들어 봤는데 1보 x 1보라는 말은 처음 들어보네요?

사실은 제가 만든 것이니 처음 들어볼 수 밖에 없답니다. 모르죠, 모두 다 알고 있는데 저만 몰랐는지? 아마 이 1步는 우리가 잘 때 덮는 이불의 크기가 아닐까 하는 생각도 해본답니다. 순수 개인생각이랍니다. 어쨌든 오래 사용되어 왔던 평의 개념이 요즘은 ㎡로 표기하기로 했답니다. 이불보, 보자기, 보따리 등이 보(6′)와 관련이 있나? 혹시 보짜 돌림? 높이만 인지했다고 탑의 구조를 알 수는 없겠죠. 높이만 알아도 충분하다꼬요? 과연 그럴까요? 그래도 형태나 내부구조를 어느 정도는 파악해야 황룡사 9층목탑에 대해서 쪼께 안다고 어께에 힘을 줄 수가 있겠죠. 아닌가? 앞의 높이치수개념에서 지하층(실제는 반지하보다 더 낮음, 간단히 개념상 기단부라고 생각하시면 됨)층고 0.9(3′)를 유심히 보셔야 된답니다. 이 사찰목탑의 지하층은 기본적으로 6R(6단)로 구성되어 있답니다.(쥐꼬리만하니 기단부가 아닐까하고 탑높이에서 빼면 큰일 납니데이?) 제가 석탑 등을 풀어 보면서 인지한 것이랍니다. 6R=0.9가 되려면 R(단높이)은 0.15가 될 겁니다. 이 단높이가 15cm라는 건 황룡사 9층목탑의 처마각이 ⊿4(일반목탑 개념기준)라는 걸 의미한답니다.

만약 지하층고가 1.08이면 단높이 R=0.18로 처마각이 ⊿3 또는⊿6이 나오게 될겁니다. 물론 일반목탑개념 기준일 경우랍니다. 이제 어느 정도 황룡사 9층목탑의 기본개념에 대해 인지했으니 구체적으로 풀어보셔야지요. 아셔야 될 것도 있으며 경우의 수가 제법 발생될 수 있으니 차분히 순서대로 풀어봅시다.

2. 황룡사 9층목탑 건립기간

사찰목탑을 보시기 전에 꼭 짚고 넘어가야 할 것이 있으니 한번 봅시다.
바로 황룡사 9층목탑 건립기간이겠죠. 이 시공기간은 9층목탑의 규모나 형태를 파악하는 데 무지 중요할 수도 있답니다. 황룡사 찰주본기를 한번 들여다 볼까요.

(1) 황룡사 9층목탑 건립기간

선덕여왕 14년 을사년(645)에 처음 건립하기 시작하여 4월... 에 찰주를 세우고 이듬해에 모두 마쳤다. 탑의 철반이상은 높이가 7步이고 그 이하는 높이가 30보 3자이다. 이걸로 미루어 보면 "4월... 에 찰주를 세우고"라는 말이 있는데, 여기에 나오는 찰주가 무얼 의미하는지는 저로서는 확실히 모르겠으나 아마도 기초판(주초)위에 중앙기둥을 세우기 시작했다는 의미로 보인답니다. 우리들이 일반적으로 석탑에서 알고 있는 찰주는 석탑꼭다리의 중앙에 들어가는 철심(철기둥)으로 알고 있답니다. 만약 "4월...에 찰주를 세우고"에서의 찰주가 정말로 9층목탑의 꼭다리에 들어가는 찰주라면 645년 1월 1일에 착공(?)(시기는 정확히 알 수 없음)했다고 해도 약 100일 만에 9층목탑의 몸통부를 다 짓고(?) 그 위에 꼭다리 철기둥을 세웠다는 말이 되는데? 수긍이 잘 가지 않네요. 찰주를 세우고 나면 건물이 거의 완성되어 있는 상태인데 그 다음 해까지 시공해야 할 것이 무엇이 남아 있을까요? 알다가도 모를 일이랍니다. 하여튼 황룡사 9층목탑 건립 시 시공기간은 아마도 645년 봄 해동이 다 된 시점인 3월 중순(양력 기준) 이후에 시작하여 (주초 시공시점기준? 기초공사기간도 고려하여?)646년이 다 갈 때까지인 걸로 추정이 되니 시공기간이 약 1년 8~10개월 정도로 보인답니다.

(2) 황룡사 9층목탑 재건립(중수)기간

(탑을 세운 지)190여 년이 지나 문성왕대에 이르니 오래되어 동북쪽으로 기울어졌다. 무너질까 염려하여 고쳐 세우고자 여러 재목을 모은 지 30여 년이 되었으나 아직 고쳐 세우지 못하였다. 지금의 왕이 즉위한 지 11년인 함통연간 신묘년(879)에 탑이 기울어진 것을 안타깝게 여겨 왕의 친동생인 상재상 이간 김위홍이 책임자가 되고, ~시공관련자 이름~ 그해 8월 12일 처음으로 낡은 것을 없애고 새 것을 짓도록 하였다. 그 안에 다시 무구정경에 의거하여 작은 석탑 99개에 각각의 석탑마다 사리 하나씩을 넣고 다라니 네 가지와 경전 1권 책 위에 사리 1구를 안치하여 철반의 위에 넣었다(이듬해 7월에 9층을 모두 마쳤다....)라고 되어 있네요. 찰주본기의 찰주도 헷갈리지만, 이 철반이 무얼 의미하는지도 헷갈리네요. 전신만신 헷갈리는 것뿐이네요? 9층목탑의 높이구분에서도 철반이 나

오는데 도통 이 철반이 무엇일까요? 철반 안에 넣는 것은 이해를 하겠는데 철반 위에 뭘 넣죠? 그리고 어감상으로는 철반이 철로 만든 밥상같은 느낌이 물씬 풍기네요? 그렇다면 혹시 꼭다리 제일 밑에 있는 의자가 철반? 그럼, 의자가 아니라 철밥상? ㅋ~ 아님, 철반티? 아! 철반티 머리에 이고 장사하실려면 우리 아지매 어께가 쪼께 고생할 듯? 황룡사 9층목탑 높이구분에서의 철반은 몸통부와 꼭다리 사이에 뭔지는 모르겠으나 얹혀 있는 것 같네요. 그것이 중요한 게 아니라 바로 재건립기간이 저희들로서는 더 중요하답니다. 기록을 보시면 재건립 전에 미리 30여 년에 걸쳐서 목재 등 준비를 마친 상태에서 879년 8월 12일에 기존 건축물을 해체한 후 짓기 시작하여 880년 7월에 9층을 마쳤네요. 9층 위에 있는 꼭다리 포함 공사기간인지 9층 몸통부까지만의 공사기간인지는 확실치가 않네요. 어찌 되었건 재건립에 소요된 공사기간은 준비기간을 제외하고 또한 기존 건축물해체나 기초판 보강기간이 얼마나 소요되었는지는 모르겠으나, 하여튼 공사기간은 대충 12개월(879. 8 ~ 880. 7) 정도로 보인답니다. 신문에 난 찰주본기 내용을 보다 보면 시간이 거꾸로 흘러가는 대목을 보실 수가 있으실 겁니다. 보실까요.(신문기사내용 기준임)

[이듬해 7월에 9층을 모두 마쳤다(여기까지가 재건립 종료시점임), 그러나 찰주가 움직이지 않아 왕께서 찰주에 본래 봉안한 사리가 어떠한지 염려하여 이간인 승지에게 임진년(872년) 11월 6일에 여러 신하를 이끌고 가 보도록 하였다. 기둥을 들게 하고 보았더니 주초의 구덩이 안에 금과 은으로 만든 고좌가 있고 그 위에 사리가 든 유리병을 봉안해 두었었다] ... 함통13년 임진년(872년) 11월 25일 적음.

이 내용을 보시면 7~8년이 거꾸로 되어 있는 것 같답니다. 역으로 분석해 보면 함통13년이 872년이니 함통11년은 아마도 870년인 것으로 보인답니다.(아마도 연도표기가 잘못된 것 같음, 신문기사내용 앞쪽에는 경문왕11년(871)부터 중수가 추진되었다고 적혀있네요? 알 수 없어라~ㅋ) 이 내용이 맞다면 실제 재건립 공사기간은 871.8~872.7로 보인답니다. 그런데 어떤 인터넷에 나와 있는 내용을 보면, 872년에 탑을 헐고 중수해 873년에 마쳤다. 872년11월25일에 박거물이 찰주본기를 지어 사리내함의 안팎에 새겼다라고 나오네요?(그렇다면, 시공 도중에 찰주본기를 지어 사리내함의 안팎에 새겼다가 되네요?). 어쨌든 애렵네요? 재미있는 건 내용 속에 보시면 찰주가 움직이지 않아서도 나오지만, 기둥을 들어서 주초까지 볼 수가 있네요. 찰주는 뭐고 기둥은 또 뭐죠? 주초를 볼 수가 있다는 건 건물 전체를 다 들어 올린다는 말이 되는데 신하 여러 명이 9층 목탑을 들어 올릴 수가 있을까요? 농담도 찐하네요.~ 만약 이 말이 성립되려면 찰주는 움직일 수 있는 그 어떤 무엇이라야 되겠죠? 만약에 찰주가 기둥이라고 가정을 하면 1층 어딘가에 있는 나지막한 기둥이라야 신하 몇 명이 번쩍 들고 주초를 볼 수가 있겠죠. 만일 중앙기둥(Cc)이 찰주라면 이 놈이 움직이는 순간 탑 전체가 괴로울 겁니다. 그렇다면 혹시 찰주를 세운다는 의미는 어쩌면 비밀공간(?)을 확보했다는 의미? 어쩌면 찰주는 기둥이 아닌 사리함 등을 보관하는 비밀금고? 찰주본기(刹柱本記)라는 말을 음미(?)해 보면 이 찰주(사찰의 기둥)는 사찰의 어떤 중요한 보물을 지칭하는 말 같은 느낌이 물씬 풍기며(?), 어떤 기둥을 지칭하는 말 같지는 않아 보이네요? 모르죠. 비밀공간(사리함 등을 보관)을 만든 다음 그 위에 도난(?) 방지를 위해 나지막한 기둥을 세운 것을 총칭하는 말일 수도 있답니다. 근데, 건물에는 기둥이라는 말이 있을 수도 있는데, 사찰에 웬 기둥? 무슨 기둥이죠? 찰주도 찰주지만 잠깐 전에 말씀드린 철반의 위에 넣은(?) 사리함 등은 또 무엇이죠. 찰주와는 또 다른 비밀금고? 비밀금고가 한 개가 아니라 2개씩이나 있나? 부자 절인가 보네요. ㅋ~ 아이구 두야! 뭐 좀 쉬운 게 없나? 농담은 농담이고 공사기간을 추정시 최초의 건립기간이 중요하겠죠. 약 1년 8개월이 약간 더 걸린 걸로 보인답니다. 이 정도의 공사기간이라면 이 황룡사 9층목탑은 무지 간단한 구조가 되어야 할 것 같네요. 만약 8각 일반목탑형같이 복잡구조는 공사기간이 최소 3 ~ 5년은 족히 소요될 겁니다. 사실 목탑같은 목조건축물의 공정표를 어떻게 짜야 하는지는 모르겠지만 그래도 감으로는 어느 정도 추정이 가능하답니다. 감으로 공정표를 짠다? 말 자체가 너무 웃긴답니다. 제가 생각해도 웃기네요. 그래서 이 공사기간이 저의 발목을 잡아서 8각 일반목탑형이 아주 마음에 들기는 하나 멀리하게 되고(?) 아주 스마트(?)하면서도 멋진 황룡사 9층목탑들을 생각하게 되었답니다. 물론 어떤 근거가 있는 것은 아무것도 없답니다. 오로지 높이만 갖고 풀어야만 한답니다. 하! 애럽네? 어찌 되었건 찰주본기의 찰주가 무엇이며 어떻게 생겼는지는 모르지만, 황룡사 9층목탑의 공사기간은 알아내었답니다. 이 공사기간을 고려하여 가장 간단하면서도 멋진 사찰 목탑에 접근해 보겠습니다. 어느 형태가 더 합리적인지는 이 글을 읽으시는 분의 몫이랍니다.

참고로 제가 혹시 착각했을 수도 있으므로, 이 황룡사 찰주본기에 새긴 숨결이라는 신문기사 내용을 소개해 드리니 한번 읽어보십시오. 읽기가 조금은 힘들기는 하나 황룡사 건립기간 등 아주 중요한 내용이 있으므로 지루하시더라도 한번 읽어 보이소~ㅎ~ (신문내용 원본으로 연도나 연호의 연도는 읽으시는 분이 직접 확인해보세요)

폐사지 풍광에도 천년향기 얼비치는 황룡사 구층목탑 중심 주춧돌인 심초석 사리공 내 유물 '찰주본기' 비밀을, 처음 눈으로 가슴으로 맡으며 감개무량 했던 국립경주박물관 황룡사특별전,(2018.5.25 ~ 9.2) 형용할 수 없을 만치 벅찬 감동에 홀린 듯 넋을 빼고 들여다보았던 지난 기억이 새롭다. 특별전과 연계해 발표된 학술대회 논고 "황룡사찰주본기의 분석" 수정 보완한 판독해석 *이용현 강연을 경청하면서 출토유물을 통해 옛사람들이 남긴 유구한 역사의 찬란함을 천년숨결로 함께 호흡한다는 것이 삶의 지극한 깊이인 양 마음빛이 아름답게 느껴지기도 했다.872년 경문왕 12년에 무너진 황룡사를 다시 세우면서 중앙 심초석(心礎石)의 사리공(舍利孔) 안에 사리내함(舍利內函)을 봉안하였다. 찰주본기가 발굴된 황룡사 9층 목탑 심초석 안내판 *(황룡사 목탑지는 심초석과 함께 64개의 초석이 있었으나, 현재는 62개의 초석이 존재한다. 심초석은 황룡사 9층 목탑의 가운데 기둥을 받치던 석재이며, 현재 노출되어 있는 것은 초석을 덮고 있는 암석이다. 심초석은 동서 435㎝, 남북300㎝의 부정형의 긴 타원형이며, 두께는 104~128㎝로 무게는 약 30여톤으로 알려져 있다. 1978년 발굴 조사시, 심초석 사리공에는 경문왕 12년(872)에 제작된 찰주본기 명문이 적힌 금동사리함과 사리장엄구가 발견되었으며 심초석 하부에는 청동제 팔찌, 청동제 그릇 등이 발견되었다.)* 《찰주본기》는 4장의 금동사각판 벽을 세운 상자모양으로 안쪽에 연꽃무늬를 새긴 뚜껑을 만들어 덮은 방형함 형식이나 현재는 뚜껑 없이 경첩으로 이어진 금동판을 펼쳐 놓은 모습이다. 상자 앞쪽 여닫는 문 안팎으로 수호신인 금강역사상을 새겨 놓았다. 안쪽 바깥쪽 6면 명문 기록은 당대 신라에서 유행했던 왕희지(王羲之)체와 구양순(歐陽詢)체가 섞인 날카롭고 뾰족한 칼끝으로 글자의 윤곽을 따라 가는 선으로 그린 씽구체(雙鉤體)법이다.제1판 내면에서는 '황룡사 찰주본기'라는 제목과 박거물이라는 지은이 이름이 새겨져 있다. 이어 선덕여왕(善德女王) 12년 자장(慈藏)이 중국의 종남산에서 원향선사에게 황룡사에 9층 탑을 세우면 해동의 아홉나라가 모두 신라에 항복할 것이라는 말을 듣고 돌아와 고한 뒤 이 탑의 조성이 추진되었다고 적혀있다.

제2판 내면에는 선덕여왕 15년에 탑이 완성된 뒤 90여 년이 지나 탑이 기울어 경문왕(景文王) 11년(871)부터 중수가 추진되었다고 적혀있다.제3판 내면에는 이듬해까지의 중수 과정과 창건·중수 과정을 정리한 목적이 적혀있다. 외면의 제3판부터 제1판까지는 김위홍 등 중수를 주도한 관리들에 이어 여기에 참여한 승려들과 내·외직(內外職) 관리들, 황룡사·감은사(感恩寺)의 승려들이 나열되고 마지막으로 글을 새긴 이들이 언급되었다. 황룡사 9층 목탑 찰주본기는 황룡사 9층 목탑의 건립부터 중수에 이르는 과정을 상세히 기록하여 고대 탑지(塔誌) 중에서 최고의 가치를 지니고 있으며, 그 기록이 삼국유사 탑상 4 황룡사구층탑조와 거의 유사한 점도 이 찰주본기의 가치를 증명해준다. 1964년 도굴되었다가 1966년 회수된 황룡사 심초석 사리공 내 유물 가운데 찬란한 기록을 펼친 찰주본기, 황수영에 의해 그 판독이 공표 되었으며 변선웅에 의해 성전(成典) 중심의 분석이 이루어졌다. 처음 74행 905자의 내용이 공표되었다가 1행 말미에 교찬(敎撰) 2자가 추가되어 907자로 보고되었다. 관련 내용의 전체 해석문은 *정병삼에 의해 최초로 정리되었다.《황룡사 찰주본기》 시독(侍讀)이자 우군대감(右軍大監)이며 성공(省公)을 겸한 신(臣) 박거물(朴居勿)이 왕명을 받들어 지음.황룡사 구층탑은 선덕대왕 때에 세운 것이다.

전에 선종랑(善宗郎)이라는 진골 귀인이 있었다. 그는 어려서 살생을 좋아하여 매를 놓아 꿩을 잡았는데, 그 꿩이 눈물을 흘리며 울자 이에 감동하여 마음을 일으켜 출가하여 도에 들어갈 것을 청하고 법명을 자장(慈藏)이라 하였다. 선덕여왕이 즉위한 지 7년째 되는 당나라 정관(貞觀) 12년 우리나라 인평(仁平) 5년 무술년(638)에 사신 신통(神通)을 따라 당나라에 들어갔다. 선덕여왕 12년 계묘년(643)에 신라로 돌아오고자 하여 종남산(終南山)의 원향선사(圓香禪師)에게 머리 조아려 사직하니 선사가 "내가 관심(觀心)으로 그대 나라를 보매, 황룡사에 구층탑을 세우면 해동(海東)의 여러 나라가 모두 그대의 나라에 항복할 것이다"라고 하였다. 자장이 이 말을 듣고 본국에 돌아와 선덕여왕께 청했다. 이에 왕은 이간(伊干) 용수(龍樹)를 감독으로 하여 대장(大匠)인 백제의 아비지(阿非知) 등과 소장(小匠) 200명을 데리고 이 탑을 세우도록 하였다. 선덕여왕 14년 을사년(645)에 처음 건립하기 시작하여 4월......에 찰주(刹柱)를 세우고 이듬해에 모두 마쳤다. 탑의 철반(鐵盤) 이상은 높이가 7보이고 그 이하는 높이가 30보 3자이다. 과연 삼한통합을 이루어 군신과 백성이 안락한 것은 구층목탑의 위력에 힘입은 것이다. (탑을 세운지)백 구십여년을 지나 문성왕대(文聖王代)에 이르니 오래되어 동북쪽으로 기울어졌다. 무너질까 염려하여 고쳐 세우고자 여러 재목(材木)을 모은지 30여년이 되었으나 아직 고쳐 세우지 못하였다.

지금의 왕이 즉위한 지 11년인 함통(咸通) 연간 신묘년(879)에 탑이 기울어진 것을 안타깝게 여겨 왕의 친동생인 상재상(上宰相) 이간 김위홍(金魏弘)이 책임자가 되고 사주(寺主)인 혜흥(惠興)을 문승(聞僧)이자 수감전(脩監典)으로 삼아 그들과...... 대통(大統)이자 정법화상(政法和尙)인 대덕(大德) 현량(賢亮)과 대통이자 정법화상인 대덕 보연(普緣) 그리고 강주보(康州輔)인 중아간 김견기(金堅其) 등 승려와 관인들이 그 해 8월 12일 처음으로 낡은 것을 없애고 새 것을 짓도록 하였다.그 안에 다시 『무구정경(無垢淨經)』에 의거 하여 작은 석탑 99개에 각각의 석탑마다 사리 하나씩을 넣고, 다라니 네 가지와 경전 1권 책 위에 사리 1구를 안치하여 철반의 위에 넣었다. <이듬해 7월에 9층을 모두 마쳤다. 그러나 찰주가 움직이지 않아 왕께서 찰주에 본래 봉안한 사리가 어떠한지 염려하여 이간인 승지(承旨)에게 임진년(872) 11월 6일에 여러 신하를 이끌고 가보도록 하였다. 기둥을 들게 하고 보았더니 주초(柱礎)의 구덩이 안에 금과 은으로 만든 고좌(孤坐)가 있고 그 위에 사리가 든 유리병을 봉안해 두었었다> 그 물건은 불가사의한데 다만 날짜와 사유를 적은 것이 없었다. 25일에 본래대로 해두고 다시 사리 백개와 법사리 두 가지를 봉안하였다. (왕이)사유를 적고 창건한 근원과 고쳐 세운 연고를 간단히 기록하게 하여, 만겁이 지나도록 후세의 사람들에게 드러나도록 하였다.

– 함통13년 임진년(872) 11월 25일 적음

– 김경애 : 경북문화관광해설사

[황룡사 찰주본기에 새긴 숨결] 2019년 04월 26일 경주신문]

3. 사찰목탑의 기본개념

아주 간단한 것이지만 그래도 기본적인 것이므로 알고 갑시다.

(1) 우수선

이 우수선이라는 용어는 듣기도 많이 들었지마는 오래간만에 들어보실 겁니다. 모든 탑에서 이 우수선은 무지 중요한 역할을 담당하고 있는 것 같답니다. 이 우수선이 존재하지 않으면 지붕날개길이는 제멋대로 왔다 갔다 하겠죠? 아잉가? 맞습니다, 반드시 지붕날개길이는 어떤 법칙을 따라야 일정한 길이를 유지할 수가 있답니다. 짧으면 비가 들어올 것이며, 너무 길면 지붕판이 축 처질 수도 있답니다. 이 우수선법칙은 1층지붕이 중심이 될 겁니다. 일반목탑의 1층 지붕우수선은 1우수선이라고 말씀드렸답니다. 기억나실 겁니다. 한 번 더 보실래요.

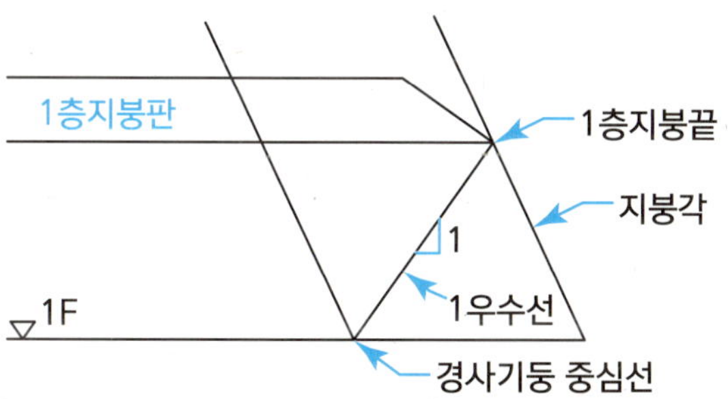

[그림 771] 일반목탑의 1층지붕 : 1우수선 개념

이 일반 목탑의 1우수선지붕판(지붕날개)은 무지 긴 편이랍니다. 그만큼 지붕판이 강해야 하니 당연히 1층지붕판이 두꺼워질 겁니다. 그렇다면 사찰목탑의 1층지붕우수선은 얼마가 적당할까요? 일반목탑식으로 1우수선으로 할까요?

저는 겁이 나서 못 할 것 같답니다. 1우수선 다음에 뭐가 있죠? 바로 2우수선일 겁니다. 사실은 2우수선이 일반적으로 우수선으로는 가장 합리적일 수도 있답니다. 일반목탑은 좀 특이하네요. 이 2우수선은 일반목탑 관측소bal에서 수도 없이 많이 보셨을 겁니다. 이제 기억나시죠? 일반적으로 사찰목탑은 외부기둥이 수직일 겁니다.

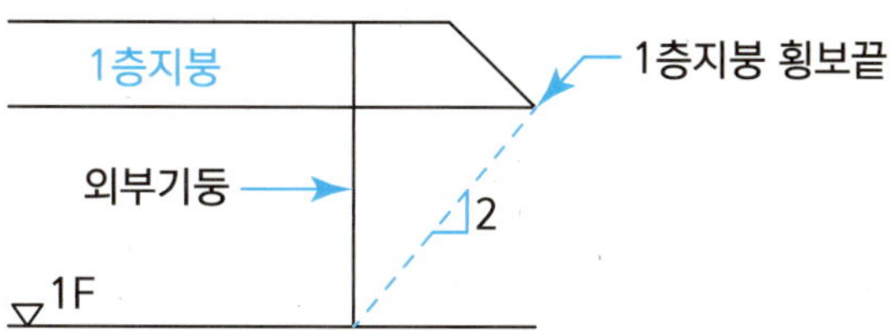

[그림 772] 사찰목탑의 1층지붕 : 2우수선 개념

제일 적합한 1층 지붕우수선은 2우수선이 될 것 같네요. 물론 8각형이더라도 2우수선을 적용할 겁니다. 이 2우수선의 지붕 끝선은 지붕 끝횡보 기준이랍니다. 실제로 기와는 이 횡보보다 더 튀어나오겠죠.

제가 서까래 밑에 횡보가 있다고 가정한 것이랍니다. 만약 처마 끝횡보가 없이 서까래만 있을 경우는 서까래 끝선이 될 확률이 높을 겁니다. 제가 1층 지붕우수선을 2우수선으로 했지마는 2층부터의 상부층 지붕은 거의 대부분의 경우에 1~2우수선 사이가 될 겁니다.

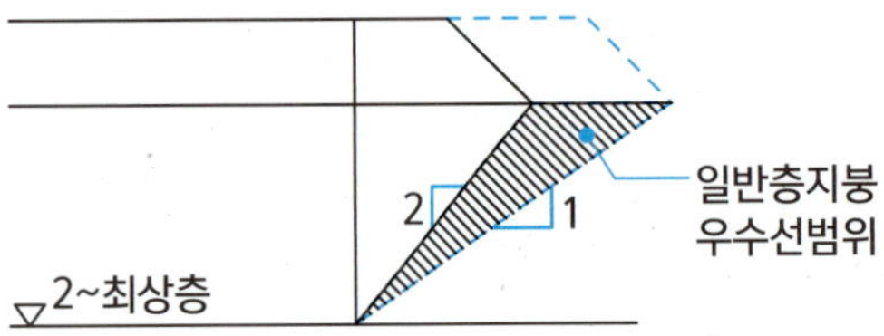

[그림 773] 2층 이상의 지붕우수선범위 개념도

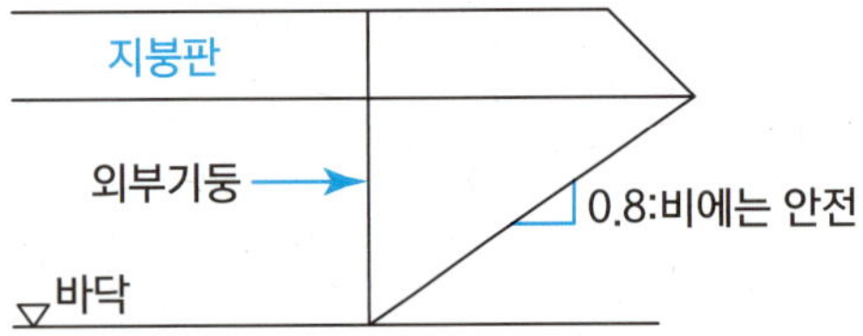

[그림 774] 지붕우수선이 1우수선보다 적을 경우

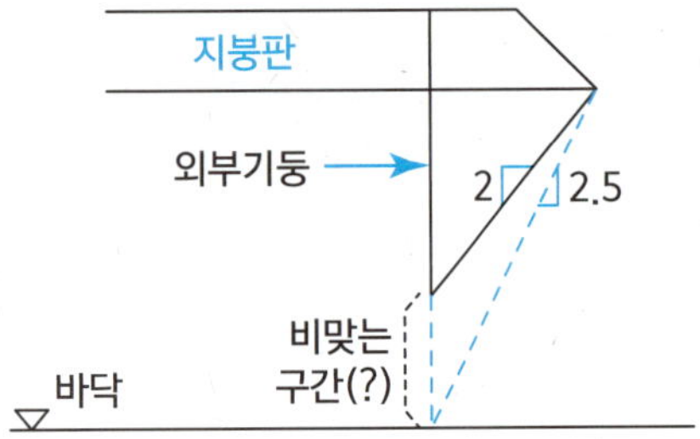

[그림 775] 지붕우수선이 2우수선보다 클 경우

즉, Δ1~Δ2 사이에 우수선이 오게 된답니다. 어쩌면 1~2우수선 사이가 외부의 비를 막는 데는 최상의 조건이 될 겁니다.

물론, 2우수선보다 적으므로 지붕하중은 더 늘어나겠죠. 그런데 지붕각을 잡다보면 윗층 지붕으로 갈수록 지붕우수선이 1우수선보다 적을 경우도 발생된답니다. 보실래요? 이런 식으로 Δ1보다 적을 경우는 지붕하중으로 인해 지붕판이 처질 수도 있답니다. 보시기에도 지붕판이 너무 길게 느껴지실 겁니다.

또 어떤 경우에는 2우수선보다 더 크게 나오는 경우도 있답니다.

봅시다. 보기에는 아주 날씬하게 생기긴 생겼는데 2우수선보다 높아서 2우수선 하부 쪽에는 비를 쪼께 맞게 생겼답니다.

Δ1보다 적어도 머리가 아프지만, Δ2보다 커도 문제가 있네요.

여러 가지를 생각하다 보면 제일 적당한 우수선의 범위는 1~2우수선 (Δ1~Δ2)사이가 될 것 같답니다. 이 1~2우수선을 다 적용할지 1우수선보다 적은 우수선도 인정해 줄지는 지금으로서는 미지수랍니다. 다만, 2우수선보다 큰 우수선은 건물 외부 하부쪽에 비가 들이치면 건물이 쪼께 아플 것 같아서(?) 적용하지는 않을 겁니다.

1우수선보다 적은 우수선이 구조적으로 안전할 것 같다고 판단되면 적용할 수도 있답니다.

참 애럽죠, 모든 경우의 수에 1~2우수선이 다 적용이 잘 안되네요. 그래도 최대로 맞추어야겠죠.

(2) 지붕판 두께와 최상층 지붕경사각(물매)

1층지붕이 2우수선이 기본이므로 일반목탑보다는 지붕판두께가 얇아도 될 것 같네요. 각층의 지붕두께가 동일해야 할까요? 아니면 일반목탑식으로 증감계수를 발생시켜야 할까요? 과연 9층목탑 1층지붕두께는 얼마가 적당할까요? 머리가 나쁜 저로서는 도저히 감이 잡히지가 않네요.

임의로 막 집어넣을까요? 그래도 건축기사의 최소한의 품위(?)는 지켜야겠죠. 처음에는 이렇게 생각했답니다. 전탑 전층의 지붕판두께를 1.8m로 통일시켜 보았답니다. 지붕판두께가 얇으니 상층으로의 지붕판두께를 줄이기는 물론 힘이 들 겁니다. 지붕판두께를 1.8m로 통일을 시켜보니 건물폭(특히 1층폭)이 아주 좁을 시는 최상층에 비록 완경사이기는 하지마는 최상층지붕을 기와로 덮을 수는 있는데 건물폭이 넓어지면 최상층지붕에 기와를 이기는 거의 힘들더랍니다.

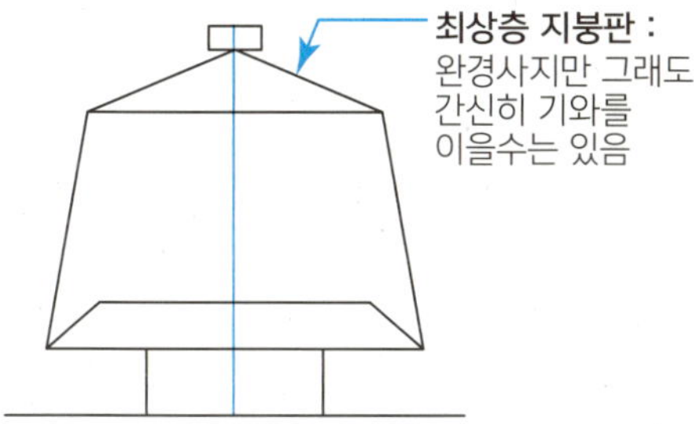

[그림 776] 건물폭이 아주 좁을 경우 : 최상층 기와이기가 쉽지는 않지만 그래도 가능은 함.

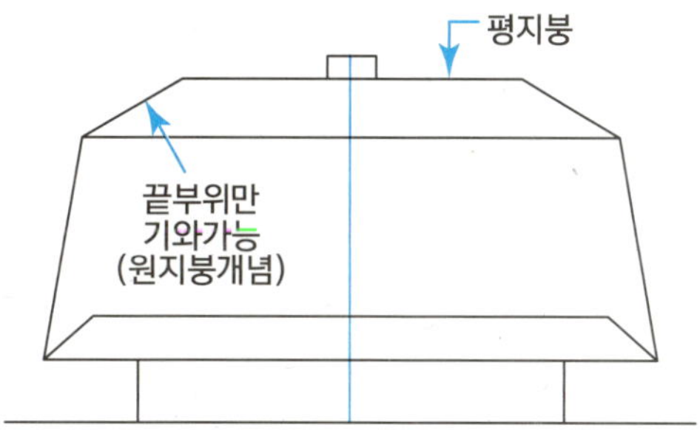

[그림 777] 건물폭이 넓을 경우 : 최상층지붕 상부가 평지붕화되면서 끝 부위만 기와이기가 가능함.

보시듯이 건물폭이 아주 좁으면 어찌 되었건 완경사지붕이라도 발생이 가능하며, 건물폭이 넓어지면 최상층지붕이 평지붕화된답니다. 어떻게 할까 고민만 했지 뾰족한 대안이 없었답니다. 아무리 쳐다봐도 사찰목탑의 최상층지붕꼬라지(?)가 말이 아니더랍니다. 그래서 길고 긴 장고에 들어가서 두가지의 묘책을 생각해 내었답니다. 첫째는 9층목탑 1층지붕판두께를 1.8m에서 2.7m로 90cm를 더 키우는 안이었답니다. 그렇게 되면 지붕판두께에 변화(윗층으로 갈수록 얇아짐)를 주어도 되며, 그냥 전 층 지붕두께를 2.7로 하더라도 최상층 지붕경사가 약간 더 양호해지더랍니다.

또한 각 탑마다 1층 지붕판두께를 18cm씩 줄일 수가 있더랍니다. 즉 7층목탑 1층지붕판두께는 9층목탑 1층지붕판두께보다 18cm가 적은 2.7 - 0.18 = 2.52가 되겠죠.

처음 생각했던 전층 전탑 지붕판두께 1.8m보다는 조금은 진화(?)가 된 것도 같은데 그래도 영 시원치가 않더랍니다. 그래서, 두 번째로 생각해 낸 것이 바로 최상층층고를 증가시키는 안이랍니다. 무슨 말인고 하니 최상층층고를 높이면 자연스럽게 최상층 지붕판두께가 두꺼워지면서 최상층 지붕경사(물매)의 모양새가 쪼께 더 좋아지더랍니다. 그려 봅시다.

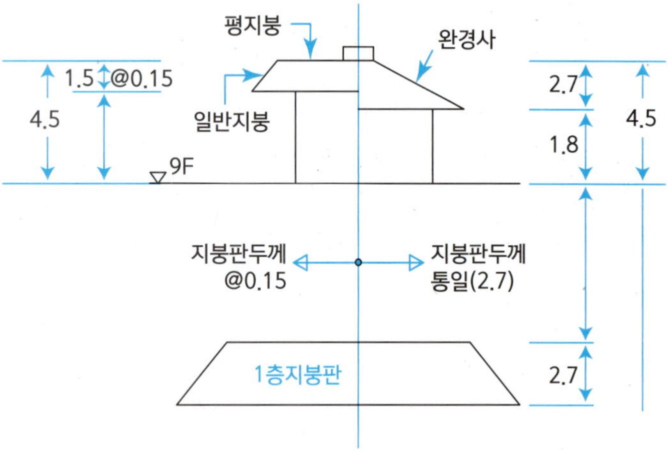

[그림 778] 첫째, 9층목탑 1층지붕판두께 2.7인 경우 : 2가지 경우의 수가 발생됨.

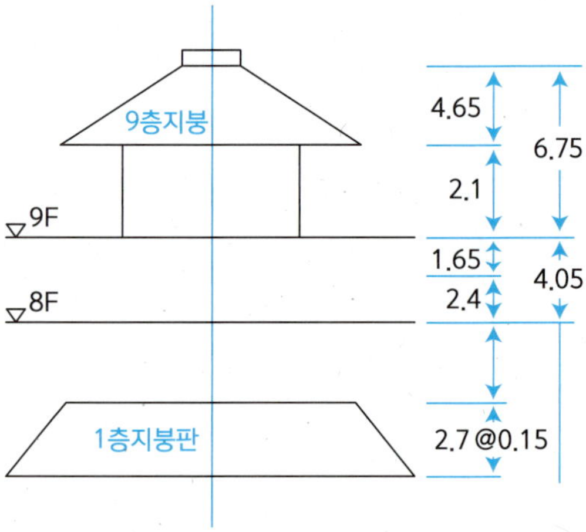

[그림 779] 둘째, 9층목탑 9층층고증가안 : 1층 지붕판두께 2.7에 @0.15 적용

그림에서 보듯이 첫 번째 생각한 9층목탑 1층지붕두께가 2.7m일 때는 두 가지의 경우의 수가 발생된답니다. [물론 9층층고는 기준층층고비례안(기본 이론)을 따른 것이랍니다] 하나는 9층지붕판두께가 1층지붕두께와 같이 2.7로 해서 완경사가 발생되며, 다른 하나는 지붕두께를 @0.15로 줄여서 9층지붕두께가 1.5m가 되면서 평지붕이 발생되는 안이랍니다. 두 번째의 최상층(9층)층고증가안은 9층지붕전체를 어느 정도의 물구배(물매)를 두면서 기와로 완전히 덮을 수 있는 안이랍니다. 어찌 되었든 제일 처음 생각했던 안(모든 지붕두께가 1.8m)보다는 많이 좋아진 것 같답니다.

마음에 조금 드시는지요? 기본적으로 두 번째인 최상층층고증가안을 채택할 예정이랍니다. 쪼께 제 마음에 들거들랑요? 아무리 그래도 만약의 경우의 수에 대비하기 위해서 첫째 안도 고려하고 있답니다. 채택 예정인 이 최상층층고증가안의 최상층지붕두께가 비록 많이 두꺼워는 져서 물매가 그럴듯하게 보이기는 하나 그래도 문제는 있답니다. 첫 번째 문제는 건물폭(1층폭)의 영향을 무지 많이 받는답니다. 건물폭이 좁으면 지붕이 뾰족해지며, 건물폭이 넓을수록 최상층지붕물매가 완경사화된답니다.

두 번째 문제는 최상층 지붕물매(경사각도)와 하부층 지붕물매와의 조화(비슷한 물매)가 잘되지 않고 물매 차이가 심하게 발생될 수 있답니다.

그려 볼까요.

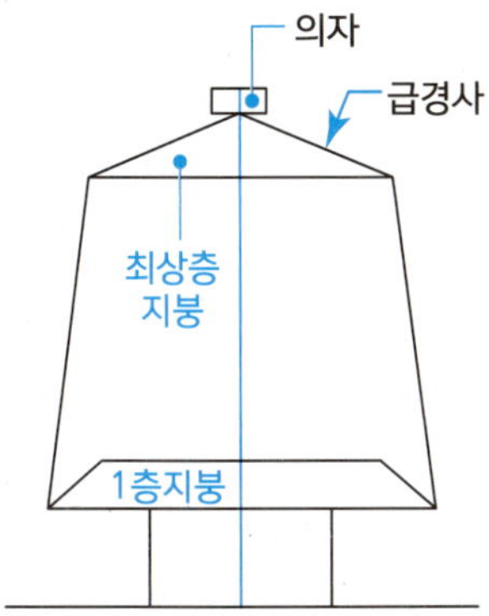

[그림 780] **건물폭이 좁을시 : 급경사지붕**

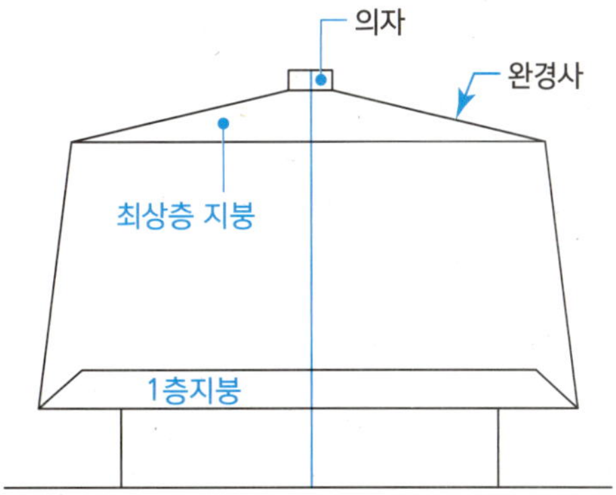

[그림 781] **건물폭이 넓어 질수록 : 완경사지붕化**

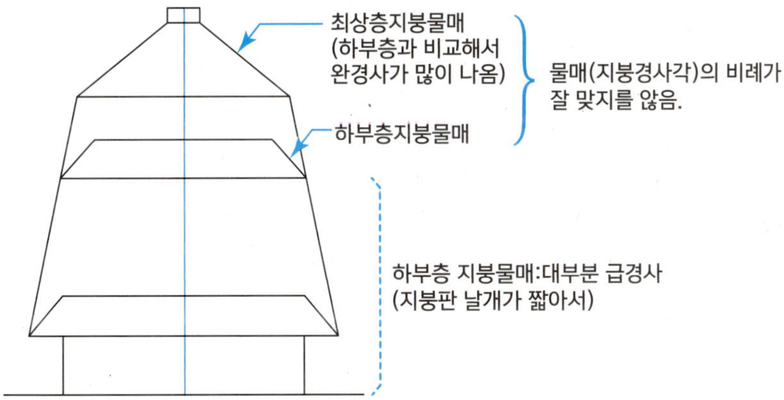

[그림 782] **최상층 지붕물매와 하부층 지붕의 물매가 조화가 잘 안됨**

이 최상층 층고증가안(물론 문제는 다른 안도 마찬가지로 발생이 됨)의 심각한 문제를 근본적으로 해결할 수 있는 방법은 현재로서는 존재하지 않는답니다. 무슨 이런 정답이 다 있죠? 그럼, 이제까지 제가 뭐했죠? 놀고 있었나? 문제점의 핵심은 바로 건물폭과 최상층층고(물론 각층 지붕판두께 포함)에 있답니다. 건물폭이 정해져 있으면 거기에 맞추어서 발로 밟는 한이 있더라도 어떻게라도 해결이 가능한데 탑높이만 알았지(기록물 근거) 도통 이 놈의 건물폭은 알 수가 없기 때문이랍니다.

그래서 가장 지붕경사각(물매)이 매끄러운 건물폭과 건물형태를 찾아내어야겠죠.
그럼 만사 ok~ㅎ

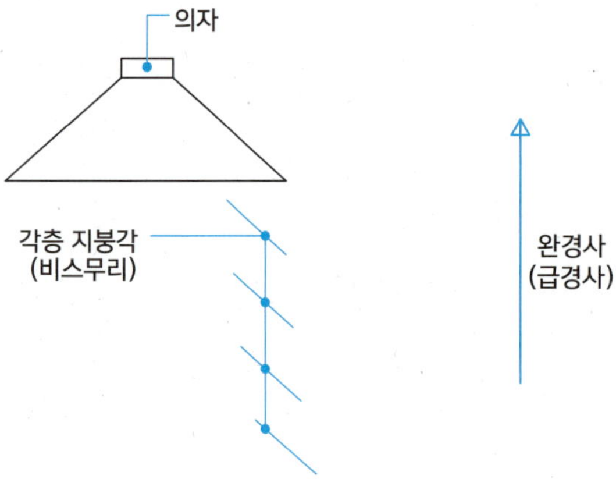

[그림 783] **매끄러운 지붕경사각:물매가 자연스럽게 전층지붕에 잘 조화가 되어야 함.**

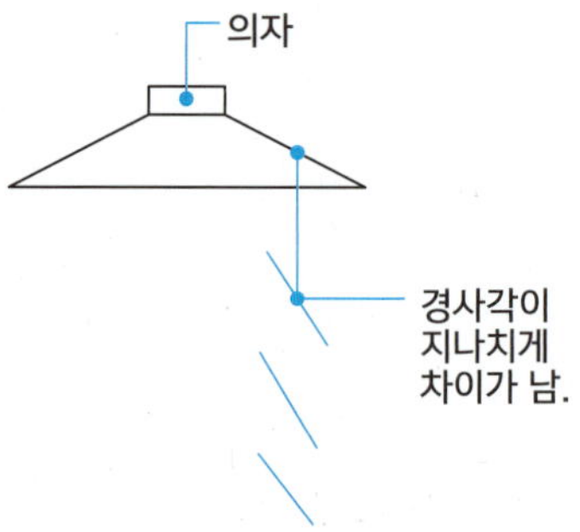

[그림 784] **지붕경사각이 많이 차이가 날 경우**

이 매끄러운 지붕경사각은 윗층으로 갈수록 완경사화되든지 아님, 급경사화되든지 간에 자연스럽게 각도가 변화가 되어서 크게 눈에 띄지 않아야겠죠. 예를 들면, 윗층으로 완경사로 실컷 잘 가다가 갑자기 최상층지붕이 급경사가 되면 외관상 보기가 쪼께 그럴 겁니다. 그래도 괜찮은가?

이제부터 저희들이 해야 할 일의 방향은 결정이 되어 있을 겁니다. 바로 건물폭과 층고를 잘 조절해서 아주 매끄러운 지붕물매의 건축물을 찾아내면 되겠죠. 쉬울까요? 어려울까요?

아무래도 힘을 합쳐야 될 것 같네요.~ㅎ~

(3) 임의 지정치수

목탑의 형태는 대충 이렇게 생겼을 겁니다.

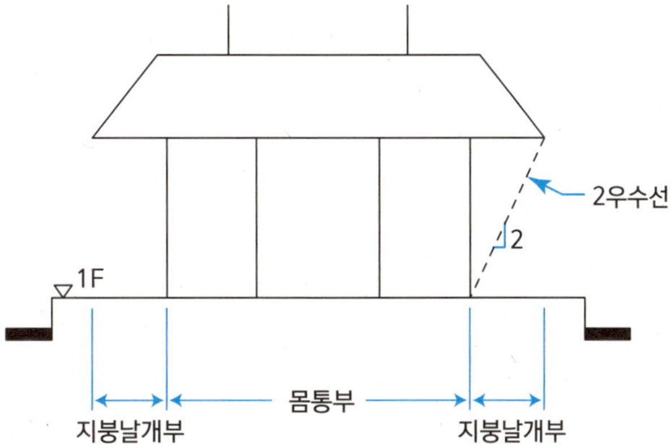

[그림 785] **목탑의 형태**

크게 몸통부와 2개의 지붕 날개부로 구성이 되어 있을 겁니다. 물론 지하층은 진입계단 등으로 폭이 더 넓을 겁니다. 여기서 지붕날개는 2우수선의 지배(1층지붕 기준)를 받겠죠. 문제는 이 몸통부 폭이랍니다.

1칸일 수도 3칸일 수도 5칸일 수도 7칸일 수도... 무제한으로 나갈 겁니다. 그리고 각 칸이 동일폭일 수도 있을 수 있으며 각 칸 폭이 다를 수도 있을 겁니다. 그러면 중요한 각 칸의 폭을 알아내든지 아니면 칸폭을 지정해 줘야만 건물폭을 알 수가 있답니다. 그 시절의 칸폭을 알 수 있는 방법이 없으므로 칸폭을 지정할 수 밖에는 없을 겁니다. 혹시 그 시대의 칸폭을 아시는 분이 계시면 한 수 알으켜 주이소. 따르겠습니다? 아무도 모르시는 것 같아서 제가 임의로 치수를 부여하겠습니다. 시비는 붙지 말아 주이소. 사실 저도 전혀 모르거들랑요? 어찌 되었건 풀기 위해 저희들이 뭉쳤잖습니까? 같이 풀어 보입시데이~ 임의 치수를 A라고 하겠습니다.

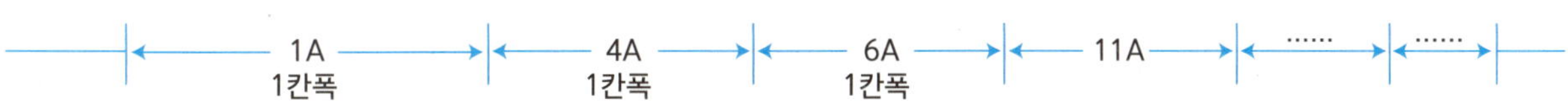

[그림 786] **각 칸의 폭**

칸폭이 천차만별이네요. 1A, 2A, 4A, ... 11A, ... 끝이 안 비네? 그럼, 이 칸폭 1A와 6A가 있다면, 이 두 칸폭은 폭이 같을까요? 아님, 6A폭이 1A보다 6배가 클까요? 헷갈리시죠? 일반적으로 6A가 6배 클 것으로 생각들 하기 쉽답니다. 저는 같을 수도 있다고 생각하는 놈이랍니다. 제가 아주 특이한 놈(?)으로 보일 수도 있답니다. 자! 볼까요. 6A의 A를 1이라고 해봅시다. 6A=6x1=6이 되겠죠, 아닌가? 다시 1A의 A를 6으로 해볼까요 1A=1x6=6이 나오네요. 어! 실제값의 폭은 6으로 6A=1A가 되네요? 그 참 희한하네? 제 계산이 틀렸나요? 예! 계산은 정확히 맞답니다. 초강력 계산기를 두드려서 나온 숫자거들랑요. 그렇다면 궤변? 계산이 맞는데 왠 궤변? 맞습니다, 궤변도 아니고 틀리지도 않았답니다. 상기의 칸폭이 1A든 8A이든 실제의 칸폭은 다를 수도 같을 수도 있답니다. 이유가 뭘까요? 바로 접근방법의 차이일 뿐이랍니다. 바로 A의 치수가 주어져 있지 않고 가변적이기 때문이랍니다. A의 치수가 주어지지 않는 한 1A든 6A든 칸폭의 숫자들은 의미가 별로 없답니다. 즉 제가 1A라고 표기를 하든 6A라고 표기를 하든 A가 고정 치수가 되었을 때만 칸폭이 6A 치수가 1A치수의 6배가 된다는 걸 의미한답니다. 그럼, 눈치 9단들이신 분들이니 금방 인지하셨으리라 믿습니다. 6A, 8A가 중요한 게 아니라 A가 중요한 걸 아셨을 겁니다. 이제 이 놈의 A를 알아내는 숙제가 남았네요. 오늘 밤새도록 풀어도 내일 아침에 제출 못하게 생겼네요? 힘들수록 쉽게 생각해야죠, 물론 힘도 합쳐야 할 겁니다. A의 정체를 밝힙시다. 제가 왜 A라고 했을까요? x로 하면 멀쩡하던 머리가 갑자기 지끈지끈 아파오기 시작하기 때문일 겁니다. 자 들어가 봅시다.

A가 뭐죠? 건물폭의 치수를 결정하는 임의의 숫자랍니다. 즉, 이 A가 건물폭을 결정하는 수랍니다. 이제까지 건물폭에 대해서 확실히 알고 있는 숫자가 뭐였죠? 바로 이거랍니다. 건물폭은 반드시 1.08의 배수가 되든지 2.7의 배수가 되어야 한다는 거랍니다. 1.08=1+0+8=9, 2.7=2+7=9
하! 공통적으로 숫자 합이 9라는 숫자가 나오네요. 그렇다면 이 A는 9의 배수가 되면 좋을 겁니다. 벌써 반은 풀어버렸네~~ 9의 배수의 숫자라! 만만할 겁니다. 한번 나열해 볼까요? 9, 18, 27, 36, 45, 54, 63, 72, 81, 90, 99, 108, 117, 126 ……정말 밤새겠네.~ㅎ~ 건물로 들어갈 수 있는 폭을 고려해 보면 칸폭을 1A라고 가정 시 9~63cm는 폭이 너무 좁아서 들어가기가 쪼께 애럽겠죠, 옆으로 들어 가겠다꼬요~ 117cm이상의 9의 배수는 너무 넓어서 들어가기가 조금은 허전(?)할 겁니다. 그렇다면 들어가기에 딱 어울리는 폭은 72~108cm로 칸폭이 1A라고 할 때 가장 적당한 폭이 된답니다.
정면 칸폭이 너무 좁다고요? 별 말씀을! 1A만 있나요 2A, 3A, 4A, 6A도 있답니다. A라는 숫자가 주어지면 폭 키우는 것은 엿장수 마음대로랍니다. 그럼 A=0.72, 0.81, 0.9, 0.99, 1.08로 5개만 있네요. 목탑종류가 몇 개였죠? 1층, 3층, 5층, 7층, 9층목탑, 어! 이것도 5개네, 계산이 맞기는 맞나?

드디어 짝을 찾았네요. 9층목탑 너는 A를 1.08로 하게, 7층목탑 너는 A를 0.99로…… 1층 막내목탑 너는 A를 0.72로 하게~ 오늘 저녁 숙제는 다 풀었네? 이렇게 숙제를 제출하면 100점 만점에 몇 점? 샘맴이랍니다.~ㅎㅎ~ 이제까지는 기본이 되는 A만 풀어본 것이랍니다.

근데, 이 A가 맞는지 틀리는지는 아무도 모른답니다. 어떤 증명을 할 수가 없기 때문이겠죠. 확률적으로는 분명히 틀렸겠지만? 그래도 다른 방법이 없기 때문에 제가 지정한 이 A를 가지고 목탑을 풀겠습니다. 이 A만으로는 정면 칸폭을 풀 수가 없겠죠. 이 A가 몇 개가 적당한지를 검토해 봐야 할 겁니다. 칸폭을 1A, 2A, 3A, 4A, 5A, 6A 정도로 비교해 봅시다. 다 검토하기 힘드니 9층 목탑 1A=1.08로 비교해 봅시다.

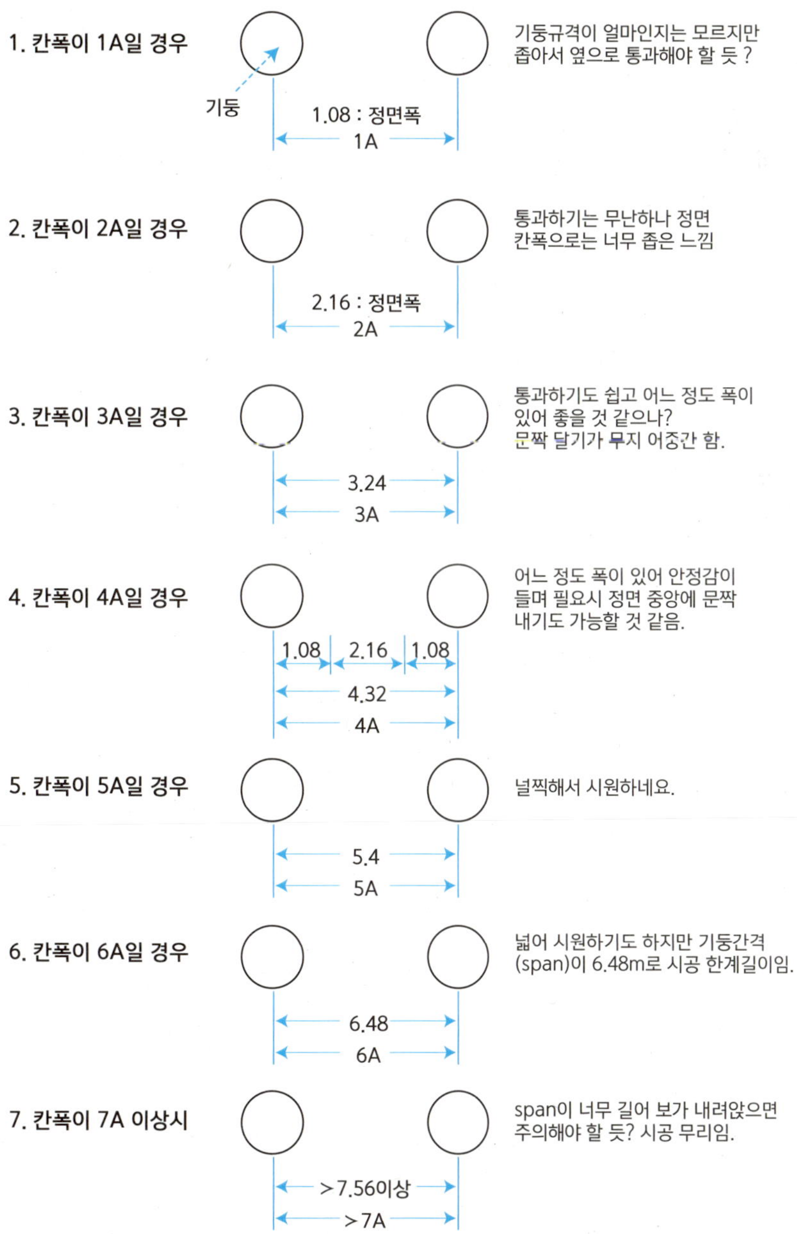

[그림 787] 9층목탑 1A=1.08 기준 정면 칸폭 비교

정면 칸폭을 비교해 보시니 감이 조금 잡히실 겁니다.
칸폭이 1A~3A는 너무 좁은 느낌이 들며, 7A이상은 기둥간격이 너무 넓어서 구조적으로 쪼께 문제가 있을 수 있답니다. 적당한 칸폭은 4A, 5A, 6A 정도가 되겠네요. A도 알았고 칸폭도 어느 정도 알았으니 이젠 눈 감고도 목탑을 푸실 수가 있으실 겁니다. 그래도 아마 첩첩산중일 겁니다.

이 A가 무지 헷갈리는 숫자랍니다. 칸폭 4A를 보실까요?

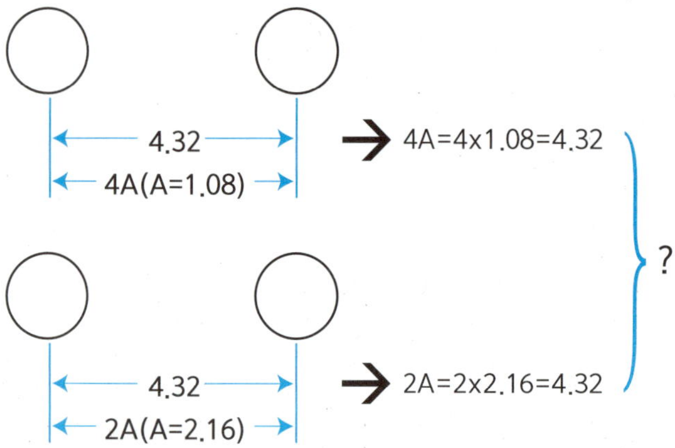

[그림 788] 임의지정치수 A의 값에 따른 치수개념

A를 1.08로 해서 4A이지, A가 2.16이 되면 2A가 된답니다. 그렇다면, A는 1.08이 될 수도, 2.16이 될 수도 있답니다. 어느 A값이 맞을까요? 제일 처음 말씀드렸을 겁니다. A는 지정하기 나름이랍니다. 저는 9층목탑의 A를 1.08로 지정하겠습니다. A는 2.16도 되기는 되나 가마이 보시면 2.16은 1.08x2랍니다. 이럴 경우는 기본수인 1A는 1.08로 하는 것이 더 합리적일 것 같답니다.
참고삼아 제가 기둥규격도 표기할 겁니다. 외부 수직기둥이 일반목탑은 8각기둥이었지만 사찰목탑기둥은 확실치는 않지만 원형기둥으로 가정하겠습니다. 기둥규격의 산출근거(?)를 잠깐 봅시다. 물론 순수 제 개인생각일 겁니다. 기둥규격의 근거는 규격이 제일 적은 1층목탑의 외벽기둥을 기준 했답니다. 1·3층목탑을 지었는지 알 수는 없지만 일단 지었을 거라고 가정했답니다.

자! 봅시다.

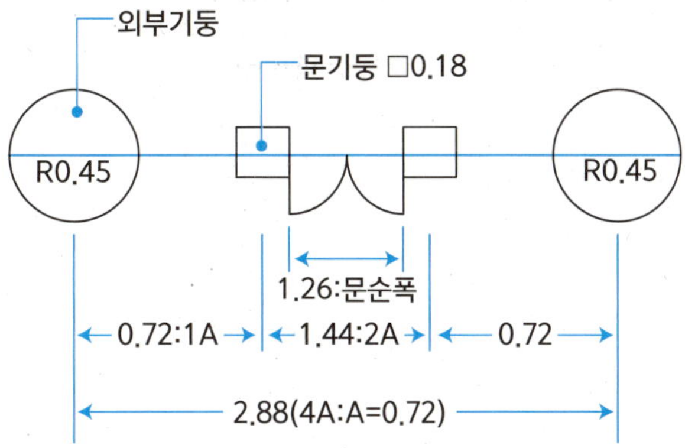

[그림 789] 1층 목탑 : 정면 중앙칸 기준

1층목탑의 A는 0.72랍니다. 기억나세요? 외벽기둥을 R0.45로 하면 보폭은 R0.45x1.2÷3=0.18이 나온답니다. 문기둥을 원형으로 하면 R=0.225가 되며, 사각기둥으로 하면 □0.18이 될 겁니다. 이것은 기억이 나실 겁니다.

오래간만에 보폭 계산을 해 보신 겁니다.

보폭 = 주기둥폭x1.2배÷3 = R0.45x1.2÷3 = 0.18이 된답니다.

- **샛기둥(문기둥) = 주기둥폭÷2 = R0.45÷2 = 0.225(원형샛기둥 기준시)**
- **샛기둥(문기둥) = 주기둥폭x1.2배÷3 = R0.45x1.2÷3 = 0.18(사각샛기둥 기준시: 보폭과 동일)**

제가 일반목탑의 샛기둥을 주기둥폭의 반으로 가정했으나 사찰목탑은 보폭과 같은 4각샛기둥으로 할까 생각 중에 있답니다. 아마 일반목탑의 샛기둥도 4각으로 할 수도 있답니다. 이 샛기둥으로 4각기둥이 좋은 것이 보폭과 샛기둥이 똑같은 면이라는 거랍니다. 보실까요.

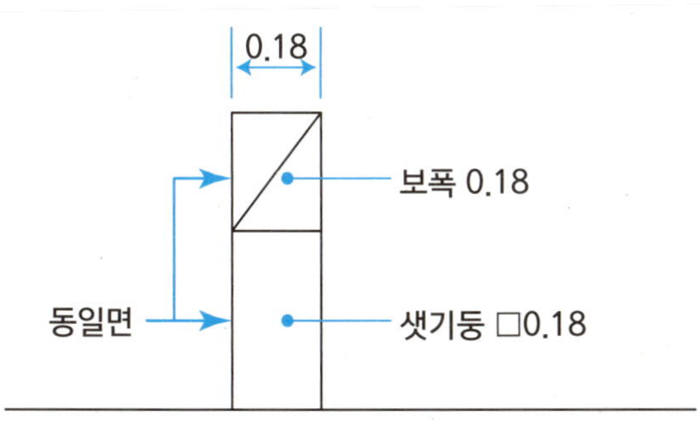

[그림 790] 샛기둥이 4각 기둥일시 : 동일면

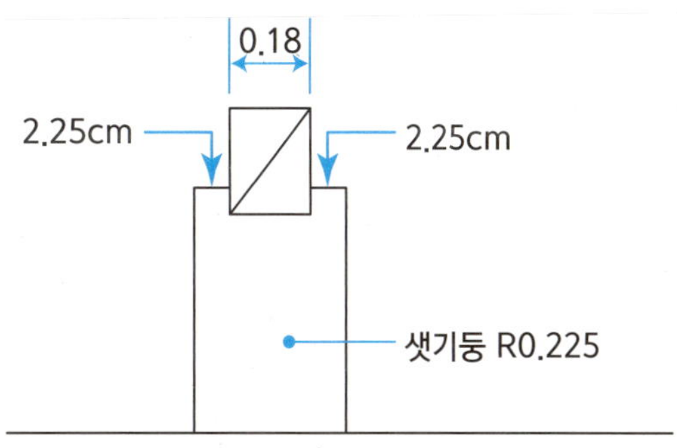

[그림 791] 샛기둥이 원형 기둥일시
: 원형 기둥이 보 보다 튀어나옴

샛기둥이 4각기둥일 경우는 보와 샛기둥면이 민자로 일치가 된답니다. 반면, 샛기둥이 원형일 경우는 샛기둥이 보를 2.25cm씩 감싸고 있답니다. 구조적으로는 원형이 약간 좋을지는 모르나 모양새가 쪼께 그렇네요. 하여튼 사찰목탑에서는 4각샛기둥으로 할까 합니다. 1층목탑의 문설주(샛기둥)를 □0.18로 최소 샛기둥으로 가정했답니다. 18cm기둥보다 더 작을 경우는 아무리 샛기둥 일지라도 기둥역할을 제대로 수행할 수가 없을 것 같더랍니다. 사실 이 □0.18기둥도 약간은 약할 것도 같기는 하지만 그래도 버틸 수 있다고 생각하고 최소 기둥규격으로 가정하고 기둥규격을 정했답니다. 내부계단 단수나 어떤 상황으로 기둥규격이 가변적일 수도 있답니다. 그러면 모든 기둥규격은 역분석법으로 자동으로 나올 겁니다. 샛기둥이 □0.18이므로 1층 외부기둥은 R0.45가 될 것이며 1층목탑 중앙기둥1Cc는 R0.6이 되며, 4단계 위인 9층목탑 중심기둥1Cc는 R1.2[0.6(1층 중심기둥)+0.15x4단계]가 될 겁니다.

기둥규격 알아내는 것도 아무것도 아니죠. 일단, 사찰목탑기둥은 원형기둥이 어울릴 것 같아 원형기둥으로 가정해 보았답니다.

4. 사찰목탑의 각 탑 층고

저는 제일 처음 사찰목탑도 일반목탑과 동일하게 8각형이므로 지붕각이나 경사기둥이 있을 것이며 당연히 공통수도 있을 것으로 생각했답니다. 또한, 탑 규모가 크므로 탑총높이와 탑높이도 2.7의 배수가 되어야 한다고 생각하고 탑높이와 각층 층고를 계산했답니다. 탑총높이가 9층목탑이 67.5m이므로 67.5÷5=13.5로 각 탑총높이만 13.5m의 증감계수를 적용했답니다. 일반목탑은 갓탑까지가 탑 높이가 되며 첨탑은 그냥 탑높이에서 제외했으므로 탑총높이(탑 전체 높이)라는 용어는 없었답니다. 또한, 일반 목탑에서는 탑높이에 비해서 첨탑높이가 미미하여 그냥 높이에서 제외시켰는데, 석탑이나 사찰목탑을 풀다 보면 이 첨탑높이가 차지하는 비중이 너무나 크더랍니다.
그래서, 고심 끝에 갓탑높이까지는 일반목탑과 동일하게 탑높이로 하고 첨탑을 포함한 높이까지를 탑의 총높이로 하기로 했답니다. 즉 석탑류나 사찰목탑에서는 첨탑이 엄청 중요한 의미를 갖고 있다고 보시면 되겠습니다. 바로 첨탑이 석탑류나 사찰목탑의 꽃이라고 생각하시면 되겠답니다. 일반목탑과 사찰목탑을 구분하기 위해서 전에도 잠깐 말씀드렸듯이 일반목탑(관공서)을 탑이라고 하며, 사찰목탑을 목탑이라고 부르겠습니다. 즉, 9층탑이면 9층 일반목탑이 되며, 9층목탑이라고 하면 9층 사찰목탑이 될 겁니다. 저는 층고가 아주 쉬울거라 생각을 했었는데, 풀면 풀수록 이 층고가 무지 중요하기도 하지만 건물형태에 영향을 크게 미친다는 것을 인지하기 시작했답니다.

그러다 보니 층고는 각 탑마다 한가지의 고유 층고만 있는 것이 아니라 어떤 조건에 따라서 각 탑의 층고도 가변적일 수도 있다는 생각을 하기 시작했답니다. 이제 상황에 따른 각 탑의 층고들을 한번 생각해봅시다. 먼저, 처음에 생각한 총높이증감계수@13.5m를 기준으로 각 탑의 탑높이와 각층 층고를 한번 보실까요. 물론 처음에는 사찰목탑도 일반목탑과 기본형태가 같다고 생각한 것이랍니다. 즉, 8각형이며 계단단높이도 일반목탑과 같다고 생각한 것이랍니다.

최초안을 보실까요?

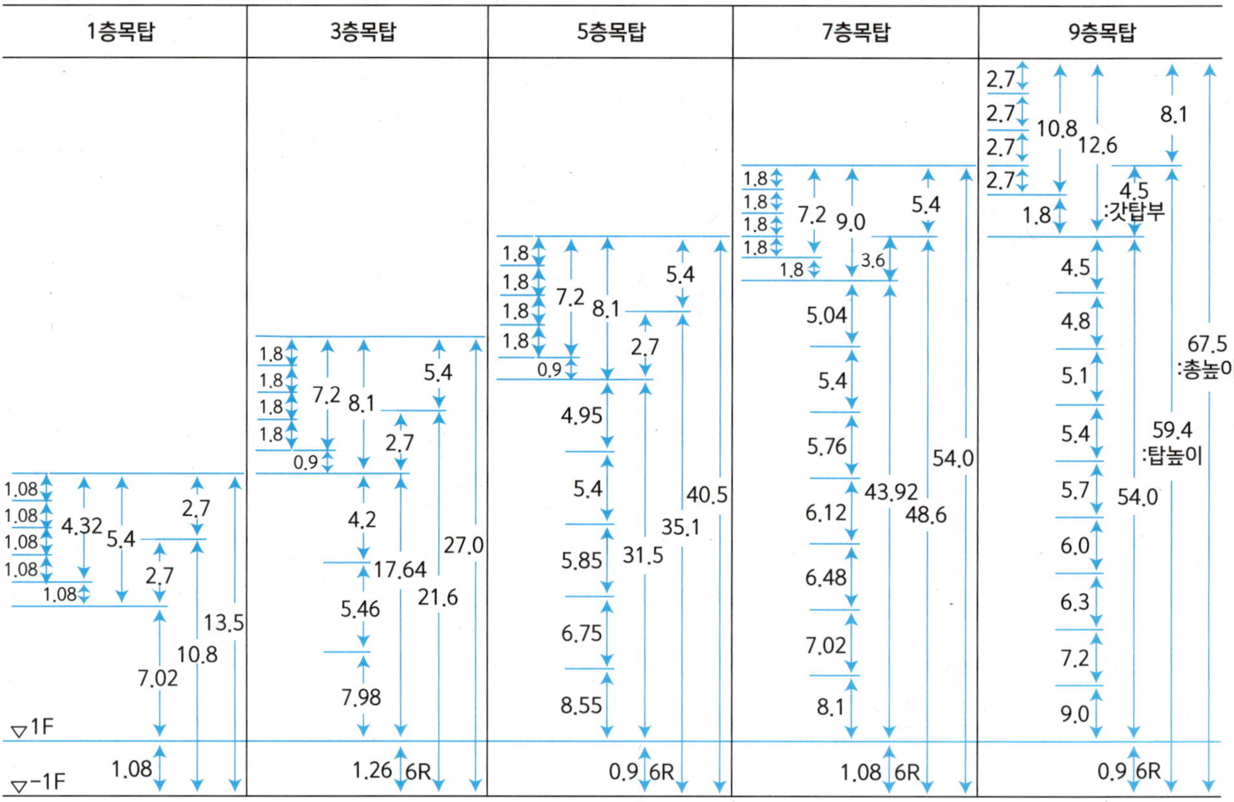

[그림 792] 처음 생각한 각 탑 높이 : 목탑 높이와 층고, 8각 일반 목탑형 기준,
* 탑높이, 탑총높이 : 2.7배수안 기준

이 최초안은 탑총높이와 탑높이를 2.7의 배수로 가정했으며, 또한 계단단 높이(R)를 일반목탑에 맞춘 안이랍니다. 그러다 보니 꼭다리에 문제가 발생된 것같은 생각이 들기 시작하더랍니다.

7층목탑의 꼭다리를 한번 보실까요.(9층목탑 꼭다리는 양호)

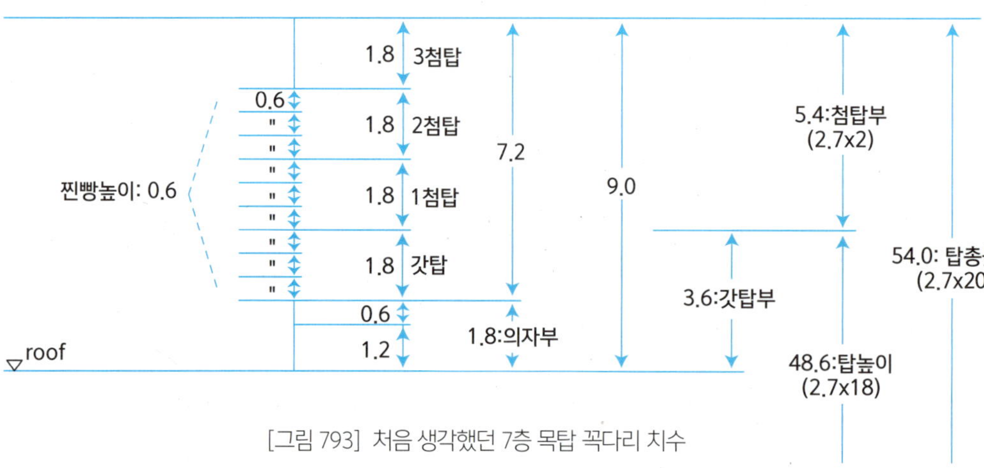

[그림 793] 처음 생각했던 7층 목탑 꼭다리 치수

보시면 치수나 첨탑의 구성상으로는 아무런 문제는 없답니다. 꼭다리는 크게 갓탑부와 첨탑부로 되어 있으며, 첨탑부는 크게 3개의 첨탑(제일 위에 있는 3첨탑은 형태가 약간 다름)이 있고, 갓탑부는 한 개의 갓탑과 의자부로 되어 있으며, 의자부는 다시 의자와 앉은뱅이로 구성이 되어 있답니다. 그리고 갓탑과 2개의 첨탑은 3개의 찐빵으로 구성이 되어 있답니다. 제일 위쪽의 3첨탑은 찐빵 형태가 아니랍니다. 이 7층목탑의 각 찐빵의 치수를 유심히 보시면 찐빵높이가 0.6(=1.8÷3)이랍니다. 이 0.6은 3의 배수이긴 하나 9의 배수에 포함이 되지 않는답니다. 석탑류 등을 분석해 보면 반드시 찐빵의 높이치수는 9의 배수로 되어 있답니다. 모범생인(?) 이 사찰목탑의 찐빵 높이가 9의 배수가 되지 않으니 모범생에서 퇴출되겠죠. 물론, 첨탑부높이가 3·5·7층 목탑이 똑같이 5.4m인 것도 영 눈에 거슬린답니다. 그렇다면 당연히 작전을 변경해야 할 겁니다.

어떻게 하면 될까요? 너무나 간단하죠. 나누기만 할 줄 알면 되는디? 1~9층 목탑이 5개니까 당연히 9층목탑 탑높이를 5로 나누어 보면 될 것 같네요. 9층목탑 탑높이가 59.4m랍니다. 59.4÷5=11.88이 나오네요. 그럼, 탑총높이는 2.7의 배수인 @13.5(=2.7x5)이며, 탑높이는 @11.88의 증감계수가 된답니다. 이 11.88을 또 분석해 봐야죠. 모든 탑류의 치수는 어떤 숫자의 조합이랍니다. 숫자의 조합을 꽉 쥐고 있는 놈이 바로 2.7과 1.08(2.7x4) 이랍니다. 그럼, 이 11.88을 1.08과 2.7로 나누어 봐야겠죠. 11.88÷1.08=11, 11.88÷2.7=4.4. 묘하게도 잘 나누어지네요. 1.08로 나누면 11이라는 정수가 나온답니다. 2.7로 나누면 정수가 나오지는 않지만 그래도 나누어지는 것만으로도 큰 행운이랍니다.

엄밀히는 4.4라는 소숫점을 가진 숫자도 44의 숫자개념을 갖고 있답니다. 이 탑높이 증감계수가 @11.88이라는 의미는 바로 이 사찰목탑이 석탑형목탑이라는 걸 의미하기도 한답니다. 왜냐구요? 모든 석탑류를 분석해 보면 탑높이는 1.08의 정배수가 나오거들랑요. 물론, 탑총높이는 2.7의 정배수가 될 겁니다. 이제 높이에 대한 비밀(?)을 풀었으니 목탑이 8각형이었을 때의 최초안을 바로 잡아 보실까요. 총높이@13.5, 탑높이@11.88의 증감계수를 대입해서 풀어야겠지요.

같이 풀어봅시다. 우짜죠! 제가 미리 다 해 놓았으니 그냥 보시기만 하면 될 겁니다.

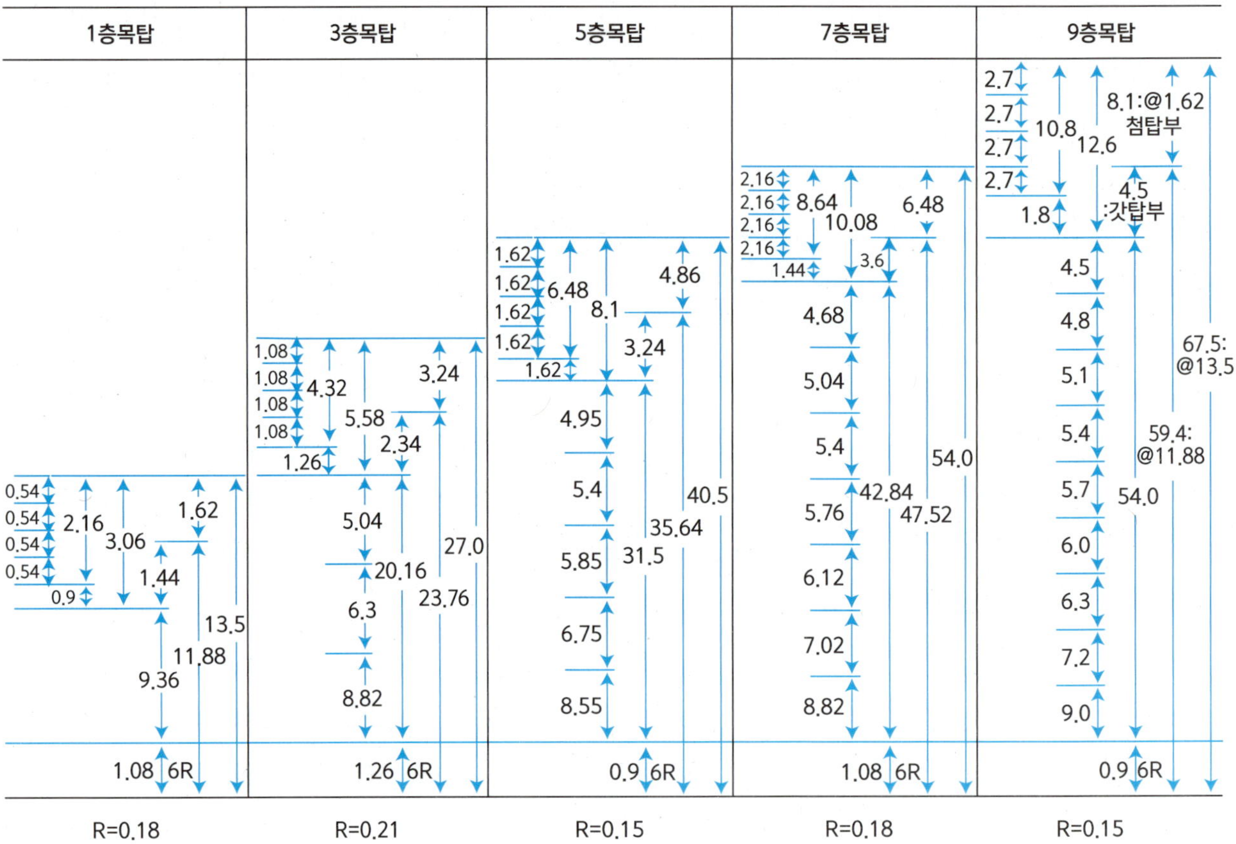

[그림 794] 최초안의 수정안 : 총높이@13.5, 탑높이@11.88, 단높이(R) : 일반목탑기준

첨탑부 높이증감계수를 @1.62로 했답니다. 비록 층고와 갓탑부높이가 들쭉 날쭉하긴 하나 어쨌든 최초안보다는 쪼께 나은 것도 같네요. 7층목탑 꼭다리를 다시 한번 보시죠. 최초안과는 비교가 안 될 겁니다. 왜냐구요? 각 찐빵높이가 9의 배수거들랑요.

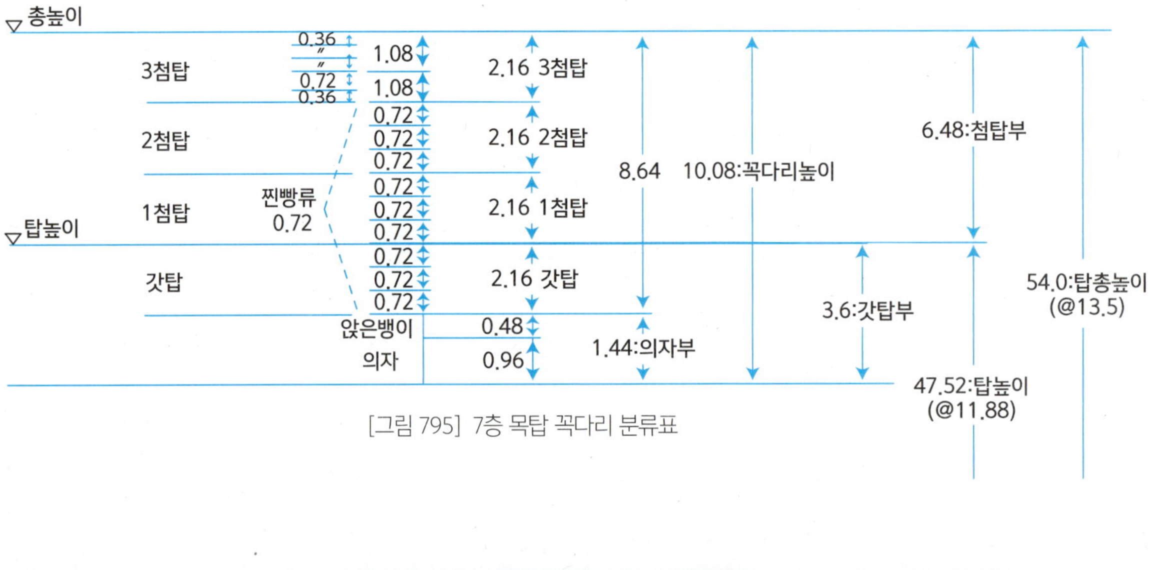

[그림 795] 7층 목탑 꼭다리 분류표

보시다시피 각 찐빵의 높이가 0.72로 0+7+2=9로 9의 배수가 되네요. 이제사 꼭다리는 약간 풀린 느낌이 드네요. 참고로 이 꼭다리가 아주 재미있답니다. 각 첨탑높이와 갓탑높이는 같답니다.

- 각 첨탑높이: 2.16
- 갓탑높이: 2.16

같군요

그리고, 재미있는 것은 첨탑의 개수랍니다. 갓탑은 1개로 모두 동일하답니다. 그런데, 이 첨탑은 기본적으로 일반목탑은 1개랍니다. 석탑류는 2개랍니다. 그런데, 묘하게도 사찰목탑은 3개랍니다. 이 사찰목탑의 첨탑의 중요도를 생각해 볼 수 있겠죠. 물론, 예외도 발생될 수도 있겠으나 기본적으로 첨탑개수는 이 원칙을 따른답니다. 그런데, 백제탑은 석탑이나 사찰목탑 모두 다 3개 첨탑이 기본적이며 특히, 3첨탑높이는 다른 첨탑높이의 2배나 되네요. 백제탑의 3첨탑은 조금 특이하답니다. 아마 3첨탑에 탑의 초점을 맞춘 듯 하답니다. 이제까진 사찰목탑이 8각형이며 외부경사기둥과 지붕각이 있을 거라는 가정하에서 탑높이와 층고를 풀어보았답니다. 그런데, 과연 8각형이며 일반목탑과 동일한 지붕각과 경사기둥을 갖고 사찰목탑을 지었을까요? 그렇다면 사찰목탑은 일반목탑의 축소판일까요? 하! 갑자기 머리가 아파오기 시작하네요. 아무런 기록도 아무런 흔적조차 없답니다. 그렇다고 고민만 한다고 해결될까요? 이럴 땐 가볍게 생각해야겠죠. 8각형이 아니면 4각형일 확률이 높아질 것이며, 아무래도 일반목탑보다 규모가 작으니 건물폭이 좁아질 확률도 높아지니 지붕각도 그리 중요하지도 않을 수도 있답니다. 그럼, 지붕각이 별 의미가 없어지며 4각형이라 경사기둥도 없을 것 같으니 공통수 발생이 되지 않을 것이며 또한, 계단단높이도 자유로워질 겁니다. 그래서, 지붕각은 일단 무시하고 계단단높이를 9층목탑만 15cm로 하고 나머지 목탑들은 계단단높이(R)를 18cm로 해서 각 탑의 높이와 층고를 다시 한번 풀어 보겠습니다.

9층목탑은 기록에 단높이가 15cm로 나와 있으므로 기록대로 할 것이며, 나머지 탑들은 여러 경우의 수를 대입해 보면 R=0.18이 가장 합리적인 것 같아서 가정을 했답니다.

자! 각 층고를 같이 풀어 볼까요.

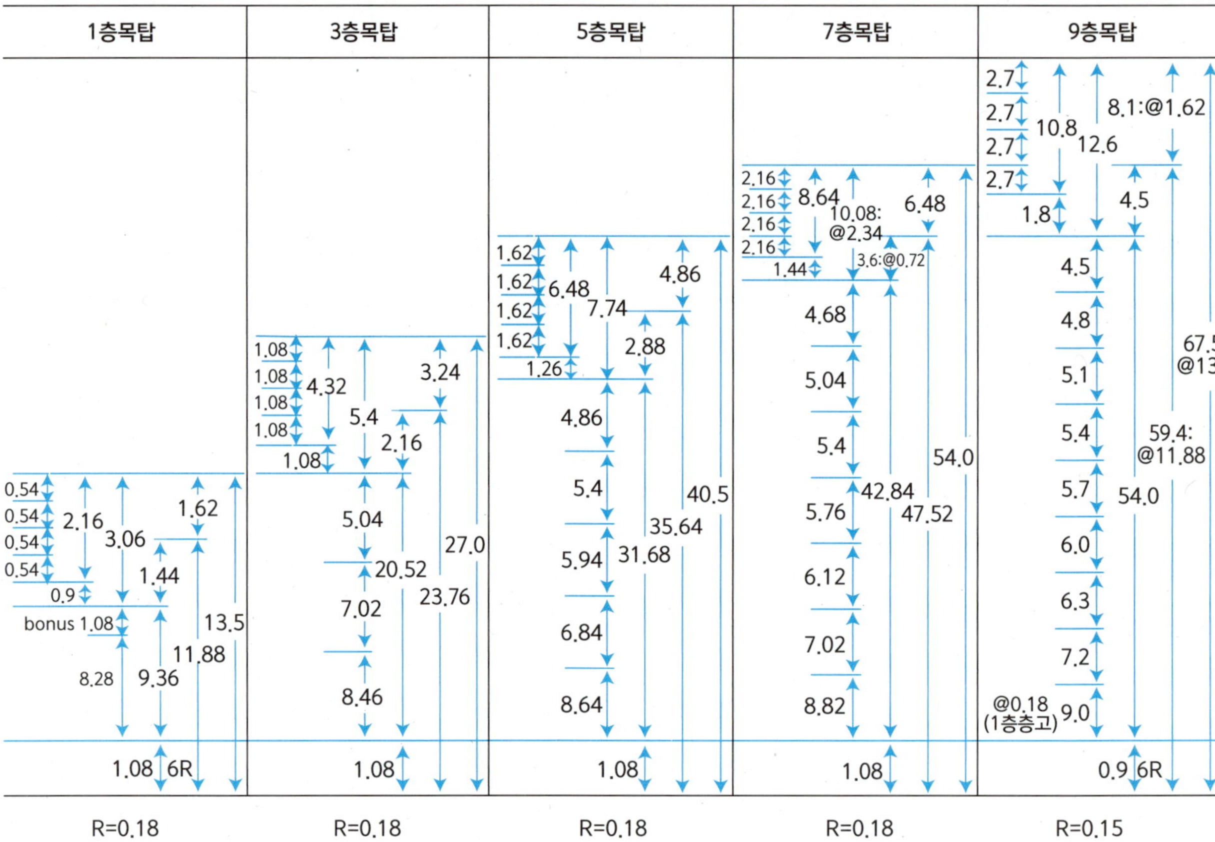

[그림 796] 9층목탑 R=0.15, 1~7층목탑 R=0.18시 탑높이와 층고
: 기준층 층고비례안, 1층 층고 증감계수@0.18, 1~7층목탑 꼭다리 증감계수 @2.34

잘 보시면 9층목탑을 제외한 1~7층목탑은 동일 법칙을 따르고 있답니다. 1·3층목탑은 꼭다리를 빼고 난 몸통부 층고가 이론적으로 잘 성립이 되지 않는답니다. 그래서 애매는 하지만 bonus공법(층고를 더 주거나 더 뺌)으로 층고를 맞추어 보았는데 불확실하답니다. 이 기준층층고비례안(순수이론)은 각 탑의 1층층고 증감계수를 @0.18로 하고 1~7층목탑 꼭다리증감계수를 @2.34로 해본 초기안이랍니다. 조금 촌스럽답니다. 석탑들을 보시면 3층석탑이 주가 되며, 1층석탑은 별로 본 적이 없는 것 같답니다. 그렇게 생각해보면 사찰목탑도 5·7·9층목탑만 있을 수도 있으나, 1·3층목탑도 일단은 있었던 걸로 가정해 보겠습니다. 석탑은 1층석탑이 보기가 조금 그래서 안 지었을 수도 있으나 사찰목탑은 1·3층목탑 자체가 어느 정도는 규모가 있어서 지었을 수도 있으니 일단은 있는 걸로 가정해 보았답니다. 이 도표의 층고개념을 기준층층고비례안(이론순수층고)이라고 부르겠습니다.(최상층층고증가안과 구분하기 위해서) 사실, 일반적인 층고는 기본적으로 모두 다 이 기준층(3층 이상의 층)층고비례안을 따르고 있답니다. 이 기준층층고비례안을 보시면 1~7층목탑은 계단단높이가

R=18cm인데, 유독 9층목탑만 R=0.15랍니다. 뭐 이런 게 다 있죠. 지가 뭐 독불장군인가.

아! 기록에 나와 있으니 9층목탑은 R=0.15가 맞을 것 같다구요? 사실 저도 그렇게 생각하고 그냥 무심코 넘어갔답니다. 그런데, 석탑류(종교용)를 푸시다 보면 거의 모든 중요한 치수는 9의 배수가 나온답니다. 9의 배수숫자(특히 층고)라는 것은 비록 석탑류 내부에는 내부계단이 없을지라도 모든 종교용건축물(석탑류 & 사찰목탑 등)의 계단단높이는 R=0.18(9cmx2)이라는 걸 의미할 수도 있답니다. 물론 석탑류는 이론적으로는 R=0.09(9cm)가 나오기도 하기는 하지마는 기본적으로 계단단높이는 18cm가 기본이랍니다. 그런데, 이 사찰목탑의 완성형이며 두목급(?)인 황룡사 9층목탑은 왜 단높이가 15cm일까요? 두목 표시내나? 아무리 생각해 봐도 알 수 있는 방법이 없더랍니다.

궁금하지 않으세요? 저희들이 누구라고 했죠? 귀신잡는 공병(?)이라고 했잖아요. 해병대 아재가 저 멀리서 빙긋이 웃고 있네요. 그래서, 길고 긴 장고(?)에 들어갔답니다. 원인을 알아내었을까요. 못 알아내었을까요? 생각은 자유랍니다. 여러 원인이 있을 수도 있겠지만 제가 알아낸 원인(?)을 잠깐 분석해 보겠습니다. 판단은 스스로 알아서 하이소. 저는 꼭다리높이에 초점을 맞추겠습니다. 간단히 5·7층 목탑꼭다리에 초점을 맞추어 9층목탑이 R=0.18일 경우의 몸통부높이를 구해보겠습니다.

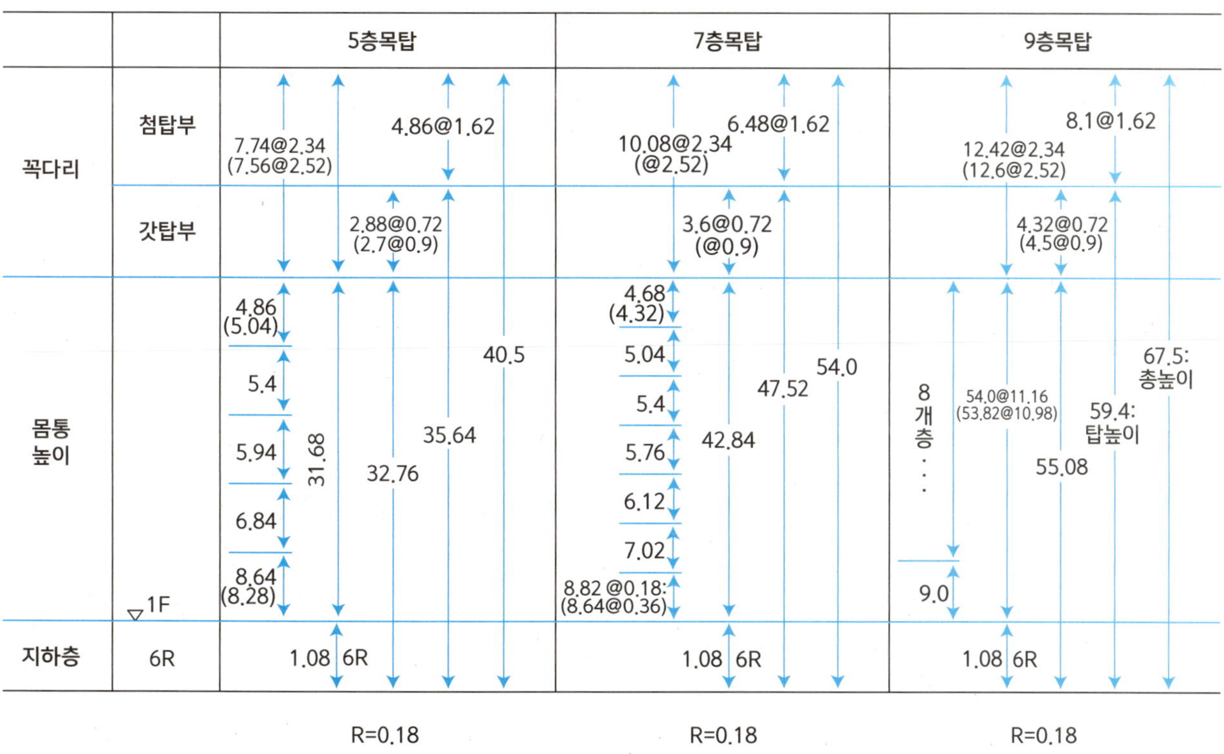

[그림 797] 1층 층고 증감계수 @0.18, 꼭다리 증감계수 @2.34 기준임.
( ) : 1층 층고 증감계수 @0.36, 꼭다리 증감계수 @2.52 기준임

표를 보시면 지하층 단높이는 R=0.18이므로 5·7·9층목탑 동일하게 지하 층고는 1.08(6R)이 된답니다. 그리고 꼭다리는 갓탑부와 첨탑부로 되어있는데, 첨탑부의 증감계수는 @1.62이며 갓탑부의 증감계수는 @0.72(@0.9)로 둘을 합치면 꼭다리의 증감계수는 @2.34(@2.52)가 된답니다. 참고로, 1층층고 증감계수를 @0.36으로 하고 꼭다리 증감계수@2.52를 최종채택안으로 할 예정이랍니다. 위의 꼭다리 증감계수@2.34는 왜 9층목탑이 R=0.15인가를 확인하기 위해 9층목탑 몸통부높이를 54m에 맞추어 본 안이랍니다. 그런데, 9층목탑 몸통높이54m(53.82m)가 무슨 문제가 있을까요.

이 9층목탑 몸통부높이 54m(53.82m)에 원인과 이유는 모르겠으나 단높이 R=18cm의 층고를 가진 9개층을 집어넣을 수가 없답니다. 물론 1·2·3층 층고비례 등 기본법칙을 따라야겠지요. 일반적으로 층고를 계산해 보면 서너번 정도면 층고가 나오며 헷갈려 봐야 5~6번 정도면 층고를 구할 수가 있답니다. 그런데, 이 놈(?)의 54m(53.82m)의 몸통부층고는 R=0.18층고(R=0.18의 배수군)를 적용해 보면 9개 층이 나오지가 않는답니다. R=0.15층고를 적용해 보면 2~3번이면 층고들이 아주 매끄럽게 잘 나온답니다. 해결방안이 있는 것인지 근본적으로 R=0.18이 성립 자체가 안되는 건지는 모르겠네요. 아마도 제가 대가리가 나빠서 못푸나 봅니다. 우짭니까? 어쩌면 이 글을 읽으시는 분 중에서 머리가 좋으신(?) 분이 찾아내실 수도 있답니다. 그래도 못 찾으면 방법은 딱 한가지겠죠.
AI(인공지능)에게 일임하는 수 밖에는 없답니다. 인간이 이렇게도 나약해져 버렸답니다. R=0.18의 층고로 해결방안이 있는지는 모르겠으나, 아마 신라건축기사도 찾지를 못했나 보네요. 그래서 아마도 사찰목탑 중 유일하게 9층목탑만 R=0.15가 된 것으로 보인답니다. 모르죠. R=0.18의 층고를 찾긴 찾아내었는데 R=0.15가 더 좋다고 판단했을 수도 있답니다. 아님 9층 일반목탑의 단높이가 R=0.15라 따랐을 수도 있답니다. 근데, 알 수 있는 방법이 없네요. 기록에 의존하는 수 밖에는?

앞 도표(9층목탑이 R=0.15인 이유)에서 보시면 각 탑간 1층층고 증감계수가 @0.18과 @0.36이라는 말이 나오실 겁니다. 말 그대로랍니다. 처음 접근할 때에는 @0.18과 @0.36을 동시에 고려했는데, 착각을 했었는지는 모르겠으나 각 탑간 1층층고 증감계수@0.18이 조금더 매끄럽게 나오는 것 같아서 @0.18을 기준층층고비례안으로 생각했으며, 최상층층고증가안으로는 @0.36이 더 좋겠다고 막연히 생각했답니다. 그러고 시간이 한참 흐른 후 여러 생각을 해보니 @0.18안에 문제가 있을 수 있다는 것을 인지했답니다. 각 탑간의 1층층고가 18cm밖에 차이가 안나니 5층목탑과 9층목탑 1층 층고가 36cm 밖에 차이가 나질 않더랍니다. 하! 이거 문제가 있을 수 있다고 판단한 후 다시 길고 긴 장고(?)로 분석을 해 봤겠죠. 먼저, @0.18로 분석을 해보니 꼭다리증감계수가 1~7층목탑은 @2.34가 나오며 7층목탑과 9층목탑과는 @2.52의 증감계수가 나오더랍니다. 1~9층목탑의 꼭다리

증감계수가 이왕이면 같으면 좋겠는데 왜 안맞지? 그래서, @0.36으로 다시 정밀(?)계산을 해보니 희한하게도 꼭다리증감계수가 @2.52로 전탑 동일하게 나오더랍니다. 물론, 1층층고 증감계수 @0.36도 전탑 동일하게 나오니 모든 것이 완벽하게 맞게 되더랍니다. 미심쩍어서 @0.54로도 풀어보니 묘하게도 꼭다리증감계수가 @2.52가 전탑 동일하게 나오더랍니다.

이 꼭다리증감계수@2.52를 유심히 다시 보니 완벽한 꼭다리증감계수더랍니다. 그래서 각 탑 간 1층층고 증감계수를 @0.36으로 하고 꼭다리증감계수@2.52를 기본으로 기준층층고비례안과 최상층층고증가안을 채택하기로 했답니다. 1층층고 증감계수@0.54(7층목탑과 9층목탑 1층층고 차이는 0.36)도 기준층층고증가안은 아주 양호하게 잘 나오는데 최상층층고증가안은 잘 나오지가 않아서 일단 제외하기로 했답니다. 그럼, 1층층고 증감계수@0.36의 기준층층고비례안(순수이론)과 최상층층고증가안을 한번 봅시다. 5·7·9층목탑 기준이랍니다. 1·3층목탑은 자체법칙으로는 층고가 잘 맞지가 않아서 층고조절공법으로 해결해야 된답니다.

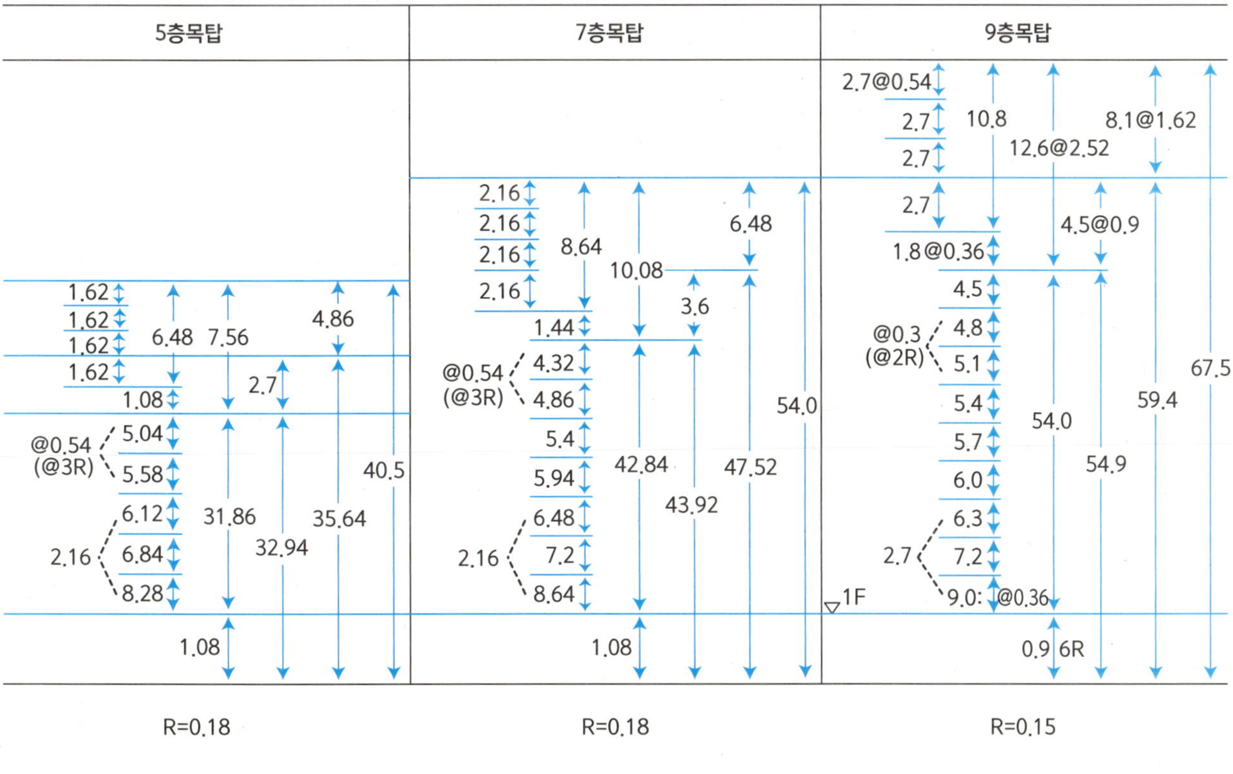

[그림 798] 기준층 층고비례안 : 1층층고 증감계수 @0.36, 꼭다리 증감계수 @2.52

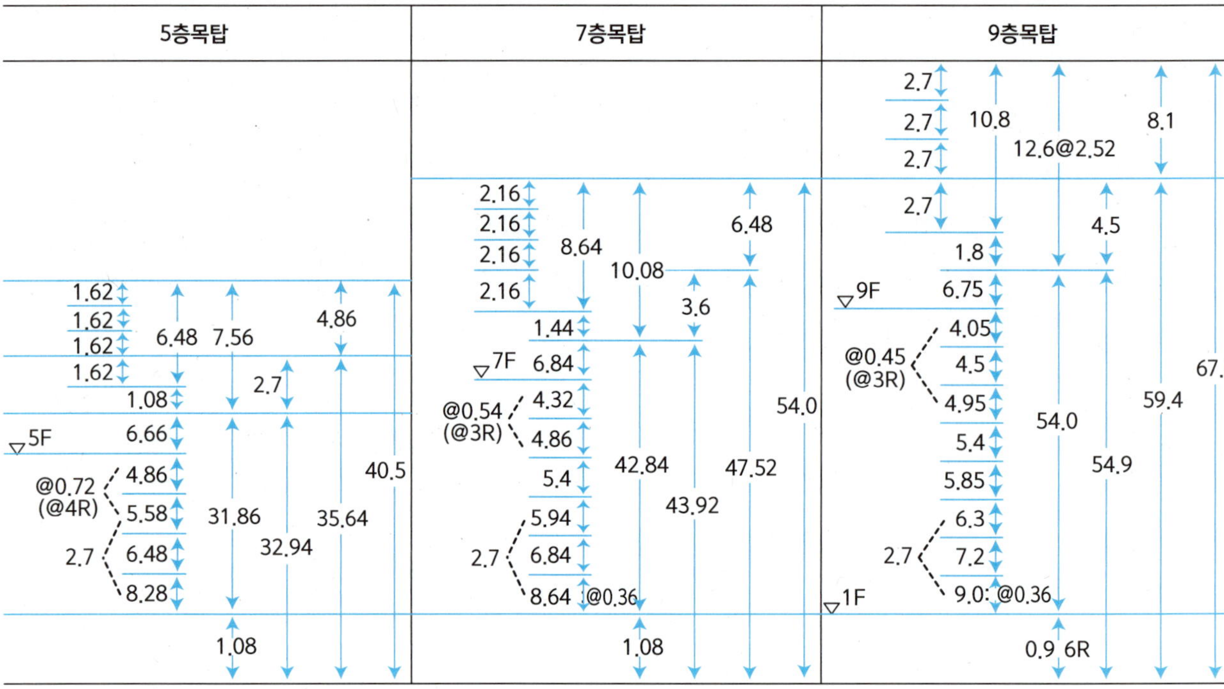

[그림 799] 최상층 층고증가안 : 1층 층고증감계수 @0.36, 꼭다리 증감계수 @2.52

두 도표를 자세히 보시면 9층목탑의 1·3층층고 차이는 기준층층고비례안과 최상층층고증가안이 2.7(0.9x3)로 똑같은데 비해서, 5·7층목탑은 기준층층고비례안에서는 2.16(0.72x3)이 되는데 묘하게도 최상층층고증가안에서는 2.7(0.9x3)이 된답니다. 그래야만이 5·7층목탑의 최상층층고가 잘 어울리게 되더랍니다.

조금 전에 말씀드린 것 중 기준층층고비례안의 기본개념을 잠깐만 보고 지나갑시다.
간단히 7층목탑의 층고를 보실까요.

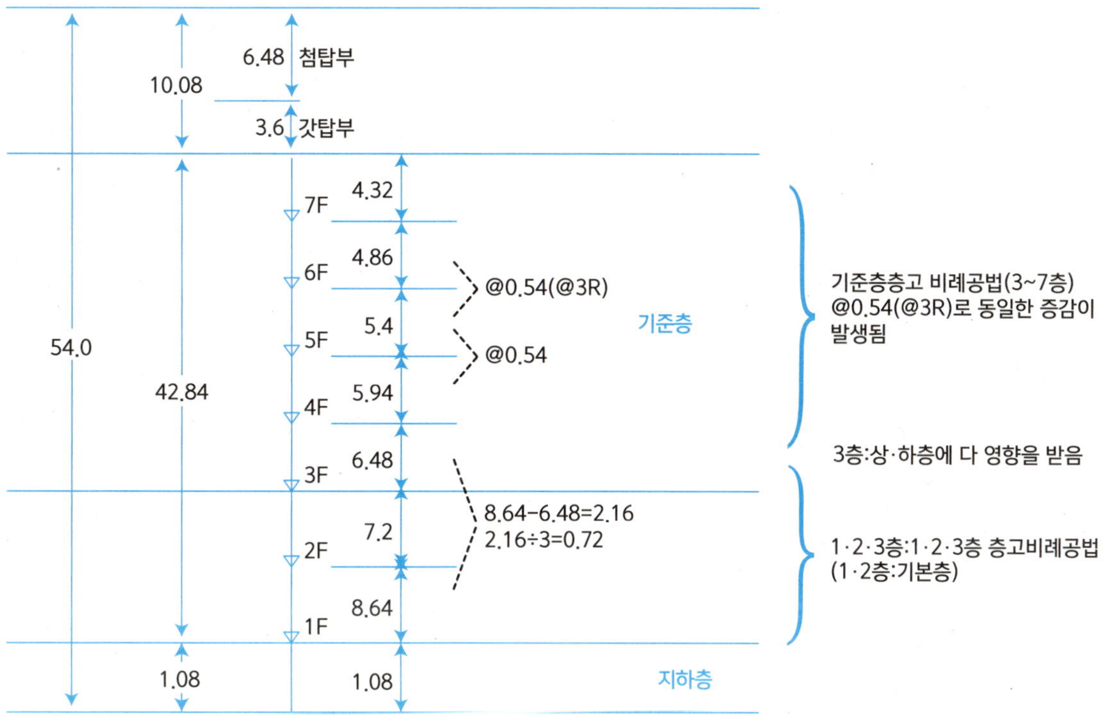

[그림 800] 7층목탑 기준층 층고비례안의 층고개념 : 이론 층고안

7층목탑의 탑총높이는 54m이며 꾹다리와 지하층을 제외하면 42.84m의 몸통부높이가 나오게 된답니다. 이 기준층비례안은 바로 몸통높이(42.84m)에 1·2·3층층고비례안과 기준층층고증감계수를 동시에 적용했을 때 42.84m안에 7개층이 아주 매끄럽게 쏙 들어가는 안을 의미한답니다.
계산기를 두드려 보시니 맞는 것 같나요? 예! 정확히 맞을 겁니다. 단 0.1mm도 틀리면 안됩니데이.
그리고, 최상층층고증가안도 접근개념은 같답니다. 다만, 1·3층층고 차이와 기준층층고 증감계수를 조절해서 적절한 최상층층고를 찾아내시면 된답니다. 그런데, 기준층층고 증감계수가 어떤 층과는 @0.36(2R)인데, 어떤 층과의 차이는 @0.18(1R)이 되거나 @0.54(3R)가 되면 안되겠죠.

그렇게 되면 건물이 매끄럽지 못하게 됩니데이. 한번 보실래요.

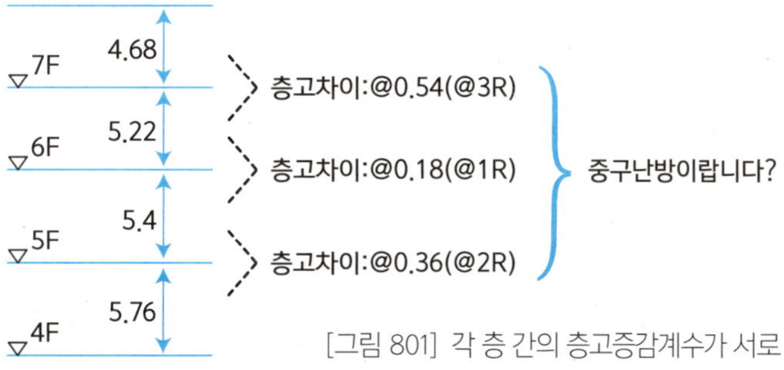

[그림 801] 각 층 간의 층고증감계수가 서로 다를 경우

보시듯 지멋대로 집이 될 겁니다. 건축기사를 짤라야 할까요. 가르쳐야 할까요? 알아서 하이소. 어떤 몸통높이가 주어졌을 때 이 높이를 갖고 9개층이든 7개층이든 각 층고를 어떤 법칙에 따라 정확히 맞추기가 그리 쉬운 일만은 아닐 겁니다. 당연히 탑총높이에서 꼭다리높이와 지하층높이 등이 정확하게 맞을 경우에만 성립이 가능하답니다. 어느 한 높이라도 삐끗하면 어쩌면 영원히 못 짜 맞출 수도 있답니다. 만만한 게 한 개도 없답니다. 이 각층의 층고를 정확하게 짜맞추려면 가장 중요한 1층층고를 정확히 인지해야 한답니다.

그런데, 문제는 이 1층층고를 정확하게 알 수 있는 방법은 존재하지 않는답니다. 공통수(C)가 확실한 일반목탑1층층고 구하기와는 사찰목탑1층층고 구하기는 개념이 약간 다른 것 같답니다. 7층목탑의 몸통높이 42.84m(사실, 이 높이 자체도 정확한지를 알 수 있는 방법은 없답니다. 모든 경우의 수로 다 풀고난 뒤에야 아! 이게 맞구나라고 인지할 수 있음)를 보시고 1층층고를 단번에 정확하게 알아내실 수 있으신 분 계시면 손 한번 번쩍 들어 보이소. 아주 멀리서도 보일 수 있게! 예, 맞습니다. 수도 없이 많은 반복 작업을 거쳐야만 그것도 간신히 그것도 모자라서 맞는지조차도 불확실할 수도 있답니다. 자기 혼자서만 맞다고 착각하겠죠.~ㅋ~ 저는 접근할 때 이렇게 한답니다. 영업비밀인디? 뭐 우리끼린데! 물론 약간의 잔머리공법(?)도 필요하답니다. 7층목탑의 몸통높이 42.84m에 7개층이 들어가니 일단 42.84를 7로 나누어 본답니다. 42.84÷7개층=6.12m가 나오네요. 희한하게 7로 나누어지는 숫자도 다 있네요? 그러면, 1층층고는 최소한 6.12이상이 될 겁니다. 그냥 감으로 8~9m 정도면 적당할 것이라고 단순히 생각한답니다. 8~9m 속에서 R=0.18의 배수 숫자를 찾아낸답니다. 볼까요. 8.1(0.18x45=45R), 8.28, 8.46, 8.64, 8.82, 9.0(50R) 많아야 6개의 경우의 수 밖에 안되네요. 이 나온 모든 숫자를 갖고 일일이 다 계산해 보면 된답니다. 이렇게 하면 너무너무 힘이 들겁니다. 그래서 저는 표준이 되는 9층목탑의 1층층고를 먼저 구한 뒤(물론 시간이 쪼께는 걸릴 겁니다) 7층목탑의 1층층고를 약간 낮게 설정한 뒤 접근하면 아주 쉽게 풀리더랍니다. 5층목탑 1층층고는 7층목탑의 1층층고 보다 작은 높이로 접근해야겠죠. 5층목탑 1층층고를 7층목탑 1층층고보다 높게 해도 된다고요? 아이구 두야! 빨리 집에 가야겠다. 제가 아주 간단히 정상적인 층고(기준층층고비례안) 구하는 법을 말씀드렸는데 운이 좋으면 쉽게 풀리는데 운이 억수로 더 좋으면(?) 며칠을 풀어도 못 풀 때가 있답니다. 팔자대로 삽시다. 기준층층고비례안이라는 말은 없었는데(정상적인 층고이기 때문) 다음에 나오는 최상층층고증가안과 구분하기 위해 만들어 본 말이랍니다.

그런데 이 정상적이며 일반적인 층고인 기준층층고비례안으로 신라사찰목탑을 그려 보면 최상층지붕이 문제가 발생될 수가 있답니다. 보실래요.

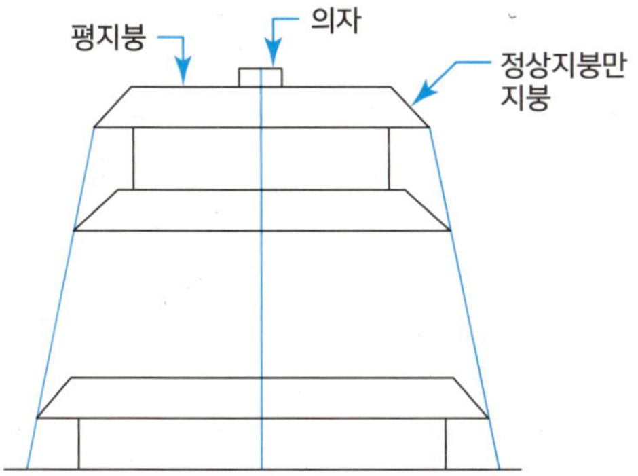

[그림 802] 최상층지붕이 평지붕이 됨
: 정상적인 지붕형태시

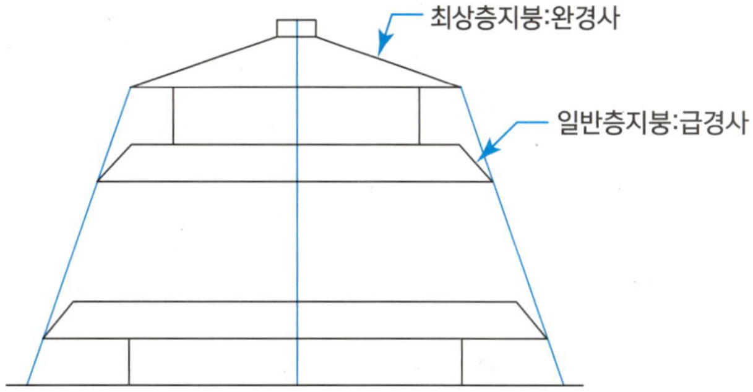

[그림 803] 최상층지붕 : 완경사, 일반층지붕 : 급경사
: 무리하게 지붕을 다 이을시

최상층지붕에서 진짜(?)지붕 부위만 기와를 이고 그 윗면은 평지붕이 발생되는 경우가 있을 수 있으며, 최상층지붕을 다 기와를 이을 수도 있는데 경사(물매)가 너무 완만한 지붕이 발생될 수도 있답니다. 두 가지의 어떤 경우라도 사찰목탑지붕으로서는 조금 마음에 걸리기도 하답니다.

이걸 어떻게 하면 해결할 수가 있을까 하고 엄청 많은 고민(?)을 해 봤는데 뾰족한 대책이 나오질 않더랍니다. 최상층지붕 전체를 어느 정도의 경사각을 가지면서 기와를 다 덮어 씌우는 방법을 찾다찾다 보니 방법은 단 한가지 밖에 없더랍니다. 바로 최상층층고를 키워서 최상층지붕두께를 키우는 방법 외에는 어떤 방법도 찾을 수가 없더랍니다. 최상층층고를 키워 보니 건물폭(특히 1층폭)이 좁으면 최상층지붕(일반적으로 지붕이라고 하죠)이 뾰족해지며 건물폭이 넓으면 최상층층고를 키워도 역시 지붕이 완경사가 되더랍니다. 지붕이 와 이리도 애럽죠. 아마 가장 적절한 1층폭을 찾는 게 더 현명할지도 모르겠네요. 최상층층고증가안을 채택을 해도 어느 정도의 문제는 있을 수는 있으나 그래도 기준층층고비례안 보다는 지붕모양새가 나을 것 같아서 기본적으로 최상층층고증가안의 각층 층고를 채택할 예정이랍니다. 물론 기준층층고비례안도 같이 비교해 보셔야겠죠.

그럼, 저희들이 기본적으로 채택할 최상층층고증가안의 층고들을 한번 봅시다. 5·7·9층목탑의 층고를 봅시다. 저층(1·3층목탑)은 짓지 않았을 확률이 높겠죠.

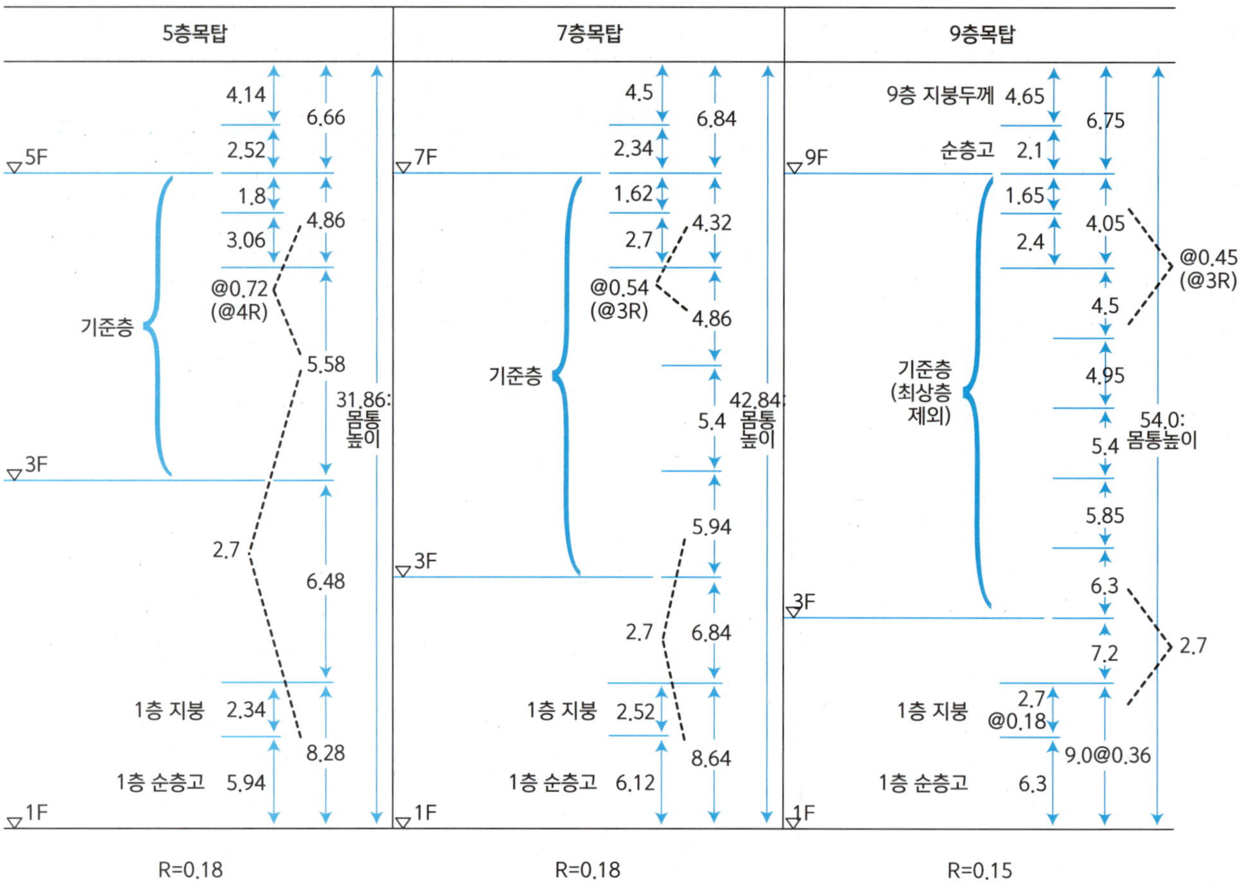

[그림 804] 최상층 층고증가안에 따른 각 탑의 층고들:몸통 높이 기준임.
: 1층 층고증감계수 @0.36, 꼭다리 증감계수 @2.52기준

1층층고를 먼저 보시면 각 탑간 증감계수를 @0.36으로 했답니다. 또한, 1층지붕두께도 각 탑간 @0.18로 했으며, 각 탑의 지붕판두께는 윗층으로 갈수록 1R씩 줄여나갔답니다. 그리고, 최상층 층고를 높이기 위해서 최상층을 제외한 기준층층고를 기준층층고비례안의 증감계수보다 더 키우거나 1·3층층고 차이를 조절해서 기준층층고를 줄여 보았답니다. 9층목탑은 @0.45(기준층층고비례안은 @0.3), 7층목탑은 @0.54(기준층층고비례안도 @0.54. 단, 1·3층층고 차이를 2.16에서 2.7로 함), 5층목탑은 @0.72(기준층층고비례안은 @0.54. 1·3층층고 차이도 2.16에서 2.7로 함)씩의 증감계수를 적용해서 기준층층고를 더 줄여서 줄어든 만큼 최상층에 주어 최상층층고를 높여보았답니다.

최상층층고증가안으로 하나 더 생각해 볼 수 있는 것은 기존 기준층층고비례안은 그대로 두

고, 꼭다리높이를 떼어다가 최상층에 주는 방법도 있기는 있으나 성립이 될지는 미지수랍니다.

그런데, 백제사찰목탑은 묘하게도 꼭다리에 있는 3첨탑의 반(3첨탑이 밑첨탑보다 2배나 됨)을 최상층에 주면 아주 잘 나올 수가 있답니다. 앞의 도표를 보시면 9층목탑의 9층층고가 묘하게도 7층목탑의 7층층고보다 조금 더 낮네요. 그래도 다행인 것은 지붕두께는 9층목탑이 조금 더 두껍답니다. 이런 현상은 단높이(R)와 연관이 있는 것으로 보인답니다. 그리고 1층 지붕판두께도 각 탑간 0.18씩의 증감계수를 도입(?)해서 각 탑간의 지붕판두께도 변화를 주어 보았답니다. 즉, 9층목탑의 1층지붕판두께는 2.7m, 7층목탑의 1층지붕두께는 18cm가 더 적은 2.52m가 되겠죠. 이 최상층층고증가안을 풀다 보시면 이 최상층을 제외한 기준층의 증감계수를 변화시키면 최상층지붕두께가 높아지기도 하고 줄어들기도 하여 무지 헷갈리게 되어 있답니다. 그래도 이것이 가장 좋을 것 같아 적용할 예정이랍니다. 이 최상층층고증가안을 풀다가 느낀 재미있는 것 하나만 짚고 넘어가 봅시다. 제가 판단하기에는 너무 어렵네요. 이 목탑이 5가지 높이가 있답니다. 1·3·5·7·9층목탑이겠죠. 궁금한 건 바로 이것이랍니다.

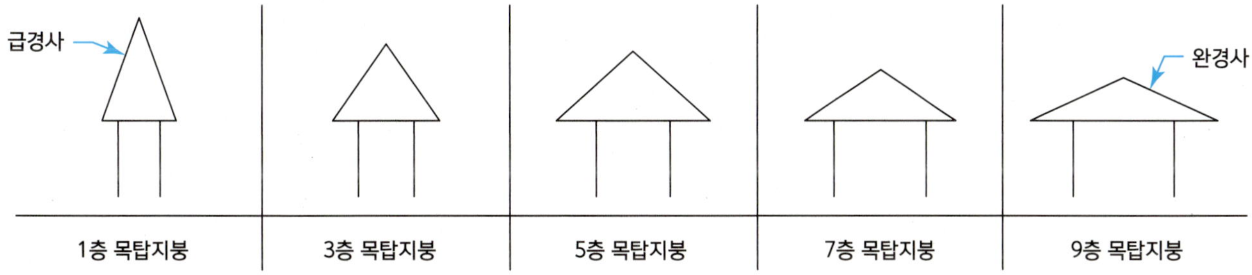

[그림 805] [1안] 저층탑으로 갈수록 최상층지붕(일반적으로 지붕이라고 지칭)이 뾰족할까요?

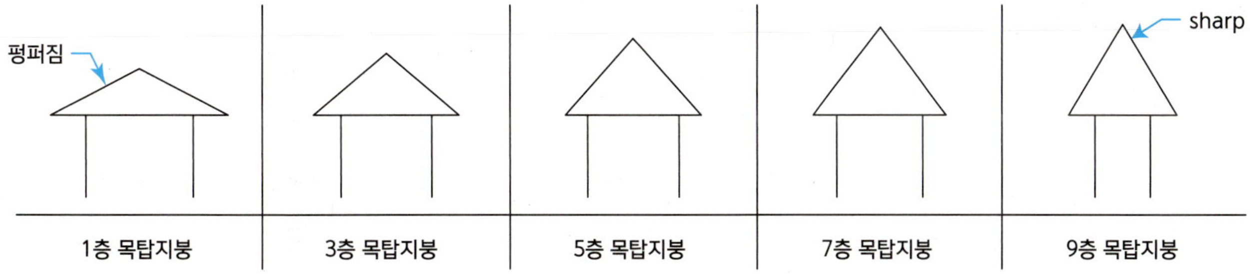

[그림 806] [2안] 고층탑(?)으로 갈수록 지붕이 뾰족해 질까요?

아니면, 그냥 계산해 보고 나오는대로 대충할까요?

어찌 생각해보면 저층탑일수록 뾰족해야 할 것 같기도 하고, 또 어떻게 생각해보면 고층탑일수록 더 뾰족한 게 더 멋있을 수도 있는 것 같고?

다행인 것은 풀다 보면 뾰족하고 납작한 것은 최상층층고도 영향을 미치기는 하나 건물폭이 꽉 쥐고 있더랍니다. 그러니, 최상층지붕각도에 너무 연연해 하실 필요까지는 없네요.
이제부터는 건물형태에 따른 건물폭(1층폭)에 관심을 가져야될 것 같군요. 그런데, 그렇게 쉽게만 생각했던 층고가 이리도 경우의 수가 많이 발생될 수 있으리라고는 미처 생각하지 못했답니다.
저 자신이 쪼께 문제가 있는 듯. 최상층층고증가안을 기본적으로 볼 것이며 기준층층고증가안도 살짝 곁들일 겁니다. 물론 8각 일반목탑형은 자체 일반목탑형 층고를 따르게 될 겁니다.

5. 목탑의 개념 비교

목탑에 대해서 아셔야 될 기본개념이 몇 개 있어서 간단히 비교해 봅시다.

(1) 일반목탑과 사찰목탑의 개념

사실은 다 말씀드린거나 마찬가지지만 그래도 요약해서 한번쯤은 비교해 보는 것도 좋을 것 같답니다.

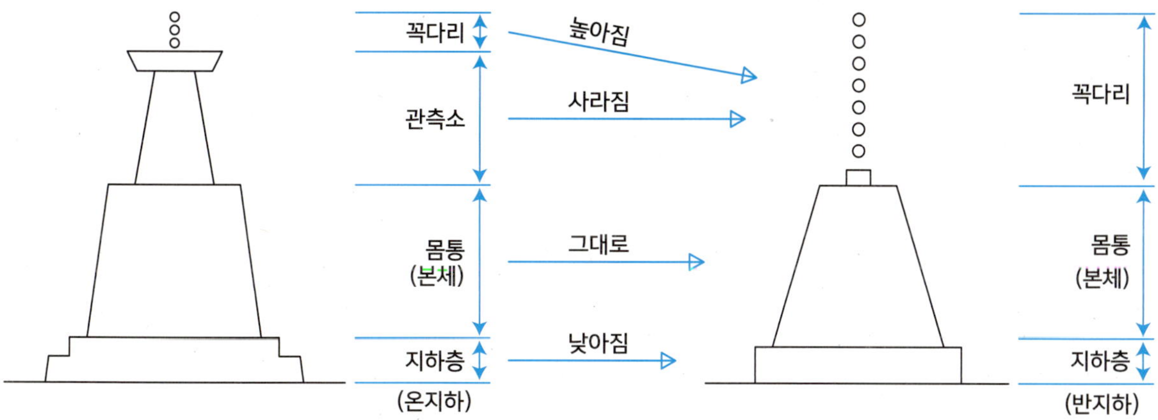

[그림 807] 일반목탑 개념 [그림 808] 사찰목탑 개념

자세히 보시면, 꼭다리는 일반목탑(관공서)에서는 그리 큰 비중을 차지하지 않는데 비해서 사찰목탑에서는 무지 높아지기도 했지만 아주 중요한 의미가 있는 것도 같답니다. 어쩌면 이 꼭다리가 사찰목탑의 꽃이라고 봐도 될 것 같답니다.

일반목탑의 관측소는 사찰목탑에서는 흔적도 없이 사라져 버렸네요. 관측할 일이 사찰에서는 별로 없나 봅니다? 아니! 스님들이 관측을 잘 못하시나?

몸통은 그대로입니다. 다음으로, 이 지하층이 아주 재미있는 놈이랍니다. 일반목탑은 정식지하층으로 온지하인데 반해 사찰목탑에서는 반지하라고 하기도 그렇지만 높이가 쥐꼬리만해 졌답니다. 즉, 1층으로 올라가는데 6단(6R)만 올라가면되네요. 신도들을 위한 배려차원이었을까요?

다리는 덜 아프겠네요. 신라석탑을 보시면 지하층은 기본적으로 온지하랍니다. 같은 종교용도인데도? 이유는 아무도 모른답니다. 그런데, 같은 종교용도인 석판탑(돌판탑 : 분황사 7층탑 등)은 기본적으로 묘하게도 반지하(6R)랍니다.(신세동 7층전탑은 묘하게도 온지하임) 그리고, 백제 석탑류와 사찰목탑도 기본적으로 반지하(6R)형태랍니다. 이제, 한 눈으로도 척 알아보실 수가 있으실 겁니다.

이런 식으로 비교 분석해 보니 재미있죠. 사실 반지하층고를 6R보다 높일까도 생각해보았는데 모든 치수개념과 현상태(현존상태)를 비교검토해 보니 6R이 가장 합리적이더랍니다.

이제 한눈에 일반목탑과 사찰목탑의 개념을 정확히 이해하셨으리라 믿습니다.

(2) 8각형과 4각형 건축물의 내부계단 개념

두 형태의 계단을 봅시다.

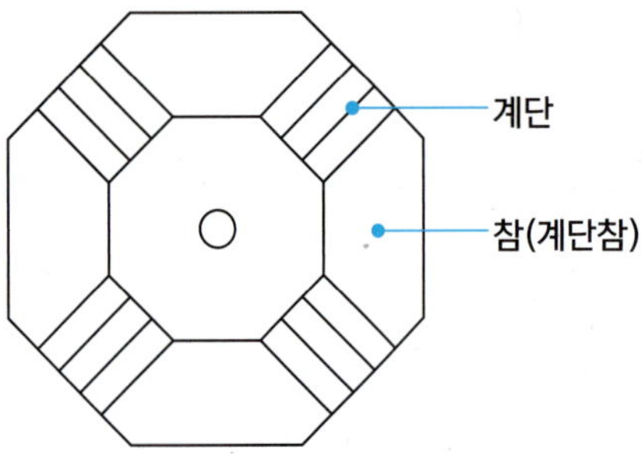

[그림 809] 8각형 core계단

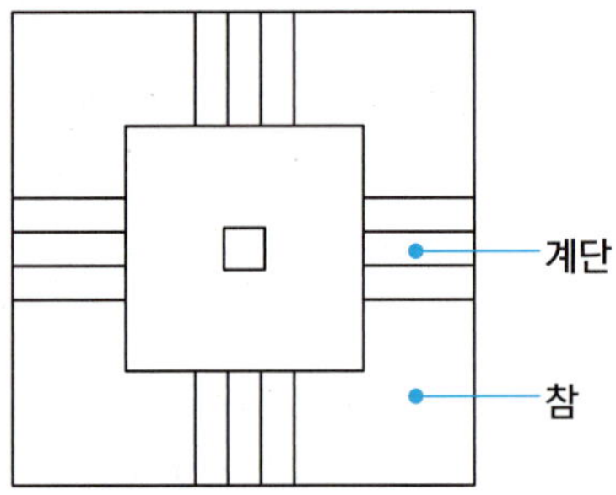

[그림 810] 4각형 core계단

보시면, 계단 4개와 참 4개씩으로 얼핏보면 똑같은 개념으로 보이시겠지만 실제 개념은 완전하게 다르답니다. 또 보실까요.

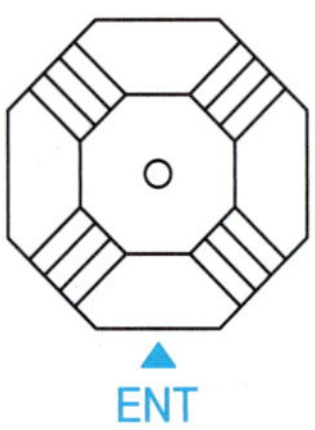

정중앙진입: 4계단을 다 이용

[그림 811] 8각형 계단진입
: 정중앙 진입이 가능

정중앙진입: 3계단 이용가능

4계단 이용가능

[그림 812] 4각형 계단진입
: 진입 위치에 따라 이용가능 계단이 다름

보시다시피 8각형계단은 동·서·남·북 어디로 들어가더라도 4개의 계단을 전부 다 이용할 수가 있답니다. 그런데 4각형계단은 한 면에서 정중앙으로 들어가면 계단이 1개 사라져서 3개의 계단만 사용이 가능하답니다. 물론 우측이나 좌측의 귀쪽을 이용하면 4개 계단을 다 이용할 수는 있답니다.

그러나, 상식적으로 계단을 중앙으로 들어가지 양쪽 구석으로는 잘 들어가지는 않을 것 같네요. 제 생각이 짧은건가? 정중앙으로 들어간다고 볼 때 4각형계단은 3개 계단만 이용이 가능하며 올라가실려면 다리가 쪼께 더 아프시기도 하지만 1층 진입이 1방향 진입만이 가능하답니다.
8각계단은 2방향 진입이 가능하답니다.(층고가 무지 낮지 않는 이상) 2방향 진입이 무엇이었죠.
바로 계단실은 한 개인데 실제 계단은 2개의 계단이라는 말이겠죠. 즉, 1층에서 남북으로 두 놈이 동시에 진입하면서 서로 마주칠 일이 없답니다. 꼬라지 보기 싫은 놈하고 서로 부딪칠 일 없이 올라갈 수 있는 계단이랍니다.ㅋ~ 1방향 진입계단과 2방향 진입계단은 계단 효용면에서 천양지차랍니다. 왜 4각계단에서 정중앙으로 들어가면 2방향 진입이 힘든지 볼까요.

간단하게 1계단 단수가 10단씩이라고 가정을 해 봅시다. 1계단높이=10R=10x0.15=1.5m가 될 겁니다. 8각형과 4각형을 비교해 볼까요.

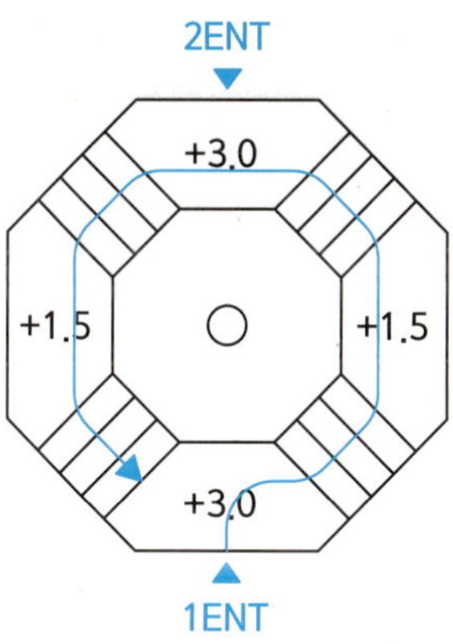

[그림 813] 8각 계단

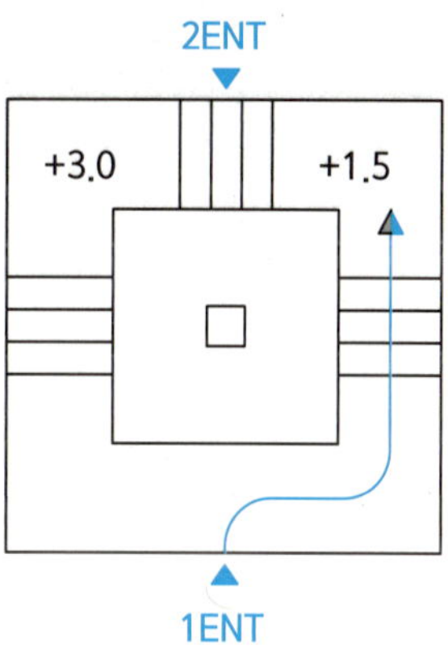

[그림 814] 4각 계단: 정중앙 진입시

8각계단은 2계단을 돌아서 참높이가 1.5x2=3m나 된답니다. 이 3m높이 밑에서는 룰루랄라 계단을 올라갈 수가 있답니다. 그런데, 4각계단은 1계단만 올라가니 참바닥높이가 +1.5m가 되어 너무 낮아서 2진입은 불가능해진답니다. 참바닥 밑에는 보가 되었든 디딤판이 되었든 어느 정도의 두께가 필요하답니다. 즉, 바닥높이는 1.5m일지라도 보든 바닥판이 되었든 부재를 놓다 보면 밑순 층고는 엄청 낮아진답니다.
보통 약 60cm정도의 두께가 필요하답니다. 1.5-0.6(보두께 등)=0.9. 이 높이로는 2진입이 쪼께 애럽다고 봐야겠죠. 기어서 가면 된다꼬요? 혼자서 기어가이소. 계단층고(윗층으로 갈수록 줄어듬)에 걸려서 9층까지 계속 기어서 가셔야 될 겁니다. 9층까지 가시면 아마 허리가 뿌러질 듯?

그런데, 이 4각계단도 좌측진입시나 1계단높이가 무지 높으면 2방향 진입은 가능은 하답니다.

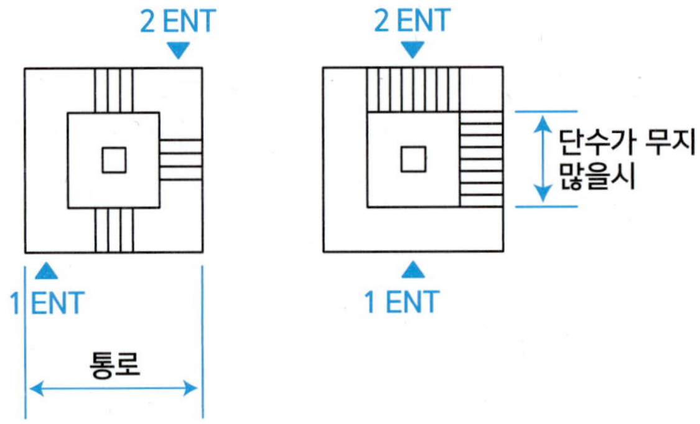

[그림 815] 4각계단도 좌측진입시나 1계단높이가 무지 높으면 2방향 진입은 가능

1층층고가 무지 높으면 1계단높이도 높아서 1층에서는 2진입이 가능할지는 모르겠으나 이 층고라는 놈이 상층으로 갈수록 자꾸 낮아져서 어디선가에서는 반드시(?) 머리를 조심하셔야 할 겁니다. 그리고 좌측구석 진입이 있는데 이론은 그럴싸하답니다. 우회전법칙과는 동떨어진 상황이네요. 어떤 친구가 통로(복도)를 걸어가다가 좌로 방향을 틀어서 들어가서는 또 우측으로 계단을 올라갈까요? 아마 그런 친구가 혹시 있다면 그 친구는 아마도 쪼께 문제아일 듯?

계단진입이 1방향 진입이든 2방향 진입이든의 문제보다도 4각계단은 더 심각한 문제가 있답니다. 1층에서 정중앙으로 진입을 하게 되면 각 층의 진출입방향이 동쪽으로 나왔다가 서쪽으로 나왔다가 지멋대로 방향이 와따리가따리 한답니다. 8각계단은 기본적으로 각 층의 진출입방향이 남북으로 반드시 나오게 되어있답니다. 이렇게 각 층 진입방향이 다르게 되면 내부통로(복도)도 동서남북 각 방향으로 나오기도 하지만 올라가는 친구가 방향감각 상실증에 걸릴 확률이 무척이나 높답니다. 보실까요.

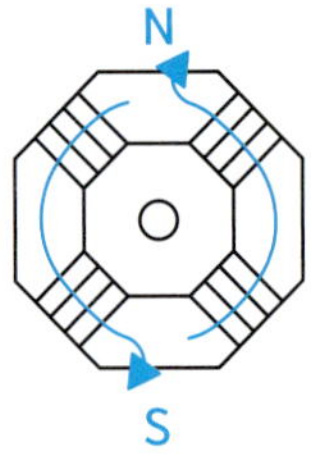

[그림 816] 8각 계단
: 남북으로만 진출입 됨

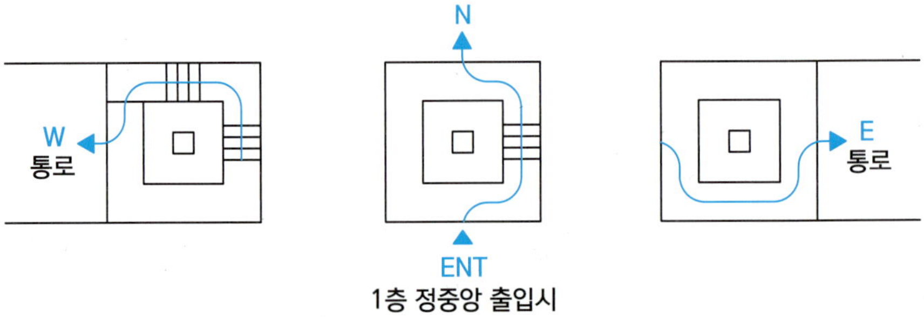

[그림 817] 4각 계단
: 1층에서 정중앙 출입시 각 층에서 진출입 방향이 바뀜

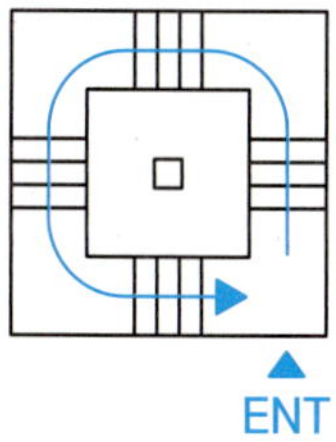

[그림 818] 우측 귀참 진입시

조금은 이상은 하긴하나 우측 귀쪽이나 좌측 귀쪽으로 진출입을 하면 어찌 되었든 간에 각 층의 진출입방향은 어느 정도는 맞출 수는 있답니다. 어쩌면 정중앙진출입보다는 조금 어색할지는 모르겠으나 4각계단에서는 더 나을 수도 있을 것 같기도 하네요?
풀어야 할 숙제네요? 이 진출입의 방향은 엄청 중요하답니다.
하여튼 4각계단 한번 올라가시다가는 정신이 빙빙돌 듯?
시간 나시는 분은 각층 층고로 계단단수를 파악하신 후 한 번들 그려 보십시오. 어쨌든 이 4각계단의 계단처리는 아주 신중하게 접근하셔야 한답니다.

(3) 8각형과 4각형건축물의 내부공간 활용도 개념

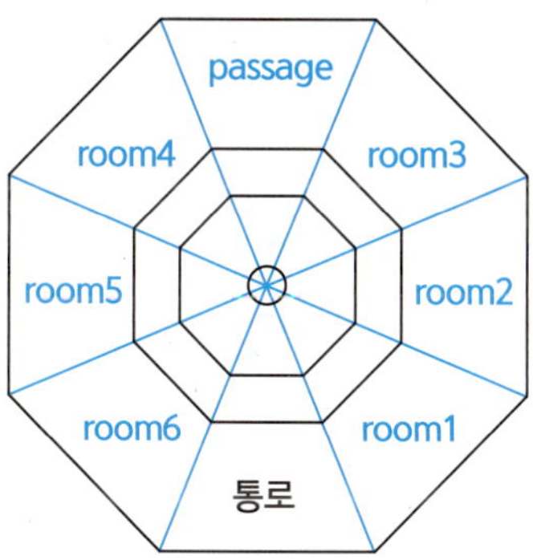

[그림 819] 8각 건축물의 한층 방들

8각건물을 먼저 보시면, 총 8개의 방 중에서 남북 2개의 방을 통로로 쓰더라도 6개의 방을 이용할 수가 있답니다. 물론 3방씩 묶어서 사용해도 되겠죠.
각 방의 내부에도 기둥은 있긴 있지만 그리 시각방해를 일으키지는 않는답니다. 4각건물을 한번 보실까요.
간단히 4각3칸비례안을 보시면 되겠죠.

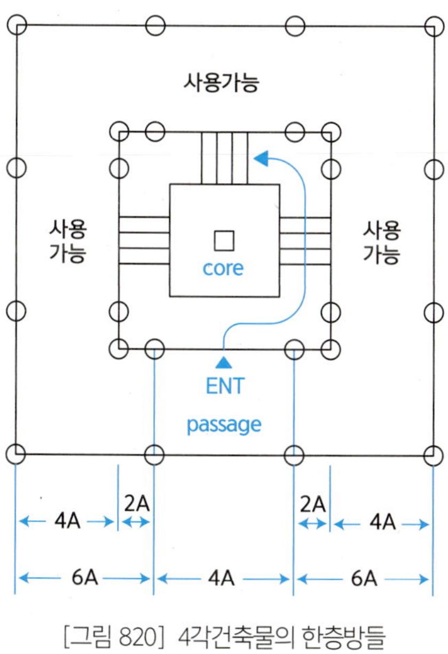

[그림 820] 4각건축물의 한층방들
: 4각3칸 비례안기준 A=1.08

보시면, 남쪽을 주통로로 보시면 동·서·북 3면은 이용할 수가 있답니다. 이 이용가능한 3면의 방의 경계가 조금은 애매하답니다. 이것은 3칸이라 그렇지 5칸·7칸이 되면 중간에 너무 많은 기둥들이 들어갈 겁니다.
그러고, 내부통로 내기도 조금은 애매하답니다.
그림과 같은 4각3칸비례안 같은 경우는 사용가능 폭이 4A=4.32m 밖에 안된답니다. 물론 서쪽계단 하부를 이용하면 서쪽면은 최대로 6.48m(6A)까지는 이용 가능은 하답니다. 사실 이 4.32m 공간폭은 통로정도의 역할밖에 할 수가 없답니다. 그러다 보니 4각목탑의 내부공간 사용용도가 무엇인지가 무지 헷갈린답니다.

1층 사용가능 폭이 4.32m이지만 윗층으로 갈수록 자꾸 줄어든답니다. 일반석탑이라면 외부에서 탑돌이라도 할 수가 있는데 이 4각목탑의 내부공간을 단순 내부탑돌이 공간이라고 봐야 할까요?

물론 칸수를 늘여서 건물폭을 넓히면 어느 정도의 사용가능 공간은 나올 수가 있답니다.
하여튼 이 4각건물의 내부공간은 사용하기도 조금 불편하기도 하며 폐공간이 제법 발생되는 아주 묘한 공간이랍니다. 그래도 석탑 등에서 발견되는 모든 장식탑들의 형태가 4각형이며 건물폭이 좁으니 그 형태를 따라야 할 것도 같답니다.
똑같게까지는 못하더라도 최대한 접근까지는 시켜야 되겠지요. 이게 참 어렵답니다.
저 개인적으로는 사용공간이 편리한 8각형건물로 하고는 싶답니다.

6. 사찰목탑의 형태

제일 처음에는 사찰목탑도 당연히 8각형일 거라고만 생각하고 간단히 8각형만 그려 보고 넘어갈려고 했었는데, 가만히 생각해보니 4각형일 수도 있다는 생각이 자꾸 스쳐 지나가더랍니다. 사리함 등에서 나온 몇 개의 탑을 보았는데 모두 다가 4각형태더랍니다. 그렇다면 그 탑을 만드신 분은 어떤 탑을 보고 만든 것인지는 모르겠지만 한 가지 확실한 것은 4각형탑을 보았다는 말이 되겠지요. 형태를 조금씩 변형시켜 가면서 조그마하고 아기자기하게 만들었는지는 모르지만? 그래서, 신라 사찰목탑도 4각형일 수도 있다는 걸 본격적으로(?) 생각을 하기 시작했답니다. 8각형은 간단한 편인데, 이 4각형 사찰목탑은 너무 많은 경우의 수를 갖고 있다는 걸 인지했답니다. 몇 칸 건물인지부터 헷갈리기 시작했으며 각 칸의 폭이 동일할 수도 있고, 각 칸의 폭이 다를 수도 있으며, 더 헷갈리는 것은 칸의 폭이 도통 어느 정도인지를 가늠할 수 있는 방법이 없더랍니다.

어떻게 하면 알아낼 수가 있을까요? 아마도 답이 없을 것 같답니다. 참새가 방앗간을 그냥 지나갈 수는 없겠죠. 내가 참새? 어떤 경우의 수가 나오더라도 두들겨는 봐야 할 겁니다.

그래서 나름대로 발생 가능한 신라 사찰목탑 형태를 일단 분류해 보았답니다.

<신라 사찰목탑의 형태분류표>

(1) 4각형형태 사찰목탑

① 4각 3칸 형태

ⓐ 4각 3칸 비례안

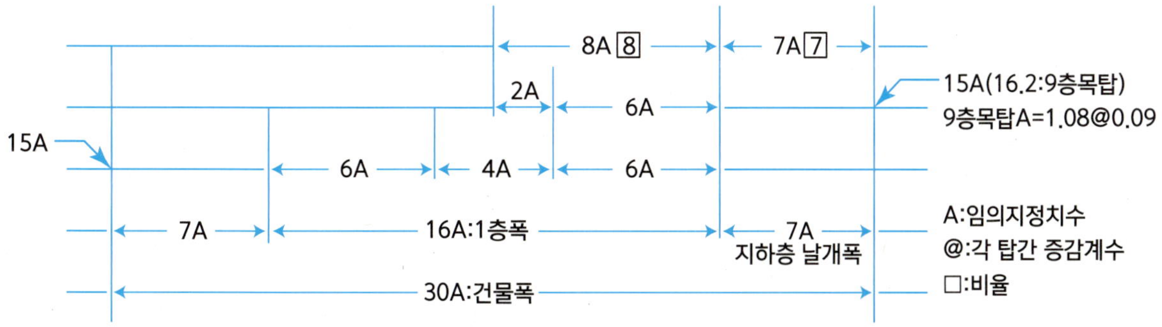

[그림 821] 4각 3칸 비례안

ⓑ 4각 3칸 등간격안

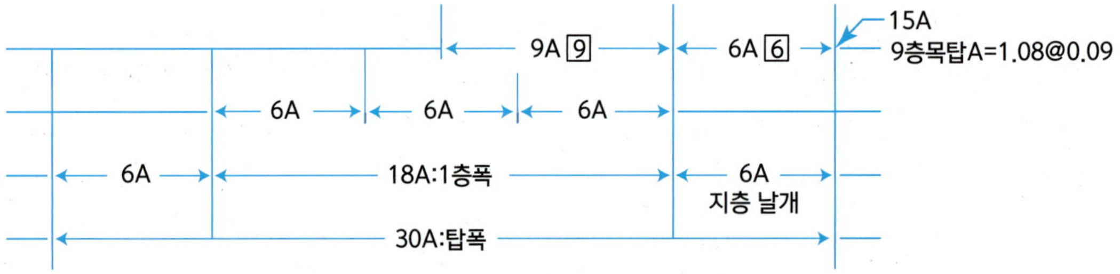

[그림 822] 4각 3칸 등간격안

② 4각 5칸 형태

ⓐ 4각 5칸 등간격안

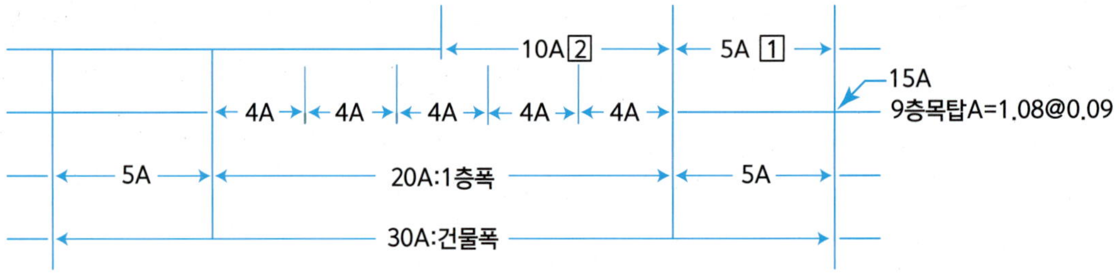

[그림 823] 4각 5칸 등간격안

ⓑ 4각 5칸 비례안

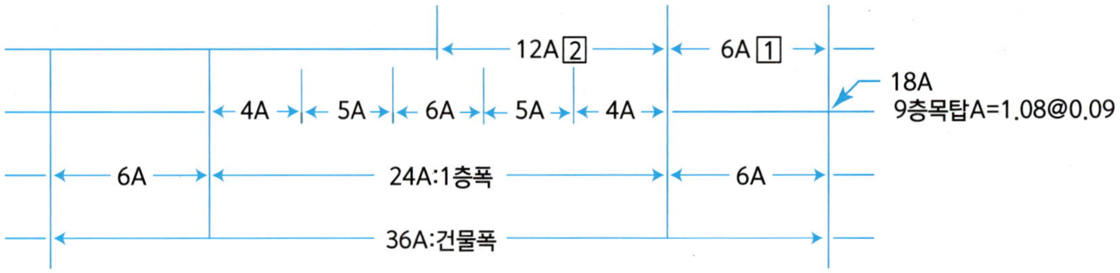

[그림 824] 4각 5칸 비례안

③ 4각 7칸 형태

ⓐ 4각 7칸 등간격안

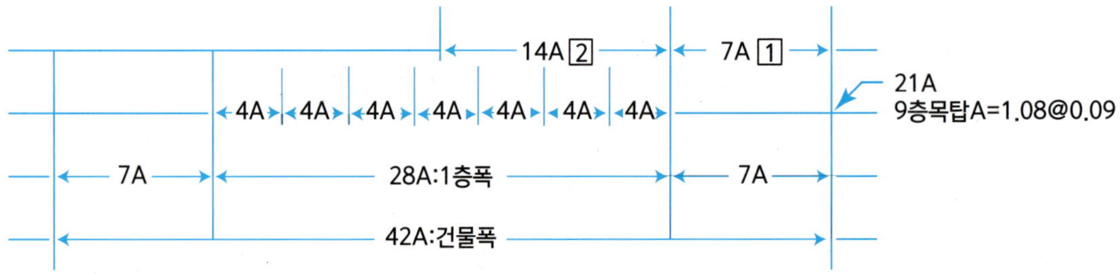

[그림 825] 4각 7칸 등간격안

ⓑ 4각 7칸 비례안:건물폭이 너무 넓음

(2) 8각형 형태 사찰목탑

① 일반목탑형

구 분	core 폭	R	비 고
9층 목탑	2.4 @0.15	R = 0.15	아주 양호함
7층 목탑	2.25 @0.15	R = 0.18	무리
5층 목탑	2.1 @0.15	R = 0.15	간신히 성립은 됨
3층 목탑	1.95 @0.15	R = 0.21	간신히 성립은 됨
1층 목탑	1.8 @0.15	R = 0.18	간신히 성립은 됨

[표 42] 일반목탑형

② 사찰목탑형

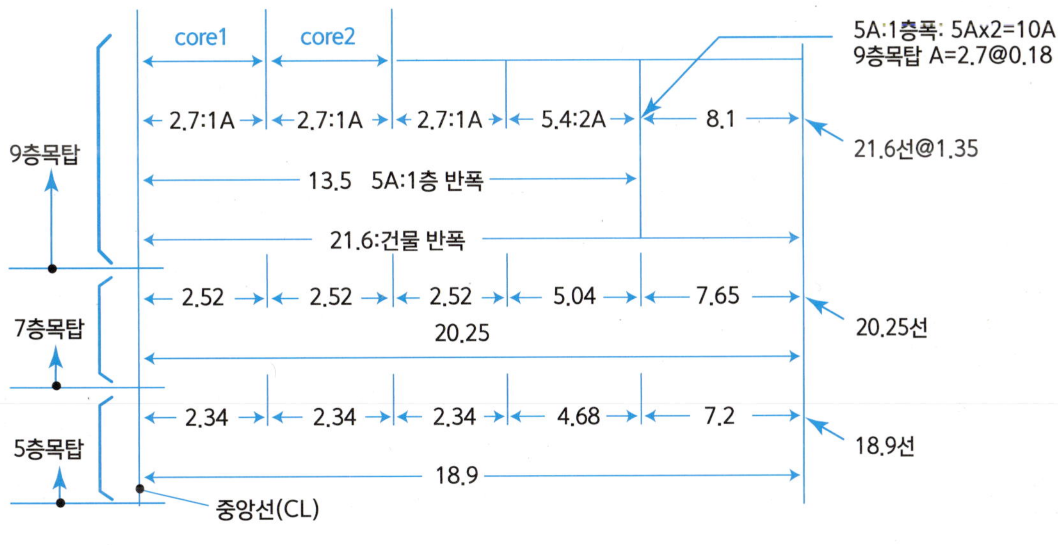

[그림 826] 사찰목탑형

이 목탑형태는 무지 많은 경우의 수가 나올 수도 있겠지만 이 정도면 적당하지 않을까해서 몇 개를 간추려 보았답니다. 이것들을 아주 간단히 살펴보겠습니다.

(1) 4각형형태 사찰목탑

① 4각 3칸 비례안(고려금동 9층탑안) : 한 번도 생각해본 적이 없었답니다. 고려금동 9층탑 자체도 그냥 스쳐지나 갔었는데(?) 어느 날 갑자기 혜성같이 나타나서 절 유혹(?)하는 바람에 1추천안으로 할까도 생각해본 안이랍니다.

행운의 안이랍니다.

② 4각 3칸 등간격안 : 4각 3칸비례안의 1층폭과 지하층 외부폭의 비례(8:7)가 마음에 들지 않아서 3:2(9:6)로 맞추어 본 안이랍니다.

③ 4각 5칸 등간격안 : 일반적으로 제일 먼저 생각해볼 수 있는 안으로 아주 보기가 좋답니다.

④ 4각 5칸 비례안 : 칸수도 적당하고 중앙칸이 조금 더 크므로 모양새가 좋을 듯하답니다.

⑤ 4각 7칸 등간격안 : 건물폭이 좀 넓은 듯하기는 하나 심초석 안내판(?)에 64개의 초석이 있다고 되어있으므로 한번 생각해보는 안이랍니다.

⑥ 4각 7칸 비례안 : 여기서부터는 건물폭이 지나치게 넓기도 하며 성립 자체가 너무 어려워 생략하겠습니다.

(2) 8각형형태 사찰목탑

① 일반목탑형 : 외부기둥이 일반목탑과 같이 경사기둥임. 제일 처음 당연히 이것이라고 생각을 했었는데, 9층목탑은 완벽하지만 기타 탑들(7~1층목탑)이 영 시원치가 않네요. 9층목탑 시공기간을 약 3~5년으로 추정해 볼 수가 있음. 그래도 한 번쯤은 지어볼 필요가 있을 듯?

②사찰목탑형 : 외부기둥이 그냥 수직기둥임.

8각형이라 이 사찰목탑형은 생각 자체를 해 보지도 못했는데, 한번 손을 대어 볼까하고 그려 보니 제 마음에 아주 쏙 드네요. 특히, 지붕각도가 아주 자연스럽고 건물폭도 아주 이상적이고 건물 모양새가 8각형이라 아주 멋지답니다. 그래서 특추천안으로 추천해 드리겠습니다.~ㅎ~

간단히 각 형태를 평가를 해보기는 했는데, 제 평가가 신빙성이 있는지는 미지수랍니다.

이 형태별 사찰목탑은 저의 순수한 개인생각으로 대충 큰 형태만 잡아본 것이랍니다. 쉽게 얘기하면 형태별로 이렇게 생기지 않았을까하고 간단히 생각해본 것이랍니다.

더 구체적으로 들어가면 엄청 복잡해지겠죠. 특히 지붕구조와 내부계단 처리와 건물 외관을 어떻게 해야 할지가 무지 헷갈리기도 하고 어려울 것 같답니다. 앞으로도 엄청 많은 연구가 되어야 할 겁니다. 누가 해야 할까요? 어찌 되었건 앞으로 나아가야 길이 보일 겁니다. 어떤 형태의 사찰목탑이 가장 적당할 것인지는 이 글을 읽으시는 분만이 판단하실 수가 있을 겁니다.

7. 형태별 사찰목탑

(1) 4각형형태 사찰목탑

① 4각 3칸 비례안(고려 금동9층탑안)

고려 금동9층탑이라고 들어들 보셨는지요? 친숙하지는 않겠지만 들어보신 분들도 제법 계실 겁니다. 저도 몇 년 전에 우연히 알게 되었답니다. 이 고려 금동 9층탑은 개성불일사 5층탑에서 출토된 것으로 저희들에게는 최근에 알려진 조그마한(높이 37cm, 기단부 길이 13.8cm) 금동9층탑이랍니다. 저는 몇 년 전인가 보긴 보았는데 그냥 금동탑으로만 생각하고 그리 유심히는 보지 않았답니다. 그냥 일반석탑 등에서 나오는 단순한 조그마한 장식탑 정도로만 여겼답니다.

그런데, 최근 이 금동9층탑을 다시 보다 보니 굉장히 정밀하게 만들어 졌다는 생각을 갖기 시작했답니다. 그냥 상상의 9층탑이 아닌 어떤 9층탑을 보고 아주 정밀하게 만들어졌다는 걸 인지하기 시작했답니다. 그 어떤 9층탑이 어느 사찰에 있었는지는 저로서도 알 수는 없지만 분명한 것은 목탑형식이라는 것 하나는 확실히 인지할 수 있겠더랍니다. 그렇다면 제 마음이 살살 움직이기 시작하겠죠. 어느 사찰에 있었든 사찰목탑이었는지는 알 수는 없지마는 운이 따라 준다면(?) 황룡사 9층목탑일 수도 있다는 생각이 슬슬 들기 시작하더랍니다. 그럼 손을 대어봐! 당연히 손을 댄다고 봐야 되겠죠. 금동 9층탑은 대충 이렇게 생겼답니다. 한번 보실까요.

[사진 12] 고려 금동9층탑

이 사리함 등에서 나온 탑을 분석해 보면 분석 자체도 재미가 있지만 보고 느낄 것이 제법 있으며, 또한 그 자체로 재미도 있을 것 같아서 제 나름대로 보고 느낀 고려 금동9층탑을 대충 한번 구경해 봅시다. 비록 확실한지까지는 모르겠으나 느낌으로나마 분석을 해봐야 어떤 판단을 할 수가 있겠죠.

오로지 인터넷 사진으로만 판단을 하다보니 맞을지 틀렸을지는 미지수랍니다. 아마 틀렸을 확률이 더 높을 것 같으니 이 글을 읽으시는 분들도 같이 사진을 분석해 보이소. 근데, 제 말이 앞뒤가 맞긴 맞나? 더 헷갈리네!

사진을 위에서부터 간단하게 점검해 봐야겠죠.

먼저 꼭다리를 보셔야죠.

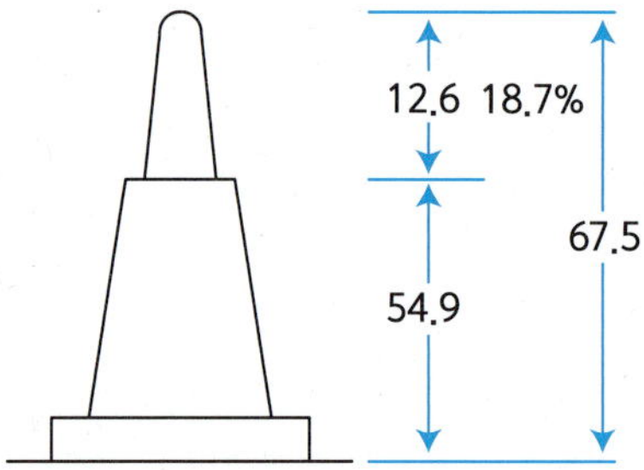

[그림 827] 기록물 속의 황룡사 9층탑
꼭다리 비율 ≒ 18.7%

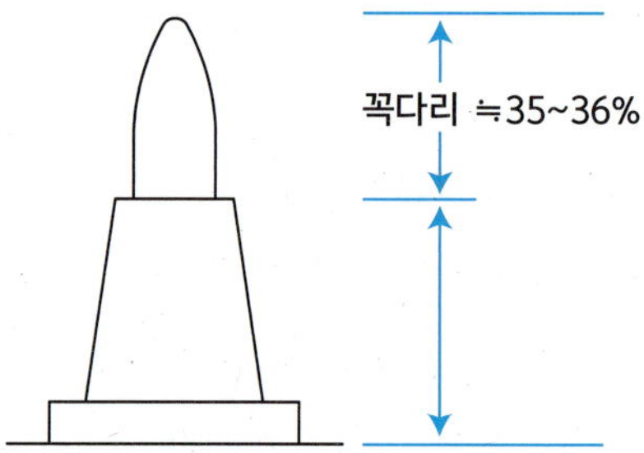

[그림 828] 금동 9층탑
꼭다리 비율 ≒35~36%

9층금동탑의 꼭다리가 거의 2배나 더 높게 표현되어 있네요. 꼭다리가 그리도 좋은가? 이 꼭다리 비율이 높을수록 종교심(불심)이 깊다고 생각할 수도 있겠지만 작은 탑을 만들다 보니 묘하게 꼭다리 비율이 더 커진 것 일수도 있답니다. 만드신 분만 알 듯? 다음으로 몸통으로 내려와 보실까요. 비교적 정밀하게 표현되어 있네요. 오로지 인터넷에 떠 있는 사진만을 보고 판단할려니 헷갈리기도 하고 잘못 판단할 수도 있지마는 어쨌든 제가 보고 느낀 것을 잠깐 봅시다. 몇 칸 건물인지가 가장 중요할 것 같아서 1층 외벽 정면(4면이 다 정면일 수도 있음)을 먼저 봅시다.

확대해서 자세히 보셔야 보이실 겁니다.

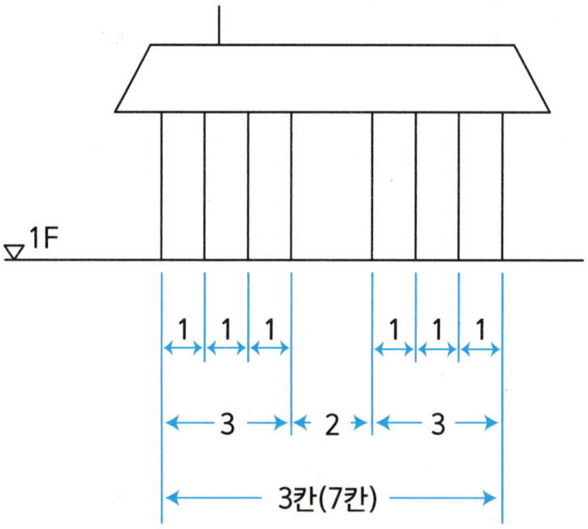

[그림 829] 9층 금동탑 1층 외벽 칸수

얼핏 보시면, 큰 중앙칸이 하나 있고 양옆에 중앙칸의 반 정도되는 3칸씩의 칸들이 있답니다. 그래서 저는 처음 이것이 정면 7칸 건물이겠구나라고 생각했더랍니다. 그리고 계속 보다 보니 제가 착각했다는 생각이 들더랍니다. 중앙칸은 그냥 1칸이나 양옆의 3칸씩으로 보인 칸은 3칸이 아니라 1칸이라는 걸 인지하기 시작했답니다. 즉, 양옆의 3칸으로 보이는 중간 두기둥은 주기둥이 아니라 샛기둥이라는 걸 인지했다는 말이랍니다.

다시 유심히 보니 아! 이 놈이 정면 3칸 비례안이라는 걸 알아내었답니다. 보실까요.

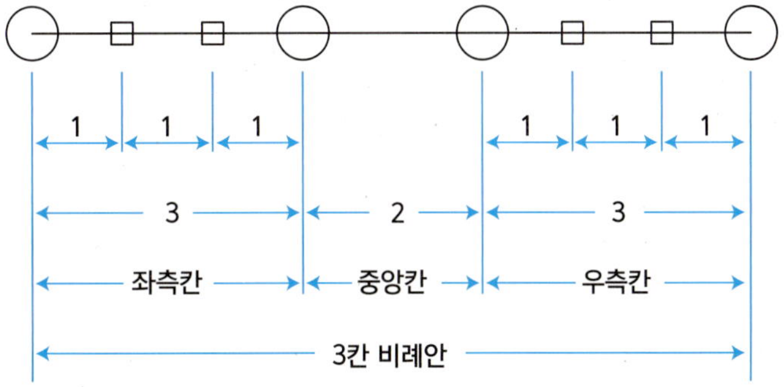

[그림 830] 9층 금동탑의 칸개념

즉, 3:2:3이라는 비율을 가진 정면 3칸 건물이더랍니다. 정면 중앙칸이 폭이 더 좁네요? 상식을 완전히 넘어서는 기발한 발상이네요. 일반적으로 비례안일 경우에는 누구든지 이렇게들 생각하겠죠.

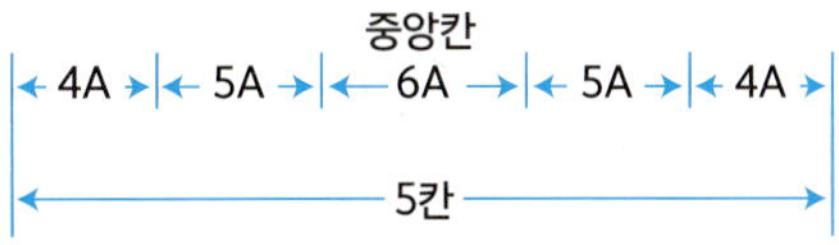

[그림 831] 일반적으로 생각할 수 있는 정면비례안

중앙칸이 제일 크고 그 다음 작은 순으로 비례가 이루어질 겁니다. 근데 9층 금동탑은 저희들의 상식과는 정반대네요. 저희들의 허를 완전히 찔렀네요. 그 다음으로 무지 중요한 지붕판대기를 보셔야죠. 제가 정확히 본 건지 착각한 건지까지는 모르겠지만 최소한 제 눈에는 이렇게 보인답니다.

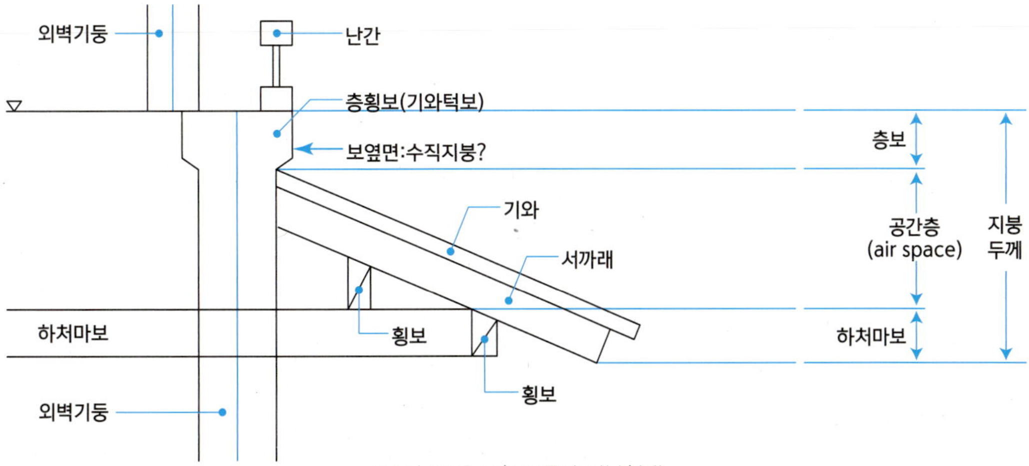

[그림 832] 9층 금동탑 지붕형태

지붕판이 특이한 것이 기둥 상부의 층횡보폭을 최대로 키워서(한 개 부재인지 층횡보에 덧보 형식인지는 모르지만) 기와턱(기와내부로 비가 못 들어가게 하는 턱이면서 기와끝 마구리가 깔끔하게 됨)을 만들었네요. 보가 기와턱 역할을 하다 보니 본의 아니게(?) 수직지붕판이 발생되네요. 그리고 지붕 난간이 있는지는 사진으로 봐서는 알 수가 없네요. 꼭 필요하다면 난간설치는 가능할 것 같답니다.

또한, 각 층에 개구부(문?)가 있답니다. 그런데, 1층에는 개구부 표기가 안보이네요.

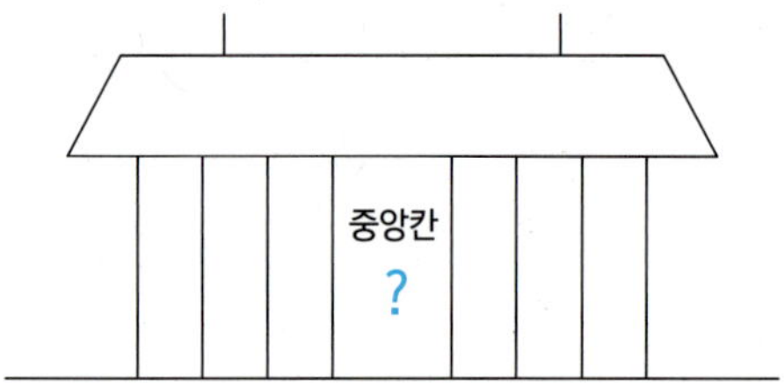

[그림 833] 1층 현상태: 중앙칸은 문 없이 전체가 개구부?

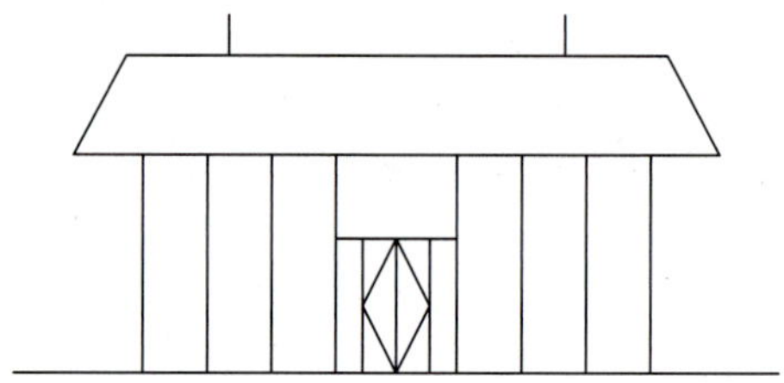

[그림 834] 문이 있을시 중앙칸 중앙에 샛기둥이 필요

1층 출입로에는 문 표시가 없는걸로 되어있답니다. 만약 1층 출입구에 문이 있다면 중앙칸 중앙에 2개의 샛기둥(문기둥)이 필요할 겁니다. 금동9층탑에 표기는 없지만, 출입구이므로 너무 확 트인 것보다는 문이 있는 것이 나을 것 같네요. 1층 외벽이 창호인지 아님 출입개구부를 제외한 전체가 벽체인지가 명확하지가 않으나 일단 1층 외벽은 창호가 있는 걸로 판단하겠습니다. 그리고, 금동탑을 보시면 2층에는 1면에 3개의 개구부 표시가 있고 3층부터는 2개의 개구부가 5~6층 정도까지는 보이는 것 같은데 그 윗층은 확인이 되지는 않으나 8층까지는 개구부가 2개인 걸로 하고 최상층인 9층은 개구부가 1개인 걸로 생각하겠습니다. 그런데, 이 개구부 표시가 외부로 나가는 문 표시인지 단순 창문 표시인지까지는 알 수는 없지만, 일단은 문으로 인지하겠습니다. 창문이면 하부벽체가 있어야 되는데 층바닥에 개구부 표시가 되어 있는 것으로 보인답니다.

그런데, 묘한 것은 이 개구부 크기가 약 0.6x0.6 정도로 보이네요. 나가기는 쉽지 않을 듯? 그리고, 이 조그마한 개구부를 열고 나가시더라도 주의하셔야 할 듯? 난간이 있더라도 문을 열자마자 막바로 부닥친답니다. 문제는 개구부(문, 창문?)를 제외한 벽체인데, 창문을 내었을까요. 전체를 벽체로 했을까요? 여러 많은 생각을 해본 끝에 1층 외벽은 창문을 내어야 할 것 같고 2층 이상의 외벽은 개구부를 제외한 모든 벽체를 창문없이 외벽으로 하는 것이 나을 것 같네요. 창이 너무 지나치게 많아도 별로인 것 같은 느낌도 든답니다. 내부에 채광과 환기 정도만 되면 외벽으로 하면 조금은 속닥(?)한 느낌이 들수도 있기 때문이겠죠. 홀로이 생각하다 보니 삼천포로 빠지는 것이 아닌지 쪼께 걱정이 되기도 하네요. 그리고 금동탑의 소개 내용을 읽어보면 기단 4면에 걸쳐 모두 8개 문을 만들어 놓고 있다라고 적혀있답니다. 자세히 보니 개구부(창)가 있는 것도 같네요. 기단에 왠 창문이 필요하죠? 아마도 이 금동탑을 만드신 분이 뭔가를 약간 착각(?)하고 계셨든 것 같답니다. 창문이나 문은 내부공간이 사용공간이어야 필요할꺼디. 돌뻬 밖에 없는 기단부에 왠 창문(문)? 당연히 일반목탑 지하층의 외벽석축에는 창문이 있답니다. 일반목탑의 지하층은 사용공간이거들랑요.

아마도 이 금동탑을 만드신 분은 사찰목탑과 일반목탑을 쪼께 혼동하신 것 같네요. 그나마도 다행인 것은 일반목탑 지하층의 창문을 보긴 본 모양입니다. 저희들이 일반적으로들 알고 있는 이 기단을 저는 지하층으로 부르겠습니다. 사실상 성격은 기단이 맞다고도 볼 수는 있는데, 일단 이 기단높이가 6R(6계단)로 어느 정도의 높이를 갖고 있으며 이 기단 밑면이 바로 탑높이의 시작점이 되기 때문이랍니다. 즉, 이 기단은 탑높이에 포함되고 1층 밑에 있는 층이 되므로 자동으로 지하층이 될 겁니다. 그냥 일반적으로 기단이라면 이 기단은 탑높이에 소속이 될 수 없으므로 당연히 탑높이에서 빠지게 되겠죠. 이 신라사찰목탑이나 백제석탑류나 백제사찰목탑의 모든 기단은 모두 다 탑높이에 포함되므로 지하층으로 분류가 될 겁니다. 헷갈리실 겁니다. 그런데, 가마이 생각해보시면 지하층이 맞겠다는 생각도 드실 겁니다? 이 시점에서 9층금동탑의 지하층도 한번 보셔야겠네요. 쪼께 재미있게 표현되어 있네요. 인터넷사진을 확대해서 같이 보실까요? 먼지 일반적인 사찰목탑 지하층부터 살짝 봅시다.

아마 처음 보실 겁니다.

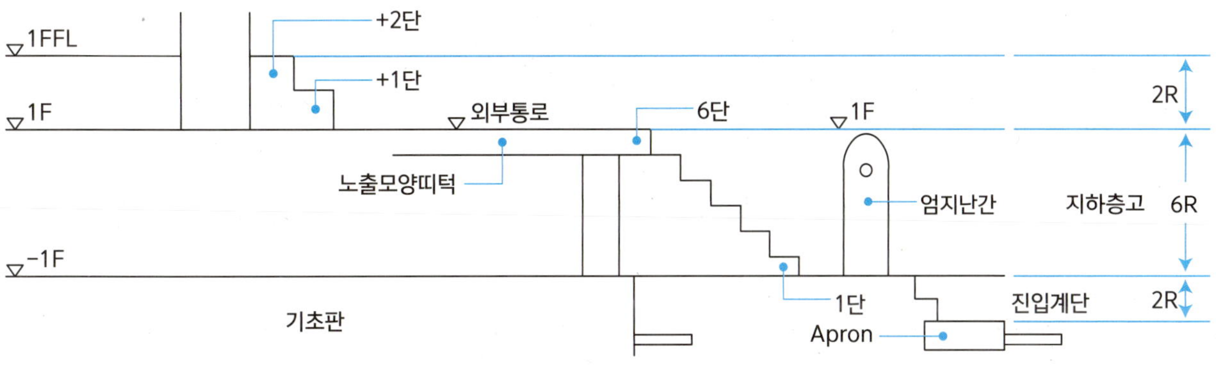

[그림 835] 사찰목탑 지하층 개념도

사찰목탑에 들어가실려면 일단 땅에서 2단(VAR.)정도 올라가면 사찰목탑의 지하층바닥이 나오며, 6단을 걸어 올라가면 1층바닥이 됩니다. 외부통로를 거쳐서 2단을 더 올라가서 출입문을 통과하면 진짜 1층바닥에 도달한답니다. 이론(?)이 그럴싸한 것 같나요?

그렇다면 금동탑의 지하층은 어이 생겼을까요?

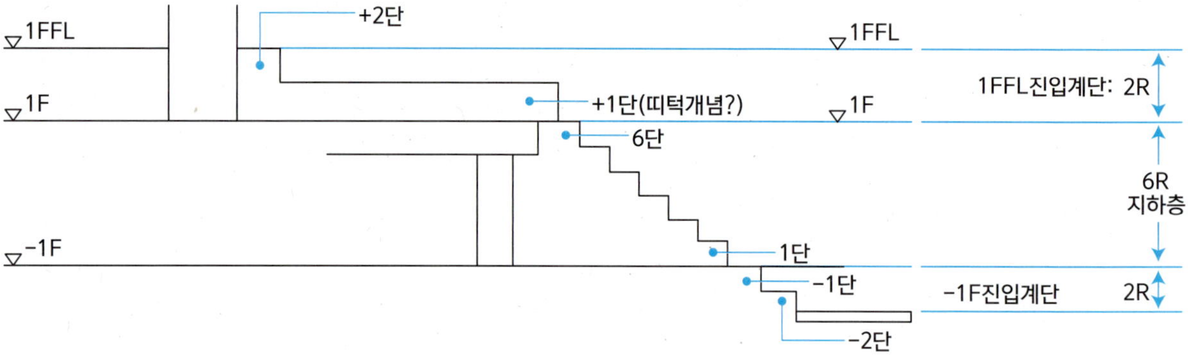

[그림 836] 금동 9층탑 지하층 개념도

금동9층탑 지하층 계단이 쪼께 특이하답니다. 1F에서 1FFL로 올라가는 2단계단이 +2단은 정위치에 있는 것 같은데, 이놈의 +1단이 완전히 삐졌는지 외부로 툭 튀어나와 있네요. 지가 뭐 대장이나 된다고 착각하고 있는 놈이네요. 기본적으로 지하층 6단이 지하층의 외부 띠를 장식하고 있는데, 묘하게도 1층소속의 +1단이 지가 띠를 형성하고 있답니다. 그러고 지하층 6단은 그대로이며 -1F진입계단도 2단이 있답니다. 아마 +1단이 노출되어 외부띠턱이 되어 있는 것은 석탑형 지하층 형태라고 볼 수가 있답니다. 석탑의 지하층 상부 모양띠를 보실까요.

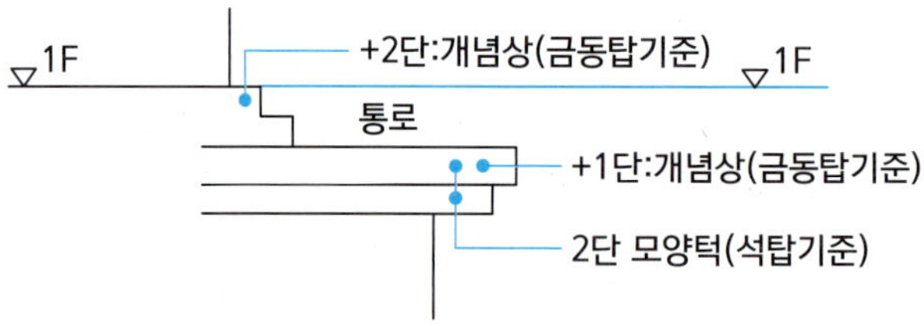

[그림 837] 석탑의 지하층 상부 : 2단 모양턱: 금동 9층탑과 대비개념 기준임

석탑은 1FFL은 없고 1F만 있답니다. 목탑류와 약간은 다른 개념이랍니다. 석탑의 1층 하부를 보시면 낮은 2단의 계단이 있으며 통로를 지나서 2단의 툭 튀어나온 모양띠(턱)가 있답니다.
석탑의 2단 모양띠와 금동9층탑에 표현된 2단 외부턱이 모양새가 똑같답니다. 묘하죠. 사찰목탑 지하층에 왜 석탑지하층의 상부에 있는 모양띠가 등장하죠? 우리 금동탑 만드신 분은 견문이 무척이나 많으신 분 같답니다. 일반목탑의 지하층 창문도 보셨고, 삼층석탑의 지하층 상부 모양턱도 보신 분이네요. 사찰목탑인 금동9층탑에 보았든 모든 것을 꼭 표현하고 싶었나 봅니다.
표현하지 않으면 조금은 아쉬웠을 겁니다? 어찌 보면 이 금동9층탑을 만드신 분은 욕심(?)이 무지 많으셨든 분이었을 것 같네요. 제가 따라갈 수 있으려나? 그러고, 금동탑 지하층이 재미있는 것은 옆구리(?) 하부에도 외부계단이 존재하네요. 너무나 특이하답니다. 보실까요.

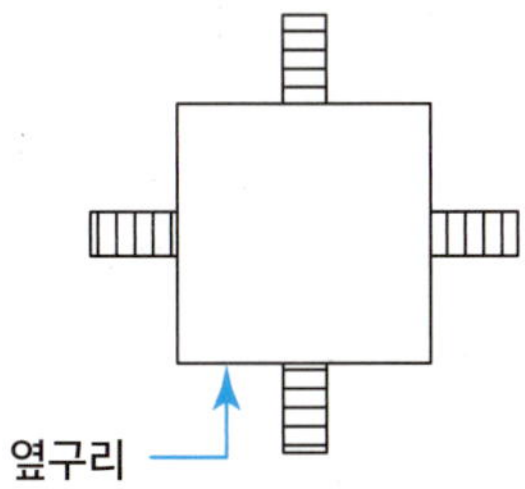

[그림 838] 지하층 평면도

평면도 같이 보이시나요? 왠 4각box같네요?

옆구리라고 편의상 붙인 이름이랍니다. 엄밀히는 지하층 옆면이겠죠. 단면도를 그려 볼까요.

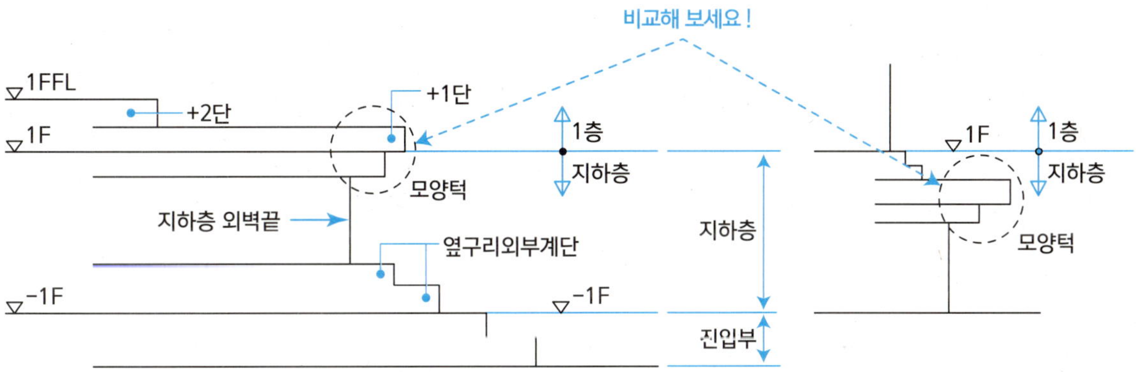

[그림 839] 금동탑 지하층 옆구리 단면도

[그림 840] 3층석탑 지하층 모양턱

석탑지하층 상부 모양턱을 보시니 금동탑 옆구리 상부 모양턱과 비스무리하게 보이시는지요? 석탑이든 목탑이든 서로 비교해 보시면 아주 재미있답니다. 상부 그림에서 보시듯 옆구리 하부에 왠 외부계단이 필요하죠? 올라가다가 지하층벽에 부딪칠낀디. 이유는 금동탑 만드신 분만이 아실 듯? 아마 그냥 민자로 하기보단 하부쪽을 약간 모양좋게 하기 위해서이겠지요.

과연 그럴까요? 그런데, 일반목탑이나 석탑의 지하층을 보시면 이유는 모르겠으나 외관상 2단개념을 갖고 있는 것 같네요. 잠깐 보실까요.

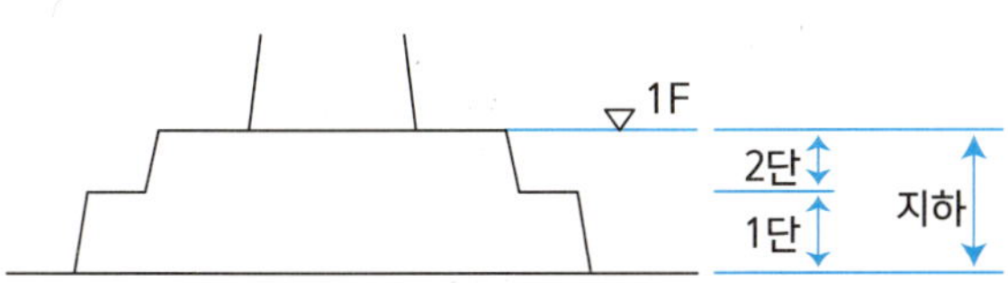

[그림 841] 일반목탑 지하층 : 외관개념

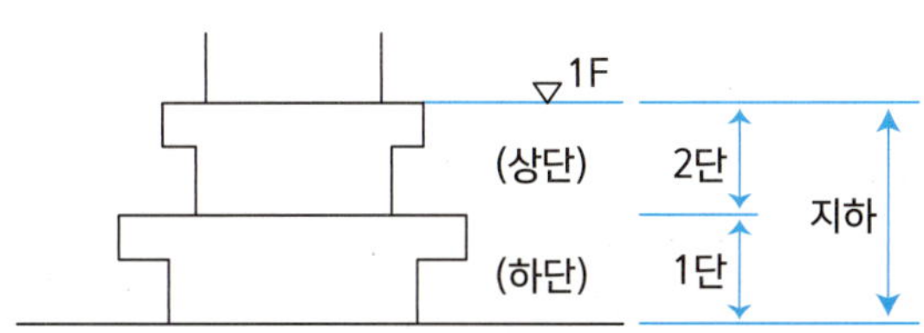

[그림 842] 석탑 지하층 : 외관개념

보시듯이 지하층 외관개념을 민자가 아닌 턱 등을 만들어서 2단화시킨 느낌이 물씬 든답니다.

일자로 쭉 내려오면 보기에도 시원한 느낌이 조금 들 것도 같은데 왜 폭을 달리해서 2단화시켰는지 궁금하답니다. 이 숙제는 누가 풀까요? 이 지하층 2단개념을 금동탑 지하 외부에 하단 대신 계단으로 표현해서 2단개념을 준 게 아닐까하는 느낌이 쪼께 든답니다 헷갈리네요?

이 개념 얘기를 하다 보니 또 한가지 생각나는 개념이 있네요. 어쩌면 무지 중요할 수도 있는 개념인데 10여년을 깜빡 잊고 있었네요. 무엇일까요? 물론 제 생각이겠죠. 한번 보실까요.

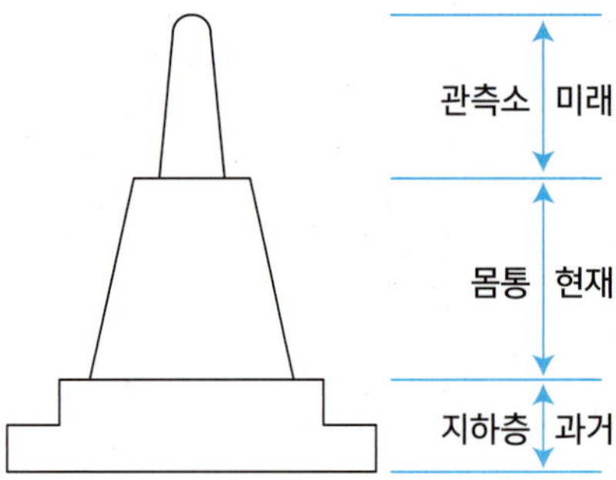

[그림 843] 일반목탑

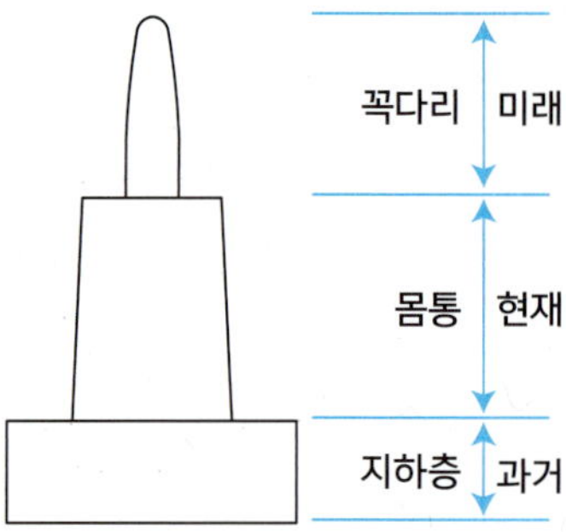

[그림 844] 석탑 · 사찰목탑

저는 제일 처음 일반목탑을 보면서 왜 3부분으로 크게 나누어져 있지 하면서 엄청 많은 생각을 해보았답니다. 제 생각이 짧은 건지는 모르겠으나 저는 이 세부분이 과거·현재·미래를 의미하지 않나하고 생각해보았는데 어찌 생각해보면 비스무리한 것 같기도 하고 뭐 단순히 건축물일 뿐인데라고 생각하면 별 의미가 없는 것 같기도 하고 하여튼 지금도 헷갈리고는 있습니다만 어느 하나 빠짐없이(하나를 빼면 문제가 있나?) 세부분이 목탑이나 석탑 등에 모두 표현되어 있는 것을 보면 표현개념이 과거·현재·미래일 확률이 더 높을 것 같은 느낌이 든답니다. 모르죠. 제가 혹시 귀신에 홀렸는지도? 땅까지 내려오니 금동탑을 다 봐버렸네요. 다 보셨다구요? 껍데기만 보셨겠지요.

아잉가? 제가 왜 이 금동9층탑에 호기심을 가졌을까요? 바로 굉장히 정밀하게 제작되어 있으며, 정면칸비도 아주 마음에 들어서랍니다. 특히, 멋있게 생겼으며 아주 단순한 구조이므로 시공기간이 1년 반여년 정도면 가능할 것 같아서 이 고려 금동9층탑안을 황룡사 9층목탑의 제1추천안으로 할까도 생각해보았답니다. 그래서 이 금동9층탑을 잠깐 훑어보았답니다.

이렇게 맞고 틀리고를 떠나서 나름대로 분석해보는 것도 탑을 이해하는 데 도움이 될 수도 있답니다. 이제까지 알아낸 모든 것들을 총동원하여 황룡사 9층목탑을 풀어봅시다. 정보가 부족하면 잔머리 공법까지 동원할 겁니다? 준비되셨으면 같이 접근해 봅시다. 9층사찰목탑의 탑높이는 기록에 있으며 층고는 각 탑층고에서 말씀드렸을 겁니다.

9개층 몸통높이가 54m(180자)이니 보기 좋게 잘 넣으시면 된답니다. 한가지 유의하실 점은 목탑이든 석탑이든 기본개념은 1·2·3층 층고비례공법을 따르시면 된답니다. 그렇다면 저희들이 전에 알아내었든 9층목탑의 층고 중 1·2·3층층고를 봅시다. 1·2·3층 층고비례법을 따랐는지 반드시 확인해 봐야겠죠. 맞는지 틀렸는지?

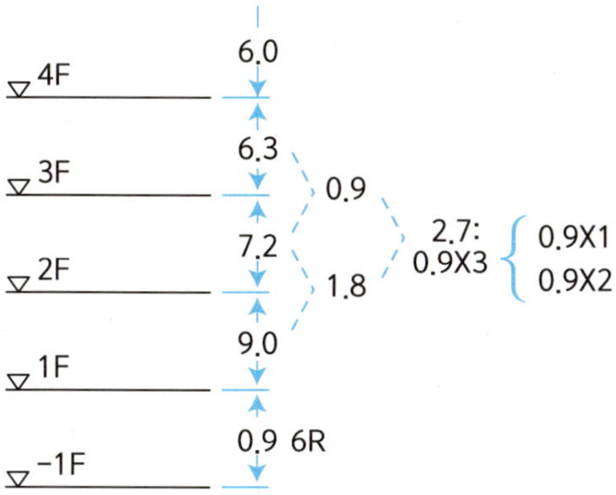

[그림 845] 9층목탑의 1·2·3층 비례공법

1층층고와 3층층고차이가 9.0−6.3=2.7

이 차이 2.7을 3으로 나누면 2.7÷3=0.9

즉, 2.7의 1/3을 3층 층고에 주면 6.3(3층층고)+0.9=7.2로 2층층고가 되며, 또한 2.7의 2/3를 2층층고에 주면 7.2(2층층고)+1.8(0.9x2)=9.0으로 1층층고가 나오네요.

고고참 희한하게도 잘 맞네?

물론 R(계단단높이)을 반드시 고려하셔서 층고 차이를 알아내셔야 한답니다.

오래간만에 1·2·3층 층고비례공법을 보시니 반갑기도 하고 헷갈리기도 하실 겁니다. 1·2·3층 비례공법으로 확인해 보니 대충(?) 맞는 것 같으니 일단 수직치수는 해결이 된 것 같네요. 드디어 반은 풀었답니다. 이거 뭐 아무것도 아니네? 문제는 이 수평치수에 있답니다. 좁혀도 되고 넓혀도 되고 천차만별이랍니다. 경우의 수는 밑도 끝도 없이 많이 있답니다. 우짜죠? 안 풀 수도 없고? 근데, 다행인 것은 저희들이 여러 탑을 분석해 보면서 한 가지 확실히 아는 것이 있답니다. 건물폭(수평 치수)은 반드시 1.08의 배수가 되거나 2.7의 배수가 된다는 것이랍니다. 사실은 이 두 숫자가 같은 개념의 숫자랍니다. ∵ 1.08=2.7x4거들랑요. 이제 수평치수의 범위가 엄청 좁혀졌답니다.

좁혀질 경우에는 모든 숫자를 다 분석해 볼 필요가 있겠죠. 일단 1.08의 숫자는 2.7의 배수이기도 하지마는 숫자가 너무 난하니(잔수가 많음) 간단히 2.7의 배수폭만 봅시다. 나중에 다시 바꿀 때 바꾸더라도? 발생가능한 수평폭 치수들을 보실까요. 2.7, 5.4, 8.1, 10.8, 13.5, 16.2, 18.9, 21.6, 24.3, 27.0, 29.7, 32.4 …… 어디까지 가야되지? 등이 나올 겁니다. 건물폭이 32.4m까지일 경우에 경우의 수를 보면 아무리 많아도 12가지의경우의 수 밖에는 나오질 않네요. 요고 만만하네요. 요중에서 똘똘한 놈 한 놈만 잡아내면 되겠죠. 건물폭이 32.4m도 사실은 무지 큰 사찰목탑이 되겠죠. 이 12개의 건물폭 중에서 무얼 선택하죠? 건물폭을 자세히 보시면, 중심축을 설정해 보시면 32.4m 폭의 한쪽은 16.2m랍니다. 건물폭이 2.7이 좋을까요. 아님 5.4m가 좋을까요? 혹시 바람에 하늘로 날아가 버리면 낭패가 되겠네요? 바람도 생각해야 하고 건물높이도 생각해야 하고 또 뭐가 있죠? 갑자기 생각이 안나네요? 하여튼 사찰에 어울릴만한 보기 좋고 스마트(?)한 탑이 가장 어울릴 것 같답니다.

9층목탑높이가 67.5m(225자)나 되니 저는 탑폭이 최소 27m이상이어야 모양새가 어울릴 것 같은 느낌이 든답니다. 너무 뾰족탑도 모양새가 그럴 것 같답니다. 물론 이 건물폭이라는 것은 실제로는 건물몸통폭에서 지하층의 양날개까지 포함된 수평치수랍니다. 냉정하게 볼 때는 건물폭은 1층몸통폭으로 생각하시는 것이 더 합리적일 수도 있답니다.

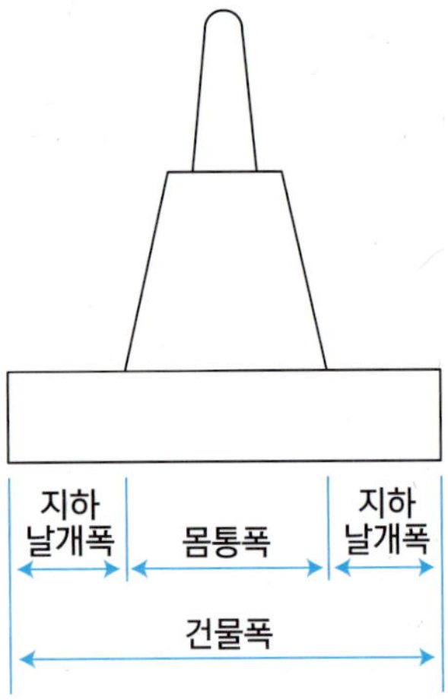

[그림 846] 건물폭 개념

몸통폭이 좁더라도 지하층날개폭을 넓히면 건물폭은 무한정으로 늘어날 수도 있답니다.
즉, 지하날개폭은 가변치수랍니다. 그러다 보니 이 건물폭 설정하기가 무지 헷갈린답니다. 그래서, 건물폭 결정시에는 탑몸통폭과 지층날개폭을 적당히 조화시켜서 보기 좋게 만들어야 한답니다. 즉, 같은 건물폭이라도 몸통폭을 작게 하고 지하층날개길이를 길게 할 수도 있고, 몸통폭을 크게 하고 지하층날개폭을 짧게 할 수도 있답니다.

어느 것이 더 합리적인지는 보는 관점에 따라서 약간 달라질 수도 있답니다. 하! 애럽네? 뭐 좀 쉬운 것 없나.~ㅎ~ 그래서 여러 생각 끝에 9층목탑이 4각 3칸비례안 일 경우의 건물폭을 높이에 어울리는 최소치수인 27m 이상에서 약간 더 큰 32.4m로 가정해 보겠습니다. 저한테 맞느냐고는 묻지 말아주이소. 사실 저도 전혀 모르거들랑요. 건물높이가 67.5m에 건물폭이 32.4m이니 이제 요거 푸는 것은 계산기만 두들기면 만사 ok. 이왕이면 같이 두들겨 보실래요. 뭐부터 풀어야죠.

당연히 순서대로 풀어야죠. 단높이(R)는 알고 있으니 1층몸통부폭부터 알아야겠죠. 9층금동탑 1층칸수와 비례숫자가 뭐였더라? 어! 생각이 안나네? 그럼 몇쪽 앞을 보셔야죠.

나와 있네요. 바로 이것일 겁니다. 제가 꼭 약장수 같네요. 애들은 저리가라~

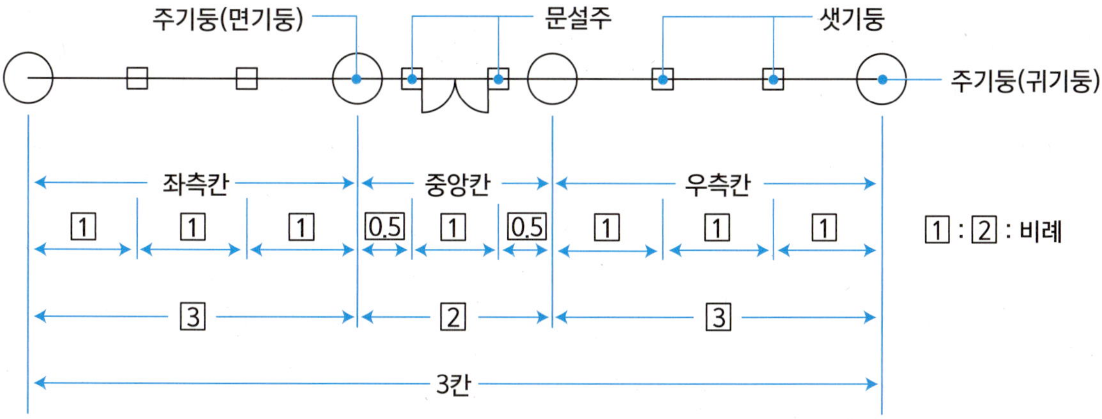

[그림 847] 9층 금동탑 1층 외벽 한면 비례관계

보니 정면 3칸에 폭비율이 3:2:3으로 무지 간단하네요. 이 비례숫자에 치수를 넣어서 건물폭치수가 숨을 쉴 수 있게 해 줘야죠. 9층목탑의 A가 뭐였더라? 벌써 잊어버리셨군요. 우짜노? 9층 일반목탑높이가 108m잖아요. 이것보다 기억하기 더 좋은 숫자가 있나요. 아! 맞네요. 바로 A=1.08이랍니다. 9층탑하면 무조긴(?) 108이라는 숫자를 떠올리면 잊어버릴 일은 없을 겁니다. 정면칸 비율이 3:2:3이니까 3x1.08=3.24, 2A=2x1.08=2.16, 3x1.08=3.24가 나오네요. 1층 몸통폭을 더해 볼까요. 8A=8x1.08=8.64m, 이것밖에 안되네? 이유가 뭐지? 앗 실수! 칸 폭은 전에도 잠깐 말씀드렸듯이 4A, 5A, 6A가 되어야 맞는 것이로구나? 하! 3:2:3=6:4:6이네.

즉, 1층 몸통폭은 16A=16x1.08=17.28m랍니다. A=1.08이 아니라 A=2.16으로 해서 3:2:3으로 하자꾸요. 그렇게 하시더라도 된답니다. 저라면 가능하면 A의 숫자가 적은 A=1.08을 택하겠습니다. 건물폭이 32.4m이며 몸통폭이 17.28이니까. 1층을 외벽중심으로 치수를 넣어 봅시다.

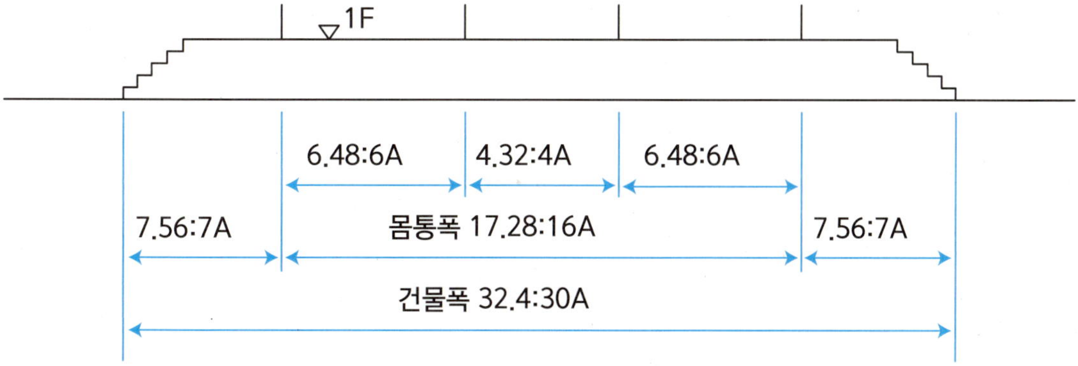

[그림 848] 9층 목탑 건물폭 치수분석 4각3칸 비례안기준

건물폭 32.4=2.7x12, 32.4=1.08x30이 된답니다. 즉, 2.7로도 1.08로도 다 나누어지는 숫자랍니다.

건축물폭은 어느 정도 해결되었답니다. 다음으로 수직높이에서 중요한 지붕판두께와 1층 지붕우수선이 중요하답니다.

1층지붕 쪽을 봅시다.

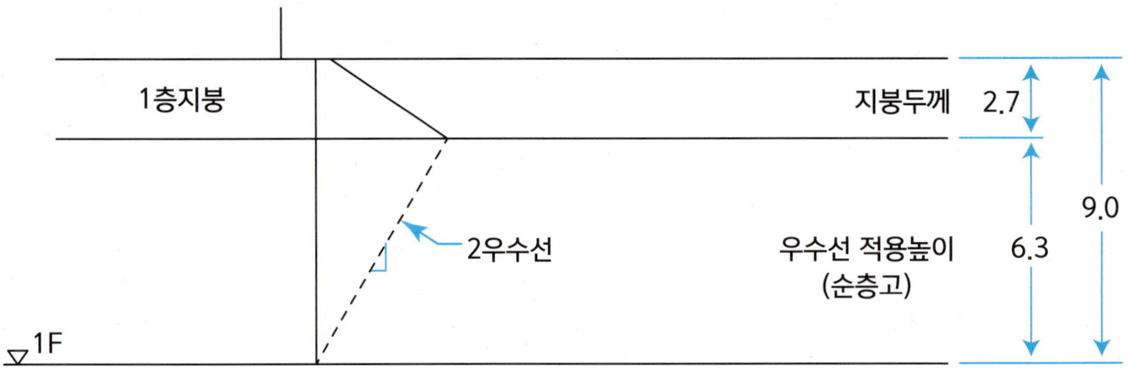

[그림 849] 1층 지붕판 개념

1층층고는 지붕판두께와 우수선 적용높이인 순층고로 구성이 되어 있답니다. 혹시 더 있나요? 지붕판두께는 이왕이면 계단단높이로 나누어지면 더 좋을 겁니다. 계단단높이(R)가 9층목탑은 R=0.15랍니다. 당연히 지붕판두께는 R = 0.15의 배수가 되면서 가능하면 지붕판두께 숫자합이 9가 되는 것이 모양상 좋을 겁니다. R = 0.15의 배수숫자를 쭉 보실까요. 0.15, 0.3, 045, 0.6, 0.75, 0.9, 1.05, 1.2, 1.35, 1.5, 1.65, 1.8, 1.95, 2.1, 2.25, 2.4, 2.55, 2.7 …… 대충 이 정도의 지붕판두께 후보군이 나온답니다. 어느 숫자를 선택하는 것이 제일 좋을까요? 감으로 때릴까요? 어쩌면 감으로 때리는 것이 가장 정확할 수도 있답니다. 아잉가? 지붕판이 두꺼운 게 좋을까요. 얇은 것이 좋을까요? 두꺼우면 투박하고 얇으면 물매가 애매하고 참 난감하답니다. 그럼, 중간값을 선택하는 것이 제일 좋을 것 같은데 도통 이 놈의 중간값을 어떻게 알아낼 수가 있죠?

일반목탑의 1층지붕은 1우수선에다 1층지붕판두께가 1층층고의 1/3로 아주 간단하답니다. 웃기게 얘기하면 눈 감고도 알 수가 있답니다. 그런데 2우수선 적용예정인 이 사찰목탑 1층지붕판두께는 감조차 잡기 어렵답니다. 여러 궁리 끝에 제 전공(?)인 일방지정공법을 쓰기로 했답니다.

9층목탑 1층지붕판두께를 2.7m로 하겠습니다. 이 9층목탑 1층지붕두께가 2.7m인지를 정확하게는 알 수는 없지만, 2.7m를 적용해 보면, 각 탑 간에 @0.18의 증감계수도 가능해지며, 상부층으로도 1R(@0.15 or @0.18)씩의 지붕두께 증감계수도 가능해질 것도 같답니다. 저번에 층고 설명에서 기준층층고비례안과 최상층층고증가안에 따라서 각 층(특히 기준층)의 층고가 바뀔 수가 있다고 말씀드렸을 겁니다. 기본적으로 최상층층고증가안(최상층지붕에 기와를 다 덮기 위해서)을 기본으로 하겠습니다. 이 최상층층고증가안의 지붕두께는 기본적으로 1층 지붕두께에서 상부층으로 갈수록 1R(@0.15)씩 줄여나갈 수가 있답니다.

반면에 기준층층고비례안은 상부층으로 갈수록 지붕두께를 1R씩 줄여나갈 수도 있고 1층지붕두께와 같게도 할 수가 있는 2가지의 경우의 수가 발생될 수가 있답니다. 볼까요.

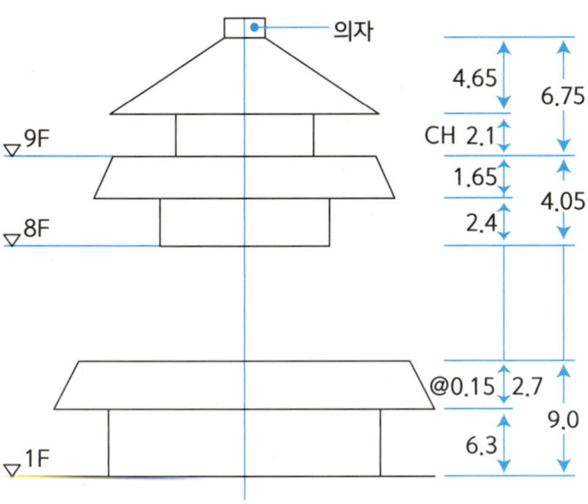

[그림 850] 최상층 층고증가안의 지붕두께: 9층 목탑 기준

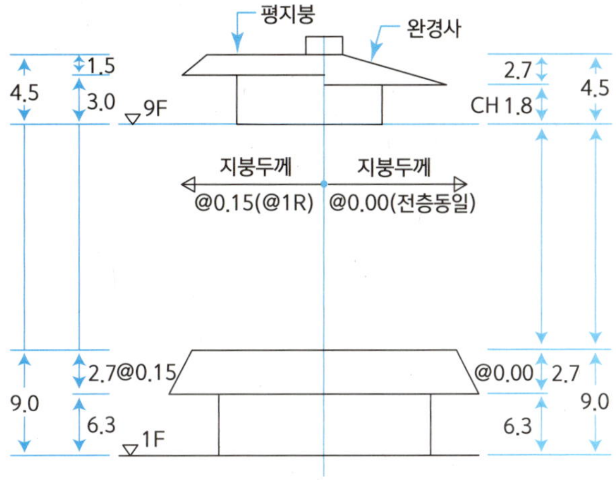

[그림 851] 기준층 층고 비례안: 2가지가 발생됨

보시듯이 최상층층고증가안은 최상층지붕을 완전히 기와로 이는 것이고, 기준층층고비례안은 비록 완경사이긴 하지만 기와를 다 이을 수도 있고, 평지붕처리를 할 수도 있답니다. 어느 것이 더 합리적인 것인지는 모르겠네요? 4각 3칸비례안의 최상층층고증가안과 기준층층고비례안의 개념도를 보면서 생각해 봅시다. 먼저, 9층목탑의 최상층층고증가안을 봅시다.

Notice 별책도면 No.8 **9층목탑 개념도 : 4각 3칸 비례안, 최상층층고 증가안**

이 사찰목탑개념도는 건물형태가 확정된 것이 아니므로, 말 그대로 주요치수만 아주 개략적으로 볼 겁니다. 물론, 백제사찰목탑도 마찬가지일 겁니다. 즉, 이 사찰목탑(신라・백제목탑 동일)은 이 책을 쓰면서 주로 손을 대었으므로 앞으로 별도의 더 많은 연구가 필요할 것 같답니다. 사찰목탑을 보시다 보면 특히 이 점에 관심을 갖고 보셔야 되더랍니다. 첫째는 우수선, 둘째는 각층 지붕경사도(지붕물매), 셋째는 내부계단, 넷째는 처마끝의 횡보길이에 신경을 조금 써야 될 것 같더랍니다. 대충 훑어 봅시다. 첫째로 우수선을 보시면 1층지붕우수선은 처마끝횡보까지가 2우수선(⊿2)이므로 아무런 문제가 없답니다. 다만 기와가 어디까지 노출되어야 되는지는 미지수겠지요. 문제는 건물의 처마각에 따라서 최상층으로 갈수록 지붕우수선에 변화가 일어나는데 있답니다. 보실까요.

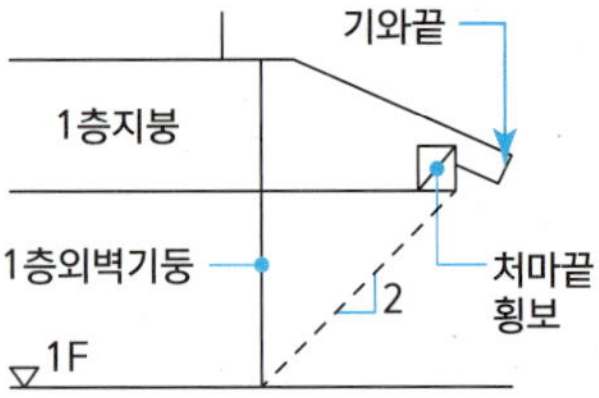

[그림 852] 1층지붕 우수선 : ⊿2

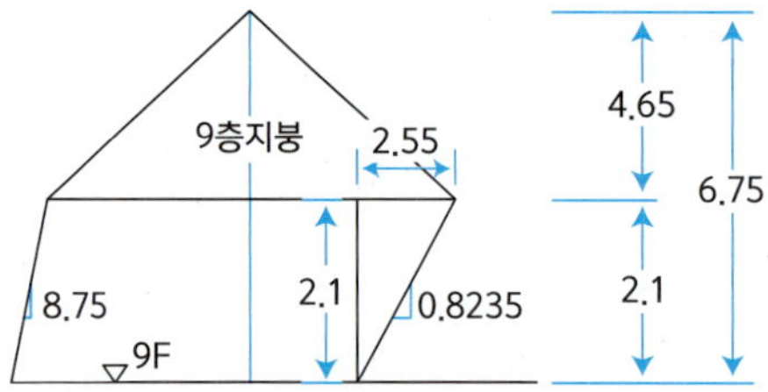

[그림 853] 처마각⊿8.75시
9층 지붕우수선⊿0.8235

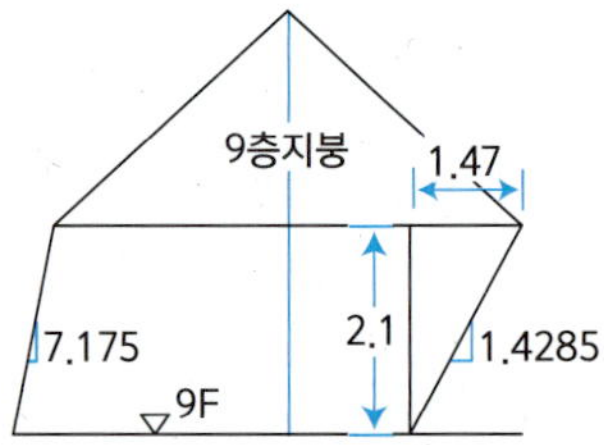

[그림 854] 처마각⊿7.175시
지붕우수선⊿1.4285

그림에서 보시듯 9층지붕우수선이 처마각이 ⊿8.75시는 ⊿0.8235(< 1우수선)이고 처마각이 ⊿7.175 시는 ⊿1.4285(⊿1~⊿2사이, 즉 1~2우수선 사이)가 된답니다. 일반적으로 지붕우수선은 ⊿1~⊿2 사이가 제일 좋을 것 같답니다. ⊿2(2우수선)보다 숫자가 크면 외벽하부 쪽에 빗물이 들이칠 것 같고, ⊿1보다 적으면 지붕날개가 너무 길어서 지붕판이 불안해지겠죠.

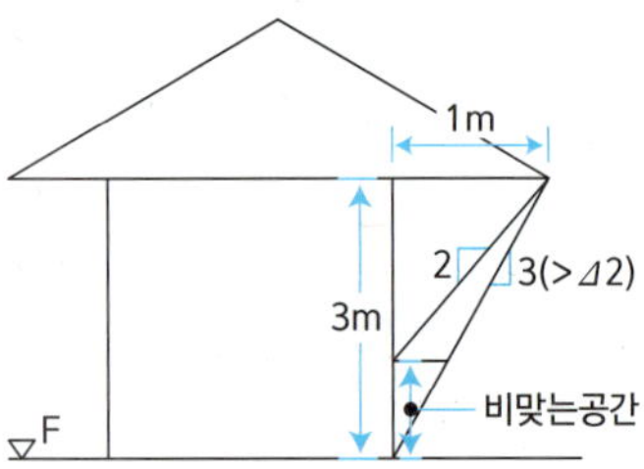

[그림 855] 2우수선 보다 클경우
하부쪽에 비를 맞음

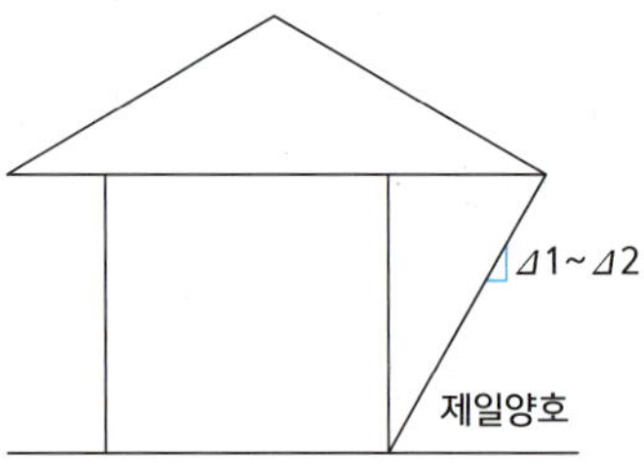

[그림 856] ⊿1~⊿2 사이는
안전구간

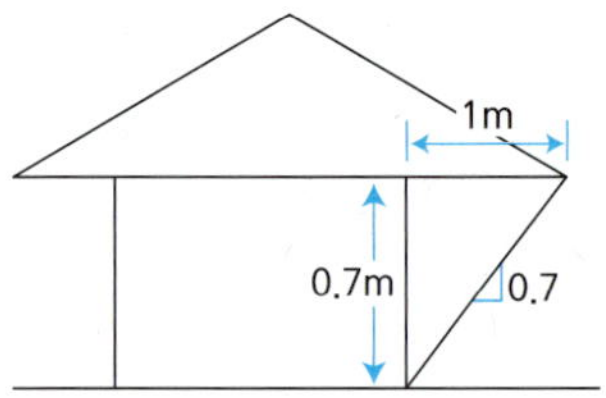

[그림 857] ⊿1보다 적을시 :
지붕 날개가 부담스럽다?

우수선 = $\frac{\text{높이}}{\text{폭}}$ 이겠죠. 풀다 보면 가끔 이 우수선개념이 헷갈릴 때도 있답니다. 그림에서 보시듯 2우수선보다 클시는 외벽하부가 비를 맞으니 성립자체가 힘들 것 같답니다. 1~2우수선 사이는 아주 양호하답니다. 문제는 1우수선보다 적을 시가 문제가 될 수 있는데 다행인 것은 그나마도 상부층으로 갈수록 지붕날개길이가 짧아져서 어찌 생각해보면 가능할 것도 같고 무리일 것도 같답니다. 비록 1우수선보다 적더라도 지붕길이가 짧으므로 가능할 것도 같다는 생각이 드네요.

이유는 간단하죠. 이 지붕날개길이가 최상층지붕경사와 처마각에 영향을 미치기 때문이겠죠. 9층목탑 지붕경사(물매)를 보시면 9층지붕우수선이 1보다 적은 ⊿0.8235시(처마각⊿8.75)에는 ⊿1.9913이지만, 1~2우수선 사이 ⊿1.4285(처마각⊿7.175)시에는 9층지붕물매가 ⊿1.6782로 더 경사가 진답니다. 이거 참 난감한 일이랍니다. 최상층지붕경사각, 최상층지붕우수선, 그리고 처마각 중 어디에다 초점을 맞추어야 할까요? 판단하기가 너무 어렵답니다. 그래서 최상층지붕우수선은 두 가지 경우의 수를 다 고려할 예정이랍니다.

두 번째는 각층 지붕경사도(물매) 문제인데, 최상층을 제외하고는 지붕경사가 줄어들든 늘어나든 비슷한 경사도 변화를 보이는데 문제는 최상층지붕경사도는 급격하게 변한다는데 있답니다. 갑자기 뾰족해지든지 갑자기 펑퍼짐해 진답니다. 가장 큰 원인은 아마도 1층폭과 관련이 있는 듯하답니다. 4각 3칸 비례안의 9층목탑 지붕경사도를 잠깐 보실까요.

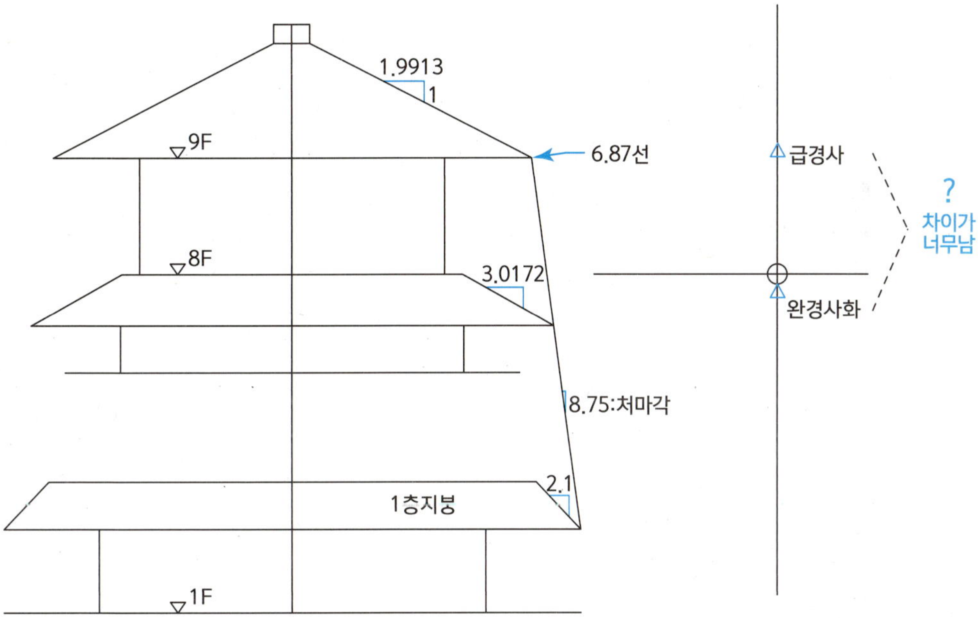

[그림 858] 9층목탑 4각3칸 비례안 지붕물매 비교 개념

참고로, 이 처마각은 4각형일 때와 8각형일 때도 다를 수가 있으며, 최상층층고증가안과 기준층층고비례안일 때도 서로 달라질 수가 있답니다. 물론 무엇을 선택하느냐에 따라서도 달라진답니다. 한마디로 종잡을 수가 없답니다? 윗그림은 처마각⊿8.75시의 각층 지붕경사도랍니다.

보시다시피 1층지붕물매는 2.1이며 8층지붕물매는⊿3.0172로 약간씩 완경사화되어 가다가 9층지붕에서 갑자기 급경사(⊿1.9913)가 된답니다. 외관상 모양새가 쪼께 문제가 있을 듯도 하네요.

이 지붕물매도 처마보두께 등이 바뀌면 자동으로 바뀐답니다. 지붕경사각은 물매이므로 우수선과 달리 물매=지붕날개폭÷경사지붕두께 기준(건축에서는 반대로 지붕두께÷지붕폭=물매개념으로 사용하는데 여기서는 지붕길이에 중점을 둠)이랍니다. 정반대 개념이랍니다.

당연히 처마각을 조절하면 지붕경사각은 바뀌겠죠.

지붕경사각(물매)을 구할 때의 지붕두께를 지붕판두께를 기준으로 볼까요.

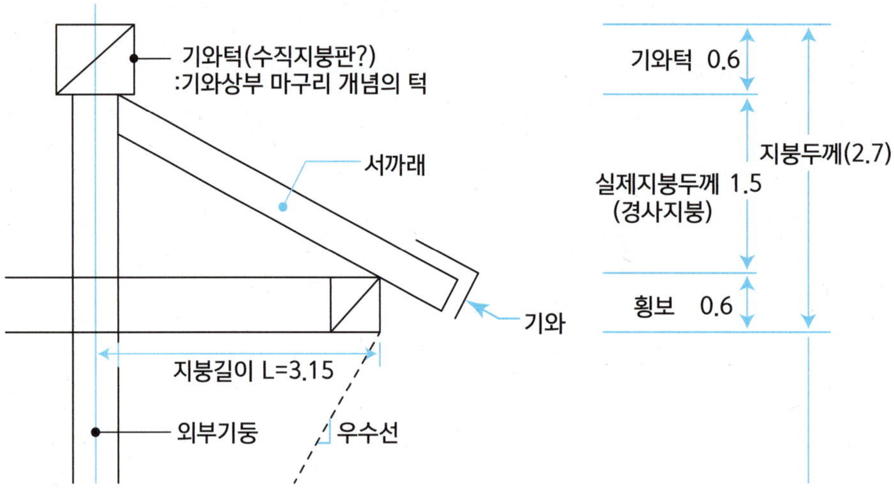

[그림 859] 9층목탑 1층지붕의 실제지붕두께 : 경사지붕 기준

9층목탑 1층지붕두께를 예로들면 지붕판두께는 2.7m이나 상부의 기와턱(0.6: 가상높이임)과 하부의 처마끝횡보(0.6가정. 고뭇줄?)높이를 제외하면 2.7-(0.6+0.6)=1.5를 지붕경사각의 지붕판두께로 한 것이랍니다. 물론 지붕길이는 외벽기둥중심선에서 처마끝횡보까지의 길이랍니다.

즉, 1층지붕물매 $= \frac{3.15}{1.5} = 2.1$이 되겠죠. 아마 실제로 기와를 이어보면 계산상 지붕물매와 조금은 다를 것 같답니다.

셋째는 내부계단 처리문제가 발생된답니다. 특히, 4각건물에서 중앙칸이 4A시 고려해야 될 문제랍니다. 4각건물이라도 6A는 아주 양호하답니다. 4각 3칸 비례안의 계단실을 잠깐 봅시다.

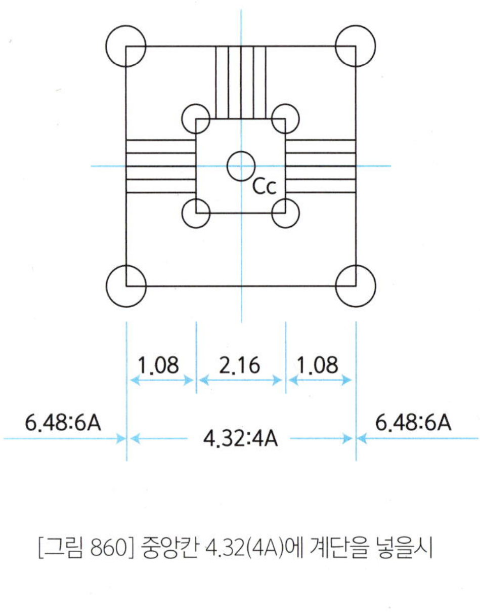

[그림 860] 중앙칸 4.32(4A)에 계단을 넣을시

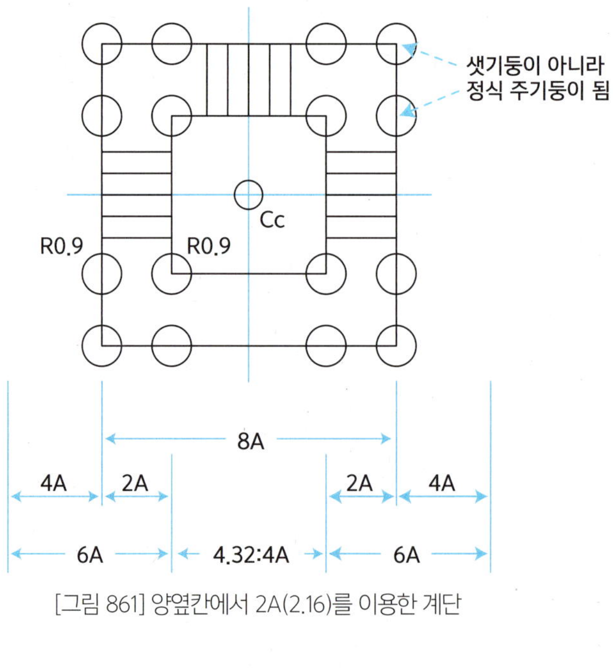

[그림 861] 양옆칸에서 2A(2.16)를 이용한 계단

그림에서 보듯이 중앙칸 4A(4.32)에 계단을 넣을려면 너무 좁아서 계단 자체가 성립이 힘든답니다. 그래서 옆칸의 2A를 빌려서 내부계단을 만들어야 된답니다. 아주 묘한 상황이랍니다. 그러다 보니 외부에서 보면 4각 3칸비례안이 6A:4A:6A로 보이지만 내부에서 보면 4A:8A:4A로 보인답니다? 재미있죠. 그런데 중앙칸이 6A가 되면 이 6A안에 내부계단이 쏙 잘 들어간답니다.

봅시다.

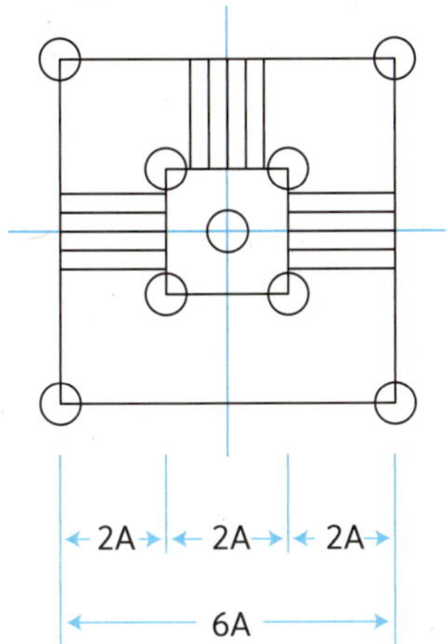

[그림 862] 중앙칸이 6A시의 내부계단

보시듯 내부계단이 중앙칸에 있네요. 대신 단수가 적어서 바지런히 발을 굴려야겠지요?

네 번째의 처마끝횡보길이가 아주 골칫덩어리랍니다.

그림을 그려 볼까요.

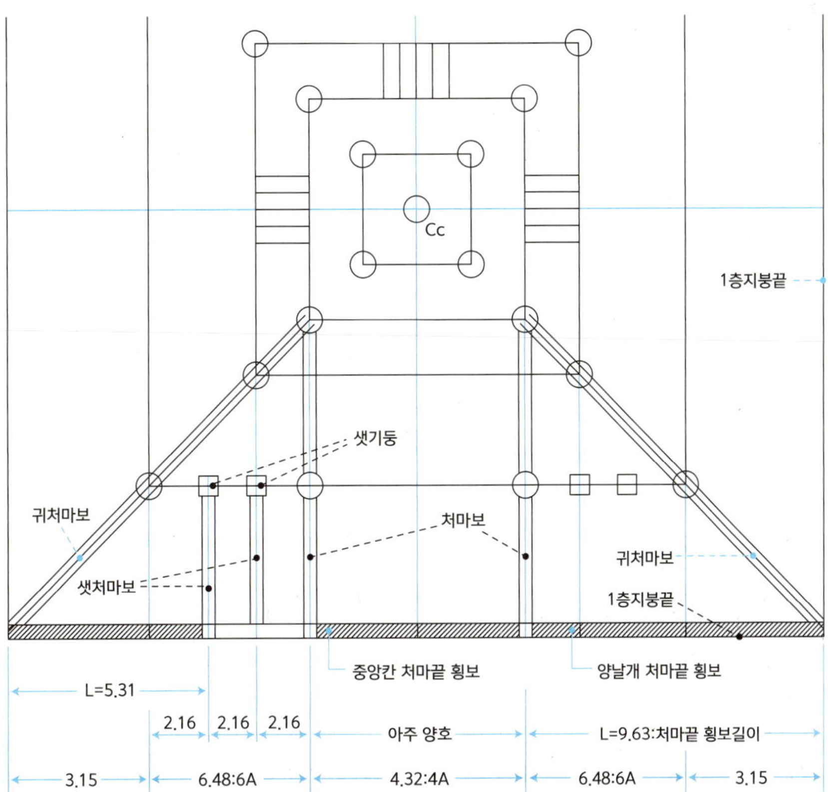

[그림 863] 9층목탑 : 4각3칸 비례안 1층 지붕처마끝 횡보길이(특히 양끝칸)

1층 평면도도 같이 한번 보실까요?

Notice 별책도면 No.8 9층목탑 4각 3칸 비례안 : 1층 평면도

1층지붕의 처마끝 횡보길이를 보시면 중앙칸은 4.32로 아주 이상적인데 양옆칸은 ℓ=9.63으로 상상을 초월할 정도로 길이가 길답니다. 이 긴 횡보를 어떻게 하면 좋을까요? 샛기둥들을 이용해 샛기둥처마보를 빼내면 ℓ=5.31까지 줄일 수는 있답니다. 그런데, 그게 가능할지도 모르겠답니다. 일반가정집 기와지붕식으로 처마보(처마끝횡보포함)없이 그냥 서까래로만 처리하면 큰 문제는 없기는 없답니다. 그래도 일단은 지붕받침처마보가 있는 걸로 생각을 하겠습니다. 근데 이 길고 긴 처마끝횡보를 어떻게 해결해야 할지는 미지수랍니다? 처마보 얘기가 나온 김에 처마받침보를 잠깐 보실까요. 9층금동탑의 처마받침보를 보시면 어찌보면 3개 같기도 하고 어이 보면 2개 같기도 하답니다. 이 처마받침판(엄밀히는 지붕판받침보 개념임)은 백제의 석탑이나 사찰목탑(추정?)에는 기본적으로 3단받침보로 되어 있답니다. 그래서 신라사찰목탑(신라석탑에는 기본적으로 받침보가 없으나 유일하게 다보탑에만 있음)도 3단받침보로 생각을 했었었는데, 다보탑이 2단받침보로 되어 있어서 마음이 바뀌어(?) 2단받침보로 생각중이랍니다.

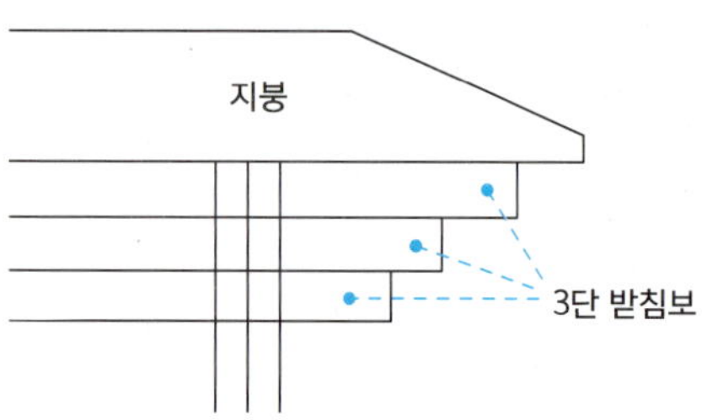

[그림 864] 3단 받침보 : 백제석탑·목탑류

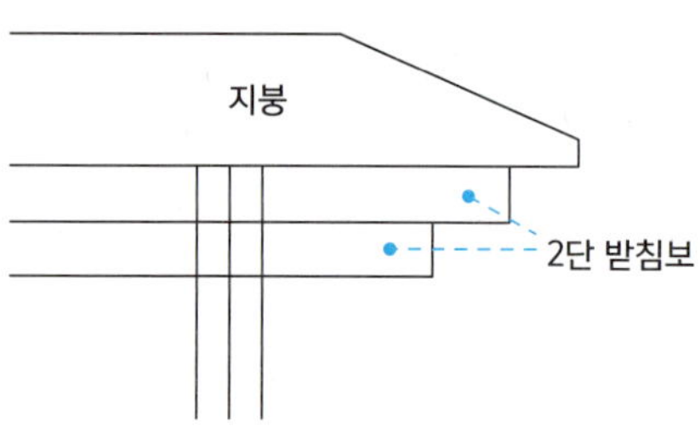

[그림 865] 2단 받침보 : 다보탑형태

그런데, 일반사찰건물(대웅전 등)을 보시면 대부분 받침보가 있는게 아니라(물론 처마보 자체도 없겠죠) 그냥 공포로 문양(멋?)을 내는 것 같으며 구조재는 아닌 것 같은 느낌이 많이 든답니다.
물론 공포구조 자체도 약간의 구조개념이 있을 수도 있겠으나, 신라사찰목탑같은 지붕구조에는 공포류보다는 정식으로 처마받침보구조가 더 어울릴 것 같답니다. 제 생각인가?

이제 9층목탑의 기준층층고비례안도 한번 봅시다.

Notice 별책도면 No.10 9층목탑 개념도 : 기준층층고 비례안, 4각 3칸 비례안

이 9층목탑 기준층층고비례안을 보시면 크게 두 가지로 생각해 볼 수 있답니다.

첫째는 지붕판두께를 1층에서 9층까지 똑같이 2.7m로 하는 안이며, 둘째는 1층지붕두께를

2.7m로 하고 증감계수@0.15(1R)를 적용하여 상부로 갈수록 지붕판두께가 얇아지는 안이랍니다.

첫째안은 최상층(9층)지붕판도 어느 정도 두께(2.7)가 있으므로 최상층지붕을 비록 완경사이긴 하나 기와를 다 이을 수는 있답니다.

둘째안인 각층 지붕판에 증감계수@0.15를 적용하면 최상층지붕두께가 1.5m밖에 되지를 않아서 최상층지붕의 중간부위는 평지붕이 발생된답니다. 물론 자체 물구배 정도는 두어야겠죠.
이 첫째 안의 최상층지붕경사각과 바로 밑층(8층) 지붕의 지붕각도가 지나치게 차이가 나서 보기가 조금 그렇네요. 둘째안의 진짜지붕(일반층지붕과 같이 끝에만 있는 지붕)만 있는 지붕경사각은 그런대로 양호한 편이랍니다. 봅시다.

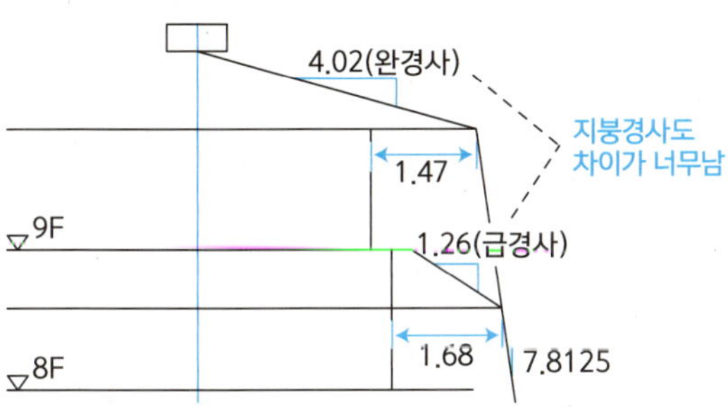

[그림 866] 첫째안일 경우 : 상부층의 지붕경사도 차이

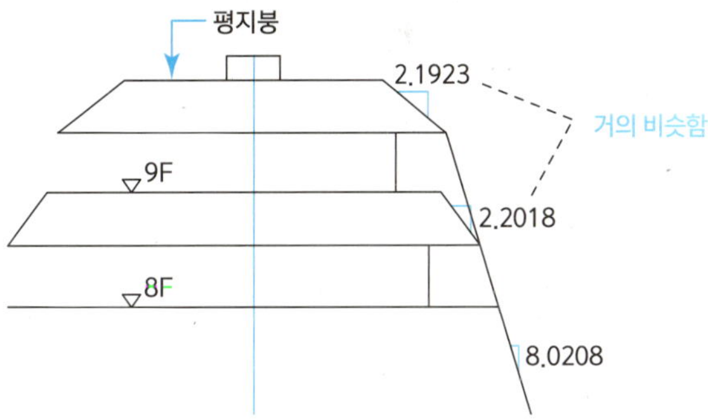

[그림 867] 둘째안일 경우 : 지붕경사도가 비슷함

둘을 비교해 보시면 지붕경사도가 확연히 차이가 날겁니다. 최상층지붕경사도를 비교해 보시면 최상층층고증가안이나 기준층층고증가안의 첫째안이 최상층지붕을 다 덮기는 덮는데 밑층들과의 지붕경사도와 비례가 잘 맞지가 않네요. 아마도 1층폭의 영향을 크게 받는 것 같답니다.
기준층층고비례안의 순지붕두께(기와가 덮이는 두께)는 이렇게 생각해 본 것이랍니다.

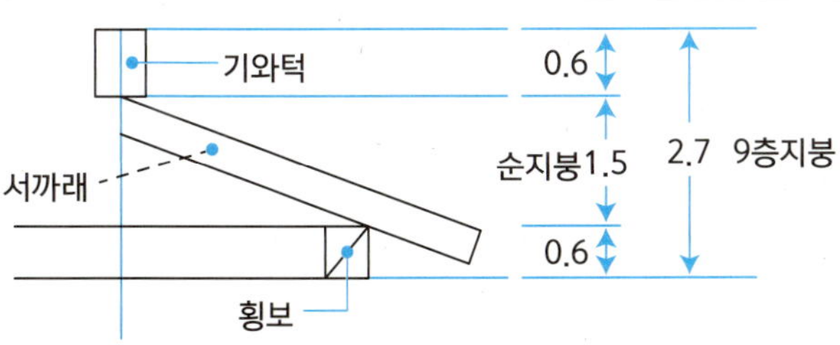

[그림 868] 첫째안인 지붕두께가 동일할시 : 증감계수 없음

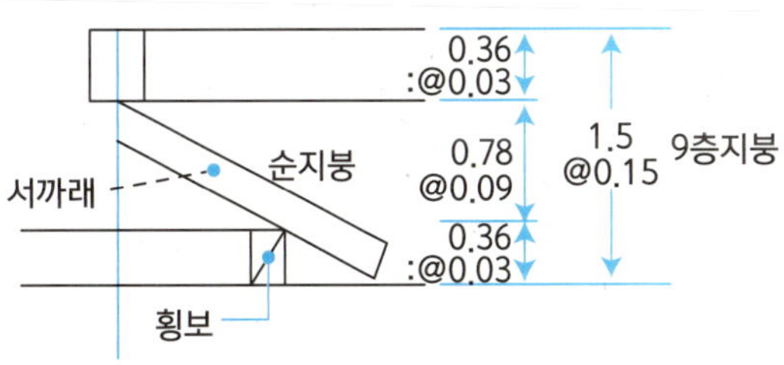

[그림 869] 둘째안의 순지붕 두께 : 지붕 증감계수@0.15 발생시

순지붕두께가 이럴 거라고 생각은 해 보았는데 어느 정도 신빙성이 있을지는 미지수네요?
조금 전에 말씀드린 처마각에 대해서 최상층층고증가안을 기준으로 조금 더 짚어 봅시다.

목탑을 푸시다 보면 처마각도에 무척 신경이 쓰이기는 쓰이는데 이 처마각이 운이 좋아서 정수까지는 아니더라도 소수점 몇 자리까지 나누어 떨어지면 좋은데 실제로는 무한소수점이 나오는 경우가 대부분이더랍니다. 그래서 실제로는 동일법칙원칙을 적용하게 될 겁니다. 전에도 잠깐 말씀드렸습니다만 층고에는 일반적으로 알고 있는 층고도 있지만, 지붕간의 층고인 지붕층고도 있답니다. 물론 계단도 당연히 계단층고가 있겠죠.

9층목탑의 지붕층고를 잠깐만 보실까요.

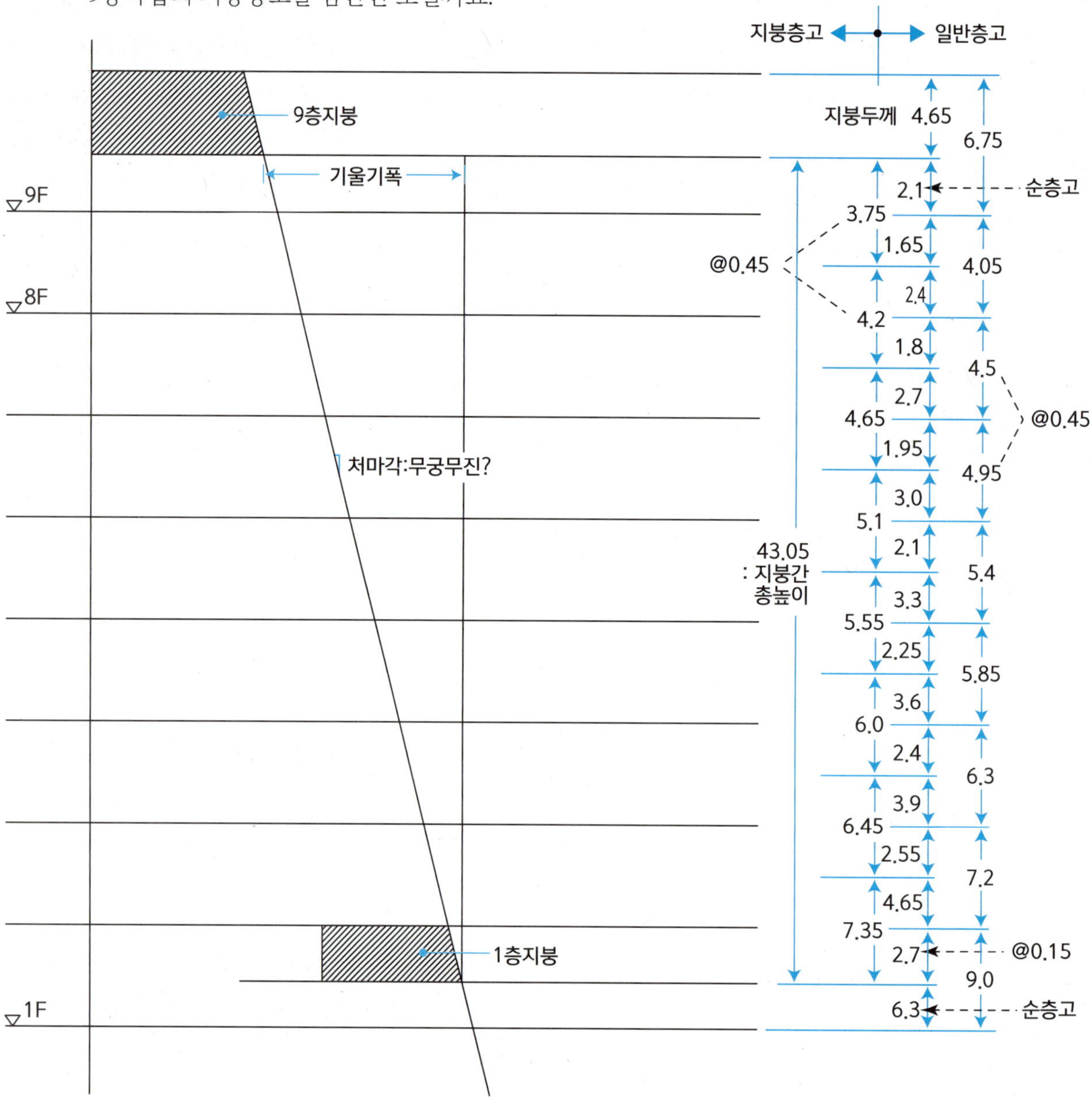

[그림 870] 9층 목탑 지붕층고 개념 : 최상층 층고증가안 기준

보시듯 각 층에도 지붕층고가 있네요. 처마각은 바로 이 지붕층고를 따른 것이랍니다. 1~9층의 총지붕층고는 높이가 43.05m랍니다. 여기에서 많은 지붕각이 나오게 될 수도 있답니다.

총지붕층고	가상처마각	기울기폭
43.05	⊿5	8.61
43.05	⊿6	7.175
43.05	⊿7	6.15
43.05	⊿7.5	5.74
43.05	⋮	⋮

[표 43] 가상처마각에 따른 기울기폭

단순한 처마각만 생각해도 엄청 많은 처마각이 나오게 될 수도 있답니다.
또한, 기울기폭만을 적용하더라도 역시 무한정 나올 수가 있답니다. 그래서, 가장 적당할 것 같은 것을 찾아내어야겠지요.

사실은 근처까지만 비스무리하게 접근하는 것이 목표랍니다? 4각 3칸비례안에서 가장 적당할 것 같은 처마각을 생각해 봅시다.

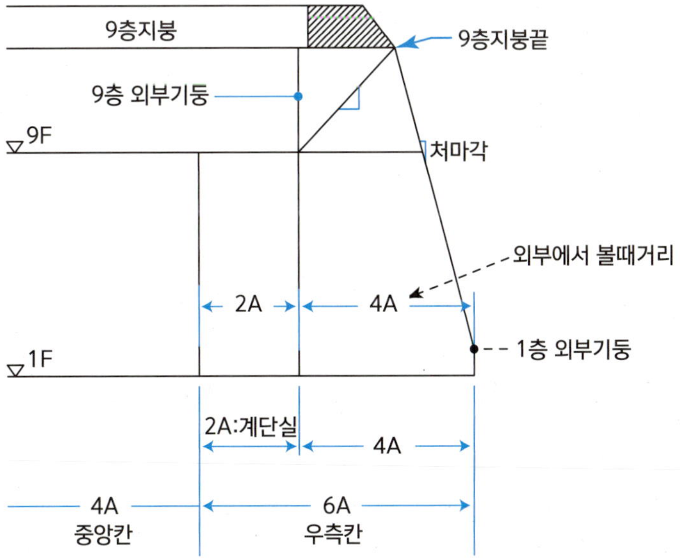

[그림 871] 9층외부기둥위치와 적당할것 같은 처마각

4각 3칸비례안 치수를 보시면 우측칸이 6A로 되어 있으며 다시 2A(계단실)와 4A로 나누어 볼 수 있답니다. 바로 9층외부기둥이 외부에서 볼 때 1층외부기둥보다 4A만큼 내부로 들어와서 9층 지붕이 시작되는 것이 모양상 제일 양호한 것 같답니다. 물론 여기에다 9층지붕 우수선 등을 고려해서 가장 적당하다고 생각되는 처마각을 찾아내어야 하는데, 일반목탑처럼 완벽한 처마각은 아니더라도 어느 정도는 맞추어야 한답니다. 그래서 이 지붕각은 실제로는 등간격공법을 적용해서

구하게 된답니다. 이 등간격법이 뭐냐하면 이렇답니다.

총지붕높이 43.05÷6(기울기폭)=⊿7.175(지붕각)

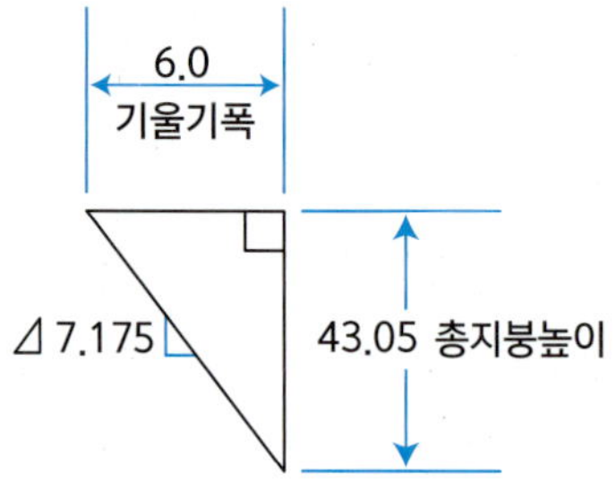

[그림 872] 등간격법의 기본개념

여기서 6m는 지붕기울기폭(1층지붕끝에서 9층지붕끝)이랍니다. 이 기울기폭 6m를 8개층(지붕층고 개수)으로 나누면 6.0÷8개층=0.75가 나올 겁니다. 이 등간격법은 지붕끝선이 층당 75cm씩 줄어든다는 말이랍니다.

아주 쉽게 얘기하면, 2층지붕끝선은 1층지붕끝선 보다 75cm가 내부로 들어온다는 얘기랍니다.

3층지붕끝선은 2층지붕끝선 보다 75cm가 더 들어온다는 얘기겠죠. 이 등간격법은 사찰목탑이나 석탑류에 아주 유용하게 쓰일 겁니다. 아무리 등간격법을 쓰더라도 1층지붕끝선과 9층지붕끝선을 일직선으로 하면 비록 소수점이 나오더라도 어떤 지붕각을 갖게 될 겁니다. 이 등간격법이 재미있는 것은 기본적으로 지붕끝선이 일직선이 되어야 하는데 비해 중앙쪽이 약간 도톰한 형태랍니다. 쪼께 복스럽게 보인답니다.

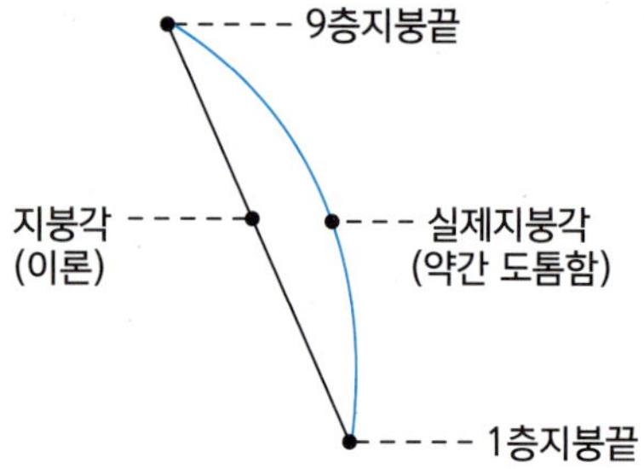

[그림 873] 등간격법시 지붕각이 약간 도톰함

보시니 복스러워 보이시나요? 부티나게 보이신다구요. 사실 이 등간격법은 석탑류를 풀면서 제가 인지한 것이랍니다. 그리고 이 일직선인 이론지붕각을 각층 지붕끝선에 적용해 보며는 잘 맞아 떨어지지가 않는답니다.(일반목탑은 아주 정확하게 맞아 떨어지겠죠)

한 두가지 예만 잠깐 보시죠. 지붕각⊿7.175를 적용해 보겠습니다.

- 8~9층지붕층고=3.75÷⊿7.175=0.52264
- 7~8층지붕층고=4.2÷⊿7.175=0.585365

나온 숫자는 지붕끝선이 줄어드는 폭이랍니다.

보시듯 순수지붕각으로는 각층 지붕끝선을 구할 수가 없답니다. 지붕끝선은 주요치수이므로 반드시 3의 배수이면서 정수가 나와야 맞답니다. 그래서 등장(?)한 것이 바로 등간격공법이랍니다. 등간격법은 어떠한 경우에도 3의 배수인 지붕끝치수가 나올 겁니다. 숫자입력 자체를 3의 배수 숫자를 쓰거들랑요. 이 등간격공법은 지붕끝선뿐만아니라 외부기둥에도 쓸 것이며, 당연히 지붕날개길이에도 쓸 겁니다. 이 세 가지는 쉽게 얘기하면 1set랍니다.

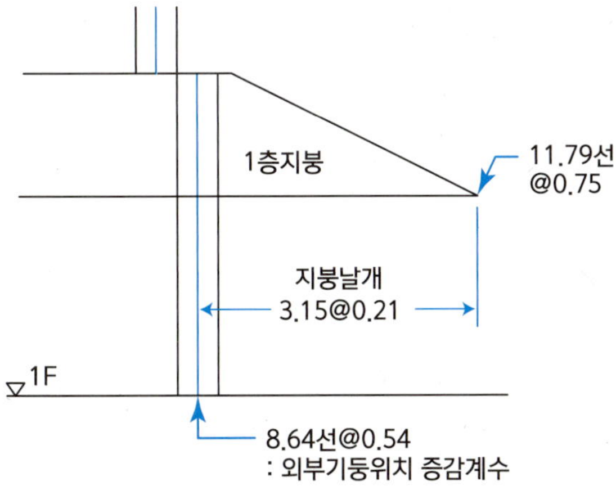

[그림 874] 9층 목탑 : 등간격 개념

9층목탑에서 지붕기울기폭이 6m랍니다. 6m÷8개층=0.75로 각층의 지붕날개끝 증감계수랍니다.

그림을 보시면 외부기둥 위치증감계수가 @0.54랍니다. 지붕날개길이 증감계수는 @0.21이네요. 아주 재미있는 것은 이 세 가지의 조합이랍니다.

보실까요.

외부기둥 증감계수(@0.54)+지붕날개 증감계수(@0.21)=지붕끝 증감계수(@0.75)가 되네요. 지붕끝 증감계수가 꼬맹이 두 놈을 거느리고 있네요. 고고참 희한하죠.

외부기둥위치 증감계수는 아주 간단하게 알 수가 있답니다.

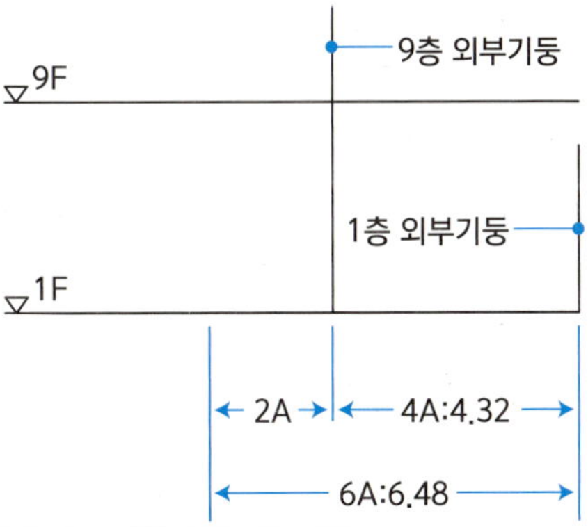

[그림 875] 외부기둥위치 증감계수

보시면 1층외부기둥에서 시작해서 점점 줄어들다가 9층에서 1층보다 4A(4.32) 들어가서 9층외부기둥이 있답니다. 즉 4A(4.32)만큼 9층외부기둥이 줄어든답니다. 1층과 9층차이는 8개층이랍니다.

9개층이 아입니데이? 4.32÷8개층=0.54의 등간격증감계수가 나올 겁니다. 이 등간격법은 어찌 보면 너무 단조로운 느낌이 조금 들기도 한답니다.

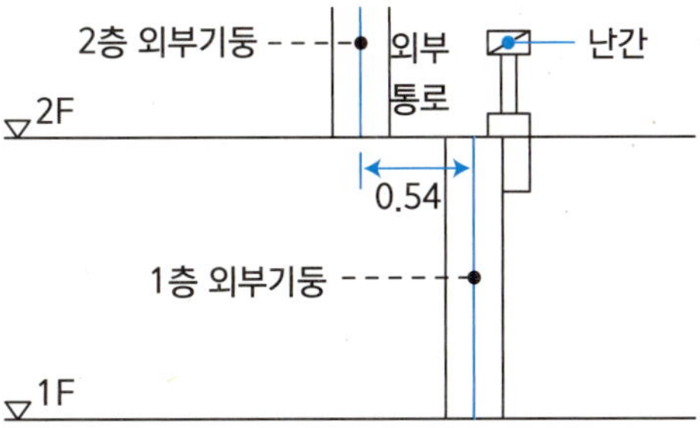

[그림 876] 1·2층 외부기둥폭차이: @0.54

이 9층목탑의 외부기둥 증감계수가 @0.54이다 보니 바로 윗층 외부난간설치가 쪼께 난감하기도 하답니다.

보실까요.

1·2층 외부기둥중심폭이 54cm 밖에 차이가 나지 않아서 2층 외부난간설치가 조금 불편하답니다.

물론 난간설치까지는 가능은 하나, 어쩌면 2층외부 개구부열기를 내부로 열어야 할 수도 있답니다. 외부통로가 좁아도 있긴 있는데 난간을 설치하든 안하든 외부통로로 이용하기에는 조금 불편할 것 같답니다. 금동탑안(4각3칸비례안)의 최대 구조적 단점(?) 하나가 바로 9층외부기둥에 있답니다. 이 9층외부기둥이 주기둥이면 괜찮은데 샛기둥열에 외부기둥이 위치한답니다.

4각3칸 이외에는 최상층외부기둥이 주기둥이 된답니다. 한번 보실래요.

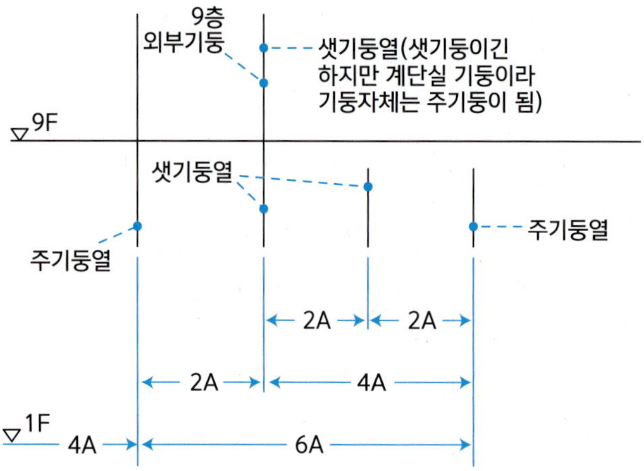

[그림 877] 금동탑안의 최상층 외부기둥 : 샛기둥열

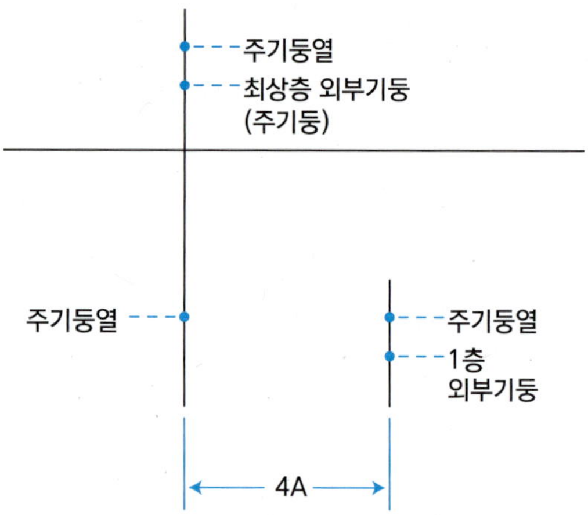

[그림 878] 4각3칸안을 제외한 다른안
: 최상층 외부기둥이 주기둥열이 됨

그림을 보시니 이해가 가시는지요. 이왕이면 최상층외부기둥이 주기둥열이면 좋겠죠. 그나마 다행인 것은 9층외부기둥이 계단실기둥이라 주기둥이랍니다. 지붕날개 증감계수도 한번 보셔야죠. 이 증감계수@0.21도 분개가 될 겁니다.

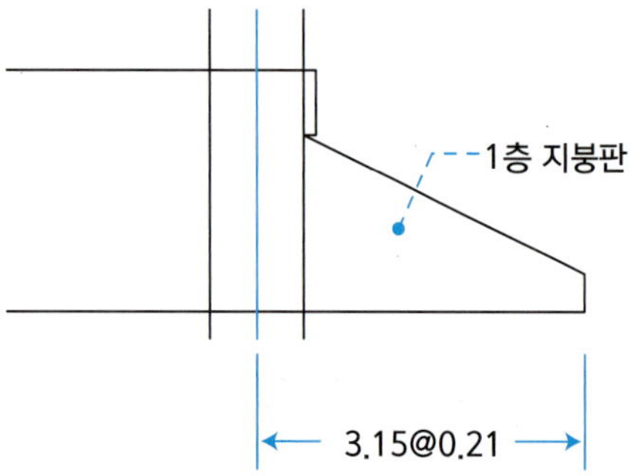

[그림 879] 지붕날개 증감계수

단순히 21cm씩 지붕길이만 줄어들까요? 그럴 리가 없겠죠. 이 놈의 지붕길이 증감계수(@0.21)도 3꼬맹이(?)를 거느리고 있답니다.
꼬라지에? 두목(?)의 성깔이 다분히 있나 봅니다.

다시 꼬맹이들을 보실까요.

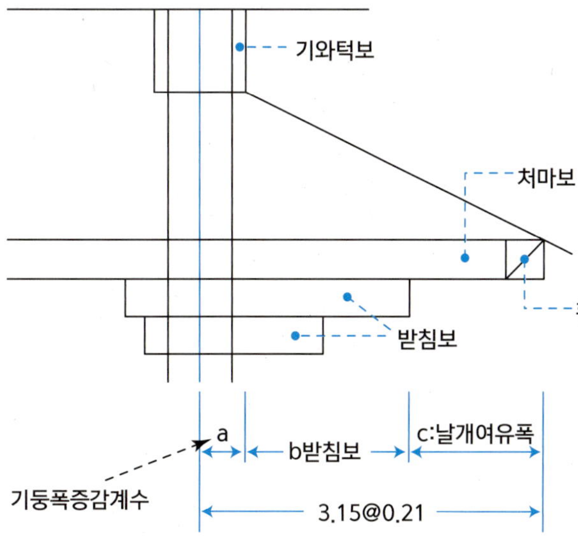

[그림 880] 지붕날개부위별 개념

지붕판을 자세히 보시면 기둥이 있고 지붕받침보가 있으며 끝에는 뭔지는 모르겠으나 지붕날개 여유폭이 있답니다.

즉, {• a : 기둥폭 증감계수 / • b : 지붕받침보 증감계수 / • c : 날개 여유폭 증감계수} 3개 부분으로 구성이 되어 있네요.

아따! 쥐꼬리만한게 와 이리 복잡하노. 다시 부분별로 분석해 보셔야죠.

먼저, 기둥부터 분석해 봅시다. 기둥폭에 왜 증감계수가 발생되지? 알다가도 모르겠네? 혹시 기억나시나요. 기둥규격은 5cm씩의 증감계수가 있다는 사실을? 일반목탑에서 귀가 닳도록(?) 말씀드렸을 겁니다. 귀 씻으신 분 안계시죠? 과연 5cm씩 줄어들까요? 천만의 말씀! 기둥도 기둥만 있는 게 아니라 기둥턱이 있으며, 이 기둥턱까지가 엄밀히는 실제 기둥폭이랍니다.

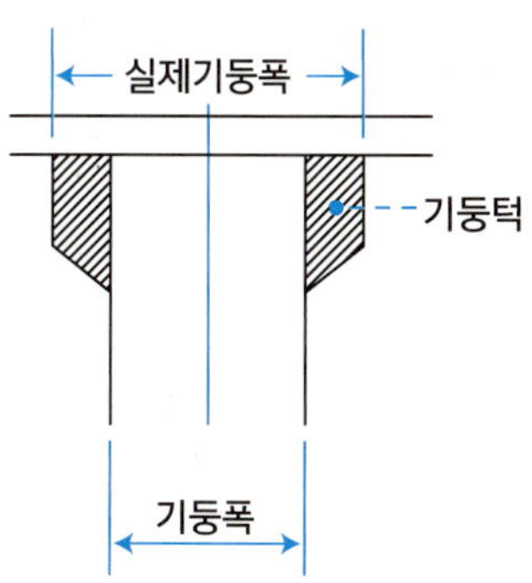

[그림 881] 실제 기둥폭

기둥폭의 증감계수는 5cm가 맞으나 실제기둥폭 증감계수는 6cm가 된답니다. 기둥폭x1.2($\frac{6}{5}$)=실제기둥폭이랍니다. 실제기둥 증감폭은 5cm이지만 기둥날개까지 1.2를 곱해주면 5cm x 1.2 = 6cm가 된답니다.

치수개념의 기준은 기둥중심선이 되겠죠. 즉, 기둥폭 6cm의 증감이 기둥중심선을 기준으로 보면 반쪽으로 기둥폭 증감계수는 @0.03이 될겁니다. 즉, 윗층으로 갈수록 기둥폭의 감소로 가만히 있어도 자동으로 기둥폭 자체가 3cm가 줄어든답니다. 이제 지붕날개 증감계수 21cm 중 기둥폭 자연감소 3cm를 빼면 18cm가 남는답니다. 다음으로 받침판 증감계수 b를 보셔야죠. 고려금동탑을 보시면 지붕받침판이 3단같기도 하고 어찌 보면 2단같기도 하지만 다보탑이 2단이므로 간단히 2단받침보로 보겠습니다.

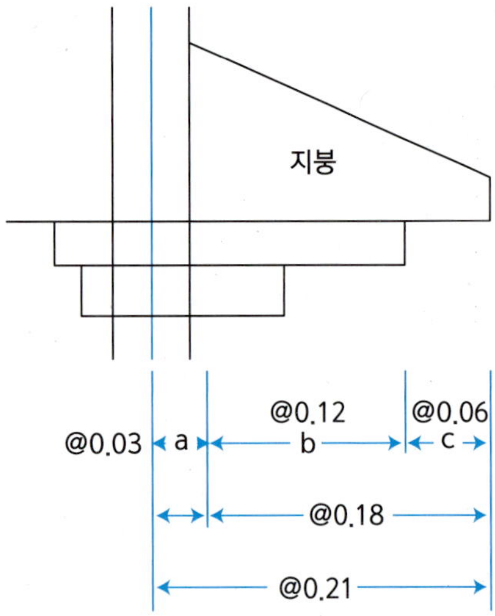

[그림 882] 지붕날개 증감계수

이 지붕받침보는 기둥외부에 밥풀대기로 붙이시면 똑 떨어집니데이? 반드시 기둥을 관통하셔서 받침판이 떨어지는 일이 없도록 하셔야 될 겁니다.
이 받침보의 길이도 3cm의 배수가 되어야 할 겁니다. 즉, 3의 배수치수가 되어야 맞겠죠.
치수의 숫자합이 1이나 2가 나오면 낭패랍니다.
다행히도 증감계수가 18cm가 남았으니 받침판폭에 12cm, 날개여유폭에 6cm를 공평하게 나누어 주면 자연스런 비례관계가 나올 겁니다.

날개여유폭c도 @0.06이 나오네요. 날개여유폭c를 @0.12로 하면 자연스레 받침보길이는 @0.06이 나오겠죠. 어떤 특별한 법칙까지는 없지마는 그 시대에 어떤 비례법칙을 적용했는지는 알 수가 없답니다. 물론, 2단받침보가 아니고 3단받침보일 경우에는 약간 더 복잡해질 수는 있겠지만 모든 증감계수의 기본법칙인 3의 배수법칙만 지키시면 될 것 같답니다.
풀다 보면 증감계수가 @0.015(1.5cm), @0.045(4.5cm) 같은 숫자가 나올 수도 있는데 이 1.5cm = 3 x 0.5, 4.5cm = 3 x 1.5cm는 다 3이라는 숫자를 자체적으로 갖고 있으므로 모두 다 3의 배수에 해당된답니다.

이제까지 보셨듯 이 지붕각을 이루는 지붕끝 증감계수@0.75가 단순히 지붕끝 치수만 증감이 되는 것이 아니라 기둥과 지붕날개를 구성하고 있는 모든 부위에 다 영향을 미친답니다.
이 등간격공법은 아주 단순하고 재미있기도 하지만 아주 유용하게 쓰일 겁니다.

이제 9층목탑(4각3칸비례안, 최상층층고증가안)을 부분적으로 아주 잠깐만 봅시다.

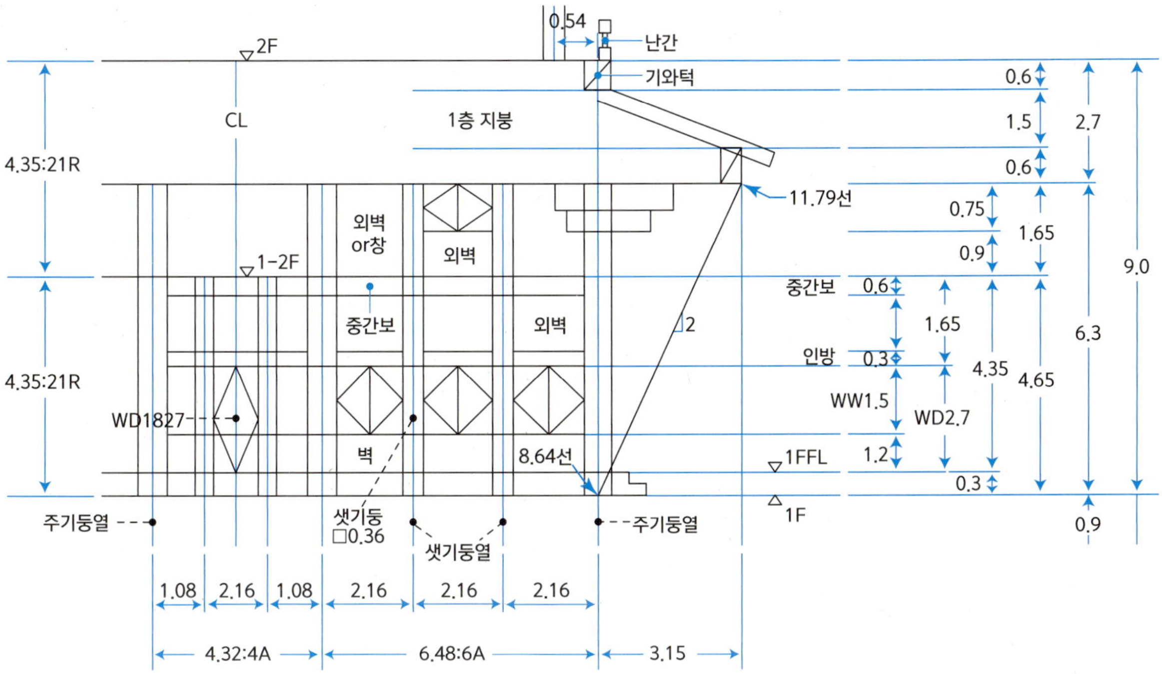

[그림 883] 9층 목탑 : 1층 개념 4각3칸 비례안 기준

먼저, 1층주출입구를 보면 단순개구부로 텅비어 놓기도 그래서 출입구(WD1827 폭이 1.8m, 높이가 2.7m)를 내는 것이 좋을 것 같답니다. 높이는 2.7m 정도가 적당할 것 같네요. 물론 어떤 근거도 없겠죠? 자세히 보시면 주기둥열에 있는 주기둥을 R0.9(원형기둥으로 지름이 90cm 조금 큰 느낌이 들기는 드네요?)로 하면 샛기둥이 원형기둥이면 R0.45(R0.9÷2)인데 사각기둥으로 하면 □0.36(R0.9x1.2÷3=0.36)이 된답니다. 여러 가지를 생각해보니 사찰목탑의 샛기둥은 4각형이 좋을 것 같아서 일단 4각기둥으로 생각하겠습니다. 그러면, 주출입구문 순폭은 2.16(2A)－0.36(문설주)=1.8이 나오네요.

그럼 1층 주출입구문은 WD1827로 아주 양호하게 잘 나온답니다. 중2층이 있었는지는 알 수가 없으나 저층부에는 중2층도 가능할 것도 같답니다.

중2층과 상관없이 가상 중2층에는 중간보를 설치해야겠죠. 샛기둥이 4각기둥이 좋은 것이 전에도 잠깐 얘기드렸듯이 보와 샛기둥이 동일면이 가능해져서 외관상 산뜻한 멋이 풍긴답니다.

4각샛기둥의 단점인 기둥턱내기가 조금 어렵겠지만 그래도 인방 등의 고정을 위해서 보이지 않게 턱을 살짝 낼 것 같답니다.

4각샛기둥규격은 R0.9(주기둥)x1.2÷3=0.36으로 사용가능한 모든 치수를 다 써버렸으므로 기둥턱 발생이 이론적으로는 힘이 들지만 살짝 턱을 내는 것은 별 문제가 없어 보이네요.

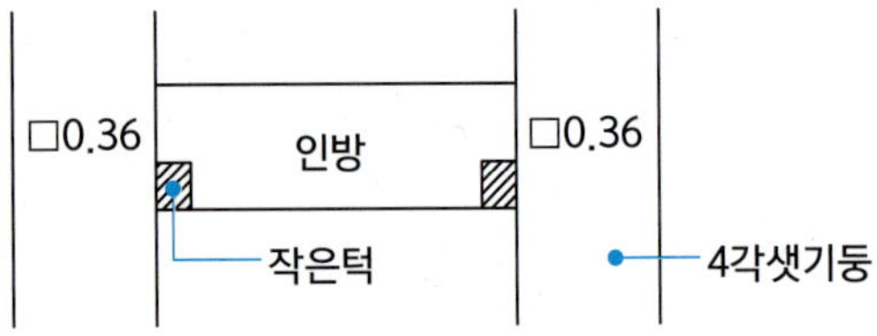

[그림 884] 4각 샛기둥의 기둥턱 발생 : 옆에서 볼 때

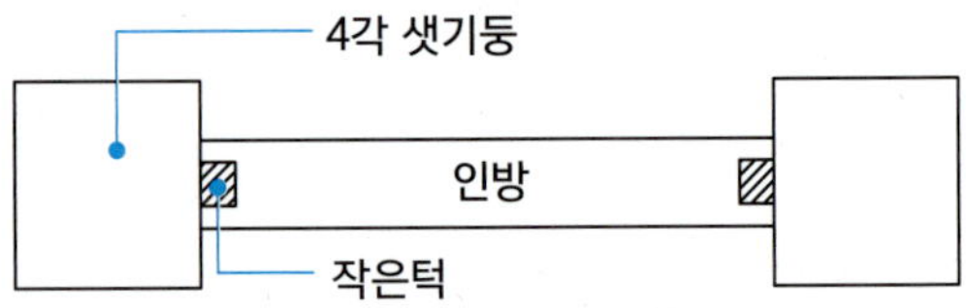

[그림 885] 4각 샛기둥의 기둥턱 : 위에서 볼 때

이 샛기둥턱이 있어야 인방 등이 움직이지가 않아서 창문 등을 잘 잡아줄 것 같답니다. 물론 이 샛기둥턱은 외부에서는 보이지 않게 잘 감추어야겠지요. 4각샛기둥을 주기둥 R=0.9의 반인 □0.45로 가정하고, 0.45=0.045+0.36+0.045이므로 샛기둥을 □0.36으로 하고 0.045씩의 턱을 내는것도 고려해 봐야겠죠. 어쩌면 이 방법이 모든것을 충족시키는 것 같답니다. 그리고 지붕을 보시면 제일 위쪽에 수직지붕(?)이 보이실 겁니다. 수직지붕이란 말이 조금은 우습게 들리겠지만 그래도 수직지붕이 맞을 것 같은 느낌이 드네요? 실제론 기와턱보이겠지요.

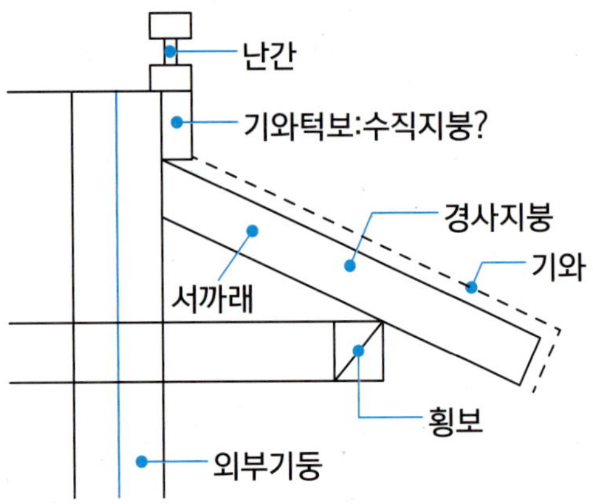

[그림 886] 수직지붕 : 기와턱보

이 기와턱보는 기와끝 마구리 개념으로 상부기와끝선이 아주 산뜻하게 보이게 하기 위한 것이겠지요. 이 기와턱보가 없으면 아무래도 기와끝쪽이 조금은 지저분해질 수도 있겠죠. 물론 외부의 빗물이 기와속으로 못 들어가게 하는 역할도 겸할 겁니다. 그런데, 이 기와턱보를 어떻게 설치할지가 쪼께 애매하답니다. 크게 2가지를 생각해 볼 수가 있답니다.

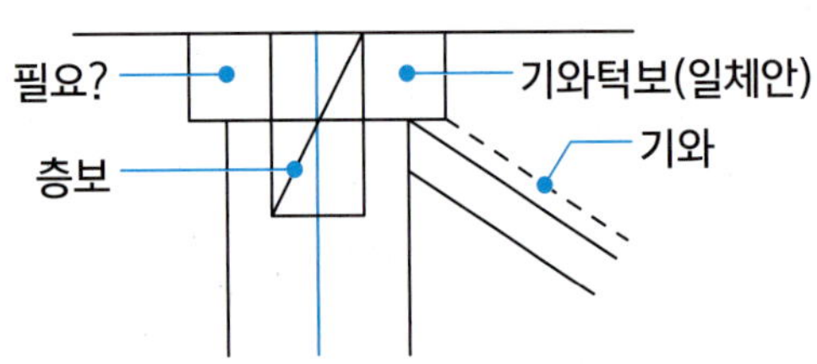

[그림 887] 기와턱보를 층보(층의 주보)보다 크게 하는 안

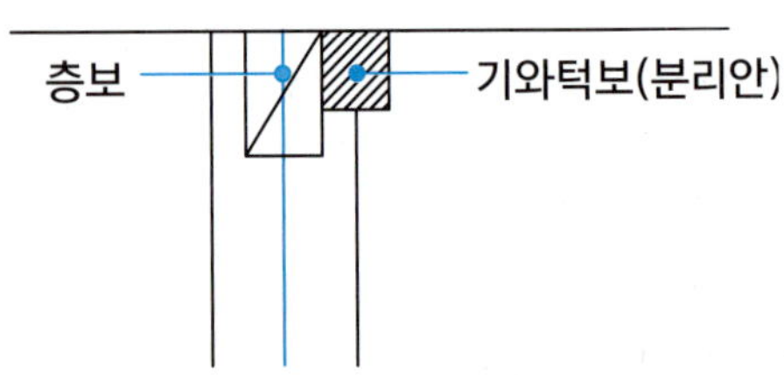

[그림 888] 층보와 별개로 기와턱보를 설치하는 방법

하나는 충보폭을 넓게 하는 일체안이며, 다른 하나는 충보 옆에 별도로 기와턱보를 붙이는 분리안이지마는 기본개념은 비슷하답니다. 그리고 기와턱보의 높이도 무지 헷갈린답니다.
낮게하면 지붕경사가 급해지며 높게하면 완경사화된답니다.
하여튼 애럽네요? 9층목탑의 입면도를 그리다 보면 중앙칸은 치수변화가 없으나 양옆칸은 윗층으로 갈수록 0.54씩 줄어든답니다. 줄어든 열의 해당칸만 줄어들 수도 있지마는 줄어든 전체 치수를 3등분해서 보기 좋게 할 수도 있답니다.

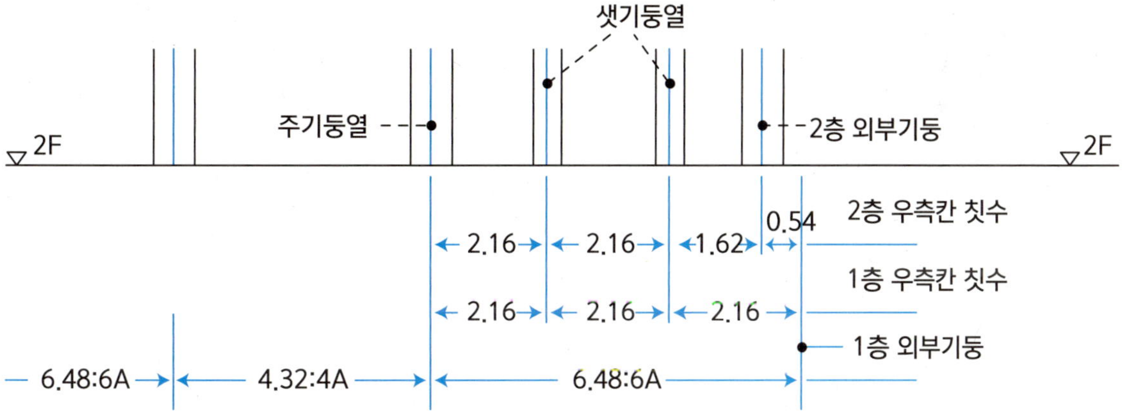

[그림 889] 샛기둥열을 살린안 : 입면도

잘 보시면 우측칸은 1층에서는 샛기둥폭이 2.16으로 똑같답니다. 그런데, 2층에서는 외부기둥이 0.54내부로 들어온답니다. 위에 있는 예시는 우측칸의 제일 우측칸만 0.54줄어든 1.62가 되며 나머지 샛 2칸은 2.16으로 샛기둥 수직열을 맞추고 있답니다.

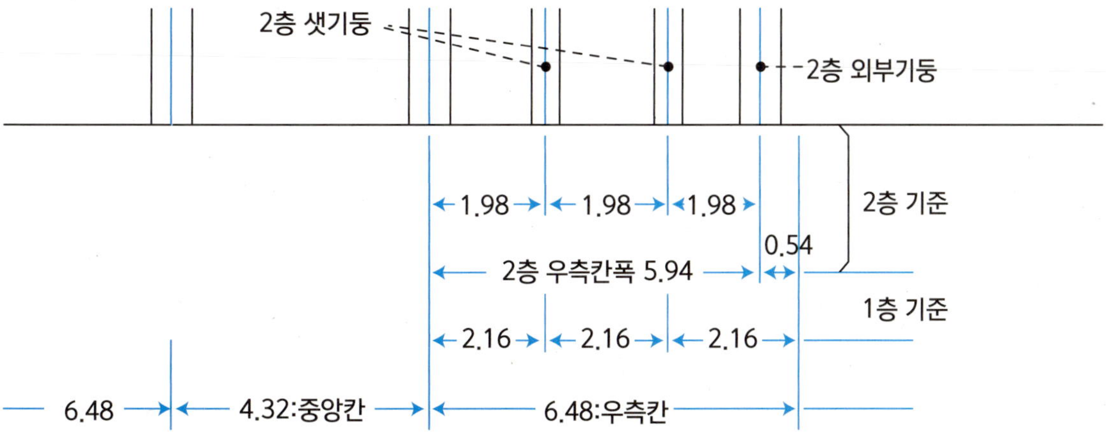

[그림 890] 2층 우측칸의 폭을 3등분한 샛기둥안
: 모양상 더 양호한 것 같음

그림을 보시면 우측칸이 2층에서 0.54가 줄어든답니다. 그러면 우측칸폭은 6.48-0.54=5.94가 되며, 이 5.94를 3등분하여 갈게하면 5.94÷3=1.98의 샛기둥간격이 나올 겁니다. 모양상 아주 양호하답니다. 다만 샛기둥 수직열이 사라지게 된답니다. 샛기둥열을 맞추는게 나은 것인지 자체등간격법을 쓰는 것이 더 나은 것인지? 하! 머리가 다 아프네요. 아마도 자체등간격법을 채택해야 될 것도 같답니다. 아니면,2층폭(상부층도 마찬가지)을 8등분(8A=16A÷2)하여 모든칸폭(샛기둥폭 포함)을 갈게할 수도 있답니다. 외관상 제일 양호하나 내부계단폭도 줄어드는 문제점도 있답니다. 탑들을 푸시다 보면 이런 예기치 못한 것들이 톡톡 튀어 나온답니다. 우찌합니까? 상황따라 해결해야죠?

또 갑시다. 이제 지하층도 보셔야죠. 반지하의 반지하도 아닌 것이 지하층이라니 말은 쪼께 우습기도 하지만 어찌되었든 6R의 높이를 가진 어엿한(?) 지하층이랍니다. 일반적으로 이 완벽한(?) 지하층을 누구든지 기단일 거라고 착각들하기 쉽답니다. 이제부터는 착각하지 마이소.

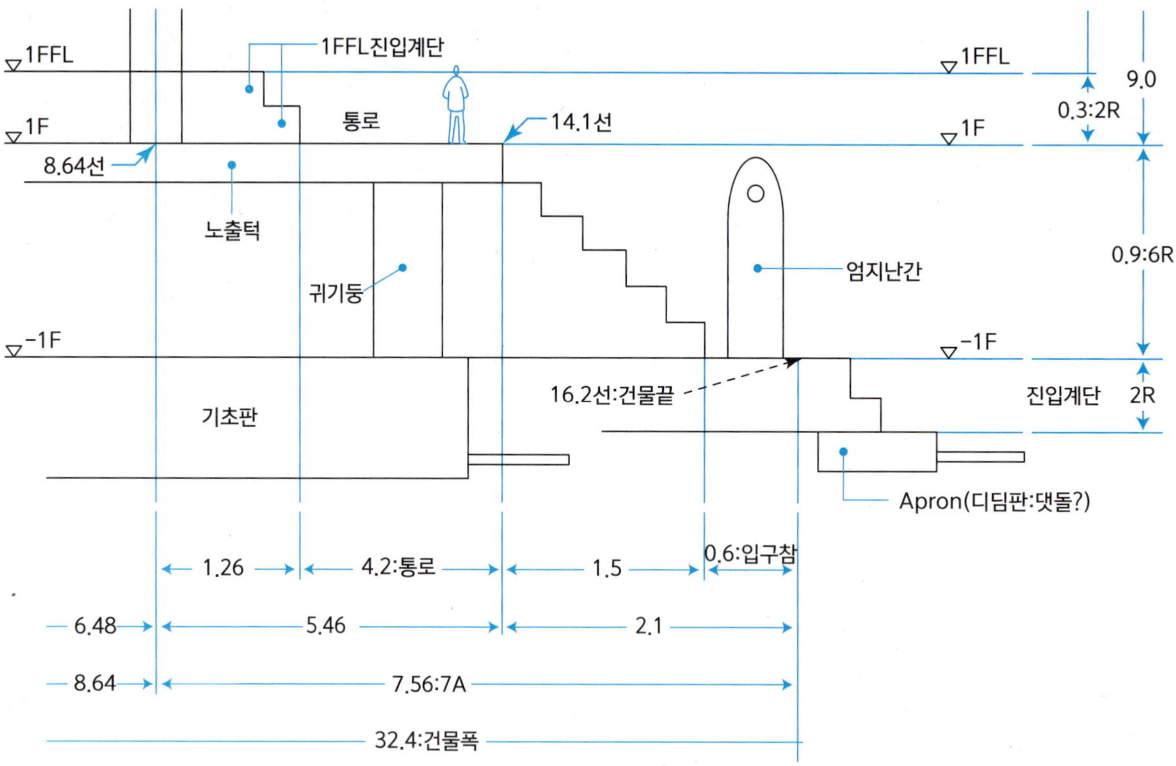

[그림 891] 9층 목탑 : 지하층 단면

지하층같아 보이나요? 지하층에 진입하실려면 일단 땅에서 디딤판을 딛고 2단(금동9층탑 기준)을 올라가야 대망의 지하층바닥에 도착(?)한답니다. 이 진입부계단은 적게는 2단에서 많게는 3~4단이 될 수도 있답니다. 지하층계단 6단을 더 올라가시면 1층바닥이 나온답니다. 외부통로를 조금 더 걸어가시면 드디어 진짜(?) 1층바닥(1FFL)으로 가기 위한 계단이 2단이 더 나온답니다.
이 2계단을 올라가시면 그냥(?) 진짜1층 바닥이 나온답니다. 올라가기 정말 힘드네. 1FFL진입계단은 당연히 출입문 쪽에만 있겠죠. 기분 좋으시면 1층 외부전체를 다 돌리셔도 무방하답니다.
이 1FFL진입계단은 이론적으로는 R=0.15이지만 1층 외부통로의 물구배를 고려해 보면 R≒0.12가 될 듯 하답니다. 싱거운 지하층이네요? 지하층 내부로 들어가 보자고요? 참으시죠? 이제 꼭다리만 보면 다 보네요. 이 꼭다리높이가 무려 12.6m나 되어서 뭐 이런게 다 있지 하면서 무지 당황했더랍니다. 한 3~4m쯤이면 충분할 것(?) 같기도 한데 와 이리 높죠. 더 웃기는 것은 이걸 어떻게 시공을 할까도 고민해 봤답니다. 실제로 시공이 무지 어려울 수도 있답니다. 꼭다리 중심기둥이 철심인지는 모르겠으나 이 철심기둥이 무지 굵어야만 바람에 부러지지 않을 것 같네요.

처음에는 일반석탑식으로 첨탑은 2개를 둘려고 했었는데 이 각 첨탑높이가 너무너무 높아 고민고민 끝에 첨탑을 하나 더 넣기로 했답니다. 3개 첨탑이 되었는데도 각 첨탑높이가 2.7m나 되네요? 각 첨탑에 기본적으로 3개의 찐빵이 들어가니 각 찐빵높이도 물경 90cm나 된답니다. 보기만 봐도 기가 죽을 것 같네요. 어찌 되었든 어이 생겼는지 한번 봅시다.

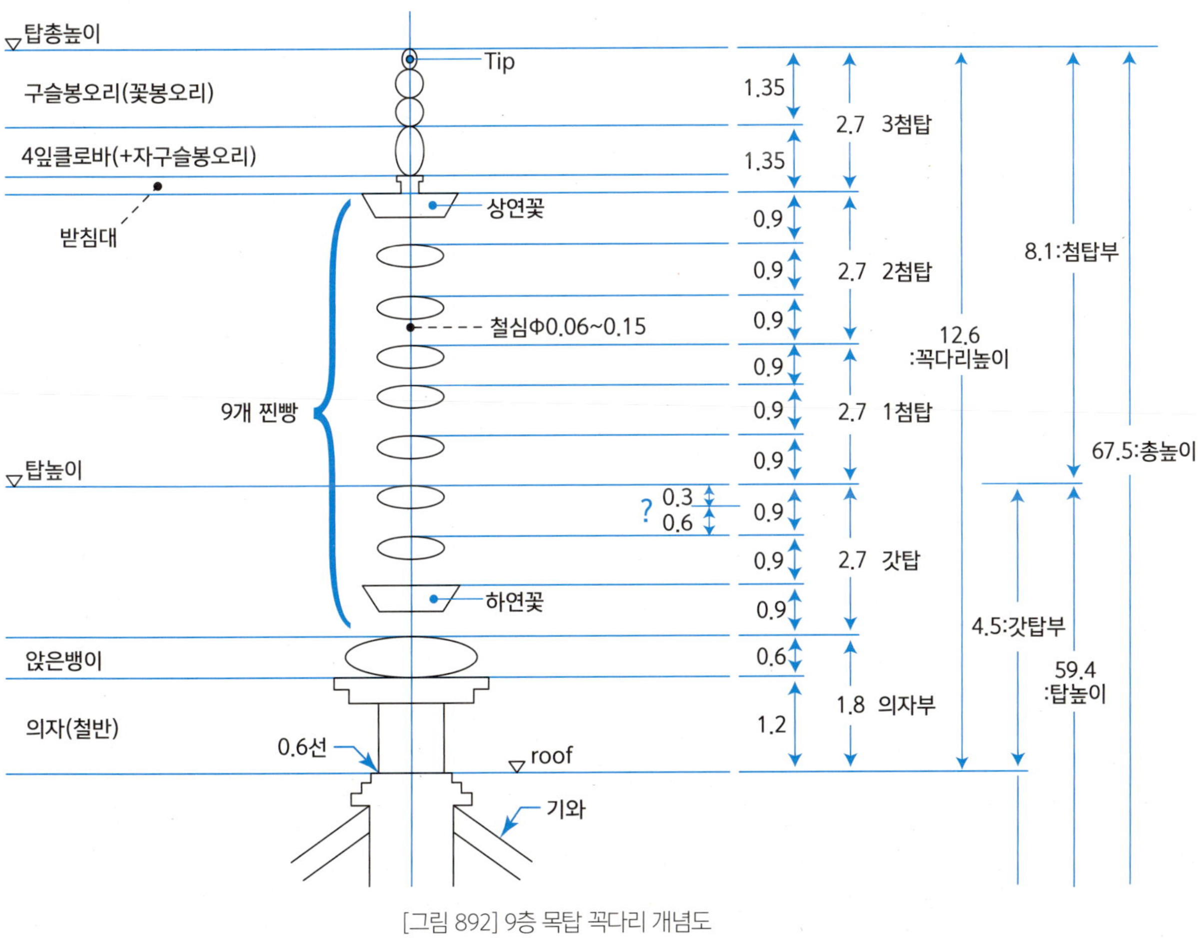

[그림 892] 9층 목탑 꼭다리 개념도

밑에서부터 봅시다. 제일 밑에 의자가 있답니다. 기록물에 의하면 철반(鐵盤)이라는 말이 있는데 전에도 말씀드렸듯이 이 철반이라는 어감이 느낌상으로 철로 만든 밥상같은 느낌이 들어서 다시 의자를 유심히 봤답니다. 제가 의자라고 불렀던 이유는 관측소에 근무하는 분이 혹시 다리가 아프면 엉디라도 걸쳤으면 하는 마음에서 의자라고 한 것이랍니다.
물론 이 의자의 가장 중요한 목적은 꼭다리를 보강해주는 역할이랍니다. 그런데 다시 보니 꼭 밥상같기도 하네요. 내가 취했나? 그래서 이 의자를 철반이라고 부를까도 생각중이랍니다. 아마도 이 의자(철반)는 철류로 만들었을 수도 있네요. 무지 큰 철밥상이랍니다. 크기가 약 1.2x1.2x1.2 정도일 것 같네요. 반티보다도 더 크답니다. 이 의자 위에는 종교의 상징(?)일 듯한 앉은뱅이같은 것이 둥그스럼하게 얹힌답니다. 전에도 잠깐 말씀드렸듯이 의자 위에 앉아 있다고 앉은뱅이라고 이름을 붙여본 거랍니다. 사실은 정식 이름을 붙여 줘야겠죠. 그 위를 보시면 진짜 꼭다리인 갓탑과 첨탑부가 있는데 갓탑이나 각 첨탑은 엄밀히는 동일 형태와 높이를 갖고 있답니다.

갓탑을 분리한 이유는 다들 아시죠. 바로 갓탑까지의 높이가 탑높이이기 때문에 개념과는 별도로 분리시킨 것이랍니다. 갓탑에서 2첨탑까지를 보시면 찐빵이 모두 9개가 있답니다. 특히, 제일 밑찐빵과 제일 윗찐빵은 모양새가 꼭 연꽃형상을 하고 있어서 하연꽃과 상연꽃으로 제 멋대로(?) 이름을 붙여 봤답니다. 물론 저 개인이 이름을 붙일 자격은 없겠죠. 상·하연꽃 사이엔 7개의 찐빵이 있을 겁니다. 모양이 어떻게 생겼는지는 정확하게 알 수는 없으나 그냥 찐빵(?) 비스무리하게 생긴 것 같아 찐빵이라고 편하게 부른답니다. 제일 위에는 3첨탑이 있답니다. 이 최상부첨탑은 밑의 찐빵하고는 모양새가 많이 다르네요. 제일 밑에는 받침대 비스무리한 것이 있는 것 같고, 그 위에 조금 큰 듯한 十자형꽃봉오리(모르죠. 꽃봉오리 받침날개인지?)가 있고 연속으로 조금 작은 듯한 뾰족구슬같은 봉오리가 2개가 더 있으며, 마지막으로 뾰족한 끝꼭다리가 있답니다. 아마도 이 끝꼭다리는 피뢰침으로 사용해야겠군요. 그때도 피뢰침을 생각했다는 이바구? 모르죠. 실제로 설치했는지? 그런데, 보지도 듣지도 못한 놈이 이걸 어떻게 아느냐구요? 석탑류 등 여러 탑들을 풀어도 보고 석탑 등에서 나온 조그마한 장식탑 등을 보고 추정한 것이랍니다. 물론 고려 9층금동탑같은 경우는 완벽에 가까울 정도로 섬세하게 나와 있답니다. 이 고려금동탑의 상·하연꽃찐빵은 지나칠 정도로 과장이 되어 있는 것 같답니다. 물론 다른 장식조각탑들의 상·하연꽃 등도 대부분 이 상·하연꽃에 심혈을 기울인 것 같아서 모양이 제각각이랍니다. 아주 중요한 부분인가 봅니다. 이 꼭다리의 재질이 무엇인지는 알 수가 없답니다. 이 큰 찐빵 전체를 철류로 만들었는지 아님, 속은 비워 놓았는지는 알 수가 없네요. 모르죠. 나무류일 수도 있답니다.

그리고 철심은 얼마나 굵어야 할까요. 꼭다리높이가 무려 12.6m나 되는디? 제 임의로 최상부는 ϕ0.06(ϕ0.03)일 것 같고 철반(더 밑으로는 9층중앙기둥 깊숙이까지)에 심는 하부 철심지름은 약 ϕ0.15(15cm)는 되어야 될 것 같네요. 철심지름이 물경 15cm나 되네요. 계산법은 이렇답니다. 추정 철반폭 1.2m를 8로 나누면 15cm가 된답니다. 믿진 마시고 저만의 고유계산법(?)이랍니다.
그리고, 지붕 위에는 못 올라갑니데이. 기와로 덮었거들랑요. 9층목탑을 다 봐버렸네요. 별거 아니죠. 내부가 궁금하신 분은 시간 나시는 대로 각층 평면도를 한번들 그려 보십시오. 그리고, 내부계단처리를 어떻게 하는 것이 좋을 것 인지도 한번 고민해 보십시오. 참고로 core(계단실, staircase)는 중앙칸에 있는 것이 아니라 중앙칸을 끼고 있는 양옆칸의 첫째칸 일 겁니다. 제가 4각 3칸 비례안(고려금통탑안)에 관심을 가진 가장 큰 이유는, 이 금동9층탑이 분명히 어떤 목탑을 보고 만든 것으로 보이는데, 황룡사 9층목탑을 보고 만든 것인지 아님, 다른 어떤 사찰의 9층목탑을 보고 만든 것인지는 모르겠으나 한가지 확실한 것은 9층목탑을 보고 만들었을 가능성이 높기 때문이랍니다.
근데 알 수 있는 방법은 없답니다?

4각 3간 비례인의 7층목탑도 잠깐 보고 갑시다. 먼저 최상층층고증가안과 기준층층고비례안의 개념도를 봅시다.

Notice 별책도면 No.11 4각 3칸 비례안 : 7층목탑 개념도 - 최상층층고 증가안

Notice 별책도면 No.12 4각 3칸 비례안 : 7층목탑 개념도 - 기준층층고 비례안

보시다시피 지붕끝선 증감계수에 따라서 처마각은 바뀔 수도 있답니다. 아직 어느 것이 가장 합리적인 것인지는 알 수가 없네요. 그리고 1층지붕두께를 9층목탑은 2.7이며 7층목탑은 2.52로 각탑 지붕증감계수를 @0.18이 가능하게 했으며 각탑 1층층고증감계수도 @0.36으로 하기로 했답니다. 너무 밋밋한 것보다 약간의 변화를 주는 것이 더 모양새가 좋을 것 같아서랍니다.
이 사찰목탑들의 층수를 9층목탑·7층·5층·3층·1층목탑까지도 생각해 볼 수는 있는데, 석탑을 보시면 3층석탑이 주가 되며, 1층석탑은 보이지가 않네요. 제가 못본 건가? 그렇게 보면 어쩌면 사찰목탑도 9·7·5층목탑만 있었을 수도 있답니다. 즉, 1·3층사찰목탑은 없었을 수도 있답니다.

사실 1·3층사찰목탑의 층고 등을 계산하다 보면 무지 헷갈리게 되어 있답니다. 저 개인적으로는 1·3층목탑이 없으면 편할 것도 같네요. 그만큼 해야 할 일이 줄어 들거들랑요. 제가 이렇게 게을러졌답니다. 아무리 그래도 사찰목탑도 일단은 9층~1층목탑까지 5개가 있는 걸로 보고 접근해 볼 겁니다. 이제사 제 정신이 쪼께 돌아왔나 보네요! 그리고 9층목탑의 단높이는 R=0.15이며, 7~1층

목탑의 R=0.18이 될 겁니다. 5층목탑도 접근방법이 똑같으므로 한번들 그려 보이소. 다만, 건물폭에서 A(임의지정치수)의 숫자만 다를 겁니다. 탑총높이(@13.5)와 탑높이(@11.88)도 고려해야겠죠.
이 임의지정치수 A는 각 탑마다 @0.09의 증감계수를 갖고 있답니다. 탑폭은 당연히 30A에서 A가 9cm의 증감계수이므로 30x0.09=2.7의 증감이 있을 겁니다. 이 탑폭 증감계수@2.7이라는 의미는 탑폭을 2.7의 배수에 초점을 맞춘 것이라고 생각하시면 된답니다. 이 2.7과 1.08의 배수는 석탑폭의 개념과도 똑같답니다. 모든 탑폭은 1.08의 배수도 되고 2.7의 배수도 된답니다. 크게 보시면 2.7의 배수가 더 어울리기도 하지만 석탑같은 경우는 1.08의 배수에 더 초점을 맞춘 것 같답니다.

제가 고려금동9층탑을 보면서 형태상 제일 근접할 것 같은 4각 3칸 비례안을 한번 생각해보았답니다. 제가 미처 생각못해 본 것도 있을 수가 있으며 어떤 착각도 있을 수는 있습니다마는 그래도 나름대로 최대로 접근을 시켜보았답니다. 제가 황룡사 9층목탑안으로 금동9층탑안을 생각해 본 이유는 칸폭의 비례안이 아주 기발해서랍니다. 일반적으로 비례안일 경우에 중앙칸을 크게하고 양쪽으로 갈수록 줄이는 게 상식적으로 보이는데 이 금동탑은 중앙칸이 좁고 양날개칸이 더 넓답니다. 백제목탑양식인 일본의 법룡사5중탑도 비슷한 경향을 갖고 있는 것 같네요? 저는 이런 비례안 자체를 한번도 생각을 못해 봤답니다. 이 신라인들의 유연한 사고방식에 제가 100점을 드렸답니다.

4각형태의 탑에서 황룡사 9층목탑안으로 생각해 볼 수 있는 것이 금동탑안만이 있는 것이 아닐 수도 있으므로 제가 임의의 가정공법으로 몇 가지를 더 풀어 보겠습니다. 순수 제 개인생각이므로 이 글을 읽으시는 분들도 한번 같이 생각해보시길 바랍니다. 생각은 자유이므로 각개전투입니데이? 4각형태탑은 접근방법이 다 똑같으므로 아주 간단히 보겠습니다.

② 4각 3칸 등간격안

4각형 사찰목탑에서 사실은 3칸은 잘 생각이 나질 않는 칸수랍니다. 고려금동 9층탑에서 4각 3칸 비례안을 보고 3칸도 있을 수 있다고 생각했으나, 4각 3칸 등간격안은 생각을 해보지도 않았는데, 4각 3칸 비례안의 건물폭에서 비례관계가 약간 문제가 있을 수 있다고 생각을 하게 되었답니다.

어떤 비례에 문제가 있을까요. 4각 3칸 비례안의 더 큰 비례를 보실까요.

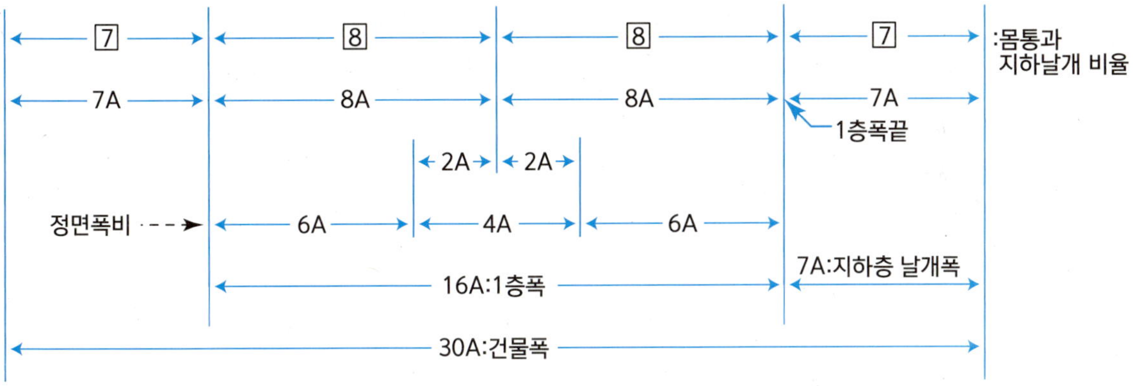

[그림 893] 4각3칸 비례안의 비례관계

보시면 금방 이해하실 겁니다. 건물 중심선을 기준으로 1층 폭이 8A인데 지하층날개폭은 7A가 되면서 8:7의 비율로 두 치수가 비스무리한 폭이 된답니다.
건물폭에 비해서 1층폭이 지나치게 좁답니다. 무슨 이런 경우가 다 있죠?

그래서 생각해 낸 것이 4각 3칸등간격안이랍니다. 보실까요.

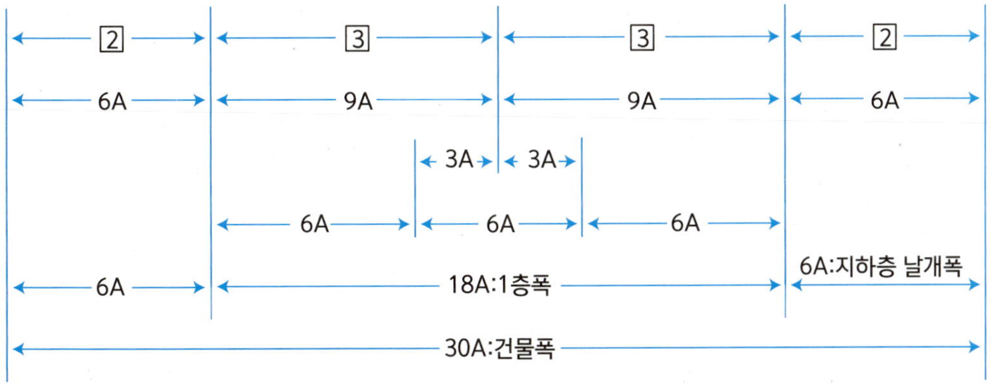

[그림 894] 4각3칸 등간격안의 비례관계

보시듯이 1층폭과 지층날개폭의 비례가 3:2가 된답니다. 폭비례 관계만 본다면 4각 3칸 비례안보다 4각 3칸 등간격안이 훨씬 더 나은 것 같답니다. 저라면 당연히 1층폭이 더 넓은 4각 3칸 등간격안을 채택할 겁니다. 간단히 9층목탑의 최상층층고 증가안만 잠깐 보십시다.

Notice 별책도면 No.13 9층목탑 개념도 : 4각 3칸 등간격안 - 최상층층고 증가안

1층폭이 약간 더 넓어져서인지 건물이 조금은 안정감(?)이 더 드네요. 지붕도 조금은 완경사화 되었네요. 4각 3칸 비례안에서 중앙칸이 4A에서 6A로 넓어진 것 뿐이랍니다. 중앙칸이 6A가 되다 보니 내부계단이 중앙칸에 쏙 들어갈 겁니다. 중앙칸이 4A일시는 내부계단을 중앙칸이 아닌 양옆칸을 이용해야 하지만 6A일시는 중앙칸에서 자체적으로 내부계단이 가능하답니다. 그렇게 되면 양옆칸의 사용공간이 조금은 여유가 있겠죠. 4각형태의 건물에서는 다 똑같은 현상이 발생될 겁니다. 어느 것이 좋은 것인지는 스스로 판단하셔야할 듯?

③ 4각 5칸 등간격안

4각형건물이며 말 그대로 5칸의 폭이 똑같답니다. 누구든지 제일 먼저 떠 올릴 수 있는 목탑의 형태랍니다. 건물폭을 한번 봅시다.

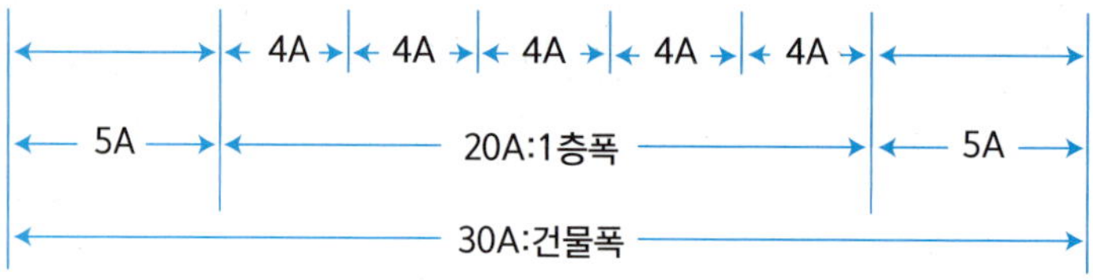

[그림 895] 4각5칸 등간격안 개념도

보시듯이 건물 각 칸이 다 4A로 되어 있답니다. 4각 3칸과 건물폭이 30A로 똑같답니다.
다만 몸통부만 조금 크답니다. 4각목탑의 A(임의지정치수)는 다 똑같답니다. A의 증감계수가 @0.09이므로 건물폭 증감계수는 30A=30x0.09=2.7이 나온답니다. 즉, 이 4각 5칸 등간격안도 건물폭을 2.7의 배수에 중점을 둔 것 같답니다. 탑높이이든 각층 층고든 4각목탑은 전체가 동일하답니다.

아주 간단히 9층목탑만 봅시다.

Notice 별책도면 No.14 9층목탑 개념도 : 4각 5칸 등간격안 - 최상층층고 증가안

Notice 별책도면 No.15 9층목탑 개념도 : 4각 5칸 등간격안 - 기준층층고 비례안

1층폭만 좀 더 넓어졌으며 나머지 개념은 4각 3칸안과 같을 겁니다.
4각 3칸안은 끝칸(양옆칸)이 6A라서 지붕각을 잡을 시 6A의 외부쪽 4A를 지붕각으로 이용을 했었

는데, 4각 3칸안을 제외하고는 양쪽 끝칸을 다 4A로 해서 지붕각 잡기가 쉽도록 해봤답니다.

전에도 말씀드렸는데 잠깐만 봅시다.

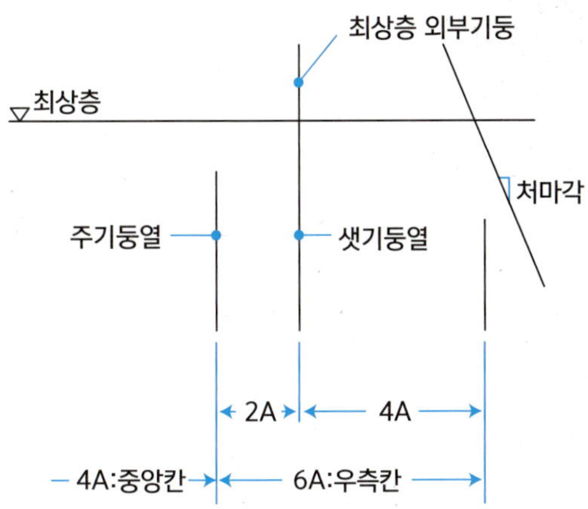

[그림 896] 4각3칸 지붕각 개념도

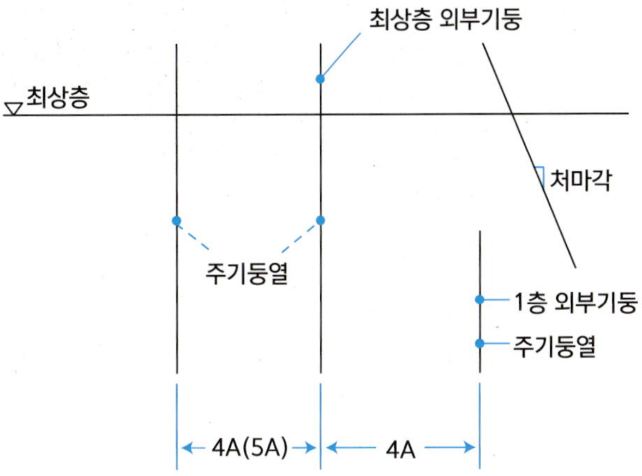

[그림 897] 4각3칸을 제외한 안들의 지붕각 개념도

이렇게 양끝칸을 4A로 하면 지붕각 잡기가 아주 쉽더랍니다. 양끝칸을 3A나 5A로 하다 보면 지붕각 잡기가 너무너무 힘이 들겁니다. 끝칸이 5A가 되면 지붕각이 약간 펑퍼짐해지며 3A가 되면 지붕각이 뾰족해지더랍니다.

그래서, 여러 생각끝에 끝칸폭은 4A가 적당할 것 같은 생각이 든답니다.

4각 5칸 등간격안의 7층·5층목탑도 A의 치수만 @0.09줄어들므로 나오는데로 그리시면 된답니다. 다만 지붕각만 조금 유의해 주시면 되겠네요. 지붕각의 경우의 수가 몇 가지 정도는 나올 겁니다. 제일 마음에 드시는 걸 잡으시면 된답니다.

④ 4각 5칸 비례안

말 그대로 5칸은 5칸인데 칸의 폭이 다르답니다. 봅시다.

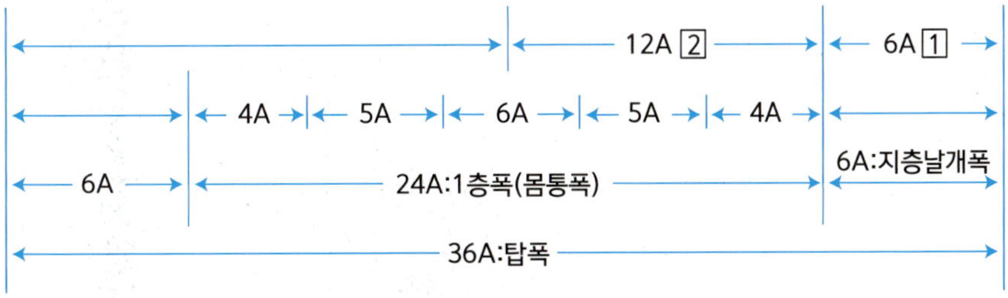

[그림 898] 4각5칸 비례안 개념 치수도 : 순비례안

제가 비례안을 중앙칸을 제일 넓게 하고 양옆으로 줄이는 순비례공법으로 먼저 생각해 봤답니다. 금동탑안에서 한 수 배우면(?) 역비례공법도 나올 수 있답니다.

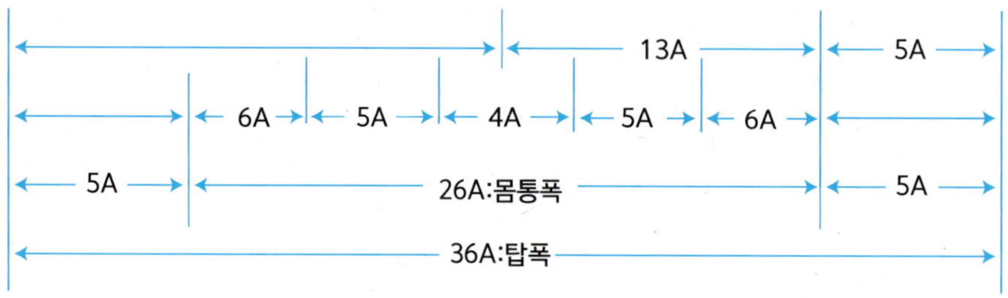

[그림 899] 4각5칸 비례안 : 역비례안

금방 배워버리죠. 역비례안으로 해보니 몸통폭이 2A가 늘어나네요. 그래도, 일반적인 순비례공법인 중앙칸이 큰 안으로 가겠습니다. 배운걸(?) 금방 써먹으려니 손에 익지가 않네요? 꼭 역비례공법이 마음에 드시는 분은 채택하셔도 아무런 문제는 없습니다. 이 역비례공법은 탑폭은 똑같은데 몸통부폭이 더 크지며 1층 외부통로폭이 그만큼 줄어드는 안이랍니다. 모양상 어느 것이 더 좋을지는 판단하기가 애매하답니다.

이 4각 5칸 비례안은 탑폭이 36A이고 1층 몸통폭이 24A로 제법 넓답니다. 이 중앙칸이 가장 넓은 순비례안을 택하면 중앙칸이 6A가 되므로 전에 잠깐 말씀드린대로 중앙칸 자체에서 내부계단이 해결되는 좋은 점이 있답니다.

9층목탑 최상층층고증가안만 잠깐 봅시다.

Notice 별책도면 No.16 9층목탑 개념도 : 4각 5칸 비례안 - 최상층층고 증가안

1층폭(몸통폭)이 넓어서 그런지 9층 지붕경사각(물매)이 쪼께 더 보기가 좋네요. 각 탑의 건물폭증감계수는 36A=36x0.09=3.24=1.08x3으로 건물폭을 1.08의 배수에 중점을 둔 것 같답니다.

⑤ 4각 7칸 등간격안

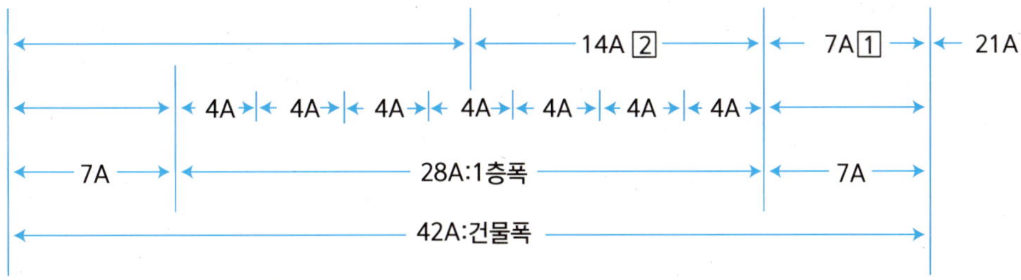

[그림 900] 4각7칸 개념 치수

몸통폭이 28A로 내부공간이 제법 여유가 있답니다. 설법도 가능할 것 같네요. 칸수를 늘일수록 건물폭이 거대해지네요. 건물폭만 늘었지 건물형태는 다른 형태의 탑들과 동일하답니다.

간단히 9층목탑 최상층층고증가안만 잠깐 봅시다.

Notice 별책도면 No.17 **9층목탑 개념도 : 4각 7칸 등간격안 – 최상층층고 증가안**

보시니 목탑이 조금 통통하니 복스럽게 생긴 것 같나요? 7칸 목탑은 좀 큼직하게 보인답니다. 이 7칸목탑은 심초석 안내판(?)에 64개의 초석이 있다라고 되어 있어서 한번은 짚고 넘어가야 할 것 같아서 생각해 본 것이랍니다. 4각 7칸 비례안도 생각은 해보았는데 성립이 잘 되지가 않아서 제외시킨답니다. 4각 9칸목탑도 생각을 해 보자고요? 하! 끝이 없어라.

이 4각사찰목탑은 칸수에 따라서 건물폭에 큰 영향을 미치는 것 같답니다. 이 4각형형태가 사찰목탑에 적합한지는 정확하게는 알 수는 없지만 여러 정황(석탑 등의 사리함 속의 장식탑 등)으로 미루어 보아 상당히 신빙성은 있는 것으로 보여진답니다. 모르죠, 8각사찰목탑을 보고는 8각장식탑을 만들려고 했는데, 8각형태를 만들기가 너무 어려워 간단한 4각사찰장식탑으로 만들었을 수도 있답니다. 알수없어라? 특히, 고려금동9층탑의 4각 3칸 비례안은 아주 인상적이랍니다.

그리고 일반적으로 생각할 수 있는 4각 5칸 등간격안도 마음에 드네요? 문제는 제가 마음에 드는 거지 어떤 근거는 없답니다?

비록 사찰목탑이 4각형일 확률도 있겠지만, 그래도 8각형일 수도 있을 수 있으니 8각형 사찰목탑도 생각을 해 보셔야겠지요.

(2) 8각형 형태 사찰목탑

8각형태 사찰목탑이 처음에는 일반목탑형(관공서 건물형태)만 있는 것으로 생각을 했었는데 가만히 생각해 보니 사찰목탑형도 있을 수도 있다는 생각이 들더랍니다.
이 두 일반목탑형과 사찰목탑형은 개념 자체가 다르므로 분리해서 검토를 해 보겠습니다.

① 8각 일반목탑형

8각형목탑은 눈에 많이 익어 있답니다. 저는 처음에는 이 신라사찰목탑이 8각형목탑일 거라고 생각을 했답니다. 당연히 사찰목탑도 일반목탑과 마찬가지로 8각형이었을 거라고만 생각했으며 8각형만 손을 대었을 겁니다. 그래도 가끔씩은 4각형일 수도 있다는 것까지는 생각을 하기도 하긴 했답니다. 이 8각 사찰목탑은 일반목탑만큼 거대하기까지는 않으나 그래도 규모가 꽤 크답니다.
자체 사용공간이 무지 넓으며 또한 설법이나 개인 수양이 가능한 굉장히 많은 방들을 갖고 있답니다. 이 8각목탑만 있어도 일반사찰의 대웅전같은 것은 별로 필요하지 않을 수도 있답니다.

물론 8각사찰목탑이 있더라도 당연히 명색이 사찰인데 대웅전은 있어야 할 겁니다. 이 8각 9층일반목탑형은 탑총높이와 탑높이 등은 4각목탑과 동일하지만 건물폭이 아주 넓답니다. 9층 8각일반목탑형은 폭이 무려 54m나 된답니다. 저희들이 이제까지 본 제일 좁은 고려금동 9층탑안(W32.4)의 9층4각목탑이 8각9층일반목탑형의 0.6(60%) 밖에 안되네요. 막상 숫자를 집어넣어 보니 21.6m밖에 안 크네요. 오십보백보네요? 어찌 생각해보면 그리 크게 느껴지지 않을 수도 있겠지만 내부공간 사용 효율면에서는 금동탑안은 게임조차 되지 않는 무지 효율적인 건축물이랍니다.

저라면 폭이 금동탑안(4각 3칸비례안)의 폭 32.4m보다 21.6m 밖에 크지 않은(?) 이 8각 9층일반목탑형을 선택할 겁니다? 그런데, 무지 심각한 문제가 하나 있답니다. 바로 시공기간이랍니다. 기록물에서 보셨지만 황룡사9층목탑 시공기간이 1년 8개월이 약간 넘게 소요되었답니다. 그런데, 이 8각 9층일반목탑형을 지을려면 아무리 적게 잡아도 3~5년은 족히 걸릴 듯 하답니다. 공정표를 시공기간(1년8개월여 정도)에 맞추고는 싶으나 저의 감으로는 너무 지나치게 무리인 것 같답니다. 냉정하게 생각해보면 재료만 준비되어 있으면 완전 조립식건축물이므로 1년8개월여만에 가능할 것도 같긴 한데 그래도 조금은 무리일 것 같답니다. 건축물을 순서에 따라 신중하게 지어야 올바른 건축물이 되지 Lego 장난감처럼 단순 조립품으로 지을 수는 없답니다. 공든 탑이 되어야 오래오래 보존되겠죠. 이 시공기간에 딱 가로막혀서 이 훌륭하고 완벽에 가까운 8각 9층일반목탑형 목탑이 빛을 발하지 못하게 생겼답니다. 우째 이런 일이.

사실 제가 이 8각 9층일반목탑형을 강하게 밀어 붙일려고도 했었는데? 순리를 따르기로 했답니다. 아니! 어쩌면 일반목탑(관공서)형태인 8각형을 사찰에서는 예의상(?) 짓지 않았을 수도 있답니다. 사실은 아무도 알 수는 없겠죠. 그래도 개념은 갖고 있어야 그 시대에 지었는지 못지었는지는 모르겠으나 언제든지 건축이 가능하답니다. 이 훌륭한 8각 9층일반목탑형을 같이 풀어 보실까요? 머리 아프니 혼자 풀어라꼬요? 할 수 없죠. 혼자 푸는 수밖에. 쪼께 섭섭. 빈말이라도 괜찮은디? 그런다고 돈 들어가는 것도 아닌디! 9층목탑의 높이 등은 기록물에 기록이 되어 있으며 벌써 다 알고 있으니 건물폭에만 집중하시면 될 겁니다. 건물폭 이전에 지붕각과 경사기둥각은 9층일반목탑과 동일하게 할 것이며, 지붕각과 경사기둥각이 있으니 자동으로 ⊿4(지붕각)x ⊿5(경사기둥각) x3=0.6으로 공통수 C=0.6이 나온답니다. 그럼 자동으로 계단단높이 R=0.15가 되겠죠. 건물폭에 들어가서는 제일 먼저 core폭부터 알아내어야 할 겁니다. 9층일반목탑 core폭이 2.7m였을 겁니다. 9층일반목탑형의 core폭은 2단계 낮은 2.4m로 하겠습니다. 그냥 느낌상 규모가 아무래도 적으니 core폭을 줄여본것 뿐이랍니다? 그러면 정면칸폭이 나오겠죠.

계산법은 다 아실겁니다. 제가 수도 없이(?) 말씀드렸을 겁니다. 모든 것은 실제로 계산을 해봐야 정확히 알 수가 있답니다.

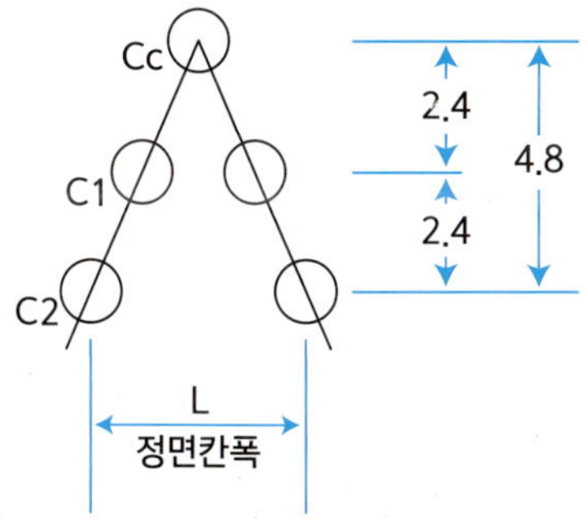

[그림 901] 정면칸폭

두 번째 기둥폭이 정면칸폭이 된답니다.

정면칸폭 ℓ=2tan22.5r=2tan22.5x4.8 ≒ 3.9764

여기서 가장 가까운 정수가 3.9m랍니다. 그럼 출입구 정면칸폭은 3.9m가 되겠죠.

3.9÷5=0.78이 서까래 간격이 될 겁니다.

core 개수는 건물높이가 일반목탑보다 낮으니 2개로 해봤답니다.

지붕판두께는 1층지붕을 2.7m로 하고 @0.15씩의 증감계수를 적용했답니다. 이 일반목탑형의 최상층지붕은 본래의 9층 정식지붕을 제외하고는 평지붕이 될겁니다. 1층지붕우수선은 4각 사찰목탑과 동일하게 2우수선을 선택했답니다. 지붕날개가 4각목탑보다는 약간 더 길어서 지붕은 약간 더 완경사가 될 겁니다. 그리고 일반목탑형층고는 각 탑의 자체기준층층고 비례안을 따를겁니다. 즉, 최상층층고증가안 같은 것은 없답니다.

이제 8각9층 일반목탑형을 한번 보실까요.

Notice 별책도면 No.18 **8각 9층 일반목탑형 사찰목탑 개념도**

건물폭이 54m로 9층일반목탑의 반이네요. 또한 탑몸통높이가 54m로 탑폭과 똑같답니다.
완전 아삼육 그 자체네요. 굉장히 품위있고 엄숙하게 생겼죠.
모양새도 8각형이라 아주 멋있답니다. 내부공간은 넓직하니 고승분들이 설법하기가 아주 편리하답니다. 빨리 1층평면도를 보셔야 이해가 쉽겠군요. 1층의 1/8평면도랍니다.

Notice 별책도면 No.19 ▶ 8각 9층 일반목탑형 목탑 : 1층평면도 1/8면 기준

제가 9층일반목탑형 목탑의 평면이 매끄럽게 나오지 않으면 어쩌지 하면서 그려보기 전에 무지 걱정을 많이 했었는데 생각과는 달리 아주 매끈하게 잘 나오더랍니다. 보시면 아주 마음에 드실 겁니다. 종교용으로 아주 유용한 공간이 많답니다. 저층에는 설법이 가능하며 상층에는 개인 수양공간도 가능하답니다. 그리고 중2층도 필요하다면 저층부에는 설치할 수도 있답니다. 이 9층 일반목탑형목탑(이름이 너무 길죠?)이 생각보다 아주 양호하게 잘 나와서 기분이 좀 좋았답니다.

7층 목탑형목탑도 아주 잘 나오겠지 하면서 손을 대어보았는데 예상대로 평면이든 뭐든 아주 잘 나오더랍니다. 한번 봅시다.

Notice 별책도면 No.20 ▶ 8각 7층 일반목탑형 목탑 개념도

Notice 별책도면 No.21 ▶ 8각 7층 일반목탑형 목탑 : 1층평면도 1/8면 기준

보시듯이 아주 양호하게 잘 나와서 기분이 쪼께 좋아지더랍니다.
공통수가 ⊿3x ⊿4x3=0.36이므로 R=0.18이 되며 core폭은 9층목탑보다 1단계 아래인 2.25를 적용했답니다. 그런데 자세히 보니(?) 뭔가가 이상한 느낌이 들기 시작하더랍니다.
무엇에 문제점이 있을 수가 있을까요?

바로 최상층 7층지붕우수선에 쪼께 문제가 있다는 걸 보실 수가 있답니다. 보실래요.

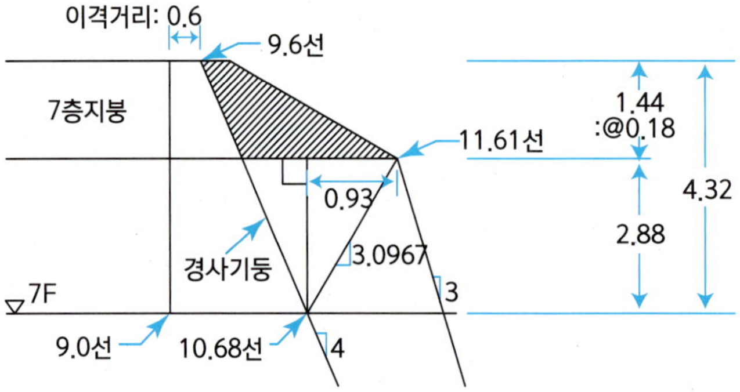

[그림 902] 7층목탑 7층지붕 우수선

• 보시면 7층지붕우수선 = $\frac{2.88}{0.93}$ = 3.0967 > 2 → 2우수선보다 크네요?

보시듯 1층지붕두께를 2.52로 하고 @0.18(1R)씩의 지붕증감계수를 적용해 보면 7층지붕두께는 1.44(2.52-0.18x6층)가 나온답니다. 7층 외부기둥중심선(10.68선)에서 7층 지붕끝선(11.61선)까지의 길이는 0.93이랍니다. 순층고÷지붕길이=2.88÷0.93=3.0967 >⊿2(2우수선)가 나온답니다.
일반적으로 2우수선 이상일 때에는 외부경사기둥하부에 비가 들이칠 확률이 높답니다.
이 2우수선이 우수한계각?

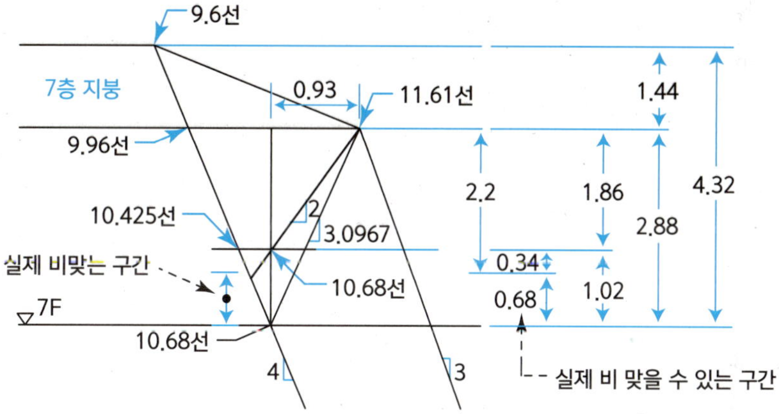

[그림 903] 외부비에 무방비상태의 2우수선 하부

보시듯 7층지붕우수선이 3.0967이므로 2우수선 하부는 외부비에 무방비상태가 된답니다.
즉, 우수선 한계인 2우수선보다 낮답니다. 이 일을 우짤꼬? 물론 해법은 있을 겁니다.
해결해 봅시다.

첫째는 전체 지붕길이를 0.51(0.54)이상으로 외부로 빼내면 7층지붕은 2우수선 범위내로 들어온답니다. 둘째는 7층지붕두께를 1층지붕두께와 똑같이 2.52로 하면 자연스레 해결은 된답니다.

어떻게 하든 해결방안은 있을 수가 있는데, 제가 목탑형목탑의 지붕두께에 증감계수를 두는 걸 기본원칙으로 생각하고 있기 때문에 문제가 발생이 되더랍니다. 아마도 7층목탑형목탑은 지붕경사각이 3각(⊿3)으로 지붕각이 너무 높어 있어서 발생되는 것 같네요. 물론 1층지붕우수선을 1우수선이 아닌 2우수선으로 한 것도 원인일 수가 있답니다. 그리고 5·3·1층 목탑형목탑도 간신히 성립까지는 되기는 된답니다. 이 일반목탑형 목탑은 9층목탑은 정말 마음에 쏙 드는데, 나머지(7층~1층목탑)는 평면은 아주 잘 나오기는 나오는데 뭔가가 조금은 미흡한 것 같은 느낌이 조금 들어서 9층목탑만 추천을 할까 생각중이랍니다.

② 8각 사찰목탑형

2019년 가을 우연히 오대산 월정사에 들러서 월정사 8각 9층석탑을 보게 된 적이 있었답니다. 그땐 그냥 단순한 8각 9층석탑이구나 라고만 생각했답니다. 시간이 조금 흐른 후 신라목탑을 다시 풀어 보다가 이 월정사 8각 9층석탑이 다시 생각이 나더랍니다. 그래서 다시 8각 9층석탑을 유심히 보기 시작했답니다. 8각형은 당연하니까 꼭다리에 중점을 두고 다시 보면서 묘한 것을 찾아내게 되었답니다.

뭘까요? 바로 이것이겠죠. 신라일반석탑의 기본은 2첨탑(2개의 첨탑)이랍니다. 그런데, 이 월정사 8각 9층석탑의 꼭다리가 무지 화려하게 보여서 보기가 조금은 난하게 보이지만 아무리 보고 또 보아도 2첨탑이 아니라 3첨탑쪽 이더랍니다. 물론 3첨탑(제일 위쪽에 있는 구슬 비슷한 첨탑)은 무지 화려하고 또한, 상연꽃인지 뭔지는 모르겠지만 이상하게 생긴 것이 있어서 헷갈리기는 해도 찐빵 갯수를 세어보니 분명히 3개의 첨탑이 맞더랍니다. 그럼 이 놈(?)이 석탑의 꼭다리가 아니라 사찰목탑의 꼭다리일 거라는 생각을 하기 시작했답니다. 8각9층석탑 위에 사찰목탑의 3첨탑 꼭다리라? 하! 너 잘 만났다. 나하고 씨름이나 한판 해 보게나. 어떤 씨름이었을까요? 바로 이 월정사 8각9층탑은 어떤 사찰목탑을 석탑화시켜 놓은 탑이겠죠. 드디어? 씨름 상대선수가 있으니 신나게 한판 붙어 볼 겁니다. 이 씨름에서 유래(?)된 것이 바로 사찰목탑형목탑이랍니다.

8각형도 복잡하죠. 일반목탑형도 있고 또 하나 추가되어 사찰목탑형도 있네요. 이 두 가지가 무슨 의미인지 금방 인지하실 수 있으신지요? 8각형은 8각형인데 무엇이 달라서 두 가지의 형태가 나올까요. 봅시다.

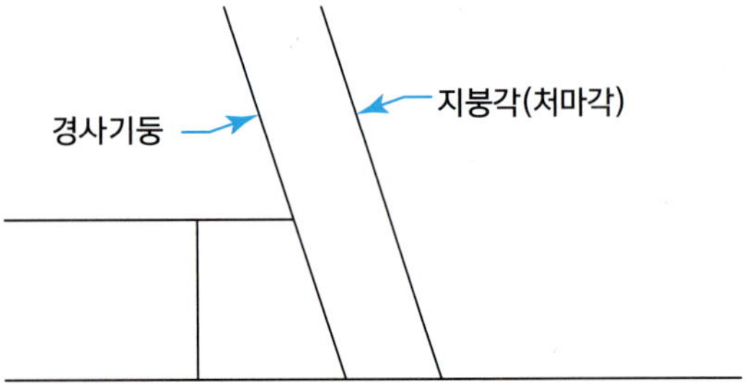

[그림 904] 일반목탑형 목탑

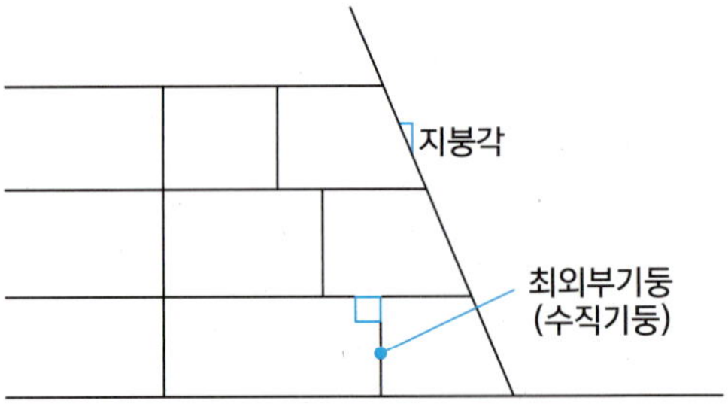

[그림 905] 사찰목탑형 목탑

그림을 그려 놓고 보니 금방 이해가 되실 겁니다 일반목탑형은 일반목탑(관공서 건물)식으로 최외부기둥이 경사기둥이랍니다. 물론 경사기둥각과 지붕각은 정수가 나오게 되어 있겠죠. 사찰목탑형은 4각목탑식으로 최외부기둥이 수직기둥이며, 지붕각은 어떤 각에 그리 얽매이지 않는답니다. 완연하게 차이가 날 겁니다. 바로 이 8각형의 외부기둥이 수직인 사찰형목탑에 대해서 알아봅시다. 제가 탑들을 풀면서 느낀 것 중 하나가 보통 때에는 별로 생각해보지도 않았든 것들이 다시 깊게 생각해 보니 무지 중요한 것들이 제법 있더랍니다. 이 사찰목탑형도 그 중 하나랍니다.

아마 이 8각 사찰형목탑이 사찰목탑 중에서 특추천안이 될 것 같답니다. 그럼, 이 8각 사찰형목탑에 어떻게 접근하면 제일 좋을까요? 무엇이든 제일 처음 접근할 때는 아무 생각도 안나며 그냥 막막할 뿐이더랍니다. 마냥 기다린다고 누가 도와주지도 않는답니다. 상식적으로 접근하는 것이 가장 빠른 지름길이겠죠. 건물에서 무엇이 가장 중요할까요? 구조·미·기능 … 무지 많을 겁니다. 저는 제일 먼저 core(계단실)가 먼저 생각이 나네요. 저만 그렁가? 말 그대로 건물의 핵이거들랑요. 그럼, core폭부터 설정을 해야 할 겁니다. 앞서 잠깐 본 일반목탑형에서는 9층목탑의 core폭을 2.4m로 하고 탑간 증감계수를 @0.15로 했답니다. 그러니, 7층목탑은 2.4-0.15=2.25m식이겠죠. 사찰목탑형도 9층목탑 core를 2.4m로 할까요. 여러 생각을 하다 보니 일반목탑(관공서)의 9층탑인 core폭 2.7m가 더 적당할 것 같은 생각이 떠오르더랍니다. 그래서 사찰형 9층목탑의 core폭을 일반목탑과 똑같이 2.7m로 하고 탑간 증감계수를 일반목탑은 @0.15인데 @0.18로 하는 것이 좋겠다고 생각을 했답니다. 즉, 7층목탑은 2.7-0.18= 2.52m가 되겠죠. 일반목탑식으로 @0.15로 하는 것보다 조금 변화를 주어서 @0.18로 했답니다. 이유는 아주 간단하답니다. 석탑류나 사찰목탑을 풀다 보면 거의 주치수는 9의 배수 숫자가 주류를 이루고 있으므로 이 사찰형목탑의 core폭치수도 9의 배수 숫자에 맞추어 보기로 했답니다. 맞느냐고는 묻지 말아 주이소.

먼저, 8각 9층사찰형목탑의 건물폭부터 볼까요.

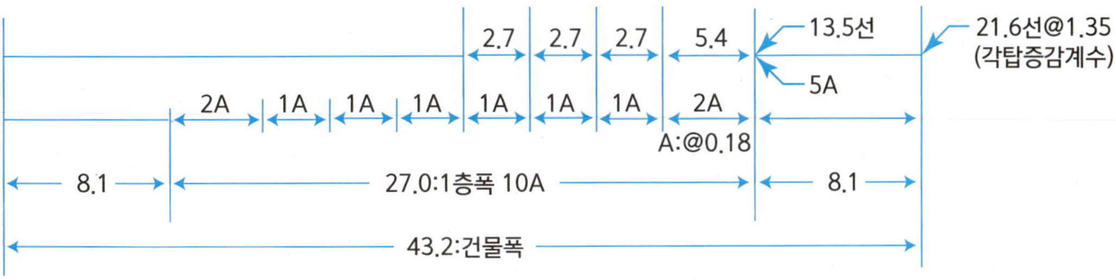

[그림 906] 8각 9층 사찰목탑형의 건물폭 개념도 : core 3개안 – 9층목탑기준

보시듯이 1층폭을 10A=10x2.7=27m로 했으며, 지하층 날개폭을 8.1m로 해서 건물폭을 43.2m로 했답니다. 이 1층폭 10A는 전탑(1~9층목탑) 동일하며, 건물폭은 각 탑간 @2.7로 통일시켰답니다. 당연히 건물폭을 2.7의 배수에 맞춘 안이랍니다. 여기서 건물폭을 1.08의 배수에 맞추면서 건물폭을 전탑을 통일시키는 안도 생각해 볼 수가 있답니다. 볼까요.

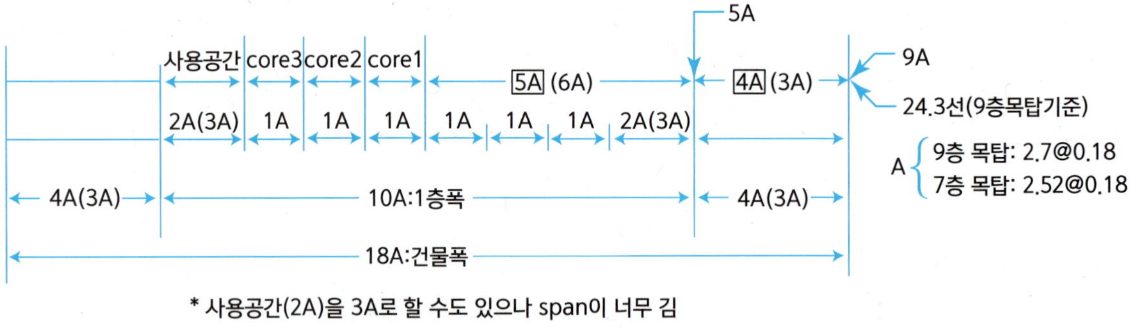

[그림 907] 8각 9층 사찰목탑형의 폭 개념도:전탑통일형 - 건물폭:1.08의 배수에 맞춤 -

보시면 1층폭은 10A로 동일하며 지붕날개 폭이 4A가 되며 건물폭은 18A가 된답니다. 9층목탑의 A(core폭)=2.7이며, 탑간 증감계수가 @0.18로 7층목탑의 A=2.7-0.18=2.52가 될 겁니다. 탑간 증감계수가 @0.18이므로 건물폭 증감계수는 18x0.18=3.24=1.08x3이 되어 1.08의 배수에 중점을 둔 안이랍니다. 그러고 전탑 동일하게 건물폭이 18A(A의 증감계수 @0.18)가 되어 이론적으로 완벽하답니다. 그런데, 지하층 날개폭이 4A(9층목탑=4x2.7=10.8m)나 되어 너무너무 넓답니다. 그래서 기본적으로는 첫안인 9층목탑폭이 43.2m인 안을 채택은 하되 이 건물폭 18A안도 고려 중에 있답니다. 사용공간이 3A(3x2.7=8.1 : 보길이가 너무 김)가 가능하면 건물폭 18A가 더 양호하답니다. 그리고 건물폭이 너무 넓다고 생각되시면 약간 줄일 수도 있답니다.

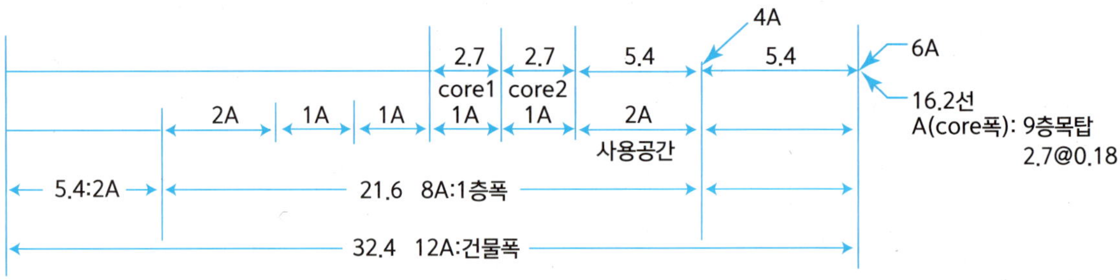

[그림 908] 8각 9층 사찰목탑의 폭 개념도 : Slim(날씬)형 : core 2개안

이 폭이 좁은 안은 core 한개를 뺀 안이랍니다. 약간은 스마트하게 보일 수도 있답니다. 이 slim형이 좋은 것은 전탑 폭을 12A로 통일을 시킬 수가 있답니다. 건물폭 12A에서 A의 각 탑간 증감계수가 @0.18이므로 12x0.18=2.16=1.08x2로 탑폭 증감계수는 1.08의 배수에 맞춘 안이 될 겁니다. 폭은 좁긴하나 그런대로 보기는 좋을 것 같네요.

제가 core를 3개로 한 이유는 이렇답니다.

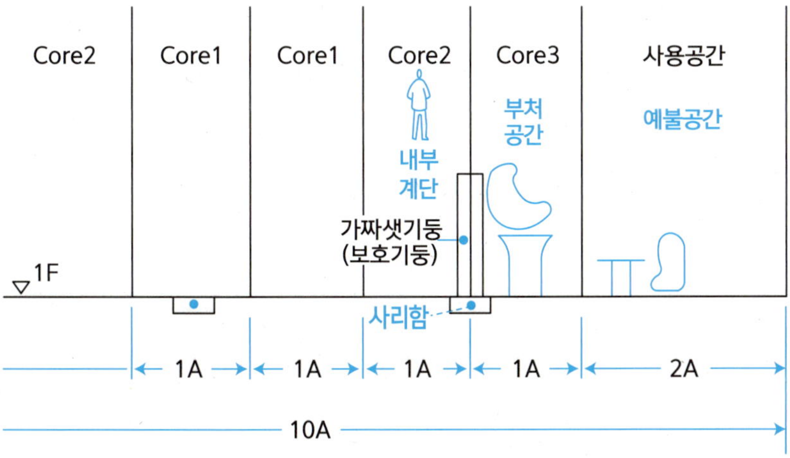

[그림 909] core 이용 개념도

<Notes>
찰주(비밀금고?)의 의미를 정확하게 인지하지 못해서 제가 임의로 core2~3사이에 사리함을 배치해 봤답니다.

core2는 내부계단이 될 것이며, core 2~3사이에는 사리함을 비치할 것이며? core3은 부처님을 모시는 부처공간으로 이용할까 해서 이렇게 가정해 본 것이랍니다. 그래도 윗층으로 갈수록 예불공간은 줄어드네요. 경우에 따라서는 상부층에서는 내부계단을 core1로 이동시켜서 사용공간을 늘일지도 모른답니다. 성립이 될지는 잘은 모르겠지만? 이 8각사찰형목탑도 4각사찰목탑과 마찬가지로 최상층층고증가안과 기준층층고비례안으로 구분해 볼 수 있답니다.

어느 것이 좋은지는 개념도를 보시고 판단하시면 되겠네요. 지붕각은 여러 경우의 수가 나올 수가 있어서 제가 임의로 넣겠습니다. 먼저 개념도를 한번 보시죠.

Notice 별책도면 No.22 8각 9층 사찰형목탑 개념도 – 최상층층고 증가안 기준

Notice 별책도면 No.23 8각 9층 사찰형목탑 개념도 – 기준층층고 비례안 기준

보시니 4각사찰목탑 보다는 쪼께 더 세련되어 있는 느낌이 드실 겁니다. 1층폭도 27m로 몸통높이54m의 딱 절반이네요. 저는 최상층층고증가안을 그려 보고는 너무나 마음에 쏙 들더랍니다. 4각사찰목탑은 아무리 그려 보아도 지붕경사도(물매)가 마음에 그리 들지가 않았었는데 이 8각사찰형목탑은 1층폭이 적당해서 그런지는 모르겠으나 1층에서 최상층지붕까지의 지붕물매가 아주 자연스럽고 매끄럽게 잘 나오더랍니다. 살다 보니 이리 기분이 좋은 날도 다 있네요.
최상층층고증가안을 보시다가 기준층층고비례안을 보시니 지붕경사도가 쪼께 촌스럽게(?) 보일지도 모르겠네요. 그래서 엄청 많은 생각 끝에 이 8각 사찰형목탑의 최상층층고증가안을 사찰목탑의 특추천안으로 하기로 했답니다. 모르죠. 저만의 생각일지도? 거기다 금상첨화인 것은 평면도

도 아주 멋지게 잘 나오더랍니다. 얼마나 이쁜지 한번 보실래요.

Notice 별책도면 No.24 **8각 9층 사찰형목탑 평면도 : 1층 기준 : 1/8평면도**

평면도는 최상층층고증가안이나 기준층층고비례안이나 똑같답니다. 아무리 이뻐게 생겨도 미인은 못 따라갈 듯. 8각사찰형목탑은 1층지붕은 2우수선을 따랐으며 1층지붕두께를 2.7m로 하고 모양새를 고려해서 @0.15씩의 지붕판 증감계수를 적용했답니다. 8각사찰형이 재미있는 것은(엄밀히는 4각사찰목탑도 마찬가지임) 6개방(남북2방제외) 중 한 곳(모르죠. 2곳인지?)에다가 사리함 등의 사찰에서 귀중히 여기는 물건을 숨기는(?) 비밀금고를 만들 수 있답니다. 물론, 비밀금고(?) 위에는 윗쪽바닥까지만 올라가는 샛기둥(찰주?)을 세우겠죠. 어떤 놈(?)이 사리함을 훔칠려며는 이 6개의 샛기둥을 다 들어봐야 찾아낼 수 있을 겁니다. 그 중간에 아마 이 도둑놈은 주방장(?)에게 잡히겠죠.

아마도 사리함 등의 안전보관을 위해서 제일 안전한 곳에 안전장치까지한 내부구조로 보인답니다. 제가 우짜다가 9류추리소설을 쓸 정도로 생각이 많아졌죠? 제가 아마도 절간에 가서 마음수양이 쪼께 필요한 것도 같네요. 그것도 사리함이 보관된 목탑안에서. 근데 욕심이 생기면 안 되는데? 목탑이 9층목탑만 있는 것은 아닐 겁니다. 아마도 7층·5층 목탑도 있었을 겁니다.

모든 건축물은 어떤 과정이 있을 겁니다. 102층 건물을 짓는데 맨날 1·2층 건물만 짓든 놈이 102층을 짓기는 쪼께 애러울 겁니다. 10층도 지어보고 40층도 지어보고 난 뒤 기술력을 쌓은 뒤 아마 102층을 지었을 겁니다. 애매한 것은 3·1층 목탑을 지었을지는 미지수랍니다. 그래도 저희들은 지을 수가 있답니다. 추정을 할 수가 있기 때문이겠죠. 간단히 8각사찰목탑형인 7층목탑과 1층목탑을 잠깐 봅시다. 먼저, 7층목탑을 봅시다. 물론 이상적인(?) 최상층층고증가안만 봅시다.

Notice 별책도면 No.25 **8각 7층 사찰형목탑 개념도 – 최상층층고증가안**

쪼께 품위가 있어 보이죠. 9층목탑보다 탑총높이는 13.5m가 줄어들었는데 건물폭은 고작 2.7m밖에 안줄어들었답니다. 그러다 보니 지붕각이 많이 줄어든 겁니다. 5층목탑도 그런 영향을 받을 겁니다. 7층목탑의 평면도도 한번 봅시다. 묘하게도 평면도 아주 잘 나오네요. 맞출려고 맞춘 것이 아닌데도 지가 알아서 아주 기똥차게 잘 나오네요.

Notice 별책도면 No.26 **8각 7층 사찰형목탑 1층평면도 : 1/8평면도**

평면이 마음에 드시는지요. 5층·3층목탑도 접근방법이 똑같으니 시간 내셔서 한번들 그려 보세요.

8각 사찰형1층목탑이 조금 재미있어서 한번 봅시다.

Notice 별책도면 No.27 8각 1층 사찰형목탑 개념도

이 1층목탑의 층고가 조금 재미가 있어서 보게된 거랍니다. 특별한 법칙이 없어서 층고는 1층 층고 증감계수@0.36을 적용해서 1층 이론층고를 7.56으로 했으며 꼭다리에서 2.34m를 빌려와서 1층지붕에다 준 거랍니다. 맞는지는 확실치는 않으나 시각적으로 이 정도가 적당할 것 같아서 한번 풀어본 거랍니다. 이 1층목탑을 보시면 꼭 어떤 사찰 입구의 안내소같은 느낌이 많이 나네요.
정말로 안내소로 한번 지어볼까요.

이제까지 4각형태 다섯 안과 8각형태 두 안을 한번 보았답니다. 목탑높이만 어느 정도 인지되었지 탑폭(특히 1층폭)은 천차만별이라 알 수 있는 방법이 없답니다. 물론, 4각인지 8각인지 조차도 알 수 있는 어떤 방법이나 근거도 없답니다. 어느 것이 가장 적합한지는 당연히 이 글을 읽으시는 분의 몫이랍니다. 어떡할까요? 다수결로 할까요? 아님, 어떤 목소리 크신 분의 말씀을 따를까요? 다수결도 개인의견도 다 믿을 수는 없을 겁니다. 물론 제가 생각해 본 안 이외에도 많은 안들이 더 있을 수도 있답니다. 아니 당연히 있어야 정상적일 겁니다. 저 개인적으로는 8각 사찰형목탑이 가장 마음에 드네요. 모양새도 적당하고 건물폭도 아담하고 더구나 내부공간활용도 어느 정도 편리할 것 같네요. 당연히 시공기간도 1년 8개월여만이면 가능할 것도 같답니다. 물론, 규모면이나 웅장미에서는 8각 일반목탑형이 마음에 끌리기는 하나 아무리 생각해봐도 시공기간이 3~5년은 족히 걸릴 것만 같답니다.(9층 목탑기준) 그리고 4각형목탑이라면 고려금동9층탑안의 4각 3칸 비례안이나 4각 5칸등간격안이 적당하지 않을까 하고 조심스레 생각해 본답니다.

어떤 확실한 근거만 있으면 방향 설정이 되어 있으므로 접근이 쉬운데! 하여튼 더 많은 연구가 필요할 것 같네요. 사실은 제가 신라사찰탑파인 황룡사 9층목탑을 풀려고 손을 대었는데 엉뚱한 걸(?) 실컷 풀고 난 뒤 희한하게도 제일 늦게 사찰목탑에 손을 대었답니다. 참 아이러니 하죠. 덕분에 여러 곳에 손을 많이 대었답니다. 일반목탑과 석탑류 등을 풀고 난 뒤 그것도 한참 지나서 손을 대었네요. 운이 억수로 좋았다면(?) 손 자체를 대어 보지도 못했겠죠. 그럼, 운이 나빠서(?) 손을 대었나? 암튼 헷갈린답니다.
정답은 어떤 정보를 어떤 과정에서 우연히 알게 되어서 신라사찰목탑에 손을 대었다고 생각하시면 되겠네요. 제일 늦게 손을 대다 보니 아주 쉽게 풀릴거라 생각했는데 앞서 보신대로 그게 그리 만만치가 않네요. 아직도 풀어야 할 사항이 많이 있기는 하지만 그래도 어느 정도 큰 틀은 파악이

된 것 같기도 하답니다. 어쩌면 이 글을 읽으시는 분이나 아주 관심이 많으신 분이 여유있게 시간을 가지시고 차분히 푸시면 완벽하게까지는 아닐지라도 풀 수 있으실 겁니다. 옛 건축물을 어느 정도까지는 추정할 수 있을 수는 있으나 완벽하게 푼다는 것은 그리 쉽지마는 않을 겁니다. 늦게나마 황룡사 9층목탑 등 사찰목탑을 생각할 수 있는 기회가 주어져서 그나마 다행이랍니다.

처음에 황룡사 9층목탑과 첨성대 정도는 풀어야 되지 않겠느냐고 생각하고 접근을 했는데 생각보다 쉽게(?) 풀리다 보니 푸는 김에 석탑들도 손을 대어 보았답니다. 석탑은 현재 형태가 고스란히 남아 있는데 왜 손을 대느냐고 생각하기 쉽겠지마는 치수가 되었든, 목탑과의 관련성 등등은 알아봐야 되거들랑요. 그리고 신라건축물은 아닐지라도 백제석탑과 백제목탑도 궁금한 김에 잠깐 손을 대어 보았답니다. 신라건축물과 어떤 공통점이 있을 수도 있고 아니면 자체적으로 어떤 특징들이 있을 수도 있으며 또한, 신라와 백제의 문화교류가 어느 정도 활발했었는지를 비교해 볼 필요가 있기 때문이겠죠.

석탑류는 목탑을 이해하신 분이라면 누구든지 금방 이해할 수 있는 재미있는 탑이랍니다.
물론 석탑은 사찰목탑처럼 종교용건축물이겠죠. 이 석탑류들이 아주 묘한 것은 거의 우리나라에만 존재(?)하는 것 같더랍니다. 특히, 신라와 백제의 아주 독창적인 건축물로 보인답니다.
물론, 중국 쪽에도 전탑들이 제법 많이 있는 것으로 보입니다만 일반석탑류나 석판탑류는 별로 보이지는 않는 것 같더랍니다. 모르죠. 제가 아주 일부분만 보고 판단한 것일지도 모른답니다.
비록 석탑류들이 규모는 작을지언정 보기보다 아기자기한 멋이 있으며 보면 볼수록 재미있는 건축물이랍니다. 물론 각 탑마다 고유의 특징도 있으며 탑들의 공통법칙도 있는 것 같답니다. 아주 기본적인 법칙들은 같겠죠. 예를 들면 탑폭은 1.08의 배수(물론 2.7의 배수도 되겠죠)라야 되며 탑높이는 2.7의 배수라는 등의 법칙이겠죠. 자체적으로는 각 탑마다의 특징이 있답니다.
아마도 기본법칙은 따르되 탑을 지으신 분의 독특한 개성을 잘 드러낸 건축물들이랍니다.

이제 이 재미있는 석탑류의 세계로 여정을 떠나 보실까요.

[사진 13] 황룡사지 전경(출처: 문화재청)

02 신라의 석탑

新羅石塔

- 신라의 일반석탑
- 신라의 석판탑
- 신라의 전탑

PART 2

신라의 석탑(新羅石塔)

03

[세 번째 이야기]

신라의 일반석탑

1. 다보탑(경주 불국사 다보탑)

석탑 중 제일 특이하고 조금은 신기하기도 한 탑이랍니다. 도대체 이 다보탑이라는 정체는 무엇일까요? 3층석탑도 아닌 것이 그렇다고 4층석탑도 아닌 것이?
이제 이 놈의 정체를 속속들이 파헤쳐 봅시다.

대충 형태를 그려 볼까요.

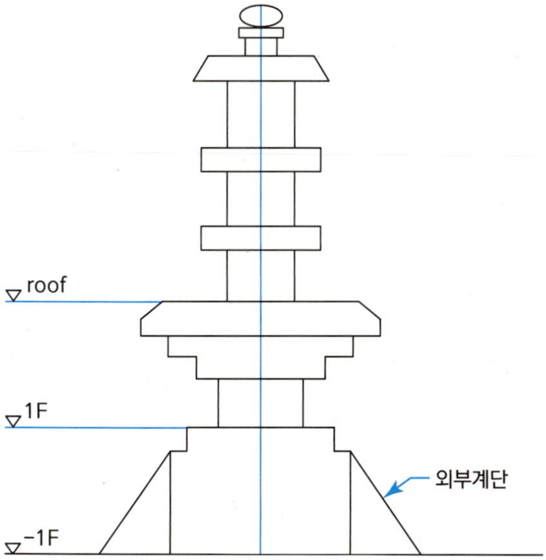

[그림 910] 다보탑 대충도

지하층을 보시면 묘하게도 1층 진입 외부계단이 있답니다. 그것도 4면에서 진입하네요. 신라 일반목탑의 4방향 1층진입계단과 같답니다.
그리고 1층 위의 제일 위쪽은 지붕같기도 하고 그 밑에 뭔가가 2개가 더 있답니다. 이 놈들은 또 뭐죠?
혹시 9층탑의 2관측소가 기억나시나요? 어렴풋하죠. 대충 그려 볼까요.

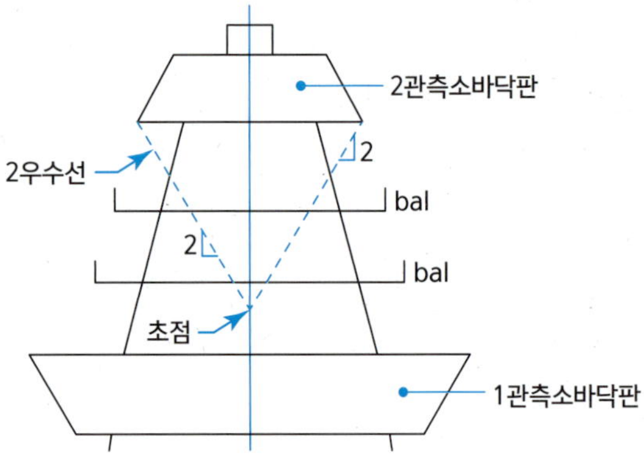

[그림 911] 9층탑의 2관측소

대충 그려 보니 기억이 나실 겁니다. 9층탑의 2관측소에는 2관측소바닥판이 있으며 그 밑에 2개의 bal가 있답니다. 물론 2관측소바닥판은 2우수선일 겁니다. 다보탑 1층 지붕상부와 비교해 보시면 9층탑의 2관측소와 구조적으로 똑같답니다. 즉, 다보탑의 1층 상부는 2관측소라는걸 의미한답니다. 석탑에 희한하게도 9층탑에만 있는 2관측소가 있네요.

관측소는 층과는 아무런 관련이 없답니다. 즉, 이 다보탑은 1층석탑으로 2관측소를 갖고있는 아주 재미있는 석탑이랍니다. 또한, 지하층은 온지하이면서 외부계단까지 있네요. 바로 다보탑은 9층탑의 축소판이랍니다. 석굴암이 뭐였죠. 바로 9층탑의 석축이 좁아지면서 지하층이 만들어졌다고 말씀드렸을 겁니다. 불국사 쪽에는 묘하게도 9층탑의 흔적이 다보탑·석굴암에 나타나 있으며, 불국사 외부진입계단인 청운교·백운교 등의 계단들도 모두 일반목탑의 형태를 띄고 있는 묘한 건축물군이 있는 곳이랍니다. 이제 불국사 쪽에 있는 다보탑의 개념이 한눈에 쏙 들어오셨을 겁니다. 개념을 아시면 사실은 거의 다 알아낸거나 진배없답니다?

먼저, 일반적인 석탑(신라석탑은 3층석탑이 주임)의 구조 및 높이개념을 알아봅시다.

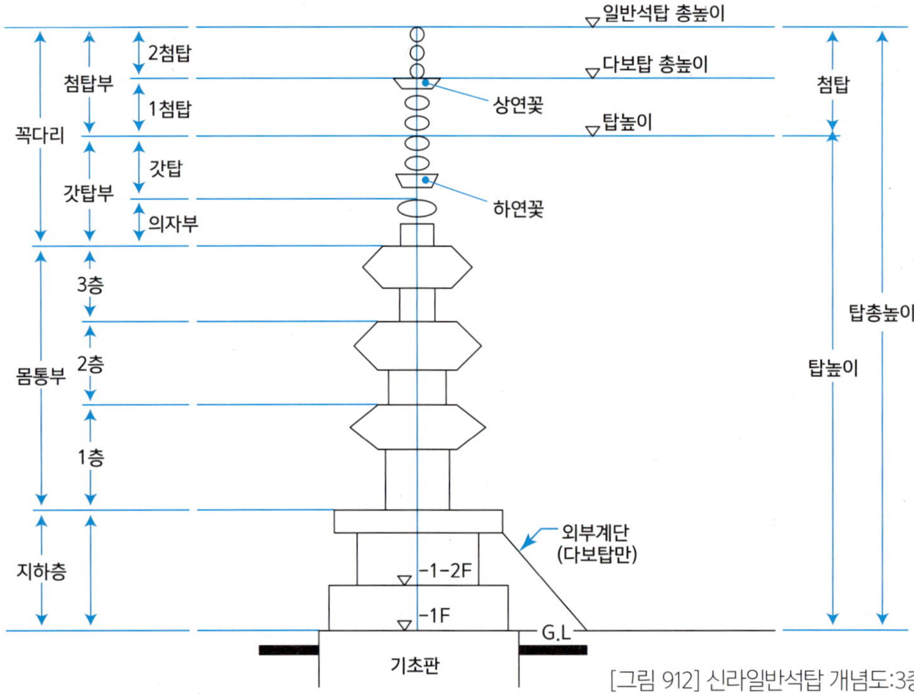

[그림 912] 신라일반석탑 개념도:3층 석탑기준

탑이 무지 뾰족하네요. 탑높이는 목탑의 탑높이와 동일하게 기초판에서 갓탑(하부 3개찐빵)까지입니다. 이것만 아셔도 석탑을 꿰뚫고 계신 분이랍니다. 갓탑위 첨탑을 보시면, 일반목탑에서는 첨탑이 3개의 찐빵으로 되어 있어 1첨탑으로 끝이랍니다. 석탑에서는 유일하게 다보탑만이 1첨탑인 3개의 찐빵만 갖고 있으며, 일반석탑에서는 제2첨탑인 상부로 길쭉한 3개의 찐빵(봉오리 찐빵)이 더 있답니다. 이 2첨탑이 아마 석탑의 백미로 석탑을 더 우아하게 표출해 준답니다. 목탑에 아주 충실한 다보탑만이 1개 첨탑으로 꿋꿋이 제 자리를 지키고 있네요. 자존심이 무지 센 듯? 앞에서도 보셨듯이 사찰목탑은 첨탑이 무려 3첨탑까지 있답니다. 첨탑자랑 하나 보네요.~ㅎ~ 제가 왜 이 2첨탑이 생겼는지를 곰곰이(?) 생각을 해 봤는데, 일반목탑에서는 갓탑의 갓과 첨탑이 금속류로 구성이 되어 있답니다. 목탑이 석탑화되면서 갓탑과 첨탑이 금속류에서 돌로 바뀌다 보니 무엇인지는 모르겠지만 조금은 허전한(?) 느낌이 들어서인지는 모르겠으나 돌찐빵 6개 위에 우아하고 품위있는 금속성의 길쭉한 찐빵인지 꽃봉오리인지는 모르겠으나 3개를 더 얹어놓지 않았나 하는 생각이 든답니다. 바로 이 2첨탑까지의 높이가 탑총높이가 된답니다. 일반목탑에서는 첨탑높이 자체가 차지하는 비중이 너무나 미미하여 높이 자체에 낑기지도 못하는데 석탑에서는 첨탑높이가 차지하는 비중이 워낙 커서 답총높이에 포함시키기로 했답니다. 즉, 석탑에서는 탑높이와 탑총높이를 같이 인지하셔야 할 겁니다.

그리고, 신라석탑에서는 지하층이 완전히 살아있으며 상하2개층으로 분류가 되어 있으며 하부 지하층높이가 많이 낮네요. 재미있는 것은 목탑에서는 1층에서 2단 올라가서 1FFL(실제 1층바닥)이 있는데, 석탑에서는 계단인지조차 헷갈리게 쪼그마하게 형태만 유지하고 있답니다. 물론 소속도 1층소속이 아니라 지하층소속이랍니다. 그래도 다보탑은 비록 지하층소속이지만 1단이 완전한 계단 형태를 유지하고 있네요. 무지 헷갈린답니다. 한번 그려 볼까요.

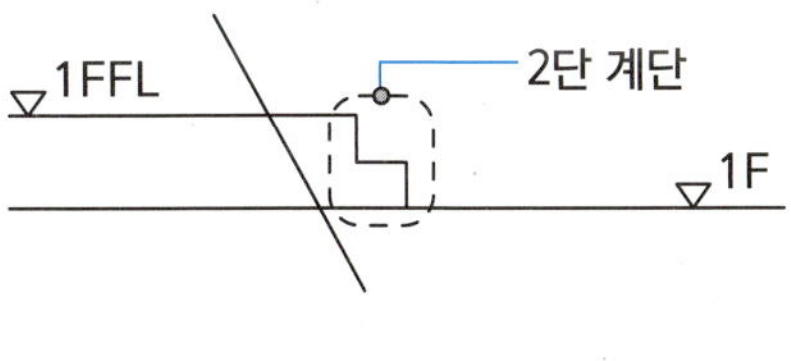

[그림 913] 목탑의 1F와 1FFL

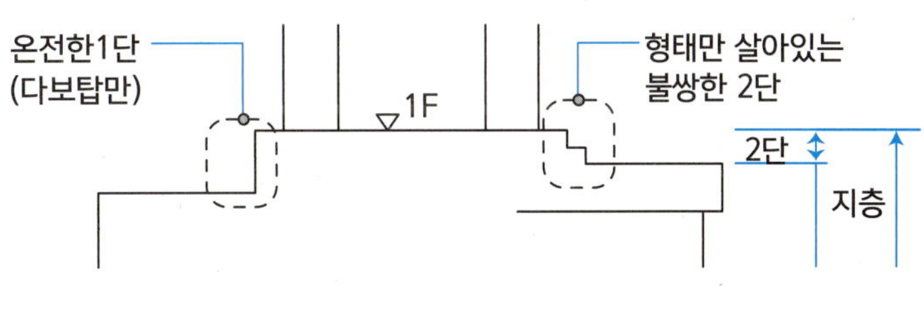

[그림 914] 석탑에서는 1층 밑에 간신히 흉내만 낸 2단의 흉내계단

제일 처음 지하층에 소속되어 있는 이 2단의 형태만 갖추고 있는 이 놈을 1층층고에 넣을까 말까 무지 헷갈렸었는데 여러 정황을 고려하여 1층층고에서 퇴출시켰답니다. 하! 제가 보통 간이 큰

놈이 아닌가 봅니다. ㅋ~

탑높이는 확실히 정의가 되었는데, 탑폭이 쪼께 헷갈리기도 하답니다. 그런데, 큰 걱정을 안하셔도 될 겁니다. 탑높이든 탑총높이든 탑폭이든 모두 다 1.08의 배수로 제가 다 만들어 놓았답니다. 제가 누굽니까? 동행자잖아요. 동행자를 잘 만나는 것도 큰 복이랍니다~ㅎ~

탑폭에서 어디서 어디까지가 탑폭일까요? 크게 생각해보면 1층지붕폭일 수도, 1층몸통폭일 수도, 아님 지하-1-2F폭, 지하-1F폭, 아니면 기초판상부끝 등등 여러 가지로 생각해 볼 수가 있답니다. 탑폭을 어느 것으로 기준하면 좋을까요?

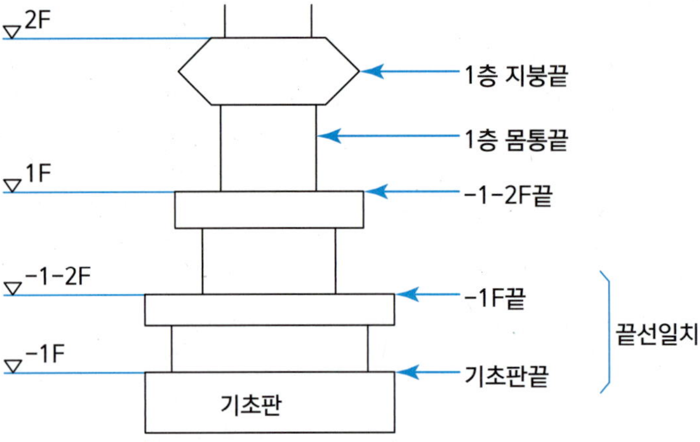

[그림 915] 석탑폭의 개념

-1F끝과 기초판 끝은 동일선이 될 겁니다. 여러 많은 경우의 수를 다 검토해 본 결과는 -1F끝선을 석탑의 폭으로 보는 것이 가장 적당하더랍니다. 이제 탑폭의 정의도 싱겁게 끝나버렸네요. 물론 다보탑은 외부계단이 있으므로 외부계단 끝선까지가 탑폭이 될 겁니다. 석탑에서 가장 헷갈리는 폭은 바로 지붕판이랍니다. 이것은 아직도 풀리지 않는 숙제랍니다. 지붕판이 간단하면 아무런 문제가 없답니다.

[그림 916] 이상적인 지붕판

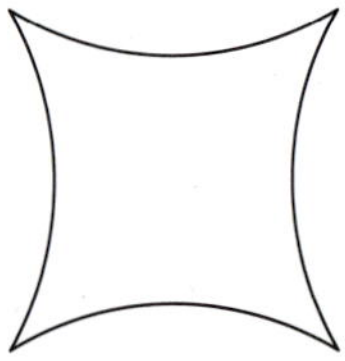

[그림 917] 지멋대로 지붕판

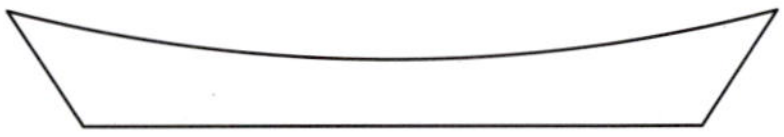

[그림 918] 지멋대로 지붕판 끝의 상부 벌어짐

지붕판이 정사각형이면 그냥 그 자체가 치수가 된답니다. 문제는 귀쪽으로 지붕판이 커지고 있으며, 그것도 모자라 끝쪽으로 가면 지붕날개 두께도 커지기도 하지만 이 놈이 또 옆으로 더 벌어진답니다. 어디서 어디까지가 지붕폭이고 어디서 어디까지가 지붕날개 두께일까요? 제 대가리로는 도통 알 수가 없답니다. 그런데, 언젠가는 명확한 정의를 누구신지는 모르겠지만 내리셔야 할 겁니다. 제가 도면에 표기한 치수들은 그 순간 이것이 아닐까해서 직감적으로 표기한 치수들이니 믿지는 마시고 대충 이 정도가 되는구나라고 생각해주시면 감사하겠습니다. 이제 석탑높이와 석탑폭의 기본개념을 이해하셨으리라 믿습니다. 별거 아이네.

처음 석탑에 손을 대었을 때는 아무런 치수도 알지 못하는 상태에서 우연히 석가탑의 1층 몸통폭이 157cm이며, 1층 몸통부 높이가 139cm라는 걸 인터넷에서 간신히 찾아내어서 이 두 치수를 근거로 석가탑을 풀어봤으며 다보탑·감은사동탑 등도 아무런 근거도 없이 하여튼 나름대로 풀어봤답니다. 열심히 풀어본 결과는 석가탑과 다보탑 탑높이가 8.1m이며, 감은사동탑은 10.8m가 나오더랍니다. 그런데 나중에 보니 신나게 틀렸더랍니다. 우찌 이런 일이? 제가 틀렸다는 걸 어떻게 알아내었을까요? 궁금하시면 천냥? 2018년 다시 석탑에 손을 대다가 제가 여태껏 보지도 듣지도 못했던 희한한 것을 보았딥니다. 무엇이었을까요? 바로 석탑에 실측치수가 들어가 있는 도면을 보았기 때문이랍니다. 이건 넝쿨을 통째로 공짜로 주운 것이랍니다. 그렇게도 실측치수가 들어가 있는 도면이라도 있었으면 하는 바램이었는데, 인터넷의 블로그에서 희한하게 발견하게 되었답니다. 이것이야말로 바로 천운이란 거랍니다. 실측치수를 찾아내고는 석탑풀기가 급물살을 타기 시작했답니다. 좀 웃기게 얘기드리면 초스피드로 풀기 시작했겠죠. 더 웃기게 얘기 드리면 별로 풀어볼 것도 없이 술술 풀리더랍니다. 어떤 근거만 있으면 푸는 것은 눕어 떡먹기보다 더 쉬운 일이랍니다. 실측치수가 없을 때에는 일일이 인터넷에 있는 사진을 실측하여 감으로 치수를 집어넣었답니다. 실제로 사진을 보시면 촬영 각도마다 촬영 위치마다 다 달라서 자 질을 해도 맞는지 틀렸는지조차 모르면서 힘이 들게 치수작업을 했었는데, 실측치수가 있으니 잔머리 굴릴 일이 전혀 없게 되었답니다. 실측치수가 있어도 어떤 부분은 판단하기가 어려운 점이 있기는 있지만, 그 정도는 감으로 때리면 된답니다.

앞으로 보시게 될 석탑에 실측치수가 표기되 있는 모든 도면은 인터넷 블로그의 닉네임이 자하미(우리 문화유산에 대해 아주 광범위하게 자세히 알고계시며, 또한 엄청 연구를 많이 하시는 분임. 이 분의 blog는 꼭 읽어보세요!)란 분에게서 얻은 것들이랍니다. 자하미님께 깊이 감사드립니다.

이제 다보탑의 개념도를 잠깐 보실까요.

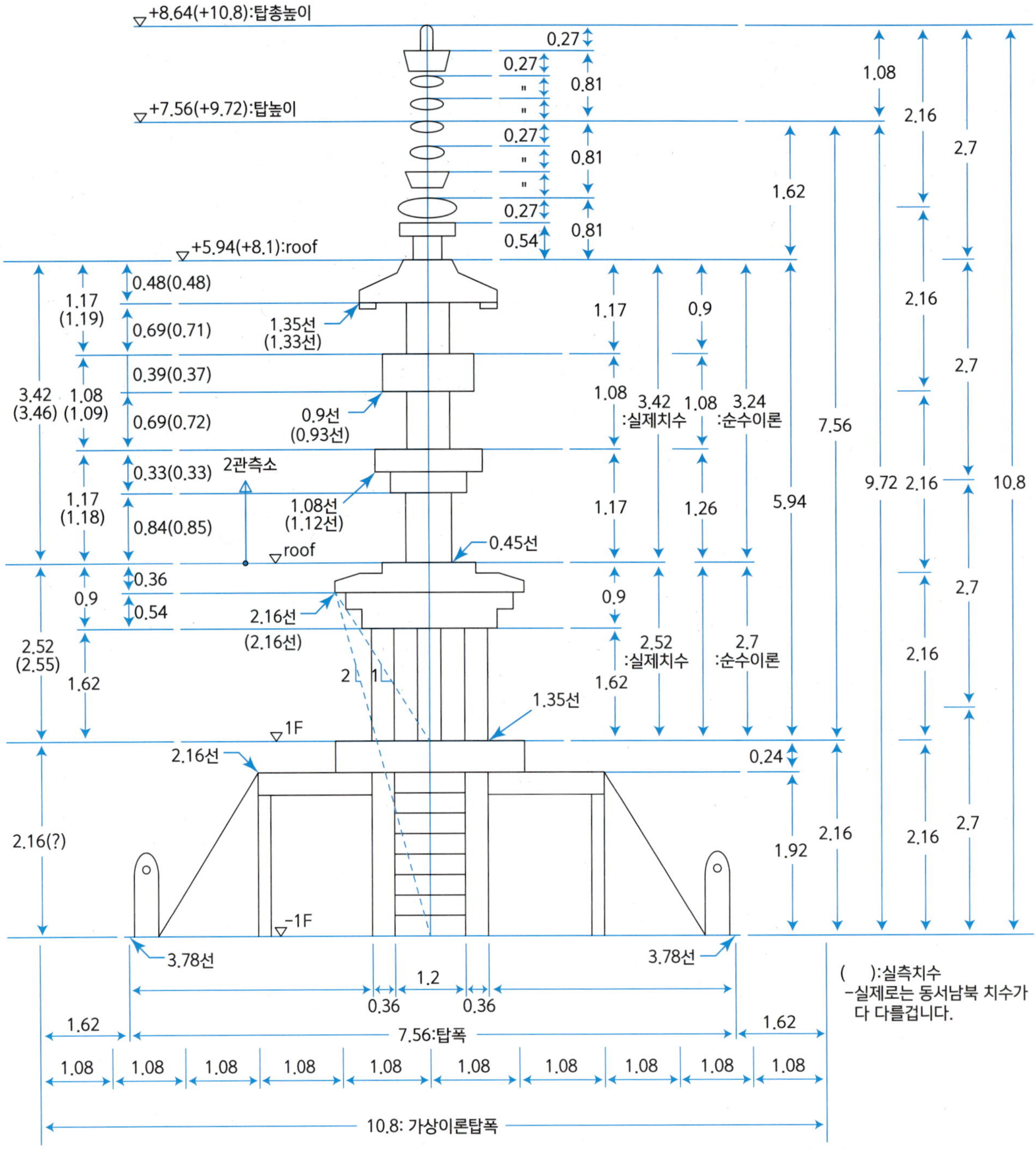

[그림 919] 다보탑 대충 개념도

다보탑의 개념도도 한번 보셔야죠.

Notice 별책도면 No.28 다보탑 개념도

다보탑은 구조가 너무 복잡하기도 하지마는 도면을 그리기는 너무 어려워 다 그릴 수 조차 없는 복잡한 구조물이랍니다. 그냥 이렇게 생겼구나 하고 보시면 마음 편하실 겁니다. 실측치수는 조금 애매한 부분도 있어서 잔수(mm)를 뺀 치수를 임의로 넣어 보았답니다. 판단하기가 너무 애매한 치수는 아예 넣지 않았답니다. 아주 자세한 실측치수는 자하미blog에 들어가시면 보실 수가 있답니다.(인터넷에 들어가셔서 다보탑이든 석가탑이든 석탑류에 들어가셔서 blog를 보시면 찾으실 수 있답니다.) 또한, 다보탑 실측치수는 솔뫼(경주 향토사학자 중 솔뫼선생이란 분이 계시는데 동일인인지는 확실치 않음)라는 분의 blog에도 있답니다. 제가 제시한 치수는 실측치수에 최대로 근접해서 제일 맞을 확률이 높다고 판단되는 치수를 채택했으므로 경우에 따라서는 3~6cm정도의 오차는 발생될 수도 있답니다. 치수를 유심히 보시면, 1.08, 2.16(1.08x2), 2.7(1.08x2.5), 3.78(1.08x3.5) 등이 큰 치수가 되며, 큰 치수 중 가장 작은 1.08은 0.03x36=1.08, 0.06x18=1.08, 0.09x12=1.08, 0.18x6=1.08, 0.27x4=1.08, 0.36x3=1.08, 0.54x2=1.08 등으로 0.03, 0.06, 0.09, 0.18, 0.27, 0.36, 0.54같은 새끼 치수를 자체적으로 품고 있답니다. 기본적으로 석탑류는 이 기본 Module인 1.08의 치수와 연관이 있다고 생각하시면 거의 맞답니다. 1.08=1+0+8=9로 숫자합이 9랍니다. 1.08÷0.3=3.6'이네요. 3+6=9 자로 환산한 숫자의 합도 9랍니나. 27x4=1.08이니 27이라는 숫사와 개념이 똑같답니나. 9층탑 높이인 108과는 크게 연관은 없답니다. 아마 우연의 일치일 듯. 아니! 신라석탑이든 신라목탑이든 모두가 어떤 치수의 지배를 받고 있답니다. 전에도 말씀드렸듯이 신라탑은 어떤 숫자의 조합이라고 보시면 된답니다.

다보탑의 규모는 { • 탑높이 기준 : 7.56(w) x 9.72(h) • 총탑높이 기준 : 7.56(w) x 10.8(h) } 숫자는 3개가 나오네요.

7.56=1.08x7, 9.72=1.08x9, 10.8=1.08x10, 탑폭이든 탑높이이든 1.08의 배수가 된답니다. 당연히 목탑도 2.7의 배수이기도 하지만 1.08의 배수랍니다. 그런데, 제가 목탑을 풀 때는 10진법이 확실하다고 인지했는데, 이 석탑을 풀기 시작하면서 12진법이 아닐까하고 한때 홀라당 빠진 적도 있답니다. 여러 많은 생각을 해보니 12진법이라기보다 9cm라는 숫자가 석탑을 지배하다보니 그런 착각을 일으킨 것 같답니다. 아니, 나오는 숫자들을 보면 꼭 12진법의 숫자들로 보인답니다.

보실까요. 다보탑폭이 7.56이죠. 7.56÷0.36(12진법시 1자길이)=21, 탑높이 9.72=0.36x27, 탑총높이 10.8=0.36x30. 이 숫자들을 보고 12진법이라고 생각하지 않는 분이 사실은 더 이상할 겁니다. 그런데, 냉정하게 생각해보니 단순히 숫자의 유희일 뿐이라는 걸 인지하고부터는 12진법*이라는 진법은 조용히 사라져 버렸답니다. 다보탑을 지하층부터 한번 봅시다.

* 근데 간지(干支)를 보면, 天干(10干: 甲乙丙丁...)과 地支(12支: 子丑寅卯...)의 조합으로, 예전에는 10진법과 12진법을 동시에 사용했나 보네요.

지하층에 묘하게 외부계단이 있답니다. 근데 석축은 보이지를 않네요? 석탑에는 석탑 자체가 돌이라서 그런지는 모르겠으나 석축은 없답니다. 그런데, 석탑에도 공통수 C가 있을까요? 일반목탑같이 경사기둥이 있고 처마끝각이 있어야 되는데, 석탑은 처마끝각은 있기는 있으나 경사기둥 자체가 없으니 공통수가 성립이 잘 안된답니다. 또한, 석탑은 내·외부에서 올라가는 계단 자체가 없으므로 특별히 공통수는 필요치는 않답니다. 그런데, 1층석탑인 다보탑은 외부계단이 있답니다. 계단이 있다는 것은 계단단높이 R이 존재한다는 거랍니다. 즉, 단높이 R이 있다는 것은 가상이 되었든 무엇이 되었건 공통수가 존재할 수 있다는 걸 의미할 수도 있답니다. 근데, 이 공통수를 어디서 어떻게 구하죠? 참 난감하답니다. 1층석탑이라 처마각조차도 가상적으로는 설정할 수는 있으나, 실제로는 일반목탑식으로 석축 끝면조차 없으므로 처마각 조차도 존재하지 않는답니다. 이 일을 우짜죠? 그래도 부딪혀는 봐야죠. 가만히 있으면 아무것도 얻을 수가 없거들랑요. 그래서, 제일 만만한(?) 1층일반목탑의 공통수를 공동으로 이용하면 되겠죠. 이유는 아주 간단하겠죠. 바로 다보탑이 목탑형석탑(엄밀하게는 일반목탑형석탑)이면서 1층석탑이거든요. 제가 잘못 생각한 건가요? 사실 저도 잘은 모르겠답니다?

어쨌든 1층일반목탑의 공통수를 구해 볼까요. 예전에 어디선가에서 많이 본 것일 겁니다.

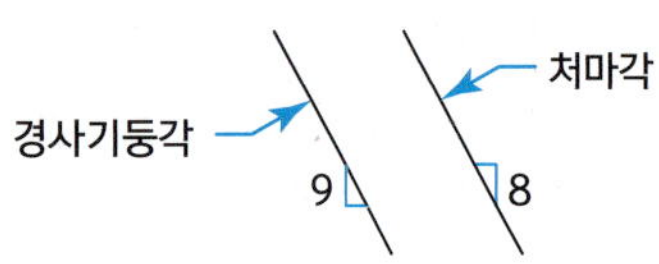

- 기본수 : $\Delta 9 \times \Delta 8 = 72$
- 공통수 $C = 72 \times 3 = 216$

이랍니다.

계단 단높이R을 구해 봅시다
- $R = 2.16 \div 12 = 0.18$
- $R = 2.16 \div 9 = 0.24$

두 개 정도의 단높이가 나오네요.

기본적으로 나눔수가 짝수인 12로 나누면 R=0.18이 계단단높이가 된답니다. 당연히 1층일반목탑의 단높이 R=0.18일 겁니다. 그런데, 이 다보탑은 희한하게도 거꾸로 공법을 사용했답니다. 무슨 말인고하니 계단 단높이는 R=0.24로 하고 디딤판폭을 T=0.18로 했답니다. 상식적으로 생각해보면 디딤판 폭이 단높이보다 큰 디딤판폭 T=0.24이고 단높이가 R=0.18이 맞을 것 같은데, 이 다보탑을 설계하신 분은 거꾸로 공법을 사용했답니다? 아마도, 탑폭 등 여러 가지를 고려하여 그렇게 결정한 것으로 보인답니다. 그리고, 아주 간단하게 1층일반목탑의 처마각인 $\Delta 8$만으로도 단높이를 구할 수도 있답니다. 다보탑은 경사기둥 자체가 없으므로 경사기둥각인 $\Delta 9$ 자체를 생각할 필요가 없답니다. 그러면 너무도 간단하게 계단단높이는 $\Delta 8 \times 3 = 0.24$로 R=0.24가 된답니다. 방법이 맞는지는 모르겠으나 하여튼 R=0.24가 된답니다. 어쨌든 계단은 애럽네요.

지하층 외부계단을 보실까요.

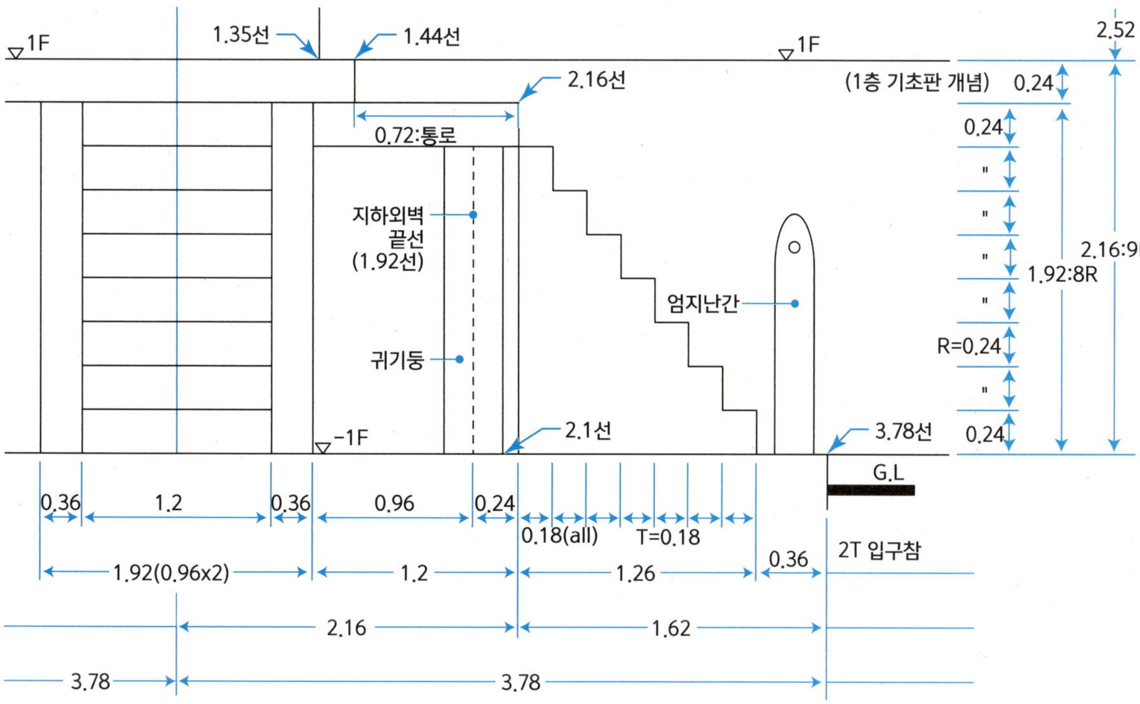

[그림 920] 다보탑 1층 진입 외부계단 개념

계단은 총 9단이며, 8단을 올라가서 0.72의 통로를 지나서 1단을 더 올라가면 1층에 도착한답니다. 어! 1FFL이 없네요? 외부통로에서 1층으로 올라갈 때 2단이 아니고 묘하게도 1단만 올라간답니다. 계단입구의 입구참폭이 0.36으로 2T(디딤판폭)랍니다. 이 다보탑의 입구참을 보고서야 일반목탑의 입구참도 2T라는 걸 알았답니다. 그 전에는 일반목탑의 입구참이 1T인줄 알았거든요. 계단폭은 1.92이며 계단순폭은 1.2m랍니다. 이 1.2폭은 1층의 기둥순폭과 동일한 치수랍니다. 지하층층고는 2.16으로 이웃한 쌍둥이탑(?)인 석가탑의 지하층층고와 같답니다.

이제 1층으로 가볼까요. 아니 벌써? 외부계단을 올라오니 1층에 와 있네요. 1층을 보시기 전에 먼저 1층층고와 관측소층고에 어떤 치수 변화가 있는지 보실까요. 신라석탑은 희한하게도 각층의 층고가 순수이론층고에서 치수변화를 거치면서 각 층 간에 층고이동(층고 주고받기)이 있답니다. 다보탑은 그래도 비교적 양반이랍니다.

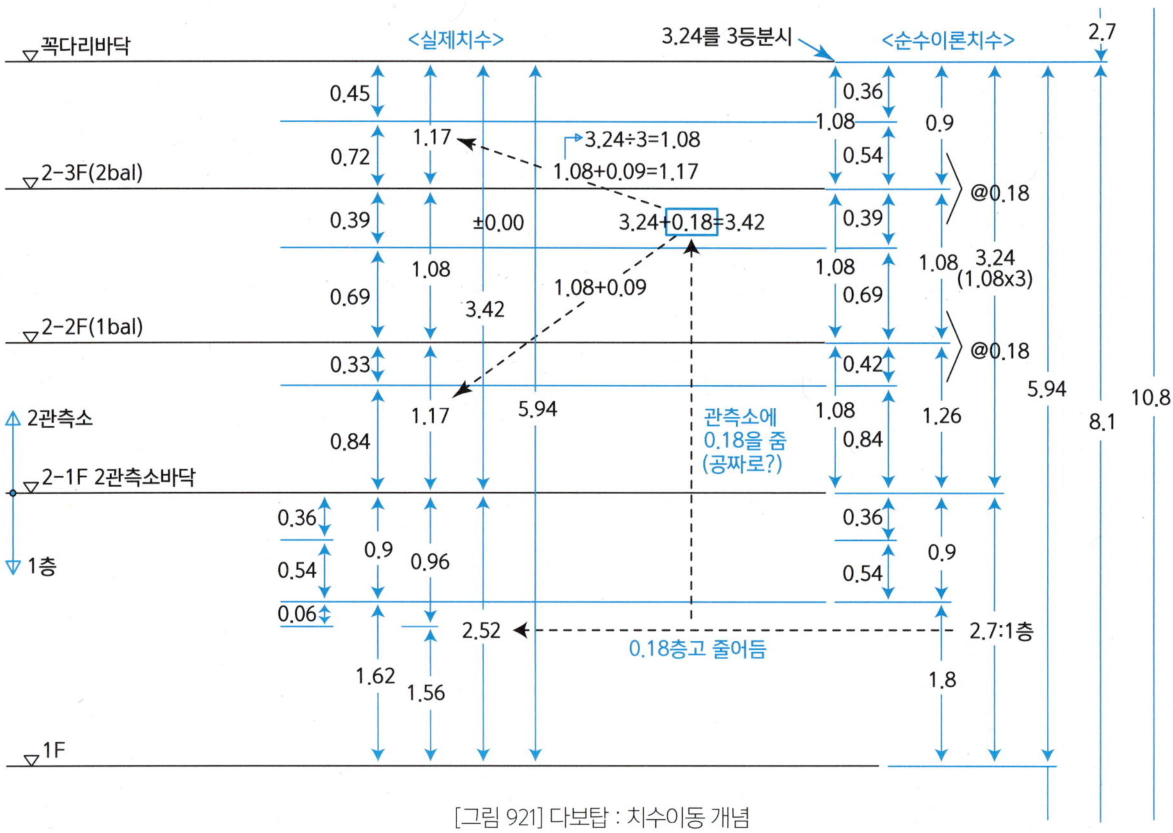

[그림 921] 다보탑 : 치수이동 개념

층고치수를 유심히 보시면, 1층이론층고는 2.7m인데 18cm를 떼어서 관측소에 공짜로(?) 준답니다. 마음씨 고운 1층 아저씨네요. 싸워서 뺏겼나. 관측소는 이 18cm를 가지고 이론높이인 3.24를 3등분한 1.08높이의 2곳에다 9cm씩 보태준답니다. 즉, 2-1F는 9cm를 받아서 1.17(1.08+0.09), 2-2F는 밉보였는지 아무것도 못받고 그대로 1.08, 2-3F도 9cm를 받아서 1.17(1.08+0.09)이랍니다. 이런 식으로 자기들끼리 층고를 주고받으면서 층고를 조정한답니다. 왜 층고치수이동공법을 하는지는 정확히는 알 수는 없지만, 석탑같은 경우를 보면 아마도 지붕판이 두꺼워지면서 모양과 비례를 고려하다 보니 치수조정이 발생되지 않았나라고 조심스레 추정을 해 본답니다.

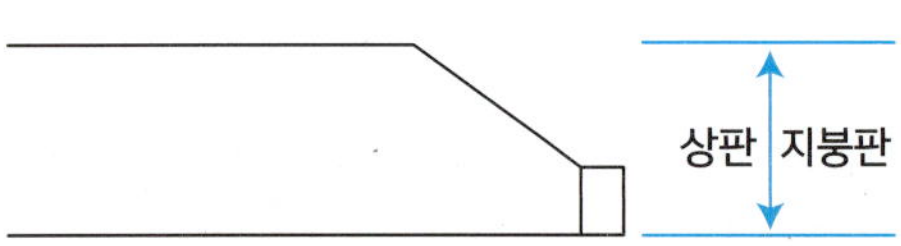

[그림 922] 목탑지붕 : 상판만 있음

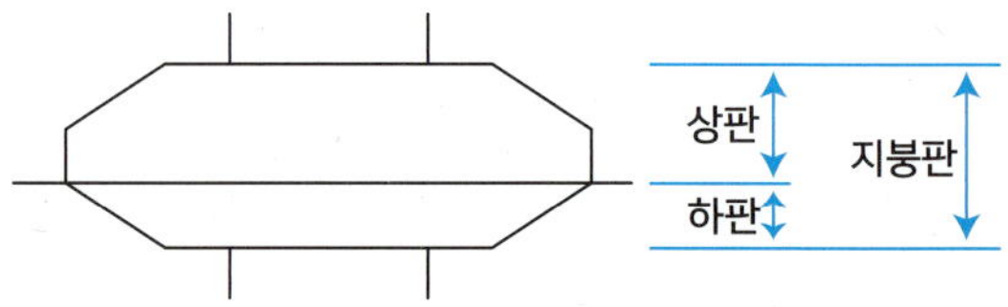

[그림 923] 석탑지붕판 : 상·하판이 있음

목탑은 지붕판이 상판만 있답니다. 그런데 석탑은 묘하게도 지붕판이 상판과 하판으로 분리되면서 지붕판이 상대적으로 두꺼워지니 비례관계를 맞추기 위해서 각층의 층고치수 조정이 발생되지 않았나 추정을 해 보지만 확실치는 않답니다. 제가 순수이론 치수라고 하는 것은 숫자 개념상 이 치수가 정상적인 치수가 아닐까 생각하는 치수로 어떤 근거가 있는 것은 아니랍니다. 저라면 상식적으로 이 순수이론 치수를 적용하지 않을까하는 치수랍니다.

다보탑의 이 1층이 아주 재미있는 층이랍니다. 단면도를 한번 보실까요.

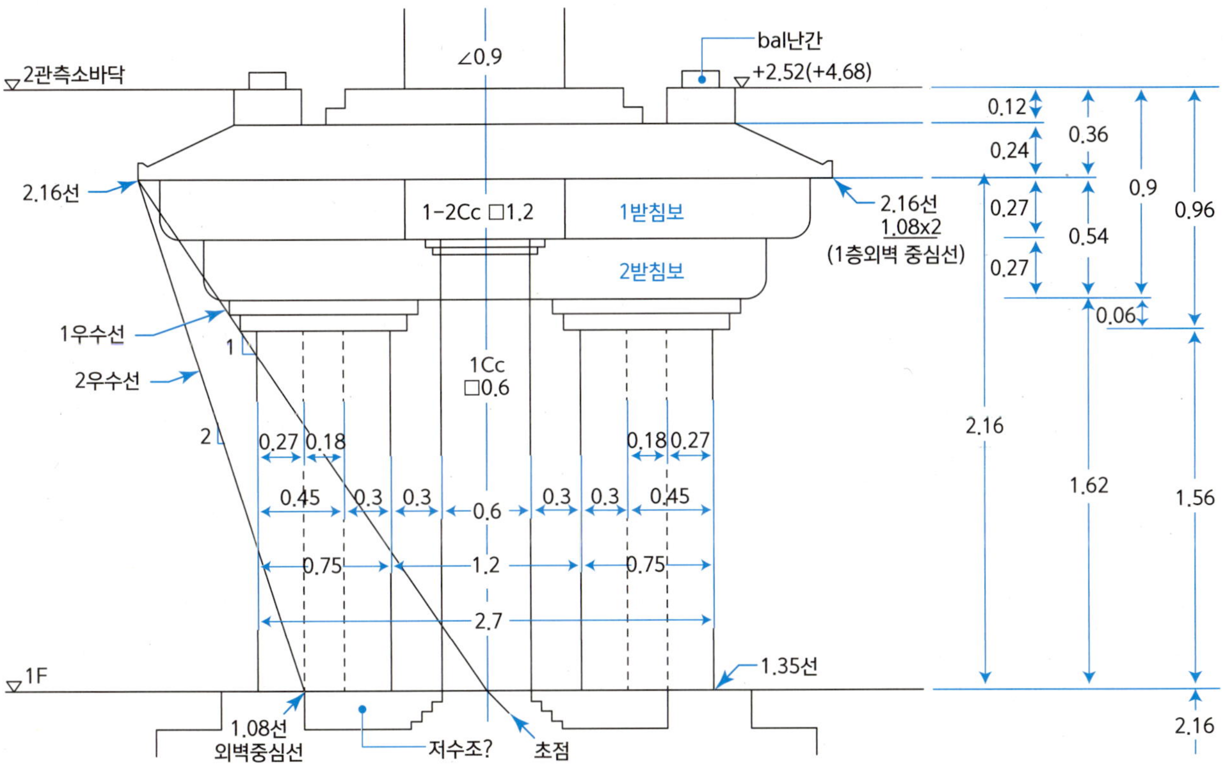

[그림 924] 다보탑 1층 단면도

1층을 보시면 중앙에 중앙기둥 1Cc□0.6이 있으며 네 귀에 1C1기둥 □0.75가 있답니다. 이 C1기둥은 ㄱ자기둥이더랍니다. 저는 처음에는 정사각기둥으로 인지했답니다. 지붕을 보시면 하지붕판인 받침보가 2단이 있네요. 그 위에 지붕상판이 있으며 지붕상판에 bal난간이 있답니다. 중앙기둥 1Cc상부에는 1-2Cc□1.2가 있는 것으로 추정된답니다. 제가 내부 곳곳을 본 적이 없으므로 사진으로 추정하거나 사진조차 없는 경우는 그럴거라고 상상해서 가정한답니다. 이 다보탑 1층지붕은 묘하게도 1우수선과 2우수선이 완벽하게 살아있답니다. 1우수선은 1층바닥 정중앙에 오며, 2우수선은 외벽중심선(1.08선, 외벽중심선이 기둥이 ㄱ자라 쪼께는 애매는 하지만 1.08선으로 정했답니다.)에

온답니다. 이 2우수선이 재미있는 건 계속 지하층까지 가면 지하층바닥 정중앙에 온답니다. 한마디로 완벽한 1·2우수선을 갖고 있는 훌륭한 건축물이랍니다. 석굴암 1층지붕도 유심히 보시면 외부쪽에 1·2우수선이 완벽하게 존재한답니다. 앞으로 가셔서 한번 보이소.

그냥 가면 섭섭하니 1층 평면도도 한번 보셔야죠.

Notice 별책도면 No.29 **다보탑 1층 평면도**

평면이 너무 간단하네요. 1C1기둥이 ㄱ자기둥이며, 기둥이라고 해야 하는지 외벽이라고 해야 하는지 헷갈리게 되어 있답니다. 일단 기둥번호는 부여하되 외벽이라고 가정하면 가상 외벽중심선은 1.08선이 된답니다. 사실은 외벽중심선이 어디인지도 애매는 하지만 1.08선이 숫자상 가장 적당할 것 같답니다. 그래야 지붕우수선이 ⊿2가 맞아 떨어진답니다. 자세히 보시면 1Cc 주위에 용도가 무엇인지는 모르겠으나 물웅덩이(?) 비슷한 것이 있답니다. 저수조(?)라고 하기에는 너무 얕고 도통 이 놈이 무엇인지를 알 수가 없네요. 물고기를 키웠나? 1층바닥 외부에는 폭 72cm의 외부통로가 있답니다. 다보탑은 희한하게도 1층까지 걸어올라갈 수 있는 석탑이랍니다. 실제로 일반인들이 올라갔는지 못 올라갔는지는 알 수는 없지만 올라는 갈 수가 있답니다. 다보탑 1층이 희한한 것은 일반 외벽이 존재하지 않고 뻥 뚫려 있답니다. 1층 안에 들어가서 내부구경을 해도 된다는 의미인지, 설사 들어가도 그 안에서 뭘 할 수가 있을까요? 들어가도 밑을 잘 보고 들어가야 발이 삐끗하지 않을 듯? 1층에 외벽이 없다는 건 다보탑이 자기 근육(?)에 대해 대단한 자부심이 있는 듯? 즉, 나는 남자다라고 외치고 있는 모습이랍니다. 쌍탑 중 다보탑은 남성을 상징하며 석가탑은 여성을 표현한 것일 수도 있답니다. 저희들이 어릴 때부터 들어왔든거와는 정반대일 겁니다. 제가 문제가 쪼께 있는 놈인가 봅니다. 항상 반대로 가거들랑요. 청개구리 성깔인가? 근데, 문제가 하나 있답니다. 감은사지 쌍탑은 어느 것이 남성이고 어느 것이 여성이죠? 저한테 물으신다면 동쪽에 있는 탑이 남성이라고 밖에 말씀드릴 수가 없네요. 남성·여성탑이 뭐 그리 중요합니까. 헷갈리기만 하는데?

이제 2관측소를 보셔야죠. 편의상 0F도 가능하지만 2F로 표기하겠습니다.
2층 건물로 착각하지 말아주이소? 2-1F부터 보셔야죠.

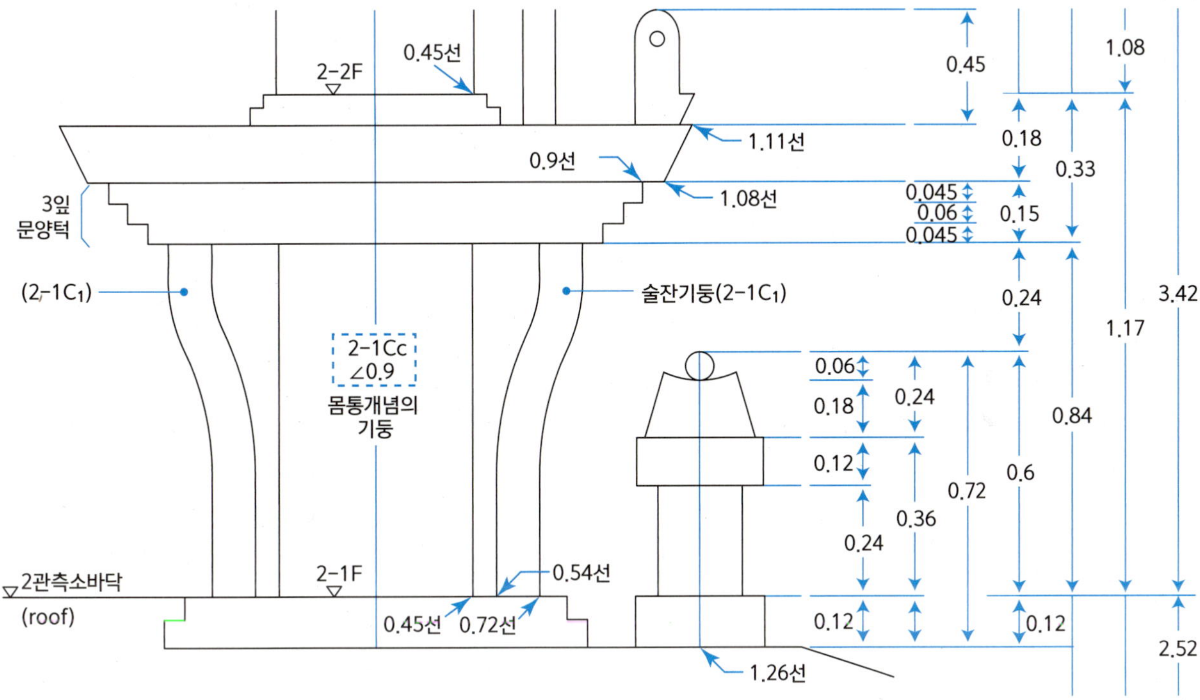

[그림 925] 다보탑 2관측소 2-1F 단면도

다보탑은 곡선 등이 하도 많아서 그림 그리기가 저한테는 쪼께 버겁네요? 중앙기둥인 2-1Cc가 ∠0.9로 1층 중심기둥인 1Cc□0.6보다 큰 이상한 기둥형태를 갖고 있답니다. 아마도 발코니난간이 있으니 비록 기둥이지만 몸통개념이 있는 것 같답니다. 일반적으로 밑기둥이 더 커야 되는데 이 다보탑은 거꾸로 되어 있답니다. 다행인 것은 1Cc는 작아도 주변의 4개 기둥인 1C1이 받쳐주니 구조적으로는 크게 문제가 될 것 같지는 않네요. 2-1F 주변에는 4각난간이 있답니다. 그리고, 2-1C1기둥 8개는 위로 벌어진 형상을 하고 있으며 재미있는 건 꼭 술잔 같이 생겨서 2-1C1기둥을 술잔기둥으로 명명했답니다. 높이에서 잔치수들이 많이 발생이 되는데 이 잔치수들은 이 정도가 아닐까해서 제가 임의로 넣은 치수들로서 너무 믿지는 마세요. 그리고 지붕판은 8각형이며 지붕판 하부에는 약간 안으로 들어와서 3잎문양턱이 있네요.

2-2F도 잠깐은 보셔야죠.

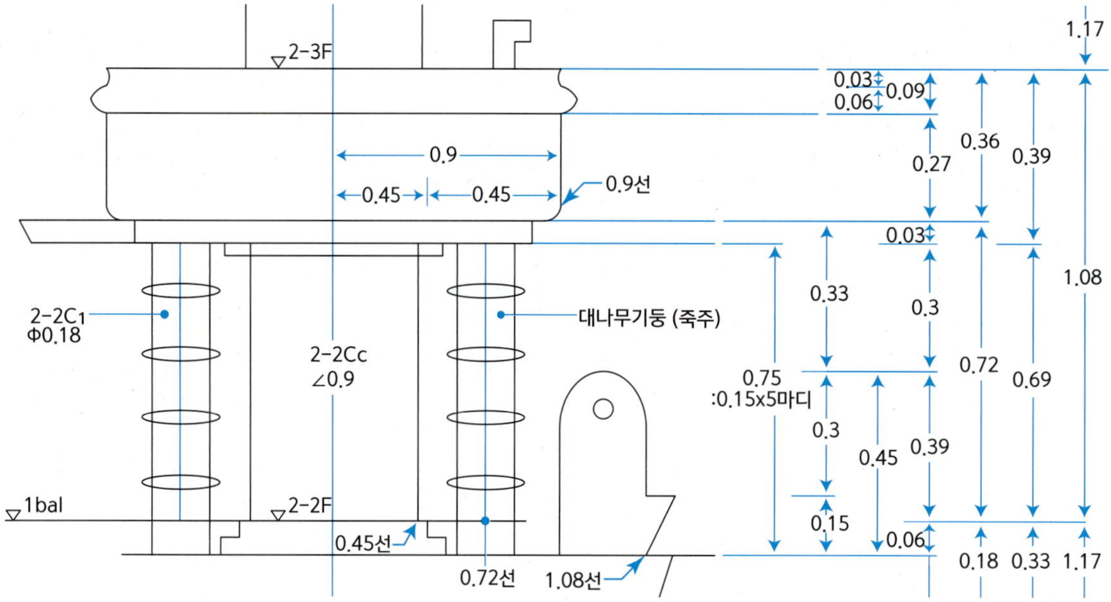

[그림 926] 다보탑 2-2F 단면도

2-2C1 ϕ0.18기둥이 재미있는 놈이랍니다. 묘하게도 원형기둥이네요. 5개의 대나무 마디로 이루어져 있으며, 높이는 0.15x5마디=0.75랍니다. 그래서, 이 기둥을 대나무기둥(죽주)으로 명명했답니다. 어! 죽주네. 대나무통술? 그렇다면 밑(2-1F)에 있는 고급술잔으로 한잔 마시면 술술 잘 넘어갈 듯~ㅋ~ 이 죽주가 대나무같이 아주 곧고 강한 기둥이 되기를 바란답니다. bal지붕이 아주 특이한 형태랍니다. 8각형같기도 하고 원형같기도 하고 무지 헷갈리네요. 물론 바닥 외부에는 묘하게 생긴 8각난간이 있답니다. 이제 2-3F층을 보실까요. 거기에 앞서 2관측소의 2우수선형상부터 먼저 보셔야겠죠.

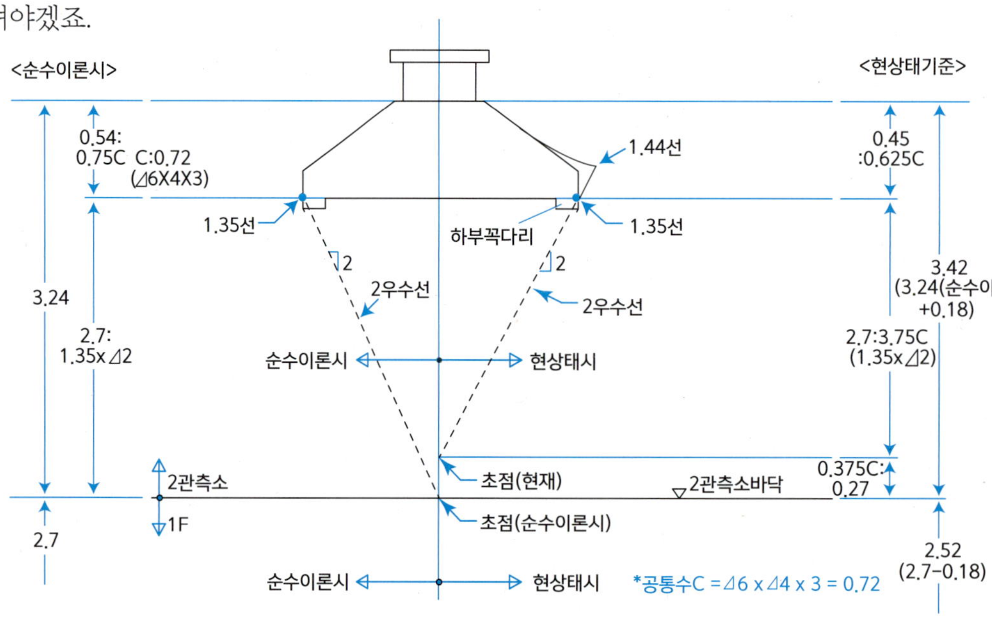

[그림 927] 2관측소의 2우수선 개념

다보탑 2관측소의 2우수선 초점찾기가 그리 만만치가 않답니다. 2우수선 시작점도 조금은 애매하답니다. 현 상태의 2우수선 바닥초점은 지붕판 하부꼭다리를 제외한 지붕판두께를 0.45로 보면 관측소바닥에서 27cm 위에 온답니다. 순수이론일 경우를 한번 보실까요. 순수이론 2관측소높이는 3.24(1.08x3)라고 말씀드렸을 겁니다. 1층에서 18cm를 받아서 3.42가 되었답니다. 이 순수이론 높이3.24에서 지붕판두께를 54cm로 보면 2우수선초점이 정확하게 2관측소바닥 정중앙에 오게 된답니다. 순수이론이 훨씬 낫답니다. 첨성대는 묘하게 2우수선의 초점이 바닥정중앙에 온답니다. 9층탑의 2관측소 공통수가 C =⊿6x⊿4x3=0.72라고 했을겁니다. 9층탑 2관측소의 공통수를 다보탑에 적용해도 되는지 알 수는 없지만 일단 동일하다고 보고 공통수 C도 도면에 표기해 놓았으니 참조하시기 바랍니다. 2-3F도 봅시다.

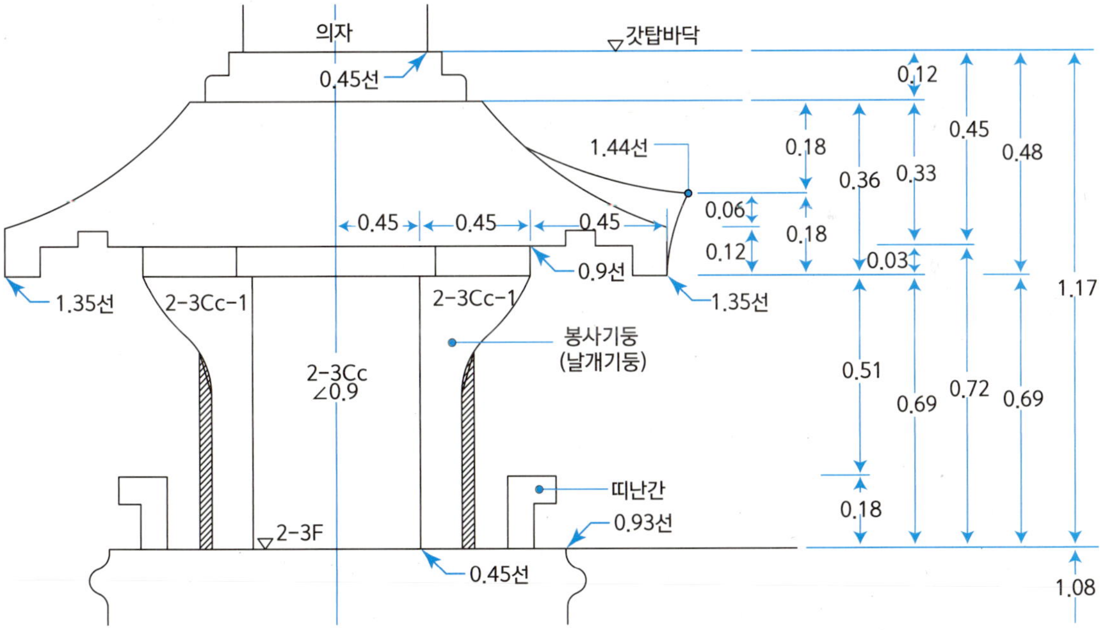

[그림 928] 다보탑 2-3F 단면도

2관측소의 2-3F에서 2-3CC-1기둥은 상부날개가 2관측소바닥판을 받치기 위해 날개를 많이 벌리고 있답니다. 기둥 개념은 날개기둥 개념의 기둥이지만 손을 뻗쳐서 뭔가에게 봉사하는 느낌이 들어서 봉사기둥이라고 이름지었답니다. 그런데, 기둥이라고 표현은 했지마는 정식기둥은 아니랍니다. 정식기둥이라면 주기둥과 어느 정도 떨어져 있어야 한답니다. 다만 지붕판이 넓어서 받쳐주기 위한 중앙기둥 Cc에 부속된 보강기둥이라고 보시면 된답니다. 기둥표기도 2-3CC-1이라고 표기했답니다. 2-3F지붕판(2관측소바닥판)끝 하부의 턱이 아주 멋이 있답니다. 아주 특이한 턱이 끝에는 꼭다리식으로 있고 내부쪽에는 위쪽으로 턱이 있답니다. 2단 턱이긴 하나 무슨 의미인지는 알 수가 없네요. 2-3F에서 제일 재미있는 것은 바로 bal난간이랍니다. 한번 보실까요.

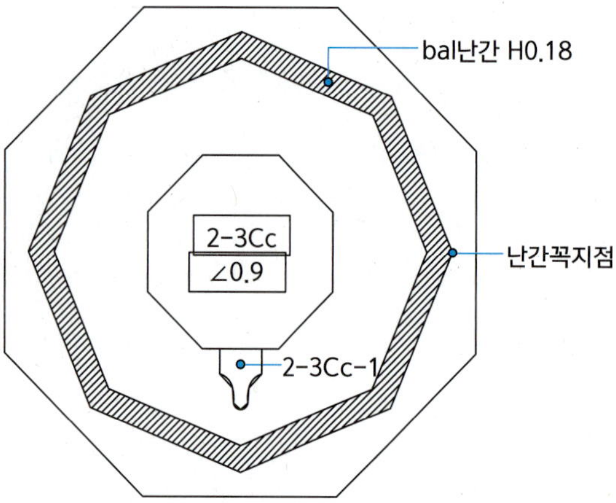

[그림 929] 2-3F 띠난간 형태

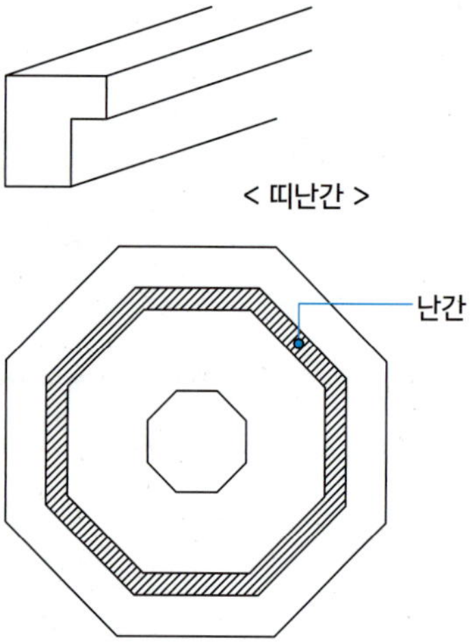

[그림 930] 상식적인 난간 형태

희한하게 생긴 띠난간으로 난간꼭지점이 면의 중간에 온답니다. 정상적인 난간과는 묘하게 zigzag로 되어 있네요. 아마도 2-3CC-1기둥이 면의 중간에 옴으로 인하여 자연스럽게 난간꼭지점이 면 중간에 온 것으로 생각이 드네요. 난간높이가 너무 낮아서 정상적인 난간처리가 힘이 들므로 띠난간으로 처리한 것 같답니다. 2-3CC-1기둥이 하도 묘하게 생겨서 제가 임의로 작도법을 한번 생각해 봤답니다. 하부 기준이랍니다.

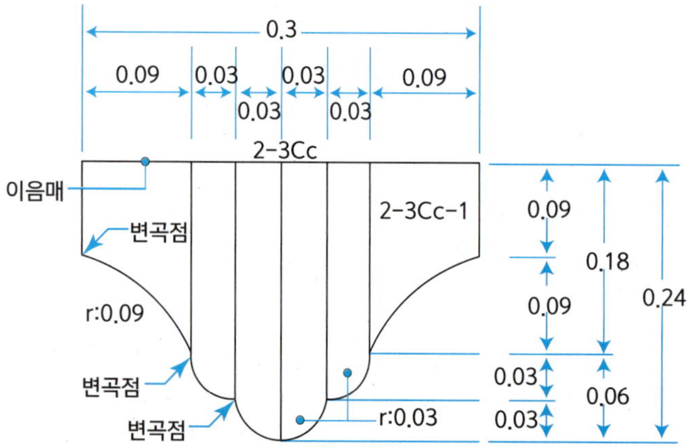

[그림 931] 2-3Cc-1(봉사기둥) 하부평면도

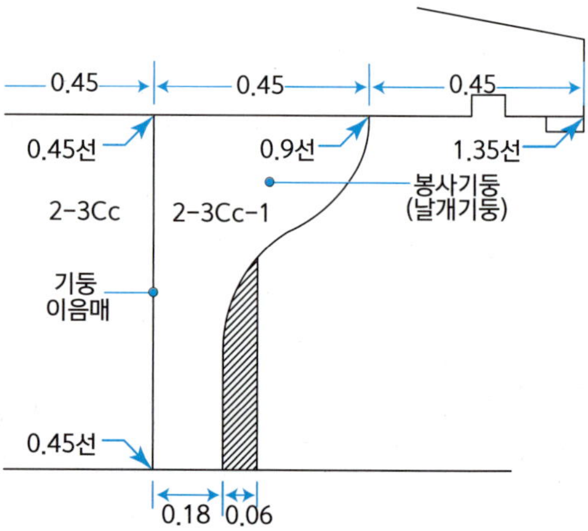

[그림 932] 봉사기둥 : 측면도

이 희한하게 생긴 기둥을 어떻게 그리지 하다가 고민고민 끝에 작도법을 생각은 해 봤는데 맞을지는 미지수랍니다. 한 번 정도 생각을 해볼 필요는 있잖아요. 이제 꼭다리로 가보실까요.

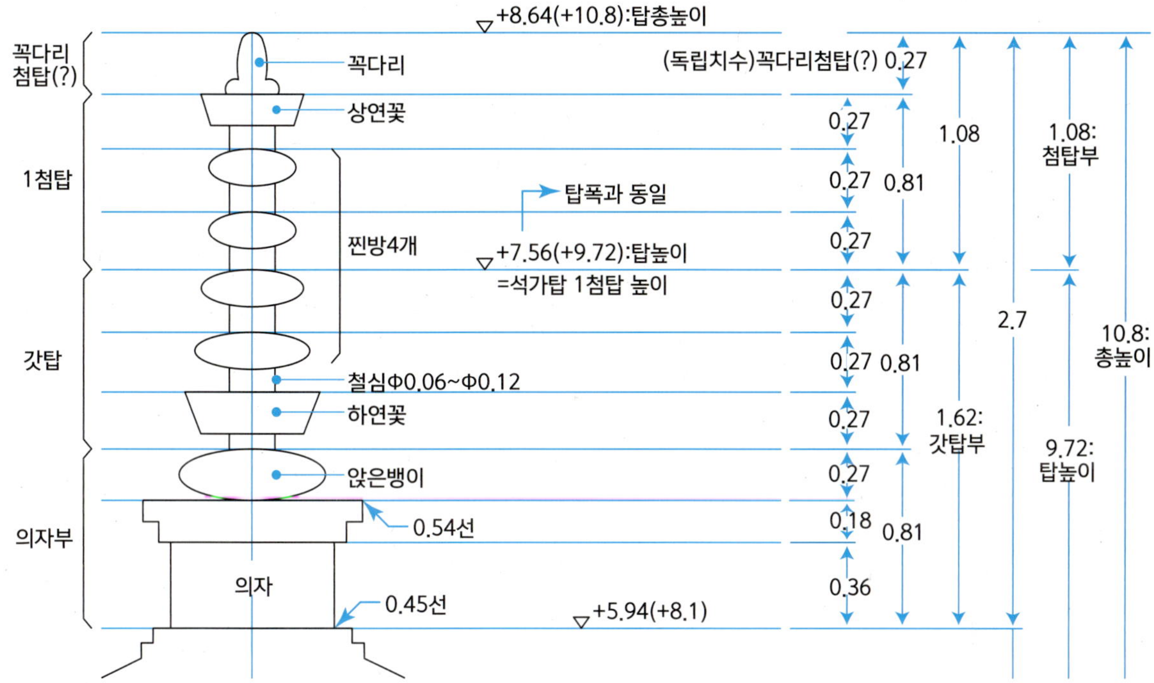

[그림 933] 다보탑 꼭다리 개념

다보탑은 석탑 중 유일하게 첨탑이 한 개 첨탑만 있답니다. 이유는 석가탑의 총높이인 10.8과 일치시키기 위함일 겁니다. 의자는 목탑과 석탑에 다 있네요. 의자 위에 앉아 있는 앉은뱅이는 아마도 종교개념을 갖고 있는 것 같답니다. 그러고, 찐빵류인 하연꽃과 상연꽃은 연꽃모양으로 멋을 좀 낸 것 같답니다. 중간에 찐빵처럼 생긴 것이 4개가 있네요. 의자를 제외한 형상은 정확히 어떻게 생겼는지를 알 수도 없을 뿐더러 그리기도 힘이 들어 대충 형태만 잡아보았답니다. 이 찐빵이든 연꽃이든 어떤 의미인지도 모르겠지만 형태도 도통 알 수 있는 방법이 없기 때문이랍니다.
다만, 찐빵폭 등은 어느 정도 추정은 가능하지만 확실치가 않답니다. 현재의 다보탑을 보시면 찐빵같은 것이 3개만 남아 있답니다. 또한, 갓탑과 첨탑의 이론높이는 2.7m인데, 실측치수는 약 2.24m밖에 안되네요. 즉, 어느 시대인지는 모르겠지만 어떤 한 분(?)이 이 찐빵 1개를 팔아먹어 버려서 3개밖에 안 남았네요. 얼마 받고 팔아먹었는지는 아무도 모른답니다. 엿 바꿔먹었나? 참 아쉬운 일이랍니다. 다보탑꼭대기에는 찐빵이 반드시 4개가 있어야 됩니데이. 다보탑의 높이는 9.72m이며, 탑 총높이는 10.8m랍니다. 이 다보탑은 약간의 변형은 있었을지는 모르지만, 보존 상태가 아주 양호한 훌륭한 건축물이랍니다. 일반 3층석탑과는 게임 자체가 아예 되지가 않는답니다. 다보탑을 보시다가 일반석탑을 보시면 꼭 장난감 보는 느낌이 드실겁니다.

이제 이 다보탑이 왜 1층석탑이며 더 나아가 목탑형석탑으로서 9층일반목탑의 축소판이라는 걸 인지하셨으리라 믿습니다. 잘 보존해야겠다는 생각이 드셨을 겁니다.

Dabotap Pagoda of Bulguksa Temple, Gyeongju

경주 불국사 다보탑
(慶州 佛國寺 多寶塔)

다보탑과 석가탑은 우리나라의 가장 대표적인 석탑으로, 높이도 10.29m, 10.75m로 비슷하다. 절내의 대웅전과 자하문 사이의 뜰 동서쪽에 마주 보고 서 있는데, 동쪽탑이 다보탑이다. 다보탑은 특수형 탑을, 석가탑은 우리나라 일반형 석탑을 대표한다고 할 수 있다. 두 탑을 같은 위치에 세운 이유는 '과거의 부처'인 다보불(多寶佛)이 '현재의 부처'인 석가여래가 설법할 때 옆에서 옳다고 증명한다는『법화경』의 내용을 눈으로 직접 볼 수 있게 탑으로 구현하고자 하기 위함이다. 안타깝게도 다보탑에는 일제에 나라를 빼앗겼던 설움이 고스란히 전해져 온다. 1925년경에 일본인들이 탑을 완전히 해체, 보수하였는데, 이에 관한 기록이 전혀 남아 있지 않다. 또한 탑 속에 두었을 사리와 사리장치, 그 밖의 유물들이 이 과정에서 모두 사라져버려 그 행방을 알 수 없게 되었다. (자료출처 : 문화재청)

❶ 1,2층 탑신부 ❷ 3층탑신부와 상륜부 ❸ 기단부(계단석) ❹ 전경

4

2. 석가탑(경주 불국사 삼층석탑)

다보탑과 쌍탑 개념을 갖고있는 석가탑을 봅시다. 처음에는 인터넷에서 1층몸통폭이 1.57이며, 1층몸통높이가 1.39라는 치수 정보를 알아낸 후 인터넷 사진을 보면서 오로지 자질로만 나름대로 석가탑을 그려 봤답니다. 한번 보실래요.

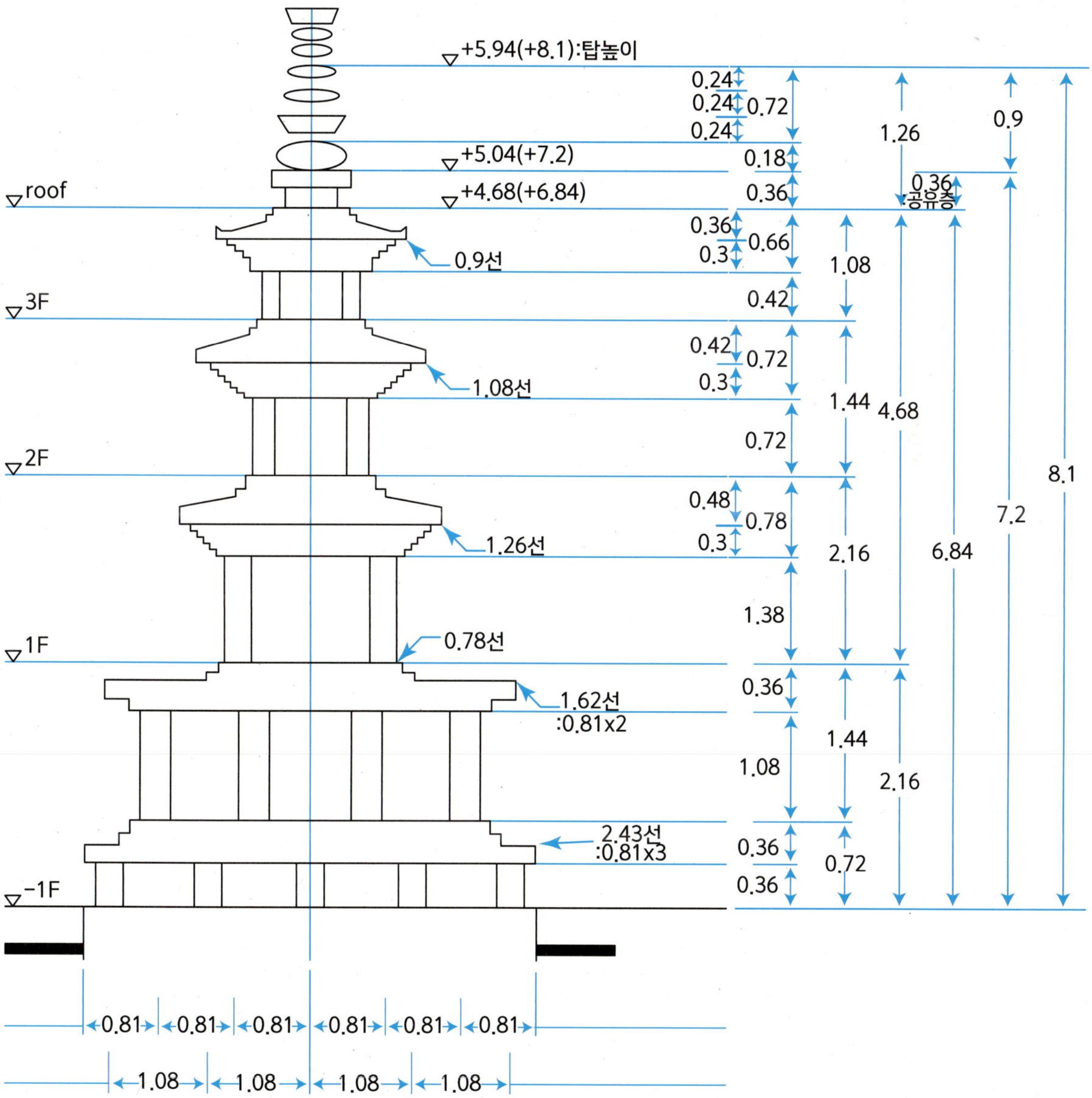

[그림 934] 2013년 최초로 생각한 석가탑

제가 주안점을 둔 것은 바로 목탑과 동일한 1·2·3층 층고비례공법이랍니다. 이 1·2·3층비례공법 자체가 비례가 너무 이상적이라 신라석탑은 기본적으로 3층석탑이 기본이랍니다. 비록 층고이동공법을 사용하기는 했지마는 비례자체가 너무나 이상적이랍니다. 그리고 신라석탑은 지하층이 일반목탑과 동일하게 온지하랍니다. 석가탑의 이론 1·2·3층비례공법을 보실까요. 보시다시피, 1층 층고-3층층고=2.16-1.08=1.08, 1·3층층고 차이를 3으로 나누면 1.08÷3=0.36

- 3층 층고 : 1.08
- 2층 층고 : 1.44
- 1층 층고 : 2.16

(3층–2층 차이 0.36, 2층–1층 차이 0.72)

1·3층 층고차이
1.08 차이÷3= 0.36

3층층고에 층고 차이의 1/3인 0.36을 더해주면 1.08+0.36=1.44로 이 1.44가 2층층고가 되며, 2층층고에 1·3층 층고 차이의 2/3인 0.72를 더해주면 1.44+0.72= 2.16이 바로 1층층고가 된답니다. 제가 목탑에서 제일 중요한 것 중의 하나인 1·2·3층 층고비례공법을 귀가 닳도록(?) 설명드렸었는데 기억만은 가물가물 하실겁니다. 물론, 가상의 공유층높이 0.36까지도 만들어서 석가탑높이가 8.1m(첨탑을 뺀 높이임)라는 걸 알아내었으며 너무나 완벽하여 입이 쫙 벌어지더랍니다. 실제로 그랬답니다. 그런데, 2018년 실측치수가 있는 도면을 인터넷에서 보고는 입이 쏙 들어가 버렸답니다. 차라리 보지 말았어야 할걸? 그래야 우길 수가 있는디?

이론치수와 실적용치수 비교표를 만들어 봅시다. 몸통부 기준이랍니다.

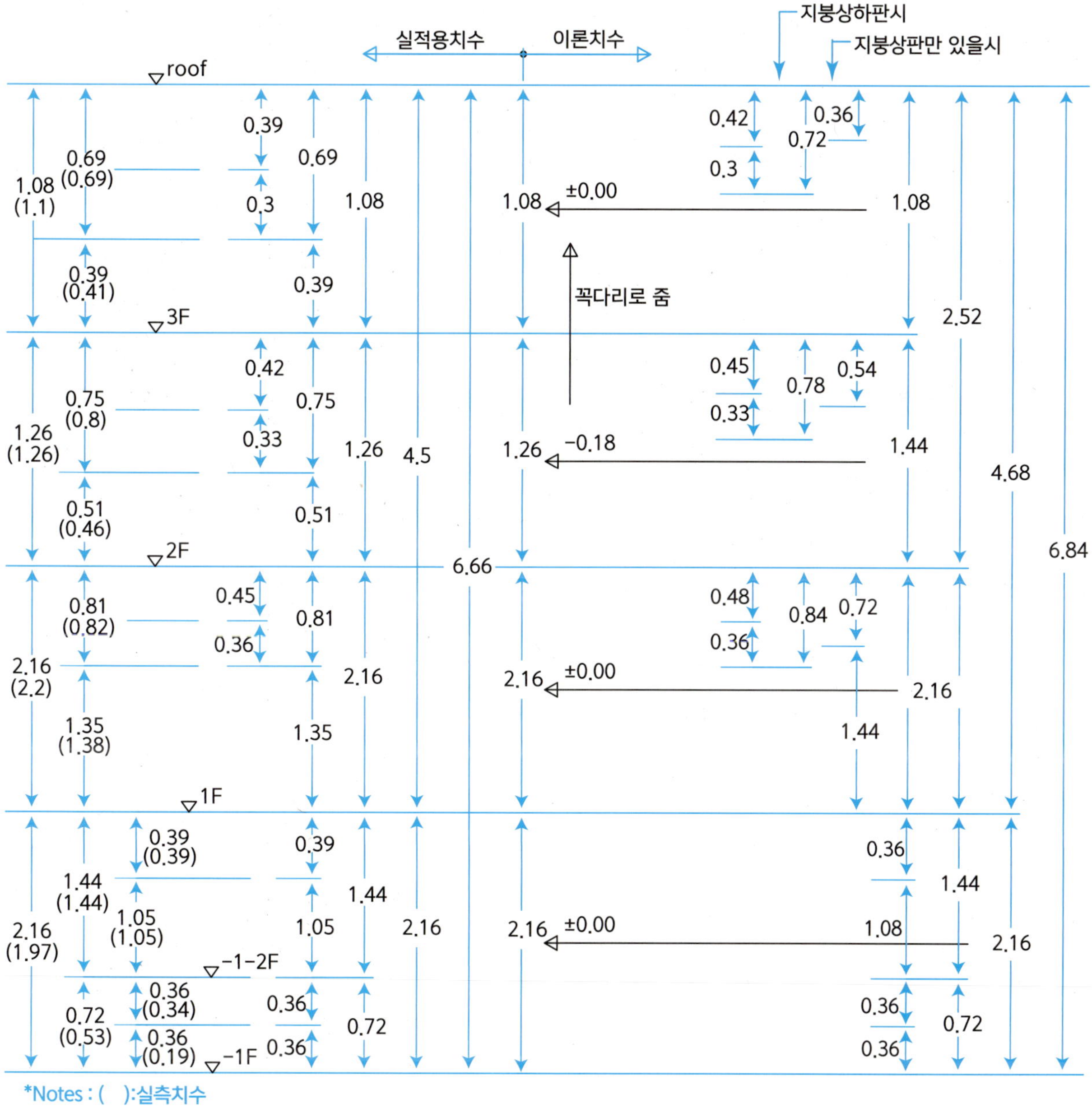

[그림 935] 석가탑 몸통부 실적용예정 치수와 이론 치수

순수이론치수와 실적용예정치수가 층고이동으로 차이가 난답니다. 문제는 적용치수와 실측치수가 많은 차이가 난답니다. 1~3cm정도 차이면 그렇겠구나라고 생각할 수도 있는데, 5~7cm이상의 차이가 나면 제가 적용예정치수 설정을 잘못했거나 아니면 현 석가탑 자체에 문제가 심각할 수도 있답니다. 제가 적용예정치수 가정을 잘못했을까요. 아니면 현재의 석가탑 자체에 심각한 문

제가 있을까요? 판단은 이 글을 읽으시는 분이 스스로 해주시기 바랍니다? 제가 석탑층고를 판단하는 방법은 너무너무 간단하답니다. 3의 배수공법 중 9가 제일 좋다고 말씀드렸을 겁니다. 그래서 모든 석탑류의 층고는 반드시 9의 배수로 한답니다. 모든 석탑치수를 비교 분석해 보시면 어떤 누구도 아실 수 있답니다. 그러다 보니 석탑 실측치수가 굉장히 애매한 치수가 나오더라도 9의 배수에 가까운 층고를 설정한답니다. 그런데, 유독 석가탑의 실측치수는 판단하기가 너무 어렵더랍니다. 보실까요. 1층층고는 실측치수가 2.2m랍니다. 2.2에 제일 가까운 9의 배수숫자는 2.16과 2.25가 될 겁니다. 1층층고는 이론치수인 2.16에 더 가깝답니다. 2.16과는 4cm차이이며, 2.25는 5cm차이랍니다. 여기다가 신라 1자는 30cm보다 약간 더 크답니다. 그러면 더더욱 1층 층고는 2.16에 가까워진답니다. 3층층고 실측치수는 1.1이랍니다. 어떤 누구가 보셔도 이론3층층고인 1.08에 가깝지 1.17이라고 우기는 놈은 없을 겁니다. 그래서 몸통층고를 여러 가지의 경우의 수로 실측치수와 서로 비교해 보았답니다. 석가탑 몸통이론높이는 4.68이랍니다. 그런데, 실측치수를 비교해 보시면 1·3층 층고는 어쨌든 이론층고와 비슷하답니다.

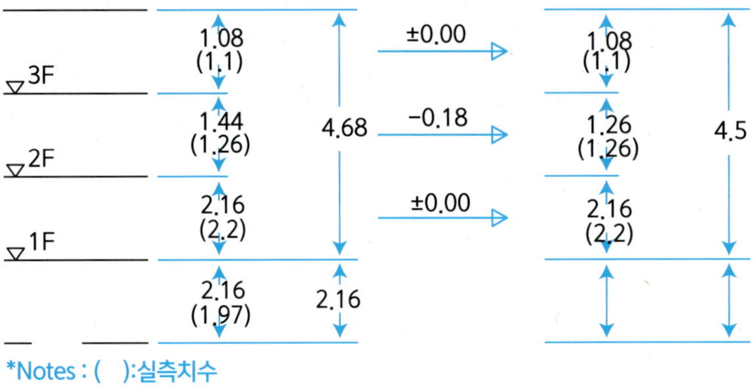

[그림 936] 이론치수 [그림 937] 실제적용치수

그런데, 2층층고만이 이론치수보다 실측치수가 18cm가 줄어들었답니다. 그래서 이 줄어든 18cm를 1층에 주어서 1층층고를 2.16+0.18=2.34로 해서 총몸통높이이론치수를 그대로 유지할려고 했었답니다. 그런데 2층치수 18cm를 받은 1층층고가 실측치수와 너무 많은 차이가 나서 고민고민하다가 결국 2층층고에서 줄어든 18cm를 만만한(?) 꼭다리에 주기로 했답니다. 꼭다리도 공짜라 그런지 그리 싫어하는 눈치가 아니네요? 그래서 총순수몸통이론치수가 4.68에서 18cm줄어든 4.5m로 하기로 했답니다. 가능한한 총몸통높이를 이론높이에 맞추려고 했었는데, 실측치수도 존중해야겠죠. 그래도 아직까지 헷갈리고는 있답니다.

근데 한 가지 확실한 것은 현 석가탑이 쪼께 문제가 심각한 상태랍니다. 조금만 더 읽으시면 이유를 아실 수가 있을 겁니다.

저는 처음에는 현재의 석가탑실측치수 자체에 문제가 심각한 걸로 생각하고 실측치수를 무시할려고도 생각해 보았는데 감은사지탑치수도 똑같은 현상이 나타나더랍니다. 그때까지만 해도 층고치수이동공법 자체를 모르는 상태였답니다. 그래서 엄청난 장고 끝에 현실측치수를 따르는 게 맞다는 결론을 내렸답니다. 이유는 이렇답니다. 전에도 잠깐 말씀드렸습니다만 지붕판 자체가 두꺼워지면서 치수변동이 발생된 것으로 보인답니다.

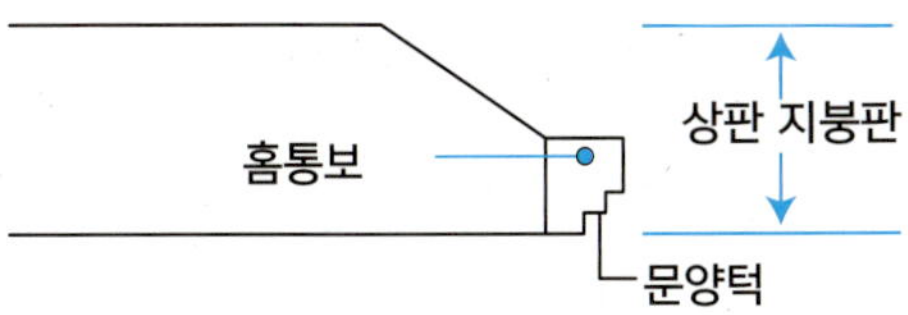

[그림 938] 일반목탑 지붕판 : 상판만 있음

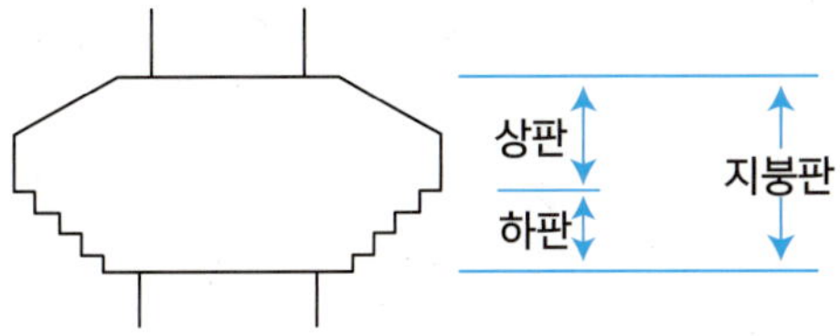

[그림 939] 석탑지붕판 : 상·하판으로 분리되면서 두꺼워짐

석탑의 지붕판이 상·하판으로 분리되면서 일반목탑의 홈통부 하부 귀퉁이에 있던 문양턱이 하판에 오면서 문양턱 자체가 지붕하판이 되면서 상지붕판을 받쳐주는 하부보 역할까지 겸하게 되었네요. 문양턱은 기본적으로 다섯 이파리가 될 겁니다. 그리고 1층지붕판 법칙인 1:2 비율도 사라져 버렸답니다.

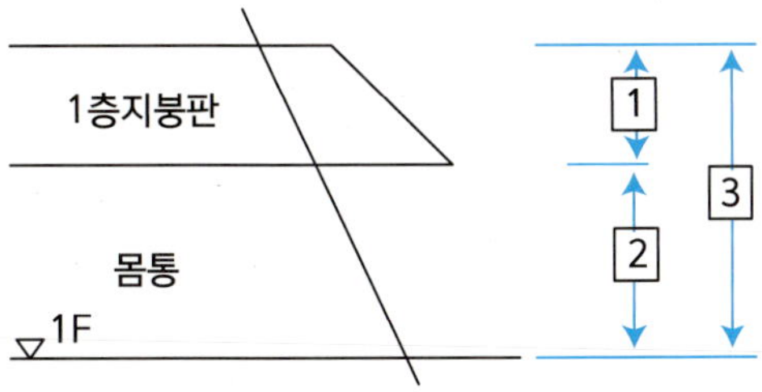

[그림 940] 일반목탑 1층지붕판 비율 1:2

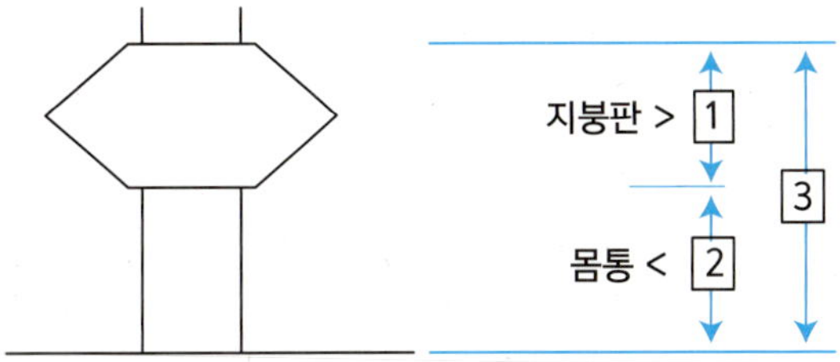

[그림 941] 석탑1층 지붕비율

즉, 일반목탑에서의 기본이론들이 석탑화되면서 전체 치수가 자체변화치수로 바뀌게 되었나 봅니다. 층고의 이론과 적용치수를 다시 한번 비교해 봅시다.

구 분		순수이론치수		실제적용치수		비 고
3층	지붕판	0.72	<층고> 1.08	0.69	<층고> 1.08	-0.03
	몸통	0.36		0.39		+0.03
2층	지붕판	0.81	1.44	0.75	1.26	-0.06
	몸통	0.63		0.51		-0.12
1층	지붕판	0.9	2.16	0.81	2.16	-0.09
	몸통	1.26		1.35		+0.09
지하층	-1-2F	1.44	2.16	1.44	2.16	±0.00
	1F	0.72		0.72		
	계		6.84		6.66	-0.18:꼭다리에줌

[표 44] 석가탑 층고 치수 변화표

도표를 보시면 지하층층고는 변화가 없으며, 2층층고에서 0.18을 떼어다가 꼭다리에 준답니다. 이 2층 아재는 마음씨가 좋은 아지아 같답니다? 제가 실측치수 없이 자질로 추정한 최초 도면과 비교해 보시면 3층까지 전체높이는 0.18이 줄어들었으며, 각 층의 지붕판이 각각 12cm씩 넓어져 있는 상태이며, -1-2F의 폭은 1.62선으로 같으며, -1F의 끝이 2.43선으로 2.16선인 현상태보다 0.18이 컸답니다. 아무것도 모르는 상태의 초짜배기치고는 무지 비스무리하게 맞추었답니다. 저는 1층 지붕끝선을 1.26선으로 가정했는데, 현상황은 0.06이 큰 1.26 + 0.06 = 1.32선이네요. 1.32선이 뭐죠?

갑자기 제가 물으니 헷갈릴 수도 있답니다. 몸통부 중심선에서 수평으로 1.32(132cm)떨어져 있다는 뜻이겠죠. 혹시 가물가물 하실까봐 중간점검 차원(?)에서 한번 확인해 보는 것이랍니다. 눈에 익으면 익을수록 좋답니다. 왜 1층지붕 끝선이 1.26선(0.18x7이며, 숫자합이 9로 아주 양호한 숫자임)이 아니고, 숫자합이 6인 1.32선(1.26+0.06)인지를 무지 많은 고민 끝에 해답을 찾아내어 봤답니다. 맞는지는 미지수(?)랍니다? 한번 그려 보셔야죠. 그려 봐야 만이 이해하실 수가 있답니다.

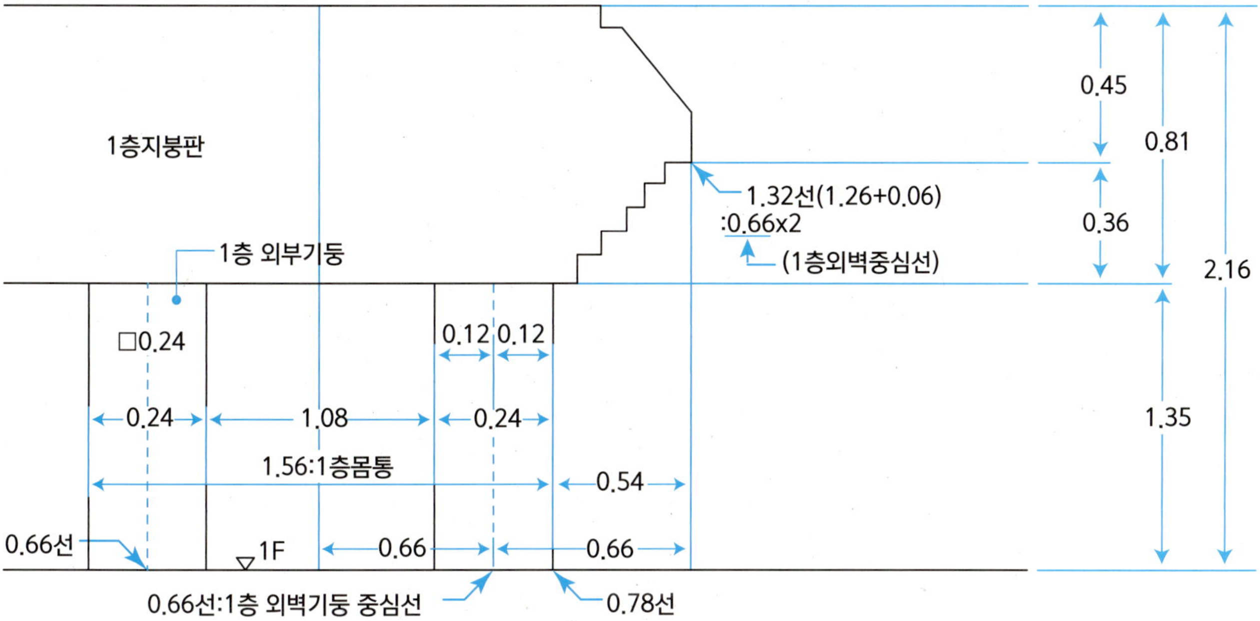

[그림 942] 석가탑 1층 지붕끝 : 1.32선 개념도

1층지붕이 우수선의 영향을 별로 받지 않는답니다. 즉, 1·2우수선의 지배를 받지 않는답니다. 희한하죠. 석탑이 돌삐라서 그렁가. 더한 것은 처마끝각도 일반목탑의 ⊿6의 기본개념은 갖고는 있는데 별로 개의치 않는답니다. 도면을 보시면 1층 기둥중심선이 0.66선이며, 0.66x2=1.32선이 1층 지붕 끝선이 되더랍니다. 즉, 지붕끝선의 반이 바로 1층몸통부 외벽기둥의 중심선이 되더랍니다. 그런 의미로 이론지붕끝 1.26선에서 6cm를 더 넓혔는지는 확실치는 않으나 그나마 이해는 조금 할 것 같답니다.

여기쯤에서 석가탑 도면을 한번 보셔야죠. 그래야 형태를 파악할 수 있답니다.

Notice 별책도면 No.30 **석가탑 개념도**

석가탑을 보시면 가상탑폭을 8.64로 가정해 볼 수 있으나 실제탑폭은 반인 4.32, 탑높이는 탑폭의 2배인 4.32x2=8.64m(**가상탑폭**)이며, 탑총높이는 10.8m랍니다. 이 석가탑은 다보탑과 쌍탑개념이 있으므로 지하층높이와 탑총높이는 다보탑과 같게 했답니다. 기본 Module은 1.08이랍니다. 석가탑이 3층석탑 중 우리가 제일 많이 접하는 탑이므로 간단하게나마 각 층을 떼어서 봅시다.

밑에서 올라가 봅시다. 지하층을 먼저 볼께요.

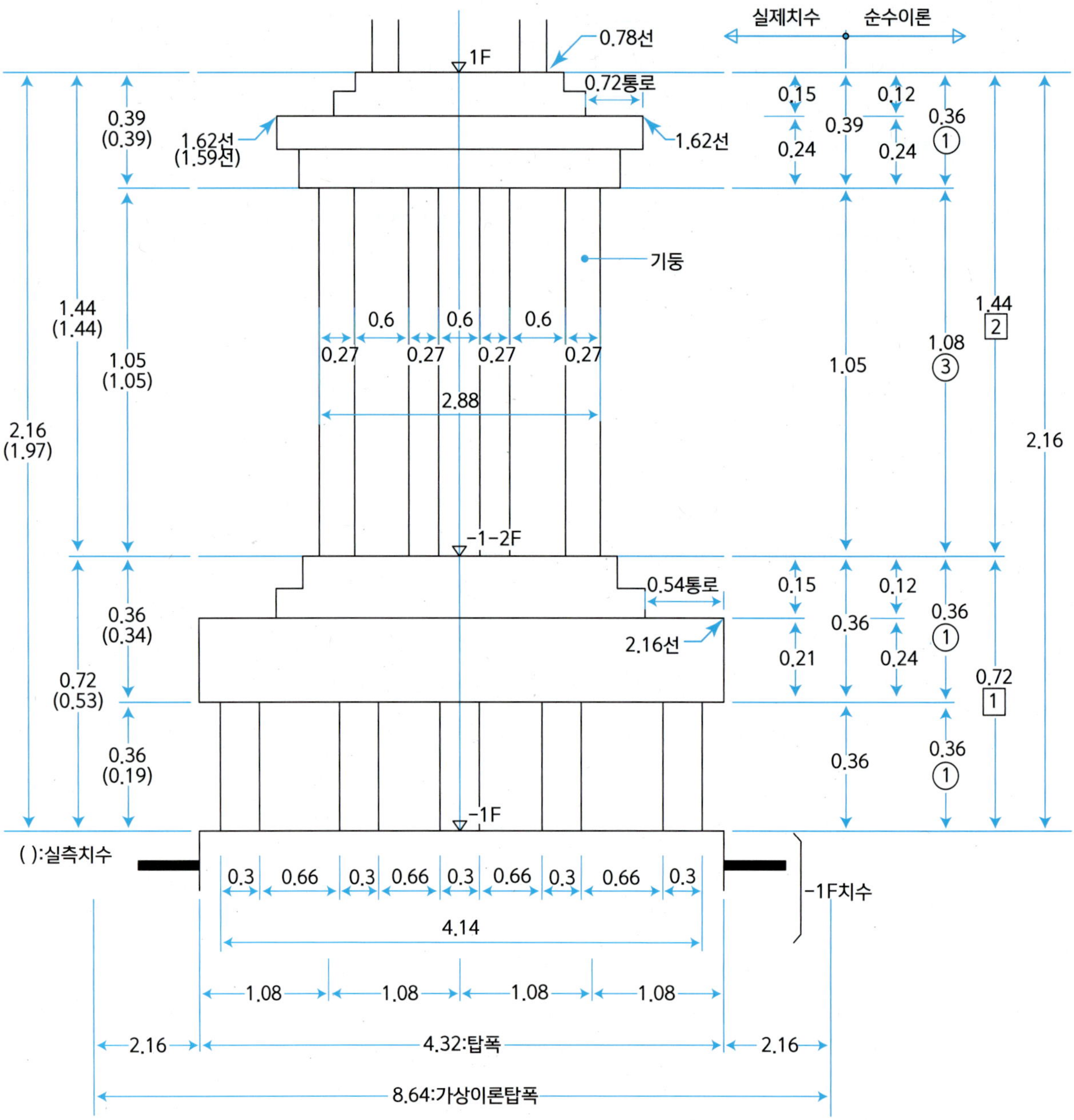

[그림 943] 석가탑 지하층 단면도

실측치수는 현상태의 실측치수이며 어떤 치환도 하지 않았답니다. 즉, 현대의 미터법으로 잰 치수랍니다. 이 실측치수와 이론치수의 비를 비교해 보시면 탑을 지을 당시의 1자의 길이를 추정해 낼 수가 있답니다. 석가탑 지하층은 현상태치수가 엉망인지 이론계산치수가 엉망인지는 모르겠으나 1자길이 추정하기는 힘든 상태랍니다. 다른 층이나 다른 탑에서 잘 추정해 보십시오.

순수이론치수는 저라면 이렇게 하겠다라는 치수로 주로 비례공법을 쓴 거랍니다. 예를 들면 1 : 2 라든지 1 : 3 이런 식이랍니다. 지하층은 크게 2개층으로 구분된답니다. 일반목탑석축도 상·하 2단석축으로 되어 있답니다. 묘한 것은 일반목탑석축은 상석축 : 하석축 = 1 : 2가 기본인데, 석탑은 묘하게 거꾸로공법이네요. 밑에 있는 좀 넓은 지하층이 -1F이며, 그 위가 -1-2F랍니다. 지하층의 2개층도 각각 상판과 몸통으로 구분된답니다. 상판의 개념은 지붕판개념이 조금은 있긴 있는데 지붕판으로 분류하기도 좀 그렇고 해서 단순히 상판이라고 부르겠습니다. -1-2F상판두께가 이론적으로는 0.36이 맞은 것 같은데 현상태가 0.39라 0.39를 따르기로 했답니다. 개인적으로는 싫은디? 모르죠. 상판도 물구배가 있을 수도 있답니다. 이 상판의 물구배가 무지 헷갈린답니다. 물구배를 두기도 그렇고 완전히 수평처리하기도 애매하답니다. 기본 Module은 1.08로 했답니다.[처음에는 0.81(0.27x3)일 거라고 가정했답니다. -1-2F상판 끝선이 1.62선(0.81x2)이라서 그렇게 생각한 것 같네요] 자세히 보시면 -1-2F 외벽기둥은 4개이며, -1F외벽기둥은 5개랍니다. 그런데, 현재의 석가탑 상태는 -1F 외벽기둥이 4개로 되어 있답니다. 고선사탑과 감은사탑은 -1F 기둥이 5개랍니다. 석가탑이 고선사탑과 감은사탑을 거쳐서 진화했다고 보면 저 개인생각으로는 5개 기둥이 맞나고 생각한답니다. 물론 고선사와 감은사탑의 -1F폭보다 훨씬 적어서 4개로 해도 크게 문제는 없을 것도 같기는 하나 -1-2F와의 기둥사이폭(외벽폭)이 차이가 너무 많이 나서 영 보기가 그렇답니다. -1F가 기둥이 4개시(현상태)의 도면을 보시고 -1F와 -1-2F의 외벽폭비를 한번 비교해 보십시오. -1-2F의 기둥사이폭과의 비례가 쪼께 어울리지 않은 것 같지 않으세요. 보세요.

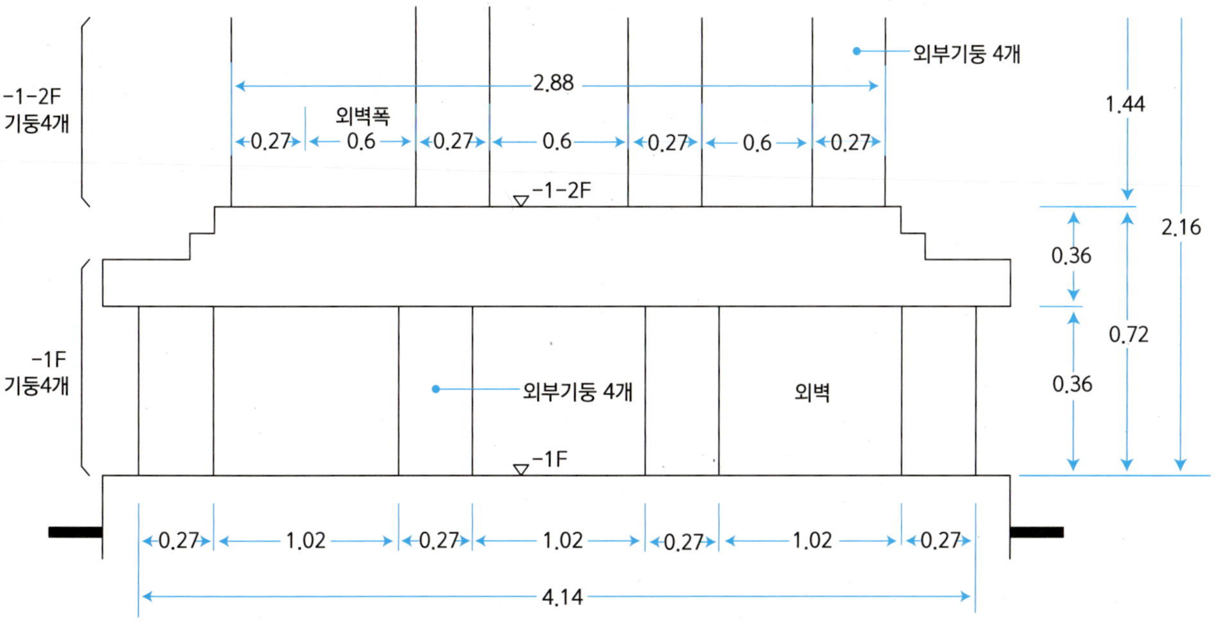

[그림 944] 현상태의 석가탑 -1F 기둥수 : 4개

-1F에 외벽기둥 5개를 넣으면 기둥사이폭이 0.66으로 -1-2F의 0.6과 6cm밖에 차이가 나지 않아서 보기에도 좋답니다. -1F기둥이 4개시의 기둥사이폭 1.02와 비교해 보시면 확연한 차이가 나실 겁니다. 그러고 현상태의 -1F의 기둥높이도 완전히 엉망진창이랍니다. 너무 지나치게 낮답니다. -1F의 기둥수와 높이를 보면 말로 표현하기가 불편할 정도로 불량품 그 자체랍니다. 석가탑을 처음 만들었을 때 이랬을까요? 만약 현상태대로 만들었다면 그 건축기사는 그 자리에서 짤렸을 겁니다. 물론 그 전에 받았든 월급까지 다 회수했겠죠. 근데, 그런 건축기사는 신라시대에는 존재하지도 존재할 수도 없었답니다. 1층으로 가기 전에 석탑지하층형태에 대해 한번은 짚고 넘어갈 필요가 있을 것 같아 같이 생각해 보는 시간을 가져봅시다.

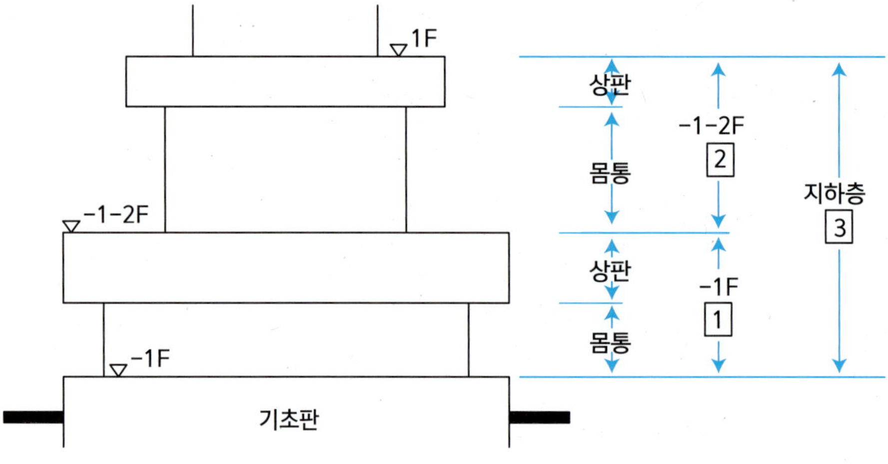

[그림 945] 신라석탑 지하층 구조개념: 순수이론기준

먼저, 석탑의 온지하를 크게 분류해 봅시다. 그림을 보니 억수로 못난이네요. 지하층이 2개층으로 되어 있으며 각층은 상판과 몸통부로 구성되어 있네요. 옳게 분류가 되었는지 저도 헷갈리네요. 상판을 지붕판으로 보자꼬요? 생각나름? 이 석탑의 지하구조물을 보고 혹시 떠오르는 것이 있으신지요? 어디선가(?) 본듯본듯 하면서도 팍 스쳐지나가지는 않으실 겁니다. 잘 생각이 나지 않으시면 석탑의 지하층이니, 일반목탑의 지하층석축을 생각하시면 금방 어떤 무엇이 뇌리를 스쳐 지나가실 겁니다. 바로 석축형상일 겁니다.

일반목탑의 지하층석축을 한번 보실까요. 반갑죠 ~ㅎ~

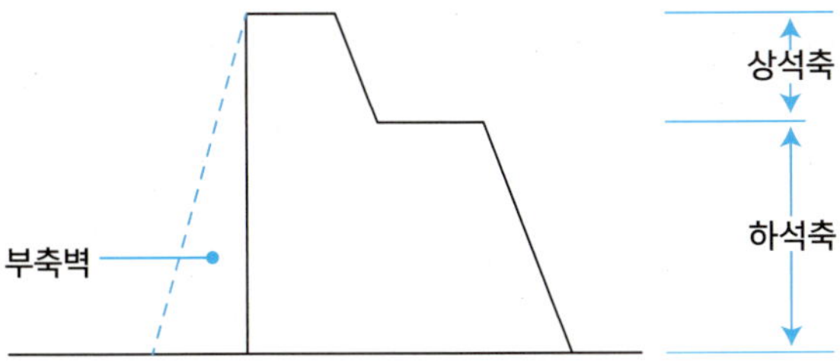

[그림 946] 일반목탑의 대충석축형태

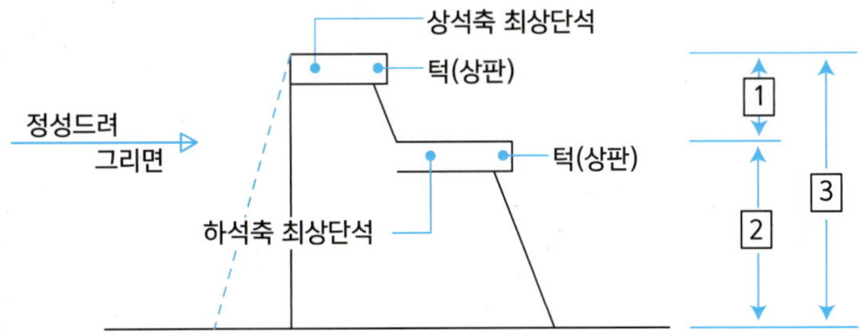

[그림 947] 자세히 보시면 각석축 최상단석이 톡 위어나와 있음

제가 대충(?) 그려서 잘 보이지 않으시겠지만 정상적으로(?) 그리면 각 석축 최상단석이 톡 튀어나와 있답니다. 석탑지하층 형태와 비교해 보셔야죠.

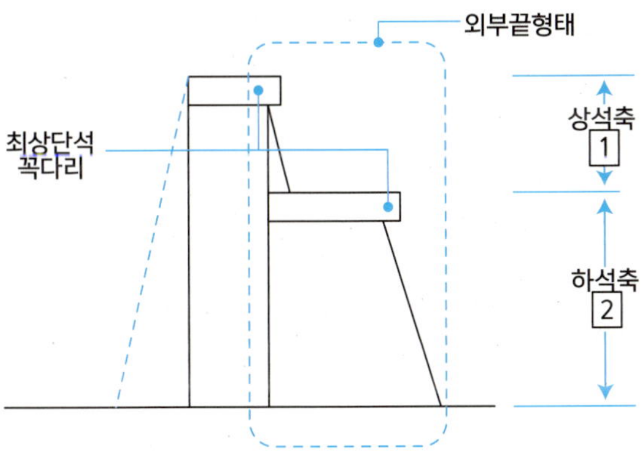

[그림 948] 일반목탑 석축지하층 석축형태 : 일반비례

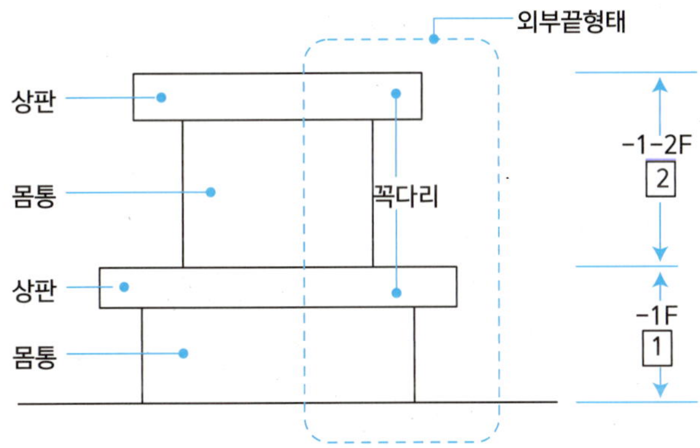

[그림 949] 석탑지하층 석축형태 : 일반비례(이론)

상·하석축비례만 바뀌었지 기본적으로 외부끝 형태는 똑같답니다. 다만, 일반목탑석축 외부면경사각이 석탑에서는 수직화된 것 뿐이랍니다. 또한, 목탑석축은 높이가 높은데 비해서 석탑은 지하층층고가 낮아져서 상판이 무척이나 크게 보인답니다. 그리고 석탑의 상판과 몸통부는 자체적으로 자기 형태를 갖추어 간답니다.

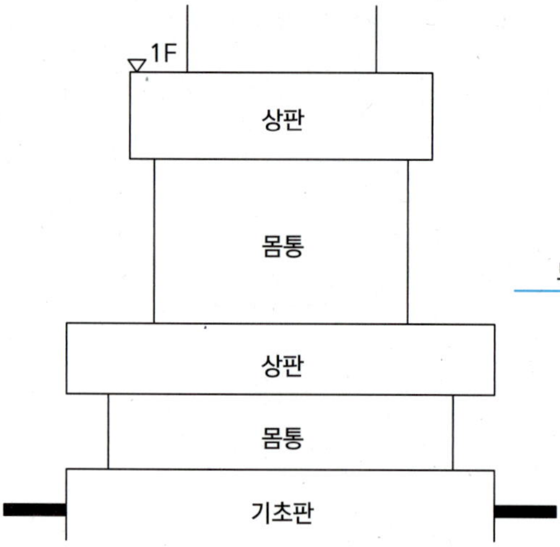

[그림 950] 석탑 지하층 기본형태

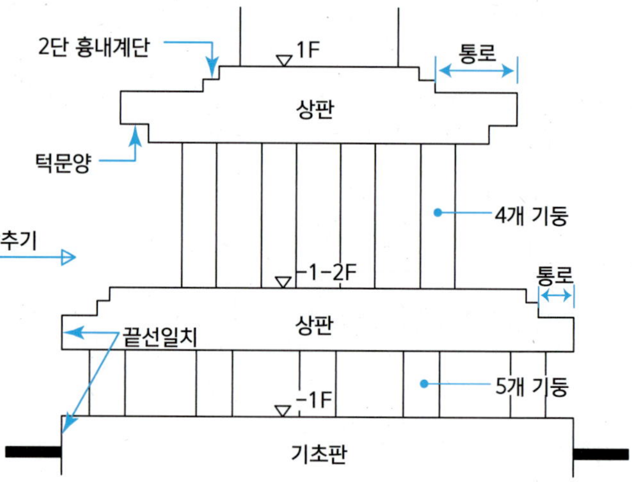

[그림 951] 석탑 지하층 모양 갖추기

-1-2F의 상판에는 일반목탑의 1층 진입계단 2개가 지하층 소속으로 내려오면서 낮은 2단계단이 생기면서 외부통로가 있으며 상판끝에는 2단문양턱이 생긴답니다. 외부통로에는 물구배가 대부분의 석탑에 살짝 있는 것도 같답니다. -1-2F 몸통에는 4개의 외부기둥이 발생된답니다.
-1F상판도 -1-2F상판과 대칭개념으로 만들었네요. 그리고, -1F 몸통부기둥은 -1-2F보다 폭이 크니까 5개의 외부기둥을 만든 것 같답니다. -1F 밑에는 기초판이 있는데 기초판상부끝선을 -1F 상판끝과 일치시키는 걸 기본으로 생각하고는 있는데 경우에 따라서 -1F 상판끝보다 튀어나와도 별문제는 없을 것으로 보인답니다. 기초판상부끝선은 탑폭과는 관련이 별로 없기 때문이겠죠.

제가 석탑지하층의 형태가 어디서 왔는가를 제 나름대로 한번 생각해 보았는데 같이 풀어보신 소감이 어떠신지요? 그럴싸한가요. 아님, 엉터리 같으신가요. 조금 더 생각해 보아야 되겠다고요? 맞고를 떠나서 가끔 이런 생각을 해보는 것도 재미있답니다.

이제 석가탑 1층으로 올라가 봐야겠죠. 지붕판의 각 치수들은 제 임의로 넣었답니다.

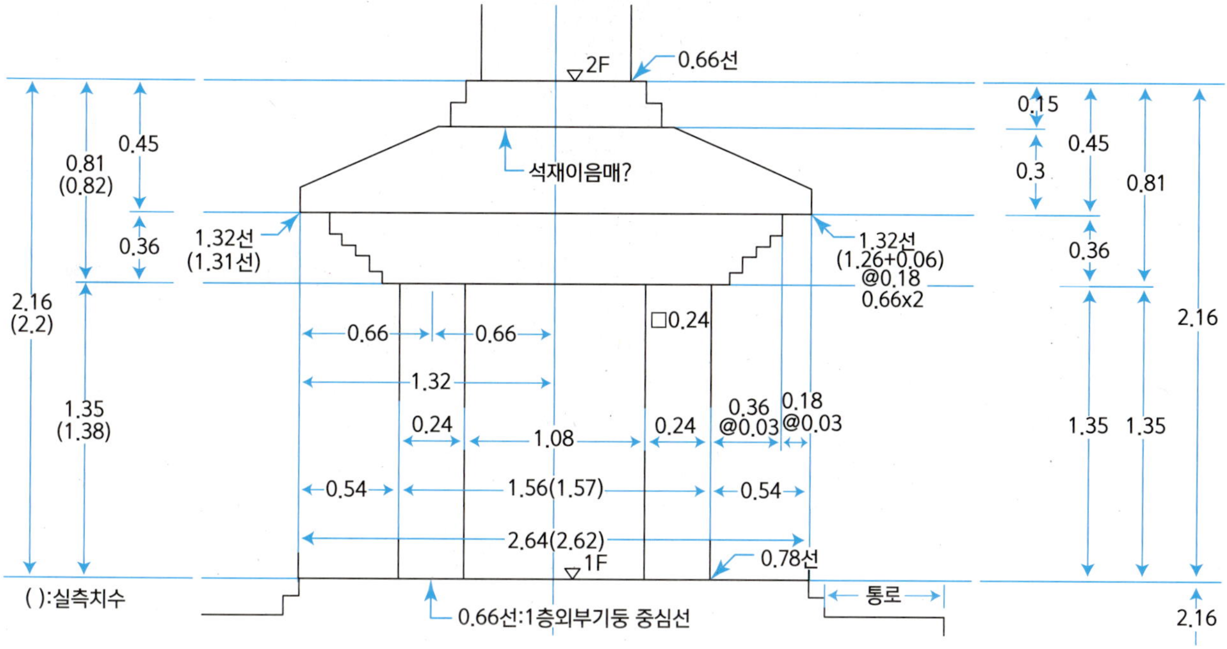

[그림 952] 석가탑 1층 단면도

1층 몸통부를 보시면 네 귀퉁이에 기둥이 있답니다. 아닝가? 잘못봤나? 저는 처음 이 탑 몸통부가 이렇게 생긴걸로 생각했답니다.

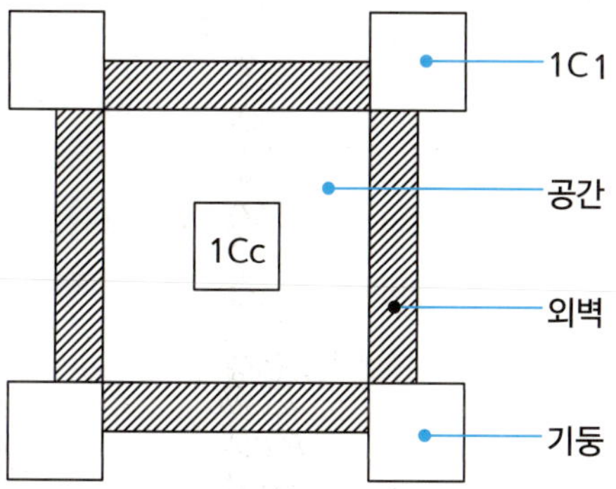

[그림 953] 처음 생각한 석탑 몸통부 구조도

물론, 다보탑도 비록 외벽은 없지마는 이렇게 생겼답니다. Cc와 그 주위에 4개의 귀기둥이 있으며 외부기둥 사이에 외벽이 존재한다고 생각했답니다.

아니! 그 어떤 누구라도 저와 똑같이 생각하실 겁니다. 그래서, 이 외벽을 어떻게 설치할까 무지 고민을 많이 했답니다.

그리고, 눈에 보이지도 않는 중앙기둥이 어느 정도의 크기일까 해서 있는 머리 없는 머리 다 짜내고도 모자라서 잔머리까지 굴려서 1Cc가 □0.72정도일 거라고 생각해 놓았답니다. 그런데, 이변이 일어났답니다. 외벽설치를 어떻게 할까하고 고민할 필요도 없어졌으며 중앙기둥이 □0.72가 맞을까 틀렸을까를 생각조차 할 필요가 없게 되었답니다. 이유가 뭘까요? 바로 인터넷에서 이상한(?)

사진 한 장을 봤거들랑요! 요로케 생겼더랍니다. 고민할 필요가 전혀 없겠죠. 있다꼬요? 석탑몸통이 한 개의 통석으로 되어있더랍니다.

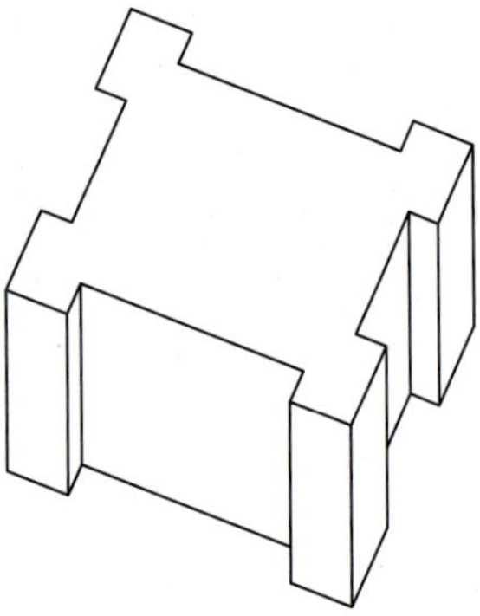

[그림 954] 몸통부의 통돌공법

정말 기발한 idea였네요. 저는 통석을 사용했으리라고는 상상조차 해보지 못했답니다. 전 역시 돌대가리가 확실히 맞긴 맞나 봅니다. 신라인들이 보통내기들이 아입니데이? 그러면 통돌을 4각으로 하면 그만인데 왜 귀퉁이에 4개의 기둥을 달아놨죠. 헷갈리게? 웃긴답니다. 이해가 가십니까? 바로 이 기둥이 가짜 기둥(false column)이라는 것으로 실제로는 기둥도 아닌데 기둥 느낌을 주기 위한 것이랍니다.

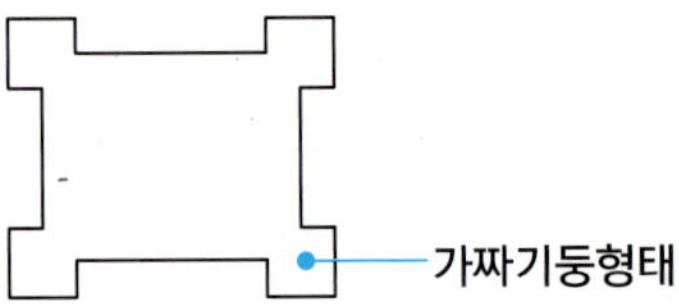

[그림 955] 통돌귀퉁이 가짜기둥?

가짜기둥(흉내기둥)? 말이 조금 이상하게 들리실겁니다. 건축에서 가끔 형태를 표현하거나 대칭을 맞추기 위해서 기둥이나 벽체를 가짜로 설치하는 공법이랍니다. 실제로는 없어도 아무런 문제가 없답니다.

어쨌든 재미있는 표현법이네요. 진짜 기둥으로 속지 마이소. 저도 잘 속이지만 신라인들도 잘 속입니데이 ~ㅎ~

현 석가탑 1층지붕에 심각한 문제가 하나 있답니다. 아니 심각한 정도를 넘어선 거랍니다. 어디에 어떤 문제점이 있을 것 같나요? 아직도 발견 못 하셨나요? 우찌 이런 일이! 1층지붕 상판의 위쪽을 유심히 보시면 보이실 겁니다. 잘 안빈다꼬요. 이거 정말 큰일 났네. 그림을 보시면 이제는 보이실 겁니다.

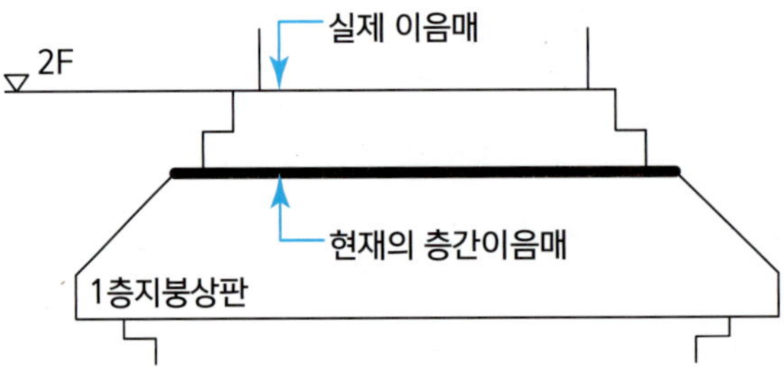

[그림 956] 석가탑 1층 지붕의 층간이음매: 현상태

이 층간 joint(이음새)는 그 층 바닥에서 발생되는 것이 기본이랍니다. 현재의 이음매는 2단을 내려온 곳에 있답니다. 왜 이렇게 되어있을까요? 처음 탑을 만들 때 건축기사가 일부러 이렇게 만들었을까요? 아마 이 탑을 지으신 분은 석탑에 대해서 도사급 이상이었을 겁니다. 그렇다면 우찌 이런 일이 발생되었을까요? 아마도 보수과정에서 발생되지 않았을까 생각해 본답니다. 어떤 붕괴 후 보수과정에서 1층 지붕상판의 상부쪽이 훼손이 심하여 깎아내다 보니 지붕판이 낮아졌을 겁니다. 할 수 없이 2층 몸통을 키워서 층고높이를 맞추지 않았을까라고 조심스레 생각을 해본답니다.

즉, 현재의 1층 지붕판은 원래의 지붕판이지만 상부가 파손상태이며, 2층 몸통은 원래의 몸통이 아닌 제3의 몸통석을 다시 만들어서 보수를 했을 수도 있답니다. 알 수는 없지마는? 언제적이었는지는 저희들로서는 알 수가 없답니다. 하여튼 헷갈린답니다.

2·3층은 동시에 봅시다.

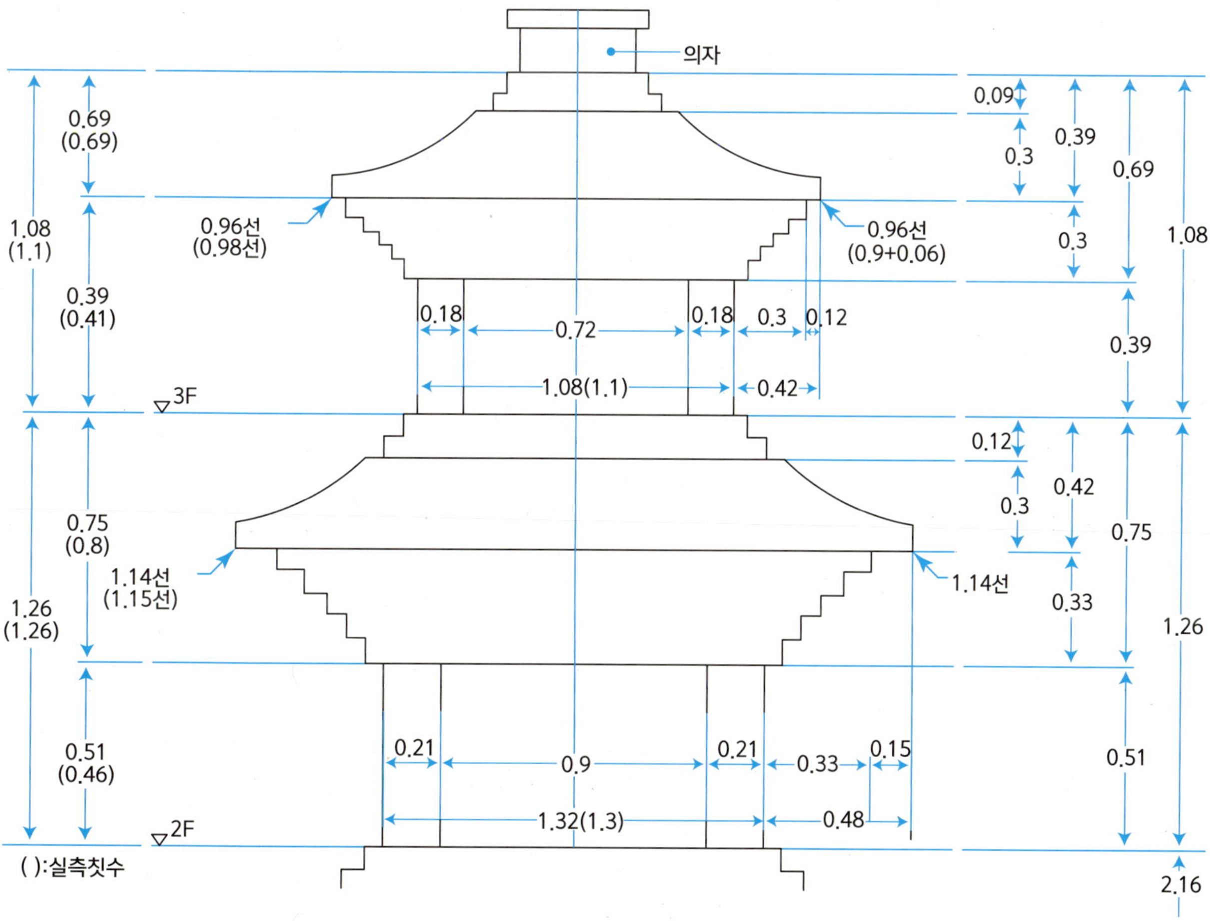

[그림 957] 석가탑 2·3층 단면도

2·3층은 특별한 것이 별로 없네요. 갓탑과 첨탑을 보실까요.

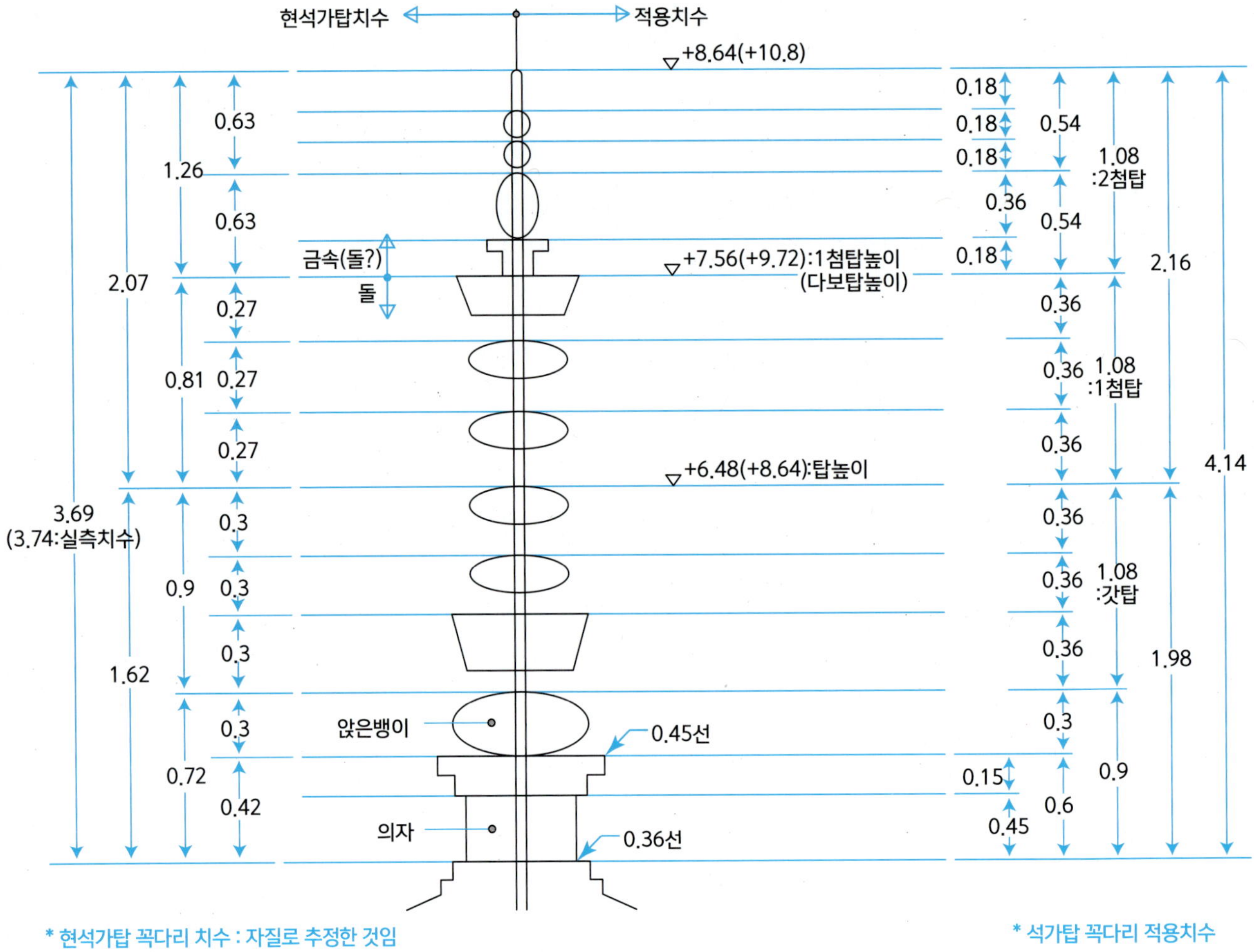

[그림 958] 석가탑 꼭다리 치수

이 석가탑높이 추정이 무척이나 헷갈리더랍니다. 탑높이를 제일 처음 생각한 8.1m로 할까도 많이 생각해 보았는데, 현 상태의 갓탑과 첨탑높이를 고려하여 0.54를 높인 8.64로 했으며, 총높이는 다보탑과 높이를 맞추기 위해서 10.8m로 했답니다. 이론적용치수와 현 상태의 석가탑 갓탑높이와 첨탑높이와는 차이가 제법 있답니다. 현 상태가 약 45cm 정도가 낮으며, 각각의 치수도 다를 겁니다. 제가 적용한 이론치수는 이 정도가 되어야 비례나 모양새가 더 좋을 것 같아서 채택한 것이랍니다. 현 석가탑 실측치수는 갓탑과 첨탑높이가 약 3.74의 높이만 나와 있고 갓탑이나 각 첨탑 등의 높이는 나와 있지 않아서 제가 자질을 하여 임의로 제일 근접시켜본 치수랍니다.

불국사에 있는 다보탑과 석가탑의 높이를 비교표를 만들어서 한번 비교해 봅시다. 제가 두 탑의 탑높이는 서로 다를지라도 탑의 총높이는 10.8로 일치 시켰답니다. 실제로도 총높이는 같아야 될 것 같답니다. 두 탑높이의 비교표를 만들어 봅시다.

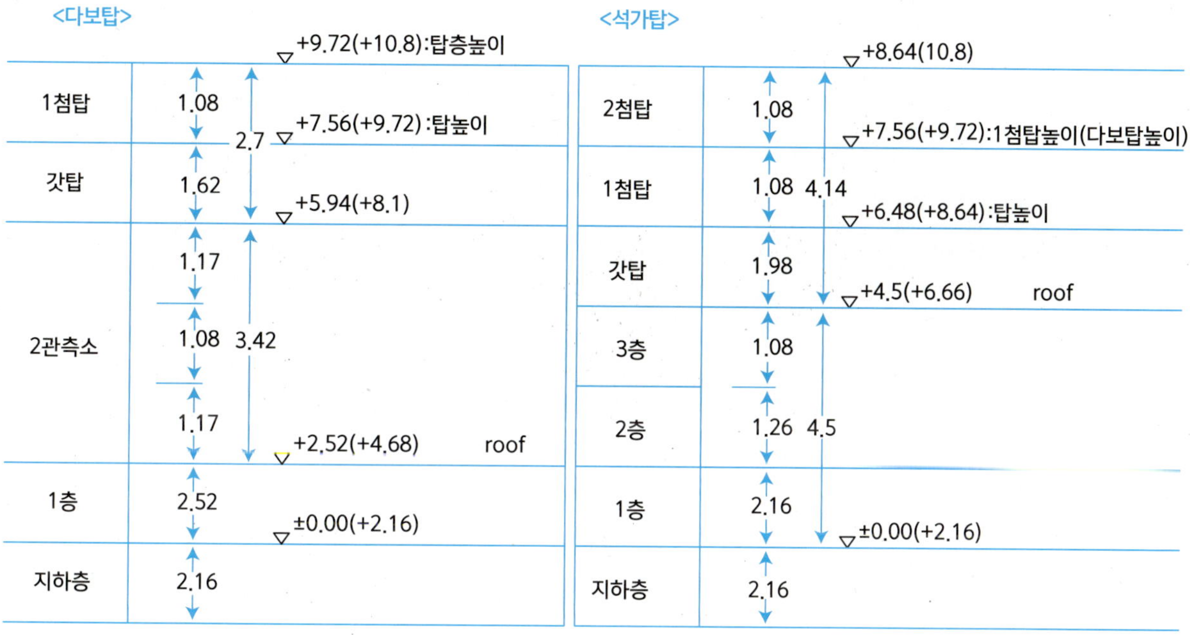

[그림 959] 다보탑과 석가탑 높이 비교표

두 탑의 지하층높이는 같으며 탑높이가 다보탑이 1.08이 더 높답니다. 다보탑 탑높이와 석가탑의 1첨탑까지의 높이가 같답니다. 물론 탑총높이는 10.8m로 두 탑이 같답니다. 구조형태상 목탑형석탑인 다보탑은 첨탑이 한 개이며 석탑형인 석가탑은 첨탑이 두 개랍니다. 그래야만이 두 탑의 총높이가 같게 된답니다. 당연히 1.08의 배수로 주요치수를 맞추었겠지요. 지붕끝선은 등간격법을 적용했으므로 기본 처마각 ⊿6은 아니랍니다. 비교표를 만들어 보니 두 탑의 형식이 쪼께 다르다는 걸 인지하실 겁니다.

머리도 식힐 겸(?) 엉뚱한 상상 한번 해보실까요? 당연히 같이 상상해 보셔야죠. 다음 사진을 한번 봐주실래요.

[사진 14] 불국사 전경(左)과 석가탑 확대(右) 사진

평온한 절간 모습 같죠. 아니! 사실 조용한 불국사의 절간 풍경이 맞답니다. 어떤 사진작가분이 인터넷에 사진을 올렸네요. 이 작가분께 감사드립니다. 자! 이 사진의 비밀(?)을 한번 캐볼까요? 혹시 아나요. 황금이 쏟아질지~ㅋ~

우측에 있는 석가탑의 사진을 확대해 볼까요? 확대 사진에 뭐가 보이시죠? 그냥 석가탑이 보이신다구요? 하! 좀 더 자세히 보아주세유! 뭔가가 분명히 보이실 겁니다. 1·2층지붕의 좌측면을 보시면 지붕상부면이 수평으로 보이지 않으세요. 제 눈에만 그렇게 보이나? 살짝 그려 봅시다.

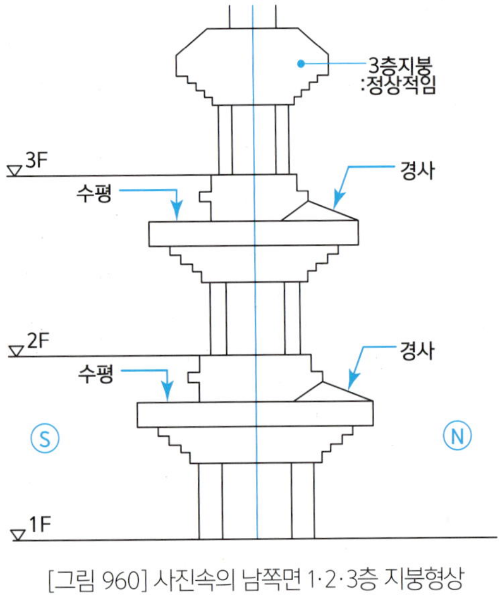

[그림 960] 사진속의 남쪽면 1·2·3층 지붕형상

이 인터넷에 올려진 사진이 정확히 언제쯤 찍었는지는 모르겠으나 약 1950~60년대 정도의 사진으로 추정된답니다. 사진의 좌측이 남쪽이며, 우측이 북쪽이랍니다. 3층지붕판은 일반적인 3층지붕판과 같답니다.

그런데, 1·2층지붕상판의 좌측을 보시면 몸통부에서 수직으로 내려오다가 계단턱이 2개 정도 있는 것 같으면서 또 수직면이 되면서 상판면이 완전 수평상태랍니다.

우측으로 쭉 가다가 우측 지붕상판(북쪽면)은 정상적인 지붕곡선을 이루고 있답니다. 제가 헛것을 보고 있는 것은 아니겠지요? 저는 이 사진을 처음 보면서 별의별 생각을 다 해봤답니다. 우찌 이런 사진이 다 있지? 사진을 조작한 건가? 아니면 사진 속의 모습이 사실일까? 사실이라면 어찌하여 좌우가 다르지?

그래서 여러 많은 생각을 하면서 한 가지 엉뚱한(?) 가정을 하게 되었답니다. 어쩌면 석가탑은 제일 처음 지을 때 사진의 좌측면과 같이 1·2층 상지붕면이 수평이었을 가능성이 무척 높았을 거라는 생각을 하기 시작했답니다. 이렇게요.

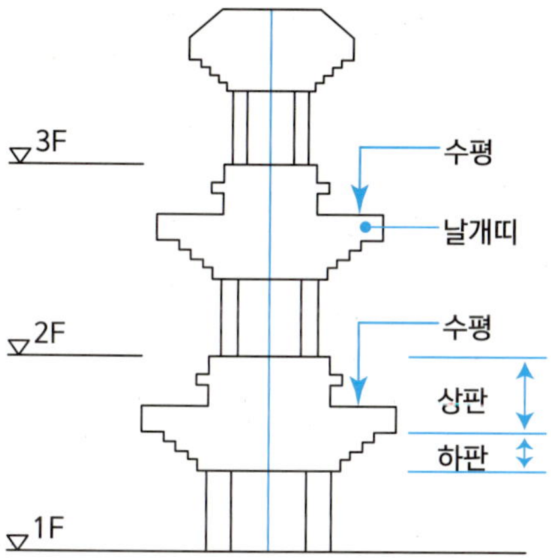

[그림 961] 석가탑의 1·2층 최초지붕판: 가정임

즉, 지붕상판은 날개띠만 살아있고 나머지는 수평이었을 가능성이 무척 높답니다. 왜냐구요? 쌍탑 개념인 다보탑을 다시 한번 봐 주십시오.

최상부에 있는 2관측소바닥판의 지붕면만 정상적인 지붕형상을 하고 있지 나머지의 모든 지붕 바닥면은 거의 수평상태랍니다. 즉, 두 쌍탑이 대칭을 이루기 위해서 석가탑의 1·2층 지붕상부면을 수평처리했을 확률이 무지 높답니다.

물론, 상판바닥면이 수평인 것도 지붕 모양상 약간의 문제점은 있을 수는 있답니다. 언제적인지는 모르겠으나 어떤 보수과정에서 한쪽면만 경사처리했다가 아주 최근(?)에는 일반석탑같이 전체 지붕면이 경사가 져 있는 석탑으로 진화가 된 것으로 보인답니다.

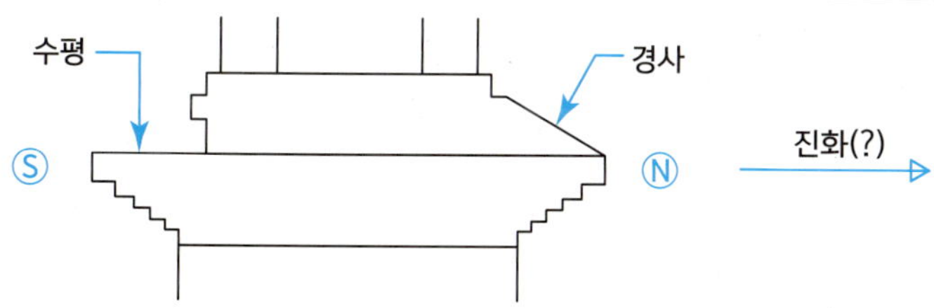

[그림 962] 중간보수과정 : 한쪽면만 경사

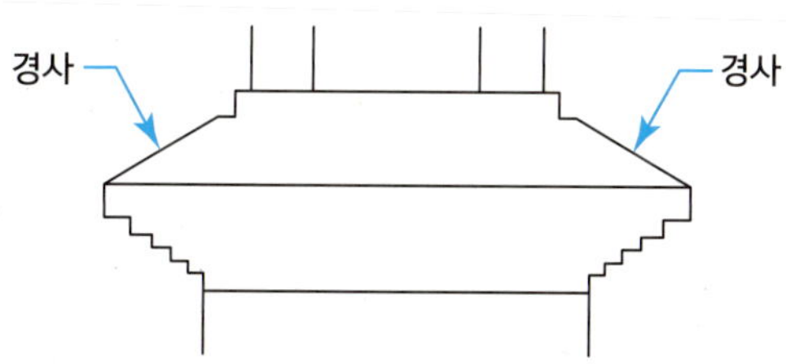

[그림 963] 아주 최근(?)에 진화된 경사지붕판

석탑도 진화하나? 제 추리가 그럴 듯 한가요? 7류 추리소설같다구요. 어이구! 2단계 더 떨어졌네. 이 일을 우짜지.

어떤 진화과정을 거쳤든 현재는 일반3층석탑 같이 1·2·3층지붕면이 경사가 져 있답니다. 현재의 상태가 맞다면 인터넷에 올라와 있는 사진은 조작품? 과연 그럴까요? 그 사진작가가 무슨 할 일이 없어서 자기가 찍은 사진을 조작했을까요? 머리를 식혔나요? 아님 열을 더 받았나요?
판단은 이 글을 읽으시는 분이 스스로 하십시오.

엉뚱한 상상은 상상일 뿐이고 현실로 돌아와서 현상태의 석가탑을 다시 한번 봅시다. 감은사탑류보다 탑의 총높이가 한단계(2.7m) 낮은 석가탑의 보존상태는 어느 정도일까요? 이 훌륭하고 명당자리에 위치한 석가탑은 산전수전을 너무 겪은 조금은 불쌍한 탑 같이도 느껴진답니다. 즉, 너무 많은 사람들이 이 석가탑에 손을 댄 것 같답니다. 꼭 필요해서 손을 대는 것은 어쩔 수 없다고 쳐도 손을 댈 때마다 어떤 자기나름의 생각을 투입해서 탑 자체가 누더기처럼 덕지덕지해져 버렸답니다. 너무 많은 사람들이 손을 대다보니 지었을 당시의 원돌이 하나라도 옳게 남아 있는지조차 의심스러운 석탑이 되어 버렸답니다. 탑을 지을 때의 중후함이나 은근한 멋은 사라져 버리고, 현재에는 스마트하다 못해 샤프하기까지 하답니다. 엄청 많은 진화(?)를 거듭한 초현대식 삼층석탑이란 말이 더 잘 어울릴 것 같답니다. 우찌타 이런 불쌍한 탑이 되어 버렸는지? 보수시의 기본원칙인 전과 후의 모든 기록이 되어 있는지 조차 알 수가 없답니다. 야튼 정감적인 느낌은 별로 들지 않는답니다.

고선사지탑이나 감은사지탑같이 중후하고 은은한 멋이 느껴지면 참 좋을텐데 아마도 저희들의 바람사항일 듯?

Three-story Stone Pagoda of Bulguksa Temple, Gyeongju

경주 불국사 삼층석탑(석가탑)

(慶州 佛國寺 三層石塔)

경주 불국사 삼층석탑과 경주 불국사 다보탑(국보)은 절의 대웅전 앞 뜰 동서쪽에 각각 세워져 있는데, 서쪽탑이 삼층석탑이다. 탑의 원래 이름은 '석가여래상주설법탑(釋迦如來常住說法塔)'으로, '석가탑'이라고 줄여서 부른다. 두 탑을 같은 위치에 세운 이유는 '현재의 부처'인 석가여래가 설법하는 것을 '과거의 부처'인 다보불(多寶佛)이 옆에서 옳다고 증명한다는 『법화경』의 내용에 따른 것이다. 석가탑(경주 불국사 삼층석탑)과 다보탑은 우리나라의 가장 대표적인 석탑으로, 높이도 각 10.75m, 10.29m로 비슷하다.

탑은 불국사가 창건된 통일신라 경덕왕 10년(751)때 조성된 것으로 추측되며, 2단의 기단(基壇) 위에 3층의 탑신(塔身)을 세운 석탑으로, 경주 감은사지 동 · 서 삼층석탑(국보)과 경주 고선사지 삼층석탑(국보)의 양식을 이어받은 8세기 통일신라시대의 훌륭한 작품이다.(자료출처 : 문화재청)

①

②

③

❶ 기단부 ❷ 상단 ❸ 탑구의_연화석(팔방금강좌) ❹ 전경

❹

3. 고선사지탑(경주 고선사지 삼층석탑)

고선사지탑은 보문(암곡동)쪽에 있던 탑을 경주박물관으로 옮겼답니다. 이 탑이 재미있는 것은 감은사탑과 탑높이와 총탑높이가 같으며 탑폭까지 같답니다. 두 탑을 분석해 보시면 동일인(동일인이 아니라면 수제자일 확률이 높거나 아니면 석탑제작에 관련된 기본도면이 있었을 것으로 보인답니다.)이 설계한 것일 확률이 무척 높답니다. 거의 동시대에 만들어진 것 같은 느낌은 들지만 아마도 고선사지탑이 조금 더 빨리 만들어졌을 수도 있답니다. 이유는 고선사지탑이 대본쪽에 있는 감은사지탑보다 경주에 가깝답니다. 가깝다고 꼭 빨리지어 졌다고 할 수는 없겠지만 확률적으로 보문쪽을 거쳐야 대본쪽으로 갈 수가 있기 때문이랍니다. 즉, 대본(감포밑쪽, 대왕암(문무왕수중릉)있는 쪽)쪽으로 가는 길목 부근에 고선사지가 있었다는 말이랍니다. 그래도 연대추정이 어렵기는 마찬가지네요?

이 고선사지탑과 감은사지탑은 신라3층석탑 중 규모가 큰 것으로 봐서 3층 석탑 전성기에 만들어진 탑으로 추정이 된답니다. 고선사지탑 형태나 한번 보고 가야죠. 실측치수를 근거로 각 층고의 숫자합을 9에 맞추어서 치수를 넣어 보았답니다.

Notice 별책도면 No.31 고선사지 3층석탑 개념도

순수이론치수는 1·2·3층 층고비례공법으로 가정해 본 것이랍니다. 이 순수이론이 억수로 헷갈리게 되어있더랍니다. 즉, 목탑형일 때와 석탑형일 때의 순수이론치수개념이 다른 것 같더랍니다. 제일 처음에는 목탑형이론치수로만 생각을 했었는데, 현재의 실측치수와 너무 많은 차이가 나서 다시 석탑형이론치수를 실측치수에 근거하여 설정을 해 보긴 했는데 접근방법이 옳은지까지는 잘 모르겠네요. 한번 비교해 보실까요. 몸통부 기준이랍니다. 물론 고선사지탑 기준이겠죠.

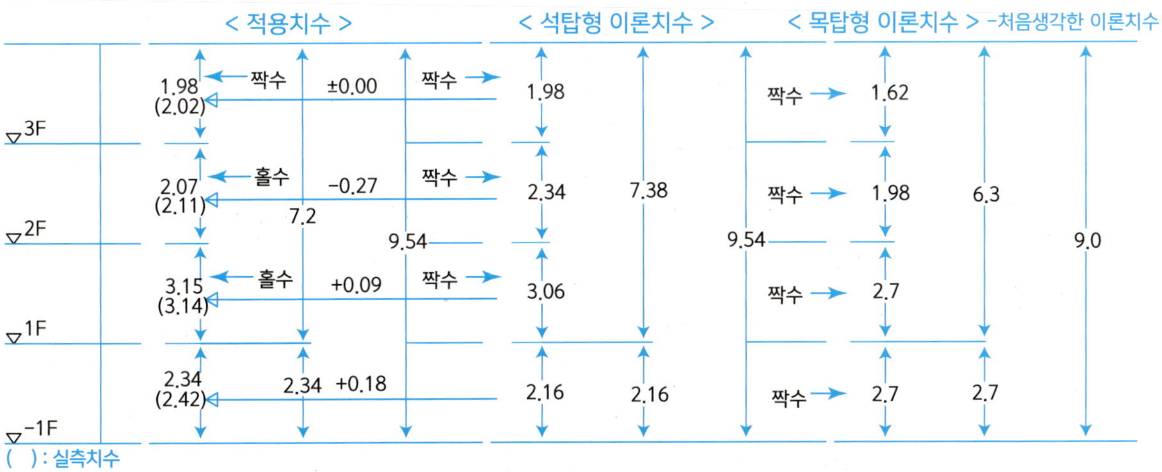

[그림 964] 고선사지 이론치수와 적용치수

제일 처음 이론치수는 목탑형·석탑형 구분없이 그냥 단순한 이론치수였는데 실측치수와 비교를 해보니 너무 많은 오차(54cm)가 나길래 무슨 이런 일이 다 있지 하고는 길고 긴 장고(?)에 들어갔겠죠. 여러 많은 생각 끝에 제가 제일 처음 생각한 이론치수가 목탑형이론치수라는걸 인지했답니다. 이 목탑형이론치수는 말 그대로 일반목탑에는 한 개의 첨탑만 있는 이론안이랍니다. 그러고 목탑형이론치수는 치수가 단순하면서도 층고 등의 기본치수 끝수가 짝수도 짝수지만 0.18(R)로 나누어지는 치수로 되어있답니다.

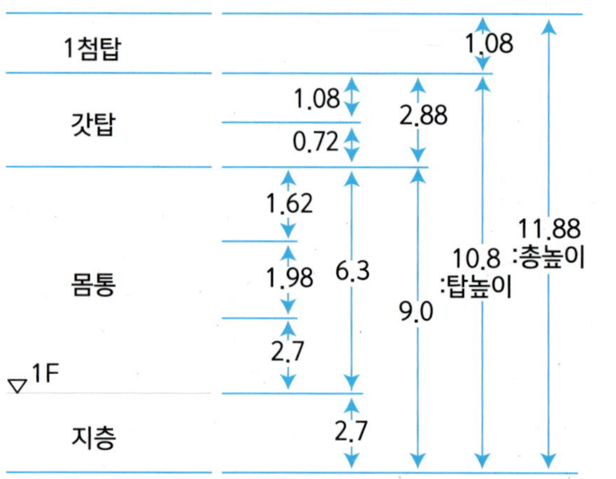

[그림 965] 목탑형 이론치수로 본 3층 석탑높이

3층석탑의 기본처마각이 ⊿6이므로 계단단높이가 당연히 ⊿6x3=0.18, R=0.18이기 때문일 겁니다.
이 목탑형이론치수로 3층석탑의 높이를 계산해 보면 좌측에서 보듯이 첨탑은 1개이며, 탑높이는 10.8이 되며, 첨탑 포함 탑총높이는 11.88이 나온답니다. 일반목탑형은 탑총높이는 크게 의미가 없을 수도 있답니다.

이 자체로도 훌륭한 3층석탑이 되긴 된답니다. 그런데, 일반목탑이 완전히 석탑화되면서 석탑에 어울리는 치수개념이 등장한 것으로 보인답니다. 즉, 탑총높이가 1.62(1.08x1.5)가 더 높아졌답니다. 이 1.62m 중 1/3인 0.54는 몸통부에 주고, 나머지 1.08은 석탑의 제2첨탑이 되면서 석탑의 완성형인 2개의 첨탑이 된 걸로 보인답니다. 몸통부가 0.54라는 공짜치수를 얻었으니 당연히 석탑형이론치수가 등장한 것으로 보인답니다. 그래서 여러 생각 끝에 1·2·3층 비례공법을 적용해서 제 나름대로 석탑형 이론치수를 가정해 봤답니다. 숫자를 맞추기는 맞추었는데 층고 등의 끝수가 홀수가 많이 등장한답니다? 홀수가 많이 등장하는 것은 그리 바람직한 것은 아니랍니다.

어쨌든 계단 단높이가 R=0.18이 아니라 R=0.09로 아마 생각했었는가 봅니다? 어차피 계단은 없으니까요? 이 석탑형이론치수와 적용치수를 비교해 보시면, 3층 층고는 같으며, 2층층고가 0.27 줄어들면서 1층에 9cm, 지하층에 18cm를 나누어 주네요. 마음씨 고운(?) 2층 아지아네요. 저라면 안 줄껀디? 왜 멀쩡한 이론치수를 떼어다가 다른 층에 나누어 주는지는 알 수가 없답니다. 지붕끝선은 등간격공법을 적용했으므로 처마각⊿6은 아닐 겁니다. 아마도 지붕각은 방향성을 잃은 것 같답니다. 간단히 지하층과 1층 부분만 확대해서 봅시다. 지하층부터 먼저 봅시다.

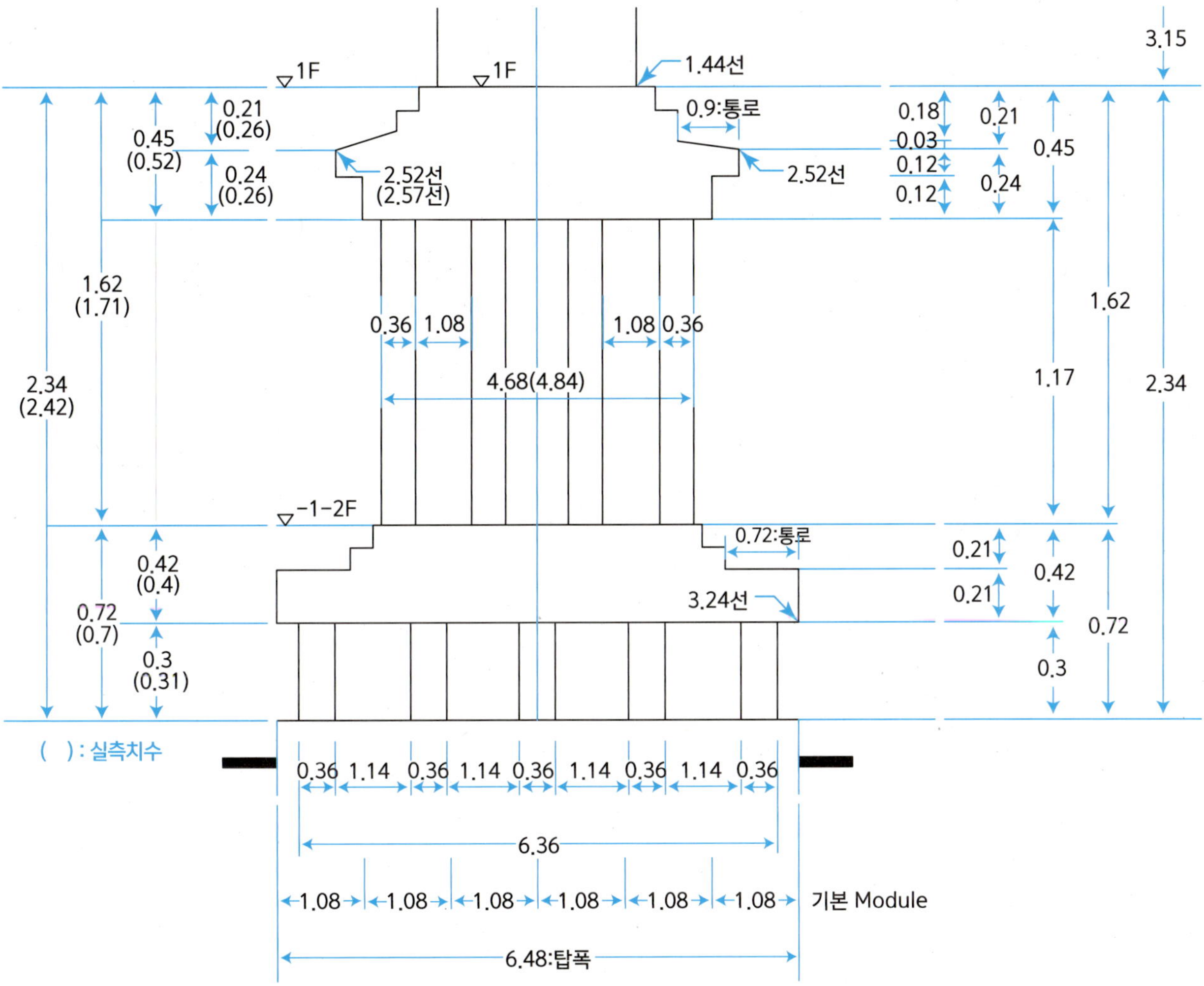

[그림 966] 고선사지탑 : 지하층 개념도

보시다시피 -1-2F기둥은 4개이며, -1F기둥은 5개랍니다. 현재의 석가탑과 비교해 보십시오. -1-2F 상판두께가 실측치수와 잘 맞질 않네요? 1층도 잠깐 봅시다.

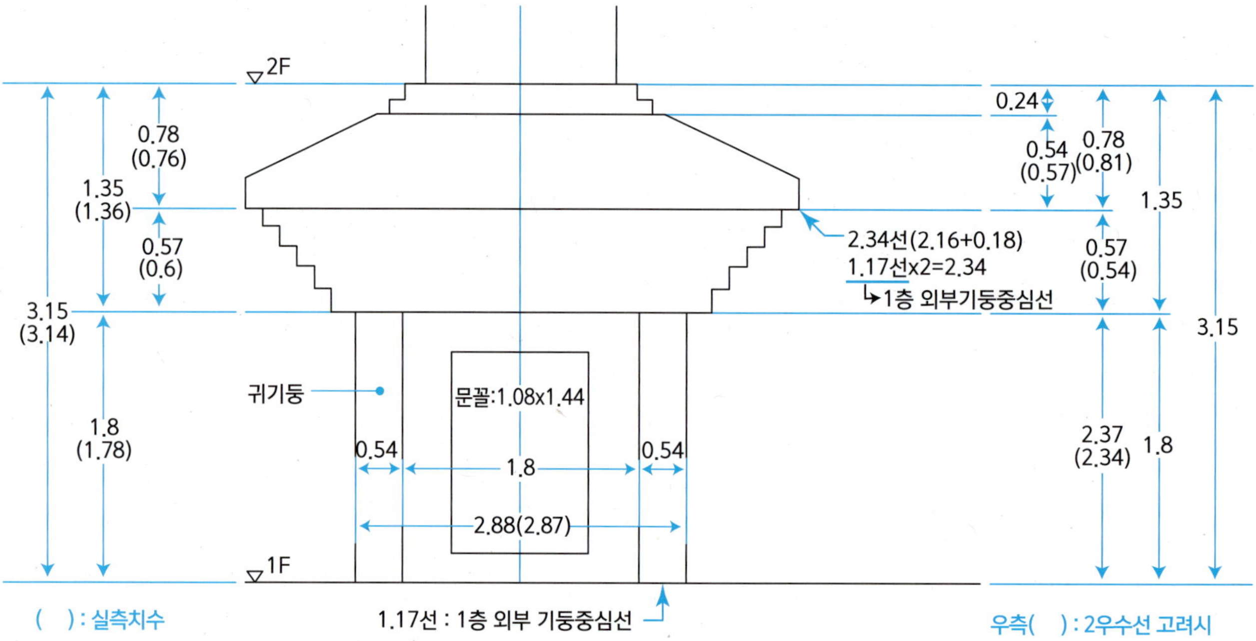

[그림 967] 고선사지 1층 입면도

1층이 특이한 것은 1층벽면에 문꼴이 새겨져 있답니다. 탑 내부로 무척이나 들어가고 싶었나 보군요. 다보탑 같이? 그리고 1층 외부기둥중심선이 1.17선인데 1층 지붕끝선이 2.34선이네요. 1.17x2=2.34, 계산이 맞는지 헷갈리네요. 경험상(?) 아마 맞을 겁니다. 다보탑·석가탑·고선사지탑·감은사탑이 다 똑같답니다. 즉, 1층 외부기둥(1C1)의 중심선의 2배가 1층지붕끝선이 된답니다. 참 묘하죠. 알다가도 모를 일이랍니다. 그리고 다보탑처럼 이 고선사지탑의 1층 지붕끝선을 2우수선으로 맞출수가 있긴 있답니다. 1층 지붕판상판두께를 0.78에서 0.81로 3cm를 키우면 묘하게도 1층 지붕이 2우수선이 가능하답니다.(도면 우측 치수에 괄호로 표기되어 있음)

문제는 실측치수와의 차이가 너무 난답니다. 그래도 2우수선을 적용할까도 생각중이랍니다. 꼭다리 의자가 아주 특이하게 생겼네요.

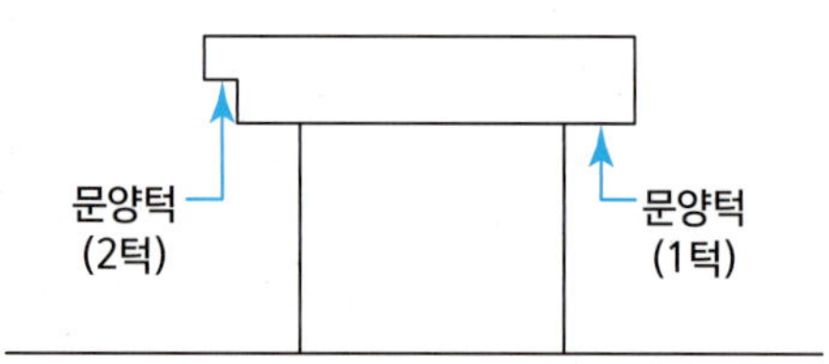

[그림 968] 일반적인 탑류의 의자형태

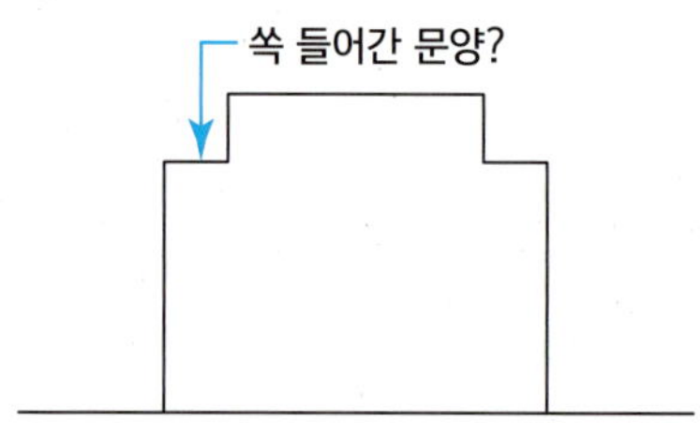

[그림 969] 고선사탑의 의자 : 역문양턱?

일반적으로 의자 날개문양턱이 2개가 되었든 1개가 되었든 툭 튀어나오는데, 이 고선사탑은 날개가 나와야 할 곳에 내부로 쏙 들어갔네요?
알다가도 모를 일이랍니다. 참 헷갈리네요? 깨먹었나.
이 고선사 3층석탑은 보존상태가 아주 양호하답니다. 3층석탑 중에서도 특A급에 속한답니다.
물론 작품 자체도 특A급이겠죠. 균형잡힌 몸매에 중후하면서도 은은한 멋이 있답니다. 키도 석가탑보다 한 단계(2.7m) 큰 13.5m로 아주 준수하게 생긴 멋쟁이랍니다.

잘 보존하셔야 되는 훌륭한 건축물이랍니다.

Three-story Stone Pagoda from Goseonsa Temple Site, Gyeongju

경주 고선사지 삼층석탑
(慶州 高仙寺址 三層石塔)

원효대사가 주지로 있었던 고선사의 옛 터에 세워져 있던 탑으로,
덕동댐 건설로 인해 절터가 물에 잠기게 되자 지금의 자리인 국립경주박물관으로 옮겨 세워 놓았다.
탑은 2단의 기단(基壇) 위에 3층의 탑신(塔身)을 쌓아 놓은 모습인데,
통일신라시대 석탑양식의 전형적인 형태이다.
통일신라시대 전기인 7세기 후반에 세워졌을 것으로 추측되며,
전형적인 석탑양식으로 옮겨지는 초기과정을 잘 보여주고 있다.
이러한 양식은 이 탑과 함께 경주 감은사지 동 · 서 삼층석탑(국보)에서 시작되어
이후 경주 불국사 삼층석탑(국보)에서 그 절정을 이루게 된다.(자료출처 : 문화재청)

❶

❷

❸

❶ 상륜부 ❷ 옥개석 ❸ 기단 갑석 상면 ❹ 전경

④

4. 감은사지동탑(경주 감은사지 동·서 삼층석탑)

감은사지[경주에서 보문호(그위쪽에 덕동댐이 있음: 암곡동-고선사지탑이 있었던 곳)를 끼고 기림사(골굴사도 있음: 한국의 소림사?)를 거쳐 감포에 거의 다가서 어일에서 우측으로 가면 대본(대왕암쪽)약간 덜가서 좌측에 있음]에 있는 쌍탑 중 동탑에 대해 알아봅시다. 쌍탑으로 아주 유명한 탑이랍니다. 실측치수가 동탑기준으로 나와 있답니다. 서탑실측치수도 있었으면 비교가 아주 편리한데 조금은 아쉽기도 하답니다. 서탑은 정확히는 알 수는 없지만 현상태의 몸통폭이 동탑보다 약간 가늘다는 것까지는 살짝 인지만하고 있답니다. 두 탑이 동일하게 만들어졌는지 아니면 처음부터 서탑을 약간 가늘게 만들었는지 아님, 어떤 보수과정에서 살짝 변형이 되었는지는 알 수는 없으나 일단은 동·서탑이 똑같은 탑으로 가정하고 동탑을 같이 풀어봅시다. 처음에는 아무런 실측치수도 알 수가 없어서 오로지 가정으로 자질과 감만으로 탑 높이가 10.8m로 풀었답니다. 실측치수를 입수하고 다시 풀어보니 석가탑과 마찬가지로 높이가 0.54더 높아져서 탑높이가 11.34가 되네요. 인간의 눈과 감은 그리 정밀하지가 않은가 봅니다. 저만 그렁가? 어쨌든 틀리기는 틀렸지만 비스무리하게는 맞추었네요.

처음 풀 때에는 인터넷에 있는 사진이 동탑사진인지 서탑사진인지조차도 모르고 좌충우돌 했었는데? 나중에 가마이 생각해보니 웃음만이 나오더랍니다. 동탑을 같이 보실까요. 실측치수에 최대로 근접시켜 보았답니다.

Notice 별책도면 No.32 **감은사 동탑 개념도**

층고만 조금 다를 뿐이지 고선사지 3층석탑과 동일하답니다. 가상이론치수와 비교해 보면 지하층고는 18cm가 적으며, 2층층고 18cm를 떼어다가 1 & 3층에 9cm씩 나누어 준답니다. 2층층고 아지아가 마음이 그리도 착하신 분인가 봅니다. 석가탑·고선사탑·감은사탑 다 같이 떼어주네?
이유를 알 수 있는 방법이 없네요. 이 감은사탑의 지하층고가 무지 헷갈리게 되어있답니다. 실측치수를 보면 2.7m가 아니라 2.43m가 되어야 맞답니다. 이 줄어든 0.27을 몸통부 쪽에 주어야 하는데 실측치수를 보면 줄 때가 없답니다. 공정하게 1·2·3층에 9cm씩 주면 되는데 아무도 받아줄 마음의 여유가 없답니다. 그렇다고 이 27cm를 꼭다리에 줄려고 해도 꼭다리도 다 받아줄 마음의 여유가 없다하네요? 18cm만 받아주겠답니다. 그래서 이 감은사탑의 지하층고가 비록 실측치수로는 2.43에 가깝지만 아무도 다 받아주질 않으니(?) 2.52가 될 처지랍니다. 8짜가 사납네요. 아무도 모르죠. 꼭다리에서 지하층이 불쌍하니 9cm를 더 받아들이겠다면 지하층고가 실측에 가까운 2.43m가 될 수도 있답니다? 실제로는 지하층고 2.43이 홀수라서 짝수인 2.52로 한 것이랍니다. 지하층고가 홀수가 되면 꼭다리치수도 자동으로 홀수가 될 겁니다. 이 놈의 홀수·짝수가 뭐길래 이리도 헷갈리게 만드노. 저희들이 신라의 3층석탑을 두고, 3층석탑으로 부르기는 하나 수학적으로는 정확히 4층석탑이랍니다. 다보탑도 정확히는 2층석탑이랍니다. 지하층까지도 완벽하게 반지하도 아닌 온지하랍니다. 앞으로 보시겠지만 신라의 석판탑이나 전탑같은 경우는 지하층이 온전하지 못하답니다. 전에는 신라사찰 목탑도 보셨을 겁니다. 지하층이라 해 봤자 6R(6단) 밖에 안 된답니다. 반지하도 아니고 그렇다고 1/3지하층도 1/4지하층도 아닌 그냥 기초판(토대)같은 느낌이 강하여 이런 높이도 지하층으로 분류해야 될지 애매는 하나 층고를 갖고 있으므로 지하층에 포함시킨답니다. 백제석탑이나 사찰목탑들도 신라의 석판탑과 같이 지하층이 6R이라 지하층으로 봐야 할지가 애매하긴 하답니다. 우스개로, 신라사찰목탑·석판탑·전탑 등과 백제석탑·사찰목탑 등은 무지 많이 봐주면 반지하층으로 까지는 봐줄 수가 있으니 지하층으로 낑가줄까요? 형태는 어느 정도 갖추었으니 낑가주자고요. 그럼, 낑가 주는데 돈드는 것도 아닌데 낑가드리죠머~ㅎ~

그런데, 신라석탑은 완벽한 온 지하층이니 봐줄 필요도 없이 정식으로 지하층이 되며 1개층이 된답니다. 신라석탑이 아닌 다른 탑들도 다 정식지하층입니데이.
자꾸 그리기도 그러니 고선사지 3층석탑과 감은사지 3층동탑의 높이 비교표를 만들어 봅시다.

		고선사지 3층석탑 : 6.48 x 13.5			감은사지 3층동탑 6.48 x 13.5		
		층 고		총높이 ▽+11.16(+13.5)	층 고		총높이 ▽+10.98(+13.5)
첨탑	2첨탑	2.16	1.08		2.16	1.08	
	1첨탑		1.08	탑높이 ▽ +9.0(+11.34)		1.08	탑높이 ▽ +8.82(+11.34)
갓탑	갓탑	1.8	1.08		1.98	1.08	
	의자부		0.72	지붕 ▽ +7.2(+9.54)		0.9	지붕 ▽ +6.84(+9.36)
3층	지붕판	1.98	1.23		1.89	1.14	
	몸통		0.75	▽ +5.22(+7.56)		0.75	▽ +4.95(+7.47)
2층	지붕판	2.07	1.29		1.98	1.2	
	몸통		0.78	▽ +3.15(+5.49)		0.78	▽ +2.97(+5.49)
1층	지붕판	3.15	1.35		2.97	1.26	
	몸통		1.8	▽ +0.00(+2.34)		1.71	▽ +0.00(+2.52)
지하층	−1−2F	2.34	1.62		2.52	1.8	
	−1F		0.72			0.72	

[표 45] 고선사지 3층탑과 감은사지 3층동탑의 높이 비교표(탑폭류는 모두 동일함)

지붕판은 상판·하판으로 나누지 않고 간단히 묶었답니다. 지하층이 고선사지가 0.18이 적으며, 고선사지의 2·3층층고는 감은사보다 각각 9cm씩 크며, 1층층고는 18cm가 더 크답니다. 그리고 고선사탑 지붕판두께가 감은사탑보다 모두 다 9cm가 더 두껍네요. 두 탑에서 각층 탑폭들은 같게 하면서 왜 높이에만 차이를 두었는지는 알 수가 없답니다. 감은사지동탑의 보존상태는 비교적 양호하답니다. 감은사탑이 재미있는 것이 있다면 현재 꼭다리 부위에 철심이 아주 길게 남아 있답니다. 이 철심이 갓탑과 첨탑이 무지 높았다는 걸 알려주는 표시이기도 하답니다. 실제로도 높답니다. 이 철심이 중앙에 들어가고 철심 주위에 찐빵기둥과 찐빵이 들어갈 겁니다.

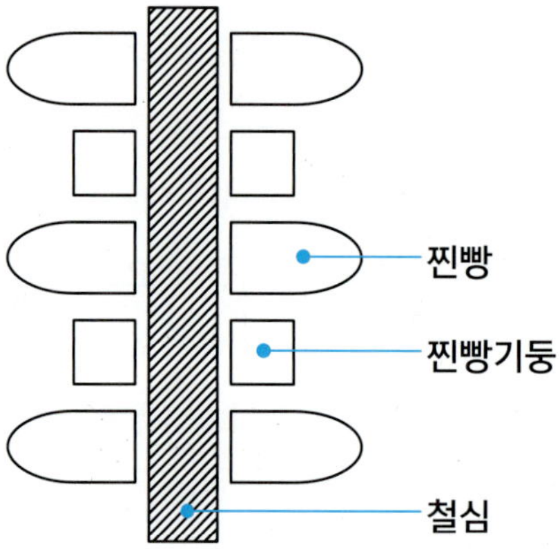

[그림 970] 철심과 찐빵

철심 지름은 찐빵기둥의 1/3로 추정이 된답니다. 자세히 보시면 찐빵이든 찐빵기둥이든 위로 들어올리면 상부쪽으로 다 빠지게 되어있는 구조랍니다. 바람이 심하게 불면 위로 다 날라가 버리니 어딘가에서 빠지지 않게 해야 할 것 같군요. 철심을 중심으로 완전히 조립식구조랍니다.
제가 이 찐빵과 철심의 규격을 어떻게 하면 알아낼 수 있을까 해서 잔머리(?)를 무지 굴려보았는데 이렇지 않을까 하고 생각중이랍니다. 각 찐빵의 폭도 다 같은지 위로 갈수록 작아지는지도 무지 헷갈린답니다.

어떻든 자체 찐빵만 놓고 한번 생각해봅시다.

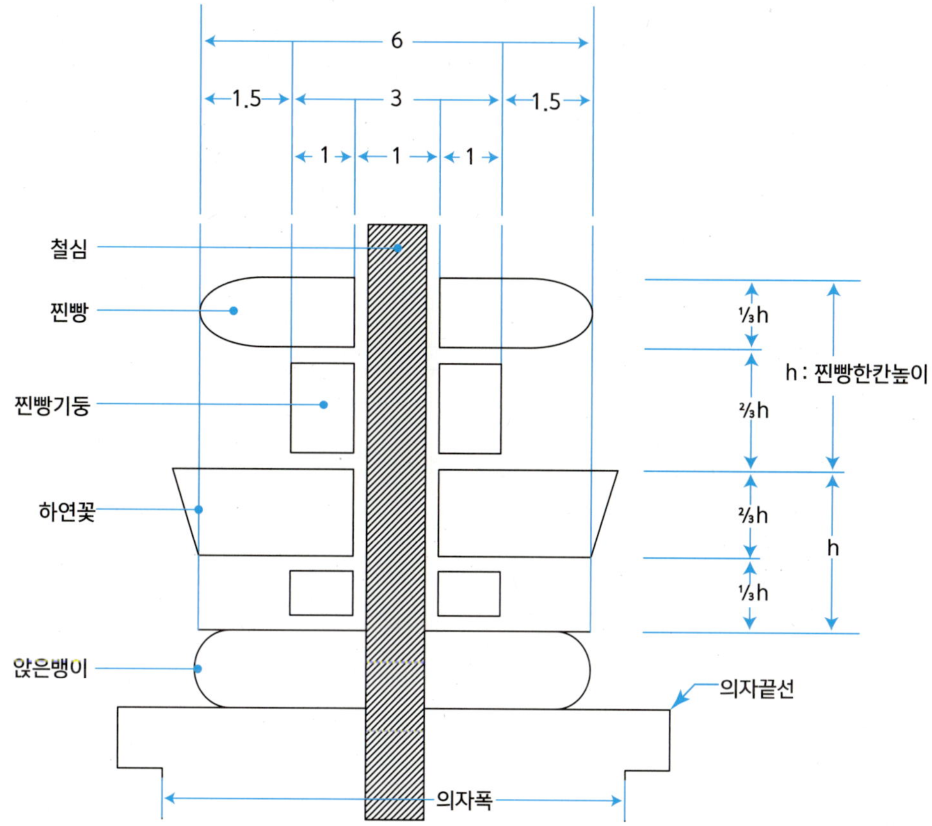

[그림 971] 찐빵폭과 높이개념: 추정(애매함)

찐빵폭이 6이라고 가정하면 찐빵기둥폭은 반인 3이 되며, 찐빵기둥의 1/3인 1이 철심지름이 아닐까하고 생각중이랍니다. 각 찐빵높이는 찐빵 한칸높이의 1/3일 확률이 제일 높으며 어떤 찐빵(하연꽃)은 2/3일 수도 있답니다. 물론 찐빵폭은 의자폭의 영향을 받게 될 겁니다. 즉, 의자폭만 정확하게 인지하면 모든 찐빵류의 폭은 어느 정도 추정이 가능할 수도 있답니다. 의자폭·앉은뱅이폭·찐빵폭 설정을 잘 하는 것이 중요한데 그리 만만치가 않네요. 언젠가는 다 분석해 내셔야 한답니다. 누가요? 이 글을 읽으시는 분이? 꼭다리가 찐빵과 찐빵기둥만 보이는 것 같지만 그 찐빵기둥 속에 또 철심기둥(찰주)이 있는 2중기둥구조를 하고 있답니다. 꼭다리가 보기보다 재미있는 구조랍니다.

☆ 감은사지의 삼각문양과 태극문양 ☆

감은사지는 동서쌍탑으로 유명하기도 하지만 저희들이 무심코 지나치기 쉬운 태극문양이 새겨진 장대석도 있답니다. 혹시 보신 분이 계시더라도 그리 유심히 까지는 보시지는 않았을지도 모른답니다. 언제 한번 가시게 되면 유심히 한번 보세요. 감은사지에 가시면 긴 장대석 2개가 땅바닥에 놓여 있답니다. 그 중 1개에 태극문양이 새겨져 있답니다.(나머지 장대석 1개는 확인할 수가 없었답니다. 가려져 있거들랑요. 혹시 여기도 있을 수는 있답니다.) 물론 삼각문양도 함께 새겨져 있답니다. 이 태극문양이 재미있는 이유는 석공이 처음부터 태극문양을 새길려고 한 것이 아니라 장대석면에 삼각문양만을 새기려다가 이유는 알 수는 없지만 갑자기 삼각문양 중간에 태극문양을 새겨 넣었기 때문이랍니다.

그런데 왜 삼각문양을 새기려고 했으며 또한, 이 삼각문양이 무얼 의미하는지 그리고 왜 태극문양을 갑자기 넣었는지를 지금도 생각하고 있습니다만 도통 알 수가 없답니다. 혹시 내용을 아시는 분이 계시면 한 수 알으켜 주이소? 제가 이제까지 생각해 낸 것은 이 삼각문양이 7층탑(관공서)의 처마각(⊿3)과 동일하다는 것 뿐이랍니다. 그렇다면 이 삼각문양은 혹시 7층탑의 형상을 나타낸 것이 아닐까요? 그런데 알 수가 없답니다. 그건 그렇고 왜 이 석공이 삼각문양만을 새기려다가 갑자기 태극문양을 새겨 넣었을까요? 간단하게 생각을 한번 해봅시다. 어떤 과정에서 이 석공아지아가 태극문양을 인지한 것 같답니다. 건축기사가 얘기했을 수도, 책 등에서 봤을 수도, 어떤 친구가 알으켜 주었을 수도, 아니면 어디에선지는 모르겠지만 직접 봤을 수도, 아님 처음부터 태극문양 자체를 알고 있었을 수도 있답니다. 저희들로서는 알 수가 없답니다.

어쨌든 삼각문양만을 새길려다가 대칭도 맞지 않게 태극문양을 갑자기 중간에 넣어버렸답니다. 알다가도 모를 일이랍니다. 건축기사의 지시가 있었을까요. 아님 본인의 순수 판단이었을까요? 본인 판단이었다면 왜 갑자기 마음이 바뀌었을까요? 궁금하지마는 알 수는 없네요. 이 태극문양 장대석을 어느 위치에 사용하려고 만들었는지는 알 수는 없지만 아마도 불량품으로 분류가 되어서 정위치에 사용되지 못하고 별로 중요하지 않은 위치에 사용되었거나 그냥 방치되어 있다가 현재까지 운 좋게 존재하게 된 것 같답니다. 시간나시면 왜 불량품인지도 한번 점검해 보세요. 아마 정위치에 사용되었더라면 현재까지 존재하지도 못했을 수도 있답니다. 참 아이러니 하답니다. 그리고, 이 삼각문양 자체도 자주 접하지 못하는 문양이랍니다. 아마 그 시대에는 이 삼각문양을 선호(?)했었는지도 모른답니다. 다만 저희들이 무슨 의미인지를 모를 뿐이겠지요. 그리고 현재 상태의 태극문양석과 정상적일 경우의 태극 문양석을 한번 비교해 봅시다. 감은사지의 태극문양석도 잠깐 봅시다.

[사진 15] 감은사지 태극문양석

Notice 별책사진 No.5 감은사지 태극문양석

가. 현재 상태의 태극문양석

a. 석공의 최초설계안 : 삼각문양만 고려함

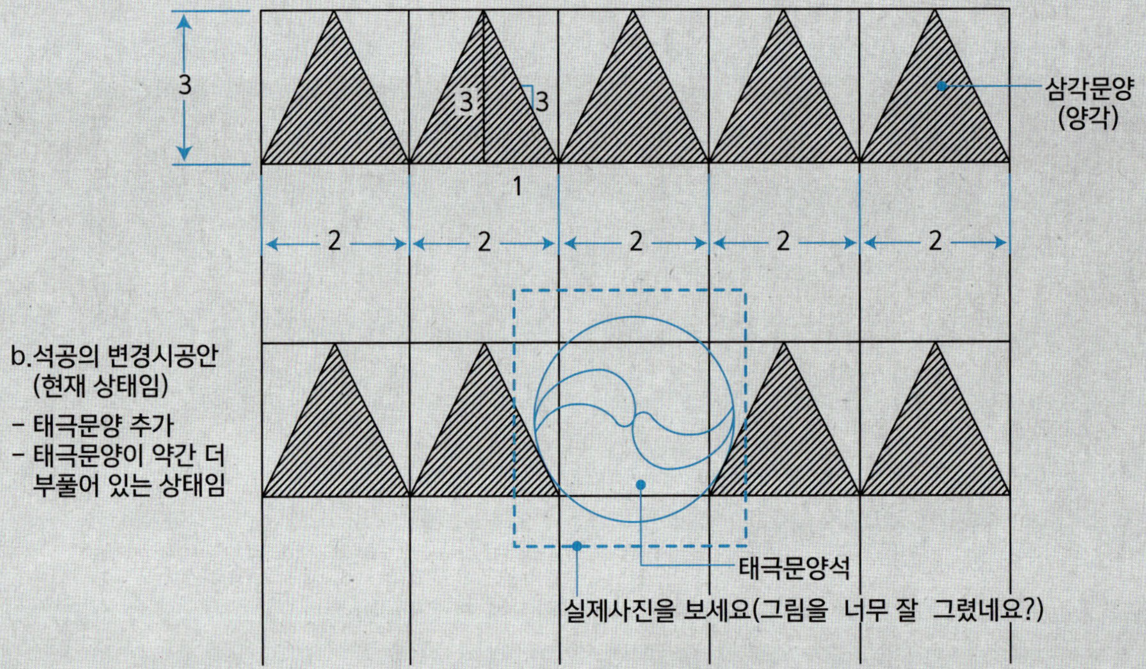

나. 정상적인 일반안 : 삼각문양과 태극문양을 처음부터 넣을려고 했을시의 정상안

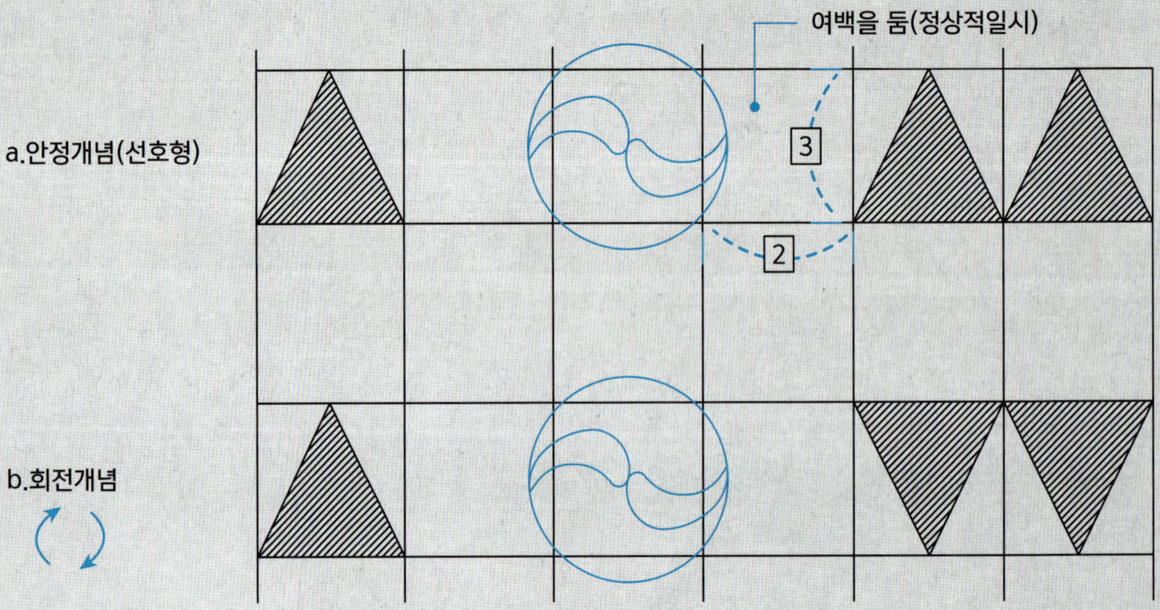

[그림 972] 태극문양석 비교

아무리 생각해봐도 우리 석공아지아의 심리상태를 파악할 수가 없네요? 정상적인 일반안은 일반적으로 안정개념 형태를 많이 선택할 것 같답니다. 제가 이 태극문양을 그릴려고 엄청 노력해 봐도 그리기가 너무너무 어렵더랍니다. 원래 제가 그림솜씨도 없는데다가 문양모양새가 하도 헷갈리게 되어 있어서 도통 판단이 되지 않아서 무지 헤맸겠죠. 제가 가마이 있을 놈이 아니겠죠? 그래서 아주 간단한 작도법을 한번 생각해 봤답니다. 맞는지는 영원한 미지수~

제가 그릴 때는 이렇게 그릴 겁니다. 한번 보실까요.

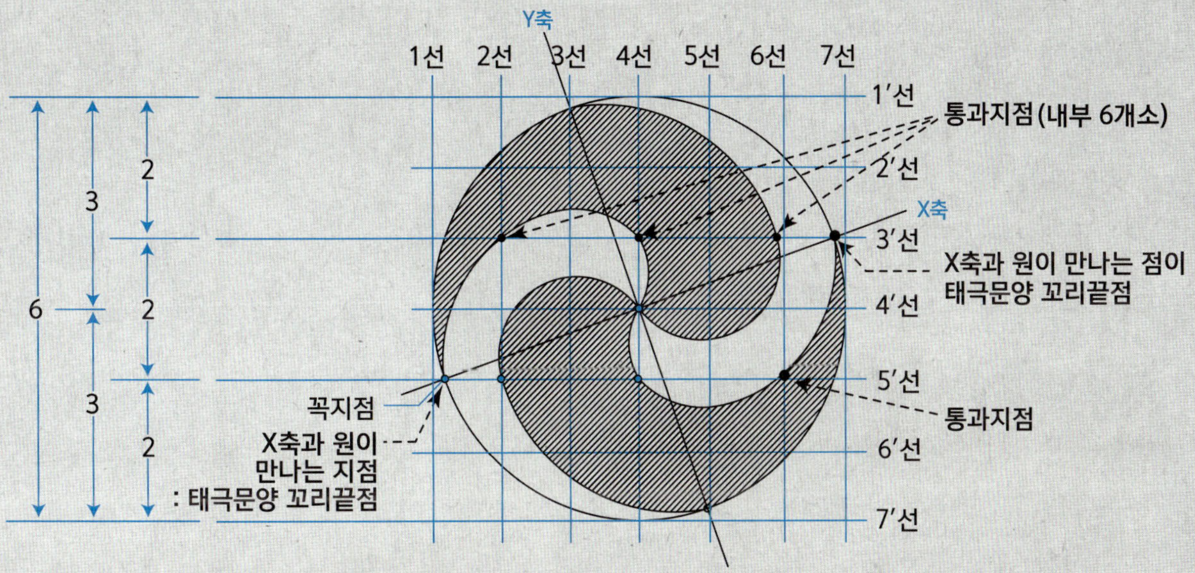

[그림 973] 태극문양 작도법

먼저 6개의 모눈을 만들어, 원을 그린 뒤 원과 3′선 & 5′선의 교차점을 연결하여 X축과 Y축을 만든답니다. 약간은 삐딱은 하지만 X축과 Y축으로 구분하면 X축과 원이 만나는 점이 태극문양 꼬리의 끝점이 되며, 위 그림과 같이 통과지점(6개소)을 기준으로 원이나 곡선형태로 연결하여 그리면 될 것도 같은데? 확실치는 않지만 대충 눈대중으로 맞추어 보았답니다. 사실은 그리기가 너무 힘이 들어서 제 나름대로 잔머리 한번 굴려 보았답니다.

언젠가는 완전한 작도법을 어떤 누군가는 반드시 찾아내셔야만 한답니다. 태극문양이 새겨진 상태만 갖고도 유심히 보시면 우리 석공 아지아의 고민 흔적과 심리 상태까지도 어느 정도 파악이 가능할 수도 있답니다 ~ㅎ~

East and West Three-story Stone Pagodas at Gameunsa Temple Site, Gyeongju

경주 감은사지 동·서 삼층석탑
(慶州 感恩寺址 東·西 三層石塔)

감은사터 넓은 앞뜰에 나란히 서 있는 쌍탑이다.
2단의 기단(基壇)위에 3층 탑신(塔身)을 올린 모습으로, 서로 같은 규모와 양식을 하고 있으며, 옛신라의 1탑 중심에서 삼국통일 직후 쌍탑가람으로 가는 최초의 배치를 보이고 있다.
이 탑의 가장 큰 특징은, 각 부분들이 하나의 통돌로 이루어진 것이 아니라 여러개의 부분석재로 조립되었다는 것이다. 탑을 세운 시기는 신문왕 2년(682)으로, 1960년 탑을 해체 수리할 때 서쪽탑 3층 몸돌에서 금동 사리기(보물)와 금동 사리외함(보물)이 발견되었다.
경주에 있는 삼층석탑으로는 가장 거대하며, 동해를 바라보는 높은 대지에 굳건히 발을 붙이고 하늘을 향해 높이 솟아오른 모습은 실로 한국석탑을 대표할 만하다.(자료출처 : 문화재청)

①

②

③

❶ 서탑 2층 탑신부 ❷ 동 · 서 삼층석탑 전경 ❸ 서탑 서측면 상륜부 ❹ 전경

4

5. 미탄사지 3층석탑(경주 미탄사지 삼층석탑)

이 미탄사 3층석탑은 구황동에 있는 탑이랍니다. 구황동에는 황룡사지와 분황사탑 등이 있는 동네랍니다. 탑이 무너져서 흩어져 있던 부재들을 모아서 최근(1980년 경)에 복원한 탑이랍니다.
신라석탑이 현재 아주 많이 남아 있는데 제 능력으로는 다 손을 댈 능력도 없을뿐더러 아무런 근거도 없이 손을 대기도 그렇답니다. 이 미탄사 3층석탑은 모양새가 제 마음에 쏙 들기도 하고 더 중요한 것은 지붕하판의 이파리 수가 3잎이라서 구미(?)가 당겨서 손을 대어 보았답니다. 이 미탄사탑은 실측치수를 알 수가 없으나, 제가 구할 수 있는 가장 간단한 정보(산출근거)인 오로지 탑높이가 6.0(6.12)m라는 것과 기단너비가 3.86이라는 것 밖에 모르는 상태에서 오로지 자질로만 치수를 한번 추정해 봤답니다. 아마도 실측치수와는 많이 다를 수도 있답니다. 아무것도 모른다고 해서 아무것도 안하는 것도 좀 웃기는 일이겠죠. 틀리면 뭐가 두렵습니까? 일단 손을 대어 놓고 실측치수가 알려지면 고치는 데는 단 몇십분도 걸리지가 않는답니다. 그래서 제가 용기를 내어 한판 승부에 도전하게 되었답니다. 실측치수와 마이 틀리더라도 이뿌게 봐주이소. 아니! 실제로 제 경험상(?) 틀리더랍니다.

미탄사탑의 개념도를 한번 구경하실래요.

Notice 별책도면 No.33 미탄사 3층석탑 개념도

건물규모는 3.78x7.56, 총높이 기준으로는 3.78x10.8로 아담한 크기랍니다. 보시면 탑폭x2=탑높이가 된답니다. 3.78x2=7.56. 재미있죠. 석가탑도 똑같답니다. 별도로 말씀을 드리지는 않았지만, 우리 영리한 동행자분들은 금방 알아차렸을 겁니다. 석가탑폭 4.32x2=8.64로 석가탑의 탑높이랍니다. 감은사탑과 고선사탑은 탑폭x1.75배가 탑높이가 된답니다. 모든 석탑이 똑같지만은 않답니다. 당연히 기본Module은 1.08이 될 겁니다. 탑폭 3.78÷1.08=3.5가 된답니다. 처음에 탑폭을 석가탑의 탑폭인 4.32(1.08x4)와 같이 하려고도 했었는데 지나치게 무리인 것 같아서 0.54를 줄였답니다. 배수의 숫자가 꼭 정수만 있는 것이 아니라 0.5도 배수에 해당된답니다. 즉, 2, 3, 3.5, 4, 4.5는 다 배수가 될 수가 있답니다. 탑높이 7.56÷1.08=7, 탑총높이 10.8÷1.08=10이랍니다.

아무리 생각해보셔도 묘하실 겁니다? 탑폭이 되었든 탑높이가 되었든 아님 층고가 되었든 실측치수가 없으므로 추정하기가 너무 어렵답니다. 아무리 자질을 하고 통밥(?)을 굴려봐도 맞는지를 확신할 수는 없답니다. 이론치수도 2가지 정도가 나온답니다.

이 이론치수에 맞추어 각 층고의 실제적용치수(가정임)를 생각해 봅시다.

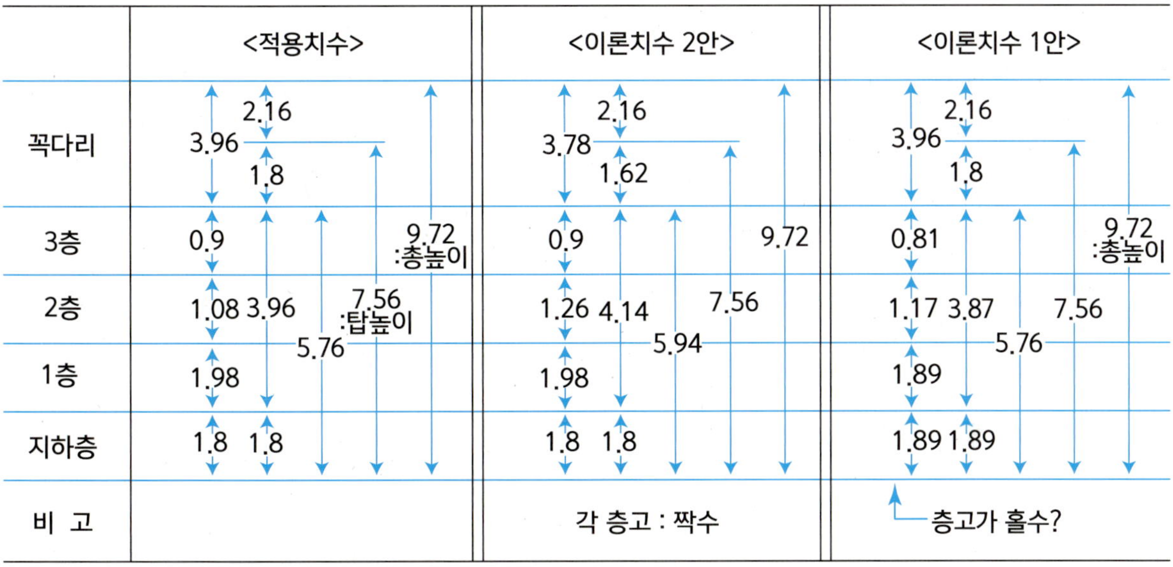

[표 46] 미탄사탑의 이론치수와 적용치수: 최초 이론치수 기준안

두 안 모두 탑높이와 탑총높이는 같답니다. 제가 이론치수라고 하니 어떻게 이 치수가 나왔지라고들 생각하실 겁니다. 대부분은 아시겠지만 노파심에서 잘 모르시는 분이 있을지도 모르니 잠깐만 설명 드리겠습니다. 그냥 신라탑층고의 기본인 1·2·3층 층고 비례공법을 적용한 것 뿐이랍니다. 아주 간단하죠. 가정 1층층고에서 1.08을 뺀 층고가 3층층고가 되며 1·3층 층고차이 1.08을 3으로 나누면 0.36이 될 겁니다. 나눈수 1인 0.36은 2층에 주고, 2층층고에 나머지 나눈수 2인 0.72를 주면 자동으로 1층층고가 나온답니다. 너무 쉬워서 설명하기도 조금 그렇네요. 제일 처음에는 미탄사 탑높이가 약간 낮은 것 같아서 꼭다리높이를 3.78로 한 이론치수 2안을 생각했었는데, 석탑의 기본 꼭다리높이가 3.96이 대세(?)인 것 같아 2안보다 18cm가 높은 이론치수 1안을 채택하기로 했답니다. 1안의 각 층고는 홀수이며 2안의 층고는 짝수라 실제로는 2안이 더 합리적이랍니다. 공개된 탑높이 6.12에 제일 가까운 듯한 1안이 비록 층고들이 홀수이긴 하지만 더 유력한 것 같아 이론치수 1안을 선택했을 뿐이랍니다.

이론 치수자체는 무척 중요하긴 하나 실적용치수 적용시에는 참조하는 정도랍니다. 아시죠. 층고조질공법을 쓰거든요? 그런데 이 미탄사탑의 탑총높이에 문제가 있을 수 있다는 생각이 어느 순간부터 들기 시작하더랍니다. 이유가 무엇인지 인지하실 수가 있으신지요? 계산상 최초안에서 어떠한 문제점도 발견할 수가 없답니다. 탑높이 7.56=1.08x7, 7.56=2.7x2.8이며, 탑총높이 9.72=1.08x9, 9.72=2.7x3.6으로 어떠한 수학적 문제도 없답니다. 그런데 탑총높이에 심각한 문제점이 있답니다. 무엇일까요? 궁금하시면 5냥 ~ㅋ~

모든 목탑이나 석탑류들을 분석해 보면 탑총높이(일반목탑은 탑높이 기준)는 반드시 2.7의 정배수가 된답니다. 보실까요. 9층일반목탑탑높이 108=2.7x40, 9층사찰목탑 총높이 67.5=2.7x25, 다보탑 총높이 10.8=2.7x4 등이랍니다. 그런데 유독 미탄사탑 총높이만 9.72=2.7x3.6으로 2.7의 정배수가 아닌 3.6이라는 숫자가 톡 튀어나오네요? 왜 그럴까요? 아마도 분명히 어떤 문제점이 있는데 인지하지 못하고 탑총높이를 9.72일 거라고 단순히 생각했기 때문일 겁니다.

미탄사탑 높이를 다시 분석해 보실까요.

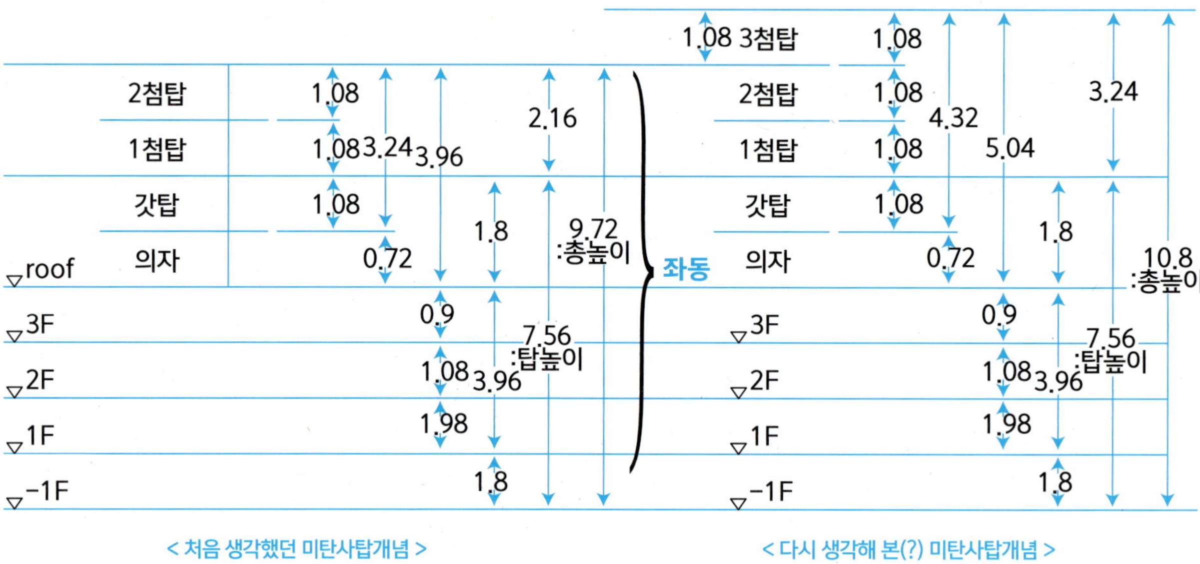

[표 47] 미탄사탑 높이 재분석

개념도(?)가 억수로 복잡한 것 같은데 처음 생각한 안에다 한 개 첨탑(3첨탑)을 더 얹은 거랍니다. 처음에 생각한 미탄사탑은 일반석탑식으로 2첨탑까지 있는 걸로 생각했으며 탑총높이도 9.72로 다보탑의 탑높이와 똑같아서 이게 맞는구나라고 생각했답니다. 그런데 다른 탑들을 비교분석하는 과정에서 문제점이 노출되기 시작하더랍니다. 가장 큰 문제점이 탑총높이가 2.7의 정배수가 아니란 것이겠죠. 그래서 길고 긴 장고(?) 끝에 첨탑을 1개 더 얹기로 했답니다. 그러다 보니 결국 미탄사탑은 3개의 첨탑을 갖게 되네요. 그런데 사실은 이것도 문제점이 있답니다. 다른 석탑들은 모두 다(다보탑 제외) 2개의 첨탑만 갖고 있답니다. 그런데 유독 이 미탄사탑만이 3개의 첨탑이 된답니다. 그러고 탑몸통 높이에 비해서 꼭다리가 지나치게 높은 느낌이 들기도 한답니다. 웃기게 이바구 하면? 아 보다 배꼽이 더 크네요. 이걸 접하다 보니 여러 많은 생각이 교차할 겁니다. 저도 마찬가지겠죠. 신라 사찰목탑을 다시 생각해 볼 때가 된 것 같군요? 바로 사찰목탑의 꼭다리에는 3개의 첨탑이 있답니다. 기억나실 겁니다. 그렇다면 신라사찰목탑의 3개의 첨탑과 이 미탄사탑의 3개의 첨탑이 혹시 연관관계가 있을 수도 있다고 생각해 볼 수도 있답니다. 신라사찰목탑이 5·7·9층탑 순으로 지어졌다고 가정해 볼 때, 아마 사찰목탑 5층을 지을 시점에 이 미탄사탑도 거의 동시에 지어졌다고 가정해 볼 수 있답니다. 아마 5층 사찰목탑 건립시점은 약 AD620년 전후로 볼 수 있답니다. 물론, 순수 제 개인생각이겠죠. 사찰목탑 1·3층탑이 지어졌는지는 알 수는 없으나, 1·3층사찰목탑과 상관없이 이 5층사찰목탑은 AD620년 전후로 지어졌을 것 같답니다. 그렇다고 보면 이 5층사찰목탑과 미탄사탑은 분명히 관련성이 있을 것으로 추정해 볼 수가 있답니다. 5층사찰목탑의 첨탑은 3개일 겁니다. 이 5층사찰목탑이 구황동에 세워졌는지 근처에 세워졌는지는 알 수는 없지만 미탄사탑과는 그리 멀지 않은 위치인 것 같기도 하답니다. 사실은 아무도 알 수는 없답니다. 그래서인지는 모르겠으나 아마도 미탄사 3층석탑의 첨탑이 3개일 확률이 높지 않나 생각을 한번 해 본답니다. 제가 꿈을 꾸고 있는지도 모르겠고, 어쩌면 완전 엉터리 7류추리소설 같기도 하네요? 어쩌면 이 미탄사 3층석탑의 3개의 첨탑은 엄밀히는 사찰목탑의 3개 첨탑과는 별 관련이 없으면서 수학직으로 자동발생된 첨탑일 확률도 높납니다.(2.7의 정배수를 맞추기 위해서겠죠.)

요약해 보면, 초창기에는 3층석탑의 규모가 작다 보니 총탑높이를 2.7의 정배수로 맞추기 위해서 아마 3개의 첨탑을 만들지 않았을까 생각해 본답니다. 그 뒤 탑규모가 어느 정도 커지면서 첨탑은 자연스레 2개가 되지 않았을까라는 생각이 드네요. 순엉터리라고요? 저도 생각 한번 해 봤답니다. 저는 생각하면 안되나요. 미탄사탑의 총높이가 2개의 첨탑일 경우 9.72m일 수도 있지만, 아직 확정된 것은 아니지만 기본적으로 10.8m로 할 예정이랍니다. 근데, 신라석탑에서 3개첨탑이 성립될려나? 어쨌든 애럽네요?

층고같은 높이는 어떻게 해서라도 어느 정도 추정이 가능한데, 각 층의 몸통폭이든 지붕폭이든 폭 추정은 너무너무 어렵답니다. 어떤 수학적(?) 근거가 있는 것도 아니며, 1·2·3층 비례공법같은 것이 폭에는 없으므로 오로지 자질로만 판단할 수 밖에는 없답니다. 그래도 다행인 것은 미탄사기단폭이 3.86이라는 공개된 치수(?)가 있으므로 탑폭이 3.86에 제일 가까운 3.78일 거라는 건 짐작으로 알 수가 있으며, 나머지 각 층의 폭은 자질 근거로 임의로 넣어 봤답니다. 그래도 대충은 맞아야 될낀데? 도면을 보시니 감은사탑보다는 석가탑에 더 가까운 느낌이 조금 더 드실 겁니다.
탑폭x2=탑높이가 같답니다. 이게 보통 공통점입니까.
그렇다면 석가탑이 원조일까요. 아니면 미탄사탑이 원조일까요? 어느 것이 원조면 뭐합니까?
중요한 것은 비례와 조형미가 뛰어난 탑이 왕이랍니다. 석가탑이 조금 빼어났다면, 이 미탄사탑은 조금 아담 사이즈네요. 둘 다 훌륭한 석탑이랍니다.

읽기도 지루하실텐데 저하고 같이 9류추리소설을 한편 쓰볼까요? 또 2단계 낮아졌네~ㅋ~ 더 낮아지면 안되는데? 두자리수의 추리소설은 없는데? 혹시 이런 생각 한번 해보시지 않았나요? 언제부터 신라 3층석탑을 짓기 시작했을까? 하! 갑자기 머리가 지끈지끈거리실 겁니다. 당연히 저도 마찬가지일 겁니다. 아무도 모르니 그냥 넘어 가자꼬요?
고로케는 못하는 저희들이잖아요. 그래도 풀어는 봐야겠죠. 가만히 생각해보니 푸는 문제는 아닌 것 같네요? 석탑의 출처가 어딜까요? 중국에서 한 수 배웠을까요. 아님, 하늘에서 떨어졌을까요? 땅에서 솟았을까요. 아니면 어떤 한 친구의 발상이었을까요? 그렇다면 그 발상을 한 친구는 무얼 보고 그 기발한 idea를 얻었을까요? 바로 신라의 일반목탑이었을 겁니다. 아닝가?

전에도 잠깐 말씀드렸습니다만 9층탑 완성시점을 약 AD640년 경으로 보면 1·3·5·7·9층 탑을 짓기 시작한 시점은 AD550~560년 경부터 1층탑을 짓기 시작했을 겁니다. 그렇다면 3층탑은 AD570~580년 경에 지어졌을 확률이 있답니다. 이 독창적인 신라 3층석탑이 3층탑을 근거로 지어졌다고 가정을 해보면 무지 빨라야 AD580년 경이 될 겁니다. 그런데, 상식적으로 보면 3층탑을 지은지 10~20년이 흐른 후 어떤 한 친구가 3층석탑을 생각하기 시작했을 확률이 무척 높답니다. 그렇다면, 빠르면 AD600년 경부터 어떤 3층석탑 형식이었는지는 모르겠지만 짓기 시작했을 수도 있답니다. 3층석탑을 계속 지어가는 과정에서 미탄사탑이든 고선사지탑이든 석가탑 등으로 계속 진화과정을 겪으면서 석탑이 완전한 형태를 갖춘 것으로 볼 수 있답니다. 그렇다면 이 미탄사탑은 어느 시기쯤 지어졌을 거라는 생각이 드십니까? 미탄사탑을 인터넷 등에 두들겨 보면 8C~10C 정도에 지어졌을 거라고 나와 있을 겁니다. 과연 8~10C에 지어진 3층석탑일까요? 그런데, 저의 개인 생각은 조금 다르답니다. AD620~630년경에 지어졌을 거라는 생각이 많이 든답니다. 제가 생각해봐도 제가 청개구리 기질이 쪼께 있는 것 같은 느낌이 드네요. 생각은 생각일 뿐이니 이뻐게 봐주이소. 제가 왜 AD620~630년경에 지어졌을 거라고 생각하는지 이유는 크게 2가지 정도가 있답니다. 중요한 이유 중 첫째는 바로 지붕하판의 이파리숫자가 3잎이라는 것이랍니다. 즉 3이파리 지붕하판이랍니다. 이 이파리개수는 무지 중요하기도 하지만 앞으로도 계속 나오게 되므로 이 잎 숫자에 대해서는 조금 뒤 얘기드리겠습니다. 이 세 이파리는 발코니 지붕판하부 이파리개수와 같답니다. 석탑을 유심히 보시면 꼭다리에 굉장히 무게를 두고 있답니다. 꼭다리에 중점을 두었다는 것은 바로 일반목탑의 상부(관측소와 갓탑 등)에 관심을 가졌다는 걸 의미한답니다.

여러 많은 추정을 해보면 초기 3층석탑은 관측소 bal의 3잎에 중점을 두고 지붕판하부에 적용하다가 석탑이 진화되면서 일반적인 5잎으로 정착이 된 걸로 추정이 된답니다. 일반적인 석탑 지붕하판에 있는 5잎은 바로 일반목탑의 지붕끝 홈통보의 문양턱인 5잎을 그대로 따온 것이랍니다. 이 이파리 숫자만으로 연대추정을 단정하는 것은 조금 불합리할 수도 있답니다. 그래서 또 한 가지를 더 생각해봐야 한답니다. 바로 중요한 이유 두 번째는 미탄사 3층탑이 있는 미탄사지의 위치랍니다. 미탄사지가 어디 있죠. 바로 구황동(9개의 황자가 붙어있는 사찰이 있었다고 구황동이라고 한답니다. 황룡사, 분황사 …… 그런데 아직까지 한 사찰 이름은 못 찾고 있다네요. 시간 나시는 분은 보물찾기라도 해 보세요.)에 있답니다. 황자 사찰이 있는 동네에 황자가 들어가지 않은 미탄사는 국가사찰이 아니고 혹시 개인(민간)사찰이었을까요? 하! 고곤 알 수가 없네요? 이 구황동이 반월성에 아주 가까이 있답니다. 아니 사실은 붙어있답니다. 왜 이렇게 많은 사찰이 반월성(왕궁) 근처에 있었을까요?

반월성을 중심으로 공간 분석을 잠깐만 해 보실까요.

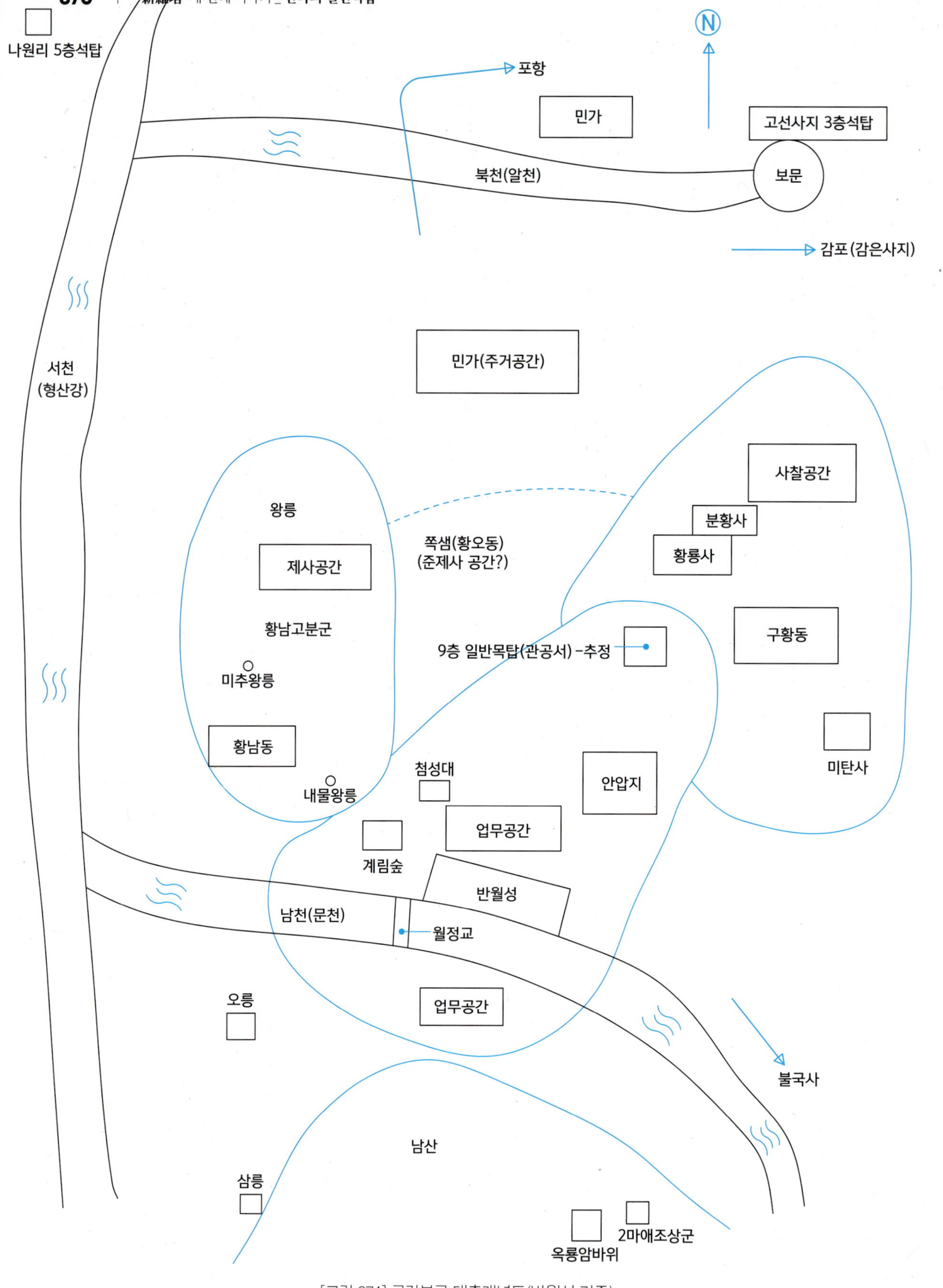

[그림 974] 공간분류 대충개념도(반월성 기준)

반월성을 중심으로 공간분석을 해보면 크게 4가지로 분류되네요.

- 업무공간
- 왕릉(제사공간)
- 사찰공간
- 민가(주거공간)

업무공간, 왕릉(제사공간) → 국가공간

업무공간, 왕릉(제사공간), 사찰공간 → 넓게 보면 국가공간

업무공간과 왕릉(제사공간)은 당연히 국가공간이겠죠. 사찰을 국가에서 지었는지 개인이 지었는지는 알 수는 없지만 일단 넓게 봐서 국가공간으로 분류해 보겠습니다. 그러고 보니 경주 시내의 반이 국가공간이 되어 버리네요. 사람들은 어디서 살지? 불국사 쪽이나 영천 쪽이나 아니면 포항 쪽에서 출퇴근했나? 하여튼 어떻게라도 살았겠죠. 역시 국가가 돈이 많거나 힘이 세기는 그 시대에도 마찬가지였나 보네요.

그러고 보니, 이 사찰공간이 우측(동쪽)에 밀집되어 있네요. 구황동에만 있는 것이 아니라 여러 많은 곳에도 있었을 겁니다. 그런데, 가장 중요한 것은 이 구황동에 있는 사찰이나 탑(황룡사 9층목탑·분황사 7층탑 등)들이 거의 AD600~650년 사이에 축조되었을 확률이 무척이나 높답니다. 물론, 그 전이나 그 뒤에도 지으는 졌을 겁니다. 이 구황동에 미탄사지가 있었다는 것은 이 미탄사탑도 AD600~650년 사이에 지어졌을 확률이 매우 높답니다. 3층석탑 출현 등 여러 정황들로 미루어보면 이 미탄사탑이 AD620~630년 사이에 축조되었을 확률이 제일 높답니다. 즉, 3층석탑의 초창기인 AD600~620년 경에는 석탑이 형성되는 시기였을 것이며 지붕하판의 3잎이 정착된 미탄사탑을 거쳐서 3층석탑의 완성기이며 전성기인 고선사탑과 감은사탑에서 지붕하판이 5잎이 되면서 완벽한 신라 3층석탑이 된 것으로 보인답니다. 그 뒤, 석가탑등 많은 탑들이 5잎형태의 석탑으로 지어졌을 겁니다.

제가 3잎과 위치 등을 근거로 이 미탄사탑의 축조(築造)연대를 추정해 보았는데 그럴싸한가요? 아니면 정말 9류 추리소설 같나요? 근데! 난 언제쯤 3류 추리소설 한번 써 볼 수 있을랑고? 제가 실측치수도 없는 미탄사탑에 손을 댄 가장 큰 이유가 무엇일까요. 탑규모를 알기 위한 것도 물론 있겠지마는 지붕하판의 3잎문양 때문에 손을 대었을 겁니다. 전에도 잠깐 이파리에 대해서 말씀을 드렸습니다마는 다시 한번 복습해 볼까요. 신라 석탑이든 석판탑이든 아님 일반목탑에서도 이 이파리는 엄청 중요한 역할을 하며 신라탑의 특징이기도 하답니다.

먼저 일반목탑 지붕끝을 보실까요?

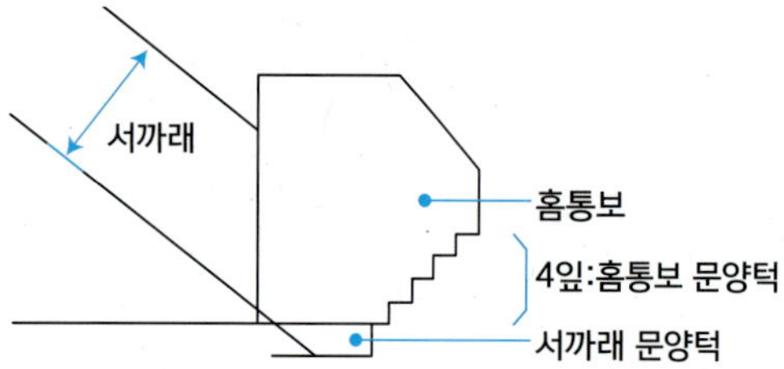

[그림 975] 일반목탑 지붕끝의 5잎

홈통보 하부턱을 보시면 5잎이 있답니다.
이 중 4개는 홈통보 자체의 잎이며 제일 하부에 있는 잎은 홈통보와 관계없이 홈통보를 받쳐주는 서까래의 턱이며 잎의 형상을 띠고 있답니다.

일반목탑 지붕은 지붕판 자체로 상판이 되면서 하부판이 없답니다. 그런데 묘하게도 석탑은 지붕판에 하판이 새로 생겼답니다. 물론 이 하판은 상지붕판을 받쳐주는 역할도 하지마는 가장 중요한 것은 탑지붕의 모양을 꾸며 준답니다.

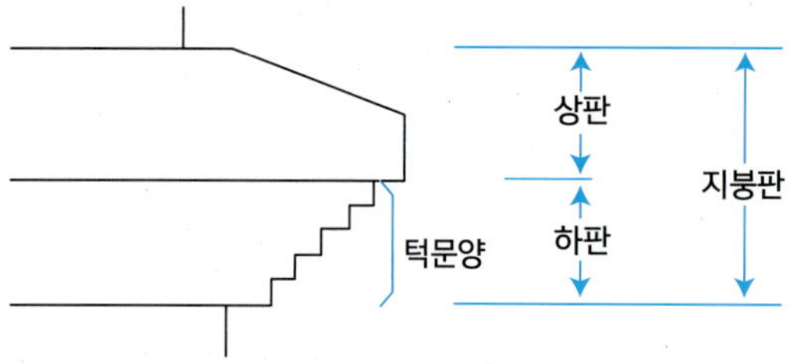

[그림 976] 신라석탑하판의 5잎

바로 이 하판의 턱문양이 홈통보의 하부문양을 그대로 옮겨 놓은 거랍니다.
일반석탑은 대부분 5잎으로 되어있답니다.
가끔은 4잎도 보이실 겁니다.

둘 다 맞는 거랍니다 5잎은 정통파 잎이지만, 건축기사의 관점에 따라서 홈통보 자체잎인 4잎만 인정해 주는 기사는 4잎으로 지붕하부를 꾸밀 수가 있답니다.
그럼, 미탄사의 3이파리는 어디에서 왔을까요? 하늘에서 떨어졌을까요? 설마 그러진 않을 겁니다. 관측소의 bal 하부지붕을 보실까요.

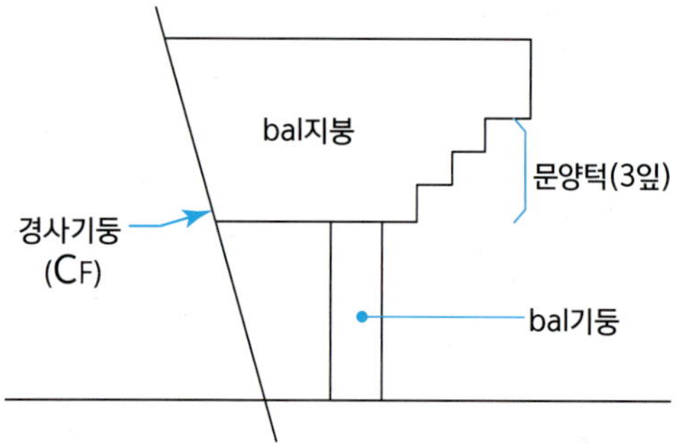

[그림 977] bal 지붕끝 하부 문양턱 개념

묘하게도 bal지붕판 하부끝은 3잎이랍니다.
못 믿겠다고요?
사실 저도 한 번도 본 적이 없답니다. 그런데 알 수 있는 방법이 있답니다. bal지붕판을 분개해서 턱을 내어보면 3잎이 나오게 된답니다. 물론 2잎은 항상 성립이 된답니다.

3잎이 모양새가 훨씬 좋답니다.

다시 홈통보를 한번 더 보실래요. 끝에 처마보의 꼭다리가 톡 튀어나와 있답니다.

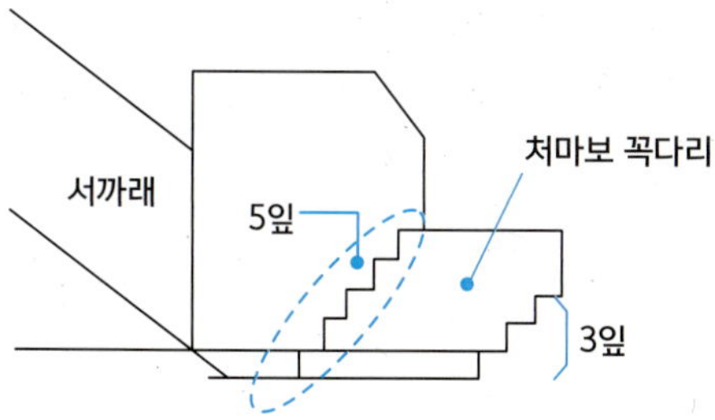

[그림 978] 일반목탑지붕의 처마보 꼭다리개념

이 꼭다리처마보는 홈통보를 더 안전하게 걸치기 위한 여유공간이라고 생각하시면 된답니다.
홈통보와 하처마보가 끝이 같으면 무엇인지는 모르지만 조금 구조적으로 불안할 것 같다는 느낌이 드실 겁니다.

그래서 구조안전 때문에 처마보꼭다리가 있답니다. 바로 이 처마보꼭다리 문양턱이 3잎이랍니다. 사실 이 3잎도 본 적이 전혀 없답니다. 3잎의 미탄사탑은 bal 지붕끝을 보고 한 것인지, 일반목탑지붕판의 처마보꼭다리를 보고 한 것인지는 알 수는 없으나 미탄사탑 건축기사는 3잎을 채택했네요. 아마도 신라석탑 초기라 홈통보의 턱이 5개인지 4개인지가 헷갈려서 확실한 3잎을 선택하지 않았나 조심스레 생각해 본답니다.

그러고 보니 신라석탑의 하판이파리개수는 3잎, 4잎, 5잎 중 어떤 것을 선택해도 다 맞답니다. 석탑이파리를 보실 때 왜 개수가 다르지 하고 헷갈리지는 마십시오. 참고로, 백제석탑류는 이파리형식이 아니라 보의 형태로 3단이든 2단으로 되어있어서 보시면 금방 구별이 되실 겁니다.
가끔 신라석탑을 보시다가 3·4·5잎도 아닌 6잎이 있는 석탑도 보실 수가 있을 겁니다.
이 6잎같이 이파리 숫자가 많은 것은 석판탑(전탑 포함)의 영향을 받은 것이라고 생각하시면 된답니다. 6잎도 성립이 된답니다. 석판탑같은 경우는 10잎도 있답니다. 아마 이 이파리 얘기는 앞으로 귀가 닳도록 들으시게 될 겁니다. 석판탑에서 확인해 봅시다. 이 미탄사탑은 본 적도 없지마는 처음 들어 본 재미있는 석탑이네요. 아마도 보물로 지정이 되어있습니다만 제 개인생각으로는 보물 중의 보물인 국보에 어울리는 탑이랍니다.

비록 없어진 부재들이 있어서 새로 만들긴 했지만, 보이지 않는 강한 힘이 느껴지는 3층석탑 초기의 석탑으로 아주 훌륭한 석탑이랍니다.

Three-story Stone Pagoda at Mitansa Temple Site, Gyeongju

경주 미탄사지 삼층석탑
(慶州 味呑寺址 三層石塔)

미탄사지 삼층석탑은 6.12m의 규모로, 총 35매의 부재로 구성되어 있다. 1980년 이전까지는 도괴로 인하여 기단부와 탑신부의 일부 부재가 소실된 채로 방치되어 있었으나 1980년에 남은 부재들을 모아 복원을 하였으며, 소실된 부재는 새로운 부재를 치석하여 조립하였다.
이때, 신라석탑 기초부의 형식 등이 파악되어 아직까지 신라석탑의 기초부를 논할 때 이를 근거자료로 활용하고 있다. 특히, 일반적인 석탑의 판축기법과 달리 잡석과 진흙을 다져 불을 지피는 방식으로 한 단이 완성될 때마다 굳히면서 쌓아나가는 기초부의 판축 축조방식이나 기단부 적심 내의 지진구 출토 등에 있어서 특이하고 학술적인 가치가 있는 새로운 자료를 지니고 있어서 한국석탑에 관한 연구에 실증적 자료로서 그 가치가 더욱 크다.(자료출처 : 문화재청)

❶ 상륜부 ❷ 기단부 배면 ❸ 기단부 ❹ 미탄사지 삼층석탑 동북측방향 전경

④

6. 나원리 5층석탑(경주 나원리 오층석탑)

경주시 현곡면 나원리에 있는 5층석탑이랍니다. 신라석탑은 비록 1·2·3층 층고비례공법까지는 정확하게 따르지는 않아도 그 자체로 어느 정도 비례가 잘 맞게 되어있어서 3층석탑으로도 충분히 모양새가 완벽하답니다. 그래서 신라석탑은 대부분 3층석탑이랍니다. 그런데 나원리 5층석탑은 신기하기도 하지만 실측치수가 나와 있어서 간단하게 한번 풀어봤답니다. 3층석탑이 아니고 5층석탑이네요.

이 나원리 5층석탑이 진짜 웃기는 것은 5층석탑인데도 3층석탑인 고선사탑·감은사탑과 탑높이와 총탑높이가 똑같다는 거랍니다. 일부러 맞추었을 거라고요? 고곤 귀신도 모른답니다.

나원리 5층석탑을 그려 봅시다.

Notice 별책도면 No.34 **나원리 5층석탑 개념도**

기본 Module은 1.08인 것도 같은데, 0.9라는 강력한 경쟁 Module도 등장하네요? 2개의 기본 Module? 헷갈리네요. 지붕끝선이 앞에서 본 일반 3층 석탑에서는 1층 외부기둥중심선의 2배였었는데 이 나원리 5층석탑은 해당이 안되네요. 1.02 x 2 = 2.04 > 1.8선(**현재지붕 끝선**)으로 24cm가 부족하답니다.

몸통 등은 많이 보았으니, 지붕판을 한번 봅시다. 지붕판의 각 잔 치수들은 이 정도면 적당하지 않을까해서 제 임의로 넣은 치수들이랍니다.

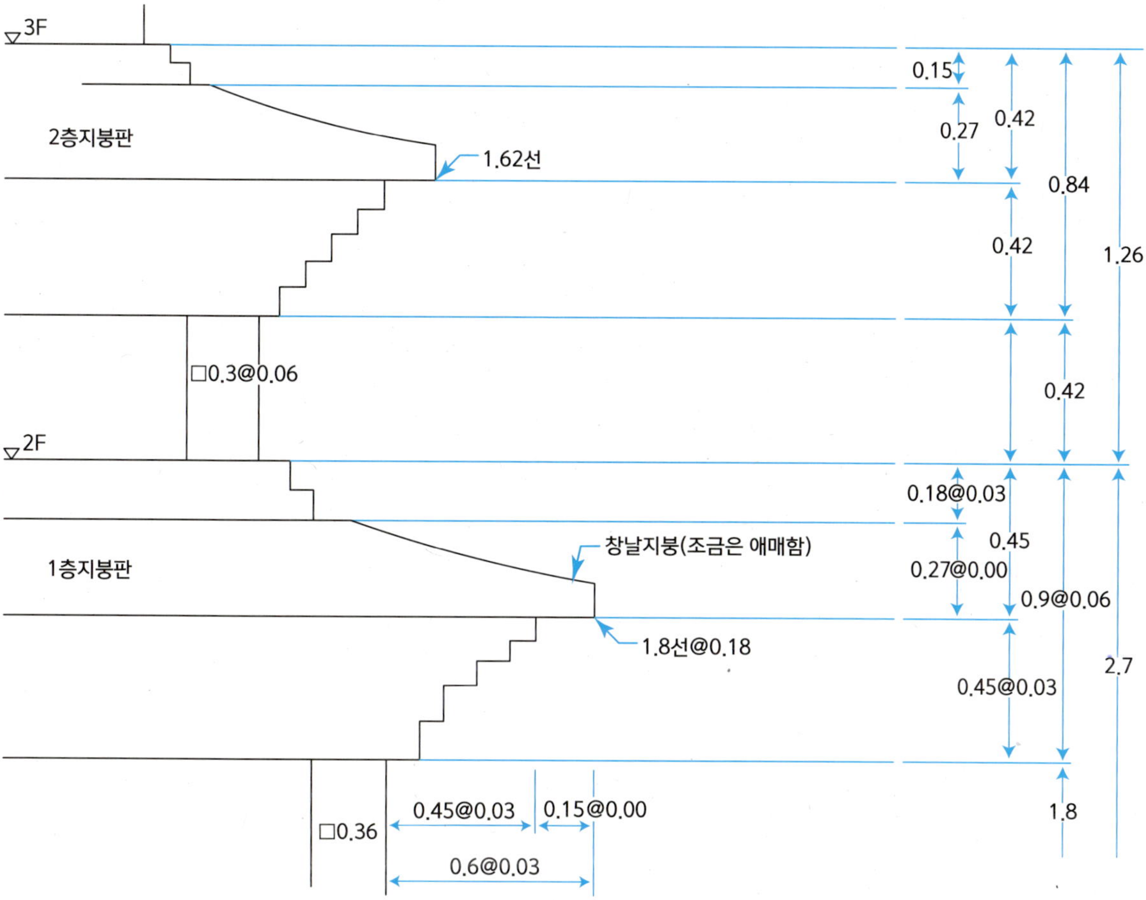

[그림 979] 나원리탑 : 지붕판 층별 증감계수

지붕판을 보시면 지붕판두께는 층당 6cm의 증감계수가 발생된답니다.(@0.06) 지붕상·하판두께를 보시면 거의 같은 것으로 보여서 지붕상·하판두께를 같게 했답니다. 지붕판을 상판·하판으로 분류하면 각각 @0.03의 증감계수가 되며 상판은 또 2개로 분류가 된답니다. 2단의 계단부위와 경사를 이루는 본 지붕부위로 나누어진답니다.

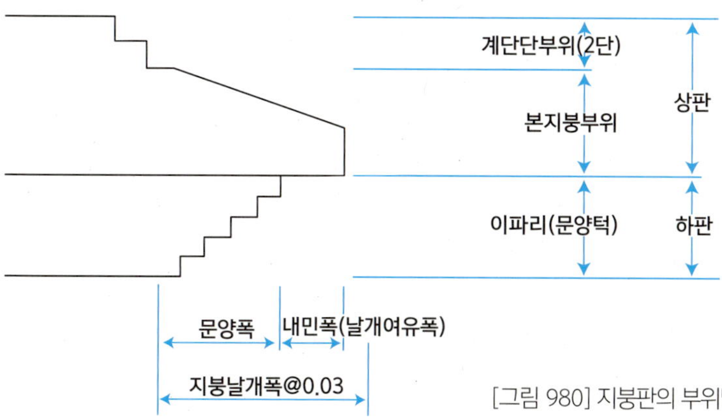

[그림 980] 지붕판의 부위별 개념

지붕상판의 증감계수는 @0.03인데 이 증감치수는 계단 2단부위에만 영향을 미친답니다.
즉, 본지붕부위높이는 각층 동일 높이가 된답니다. 지붕하판도 보실까요.

하판의 지붕날개를 보시면 날개폭도 2개로 분리가 된답니다. 이파리가 있는 문양턱부위가 있으며 그냥 쭉 내민 날개여유폭이 있답니다. 나원리 5층석탑은 증감계수가 그래도 비교적 양호한 편이랍니다. 지붕날개폭은 층당증감계수가 @0.03이랍니다. 이 증감계수 @0.03에서 내민폭은 동일하게 했으며 문양폭만 @0.03이 발생된답니다. 모든 부위에 다 증감계수를 발생시키고는 싶으나 그게 그리 쉽지가 않더랍니다. 그렇게 될려면 지붕판증감계수를 @0.06이 아닌 @0.09로 하든지 하여튼 증감계수를 키워야 되는데 그게 그리 녹록치가 않답니다. 사실 석탑에서 제일 분석하기가 까다로운 부위 중의 하나가 바로 이 지붕판 날개부위랍니다. 모든 부위의 숫자가 어떤 법칙에 따라서 동일하게 증감계수가 발생 되면 가장 이상적인데 이 놈이 그렇게 마음대로 잘 안되더랍니다.
감은사탑과 고선사탑 지붕판의 날개를 유심히 보셨는지 모르겠네요. 다시 한번 볼까요.

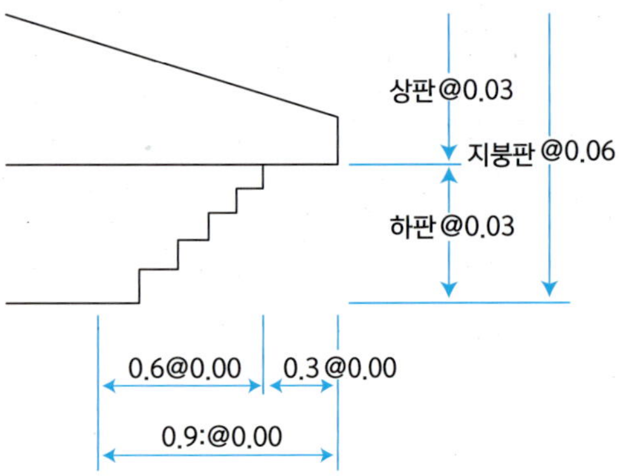

[그림 981] 감은사·고선사탑 지붕날개 길이 : 각층 동일함?

아마 다시 뒤돌아가셔서 보셔야 될 겁니다.
그래도 간단히나마 보실가요. 유심히 보시면 지붕상·하판 증감계수는 각각 @0.03인데 지붕날개길이는 0.9로 3개층이 동일하면서 증감계수가 전혀 발생되지가 않는답니다.
마음 같아서는 최소한이라도 @0.03을 발생시키고는 싶답니다.

그런데 실측치수를 비교해 보면 이것(최소한 @0.03)까지도 잘 안되더랍니다. 알다가도 모를 일이랍니다. 저 같으면 어떻게 해서라도 지붕날개길이에 변화를 주고 싶은데 참 이상도 하답니다.
아마 건축기사의 취향이었을까요? 지붕판길이는 각층이 똑같아야 된다는 지론이 있었나 봅니다?

이까지 왔으니 석가탑 지붕날개도 한번 봐야겠죠. 유심히 보십시오. 제가 1층 지붕판에 치수를 넣어 봤답니다. 한눈에 들어오시나요. 각 증감계수가 부위별로 모두 @0.03이 나온답니다. 이 법칙을 따르면 2·3층 지붕판의 부위별 치수는 자동으로 계산이 되겠죠.
2층 지붕날개폭은 0.54-0.06=0.48이 나올 겁니다. 3층은 계산을 하지 않는게 낫겠죠? 석가탑의 지붕날개는 아주 이상적이랍니다. 그래도 옥에 티는 하나 있답니다. 찾아내실 수 있으십니까?

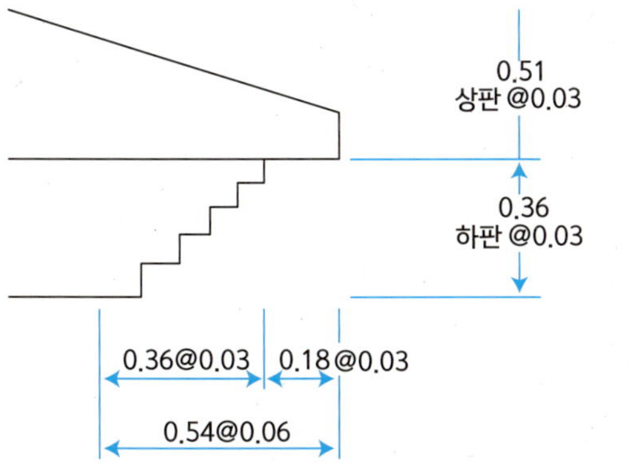

[그림 982] 석가탑 1층 지붕날개 증감계수

찾으셨다구요. 하! 석탑에 대해서 도사시군요. 이제 하산하실 때가 되신 것 같군요. 바로 지붕상판두께 증감계수가 현재는 @0.03인데 @0.06이 되면 완벽하게 이상적이랍니다. 상판이 2단으로 구성되어 있다고 했을 겁니다.

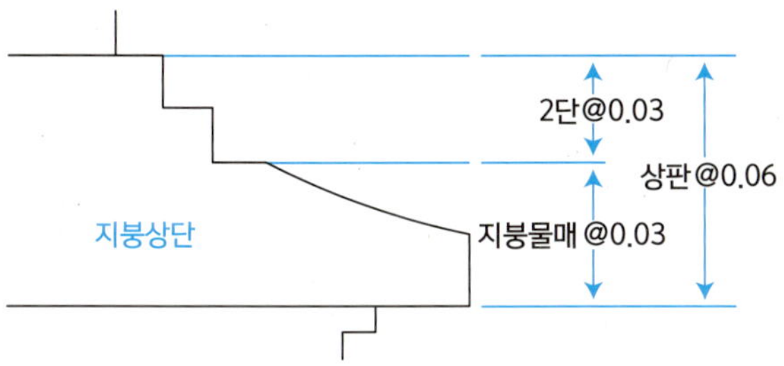

[그림 983] 이상적인 상판 증감계수@0.06

보시면 계단 부위(상부층 기초판 개념도 갖고 있음)인 2단도 증감계수가 @0.03이며 지붕물매쪽(본지붕)도 증감계수가 @0.03이면 완벽하게 모든 지붕형상이 조화롭게 된답니다.

그런데 실제(현상태 실측치수 기준)로는 상판 증감계수만 @0.03이랍니다. 산 좋고 물 좋고 거기다가 정자까지 좋은 곳이 흔치 않듯이 이 지붕날개 치수를 완벽하게 맞추기는 쉽지 않네요. 저였더라면 발로 밟아서 구겨서라도 맞추었을 겁니다. ㅋ~
사실, 실측치수가 없더라도 어느 정도까지는 맞출 수는 있는데, 실측치수에 충실하기로 했답니다. 왜냐구요? 간단하죠. 저에게는 아무런 권한도 힘도 없기 때문이랍니다. 마음은 꿀떡 같은데 고게 마음대로 잘 안되네요. 신라석탑은 기본개념이 3층석탑이긴 한데, 묘하게도 가끔 5층석탑이 보인답니다. 층수개념으로 보면 백제석탑이 5층이 기본이므로 어느 정도는 백제석탑 개념이 조금은 있는 것도 같기는 하답니다. 어쩌면 3층석탑이 진화과정을 거치면서 자생적으로 5층석탑이 되었을 수도 있답니다. 물론 5층석탑이라도 석탑개념은 신라양식 그대로랍니다.

어찌되었건 백제 5층석탑층수와 같으므로 어느 정도는 두 문화의 융합형식이라고도 볼 수가 있답니다. 일반적으로 두 문화가 융합이된 건축물은 모양새가 훨씬 더 세련되고 아름다워 진답니다. 이 나원리 5층석탑은 보면 볼수록 멋진 건물이며, 폭과 높이 등 5층석탑에 어울리게 비례를 아주 잘 맞추었네요. 더 중요한 것은 보존 상태가 너무너무 양호하답니다. 탑을 지을 당시의 1자길이 추정하기가 아주 양호한 탑이랍니다. 왜 탑높이를 고선사탑과 감은사탑에 맞추었는지는 알 수가 없답니다? 이 나원리 5층석탑이 더 재미있는 건 8괴 중에 하나랍니다. 인터넷에서 설명을 읽어가다 보니 8괴라는 얘기가 나오더랍니다. 약 50여년 전에 들어본 반가운 말이었겠죠.

경주에 예로부터 전해내려온 '3기 8괴(3개의 기이하고 8개의 괴상한 것을 이름)' 중 이 나원리탑이 포함이 되어있네요. 석탑의 돌이 지을 때부터 현재까지 하얗답니다. 그래서 백탑이라고도 한답니다. 일반적으로 돌은 세월따라 색갈이 바뀌는데 참 희한한 일도 다 있네요. 그래서 8괴에 속하나 봅니다. 탑의 돌이 자존심이 강한 건지 고집이 센 건지?

Five-story Stone Pagoda in Nawon-ri, Gyeongju

경주 나원리 오층석탑
(慶州 羅原里 五層石塔)

나원리마을의 절터에 남아 있는 석탑으로, 경주에 있는 석탑 가운데 경주 감은사지 동 · 서 삼층석탑(국보)과 경주 고선사지 삼층석탑(국보)과 비교되는 거대한 규모를 자랑한다.

2층 기단(基壇)에 5층의 탑신(塔身)을 세운 모습으로, 기단과 1층 탑신의 몸돌, 1·2층의 지붕돌을 제외한 나머지가 모두 하나의 돌로 이루어져 있다. 천년의 세월이 흐른 지금까지도 순백의 빛깔을 간직하고 있는데, 이로 인해 '나원 백탑(白塔)'이라 부르기도 한다.짜임새있는 구조와 아름다운 비례를 보여주고 있어 통일신라시대인 8세기경에 세웠을 것으로 추정된다. 경주 부근에서는 보기 드문 5층석탑으로, 탑이 지니고 있는 듬직한 위엄에 순백의 화강암이 가져다주는 맑은 기품이 잘 어우러져 있다. 높은 산골짜기에 우뚝 솟은 거대한 모습에서 주위를 압도하는 당당함이 묻어난다.(자료출처 : 문화재청)

❶ 노반석 ❷ 1층 옥개석 상세 ❸ 기단부 ❹ 전경

4

☆ 문천도사(蚊川倒沙) ☆

문천(蚊川) : 경주 남천/ 도(倒) : 거꾸로, 반대로/ 사(沙) : 모래

3기 8괴(三奇 八怪) 얘기가 나온 김에 그 중 하나인 문천도사에 대해서 상상한번 해 보실까요? 물론 제가 지어낸 이바구일 겁니다! 문천도사? 부채 도사는 들어본 것도 같은디 왠 문천도사. 어쨌든 문천도사도 역사적으로 있긴 있었나 보네요. 과연 어떤 도사(?)였었는지 한번 파헤쳐 보실까요?

제가 신라시대의 3기 8괴를 인터넷에서 찾아보니 문천도사에 대해서 대충 이렇게들 나와 있네요. 몇 가지가 있어서 대충 적어 보겠습니다.

<문천도사 : 蚊川倒沙>

1. 남천(경주남천내를 의미)에 물은 아래로 흘러가는데 모래는 위로 흘러간다고 한다.
2. 문천(지금 남천)의 모래가 너무 부드러워 물은 아래로 흘러가지만 모래는 물을 거슬러 올라가는 것처럼 보이는 현상을 이야기한다.
3. 문천은 예로부터 모기내 또는 몰개(모래)내라고 불렸다. 문천 즉, 남천의 모래는 물 위에 떠서 강물을 거슬러 올라간다는 이야기인데 여기에 대해서는 자세히 전해 내려오지 않는다.
4. 문천 즉, 남천은 토함산에서 흘러내려 오는데 상류는 사등이천(史等伊川)이다. 이 냇물의 모래는 물이 흘러가는 방향과 반대로 거슬러 올라간다. 물밑 모래의 흐름까지 환하게 보일 정도로 물이 맑은 것이다.
   문천은 예로부터 모기내(蚊川) 또는 몰개(모래)내라고도 불렀다.(참고: 몰개는 모래의 사투리?)

무슨 말인지는 정확하게는 알 수가 없으나 어찌되었건 물은 내려가는데 모래는 올라간다는 의미 같기도 하네요. 조금은 황당한 말 같이도 들리지만 어찌 되었건 이 문천도사가 3기 8괴의 하나라고 하네요. 저희들도 시간을 거슬러 모래처럼 올라가 봅시다. 웃기죠. 시간은 흘러가는데 저희들은 문천도사(?)처럼 시간을 거슬러 올라갈 겁니다. 이 이바구는 이렇게 시작된답니다. 1967년 어떤 한놈이 어떤 중학교에 들어갔는데 샘 曰 "너거는 경주시민이니까 이것은 시민으로서 기본적으로 알고 있어야 된데이" 하면서 이 3기 8괴에 대해서 몇 시간에 걸쳐서 얘기를 해 주셨답니다. 근데 대가리가 나쁜지 몇 개 밖에 그것도 희미한 기억만 남아있네요. 그 기억나는 것 중에서 바로 이 문천도사가 끼어 있답니다. 그나마 다행이네요. 아마도 제가 문천이 주 활동무대(?)라서(강수욕, 천렵 등) 아마 문천에 정이 들어서인지 기억하고 있나 봅니다. 선생님의 이 문천도사에 대한 골자는 이렇답니다.

강물이 아래로 흐르는데 모래톱은 반대로 되어있다는 것이랍니다. 즉, 물결따라 모래톱이 형성이 되는 것이 상식적이고 또한, 자연현상을 따르는 것인데 이것을 거스린다는 것이 이 문천도사의 요지랍니다.

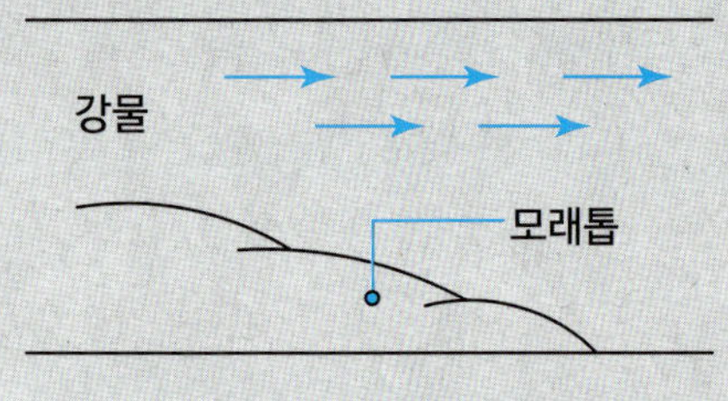

[그림 984] 물결따라 모래톱형성: 자연현상

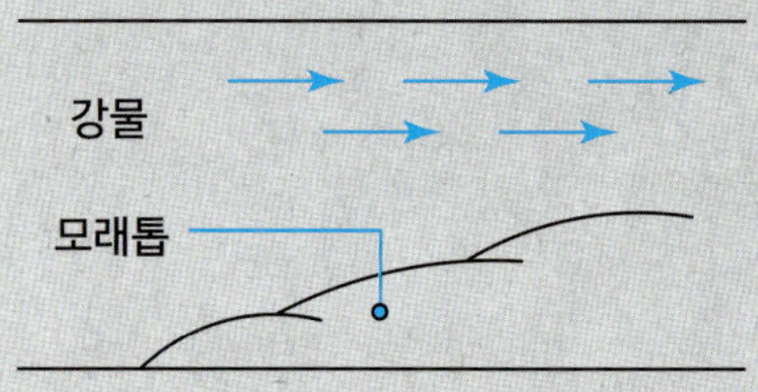

[그림 985] 문천도사 방식의 도사같은 모래톱

과연 이 문천도사같은 현상이 정말 가능한 일일까요? 물의 흐름이 도사급이면 가능할 수 있을 수 있다고요? 그건 하느님만이 아는 일이겠죠. 문천도사라는 말을 누군가가 심심하여 그냥 지어낸 이바구일까요? 지어낸 이야기인지 실제로 있었는지는 알 수 없지만, 이 황당한 용어의 정체를 저희들도 황당(?)하게 한번 풀어봅시다. 어짜피 둘 다 황당한 건 마찬가지겠죠. 아니 비록 황당한 증명(?) 일지라도 한 번쯤은 풀어보셔야죠. 저희들이 누굽니까? 귀신잡는 해병까진 못되더라도 과거를 잡는(?) 귀신들이잖아요. 이 황당한 증명을 제가 들은 두 가지의 사실(?)을 갖고 아주 황당하게 증명할 겁니다. 믿든지 안믿든지는 알아서 하이소? 물론 모래톱 방향이 왜 반대방향인지에 모든 초점을 맞출겁니다. 좀 웃기게 얘기하면 완전 황당할 수도 있답니다.

그럼, 저희들도 문천도사따라 과거로 과거로 거슬러 올라가 봅니다. 그렇다고 너무너무 멀리까진 가지 마십시오. 7~8천년 전쯤까지 가서 멈춥시다. 가다가다 보니 어! 반구대 앞이네. 언제 이까지 왔지. 혹시 반구대를 들어보신 적이 있으신지요. 많은 분들이 이 반구대에 대해서 알고들 계실겁니다.
반구대는 대충 이렇답니다. 강가 바위면에 고래그림과 농경시대의 소 등이 그려져 있다고 하네요.
즉, 수렵(고래잡이)과 농경사회를 동시에 바위에 새겨 놓았다고 한답니다. 아마 고래그림은 고래사냥을 위한 교육용이었다고 한답니다. 저는 1973년 여름부터 몇 번 반구대에 가 보았는데 유감스럽게도 고래는 한 마리도 본 적이 없는 것 같네요. 일반인들의 눈에는 잘 안보인다고들 하네요. 탁본을 떠서 보아야 보인다고 하네요. 혹시 반구대에 가서 고래를 보았다고 하는 놈(?)이 있으면 한 대 쥐어 박아 버리세요. 모르죠. 지금은 고래를 볼 수 있게 해 놓았는지? 그런데 이 반구대가 안타깝게도 수몰 위기에 몰려있다고 하네요? 그리고 반구대 근처에는 천전리라는 곳이 있는데 여기도 한번 가보세요. 공룡발자국도 있고 신라화랑들의 이름이 새겨져 있는 바위도 있답니다. 또한, 암각화도 있다고 하네요.

제가 꼭 울주군 홍보대사 같네요.~ㅎ~

그럼, 본론으로 들어가셔야죠. 제가 이 반구대에 대해 TV를 보면서 들은 골자는 이거랍니다.

물론 귀신고래 얘기는 뺄 겁니다. 당연히 문천도사와 관련이 있을 겁니다. 반구대에 고래 그림이 새겨져 있다는 얘기는 반구대까지나 아니면 근처까지 바닷물이 들어왔다는 얘기랍니다. 즉, 지형을 보면 울산 앞바다에서 반구대까지는 제법 깊숙이 들어와야 한답니다. 그렇다면 이 반구대까지 울산 앞바다에서 아주 긴 만이 형성되어 있었다는 말이겠죠. 그런데 이 만이 약 7~8천년전 어떤 지각변동으로 메꾸어져 버렸다고 하네요. 물론 제가 하는 얘기가 아니고 지질학자분의 말씀일 겁니다. 그러다 보니 고래잡을 일이 없으니(물론 울산 앞바다까지 가면 되지만) 이 반구대의 고래그림 위나 주변에는 농경사회의 생활상이 그려지기 시작했다고 하네요. 반구대까지가 바다의 만이었다는 말은 무얼 의미할까요. 반구대에서 경주시내까지는 그리 멀지가 않답니다 즉, 경주를 흐르는 현재의 주된 강줄기인 형산강(옛 이름은 모름)이 지금은 영일만 쪽으로 흐르지만 아주 오래전에는 반구대만쪽으로 흘렀었을 수도 있답니다. 경주에서 반구대만까지는 비교적 가까운 거리랍니다. 강물은 가까운 바다 쪽으로 흐를려고 하는 경향이 아마 있을 겁니다? 아잉가? 하여튼 제가 꿈을 꾸고 있는 것 같네요.

제 느낌으로는 약 2천년전쯤까지는 반구대만이 어느 정도는 메꾸어졌을지는 모르겠지만 그래도 경주시내의 주물줄기인 형산강은 계속 반구대쪽으로 흘러들었던 것 같답니다. 우찌 아냐고요? 글쎄요. 다음 얘기를 들어보시면 아주 쪼께 수긍이 가실 수도 있을 겁니다. 물론 반구대 얘기도 들은 얘기지만 이 이바구도 어디서 들었는지는 모르겠으나 분명히 들었답니다. 라디오였나? 그건 기억이 잘 안나네요. 이 라디오프로가 아주 재미있는 것이 많이 있답니다. 한번은 등황룡사 9층탑(고려시대문인의 황룡사탑 답사기. 제목도 불확실)이라는 걸 들었는데 인터넷을 아무리 뒤져도 찾지를 못했네요. 혹시 내용에 황룡사 9층탑의 내부구조나 아님 외부구조라도 조금이라도 있으면 많은 도움이 될 것도 같았는데 아쉽게도 라디오에서 스쳐지나가듯 듣기만 했지 내용 자체는 잊어버렸네요? 내가 혹시 돌대가리?

얘기할려고 하는 두번 째 이바구의 골자는 이렇답니다. 서기 1세기경 엄청난 폭우가 쏟아져 경주시내가 완전히 물에 잠겼답니다.(전 본적이 없습니데이?) 아마 어떤 상황에서 반구대만쪽으로 물이 잘 빠지지가 않아서 더 심각한 상황이었던 것 같네요. 내 생각이 맞나? 한 일주일(일주일인지 보름인지는 잘 모름)정도 잠겨 있는데도 물이 빠지지 않으니 경주시내 근처에 있던 어떤 할배와 손자가 경주시내 물 구경을 나왔답니다. 그런데, 갑자기 용이 나타나더랍니다. 할배도 놀랐겠지만, 이 어린 손자가 너무 놀란 나머지 용봐라라고 외쳤답니다. 더 놀란(?) 용이 너무 놀라서 하늘로 솟아오르면서 용꼬리로 산을 팍 쳐버리고 날아올라가 버리더랍니다. 그리고, 거짓말처럼 기적이 일어나더랍니다. 그 많고 많든 경주시내의 물이 포항쪽으로 흔적도 없이 싹 빠져버리더랍니다. 그 다음부터 경주시내의 주물줄기인 형산강의 물은 반구대만쪽이 아닌 포항쪽으로 흐르게 되었고 지금도 흐르고 있답니다. 맞긴 맞나. 모르죠. 만년 뒤에는 또 어떻게 될지? 아시는 분 손 번쩍 들어주이소. 사실, 이 이바구도 황당한 이바구에 속하긴 속하겠죠. 이 용 얘기가 조금 웃기기도 하답니다. 사람들은 항상 이렇게 용이라는 상상의 동물을 이용해서 이바구를 만든답니다. 앞으로 혹시 용을 보시거들랑 용봐라라고 하지마이소. 이 할배손자는 운이 좋았답니다. 그냥 꼬리로 산만 치고 갔지만 운이 억수로 좋으면(?) 낚아채 하늘로 올라갈 수도 있답니다. 이 용이 아닌 다른 상징성 얘기를 잠깐만 해 봅시다.

옛날 어느 동네 공동우물가에서 아낙네들이 물도 깃고 빨래도 하고 하여튼 마을의 모임장소가 있었답니다. 어느 날 우물에 연꽃이 피어오르더랍니다. 그리고는 며칠 뒤에 우물을 꽉 채워버리더랍니다. 물을 퍼 올리지 못하니 동네 아낙네 한 분이 연꽃을 잘라버렸답니다. 그런데, 하얀 연꽃물이 솟아오르더랍니다. 그리고 가까이 가서 보니 신기하게도 옥동자가 생글생글 웃고 있더랍니다. 옛날 어르신들의 이런 이바구는 들어도 들어도 재미있고 웃기죠. 어떤 상징을 이렇게 우물과 연꽃으로 비유해서 이바구를 만들었네요. 이 우물의 이름은 모르겠네요. 쪽샘인가? 쪽샘의 어원과는 별로 관련이 없는 것 같네요? 그런데 제가 어릴 땐 쪽샘이라 들었는디? 다들 아시겠지만, 이 용의 등장이 무얼 의미할까요? 바로 용은 왕을 의미하겠죠. 즉, 이 이바구는 경주시내에 홍수로 물이 차 있으니 왕이 사람들을 동원해서 반구대만쪽은 포기하고 포항쪽으로 물꼬를 텄다는 얘기겠죠. 물론, 포항 근처쪽에 있든 지역의 물은 원래 포항쪽으로 흐르고 있었을 겁니다. 이 두 동화같은 얘기가 어찌보면 황당하게 들릴지도 모르겠지만 어쩌면 어느 정도 신빙성(?)이 있을 수도 있답니다. 이제 이 두 얘기를 취합해 봅시다. 물론 이 문천도사라는 얘기가 전해오고 있으니 여기에 모든 초점을 맞추어야 이 도사 말이 증명이 가능할 겁니다. 바로 물꼬가 바뀌어야만이 정반대로 생긴 2개의 모래톱이 나올 수 있기 때문이겠죠.

그렇다면 경주시내의 주물줄기(형산강)의 변화를 먼저 살펴보실까요.
참고로 경주도 분지로 분류가 된다고 하네요. 반구대만 쪽으로 형산강이 흐를 때에는 당연히 경주시내는 강의 상류 쪽이었을 겁니다.

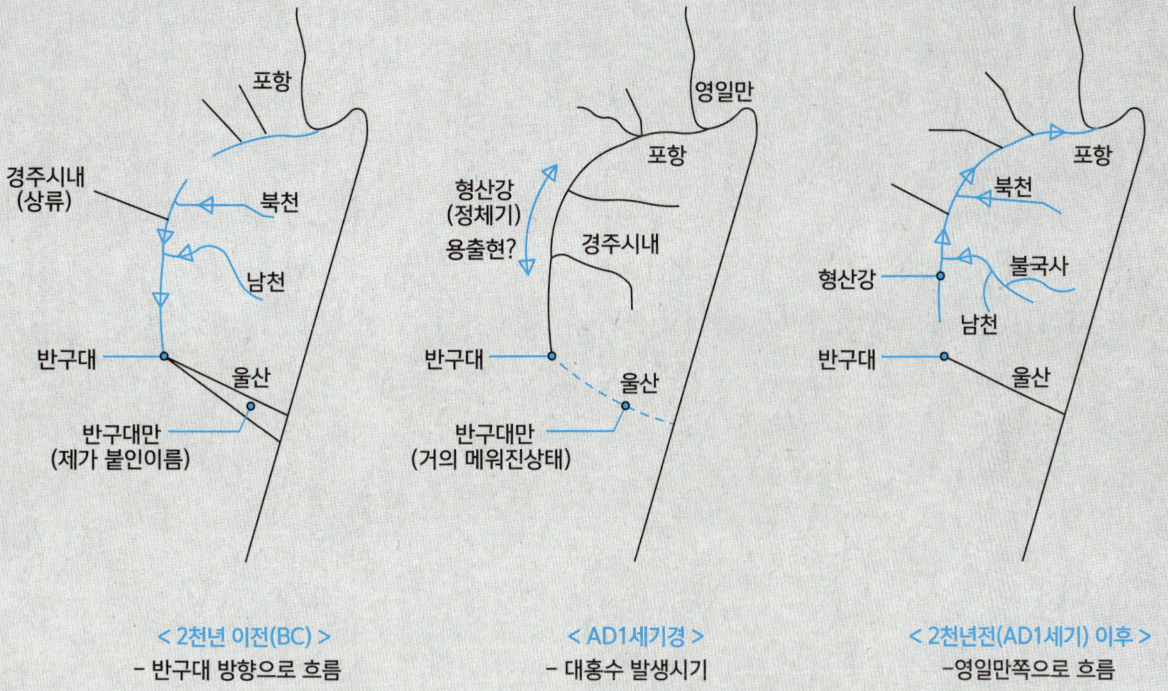

[그림 986] 경주시내의 주물줄기(형산강)의 변화:물론 제 추정이겠죠?

그림 억수로 못 그렸네? 보시면 2천년 전까지는 어찌 되었건 옛날 반구대만(제가 임의로 붙인 이름)이 오랜기간동안(약 5~6천년간) 메워지면서 만의 기능은 상실되었더라도 하여튼 경주시내의 주물줄기(형산강)는 반구대쪽으로 향한 것 같았는데 아마 2천년전쯤인 1C경에는 반구대쪽으로 강물이 빠지기에는 버거웠던 것 같네요. 그러고 AD1C경 대형홍수로 아마 대대적인 치수작업을 거쳐서 영일만쪽으로 물꼬를 잡은 것으로 보인답니다. 제가 확실히 9류추리소설을 쓰기는 쓰고 있나 보네요. 믿을 분만 믿으세요. 근데 아무도 안 믿는 눈치군요. 그런데, 자세히 보시면 어마어마한 오류가 하나 있답니다.

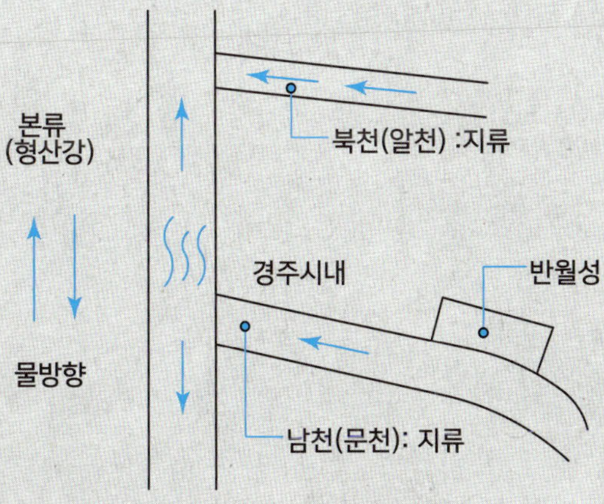

[그림 987] 문천의 물흐름방향

눈치 채신 분 계시나요? 문천쪽을 살짝 보실까요?

보셨나요? 무슨 오류이길래 어마어마하다고 했을까요? 바로 이 문천은 형산강의 지류로 반드시 형산강쪽으로 물이 흐른답니다. 형산강이 반구대쪽으로 흐르든 영일만쪽으로 흐르든 반드시 문천은 7천년전이나 지금이나 형산강 물줄기의 방향과는 관계없이 한결같이 현재의 형산강쪽인 서쪽으로만 흐른답니다.

맞나요? 저만 헷갈리나 보네요? 그렇다면 이 문천강의 모래톱은 만년전이나 지금이나 똑같은 방향으로 만들어질 겁니다. 모래톱의 방향이 바뀔 리가 없겠죠. 그런데 왜 문천도사가 나타나서 물은 아래로 흐르는데 모래톱은 위로 만들어진다고 했을까요? 혹시 이 말을 만든 분의 심리상태를 분석해 내실 분 계시나요? 시간이 조금 걸리시겠다고요. 이걸 풀 수 있는 방법은 존재하지 않는답니다. 최소한 자연현상으로는? 제가 이 문천도사 얘기를 들은지 50여년이나 흐르는 동안 엄청 많은 생각을 해 봤으며 또 얼마나 많은 잔머리(?)를 굴려 봤을까요.

그래서 이렇지 않았을까 하고 2가지의 경우의 수를 생각해 보았답니다. 첫째는 문천이 현재는 형산강의 지류이나 그 시대에는 형산강과 별도로 지류를 형성하여 언양(울주군 지명:경주 남쪽)쯤에서 형산강 본류와 합쳐졌을 수도 있답니다.

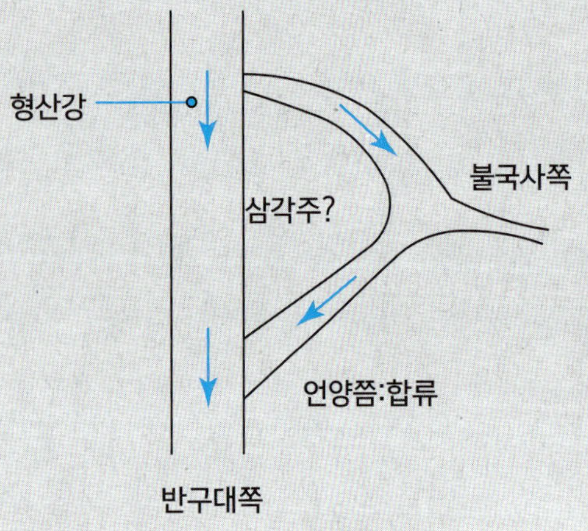

[그림 988] 문천의 다른 지류개념: 반구대쪽으로 흐름

보시듯이 2천년 전에는 이 문천강이라는 지류가 남으로 내려가면서 형산강과 합쳐져서 자연스럽게 모래톱이 물결따라 형성되었을 수도 있답니다. 상상력이 지나쳤나?

아니면 아예 문천이 불국사를 거쳐서 막바로 동해나 다른곳으로 빠져 나갔을 수도 있다고 생각해 볼 수도 있답니다.

그렇다면, 몇 만년(?)에 걸쳐서 경주의 남쪽이나 남동쪽인 반구대와 불국사쪽의 땅이 솟아 올라(그래서, 반구대만이 메워졌나?) 2천년전부터는 물길이 바뀌었다는 이바구. 알 수 없어라?

두 번째는 문천이라는 강 이름이 지류 밖에 안되는 조그마한 강 밖에 안되는데도 아주 오랫동안 이름이 전해져 내려오고 있다는데 있답니다. 그거야 기록에 남아 있으니 오랫동안 올 수는 있답니다. 그런데, 묘한 것은 문천강보다 몇 배나 더 큰 본류인 현재의 형산강의 옛 이름은 저는 아직까지 들어본 적이 없답니다. 문천(남천내)이나 알천(북천내)같은 조그마한 지류 이름은 많이 듣기도 했고 누구든지 다 알고 있는데 저희들이 일반적으로 부르고 있는 서천내(형산강 본류)는 왜 옛이름도 없고 들어보지도 못했죠? 그때 이름도 형산강이었나? 그래서 많은 생각을 해 보았는데 이 문천이라는 이름의 강은 현재의 문천 일 수도 있지마는 본류와 합쳐지는 유역까지도 포함하는 강이름 일 수도 있다는 생각을 해 본답니다.

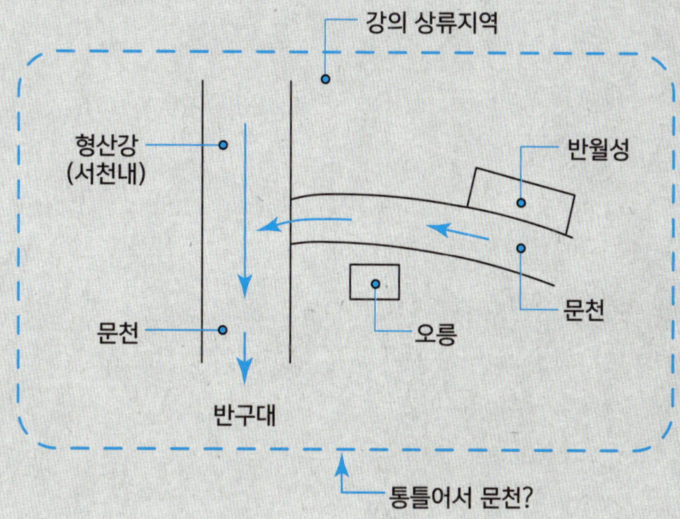

[그림 989] 강의 상류지역 전체를 문천이라고 불렀을 수도 있음

그래야만이 이 문천도사라는 자연현상이 설명이 될 수가 있답니다. 즉, 지류에 가까운 형산강 본류도 문천이 되어야겠죠. 반구대만쪽으로 형산강이 흐를 당시에는 어쩌면 현재의 형산강이든 문천이든 두 강의 상류였으므로 아주 넓게 강 이름을 문천이라고 공유했었을 수도 있답니다.

위 두 가지의 경우의 수 중 최소 1개는 맞아야만이 이 문천도사는 설명이 가능해 진답니다. 이유는 아실 겁니다. 강물이 2천년 전에는 반구대쪽으로 흐르면서 남긴 모래톱 자국과 2천년 전부터 물길이 바뀌어 다시 생긴 모래톱이 서로 반대방향이어야만이 이 어떤 도사인지 모르지만, 문천도사라는 말이 성립이 된답니다. 헷갈리게 만드는 걸 보니 도사는 도사인가 봅니다. 형산강의 물길이 반대로 바뀌고 몇백 년이 지나갔답니다 시간여행 한번 잘하네? 어떤 한 친구(저는 본 적이 없습니데이?)가 어느 날 문천에 놀러를 갔답니다 고기잡으로 갔나? 뭘 봤을까요? 아마 이걸 보았을 겁니다.

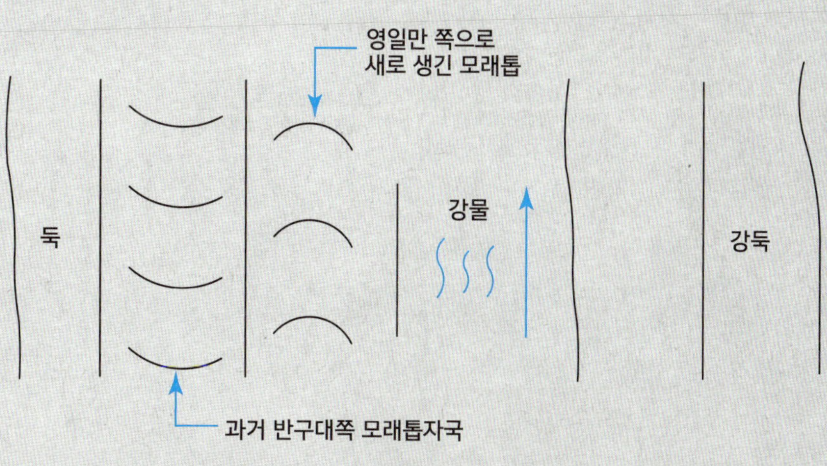

[그림 990] 과거와 현재의 모래톱자국

이걸 보고는 뒤로 나자빠졌답니다. 쪼께만 다쳐야 될낀데? 그리고 동네로 달려갔겠죠? "야! 문천 가니까 이상한 게 있더라?" 마을 사람들이 우르르 몰려가서 보니 기절초풍할 광경이 펼쳐져 있었겠죠? 그래서 이 도사 이름이 문천도사가 되었다는 기막힌 전설(?)이 있답니다. 사실은 제가 다 지어낸 거랍니다.

물론 모래톱이 노출되어 있을 수도 있지마는 옛날의 반구대 방향의 모래톱 자국이 밑에 있을 수도 있답니다. 지금도 파보면 나올랑가?

물의 흐름방향이 반대로 바뀌어야 만이 이 문천도사가 성립이 되므로 제가 들었든 두 얘기를 근거로 제가 임의로(?) 물의 흐름방향을 한번 바꾸어 봤답니다. 이게 이 게임의 본질이거들랑요. 근데 수학적으로(과학적인가?) 맞긴 맞나?~ㅋ~ 이 3기 8괴 중에 자연현상인 문천도사가 이렇게 해서 유래가 되지 않았을까하고 제가 한번 생각을 해 보았답니다.

믿으실 건 못되니 한쪽 귀로는 들으시고 한쪽 귀는 열어 놓으세요. 그래야만이 이 요상한(?) 문천도사일지라도 스쳐지나갈 겁니다. 이제까지 전설따라 8천년이었답니다 ~ㅎ~

PART 2

신라의 석탑(新羅石塔)

04

[네 번째 이야기]

신라의 석판탑

1. 분황사 7층석판탑(경주 분황사 모전석탑) : 목탑형 대형석판탑

석판탑이라? 처음 들어보시죠. 아니! 저도 대가리 털나고 처음 들어 본답니다. 혹시 모전석탑이라고는 들어보셨는지요? 들어본 것도 같으시다구요? 그렇다면 전탑도 들어보셨겠네요. 전탑은 들어보셨을 겁니다. 소위 벽돌류 탑이죠. 벽돌로 쌓아 올린 조적조 탑이랍니다. 그럼 모전석탑은 무엇일까요? 벽돌을 모방해서 지은탑? 무슨 할 일이 없어서 벽돌을 모방해서 탑을 지을까요? 아예 벽돌로 지으면 될 일이지? 이상하지 않으세요? 그럼, 벽돌을 모방해서 지었다는 모전석탑은 도통 어떤 재료로 지은 탑일까요? 벽돌을 모방한 걸 보니 벽돌은 아닌 것도 같고, 아! 석탑이란 말이 있으니 돌삐로 지은 게 맞는것 같군요, 그렇다면 모전석탑(模塼石塔)은 돌을 벽돌모양으로 만들어서 지은탑이네요. 그래서 모전석탑이란 이름을 붙였나 보네요. 저는 생각이 조금 다르답니다.

또! 청개구리기질이 살아나나 보네요? 돌삐로 만든 탑이라 전(벽돌)은 코빼기도 보이질 않는데 왜 모전이라는 용어가 들어가죠? 차라리 간단히 석탑이라고 부르면 될 것을? 아! 돌삐두께가 얇아서라구요! 돌삐가 얇을 수도 두꺼울 수도 있답니다. 백제석탑은 1층은 두껍고(높이기준) 윗층으로 갈수록 아주 얇아진답니다. 그럼, 밑층은 석탑이고 윗층은 모전석탑일까요? 머리가 다 지끈지끈거리네요. 저희들이 알고 있는 분황사탑은 돌을 쌓기 편하게 얇게한 것 뿐이랍니다. 돌이 얇아지면 돌이 벽돌같이 보이나 보죠? 이 얇은돌을 돌판이라고 해야 하는지 석판(石板)이라고 해야 하는지는 모르겠으나 저는 석판이라고 부르겠습니다.(용어자체가 정확한지는 모르겠네요. 용어를 잘 아시는 분이 계시면 이쁜이름 지어 주이소. 따르겠습니다.) 그래서 저는 돌판으로 쌓아올린 탑을 돌판탑이라고 하기에는 조금 그렇고 해서 석판탑으로 본래의 이름(?)을 찾아드리겠습니다.(그 당시 지을 때 건축기사는 어떤 이름을 붙였는지는 알 수가 없네요) 석판탑은 그 어떤 것을 모방한 적이 없습니데이. 어쩌면, 우리가 알고들 있는 전탑자체가 석판탑을 모방한 모석판탑일 확률이 무척이나 높답니다. 아마도 돌가공이 너무너무 힘이 들어서 만들기가 쉬운 전(벽돌류)으로 바꾸었을지도 모른답니다. 왜냐구요? 석판탑이 전탑보다 쪼께(?) 더 빨리 만들어진 것 같답니다.(신라기준임: 석판탑은 신라전용이라네요)
그리고, 어떤 석탑을 보시면 지붕상판에 하판문양턱식으로 여러개의 이파리들이 있는 탑이 있을 겁니다. 이건 석판탑의 상판이파리를 흉내(?)낸 것으로 보여서, 굳이 이름을 붙이자면(?) 석판탑형 석탑이라고 부르는게 좋지 않을까 한번 생각해 본답니다. 근데, 제가 마음대로 이름을 짓거나 바꾸어도 되나~ㅎ~

이제 분황사 석판탑을 풀어보셔야죠. 이제까지 같이 왔으니 우리 같이 한번 풀어보실까요?
이 분황사 석판탑은 접근 자체가 너무 힘이 드니까 정신 바짝 차리셔야 한답니데이. 왜냐구요? 풀 수 있는 어떤 근거나 단서가 없기 때문이랍니다. 오로지 현재 남아 있는 조그마한 3층탑 뿐이랍니다. 현존하는 3층탑으로는 원래의 모습 찾기는 너무너무 어려운 상황이랍니다. 그래도 어딘가에는 분명히 흔적이 남아 있을겁니다. 그 흔적만 찾아내면 분황사탑의 원형을 추정해 낼 수가 있을 겁니다. 사실 그 흔적 찾기가 쉽지도 않을 뿐더러 설사 흔적이 있더라도 그 흔적을 인지하지 못하고 무심코 넘어가기가 쉽답니다. 저희들이 누굽니까? 흔적의 냄새를 귀신보다 더 잘 맡는 귀재들이잖아요. 사실, 이 분황사탑을 풀면서 엄청 많이 헤매었으며 웃기게 얘기하면 별 지랄을 다해 봤답니다. 그래도 운이 따라 주었는지 원형을 찾아내는데 성공했답니다. 사실은 증명은 할수가 없답니다.
제일 먼저 생각해 볼 것은 몇 층 정도의 탑이었을까를 먼저 생각해봐야죠. 3층탑은 아닌 것 같고

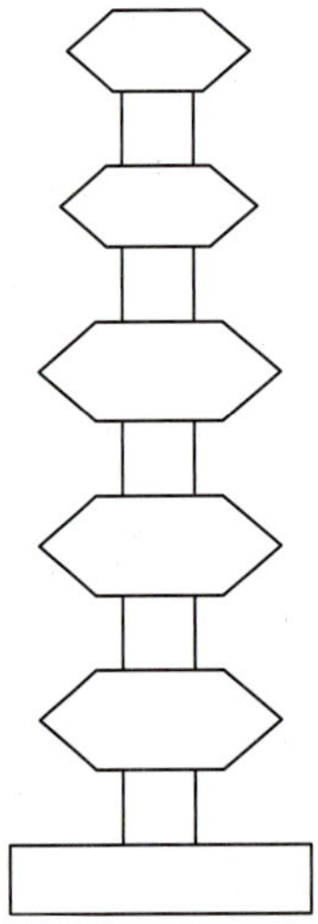

[그림 991] 처음 생각한 분황사탑 : 뾰족탑

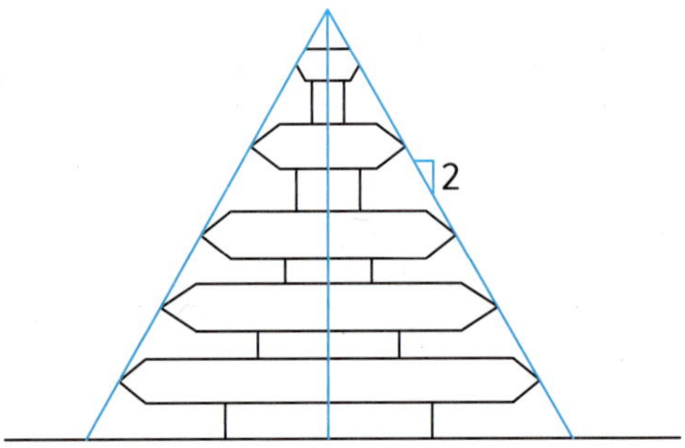

[그림 992] 처마각 ⊿2일시의 분황사탑 모양새

5·7·9층 탑 중 하나일 거라고 일단 생각을 했답니다. 그러고 현 분황사탑 1층폭이 좁은 것 같아서 탑의 형상이 이런 것일 거라고 생각했답니다. 즉, 탑폭은 좁고 높이 올라가는 탑이라는 생각이 제일 먼저 떠 오르더랍니다. 그런데 대충 그려 놓고 보니 모양새가 영 지랄같더랍니다. 즉, 뾰족탑 모양이 되더랍니다. 그래서 안되겠다 싶어서 처마각을 넣어보기로 했답니다. 처음에는 처마각을 ⊿2로 넣어 봤답니다. 처마각 ⊿2를 집어넣어 보니 탑이 하부가 너무 펑퍼짐해지더랍니다. 뾰족탑에서 펑퍼짐탑으로 바뀌어 버렸네요? 그래서 처마각이 ⊿3일 거라는 생각을 하기 시작했답니다. 그러니 탑이 뾰족도 아니고 펑퍼짐도 아닌 약간 더 모양새가 나더랍니다. 그런데 이 처마각 ⊿3은 7층일반목탑의 처마각이랍니다. 그렇다면 혹시 분황사탑이 7층탑일 확률이 높다는 생각이 스쳐지나 가더랍니다. 건립 시기가 언제였는지 정확히는 모르겠으나 어느 정도는 7층탑과 관련이 있다는 확신을 가졌답니다. 그래서 처마각이 ⊿3인 7층탑으로 어느 정도는 감을 잡았답니다. 그렇다면 익산 미륵사탑도 손을 한번 대어봐야겠다는 생각이 들더랍니다. 미륵사탑과 분황사탑이 정확하지는 않아도 느낌상으로 어느 정도 비슷한 시기에 지어졌기도 하지만 탑 형상이 너무 비슷할 것 같은 느낌을 받았기 때문이겠죠. 그래서 미륵사탑의 형상이 더 선명하게 남아 있으니 이 미륵사탑을 먼저 풀면 분황사탑도 완전하게 풀릴 거라고 믿었답니다. 그래서 이 미륵사탑을 먼저 풀어보았답니다. 처마각이 ⊿3이며, 7층석탑이라는 것을 완전히 인지하였답니다. 그래서 분황사탑도 처마각이 ⊿3이며, 7층탑이라는 것을 확신했답니다. 정확히는 알 수 없으나 그 시대에는 두 국가 간의 문화교류가 꽤 있었다는 걸 살짝 인지하고 있었답니다. 처마각과 7층탑이라는 걸 알았으니 이제 푸는 일만 남았답니다. 그런데 그게 그리 만만치가 않더랍니다. 현 분황사탑을 보시면 지붕하판이 6잎이랍니다. 처음 이 6잎을 보고는 뭐 이렇게 다 있노? 완전히 엉터리네~ 하면서 일반석탑 잎수인 5잎으로 싹 바꿔버렸겠죠.

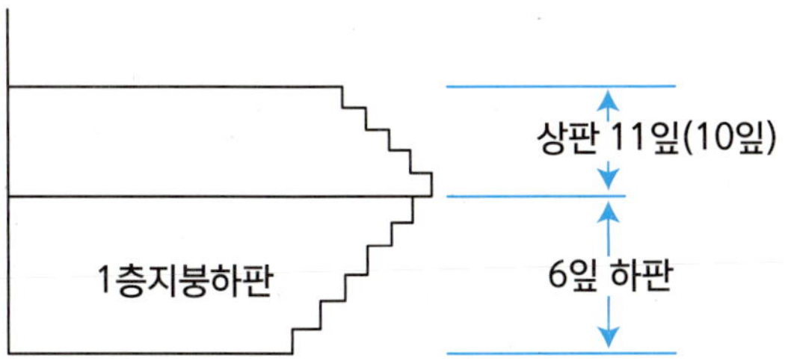

[그림 993] 분황사 1층지붕 잎수 : 현상태

제가 한 성깔 있잖아요? 그러고 상판잎도 제 임의로 3~5잎 정도로 생각했답니다.

그러고 몸통부의 석판두께를 보시면 똑같은 두께가 아니라 여러 개의 석판두께가 섞여 있는 것 같이 보이더랍니다. 그래서 잔머리를 굴리기 시작했겠죠. 이 몸통부 석판두께가 상부로 갈수록 얇아지겠구나라는 생각을 하기

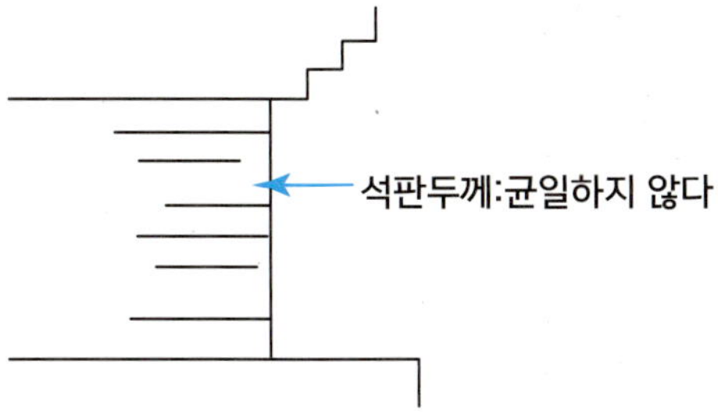

[그림 994] 1층 돌판두께(현상태기준)

시작했답니다. 그래서 몸통부 돌판두께를 증감계수 @0.01로 생각하고 7층 돌판두께를 4cm, 6층이 5cm, …… 1층은 0.1이라고 가정했답니다. 그러고 지붕판두께는 증감계수 @0.09를 기본으로 하고 1층만 약간 두껍게 했답니다. 이유는 석판형탑이므로 목탑과 같은 1·2·3층 비례공법을 적용하기 위해서랍니다. 그때 생각했던 분황사 7층 석판탑을 층고치수를 기준으로 잠깐 보실까요.

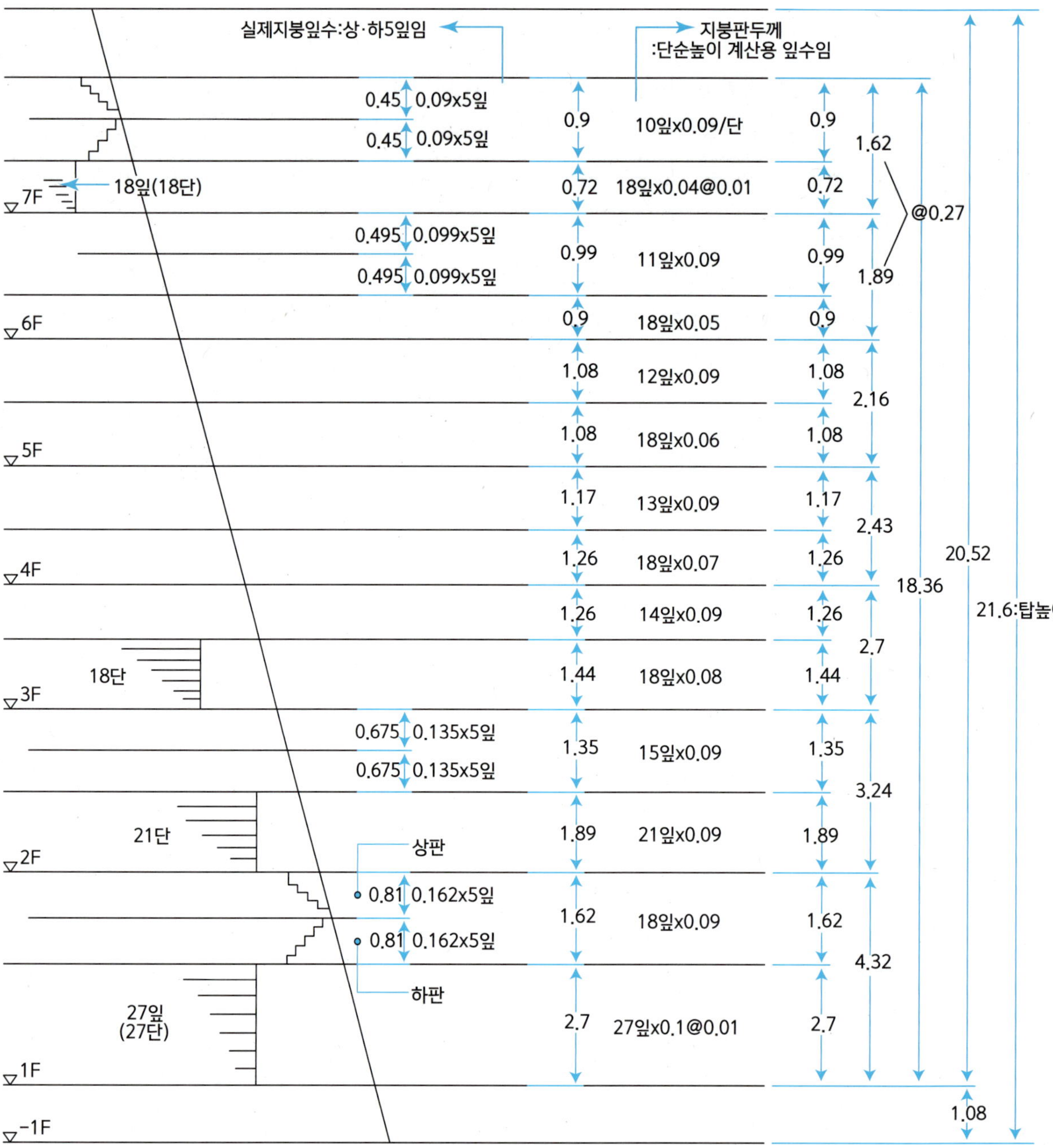

[그림 995] 지붕각⊿3&7층 안으로 생각해본 초기의 분황사탑 개념도

보시면 지붕 상하판잎수를 똑같이 5이파리로 생각했네요? 지붕판두께에서의 잎수는 단순히 지붕판두께를 구하기 위한 잎수로 실제 지붕판잎수와는 무관하답니다. 탑 규모는 21.6x21.6으로 생각했었답니다. 그러고 몇 년이 흐른 후 다시 분황사탑에 손을 대어 보았답니다. 자세히 들여다 보니 문제가 심각하다는 걸 인지하기 시작했답니다. 석판두께가 7층같은 경우 4cm로 너무 얇기도 하고 층당 1cm씩 밑층으로 갈수록 두꺼워진다는 것도 아무런 근거도 없으며 지붕하판 잎이 5개라는 것은 일반석탑 기준에 따른 것이지 석판탑에까지 꼭 적용해야 할 필요가 있나 등등 의문점이 자꾸 발견되기 시작하더랍니다. 그럼 석판탑의 흔적을 찾아야 되겠다는 생각을 하기 시작했답니다. 그래서 석판탑류(전탑포함)의 탑을 샅샅이 뒤지기 시작했답니다. 인터넷을 보니 생각조차 하지 못했던 꽤 많은 석판류탑들이 있더랍니다. 이게 왠 떡이지. 그래서 하나하나 분석하기 시작했답니다. 제일 먼저 눈에 띄는 것이 바로 지붕의 이파리숫자더랍니다. 저는 많아야 5개 정도일 거라고 생각했었는데 무려 10잎까지 있더랍니다. 그러고 돌판두께도 층마다 다른 것이 아니라 기본적으로 같더랍니다. 엄청난 정보를 얻게 되었답니다. 제가 처음 생각했든거와는 완전히 다르더랍니다. 하긴 제 생각이 맞을 리가 있겠어 ~ㅋ~

가장 중요한 지붕 이파리숫자를 대표적인 7층전탑과 5층석판탑을 기준으로 한번 비교해 봅시다. 1층 지붕이파리 기준이랍니다.

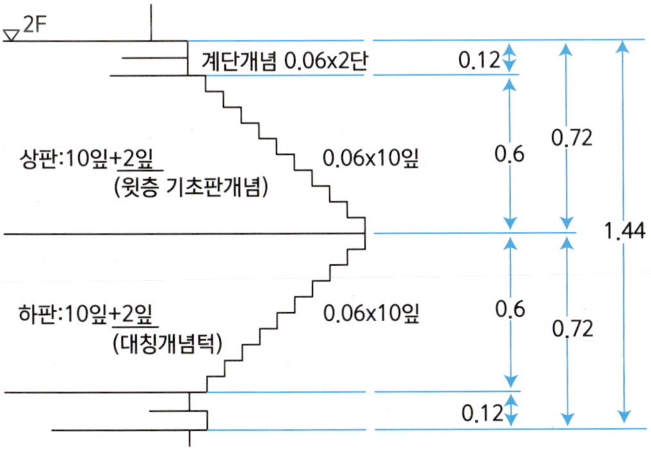

[그림 996] 안동 신세동 7층전탑 : 1층 지붕이파리

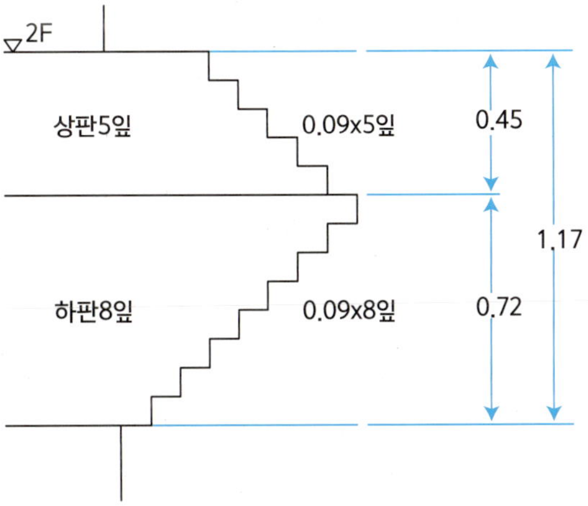

[그림 997] 영양봉감 5층석판탑 : 1층 지붕이파리

이파리수는 하판 이파리개수가 더 중요하답니다. 신세동 7층탑하판은 10개의 이파리이며 봉감 5층탑하판은 8개의 이파리가 있답니다. 무엇인지는 모르겠지만 알 듯 모를 듯하기 시작하실 겁니다. 이 석판탑 지붕의 상·하판은 희한하답니다. 즉, 상식(?)을 완전히 바꾸어 버린답니다.

일반석탑과 한번 비교해 보실까요?

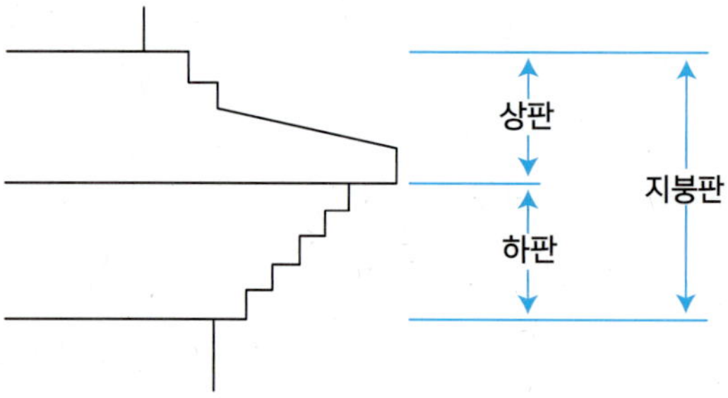

[그림 998] 일반석탑 지붕판 상·하판 구분개념

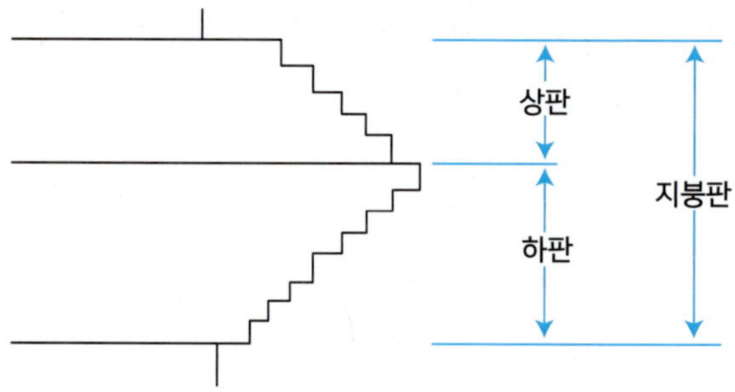

[그림 999] 석판탑의 일반적인 지붕 상·하판 구분개념도

일반석탑을 보시면 날개지붕판 끝이 상판에 소속된답니다. 석판탑은 희한하게도 지붕날개 끝꼭다리가 하판에 소속이 된답니다. 이해가 가시는지요? 어떤 누구도 인지하기가 그리 쉽지 않게 되어 있답니다. 상판보다 하판이 더 튼튼해야 된다고 판단했었나 봅니다. 그런데 희한한 것은 신세동 7층전탑은 이것도 저것도 아닌 중간 형태를 띤답니다.

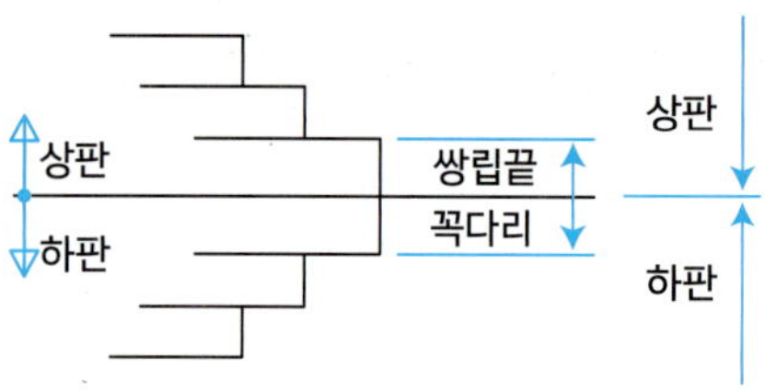

[그림 1000] 신세동 7층탑의 지붕날개 끝부분의 쌍립이파리

아마 지붕끝꼭다리를 하판에 소속시키기가 좀 그랬는지는 모르겠지만 상판에도 1잎을 붙여서 쌍립끝꼭다리를 만들었답니다. 참! 이만하면 기발 idea상을 드릴 만하죠. 쌍립끝꼭다리라 ~ㅎ~

이제 석판탑류의 지붕이파리 개념이 어느 정도 감이 잡히기 시작하셨으리라 믿습니다. 이 원리를 인지하고부터 길고 긴 장고의 늪에 빠졌을 겁니다? 분황사탑을 풀어야 하거든요! 이 원리로 분황사탑을 풀 수가 있을까요? 그건 아무도 알 수가 없답니다. 그래도 풀어야겠죠. 풀고야 말리라. 일단, 돌판두께를 9cm로 가정하겠습니다. 9.5cm인지 10cm인지 8.5cm인지는 저로서는 알 수는 없지만 어쨌든 9cm로 가정을 한답니다. 모든 출발점은 가정에서 시작된답니다. 돌판두께를 9cm로 가정한 것은 아주 간단하답니다. 7층탑이 R=0.18이므로 이 R의 반인 9cm가 돌판두께일 확률이 제일 높기 때문일 겁니다. 그리고 1층 지붕이파리 숫자를 상·하판 각 10잎으로 하고 층당 잎증감계수를 1잎으로 하겠습니다. 그리고 목탑형석판탑이므로 당연히 1·2·3층 층고비례공법을 적용할 겁니다.

또한, 처마각은 ⊿3이 될 것이며 7층탑이 되겠죠. 엄청 많은 시행착오를 거치면서 제가 계산해 낸 분황사탑을 한번 보실까요.

Notice 별책도면 No.35 분황사 7층석판탑 개념도

석판탑이 아주 단조로운 듯 하면서도 아주 복잡하답니다. 분황사탑 규모는 27x27이랍니다. 탑의 총높이는 29.7m가 된답니다. 처마각은 일반목탑과 같이 ⊿3이 기본이며, 중앙지붕 끝부위(2~6층 지붕끝선)를 약간 외부쪽으로 도톰하게 처리했답니다. 너무 일자이면 보기도 좀 그렇기도 하지만 석판탑류가 사진을 보시면 전반적으로 중앙층 지붕끝이 저의 느낌상인지는 모르겠으나 약간씩 볼록한 것 같아 약간 볼록처리를 했답니다. 사실은 등간격법을 적용하면 대부분 자동으로 중앙부 지붕끝이 약간 볼록하게 된답니다. ⊿3식으로, 일자보다는 약간 볼록하니 부티가 조금 나는 느낌이랍니다. 빈티보단 낫답니다. 이 7층석판탑은 처마각이 ⊿3이니까 공통수 C= ⊿3x ⊿4x3=0.36이 될 것이며 계단단높이 R=0.18이 될 겁니다. 물론 경사기둥각 ⊿4는 가상각이겠죠. 그리고 어마어마한(?) 장고 끝에 내부계단을 넣기로 했답니다. 그래야만이 지붕꼭대기까지 올라갈 수가 있답니다. 내부계단이 있어야 할 특별한 이유는 없답니다. 일반인들이 올라갈 수도 있겠지만 가장 중요한 것은 유지보수를 위해 필요하기 때문일 겁니다. 1층 출입계단 2단은 목탑과 같이 1층층고에 소속시켰답니다. 그리고 지하층높이가 사찰목탑과 같이 6R(1.08) 밖에 되지 않아서 지하층으로 분류를 해야되는지 말아야 되는지가 헷갈리기도 하기는 하지마는 일단은 지하층으로 분류를 해 보겠습니다. 그렇다고 토대로 분류하기도 그렇고 해서 1/3지하쯤 밖에 안 되지만 지하층으로 봐 드리겠습니다. 반지하? 석판탑의 구조성격상 온지하로 하기에는 조금은 무리였나 봅니다. 그러고 모든 치수는 목탑형식을 따랐답니다. 1·2·3층 층고비례공법을 따랐으며 3~7층 순층고(1.8)도 1층지붕판 두께인 1.8을 따랐답니다.

제가 분황사탑 1층지붕잎을 10잎으로 해서 탑규모가 27x27이지 만약 1층지붕잎을 8잎씩으로 하면 21.6x21.6으로 건물규모가 확 줄어든답니다. 여러 석판탑이나 전탑 등 여러 상황을 고려하여 1층지붕잎을 10잎씩으로 했답니다. 시간 나시는 분은 1층지붕잎이 8잎씩일 때 왜 21.6x21.6이 되는지 한번 그려 보세요. 석판두께는 9cm로 동일하답니다. 이제까지 저와 동행하셨으니 충분히 푸실 수가 있으실 겁니다. 3층석탑보다 석판탑 풀기가 훨씬 재미있답니다. 이 석판탑의 각 잎두께의 근거가 매우 애매하답니다. 7층·5층탑은 어느 정도 추정이 가능한데 1·3·9층 석판탑은 판단을 할 수가 없답니다. 9층탑이 있었다고 보시면 9층탑의 R=0.15이므로 돌판두께를 15cm로 하든지 아니면 그 반인 7.5cm로 해야 되어서 돌판 두께를 추정하기가 거의 힘들답니다. 또한, 3층석판탑이 있었다

고 가정하면 3층탑(일반목탑기준)의 R=0.21로 돌판두께가 10.5cm나 된답니다. 7층석판탑 보다 돌두께가 더 두껍답니다. 1층석판탑은 예상돌판두께가 9cm이나 지었을 확률은 없답니다. 여러 생각을 해보면 석판탑은 7층석판탑이 제일 양호하며 5층석판탑도 그런대로 비교적 양호하답니다.

나머지 9·3·1층 석판탑은 억지로 만들면 만들 수는 있겠으나 높이가 지나치게 높아진다든지 하는 여러 문제점이 있어서 석판탑으로는 적당하지가 않을 것 같다는 생각이 현재의 제 생각이랍니다. 모르죠. 어떤 기발한 idea로 9·3·1층 석판탑을 해결할 수 있을지는 아직은 미지수랍니다.

한번 도전해 보십시오? 그럼, 분황사 7층석판탑의 1층의 단면도를 한번 보실까요?

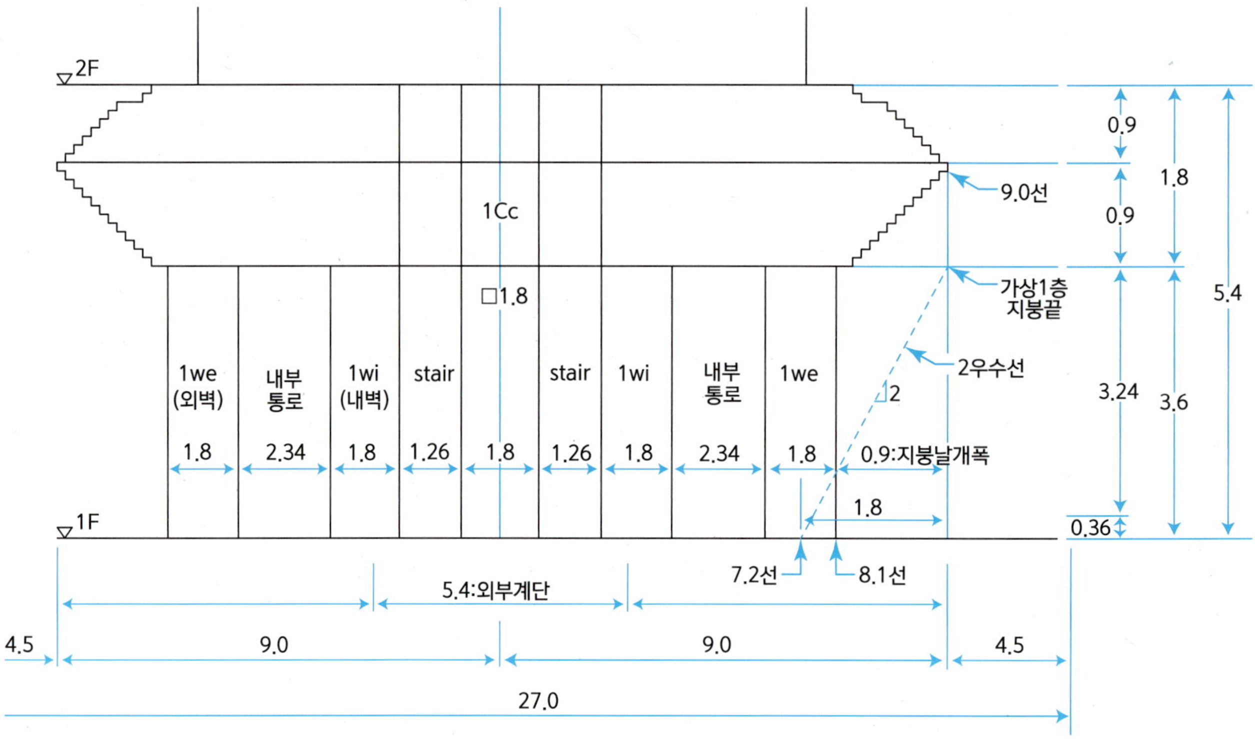

[그림 1001] 분황사탑 1층 단면도

보시면, 지붕날개폭 0.9와 지붕하판두께 0.9를 같게 하였답니다. 구조적으로 가장 안전하다고 판단하여 선택했답니다. 이렇게 하다 보니 1층 지붕우수선이 묘하게도 가상 1층 지붕판두께 하부 끝점에 2우수선이 오더랍니다. 우수선만 분리해서 봅시다. 이 석판탑류가 우수선 성립자체도 힘들지마는 찾아내기도 그리 쉽지마는 않더랍니다.

보시면, 1층지붕판을 4각통 개념으로 보면 된답니다.

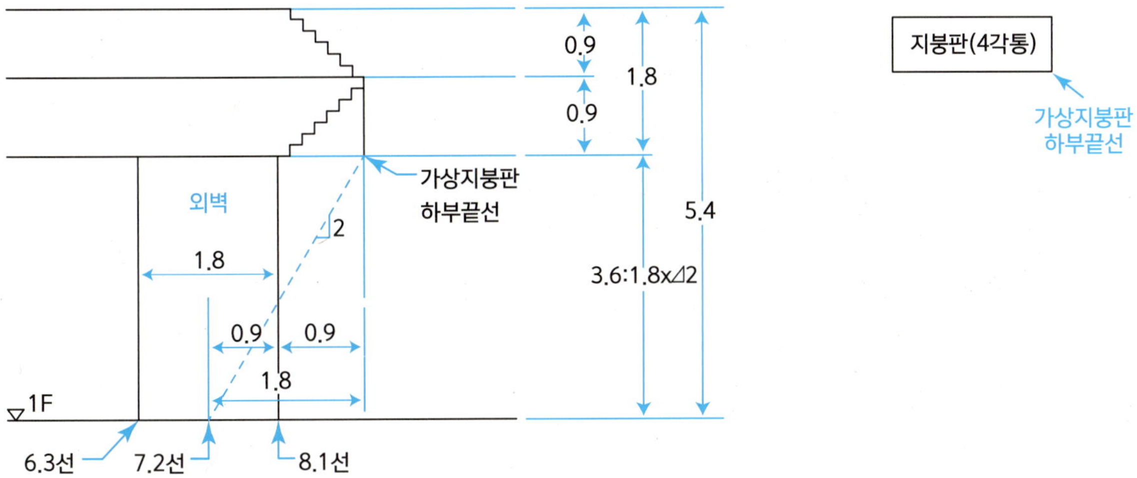

[그림 1002] 분황사탑의 1층지붕 2우수선 개념

즉, 가상지붕판 하부끝선이 설정되며 외벽중심선까지 거리가 1.8m이며, 가상 지붕끝선까지 높이가 3.6m이므로 3.6÷1.8=⊿2가 나와서 2우수선이 된답니다. 일반적인 2우수선 개념과는 조금 다를 겁니다. 아마 목재류가 아닌 석재류라서 그런가?

정상적인 2우수선 개념으로 1층지붕판 2우수선을 다시 그려볼까요.

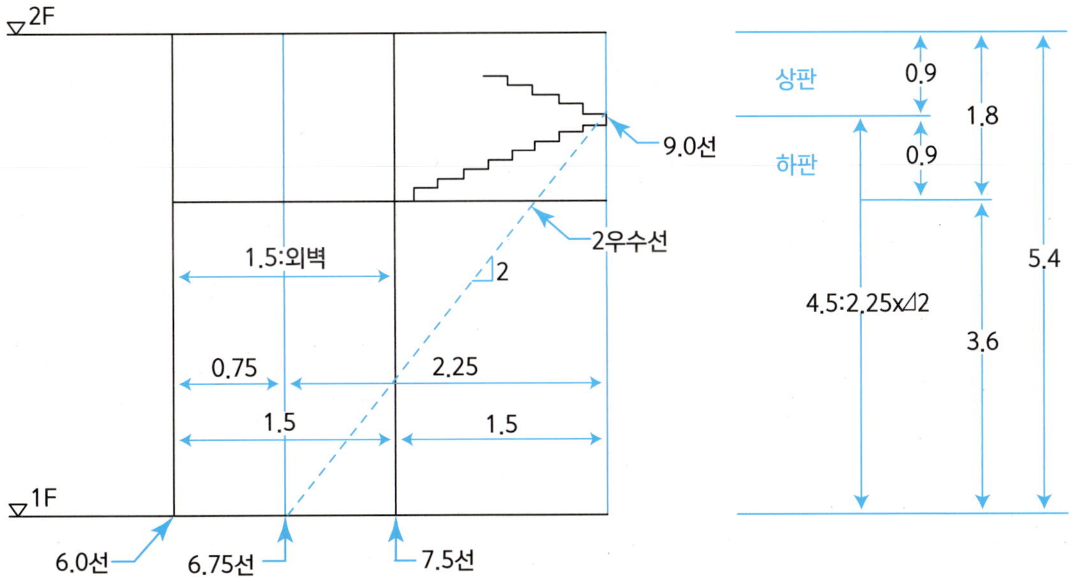

[그림 1003] 정상적인 1층지붕 2우수선

그림에서 보시듯 지붕하판상부끝선(9.0선)에서 외벽중심선까지가 2우수선이 되면서 일반적인 2우수선이 된답니다. 4.5÷2.25=⊿2 즉, 2우수선이 됨. 이렇게 될려면 지붕날개길이가 1.5m로 엄청 많이 노출된답니다. 처음에는 이것이 맞다라고 생각을 했었는데 여러 많은 생각을 하다 보니 구조적으로 문제가 있다고 판단이 되어서 결국에는 지붕날개를 줄여서 가상 지붕끝2우수선을 채택하기로 했답니다. 지붕날개 모양상으로는 이 정상적인 2우수선안이 더 마음에는 듭니다만 구조 우선주의를 채택했답니다. 어찌 생각해보면 잎두께가 9cm나 되므로 지붕날개길이가 1.5m라도 버틸 것도 같은 느낌이 들기도 하답니다. 이 글을 읽으시는 분이 판단할 수 밖에는 없네요?(**이 지붕날개길이는 조금 뒤에서도 잠깐 말씀드릴 겁니다.**) 석탑 등을 봐오면서 기본 Module이 1.08이 대세였는데 이 분황사탑은 아무리 쳐다봐도 기본 Module이 0.9인 것도 같답니다? 이 석판탑의 지붕날개가 무척이나 판단하기가 어렵답니다. 조그마한 석판탑이나 전탑은 지붕날개폭과 하판높이가 같답니다. 처음에는 지붕날개폭을 하판높이(0.9)보다 조금 넓게(1.2) 생각을 했었는데, 그 뒤 여러 생각을 많이 하다 보니 제 마음이 움직이기 시작했답니다.

목탑형탑이니 어쩌면 1층지붕을 2우수선으로 했을 수도 있으며, 아니면 일반석판탑류인 지붕하판높이와 지붕날개폭을 같게 했을 수도 있다는 생각이 들기 시작했답니다. 그림을 그려 가면서 생각을 해 봅시다.

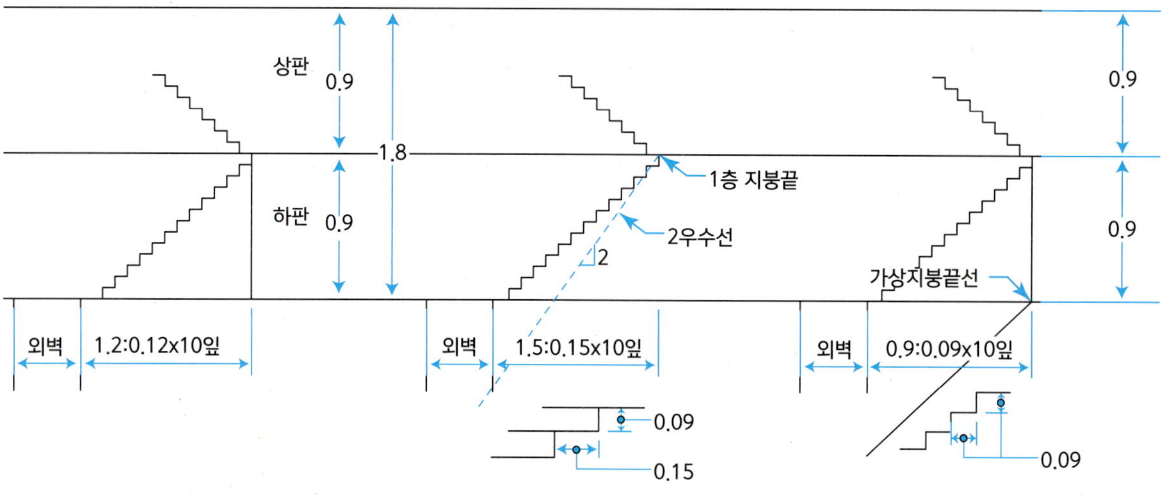

[그림 1004] 처음 생각한 지붕날개길이 1.2

[그림 1005] 1층 지붕을 2우수선으로 할시

[그림 1006] 지붕날개폭 = 하판높이 : 채택안

그림을 보시니 이해하기가 조금 더 쉬우실 겁니다. 처음 생각한 안은 아무런 근거도 없으므로 파기하겠습니다. 마음에는 1층지붕 2우수선안이 쏙 들어온답니다.

그런데 잎폭높이비에서 폭이 넓은 편이죠.

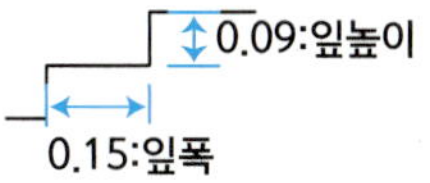

잎폭이 넓으니 약간은 구조적으로 마음에 걸리긴 걸린답니다. 구조적으로는 제일 안정감이 있는 잎폭높이비가 1인 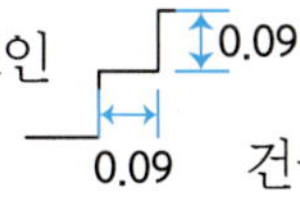 이것이 제일 좋기는 한데 지붕날개폭이 너무 좁아서 조그마한 건물에는 어울릴지 모르겠으나 목탑형석판탑인 대형 분황사탑에는 영 어울리지가 않을 것 같기도 하답니다.

그래도 여러 생각끝에 지붕날개폭과 하판높이가 같은 안을 채택하기로 했답니다. 1층을 보시면 중앙기둥이 있고 내부계단이 있으며 내부 벽이 있고 또 내부통로도 있답니다. 물론 외부에는 외부 벽체가 당연히 있을 겁니다. 분황사 7층탑의 제일 간단한 구조는 내부계단을 없애버리고 내부통로를 크게 하면 제일 간단하나, 제가 아무리 생각해봐도 지붕까지는 궁금해서(?) 기어서라도 반드시 올라가 봐야겠더랍니다. 7층까지 지어놓고 1층내부만 살짝 보고 나온다는 것도 조금 쪽팔리는 일일 듯. 1층 내부통로폭이 2.34m이니 당연히 상부에 haunch(보강판:Arch개념)를 두어야할 겁니다. 그리고 내부통로의 내벽쪽에는 필요에 따라서 niche(벽감)를 설치하여 부처님을 모실 수도 있답니다. 출입개구부는 0.9x1.62 정도로 생각하고 있답니다. 폭이 0.9정도이면 구조를 고려하더라도 괜찮을 것도 같은데 높이는 약간 낮을 듯 하답니다. 약간 낮은 듯한게 더 속닥할 수도 있답니다? 낮다고 생각하시는 분은 1.8m까지 높이시거나 그것도 성에 안차시면 더 올리셔도 아무런 문제는 없답니다. 이 분황사탑 1층층고의 2배가 7층탑(7층 일반목탑)의 층고가 된답니다. 재미있죠.

1층지붕판을 조금 더 확대해서 한번 봅시다.

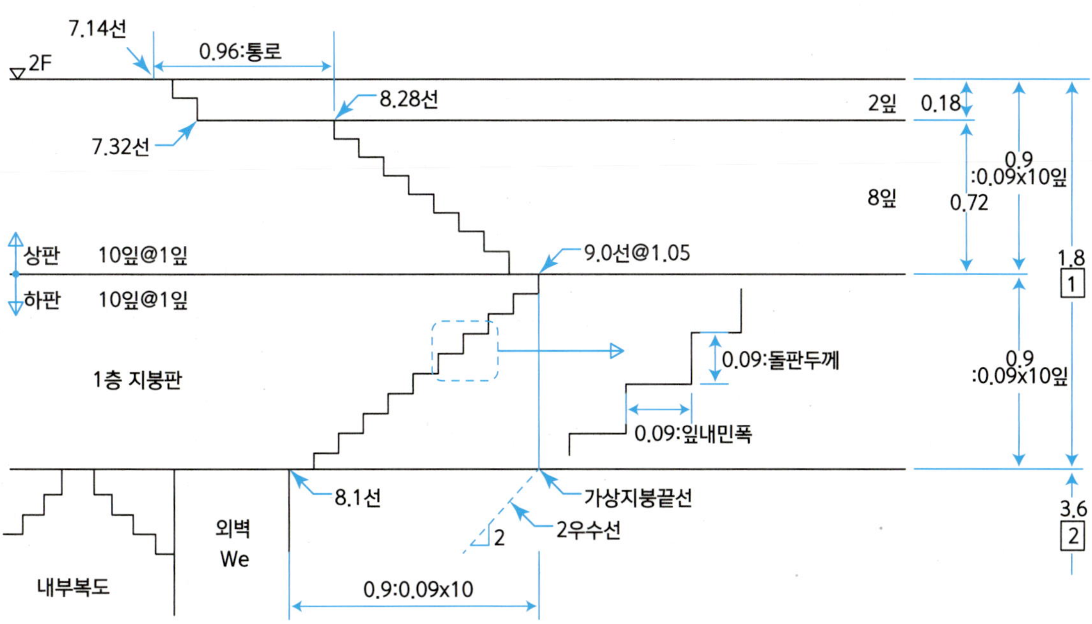

[그림 1007] 1층 지붕판 날개 개념

잎수는 상·하판 똑같이 10잎으로 했으며 층당 증감계수는 @1잎이 된답니다. 즉, 7층지붕은 상·하판 각 4잎이 될 겁니다. 특별한 근거는 없으나 안동지방 근처에 많이 있는 석판탑류의 이파리 숫자를 비교 검토해 보니 상·하 10잎이 가장 합리적인 것 같아서 결정한 것이랍니다. 잎의 높이(돌판두께)는 9cm로 몸체석판두께와 같게 했으며 잎높이와 잎폭을 동일하게 했답니다. 1층지붕 상부를 보시면 0.96의 외부통로가 있답니다. 물론 걸어다니기엔 조금은 불편할지는 몰라도 있으면 더 좋겠죠. 7층까지 외부통로 폭은 동일하게 0.96이 될 겁니다. 돌판두께(잎두께)는 석재공장에서 가공하듯이 동일하게 9cm는 아니고 아마 수작업으로 만든 걸로 보이며 각 돌판두께가 다 다른 것 같네요. 심하면 몇cm의 차이가 날 수도 있답니다. 물론 돌판 자체 규격도 제 각각 일수도 있답니다. 전탑만큼은 규격이 고르지는 않을 겁니다. 돌판 가공이 너무 힘이 들어서 어쩌면 전(벽돌류)으로 바꾸었을지도 모른답니다? 석판탑을 보실 땐 기본돌두께만 염두에 두시고 단수(잎수)로 높이를 고려해 주셔야 됩니데이. 자꾸 돌판두께를 마음에 두시다가는 층고가 되었든 뭐가 되었든 아무것도 알아낼 수가 없게 될 수도 있답니다. 기본돌두께만 인지하시고 잎수만 세어야 죽이 되었든 밥이 되었건 뭔가가 될 겁니다.

그럼, 분황사탑 1층평면도도 한번 보셔야겠죠.

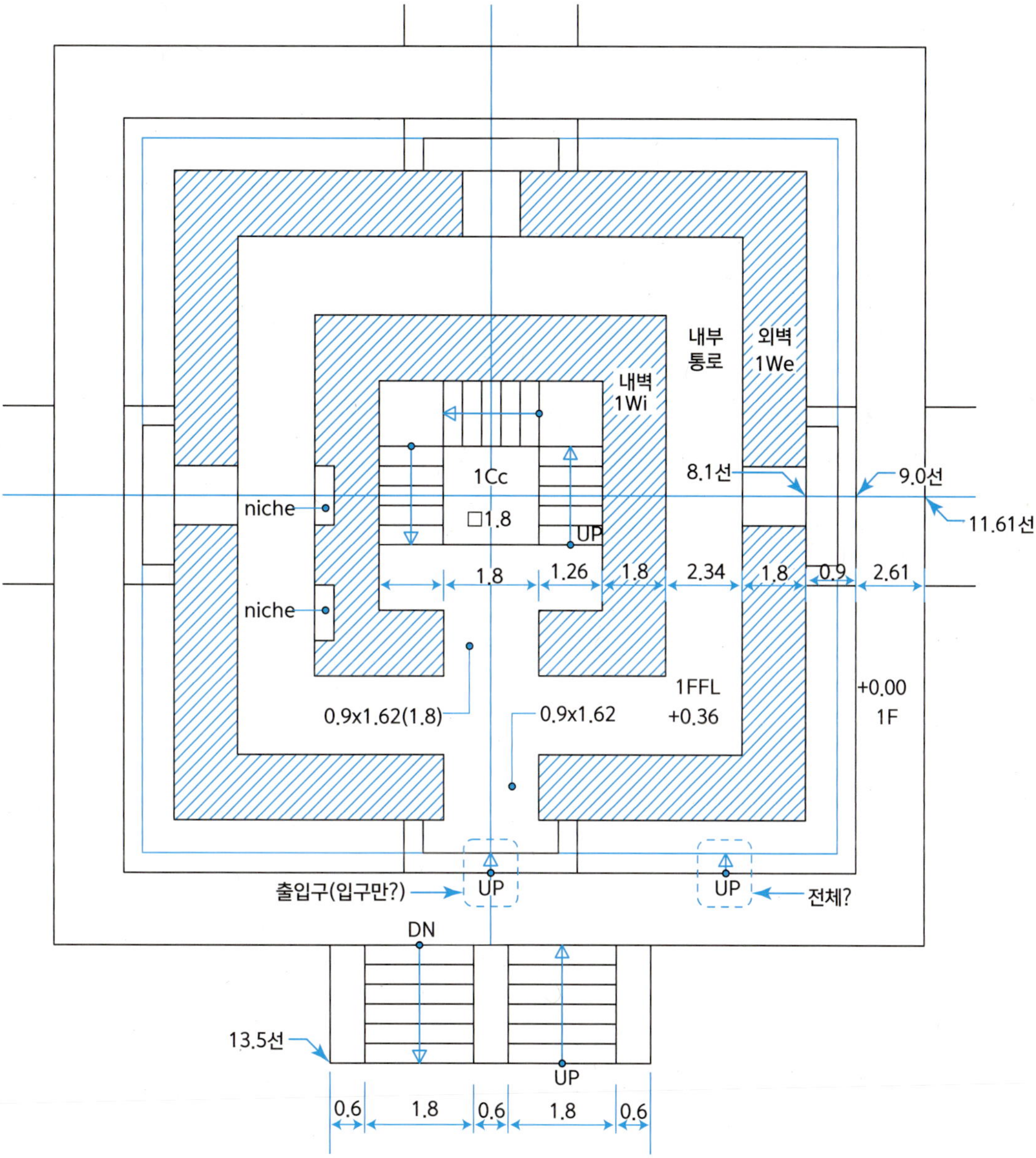

[그림 1008] 분황사 1층 평면도 및 배치도

1층 진입은 4방향 진입이며 내부계단진입은 1방향 진입이 된답니다. 1층계단은 28단(0.18x28단=5.04)으로 7단으로 4회전하면 2층에 도달하게 된답니다.

1층에서 남쪽으로 진입했는데 2층에서는 동쪽으로 나오게 되어있네요? 이것은 4각계단이라 그렇답니다. 별다른 해결책을 아직도 발견하지 못했답니다. 계단 내부는 약간은 어두울 겁니다. 촛불을 켜놓을가요? 아니면 호롱불을 들고 갈까요? 하여튼 사용상의 문제일 듯?

분황사 7층탑과 미륵사 7층탑의 1층 내부통로를 한번 비교해 보실까요? 항상 비교를 하면 재미있기도 하지만 비교 과정에서 뭔가를 느끼게 된답니다.

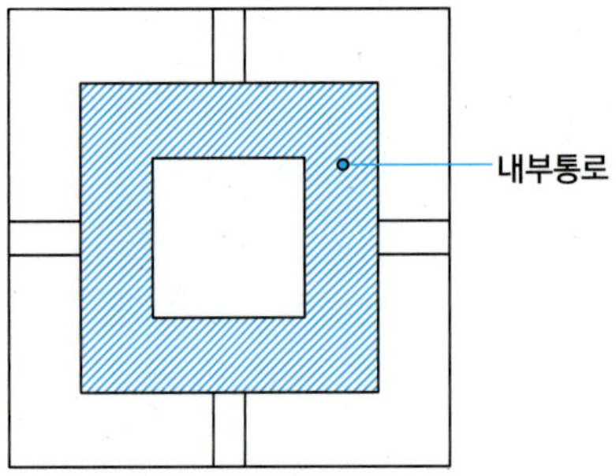

[그림 1009] 분황사탑 내부통로

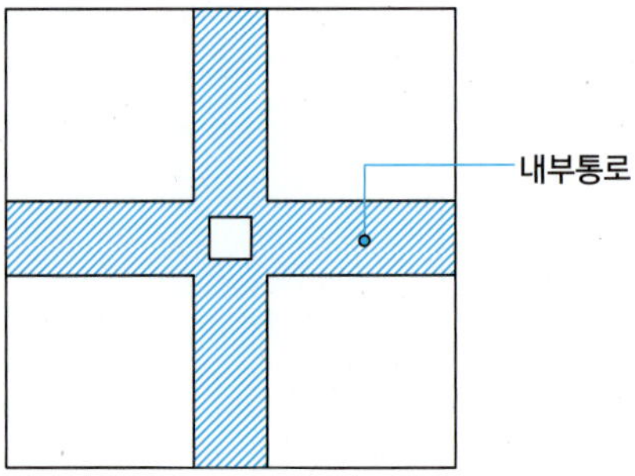

[그림 1010] 미륵사탑 내부통로

보시고 뭘 느끼셨는지요? 그냥 느낄 것도 없이 한눈에 알아보실 겁니다. 분황사탑의 내부통로는 입口자 형상인데 비해서 미륵사탑 내부통로는 열十자 형태랍니다. 두 탑의 내부통로 형태가 아주 재미있답니다. 구조적으로는 미륵사탑이 훨씬 강한 구조랍니다. 물론 분황사탑은 석판탑이고 미륵사탑은 석탑이긴 하지만 두 탑 다 목탑형의 초대형 구조물로서 공통점이 아주 많답니다.

口자와 十자 중 어느 형태가 좋을지는 저로서는 알 수가 없답니다. 아마도 기사의 취향인 듯? 내부계단 만들기는 口자인 분황사탑이 좋으며 구조적으로는 미륵사탑이 더 좋다는 것 정도 밖에는 알 수가 없답니다. 근데, 그 시대에 서방종교가 들어 왔었나? 왠 十자 통로가 다 있네.

분황사탑 1층을 봤으니 7층만 살짝 봅시다. 중간층은 뺍시다.

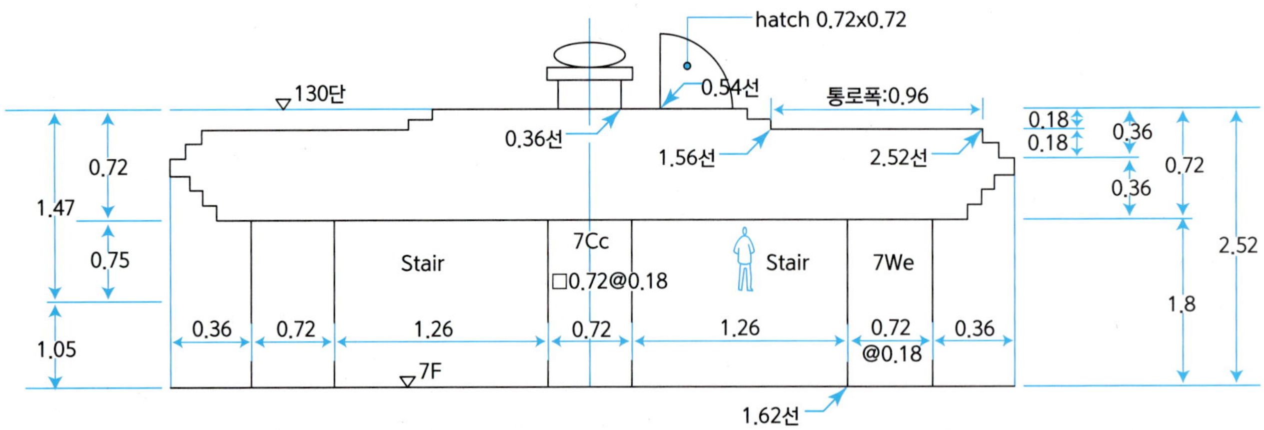

[그림 1011] 분황사탑 7층 단면도

7층구조는 너무 간단하네요. 그래도 채광·환기를 위한 개구부(0.72x0.9)정도는 있어야 되겠죠. 계단이 조금 복잡하답니다. 5단으로 1회전하고 순층고 0.75의 계단참을 통과한 후(아마 납작 엎드려야겠죠?) hatch계단 7단을 올라가야 지붕에 도착하여 경주시내 구경을 하실 수가 있답니다. hatch계단은 가파르기도 하지만 디딤판폭(T)이 너무 좁으니(≒12cm) 미끄러지지 않도록 주의하세요! 아마 이 지붕에는 꼭 필요한 자만이 1년에 몇 번 정도 올라가는 듯하네요. 지붕이 너무 좁기도 하고 난간도 없으니 지붕까지는 가능한 한 올라가지 않는 것이 장수에 도움이 될 듯. 지붕까지 총계단단수가 138단(24.84÷0.18=138단)으로 끝수가 0이 아니랍니다. 그래서 지하층(6단)을 뺀 132단 중에서 7층에서 2단을 더 줄여서 몸통부만이라도 130단을 만들어서 계단단수 끝수가 0이 되도록 할 겁니다. 계단단수의 끝수가 꼭 0이라야 하는지는 미지수랍니다? 그냥 생각해보는 것일 수도 있답니다.

갓탑과 첨탑을 잠깐 볼까요.

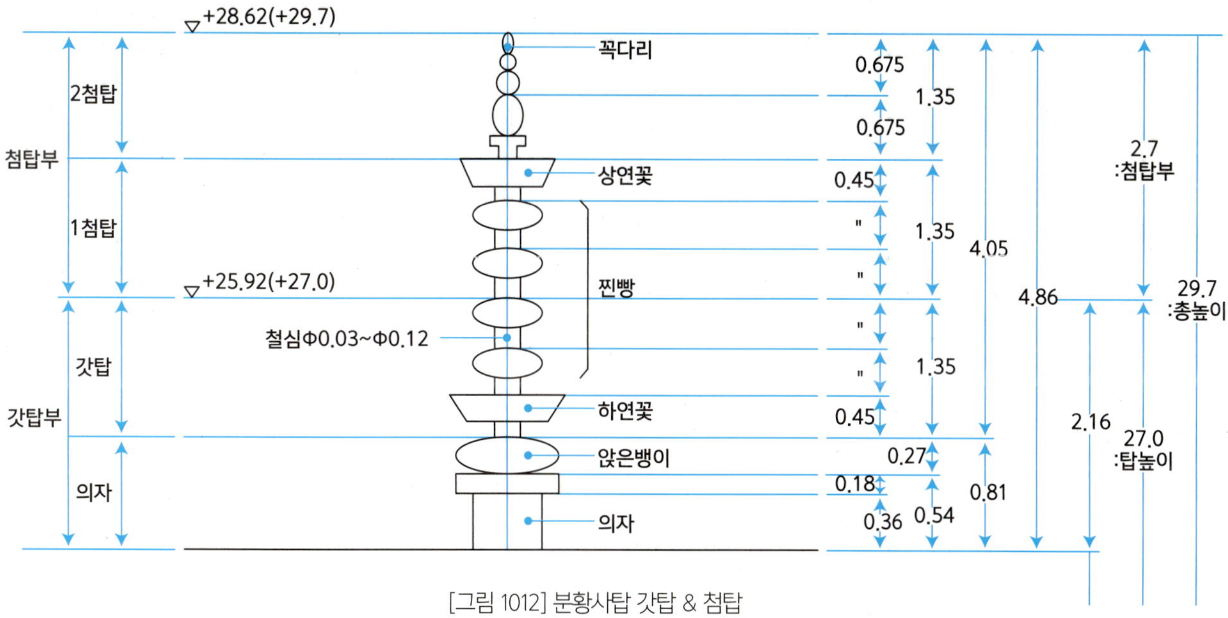

[그림 1012] 분황사탑 갓탑 & 첨탑

제가 첨탑 자체를 옳게 그리고 있는지가 사실은 무지 헷갈린답니다. 이 첨탑이 1개인지 2개인지 3개인지를 사실은 정확히 아는 방법은 없답니다. 오로지 추정할 수 있는 것은 숫자분석으로 가장 합리적이라고 생각되는 것을 선택할 수밖에는 없답니다. 또한, 첨탑높이도 2.16인지 2.7인지를 정확하게 구분하기도 애매하답니다. 이유는 간단하답니다. 2.16÷1.08=2이며, 2.7÷1.08=2.5로 어떤 것을 적용해도 아무런 문제도 없답니다. 분황사탑은 전체적인 숫자분석으로 볼 때 2.7이 더 합리적이라고 판단이 되어서 2.7을 선택한 것이랍니다. 사실은 탑총높이는 2.7의 정배수가 되어야 한다는 법칙을 따랐을 뿐이랍니다. 물론, 갓탑높이 등도 여러 경우의 수를 다 분석해서 결정을 해야 한답니다. 여기서 첨탑의 높이가 어떤 경우에 어떤 것을 선택해야 되는지를 한번은 짚고 넘어가 볼 필요가 있어서 각 첨탑높이를 한번 비교해 봅시다.

전에도 말씀드렸듯이 이 비교표는 어떤 것을 판단하는데 무척 도움이 된답니다. 신라 일반목탑은 첨탑 자체가 큰 의미가 없으므로 제외하겠습니다.

ㄱ. 사찰목탑 첨탑높이

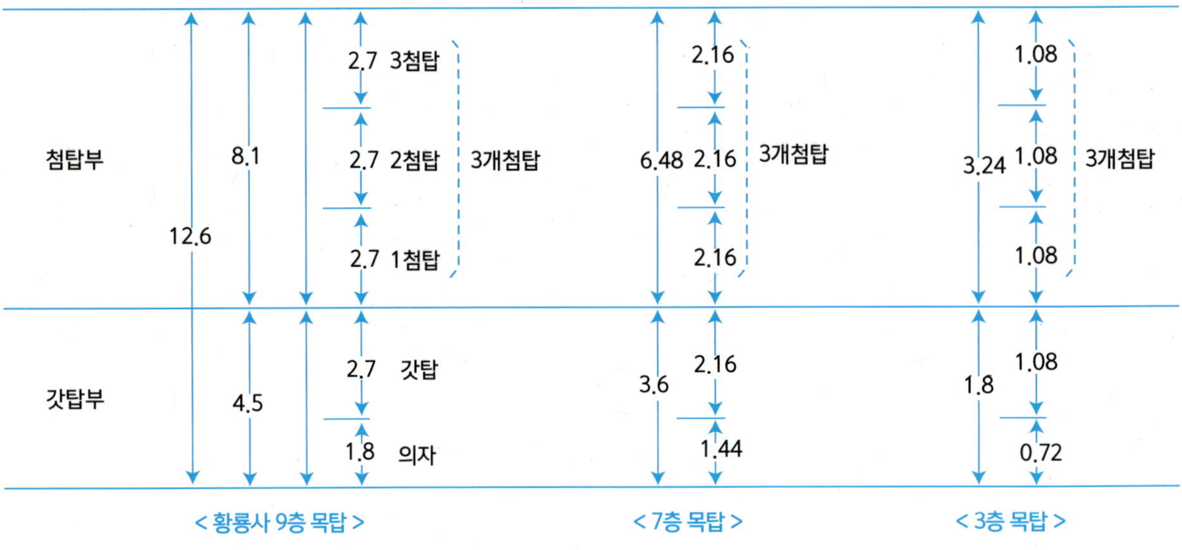

[그림 1013] 사찰목탑 첨탑높이

ㄴ. 석탑류 첨탑 높이

∴ Notes : 각 첨탑과 갓탑높이는 27의 배수가 기본임.

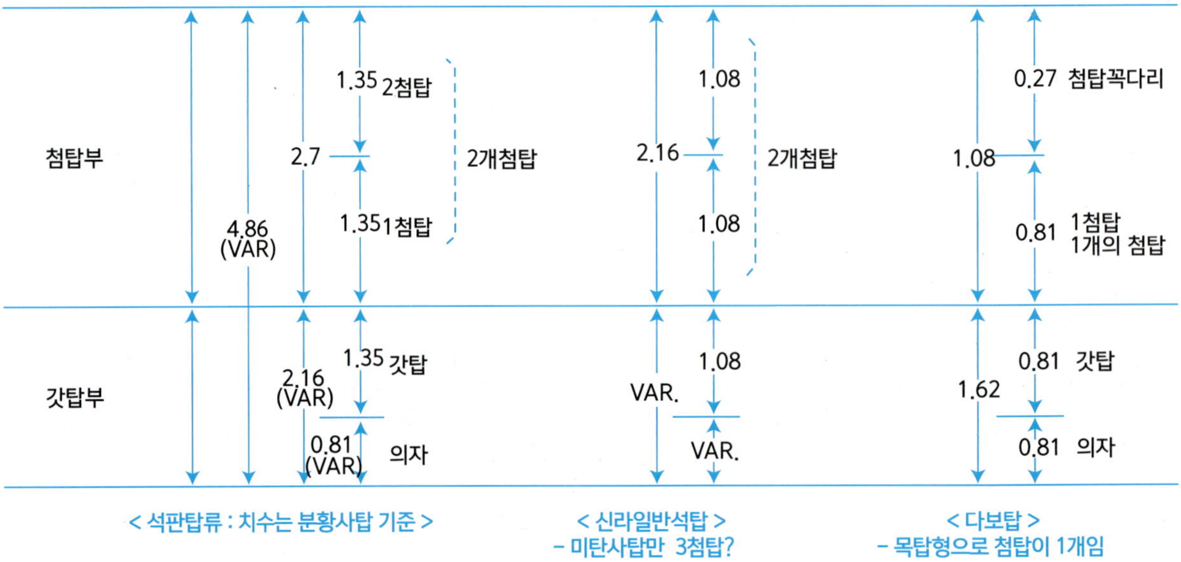

[그림 1014] 석탑류 첨탑높이

비교표 자체가 아주 간단하답니다. 눈에 금방 띄는 것이 각 첨탑높이와 갓탑높이는 반드시 같아야 한답니다. 그러고, 각 첨탑높이와 갓탑높이를 기준으로 보면, 황룡사 9층목탑이 2.7로 가장 높으며, 7층목탑이 2.16m, 3층목탑은 1.08로 사찰목탑은 탑높이에 따라 첨탑높이(갓탑높이 포함)도 따라 바뀌네요. 석탑류를 보시면, 석판탑류가 기본적으로 각 첨탑높이가 1.35로 제법 높으며, 일반석탑의 각 첨탑높이는 기본적으로 1.08이네요. 유일하게 미탄사탑만이 3개 첨탑(?)이랍니다. 재미있는 것은 목탑형석탑인 다보탑인데 1개 첨탑으로 첨탑높이가 0.81로 가장 낮으며 그 위에 첨탑꼭다리도 있으며 총탑높이에 포함된답니다. 다보탑을 제외한 탑들은 첨탑꼭다리가 2첨탑이나 3첨탑에 포함되어 별도로 분리가 되지 않는데 유독 한 개 첨탑뿐인 다보탑만 묘하게도 첨탑꼭다리가 자기 높이를 갖네요. 재미있죠.

이 비교표를 보시면, 일반석탑 첨탑높이가 얼마일까를 고민할 하등의 이유가 없답니다. 그냥 2.16을 집어넣고 첨탑을 2개로 만들면 그만이랍니다. 이것보다 더 쉬운 것도 있나요. 물론, 탑높이가 아주 낮아질 때에는 첨탑높이도 낮아질 확률이 발생되겠죠.

신라탑을 봤으니 백제답들의 첨탑높이도 한번 보셔야죠. 잠새가 방앗간을 그냥 지나갈까요?

ㄱ. 백제석탑 첨탑높이

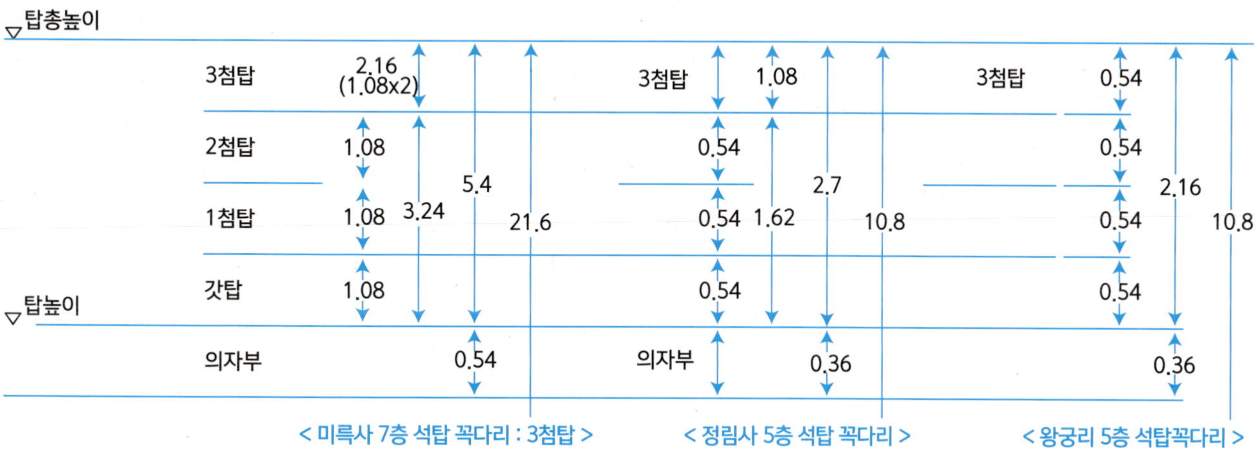

[그림 1015] 백제석탑 첨탑높이

ㄴ. 백제사찰목탑 첨탑높이(추정)

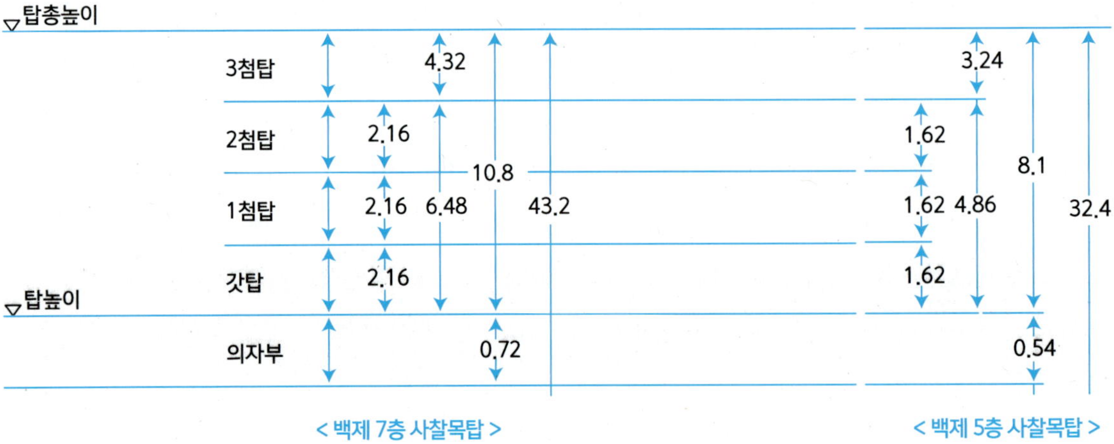

[그림 1016] 백제사찰목탑 첨탑높이(추정)

백제탑의 첨탑개념이 신라탑류와는 약간 다르답니다. 신라탑은 사찰목탑이 3첨탑이 기본인데, 백제탑은 석탑이든 목탑이든 기본적으로 3첨탑이 기본이랍니다. 백제의 3첨탑이 재미있는 것은 신라 3첨탑은 하부 첨탑과의 높이가 같은데 비해서 백제 3첨탑은 하부 첨탑높이의 2배가 된답니다.(왕궁리 5층탑은 신라양식과 같이 3첨탑도 일반첨탑과 높이가 같네요.) 아마도 백제 3첨탑은 어쩌면 탑의 상징성에 무게를 더 많이 둔 것도 같답니다.

제가 백제석탑은 3개만 손을 대어봐서 정확한 비교가 될지는 미지수랍니다. 표본자료가 많으면 많을수록 정확할 확률이 높은데 조금은 아쉽답니다. 백제사찰목탑은 제가 가상으로 풀어본 것으로 그냥 추정이라고 생각하시면 된답니다. 제가 손을대어 본 첨탑높이는 각 탑(2개층 기준)마다 @0.54의 증감계수가 나오는 것 같답니다. 백제 사찰목탑을 4각형으로 생각하고 각 계단단높이도 R=0.18로 동일하게 적용했답니다. 이런 식으로 시간나시는 대로 비교표를 만들어 비교해 보시면 보는 그 자체만으로도 재미가 있으며, 그 다음에는 요골 살짝 바꾸어 볼까하는 마음의 동요 등 별의별 생각이 다 떠오를 때도 있답니다. 목탑형석탑이면서 처마각⊿3까지도 같고 대형 7층석탑류인 분황사탑과 백제양식의 미륵사탑을 비교해 보시면 석탑을 이해하시는데 도움이 되실겁니다. 분황사탑은 석판탑이라 아기자기한 멋이 있으며, 미륵사탑은 석탑이라 아주 중후한 멋이 있답니다. 두 탑을 비교해 보시면 두 국가 간의 문화교류가 매우 활발했었다는 걸 인지하실 겁니다. 그러고 어디에 어느 사찰에서 지어졌었는지는 알 수는 없지만 5층목탑형 대형석판탑도 한번 구경을 해야겠죠. 이 석판탑은 최소한 7층탑과 5층탑은 지어진 걸로 보인답니다. 석판탑에서 제일 헷갈리는 것이 바로 석판두께랍니다. 이 5층석판탑의 돌판두께는 도통 얼마일까요? 9cm일까요. 6cm일까요? 이 석판두께가 층고가 되었든 계단단높이(R)가 되었든 전체를 지배한답니다. 엄청 고민끝에 이 5층석판탑의 잎두께를 7.5cm로 해서 접근을 해 봤답니다. 이유는 간단하겠죠. 바로 5층일반목탑의 계단단높이가 R=0.15이므로 이 5층석판탑도 R=0.15일 거라고 가정을 했답니다. 석판두께가 15cm면 너무 두꺼우니 그 반인 0.15÷2=7.5cm가 잎 두께가 될 겁니다. 그래서 단높이 R=0.15이며 석판두께가 7.5cm인 5층석판탑을 한번 풀어보았답니다.

물론 1층지붕판 하판잎수를 10잎으로 가정했답니다. 지붕하판 가상끝선을 2우수선으로 한 안으로 한번 보시죠.

Notice 별책도면 No.36 **5층 석판탑안 : R=0.15, t=0.075기준 - 최초안**

이 계단단높이 R=0.15, 잎두께 t=0.075로 그려 본 이 안은 3~5층 순층고가 1.5로 1층 지붕판두께 1.5와 똑같은 안으로 층고 자체로 보면 아주 이상적인 안이랍니다. 층고가 너무 완벽하여 이게 5층석판탑이 맞는구나라고 생각을 했더랍니다. 그런데 꼭다리에서 심각한 문제점 하나를 발견했더랍니다. 보이십니까? 안 비신다구요? 큰일 났네요. 문제가 심각한 정도가 아니네요? 잘 보십시오.

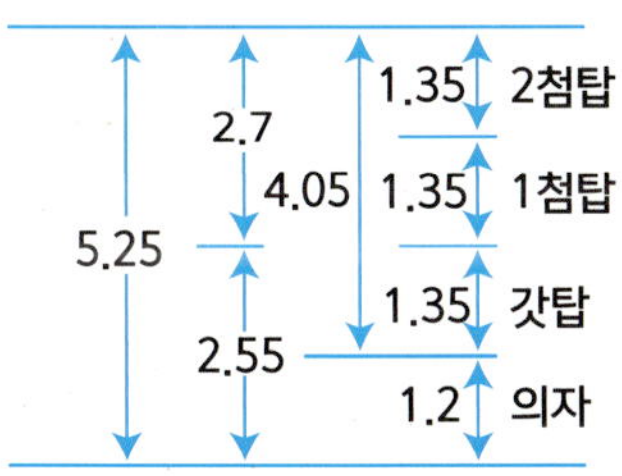

[그림 1017] 5층석판탑 탑꼭다리-최초안

갓탑이든 첨탑이든 높이가 1.35로 숫자합이 9이며 3으로 나누어도 1.35÷3=0.45로 나온 0.45의 숫자합도 9로 완벽하답니다.

문제는 이 의자부높이가 1.2m랍니다. 의자부가 조금 높은 느낌도 들지마는 높이도 높이지마는 이 1.2의 숫자합이 1+2=3이랍니다. 이 숫자합이 3으로는 의자부의 치수조절이 쉽지 않답니다. 물론 산술적으로는 안되는 것은 아닙니다만 꼭다리의 모든 주요부분의 치수의 합은 9가 되어야 한답니다. 설사 숫자합이 9가 되더라도 성립이 안되는 수도 있답니다. 보실까요.

1첨탑 높이가 1.8m로 숫자합이 1+8=9로 완벽한 것 같지마는 3으로 다시 나누어 보면 1.8÷3=0.6으로 숫자합이 6이 되면 이 첨탑높이는 성립이 되지가 않는답니다. 숫자합이 9가 되면서도 다시 3으로 나누어도 숫자합이 9가 되어야 첨탑높이가 성립된답니다. 또 보실까요. 지겹죠.

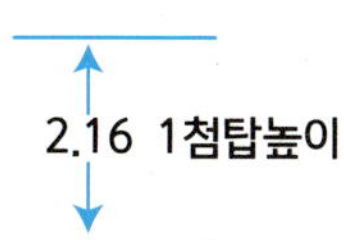

이 2.16이라는 첨탑높이는 2+1+6=9로 숫자 합이 9랍니다. 다시 3으로 나누어 보실까요. 2.16÷3=0.72네요. 0+7+2=9로 반드시 높이의 숫자합이 9가 되

면서 다시 3으로 나누어도 숫자합이 3의 배수가 되어야 이 꼭다리의 각 부위 치수가 성립이 된답니다. 보기보다 그리 호락호락 하지가 않답니다. 이유는 간단하겠죠. 첨탑높이가 되었든 갓탑높이가 되었든 자체 높이만 있는 것이 아니라 다시 분리가 되기 때문이겠죠. 또 한번 더 보실까요.

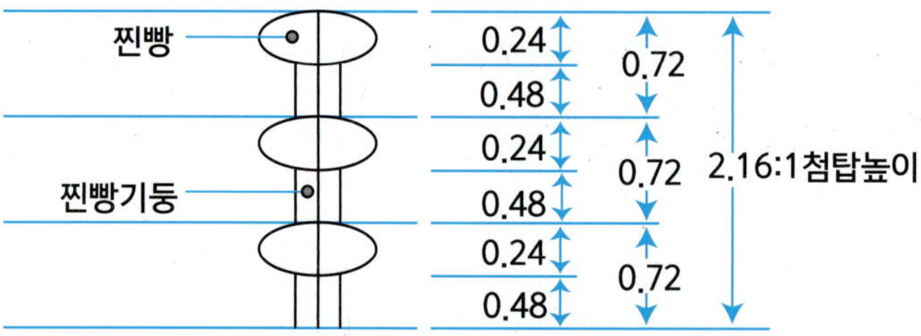

[그림 1018] 한개 첨탑의 3개 찐빵 (1첨탑 높이가 2.16일 경우)

1첨탑 높이가 2.16이랍니다. 이 1첨탑높이는 단순높이이며 여기에 다시 찐빵이 되었든 뭐가 되었든 또 들어간답니다. 일반적으로 3개의 찐빵이 들어가겠죠. 한 개 첨탑높이 2.16에 3개의 찐빵이 들어가네요. 각 찐빵높이는 0.72가 될 겁니다. 문제는 이 찐빵높이도 진짜 찐빵 1개와 찐빵기둥으로 되어 있답니다. 만약 찐빵 자체 높이가 찐빵높이 72cm의 1/3이라고 가정할 때 찐빵높이가 72÷3=24cm가 나온답니다. 찐빵 높이가 24cm는 2+4=6으로 3의 배수가 된답니다.

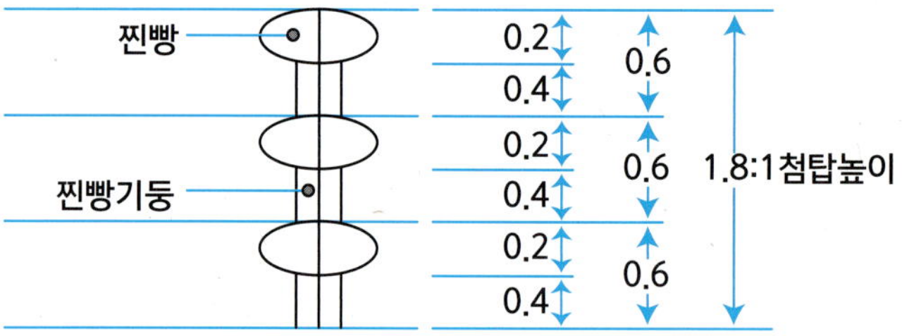

[그림 1019] 1첨탑높이1.8시: 성립이 안됨

만약 1첨탑높이가 1.8이면 1첨탑높이자체는 숫자합이 9이지만 3개의 찐빵을 넣어 보면 각 찐빵높이는 0.6이랍니다. 진짜 찐빵높이가 1/3이라고 보면 0.6÷3=0.2로 찐빵높이는 20cm로 2+0=2가 되어 숫자합이 2가 된답니다. 이 중요한 찐빵 자체 높이가 숫자합이 2면 쪼께 문제가 있겠죠. 중요한 것은 반드시 숫자합이 3의 배수라야 한답니다. 특히 꼭다리에서는 3으로 계속 나누어도 숫자합이 3이 나오는 숫자가 제일 좋답니다. 혹자는 순찐빵높이를 찐빵높이의 반으로 하면 되지 않느냐고 얘기할 수도 있지마는 반인지 1/3인지를 알 수 있는 방법이 없으므로 모든 것에 대비를 해 놓아야 되겠죠.

그런데 제가 R=0.15, t=0.075로 풀어 본 5층석판탑의 의자부 높이가 1.2m로 숫자합이 3이긴 하나 숫자합이 9가 되지 않으므로 아예 쳐다볼 일이 없게 생겼답니다. 설사 숫자합이 9가 나와도 다시 점검해 봐야하는데? 그리하야 층고가 너무 완벽하긴 하나 이 안은 눈물을 머금고 파기해야 겠답니다. 다시 다른 방법을 찾아내어야 할 것 같네요. 이 석판탑류가 보기보다 무지 헷갈리더랍니다. 어떤 완벽한 법칙이 있는 것도 아니며, 오로지 돌판두께에 의존하면서 1층지붕하판의 이파리숫자까지 동시에 고려해야 하기 때문이랍니다. 길고 긴 장고(?) 끝에 또 한 가지의 다른 안을 생각해 내었답니다. 돌판두께 7.5cm는 성립 자체가 너무 힘들 것 같아서 돌판두께를 9cm로 하고 1층지붕하판 이파리숫자를 7층석판탑이 10잎이니 5층석판탑은 8잎일 거라는 가정하에 다시 도전해 보았답니다. 돌판 두께가 9cm이니 당연히 단높이 R=9cmx2=18cm가 될 겁니다.

물론 1층지붕 2우수선을 1층지붕 가상하부끝선에 맞추었을 겁니다. 봅시다.

Notice 별책도면 No.37 **5층 목탑형 대형석판탑 : R=0.18, t=0.09 기준**

탑규모가 21.6x18.9로 7층석판탑 보다 무지 줄어들었답니다. 1층지붕판 두께를 1.44(0.09x8잎x2)로 했는데 3·4·5층의 순층고도 1.44가 나오네요. 순층고로는 조금 낮은 편이랍니다. 처마각은 ⊿6이 너무 무리라서 ⊿3으로 하였답니다.

힘들게 5층 목탑형 대형석판탑을 풀기는 풀어보았는데 어느 정도의 신빙성이 있는지는 저도 알 수가 없답니다. 5층석판탑은 보기보다 경우의 수가 제법 있더랍니다. 그냥 돌판두께를 9cm로 했을 때 7층석판탑의 1층지붕하판 이파리숫자가 10잎이면 5층석판탑은 8잎이 맞을 것 같아서 한번 풀어봤답니다.

Seven-story Stone Pagoda from Bunhwangsa Temple Site, Gyeongju

경주 분황사 7층석판탑(분황사 모전석탑?) (慶州 芬皇寺 七層石板塔)

현재 남아있는 신라 석탑 가운데 가장 오래된 걸작품으로, 원래 9층이었다는 기록이 있으나 지금은 3층만 남아있다.탑은 넓직한 1단의 기단(基壇) 위에 3층의 탑신(塔身)을 착실히 쌓아올린 모습이다. 기단은 벽돌이 아닌 자연석으로 이루어져 있고, 네 모퉁이마다 화강암으로 조각된 사자상이 한 마리씩 앉아있다. 회흑색 안산암을 작게 벽돌모양으로 잘라 쌓아올린 탑신은 거대한 1층 몸돌에 비해 2층부터는 현저하게 줄어드는 모습을 보이고 있다. 1층 몸돌에는 네 면마다 문을 만들고, 그 양쪽에 불교의 법을 수호하는 인왕상(仁王像)을 힘찬 모습으로 조각해 놓았다. 지붕돌은 아래윗면 모두 계단 모양의 층을 이루고 있는데, 3층 지붕돌만은 윗면이 네 모서리에서 위쪽으로 둥글게 솟은 모양이며, 그 위로 화강암으로 만든 활짝 핀 연꽃장식이 놓여 있다.(자료출처 : 문화재청)

①

②

③

❶ 동면 감실 인왕상 ❷ 사자상 ❸ 1층 탑신부 ❹ 좌측 전경

4

2. 봉감 5층석판탑(영양 산해리 오층모전석탑) : 석탑형 석판탑

경북 영양에 있는 5층석판탑이랍니다. 이 탑을 보면서 신기하여 손을 대어 보았답니다. 물론 실측치수는 없는 상태랍니다. 오로지 감(?)으로만 풀어봤답니다. 산출근거는 이렇답니다.

*** 산출근거**

a. 탑높이 : 11.3

b. 1층 탑신폭 : 3.26

c. 지붕판 잎수

구 분	지붕받침수	상면지붕옥개
5층	5단	5단
4층	5단	5단
3층	5단	5단
2층	6단	5단
1층	7단	5단

이 자료와 인터넷에 있는 사진으로만 풀어야 한답니다. 석판두께가 나와 있지 않으므로 제가 임의로 9cm로 하겠습니다. 사실 돌판두께가 들쭉날쭉해서 정확하지가 않고 애매는 하지만 어떻든 9cm로 하겠습니다. 이 5층석판탑은 처음에 3층으로 지을려고 하다가(?) 5층탑으로 지은 것이 아닌가 하는 생각이 들 정도랍니다. 어떻게 보면 잘못 지어진 탑(?) 같기도 하답니다. 그래도 5층탑에 맞출려고 무척 노력한 흔적이 많네요? 지붕하판의 잎수를 보면 1층 8잎, 2층 7잎, 3층 6잎, 4층 5잎, 5층 4잎이 정상적인데, 3·4·5층 하판의 이파리숫자가 6잎으로 같답니다. 상식적으로 납득이 가질 않는답니다. 그러고 지붕상판 잎수는 5잎으로 똑같답니다. 잎수에 전혀 변화를 주지 않았답니다. 그러다 보니 층고도 추정이 힘들 정도로 헷갈린답니다. 그래서 제가 지멋대로 탑이라고 이름지었답니다. 즉, 별종탑이랍니다. 잎수 기준으로 보면 3·4·5층 층고가 같답니다. 그러고 탑총높이도 15.66인지 16.2인지조차 헷갈릴 뿐 아니라 마음에 썩 안들기는 하지만(?) 모양새가 독특해서 그런대로 한 석판탑이 된답니다. 이 탑의 의자가 희한하게 생겼답니다. 지붕까지 올라가는 계단을 무지 좁기는 하지마는 어떻게든 낼 수는 있으나 지붕에는 의자에 걸려서 올라갈 수가 없답니다. 계단단 높이도 일정하지가 않답니다. 하여튼 석판탑류가 안동·영양 등 경북북부지방에 많이 있는걸로 봐서 그 시대에 이 지역에서 석판탑류에 조예가 깊으신 분들이 계셨든걸로 보인답니다.

이 봉감탑은 이해하기도 힘들지만 설명하기도 쪼께 애매하긴하나 어쨌든 부딪혀 봅시다.

먼저, 탑높이를 이론치수와 실제적용치수를 비교하면서 보실까요.

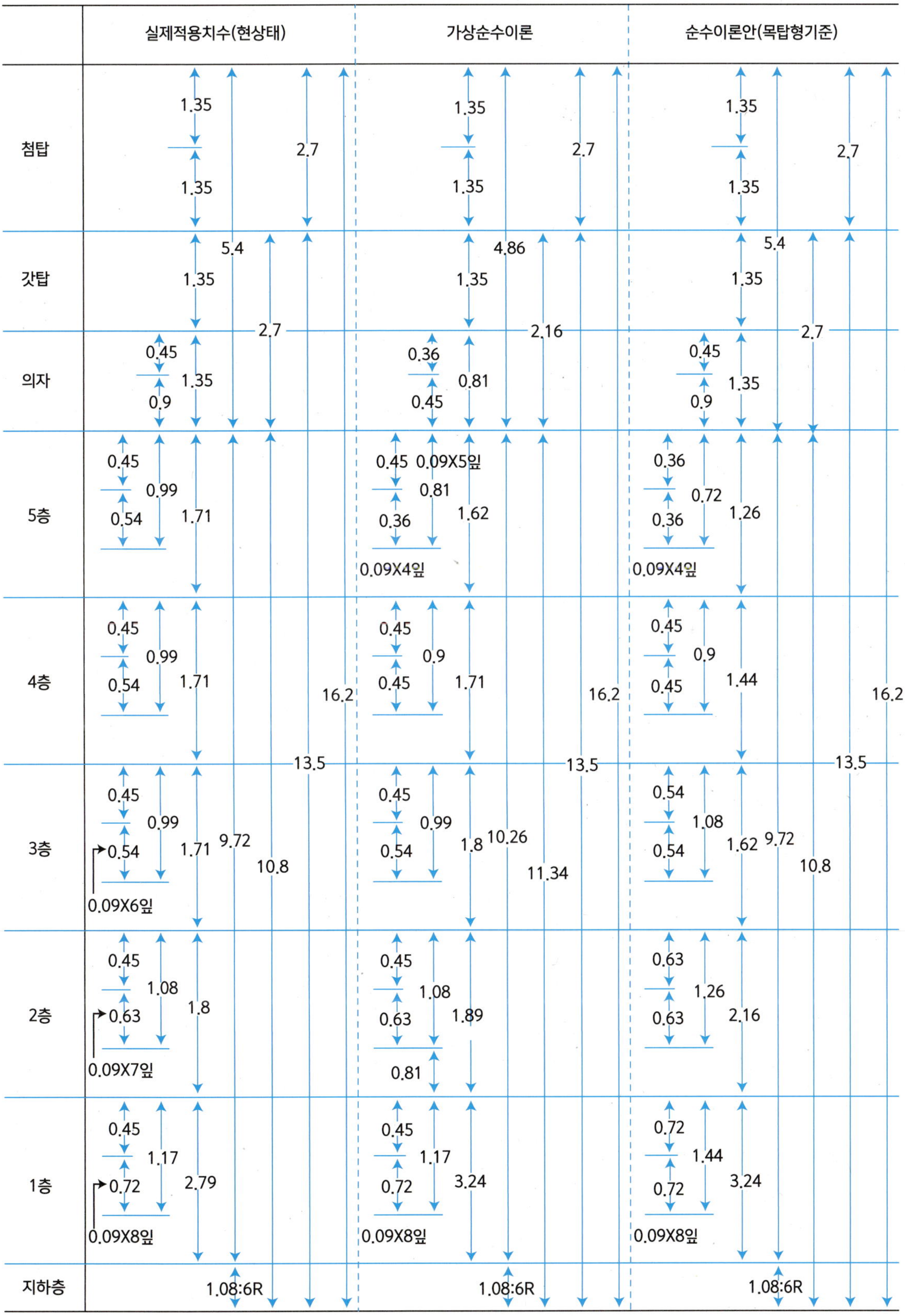

[그림 1020] 탑높이 비교

층고치수를 비교해 보시면 가상순수이론이 실제적용치수(현상태)보다 훨씬 더 합리적일 겁니다. 현 상태 치수도 사실은 조금 애매한 상태랍니다. 어쨌든 추정이라도 해서 현 상태의 봉감탑을 한번 봅시다.

Notice 별책도면 No.38 **봉감5층 석판탑 개념도**

지하층부터 잠깐 보실까요.

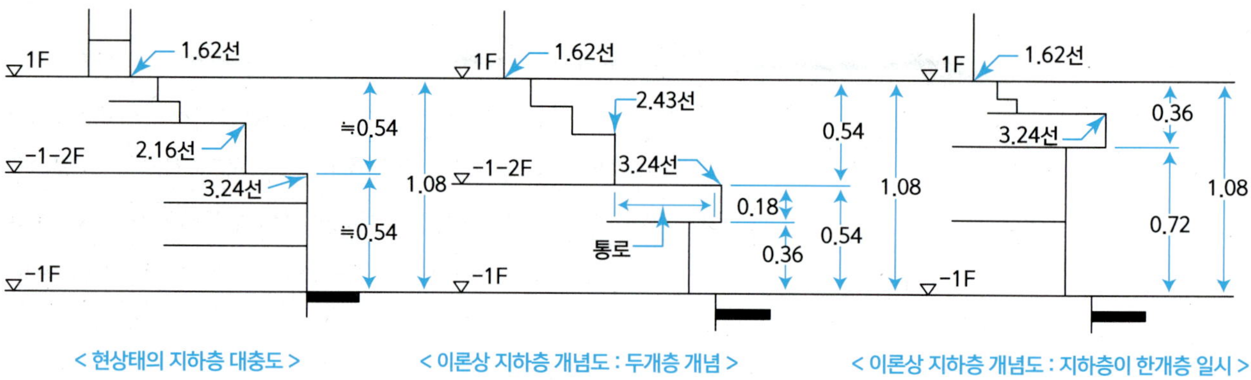

[그림 1021] 봉감탑 지하층

이 지하층도 지멋대로 생겼네요? 현상태의 지하층 상태는 자연미(?)가 풀풀 넘치네요. 아마도 지을 당시에는 이론지하층 개념으로 지었지 않았나 생각해 본답니다. 묘하게도 석판탑은 지하층이 한 개층 개념인데 일반석탑 흉내를 내었는지 느낌이 2개층(-1F, -1-2F)인 느낌이 무척 강하게 난답니다. 석판탑의 1층 진입계단 2단은 기본적으로 1층 소속이 되는데 이 봉감탑은 치수 개념과 느낌상 석탑식으로 지하층 소속이 되네요. 아마도 이 봉감탑의 지하층 외부도 많이 훼손이 되어서 후세에 어떤 분이 대충 흉내를 내어서 보수를 한 것으로 보이네요. 이왕 보수하는 거 좀 잘 보수하시지? 석판탑은 기본적으로 지하층고가 6R로 지상1층으로 올라갈 수 있는 외부계단이 있답니다. 이 봉감탑도 1층에 내부로 들어가는 개구부가 있으며, 현재의 계단은 조금은 어눌하기는 하나 높든 낮든 어쨌든 갯수로 6단이 있네요. 1층 진입이 4방향 진입계단이었는지 1층 개구부가 1개라 1방향 진입계단만 있었는지는 모르겠으나 외부계단도 잠깐 봅시다.

건물 자체 폭으로만 외부진입계단을 만들어 보았답니다. 입구참 등을 고려하게 되면 외부계단이 노출형이 되므로 내장시키겠습니다.

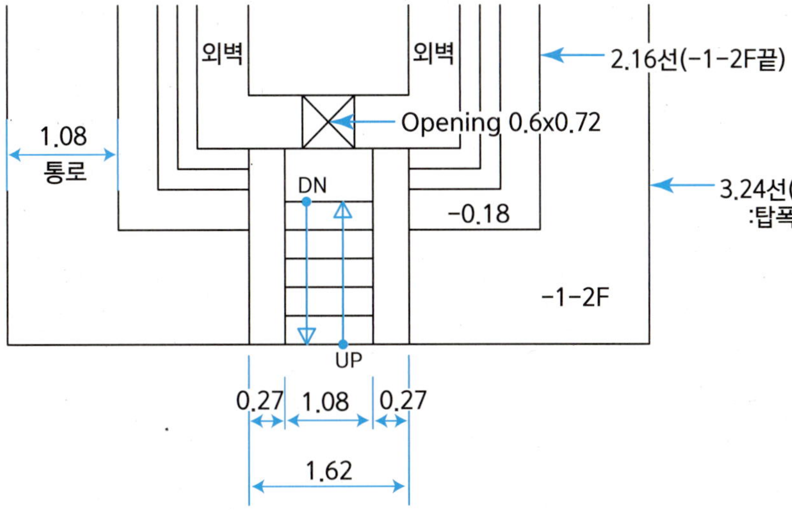

[그림 1022] 봉감탑 1층 외부진입계단

1층도 잠깐 보십시다.

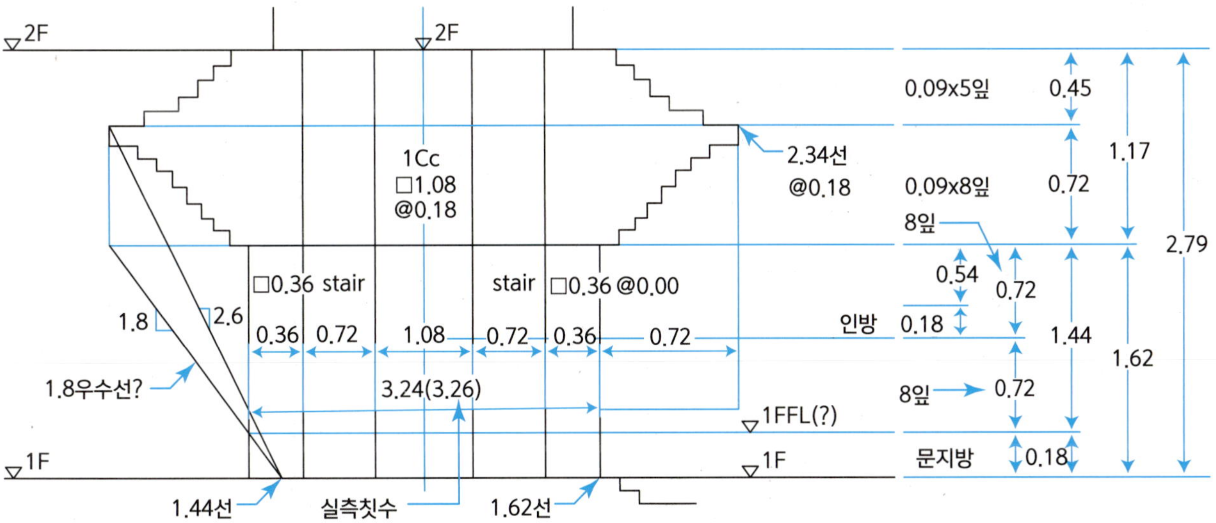

[그림 1023] 봉감탑 1층단면도

출입구에 묘하게도 문지방같은 것이 있네요. 사진으로 봐서는 문지방인지 그 자체가 1FFL인지 애매는 하답니다. 내부통로의 폭이 얼마인지는 모르겠지만 0.72정도로 가정해 봤답니다. 조금 좁기는 좁네요. 1층 출입구 개구부가 대충 0.6 x 0.72정도로 보이네요. 토끼굴 정도라 마음대로 드나들기는 쉽지가 않겠네요. 그리고 각 돌판두께가 제각각인지라 두께 추정이 너무 힘드네요. 돌판두께에 홀리다가는 죽도 밥도 안되니 오로지 잎수만 생각해 주이소? 지붕까지 올라가려면 계단을 설치해야 하지 않을까하고 생각을 했었는데 그냥 통로로만 이용해야겠답니다. 그래도 사다리로라도 올라갈 일이 있을지도 모르므로 2~5층에도 0.6정도의 내부통로는 내겠습니다. 아마도 현상태의 2~5층은 내부통로가 없는 것 같답니다. 저희들도 2~5층에 내부통로를 내지 말까요?

사실 통로를 내지 않고 채우면 시공도 편하고 신경 쓸 일이 전혀 없답니다. 일단 내부통로가 있다고 가정한 후 통로가 필요없다고 생각되시면 뭔가로 채우면 그만이랍니다. 봉감탑의 1층 탑신폭이 실측치수로 3.26이라고 나와 있으니 1층 탑신폭은 추정이 가능하죠. 3.26÷2=1.63이므로 실제 1층 탑신폭은 3.24가 될 겁니다. 자로 환산하면 3.24÷0.3=10.8′가 된답니다. 실측치수가 완벽하게 맞다고 가정한다면 그 시대의 1자길이는 3.26÷3.24x30cm=30.1851cm가 된답니다. 현재 사용되고 있는 1′≒30.3보다 쪼께 적네요. 1층지붕하판 이파리숫자를 8잎으로 해서 하판두께는 8t=8x0.09=0.72로 했답니다. 그리고 1F가 애매하게 되어 있답니다. 기본적으로는 1층 진입 2단을 올라가면 1F가 된답니다.

이 봉감탑은 묘하게도 문 밑에 문지방인지 뭔가가 있어서 어찌 보면 1FFL이 별도로 있는 느낌까지 드네요.

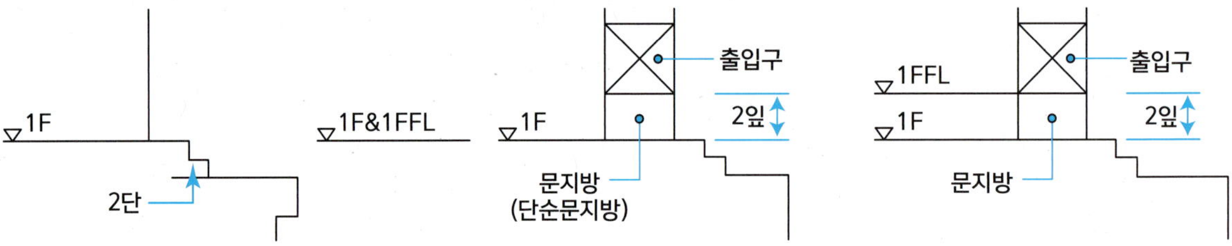

< 일반적인 1F&1FFL개념 >　　< 봉감탑 : 단순문지방시 >　　< 봉감탑 : 문지방 = 1FFL시 >

[그림 1024] 봉감탑: 문지방의 정체(?)

1층 내부로 들어갈려면 정식 2단일 경우에는 2R=2x0.18=0.36이 되어야 일반적인데, 봉감탑은 이파리 숫자를 세어보면 2잎이랍니다. 즉, 2x0.09=18cm가 되죠. 여러 많은 생각 끝에 이파리숫자를 기준으로 하기로 했답니다. 즉, 문지방이 되었든 1FFL이 되었든 올라가는데 18cm가 된답니다. 좀 특이하죠. 그래서 1층고를 2.97로 하려다고 2.79로 하였답니다.

1층에 내부통로가 있다면 용도가 무엇일까요? 혹시 1Cc기둥에 niche(벽감)를 만들어서 부처님을 모셨을까요? 아님, 내부통로 자체도 없이 개구부 입구쪽에만 살짝 적당한 공간을 확보해서 부처님을 모셨을 수도 있답니다. 1층 출입구 내부공간을 볼 수가 없으니 상상만 할 뿐이랍니다. 이 봉감탑의 1층지붕 우수선은 2우수선이 성립이 잘 안되네요. 1층층고가 2.97이면 성립이 되는데 18cm

를 줄인 2.79에서는 1.8지붕우수선이 된답니다.

2~5층 몸통을 정확하게 알 수는 없지만 외부구조가 똑같은 것 같답니다. 중간의 두 개의 턱이 무얼 의미하는지는 알 수는 없지마는 하여튼 턱이 나와 있답니다. 기왓장을 걸치기 위해서일까요(기와턱). 기와를 덮은 탑도 있답니다. 아님, 멋을 내기 위해서 일까요? 아마도 멋을 내기 위한 것 같기도 하답니다. 지붕 상판 위에 구태여 기왓장을 씌울 특별한 이유가 없으며 두 턱의 위치가 너무 높게 있어서 기와 걸치기에는 조금 불편할 것 같네요. 그래도 모르죠, 기와를 이었을지도?

2~5층 몸통의 석판 갯수가 무지 헷갈리게 되어 있네요. 한번 보실까요.

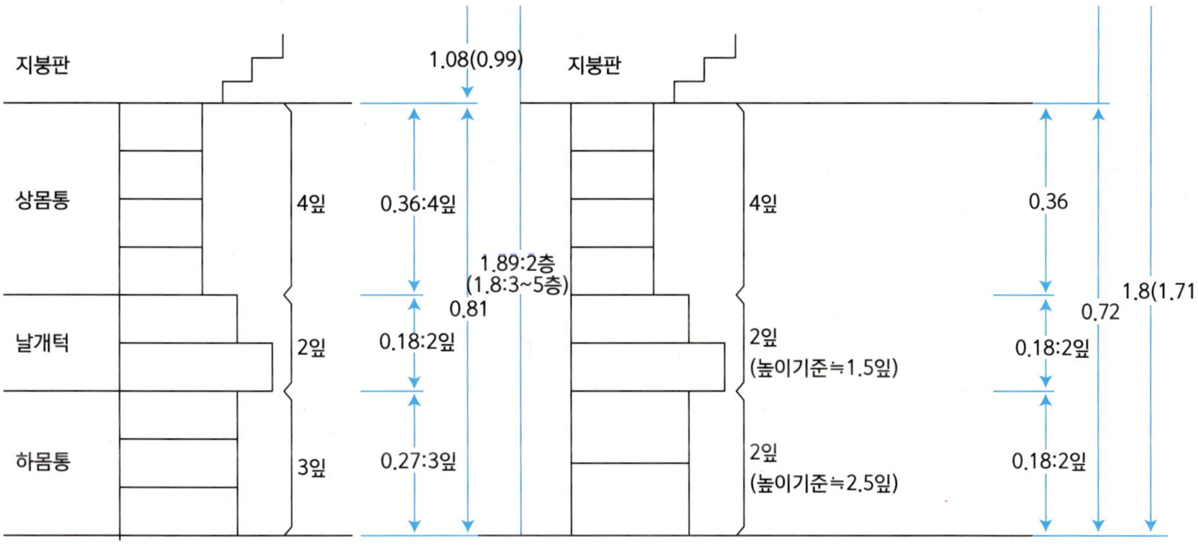

[그림 1025] 처음 생각한 몸통 높이 9잎 : H=0.81

[그림 1026] 다시 생각해 본 몸통높이 8잎 : H=0.72
– 하4잎 : 1.5잎(2잎)+2.5잎(2잎)=4잎

탑신을 크게 상몸통·날개턱·하몸통으로 분리해서 생각해봅시다.

상몸통은 4잎이 기본인데 어떤 층은 3잎 같기도 하고 무지 헷갈리게 되어 있네요. 어쨌든 상몸통은 4잎으로 보겠습니다. 그리고 날개턱을 보시면 처음에는 꺾여 있으므로 2잎으로 보았었는데 또 다시 보니 1잎이 2단으로 되어 있는 것도 같은 느낌이 들기도 하긴하나 어쨌든 2잎으로 보겠습니다. 제일 헷갈리는 건 하몸통인데 어떤 것은 통돌로 되어 있으며, 어떤 것은 2잎으로 되어 있긴 있는데 높이가 두 잎이 비슷한 것도 있지만 어떤 것은 밑 잎이 더 높고 어떤 것은 윗잎이 더 높은 것도 있고 하여튼 지멋대로랍니다. 그래서 이 하몸통을 높이개념으로 보면 2.5잎(3잎)에 가까운 것도 같은데 2잎으로 간주하기로 했답니다. 높이 기준보다는 잎수 기준이 더 합리적일 것 같답니다. 이 잎수를 다 더해보면 2~5층 몸통은 8잎이 되며 높이는 0.72가 된답니다. 8잎으로 하긴했는데 아직도 헷갈린답니다.

꼭다리의 의자가 아주 특이하네요. 통석으로 하지 않고 돌판으로 한 것 같네요. 통석이 아니어서인지 폭이 굉장히 넓고 높이도 아주 높답니다. 한번 보실까요.

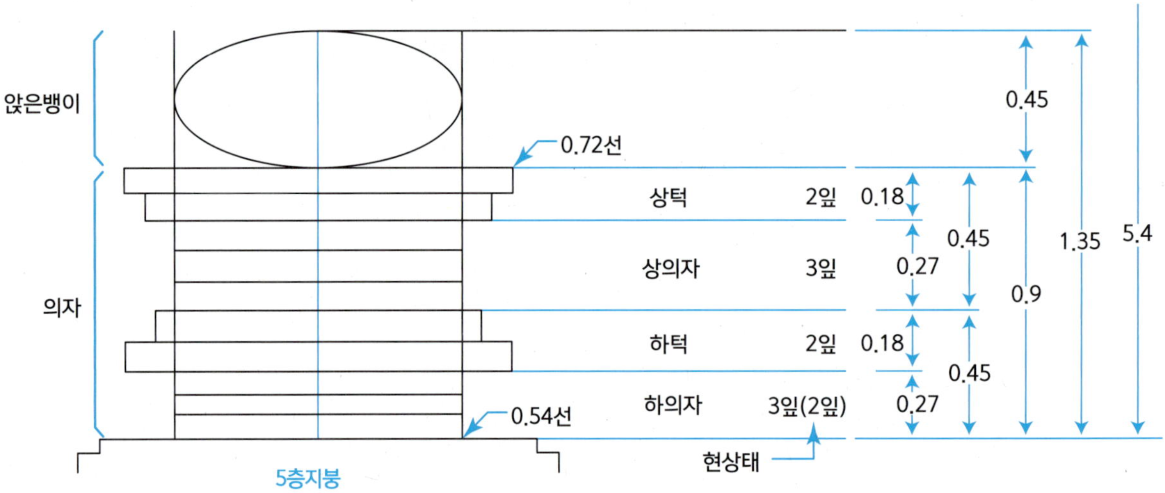

[그림 1027] 봉감탑 꼭다리 의자 모양

상식적으로 생각해보면 상·하 대칭개념으로 10잎이 맞을 것도 같은데 현재의 상태는 하의자가 2잎으로 9잎으로 되어 있는 것 같아 보이네요. 하턱밑에 있는 하의자의 잎수가 사진으로 보니 분간이 잘 가지는 않지만 현상태는 2잎으로 보이며 상·하의 대칭개념으로 보면 3잎이 어울릴 것 같네요. 의자폭은 제가 임의로 숫자를 넣어 본 거랍니다. 머리도 식힐 겸 짬좀 내어봅시다. 이 지멋대로의 탑을 지으신 건축기사분의 심리상태(?)를 한번 분석해 볼까요. 탑은 당연히 분석을 해야 하지만 필요하다면 그 탑을 지으신 건축기사의 심리도 분석해 볼 필요가 있답니다. 제가 너무 짖궂나요. 간단히 생각해봅시다. 봉감탑을 지을려고 했던 건축기사분이 고수(?)한테 가서 한 수 배워왔답니다? 와서는 3층탑을 지을려고 했었는데(사실은 아무도 모름) 이 봉감기사분이 깜빡했던 게 있었던 것 같네요. 아마도 돌아오시면서 거나하게 한잔하셨는지 깜빡 잊어먹었나 봅니다. 바로 1·2·3층 층고비례를 깜빡하신 것 같답니다. 3층탑을 지을려면 1·2·3층 비례공법이 기본이랍니다. 물론, 꼭 법칙을 지켜야 하는 것은 아닐지라도 어느 정도 비슷하게 하면 3층탑으로도 충분히 탑의 비례관계로 안정감이 있게 된답니다.

그런데 이 봉감건축기사분은 1·2·3층 층고의 비례를 고려하지 않고 접근을 하다보니 층고조절에 실패를 한 것 같답니다. 즉, 첫단추를 잘 못 끼워버렸답니다. 그리고 계단 단높이(R)도 고려 자체를 하지를 못했네요. 다른 층은 그럴지라도 1층은 계단 단수가 짝수가 기본이며 하다못해 홀수단이라도 나와야 되는 게 원칙인데 봉감탑 1층은 2.79÷0.18(R)=15.5단으로 0.5단이 나온답니다. 이 0.5단(반단)을 어떻게 해결하죠. 제 대가리로는 해결 방법이 없답니다. 차라리 2층지붕 이파리숫자(7잎)를 무시해 버리고, 1층층고를 2.88÷0.18=16단으로 하고 2~5층 층고는 1.71(1.71÷0.18=9.5단)로 하는 것이 더 합리적이었을 겁니다. 즉, 2층지붕 하판잎을 7잎으로 맞추다보니 2층층고가 3~5층 층고보다 9cm가 더 커져 버렸네요. 하여튼 3층을 짓고 보니 탑 형태가 영 비례도 맞지 않고 안정감도 없으니 무지 당황했을 겁니다. 건축기사 자존심이 다 구겨져 버렸을 겁니다? 그래서 2개층을 더 올려서 5층을 만들려고 하는데 2·3층의 몸통도 살려야겠고 지붕잎수도 고려해야 하고 탑높이도 고려하다 보니 3·4·5층의 층고가 똑 같아져 버린 지멋대로의 탑이 되어버렸답니다. 잘 안풀리면 다시 한번 고수를 찾아가서 자문을 구하든지 했어야 했는데 자기 혼자 고민만 실컷한 기사분으로 보이네요. 내성적인 분이었나? 제 추리가 조금은 그럴싸한가요? 영 엉터리라고요! 맞습니다. 바로 9류 추리소설이거들랑요. 만약 2~5층 몸통높이는 같게 하더라도 지붕하판 잎수를 변화시켜 볼까요.

① 상판잎은 5잎으로 하고 하부잎을 1잎씩 증감시

층	부위	구분	잎수	비고
5층	지붕	상판	5잎	상판 잎수가 하판잎수 보다 많음
		하판	④잎	
	몸통		8잎	@1잎
4층	지붕	상판	5잎	
		하판	⑤잎	
	몸통		8잎	
3층	지붕	상판	5잎	
		하판	⑥잎	
	몸통		8잎	
2층	지붕	상판	5잎	이럴 경우는 3층탑이 더 양호함
		하판	⑦잎	
	몸통		8잎	2~5층 몸통 동일하게 8잎
1층	지붕	상판	5잎	상판 : @0.00잎
		하판	⑧잎	하판 : @1잎
	몸통		var	

[표 48] 상판잎 5잎에서 하부잎 1잎씩 증감시

보시면 5층의 상판잎 수(5잎)가 하판잎 수(4잎)보다 많아지니 봉감기사가 깜짝 놀라(?) 아마도 3·4·5층을 3층과 동일하게 한 것으로 보인답니다.

② 처음부터 5층탑을 지을려고 했다면 : 지붕판 잎수만 비교함.

		ⓐ상·하판 잎수 동일안		ⓑ 상판 : 4잎고정 하판 : @1잎시	
5층 지붕판	상판	4잎	잎수를 동일하게	4잎	상판잎 동일하게
	하판	4잎		④잎	하판잎 @1잎
4층 지붕판	상판	5잎	〃	4잎	
	하판	5잎		⑤잎	
3층 지붕판	상판	6잎	〃	4잎	
	하판	6잎		⑥잎	
2층 지붕판	상판	7잎	〃	4잎	
	하판	7잎		⑦잎	
1층 지붕판	상판	8잎	〃	4잎	1층지붕 하판잎수를 8잎으로 한것으로
	하판	8잎		⑧잎	볼때 5층탑을 지을려고 한 것 같음
		<일반적인 경우>		<상판잎수를 고정하고 하판잎을 가변적으로 함>	

[표 49] 처음부터 5층탑을 지을려고 했을 경우(지붕판 잎수만 비교)

첫 번째는 상·하 잎수를 같게 해서 층당 1잎의 증감계수를 채택하는 안이며 두 번째는 상판잎수는 4잎으로 고정시키고 하판잎수를 1층에서부터 1잎씩 줄이는 안이랍니다. 위 비교표에서 보시듯 현 봉감탑은 5층탑 접근방법이 아니라 3층탑 접근공법이랍니다. 정말로 5층탑을 지을려고 했다면 상·하잎수를 같게 해서 증감계수 1잎을 적용하든지 상판잎수를 꼭 고정하려면 4잎으로 하든지 하고 하판잎을 1층에서 8잎을 하고 1잎증감계수를 쓰면 5층에서 상·하판 잎수가 4잎으로 동일하게 된답니다. 맞는 것 같나요? 사실은 제가 더 헷갈리네요. 이것은 7류 추리소설?

봉감건축기사가 헷갈렸든 아님, 자기주장대로 탑을 지었든, 아니면 3·4·5층 층고가 잎수 기준으로 볼 때는 같은데 실제론 잎두께가 얇아지면서 3·4·5층 층고가 다를 수도 있든 이 봉감 5층석판탑은 아주 잘 지어진 탑이며, 또한 비교적 보존상태도 양호한 상태랍니다. 특히, 3층탑을 지으려다 5층탑을 지어야만 했던 과정에서 엄청 고민(?)을 많이 하셨던 것 같은 봉감건축기사님께 감사의 말씀을 드린답니다.

정말 봉감건축기사가 3층석판탑을 지으려다 5층석판탑을 지었을까요? 그렇지는 않았을 겁니다. 5층석판탑을 지으려다 그만 첫 단추를 잘못 끼웠거나 어떤 과정에서 착각을 했을 겁니다. 그렇다면 만약 이 봉감기사분이 3층석판탑을 지으려고 했었다면 이 3층석판탑은 어떤 형태였을까요? 조금은 궁금하실 겁니다. 아니 저도 몹시 궁금하답니다.

건물폭은 일단 제외하고 높이 기준으로 두가지 정도만 생각해봅시다. 생각은 자유거들랑요? 봅시다. 순수이론높이 기준이랍니다.

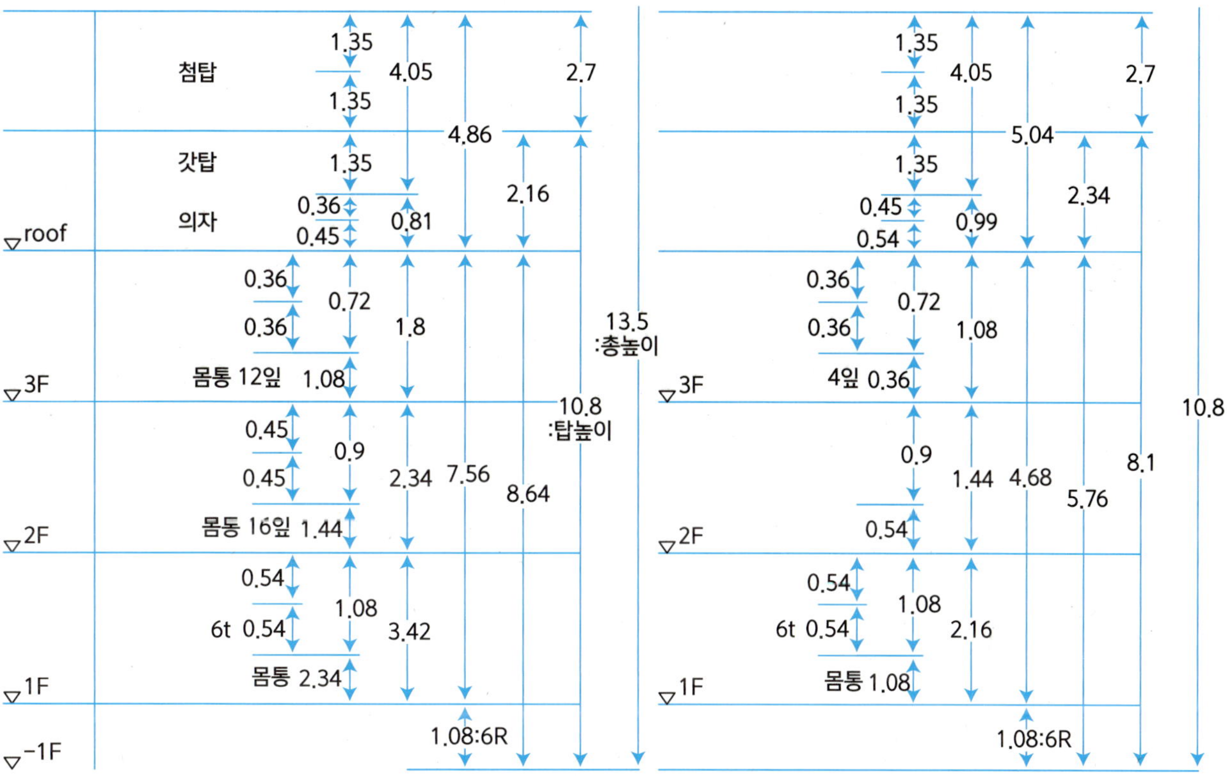

[그림 1028] 3층석판탑 이론1안 : t=0.09, R0.18, 탑규모 5.4x10.8 [그림 1029] 3층 석판탑 이론2안 : t=0.09, R0.18, 탑규모 4.32x8.1

탑총높이는 2.7의 배수이므로 봉감 5층석판탑 높이가 16.2이므로 3층석판탑 총높이는 2.7이 적은 13.5m일 수도 2.7x2=5.4가 더 적은 10.8이 될 겁니다. 총높이가 11.7m이거나 12.6m가 숫자합이 9이긴 하나 자로 환산해 보면 자의 숫자합이 9가 안되므로 불합격품이 된답니다. 위의 두 안이 다 성립될 수도 있으나 2안의 2 & 3층의 순층고가 0.54(6잎)와 0.36(4잎)으로 만약에 순층고(순몸통)에 날개턱(2잎일 수도 1잎일 수도 있음)을 넣을려면 너무 불편하므로 저는 몸통높이에 여유가 있는 1안을 선택하겠습니다. 물론 순수이론층고에서 2층층고의 일부를 떼어서 1·3층에 줄지는 아무도 모르겠죠. 건축기사 맴이랍니다. 제가 1안의 건물폭을 5.4로 가정해 보았답니다. 가정이 맞을지는 알 수 없지만, 시간 나시면 한번들 그려보십시오. 그런데 이 정도 높이의 석판탑이라면 차라리 3층일반석탑을 지을 것 같답니다. 그래서 많은 생각을 해 보니 3층석판탑은 짓지 않은걸로 보이며 9층석판탑은 구조 등 여러 어려움이 많아서 9층석판탑도 짓지 않았든 걸로 보인답니다. 제가 생각이 너무 많았나요? 악수가 아니면 그나마도 좋을텐데. 제가 아주 간단한 탑높이와 약간의 정보만으로 봉감탑과 신세동탑을 풀어봤으나 실측치수와는 많은 차이가 날 수도 있답니다. 특히 앞으로 보시게 될 신세동탑같은 경우는 탑높이 자체도 완전히 무시(?)하고 풀었으니 제가 간이 보통 큰놈이 아닌가 봅니다. 어떻든 약간의 정보만 있더라도 반드시 탑을 풀어보셔야만 한답니다. 맞고 틀리고는 그리 중요하지 않을 수도 있답니다. 아니 반드시 틀리게 되어 있답니다. 그래도 자꾸 도전하다 보면 언젠가는 반드시 풀릴 겁니다. 특히, 석탑에 관심이 많으신 분은 한번 도전해 보십시오. 틀리면 언제든지 고칠 수가 있답니다. 그래야만이 아무런 치수도 없이 방치되어 있는 수 많은 석탑들이 자기 치수를 가질 수가 있답니다. 치수를 찾아내다 보면 저희들이 미쳐 생각하지 못했든 것도 알아낼 수가 있을 겁니다. 그것만큼 기분좋은 일이 어디 있겠습니까. 저 같은 돌팔이도 도전하고 있답니다. 이제 훌륭한 분들이 나서서 도전하리라 믿습니다. 석탑류도 보기보다 아기자기한 맛이 있네요. 모든 석탑들을 다 풀어보고 판단을 해야 맞지마는 그래도 이제까지 본 석탑을 중심으로 지붕하판을 한번 분류해 봅시다. 어쩌면 무지 중요할 수도 있답니다.

A. 신라석탑

분류	형식	층수	탑명	지붕하판 잎수	지붕하판 받침보	비고
석탑	목탑형	1층	다보탑		2단	
	석탑형	3층	미탄사탑	3잎		4잎 석탑도 제법 있음
				4잎		
			석가탑	5잎		
			고선사탑	〃		
			감은사탑	〃		
		5층	나원리탑	5잎		
		5층	선산죽장동탑	6잎	석판탑형 (잎기준)	

분류	형식		층수	탑명	지붕하판 잎수	지붕하판 돌판두께	비고
석판탑 (전탑포함)	목탑형	석판탑 (대형)	5층	?	8잎	9cm	
			7층	분황사탑	10잎	9cm	
	석탑형	전탑	7층	안동신세동탑	10잎	6cm	지붕기와있음
			7층(5층)	안동동부동5층탑	10잎	?	지붕기와있음
		석판탑	5층	영양봉감탑	8잎	9cm	
		석판탑 +전탑		?			있답니다

[Notes] 안동동부동탑은 1층 하판잎수가 10잎이라면 원형은 7층 전탑일 수 있음. 현재는 5층임.

[표 50] 신라석탑: 지붕하판 개념

B. 백제석탑

분류	형식	층수	탑명	지붕하판		비고
				잎수	받침보	
석탑	목탑형(대형)	7층	미륵사탑		3단	
	석탑형	5층	정림사탑		2단	2단보이나 높이기준으로는 3단보에 해당
		5층	왕궁리탑	3잎 1받침보		3단이나 1개의 보(?)로 3잎 형상임 (3잎 분류도 가능?)

[표 51] 백제석탑: 지붕하판 개념

저희들이 대충 알고 있는 것만 분류를 해 본 것으로 모든 석탑이 밝혀지면 형식이 더 늘어날 수도 있답니다. 아니 늘어날 겁니다. 표를 보시면, 신라석탑과 백제석탑이 지붕하판(지붕받침판)모양으로 확연히 구분이 된답니다. 가끔은 두 양식이 서로 섞인 형태도 있답니다.

Five-story Stone Brick Pagoda in Sanhae-ri, Yeongyang

영양 산해리 오층모전석탑(봉감 5층석판탑)
(英陽 山海里 五層模塼石塔)

경북 영양군 입암면 산해리 강가의 밭 가운데에 서 있는 탑으로, 이 마을을 '봉감(鳳甘)'이라고 부르기도 하여 '봉감탑'이라 이름붙여졌었다. 석탑 주변의 논밭에 기와조각과 청자조각이 많이 흩어져 있어, 이 일대가 절터였음을 알수 있다.탑은 벽돌 모양으로 돌을 다듬어 쌓아올린 모전석탑(模塼石塔)으로, 1단의 기단(基壇)위에 5층의 탑신(塔身)을 올린 모습이다. 기단은 흙과 돌을 섞어 낮게 바닥을 깔고, 10여 개의 길고 큰 돌을 짜서 쌓았다. 그 위의 탑신은 몸돌과 지붕돌 모두 벽돌 모양의 돌로 쌓았다. 1층 몸돌에는 불상을 모시는 방인 감실(龕室)을 두었는데, 감실 양쪽에 둔 2개의 화강암 기둥과 이맛돌의 섬세한 조각이 장식적인 효과를 더해주고 있다. 1단 기단의 모습과 돌을 다듬은 솜씨, 감실의 장식 등으로 미루어 보아 통일신라시대에 세워진 것으로 추정된다. (자료출처 : 문화재청)

①

②

③

❶ 1층 탑신부(남측면) ❷ 5층 탑신부 및 상륜부(남측면) ❸ 감실 상세 ❹ 전경

4

✿ 경천사탑은 몇 층 일까요? ✿

이 경천사탑은 희한한 구조를 갖고 있네요? 너무 지나치게 많이 진화되어(?) 석탑이 좀 수수한 멋이 있어야 되는데 완전히 난할 정도로 화려한(?) 탑으로 변신했네요. 의자와 찐빵을 완전히 지붕으로 도배를 해버렸네요. 근데, 석탑에서 제일 중요한 종교의미를 갖고 있는 앉은뱅이는 홀연히 사라져 버렸네요? 어찌 보면 앉은뱅이가 의자 속에 숨은 것 같기도 하고 어찌 보면 의자가 납작해지면서 그 위에 앉은뱅이가 찐빵화되어 지붕까지 얹고 있는 것도 같기도 하고? 하여튼 무지 헷갈리는 석탑이랍니다. 층고 구분도 어렵네요. 지붕까지가 층고인지 난간까지가 층고인지조차도 헷갈리게 되어있답니다. 아마도 지붕까지가 층고이겠죠. 3층 지붕 위에 또 한 개의 낮은 지붕같은 것이 보이는데 3층 지붕이 2중 지붕인지 도통 무엇인지조차 헷갈리게 되어있답니다. 혹시 이 3층 위의 낮은 지붕이 의자가 지붕화된 것은 아닐까요? 이 3층 위에 있는 낮은 지붕도 지붕으로 분류가 된다면 총 11개의 지붕이 된답니다. 그렇다면 3층석탑 위에 있는 의자·앉은뱅이·6개의 찐빵(갓탑과 1첨탑)이 8개의 지붕을 덮어 쓰고 있는 희한한 석탑이랍니다. 그런데 경천사탑을 보면(원각사탑 포함) 경천사 10층탑이라고 탑명이 붙어있답니다. 차라리 11층탑이라고 하는게 더 나을 듯?

신라일반3층석탑과 경천사탑의 꼭다리를 대충 비교해 봅시다.

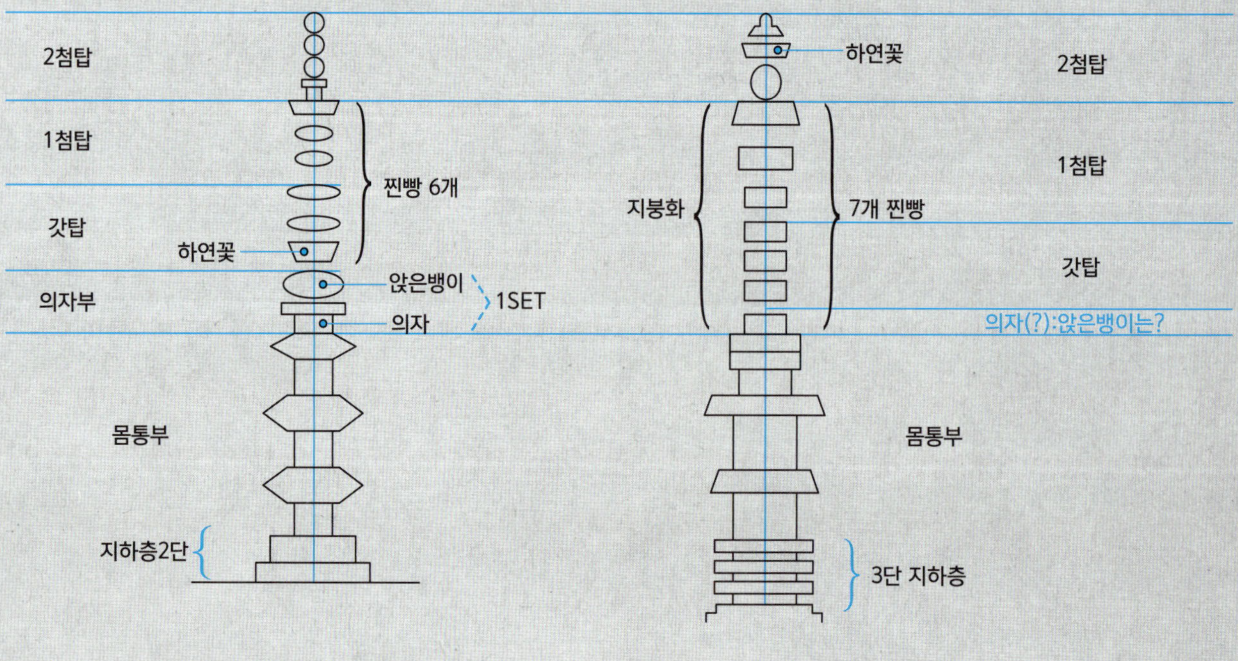

[그림 1030] 신라3층 석탑　　[그림 1031] 경천사탑

두 탑 형식을 비교해 보시니 재미있는 느낌이 드실 겁니다. 지하층을 보시면 둘 다 신라형식인 온지하네요. 그런데 일반신라석탑은 지하층을 2단(2개층)으로 구분해 놓았는데, 경천사탑은 3단(3개층)으로 되어 있답니다. 신라3층탑(관공서)의 지하층 내부가 3개층으로 되어 있는데 이 경천사탑 기사분이 그걸 알고 있었다는 이바구? 경천사탑은 1·2·3층 층고도 비스무리한 것 같네요? 그리고 3층지붕을 보시면 묘하게도 경천사탑은 1개인지 2개인지는 불확실하지만 어떻든 육안으로는 2중지붕 같이 보이기도 하네요? 애럽네요. 그리고 문제의 핵심은 꼭다리에 있답니다. 기본적으로 의자부는 의자와 앉은뱅이가 1set랍니다. 물론, 앉은뱅이는 종교의미가 있는 걸로 보인답니다. 그런데 이 앉은뱅이는 보이지가 않고 의자만 그냥 지붕화되어 있네요. 그리고 나머지 갓탑과 1첨탑의 6개의 찐빵류도 다 지붕화시켜 놓았네요. 제일 위에 있는 2첨탑에는 기본적으로 구슬류가 3개(제일 밑은 十형, 위 2개는 구슬 비스무리하게 생김)가 들어가는데, 경천사탑은 제일 밑에 뭔지는 모르겠지만 길쭉한 받침대(기본적으로 구슬받침대?)가 제법 큰 형태로 자리잡고 있고 갓탑 제일 밑에 있어야 할 하연꽃이 그 위에 딱 자리잡고 있으며 그 위에 뭔가가 2개가 있네요? 어쨌든 경천사탑꼭다리도 2첨탑까지 있는 걸로 봐서는 경천사탑 자체는 일반신라 3층석탑 구조형식으로 되어 있네요. 그런데 경천사탑 지으신 우리 아지아는 상상력이 너무 뛰어나신 분이셨든 것 같답니다?

제가 왜 저 자신도 확실히 모르는 경천사탑에 대하여 이바구하고 있을까요? 이유는 단 한 가지일 겁니다. 바로 경천사탑이 3층석탑이기 때문이랍니다. 찐빵에 지붕을 씌웠다고 그게 한 개의 층이 될까요? 찐빵은 그냥 찐빵일 뿐이랍니다. 찐빵이든 의자든 꼭다리는 모두 다 탑의 층과는 아무런 관련이 없는 그냥 탑의 꼭다리랍니다. 그냥 의자이며 그냥 찐빵(갓탑과 1첨탑)일 뿐이랍니다. 경천사탑을 지으신 분이 어떤 의미로 화려하게 또한, 보는 이로 하여금 헷갈리게 지었는지는 모르겠지만 분명히 3층석탑 개념으로 지었을 겁니다. 이 글을 읽으시는 분들은 보는 순간 3층석탑이라는 걸 인지하셨을 겁니다. 3층석탑이라고 인지하신 분은 제 글을 열심히(?) 읽으신 분이며, 어떤 분이 10층석탑이라고 하셨는지는 알 수는 없지만 10층석탑이라고 생각이 드시는 분은 제 글을 몇 번 더 읽어 보셔야 될 듯! 벌칙이랍니다. ㅋ~ 물론, 보는 관점에 따라서 10층탑이라고도 볼 수도 있답니다. 근데? 짝수층 탑은 대가리 털나고 저도 처음 들어보네요. 이제 어떤 누군가가 경천사탑이 몇 층이냐고 물으신다면(꼭 유행가가사 같네?) 경천사 10층석탑이라고 대답하시면 이런 얘기를 들으실 겁니다. 당신 아주 유식하네요? 아! 그래요. 경천사 3층석탑을 물어보시나 보네요라고 대답하시면 이런 얘기를 들으실 겁니다. 요놈(?)이! 뭐 쫌아는 놈이네 ~ㅋㅋ~

10층탑이 되었든 3층탑이 되었든 이 글을 읽으시는 분이 스스로 판단해 주이소 ~ㅎ~

[사진 16] 경천사지 3층석탑(10층석탑?)

PART 2

신라의 석탑(新羅石塔)

05

[다섯 번째 이야기]

신라의 전탑

1. 신세동 7층전탑(안동 법흥사지 칠층전탑)

안동에 있는 전탑으로 법흥사지 7층전탑이라고도 하는 탑이랍니다. 전탑이 제법 있는데 이 신세동탑이 너무 신기하여 손을 대어 보았답니다. 구조형식은 석판탑과 같으니 재질이 달라서 전탑으로 별도로 분리해 봤답니다. 전에도 말씀드렸듯이 이 신세탑은 지붕날개끝이 쌍립날개를 갖고 있답니다. 그리고 가장 재미있는 것은 일반 3층석탑식으로 지하층이 온전히 살아있답니다. 사실은 지하층의 파손상태가 너무 심하여 온지하인지 반지하인지조차 헷갈리기는 하지마는 저는 온지하로 보았답니다. 석판탑류는 일반적으로 반지하(6R)형식인데 희한하게 온지하랍니다. 또한, 이 신세탑이 묘한 것이 지붕상하판잎이 완벽하게 법칙을 따르고 있다는 것입니다. 신기할 정도로 법칙을 잘 따르고 있답니다. 실측치수가 나와 있지는 않지만 이 신세동 7층전탑의 산출근거는 이렇답니다. 인터넷에 나와 있는 것을 정리해 본 거랍니다.

<산출근거> a. 탑높이 H : 17m

b. 기단너비 : 7.75(7.77)

c. 벽돌규격 : $\frac{0.28}{\ell} \times \frac{0.14}{w} \times \frac{0.06}{t}$: 회록석무문전(ℓ: 길이, w: 폭, t: 두께)

d. 지붕이파리수

층	밑받침수	옥개상면의 층단수
7층	-	5단
6층	3단	6단
5층	5단	7단
4층	6단	8단
3층	7단	9단
2층	8단	10단
1층	9단	12단

이 참고자료를 갖고 이 신세동 7층전탑을 같이 풀어봅시다. 물론 사진도 곁들여야겠지요. 이 참고자료에서 탑높이 17m는 믿을 수가 없어서(?) 제가 이파리숫자로 높이를 완전히 바꿀 겁니다. 즉, 탑높이 H=17과 이파리숫자가 너무 차이가 나서 이파리숫자를 기준으로 하기로 했답니다. 이 파리두께가 6cm이므로 이파리숫자를 일일이 세어서 높이를 결정할 겁니다. 이 이파리숫자 세기가 보기보다 무지 헷갈린답니다. 그래도 세어야죠. 이 이파리 숫자로 높이를 계산해보면 실측탑높이(H=17m)가 2m이상의 오차로 더 높답니다. 몇 십 cm의 오차도 아니고 엄청난 오차가 있네요.?(어떤 분이 어디서 어디까지를 높이로 보고 재었는지는 모르겠지만 사람 헷갈리게 하시는 데는 일가견이 있었던 분 같네요. 앞으로 좀 더 잘 잽시데이. 재기는 잘 쟀는데 제가 착각한 걸까요?) 그러고 산출근거에 나와 있는 밑받침수와 옥개상면의 층단수는 제가 직접 세어서 제 나름대로 분류하겠습니다.(산출근거에 나와 있는 이파리갯수가 어떤 근거에서 나왔는지 상식적으로 전혀 납득이 가질 않으니 믿을 수도 없겠죠? 믿으시라구요! 그래도 전 못믿겠는데요?) 그리고 희미하거나 애매한 것은 제가 임의로 넣겠습니다.

가마이 보시니 모든 게 제멋대로죠?

제가 이파리갯수를 일일이 세어서 신세동 7층전탑을 계산해 보았답니다. 지붕폭이든 몸통폭이든 탑폭 등도 다 제가 임의로 넣었으므로 실측치수와 다를 수가 있답니다. 아니 다른 게 정상일 겁니다. 물론 지하층의 파손이 너무 심하여 지하층의 높이든 폭이든 당연히 제 임의로 넣었을 겁니다.

같이 한번 풀어보실까요. 같이 풀자고 했었는데 가마이 생각해보니 저 혼자 풀었네요 ~ㅎ~

Notice 별책도면 No.39 **신세동 7층전탑 개념도**

이 신세동 7층전탑은 조금 복잡한 구조네요. 각 층으로 나누어 분석해야겠네요. 우선, 규모를 보시면 16.2x16.2랍니다. 탑 총높이는 18.9m가 나온답니다. 현상태의 실측높이가 17m라면 벽돌두께가 6cm가 아니라 7.2~7.5cm 정도면 17m에 근접할 수는 있으나 6cm가 맞다면 탑높이는 16.2m가 되며 탑총높이가 18.9m가 된답니다. 탑높이는 기본적으로 이파리숫자가 기본이랍니다. 제가 이파리숫자를 잘 세었는지는 확실치는 않지만 아주 크게 틀리지는 않을 겁니다.

이 신세탑은 희한하게도 순수이론높이와 거의 같답니다. 몸통부를 보실까요.

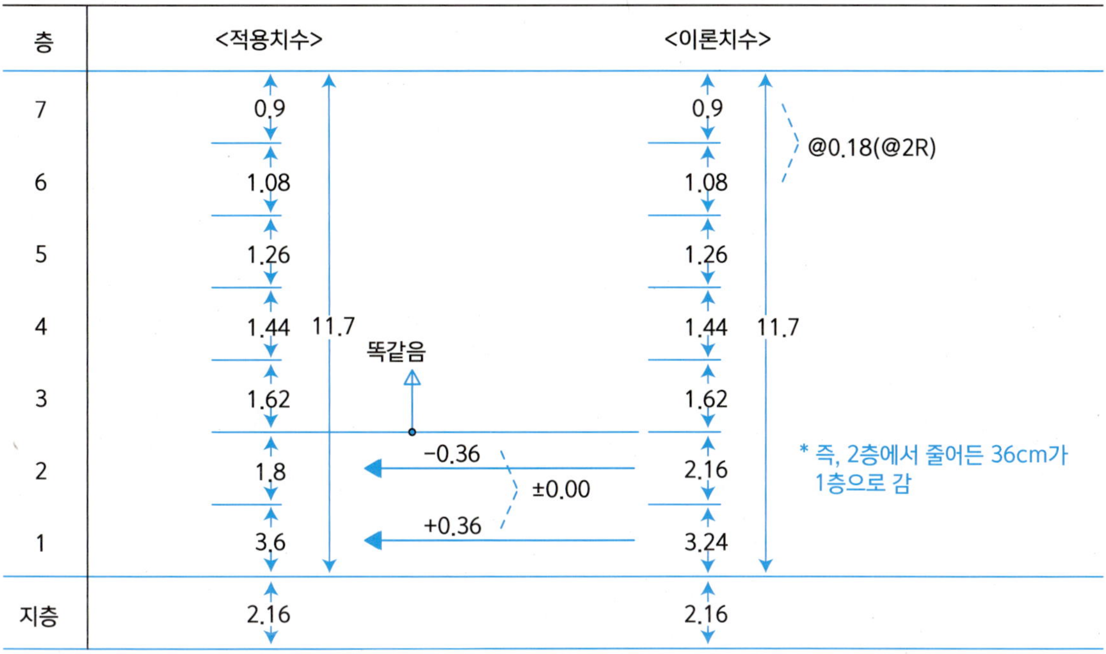

[그림 1032] 신세탑 이론치수와 적용치수

위 비교표를 보시면 오로지 순수이론치수의 2층층고를 단순히 1층층고에 36cm를 떼어준 것 뿐이랍니다. 석탑류는 희한하죠. 2층 아재가 마음씨가 좋은 분이었는지 아니면 호구였는지는 알 수가 없네요? 뭐라고요! 마음씨가 좋은 분이었으니 당연히 호구가 될 수 밖에 없었다구요. 곰곰이 생각해보니 그 말이 맞는 것도 같네요. 순수이론에 아주 충실한 탑이랍니다. 멋쟁이죠. 제 마음에 쏙 드네요. 신세탑을 지으신 분은 탑을 아주 잘 아시는 도사급이었나 보네요.

석판탑류 중에서 유일하게 존재하는 온지하층을 한번 봅시다. 일반석탑식으로 온지하랍니다. 이 신세탑의 지하층은 일반 3층석탑형식이면서 외부계단이 있는 것으로 보아서는 일반목탑(관공서) 형식도 동시에 갖고 있는 멋쟁이 탑이네요. 아마도 신세탑 기사분은 능력과 욕심까지 겸비한 분이셨든 것 같네요.

지하층 외벽에 묘하게도 벽부조가 있답니다. 벽부조가 1단인지 2단인지 알 수도 없고, 벽부조 규격도 알 수가 없으므로 제가 임의로 추정해 보겠습니다. 실측치수가 있으면 언제든지 고칠 수가 있답니다. 외부계단이 있으므로 비록 전탑이지만 이 지하층은 석탑과 동일한 구조를 갖게 될 것 같답니다. 아까도 말씀드렸듯이 지하층의 파손이 너무 심하여 추정하기가 너무 힘들어서 제가 이 탑을 지을 때의 건축기사였더라면 이렇게 짓지 않았을까 하고 추정한 것이므로 믿지는 말아주이소. 믿을 놈을 믿으십시오. 저는 저 자신도 잘 안 믿는 놈입니데이.

지하층을 한번 봅시다. 크게 2가지로 분류해 볼 수 있겠죠.

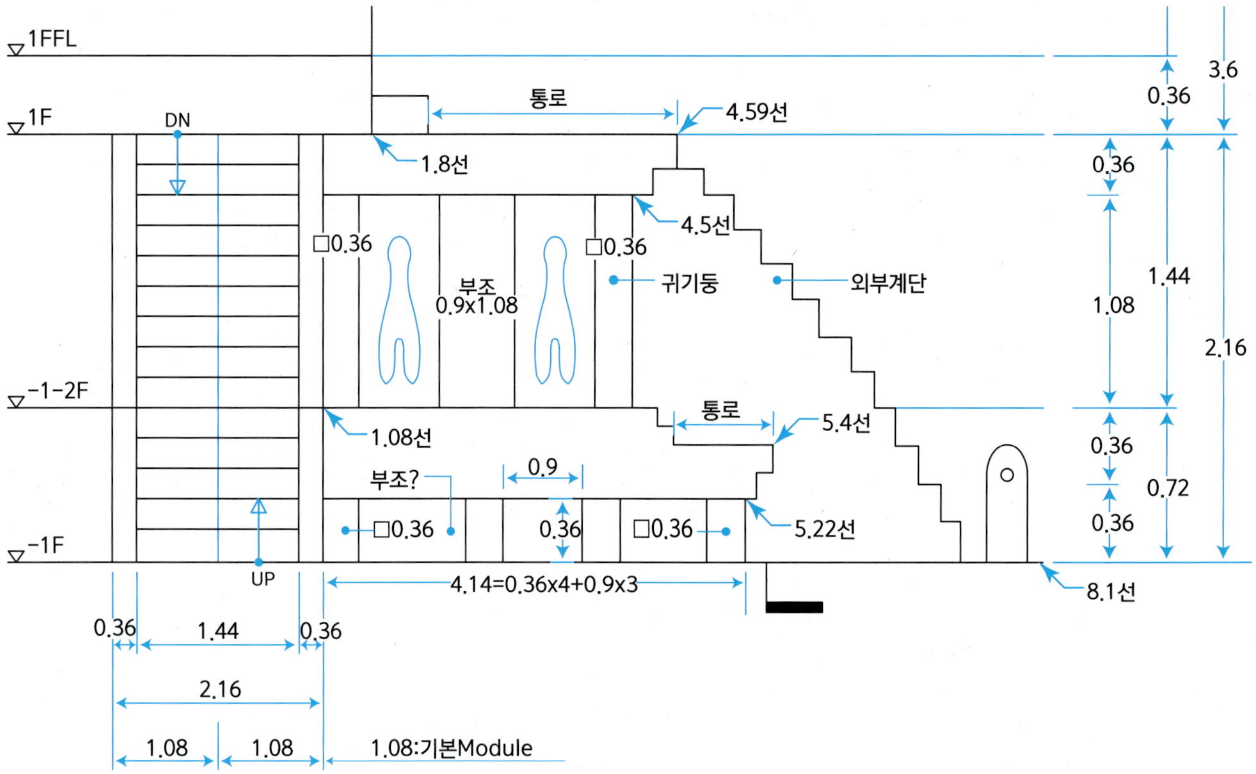

[그림 1033] 지하외벽부조 1안 : 부조1단안 기준, 일반석탑형 지하층 기준

사실, 이 지하층높이 추정이 너무 어려워 처음 2.7m로 했다가 가만히 보니 2.7÷0.18(R)=15단이라 짝수단으로 맞추기 위해 H=2.52(14단)로 했는데 또 제 맴이 바뀌어(?) 지하층층고를 2.16(12단)으로 했답니다. 제 마음은 카멜레온 성깔인가 봅니다? 계단단높이는 아주 간단하겠죠. 이파리두께가 6cm이니까 0.06x 3=0.18=1R이 되겠죠. 이 부조 1단안은 일반 3층석탑의 이론 지하층 분류법으로 치수를 분류해 본 것이랍니다. 이 부조 1단안은 부조 크기가 0.9x1.08이 나오며 4면 기준으로는 3x2면x4방향=24개의 벽부조가 발생될 수 있답니다. 필요하시다면 -1F의 외벽도 부조처리가 가능하겠죠. 그런데, 현상태의 벽부조를 보시면 부조 갯수가 너무 많이 있는 것 같답니다.

그래서 작전을 변경하여 부조수를 늘이기 위해서 2단벽부조안을 생각해 보았답니다. 비록 가상이지만 그래도 한번은 생각해 봐야할 겁니다.

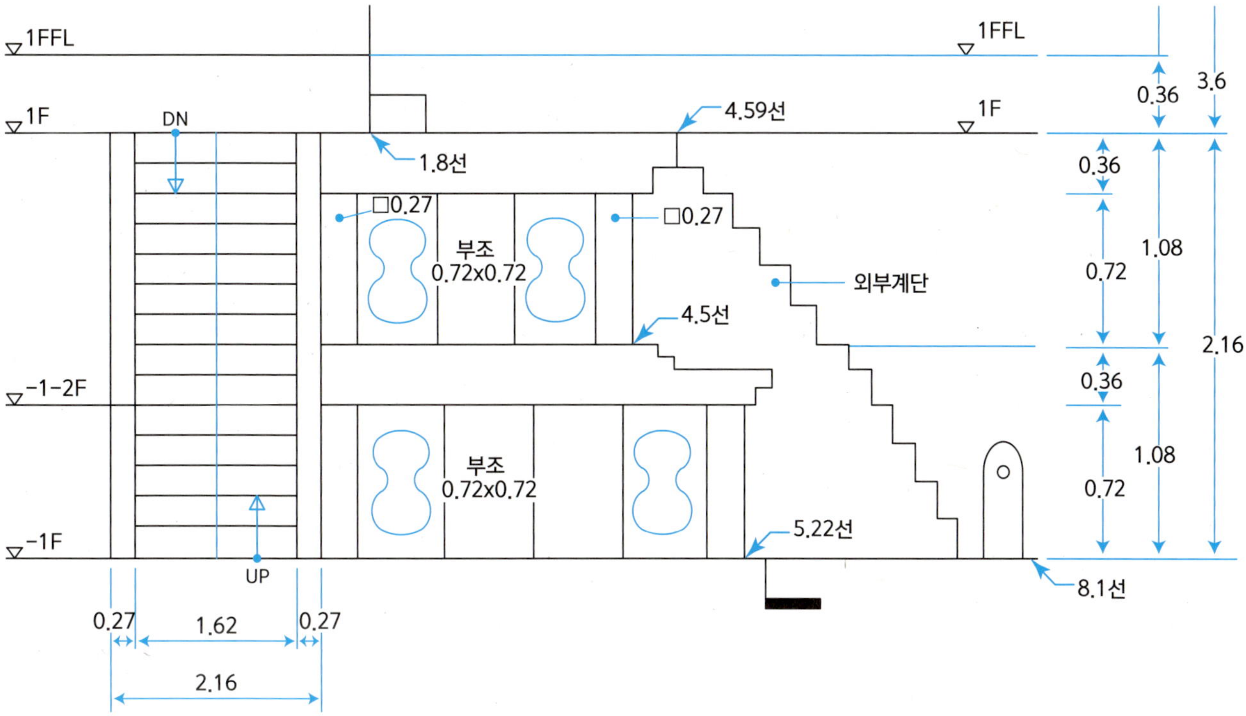

[그림 1034] 지하외벽부조 2안 : 부조 2단안 기준 – 지하층고 2등분법 기준임

1층 진입계단은 4방향진입이 될 것 같네요. 현상태는 아마 1방향진입상태인 것 같네요. 지하층의 2단 층고가 쪼께 애매하긴 하지만 2단 부조를 맞추기 위해서 1.08로 같게 해 봤답니다. 2단으로 해야 부조수가 늘어나겠죠.

- 2단부조(0.72x0.72)수 : 4x2x4면 = 32개
- 1단부조(0.72x0.72)수 : 5x2x4면 = 40개

→ 72EA

일단 외부기둥폭을 0.27로 해서 모든 부조 크기를 0.72x0.72로 만들어 본 것이랍니다. 기둥폭과 기둥갯수 등을 조절하거나 1·2단 층고를 조절하면 굉장히 많은 경우의 수가 발생될 수 있답니다. 즉, 부조규격을 어느 정도는 조절이 가능하답니다. 현상태의 부조를 보면 하부에만 있는 상태로 크기가 동일한 것 같지가 않고 여러 개의 규격이 다른 벽부조가 있는 것 같답니다.

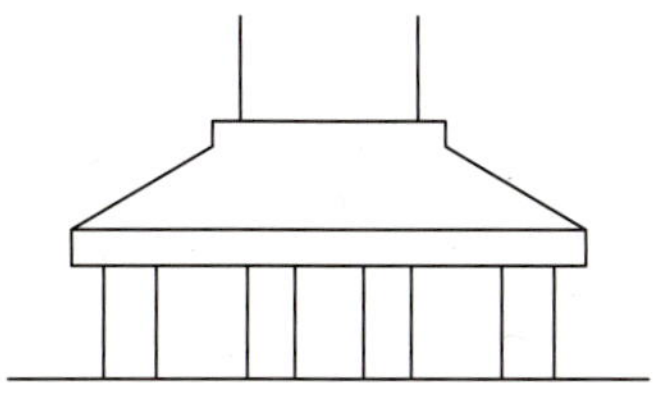

[그림 1035] 현상태의 벽부조 : 하부에만 있다?

사진만을 보니 규격을 추정하기가 너무 애럽네요. 제가 지하층 벽부조를 이 정도가 아닐까하고 추정한 것뿐이랍니다. 아마도 2단 부조쪽이 현상태와 약간 더 어울리는 것 같기도 하답니다.

근데, 지하층외벽에 왜 벽부조를 붙였는지는 알 수가 없네요. 좀 특이한 탑이네요. 부조탑으로 이름을 바꿔버릴까요? 불심도 깊으신 기사분이었나 보네요.

이제 1층으로 가 봅시다.

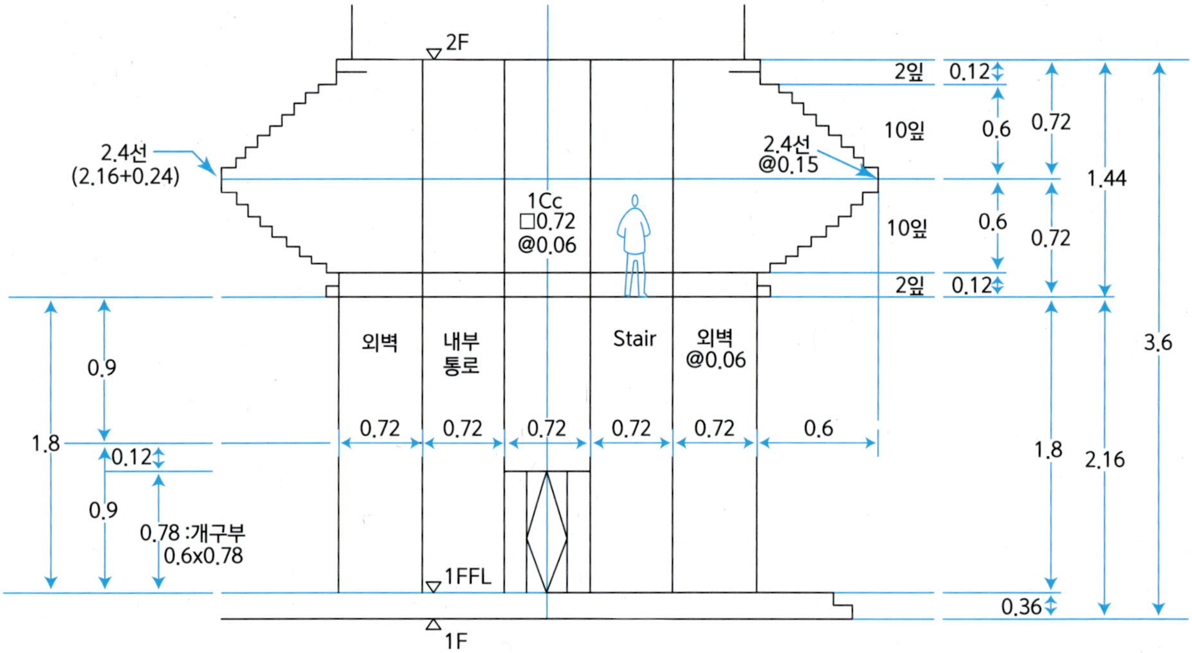

[그림 1036] 신세탑 1층 단면도

1층의 중앙기둥과 외벽 사이에 내부통로를 내어보았답니다. 내부통로이기도 하지마는 계단실로도 이용할 계획이랍니다. 비록 전탑이기는 하지만 지붕까지는 올라가 보고 싶네요?(**일반석탑은 내부통로나 계단실이 없겠죠**) 이유는 아주 간단하답니다. 1층에 개구부가 확실히 있기 때문일 겁니다. 1층에 개구부 자체가 없으면 구태여 내부통로가 되었든 계단실을 생각할 필요가 전혀 없이 통으로 그냥 지으면 된답니다. 보수 등 여러 상황을 고려해서 일단 내부계단이 있는 걸로 생각하겠습니다. 올라가기 싫으시거나 힘들게 뭐하러 올라가노 하시는 분은 1층통로든 1층내부공간만 이용하시고 나머지 층은 내부통로없이 그냥 벽돌로 쌓으시든 벽돌 구하기가 힘드시면 외부만 벽돌로 쌓고 내부는 그냥 막돌이나 흙으로 채우셔도 된답니다. 야튼 채울 때 채우더라도 기어서라도 지붕까지는 올라가는 걸 기본원칙으로 정해 봤답니다. 제가 너무 고집이 센가? 이 신세탑 지붕이 아주 재미있는 구조로 되어 있답니다.

1층지붕판의 이파리들을 아주 유심히 다시 한번 같이 보실까요.

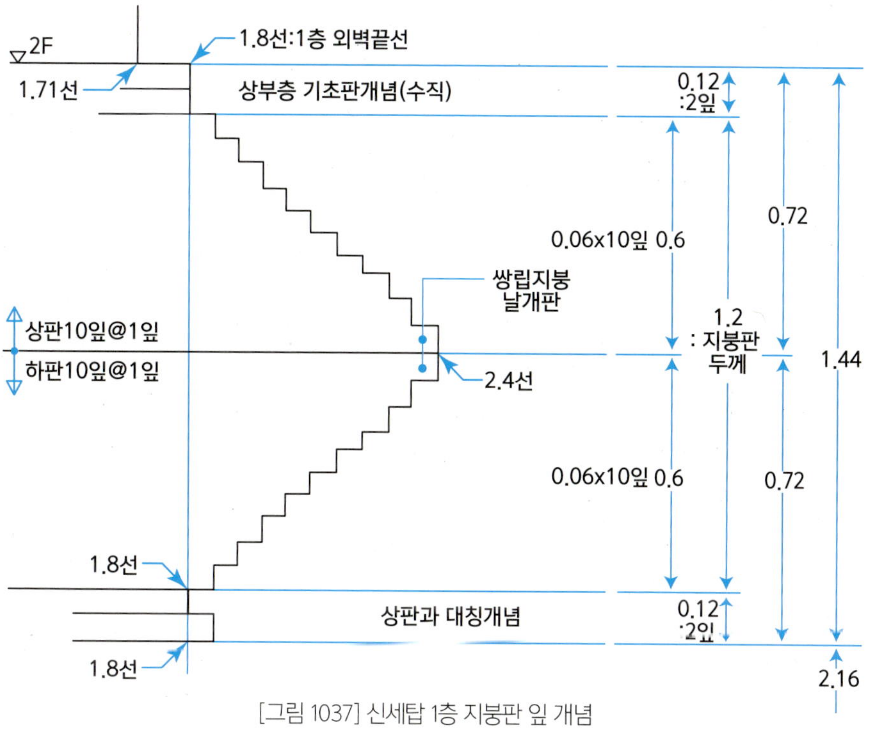

[그림 1037] 신세탑 1층 지붕판 잎 개념

지붕날개끝이 묘하게도 쌍립꼭다리라 상·하판 구분이 아주 쉽답니다. 신세탑 기사분이 신경을 쪼께 쓰신 것 같네요. 얼핏 보시면 상·하판 잎수가 12잎으로 보일 수도 있지마는 상·하잎수는 정확히 10잎이랍니다. 아주 넓게 보면 상·하 12잎으로 볼 수는 있답니다. 상판 상부에 있는 2잎은 수직처리 되어 있으며 또한, 2층기초판 개념까지 갖고 있으며, 하판하부 2잎은 상판상부의 2잎의 대칭개념으로 1잎은 1층외벽면과 같으며 밑의 1잎이 툭 튀어나와 턱을 이루고 있답니다. 철저히 대칭개념을 갖고 있답니다. 이 이파리들의 개념을 잘 구분하셔야 된답니다.

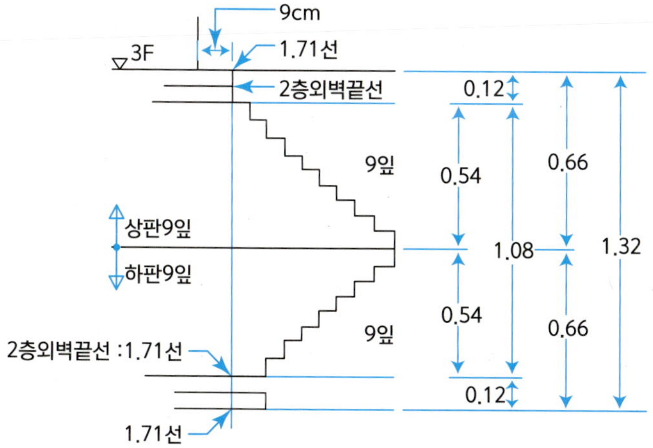

[그림 1038] 신세탑 2층지붕 잎수개념

저와 이까지 동행하셨으니 금방 인지하실 겁니다. 1층지붕 잎수는 상·하 대칭으로 10잎이 맞습니데이. 2층지붕판도 한번 보실까요.

2층 지붕판은 상·하 2잎을 제외하면 상·하 9잎이 된답니다. 혹자는 상·하 2잎도 낑가조야 안되나 하고 생각을 하실 수가 있답니다.

저도 생각은 똑같습니다만 상·하 9잎이 끝나는 선이 바로 그 층(여기서는 2층) 외벽끝선이랍니다. 외벽끝선은 바로 몸통부의 잎으로 분류가 된답니다. 그래서 순수지붕판의 잎수는 상·하 9잎이 된답니다.

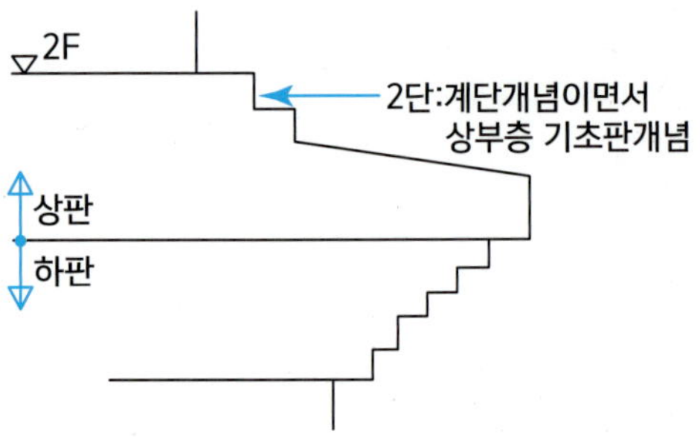

[그림 1039] 일반석탑 상부2잎 개념

일반석탑을 보시면 상판상부 2잎이 실제로는 2단의 계단형식으로 되어 있답니다. 즉, 어떤 층에서 2단을 내려와서 지붕경사면이 시작된답니다. 그런데 신세동탑은 2단이 수직이면서 그 층의 외벽끝선이 된답니다.

아주 재미있는 구조형식이랍니다. 그러고 상·하판 2잎은 1~7층까지 똑같으며 지붕잎수만 층당 1잎씩의 증감이 있답니다. 이왕 보는 거 7층지붕판도 한번 보셔야죠.

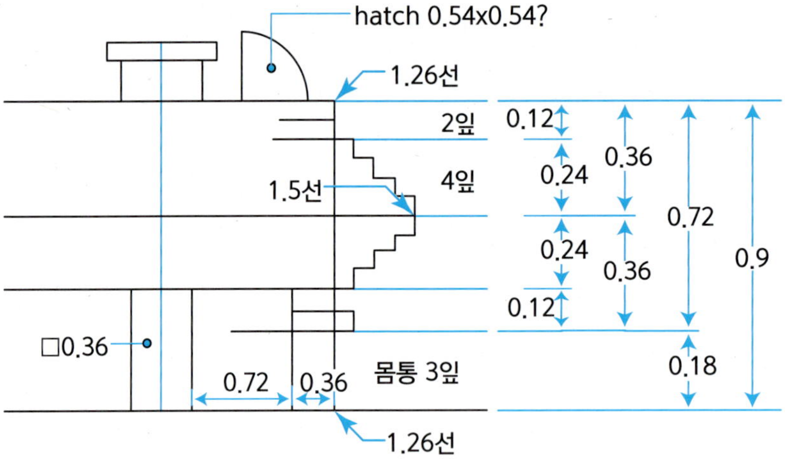

[그림 1040] 신세탑 7층지붕판 잎수개념

hatch(0.54x0.54)가 있었는지는 모르겠지만 일단 있는 걸로 가정해 보았답니다. 그런데 너무 작아서 동자승만이 올라갈 수 있을 듯? 7층지붕도 상·하판의 끝 2단은 똑같으며, 지붕상·하판 잎수는 4단씩이 된답니다. 아주 완벽한 지붕판 구조랍니다.

7층에서 유심히 보셔야 할 것은 몸통부 잎이 3잎이랍니다. 몸통부 잎이 엄밀히는 5잎 또는 최대로 7잎(상판상부2잎 포함시)까지 되기는 하지만 간단히 턱밑 잎수를 몸통 잎으로 보겠습니다. 이 몸통 잎수가 2층에서 7층까지 1잎씩 증감된답니다.

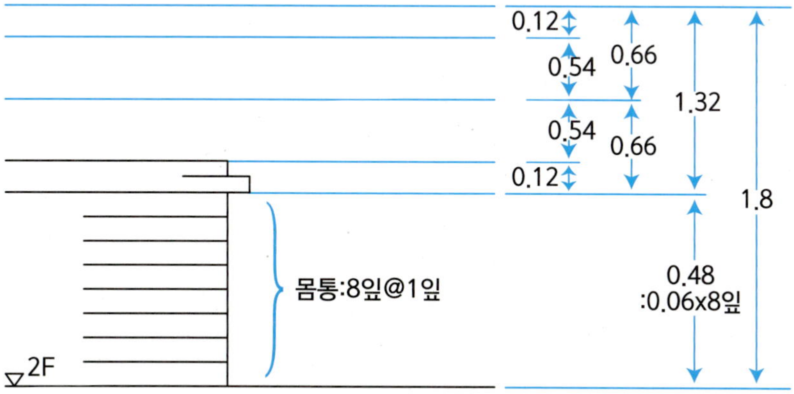

[그림 1041] 신세탑 2층 몸통잎수

2층 몸통을 잠깐 보실까요. 보시면 2층 몸통의 잎수가 0.48÷0.06=8잎이 된답니다. 모든 것을 분석해 보시면 지붕이든 몸통이든 완벽하게 1잎씩의 증감계수를 갖고 있답니다. 그러고 보니 이 2층층고(H:1.8)가 희한하게도 1층 층고(H3.6)의 반이네요. 2층층고가 1층 층고의 반이라면 전형적인 백제양식이랍니다? 백제양식을 따라서 2층층고가 1층층고의 반이 되었는지 아니면 이론 2층층고에서 36cm를 1층에 주다 보니 우연의 일치로 반이 되었는지는 아무도 모른답니다.

보시니 인터넷상에 있는 산출근거가 되는 내용과는 많이 달랐을 겁니다. 높이 17m부터 다르실 겁니다. 저는 석판두께가 6cm라는 걸 기준으로 오로지 이파리숫자를 세어서 분석했답니다. 갓탑을 포함한 높이까지 해서 탑높이가 16.2m이니 엄청 차이가 많이 난답니다. 다음으로 지붕판 이파리숫자도 다르실 겁니다. 아마도 인터넷에 올리신 분은 지붕날개 끝의 이파리는 이파리로 보지 않고 뺀 것 같군요? 일반석탑은 지붕끝이 잎으로 분류가 되지 않는답니다.

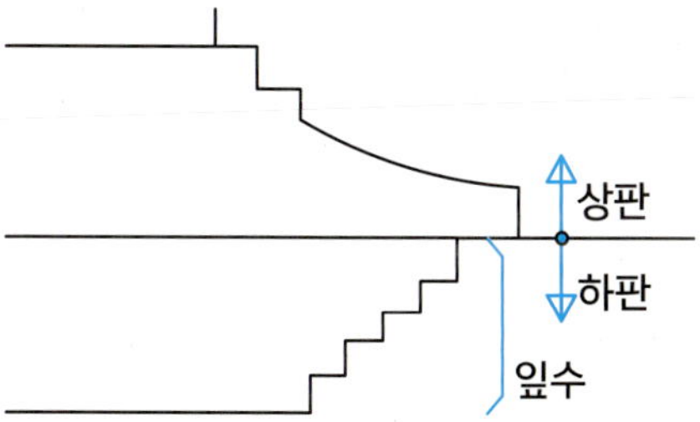

[그림 1042] 일반석탑 지붕잎수개념

상판 소속으로 하판의 잎수와는 아무런 관련도 없지만, 석판탑류같은 경우에는 상·하판에 잎이 다 있으므로 이파리숫자에 넣는 것이 더 합리적일 것 같답니다. 물론, 관점에 따라서는 약간의 차이는 있을 수는 있답니다.

이 신세동 7층전탑은 지하층을 제외하고는 보존상태가 아주 양호한 훌륭한 건축물이기도 하며 전탑이나 석판탑의 기본개념을 완벽하게 보존하고 있는 아주 모범적인 탑이랍니다. 제가 분황사7층탑을 푸는데 신세를 좀 진 탑이랍니다. 그래서 신세탑인가 ~ㅎ~

저희들이 석탑류 등을 풀 때 실측치수가 있으면 금상첨화이겠지만 아주 간단한 탑높이 정도만으로도 정확도는 떨어지겠지만, 어느 정도까지는 탑의 규모를 알 수가 있답니다. 이제까지 저와 같이 풀어보셨으니 해답을 어느 정도 알고 계실 겁니다. 제일 기본이 뭐였죠. 바로 기본 module일 겁니다. 거의 대부분은 1.08(108cm)일 겁니다. 그리고 기본 Module일 수도 보조 Module일 수도 있지마는 0.9(90cm)와 0.81(81cm)도 염두에 두시면 더 좋을 겁니다. 더 중요한 것은 탑폭이든 탑높이이든 탑의 총높이가 되었든 반드시 1.08(2.7x4)과 2.7의 배수가 되어야만 한답니다. 바로 이 기본 Module과 배수 개념을 인지하고 접근하시면 모든 석탑을 정확하게까지는 아닐지라도 거의 다 풀 수가 있으실 겁니다. 당연히 정통파 석탑류여야겠지요. 단순 모방형 석탑은 알 수가 없을 겁니다.

아직 분석되지 않은 수 많은 석탑류들이 있답니다. 치수를 부여해 줍시다. 누가 해야 한다고요? 바로 이 글을 읽으시는 분들이 하셔야 할 겁니다. 아! 갑자기 제 머리가 다 맑아지네요?
그냥 두고만 보고 계실 겁니까? 과감히 도전해 보십시오. 성공을 하셔도 아무런 상장도 없을 겁니다. 그래도 풀고 나시면 맞고 틀리고를 떠나서 기분이 아주 뿌듯해지실 겁니다. 이것보다 더 좋은 것도 있나요.

이제까지 신라 목탑류와 신라 석탑류들을 보았답니다.
더 말씀드릴 것도 있겠지마는 어쩌면 아직도 진행형일 수도 있으므로 신라탑은 여기서 쉬겠습니다. 신라탑류들을 보셨으니 백제탑류도 아마 조금은 궁금하실 겁니다. 정보도 별로 없는 상황에서 저 나름대로 한번 분석해 보겠습니다. 동행하시겠죠. 당연히 같이 푸시리라 믿습니다.
신라탑류와 백제탑류를 한번 비교해 보십시오. 아주 큰 기본원칙은 서로 같지마는 각자의 고유문화를 엿보실 수가 있으실 겁니다. 맞냐 틀리느냐에 너무 연연하시지 마시고 가장 중요한 개념을 보신다고 생각하시면 된답니다.

기대하십시오. 개봉박두! 보시면 아주 훌륭한 백제문화를 접하시게 될 겁니다 ~ㅎ~

Seven-story Brick Pagoda at Beopheungsa Temple Site, Andong

안동 법흥사지 칠층전탑(신세동 7층전탑)
(安東 法興寺址 七層塼塔)

탑은 1단의 기단(基壇)위로 7층의 탑신(塔身)을 착실히 쌓아올린 모습으로 기단 각 면에는 화강암으로 조각된 8부중상(八部衆像)과 사천왕상(四天王像)을 세우고, 기단 남쪽 면에는 계단을 설치하여 1층 몸돌에 만들어진 감실(龕室:불상을 모시는 방)을 향하도록 하였다. 탑신은 진회색의 무늬없는 벽돌로 쌓아 올렸으며, 지붕돌은 위아래 모두 계단모양의 층단을 이루는 일반적인 전탑양식과는 달리, 윗면에 남아 있는 흔적으로 보아 기와를 얹었던 것으로 보인다. 기단의 윗면을 시멘트로 발라 놓아 아쉬움을 남기는 이 탑은 7층이나 되는 높은 층수에 높이 17m, 기단너비 7.75m의 거대한 탑임에도 매우 안정된 자태를 유지하고 있으며, 국내에 남아있는 가장 크고 오래된 전탑에 속한다는 점에서 중요한 의의를 가진다. 지붕에 기와를 얹었던 자취로 목탑을 모방해 전탑이 만들어졌다는 것을 입증해 주는 자료로 평가되고 있다.(자료출처 : 문화재청)

❶ 7층 탑신부(남측면) ❷ 1층 탑신부(남측면) ❸ 감실 ❹ 전경

03

백제의 석탑

百濟石塔

– 백제의 일반석탑

PART 3

백제의 석탑(百濟石塔)

06

[여섯 번째 이야기]

백제의 일반석탑

제가 백제석탑에까지 손을 대어 봤답니다. 궁금하기도 하지마는 신라석탑과의 차이점은 무엇이며, 또한 공통점이 어떤 게 있는지가 몹시 알고 싶었기 때문이랍니다. 백제석탑의 정보라고는 오로지 높이 밖에 모르는데 묘하게도 왕궁리 5층석탑은 실측치수가 나와 있더랍니다. 어떻든 백제석탑을 풀어보고는 백제목탑(사찰)이 너무너무 궁금하여 어떠한 자료도 없지마는 나름대로 한번 풀어 봤답니다. 높이만 있는 자료로 탑을 풀기는 쉽지는 않지마는 그렇다고 빠이 쳐다만 보고 있을 수도 없는 노릇이랍니다. 저 혼자 풀면 재미가 없을 것 같으니 같이 풀어 보실까요. 틀리면 어떻습니까. 아니 틀려야 정상이랍니다. 혼자 풀다보면 어떤 환상에 빠져들어 시간만 날려 버릴 수가 있는데, 같이 풀다보면 야! 임마 그게 아니야라고 말씀해 주시는 분이 계시니 최소한 환상에 젖지는 않을 지도 모른답니다. 그래도 환상의 세계로 같이 한번 빠져보실까요.

1. 미륵사 7층석탑(익산 미륵사지 석탑: 서탑) : 목탑형 대형석탑

익산미륵사지의 서쪽에 있는 탑으로 오랜 풍파에 많이 훼손이 되어 6층의 반정도만 남아 있는 탑이랍니다. 최근 20여 년에 걸쳐서 기존 있던 6층 형상으로 복원을 마쳤답니다. 20여 년에 걸쳐서 철저한 고증을 거쳐서 복원을 했답니다. 혹시 이 글을 읽으시는 분 중에 고증을 부탁받으신 분이 계시나요? 아무튼 철저한 고증을 했으니 훌륭하게 복원을 했을 겁니다. 제가 이 미륵사탑을 처음 본 순간 장엄하고 중후하다는 느낌을 받았으며 또한, 무지 튼튼한 구조였겠구나라는 생각이 들더랍니다. 실제로도 엄청 튼튼구조랍니다. 튼튼구조라 6층까지라도 현재까지 남아 있었을 겁니다. 제가 미륵사탑을 풀 산출근거는 이거랍니다.

① 탑높이 : H=14.3(14.24)

② 기단폭 : 12.5

오로지 이 두 가지 자료를 가지고 미륵사탑을 풀겁니다. 이 훌륭한 미륵사탑에 치수를 부여해야겠지요. 저희들의 임무랍니다. 속속들이 한번 파헤쳐 봅시다. 어디가세요! 같이 푸셔야지.

바빠 죽겠는데? 우선 탑 개념도를 잠깐 봅시다.

Notice 별책도면 No.40 **미륵사 7층석탑 개념도 - 서탑기준(동쪽면)**

미륵사 석탑이 굉장히 복잡구조랍니다. 그런데, 하나씩 뜯어보면 그리 복잡하지만도 않답니다. 목탑형석탑으로 처마각은 ⊿3으로 신라 7층일반목탑과 분황사 7층석판탑과 동일하답니다. 처마각이 ⊿3이지만 신라석탑류식으로 중앙지붕을 약간 볼록하게 처리했답니다. 탑규모는 16.2x16.2랍니다. 탑총높이는 21.6m랍니다. 백제탑류가 꼭다리쪽이 무지 애매하게 되어있어서 탑높이가 무지 헷갈리게 되어있답니다. 먼저 앉은뱅이 쪽을 볼까요. 정림사탑 기준이랍니다.

현재까지 추정이 가능한 것은 정림사탑 밖에는 없답니다.

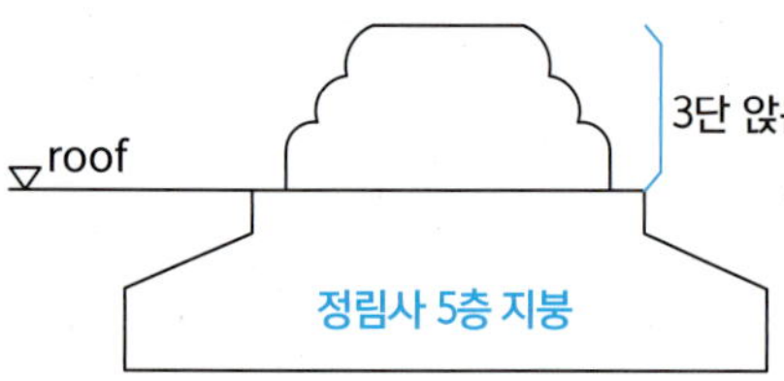

[그림 1043] 제일 처음 생각한 앉은뱅이

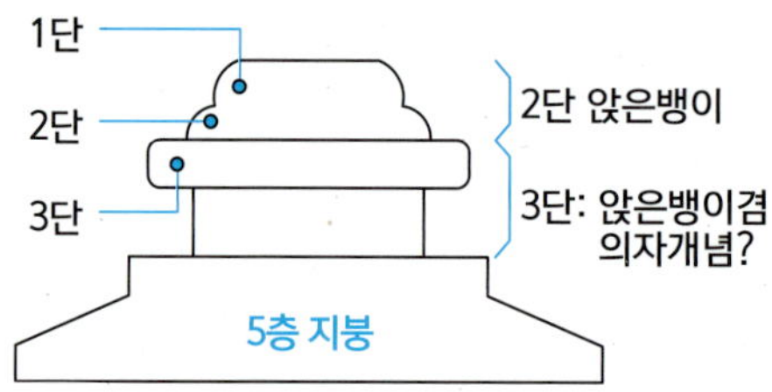

[그림 1044] 약간 공중에서 찍은 듯한 사진의 앉은뱅이 모습

제가 처음 정림사탑을 인터넷 사진으로 인지할 땐 의자가 없으며 3단 앉은뱅이가 지붕에 단순히 얹혀 있는 걸로 보았는데, 어떤 음악방송에서 약간 공중에서 찍은 듯한 사진을 보니 밑에 있는 3단이 약간 볼록하게 튀어나온 듯하며 그 밑은 알 수는 없지만, 수직 비슷하게 되어 있더랍니다. 즉, 제일 밑에 있는 3단 앉은뱅이는 앉은뱅이이면서 약간은 의자 개념이 있는 것도 같답니다. 그래도 일단은 백제탑류에는 정식으로 의자라고 부를 만한 의자는 없는 것으로 보겠습니다. 정식의자로 보자구요? 생각해 보겠습니다. 정확한 사진이 없어서 판단하기가 너무 힘든답니다. 완전 정식의자까지는 아닐지라도 3단 앉은뱅이를 포함해서 그 하부를 의자로 볼 수는 있답니다. 즉, 1단만을 앉은뱅이로 볼 건지 두 단(1·2단)을 앉은뱅이로 볼 건지가 애매하답니다. 현재로선 두 단(1·2단)으로 보는 것이 더 나을듯 하네요? 그런데 묘한 것은 백제탑류와 비슷하다고 하는 일본탑(법륭사 5층탑)에는 정식의자와 정상적으로 생긴 앉은뱅이가 있답니다. 즉, 일본탑(법륭사 5층탑)은 엄밀히는 의자와 앉은뱅이는 신라탑류와 동일한 개념이랍니다. 그리고 백제탑류에는 정식 의자가 없기도 하지만 앉은뱅이도 두툼한 호떡같이 생기지가 않고 펑퍼짐하게 어쨌든 2단인지 3단인지는 모르겠지만

형태는 갖고 있네요. 일단 백제탑류의 꼭다리 하부쪽을 유일하게(?) 추정할 수 있는 정림사탑의 꼭다리 개념을 따라서 백제탑의 꼭다리를 풀어 볼 겁니다. 신라탑과 달리 백제탑은 탑높이가 무지 헷갈리게 되어 있답니다. 그림을 그려서 보는 것이 이해가 빠르실 겁니다.

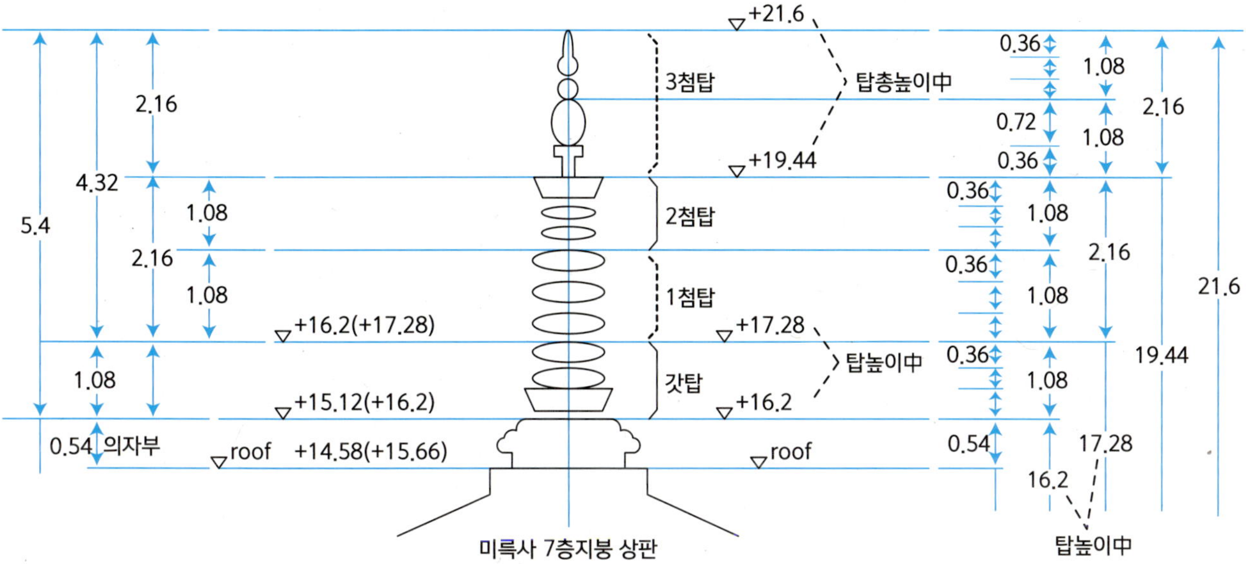

[그림 1045] 미륵사탑 탑높이 개념

먼저, 탑높이부터 봅시다. 앉은뱅이까지 높이는 +16.2m이며, 갓탑까지 높이는 +17.28이랍니다. 신라탑 개념으로는 갓탑까지인 +17.28(17.28÷1.08=16, 17.28=2.7x6.4)이 탑높이랍니다. 그런데 앉은뱅이 높이까지인 +16.2(16.2=1.08x15, 16.2=2.7x6)가 숫자상으로는 +17.28보다 훨씬 느낌(?)이 좋답니다. 사실은 느낌이 좋다라기보다는 제가 16.2라는 숫자를 더 좋아할지도 모른답니다? 이럴 경우 여러분이라면 무얼 선택하시겠습니까? 순수이론으로는 갓탑까지인 +17.28이 더 나은데 제 느낌(?)이 자꾸 +16.2를 탑높이로 하는 것이 더 좋다고 이바구하네요. 그래서 펑퍼짐한 앉은뱅이까지 높이인 +16.2를 탑높이로 일단 생각하겠습니다. 지 맴대로네? 그래도 신라탑 식으로 갓탑까지 높이를 탑높이라고 생각하시는 분은 그렇게 생각하셔도 무방하답니다. 모든 것은 생각하기 나름이겠죠.

다음은 탑높이보다도 더 중요한 탑총높이를 한번 봅시다. 저는 제일 처음에는 2첨탑까지인 +19.44(19.44=1.08x18)를 탑총높이로 생각했답니다. 그런데 이 +19.44라는 잔수가 있는 높이가 영 마음에 자꾸 걸리더랍니다. 그래서 한잔 걸치고(?) 과감하게 탑총높이를 3첨탑까지 있는 것으로 보고 +21.6m로 확 높여 버렸답니다. 이왕이면 맨정신으로 해야 맞을 확률이 더 높은데(?) 잘한건지는 잘 모르겠네요? 보셔야죠.

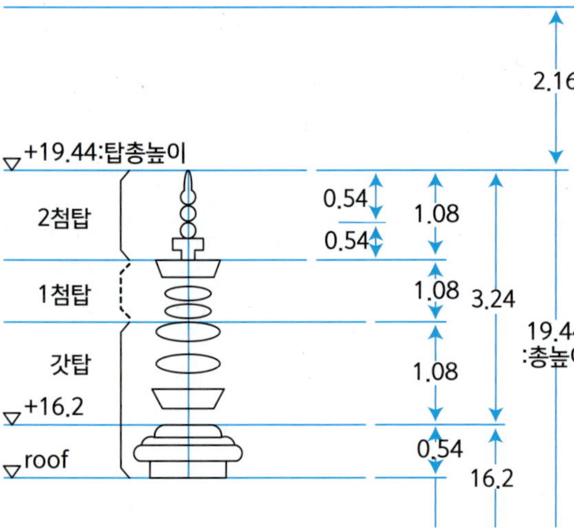

[그림 1046] 처음 생각한 2첨탑까지 탑총높이 : 19.44

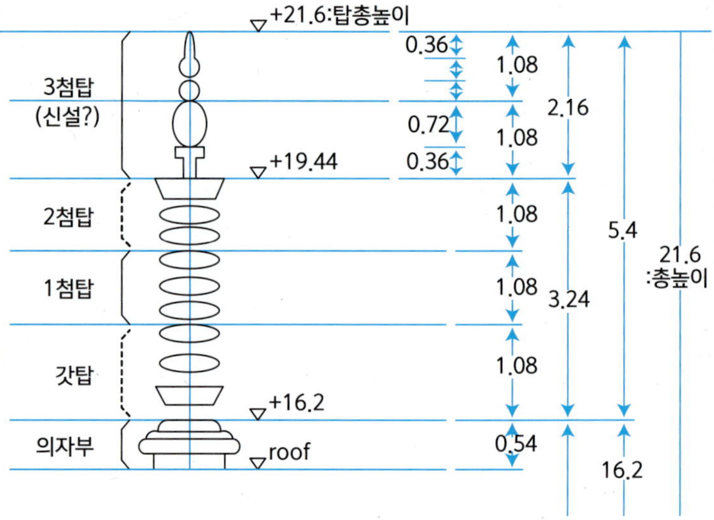

[그림 1047] 맨정신(?)으로 3첨탑을 추가한 탑총높이 : 21.6

2첨탑까지의 높이+19.44(19.44=1.08x18, 19.44=2.7x7.2)도 아주 훌륭하기는 하나 3첨탑을 첨가한 높이+21.6(21.6=1.08x20, 21.6=2.7x8)은 더 웅장한 느낌이 드네요. 3첨탑높이가 다른 첨탑높이의 2배가 되긴 하나 어쩌면 모양새가 더 좋을지도 모른답니다. 사실은 21.6이라는 숫자가 19.44보다 더 마음에 들어서 결정했답니다. 이 놈의 숫자가 뭐길래 한잔 걸치게 만들지? 도면을 자세히 보시면 1층이 2개층으로 1-2F층이 존재하는 것 같답니다. 최소한 외부 형태로 보면 1-2F층이 있답니다. 비슷한 형식인 분황사탑에는 중2층이 애매하답니다. 미륵사탑을 유심히 관찰해 보시면, 5층서부터 1층에 있든 상인방(4받침보?)이 다시 등장한답니다. 이것은 5층 시공시부터 선수교체(?)가 있었다는 걸 의미할 수도 있겠죠.

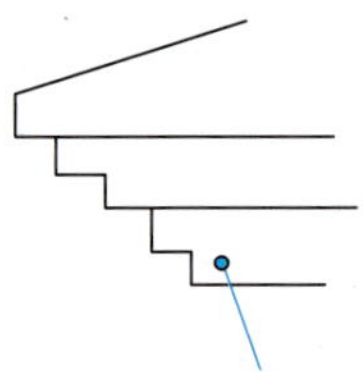

[그림 1048] 상인방(4받침보)개념?

아마 원인과 이유는 모르겠지만 건축기사가 교체되었음을 의미할 수도 있답니다. 건축기사 교체가 없이 동일한 기사였다면 다시 마음이 바뀌어 상인방을 설치했을 수는 있답니다. 1층 외부기둥의 하부폭이 넓어져 있답니다. 모양상은 좀 그렇지만 어쨌든 멋을 좀 부려 본 것 같네요. 그러고 내부통로가 전에도 말씀드렸듯이 열十자형이라 처음에는 내부계단을 내지 않았을 거라고 생각하고 있었는데 여러 많은 생각을 해본 끝에 계단 내기가 조금 어렵기는 하지만 어떠한 방법을 동원해서라도(?) 내부계단을 내어서 지붕까지 올라가 보기로 했답니다. 1층만 구경하고 2~지붕까지는 올라가 보지도 못한다는 것은 찾아오시는 분에게 예의(?)가 아닐 것 같더군요. 꼭대기 올라가다가 기어서 가는 한이 있더라도 일단은 계단을 내어보겠습니다. 이 미륵사탑이 재미있는 것은 정림사 5층탑과 아주 밀접한 관련이 있다는 거랍니다. 탑높이와 총탑높이는 정림사탑의 2배가 되며, 탑 몸통폭(지하층 기준)은 4배이며, 1층 몸통폭은 5배이며, 탑폭은 5배랍니다. 즉, 미륵사탑과 정림사탑을 설계하신 분이 동일인이라는 걸 의미할 수도 있답니다. 같은 건축사사무소 소속이었나? 그러고, 이 미륵사탑을 근거로 전혀 상상도 못해봤든 백제사찰목탑을 풀 겁니다. 풀어보기는 보았는데 맞느냐고는 묻지 말아 주이소? 저는 오로지 이 미륵사탑을 보고 그려본 것뿐이랍니다.

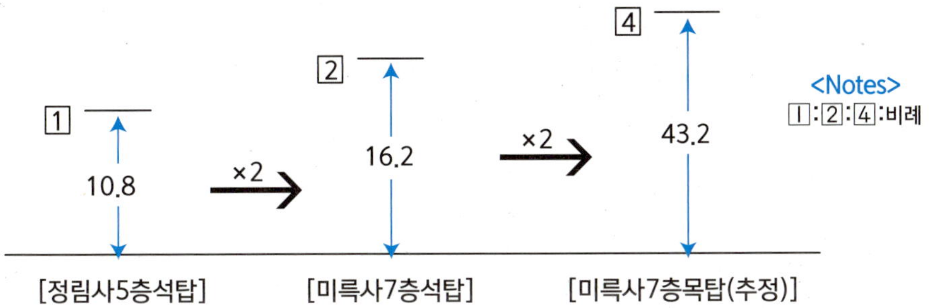

[그림 1049] 백제 주요탑 총탑높이 비교표: 동일인 설계 or 동일 건축사사무소?

미륵사탑의 내부구조든 외부형태든 애매한 부분은 제 임의로 추정해 봤답니다. 목탑형석탑이니까 당연히 공통수를 알아내야 되겠죠. 공통수 C=⊿3x⊿4x3=0.36으로 계단단높이 R=0.18이 될 겁니다. 가상경사 기둥각⊿4는 실제로는 없으므로 계단단높이를 단순 계산해 보면⊿3x3배x2배=0.18로 보시면 되겠답니다. 처마각⊿3에 3을 곱하면 9cm이나 단높이로는 너무 낮으니 다시 2를 곱하면 된답니다. 단높이가 18cm이므로 모든 층고는 자동으로 0.18의 배수가 될 확률이 높을 겁니다. 이 미륵사탑은 무지 튼튼구조로 웅장한 멋을 지니고 있답니다. 분황사탑의 아기자기한 멋과 대조가 될겁니다. 외부형태가 4면이 같은지 조금 다른지는 알 수 없으나 4면을 기본적으로 동일한 형태로 일단 보겠습니다. 현상태를 보면 동서면과 남북면은 서로 대칭개념으로 같은 것 같기도 하고, 동서면과 남북면이 향이 달라서 그런지는 모르겠으나 약간 다른 것도 같기는 한데 큰 개념으로 보면 약간은 다를 수도 있겠지만 같은 형태로 보겠습니다. 기본 Module은 1.08이랍니다. 혹자는 9층탑이 아닐까하고 생각하시는 분들도 계실겁니다. 꼭 9층탑으로 하실려며는 현재의 1층 몸통폭을 엄청 넓히시면 9층탑이 아니라 11층 이상도 가능하답니다. 석탑이든 목탑이든 어떤 법칙으로 풀다 보면 몇 개 층이 합리적이며 정상적인 층수인지를 아실 수가 있답니다. 탑이 좀 높게 느껴진다고 자꾸 9층탑일거라는 생각은 그리 현명한 생각이 아닐 수 있답니다. 백제석탑들이 많이 있긴 하지만 제가 몇 개 밖에 손을 대지 못했으므로 구체적으로 보시게 될 겁니다. 그럼, 반지하인지 1/4지하층인지는 알 수 없으나 일단 지하층으로 인정하고 지하층부터 봅시다.

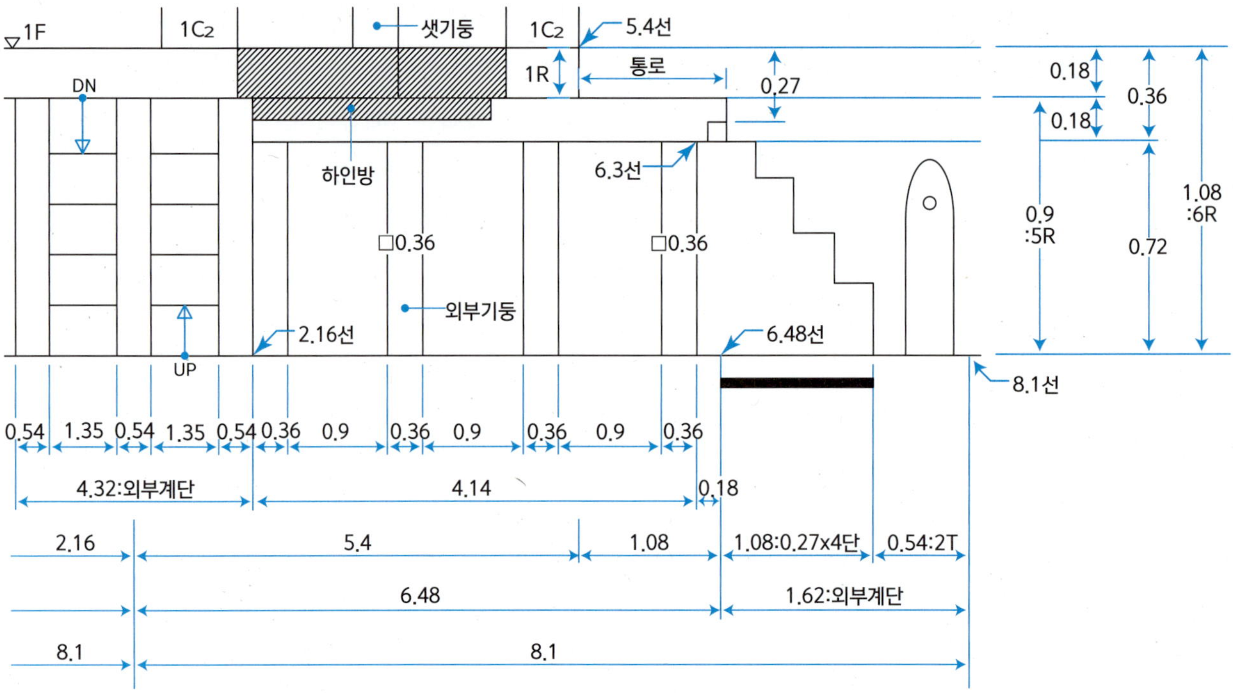

[그림 1050] 미륵사탑 지하1층 개념도

지하층고는 1.08(6R)이며 탑폭은 16.2m, 지하몸통폭은 12.96이랍니다. 외부계단은 4방향진입이랍니다. 1층진입 외부계단이 쪼께 애매하답니다. 외부계단 자체를 5단으로 하고 통로를 거쳐서 1층까지 1단을 올라가면 된답니다. 일반적으로 계단단폭(T)이 0.3인데 이 T=0.3을 적용하면 치수가 잘 맞아 떨어지지가 않아서 이 미륵사 외부계단 단폭(T)은 0.27로 했답니다. T=0.27로 하니 모든 치수가 아주 잘 맞아 떨어진답니다. T+R=0.27+0.18=0.45로 아주 적당하답니다. 그러고 1층 진입계단이 1단인데 묘하게도 지하층 소속이더랍니다. 그리고 1층 주기둥 사이에 샛기둥이 있는데 이 샛기둥 하부에 하인방이 있답니다. 물론 1F상부에도 상인방이 있을 겁니다. 미륵사탑 건축기사는 이 주기둥 사이를 개구부개념으로 접근한 것 같답니다. 개구부 상하부에 원래 인방이 있거들랑요.

1층을 보실까요. 제가 미륵사탑을 참조한 것은 최초의 미륵사탑 사진으로 보이는 1910년대에 찍은 사진에 주로 근거했답니다. 오래된 사진일수록 접근에 유리하답니다. 1층 개념이 제일 중요하므로 기둥을 중심으로 보겠습니다. 미륵사탑은 3칸 등간격 4면으로 구성이 되어 있답니다.

처음 생각한 칸 간격은 이렇답니다. 물론 기둥 자체가 수직은 아니나 일단 접근할 때에는 수직으로 접근을 하겠습니다.

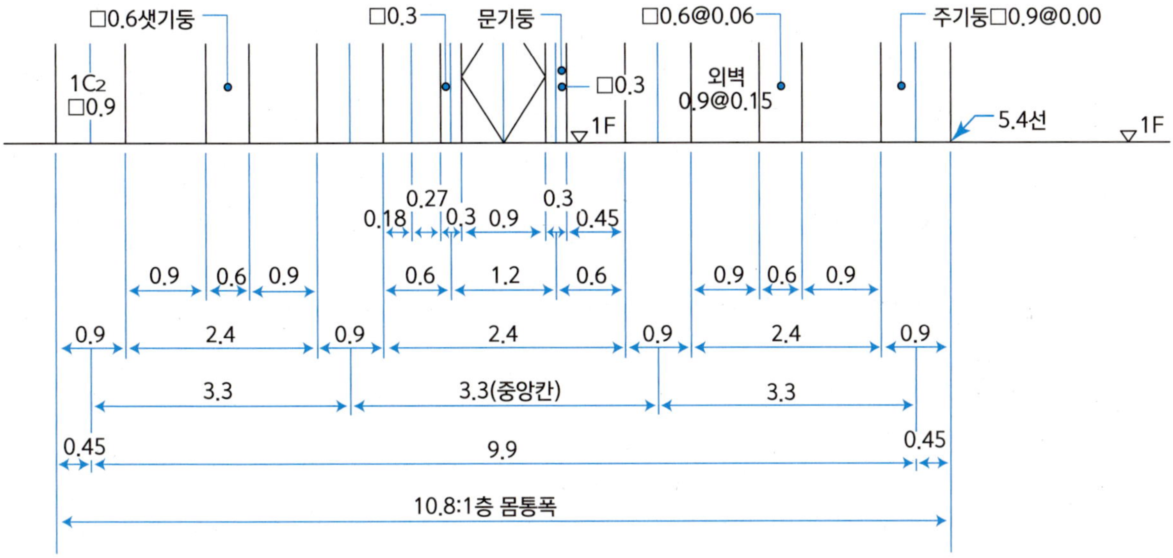

[그림 1051] 처음 생각한 1층 기둥개념 : 순수이론안임

이 처음 생각한 칸 개념은 순수이론안이며, 칸 폭은 3.3m이며 1층 주기둥이 □0.9랍니다. 이 주기둥 규격인 □0.9는 7층까지 동일하답니다. 그리고 1층 샛기둥이 □0.6인데 상층으로 가면서 6cm씩 줄어들게 된답니다. 즉, 증감계수가 @0.06이겠지요.

그러고 외벽폭이 0.9랍니다. 이 외벽폭은 윗층으로 가면서 15cm씩 줄어든답니다. 즉, 외벽증감계수는 @0.15가 되겠죠. 출입문의 양쪽 샛기둥폭은 0.3이 나올겁니다. 이 1층 정면폭은 너무 복잡구조라 무지 헷갈리게 되어 있답니다. 저는 이 처음에 생각한 순수이론안이 마음에 무척 들어서 이게 맞나보다 라고 계속 생각을 했었는데 어느 날 갑자기 심경에 변화(?)가 일어나기 시작했답니다. 상부층은 이 순수이론안을 따르되 1층 칸폭(3.3)이 계속 마음에 썩 들지가 않아서 칸폭을 3.24로 확 바꾸기로 했답니다. 왜 칸폭(3.3)이 마음에 안들었을까요? 바로 3+3=6이랍니다. 이왕이면 최소한 1층에 나오는 모든 치수는 숫자합이 9가 되었으면 하는 생각이 들기 시작했겠죠. 그래서 칸폭을 3.24로 해보니 1층의 모든 폭치수가 숫자합이 9가 맞아 떨어지더랍니다. 1층 칸폭을 3.24로 했다고 해서 3.3칸폭이 틀렸다는 말은 아니랍니다. 다만 개념상 순수이론폭일 뿐이랍니다. 그러고 보니 1층 칸폭이 2개가 존재할 수도 있네요?

칸폭을 바꿀 정도로 중요한 3.24(1.08x3)의 기둥칸의 치수들을 한번 봅시다. 혹시 마음에 드시면 박수 ~ㅎㅎ~

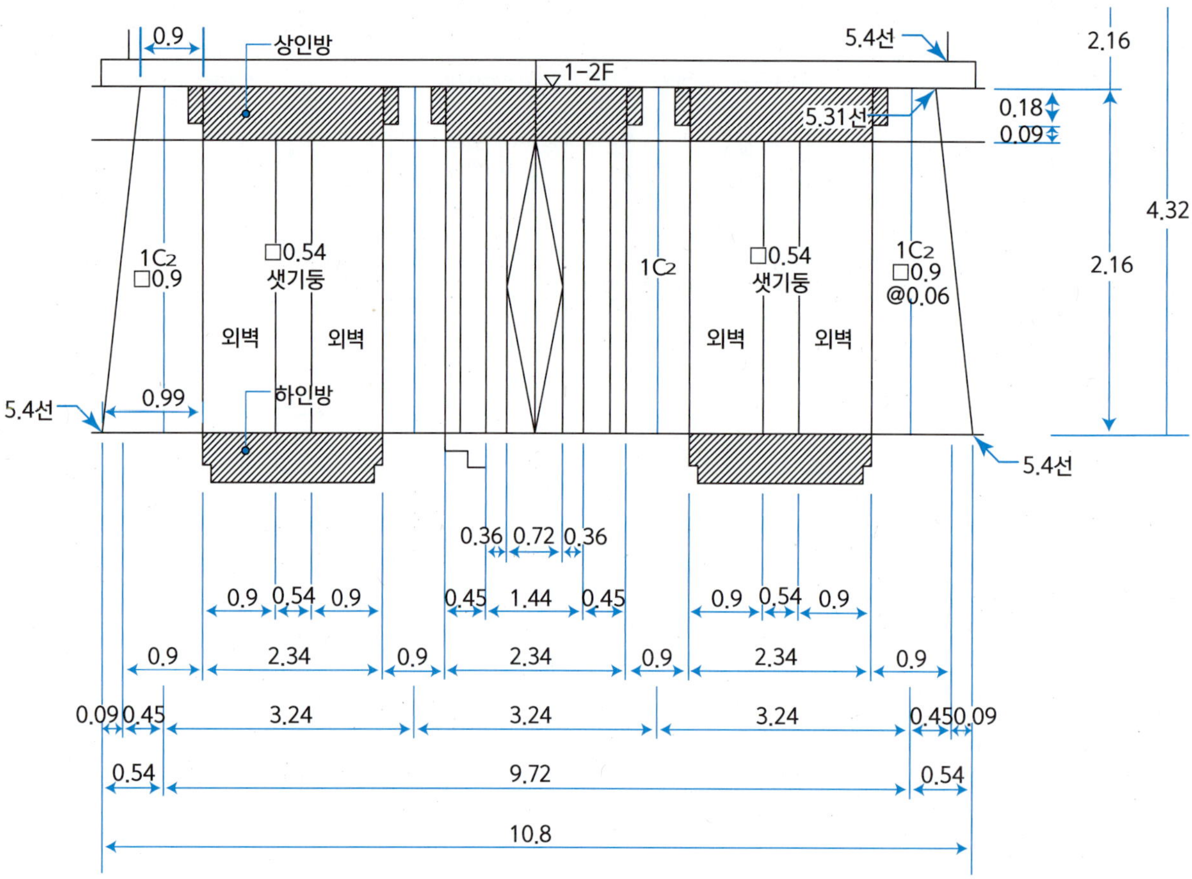

[그림 1052] 미륵사탑 1층 칸폭 3.24시 치수개념 : 숫자합 all 9

칸폭을 3.24로 하고 모든 폭의 숫자합을 9로 해보았답니다. 이 안은 1층 외부기둥의 상부가 안쪽으로 9cm 들어가게 한 안이랍니다. 물론 정림사탑 1층 외부기둥과의 관련성을 고려해서 이것이 더 맞지 않을까해서 결정을 한 것이랍니다. 1층바닥 외부끝선이 5.4선이므로 1층 몸통폭이 10.8(3.3x3+0.9=10.8)이며 기둥이 0.9이므로 칸폭은 정확히 3.3이 이론적으로 맞으나 3.3이라는 숫자가 마음에 안들어서인지 3.24로 하다 보니(?) 기둥상부면을 9cm씩 내부로 들인 것 같기도 하네요? 하여튼 무지 헷갈리게 되어 있답니다. 아니! 딱 헷갈리게 되어 있답니다. 그런데 어떤 사진을 보면 외부기둥끝이 수직이며 내부가 상부에서 바깥쪽으로 줄어든 사진도 있답니다. 이건 무지무지 더 헷갈리게 하는 사진이랍니다. 이 사진은 제법 오래된 사진이랍니다.

우측칸만 보실까요.

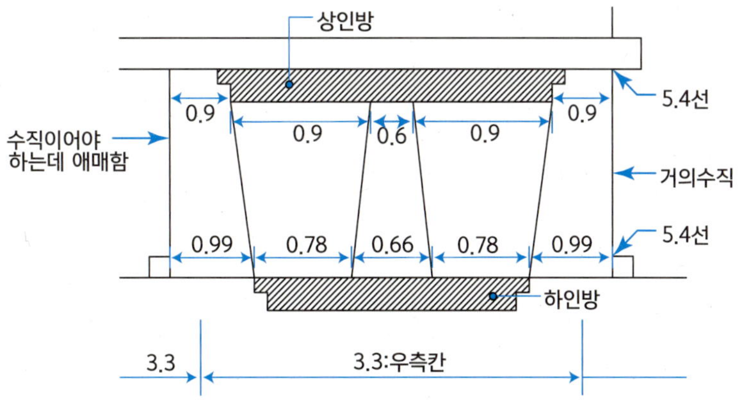

[그림 1053] 약간 오래된 듯한 사진속의 형태

어떤 약간 오래된듯한 사진 속의 우측칸 형태로 칸폭을 3.3으로 해본 것이랍니다. 실제로 이렇게 시공했다면 아주 독특한 성격을 가지신 기사분이었을 듯?

아님! 한 면만 재미삼아(?) 이렇게 했을까요? 아니면 4면의 건축기사가 다 달랐을까요?

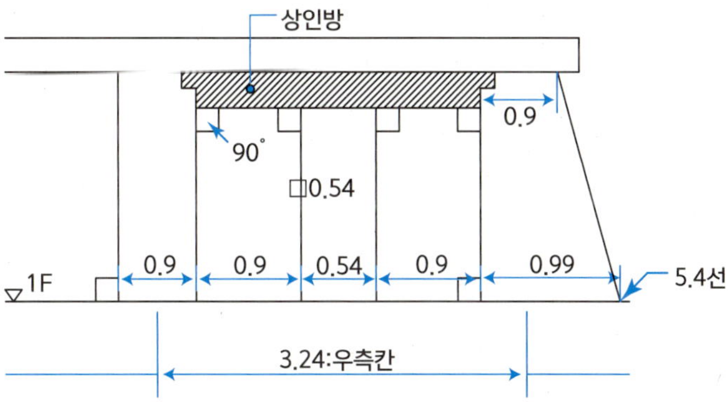

[그림 1054] 정립사탑 공법기준

윗그림은 칸폭 3.24m안으로 외부기둥만 상부 내부쪽으로 9cm가 들어가며 나머지 기둥은 다 수직으로 한 안임. 샛기둥이 무척 좁아 들었네요? 전층의 기둥이나 외벽 중감계수를 통일시키는 안이랍니다.

처음에는 오래된 듯한 사진 속의 외부기둥 외부가 수직인 안을 채택했더랍니다. 그런데 아무리 쳐다봐도 1층 모양새가 쪼께 마음에 들지가 않더랍니다. 그래서 외부기둥 상부를 내부로 들이는 정림사탑공법을 채택하는 것이 맞지 않나라고 생각했답니다. 그렇다고 오래된 사진 속의 기둥 형태를 무시(?)해서도 안된답니다. 어쩌면 사진 속의 기둥형태로 갈 수도 있답니다. 현재로서는 외부형태가 조금 더 중요한 것 같아 1층 외부기둥 상부를 내부 쪽으로 줄인 것 뿐이랍니다.

판단하시기 참 어렵죠? 1층 개념도를 보실까요.

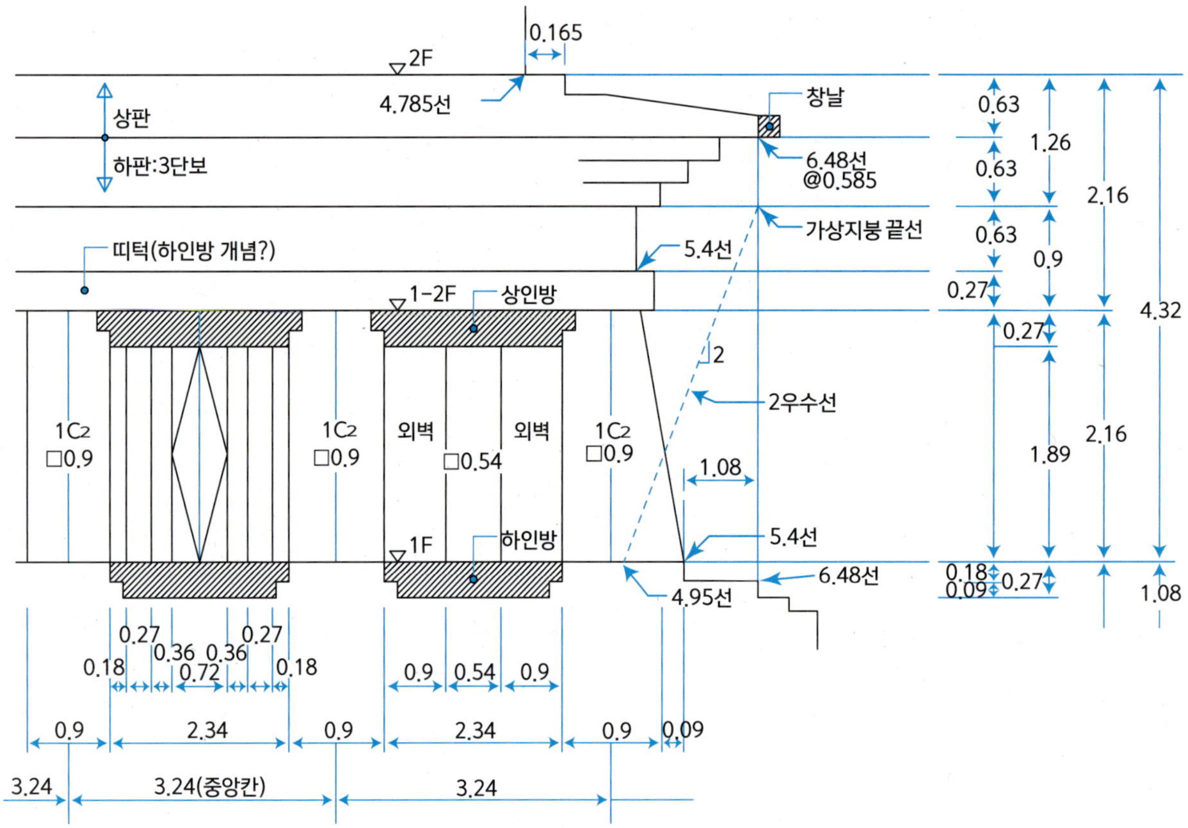

[그림 1055] 미륵사탑 1층 개념도

1층이 무지 복잡하죠. 1층이나 지하층의 주요지점은 모두 기본 Module인 1.08의 배수가 되도록 꾸며 보았답니다. 1층은 2개층으로 되어 있는 것 같네요. 1-2F가 실제로 있는지는 모르지만(외관상으로는 있는 걸로 보임) 일단 있다고 가정하겠습니다. 1F와 1-2F는 층고가 2.16으로 같답니다. 그러고 1F 층고 2.16에서 상인방 0.27을 빼면 외부쪽 순층고는 1.89가 된답니다. 하인방 0.27은 지하층고로 보내버렸답니다. 제 맴이죠. 1층 1면 외벽에 주기둥(1C2)이 4개가 있으며 규격은 0.9x0.9(□0.9)이며, 기둥중심간 거리는 3.24(1.08x3)랍니다. 기둥(1C2)간 순간격은 2.34가 되며, 양쪽칸에 샛기둥 □0.54가 있으며, 샛기둥과 1C2 사이폭은 외벽이 되며 폭은 0.9가 된답니다. 그러고 보니 정면 3칸등간격이네요. 중앙칸에는 문(개구부)설치를 위한 문기둥 □0.36이 있으며 개구부(문) 규격은 0.72x1.89랍니다. 문폭이 0.72밖에 되지 않아서 문짝을 설치했는지 아님, 단순개구부인지는 알 수가 없답니다.

그럼 1층 평면도를 구경해 보실까요. 내부는 순수 저 개인생각이랍니다. 본 적이 없거들랑요?

Notice 별책도면 No.41 미륵사석탑 1층 평면도

1층 평면도 구조는 아주 간단하답니다. 조금 헷갈려서 그렇지? 기둥은 중앙기둥인 1Cc가 □1.08, 1C1 □3.24, 1C2 □0.9, 샛기둥인 1C2-1 □0.54, 문기둥은 1C2-2 □0.36으로 했답니다. 그러고 내부통로폭은 실측치수를 모르므로 1.8로 생각했답니다. 그리고 외벽두께를 0.3으로 생각했다가 샛기둥의 반인 0.27로 하기로 했답니다. 또한 1C1기둥(사실은 기둥이라기보다 저층에서는 석괴에 가까움)과 외부기둥인 1C2를 붙일까말까 고민을 많이 했었는데 약간(0.27) 띄어서 공간층을 두어 봤답니다. 공간층이 너무 좁아서 통로로는 힘들지만 어차피 1C1과 1C2기둥을 붙여봐야 서로 물고 있는 구조가 아닌 별개의 구조물이라 공간층을 두어 봤답니다. 붙이실 분은 붙이셔도 아무런 문제가 없답니다.

미륵사의 가람배치상 석탑은 동·서면이 더 중요한 방향인 것도 같답니다. 동·서 석탑 사이에 7층사찰목탑이 있을 것 같답니다. 어쩌면 미륵사서탑의 주출입구는 남쪽이 아닌 동쪽일 것 같은 느낌이 많이 든답니다. 그리고 옥상으로 올라가기 위해 약간은 억지스러운 면도 있긴 있지만, 북쪽통로에다 내부계단을 만들어는 보았답니다. 1층만 보고 기며는 조금은 아쉬울 것도 같답니다. 기어서라도 올라갈 겁니다. 아니 실제로 위로 가면 갈수록 거의 기어야 된답니다. 이 미륵사탑의 열十자형 통로의 정체가 무엇인지 도통 모르겠답니다. 분황사탑의 입口자와 비교가 된답니다. 통로로 들어가 봐도 중앙에 기둥 1개뿐이며 기둥을 비껴가려면 좁아서(≒51cm) 통과하기도 불편하답니다. 통로를 확키워 버릴까요. 2.16이나 2.4m정도로? 탑이 내려앉을 듯? 그래도 haunch로 처리하면 내려앉지는 않을 듯? 실제로도 haunch를 설치하여 통로 상부를 보강한 상태랍니다. 그냥 단순히 탑 내부통로만 보고 가라는 통로인지 아님, 다른 용도가 있었든 통로였을까요? 알 수 있는 방법이 없답니다. 통로 안에 들어가 봐야 아무것도 구경할 것도 없고 그냥 좁은 복도 일 뿐이랍니다? 저라면 이 거대한 1C1벽면에 아주 커

[사진 17] 미륵사지석탑 _ 1910년대 촬영사진

다란 niche(벽감)를 만들어 부처님을 모셔서 많은 사람들이 모이게 만들겁니다.

출입문 기둥부터 한번 보실까요. 1910년대의 사진을 근거로 추정해 본 것이랍니다. 이 1층출입구를 통과해야만 내부통로로 들어갈 수가 있을 겁니다. 그래도 출입구 모양은 무지 세련되어 있답니다.

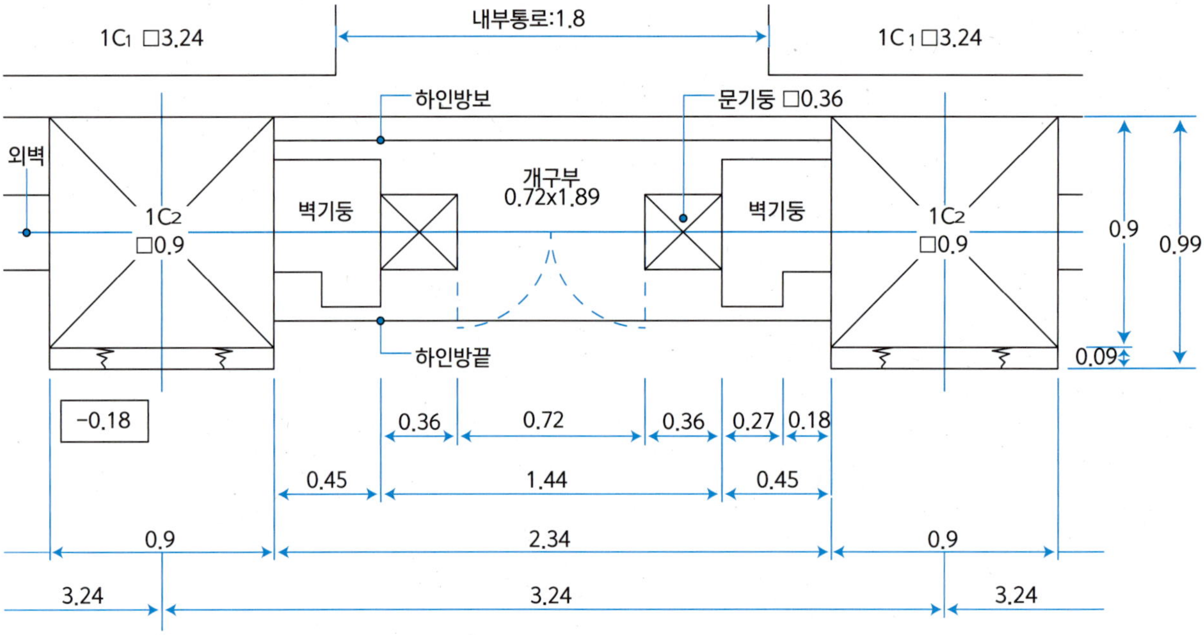

[그림 1056] 미륵사탑 1층 주출입구 개념도: 1910년대 사진을 근거로 추정

1910년대 사진을 보고 판단할려니 너무 어렵답니다. 이렇게 생기지 않았을까 생각을 해본 것이랍니다. 문기둥과 옆에 있는 벽기둥이 분리되어 있다고 가정해 보았답니다. 치수는 물론 제가 임의로 넣었답니다. 사진으로만 봐서는 치수 판단하기가 좀 그렇네요. 출입문 주위가 100여 년 사이에 많은 진화(?)가 있었든 것 같네요. 보실까요.

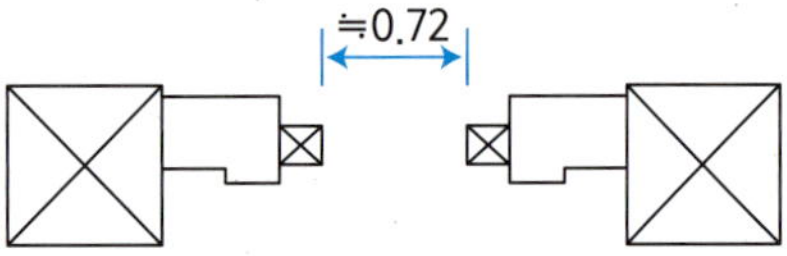

[그림 1057] 1910년대 사진의 출입구 주위형태: 추정

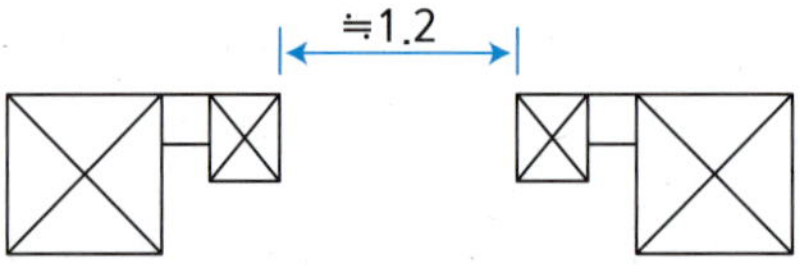

[그림 1058] 최근(2017년경) 복원된 출입구 주위형태: 추정

진화가 되긴 된 것 같은데 최신형 진화 공법을 쓴 것 같네요? 개구부 폭이 무지 넓어졌네요? 벽기둥도 민자벽이네요? 참으로 알다가도 모를 일이랍니다. 앞으로 100년 뒤에는 문기둥도 없어

지고 통개구부가 될 듯?

이젠 샛기둥과 외벽을 한번 보실까요.

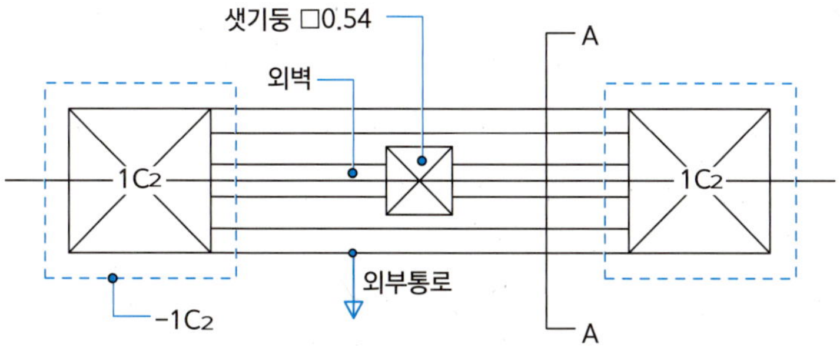

[그림 1059] 1층 외벽과 샛기둥 개념도

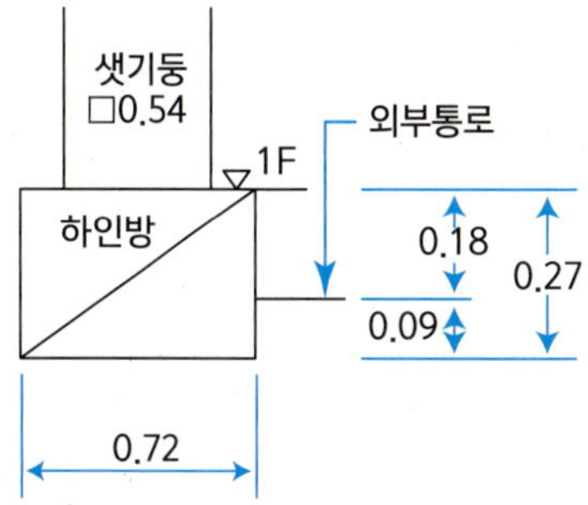

[그림 1060] Section A-A

이 샛기둥과 외벽의 위치가 조금 헷갈린답니다. 크게 3가지로 생각해 보겠습니다.

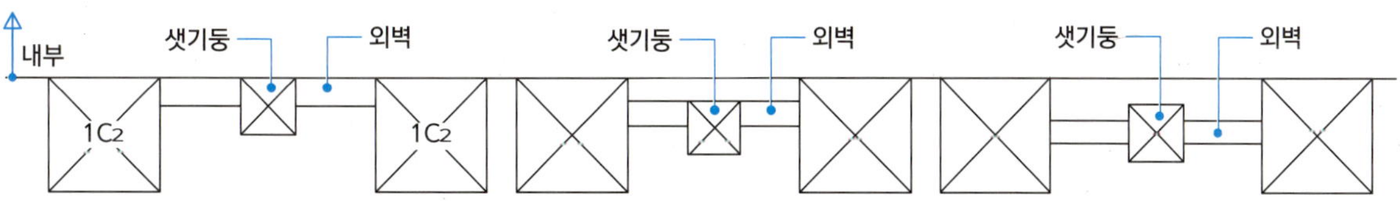

[그림 1061] 샛기둥과 외벽을 내부에 두는 안: 일반안?

[그림 1062] 샛기둥을 주기둥 중앙에 놓고 외벽을 샛기둥 내부에 맞추기

[그림 1063] 샛기둥과 외벽을 주기둥 중심에 놓는 안

일반적으로 샛기둥과 외벽을 내부면에 맞추는 것을 선택할 수 있겠으나 어찌 보면 샛기둥과 외벽이 주기둥의 중앙에 있는 것도 괜찮은 안인 것도 같답니다. 그래서, 사진을 봐도 헷갈리기는 하지마는 샛기둥과 외벽이 주기둥 중앙에 있는 걸로 보겠습니다. 외벽두께도 처음에 샛기둥이 □0.6일 거라고 생각해서 0.3으로 생각했는데 샛기둥이 □0.54가 되다 보니 그 반인 0.27로 하겠습니다. 여러분이 건축기사라 생각하시고 어느 것이 제일 나은 것인지 한번 판단해 보십시오. 어쩌면 저희들이 미처 생각해 내지 못한 방법도 있을 수 있답니다.

내부 통로폭은 1.8m 정도될 거라고 생각했답니다. 중앙기둥과 내부통로 쪽을 한번 보실까요.

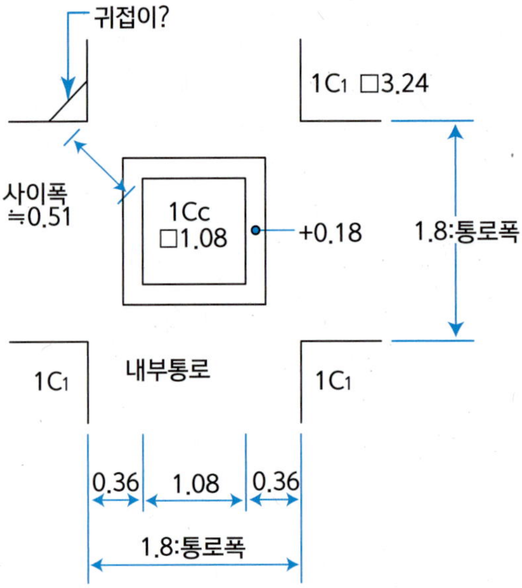

[그림 1064] 1층 중앙기둥과 내부통로

중앙기둥 규격을 □1.08로 가정했답니다. □1.2까지 생각은 할 수 있으나 통로폭이 1.8시 1Cc와 1C1 사이를 빠져나가기가 너무 어렵답니다. 통로폭 1.8로 하고 1Cc를 □1.08로 했을시 1Cc와 1C1 사이폭은 $0.36\sqrt{2} \fallingdotseq 0.51$ 정도랍니다. 이 사이를 지나가실 때에는 몸을 약간 틀면서 옆으로 가셔야 된답니다. 그래서 1Cc와 1C1 귀를 접을까도 생각중이랍니다. 그런데, 최근(2019)에 인터넷 사진을 보다가 깜짝 놀랄 사진을 봤답니다. 당시 본 사진상의 구도는 이렇게 생겼더랍니다.

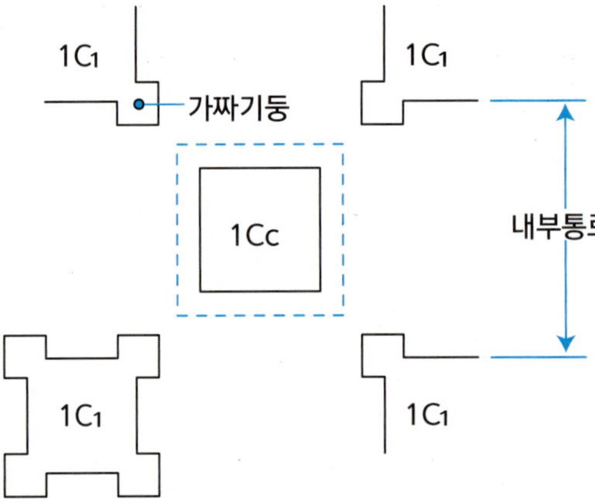

[그림 1065] 최근 인터넷에서 본 사진구도

중앙기둥 주위를 보시면 1C1 귀퉁이에 묘한 것이 톡 튀어나와 있답니다. 이 놈이 무엇일까요? 제가 석가탑 얘기를 할 때 말씀드렸을 겁니다. 바로 가짜기둥(false col.)이랍니다. 기억나시나요? 보는 순간 깜짝 놀랐답니다. 외부 귀도 아니고 통로내부의 가장 중요한 부위에 왠 가짜 기둥이 있을까요? 사람이 다니기도 힘든 곳에 왠 가짜 기둥이 있죠. 그렇다면 혹시 4개의 일반석탑을 묶었다는 개념? 그럼, 제가 봤던 사진은 언제적 사진일까요? 옛날 사진일까요? 상상은 자유니까 자유롭게 생각해보시면 되겠네요? 안타까운것은 이 가짜기둥 사진을 본 후 다시 찾을려니 찾기가 너무 어렵네요? 혹시 제가 헛것을 본 걸까요? 못찾게 되면 제가 헛것을 본 기억밖에 안된답니다. 희미한 기억속의 착각인가?

당시 사진을 보고 뭔가 더 중요한 것이 있을 것 같은 생각에 인터넷 사진을 다시 뒤지기 시작했는데 약간은 오래된 듯한 사진을 한 장 더 보았답니다.

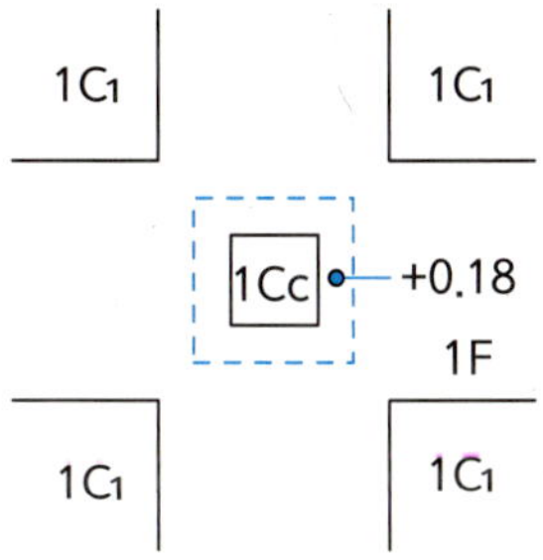

[그림 1066] 인터넷에서 본 1층 내부기둥쪽

물론 통로폭과 기둥규격을 알 수는 없지마는 제가 생각했던 것과 비스무리하더랍니다. 평면을 추정해 보면 대충 이렇게 생겼더랍니다.

사진 속의 1Cc와 1C1 벽체의 형태를 한번 봅시다.

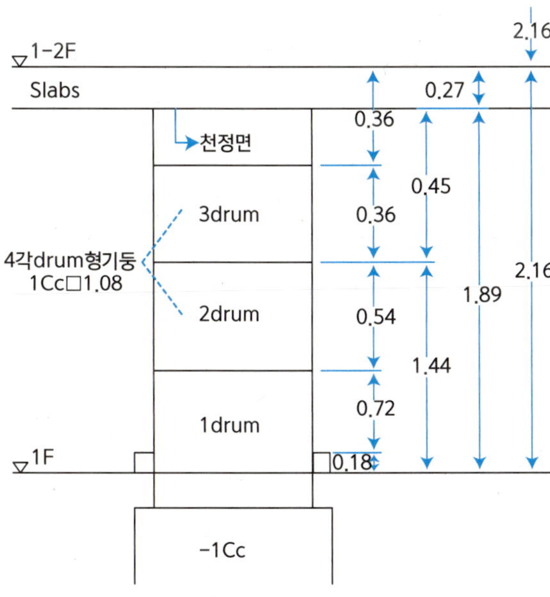

[그림 1067] 1Cc형태 : 입면

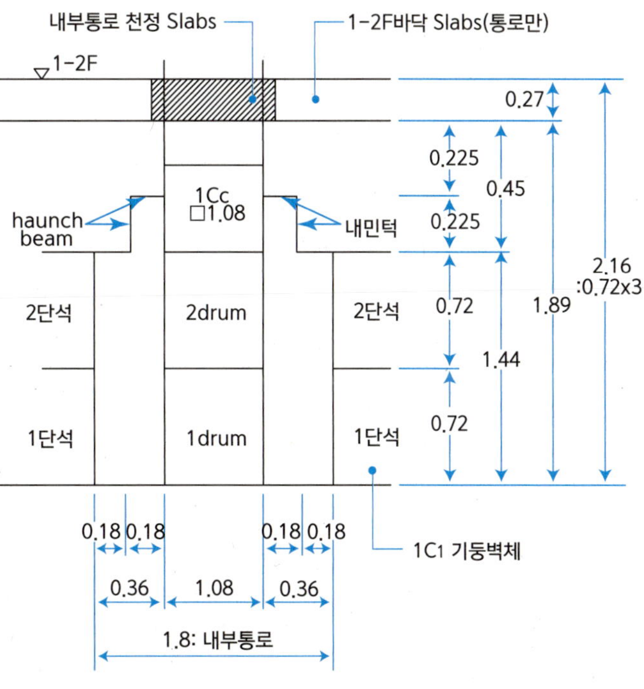

[그림 1068] 1C1 벽체 : 3단석(4단석?)

[사진 18] 미륵사탑 1층 중앙기둥과 내부통로

이 1Cc가 4각통(?) 몇 개가 동개져 있네요. 4각통이라는 말이 조금 어색하니, 비록 원형통 개념이지만 이 4각형통을 drum이라고 약칭하겠습니다. 1F의 층고는 2.16이며 1-2F 바닥 slab 두께를 0.27로 보면 1F순층고는 1.89가 된답니다. 1F순층고가 1.89인지 아니면 2.16까지인지는 쪼께 애매는 하지만 일단 1.89로 해서 기둥 drum높이이든 1C1벽체높이를 제가 임의로 넣어본 것이랍니다. 사실은 미륵사탑 자체의 표기치수는 모두 다 제가 임의로 넣은 치수일 겁니다.

왠 석탑에 바닥slab이라는 용어를 쓰는지 궁금하신 분이 계실 겁니다. 바닥에 con'c를 친 것도 아닌데! 무식하게스리? 이 slab라는 용어는 간단히 직사각형판을 의미한답니다. 재료가 con'c이든 돌판이든 나무판대기이든 상관이 없답니다. 그럼 정사각판은 무엇일까요? 건축기사분들은 다 알고 계실 겁니다. 바로 tile이랍니다. 왠 tile? 물론 이 slab와 tile은 주로 마감재료판에 주로 쓰이는 용어입니다만 제가 편의상 1-2층바닥판이 돌판이 여러 개 놓여서 바닥을 형성하니 편의상 slabs라는 용어를 쓴 것 뿐이랍니다. 그렇다고 slab를 돌판대기라고 쓰기도 좀 그렇네요. 여기에 등장하는 tile은 화장실에 붙이는 tile이 아입니데이? 이 slab는 1-2F 바닥이 있다는 가정하에서 생각해 본 것이며 만약 1-2F가 없으면 그냥 통돌류가 될 확률이 높으며 아님 그냥 빈 공간(void)이겠죠.

haunch턱(내민턱)이 한 부재인지 두 개의 부재인지가 사진상으로는 헷갈린답니다. 아마 내민턱도 한부재일 수도 있답니다. 천정바닥판(1-2F바닥slabs)보강이 아주 잘 되어 있네요. 1Cc를 보시면 4단으로 되어 있답니다. 아마도 4단drum은 1-2F까지 갈 겁니다. 밑단이 약간 높고 그 위로 갈수록 줄어드는 묘한 사각 drum형기둥이랍니다. drum높이를 같이 해도 큰 문제가 없을 것도 같은데 높이에 변화를 두었네요. 저는 외부기둥인 1C2가 한 부재의 기둥이라 당연히 1Cc기둥도 한 부재 기둥으로 생각을 했었었는데 예상을 완전히 빗나갔네요? 그 시기에 drum형기둥을 생각해 내었다는 건 건축술이 상당히 발달되어 있었다는 걸 의미한답니다. 어찌 보면 외부 이외의 내부는 조적조식으로 생각했나 봅니다. 이 drum형기둥에 쐐기를 박았을까요? 못 봤으니 알 수는 없답니다.

그리스·로마 신전같이 층고가 높은 기둥일 경우에는 기둥drum마다 쐐기를 넣는답니다. 물론

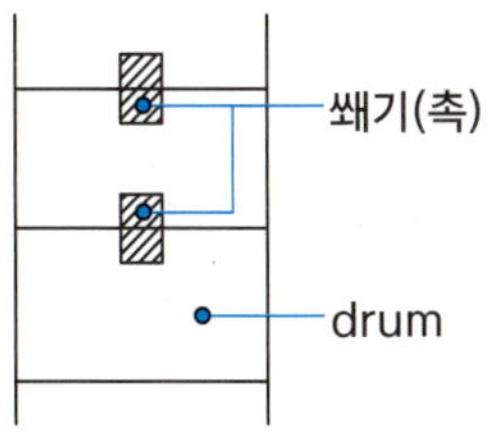

[그림 1069] drum형 기둥

외력(지진 등…)에 대비해서겠죠. 저는 북아프리카의 한 유적지(카르타고시대 유적지: punic age) drum기둥에서 drum 연결용쐐기를 딱 한 번 본 적이 있답니다. 4각쐐기로 1변길이가 약 10cm쯤 되어 보이더랍니다.

그런데 이 미륵사 중앙기둥(Cc)에는 아마도 쐐기까지는 박지 않은 걸로 추정이 된답니다. 못 봤으니 알 수는 없답니다. 중앙기둥을 한 부재 기둥으로 하지 않고 4각통돌을 여러 개 쌓은 것은 아주 특이한 공법이네요.

미륵사탑의 약간 오래된 듯한 사진을 보시면 1층 기둥형상이 아주 묘하게 생겼다고 전에도 잠깐 말씀드렸을 겁니다. 2~6층까지는 기둥높이가 워낙 낮아서 애매하지만 1층 외부기둥은 육안으로도 어느 정도 하부쪽이 기둥폭이 넓다는 느낌이 드실 겁니다. 한쪽으로 기울었는지 같이 넓어졌는지는 알 수는 없지만, 하여튼 밑쪽이 약간 넓은 듯 하답니다. 1C2기둥의 외부를 수직으로 가정하고 이 1층 외부기둥의 진짜 형상이 어떻게 생겼는지 한 번 더 봅시다. 물론 치수들은 제 마음대로 넣어 봤답니다. 이 사진 속의 형태로 가야 할 건지 아니면 정림사탑 형상을 따라가야 할지는 헷갈리네요. 어찌 되었건 보기는 한번 봅시다.

기둥 간 span은 3.24가 아닌 3.3기준이랍니다. 우측 칸부터 먼저 봅시다.

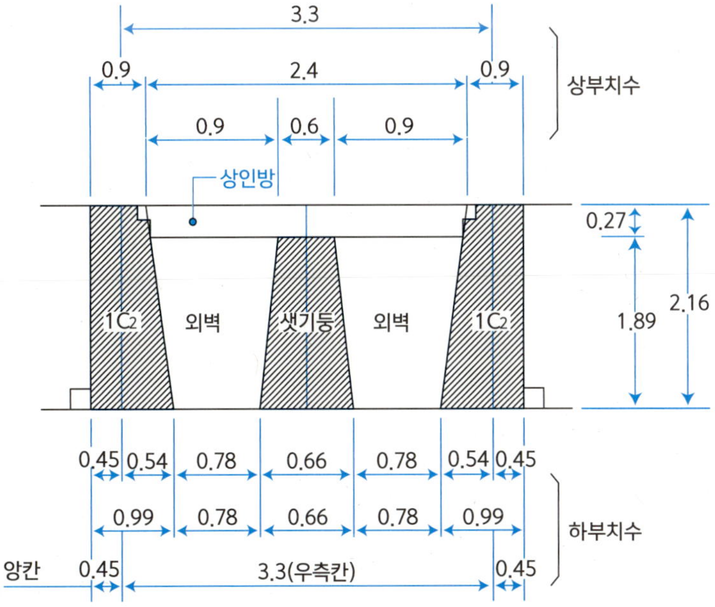

[그림 1070] 외부기둥이 수직이며 칸폭이 3.3시의 사진속 우측칸 모습

앞의 우측칸 기둥을 보시면 1C2기둥은 정확한지 않은지는 모르지만, 양쪽이 수직 같으며 내

부쪽으로 9cm씩 하부기둥이 넓어진답니다. 샛기둥은 약 6cm가 넓어지는데 하부양쪽으로 3cm씩 넓어진답니다.(샛기둥 하부는 0.69에 가까우나 0.66으로 봄)

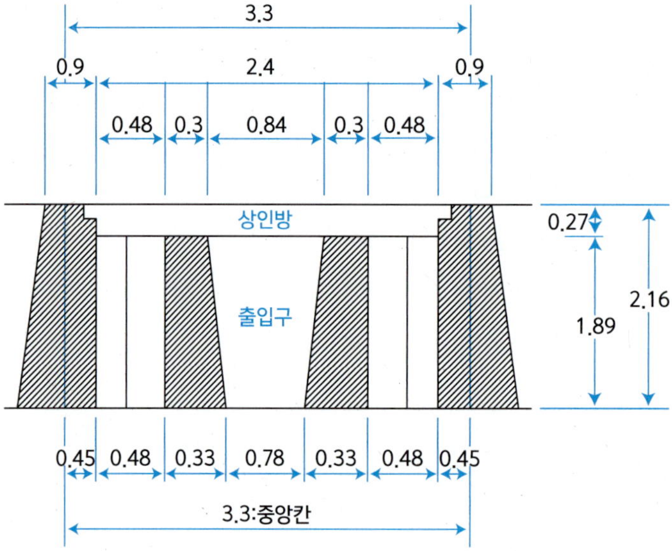

[그림 1071] 외부기둥이 수직이며 칸폭이 3.3시의 사진속 중앙칸 모습

그러고 이 정면 칸이 조금 더 복잡하며 너무 애매하게 되어 있답니다. 문기둥이 하부가 넓어진 건지 아니면 건물전체가 약간 뒤틀려서 그런 느낌이 나는 건지 헷갈린답니다. 어쨌든 이 사진상으로는 문기둥이 하부가 3cm 정도씩 늘어난 것 같아 보인답니다. 개구부(출입구)가 하부쪽으로 줄어든다는 것은 상식적으로 납득은 잘 가지 않지만 어쨌든 그렇게 보인답니다. 하여튼 다시 정리해 보면 하부기둥폭이 문기둥은 3cm, 샛기둥은 6cm, 주기둥인 1C2기둥은 9cm가 늘어난답니다. 즉, 3, 6, 9cm의 법칙(?)을 적용해 봤답니다. 제가 볼 때는 그렇게 보이는 것 같네요. 구조적으로나 심리적으로 좀 튼튼하게 보일지는 모르겠으나 외관상 모양새가 쪼께 그렇답니다 처음 지을 때부터 그랬었는지 아니면 어떤 과정(보수과정 등)에서 살짝 바뀌었는지는 알 수가 없답니다. 그래서 고민이 많답니다? 칸폭을 3.24로 해서 1층폭의 모든 치수의 합을 9로 하고 주요지점의 치수를 1.08의 배수로 해야할 건지 아니면 사진을 따를 건지를 결정하긴 해야겠는데 헷갈리네요? 머리 좋으신 분 한 수 알으켜 주이소. 건물 모양새와 정림사탑 등을 고려해서 칸폭을 3.24로 할 확률이 쪼께 더 높답니다. 다만, 저의 생각이랍니다?

1F를 보셨으니 1-2F도 보셔야죠.

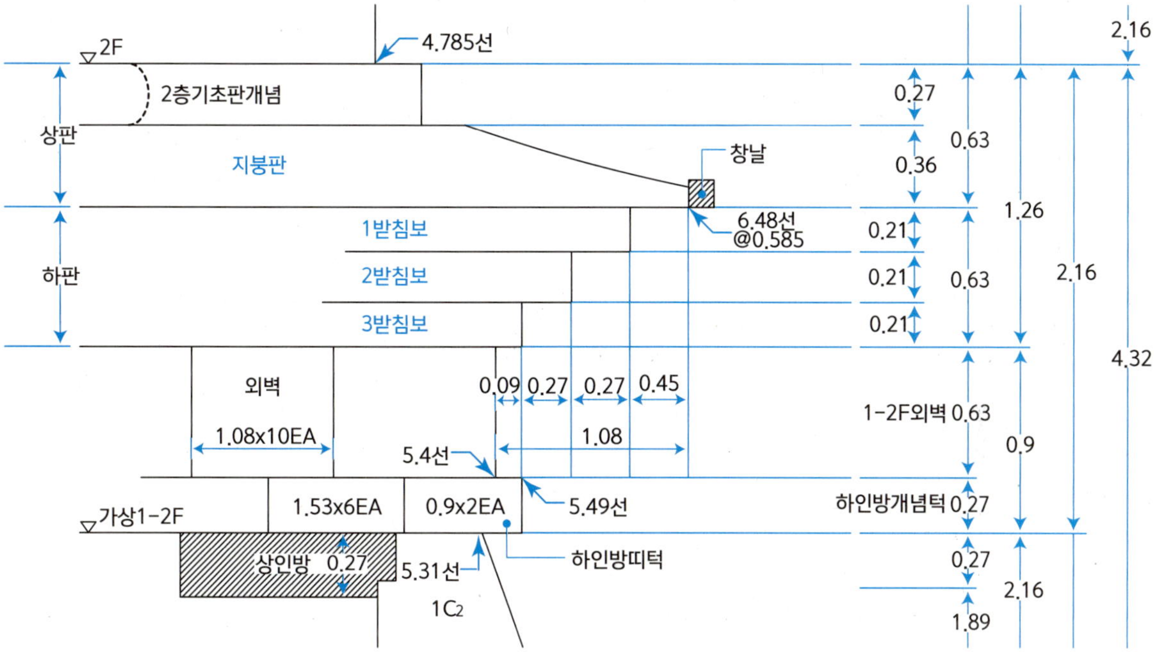

[그림 1072] 미륵사탑 1-2F 개념도

가상 1-2층은 말 그대로 가정한 층이랍니다. 있어도 내부통로만 있을 겁니다. 1-2F를 밑에서부터 봅시다. 제일 밑에 뭔지는 잘은 모르겠지만 툭 튀어나온 턱 같은 것이 보이실 겁니다. 왜 툭 튀어나와 있죠? 이상한 느낌이 들지 않으세요. 그냥 민자로 올려도 미끈하게 잘 생겼을텐데. 원인과 이유는 모르겠으나 목탑형백제탑의 전형적인 1층외벽의 특징이랍니다. 바로 중2층을 나타내는 표시라고나 해야 할까요? 백제목탑에도 당연히 있을 것이며 백제양식을 많이 따랐다는 법륭사 5층탑에도 형식은 쪼께 애매하기는 하긴하나 있을 겁니다. 미륵사탑은 이 노출띠 턱이 중2층 표현을 나타내기도 하지만 하인방 개념도 있는 듯 하답니다. 즉, 툭 튀어나온 돌은 하인방띠턱이라고 일단 보겠습니다. 소속은 1-2F일 겁니다. 이 띠턱을 저라면 이렇게 시공할 겁니다. 양 끝에 0.9돌을 놓고 중간에 1.53의 띠턱 6개를 놓을 겁니다. 그러면 0.9x2+1.53x6=10.98이 나온답니다. 바로 띠턱의 길이랍니다. 띠턱 위에 높이 0.63의 외벽이 있답니다. 외벽인지 외벽이면서 기둥역할까지 하는 건지는 쪼께 헷갈린답니다. 저라면 이 외벽을 이렇게 시공하겠습니다. 동서면은 1.08x10ea=10.8, 남북면은 0.9x10ea=9.0, 외벽길이가 10.8m이므로 동·서 양쪽에 0.9씩이 각각 있으므로 실제의 남북면은 0.9x(10+2)=10.8이 될 겁니다. 이 외벽 위에 지붕판이 나온답니다. 지붕하판에 3단 받침보가 있으며, 상판에 진짜 지붕판과 그 위에 2층기초판개념의 1단계단이 있답니다. 신라석탑류와 달리 1단 계단 개념이네요. 지붕날개와 지붕판두께에 변화를 주기 위해서 증감계수를 넣어 봤답니다.

같이 보셔야죠.

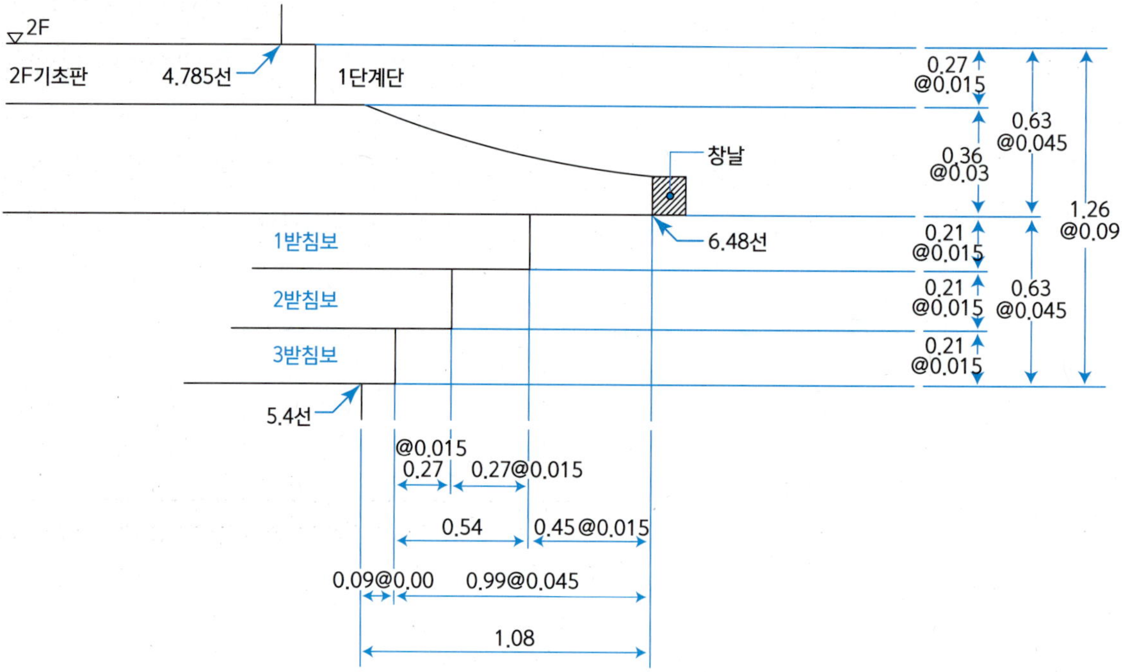

[그림 1073] 미륵사탑 1층지붕과 지붕부재 증감계수

지붕판 날개치수가 무지 헷갈리기는 하나 그냥 눈대중으로 임의로 치수를 넣어 보았답니다. 이 각 증감계수들은 1~7층지붕에 아마 동일하게 적용될 겁니다. 이 증감계수만 아시면 3층이든 7층이든 금방 계산이 될 겁니다. 자세히 보시면 지붕판날개 귀쪽끝에 지붕판귀꼭다리라고 해야할지는 모르겠으나 이상한 놈이 하나 달려 있을 겁니다. 도통 이 놈이 무엇일까요? 볼까요.

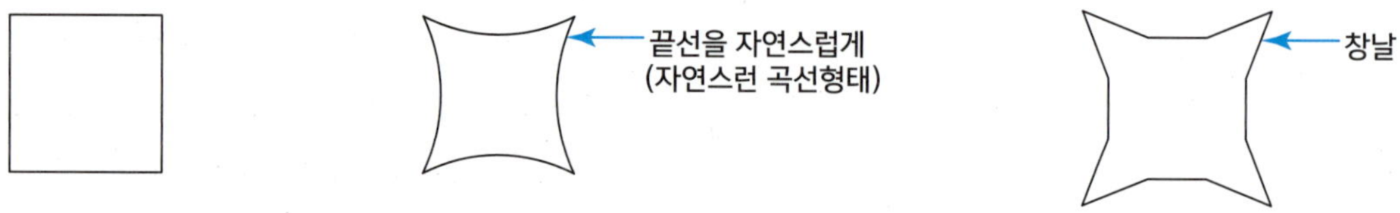

[그림 1074] 단순 정사각 지붕(左), 귀쪽을 자연스럽게 귀처리 한 지붕(中), 미륵사탑의 창날지붕(右)

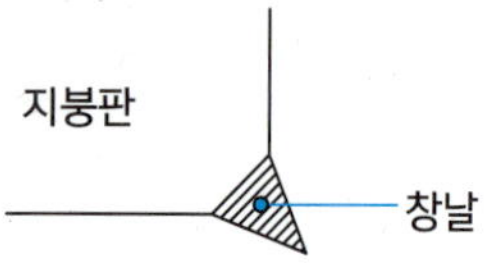

[그림 1075] 창날지붕

미륵사탑의 지붕귀는 유별나게 툭 튀어나와 있답니다. 꼭 창날같이 생긴 것이 유별나게 툭 튀어나와 있답니다. 얼마나 튀어나왔는지는 모른답니다. 이 창날이 너무 유별나서 미륵사탑지붕

판을 창날지붕이라고 이름지었답니다. 정림사탑도 창날의 크기가 다를지는 모르지만, 많이 튀어나온 형태랍니다. 처음에는 이 창날지붕이 백제석탑류의 전형적인 지붕형식인 걸로 생각을 했었는데 신라석탑류도 백제석탑만큼은 아니지만 약간은 창날 느낌이 들더랍니다. 제가 정확히 본 적이 없으므로 알 수는 없지만, 이 창날이 유난히 눈에 띄는 백제석탑이 백제석탑의 전형적인 형태까지는 아닐지라도 하여튼 눈에 확 띄는 것은 맞는 것 같더랍니다.

2층도 한번 보실까요. 전층까지는 아니더라도 2층은 반드시 보셔야 한답니다.

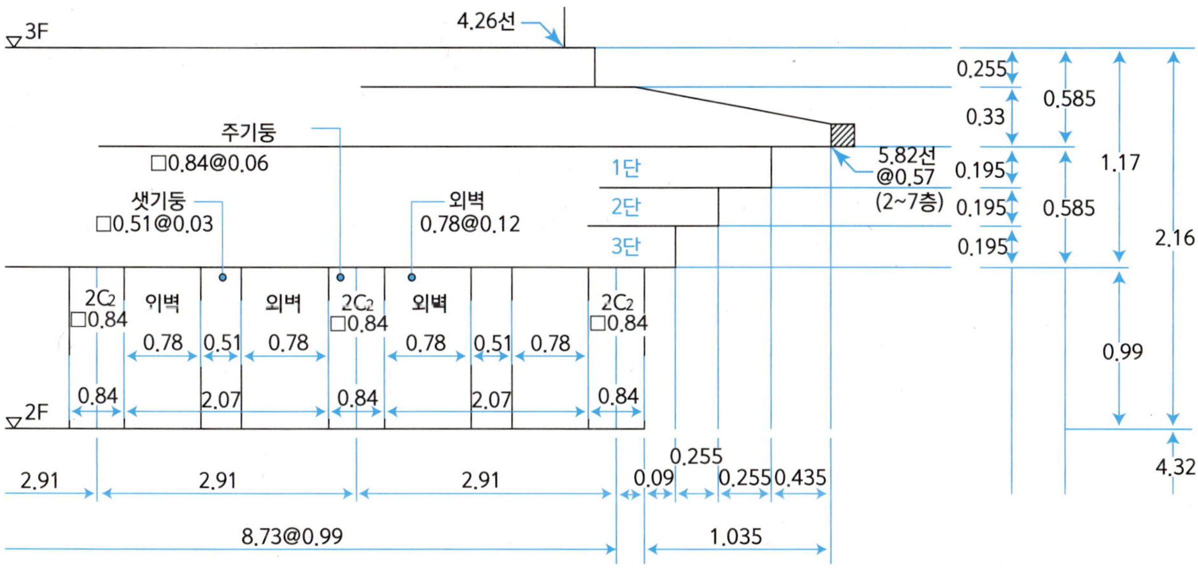

[그림 1076] 미륵사탑 2층 개념도

제가 왜 2층을 꼭 보셔야 한다고 말씀드렸을까요? 이유가 있겠죠. 바로 2층층고 때문에 보시라는 겁니다. 보니 2층층고가 2.16이네요. 2.16이 뭐죠? 2.16 x 2 = 4.32랍니다. 계산이 맞는지 헷갈리네요. 4.32가 뭐죠. 기억나시나요? 바로 1층층고랍니다. 즉, 2층층고는 1층층고의 반이랍니다. 이게 무슨 의미일까요? 바로 전형적인 백제탑의 1·2층 층고비례공법이랍니다. 신라탑에는 1·2·3층 층고비례공법이 있다고 말씀드렸답니다. 기억나실 겁니다. 백제탑에 바로 1·2층 층고비례공법이 존재한답니다. 잊으시면 안됩니데이.

1층 칸폭을 3.24로 가정하면 주기둥 증감계수는 @0.06이 되며, 샛기둥 증감계수는 @0.03, 그리고 외벽폭 증감계수는 @0.12가 전층에 적용될 겁니다. 물론, 칸폭을 3.3으로 하면 증감계수가 달라질 겁니다.

2층도 보셨으니 건너뛰어 7층도 보셔야죠. 근데 미륵사탑 사진을 아무리 쳐다 보셔도 7층이 안 빈다꼬요? 우짜죠. 저는 눈 닦고 봐도 7층이 안비네요? 이거 난리났네! 보지 말까요? 안 보면 섭섭할 것 같으니 미리 제가 헛것을 보고 난 뒤 한번 그려 보겠습니다. 헛것도 잘 봐야 될낀디?

7층이 너무 조그마하네요.

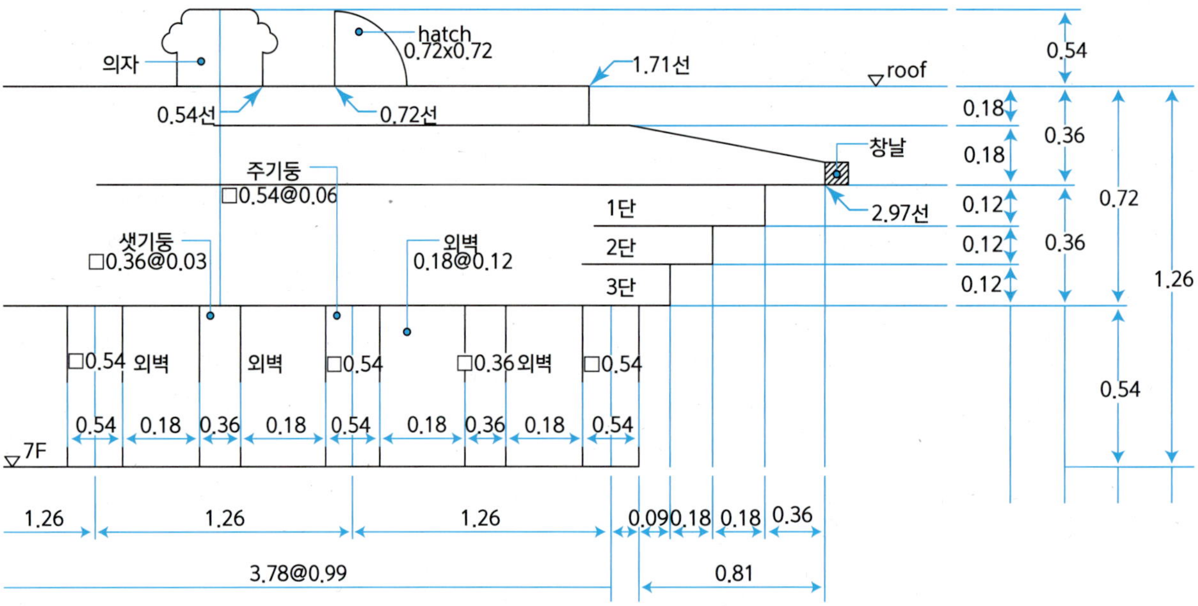

[그림 1077] 미륵사탑 7층 개념

7층도 2층과 같이 외부 모습은 똑같답니다. 다만, 부재규격이 줄어든 것뿐이랍니다. 미륵사탑이 묘한 것은 지붕판에 짓눌려서인지(?) 2~7층의 몸통높이가 쪼그라 들었네요? 너무 낮은 느낌이 조금 드네요? 아마 2층층고가 갑자기 1층층고의 반이 되다 보니 이런 현상이 나타나는 것 같답니다. 현상태의 5·6·7층(7층은 가정)의 받침보가 희한하게도 1~4층과는 완전히 다르게 되어 있답니다.

보실까요.

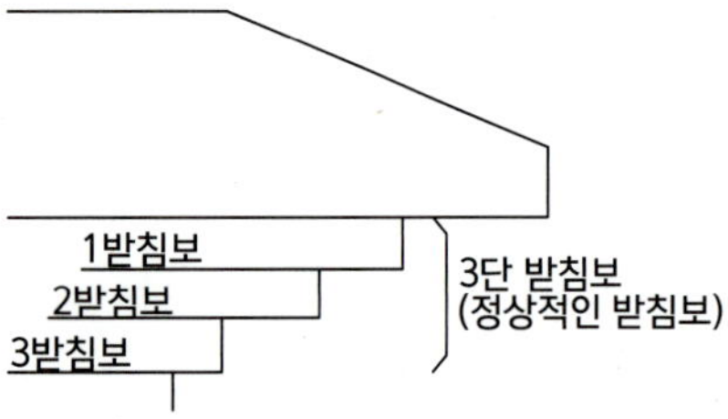

[그림 1078] 1~4층 지붕의 3단 받침보

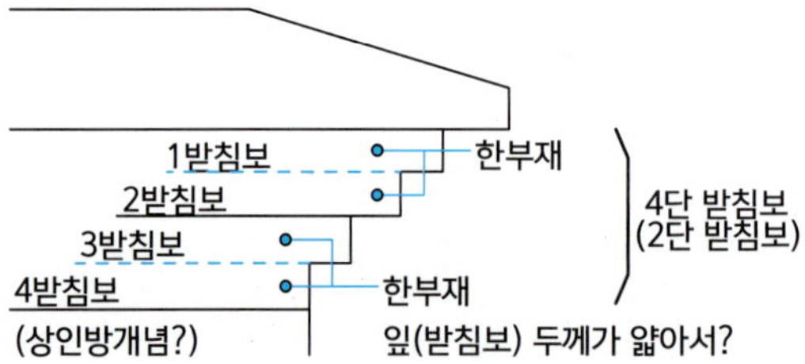

[그림 1079] 5~7층 지붕의 특이 받침보?

그림에서 보시듯 1~4층 지붕하판은 정상적인 3단 받침보로 되어 있답니다. 그런데 5·6·7층 받침보(7층 지붕받침보는 현재 존재하지 않으므로 추정함)를 보시면 턱수로 보면 4단 받침보인 것도 같은데 두턱이 한 개의 부재로 되어 있는걸로 보면 2단 받침보 같기도 하네요. 하부쪽에 있는 두턱은 원래 한 개 턱(3받침보)만 있어야 하는데 묘하게 한 개 턱을 더 끼고 있답니다. 제일 하부에 있는 턱을 4받침보로 봐야 할까요. 아님 1F 상부쪽에 있는 상인방 개념을 받침보 개념으로 바꾼 것일까요? 이 받침보들을 4단 받침보로 봐야 할까요. 아님, 2단 받침보로 봐야 할까요. 아니면 3단 받침보로 일단 보고 제일 밑에 있는 턱을 상인방으로 봐야 할까요? 알 수가 없답니다. 어쩌면 건축기사분이 착각을 하신 건지 아니면 자기 스타일로 멋을 부려본 걸까요? 아니면 5·6·7층 지붕받침보춤이 너무 얇아서(5층 받침보춤 15cm, 6층 13.5cm, 7층 12cm) 가공이 힘이 들어서 2개씩 묶은 건지 알 수가 없네요. 하여튼 어떠한 상식을 동원해도 이해가 잘 가지 않네요. 저 생각만 그렇가? 판단은 스스로 알아서 하세요? 지붕하판받침보는 그렇더라도 7층평면도는 한 번쯤은 보셔야죠. 물론 추정이랍니다.

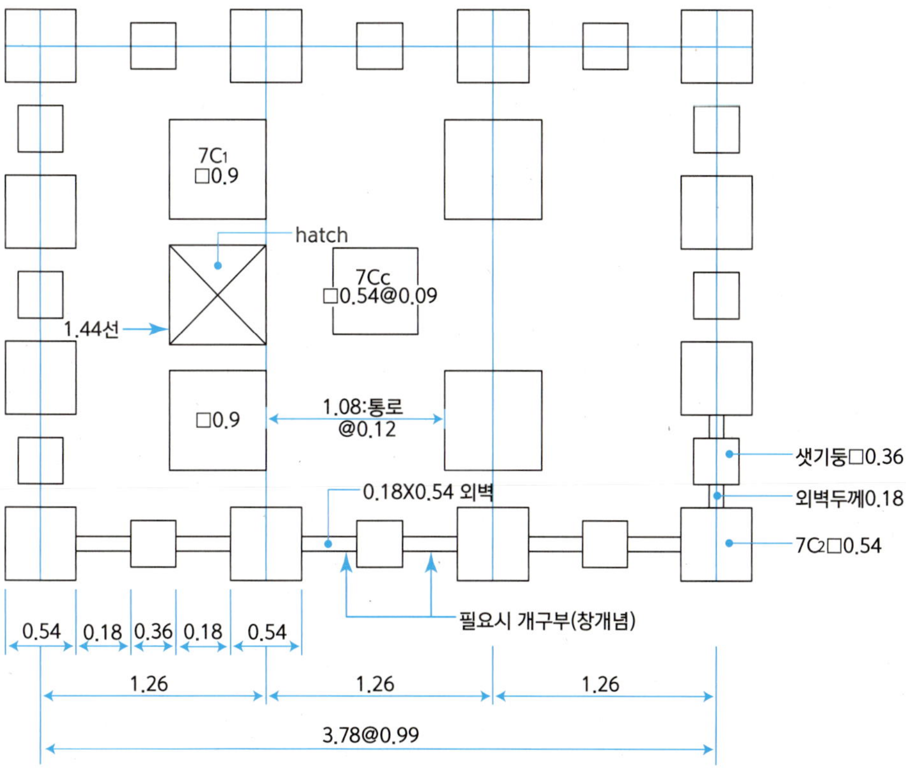

[그림 1080] 미륵사탑 7층 평면도 개념

큰 도면도 한번 보실래요?

Notice 별책도면 No.42 **미륵사탑 7층 평면도**

7층 평면도가 간단하네요. 내부통로가 있을 거라고 가정해서 추정해 본 것이랍니다. 만약 1층에만 내부통로가 있고 그 위로는 내부통로가 없다면 돌이나 흙으로 채우시면 된답니다. 물론 내부통로가 없다면 당연히 내부계단은 존재할 수가 없답니다. 모르죠, 내부통로없이 내부계단만 내었을지? 어쨌든 완전히 기어야 하지만 지붕으로 올라가는 hatch를 내어보았답니다. 저는 기본적으로 지붕에 올라갔는지 안 올라갔는지는 모르겠으나 일단은 지붕까지 올라가는 걸 기본원칙으로 하고 있답니다. 제가 미륵사탑을 짓는 과정에서 건축기사 교체가 있었을 거라고 말씀드렸을 겁니다. 이유는 이렇답니다. 5층을 잠깐 보실까요.

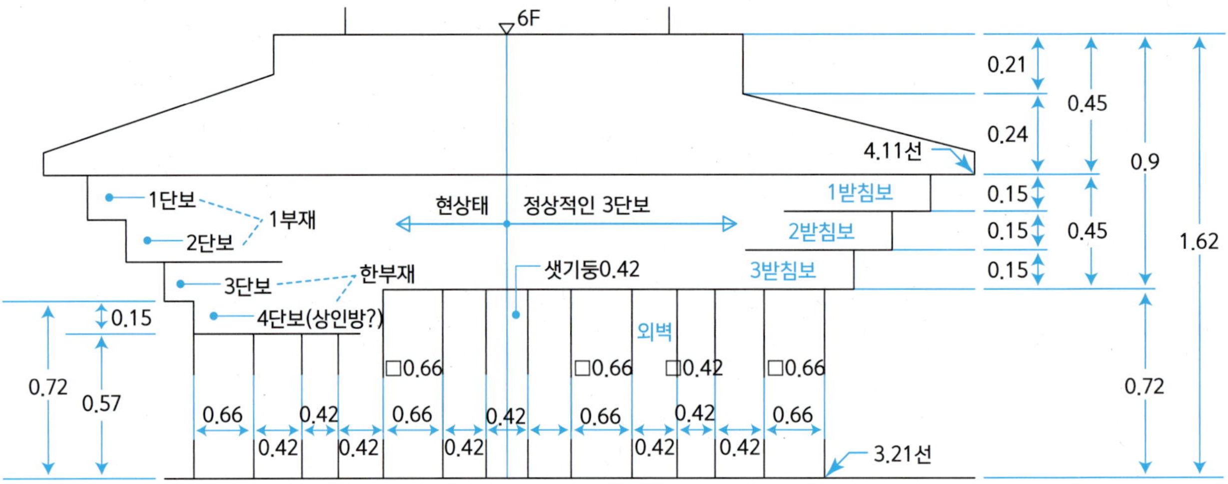

[그림 1081] 5층 지붕 받침보 개념

5층 지붕하판을 보시면 앞에서도 잠깐 말씀드렸듯이 정상적인 받침보는 3단이 맞는데 좌측의 현 상태를 보시면 4단 받침보인지 제일 밑받침보가 상인방인지조차 헷갈리게 되어 있는 이상한 구조랍니다. 그것도 1·2단보와 3·4단보가 한 부재랍니다. 4층까지 잘 오다가 왜 갑자기 시공법이 바뀌었을까요? 크게 2가지로 생각해 보겠습니다. 첫째는 선수교체일 겁니다. 4층까지 시공하시든 분 대신 5층부터는 다른 기사로 바뀌었을지도 모른답니다. 물려받은 기사는 자기 나름의 형태를 가질려고 했을지는 모르겠으나 4받침보개념인지 아니면 1층에 있든 상인방 생각이 나서인지는 모르겠으나 4받침보를 만들었네요. 둘째는 어떤 과정에서 미륵사탑의 붕괴가 일어나서 보수과정에서 형태가 바뀌었을 수도 있답니다. 현재로선 추정만 할 뿐 알 수 있는 방법은 없답니다. 또한, 더 재미있는 것이 하나 더 있답니다. 제가 본 사진으로는 판단할 수 없는 층기초판이 3층부터는 2단으로 복원이 되어 있답니다. 제가 본 사진들은 주로 밑에서 찍은 것들이어서 상부쪽은 지붕판 등에 가려서 잘 보이지가 않는답니다.

최근 복원된 층기초판 개념의 받침대는 이렇게 되어 있답니다.

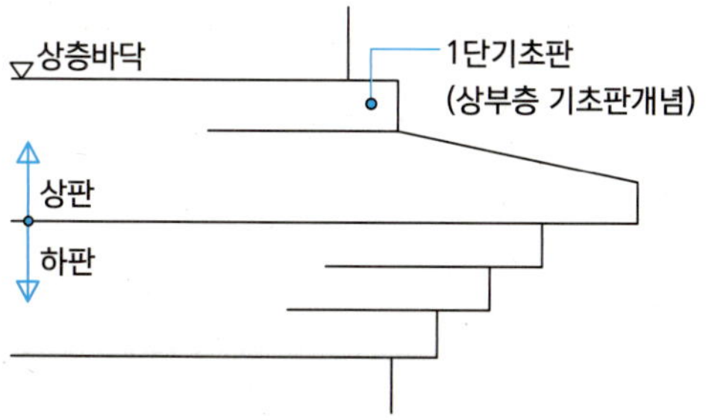

[그림 1082] 1·2층 지붕의 1단 기초판 개념 받침돌
- 이론과 복원이 동일함 -

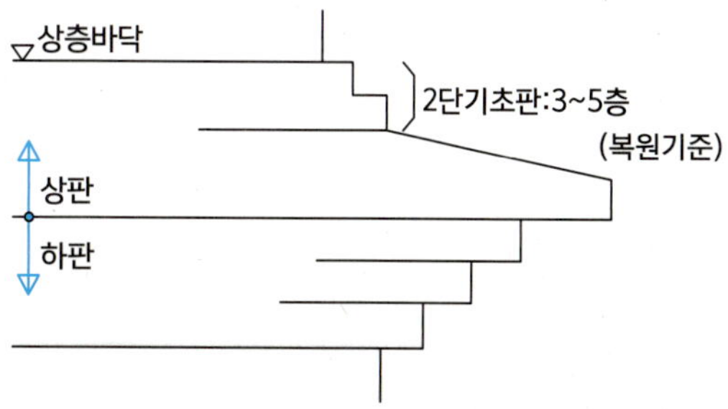

[그림 1083] 3~5층 지붕의 2단 기초판
- 복원기준임 -

이 두 그림을 보시니 어떤 생각이 드시는지요? 최근 복원된 것이 3층부터 왜 2단 기초받침판인지는 제가 실물을 보지 않았으므로 알 수는 없지만 여러 생각을 하게 만든답니다. 아마 여러분들도 저와 똑같이 느끼실 겁니다. 제 상식으로는 납득이 전혀 가지 않는 모양새네요? 혹시 상식적이라는 생각이 드시는지요? 알다가도 모를 일이랍니다. 복원은 아마 기존상태 기준이었을 겁니다. 그렇다면 3층에서부터 선수교체가 있었다는 이바구? 그럼, 3층에서 한번 교체하고 5층에서 또 후보 선수로 교체? 선수층이 두꺼웠나? 어지럽네요? 탑 시공에 일관성이 결여된 것 같네요. 시공팀이 꾸려지면 끝까지 가는 것이 맞을 것 같답니다. 선수(?)들이 많으면 운이 억수로 좋으면(?) 산꼭대기로 갈 수도 있을 듯?

어찌 되었든 저는 미륵사탑이 보수과정없이 1910년대의 상태까지 온 걸로 생각을 했었었는데 여러 상황으로 봐서는 최소 1~2번의 전면적이든 부분적이든 보수 작업이 있었든걸로 추정이 된답니다. 아잉가? 이제 미륵사탑 꼭다리 구경도 해 봅시다.

사실은 저번에 거의 다 말씀드린거나 다름없으니 간단히 봅시다.

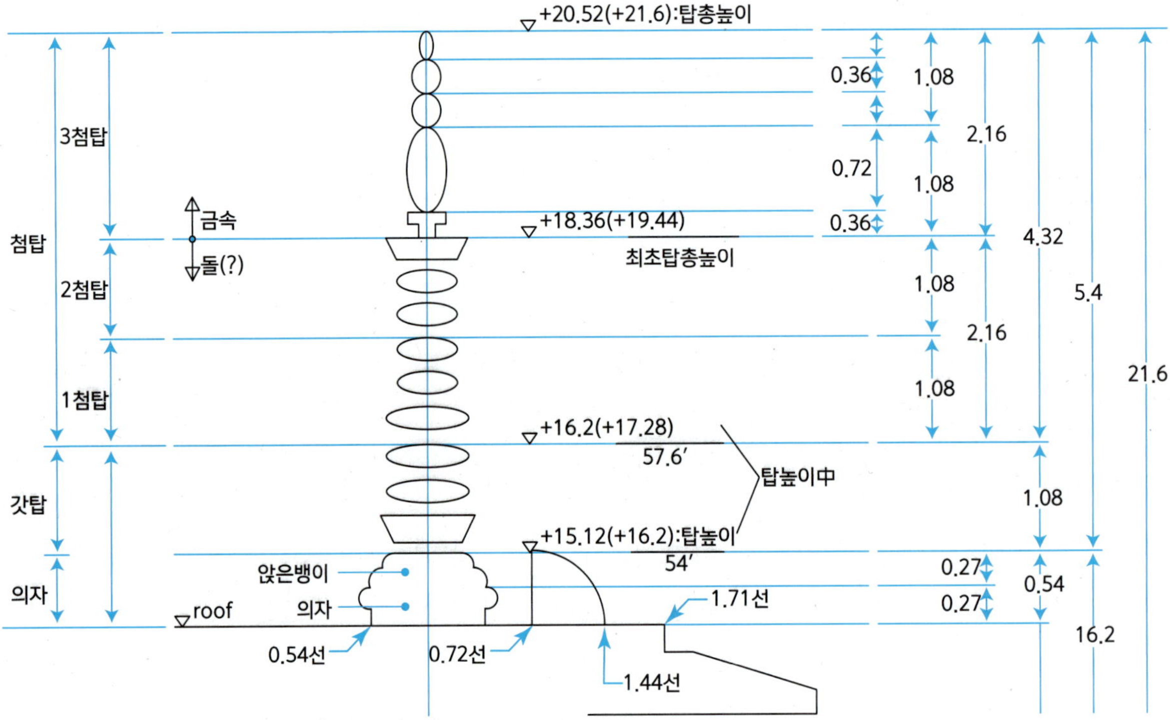

[Notes] 백제꼭다리(의자부 상부)의 형태를 알 수가 없으므로 신라형태를 따름.

[그림 1084] 미륵사탑 꼭다리 개념

전에도 말씀드렸듯이 앉은뱅이만 있는건지 아니면 2단 앉은뱅이이면서 하부에 의자처럼 보이는 형상을 만들어 의자 느낌을 주기 위한 것인지 아주 애매하게 되어 있답니다. 물론 정림사탑을 근거로 똑같이 만들어 보았답니다. 탑의 총높이는 처음에 +19.44로 했다가 숫자가 영 눈에 가시 같은 느낌이 들어 3첨탑을 넣어서 +21.6(72′)으로 했답니다. 그렇다고, +19.44가 완전히 배제되지는 않았답니다.(1.08의 배수거들랑요?) 탑높이가 백제탑류는 조금은 애매하긴 한데 신라탑류의 갓탑 높이가 아닌 앉은뱅이까지를 일단 탑높이로 가정해 보겠습니다. 다 이 놈의 숫자 때문이랍니다. 그럼, 탑높이는 +16.2(54′)가 된답니다. 이 꼭다리에서 어디까지가 돌이며 어디가 금속류일가요? 갓탑과 첨탑 전체를 금속류로 해도 될 것도 같은데 제일 높은 제3첨탑만 금속류로 일단 보는 게 나을 것도 같답니다. 금속류가 너무 많으면 석탑이 너무 현란스러울 것도 갈네요. 석탑 체면을 살려야겠죠? 사실은 제 개인생각이랍니다. 어! 하다 보니 미륵사탑을 다 본 것도 갈네요. 더 보시고 싶으신 분은 직접 그려보시면 이해가 더 빠르실 것 같답니다. 백제 목탑형대형7층석탑인 미륵사탑만 달랑 보자니 뭔가가 조금은 허전하실 수도 있답니다. 백제 대형5층석탑이 어떻게 생겼을까도 궁금하실 것도 같고 또한, 백제 일반석탑이 5층 석탑이 주류를 이루고 있어서 비교검토도 될 것 같아서 아무것도 알 수는 없지만 그래도 너무너무 궁금하니 한 번 정도는 파헤쳐 보셔야죠. 저희들은 궁금하면 잠을 못 이루잖아요? 아무리 그리셔도 잠은 잘 주무셔야겠지요.

전혀 알 수 없는 것에 접근하실 때는 어떻게 하면 좋을까요? 저는 대가리가 나빠서 아무것도 생각나는 것이 없네요? 머리 좋으신 분 한 수 알으켜 줘 보이소. 혼자 아시면 뭐합니까? 쓰 묵을 데가 전혀 없는디~ㅋ

대형 5층석탑에 대하여 아는 것은 아무것도 없지만 그나마 다행인 것은 대형 7층석탑인 미륵사탑을 어찌 되었건 조금은 알고 있답니다. 그렇다면 이 미륵사탑을 잘 분석해 보셔야겠죠. 물론 이 대형석탑은 기본적으로 목탑형에 속한답니다. 묘하게도 미륵사탑은 지붕각이 신라7층탑(분황사탑 포함)과 같은⊿3(3각)이라 쉽게 계단단높이인 R=0.18도 인지했답니다. 그런데 5층대형석탑의 지붕각은 얼마이며 가장 중요한 계단단높이 R이 얼마인지를 알 수 있는 방법이 없답니다. 신라탑(관공서)같은 경우는 지붕각이⊿5(5각)이며 계단단높이 R=0.15라는 것은 금방 알아내었답니다. 그런데 신라 사찰목탑이나 석탑류를 보시면 대부분 지붕각이 별도로 존재하지 않으면서 주로 계단단높이가 R=0.18이 주류를 이루고 있답니다. 그래서 엄청 많은 생각끝에 백제 대형5층석탑의 계단단높이도 R=0.18로 하고 지붕각도 특별히 고려하지 않고 접근하기로 했답니다. 계난단높이 R=0.18이 좋은 것이 백제석탑류의 지하층높이가 6R=6x0.18=1.08로 높이가 아주 적당 하답니다. R=0.15시는 6R=6x0.15=0.9로 지하층고가 낮은 느낌이 들며, R=0.21시는 6x0.21=1.26으로 너무 높은 느낌이 들기도 한답니다. 그래서 모든 백제탑류의 지하층높이를 R=0.18인 1.08(6R)로 하기로 했답니다. 이제까지 대형5층석탑에 대해서 뭘 알아내었죠. R=0.18이며, 지붕각은 특별히 존재하지 않는다 였답니다. 실컷 이바구했는데도 쥐꼬리보다도 더 적게 알아내었내요? 갈 길이 먼데. 그래도 일단 계단높이만 알아내면 반까지는 아닐지라도 거의 반은 푼 것이나 진배없답니다? 이젠 탑높이와 탑폭만 알아내면 일사천리겠죠. 그런데 이 높이와 폭을 어떻게 알아내죠? 높이와 폭을 동시에 알아 낼려면 머리가 지끈지끈 아프겠죠. 그럼, 나누어서 분석해 보는 수 밖에는 없을 겁니다. 이 백제대형5층석탑의 탑높이가 얼마 정도면 적당할까요? 적당히 넣을까요? 이 적당히라는 말 만큼 불확실한 말은 없답니다. 백명이 있으면 백명이 다 다를 겁니다. 이럴 때는 칸닝(?)을 쪼께 해야겠지요. 여기서는 하셔도 무방하지만 다른데서는 하지 마이소? 자존심이 걸린 문제랍니다. 어디서 알아낼 수가 있을까요? 바로 미륵사탑을 살짝 보시면 되겠죠. 칸닝도 아이네.

미륵사탑 탑높이가 21.6m랍니다. 이 21.6m를 활용해서 5층석탑 총높이를 알아낼 겁니다. 어떻게? 간단한 나눗셈으로. 목탑형만큼 탑높이를 쉽게 알 수 있는 것은 없을 겁니다. 제가 몇 번 말씀드렸을 겁니다. 이 7층석탑의 소속부대부터 아셔야죠. 1층석탑, 3층, 5층, 7층석탑, 9층석탑 … 이렇게 2개층 씩의 증감이 있을 수 있답니다. 어! 7층석탑은 4번째 소속부대에 있네요? 하! 요거 만만하죠. 소속부대가 4번째 소속이니 7층대형석탑의 총높이가 21.6이니께. 4a=21.6 ∴a=5.4 즉, 각 소속부대의 탑총높이는 @5.4m의 증감이 있을 겁니다. 이제는 눈 감으시고도 목탑형의 총탑높이를 알아내실 수가 있을 겁니다. 그럼, 목탑형대형5층석탑의 탑총높이는 21.6-5.4= 16.2m네요. 하! 이거 너무 싱겁네.

그런데, 분황사탑도 대형목탑형 석탑이긴 하지만 이 석판탑류는 돌판두께의 영향을 받으므로 일반목탑형의 일반높이이론의 영향을 받지는 않는답니다. 이 5층대형석탑의 탑총높이를 알아내었으니 층고가 맞게 나오는지 정도는 미리 알아보셔야죠. 요정도는 한방에 끝내야 겠죠~ㅎ~

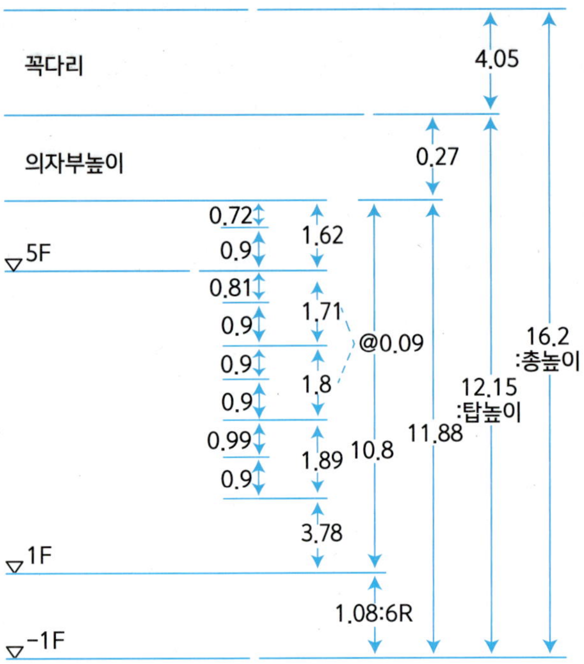

[그림 1085] 5층석탑: 몸통높이 1안(2~5층 층고 @0.09)

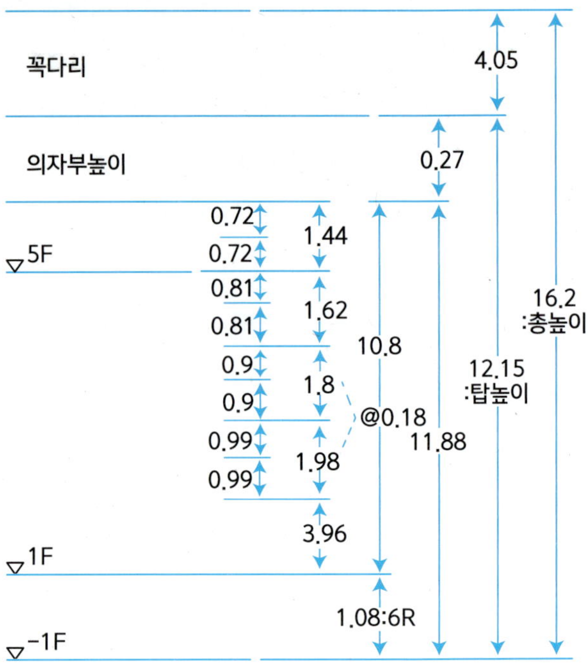

[그림 1086] 5층석탑: 몸통높이 2안(2~5층 층고 @0.18)

층고를 풀다 보니 1~5층 몸통층고가 10.8이 나오더랍니다. 그런데, 묘한 것은 이 몸통층고가 2개가 발생이 되더랍니다. 첫째는 1층층고를 3.78로 하면 2층층고는 1층층고의 반이니까 1.89가 되며 나머지 층은 @0.09의 증감계수를 적용했답니다. 두 번째는 1층층고를 3.96으로 하면 2층층고는 반인 1.98이 나오며 상부층은 @0.18의 증감계수를 적용했답니다. 근데 묘하게 두개 다 성립이 잘 되네요. 단높이가 R=0.18이므로 증감계수가 @0.18이 조금 더 합리적이랍니다. @0.09라는 말은 층고계단단수가 0.5단이 발생된다는 걸 의미하겠죠. 그런데 석탑류에서는 내부계단단수가 큰 의미가 없는 것 같기도 하더랍니다. 왜냐구요? 순층고가 너무 낮아서 내부에서 어차피 움직이기는 불가능에 가깝거들랑요. 완벽하게 엎드려서 기어가지 않으면 움직이기가 조금 불편할 겁니다. 그래도 내부계단이 만약 있다면 지붕꼭다리까지 가는 단순 통로로 계단단수는 자체적으로 맞출 수도 있을 겁니다. 그래서 마음으로는 2안(@0.18)이 더 좋지마는 1층층고가 3.78인 안을 일단 선택했답니다. 이 선택안의 문제점(?)은 2~5층 순층고가 0.9로 다 동일하답니다. 미륵사 7층석탑식으로 순층고가 자꾸 줄어 들지가 않아서 최소한 답답하지마는 않지만 미륵사탑과는 순층고 개념이 약간 다르답니다. 미륵사탑 식으로 위로 갈수록 순층고를 줄이는 것이 옳다고 생각되시면 2안(@0.18)으로 하시면 된답니다. 어쨌든 약간 변형안인 1안(@0.09)으로 풀어보겠습니다. 사실은 1안(@0.09)이 우수선과 지붕각이 1층층고 3.96(2안)보다 쪼께 더 양호한 것 같아서 선택했답니다. 무슨 소리고! 1층층고가 3.96안이 더 좋구만 하는 친구는 그렇게 하셔도 무방하답니다. 객관적으로 보면 1층 층고가 3.96안이 더 좋거들랑요. 시간 나시는 분은 3.96안으로도 한번 풀어보십시오. 저도 시간 나면 한번 풀어볼 겁니다. 그건 그렇고, 혹시 층고를 한방에 푸신 분 계시나요? 푸셨다면 서서히 하산할 준비를 하셔야 겠네요~ㅎ~

어찌 되었건 층고는 일단 알아내었답니다. 문제는 이 건물폭인데? 이 건물폭 잡기가 탑류에서는 헷갈리게 되어 있답니다. 생각하기에 따라 천차만별이랍니다. 그렇다고 특별한 법칙이 있는 것도 아니랍니다. 한 가지 법칙은 있죠. 1.08이나 2.7의 배수가 되어야 한다는 법칙만 있죠. 폭의 한계는 없답니다. 즉, 무제한 급이랍니다. 15m로 하고 싶은 친구도 있을 수 있으며 무슨 소리고 30m는 되어야지 하는 친구도 있을 것이며, 욕심 무지 많은 놈(?)은 야! 그 좁은 데서 뭐하노? 100m(?)는 되어야지 하는 놈도 있을 겁니다. 어느 놈(?)의 말이 맞을 것 같나요? 그냥 대충 하자꼬요? 예, 정답입니다. 그냥 폭을 대충 잡으면 된답니다. 단, 탑높이와 폭의 비례만 어느 정도 고려만 하면 된답니다. 그럼, 제가 5층 석탑의 폭을 대충 잡아보겠습니다. 정면 3칸등간격으로 7층석탑의 칸폭(span)이 3.24였으니까 한 단계(1.08:가정임) 낮은 3.24-1.08=2.16으로 보겠습니다.

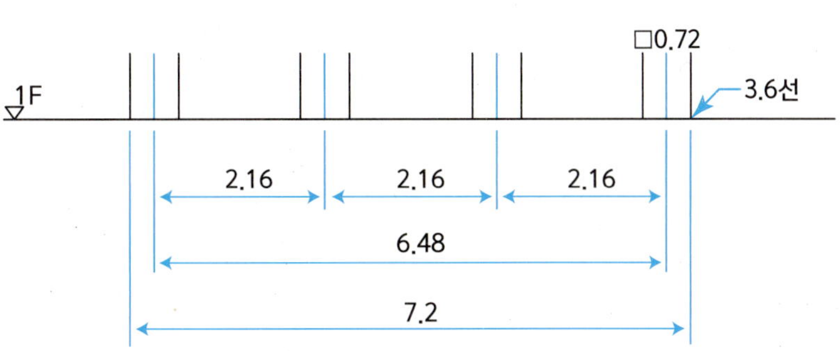

[그림 1087] 5층 석탑1층 폭의 최초안 칸폭 = 2.16

1층폭은 6.48이며, 1층외벽 외부 끝의 1층 몸통폭이 7.2m로 아주 그럴듯하게 잘 나오더랍니다. 그런데 아무리 쳐다보아도 너무 좁은 느낌이 들더랍니다. 그래서 대충 칸폭 간격을 0.18을 넓혀서 칸폭을 2.16+0.18=2.34로 해 보았답니다.

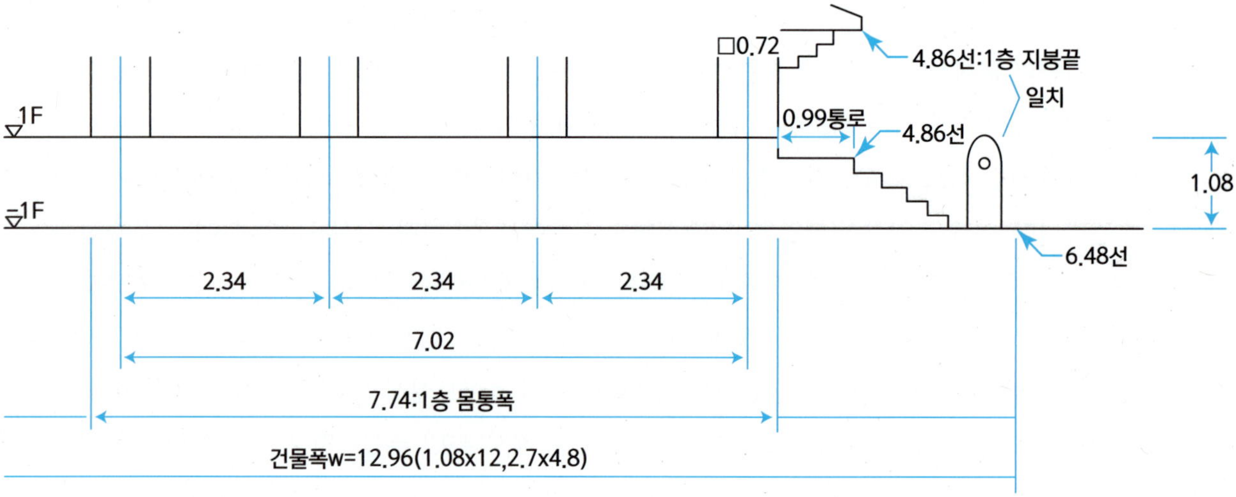

[그림 1088] 5층 석탑 1층폭 개념: 칸폭 = 2.34

1층 몸통폭이 약간 늘어났으며 건물 전체가 조금 더 짜임새가 있는 것 같네요. 그냥 제 느낌인가? 탑폭을 12.96으로 가정해 보면 1층지붕끝선과 외부계단 상부끝선이 4.86선으로 같답니다. 묘한 것은 미륵사 7층탑도 1층지붕끝선과 외부계단 상부끝선이 같답니다. 보실까요.

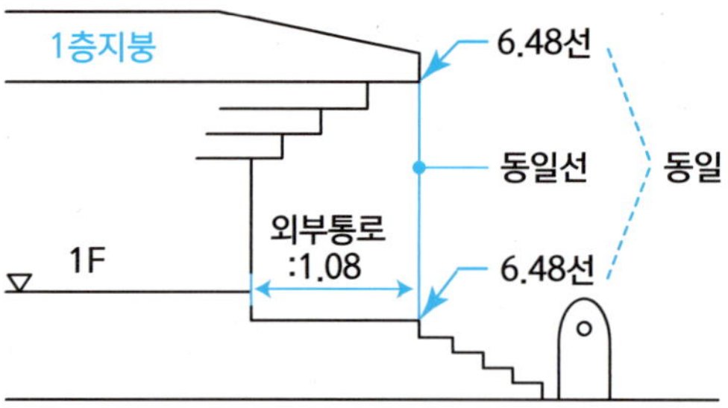

[그림 1089] 미륵사탑 1층지붕끝선과 외부계단 상부끝선 : 일치

이 1층지붕끝선과 외부계단끝선이 일치하는 걸 보고 5층대형석탑의 1층 칸폭을 2.34로 하기로 했답니다. 혹시 불만이 있으신 분 계시나요? 하고싶은 대로 하셔도 아무도 말리지 않으실 겁니다. 재미있는 것은 미륵사탑의 1층지붕끝선 6.48이라는 숫자와 5층석탑의 지붕끝선 4.86이라는 숫자는 묘하게도 4, 6, 8이라는 숫자의 조합이랍니다. 순서만 바꾸면 되거들랑요. 이 4, 6, 8이라는 숫자가 재미있답니다. 2, 3, 4와도 관련이 있겠죠. 2배로 하면 4, 6, 8이 되거들랑요.

그럼 2, 3, 4와 4, 6, 8이라는 숫자가 어디서 왔을까요? 땅에서 솟아 올랐을까요? 천만에 말씀! 바로 108(27x4)이라는 숫자에서 왔을 겁니다. 108x3=324, 108x6=648 계산이 맞나 모르겠네요. 아마 경험상 맞을 듯? 이 숫자에 너무 현혹되시면 안됩니데이? 어떨 때는 이 숫자에 쏙 빠져서 실컷 풀고 난 뒤 맞는구나라고 생각했는데 시간이 지나고 보면 엉터리일 때가 아주 많답니다. 그냥 숫자는 말 그대로 숫자로만 인지해 주이소.

이젠 5층석탑의 탑높이와 탑폭을 알았으니 한번 보셔야죠.

Notice 별책도면 No.43 **백제 5층대형석탑 개념도 : 1층 층고 = 3.78기준**

보시면 지붕각이 ⊿3.75가 된답니다. 칸폭이 2.34일 경우랍니다. 만약 칸폭이 2.16시에는 지붕각이 ⊿5가 나온답니다. 이걸 보시면 높이가 일정할 경우에 건물폭이 넓을수록 지붕각이 줄어들며, 당연히 건물폭이 좁을수록 지붕은 뾰족할 확률이 높아진답니다. 대형석탑이다 보니 아무래도 건물폭이 약간은 넓어질 확률이 높아진답니다. 제가 생각해 본 대형 5층석탑이 조금은 마음에 드셨나요? 유심히 보시면 높이에서 한 가지 심각한(?) 문제점이 있답니다. 인지하셨는지요? 눈이 밝으셔야 보일낀디? 백제탑류의 공통점이기도 하답니다. 바로 의자부 높이랍니다.

꼭다리를 7층석탑과 비교해 보실까요.

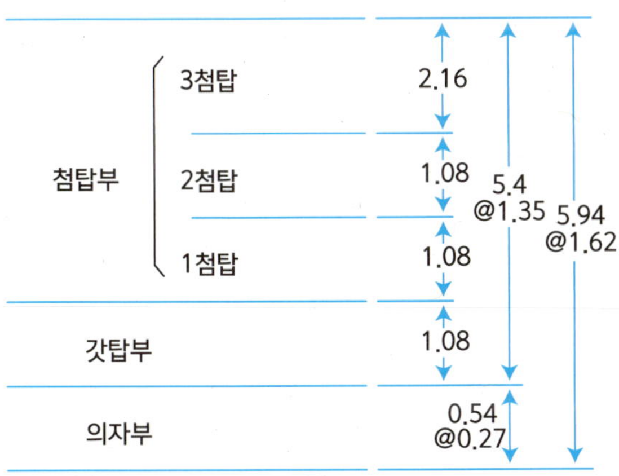

[그림 1090] 미륵사 7층탑 꼭다리

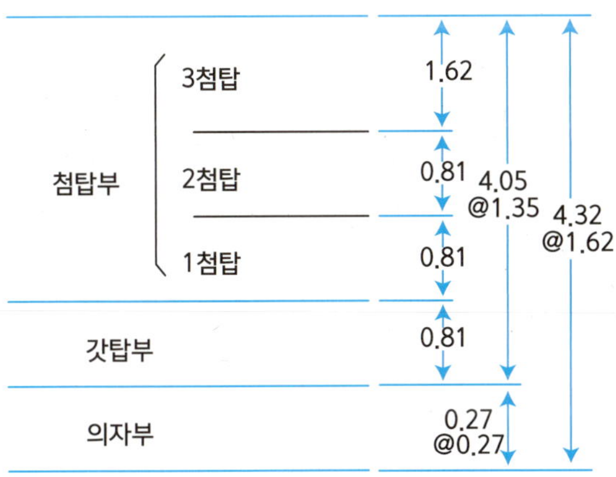

[그림 1091] 00사 5층대형석탑 꼭다리

사실 석탑류의 꼭다리는 의자부를 제외하고는 전체를 첨탑부로 볼 수도 있답니다. 특히, 백제탑류는 갓탑의 의미가 거의 없다고 보시면 된답니다. 위를 보시면 총꼭다리높이 증감계수는 @1.62이며 특히, 의자부높이 증감계수가 @0.27이랍니다. 미륵사탑은 의자부높이가 0.54가 되어 어느 정도 형태를 갖출 수가 있는데, 이 5층대형석탑의 의자부높이는 27cm밖에 되지가 않아서 형태를 잡기가 너무 어려우며 더 큰 문제는 의자높이가 낮으니 의자폭도 자연스럽게 좁아질 수가 있답니다. 의자부가 너무 작아서 성립자체가 될지도 의문이긴 하지만, 높이는 27cm그대로 하고, 의자폭을 조절해서 보기좋게 맞추어야 될 것 같답니다. 모르죠, 키큰 3첨탑에서 의자부가 높이를 조금 빌려서 모양새를 갖추었는지? 하여튼 의자부만 잠깐 보실까요?

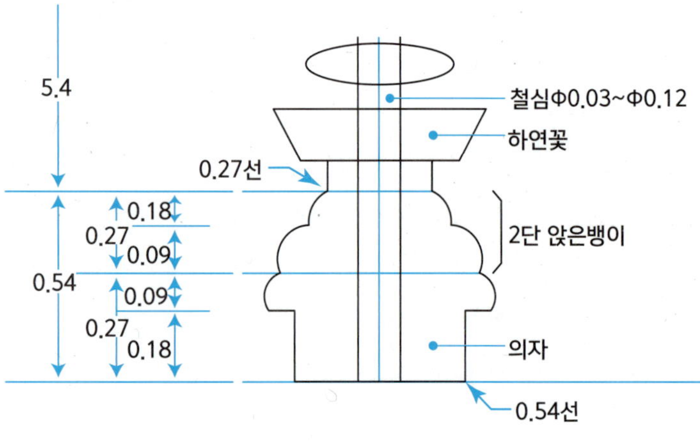

[그림 1092] 미륵사 7층석탑 의자부

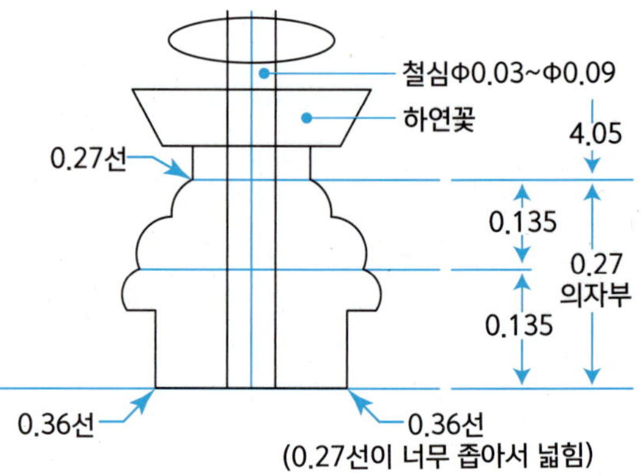

[그림 1093] 00사 5층석탑 의자부

미륵사 7층석탑의 의자폭이 1.08이므로 5층석탑 의자폭이 0.54가 맞을것 같으나 너무 좁은 느낌이 들어 0.72로 했답니다.

그리고 이 의자부높이의 증감계수 @0.27이 아주 재미있답니다. 만약 3층 대형석탑이 있다면 3층석탑의 의자부높이는 얼마일까요? 5층석탑의 의자부높이가 27cm이므로 3층석탑은 27-27=0이 나온답니다. 즉, 3층대형석탑이 존재한다면 의자부가 없는 묘한 석탑이 될 겁니다. 바로, 종교석탑의 상징인 앉은뱅이 자체가 흔적도 없이 사라진다는 말이 되겠죠. 그렇다면 3층·1층 대형석탑은 존재자체가 없을겁니다. 그리고 9층대형석탑은 지어졌을까요. 만약, 대형9층석탑이 지어졌다면 탑총높이가 27m일 겁니다. 저의 짧은 소견으로는 대형9층석탑은 지어지지 않았을 거라는 생각이 든답니다.

아마도 7층대형석탑을 짓는 것도 힘에 버거웠을 겁니다. 여러 가지를 종합해 보면 백제일반석탑은 기본적으로 5층석탑이랍니다. 이유는 다들 아실 겁니다. 바로 1·2층 비례공법을 적용하다 보니 3층석탑은 모양새가 영 그래서인지(비례기준) 5층석탑으로 지었을 겁니다. 그렇다면 목탑형인 대형석탑도 5층석탑부터 지었다고 볼 수가 있답니다. 그런데 앞에서 보셨듯이 5층석탑의자부는 조금 낮은 편이랍니다. 7층인 미륵사탑같은 경우도 약간 낮은 듯 하지마는 그런대로 양호한 편이랍니다. 정리를 해보면 백제대형석탑은 7층석탑이 가장 어울리며 5층석탑도 어느 정도 기본 모양새가 있으므로 어디에선지는 모르겠지만 지어졌을 수도 있답니다. 1·3층석탑은 아예 생각조차 할 필요도 없으며 9층대형석탑도 지어졌을 거라고 생각은 할 수도 있겠지만 시공문제 등 여러 가지 문제로 지어졌을 확률은 별로 없어 보인답니다. 어쩌면 미륵사 7층탑만 지어졌을 수도 있답니다. 제가 어느 사찰에서 지어졌었는지는 모르지만 목탑형 대형5층석탑에 대해서 확실한 근거는 없지마는 나름대로 한번 생각해 봤답니다. 제가 한 것은 어떤 불확실한 것이 있을 시 이런 방법으로 접근하는 것이 좋지 않을까 저 나름대로 생각해 본 것이랍니다. 더 좋은 방법이 있으면 당연히 그 방법을 택하셔야겠죠.

제가 아무런 실측 근거도 없이 오로지 H=14.3과 기단폭 12.5라는 숫자 두 가지만으로 이 훌륭한 미륵사탑을 풀어보았답니다. 그나마 다행인 것은 비교적 형태가 많이 살아있어서 많은 참고가 되었답니다. 실측치수가 있으면 언제든지 고치게 될 겁니다. 물론 정림사탑도 당연히 참조했을 겁니다. 미륵사탑은 기본 법칙을 아주 잘 따른 훌륭한 전형적인 백제목탑형 대형석탑이랍니다. 오랜 풍파로 어느 정도의 파손은 있었을지언정 보존상태도 비교적 양호하답니다. 제가 이 미륵사탑이 마음에 쏙 들어서 시간 쪼께 투자했답니다. 기존 형체가 있는 석탑에 자그만치 한 달 이상의 시간을 투자했답니다. 석탑에 이렇게 많은 시간을 투입했다는 것은 미륵사탑이 아주 훌륭한 건축물이라는 걸 의미하기도 하지만 더 중요한 것은 이 미륵사탑을 근거로 백제사찰목탑(아마도 미륵사지 동·서석탑 사이에 있는 목탑일 것 같음)을 풀기 위한 심오한 포석을 깔기 위해서일 겁니다.

저는 이 미륵사탑을 순수이론안에 더 중점을 두고 생각해 본 것이랍니다. 당연히 현재 모습과는 쪼께 다르게 느껴질 수도 있을 겁니다. 분황사탑과 비교해 보시면 목탑형 대형석탑은 맞는데 분황사탑은 돌판으로 만들었고 이 미륵사탑은 좀 큼직한 돌로 만들었답니다. 그런데 이 미륵사탑도 자세히 보시면 상부로 갈수록 비록 돌판까지는 아닐지라도 약간은 석판류 냄새가 쪼께는 풍긴답니다. 20년의 고증을 거쳐서 복원된 현재의 미륵사탑과 한번 비교해 보십시오.

항상 비교검토를 해 보는 것은 옳고 그름을 떠나서 아주 중요하답니다. 이 장엄한 미륵사탑을 오래도록 잘 보존하셔야겠죠.

Stone Pagoda at Mireuksa Temple Site, Iksan

익산 미륵사지 석탑
(益山 彌勒寺址 石塔)

백제 최대의 사찰이었던 익산 미륵사는 무왕(武王, 600-641) 대에 창건된 것으로 알려져 있다. 미륵사는 전형적인 1탑1금당의 백제식 가람배치와 달리 세 개의 탑과 금당 등으로 구성된 3탑3금당의 독특한 배치형식이다. 이 미륵사지 석탑은 세 개의 탑 중 서쪽에 위치한 탑이다.
우리나라 석탑 중 가장 규모가 크고 창건시기가 명확하게 밝혀진 석탑 중 가장 이른 시기에 건립된 것이다. 원래는 9층으로 추정되고 있으나 반파된 상태로 6층 일부까지만 남아있었다. 창건당시의 정확한 원형은 알 수 없으며, 17~18세기 이전 1층 둘레에 석축이 보강되고 1915년 일본인들이 무너진 부분에 콘크리트를 덧씌운 상태로 전해졌다. 고대건축의 실제 사례로써 역사적 가치가 매우 높아 우리나라 불탑건축 연구에서 대단히 중요한 문화재이다.(자료출처 : 문화재청)

❶ 서측면(1910년) ❷ 남동측면 ❸ 1층 십자통로 내부 ❹ 야경

2. 정림사지 5층석탑(부여 정림사지 오층석탑)

부여에 있는 이 정림사 5층석탑은 오로지 탑높이가 8.33이라는 한 가지의 근거만 가지고 각종 사진을 자질해서 제 나름대로 한번 풀어봤답니다. 아마 실측치수가 있으면 차이가 제법 날 수가 있답니다. 차이가 쬐께 나야 할낀데? 마이나면 ~부끄부끄~

이 정림사탑은 일반석탑형 석탑이랍니다. 제가 석탑형석탑을 풀다 보니 3층석탑이든 5층석탑이든 처마각이 기본적으로 Δ6에 가깝더랍니다. 묘하게도 정림사탑은 Δ6이랍니다. 기본Module은 1.08로 했으며, 석탑형석탑은 공통수라는 것이 특별히 존재하지는 않으나 간단히 R=0.18로 생각했답니다. Δ6x3=0.18이 더 정확하네요? 그리고 보조단높이를 R=0.18의 반인 9cm로 했답니다. 즉, 모든 층고는 반드시 9cm의 배수가 됨을 의미한답니다. 단높이 개념이라기보다는 차라리 9의 배수라고 생각하시면 편하실 겁니다. 정림사탑이 전형적인 백제석탑이므로 2층층고는 당연히 1층층고의 반이라고 생각했었었는데, 신라일반석탑이 1·2·3층 층고비례공법을 잘 따르지 않듯 이 백제석탑도 1·2층 비례공법을 잘 따르지를 않네요. 이 기회에 혼줄을 좀 내줄까요. 그러고 지하층은 6R(6x0.18=1.08)로 할 것이며 당연히 낮긴 낮지만 지하층으로 인정하겠습니다. 정림사탑이 특이한 것은 1층은 완전히 석탑 느낌이 나는데, 2~5층은 몸통높이가 너무 낮아서 그런지는 모르겠으나 돌판까지는 아닐지라도 낮은 돌을 쌓아 놓은 듯한 조적식탑같은 느낌이 강하게 든답니다. 미륵사탑도 약간 그런 느낌이 든답니다. 지붕판을 너무 중시해서 그런 건가요? 왕궁리탑도 몸통높이가 낮은 것은 같답니다. 2층 이상의 몸통높이가 낮은 특징이 백제석탑의 특징인가 봅니다. 지붕귀 형태도 미륵사탑과 동일하게 강한 인상의 창날지붕 형태랍니다. 전에도 말씀드렸듯이 미륵사탑과 정림사탑은 동일인의 설계로 추정된답니다. 건축사사무소가 같은건가?

먼저 몸통부의 각 층고를 이론치수와 실적용치수로 비교해 봅시다.

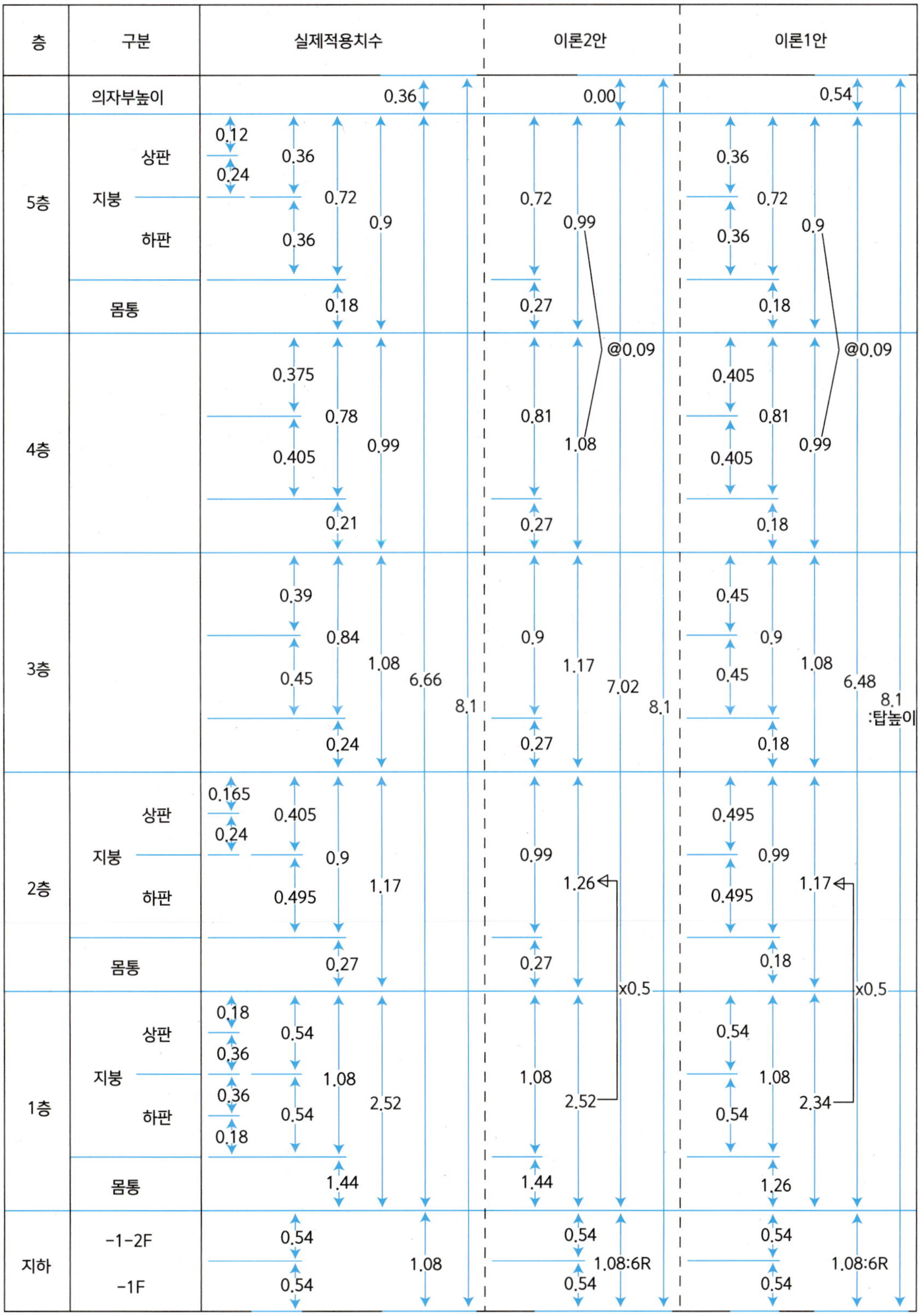

[그림 1094] 정림사탑 이론치수와 적용치수 비교표

순수이론은 제가 임의로 설정해 본 것이랍니다. 물론 1·2층 층고비례공법 기준일 겁니다. 위 표를 보시면 순수이론은 2가지 경우의 수가 발생될 수 있답니다. 첫째는 1층층고를 2.34로 하고 2층층고를 그 반인 1.17로 하는 안이며, 둘째는 1층층고를 2.52로 하고 2층층고를 그 반인 1.26으로 하는 안이랍니다. 첫째안인 1층층고를 2.34로 하면 의자부높이가 54cm가 나오며, 둘째 안인 1층층고를 2.52로 하면 아예 의자부높이가 0cm가 나온답니다. 아주 묘하죠. 재미있는 것은 1층층고 2.34를 적용하면 2~5층층고가 실제적용층고가 되며 1층층고 2.52를 적용하면 2~5층층고에서 각각 9cm를 떼어서 의자부에 36cm(9cm x4개층)를 주면 의자부높이가 살아난답니다. 의자부높이가 36cm가 적당하다면 1층층고 2.34일 경우에는 의자부높이가 54cm이니 의자부높이를 18cm 떼어서 1층층고에 주면 1층층고 2.34도 층고가 2.52가 된답니다. 두 안 다 묘하게도 2층층고가 1층층고의 반이 안된답니다. 이게 석탑층고의 묘미랍니다? 그렇다면, 순수이론 두 안 중 어느 것이 더 맞을 것 같으시나요? 동으로 가나 서로 가나 결과는 똑같이 나온 답니다. 이럴 경우는 어떻게 해야 하나요? 각자 알아서 판단하시면 되겠네요.

실제적용치수를 근거로 정림사탑 개념도를 보실까요.

Notice 별책도면 No.44 **정림사탑 개념도**

참 멋있는 석탑이랍니다. 각층 층고는 탑높이(H=8.1)에서 이론치수를 근거로 역분석법으로 풀어본 것이랍니다. 정림사탑 개념도를 보시면 지붕판두께에서 상·하판의 두께가 똑같지가 않을 겁니다. 기본적으로 지붕 상·하판 두께를 같게 할려고 했었는데 그게 참 마음대로 안되더랍니다.

이론지붕판두께와 실제적용지붕판두께를 비교해 보실까요.

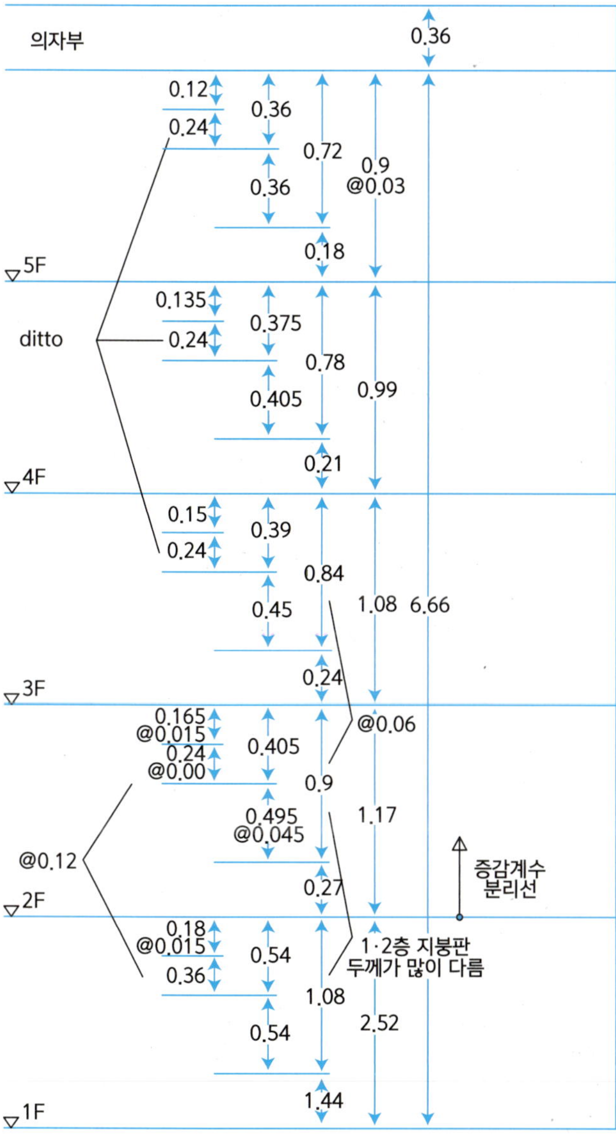

[그림 1095] 실제적용 지붕 상·하판 두께

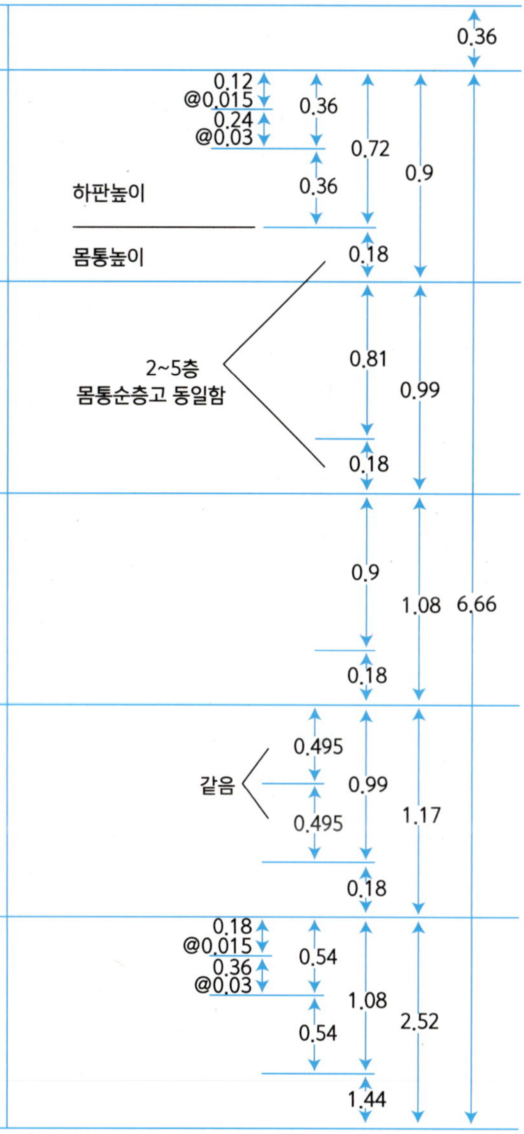

[그림 1096] 이론지붕판 상·하판 두께

이 이론지붕판 상·하판 동일 두께안은 아주 이상적이랍니다. 그런데, 왜 이 이상적인 안을 채택하지 않고 상·하판 두께(2~4층)를 달리했을까요? 이 이론지붕판을 유심히 보시면 2~5층의 몸통순층고가 18cm로 똑같답니다. 같은 것이 무슨 이상이 있냐구요? 아니! 아주 이상적이랍니다. 그런데 무엇에 문제가 있을까요? 바로 현재의 정림사탑을 유심히 보시면 2층 몸통순층고가 제일 높고 윗층으로 갈수록 몸통순층고가 낮아지는 것 같답니다. 최소한 제 눈에는 그렇게 보인답니다. 수백 번을 쳐다봤는데도 5층의 몸통 순층고가 제일 낮아 보이더랍니다. 혹시? 제 눈에 문제가? 그래서,

5층 몸통순층고를 최소높이인 18cm로 하고 아래층으로 3cm씩 2층까지 늘리다 보니 2~4층의 지붕 상·하판 두께가 달라진답니다. 그래도 5층 지붕판은 묘하게도 같네요? 실제적용지붕판은 2~5층이 동일 법칙을 따르며 1·2층이 쪼께 다를 겁니다. 무슨 소리고! 각 층의 지붕 상·하판 두께가 다 같아야지 하시는 분은 이론대로 하셔도 된답니다. 선택의 문제랍니다. 지하층을 잠깐 보실까요. 근데 이 지하층은 볼 때마다 모양새가 뭔지 모르게 2% 부족한 듯 보인답니다. 한 마디로 쪼께 촌스러워 보인다고 해야할까. 이 지하층이 좀 특이한 것은 지하층이 2개층(?)인 것도 같답니다. 지하층으로 보기도 쪼께 애매한데 왠 2개층? 이 약간 촌스러워 보이는(?) 듯한 지하층을 제가 쪼께 더 이쁘게는 꾸며(?) 봤는데 그리 스마트한 멋은 나지 않는 것 같네요.

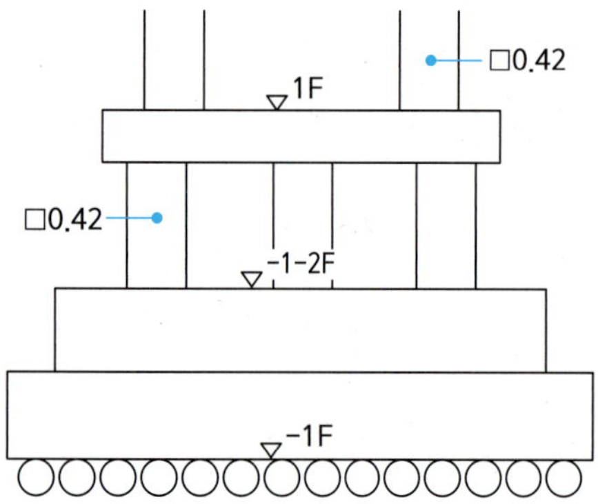

[그림 1097] 현재의 정림사탑 지하층: 조금 어눌?

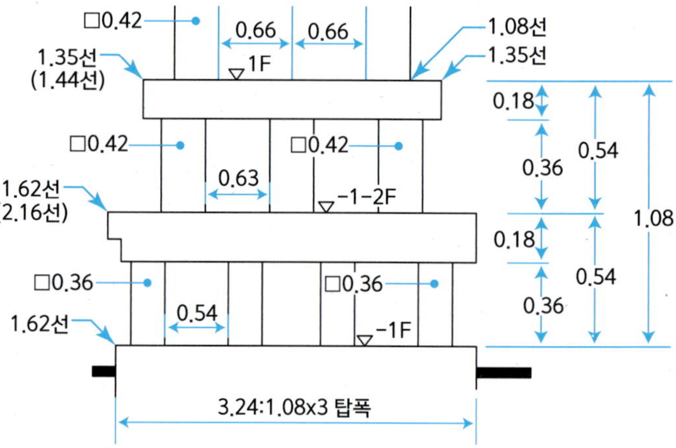

[그림 1098] 약간 더 멋스러운(?) 정림사탑 지하층
( ) : 1층 지붕폭보다 탑폭이 넓을시

제가 개인적인 생각으로 지하층을 더 이쁘게 꾸밀려고 하긴 했는데, 더 촌스러워진게 아닌지 쪼께 걱정도 되네요? 더 못난이가 아니면 행운이랍니다. 지하층 폭 추정이 쪼께 애매하기는 하나 3.24=1.08x3=2.7x1.2로 가정해 봤답니다. 반드시 탑폭과 탑높이 등 주요 치수는 1.08의 배수가 되어야 한다는 철칙(?) 때문이겠죠. 1층을 보셔야죠.

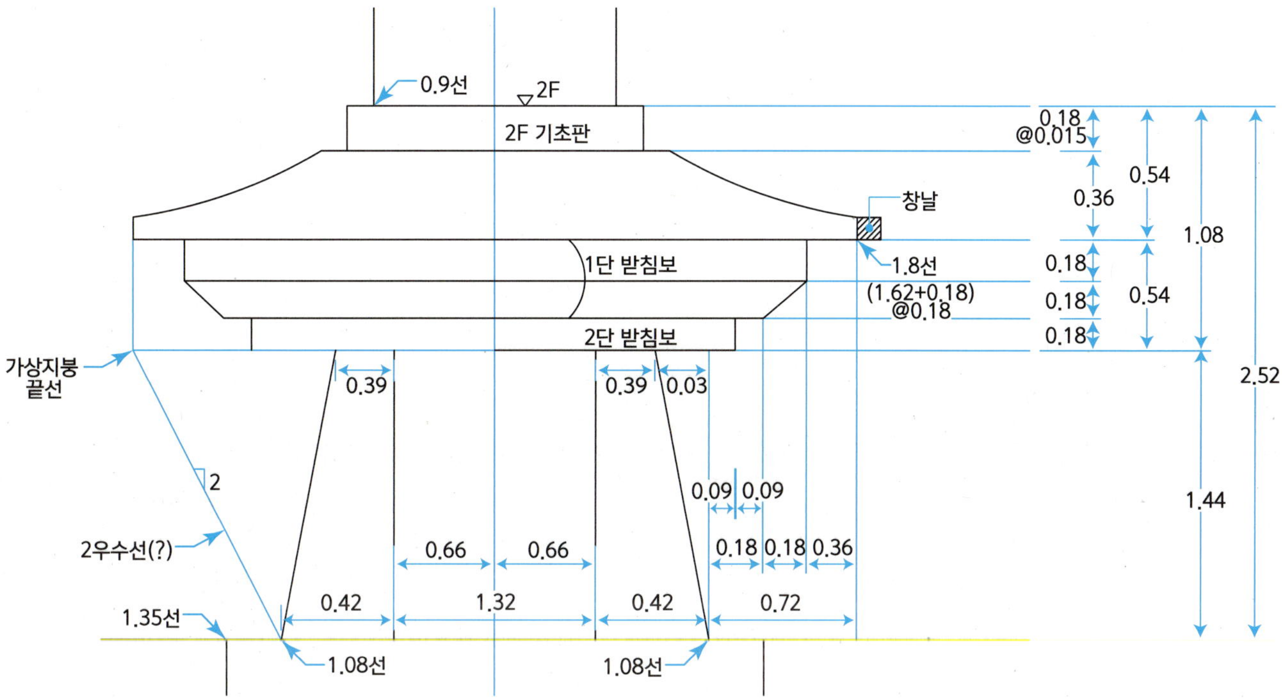

[그림 1099] 정림사탑 1층 개념도

실측치수를 알 수가 없어서 모든 치수들은 제가 임의로 넣었답니다. 이 정도가 적당하지 않을까하는 순수이론 개념이므로 참조만 하십시오. 기둥부터 보실까요. 기둥 상부가 안쪽으로 약간 줄어드는 것 같네요. 3~6cm정도 줄어드는 것 같은데 그냥 3cm쯤 줄어드는 걸로 보겠습니다. 이 정림사탑을 따라서 미륵사탑도 1층 기둥상부를 내부로 들일 예정이랍니다. 지붕하판을 보시면 2단 받침보로 되어 있답니다. 미륵사탑은 3단 받침보인데 형식이 조금 다르게 되어 있답니다. 그래도 1단받침보 춤이 2단 두께를 갖고 있으므로 3단보 개념으로 보셔도 무방하답니다. 제가 왜 2단 보 처리를 했는지를 곰곰이 생각해 보았는데 이런 게 아닐까하고 생각해 봤답니다. 그냥 재미(?)삼아 보세요. 첫째는 아마도 받침보 두께(1층 18cm, … 5층 12cm)가 너무 얇은 느낌이 들어서 1·2 받침보를 묶은 것 같아 보인답니다. 물론 석판 두께까지는 아니더라도 5층같은 경우는 12cm밖에 안되니 약간은 불안하게도 보인답니다.

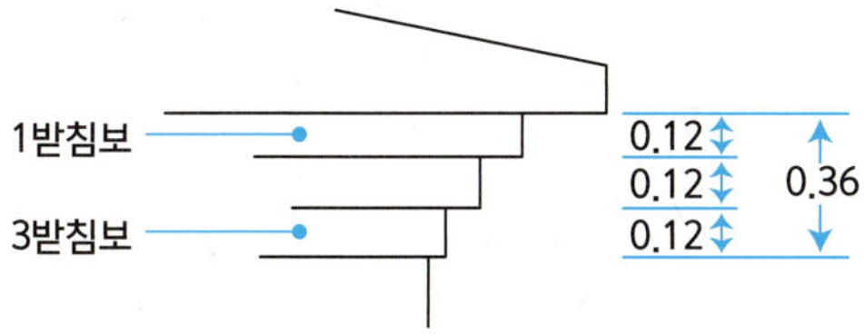

[그림 1100] 5층 지붕 받침보-3단 받침보시

두 번째는 지붕판날개가 너무 짧답니다. 짧다보니 지붕날개 여유폭은 두어야하므로 묘하게도 받침폭도 자연 줄어들게 될 겁니다.

그리되면 받침보간폭과 받침보춤 비례가 잘 맞아 떨어지지가 않게 될 수도 있답니다. 보실까요. 1층지붕기준이랍니다. 보시듯이 받침보간폭이 12cm이고, 받침보춤이 18cm로 받침보간폭보다 받침보춤이 더 높으니 투박스럽기도 하고 약간은 답답한 느낌마저 드네요.

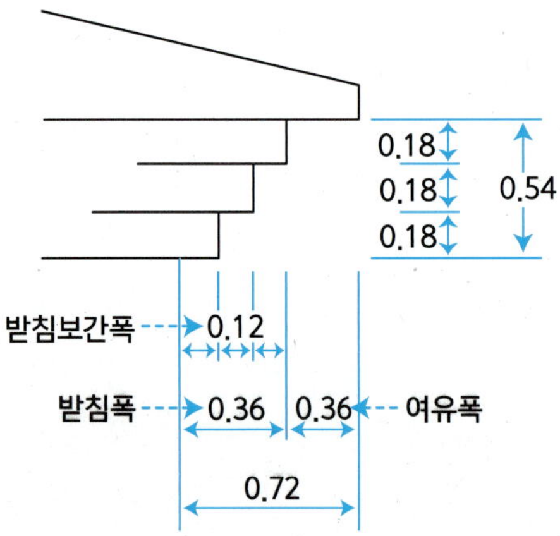

[그림 1101] 받침보간폭 < 받침보춤

일반적으로 받침보춤보다 받침보간폭이 넓으면 조금더 탁트인 느낌이 들면서 시원하게 느껴지실겁니다. 위 두 가지를 고려해서 원래 2개의 1·2단 받침보를 하나로 묶은 것 같답니다. 두 받침보를 묶고 보니 그래도 모양새가 좀 투박스러워 보이네요. 어떤 기사분이었는지는 모르겠으나 땀 좀 흘렸겠네요?

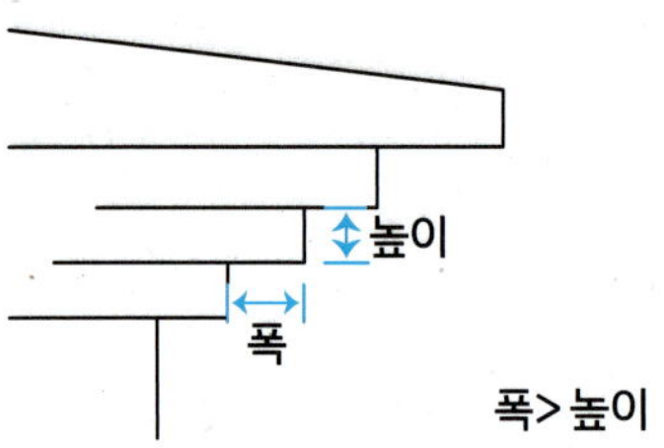

[그림 1102] 받침보간폭 > 받침보춤

그래서 아마 귀접이를 아주 강하게 한 것 같네요.

그래서인지 약간 멋스러워 보이네요. 하! 제가 한바탕 꿈을 꾸어 보았네요. 별로 재미없죠?

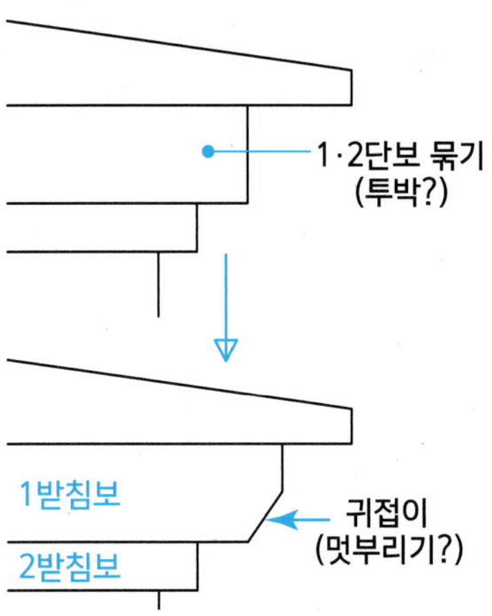

[그림 1103] 1·2단 묶음이 투박스러워(?)
귀접이를 한 것 같음

지붕날개 여유폭치수가 애매하긴 하나 눈대중으로 0.36으로 임의로 넣어 보았답니다. 물론 지붕날개 귀 끝은 강렬한 창날 모양인 창날지붕 형태로 되어 있답니다. 지붕상판은 상층부받침판 개념의 기초판과 일반경사지붕판으로 되어 있네요. 특이한 것은 외벽이 한판이 아니고 두 개의 판으로 되어 있답니다. 5층과 꼭다리는 같이 봅시다.

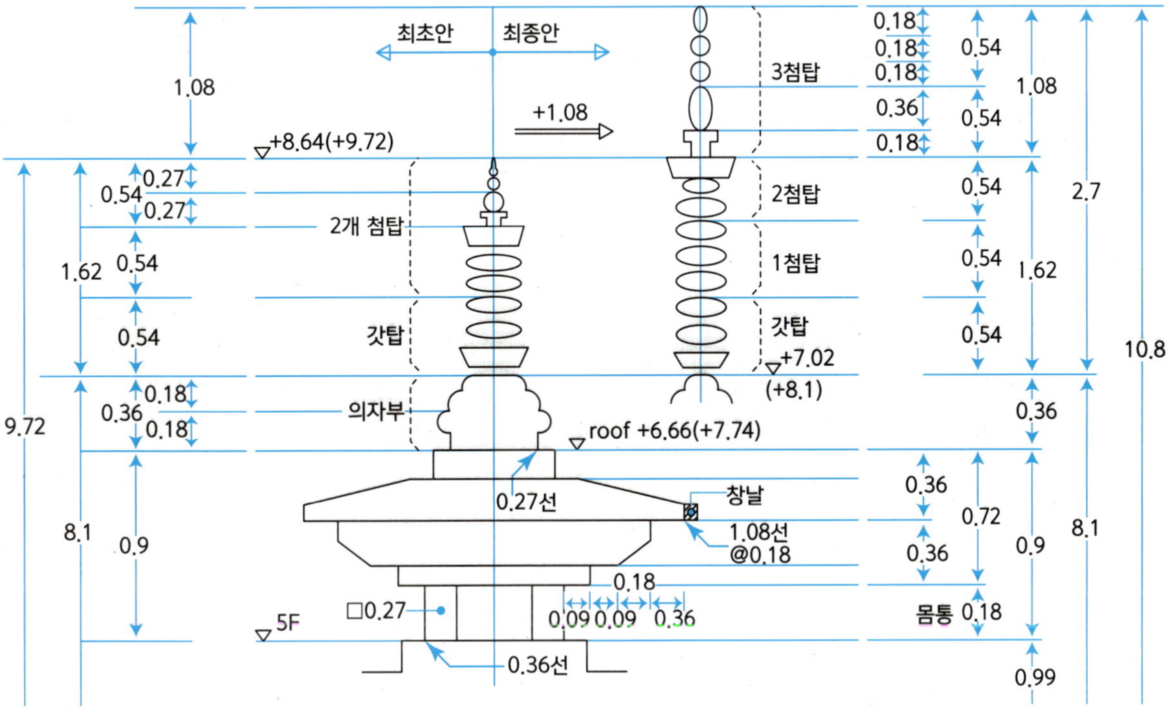

[그림 1104] 5층과 꼭다리 개념도

5층을 그려보긴 보았는데 탑몸통이 너무 가늘어 보이는 느낌이 쪼께 드네요. 바람에 안날려 가야 할텐데? 이제까지 버틴 걸로 봐서는 어떻든 안전구조인 모양입니다. 지붕날개폭을 1~5층 같게 0.72로 했답니다. 이 정림사탑의 꼭다리가 판단하기가 무지 애매하답니다.

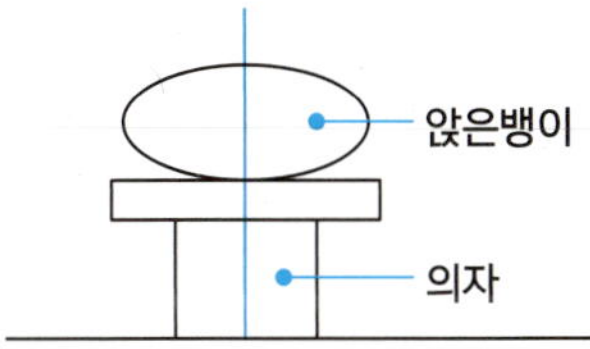

[그림 1105] 신라 석탑류

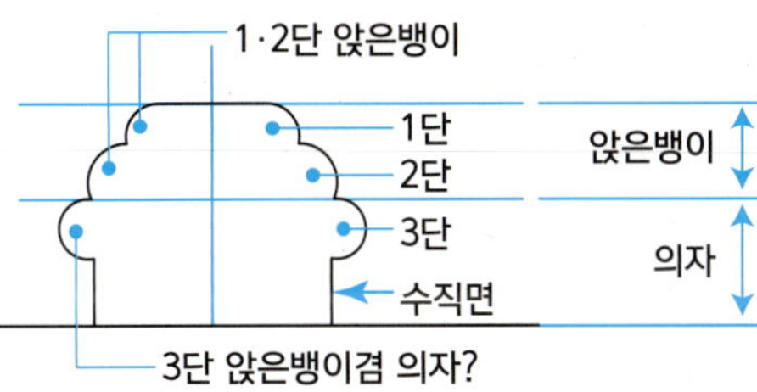

[그림 1106] 정림사탑 앉은뱅이와 의자(?)

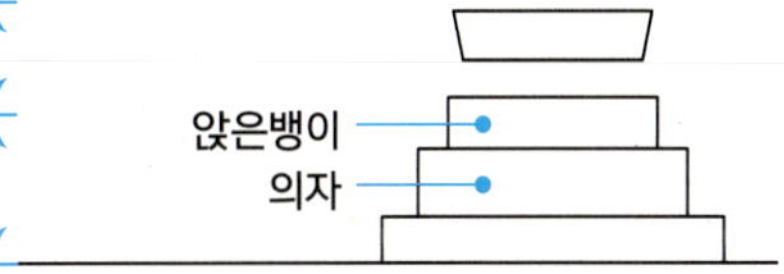

[그림 1107] 왕궁리탑 의자와 앉은뱅이

신라석탑류는 의자 위에 찐빵 같은지 두꺼운 호떡같은지는 헷갈리지만 어쨌든 동글방한 앉은뱅이가 의자 위에 앉아 있답니다. 그런데 정림사탑을 보시면 앉은뱅이는 앉은뱅이인 것도 같은데 호떡 같지도 않은 것이 3단 정도로 펑퍼져 있으며 또한 3단 밑에는 또 수직면도 있는 것 같답니다. 이 3단 포함 밑수직면을 의자로 볼 수는 있기도 하답니다. 정확한 사진이 없어서 하여튼 판단하기가 너무 어렵답니다. 또한, 같은 백제석탑류인 왕궁리 5층탑은 어눌한건지 잘못되었는지는 모르겠지만 어쨌든 의자 비스무리한 것이 있으며 찐빵류인지 납작빵류인지는 잘은 모르겠지만 앉은뱅이도 어쨌든 형태를 갖추고는 있답니다. 여기서 중요한 것은 정림사탑인데 의자가 아니든 의자로 봐줄건지 보다는 찐빵 모양새가 2단인지 3단인지는 모르겠으나 희한한 앉은뱅이가 있네요. 어쨌든 현정림사탑 위에 현존하니 일단은 앉은뱅이로 볼 수 밖에는 없답니다. 혹시 다른 대안이 있나요? 제가 이 정림사탑 앉은뱅이 형태에 대해 어마어마하게(?) 많은 생각을 해보았는데, 의자부 높이가 낮아서 정상적인 앉은뱅이 형태(두툼한 호떡모양)가 나오질 않아서(?), 호떡하판의 끝하부가 안으로 들어가는 부위를 반대방향인 우측으로 조금만 빼내어서 의자부 높이를 맞춘걸로 보이네요? 어떤 분이셨는지는 모르겠으나(?) 무지 고민을 많이 하셨던 듯? 어쨌든 해결은 하셨네요. 기발idea상을 드려야겠죠~ㅎ~

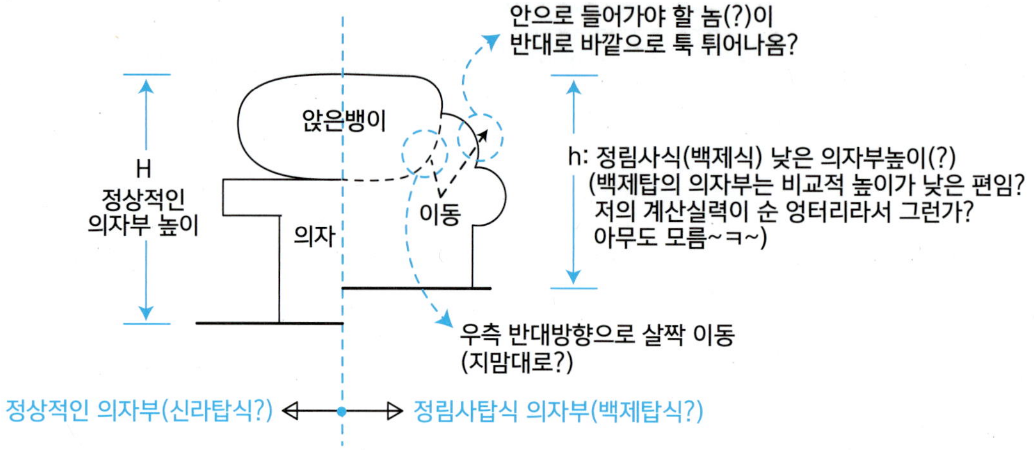

[그림 1108] 정림사탑 앉은뱅이 개념(?)

앉은뱅이 형태도 형태지만 탑높이도 무지 헷갈리게 되어 있답니다. 신라석탑류 등은 갓탑까지가 탑높이인데, 백제탑류는 갓탑까지의 높이도 되지만, 앉은뱅이높이까지가 더 숫자상 마음에 들게 되어 있답니다. 미륵사탑에서도 잠깐 말씀드렸지마는 이 정림사탑도 앉은뱅이까지 높이인 8.1(8.1=1.08x7.5, 8.1=2.7x3)을 탑높이로 일단 하겠습니다. 갓탑까지 높이인 8.64(1.08x8)도 무지 좋은 숫자이긴 하나 8.1(2.7x3)에 밀리네요. 그러고 탑총높이를 처음에는 2첨탑까지로 해서 9.72(1.08x9, 2.7x3.6)로 생각했으나 제 3첨탑이 있을 거라는 생각이 들고부터는 1.08(3첨탑 높이)이 더 높은 10.8m(1.08x10, 2.7x4)를 정림사탑 총높이로 하기로 했답니다. 3첨탑까지 하긴 했는데, 갓탑과 2개의 첨탑높이가 너무 낮아서 고민이 많답니다.

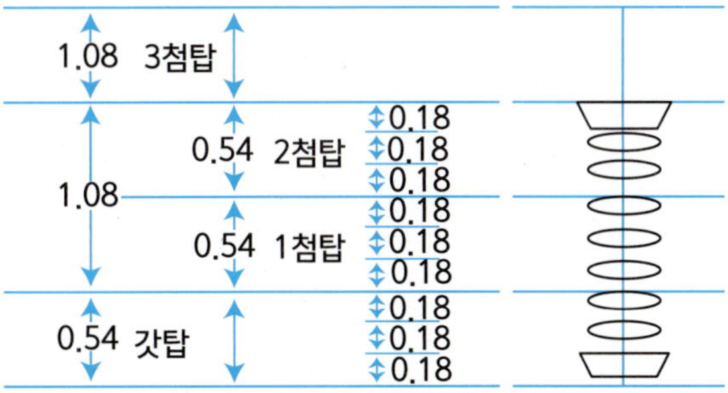

[그림 1109] 정림사 갓탑과 2첨탑까지 높이

위 그림에서 보시듯이 찐빵 1개가 들어가야 할 높이가 18cm밖에 안된답니다. 이 18cm 안에 어떻게 하면 찐빵을 끼워 넣을 수가 있을까요? 돌이 아니고 금속류이면 약간은 마음이 편한데 돌일 경우가 문제가 쪼께 있을 수가 있답니다.

어쩌면 정림사탑은 찐빵이 금속류일 수도 있답니다. 정림사탑같은 경우는 낮아서 문제가 되지마는 또 어떤 경우는 찐빵 들어갈 공간이 너무 높아서 고민이랍니다. 웃기죠. 이 세상이 마음대로 잘 되지가 않더랍니다? 바로 이 정림사탑의 탑높이이든 탑총높이이든 2배가 바로 미륵사 7층석탑이랍니다. 재미있죠. 아마 우연의 일치인 듯?

제가 탑높이가 8.33이라는 것만 갖고 정림사탑을 풀어봤답니다. 실제론 인터넷을 찾아보시면 실측치수가 척(尺)으로 나와 있는 것이 있답니다. 높이만 잠깐 보시면, 지하층이 3.5척, 1층이 7척, 2+5층=7.2척, 3+4층=7척으로 나와 있답니다. 다 더해보면 3.5+7+7.2+7=24.7척이 나올 겁니다.

24.7척x0.303(현재 1척길이) ≒ 7.5m가 될 겁니다. 오차가 너무 심하여 단순 참조만 하였답니다. 현재의 높이만 갖고 자질로만 풀었으니 어느 정도 맞을지는 알 수가 없답니다. 70~80%정도는 맞아야 될낀데? 너무 높게 책정했나? 정림사탑은 보존상태가 아주 양호하며 아주 뛰어난 전형적인 백제석탑형 석탑이네요.

Five-story Stone Pagoda at Jeongnimsa Temple Site, Buyeo

부여 정림사지 오층석탑
(扶餘 定林寺址 五層石塔)

부여 정림사터에 세워져 있는 석탑으로, 좁고 낮은 1단의 기단(基壇)위에 5층의 탑신(塔身)을 세운 모습이다. 신라와의 연합군으로 백제를 멸망시킨 당나라 장수 소정방이 '백제를 정벌한 기념탑'이라는 뜻의 글귀를 이 탑에 남겨놓아, 한때는 '평제탑'이라고 잘못 불리어지는 수모를 겪기도 하였다.기단은 각 면의 가운데와 모서리에 기둥돌을 끼워 놓았고, 탑신부의 각 층 몸돌에는 모서리마다 기둥을 세워놓았는데, 위아래가 좁고 가운데를 볼록하게 표현하는 목조건물의 배흘림기법을 이용하였다. 얇고 넓은 지붕돌은 처마의 네 귀퉁이에서 부드럽게 들려져 단아한 자태를 보여준다.좁고 얕은 1단의 기단과 배흘림기법의 기둥표현, 얇고 넓은 지붕돌의 형태 등은 목조건물의 형식을 충실히 이행하면서도 단순한 모방이 아닌 세련되고 창의적인 조형을 보여주며, 전체의 형태가 매우 장중하고 아름답다.(자료출처 : 문화재청)

❶ 기단부 ❷ 옥개석구성 ❸ 초층탑신 명문 ❹ 하대석 ❺ 좌측면

❺

3. 왕궁리 5층석탑(익산 왕궁리 오층석탑)

미륵사탑 보러 익산까지 오셨으니 왕궁리 5층석탑도 보고 가셔야죠. 반드시 보시고 가셔야 됩니데이. 왕궁리탑이 아주 미끈하게 잘 생겨서 호기심이 발동하여 탑높이 8.5m라는 높이만 갖고 2번 정도 풀어봤답니다. 그런데 어느 날 인터넷을 보다가 신기하게도 왕궁리탑 실측치수가 있는 것이 있더랍니다. 이게 왠 굴러온 떡이지. 물론 닉네임 자하미씨가 올린 것이랍니다. 그래서 실측치수를 근거로 한번 풀어보았답니다. 실측치수로 도면을 한 번만 그려보았는데, 높이 8.5m로만 알고 푼 것과 비교해 보니 H=8.5로만 푼 것이 완전히 엉터리더랍니다. 그만큼 실측치수가 중요하다는 걸 의미하겠죠. 높이만 거의 0.5m의 오차가 나더랍니다. 폭은 더 볼 것도 없을 겁니다. 이렇게 인간의 눈이 부정확하답니다. 나만 그렁가~?

이 왕궁리탑이 아주 재미있는 탑이랍니다. 같이 살짝 풀어보실까요.

지하층부터 보실까요. 높이는 6R(1.08)로 정림사탑과 같은데 묘하게도 1층 올라가는 계단이 1단이 있으며 외부통로도 있답니다. 지상에 올라오면 1·2층 비례공법을 쓰지는 않네요. 석탑은 이층고비례공법은 잘 사용하지 않나 봅니다. 지붕하판을 보시면 보는 보인데 3단보도 아닌 1단 보인 것 같아 보이며 이 보턱을 신라양식인 3잎 형태로 했답니다. 지붕날개 네 귀퉁이를 보시면 백제양식의 강한 창날지붕형태랍니다. 1·2층 중간에 있는 샛기둥은 왜 있는 것인지도 모르겠지만(혹시, 목탑의 칸을 표현. 3칸 등?)무슨 양식이라고 해야 할지도 알 수가 없네요.

독창양식? 그리고 꼭다리로 가 보실까요. 희한하게 생긴 넓덕한 얇은 의자판 위에 넓적한 앉은뱅이를 앉혀 놓았네요. 최신형 의자와 최신형 앉은뱅이랍니다. 1첨탑으로 할 건지 2첨탑으로 할 것인지도 쪼께 헷갈리게 되어 있답니다. 제가 얘기한 걸 종합해 보시면 어떤 생각이 떠 오르실 겁니다. 바로 이 왕궁리탑은 기본개념은 백제양식인데 신라양식이 살짝 가미된 두 문화의 융합방식 석탑이랍니다. 융합석탑이라 아주 멋지게 생겼답니다. 제가 말씀드린 것을 생각하시면서 몸통부의 각층 층고를 순수이론과 실제적용치수와 실측치수로 서로 비교해 봅시다.

		실측치수에 제일 가까운 층고		실측치수		실제적용치수		순수이론	
의자부		0.3				0.36		0.00	
5층	지붕	0.75	1.14	0.78	1.16	0.78	1.08	0.78	1.08
	몸통	0.39		0.38		0.3		0.3	@0.09
4층	지붕	0.78	1.2	0.82	1.22	0.81	1.17	0.81	1.17
	몸통	0.42		0.4		0.36		0.36	
3층	지붕	0.81	1.26	0.83	1.25	0.84	1.26	0.84	1.26
	몸통	0.45		0.42		0.42		0.42	
2층	지붕	0.84	1.32	0.85	1.32	0.87	1.35	0.87	1.35
	몸통	0.48		0.47		0.48		0.48	
1층	지붕판	0.87	2.34	0.85	2.33	0.9	2.34	0.9	2.7
	몸통	1.47		1.48		1.44 ← −0.36		1.8	
지층		1.26 애매		(1.27) 애매		1.08 6R		1.08	
		7.26				7.2		7.56	

[그림 1110] 왕궁리탑의 이론치수와 적용치수

층고 치수가 참 많죠. 사실은 무궁무진할 수도 있답니다. 실제적용치수는 순수이론층고 중에서 1층만 0.36을 줄인 거랍니다. 이 36cm를 의자부에 줄 겁니다. 왕궁리탑은 1층 아지아가 마음씨가 좋으신 분? 그리고 이 실제적용치수는 2~5층 층고를 @0.09로 한 것이랍니다. 그런데 이 실제적용치수는 실측치수와는 제법 차이가 날 겁니다. 실제로 제일 처음에는 실측치수에 제일 가까운 층고를 선택했는데 2~5층 층고증감계수가 @0.06이 나오더랍니다. 그러다 보니 층고 숫자합이 9가 나오질 않더랍니다. 층고 숫자합이 9가 아니다? 이건 생각을 좀 해볼 일이랍니다. 그래서 길고 긴 장고(?) 끝에 비록 실측치수와는 어느 정도의 오차는 있을지언정 모든 층고의 숫자합이 9가 되는 실제적용치수를 선택하게 되었답니다. 왜 실측치수에 근접시키지 않냐고는 묻지말아 주이소. 사실은 제가 더 헷갈리거들랑요. 저는 다만 실측치수에 근접시키면서 어떤 법칙을 따르는 것 뿐이랍니다. 실제적용치수를 근거로 왕궁리탑의 개념도를 한번 볼까요.

Notice 별책도면 No.45 왕궁리 5층석탑 개념도

탑폭은 4.32(1.08x4)이며 탑높이가 쪼께 애매하기는 하나 백제양식으로 앉은뱅이높이까지인 +8.64로 하겠습니다. 탑폭 4.32x2=탑높이 8.64가 되네요. 석가탑 규모와 동일하답니다. 탑높이를 갓탑까지의 높이인 +9.72까지 하셔도 무방합니다. 조금은 어눌하긴 하지만 정식의자가 있기 때문이겠죠. 탑총높이도 여러 가지로 생각을 해볼 수는 있지만 +10.8m가 제일 적당한 것 같답니다. 탑높이(8.64)가 묘하게도 2.7의 정배수가 아니랍니다? 1층을 잠깐만 보실까요. 아주 재미있는 것이 있어서 보셔야 할 듯!

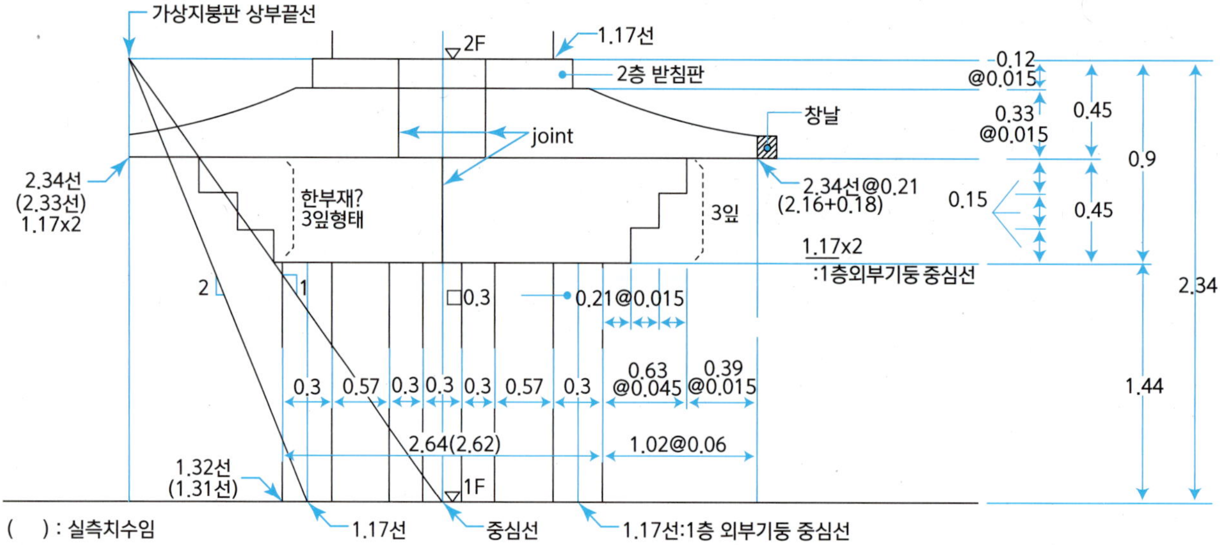

[그림 1111] 왕궁리탑 1층개념도

세부치수(잔치수)는 대충 눈대중으로 넣은 것이랍니다. 2F 기초받침판두께를 12cm로 했답니다. 처음에는 15cm로 했는데 아무리 봐도 너무 두꺼운 것 같아 12cm로 했답니다. 이 12cm가 맞냐고 따지면 대답은 전혀 모르겠습니다일 겁니다. 대충 넘어가 주이소. 백제석탑류를 풀다 보면 백제지역의 1자길이는 정확하지는 않지만 30cm보다 약간은 적을 것 같다는 느낌이 가끔씩 든답니다. 신라 1자길이는 30cm보다 1~3mm가 더 큰 것 같은데 알 수가 없네요. 아마 두 지역의 1자길이는 조금은 다른 것 같기도 하답니다. 아니, 지역마다 다 다를 겁니다. 더 나아가 건축기사마다 당연히 다 다를 겁니다? 또한, 시대에 따라서도 다 다를 겁니다. 그러니 1자길이가 얼마일꼬? 고민하실 필요까진 없겠죠. 1층을 유심히 보시면 1층 외부기둥중심선인 1.17선을 2배로 하면 1층 지붕끝선인 2.34선(1.17선x2배)이 나온답니다. 어디선가에서 많이 본 듯한 느낌이 안드시나요? 가물가물? 예! 바로 신라석탑의 외벽기둥중심선과 1층 지붕끝선의 법칙과 동일하답니다. 재미있죠. 또, 우수선으로 보아야 할지는 조금 헷갈리기는 하지마는 2.34선과 2층바닥이 만나는 교차점에서 1층 바닥중심선으로는 ⊿1 즉, 1우수선이 있으며, 외부기둥중심선을 연결하면 ⊿2 즉, 2우수선이 나온답니다. 바로 1·2우수선이 동시에 나오죠. 지붕하판을 보시면 3개의 받침보가 한 개의 부재인지 3개의 별도 받침보인지는 모르겠으나 외관상 3개의 이파리로 구성이 되어 있는 것 같기도 하답니다. 즉, 지붕하판을 3개의 받침보로 볼 수도 있지만 3개의 이파리 개념으로 볼 수도 있답니다. 지붕끝선 법칙과 우수선·이파리 개념을 보시면 꼭 신라석탑 느낌이 물씬 풍긴답니다. 아잉가? 왕궁리탑에서 제일 판단하기가 어려운 것이 바로 각층 지붕판 두께랍니다. 1층 지붕판두께와 나머지 지붕판두께가 차이가 어느 정도는 있어야 각 지붕판의 증감계수가 부위별로 나타날 수가 있는데 1~5층 지붕판두께가 실측치수 기준으로 7cm정도 밖에 나질 않는답니다. 그렇다면 각 지붕판두께의 증감계수는 약 @0.015가 맞으나 변화치수 발생부위가 1개소 뿐이라 @0.03(3cm)으로 하기로 했답니다. 그럼 2개소에서 증감계수가 발생되겠죠. 그림을 살짝 그려봅시다.

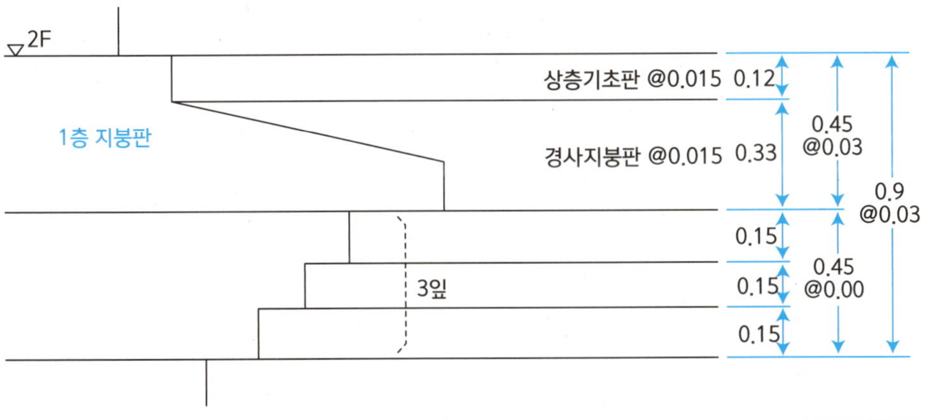

[그림 1112] 왕궁리탑 1층지붕판 증감계수

이 지붕판 증감계수가 3cm라도 지붕하판은 증감계수가 발생되지 않으며, 지붕상판도 윗층기초판이 @1.5cm, 순수지붕판이 @1.5cm 밖에 증감이 발생이 되지를 않는답니다. 지붕판 증감계수가 9cm정도는 되어야 지붕각부위의 증감이 뚜렷하게 인지될 수가 있는데 이 왕궁리탑은 지붕판 두께가 각층 모두 다 비스무리하니 어떻게 할 방도가 없답니다. 왕궁리탑이 묘한 것이 1층지붕폭이 지하층폭(건물폭)보다 더 넓답니다. 정림사탑도 마찬가지랍니다. 지하층폭(건물폭)이 1층지붕폭보다 넓어야 안정감이 있는데 이거 참 야단났네요. 건물폭을 넓혀 버릴까요. 아무도 안 볼 때 살짝? 저 개인생각으로는 지하층폭이 현재는 4.32m이나, 4.86(1.08x4.5)이나 5.4(1.08x5)정도가 되면 안정감이 있을 것 같답니다. 4.86x2=9.72(갓탑까지 높이), 5.4x2=10.8(탑총높이)로 아주 이상적일 수도 있답니다. 저 생각만 그렁가!

꼭다리쪽으로 가서 먼저 의자쪽을 봅시다.

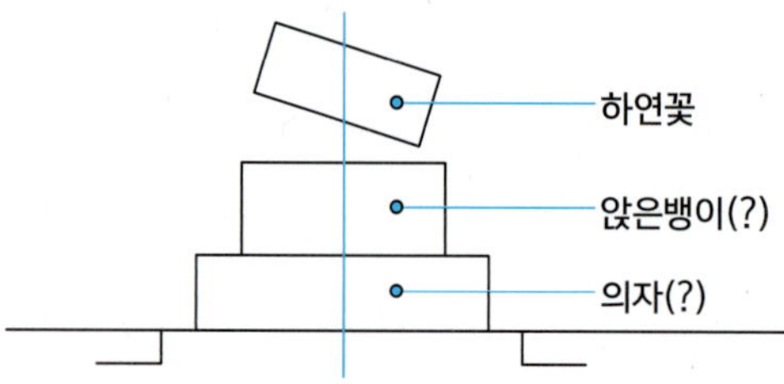

[그림 1113] 현 왕궁리탑의 의자와 앉은뱅이

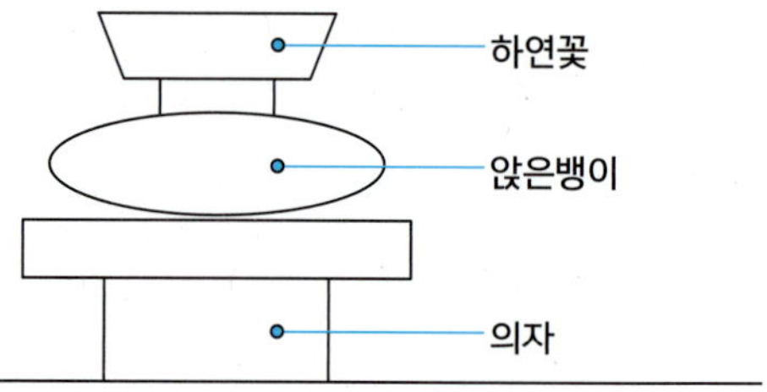

[그림 1114] 일반적인 의자와 앉은뱅이:신라석탑형식 기준

현상태의 의자와 앉은뱅이는 탑의 꼭다리쪽이 붕괴되어, 보수과정에서 아무 돌이나 주워서(?) 대충 다듬어 얹어놓은 것 같은 느낌이 많이 나네요. 의자는 넓적판같이 생겼으며 또한, 대각으로 놓여 있으며, 앉은뱅이도 찐빵이나 호떡같이 생기지가 않고 8각(?) 납작빵같이는 생겼지만, 어찌 되었건 기본형태는 갖추기는 갖추었으니 일단 이런 형태였을 거라고 보겠습니다?

정상적인 형태로 바꾸어 버릴까요? 모든 일이 마음대로마는 잘 되지가 않더랍니다. 왕궁리탑 위에 증거가 확실히 있는데 어찌 감히 바꿀 수가 있을까요? 이제 꼭다리를 한번 보셔야죠. 백제석탑양식과 신라석탑양식으로 한번 꾸며 보았답니다. 서로 비교해 보십시오.

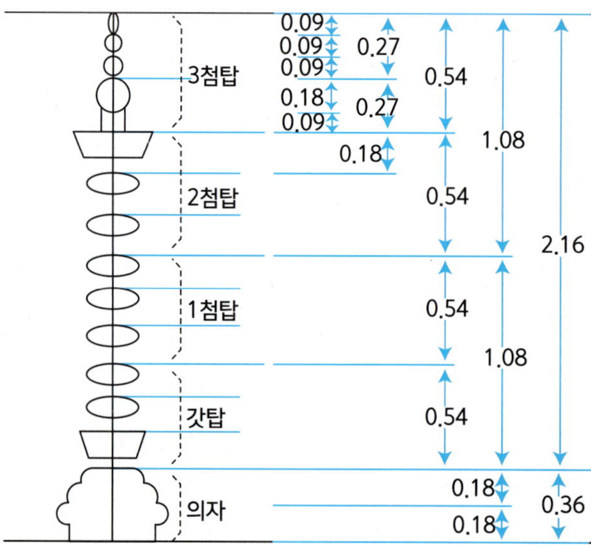

[그림 1115] 백제양식 1안 : 3첨탑안 – 답답함?

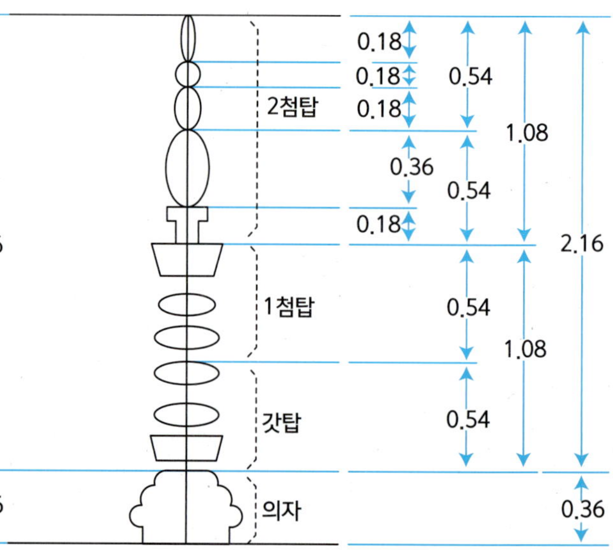

[그림 1116] 백제양식 2안 : 2첨탑안 : 시원함?

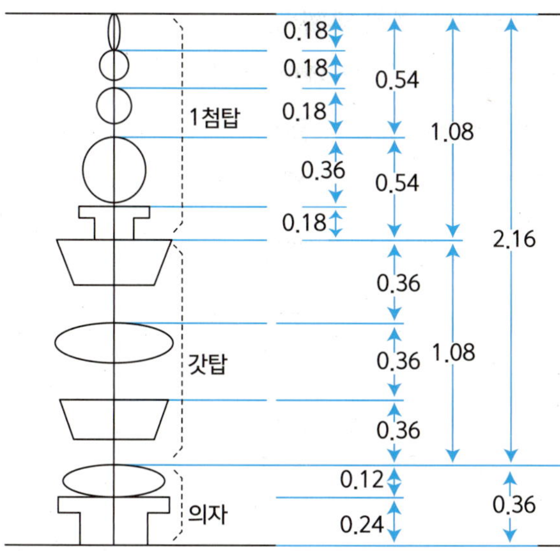

[그림 1117] 신라양식 1안 : 1첨탑안 (변형안)

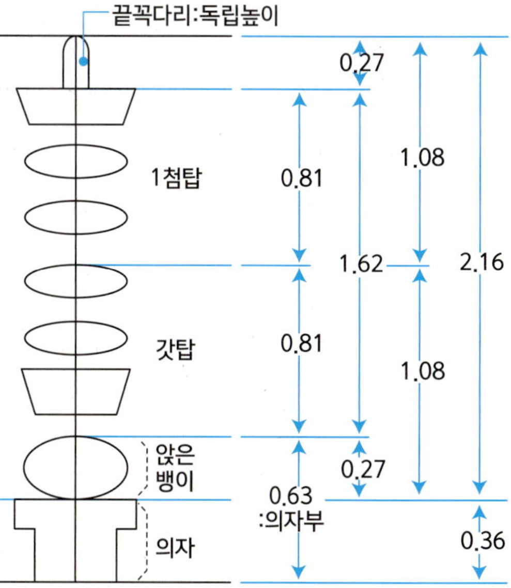

[그림 1118] 신라양식 2안 : 다보탑형

꼭다리가 보기보다 경우의 수가 제법 나오네요. 백제양식만 생각해도 머리가 아픈데 신라양식까지 생각해야 하니 더 아프네요. 이유는 아실겁니다. 이 왕궁리탑이 두 양식의 융합석탑이기 때문이겠죠. 먼저, 백제양식 1안을 보시면 전형적인 백제석탑인 3개의 첨탑이 나온답니다. 3개의 첨탑이 나오긴 나오는데 일반적으로 3첨탑이 하부쪽 첨탑높이의 2배가 되어야 하는데 이 왕궁리탑은 하부첨탑과 똑같답니다. 높이가 같다 보니 3첨탑의 구슬류가 너무 자그마하네요. 높이 2.16에 1개 갓탑과 3개 첨탑을 집어 넣을려니 조금은 답답하네요. 그래서 2·3첨탑을 묶어서 두 개 첨탑으로 한 안이 백제양식 2안(변형안)이랍니다. 비록 첨탑은 2개이지만 3개보다는 조금 더 시원한 느낌이 든답니다. 두 안 다 백제양식이니 당연히 탑높이는 앉은뱅이까지 높이인 8.64m가 될 겁니다. 신라양식 꼭다리를 보시면 크게 2가지의 경우의 수가 나온답니다. 첫 번째인 1첨탑만 있는 경우는 말 그대로 1개의 갓탑과 1개의 첨탑만 있는 변형안으로 1갓탑 1첨탑 형식이 되네요.(일반적인 신라석탑은 1갓탑2첨탑임) 이 신라양식 1안은 탑높이가 백제식으로 8.64m도 되며, 신라식인 갓탑높이까지인 9.72m도 가능하답니다. 신라양식 2안은 1첨탑이 갓탑과 같은 형태인 찐빵스타일이랍니다. 물론, 상부에는 독립치수를 갖고 있는 끝꼭다리가 있는 다보탑형 꼭다리가 되겠죠. 이 2안이 재미있는 것은 이제까지의 안은 의자부가 너무 낮아(36cm) 의자인지 앉은뱅이인지 헷갈렸는데 약간 높아질 겁니다. 이 2안에서 갓탑과 첨탑높이가 같아야 하므로 첨탑끝꼭다리 27cm를 뺀 81cm를 첨탑으로 할 시 갓탑높이도 81cm가 되어야 하므로 이론갓탑높이 108cm에서 81cm를 빼면 27cm가 남는답니다. 이 남는 27cm를 의자부에 주게 되면 그리도 낮았든 의자부높이 36cm가 63cm(36+27= 63cm)로 높아지게 되어서 보기에도 시원한 정상적인 의자부가 형성된답니다. 묘한 것은 이 신라양식 2안은 구슬류가 보이지가 않는답니다. 제가 백제 꼭다리안과 신라 꼭다리안을 생각해 보았답니다. 이 왕궁리탑 꼭다리가 어떤 형태였을 것 같습니까? 4가지나 되니 헷갈리시죠. 백제양식이 더 어울린다고 생각하시는 분은 백제양식 중 1개를 선택하시면 될 것이며, 신라양식이 더 어울린다고 생각하시는 분은 신라양식 중 1개를 선택하시면 되겠네요. 참 판단하시기가 어려우실 겁니다. 저라면 신라 1안인 구슬이 있는 1첨탑안을 선택할 것 같답니다. 이유는 아시겠죠. 현 상태의 의자부 형태가 정림사탑 같은 형태가 아닌 신라석탑 형식에 가깝기 때문일 겁니다. 백제안이 더 좋다고 생각하시는 분은 제일 위 첨탑이 키가 큰 백제 2안을 선택하시면 되겠네요. 일반적으로 제일 높은 곳에 구슬류의 첨탑이 있는 것이 거의 대부분 이랍니다. 이 제일 상부에 있는 구슬첨탑이 어쩌면 석탑류나 사찰 목탑의 상징일지도 모른답니다. 이 왕궁리탑은 여러 형태를 비교해 보면 백제양식이 기본이지만 살짝살짝 신라양식을 가미하면서 두 양식의 좋은 점만 골라서 지은 융합석탑으로 아주 멋있고 훌륭한 작품이랍니다. 보존상태도 아주 양호하답니다. 잘 보존하셔야겠죠. 백제석탑류가 제법 많이 있는데 시간 나시는 분이 계시면 각 탑마다 치수 부여를 한번 해 보십시오. 아주 재미있답니다.

하시다 보면 무지 많은 고민도 하게 될 것이며 엄청 헷갈리기도 하실 겁니다. 그런 경험을 어디서 하겠습니까? 맞고 틀리고에는 마음 두실 필요가 없을 듯. 어차피 틀리게 되어 있답니다.~ㅎ~

그런데 자기만족은 느끼실 겁니다. 다만, 틀린 걸 우기지만 말아주이소.

Five-story Stone Pagoda in Wanggung-ri, Iksan

익산 왕궁리 오층석탑
(益山 王宮里 五層石塔)

마한시대의 도읍지로 알려진 익산 왕궁면에서 남쪽으로 2㎞쯤 떨어진 언덕에 자리하고 있는 석탑이다. 1단의 기단(基壇) 위로 5층의 탑신(塔身)을 올린 모습으로, 기단부가 파묻혀 있던 것을 1965년 해체하여 수리하면서 원래의 모습이 드러났다.

탑의 기단은 네 모서리에 8각으로 깎은 주춧돌을 기둥삼아 놓고, 기둥과 기둥 사이에는 길고 큰 네모난 돌을 지그재그로 맞물리게 여러 층 쌓아 올려놓아 목조탑의 형식을 석탑에서 그대로 재현하고 있다. 이 팔각기둥과 네모난 돌들 사이는 흙을 다져서 메웠는데 이 속에서 백제시대의 기와조각이 발견되기도 하였다. 발굴 중에 기단 각 면의 가운데에 2개씩 기둥조각을 새긴 것이 드러났으며, 탑의 1층 지붕돌 가운데와 탑의 중심기둥을 받치는 주춧돌에서 사리장치가 발견되었다.(자료출처 : 문화재청)

❶ 기단부 ❷ 옥개下면 ❸ 탑신부 ❹ 전경

04

百濟木塔
백제의 목탑

– 백제의 사찰목탑

PART 4

백제의 목탑(百濟木塔)

07

[일곱 번째 이야기]

백제의 사찰목탑

이제 대망의 highlight만 남았네요.
본 적도 없고 상상조차 해 보지도 못했든 백제 사찰목탑을 보게 되었네요. 이제까지도 동행하셨는데 같이 가셔야죠. 산출근거는 전혀 없답니다. 산출근거가 없어도 풀 겁니다. 아니! 풀고야 말리라. 아무리 백제목탑의 산출근거가 없을지라도 어딘가에는 조금일지는 몰라도 아마 남아 있을 겁니다. 눈을 크게 뜨고 주위를 둘러보십시오. 국내에 없다면 전 세계를 다 뒤져서라도 찾아내야 할 겁니다.
이 백제사찰목탑은 순수 제 개인생각이므로 믿지는 마십시오. 믿으시면 믿는분만 속게 되실 겁니다. 제가 손을 대야 할 성격인지 아닌지는 모르겠지만 아무도 손을 대고 있지 않네요. 그냥 지나가기가 그래서 주제넘게 백제목탑이 이렇게 생기지 않았을까? 저 혼자 헤매어 볼 겁니다. 저 혼자 헤매게 놔두실건가요? 같이 헤매 보셔야죠. 물귀신 작전? 저는 작전이 무궁무진?

1. 백제 7층사찰목탑(미륵사 7층사찰목탑) 접근 방법

백제 7층 사찰목탑이라? 어떻게 접근해야 할지 감이 잡히시는지요? 아무것도 안 빈다꼬요? 저도 사실 아무것도 보이질 않는답니다? 그래도 눈을 크게 뜨야 보일 겁니다. 혹시 분황사탑의 1층층고를 기억하시는 분이 계시나요? 왠 백제목탑 얘기하다가 갑자기 신라석판탑 얘기?

분황사 7층탑의 1층층고가 5.4m일 겁니다. 혹시 신라 7층탑의 1층층고까지 기억하시는 분 계시나요? 잊어버렸다고요? 아니 기억하시는 분이 도리어 문제가 더 심각할 수도 있답니다. 신라 7층탑 1층이 10.8m일 겁니다. 목탑형 석판탑인 분황사탑 1층층고가 5.4m, 7층탑 1층층고가 10.8m라! 스쳐지나가는 것이 없나요? 있으실 겁니다. 5.4x2=10.8일 겁니다. 저는 요즘 계산을 해 놓고도 맞는지가 헷갈릴 때가 가끔 있답니다? 아마 맞을 확률이 높을 겁니다.

희한하지 않으세요. 목탑형석탑 1층층고의 2배가 목탑 1층층고랍니다. 우연인지 필연인지는 알 수는 없으나 7층탑에서는 최소한 목탑 1층층고는 석탑 1층층고의 2배라는 걸 인지했답니다. 희한하게도 신라탑이든 백제탑이든 7층 목탑형 석탑이 있답니다. 아마 행운일 겁니다. 제가 높이만 알고 풀어 본 미륵사 7층석탑이 있을 겁니다. 제가 엄청 시간을 투입했답니다. 왜 일까요? 이유가 있을 겁니다. 바로 미륵사탑이 7층이면서도 목탑형석탑이라는 걸 인지했기 때문이랍니다. 미륵사탑의 1층층고가 얼마였죠. 아마 벌써 잊어버렸을 겁니다. 바로 1층층고가 4.32일 겁니다. 저는 이 미륵사석탑을 풀면서도 항상 목탑도 같이 염두에 두고 접근했답니다. 어쩌면 서로가 관련이 있을 수도 있다고 생각했기 때문이겠죠. 1층 석탑층고가 4.32이니 7층목탑 1층층고는 느낌상 자동으로 계산이 될 겁니다. 4.32x2=8.64네요. 손도 안대고 알아버렸네요. 백제탑에서는 1·2층 층고비례공법이 있다는 걸 기억하실 겁니다. 2층층고는 1층층고의 반이다. 이것보다 더 쉬운 것이 있나요. 어! 2층층고=8.64÷2=4.32네. 미륵사석탑 1층층고와 똑같네. 이제 백제 7층목탑의 1·2층층고를 알았으니 나머지는 눈 감고도 푸실 수가 있을 겁니다. 과연 그럴까요? 하여튼 이렇게 해서 백제 7층목탑의 풀기가 시작되었답니다.

시작이 반이다라는 말을 혹시 들어보셨는지요? 그런데 한참이 지난 후 다시 보니 접근방법에 문제가 있었더랍니다. 상기방식(목탑7층탑 1층층고가 목탑형석탑 1층층고의 2배)으로 어떻든 백제7층 사찰목탑을 풀고 난 한참 뒤에 전에도 말씀드린 사찰목탑인 황룡사 9층목탑을 푼 뒤 신라 7층사찰목탑을 풀어보니 접근방법이 엉터리임이 서서히 드러나더랍니다. 신라 7층사찰목탑 1층층고는 8.64m(순수이론기준)이더랍니다. 8.64÷5.4(분황사탑 1층층고)=1.6배 더랍니다. 그나마 다행(?)인 것은 분황사탑높이 27m(탑총높이 29.7)의 2배인 54m가 신라 7층사찰목탑의 총높이가 되더랍니다. 제가 백제 7층사찰목탑에 처음 접근할 때 미륵사석탑총높이 21.6m의 2배인 43.2m가 탑총높이로 생각했거들랑요. 탑높이와 탑총높이가 차이가 나긴 하지만 어찌되었건 비록 엉터리로는 접근을 했지마는 결과는 비스무리하게 되어버렸답니다.

백제 7층사찰목탑 접근방법 자체는 엉터리였을지는 모르겠지만 그래도 한 가지(미륵사석탑 총높이의 2배)는 맞추었거들랑요. 그런데, 나중에 다시 검토해보니 백제사찰목탑 접근방법은 다행인지 우연인지는 모르겠으나 맞더랍니다. 이를 근거로 백제 7층사찰목탑을 같이 풀어봅시다. 백제목탑에 신라탑같이 관공서용목탑이 있었는지는 모르겠으나 백제사찰목탑을 그냥 백제목탑이라고 표기하겠습니다. 7층목탑 1층층고를 미륵사석탑의 2배인 4.32x2=8.64로 접근을 했었는데 문제가 조금 있어서 1층층고를 9m로 높였답니다. 1층층고 8.64와 9.0을 비교표를 만들어 비교해 보실까요.

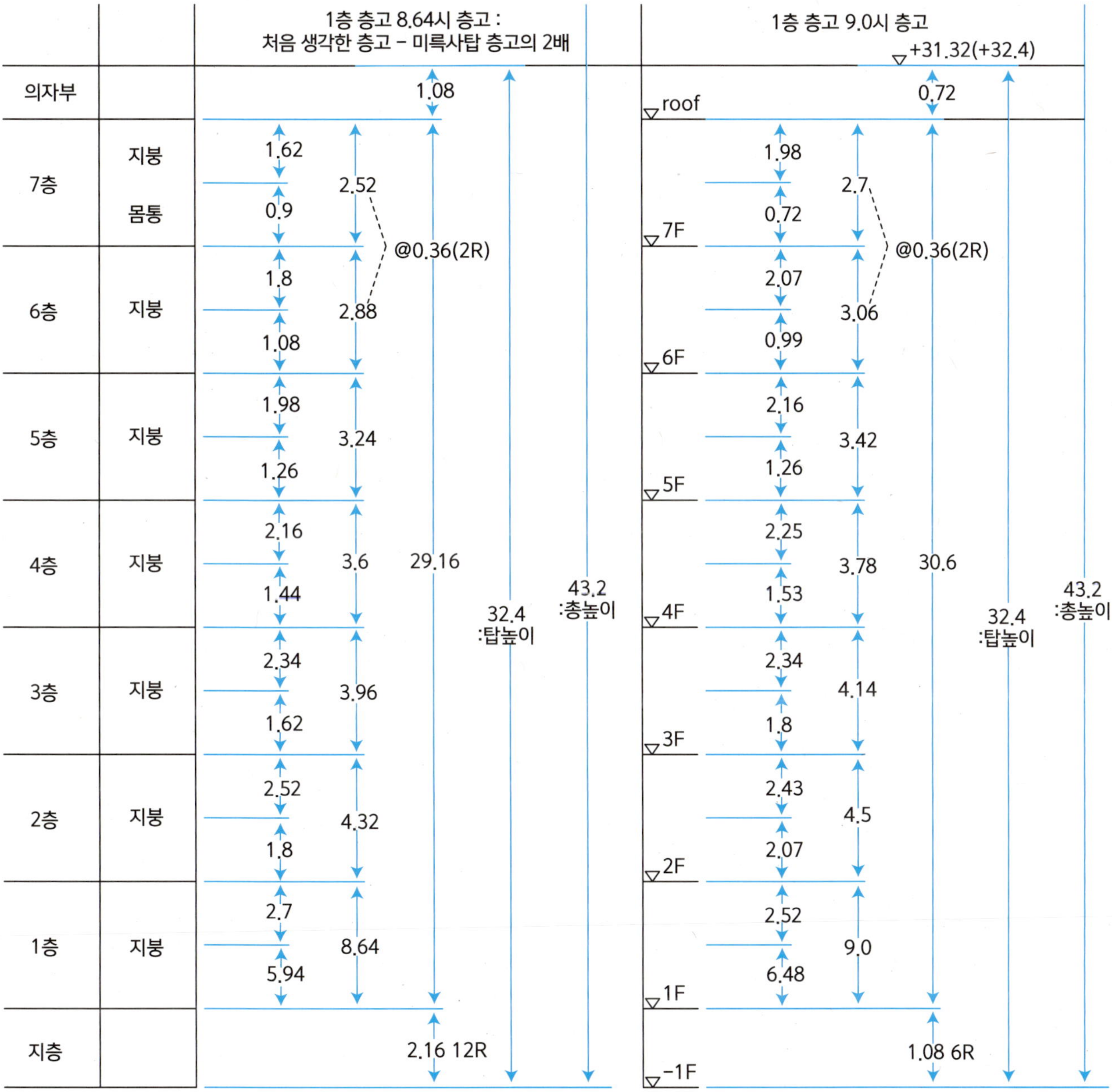

[그림 1119] 7층목탑 1층층고 8.64와 9.0시의 층고비교표

이 비교표를 보시면 탑높이와 탑총높이는 같답니다. 1층층고 8.64는 미륵사석탑을 완전히 2배로 한 것이랍니다. 이론적으로는 더 완벽하게 보이실 겁니다. 저도 당연히 마찬가지로 느꼈답니다. 그런데 심각한(?) 문제가 하나 있답니다. 무엇일까요?

인지하신 분 계시나요? 아시겠다구요. 바로 지하층의 층고이겠죠. 1층층고 8.64의 지하층고는 물경(?) 2.16이나 된답니다. 사실은 지하층고가 높다고 자체가 문제가 되는 건 아닐 수도 있답니다. 석탑도 아닌 목탑의 지하층고 2.16에서 무엇을 할 수 있을까요? 지하층 내부를 이용할 수도 있을 것 같다구요? 들어가기도 힘드시겠지만 들어가도 거의 허리를 많이 굽히셔야 한답니다. 이제까지 백제석탑과 신라사찰목탑을 보시면 모든 지하층고는 모두 다 6R이 기본이랍니다. 물론, 신라석탑은 기본적으로 온지하이겠죠. 이렇게 여러 가지를 생각해보니 사찰목탑은 지하층고가 2.16이 아니라, 1.08(6R)이라는 걸 알게 되어서 모든 층고를 다시 고치게 되어 1층층고가 H=9.0이 된 거랍니다. 먼저 간단히 공통수부터 보셔야죠? 외부경사기둥이 없으므로 사실은 공통수 자체는 없답니다. 그래도 처마각 만을 이용해서 구해봅시다. 지붕경사각을 미륵사7층석탑과 같이 ⊿3으로 가정하겠습니다. 공통수 C=⊿3(지붕각)x⊿4(가상경사기둥각)x3=0.36, 계단단높이 R=0.18이 된답니다. 실제로는 경사기둥이 없으므로 ⊿3x3=0.09, 0.09높이의 단은 너무 낮으므로 0.09x2=0.18이 단높이가 될 겁니다. 그런데 7층목탑의 지붕각이 ⊿3인지를 사실은 알기가 어렵답니다. 아니, 알 수가 없답니다. 그냥 단높이가 이렇지 않을까 생각해 본 것이랍니다. 석탑류나 사찰목탑의 계단단높이는 거의 다 R=18cm가 되어야 층고가 되었든 뭐가 되었든 매끄럽게 되더랍니다. 사찰목탑은 경사기둥이 없답니다. 그러다 보니 외부기둥이 수직이므로 지붕판날개폭이 무척 짧답니다. 물론 4각형 목탑의 공통점이기도 하답니다. 그리고 계단단높이의 기본기준이 되는 지붕각 잡기도 무척이나 애매하답니다. 지하층높이를 고려해 보시면, R=0.18시 지하층높이 6R=6x0.18=1.08, R=0.15시 지하층높이 6R=6x0.15=0.9, R=0.21시 지하층높이 6R=6x0.21=1.26이 될 겁니다. 지하층높이가 숫자가 되었든 적당한 높이가 되었든 H=1.08(6x0.18)이 가장 적당할 것 같답니다. 하여튼 단높이 R=0.18이 석탑이나 사찰목탑에는 가장 어울리는 단높이인 것 같답니다.

어찌 되었건 우여곡절(?) 끝에 백제 7층사찰목탑의 탑높이와 층고개념을 인지하게 되었답니다. 바로 탑총높이는 미륵사석탑의 2배인 43.2m이며 지하층고는 계단단높이가 6R인 1.08(6x0.18)이랍니다.

이 백제 7층사찰목탑의 높이를 미륵사석탑 총높이의 2배로 해서 43.2m로 한 이유는 이렇답니다. 바로 이 백제 7층목탑이 미륵사지에 있었을 거라고 추측되는 탑이기 때문이겠지요. 미륵사지에 목탑지가 있었다고 하네요. 일단 목탑이 있었든걸로 가정하겠습니다. 엄밀히는 이 백제 7층 목탑의 정식 명칭을 미륵사 7층목탑이라고 부르는 것이 맞을 것 같아서 지금부터는 미륵사 7층목탑이나 그냥 미륵사목탑이라고 부르겠습니다. 이 미륵사목탑이 미륵사석탑들과 나란히(일렬) 있었는지 목탑이 약간 뒤쪽에 있었는지는 저로서는 알 수가 없답니다.

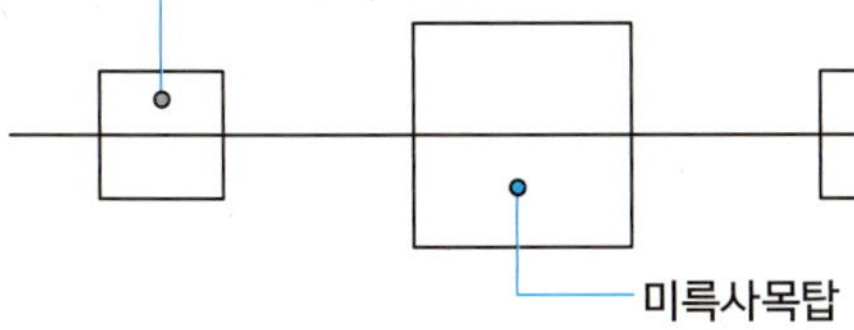

[그림 1120] 미륵사석탑과 목탑이 일렬로 있을 시

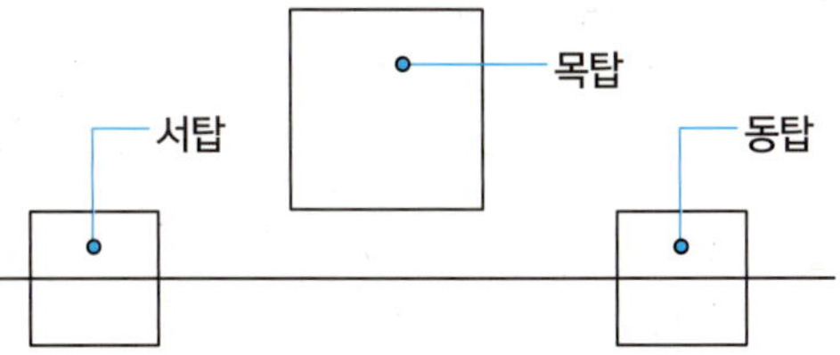

[그림 1121] 미륵사목탑이 석탑보다 약간 뒤에 있을 시

건물배치가 어찌 되었건 간에 이 석탑과 목탑이 동일 공간에 함께 있다는 것이랍니다. 그래서 목탑높이 추정을 석탑의 2배로 해야 서로 조화가 될 것 같아서 석탑높이의 2배로 했답니다. 저의 생각이 맞을지는 아무도 모른답니다? 그리고 이 목탑의 지붕각이 쪼께 헷갈리기도 한답니다. 미륵사석탑의 지붕각은 3각(⊿3)이랍니다.

그렇다면 이 목탑도 3각으로 하는 것이 맞을까요 아님 ⊿3x2=⊿6이 맞을까요?

살짝 그려볼까요.

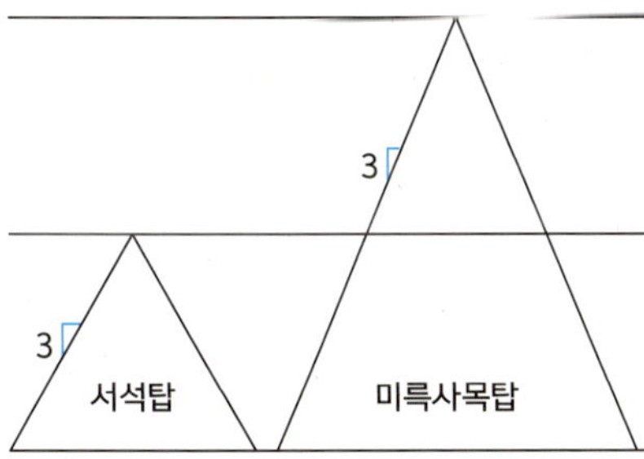

[그림 1122] 지붕각이 ⊿3으로 같을시

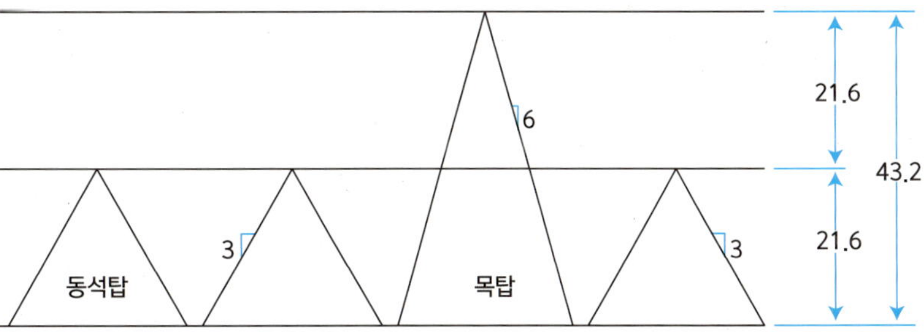

[그림 1123] 지붕각이 중앙목탑이 ⊿6이고 양옆석탑이 ⊿3일 시

그림을 보시면 지붕각이 ⊿3으로 똑같으면 조금은 납작한 느낌이 드실 겁니다. 그런데 가운데 목탑을 약간 뾰족하게 하면 뭔지는 모르겠지만 그래도 조금은 모양상 조화가 이루어지는 것 같네요. 그래서 이 미륵사 목탑의 지붕각은 ⊿6이 되든지 아님, 최소한 ⊿3보다는 쪼께 뾰족하게 하는 것이 보기가 더 좋을 것 같답니다. 이 인지된 것만으로 백제사찰목탑을 풀어봅시다.

나머지 각 목탑들의 총높이도 살짝 들여다보고 싶죠. 궁금? 7층목탑 앞에 어떤 탑들이 있을까요? 1층목탑·3층·5층·7층목탑 순이겠죠. 7층 목탑의 서열(?)은 4번째네요. 이 서열은 1·3층목탑이 지어졌는지 안 지어졌는지와는 무관하게 지어졌을 거라는 가정에 의한 것이랍니다. 저번에도 한 두번쯤은 말씀드렸을 겁니다. 그럼 각 탑총높이의 증감계수는 아주 간단히 43.2÷4=10.8이네요.

각 탑높이의 증감계수가 @10.8이니, 1층목탑 총높이는 10.8m, 3층목탑=21.6, 5층목탑=32.4, 7층목탑은 자동으로 43.2m가 되며 9층목탑 총높이는 지었다면 54m가 될 겁니다.

이 사찰목탑의 탑총높이 구하는 것은 초등학교 3학년수준 정도네요? 너무 싱겁다.

2. 백제 사찰목탑의 각 탑 층고

탑들을 풀다 보면 탑폭만 변화무쌍한 걸로 생각했지 탑의 층고 등은 단순한 걸로 생각하기 쉽고 또한 그렇게 생각했답니다. 그런데, 신라사찰목탑에서도 보셨겠지만 이 탑의 층고도 어떤 조건이 주어지면 여러 경우의 수가 발생될 수도 있더랍니다. 그렇다면 백제사찰목탑의 층고도 경우에 따라 각 층의 층고가 달라질 수도 있다고 생각할 수가 있답니다. 맞습니다. 어떤 상황에 따라서 이 층고도 바뀔 수가 있답니다. 그나마 다행인 것은 탑총높이나 탑높이는 변화 치수가 별로 없더랍니다. 모르죠. 이 탑높이 등도 어떤 조건에 따라 바뀔 수까지는 있겠으나 경우의 수는 많지는 않을 것 같답니다. 그나마 다행인 탑높이에 맞추어 어떤 경우의 층고가 나오는지를 한번 점검해 봅시다.

먼저 가장 일반적인 기준층층고비례안을 봅시다. 제일 처음 생각해 본 7층 목탑 1층층고가 미륵사석탑 1층층고의 2배인 8.64가 아닌 9.0으로 본 것이겠죠.

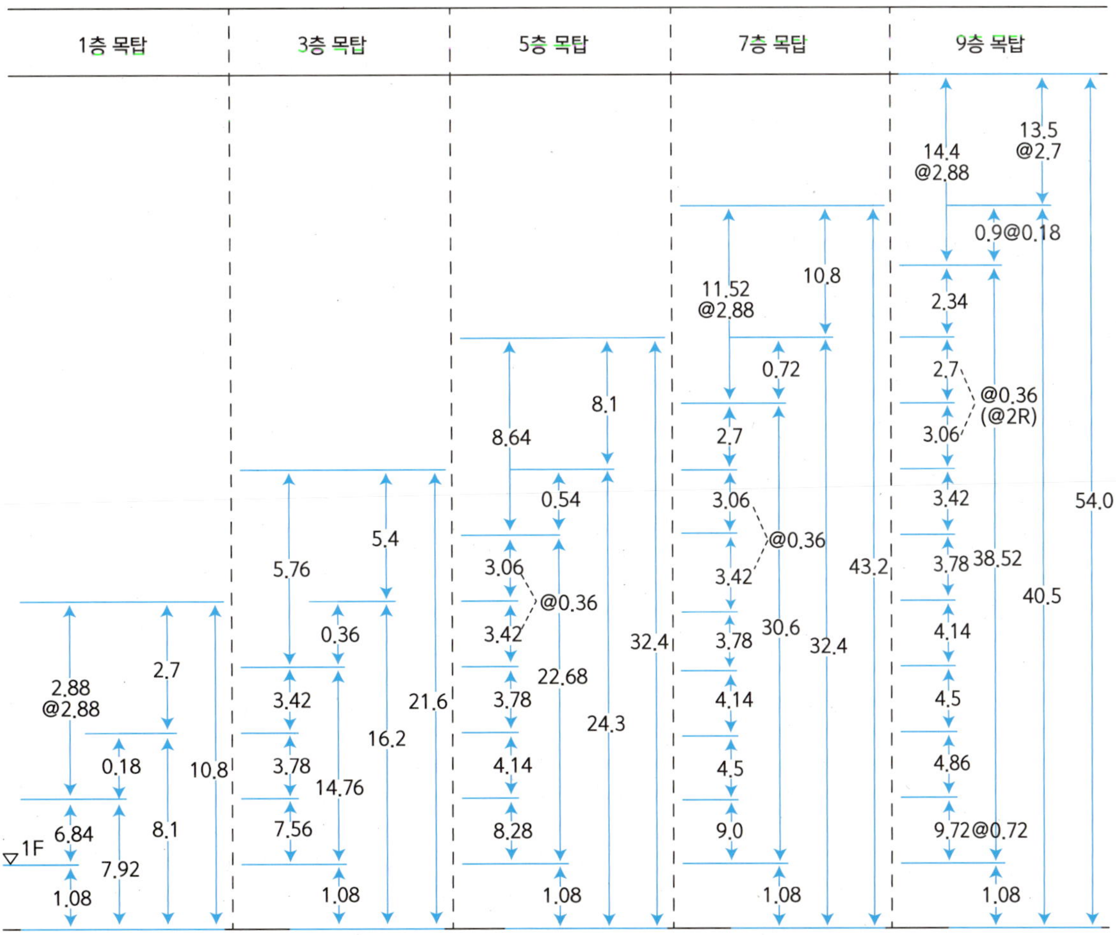

[그림 1124] 백제목탑 각탑층고 : 기준층층고비례안(7층목탑 1층층고 9.0m안)
- 석탑형 꼭다리안(꼭다리 증감계수 @2.88기준)

보시듯이 기준층(2층 이상층) 층고가 동일증감계수(@0.36 : @2R)를 적용해서 탑높이와 탑총높이가 자연스럽게 맞게 되는 안이랍니다. 보시니 층고가 아주 매끄러우며 또한, 모든 충족조건을 만족시키는 안이랍니다. 혹시 잘못된 치수가 있나요? 아주 이상적이랍니다. 이 기준층층고비례안은 전에도 잠깐 말씀드렸듯이 미륵사석탑 1층층고의 2배로 해보니 뭔가가 이상한 느낌(?)이 들어서 찾아낸 각 탑의 각층 층고랍니다. 그런데, 이 안의 단점(?)은 건물폭이 조금만 넓어도 최상층지붕에 기와를 다 덮기가 너무너무 어렵답니다. 또 한 가지 단점(?)은 몸통층고에서 1·2층 층고비율이 지나치게 높답니다. 7층목탑은 1+2층 층고비율이 무려 44%가 넘으며 5층목탑 같은경우는 거의 55%에 육박한답니다. 즉, 1·2층층고가 너무 높아서 나머지 층은 거의 들러리를 선 느낌이 물씬 풍긴답니다. 1·2층층고놈(?)이 나쁜놈이네요. 이 기준층층고비례안의 최상층의 층고는 그 탑에서 가장 낮답니다. 그러다 보니 이 최상층지붕 상부에 기와를 이기가 너무 힘이 든답니다. 그래서 제 마음이 변하여(?) 신라사찰목탑과 마찬가지로 백제목탑에도 최상층층고를 키워 보기로 했답니다. 아무래도 최상층층고가 높으면 최상층지붕이 두꺼워 기와를 이기가 조금은 수월해질 것 같답니다. 그래서 등장(?)한 것이 바로 최상층층고증가안이랍니다. 그래서 길고 긴 장고(?)에 들어갔겠죠. 제가 장고한다는 말은 다 거짓말입니데이. 말로만 그렇다는 것이겠죠? 뭘 찾아내었을까요? 바로 그거겠죠?

기준층층고비례안을 적용할 때 저한테 밉보여 팽(?)당했든 미륵사 석탑의 1·2층층고가 그거랍니다? 이 미륵사석탑 1·2층층고를 원래는 살릴려고 무지 노력했었는데 살리지를 못하고 잠깐 멀리 했답니다. 그런데 이 최상층층고증가안을 생각하면서 이 미륵사석탑 1·2층층고가 빛을 발하게 되었답니다. 사실은 1·2층층고라고 했지마는 엄밀히는 1층층고겠죠. 미륵사석탑 1층층고가 얼마였죠. 바로 4.32m(1.08x4)일 겁니다. 미륵사석탑 1층층고의 2배인 4.32x2=8.64m가 바로 이 최상층층고증가안의 7층목탑 1층층고가 될 겁니다. 이제 정상적으로 제 자리를 잡게 되었답니다.

이 미륵사석탑의 1·2층층고 2배안인 최상층층고증가안의 각탑층고를 한번 봅시다. 3~9층목탑만 봅시다. 백제탑류의 층고를 보실때에는 1·2층층고비례공법(2층층고는 1층층고의 반)에 유의하십시오.

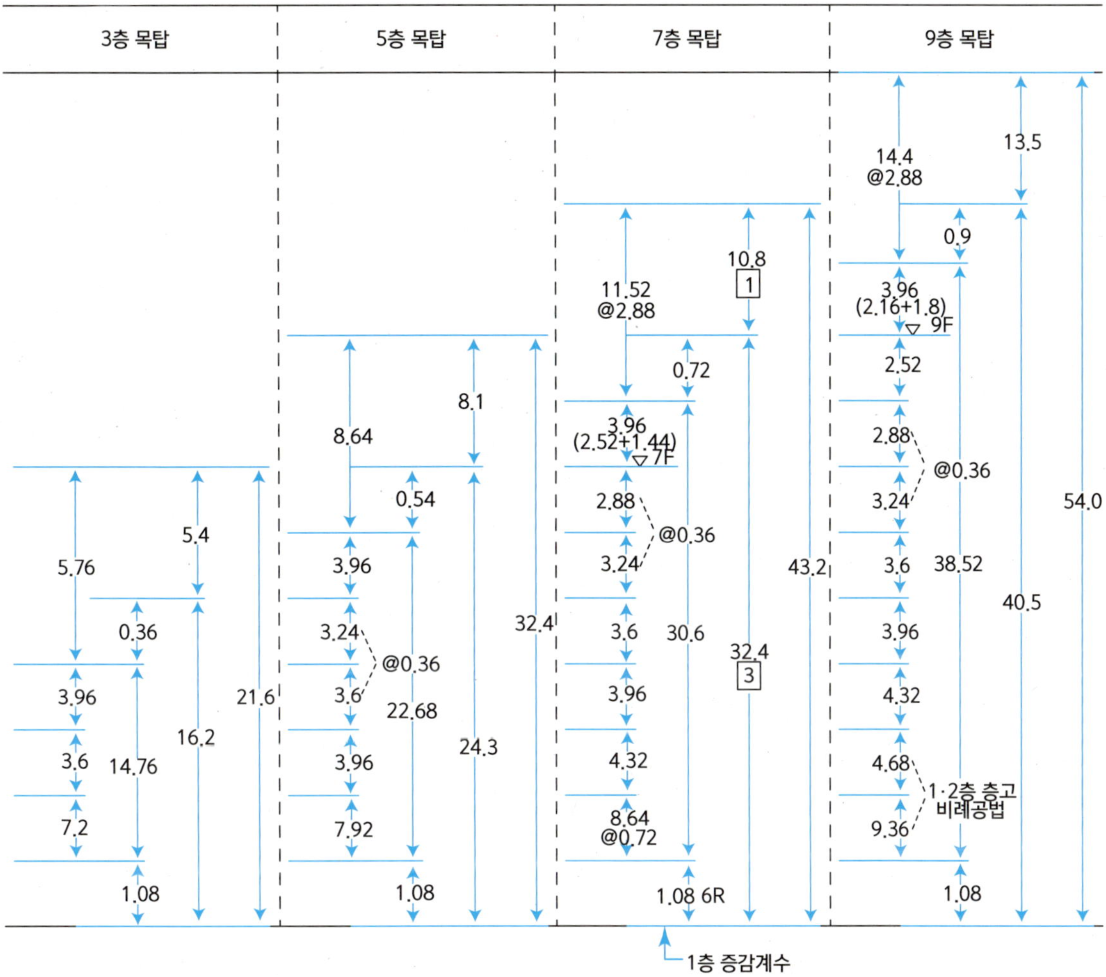

[그림 1125] 백제목탑 : 최상층 층고 증가안 – 미륵사석탑 1·2층 층고 2배안
–기준층 층고 증감계수 @0.36 : 석탑형 꼭다리

보시듯이 7층목탑 1층층고를 8.64(4.32x2)를 기준으로 각 탑의 1층층고증감계수를 @0.72로 해서 잡아본 안이랍니다. 또한, 기준층의 층고증감계수를 전탑 동일하게 @0.36(@2R)으로 한 안이랍니다. 마음에 드시나요. 그런데 너무 기계적(?)이라 재미는 별로 없지마는 모든 치수가 일목요연하게 정확하게 맞아 떨어진답니다. 어떤 귀신(?)이 맞추었지? 귀신이 맞춘 것이 아니라 그냥 계산기만 두드리면 자동으로 나오게 되어 있답니다. 이 안이 묘한 것이 최상층층고가 모두 3.96m로 동일하게 나오네요. 뭐! 이렇게 다 있죠. 계산으로 나온 걸 어떡합니까? 어떤 누구도 바꿀 수가 없답니다. 계산기를 최신형으로 바꾸지 않는 한? 기본적으로 기준층층고증감계수가 @0.36이며 미륵사석탑 1·2층층고 2배안인 이 최상층층고증가안을 처음에는 채택할려고도 했답니다. 물론 제 마음이겠죠? 근데, 최상층층고가 3.96m로 너무 낮답니다. 사실, 이 최상층층고는 가변적일 수가 있

답니다. 바로 기준층층고증감계수를 바꾸어 주면 언제든지 최상층층고가 바뀌어 최상층지붕경사에 영향을 미치게 되어 있답니다. 근데, 심각한 문제 하나는 있답니다. 바로 최상층의 순층고가 무지 줄어든답니다. 간단히 5·7층목탑의 기준층층고증감계수를 @0.36이 아닌 @0.54와 @0.72로 한 번 바꾸어 볼까요. 몸통부높이만 봅시다. 몸통부높이는 어떤 법칙을 적용하더라도 똑같답니다.

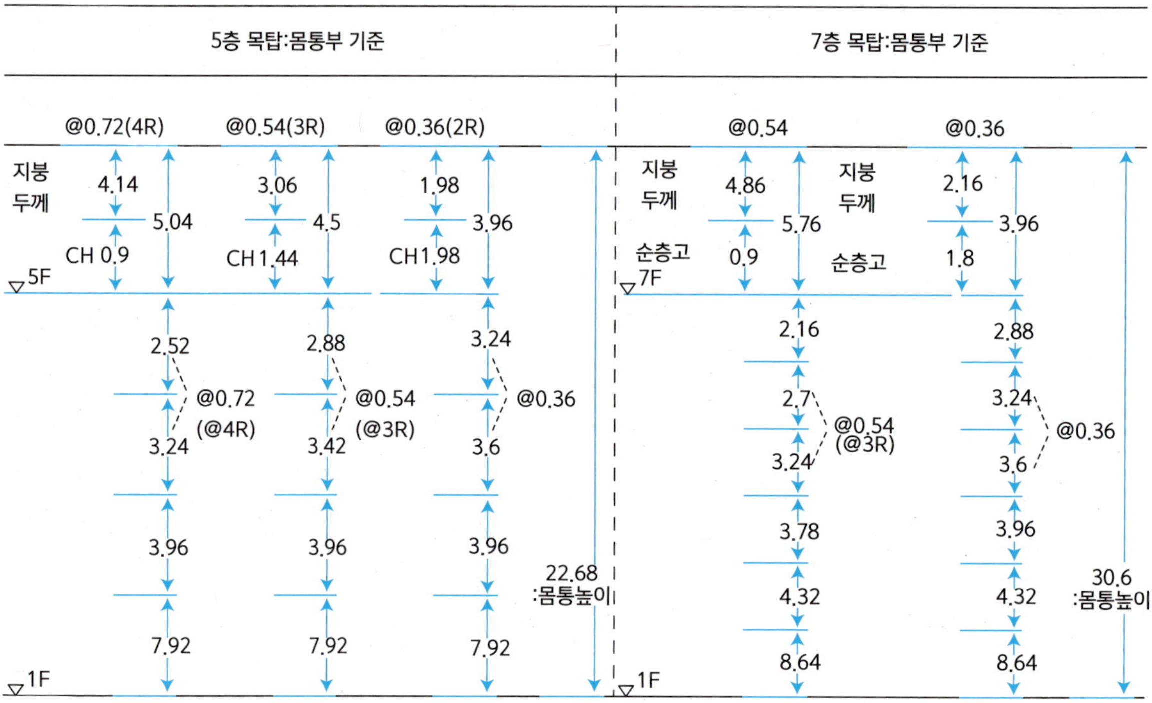

[그림 1126] 기준층의 증감계수에 따른 최상층층고 변화 : 석탑형꼭다리 기준

7층목탑은 기준층증감계수 @0.54(@3R)로 해본 것이며, 5층목탑은 @0.54와 @0.72를 둘 다 적용해 보았답니다. 기준층증감계수를 키우면 당연히 최상층층고가 증가하겠지만 최상층의 순층고가 낮아져서 이용하기가 불편해질 겁니다. 그런데, 어디까지가 적당한 것인지를 판단하기가 엄청 힘이 든답니다. 또한, 7층목탑의 1층지붕두께를 1.62로 할 것인지 1.8로 할 것인지에 따라서도 각 층의 순층고와 지붕두께도 당연히 달라질 겁니다. 쉽게 얘기 드리면 어느 한 치수만 바뀌어도 전탑에 다 영향을 미친답니다.

그리고 기준층 층고비례안을 처음에는 7층목탑 1층층고를 9.0m로 해서 풀어보았는데 최상층 층고증가안을 미륵사석탑 1층층고의 2배인 H=8.64로 해서 풀어보니 잘 나와서 혹시 미륵사석탑 1층층고의 2배안으로도 기준층층고비례안이 성립이 되지 않을까 해서 한번 풀어보았답니다. 그런데 기똥(?)차게도 너무나 완벽한 각층층고가 나오더랍니다. 5·7·9층목탑만 간단히 봅시다.

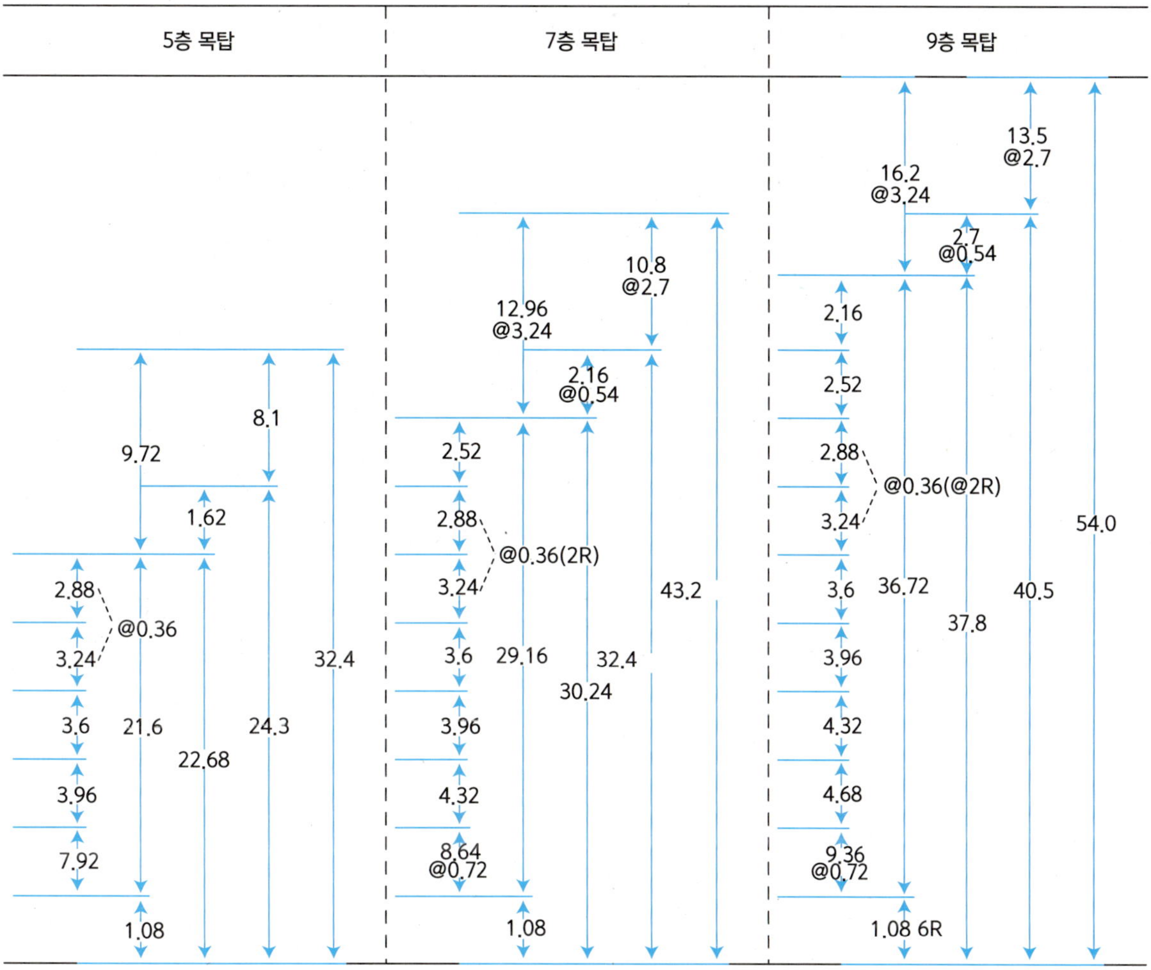

[그림 1127] 백제목탑 : 기준층층고비례안 : 석탑층고 2배안 : 목탑형꼭다리

기준층층고 증감계수를 @0.36으로 해본 안으로 모든 층고가 완벽할 정도로 완전하답니다. 물론 7층목탑 1층층고를 9.0으로 한 안도 완벽하게 잘 나온답니다. 예! 둘 다 마음에 쏙 드네요. 근데 이 두 안(7층목탑 1층층고 8.64와 9.0)이 무엇이 다를까요. 당연히 1층층고가 36cm가 다를 겁니다. 그러고 무엇인가가 하나 더 다를 겁니다. 보이시나요? 보여야 될낀데? 아! 찾아내셨다구요. 하! 역시 맑은 눈을 가지신 분이네요? 바로 두 안의 기준층층고비례안에서 꼭다리높이가 다를 겁니다.

비교해 볼까요? 아주 간단히 5·7층목탑만 봅시다.

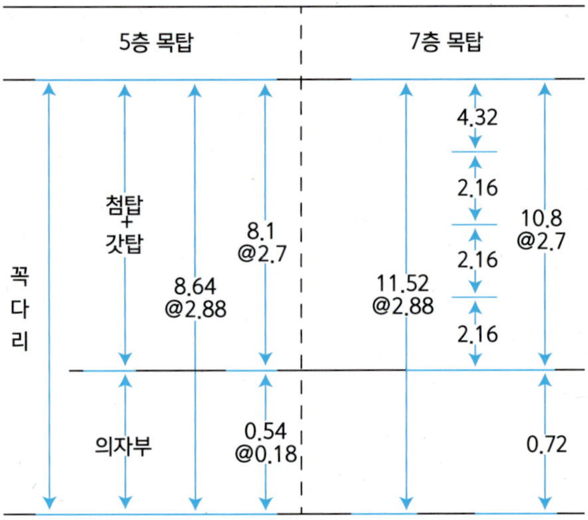

[그림 1128] 7층 목탑 1층 층고 = 9.0 : 석탑형 꼭다리

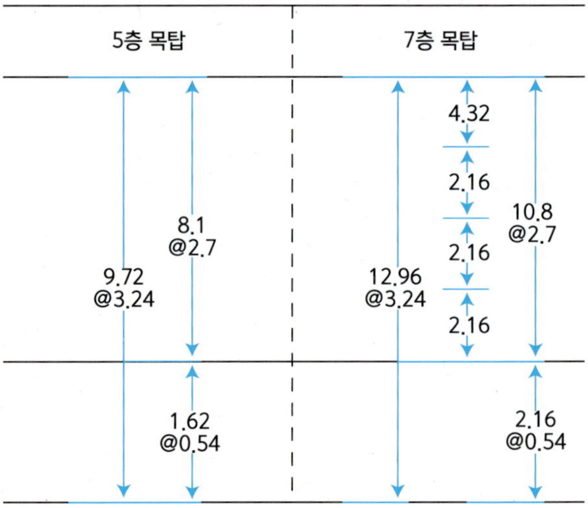

[그림 1129] 7층 목탑 1층 층고=8.64:목탑형 꼭다리

꼭다리를 보시니 확연히 다르죠. 상부꼭다리(첨탑+갓탑)의 높이는 둘 다 같답니다. 하부에 있는 의자부높이에서 완전히 차이가 날 겁니다. 7층목탑에서 1층층고가 미륵사석탑 2배안을 보시면 의자부높이가 2.16m로 @0.54의 증감계수가 발생되는데 비해서 7층목탑 1층층고 9m인 안을 보시면 의자부높이가 72cm로 @0.18의 증감계수가 발생된답니다. 보시듯이 의자부높이 차이가 엄청나답니다. 그래서 편의상 7층목탑 1층층고 9m안의 꼭다리를 석탑형꼭다리라고 하고, 미륵사석탑 2배인 1층층고 8.64m안을 목탑형꼭다리라고 하겠습니다. 저는 제일 처음 석탑형꼭다리가 나오길래 목탑도 당연히 정림사 5층석탑의 꼭다리형태인 석탑형일 거라고만 생각했답니다. 의자부(앉은뱅이+의자)가 너무 낮아서 계속 마음에 걸리기는 걸렸는데 몇 년간 해법을 찾지를 못했었는데 미륵사석탑 2배안의 기준층층고비례안을 풀다 보니 그렇게도 헤매었든 의자부가 속시원히 해결이 되더랍니다. 석탑형과 목탑형의 의자부가 어떻게 다를까요? 그려 봐야 아시게 될 겁니다. 봅시다.

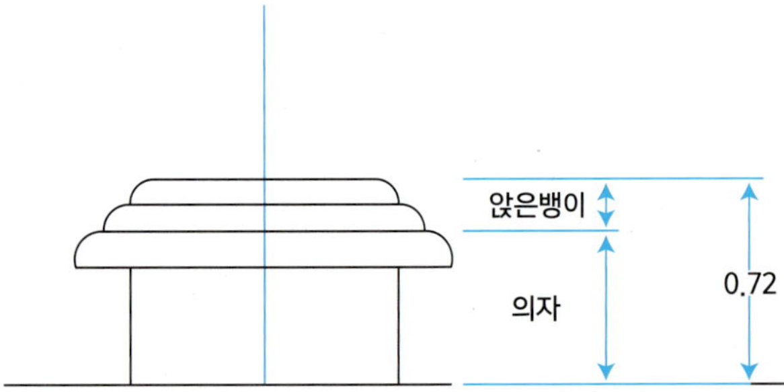

[그림 1130] 석탑형의자부 : 7층목탑기준

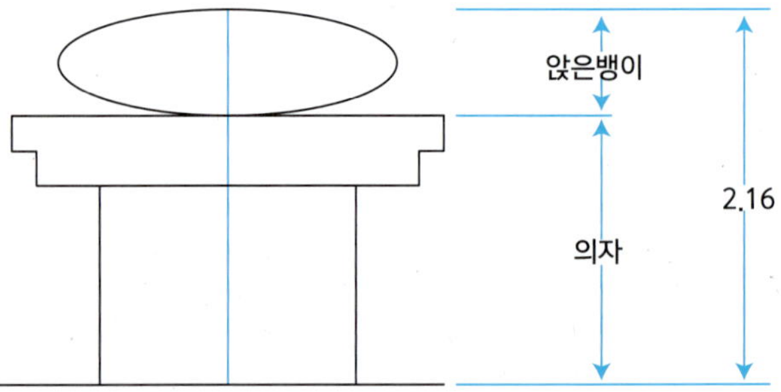

[그림 1131] 목탑형의자부 : 7층목탑기준

보시니 비스무리한가요. 완전히 다른 것 같나요. 예! 이 두 형태는 다른 형태랍니다. 석탑형의 자부는 높이가 낮기도 낮지만 앉은뱅이와 의자가 조금 어눌한 느낌이 조금 난답니다. 그런데 목탑형의자부는 높이도 꼭다리높이(특히, 1·2첨탑높이와 동일)와도 어울리기도 하지만 조금은 품위가 있고 의젓한 느낌이 조금 더 드실 겁니다. 이제 목탑의 정식 의자부를 찾아내었답니다. 그런데 이 목탑형꼭다리안이 기준층층고증가안에서는 아주 잘 어울리는데 최상층층고증가안에서는 잘 들어맞지가 않네요. 제가 해법을 못 찾아 내었는지도 모르겠답니다. 시간 나시면 한번들 해법을 찾아보시기 바랍니다. 그래서 일단은 최상층 층고 증가안에서는 의자부 형태가 조금은 어눌은 하지마는 석탑형꼭다리안을 생각하고 있답니다. 참 애럽네요?

그런데 묘한 것은 성립이 될지 안될지는 확실치는 않지만 백제목탑의 3첨탑 높이가 다른 첨탑높이의 2배나 되므로 3첨탑높이의 반을 떼어다가 최상층층고에 보태주면 자동으로 최상층층고가 증가하며 어쩌면 이 목탑형의자부를 살릴 수도 있답니다. 물론 첨탑도 모양새가 조금 더 균형이 잡히겠죠. 안 그래도 3첨탑이 너무 높아서 눈에 거슬렸는데 어쩌면 해결 안이 될 수도 있답니다. 기준층층고비례안을 그대로 살리면서 3첨탑높이의 반만 떼어다가 최상층에 주는 안을 한번 보실래요. 탑총높이와는 무관하지만 탑높이에는 영향을 미친답니다. 모르죠. 탑높이는 별로 신경을 안 썼는지. 일종의 층고이동공법이 되겠죠.

그래도 석탑은 그대로 석탑형 의자부가 되겠지만 최소한 목탑은 목탑형의자부를 살릴 수가 있답니다.

5·7층목탑 2개만 봅시다.

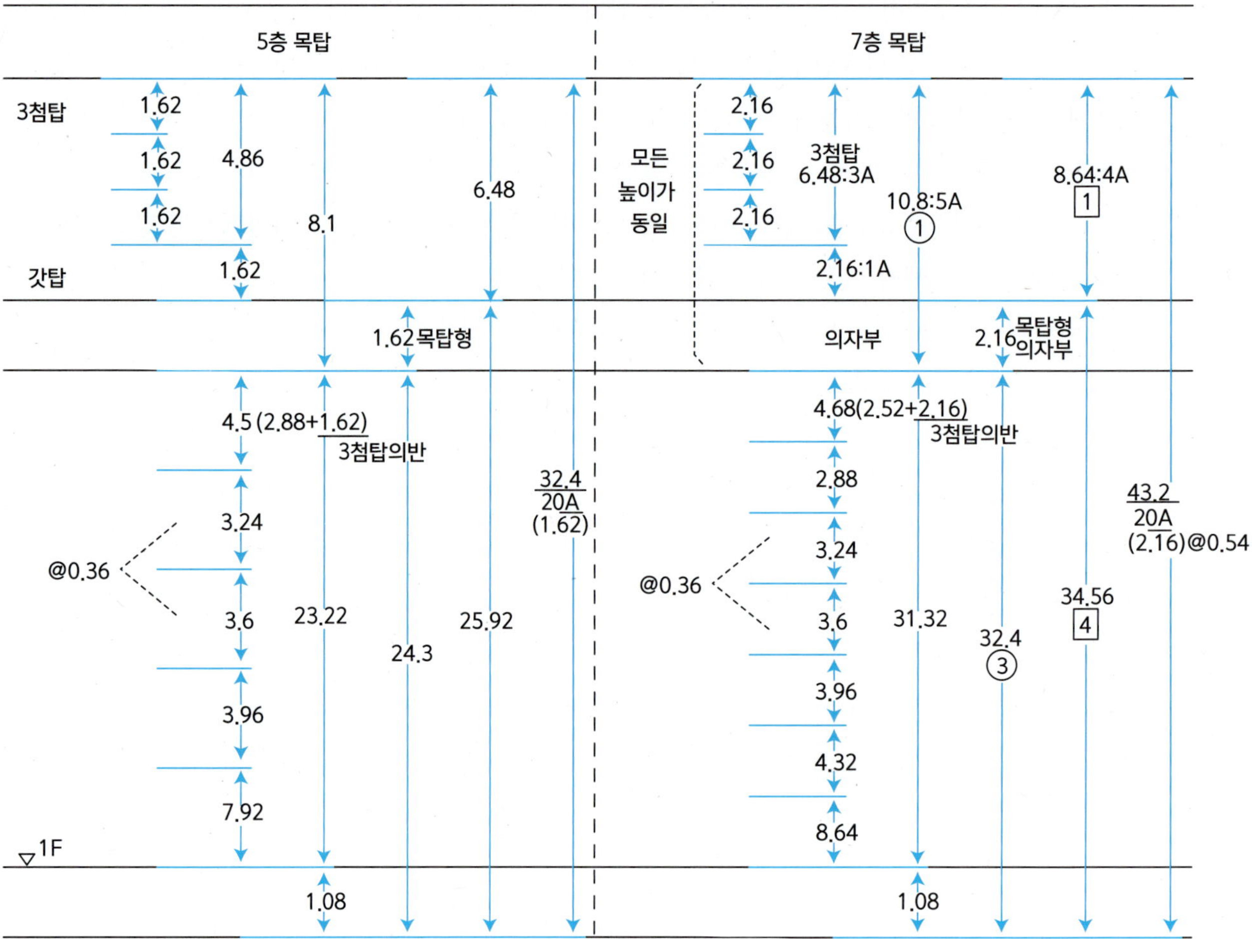

[그림 1132] 3첨탑이동공법의 최상층층고증가안 : 7층목탑 1층층고 미륵사석탑 2배안 : 목탑형꼭다리
<A:갓탑(첨탑1개)높이, [1] : [4] & ① : ③ – 비율표시>

도표만 보시면 조금 헷갈리실 겁니다. 기준층층고비례안시의 3첨탑높이의 반을 기준층층고비례안 치수는 그대로 살리면서 최상층층고에 보태주는 안이므로 간단히 3첨탑층고이동공법이라고 명명(?)했답니다. 간단히 봅시다.

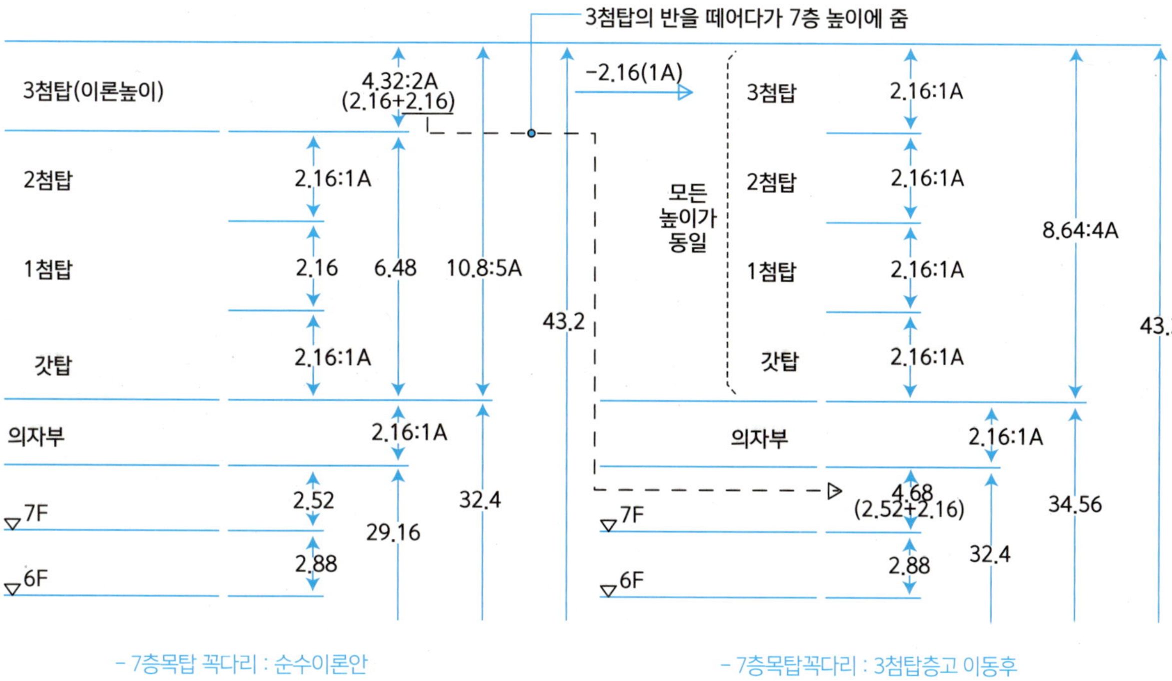

[그림 1133] 3첨탑 층고 이동공법개념

보시듯이 3첨탑층고이동공법은 기준층층고비례안의 층고는 그대로 쓰면서 기준층층고비례안의 3첨탑높이가 밑첨탑보다 2배가 높으므로 그 반을 떼어다가 7층층고에 그대로 주는 안으로 최상층층고가 자연스레 높아진답니다. 그리되면 기준층층고비례안시 3첨탑이 너무 높아 고민했든 것들이 한꺼번에 말끔히 해결이 된답니다. 탑총높이가 묘하게도 20A(A: 첨탑1개높이)네요. 묘하죠. 제가 만든 게 아입니데이? 제일 처음에는 이 생각 자체를 못해 봤답니다. 자꾸 기준층층고를 조절해서 최상층에 떼어주는 것만 염두에 두고 있었답니다. 제가 생각해도 저 자신이 쪼께 불쌍하게 느껴지기도 하네요. 백제사찰목탑은 다행히도 3첨탑이 높아서 최상층 층고조절이 자연스럽게 해결이 가능한데, 신라사찰목탑은 1·2·3첨탑높이가 동일하니 하는 수 없이 기준층층고(몸통부높이 자체내에서) 조절로 최상층층고를 키워야 한답니다. 그런데 이 백제목탑의 3첨탑층고이동공법도 두 가지의 문제점이 있답니다. 무엇일까요. 첫째는 3첨탑높이가 석탑형은 밑첨탑의 2배인데 목탑형은 반을 최상층에 주고나니 밑첨탑과 높이가 같답니다. 두 번째는 의자부높이로 석탑형은 첨탑류의 높이보다 많이 낮은데 비해 목탑형은 첨탑류의 높이와 같답니다.

즉, 석탑형과 목탑형의 의자부 개념이 동일하지 않다는 데 있답니다. 한번 보실까요.

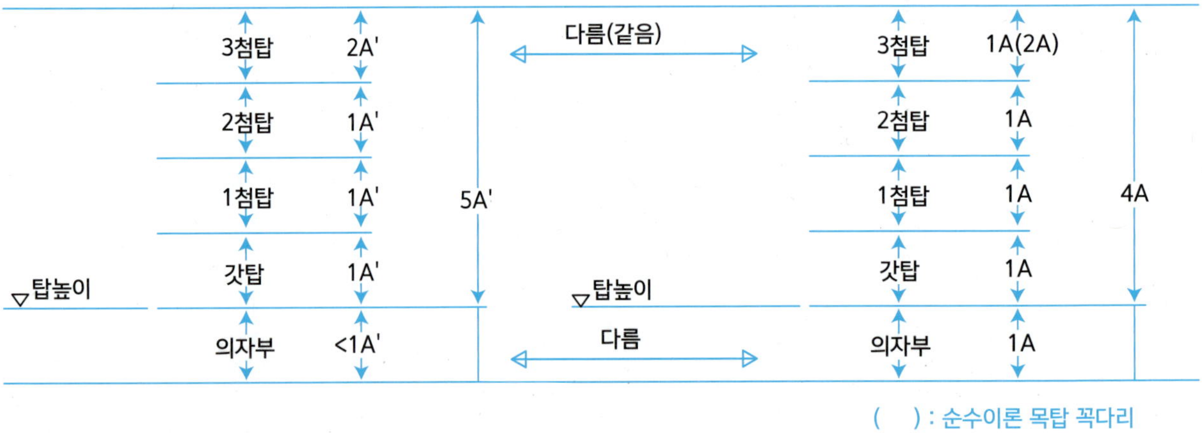

[그림 1134] 석탑형꼭다리 개념 : 석탑기준

[그림 1135] 목탑형꼭다리 개념 : 목탑기준

자세히 보시면 두 꼭다리 형태가 완전히 다를 겁니다.

석탑에서 석탑형 꼭다리의 3첨탑이 보기에는 높아 보이지만 석탑의 꼭다리높이 자체가 기본적으로 낮기 때문에 그리 문제가 되지는 않을 것 같답니다. 그래서 엄청난 고민(?) 끝에 석탑은 석탑형꼭다리를 채택할 것이며 목탑은 보기가 편한 3첨탑층고이동공법의 목탑형꼭다리를 기본적으로 채택할려고 합니다. 이 3첨탑층고이동공법으로 풀면 묘하게도 탑총높이는 그대로이니 2.7의 배수공법이 되는데 탑높이는 1.08의 배수공법에 초점을 맞춘 것 같답니다. 여러 경우의 수를 많이 생각해보았는데 백제목탑은 기본적으로 목탑형꼭다리를 기본으로 해야 할 것 같으며 기준층층고비례안은 미륵사석탑 1층층고 2배안을 채택할 것이며(물론 3첨탑높이는 밑첨탑높이의 2배가 됨), 최상층층고증가안은 미륵사석탑 1층층고 2배안의 기준층층고비례안을 기본으로 하고 3첨탑층고이동공법을 채택할까 생각 중이랍니다.

그런데 이 최상층층고증가안에서 또 한가지 고려를 해봐야 할 사항을 인지했답니다. 바로 일본의 법륭사 5중탑의 최상층지붕두께가 너무 두껍게 느껴지더랍니다. 3첨탑이동공법을 쓰더라도 7층목탑 최상층층고가 4.68m이며, 석탑형 꼭다리 기준으로 본 최상층 층고증가안에서의 전체탑 최상층높이는 3.96m랍니다. 이 두 최상층층고가 4.68과 3.96밖에 되지를 않는답니다. 최상층층고치고는 너무 얇은(?) 느낌이 슬슬 들기 시작하더랍니다. 그래서 이 두 최상층층고 개념을 서로 합치면 어쨌든 최상층층고가 훨씬 높아질 거라는 생각이 스쳐지나 가더랍니다.

그래서 백제목탑 꼭다리높이를 다시 분석해 보기로 했답니다.

A. 기준층 층고비례안

① 목탑형꼭다리(순수이론) : 석탑층고 2배안 기준(7층목탑 1층층고 8.64기준)

3첨탑	2A		
2첨탑	1A	5A	6A
1첨탑	1A	@2.7	@3.24
갓탑	1A		
의자부	1A	@0.54	

- 첨탑높이 A { 9층목탑 2.7@0.54
  7층목탑 2.16@ 0.54
  ⋮

∴ 목탑형 꼭다리라고 하긴 했으나
엄밀히는 의자부가 1A로 목탑형의자부임.
그냥 꼭다리 전체를 간단히 목탑형꼭다리라고
부를 뿐이랍니다.

② 석탑형꼭다리 (순수이론) : 7층 목탑 1층 층고 9.0에서 나온 꼭다리임

3첨탑	2A		
2첨탑	1A	5A	5A+α
1첨탑	1A	@2.7	@2.88
갓탑	1A		
의자부	α	@0.18	

- 9층목탑 A : 2.7@0.54
- 9층 목탑 α = 0.9@0.18

B. 최상층층고증가안

① 3첨탑층고이동 최상층층고 증가안
= 기준층층고비례안(목탑형 꼭다리)의 최상층층고 + 3첨탑반

3첨탑	1A		
2첨탑	1A	4A	5A
1첨탑	1A	@2.16	@2.7
갓탑	1A		
의자부	1A	@0.54	
▽ 최상층	기준층 층고비례안 + 1A(3첨탑 높이의 반) : 7층목탑 최상층층고 : 4.68		

즉, 이론 3첨탑높이 2A에서 1A를 최상층에 주는 안

② 의자부높이분산안 최상층층고증가안 [1A =α(석탑형의자부)+β(최상층에 줄 높이)]

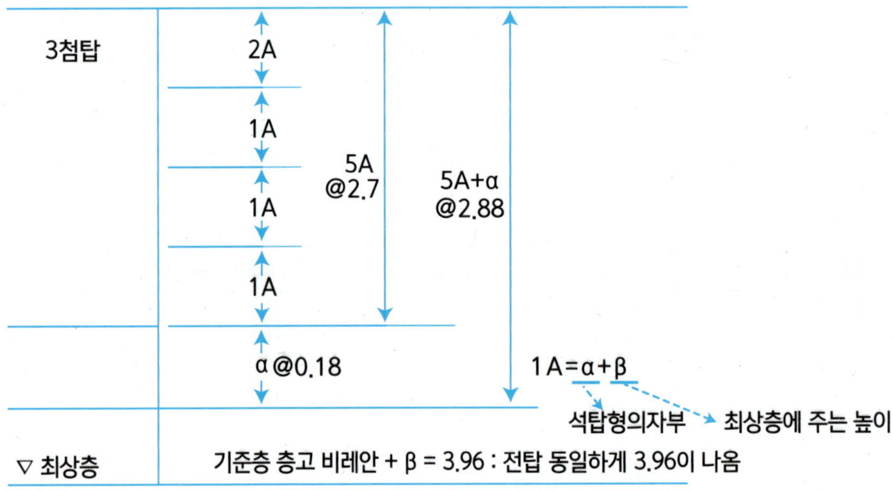

즉, 목탑형의자부높이 1A를 α(석탑형의자부높이)와 β(최상층에 줄 높이)로 분리 후 β를 최상층에 주는 안으로 최상층층고가 묘하게도 3.96으로 낮은 편임.

③ 복합최상층층고증가안

3첨탑층고이동안과 의자부높이 분산안의 최상층층고증가안이 최상층층고가 낮은편이라 비록 석탑형꼭다리이긴하나 두 안을 합쳐 보았답니다. 바로 의자부높이분산안에서 3첨탑의 반을 최상층에 주는 안이랍니다. 최상층층고가 제법 높아진답니다.

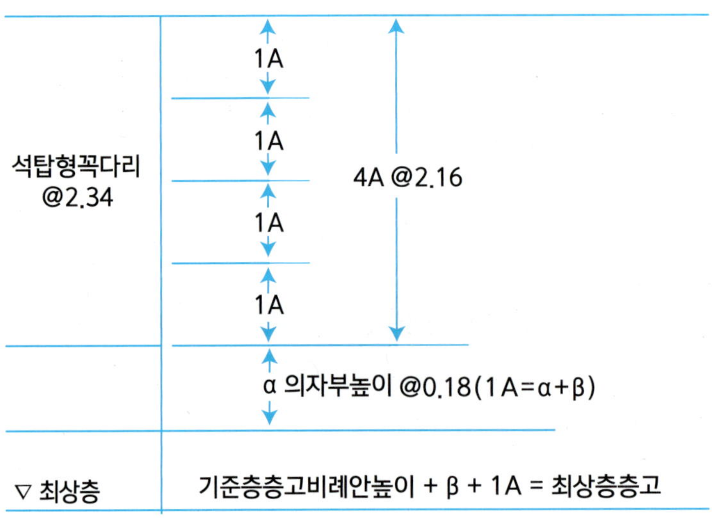

최상층지붕두께를 키우기 위해서 조금 복잡하게 해 봤답니다. 근데 의자부높이가 낮아서 쪼께 걱정이 되네요. 복합 최상층층고증가안의 최상층층고를 봅시다. 간단히 5·7층목탑만 봅시다.

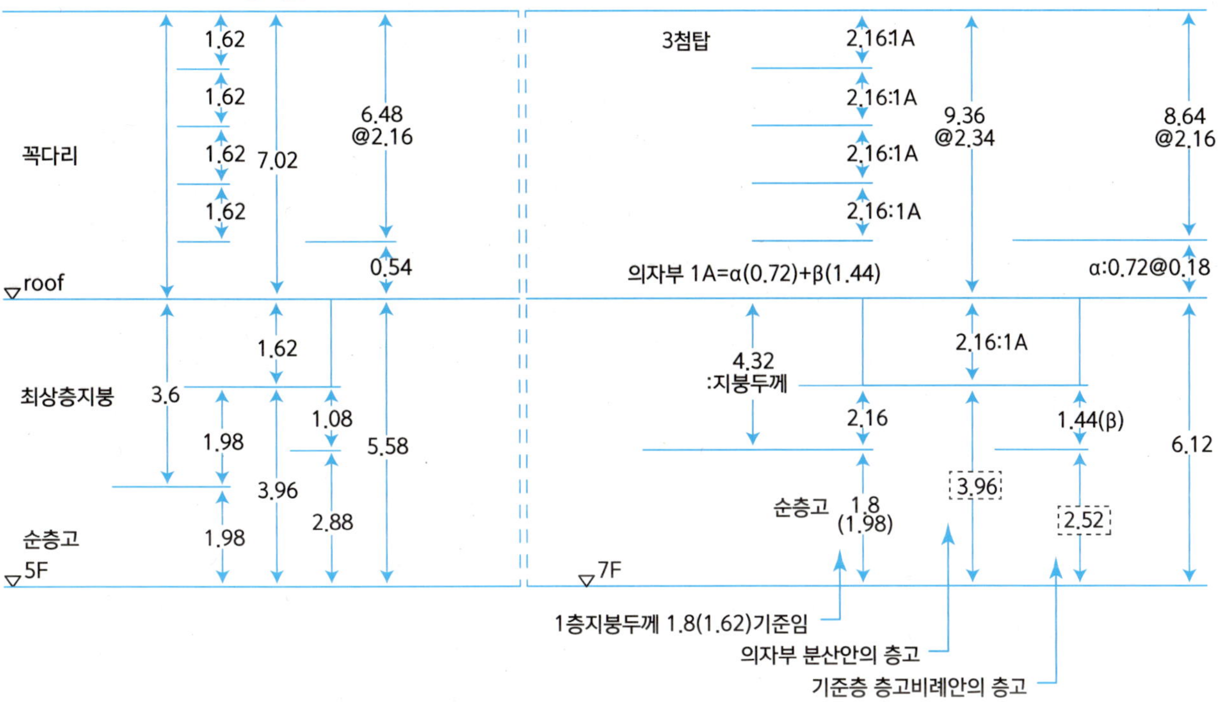

[그림 1136] 복합최상층 층고 증가안의 최상층 층고

간단히 7층목탑의 복합 최상층층고만 봅시다. 보시면, 기준층층고비례안의 7층층고는 2.52이며, 여기서 의자부에서 β(1.44)를 빌려오면 의자부높이분산안의 최상층층고인 3.96이 나오며, 마지막으로 3첨탑의 반인 1A(2.16)를 빌려오면 복합 최상층층고가 6.12가 된답니다. 제법 층고가 높게 되었네요. 지붕판두께는 1층지붕두께를 1.8(1.62)로 하면 7층순층고가 1.8(1.98)이 되며 나머지4.32(6.12-1.8)가 최상층지붕판두께가 된답니다. 이 7층순층고는 1층지붕판두께의 두께에 따라서 바뀔 수가 있답니다. 순층고가 바뀌면 자동으로 지붕판두께도 바뀔 겁니다. 아주 쉽게 복합 최상층층고를 요약해 봅시다.(7층 목탑 기준)

- **기준층층고(이론) + β(1A = α+β : 의자부에서 갖고 온 높이) = 의자부분산 최상층층고**
  2.52 + 1.44[2.16 = 0.72(α) + 1.44(β)] = 3.96

여기에다 1A(첨탑 1개높이)를 더해주면 된답니다.

- **의자부분산최상층층고 +1A(1개첨탑높이) = 복합최상층층고**
  3.96 + 2.16 = 6.12

말로 계산을 할려니 쪼께 복잡해 보이네요. 근데, 실제 계산은 아주 간단하답니다. 참고로 3첨탑층고이동공법의 최상층층고는,

- **기준층층고 +1A(1개첨탑높이) = 3첨탑층고이동 최상층층고**
  2.52 + 2.16 = 4.68

아주 간단하네요. 이 꼭다리가 아주 재미있는 놈이죠. 최상층층고를 높이는 방법이 여러 가지 경우의 수가 있을 수 있는데 제 생각으로는 꼭 목탑형의자부가 되어야 하면 3첨탑층고이동공법으로 할 것 같으며, 최상층층고가 약간 낮다고 판단이 되면 비록 석탑형의자부라 별로 볼품은 없을지라도 최상층층고가 높은 복합최상층층고증가안이 제일 유력하지 않을까 생각하고 있답니다.

그런데, 알 수 있는 방법은 없답니다. 주로 이 두 안을 보시게 될 겁니다. 또한, 자체치수변화공법을 쓸 수도 있답니다.(치수가 다양해질 수도 있음) 탑층고도 여러 경우의 수가 나올 수 있겠지만, 건물폭은 더 많은 경우의 수가 나올 수가 있답니다. 아주 기본적인 건물폭에 따른 형태를 한번 봅시다.

3. 형태별 사찰목탑(칸 수에 따른 건물 폭)

신라목탑은 4각형형태와 8각형형태에 대해 생각해 보았답니다. 8각형태를 생각해 본 것은 신라탑(관공서)이 8각형이라 생각해 본 것이랍니다.

그런데, 백제목탑은 4각형형태만을 생각해보겠습니다. 이유는 간단하겠죠. 미륵사지의 탑류를 보시면 이해가 쉬울 겁니다.

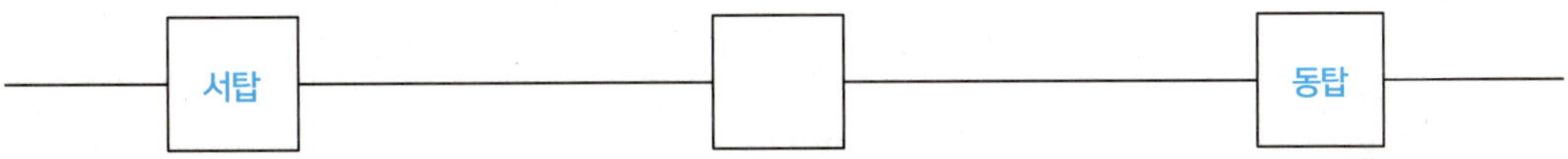

[그림 1137] 4각 7층목탑형 미륵사서석탑 [그림 1138] 미륵사 7층목탑 [그림 1139] 4각 7층목탑형 미륵사동석탑(추정)

미륵사탑류를 보시면, 동·서 4각3칸등간격 7층석탑 사이에 미륵사 7층목탑이 있답니다. 이럴 경우의 미륵사목탑은 자연스레 4각목탑이 어울릴 것 같아 보인답니다. 아잉가? 글쎄요. 어떤 상식이 더 어울릴지는 알 수가 없네요. 만약 백제에서도 백제탑(관공서 계통)이 있어서 이 백제탑이 8각형이라는 것이 확실하다면 당연히 백제목탑도 8각형일 수도 있을 거라고 생각해 볼 수는 있답니다. 그런데 미륵사지를 보시면 동·서석탑이 목탑형으로 4각형인데 목탑만 덩그러니 8각형으로 하기도 조금은 그렇답니다. 혹자는 이렇게 얘기할 수도 있답니다. 4각석탑 + 4각석탑 = 8각목탑이라야 어울리지 않겠느냐고요? 맞으신 말씀입니다. 최소한 숫자상으로는? 4+4=8 계산기로 두드려 보니 맞는 것 같네요. 제가 웃기려고(?) 그냥 농담 한번 해본 거랍니다. 여러 많은 생각을 해보니 백제목탑은 4각형태가 어울릴 것 같네요. 혹시 8각목탑에 관심이 계신 분은 시간 내셔서 한번 풀어보시는 것도 괜찮을 것도 같답니다.

간단히, 4각형태의 목탑에서 발생될 수 있는 칸수를 아주 간단히 봅시다.

① **4각 3칸 비례안**
② **4각 5칸 등간격안**
③ **4각 5칸 비례안** 등이 있을 수 있겠네요.

이 외에도 수도 없이 많은 경우의 수가 있을 수 있겠지마는 이 정도 규모가 백제목탑에 어울릴 것 같아서 이 3가지에 대해서 하나하나 알아봅시다.

(1) 4각 3칸 비례안

이 4각3칸비례안은 일본에 있는 법륭사 5중탑에 근거를 두었답니다. 제가 알기로는 백제목탑의 흔적이 남아 있는 것이 법륭사 5중탑이랍니다.(유일한지 더 있는지는 모르겠습니다.) 법륭사 5중탑(일본에서 부르는 이름)은 백제양식으로 알려져 있답니다. 저는 이 법륭사 5중탑을 처음에 볼 때는 정면5칸 등간격인줄 알았는데 자세히 보니 3칸비례안이더랍니다. 최소한 제가 볼 때에는 그렇게 보이더랍니다. 건물폭에서 제일 중요한 1층폭을 먼저 생각해봅시다. 4각3칸 비례안의 칸폭을 기본적으로 2A로 생각해 봤답니다. 4각5칸은 기본이 4A로 약간 다르게 해 봤답니다. 같게 하면 재미가 별로 없을 것 같아서랍니다?

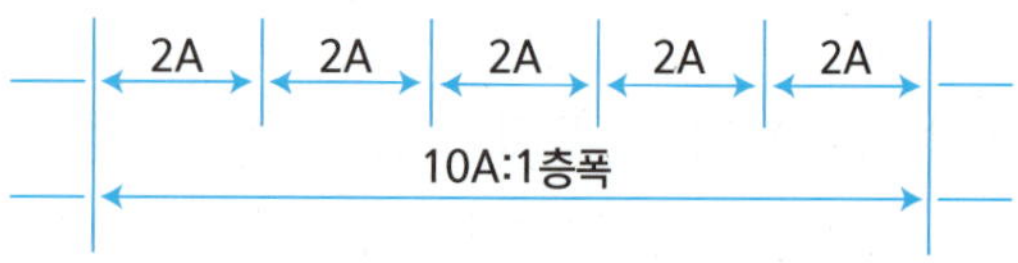

[그림 1140] 처음 생각해 본 5중탑의 5칸등간격안

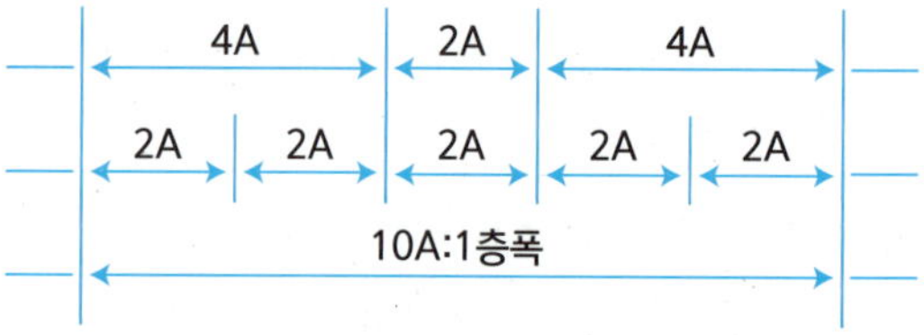

[그림 1141] 5중탑의 5칸을 3칸으로 본 개념

보시듯 처음에는 2A가 등간격으로 5칸으로 생각을 했었는데, 양옆 2칸을 합쳐보니 3칸비례안이 나오더랍니다. 그래서 3칸비례안으로 보기로 했답니다. 참고가 되실지 모르니 잠깐 법륭사 5층탑을 봅시다.

[사진 19] 법륭사 5층탑

인터넷에서 본 사진이라 3칸비례안인지 5칸등간격인지는 정확하게 판단하기는 애매는 하나 일단 3칸비례안으로 보겠습니다. 더 판단하기 힘든 것은 중앙칸의 폭이 얼마인지를 도통 알 수 있는 방법이 없네요. 그냥 대충 눈대중(?)으로 판단하는 수 밖에는 없답니다. 직접 가서 실측하면 되는디? 배타고 가야 되는디? 어찌 되었건 4각3칸비례안의 1층건물폭을 알아내어야겠죠. 일단 1층건물폭을 10A로 가정했답니다. 그런데 이 A는 임의의 치수로 어떤 누군가가 치수를 지정해야 하는 치수랍니다. 이 A의 치수가 얼마 정도면 적당할까요? 1층건물폭을 20A로 한다고 해서 1층폭이 2배로 늘어나는 건 설마 아니겠죠.

1층폭이 10A일 때 A가 2이면 1층폭은 20이 되며 1층폭이 20A일 때 A가 1이면 1층건물폭은 20으로 결과적으로는 10A=20A가 된답니다. 아잉가? 보이지도 않고 알 수도 없는 이 A라는 놈을 추정해 봅시다. 알 수 있는 유일한 것은 이 A는 9의 배수숫자가 되어야겠죠. 그래야만이 건물폭이 1.08의 배수가 될 확률이 높답니다. 가장 중요한 것은 중앙칸폭이 2A랍니다. 중앙칸은 사람들이 건물에 들어가고 나오는 동선공간이랍니다. 중앙칸을 막아버리고 양옆칸으로 들어가시겠다구요. 그렇게 하는 건물도 있을 수 있답니다? 그렇다면 이 중앙칸폭 2A에 모든 초점을 맞추어야 할 겁니다. 7층·5층목탑 정도라면 최소한 2명 정도는 마음대로 드나들 수 있으면 좋을 겁니다. 1층목탑이라면 2명이 마음대로까지는 아니더라도 살짝 비켜서라도 통과할 수 있으면 좋을 것 같네요. 그래서 여러 가지를 생각해 본 끝에 7층목탑의 A를 1.44로 하고 탑간 증감계수를 @0.18로 해봤답니다. 그러면 7층목탑 2A=2x1.44=2.88이 되며 1층목탑을 지었는지는 알 수는 없지만, 이론적으로 1층목탑 2A=2x0.9=1.8이 된답니다. 1층 외벽기둥을 R0.45로 가정해 보면 1층목탑 중앙칸 순폭은 1.8-0.45=1.35가 되니 두 명은 룰루랄라 서로 웃으며 통과할 수 있을 것 같답니다. 이 백제목탑 3칸비례안에 처음 접근할 때에는 5층·7층목탑만 있는걸로 가정하고 7층목탑 A=1.44로 하고 5층목탑 A=1.08로 탑간증감계수 @0.36으로 했답니다. 그러니 7층·5층목탑이 아주 훌륭하게 잘 나오디랍니다. 그런데, 여러 많은 생각을 하다보니 설사 1·3층목탑을 짓지는 않았을지라도 이론적으로 접근할 때에는 일단 있다고 가정하는 것이 맞을 것 같아서 7층목탑 A=1.44로 하고 탑간 증감계수를 @0.18로 했답니다. 어쨌든 7층목탑 A를 1.44로 가정하고 접근해 보겠습니다. 7층목탑 1층폭이 10A라고 해서 탑폭이 결정되는 것은 아니겠죠. 1층지붕판도 있을 것이며 1층으로 올라가는 외부계단도 있어야 될겁니다. 그래서 제가 7층목탑의 탑폭을 생각해보았답니다. 보실까요.

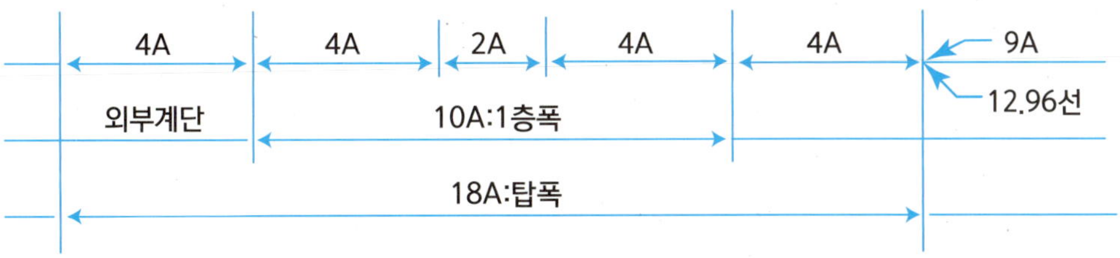

[그림 1142] 7층목탑의 탑폭(추정)

탑폭이 18A랍니다. 7층목탑 A가 1.44이니 7층목탑폭은 18x1.44=25.92m랍니다. 25.92÷1.08=24, 25.92÷2.7=9.6으로 아주 잘 나누어진답니다.

탑폭이 25.92m이니 미륵사석탑 16.2보다 9.72가 더 크답니다. 즉, 미륵사석탑보다 1.6배 폭이네요. 4각3칸비례안의 7층목탑의 A만 1.44와 탑간 증감계수를 @0.18로 했으며 4각5칸은 7층목탑의

A=1.08로 하고 탑간 증감계수를 @0.09로 했답니다. 약간 변화를 주어 보았답니다. 너무 똑같으면 재미가 쪼께 없겠죠? 이젠 4각3칸비례안의 7층목탑 개념부터 접근해 보셔야죠.

4각3칸비례안이라도 폭만 3칸비례안이지 각층 층고가 여러 가지가 발생될 수가 있을 겁니다. 앞선 층고편에서 잠깐 말씀드린 것을 요약해 보면 대충 이 정도의 층고들이 있을 것 같네요.

A. 기준층층고비례안(순수이론안)

① 7층목탑 1층층고 H=8.64안 : 목탑형꼭다리(미륵사석탑층고 2배안)

② 7층목탑 1층층고 H=9.0안 : 석탑형꼭다리

B. 최상층층고증가안

① 3첨탑층고이동 최상층층고증가안 : 기준층층고 + 3첨탑 반

② 의자부높이분산 최상층층고증가안 : 기준층층고 + 의자부높이의 일부

③ 복합최상층층고증가안 : 기준층층고 + 의자부높이의 일부 + 3첨탑 반

물론 더 있을 수도 있겠지만 대충 이 정도일 겁니다. 백제목탑의 층고 개념을 7층목탑(미륵사목탑)의 1층층고에 모든 초점을 맞추었답니다. 7층목탑 1층층고가 9m든 8.64이든 각 탑간의 1층층고 증감계수는 @0.72가 될 겁니다. 왜냐구요? @0.72가 제일 자연스럽게 모든 층고를 해결해 주더랍니다. 7층목탑 1층층고 9.0과 8.64의 숫자를 간단히 분석해 봅시다.

① 9m { • $2.7 \times 3\frac{1}{3}$, • $1.08 \times 8\frac{1}{3}$ }

② 8.64m { • 2.7×3.2, • 1.08×8 }

→ 이렇게 숫자분석이 되네요.
어느 숫자가 더 좋아 보이시나요. 각자 알아서 판단하이소?

이 숫자분석은 어떤 근거도 없지마는 그래도 판단하는데는 약간의 도움은 될 수도 있어 재미로 해 본 것이랍니다. 제가 탑들을 풀면서 희한한 것을 하나 인지했답니다. 바로 제일 처음 접근했을 때의 어떤 치수가 마음에 쏙 들기도 하고 매끄럽게 잘 나오면 그 치수에만 집중하는 경향이 있더랍니다. 참 웃기죠? 무슨 얘기냐 하면 제가 처음에 백제석탑을 풀어 보니 묘하게도 석탑형꼭다리가 나오더랍니다. 다음에 백제목탑에 손을 대었는데 희한하게도 석탑형꼭다리 개념만 생각이 났으며 당연히 그렇게 또 접근했을 겁니다. 그러니 목탑형꼭다리라는 개념 자체를 생각조차 못했

겠죠. 그러다 한참 뒤에서야 목탑형꼭다리도 가능하다는 걸 인지하기 시작했답니다. 어찌 되었건 알아내긴 냈는데 아무리 생각해봐도 제 사고방식에 쪼께 문제가 있는 것 같은 생각이 드네요? 왜 접근방법에 유연성을 두지 않고 한 가지 쪽으로만 고집하는지 알다가도 모르겠더랍니다. 대가리가 나쁜 건지 사고가 꽉 막혔는지? 모르죠. 둘 다 일지? 가마이 생각을 해보면 처음 접근할 때(첫 단추 끼우기) 잘해야 수족 고생이 덜한 걸 인지했답니다. 위에 예시된 층고들 중에서 전에도 잠깐 말씀드렸듯이 기준층층고비례안은 7층목탑 1층층고가 미륵사석탑 2배인 8.64를 채택할 것이며 최상층층고증가안은 기준층층고비례안(7층목탑 1층 H=8.64)에 근거한 3첨탑 층고이동안과 복합공법안에 중점을 두고 풀어 볼 겁니다. 먼저, 4각3칸 7층목탑 최상층층고증가안(3첨탑층고이동안)을 볼까요.

Notice 별책도면 No.46 **4각3칸 비례안 미륵사목탑 개념도**
– 3첨탑층고이동 최상층층고증가안 – 목탑형꼭다리

보시면 3첨탑의 이론높이(2A)의 반을 기준층층고비례안의 최상층(7층)에 보태 준 안이랍니다. 1층지붕두께를 1.62로 하고 지붕각(처마각)을 미륵사석탑 지붕각(3각)의 2배인 6각으로 한 안이랍니다. 이 1층지붕두께가 헷갈려서 1.62로 했다가 1.8로 다시 고쳤다가 다시 또 1.62로 해본 안이랍니다. 1.62로 한 가장 큰 이유는 1층지붕이 3우수선일 때 지붕판길이의 숫자합을 9로 맞추기 위해서랍니다. 3첨탑높이이동공법의 최상층층고증가안은 말 그대로 인지하셔도 되겠지만 미륵사석탑층고 1·2층 2배안과 기준층층고 증감계수 @0.36에 대해서도 개념만 잠깐 말씀드리겠습니다.

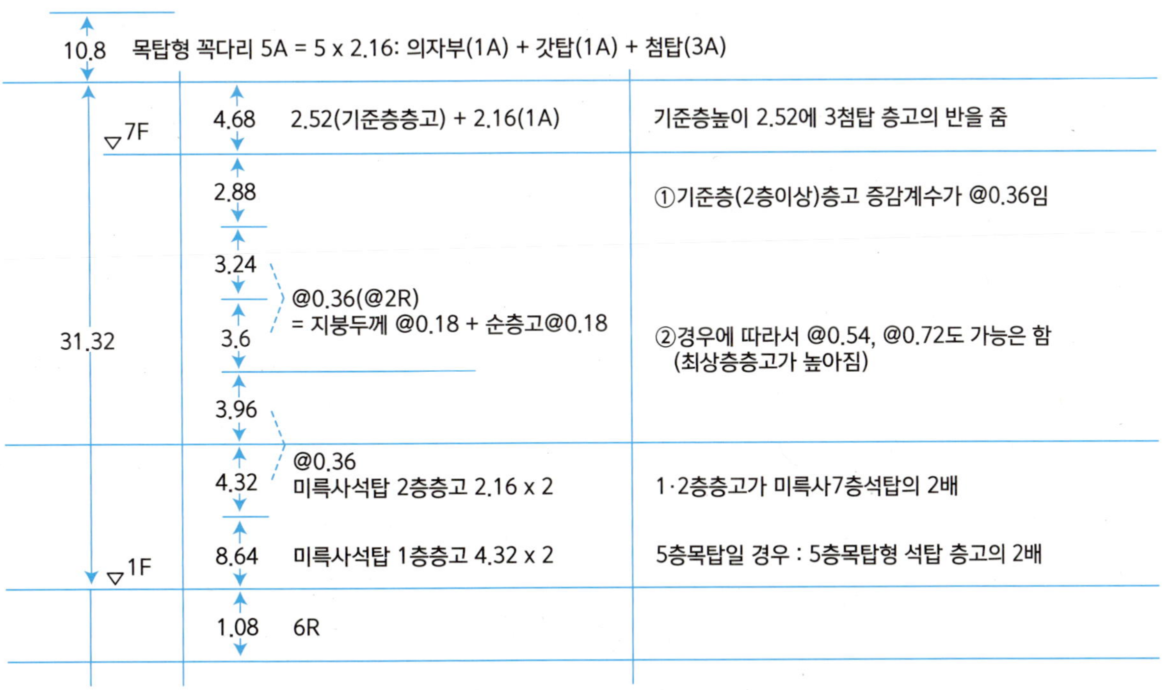

[그림 1143] 미륵사석탑층고 1·2층 2배안과 기준층층고 증감계수@0.36개념

별도로 도표를 만들어 보니 이해가 조금은 빠르실 겁니다. 석탑층고 2배안은 5층목탑도 똑같이 적용될 겁니다. 기준층층고증감계수는 기준층층고비례안 자체높이에서 최상층층고증가안을 만들시는 @0.36이 아니라 @0.54, @0.72도 가능하답니다. 그리되면 최상층층고가 높아져서 지붕경사는 뾰족해질 수가 있는데 묘하게도 최상층쪽 순층고가 너무 낮아 문제가 발생될 수가 있답니다. 7층목탑 한 개만 더 봅시다. 복합최상층층고증가안이며 석탑형꼭다리랍니다.

Notice 별책도면 No.47 **4각3칸 비례안 7층목탑 개념도**

- 복합최상층층고 증가안 기준 – 석탑형꼭다리

이 안은 전에도 말씀드렸듯이 최상층(7층)높이가 기준층 층고(이론)에다가 의자부높이의 일부를 갖고 왔으며 거기다가 3첨탑의 반높이도 가져와서 층고가 제법 높답니다. 당연히 지붕두께가 두꺼우니 최상층지붕경사도가 좀 가파를 겁니다. 그런데 의자부높이가 쪼께 낮아서 고민거리랍니다. 당연하죠. 원래의 목탑형의자부높이를 조금 떼어다가 최상층에 보태주다 보니 석탑형의자부가 될 수 밖에 없네요. 기준층층고비례안은 최상층층고가 제일 낮아서 최상층지붕 전체를 기와로 이기가 좀 힘이 들어서 생략하겠습니다.

7층목탑의 큰 형태를 보셨으니 부분적으로도 좀 보셔야겠지요.
미륵사 목탑을 보시면 기본적으로 지붕각은 ⊿6(6각)으로 했으며, R=0.18이랍니다. 기본적으로 백제목탑의 계단단높이는 R=0.18로 할 겁니다. R=0.18이 되어야 모든 치수들이 아주 잘 맞아 떨어지기 때문이랍니다. 이 4각3칸비례안목탑이 재미있는 것(?)은 실사용 공간이 거의 없으며 거의가 계단으로 구성이 되어있답니다. 쉽게 얘기하면 저희들이 일반적으로 알고 있는 탑돌이용 계단 정도로 생각하시면 된답니다.

7층목탑 1층평면도만 잠깐 보실까요.

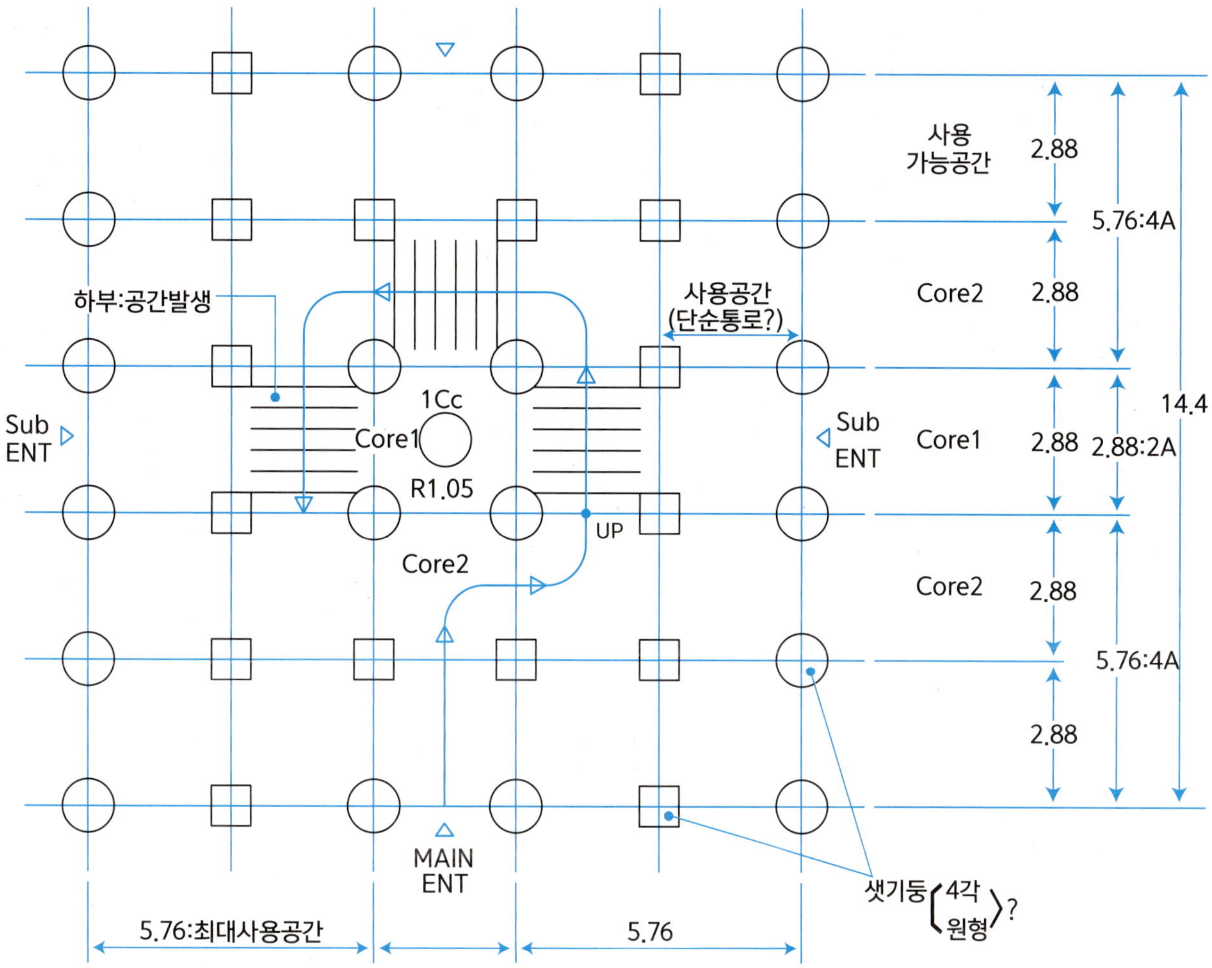

[그림 1144] 미륵사목탑 1층평면도 - 4각3칸비례안

주기둥을 원형기둥으로 보고 샛기둥은 원형기둥일 수도 4각기둥일 수도 있답니다. 보시듯 core1과 core2를 빼고 나면 양옆에 2.88(2A)공간만이 나온답니다. 그것도 사람이 이동하면 실사용 공간은 거의 없답니다. 그래도 다행인 것은 서쪽에는 5.76(4A)의 사용가능한 공간이 나온답니다. 이유는 아실 겁니다. 2계단을 회전하면 계단하부에 사용가능한 공간이 발생되기 때문이겠죠. 이 서쪽면에 부처님을 모셔서 소원을 비실 수가 있답니다. 어느 정도 설법도 가능은 할 것도 같답니다.

어찌 되었든 1층뿐만 아니라 저층부에도 어느 정도의 기본적인 사용공간이 조금은 발생이 된답니다. 먼저 지하층인 외부진입계단부터 보실까요.

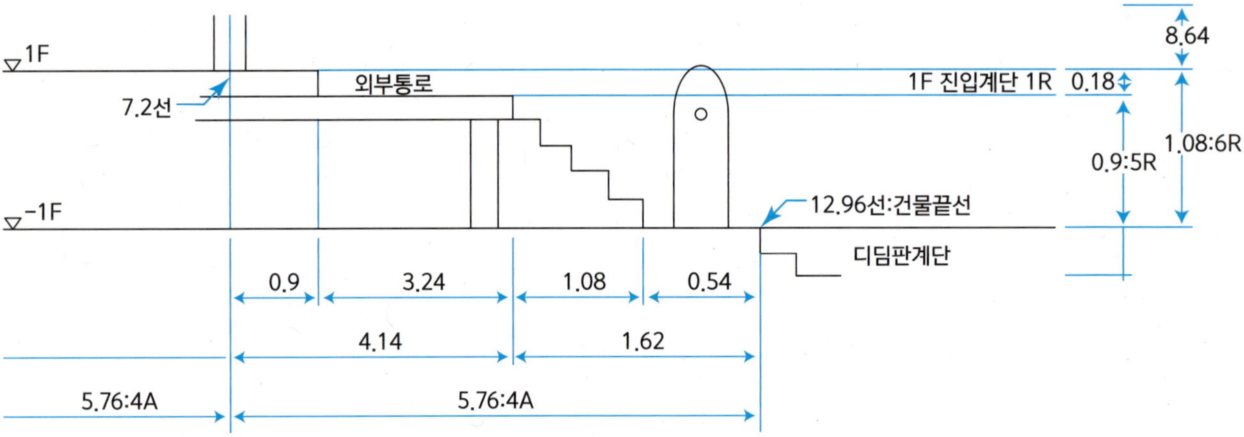

[그림 1145] 미륵사목탑 : 외부진입계단

지하층층고는 백제목탑이든 석탑이든 기본적으로 6R=6x0.18=1.08로 했답니다. 1F진입계단을 2단으로 하기에는 조금 그래서 형식적으로 1단을 기본으로 했답니다. 1층 진입계단단높이가 18cm이긴 하나 외부통로폭이 있으니 기본적으로 약 3cm의 물구배는 있겠죠. 이제 1층으로 올라갈까요. 이 1층은 중2층이 발생될 것 같답니다.

신기하게도 1층 중간에 무엇인지는 모르겠으나 띠턱이 있기 때문이겠죠. 이 1층의 외부기둥과 지붕을 잠깐 봅시다.

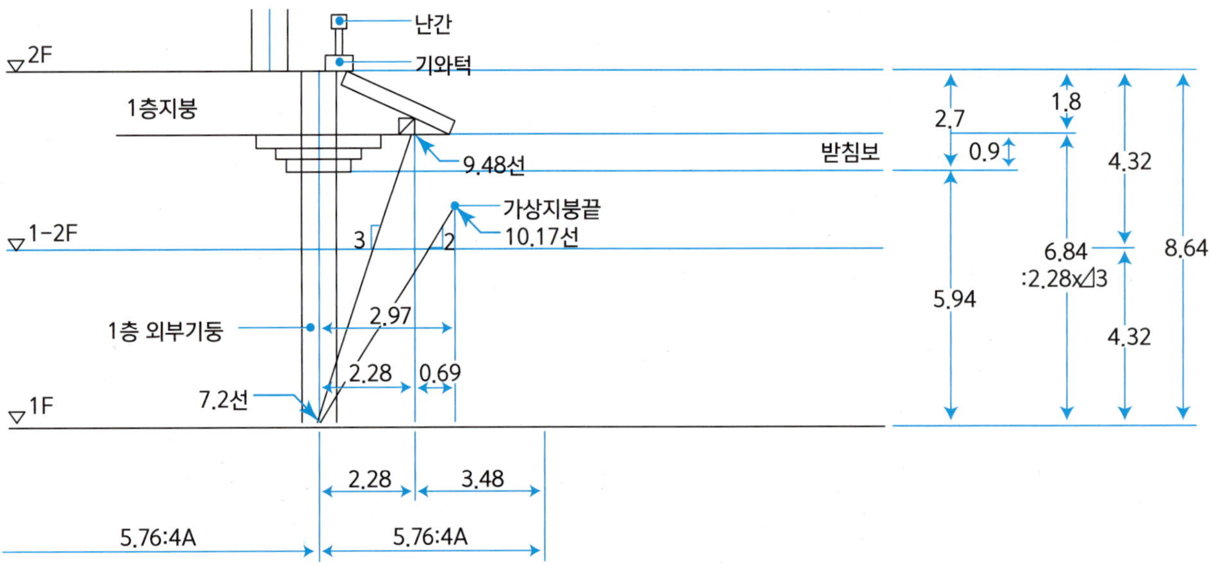

[그림 1146] 4각3칸비례안 미륵사목탑 1층지붕 & 우수선 개념

이 1층 지붕우수선이 무지 헷갈리게 되어있답니다. 아니 1층지붕우수선 잡기가 엄청 힘이 든답니다. 지붕우수선 자체가 있는 건지 없는 건지조차 헷갈린답니다. 일단 있을거라고 가정하겠습니다. 목탑 1층지붕에 우수선이 없으면 조금은 섭섭할 것 같아 크게 2가지로 가정해 보겠습니다.

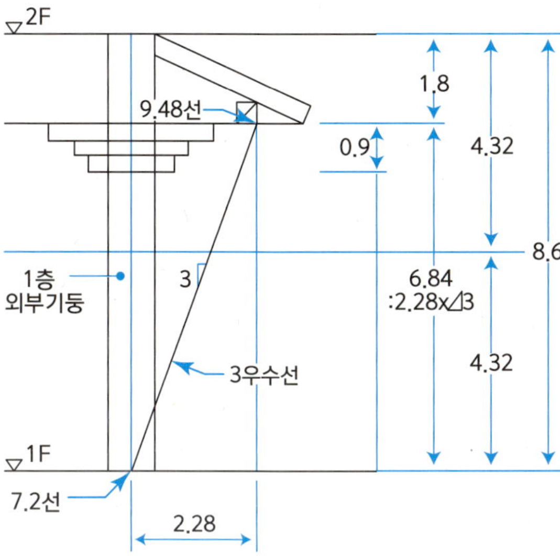

[그림 1147] 3우수선 개념 : 7층목탑 – 실제적용 예정임

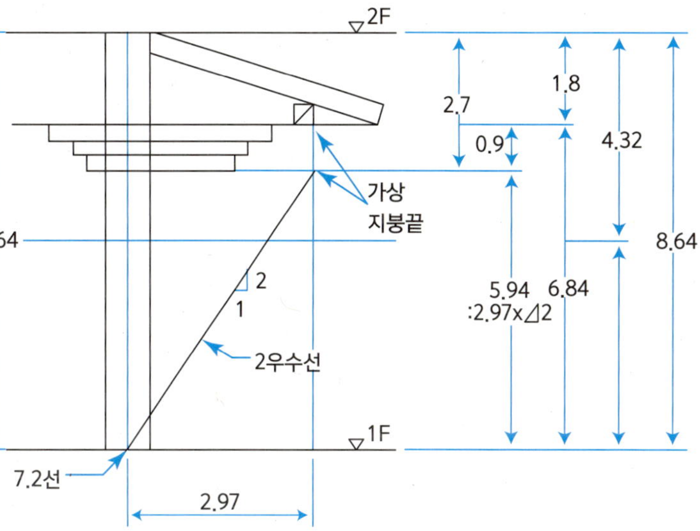

[그림 1148] 2우수선 개념

첫째안은 3우수선 안으로 이의 근거는 법륭사탑의 지붕날개가 너무 짧아서 생각해 본 것이랍니다. 1층 지붕우수선이 3우수선이 되다 보니 묘하게도 중2층에도 지붕이 있더랍니다. 두 번째안은 정상적인 2우수선까지는 아니지만 가상지붕을 설정하여 가상지붕하부 끝선에 초점을 맞추어서 2우수선으로 생각해 본 안이랍니다. 즉, 지붕받침보까지의 높이를 지붕판으로 보고 지붕을 4각판으로 가정하여 제일 하부끝선에 초점을 맞추어서 2우수선으로 가정해 본 것이랍니다. 엄밀히는 실제 지붕판과는 무관하지만 일단 가상지붕 끝선을 2우수선으로 하고 실제지붕판 끝선으로 가정한 것이랍니다. 물론 서까래 등은 가상지붕 끝선보다 더 튀어나올 겁니다. 비록 가상이긴 하지만 3우수선보다는 비를 막는데는 훨씬 더 유리할 겁니다. 이 미륵사 7층목탑의 1층지붕이 3우수선이다 보니 1층 외부기둥 하부에는 비가 지멋대로 오면 많이 젖을 수도 있겠죠. 그래서 오중탑 식으로 중2층지붕을 설치할 수도 있답니다. 물론 일본만큼 비가 많이 오지는 않아서 설치를 안할 수도 있겠지만 일단 설치한다고 가정해 보겠습니다. 이유는 아실 겁니다. 1층의 중2층에 외부로 툭 튀어나온 턱이 있답니다. 이 턱이 왜 나와 있는지가 너무너무 궁금했었는데 아마도 중2층지붕용 보강받침대턱 역할을 하라고 내어 놓았을 수도 있답니다. 목탑은 그렇다 치더라도 돌삐건물인 미륵사석탑에도 1층의 중2층에 툭 튀어나온 턱이 있답니다. 그렇다면 미륵사석탑 1층중2층에도 지붕이 있을

수 있다? 돌뻬도 비 맞으면 안된다. 설마 석탑에까지 중2층지붕을 내지는 않았겠죠? 아마 중2층지붕은 이렇게 시공하지 않았을까 생각을 해 본답니다.

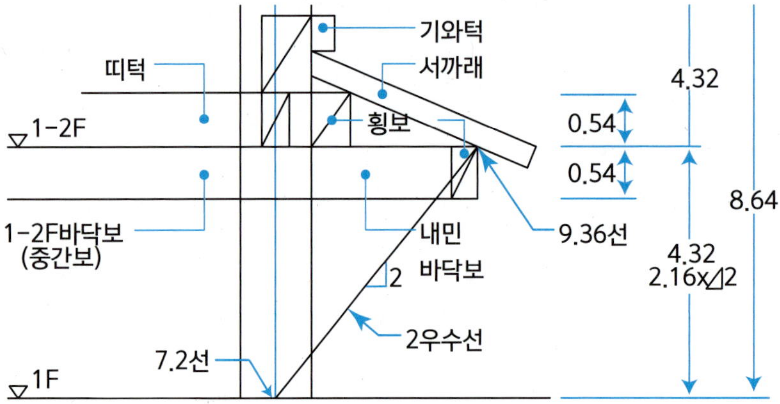

[그림 1149] 1-2F 중2층지붕판 개념

층지붕도 아닌데 중2층지붕을 낸다니 상식적으로 조금은 웃기기는 하지만 어쨌든 비막이가 더 중요하니 한번 내어보았답니다. 일단 1-2F 위에 있는 띠턱에 횡보를 연결한 뒤 1-2F바닥보(중간보)를 기둥을 관통해서 내민보를 낸 뒤 횡보를 걸치면 서까래를 걸 수가 있을 것 같답니다. 이 내민보는 반드시 기둥을 관통해야 힘을 받을 겁니다. 서까래만 걸칠 수 있으면 알아서 기와는 얹히게 될 겁니다. 지저분하게 보일 수가 있으니 당연히 기와 상부에 기와턱 보를 만들어야겠죠. 제 시공법이 맞을지 저 자신도 헷갈리네요. 중2층지붕의 우수선은 2우수선 정도가 적당할 것 같으며, 지붕끝선이 9.36선이 되며 1층지붕끝선(3우수선 기준)보다는 쪼께 내부로 들어올 겁니다. 중2층지붕이 1층본지붕 보다 더 튀어 나오면 쪼께 우스개 건축물이 되겠죠. 이 중2층지붕기와턱 내기도 쉽지마는 않겠지만 층지붕기와턱 내기가 더 어려울 것 같답니다. 보실까요.

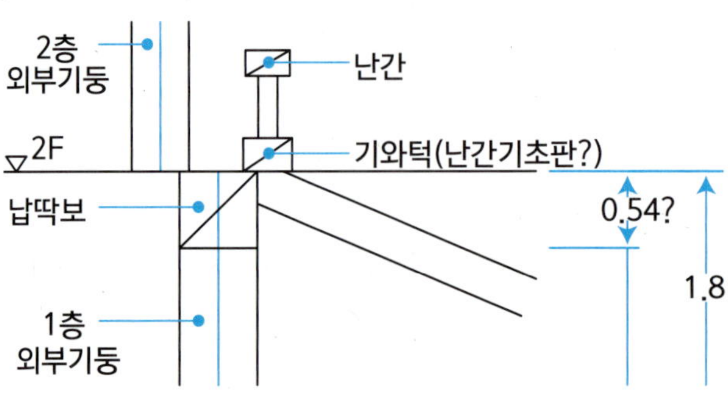

[그림 1150] 1층지붕기와턱 : 법륭사식

보시듯이 각층 외부기둥 상부의 횡보는 납딱보(평평한 보)가 되어야 될 것 같답니다. 아니면 정식 횡보 옆에 덧보처리를 해야겠죠. 만약 일반 정상보라면 서까래 걸기가 너무 불편할 것 같답니다.

볼까요.

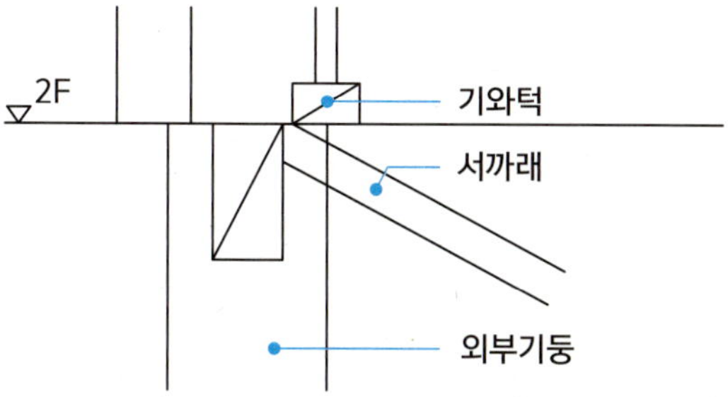

[그림 1151] 정상보시 : 서까래가 안으로 쏙 들어옴

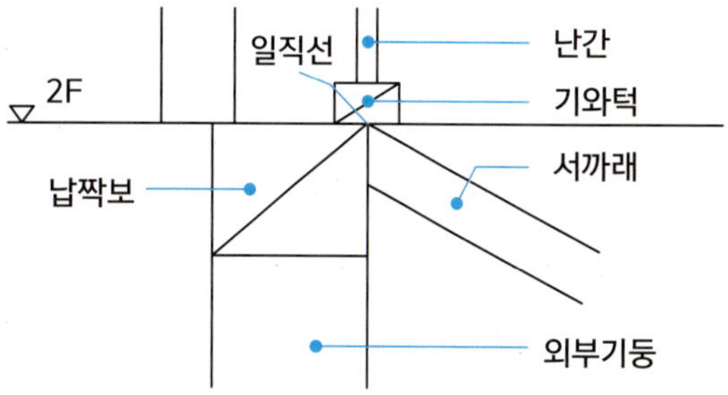

[그림 1152] 납작보시 : 서까래를 기둥끝선에 일치가능

위 그림에서 보시듯 법륭사식 기와턱은 보에 있는 것이 아니라 묘하게도 윗층의 외부난간 기초판이 기와턱을 겸하게 되어 있는 것 같답니다. 제가 보기에는 아무리 봐도 그렇게 보이네요. 아주 특이한 공법이네요? 난간이 보와 분리되어 있는지 아니면 난간기초판(받침판)만 보와 일체로 되어 있는지는 모르겠으나 뭔가가 조금은 불안하게 보이기도 하네요.

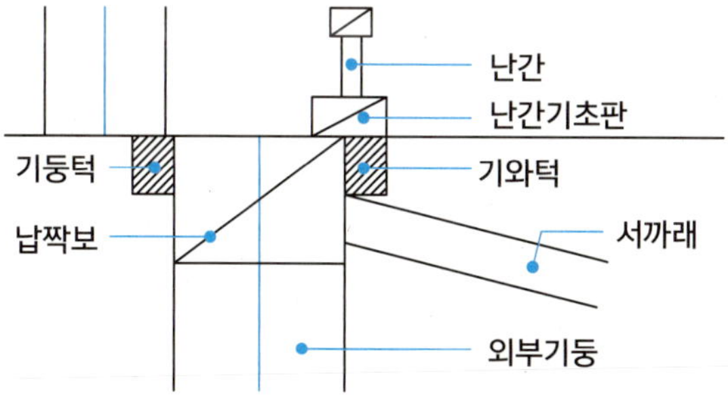

[그림 1153] 신라지붕기와 마구리턱 개념

저라면 신라목탑 기와턱식으로 한번 생각해보겠습니다. 물론 형태는 조금은 달라지겠네요. 신라기와마구리턱은 납작보와 일체식으로 보기에도 깔끔하고 안정적으로 보이네요. 어쨌든 서까래의 상부를 보에 걸치기는 쉽지마는 않은 것 같네요.

그리고 상층부 외부기둥 받치기가 무척이나 어렵게 생겼답니다. 물론 1층외부기둥은 아주 튼튼할 겁니다.

1층과 2층의 외부기둥을 보실까요.

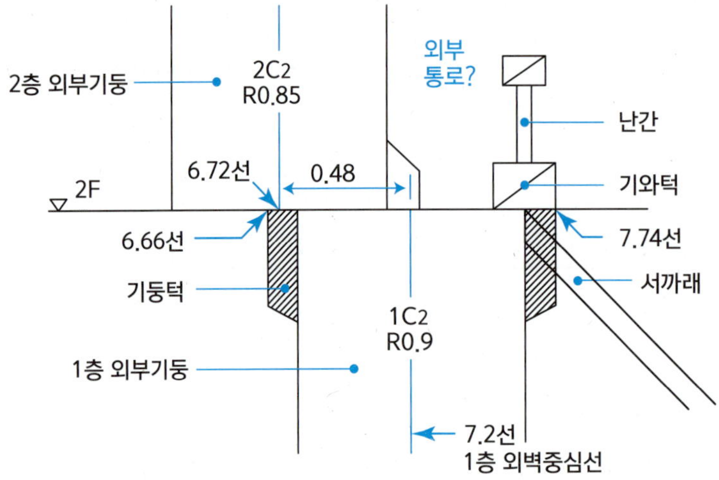

[그림 1154] 미륵사목탑 1·2층외부기둥

1·2층외부기둥의 중심간 간격은 @0.48이랍니다. 즉, 1층기둥보다 2층기둥이 48cm가 안으로 들어온답니다. 2층외부기둥을 튼튼하게 받치기 위해서는 1층지붕에 2층외부기둥용 공중기둥이 필요할 것도 같은데 이 공중기둥을 매달만한 공간이 없답니다. 그나마도 다행인 것은 1층외부기둥이 2층외부기둥을 완벽하지는 않을지라도 아주 튼튼하게 받쳐주긴 준답니다. 57cm나 받쳐주네요. 이 정도면 구조적으로는 크게 문제점까지는 없을 것 같답니다. 1·2층외부기둥 중심선 증감계수가 @0.48이다보니 어렵긴 하지마는 어쨌든 2층외부난간을 간신히 설치는 할 수 있답니다. 그나마 다행이죠. 외부난간 설치공간이 안 나오면 문제가 쪼께 있겠죠. 제가 백제목탑이 1~7층목탑까지 다 있을 거라고 가정해서 7층목탑 1층중심기둥 규격을 1CcR1.05로 생각했답니다. 그러다 보니 1층외부기둥인 1C2가 R0.9로 무지 기둥이 굵답니다. 만약 1·3층목탑이 지어지지 않았다고 가정한다면 기둥규격을 30cm나 더 줄일 수는 있답니다. 즉, 7층목탑 1층외부기둥이 R0.9에서 R0.6까지 줄어들 수도 있답니다. 그렇게 되면 2층외부기둥 받침공중기둥도 설치가 가능하게 되며 2층외부통로폭이 약간 더 여유가 있어서 난간설치가 조금 편리해질 수가 있답니다. 그런데 기둥폭을 줄이는 게 구조적으로 가능한지는 미지수랍니다. 백제목탑을 5·7층목탑만 지었을 거라고 우길까요? 아무도 알 수가 없답니다. 이 기둥규격의 기본은 1층 목탑의 최소기둥폭을 R0.45(원형기둥으로 지름이 45cm)로 가정해서 역으로 추정한 것이랍니다. 1층목탑의 외부주기둥이 0.3으로도 가능한지는 미지수랍니다. 샛기둥이 R0.15(□0.12)밖에 안되네요. 가능하다면 전탑 전기둥의 기둥규격을 15cm씩 줄일 수도 있답니다.

그리고 지붕판 두께가 아주 애매하답니다. 7층목탑 1층지붕두께가 1.8이 무난할 것 같은데,

1.62로 하면 지붕판 길이의 숫자합이 9가 되니 자꾸 1.62쪽으로 마음이 가네요. 그래도 1.8을 기본으로 하고 지붕두께 증감계수를 전탑이나 각 탑지붕두께에 @0.18을 적용할 예정이랍니다. 즉, 5층목탑 1층지붕두께는 1.62(7층목탑보다 18cm적게)가 되겠죠. 7층목탑 2층지붕두께는 1.62(1층보다 18cm적음)가 될 겁니다. 지붕두께도 변화를 주어 보았답니다. 또한, 지붕받침보도 조금은 애매하답니다. 사찰목탑에서도 받침보로 해야할 건지 아님, 공포개념을 도입해야 할 건지가 쪼께 헷갈린답니다. 공포개념으로 멋있게도 하고는 싶은데 상부층으로 갈수록 순층고가 낮아져서 공포를 설치하면 공포가 바닥에 닿을 것도 같답니다? 그래도 백제양식인 3단 지붕받침보로 해야겠죠.

이젠 꼭다리도 잠깐 보셔야죠.

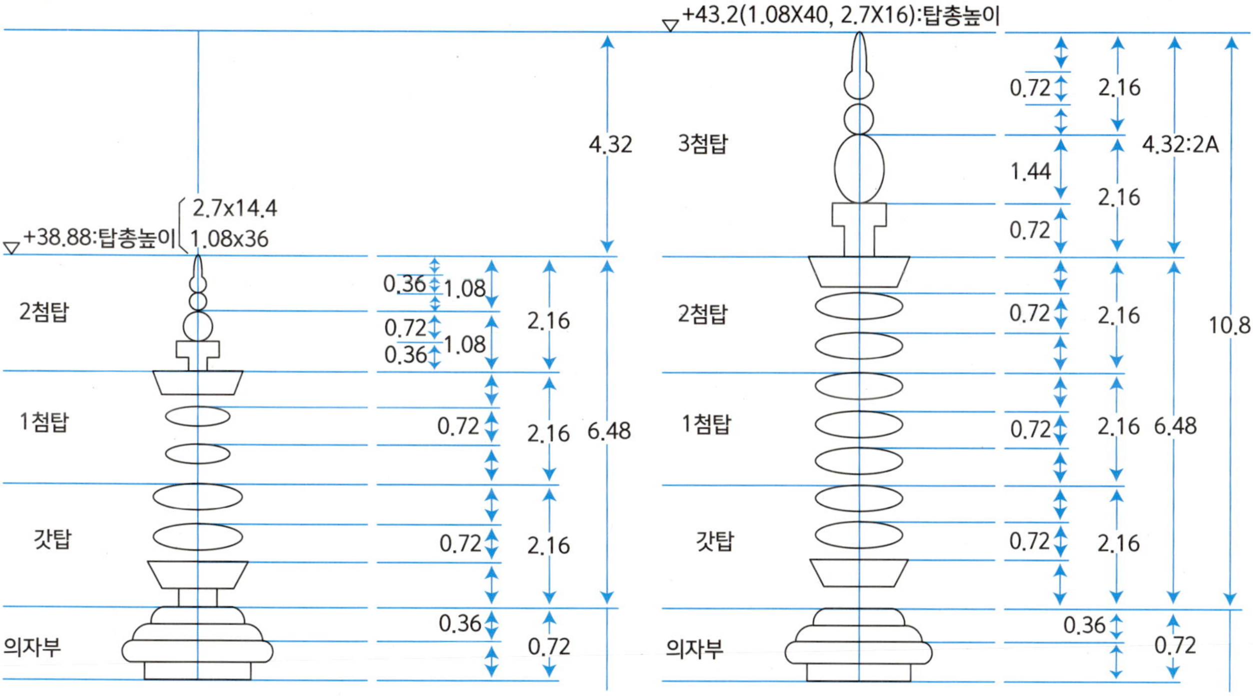

- 2첨탑안 : 처음 생각한 안

- 3첨탑안 : 최종안

[그림 1155] 7층목탑 꼭다리 개념 : 7층목탑 1층층고 9.0안

이 꼭다리를 처음에는 두 개 첨탑일 거라고 생각해서 탑총높이를 38.88m로 생각을 했었답니다. 그런데 탑총높이가 1.08의 배수로는 아주 잘 떨어지는데 2.7의 배수가 마음에 들지가 않더랍니다. 그래서 길고 긴 고민(?)끝에 첨탑 1개를 더 얹기로 했답니다. 물론 미륵사석탑도 마찬가지로 모자 1개를 더 쓰게 되었겠지요? 그렇게 하니 탑총높이가 43.2m로 2.7의 정배수로 소수점없이 딱 떨어지더랍니다. 3첨탑을 하나 더 얹으니 탑은 더 우아한 느낌이 들기는 드는데 이 놈(?)의 3첨탑높

이가 밑첨탑높이의 2배나 되는 4.32가 된답니다. 상부 꼭다리의 40%나 되네요? 바람에나 버틸지가 쪼께 걱정스럽네요? 우아함을 빼면 2첨탑이 쪼께는 더 아담할 것 같네요. 3첨탑높이 해결책(?)으로 생각해 본 것이 3첨탑층고이동공법이랍니다? 7층까지는 내부계단으로 올라갈 수가 있지마는 기와로 7층 지붕을 덮어씌웠으니 hatch는 없는 걸로 하겠습니다. 모르죠. 꼭 필요하시면(보수점검용) 낼 수는 있답니다. 목탑이 꼭 7층목탑만 있는 것은 아니겠죠. 아마도(?) 5층목탑도 있었을 겁니다.

어느 사찰에서 지었었는지는 모르겠지만 5층사찰목탑도 한번은 보고 싶으실 겁니다. 안 보시면 5층목탑이 삐질지도 모른답니다. 별명이 삐돌이탑이거들랑요. 이 5층사찰목탑은 어디에선가 분명히 지어진 목탑일 겁니다. 이유는 다들 아실겁니다. 법륭사5중탑이 있기 때문일 겁니다. 탑총높이는 @10.8이므로 7층목탑총높이 43.2m에서 10.8m를 빼면 32.4m가 될 겁니다. 거저 줏는답니다 ~ㅎ~ 각층 층고는 1·2층층고비례공법으로 각자 한번 풀어 보이소. 물론 순수이론안으로 기준층층고비례안이겠죠. 모든 것은 기준이 있어야 할 겁니다. 기준이 없으면 중구난방이 되겠죠? 이 기준층층고비례안 쯤은 눈 뜨고도 푸실 수가 있을 겁니다. 백제탑류는 기본적으로 계단단높이 R=0.18이 될 겁니다. 건물폭이 얼마라고 알고 계시죠? 아! 이렇군요?

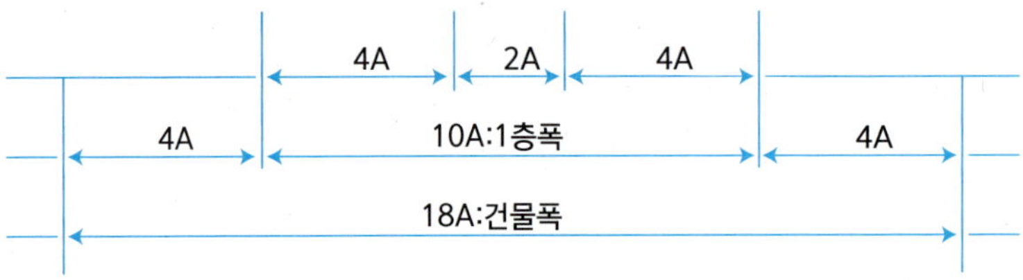

[그림 1156] 4각3칸 탑폭

18A네요. 7층사찰목탑과 똑같네요. 이 임의지정 치수인 A는 4각3칸비례안에서는 @0.18씩의 증감이 있다고 가정했을 겁니다. 7층목탑의 A=1.44이니 5층목탑의 A=1.26이 될 겁니다. 그럼 탑폭은 18A=18x1.26=22.68m가 되겠네요. 물론 1층지붕우수선도 7층목탑과 같이 3우수선이 되어야 되겠죠. 5층목탑을 봅시다.

Notice 별책도면 No.48 **4각3칸 비례안 5층목탑 개념도**

- 3첨탑층고이동 최상층층고 증가안 기준

3첨탑층고이동공법만 봅시다. 보시니 7층목탑에서 규모만 조금 적어졌으며 형태는 똑같을 겁니다. 다만 지붕각이 다르며, 이 지붕각도 가변적일 수도 있답니다.

1층외부기둥과 지붕부위만 잠깐 살펴보실까요.

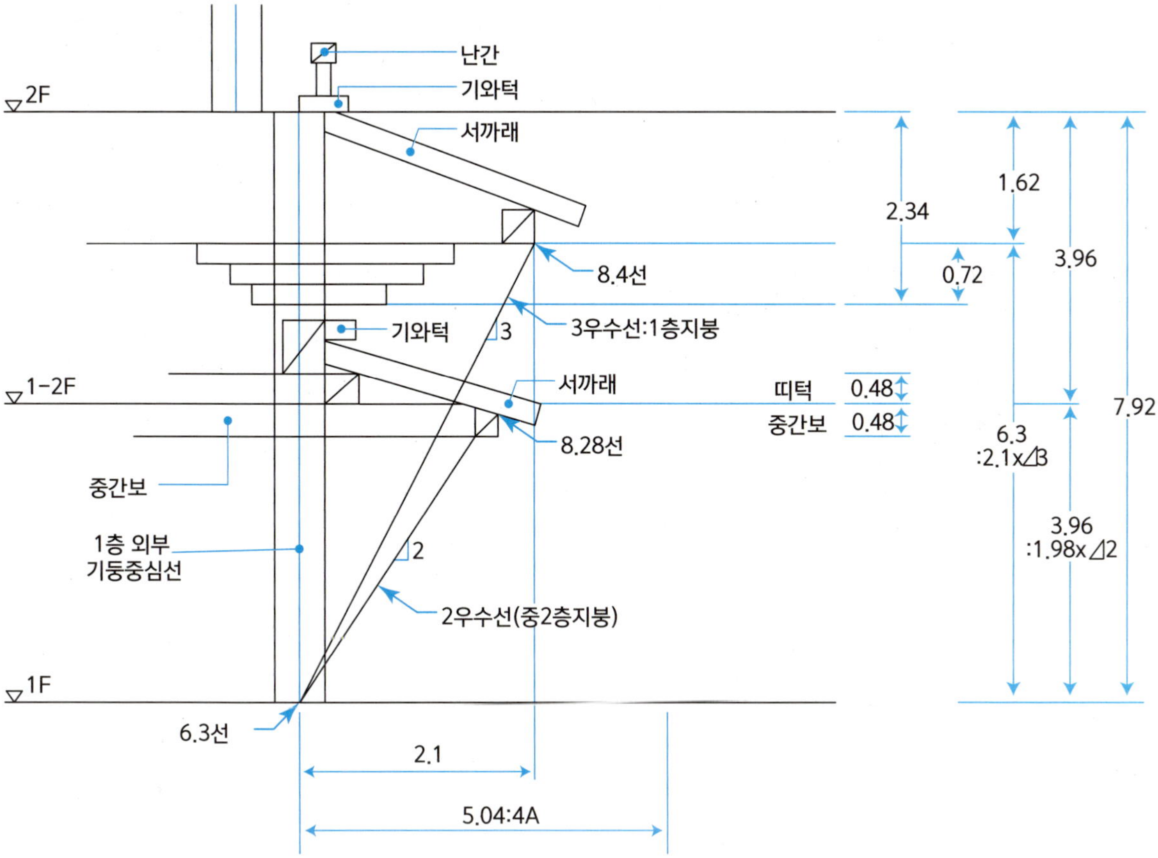

[그림 1157] 5층목탑 1층외부기둥과 지붕

1층지붕우수선이 3우수선으로 지붕날개가 짧으니 법륭사식으로 1-2F에도 중2층지붕을 한번 만들어 보았답니다. 어떻게 해서라도 1층외벽 하부에 비를 적게 맞게하는 것이 좋을 것 같겠죠? 그냥 꼭다리만 잠깐 봅시다. 같은 5층목탑인 법륭사탑의 꼭다리와 비교도 살짝 해 보시면 보는 재미가 더 있겠죠. 제가 법륭사의 5층목탑(일본에서는 5중목탑이라 부른답니다.)의 꼭다리를 유심히 한번 보았답니다. 어떻게 생겼는지 한번 보실까요. 제가 인터넷의 사진을 확대해서 본 것이므로 정확하지 않을 수는 있으나 큰 형태는 짐작하실 수는 있을 겁니다.

백제 5층목탑 꼭다리와 같이 한번 비교해 봅시다.

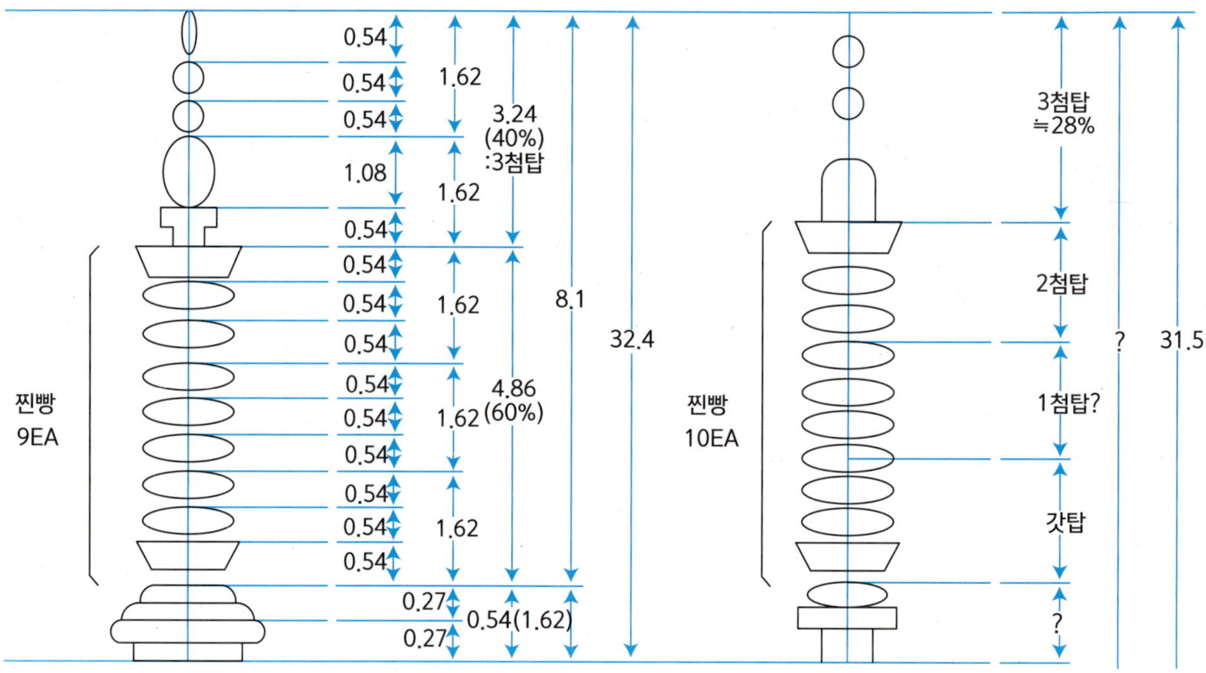

[그림 1158] 백제 5층 목탑 꼭다리(이론) : 석탑형꼭다리 기준
의자부의 ( ): 목탑형꼭다리

[그림 1159] 법륭사 5중탑꼭다리 : 사진기준

법륭사5중목탑은 해설을 보면 높이가 31.5m라고 하네요. 이 높이가 지하층을 뺀 높이인지 지하층을 포함한 높이인지는 정확하게는 알 수 없지만 굉장히 높은 탑이랍니다. 백제 5층목탑높이가 32.4m(108')인 걸로 봐서는 이 법륭사5중목탑도 32.4m(108')로 추정된답니다. 탑높이가 31.5m이니 1자길이가 1'=29.1666cm정도 되네요. 만약 지하층높이가 빠졌다면 총탑높이는 31.5+1.08(지하층고)=32.58m가 되며 1'=30.1666cm가 된답니다. 일본에서의 탑높이의 시작점이 어디인지를 저로서는 알 수가 없네요. 제가 편의상 미터법으로 탑높이를 표기해서 그렇지 기본적으로는 자로 표기하는게 맞답니다. 백제 5층목탑높이를 32.4m라고 표기는 했지만 정확한 표기법은 32.4÷0.3=108'랍니다. 즉, 백제 5층목탑높이는 정확하게 108자라고 해야만이 맞답니다. 고놈 높이 숫자 하나 끝내주네요. 다만 그 시대의 1' 길이가 애매하기도 하고 정확하게 알 수가 없어서 편의상 미터법으로 표기한 것 뿐이랍니다. 어쩌면 일본에서는 지하층을 토대 개념으로 봤을 수도 있어서 탑높이에서 뺏을 수도 있답니다. 제가 알 수 있는 방법이 없네요? 이 법륭사 5중탑은 꼭다리높이에서 3첨탑이 차지하는 비율이 약 28%(사진상 대충임. 25%가 맞을 것 같답니다.)정도 되네요. 백제 5층목탑의 3첨탑 비율은 꼭다리높이(의자부 제외)에서 40%나 차지한답니다. 백제의 3첨탑은 어찌 보면 지나치게 높은 것도 같답니다. 꼭다리를 첨탑·갓탑 구분 없이 균등하게 4등분해서 8.1÷4=2.025로 하면 숫자가 조금

은 난하기는 하지만 3첨탑비율을 25%로 할 수는 있답니다. 어느 것이 옳은지는 저도 잘은 모르겠답니다. 물론 3첨탑이동공법을 쓰면 자연스레 비율이 25%가 될 겁니다. 법륭사5중목탑꼭다리를 보시고 이상한 점(?)을 발견하지 못하셨는지요? 눈이 맑으셔야 보이실낀디? 보이시는 분은 눈이 아주 맑은 분이실 겁니다. 부러이? 보이실 겁니다. 법륭사 5중탑꼭다리에는 아주 심각한 문제점(?)이 하나 있답니다. 3첨탑과 앉은뱅이 사이에 있는 모든 것들을 모두 다 찐빵으로 가정하면 백제5층목탑은 9개가 되며, 법륭사5중탑의 찐빵은 물경 10개가 된답니다. 물론 신라사찰목탑도 9개랍니다. 이유는 아주 간단하답니다. 갓탑이나 첨탑에는 찐빵이 되었든 연꽃문이 되었든 반드시 3개씩 들어가게 되어 있답니다. 3x3=9개 맞긴 맞나요? 제가 초등3학년 수준에도 못 미치나 보네요. 요즈음은 구구단도 헷갈리네요. 여러 상황을 분석해 보면 이 법륭사5중탑의 찐빵 중 1개는 빼내야 맞답니다. 찐빵 한 개를 덤으로 얹어주자고요? 마음씨 좋으신 분이네요. 아마 법륭사5중탑을 지으신 분은 찐빵을 무지무지 좋아하셨든 분 같네요? 아마도 어떤 보수과정에서 어떤 기사분이 착각을 한 듯?

신라사찰목탑의 3첨탑 비율은 갓탑과 3개의 첨탑높이가 같으므로 25%랍니다. 3첨탑의 비율이 서로 다르니 헷갈린답니다. 그런데 법륭사 5중목탑이 묘한 것은 정식의자와 앉은뱅이가 신라탑류와 똑같은 형태랍니다. 백제목탑만 다르네요? 그렇다면 5중탑의 의자와 앉은뱅이는 신라탑류의 영향을 받았다는 얘기? 탑 본체는 백제양식을 쓰고 꼭다리만 신라양식을 썼다? 알다가도 모를 일이랍니다. 현재의 5중탑꼭다리가 백제양식이라면 백제목탑의 꼭다리 자체를 완전히 바꾸어야 된답니다. 현재 정림사탑의 꼭대기에 있는 앉은뱅이는 앉은뱅이인지 아니면 앉은뱅이겸 의자인지조차 헷갈리게 되어 있답니다. 알 수는 없지만 백제목탑도 어쩌면 오중탑꼭다리 형태로 바꾸어야 할지도 모른답니다. 그런데 정림사탑꼭대기에 앉은뱅이가 자리를 딱 잡고 버티고 앉아 있으니 아무리 강심장이라도 바꾸기는 쪼께 어려울 듯? 그나마 다행히도 해법은 찾아내었겠죠. 안 그래도 3첨탑높이와 의자부높이가 눈에 그슬렸는데? 석탑은 석탑형꼭다리(정림사탑형)를 쓰면 되고, 목탑은 의자부형태가 완벽한 목탑형꼭다리를 쓰면 된답니다. 아무것도 아니네! 그런데 선택의 문제는 남아 있답니다. 백제의 석탑이든 목탑이든 희한한 것은 앉은뱅이까지가 전에도 말씀드렸듯이 탑높이일 확률이 제일 높답니다. 즉, 갓탑 개념이 거의 없는 것 같답니다. 신라탑류는 목탑이든 석탑이든 갓탑까지가 탑높이랍니다. 아마도 신라탑류들은 신라탑(관공서)에 관측소 개념이 있어서 그럴지도 모른답니다. 그런데 백제탑은 관측소 개념이 없어서 인지는 모르겠으나 앉은뱅이(의자부)까지가 탑높이가 되며 그 상부는 갓탑이나 1첨탑이나 2첨탑의 개념이 별로 없이 전체가 첨탑 개념을 갖고 있는 듯도 하답니다. 참 묘한 탑높이 개념을 갖고 있네요. 그렇다면 백제에서는 백제탑(관공서 개념)이 존재하지 않았었을 수도 있다는 걸 의미할 수도 있답니다. 물론 현재로서는 확인할 수는 없겠죠. 이 백제 5층목탑높이 32.4m도 백제 5층목탑형석탑총높이의 2배가 될겁니다. 이 백제 5층목탑은 확실히 지어졌을 것으로 보이며 그 위치(사찰)를 찾아내어서 한번 지어 봤으면 하는 바람이랍니다. 일본에도 있는데 한국에도 있어야겠죠. 제가 백제사찰목탑을 미륵사석탑을 기본으로 하고 법륭사5중탑을 참조하여 간단히 개념적으로 한번 생각해보았답니다. 이 4각3칸비례안 목탑이 좋은 점은 몸통이 날씬하다는 아주 좋은 장점을 갖고는 있지만, 내부이용공간이 너무 부족한 단점도 있답니다. 그렇죠. 산 좋고 물 좋고 정자 좋은 곳을 찾기는 그리 쉽지마는 아닌 것 같답니다. 나머지 1·3·9층목탑은 지어진 것 같지는 않으나 시간나는 분은 그래도 한번쯤은 그려보십시오. 아주 간단할 겁니다. 탑높이 알겠다 건물폭도 알겠다 그리고 단높이 R=0.18도 아니 눈감고도 그리실 겁니다. 아무리 급하셔도 눈은 뜨시고 그려보세요.

백제사찰목탑도 내부이용공간이 가능한 넓직한 목탑도 있을 수가 있으니 간단하게나마 한번 봅시다.

(2) 4각 5칸 등간격안

말 그대로 각 칸의 폭이 똑같다는 의미이겠죠. 일반적인 건축물에 제일 어울릴 것 같은 폭이네요. 각 칸을 일단 4A라고 가정해 보겠습니다. 4각3칸비례안의 중앙칸을 2A라고 가정한 것과는 개념이 조금 다르실 겁니다. 먼저 1층폭과 건물폭을 가정해 보겠습니다.

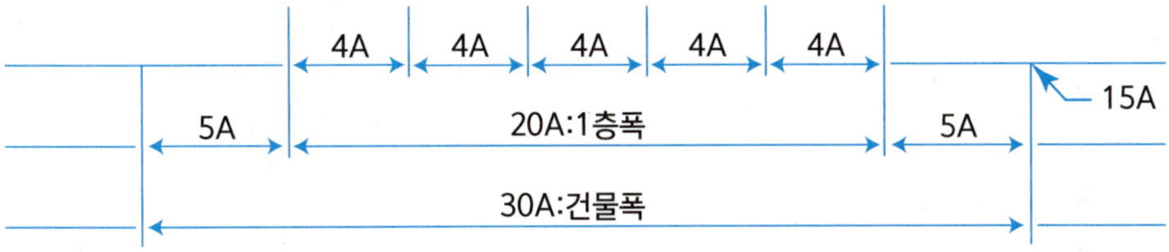

[그림 1160] 백제목탑 4각5칸등간격안 : 건물폭 개념도

이 가정폭이 무지 헷갈린답니다. 일단 건물폭끝선을 3의 배수인 15A로 하겠습니다. 이유는 간단하답니다. 건물폭은 1.08의 배수가 되어야 하므로 건물폭 끝치수가 3의 배수가 되면 건물폭이 1.08의 배수가 될 확률이 더 많기 때문일 겁니다. A의 지정치수가 무엇일지는 모르겠지만 만약 건물폭 끝치수를 14A라고 가정한다면 건물폭을 1.08의 배수로 맞추기는 쪼께 힘들 수도 있답니다. 이제 임의지정치수 A를 지정해야겠죠. A의 숫자를 알 수 있는 것은 단 한가지일 겁니다. 바로 9의 배수랍니다. 9의 배수숫자를 한번 볼까요. A를 지정해야 하잖아요. 9cm, 18cm, … 72cm, 81cm, 90cm, 99cm, 108cm, 117cm, … 216cm …. 한 칸이 4A라고 가정했답니다. 위의 숫자를 갖고 한 칸의 폭을 생각해 보시면 제일 먼저 눈에 띄는 숫자가 90cm, 108cm 정도일 겁니다. 4x90cm=3.6m, 4x108cm=4.32가 나오네요. 제일 먼저 7층목탑에 어울릴만한 칸폭을 생각해 봅시다. 실제로는 정확하게 알 수는 없습니다만 몇 개의 칸폭을 갖고 여러 치수를 대입해 보면 4각5칸등간격안에서 7층목탑에 가장 어울릴 듯한 A의 숫자는 108cm가 되더랍니다. 물론 순수 제 생각이겠죠. 건물폭이 30A라고 했을겁니다.

A=1.08을 대입해 보실까요. 30A=30x108cm=32.4m네요. 미륵사7층석탑폭이 얼마였죠? 바로 16.2m일 겁니다. 어! A=108을 대입해 보니 4각5칸등간격안의 7층목탑폭이 미륵사석탑폭의 2배네요. 거기다가 7층목탑총높이가 미륵사석탑의 2배로 43.2m이니 미륵사목탑이 미륵사석탑의 폭이나 높이의 딱 2배로 금상첨화네요. 그렇다면 혹시 이 4각5칸등간격안이 저희들이 찾고찾든 바로 미륵사목탑? 그래서 여러 생각끝에 미륵사목탑의 폭이 미륵사석탑의 2배가 되는 임의지정치수 A를 1.08로 하기로 했답니다. 당연히 제 마음이겠죠? 그러고 각 탑의 탑간 증감계수를 @0.09로 9cm씩 했답니다. 물론 @0.18과 @0.36도 생각해 볼 수는 있으나 묘하게도 @0.09만이 완벽(?)하

게 성립이 되더랍니다. 각 탑간 증감계수가 9cm이다 보니 각탑높이는 팍팍 줄어드는데(@10.8), 이놈의 건물폭은 30A=30x0.09=2.7m로 쥐꼬리만큼 줄어든답니다. 쉽게 얘기해서 7층목탑폭이 32.4m이면 5층목탑폭은 2.7m가 줄어든 29.7m로 외관상 그리 줄어든 느낌이 별로 들지 않을 겁니다. 이제까지 알아낸 것을 가지고 7층목탑을 한번 그려볼까요.

Notice 별책도면 No.49 **4각5칸 등간격안 미륵사 7층목탑 개념도**
- 복합최상층층고 증가안 기준 + 꼭다리 자체층고이동법

복합최상층층고증가안으로 한번 그려보았답니다. 잠깐전에 말씀드렸듯이 이 5칸등간격안 미륵사7층목탑이 재미있는 것은 탑폭과 탑높이가 미륵사7층석탑의 딱 두 배랍니다. 마음이 끌리시나요. 구미가 당기시나요? 각자 알아서 판단하십시오. 더 재미있는 것은 미륵사석탑은 3칸등간격으로 1칸폭이 3.24로 3.24=1.08x3, 즉 108의 3배수랍니다. 그리고 미륵사목탑은 5칸등간격으로 1칸폭이 4.32로 4.32=1.08x4 즉 108의 4배수랍니다. 이 108이라는 숫자는 숫자 중에서도 거의 완벽(?)에 가까운 숫자랍니다. 탑높이이든 탑폭이든 다 108과 27의 지배를 받게 되어 있는데 이 108이라는 숫자는 숫자 자체에 27이라는 새끼(?)숫자까지 갖고 있는 완벽한 숫자랍니다. 보실까요. 108=27x4로 27의 4배수랍니다. 이 5칸등간격 미륵사목탑을 미륵사 두 석탑의 중간에 딱 놓으면 아주 환상적일 겁니다. 근데, 복합최상층층고증가안인데 뭔가가 조금은 이상한 걸 느끼셨을 겁니다. 바로 꼭다리를 조금 변형시켜 보았답니다. 석탑형꼭다리의 석탑형의자부가 영 시원치가 않아서 계속 마음에 걸려서 꼭다리 자체층고이동공법을 도입(?)해서 꼬라지보기 싫은(?) 석탑형의자부높이를 조금 더 키워서 목탑형의자부로 만들어 본 것이랍니다. 기본적으로 첨탑높이를 27cm(18cm가 적당할 것 같은데 묘하게 성립이 힘드네요?)줄이기로 했답니다.

7층목탑 기준이랍니다.

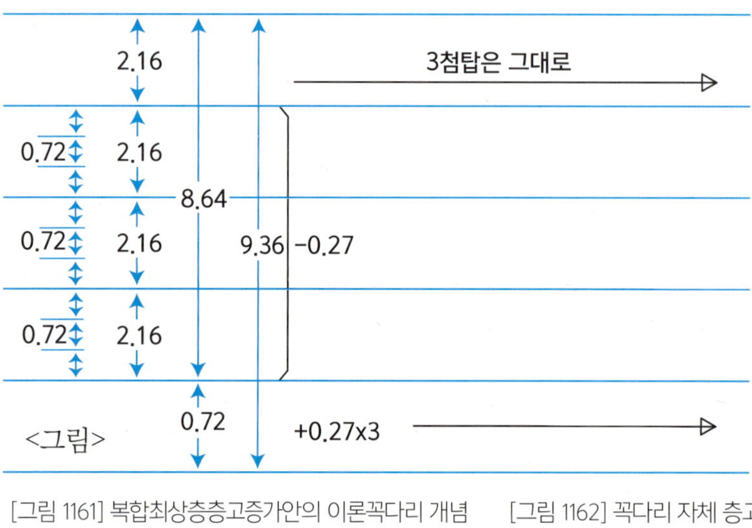

[그림 1161] 복합최상층층고증가안의 이론꼭다리 개념

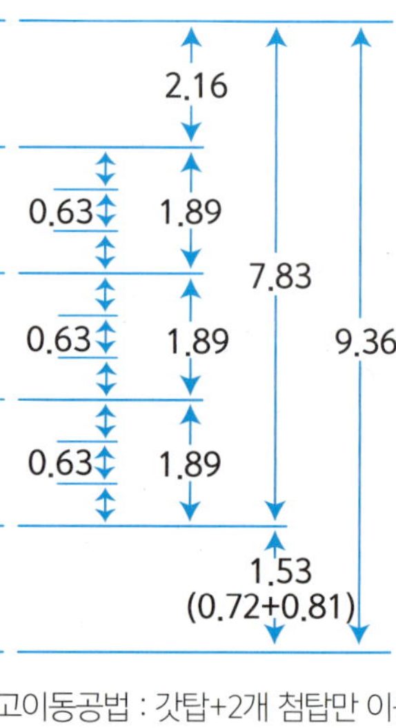

[그림 1162] 꼭다리 자체 층고이동공법 : 갓탑+2개 첨탑만 이동

3첨탑은 그대로이며 나머지 갓탑+2개 첨탑을 27cm씩 줄여서 줄어든 81cm를 의자부에 보태어 주었답니다. 보시기에 의자부가 조금은 점잖아진 것 같나요?

3첨탑높이까지 줄이면 의자부가 너무 높은 느낌이 들어서 3첨탑은 그대로 두기로 했답니다. 그래도 1·3층목탑은 성립이 어렵답니다.(의자부높이가 첨탑높이 보다 더 높아짐) 이 복합최상층층고증가안+꼭다리 자체층고이동안이 성립이 될지는 미지수이긴 하지만 그래도 뭔가를 찾을려고 노력은 해 봐야겠지요. 그 놈의 무슨 안인지는 모르겠지만 이름하나 무지 기네. 외울 수나 있으려나? 이 5칸등간격안이 완벽하고 환상적인 안일지는 모르겠지만, 더 완벽하면서도 더 환상적인 안도 있긴 있답니다. 바로 3칸등간격안이랍니다. 볼까요.

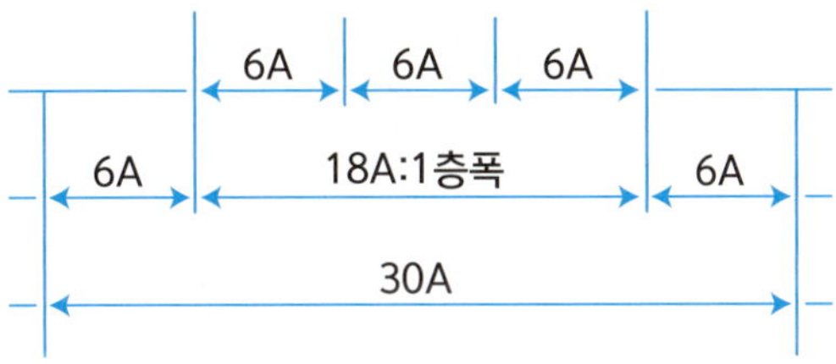

[그림 1163] 4각3칸등간격안 : A=1.08 @0.09

이 4각3칸등간격안은 미륵사석탑의 1층폭과 탑폭이 완벽하게 2배가 되는 안이랍니다.(5칸등간격안은 1층폭이 미륵사석탑의 2배가 아님) 탑높이도 당연히 2배이겠죠. 이 안도 고려는 중인데, 칸수가 너무 적은 느낌이 들어서 생각만 해 보겠습니다. 두석탑과 목탑이 3칸등간격이면 조금은 단조로운 느낌이 들 수도 있겠죠. 이 5칸등간격 미륵사목탑의 1층 외부와 지붕은 칸수와 관계없이 동일할 겁니다.

4각5칸등간격안 7층목탑만 보기도 쪼께 그러니 5층목탑도 잠깐만 봅시다.

Notice 별책도면 No.50 **4각5칸 등간격안 5층목탑**
- 3첨탑이동 최상층층고 증가안 기준

5층목탑의 임의지정치수 A는 증감계수가 @0.09이므로 A=0.99가 될 겁니다. 접근방법은 7층목탑과 동일하답니다. 목탑형꼭다리인 3첨탑이동안을 생각해 보았답니다. 복합최상층층고증가안도 있으니 살짝 치수를 바꾸어 보는 것도 좋을 것 같네요. 그러면 석탑형의자부가 나올 것 같네요. 그러면 꼭다리 자체층고이동공법도 살짝 고려해 보이소.

보시니 4각5칸등간격안이 마음에 드시는지요. 저는 처음에는 백제양식이 살아있는 법륭사5층탑의 4각3칸비례안을 1추천안으로 생각을 해 봤었는데 여러 생각을 하다 보니 미륵사석탑폭의 2배안인 4각5칸등간격안이 더 마음에 드네요. 물론 미륵사석탑이 4각3칸등간격이라서 더 끌리나 봅니다. 양옆 석탑이 등간격이면 중앙에 있는 목탑도 등간격이 더 어울릴 것 같기도 하답니다.

그래서 4각5칸등간격안을 1추천안으로 추천하겠습니다.(5층목탑은 4각3칸비례안이 1추천안이 될 수도 있답니다)

(3) 4각 5칸비례안

5칸이 아니라 7칸도 생각을 해 볼수야 있겠지만, 7칸은 건물폭이 너무 넓으므로 일단 제외시키고 4각5칸비례안만 간단히 봅시다. 그래도 4각5칸비례안의 건물폭은 제법 크답니다. 5칸등간격안 보다 1.2배나 더 크네요. 개념은 5칸등간격안과 같으나 중앙칸을 6A로 하고 외부쪽으로 1A씩 줄이는 안이랍니다. 1층폭과 건물폭을 보실까요.

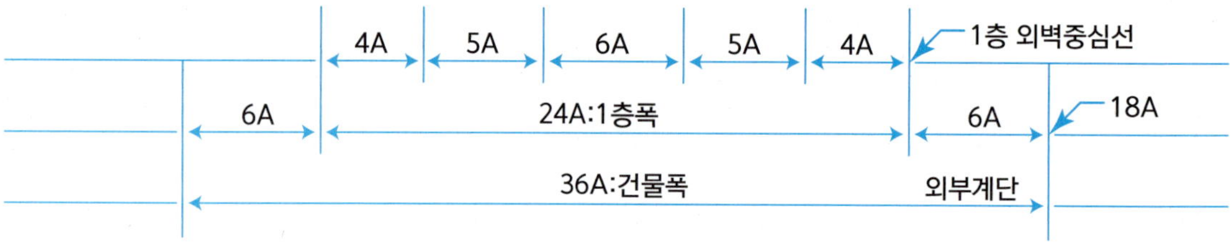

[그림 1164] 5칸비례안 건물폭 개념도

보시듯이 1층폭 24A이며 건물폭은 36A가 된답니다. 물론 1층지붕우수선이 3우수선이 기본이랍니다. 5칸 등간격안과 동일한 A의 값을 지정하겠습니다. 즉, 9층목탑이 A=1.17이 되며, 7층목탑 A=1.08식으로 각 탑의 A의 증감계수를 @0.09로 하겠습니다. 이 비례안은 등간격안의 단조로움을 약간 변화를 주어 본 것이랍니다. 칸 폭이 너무 똑같으면 조금은 싱거운 느낌이 들어서 중앙칸을 조금 크게하고 다음 칸을 약간씩 줄여나가는 식이겠죠. 이 중앙칸 6A가 아주 재미 있는 것은 전에도 말씀드렸듯이 이 중앙칸 6A안에 내부계단이 쏙 들어간답니다.

다시 한번 보실까요.

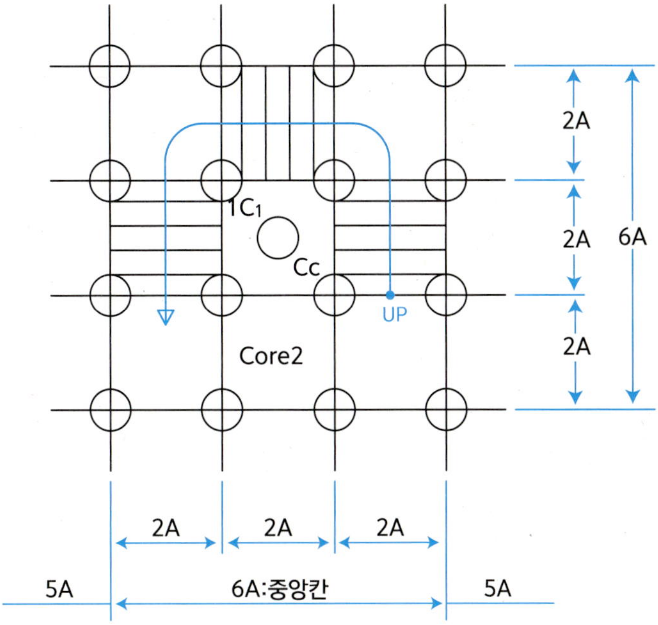

[그림 1165] 5칸 비례안의 내부계단 : 6A

보시듯이 중앙칸 6A안에 내부계단이 다 들어가네요. 5칸등간격안도 볼까요.

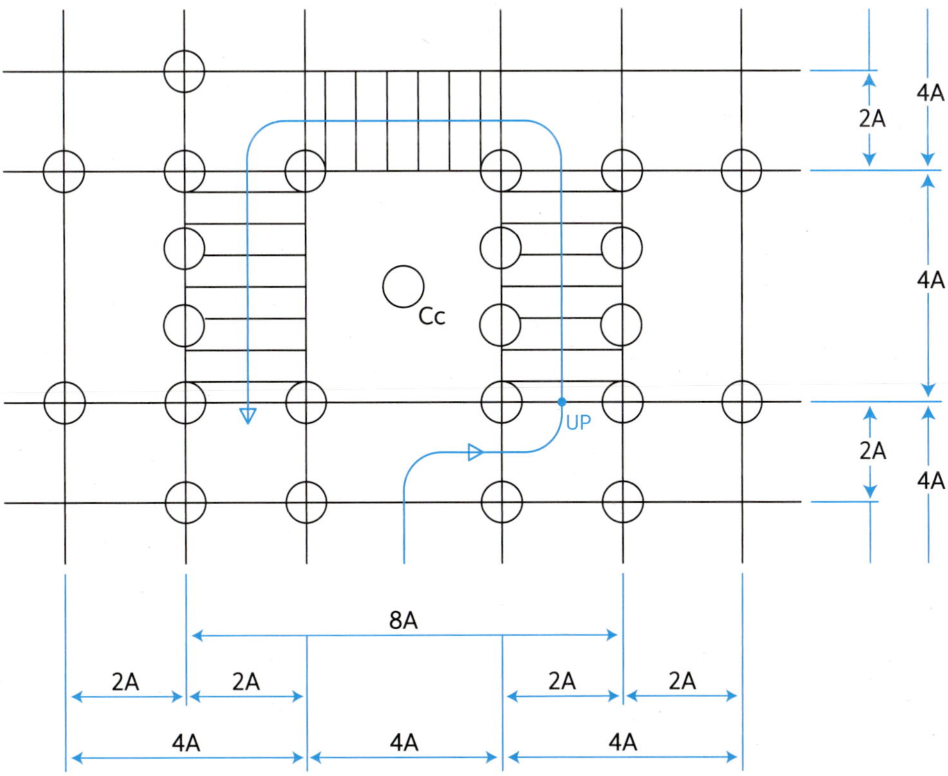

[그림 1166] 5칸등간격안의 내부계단

보시듯이 이 5칸등간격안은 중앙칸이 4A나 되지만 이 4A안에서는 내부계단이 성립이 되기 힘들어 결국은 양 옆칸의 2A를 계단으로 이용해야 한답니다. 결과적으로 내부계단을 만들려면 중앙의 8A라는 공간을 사용해야 된답니다.

5칸비례안의 6A보다 무려 2A의 내부공간을 계단이 챙기네요. 내부계단 공간이 넓다는 얘기는 층의 사용공간이 그만큼 줄어든다는 의미겠죠. 그런 면에서 보면 5층비례안의 중앙칸 6A는 아주 효율적이랍니다. 9층사찰목탑을 한번 봅시다.

Notice 별책도면 No.51 **4각5칸 비례안의 9층목탑 개념도**
- 3첨탑 층고이동 최상층층고 증가안 기준

백제 9층사찰목탑은 처음 보실겁니다. 이 9층목탑이 지어졌는지 지어졌다면 어느 사찰에서 지어졌는지는 현재로서는 아무도 알 수가 없답니다. 9층목탑총높이는 54m나 된답니다. 웅장한 느낌이 드실 겁니다. 지어졌다면 9층목탑의 높이와 층고 정도는 아셔야 될 것 같아서 한번 소개(?)해 드리는 거랍니다? 이제까지 잘 읽어주심에 감사의 보답으로 일종의 보너스랍니다. 황룡사 9층목탑높이 67.5m보다는 쪼께 낮네요. 이유는 다들 알고 계실 겁니다. 신라탑은 1·2·3층 층고비례공법을 사용하여 2·3층 높이가 비례에 맞추어 서서히 줄어드는데 비해서, 백제탑은 1·2층 층고비례공법을 사용하다 보니 2층층고부터 갑자기 확 줄어들기 때문이겠죠. 그러다 보니 동일 층수에서는 백제탑높이가 조금 낮답니다. 5칸비례안 9층목탑만 보기가 그러니 7층목탑도 잠깐 봅시다.

Notice 별책도면 No.52 **4각5칸 비례안 7층목탑 개념도**
- 복합최상층층고 증가안 기준

5칸등간격안과 비교해 보시면 더 좋으실 겁니다. 거의 같으며 폭만 약간 더 넓어진 것 같답니다. 당연히 폭이 넓으니 최상층지붕경사도가 완만해지겠죠. 이제까지 보셨듯이 층고도 여러 개가 발생될 수가 있는데 이 놈의 건물폭은 종잡을 수가 없답니다. 그러다 보니 여러 경우의 수를 다 고려해 봐야만 한답니다. 그 중에 마음에 쏙 드시는 것이 있으시면 콕 집어세요. 그러면 따라가겠습니다? 제가 정림사탑높이의 2배인 미륵사석탑높이의 2배를 백제 7층사찰목탑높이일 거라고 가정하고 백제사찰목탑을 한번 풀어는 보았는데 정확도가 있을지는 알 수가 전혀 없답니다. 그래도 빠이 쳐다만 보고 있는 것보다는 나을 것 같아서 손을 한번 대어 보았답니다. 백제목탑에 관심을 갖고 계시는 분이 있으시다면 충분한 시간적 여유를 가지시고 수 많은 흔적을 추적하시면 원형까지는 아닐지라도 거의 원형에 가까운 백제목탑을 복원해 내실 수가 있으실 겁니다.

제가 해본 것은 여러가지 접근법 중 하나에 지나지 않을 겁니다. 쉽게 얘기 드리면 수박겉핥기 정도일 겁니다.

이제 다 같이 하산하셔야겠네요. 정이 살짝 들었는디! 길 가다가 마주치면 손이나 살짝 흔들어 주이소. 더불어 저 집에 갈랍니데이라는 말도 할 수가 없게 되었네요. 제가 손을 대어 본 것들을 쉽게 쓸려고 쓰기는 썼는데 이해가 잘 되셨는지 모르겠답니다. 마음속으로는 쓰고 싶은 것들이 무지 많았었든 것 같기도 한데 막상 쓰다 보니 빠뜨린 것도 있는 것도 같고 쉽게 표현할 것도 어렵게 쓴 것 같기도 하답니다. 어쩌면 저 자신이 완벽하게 인지하지 못한 탓도 있을 겁니다.

제가 이제까지 손을 대어 본 것들은 아주 기본적인 것이며, 앞으로도 계속 진화가 될 겁니다. 제가 쓴 것들은 이제까지 진행된 것들이며, 제가 되었든 이 글을 읽으시는 분이 되었든 반드시 더 많은 진화를 시켜야만 한답니다. 그래야 선조님들이 지으신 건축구조물을 이해할 수가 있으며, 또한 복원도 할 수가 있을 겁니다. 아직도 진화중이므로 잘못된 것들도 있을 겁니다. 대충 이렇구나 라고 생각해 주시면 되겠네요. 저는 다만 틀을 잡았다고 가볍게 생각하시면 되겠답니다.

일반적으로 목탑이든 석탑이든 각 탑마다 고유의 법칙만 있을 것도 같은데 각 탑들을 비교분석해 보시면 물론 고유법칙도 있겠지만 모든 탑들이 어떤 공통법칙과 어떤 경향을 따르고 있다는 것을 느끼게 된답니다. 요거 하나만 인지하셔도 무지 많은 것을 알고 계시다는 말이랍니다. 즉, 누구나 마음만 먹으시면 어떤 탑이든 시간은 쪼께 걸릴지는 모르지만 반드시 풀 수가 있다는 거랍니다.

자신감이 생기시면 무엇이든지 다 풀 수가 있으실 겁니다.
한번 진화시켜 보시지 않으시렵니까!

-공 지-

이 글을 쓰려니 너무 괴롭답니다. 모든 일이 잘 풀렸으면 쓸 일이 전혀 없는데? 제가 신라탑을 우연히 접하고 호기심이 생겨서 풀려고 노력한 것은 신라탑에 대하여 알고 싶어서 였답니다. 어느 정도 인지하고부터는 여러 많은 분들도 같이 알았으면 하는 바람이었답니다. 물론 최종적으로는 신라탑을 짓는 것이랍니다.

제가 이 신라탑을 알리려고 용도 무지 많이 써보았답니다. 당연히 신라탑을 짓기 위해서도 동분서주 했답니다. 근데, 돌아온 것은 완전 KO패 뿐이었답니다. 오로지 관심을 가진 곳은 국회와 경주에 있는 서라벌신문사 뿐이었답니다. 비록 인연은 닿지 않았지만, 이 자리를 빌어서 관심을 가져주신데 대해 감사의 말씀을 드리겠습니다.

신라탑이 되었든 백제탑이 되었든 다 선조님들로부터 물려받은 귀중한 우리의 문화유산이랍니다. 더 넓게 보면 세계문화유산이기도 하답니다. 우리 후손들은 이 문화유산을 반드시 보존하고 지을 건 지어야 한답니다. 물론 우리 땅에 지어져야 할 겁니다. 그래서 제가 이 신라탑을 지으실 분을 공개적으로 모시겠습니다. 신빙성이 있다고 판단되시면 신청하십시오.

1. 신청 가능

1) 우선권

가. 정부(문화재청)

나. 경주시(해당 지자체 포함)

2) 차순위 : 정부와 경주시가 신청하지 않을 시

가. 개인 : 공동 참여도 가능함

나. 회사 등 기업체

다. 공익단체

라. 타지역 자치단체

마. 기타

2. 위치선정 및 입지조건 : 신청하시는 분이 결정

3. 건축물 구조 : 신청하시는 분이 결정

4. 건물사용목적 : 공익개념이 우선

5. 신청범위 : 제가 설명드린 것. 부분적으로도 가능하며 전체 다 신청해도 됨

6. 신청하는 곳 : 시공문화사

7. 신청기간 : 초판기준으로 가변적임.

① 우선권 : 2024. 4 ~ 2025. 3 (1년간)

② 차순위 : 2025. 4 ~ 2027. 3 (2년간)

8. 제출서류 : 상식적으로 필요하다고 생각되는 것들

9. 심사기준 : 상식적인 판단기준

제가 쓴 것을 잘 분석해 보시고 지을 충분한 가치가 있다고 생각하시는 분은 신청하시면 된답니다. 먼저 신청하시는 분이 지을 권리를 갖게 될 겁니다. 신청하시고부터는 하실 일이 엄청나게 많으실 겁니다. 당연히 진화도 시켜야 되며 상세까지 구체적으로 다 해결하셔야 할 겁니다. 제가 한 것들은 어쩌면 수박 겉핥기에 지나지 않을 수도 있답니다. 물론 허가를 낼 능력도 갖추어야겠죠. 개인이 신청했는데 허가를 내지 못하면 허당이 될 것이며 말짱 도루묵이 될 것입니다. 우선권이 주어진 정부와 경주시가 제일 관심이 많을 것 같아서 신청기회를 우선적으로 드리겠습니다.

어디가 되었든 심사통과가 되시면 필요한 자료들은 자동으로 제공될 겁니다. 당연히 공짜랍니다~ㅎ~ 기분이 억수로 좋으면(?) A/S(?)도 있을 수가 있답니다. 하자가 있나...웬 A/S? 지을 위치와 입지조건은 신청하시는 분의 고유권리랍니다. 건축물의 구조형식도 신청하시는 분이 알아서 결정하시면 된답니다. 현재로선 목조는 목재 구하기와 가공이 너무 힘이 들므로 SRC나 RC등의 구조가 될 확률이 높답니다. 그래도 목재를 어떻게라도 구해서 지으면 더 좋겠죠. 물론 돌삐는 흔해 빠진 것이니 그냥 돌을 쓰면 되겠죠. 건물사용목적은 공익개념 우선이므로 박물관이 되었든 전시장이 되었든 아님, 관광 목적이 되었든 여러사람들을 위한 것이면 좋겠네요. 신청범위는 제가 예를 든 모든 건축물을 신청하셔도 되고, 필요한 것 한 두개 정도를 신청하셔도 된답니다. 즉, 두개 신청 시 신라9층탑과 첨성대 이런 식이죠. 신청되지 않은 나머지는 다른 분들이 신청하시면 된답니다. 신청하는 곳은 이 책이 발행된 시공문화사로 하시면 그곳에서 검토 후 저에게 연락이 오면 검토해서 결정을 내릴 겁니다.

신청기간은 분석검토하는데 엄청 시간이 필요하니 검토기간을 약 1년여 정도로 보고 그로부터 3년간을 생각하고 있답니다. 물론 처음 1년은 우선권자에게 있겠죠.(더 빨리 신청하셔도 됨) 이 신청기간이 끝이 나면 그럴 일이야 없겠지만은 다른 나라에서도 신청이 가능할 겁니다. 이유는 아실 겁니다. 세계문화유산이기 때문일 겁니다.

제출서류는 아주 간단하게 요약해 주시면 감사하겠습니다. 너무 복잡하면 머리가 쪼께 아프겠죠? 제일 중요한 심사는 물론 제가 하게 될 겁니다. 조금 건방스럽게 들리실 수도 있겠지만 어떤 누구가 대신해 줄 수가 없기 때문이랍니다. 그래도 주위의 조언은 들어야겠죠.
이 심사기준은 아주 간단하답니다. 첫째 지을 의사가 확실해야 하며 둘째는 설계 및 시공 능력을 갖추어야겠죠. 물론 진화시킬 능력이 있으시면 금상첨화일 겁니다. 입지조건 및 접근성 등도 고려해야 할 겁니다. 그리고 추진 주체가 뚜렷해야 된답니다. 반드시 추진 능력이 있는 조직이어야 할 겁니다. 사실 개인일 경우는 조금 부담스러울 수도 있겠지만 어쨌든 추진 능력이 있는 조직이어야 겠죠. 참고로, 정부나 경주시같은 경우는 추진 자체는 주체가 될 수는 있겠지만 그래도 뒤에서 후원하는 역할이 되어야 될 겁니다. 제가 생각을 해보고 추진이 힘이 들겠다 싶으면 어렵겠네요라고 할 겁니다. 그러면 다시 신청하셔야겠죠. 총 3번의 기회를 드릴 겁니다. 이 정도면 어떤 누구도 다 합격하실 겁니다.

제가 쓴 것들은 다 지식재산권이랍니다. 신청해서 합격(?)하시는 분에게 신청하신 건축물에 대한 모든 지식재산권을 드릴 겁니다. 제가 갖고 있어봐야 아무런 소용도 없답니다. 그리고 제가 쓴 모든 것들은 일반인들은 맞다고 판단하시면 마음대로 사용하셔도 된답니다. 탑높이이든 탑구조가 되었든 마음대로 사용해도 된답니다. 그런데 조금은 미안스럽기는 하나 정부나 경주시는 합격(?)이 되어야만 공식적으로 사용할 수가 있답니다. 문화재청이나 경주시는 이유를 잘 알고 있을 겁니다. 즉, 정부나 경주시가 제가 쓴 것들을 공식적으로 사용하실려면 반드시 필요한 건축물을 신청하시고 통과가 되어야 할 겁니다. 머뭇머뭇하시거나 고증을 받아야 된다고 판단해서(누구한테 고증을 받을지는 모르겠지만?) 신청기간을 넘기게 되면 다른 분이 신청해서 갖고가 버리게 되겠죠. 그러면 빠이 쳐다만 보고 있어야겠죠. 그리되면 공식적으로 그 어떤 것도 사용할 수가 없게 된답니다. 저로서도 어쩔 수가 없답니다. 설마 그럴 일은 없겠죠.

우짜다가 제가 탑 지을 분을 이렇게 공개모집까지 하게 되었는지 저로서도 무척 괴롭기도 하고 저 자신이 부끄럽기도 하지마는 다른 선택의 길이 없답니다. 이유는 아주 간단할 겁니다. 이 신라탑은 반드시 지어져야 하고 반드시 후세에 도면이 되었든 뭐가 되었든 반드시 물려주어야 할 의무가 있기 때문일 겁니다.
신청하시고 싶으신 분은 제가 쓴 것들을 잘 읽어도 보셔야 되겠지만 반드시 그려 보시고 모든 계산도 해 보시고 판단을 하신 후에 결정하셔야겠죠. 이 신라탑을 지어야 할 가치가 있다고 판단하시는 분은 신청하시면 된답니다. 확실한 것까지는 아니지만 백제탑(특히 사찰목탑 등)도 마음에 드시면 한번 도전해 보이소.

그런데, 이 책이 1부도 안팔리면 우짜죠? 그래도 이 알림은 유효할까요? 아무도 읽어보지 않았으니 아무도 모른답니다. 별 걱정을? 예! 1부도 팔리지 않아도 이 알림은 유효할 겁니다 ~ㅎ~

INDEX

찾아보기

INDEX

찾아보기

✰ 맺음글 ✰

옥룡암 바위탑을 보고 시작해서 여기까지 왔답니다.

길고 긴 재미있는 여정이었답니다. 제가 한 것들은 어쩌면 저의 생각일지도 모를 수도 있답니다. 이제부터는 이 글을 읽어시는 분들이 더 진화시켜야 될지도 모른답니다.

혼자하다 보면 자기 착각에 빠지기도 하고 어떨 땐 환상에 젖기도 할 때도 있답니다. 많은 분들이 지혜를 모으시면 이 시잘대기 없는(?) 착각이나 환상은 사라질 겁니다. 저 나름대로 많은 것을 말씀드리고져 하기는 하였으나 어쩌면 많이 빠뜨렸을 수도 있답니다. 아직도 풀어야 할 사항이 너무나 많답니다. 물론 제가 쓴 내용들도 언제든지 바뀔 수도 있답니다. 혼자 하기에는 능력의 한계가 있으며, 혼자서는 미처 생각하지 못한 것들이 너무나 많을 수 있답니다.

이제부터는 많은 유능하신 분들이 힘을 합쳐서 이 훌륭한 선조분들의 문화유산을 잘 분석하셔서 후대에 물려 주셔야 될 겁니다. 그러고 이 훌륭하고 과학적인 건축물을 지으실 의향이 계신 분들은 신중히 검토하셔서 신청해 주시기 바랍니다.

이제까지 세월따라 천 오백년의 소설을 읽으시느라 수고들 많이 하셨네요?

근데, 제 마음은 홀가분하답니다 ~ㅎ~

이제 이 글을 마무리하면서 그 동안 저와 탑의 신비를 찾는 긴 여정에 동행해 주신 모든 분들께 진심으로 감사의 말씀을 올립니다.

2023년 3월, 봄을 기다리며

오유(烏有) 정상현 씀

著者 정상현(鄭相賢)
- 1954年 경상북도 경주시 출생
- 1980年 고려대학교 공과대학 건축공학과 졸업

塔의 신비를 찾아서

2023년 3월 30일 1쇄 발행

지은이 정상현
발행인 김기현
발행처 시공문화사 Spacetime Pub.
편집 / 도면그래픽 : 새담아키스토리 _ 이순학, 이수연
jade-comm@hanmail.net

등록 1993년 3월 12일
주소 서울시 서대문구 독립문공원길 13 극동프라자 5층

전화 02) 3147-1212
팩스 02) 3147-2626

http//www.spacetime.co.kr
spacetime@korea.com

ISBN 978-89-5592-469-5
정가 54,000원